Nr. 31 1956
S. 8521–8792 1. August

Chemisches Zentralblatt

Vollständiges Repertorium für alle Zweige der reinen und angewandten Chemie

1830 gegründet. 1897—1945 von der Deutschen Chemischen Gesellschaft fortgeführt.
Im Auftrage der Deutschen Akademie der Wissenschaften zu Berlin, der Chemischen Gesellschaft in der Deutschen Demokratischen Republik, der Akademie der Wissenschaften zu Göttingen und der Gesellschaft Deutscher Chemiker
herausgegeben von Prof. Dr. **Maximilian Pflücke**

127. Jahrgang

1956

Chefredakteure: Dr. Eugen Klever und Prof. Dr. Maximilian Pflücke

Akademie-Verlag GmbH., Berlin — Verlag Chemie, GmbH., Weinheim/Bergstr.

Inhalt

Namenregister

Chemisches Zentralblatt

1956 Nr. 31 1. August

Geschichte. Unterricht.

B. A. Dogadkin, Ss. M. Lipatow und **P. A. Rehbinder,** *Zum fünfundsiebzigsten Geburtstag von Anton Wladimirowitsch Dumanski.* Würdigung der wissenschaftlichen Arbeiten des am 8 (20)/6. 1880 geborenen bekannten Kolloidchemikers A. W. DUMANSKI, der 1912 an der Universität Kiew die in Rußland ersten Vorlesungen über Kolloidchemie hielt. Verzeichnis der Veröffentlichungen. — Bild. (Коллоидный Журнал [Kolloid-J.] **17.** 161—67. Mai/Juni 1955.) O. LEBTAG. 1

M. v. Stackelberg, *J. Heyrovský zum 65. Geburtstage.* Würdigung der Arbeiten v. J. HEYROVSKÝ (geb. am 20/12. 1890), dessen Name mit der Polarographie eng verknüpft ist. — Bild. (Z. Elektrochem., Ber. Bunsenges. physik. Chem. **60.** 106—07. 1956.) E. KLEVER. 1

Ss. N. Nilowskaja, *Der erste russische Professor der Therapie Sybelin als Pharmakologe (Materialien zur Geschichte des Lehrstuhles für Pharmakologie der Moskauer Universität im XVIII. Jahrhundert).* Würdigung des wissenschaftlichen Wirkens des Therapeuten u. Pharmakologen SYBELIN (1735—1802). (Фармакология и Токсикология [Pharmakol. u. Toxikol.] **18.** Nr. 5. 61—63. Sept./Okt. 1955. Moskau, 1. Med. Inst.) H.-W. GRAMM. 1

Ss. M. Lewi, *Über das Gesetz des Fließens visco-plastischer Medien von Schwedow.* Anläßlich der 50. Wiederkehr des Todestages von F. N. SCHWEDOW am 12/12. 1955 werden die 1889, 1890 u. 1900 veröffentlichten Arbeiten SCHWEDOWs über das Fließgesetz des plast.-viscosen Mediums besprochen. Es wird bes. hervorgehoben, daß SCHWEDOW die Priorität der Entdeckung der Viscositätsanomalie zukomme. (Коллоидный Журнал [Kolloid-J.] **17.** 158—60. März/April 1955.) O. LEBTAG. 2

John Read, *Alchimie und Alchimisten.* (Advancement of Sci. **9.** 25—30. Juni 1952. — C. **1955.** 3297.) K. BLUMRICH. 2

Nils Hellén, *Eine kurze Entwicklungsgeschichte der Eisen- und Stahlherstellung in Finnland.* Überblick. (J. Iron Steel Inst. **180.** 18—19. Mai 1955.) H. HOCHSTEIN. 2

W. W. Jefremow, *Die Entdeckung der Vitamine durch N. I. Lunin.* N. I. LUNIN (1853 bis 1937) hat 1880 in Verss. über die Wrkg. einer synthet. Diät bei weißen Mäusen festgestellt, daß der Tod bei so ernährten Tieren nicht durch die äußeren Lebensbedingungen oder die Eintönigkeit der Ernährung bedingt war, sondern durch das Fehlen von Stoffen, die etwas anderes sein müssen als Eiweiß, Fett, Kohlenhydrate oder Mineralien u. in Naturprodd., z. B. in der Milch, enthalten sind. Seine Arbeit wird als erster Vorstoß auf dem Gebiete der Vitaminforschung gewertet. (Вопросы Питания [Fragen d. Ernähr.] **13.** Nr. 5. 3—11. Sept./Okt. 1954. Moskau, Ernähr.-Inst. der Akad. der med. Wiss. der UdSSR.) F. DU MANS. 2

Joseph M. Connolly und **Graham Oldham,** *Eine neue Semimikrotechnik im Unterricht der präparativen Chemie.* Vff. beschreiben eine App., die im Semimikrobereich mehrere präparative Operationen zuläßt, z. B. Destillationen, Rkk. in der gasförmigen Phase, Extraktionen. (J. chem. Educat. **29.** 310—12. Juni 1952. Loughborough, Leicestershire, Loughborough Coll.) H.-G. MOSLÉ. 6

James Boyd Smith, *Ein Demonstrationsversuch des Ionenaustausches.* Eine Trennung von Cu^{2+} u. CrO_4^{2-} mit An- u. Kationenaustauschern wird in Einzelheiten beschrieben. (J. chem. Educat. **29.** 292—94. Juni 1952. New York, N. Y., Permutit Co.) H.-G. MOSLÉ. 6

D. F. Swinehart, *Weiteres über Oxydationszahlen.* Aufstellung von Redoxgleichungen. (J. chem. Educat. **29.** 284—85. Juni 1952. Eugene, Ore., Univ. of Oregon.) H.-G. MOSLÉ. 6

Bienvenido T. Miranda, *Weiteres über Oxydationszahlen.* Kritik an der Arbeit von SWINEHART (Vgl. vorst. Ref.). (J. chem. Educat. **30.** 264. Mai 1953. Seattle, Wash., Univ. of Washington.) H.-G. MOSLÉ. 6

D. F. Swinehart, *Weiteres über Oxydationszahlen.* (Vgl. vorst. Ref.) Ausführliche Entgegnung zu l. c. (J. chem. Educat. **30.** 265. Mai 1953. Eugene, Ore., Univ. of Oregon.) H.-G. MOSLÉ. 6

A. Allgemeine, physikalische und anorganische Chemie.

Edward Józefowicz und **Tadeusz Miłobędzki,** *Eine neue wissenschaftliche Terminologie anorganischer Substanzen.* (*Ein Vorschlag.*) Die wissenschaftliche Bezeichnung der Elemente u. anorgan. Verbb. in poln. Sprache wird behandelt u. diskutiert. (Roczniki Chem. [Ann. Soc. chim. Polonorum] **26.** 310—27. 1952. Warszawa.) H. FREYTAG. 10

N. K. Adam, Physical chemistry. London: Clarendon Pr. 1956. (670 S. m. Abb.) 8°. 50 s.

Edward Armand Guggenheim, J. E. Prue, Physicochemical calculations. Amsterdam: North-Holland publ. Co. 1955. (XII + 491 S. m. Fig.) 8°. $ 7,50.

Charles D. Hodgman, Handbook of chemistry and physics. 37th rev. edn. London: H. K. Lewis. 1956. (3156 S.) 8°. 100 s.

Romain Ruyssen, Grondslagen van fysicochemie voor apothekers en biochemici. Deel I. Gent: Standaard-Boekh. 1955. (V + 187 S. m. Abb.) 4°. fr. 225,—.

R. Sterckx, Leerboek der scheikunde voor normaal onderwijs. 6e druk. Herzien en bijgewerkt door **A. De Nie** en **J. Leonard.** Brussel: A. De Boeck. 1955. (238 S. m. Abb. u. Tab.) 8°. fr. 85,—.

G. Trainito, Lezioni di Chimica. Parte prima: Chimica generale. Parte seconda: Chimica inorganica. Padova: C. E. D. A. M. 1956. 1: (X + 356 S. m. 90 Abb. u. zahlr. Tab.) 8°. L. 2.200; 2: (XII + 333 S. m. 30 Abb. u. zahlr. Tab.) 8°. L. 2.100.

A. F. Wells, The third dimension in chemistry. London: Clarendon Pr. 1956. (156 S. m. Abb. u. Diagr.) 8°. 21 s.

A_1. Kernphysik und Kernchemie.

R. L. Stratonowitsch, *Die Entropie in der Quantenstatistik.* Zustand u. Entropie quantenmechan. Systeme wird für nichtorthogonale Realisation der Wellenfunktion betrachtet. Aus den allg. Formeln ergeben sich einerseits die Formeln der klass. Statistik, andererseits die der Quantenstatistik. (Журнал Экспериментальной и Теоретической Физики [J. exp. theoret. Physik] **28.** 547—58. Mai 1955. Moskau, Univ.) M. WIEDEMANN. 80

E. Freese, *Mehrpunkt-Korrelationsfunktionen in der Quantenfeldtheorie.* Ermittlung von Koordinatenwerten, die wichtige Beiträge für die Streuung bei kleiner Energie oder ausreichend großem Drehimpuls liefern. (Nuovo Cimento [10] **2.** 50—57. 1/7. 1955. Pasadena, Calif., California Inst. for Technol.) GERHARD SCHMIDT. 80

I. M. Chalatnikow, *Darstellung der Greenschen Funktion in der Quantenelektrodynamik in Form kontinuierlicher Integrale.* Es werden Ausdrücke für die GREENsche Funktion in Form kontinuierlicher Integrale im Raum der ψ- u. A-Funktionen abgeleitet. (Журнал Экспериментальной и Теоретической Физики [J. exp. theoret. Physik] **28.** 633—36. Mai 1955. Moskau.) M. WIEDEMANN. 80

M. I. Fradkin, *Zur Frage der Antiprotonen im Primärstrom der Höhenstrahlung.* Aus der Ost-West-Asymmetrie der Höhenstrahlung in großen Höhen ergibt sich, daß der Anteil der negativ geladenen Primärteilchen bis zu $\sim$ 13% betragen kann. Vf. berechnet den Anteil der Antiprotonen, die im interstellaren Raum entstehen, zu maximal 0,2%, er kann also nicht für die Ost-West-Asymmetrie verantwortlich sein. (Журнал Экспериментальной и Теоретической Физики [J. exp. theoret. Physik] **29.** 147—50. Aug. 1955. Physikal. Lebedew-Inst. der Akad. der Wiss. der UdSSR.) M. WIEDEMANN. 85

A. I. Kusmin und **G. W. Skripin,** *Über den Einfluß der Mondgezeitenschwankungen der Atmosphäre auf die Intensität der harten Komponenten der Höhenstrahlen.* Vff. nehmen bei der Intensität der Höhenstrahlung eine Überlagerung einer Welle mit der Periode 12 Std. u. eine Mondwelle mit 12 Std., 25 Min. 14 Sek. an. Es ergibt sich eine Periode von 14,3 Sonnentagen. Experimentelle Daten aus den Jahren 1951—1952 werden herangezogen. (Журнал Экспериментальной и Теоретической Физики [J. exp. theoret. Physik] **28.** 608—09. Mai 1955. Akad. der Wiss. der UdSSR, Jakut. Abt.) M. WIEDEMANN. 85

D. D. Krassilnikow, *Variationen der globalen Intensität der harten Komponenten der Höhenstrahlen beim Durchgang von Luftmassenfronten.* (Vgl. vorst. Ref.) Auf Seehöhe wurde die mittlere Intensität der harten Komponente der Höhenstrahlung für die einzelnen Std. bestimmt. Beim Durchgang von 107 Luftmassenfronten, darunter 32 warmen u. 48 kalten, wurde die mittlere Änderung der Intensität bestimmt u. für den Barometereffekt eine Korrektur angebracht. Es wurden nur Messungen an Tagen ohne magnet. Störungen verwendet. Beim Übergang von kalten zu warmen Luftmassen wurde ein Intensitätsabfall beobachtet, das Minimum lag in der Zone der reinen kalten u. das Maximum in der Zone der reinen warmen Luftmassen. Die Schwankung betrug 0,4—0,6%. (Журнал Экспериментальной и Теоретической Физики [J. exp. theoret. Physik] **28.** 610—14. Mai 1955.) M. WIEDEMANN. 85

A. I. Kusmin, *Über den Beitrag der meteorologischen Veränderungen der Erdatmosphäre zum Tagesgang der Intensität von Höhenstrahlen.* (Vgl. vorst. Reff.) Aus Daten der Jahre 1949—1952 wurde der Tagesgang der harten Komponente der Höhenstrahlung ermittelt u. eine Korrektur für den Barometereffekt angebracht. Es ergab sich eine Abhängigkeit der Schwankungen von der Jahreszeit, sie war im Winter wesentlich größer als im Sommer. Ferner war die Höhe (100 m Seehöhe oder entsprechende 300 mbar) von Einfl. auf die Abhängigkeit des Tagesganges. Das Maximum der Intensität lag zu allen Jahreszeiten bei 13—14 Uhr. (Журнал Экспериментальной и Теоретической Физики [J. exp. theoret. Physik] **28.** 614—16. Mai 1955.) M. Wiedemann. 85

William R. Webber und **Frank B. McDonald,** *Bestimmung der Intensitäten der Komponenten mit niedrigem Z der primären Höhenstrahlung auf $\lambda = 41^0$ mittels eines Čerenkov-Detektors.* Auf Ballonflügen auf 41,5° bis zu 13 g/cm² für 6 Std. wurden Messungen mittels eines dünnen (3,0 g/cm²) Čerenkov-Zählers im Raumwinkel eines Geiger-Teleskops ausgeführt. Aus 374 Impulsen berechnet sich an der oberen Grenze der Atmosphäre eine Vertikalintensität von 82 ± 9 α-Teilchen/m²/sec/Raumwinkel. Aus den Daten beim Aufstieg ergibt sich die freie Absorptionslänge in Luft zu 43 ± 8 g/cm². Für Protonen auf 15,5 g/cm² wurde eine obere Grenze der Intensität von 718/m²/sec/Raumwinkel gefunden, für die Gruppen $3 \leq Z \leq 5$ u. $Z \geq 6$ Intensitäten von 1,6 bzw. 5,1 Teilchen/m²/sec/Raumwinkel. (Physic. Rev. [2] **100.** 1460—67. 1/12. 1955. Iowa City, Io., Iowa State Univ., Dep. of Phys.) M. Wiedemann. 85

Je. A. Samtschalowa, W. I. Karpowa und **M. I. Tretjakowa,** *Kerneinfang eines negativen schweren Mesons.* Auf einer Photoplatte mit 0,3 mm Emulsion, die in der Stratosphäre exponiert war, wurde ein Ereignis beobachtet, dessen Mikrophotographie wiedergegeben ist. Vom Endpunkt einer Bahn von 0,495 mm ging eine sehr kurze schwarze Bahn (1 μ) u. eine 0,674 mm lange graue mit $3{,}2 \pm 0{,}3$ Minimalionisation aus. Massenbestimmungen der zweiten ergaben 350 ± 200 m_e, vermutlich handelte es sich um ein π-Meson mit 30 MeV. Die M. des ersten Teilchens lag zwischen der eines π-Mesons u. eines Protons. (Журнал Экспериментальной и Теоретической Физики [J. exp. theoret. Physik] **29.** 245. Aug. 1955. Physikal. Lebedew-Inst. der Akad. der Wiss. der UdSSR.) M. Wiedemann. 85

G. H. Trilling und **R. B. Leighton,** *Nebelkammeruntersuchung geladener V-Teilchen.* Innerhalb 2 Jahren wurden mit einer vertikalen Nebelkammeranordnung auf 220 m Höhe 84 geladene V-Teilchen analysiert. 4 Nebelkammern bzw. 2 u. 1 Doppelkammer von 55 cm Länge, 20 cm Höhe u. 20 cm Tiefe befanden sich in einem Feld von 8000 Gauß. Von den V-Teilchen waren 41 positiv u. 43 negativ. Untersucht wurde die Verteilung des Impulses des geladenen Sekundärteilchens im Schwerpunktssyst. des Primärteilchens. 19 langsame positive Ereignisse sind mit einem Zweikörperzerfall eines Primärteilchens etwa von der M. des τ vereinbar, ein Fall mit einem Dreikörperzerfall u. 6 langsame negative Ereignisse ebenfalls mit einem Zweikörperzerfall. Diskutiert werden die Rkk.: $K^+ \rightarrow \mu^+ + \nu$, $\varkappa^+ \rightarrow \mu^+ + 2$ Neutrale, $\Theta^- \rightarrow \pi^- + \pi^0$. Für ein sehr kurzlebiges (10^{-10} sec) negatives Gegenstück zum Θ^0 mit 201 ± 12 MeV/c sind Hinweise vorhanden. (Physic. Rev. [2] **100.** 1468—75. 1/12. 1955. Pasadena, Calif., California Inst. of Technol.) M. Wiedemann. 85

J. D. Sorrels, R. B. Leighton und **C. D. Anderson,** *Erzeugung eines Ξ^- zusammen mit 2 Θ^0-Teilchen.* (Vgl. vorst. Ref.) In den 48 in. Magnetnebelkammern wurden 4 V-Teilchen beobachtet, die zu einem durch ein Primärteilchen mit mehr als 4 GeV/c ausgelösten Schauer gehörten. Zwei davon wurden als Θ^0 identifiziert, der Zerfall zu $\pi^+ + \pi^-$ ergab für Q 240 ± 60 MeV. Zusammen mit ihnen sollte, entsprechend einem theoret. Schema, ein Ξ^- erzeugt worden sein mit Q = 95 MeV (+100 —50) beim Zerfall in $\Lambda^0 + \pi^-$. (Physic. Rev. [2] **100.** 1457—59. 1/12. 1955. Pasadena, Calif., California Inst. of Technol., Norman Bridge Labor. of Phys.) M. Wiedemann. 85

J. D. Sorrels, G. H. Trilling und **R. B. Leighton,** *Zerfall eines Λ^0-Fragments in einer Nebelkammer.* (Vgl. vorst. Reff.) In den 48 in.-Magnetnebelkammern wurde auf Seehöhe der Zerfall eines schweren Kernfragments im Flug beobachtet. Am wahrscheinlichsten ist, daß es sich um den Zerfall eines an einen ^{3}He-Kern gebundenen Λ^0 nach $He^* \longleftrightarrow (\Lambda^0 + {}^3He) \rightarrow {}^3He + p + \pi^-$ handelt. Die Bindungsenergie des Λ^0 ist wahrscheinlich <2 MeV. Die Lebensdauer des angeregten Fragments ergab sich zu $5{,}4 \pm 0{,}6 \cdot 10^{-10}$ sec. (Physic. Rev. [2] **100.** 1484—86. 1/12. 1955.) M. Wiedemann. 85

Nathan Seeman, Maurice M. Shapiro und **Bertram Stiller,** *Nichtmesonischer Zerfall eines Helium-Hyperfragments.* Ilford G 5-Emulsionen wurden auf 95000 ft in der Nähe des geomagnet. Äquators exponiert u. der nichtmeson. Zerfall eines $^4He^*$-Hyperfragments beobachtet. Dieses ging von einem 11 + 7 α-Stern aus u. wurde nach 0,633 mm gebremst. Nach Messungen der Streuung u. der Ionisation verläuft der Zerfall des Hyperfragments nach $^4He^* \rightarrow p + d + n + 167{,}6 \pm 2{,}9$ MeV. Die Bindung des Λ^0 im Fragment ergibt sich zu $1{,}9 \pm 2{,}9$ MeV in Übereinstimmung mit Ergebnissen von meson. Zerfällen. Dieser Wert ist viel geringer als die Bindungsenergie des „letzten Neutrons" im n. ^4He von 20,6 MeV. (Physic. Rev. [2] **100.** 1480—84. 1/12. 1955. Washington, D. C., Naval Res. Labor., Nucl. Div.) M. Wiedemann. 85

M. H. Friedman, T. D. Lee und **R. Christian,** *Streuung von Pionen an Nucleonen in der intermediären Kopplung.* (Vgl. C. **1956.** 6565.) Die Meth. der intermediären Kopplung wird auf das Problem der Meson–Nucleon-Streuung angewandt. Behandelt wird der Fall symm. pseudoskalarer Mesonen, die an eine feste ausgedehnte Quelle gekoppelt sind. Zuerst wird nach der Variationsmeth. die Lösung für den Grundzustand gefunden, dann für den Streuzustand. Die esperimentell beobachteten P-Wellenverschiebungen sind mit der Kopplungskonstante $f^2 = 0{,}712$ u. einem ω_{max} (cutoff) = 6,21 Mesonenmassen (renormalisierte Kopplungskonstante $f_r^2 = 0{,}105$) verträglich. (Physic. Rev. [2] **100.** 1494—1502. 1/12. 1955. New York, N. Y., Columbia Univ.; Los Alamos, N. Mex., LASL.) M. Wiedemann. 90

W. G. Ssolowjew, *Bremsstrahlung beim Zusammenstoß von π-Mesonen mit Nucleonen.* Das Auftreten von Bremsstrahlung bei der Streuung pseudoskalarer π-Mesonen an Nucleonen infolge der Kernkräfte wird für den Fall pseudoskalarer sowie pseudovektorieller Bindung der Mesonen an die Nucleonen bis zur dritten Ordnung der Störungstheorie in nichtrelativist. Näherung für die Nucleonen berechnet. Es werden die differentiellen Wirkungsquerschnitte u. die Winkelverteilung der γ-Quanten für den Prozeß $\pi^- + p \rightarrow \pi^- + p + \gamma$ ermittelt. Der Gesamtwirkungsquerschnitt für beide Bindungstypen ist von der Größenordnung 10^{-28} cm². (Журнал Экспериментальной и Теоретической Физики [J. exp. theoret. Physik] **29.** 242—45. Aug. 1955. Inst. für Kernprobleme der Akad. der Wiss. der UdSSR.) M. Wiedemann. 90

W. Chinowsky und **J. Steinberger,** *Reaktion $\pi^- + d \rightarrow 2n + \pi^0$; Parität des neutralen Mesons.* Das Verzweigungsverhältnis $R = (\pi^- + d \rightarrow 2n + \pi^0)/(\pi^- + d \rightarrow 2n + \gamma)$ wurde zu $-0{,}0034 \pm 0{,}0043$ bestimmt. Die im 380 MeV-Cyclotron erzeugten negativen Mesonen wurden magnet. analysiert, sie fielen auf ein fl. D_2-Target. Die Koinzidenzen zwischen den beiden γ-Strahlen des π^0-Zerfalls u. dem einfallenden Meson bzw. zwischen dem einzelnen γ-Strahl u. dem Meson wurden unter Verwendung von γ-Teleskopen u. Scintillatoren gemessen. Ein Vgl. des Verzweigungsverhältnisses von $<0{,}1\%$ mit dem Wert in H spricht für ungerade (pseudoskalare) Parität des π^0. (Physic. Rev. [2] **100.** 1476—79. 1/12. 1955. New York, N. Y., Columbia Univ.) M. Wiedemann. 90

J. Steinberger und **Harry B. Wolfe,** *Elektronen aus dem μ-Mesoneneinfang.* (Vgl. vorst. Ref.) Das 85 MeV-π^--Bündel des Cyclotrons wurde gebremst u. analysiert. Die μ-Mesonen wurden in Cu gebremst, nach den Elektronen des Einfangprozesses $\mu^- + p \rightarrow p + e^-$ oder $\mu^- + n \rightarrow n + e^-$ wurde gesucht. Benutzt wurde ein Teleskop, durch einen Polyäthylenabsorber wurde die Empfindlichkeit für die Zerfallselektronen der μ herabgesetzt. Das Spektr. der Einfangselektronen müßte ein Maximum bei 90 MeV haben. Innerhalb 20 Std. wurden keine Einfangselektronen gefunden. Daher kann für das Verhältnis dieses Einfangprozesses zum gewöhnlichen ohne Elektronenemission eine obere Grenze von $5 \cdot 10^{-4}$ festgesetzt werden. (Physic. Rev. [2] **100.** 1490—93. 1/12. 1955.) M. Wiedemann. 90

B. M. Pontecorvo, *Über die Erzeugungsprozesse schwerer Mesonen und V_1^0-Teilchen.* Die Bldg. von V_1^0-Teilchen u. schweren Mesonen wird vom phänomenolog. Gesichtspunkt betrachtet. Die Schwierigkeit, die hohe Wahrscheinlichkeit der Bldg. dieser Teilchen mit ihrer relativ langen Lebensdauer (über 10^{-10} sec) zu vereinen, wird diskutiert. Vf. hält eine gekoppelte Entstehung nach (N) → (V) + (τ) für wahrscheinlich. Weiterhin wird die Existenz quasi-stabiler Systeme aus gewöhnlichen Nucleonen u. V-Teilchen behandelt. (Журнал Экспериментальной и Теоретической Физики [J. exp. theoret. Physik] **29.** 140—46. Aug. 1955. Inst. für Kernprobleme der Akad. der Wiss. der UdSSR.) M. Wiedemann. 90

A. Pais und **O. Piccioni,** *Bemerkung über den Zerfall und die Absorption des Θ^0.* Nach der Rk. $\pi^- + p \rightarrow \Lambda^0 + \Theta^0$ werden Θ^0 erzeugt. Vff. diskutieren die Hypothese, daß es sich um eine Mischung von Teilchen mit gleichem Spin u. gleicher Parität u. nur wenig verschied. Massen handelt, von denen $\Theta_1^0 \rightarrow \pi^+ + \pi^- + 215$ MeV zerfällt. Die Lebensdauern von Θ_1^0 u. Θ_2^0 müssen verschieden sein. Die Rkk. $\Theta^0 + p \rightarrow \Lambda^0 + \pi^+$, $\Theta^0 + n \rightarrow \Lambda^0 + n$, $\Theta^0 + n \rightarrow p + \Theta^{0-}$ u. $\Theta^0 + p \rightarrow n + \Theta^+$ werden behandelt. (Physic. Rev. [2] **100.** 1487—89. 1/12. 1955. New York, Columbia Univ.; Upton, N. Y., BNL.) M. Wiedemann. 90

W. F. Fry, J. Schneps, G. A. Snow und **M. S. Swami,** *Kernwechselwirkung eines Σ-Hyperons im Fluge.* Bei der Unters. der K^--Mesonen des Bevatrons wurde ein durch den Einfang eines K^- gebildeter Stern beobachtet, von dem ein Σ-Teilchen ausging, das nach 1,2 cm einen zweiten Stern verursachte. Dieser zeigte 2 Bahnen, ein Σ^+, das vermutlich zu einem π^+ zerfiel, u. wahrscheinlich ein Proton. Das Σ hatte am Ursprung eine Energie von ~80 u. bei der Wechselwrkg. von ~40 MeV. Wahrscheinlich handelt es sich um die unelast. Streuung eines Σ^+, wahrscheinlich aber auch um 2 aufeinanderfolgende Ladungsaustauschstreuungen eines Σ^- im Kern. Auf insgesamt 9,8 cm, entsprechend 35 geladenen Σ-Hyperonen aus 207 K^--Sternen, war dies der einzige Fall einer Kernwechselwirkung. (Physic. Rev. [2] **100.** 939. 1/11. 1955. Madison, Wis., Univ. of Wisconsin, Dep. of Phys.) M. WIEDEMANN. 90

W. F. Fry, J. Schneps, G. A. Snow und **M. S. Swami,** *Kerneinfang negativer K-Mesonen in Emulsionen.* (Vgl. vorst. Ref.) Ein Stapel ILFORD G 5-Emulsionen von 2×4 in., 0,6 mm Dicke wurde in einem Kanal des Berkeley-Bevatrons exponiert. Die Impulse der K-Mesonen lagen zwischen 207 u. 256 MeV/c. Der Fluß der K^- betrug 1,36/cm², das Verhältnis K^-/π^- unter 90° zum 6,2 GeV-Protonenbündel (0,76±0,11)·10^{-4}. In 66 Platten wurden 30 durch abgebremste K^- verursachte Sterne aufgefunden. In 4 Fällen wurden geladene Hyperonen emittiert, ein Σ^+ zerfiel in Ruhe in ein Proton, ein anderes im Flug, ein 3. Σ^+ in Ruhe in ein leichtes Meson u. ein Σ^- erzeugte in Ruhe einen einzackigen Stern. In 2 Sternen wurden Hyperfragmente beobachtet. In 8 Sternen wurden geladene π-Mesonen emittiert u. in 7 Sternen Elektronen. Die geringe kinet. Energie im Vgl. zur Ruhmasse des K ist mit der Hypothese verträglich, daß bei allen K^--Einfängen ein Hyperon erzeugt wird. Die 2 Hyperfragmente enthalten wahrscheinlich ein gebundenes Λ^0. Das Erzeugungsverhältnis Σ/Λ^0 wird auf 9/21 geschätzt. (Physic. Rev. [2] **100.** 1448—55. 1/12. 1955.) M. WIEDEMANN. 90

Marcel Schein, D. M. Haskin und **Daniel Leenov,** *Instabiles ^4H-Fragment aus dem Einfang eines Σ^--Hyperons.* Ein Stapel ILFORD G 5-Emulsionen von 10×15×5 cm wurde dem 3 GeV-π^--Bündel des Bevatrons ausgesetzt. Von einem Stern mit 9 Zacken ging ein Σ^--Hyperon aus, das nach 12,620 mm Bahnlänge einen 3zackigen Einfangstern lieferte. Hiervon war ein Teilchen ein Proton, eines ein α u. das 3. wurde als ^4H identifiziert, das in 2 kolineare Bahnen, eine 51 MeV-π^-- u. eine ^4He-Bahn, zerfiel. Bei diesem Stern muß weiterhin ein Neutron von 41 MeV emittiert worden sein, es handelt sich demnach um die Rk. $\Sigma^- + p \rightarrow \Lambda^0 + n + Q$. Die Bindungsenergie des Λ^0 im Fragment ergibt sich zu 3,3±1 MeV. (Physic. Rev. [2] **100.** 1455—56. 1/12. 1955. Chicago, Ill., Univ., Dep. of Phys.) M. WIEDEMANN. 90

I. M. Gramenitzki, Je. A. Samtschalowa, M. I. Podgoretzki, M. I. Tretjakowa und **M. N. Schtscherbakowa,** *Mit schweren, instabilen Teilchen verbundene Kernspaltungen.* Vff. geben eine Aufstellung der mittleren Zahl der grauen u. schwarzen Bahnen in Kernemulsionen bei Sternen, die Hyperonen $Y^\pm$ u. Λ^0, $Y^\pm + \Lambda^0$ sowie schwere Mesonen K u. τ enthalten, u. vergleichen die Werte mit den in der Stratosphäre beobachteten Sternen. Ferner diskutieren sie den Einfang von K^- u. die Bldg. eines Λ^0. (Журнал Экспериментальной и Теоретической Физики [J. exp. theoret. Physik] **28.** 616—17. Mai 1955. Physikal. Lebedew-Inst. der Akad. der Wiss. der UdSSR.) M. WIEDEMANN. 90

W. P. Ssilin und **W. Ja. Fainberg,** *Die Methode von Tamm-Dancoff.* Übersicht über die Grundlagen der TAMM-DANCOFF-Meth. u. ihre Anwendung auf verschied. Probleme der Quantentheorie der Mesonen. (Успехи Физических Наук [Fortschr. physik. Wiss.] **56.** 569—635. Aug. 1955.) E. KLEVER. 90

A. D. Galanin, B. L. Ioffe und **I. Ja. Pomerantschuk,** *Über die Asymptotik der Greenschen Funktionen eines Nucleons und Mesons in der pseudoskalaren Theorie mit schwacher Wechselwirkung.* Die Meth. der Renormalisierung von M. u. Ladung wird auf die Unters. des asymptot. Verh. (bei $|p^2| \gg m^2$) der GREENschen Funktionen des Nucleons u. des Mesons in der pseudoskalaren Theorie mit skalarer Wechselwrkg. u. kleiner Kopplungskonstante angewandt. (Журнал Экспериментальной и Теоретической Физики [J. exp. theoret. Physik] **29.** 51—63. Juli 1955. Akad. der Wiss. der UdSSR.) M. WIEDEMANN. 90

W. Ss. Baraschenkow, *Einige Bemerkungen zu den möglichen Formulierungen der Theorie der ausgedehnten Teilchen.* Die Formulierungen der Theorie nichtlokalisierter Felder u. nichtlokalisierter Wechselwirkungen werden behandelt. Als Beispiel wird die Streuung von Pionen an Protonen herangezogen, bei der der Wirkungsquerschnitt 2 ausgeprägte Maxima zeigt. (Журнал Экспериментальной и Теоретической Физики [J. exp. theoret. Physik] **28.** 579—83. Mai 1955.) M. WIEDEMANN. 90

N. Ss. Kalitzin, *Relativistische Mechanik des materiellen Punktes einer veränder lichen Masse.* Vf. behandelt die relativist. Mechanik eines Punktteilchens veränderliche

M. u. leitet die entsprechenden Gleichungen ab. (Журнал Экспериментальной и Теоретической Физики [J. exp. theoret. Physik] **28.** 631—32. Mai 1955. Stalin, Univ. Bulgariens.) M. WIEDEMANN. 90

Ralph Schiller, *Teilchenbewegung in nichtrelativistischer Quantentheorie.* (Sitzungsbericht.) (Physic. Rev. [2] **99.** 662. 15/7. 1955. Stevens Inst. of Technol.) GERHARD SCHMIDT. 90

Joseph V. Lepore und **Maurice Neuman,** *Statistisches Modell für energiereiche Ereignisse.* Vff. beschreiben ein statist. Modell für Nucleon–Nucleon-Stöße, das in einigen wesentlichen Punkten von dem von FERMI vorgeschlagenen abweicht. Mathemat. Ableitungen. (Physic. Rev. [2] **98.** 1484—87. 1/6. 1955. Berkeley, Calif., Univ. of California, Dep. of Phys., Radiat. Labor.) GERHARD SCHMIDT. 90

I. I. Shapiro und **R. J. Glauber,** *Nucleonenstreuung an Kernen bei hohen Energien.* (Sitzungsbericht.) (Physic. Rev. [2] **99.** 629. 15/7. 1955. Lincoln Labor. and Harvard Univ.) GERHARD SCHMIDT. 90

N. G. Van Kampen, *Vervollständigung von stationären Streuzuständen.* 2. Mitt. (1. vgl. C. **1956.** 5.) Mathemat. Beschreibung des Emissionsvorganges durch Wahl einer Überlagerung stationärer Zustände. (Physica **21.** 579—88. Juli 1955. Leiden, Univ., Lorentz-Inst.) GERHARD SCHMIDT. 90

G. Breit, *Theorie des Nucleonentransfers.* (Sitzungsbericht.) (Physic. Rev. [2] **99.** 629. 15/7. 1955. Yale Univ.) GERHARD SCHMIDT. 90

M. I. Fradkin, *Protonen und Neutronen.* Allg. Begriffsbestimmungen. (Наука и Жизнь [Wiss. u. Leben] **22.** Nr. 2. 10—13. Febr. 1955. Physikal. Lebedew-Inst. der Akad. der Wiss. der UdSSR.) O. LEBTAG. 90

C. A. Klein, *Eine Analyse der Phasenverschiebungen der Streuung und Polarisation bei den Neutron–Proton-Stößen großer Energie.* (Vgl. C. **1956.** 2924.) In Erweiterung der theoret. Betrachtungen (l. c.) wird die Phasenverschiebungsanalyse bei den n–p-Stößen nach dem Prinzip der Unabhängigkeit der Kernkräfte bzgl. der Ladung durchgeführt. (Nuovo Cimento [10] **2.** 38—49. 1/7. 1955. Paris, École Norm. Super., Labor. de Phys.) GERHARD SCHMIDT. 90

Vasilis Lavrakas, *Die Geschichte des Neutrons.* (J. chem. Educat. **29.** 281—83. Juni 1952. Lowell, Mass., Lowell Textile Inst.) H.-G. MOSLÉ. 90

W. D. Allen, *Die elastische und unelastsiche Streuung schneller Neutronen.* 3. Mitt. (2. vgl. C. **1956.** 6286.) Zusammenstellung der nach verschied. Verff. (γ-Unterss. aus der unelast. Streuung von D–D-Neutronen, Flugzeitunterss. der D–T-Neutronen, Kugeldurchlässigkeitsmessungen) erhaltenen Ergebnisse, die zur Erweiterung der Theorie der Compoundkernbldg. herangezogen werden können. (Atomics and Atomic Technol. **7.** 103—08. März 1956.) GERHARD SCHMIDT. 90

H. Hurwitz jr. und **P. F. Zweifel,** *Neutronenverlangsamung durch wasserstoffhaltige Moderatoren.* (Vgl. C. **1955.** 2123.) Vff. diskutieren u. vergleichen Behandlungsmethoden der BOLTZMANNschen Gleichung für den Fall einer sinusförmig verteilten Quelle schneller Neutronen in einem wasserstoffhaltigen Material. Die Wirkungen vereinfachender Annahmen, die im allg. bei Reaktorberechnungen gemacht werden, werden analysiert. (J. appl. Physics **26.** 923—31. Aug. 1955. Schenectady, N. Y., Knolls Atom. Power Labor.) GERHARD SCHMIDT. 90

J. E. Hill, L. D. Roberts und **T. E. Fitch,** *Verlangsamungsverteilung von* ^{235}*U-Spaltneutronen aus einer Punktquelle in leichtem Wasser.* Für die Verss. wird ein großer Wassertank (5×5×6 ft) auf die therm. Kolonne des ORNL-Graphitreaktors gesetzt. Die aus dem Reaktor kommenden therm. Neutronen treten durch den Boden in den Tank ein. Eine Quelle schneller Neutronen (^{235}U–Al-Legierung) wird in geeigneter Weise relativ zum Boden des Tanks angebracht. Einige der eintretenden therm. Neutronen werden durch die Quelle eingefangen, wobei sie Spaltneutronen erzeugen. Die Verlangsamungsverteilung dieser Neutronen wird mit In-Folien gemessen, die mit Al, Cd oder ^{10}B bedeckt worden sind. Die Meßergebnisse erstrecken sich bis zur In-Resonanzenergie von 1,458 eV. Die 2., 4., 6. u. 8. Momente der gemessenen Verteilung werden zu $\bar{r}^2 = 184{,}7$ cm^2, $\bar{r}^4 = 1{,}222 \cdot 10^5$ cm^4, $\bar{r}^6 = 2{,}27 \cdot 10^8$ cm^6 u. $\bar{r}^8 = 8{,}6 \cdot 10^{11}$ cm^8 berechnet. (J. appl. Physics **26.** 1013—17. Aug. 1955. Oak Ridge, Tenn., ORNL.) GERHARD SCHMIDT. 90

L. D. Roberts, J. E. Hill und **T. E. Fitch,** *Verlangsamungsverteilung bis zur Indiumresonanz von* ^{235}*U-Spaltneutronen aus einer punktförmigen Spaltquelle in zwei Aluminium–leichtes Wasser-Mischungen.* (Vgl. vorst. Ref.) Vff. bestimmen die mittlere quadrat. Verlangsamungslänge, $\bar{r}^2$, in 2 Leichtwasser–Al-Mischungen, deren Volumenverhältnisse 1:1 u. 2:1 für die beiden Proben betragen. Die Werte für $\bar{r}^2$ für die 1:1-Mischung sind

460,7 cm² u. für die 2:1-Mischung $\bar{r}^2 = 297{,}4$ cm². (J. appl. Physics **26**. 1018—21. Aug. 1955.) Gerhard Schmidt. 90

O. W. Greenberg und **A. S. Wightman,** *Erneute Prüfung der Neutrinotheorie des Lichtes.* (Sitzungsbericht.) (Physic. Rev. [2] **99**. 675. 15/7. 1955. Princeton Univ.) Gerhard Schmidt. 90

M. Mięsowicz, L. Jurkiewicz und **J. M. Massalski,** *Bemerkungen über energiearme γ-Strahlung in großen Tiefen.* Vff. bestätigen die Beobachtungen von Barnóthy u. Forró (Physic. Rev. [2] **74**. [1948.] 1300) durch Messungen in 540 u. 660 m Wasseräquivalent u. Best. der Absorption der energiearmen γ-Strahlung in Pb. Für die Registrierung doppelter Koinzidenzen wird angenommen, daß das γ-Quant den ersten Zähler durch ein Compton-Elektron u. das gestreute Quant den zweiten Zähler in üblicher Weise entlädt. Unter Berücksichtigung der Argumente verschied. anderer Autoren wird die ursprüngliche Annahme gestützt, daß die in großen Tiefen untersuchte Photonenstrahlung als eine γ-Strahlung lokalen Ursprungs betrachtet werden muß. (Nuovo Cimento [10] **2**. 152—54. 1/7. 1955. Krakau, Polish Acad. of Sci., Inst. of Phys., Labor. of Nucl. Phys.) Gerhard Schmidt. 90

G. M. Lewis, *Positron–Elektron-Vernichtung und Positronium.* 3. Mitt. (2. vgl. C. **1956**. 6286.) Zusammenstellung u. Diskussion der Messungen der Vernichtungszeiten für Positronen u. der Lebensdauer für Positronium in festen Stoffen. — 15 Literaturhinweise. (Atomics and Atomic Technol. **7**. 100—02. März 1956. Glasgow, Univ., Dep. of Natural Philos.) Gerhard Schmidt. 90

P. Bobrinsky, *Die α-Radioaktivität und die Zerstreuung elektrostatischer Aufladungen. Statischer Eliminator.* Vf. berichtet über die ionisierende Wrkg. der α-Strahlen der natürlichen radioakt. Stoffe u. die Zerstreuung von elektr. Aufladungen auf isolierenden Flächen durch geeignet angeordnete akt. Präparate. (Électronique **1953**. Nr. 85. 6—8. Dez.) W. Reusse. 90

M. J. Englefield, *Direkte Schätzung der fraktionellen Herkunftskoeffizienten unter Verwendung von Young-Operatoren: Normalisierung von Vierteilchen-Wellenfunktionen.* Mathemat. Ableitung expliziter Ausdrücke für den unbestimmten Faktor $N_{\alpha\beta}$. (Physic. Rev. [2] **98**. 1213—15. 1/6. 1955. Southampton, Univ., Mathemat. Dep.) Gerhard Schmidt. 95

Robert L. Mills und **Norman M. Kroll,** *Strahlungskorrekturen vierter Ordnung an den Energieniveaus der Atome.* 2. Mitt. (1. vgl. Weneser u. Mitarbeiter, C. **1954**. 10636.) Vff. beschreiben eine mathemat. Näherungsmeth. zur Behandlung des Problems des wasserstoffähnlichen Atoms in der Quantenelektrodynamik durch Trennung der Integrale in Teile, die mit relativist. u. nichtrelativist. Approximationen geschätzt werden können. (Physic. Rev. [2] **98**. 1489—1500. 1/6. 1955. New York, N. Y., Columbia Univ.) Gerhard Schmidt. 95

B. I. Spinrad, *Schwellenwerte der inneren Konversionskoeffizienten für die K-Schale.* Wiedergabe korr. relativist. Berechnungen für die inneren Konversionskoeffizienten der K-Elektronen bei Schwellenenergien der γ-Strahlen für elektr. u. magnet. Multipole u. Vgl. der Ergebnisse mit nichtrelativist. Formeln. (Physic. Rev. [2] **98**. 1302—04. 1/6. 1955. Lemont, Ill., ANL.) Gerhard Schmidt. 95

K. A. Brueckner, R. J. Eden und **N. C. Francis,** *Energiereiche Reaktionen und der Beweis für Korrelationen bei der Grundzustands-Wellenfunktion des Kerns.* Vff. analysieren energiereiche Kern-Rkk., die stark von den Lagebeziehungen des Nucleons im Grundzustand des Kerns abhängen. Theoret. Beweise werden für den Kernphotoeffekt, die Mesonenabsorption in Kernen, das Deuteron-pickup, die p–p-Streuung in einem Kern u. für die Mesonenerzeugung bei Proton–Kern-Stößen geliefert. (Physic. Rev. [2] **98**. 1445—55. 1/6. 1955. Bloomington, Ind., Indiana Univ.) Gerhard Schmidt. 103

Je. L. Feinberg, *Über die Wechselwirkung schneller Deuteronen mit Kernen.* Die Analyse der Wechselwrkg. schneller nichtrelativist. Deuteronen (30—300 MeV) mit Kernen ergibt 3 Prozesse: 1. Absorption, gefolgt von einer Kern-Rk.; 2. Abstreif-Rk., ebenfalls gefolgt von einer Kern-Rk. u. der Aussendung des Protons oder Neutrons u. 3. Spaltung des Deuterons in ein freies Proton u. ein Neutron unter dem Einfl. des elektr. Feldes des Kerns. Vf. diskutiert die Beugungsstreuung des Deuterons als Ganzes, bei der es infolge des Kernrückstoßes ebenfalls zu einer Spaltung des Deuterons in ein Proton u. ein Neutron kommen kann. Die Bedingungen für diesen Prozeß werden ermittelt u. der Wirkungsquerschnitt abgeschätzt. (Журнал Экспериментальной и Теоретической Физики [J. exp. theoret. Physik] **29**. 115—20. Juli 1955. Physikal. Lebedew-Inst. der Akad. der Wiss. der UdSSR.) M. Wiedemann. 103

D. A. Frank-Kamenetzki, *Über die zahlenmäßige Bedeutung der Konstanten der Triplett-β-Wechselwirkung.* Das Verhältnis der Konstanten zweier elementarer Wechselwirkungen, die zu erlaubten β-Prozessen führen, kann aus den experimentellen Daten ermittelt werden. Für einen gemischten Prozeß mit Singulett- u. Triplettwechselwrkg. gilt: $ft\,(M_0^2/A_0 + M_1^2/A_1) = 1$ mit M = Kernmatrix, $A = 1{,}2\cdot10^{-94}/G^2$, G = Wechselwirkungskonstante, Index 1 u. 0 beziehen sich auf Triplett u. Singulett. Der Zerfall von ^{14}O liefert $A_0 = 6650 \pm 150$ sec, der des Tritons u. astrophysikal. Daten $3600 > A_1 > 2600$ sec. (Журнал Экспериментальной и Теоретической Физики [J. exp. theoret. Physik] **29.** 135—36. Juli 1955. Physikal. Lebedew-Inst. der Akad. der Wiss. der UdSSR.) M. Wiedemann. 103

I. W. Esstulin und **Je. M. Moissejewa,** *Messung des Koeffizienten der inneren Konversion der γ-Strahlen von $^{87}Sr^*$, $^{115}In^*$ und $^{51}V^*$ an den Elektronen der Atome.* Durch direkte Messung der Zahl der γ-Quanten u. der Zahl der Elektronen wurden bei ^{113}In*, das auf chem. Wege aus dem akt. ^{113}Sn abgetrennt wurde, bei ^{115}In*, das auf chem. Wege von ^{115}Cd getrennt wurde, bei ^{87}Sr* u. bei ^{51}V* die Koeffizienten der inneren Konversion bestimmt. Bei den γ-Zählern von 10 cm Länge u. 2 cm Durchmesser wurde die Abhängigkeit der Ansprechbarkeit von der Energie ermittelt. Die Präpp. von ~0,1 mC befanden sich in 3—8 cm Abstand. Für die Messung der Elektronen wurde das Präp. auf einer Unterlage von 13,5 mg/cm² in ein Vakuumrohr von 30—35 mm Durchmesser gebracht, das sich in einem Magnetfeld befand u. am anderen Ende im Abstand von 6—9 cm vom Präp. ein Zählrohr enthielt. Es wurden folgende Konversionskoeffizienten ermittelt: $0{,}39 \pm 0{,}04$, $0{,}9 \pm 0{,}06$, $0{,}26 \pm 0{,}03$ u. $(3{,}1 \pm 0{,}2)\cdot 10^{-3}$. Demnach handelt es sich in den ersten 3 Fällen um einen elektr. 2^5-, im letzten Fall um einen E 2-Übergang. (Журнал Экспериментальной и Теоретической Физики [J. exp. theoret. Physik] **28.** 541—46. Mai 1955. Moskau, Univ.) M. Wiedemann. 103

H. de Waard, *Der Zerfall von Ytterbium 175 und 177.* Zur Messung des Zerfalls von ^{175}Yb (4,2 Tage) werden 99,8% reines Yb_2O_3 im Reaktor bestrahlt. Ein Teil der akt. Substanz wird dann weiter durch Ionenaustauschchromatographie gereinigt. Das γ-Spektr. dieser Aktivität wird mit einem Scintillationsspektrometer, Konversions- u. β-Spektren mit einem Doppelfokus- bzw. Zwischenbildmagnetspektrometer aufgenommen. Beim Zerfall von ^{175}Yb treten γ-Strahlen mit $113{,}0 \pm 0{,}3$, 281 ± 1 u. $395{,}1 \pm 0{,}3$ MeV auf. Die Konversionsverhältnisse sowie der Konversionskoeff. $\alpha_K = 2{,}25 \pm 0{,}5$ werden angegeben. Die Konversions- u. Intensitätsdaten der beiden letzten γ-Strahlen zeigen an, daß diese Strahlen wahrscheinlich Mischungen von E 1 + M 2-Strahlung sind. Die Aktivität von ^{177}Yb (1,8 Std.) wird durch Bestrahlung von 99,8% reinem Yb_2O_3 mit schnellen Cyclotronneutronen erzeugt. Das γ-Spektr. wird mit einem Scintillationsspektrometer untersucht, Konversions- u. β-Spektr. mit einem Zwischenbildmagnetspektrometer aufgenommen. γ-Strahlen werden bei 119 ± 1 u. 146 ± 1 keV gefunden. Die Konversionsdaten des zweiten γ-Strahls sprechen für einen 90% E 1 + 10% M 2-Charakter dieses Strahls, α_K ergibt sich zu $0{,}63 \pm 0{,}08$. Für das 146 keV-Niveau wird eine negative Parität u. ein Spin 5/2, 7/2 oder 9/2 gefordert. (Philos. Mag. [7] **46.** 445—47. April 1955. Stockholm, Nobel-Inst. for Phys.) Gerhard Schmidt. 103

L. Åkerlind, B. Hartmann und **T. Wiedling,** *Winkelkorrelation von γ-Strahlen in ^{175}Cp.* Vff. untersuchen die Winkelkorrelation der beiden Kaskaden-γ-Strahlen von 281 u. 113 keV Energie in ^{175}Cp, das dem β-Zerfall von ^{175}Yb folgt. Die Unters. wird mit 2 in Koinzidenz geschalteten Scintillationsspektrometern durchgeführt. Reaktorbestrahltes Yb_2O_3 wird chem. durch Ionenaustauschchromatographie gereinigt. Die Korrelationsmessungen werden an einer in W. gelösten Probe von $Yb(NO_3)_3$ durchgeführt. Das Vol. der Lsg. beträgt $\sim 6\cdot 10^{-3}$ cm³. Unter der Annahme eines Spins 9/2 für den angeregten Zustand bei 395 keV u. eines reinen Typs des Überganges, der von diesem Zustand zum ersten angeregten Zustand führt, liefert die Korrelationsmessung ein Mischungsverhältnis E 2/M 1 = (17 ± 1) % für den Rotationsübergang zum Grundzustand, während ein Spin 7/2 u. reiner Typ des ersten Überganges E 2/M 1 = $(3{,}1 \pm 0{,}5)$ % ergibt. (Philos. Mag. [7] **46.** 448—49. April 1955. Stockholm, Univ., Labor. of Phys.) Gerhard Schmidt. 103

C. P. Keim, *Die Herstellung von angereicherten nichtradioaktiven Isotopen beim Oak Ridge National Laboratory.* Vf. gibt einen Überblick über die mit den großen Massenspektrographen (Calutron) gemachten Erfahrungen u. beschreibt als Beispiele die Abtrennung von Li, K, Fe, Ru, Pt, Ir, Pd u. Seltenen Erden. Bisher wurden die natürlichen Isotope folgender Elemente erfolgreich angereichert: Li, B, C, Mg, Si, S, Cl, K, Ca, Ti, V, Cr, Fe, Ni, Cu, Zn, Ge, Ga, Se, Br, Rb, Sr, Zr, Mo, Ru, Pd, Ag, Cd, In, Sn, Sb, Te, Ba, La, Ce, Nd, Sm, Gd, Hf, W, Re, Ir, Pt, Hg, Tl u. Pb. (Nature [London] **175.** 98—101. 15/1. 1955. Oak Ridge, Tenn., ORNL.) H. Gedschold. 104

W. D. Allen, R. H. Dawton, M. L. Smith und **P. C. Thonemann,** *Die Herstellung von elektromagnetisch angereicherten stabilen Isotopen in Harwell.* (Vgl. vorst. Ref.) Ana-

loger Bericht über die 1948 bzw. 1950 in Harwell in Betrieb genommenen beiden Massenspektrographen, die für die Trennung stabiler Isotope verwendet werden. (Nature [London] **175.** 101—03. 15/1. 1955. Harwell, Berks., AERE, Phys. Div.)
H. Gedschold. 104

F. S. Martin und **G. L. Miles,** *Chemische Prozesse in der Atomkernkraftindustrie.* 3. Mitt. *Prozesse in wässeriger Phase.* (2. vgl. C. **1956.** 6569.) Vff. weisen darauf hin, daß die Probleme der Spaltstoffauflsg. (wss. Phase) durch die weitere Entw. korrosionsfester Legierungen u. keram. Spaltstoffe schwieriger werden. Die Extraktionsprozesse mit Lösungsmitteln erweisen sich für die Aufbereitung konz. spaltbarer Stoffe aus stark angereicherten Reaktoren, für die lange Kühlzeiten unwirtschaftlich sind, als ungeeignet. Bzgl. der Ionenaustauschverff. wird die Herst. strahlenresistenter (anorgan.) Austauscher für erforderlich gehalten. Fällungsverff. können in den Fällen Anwendung finden, in denen schnelle Aufbereitung u. Regeneration des Spaltstoffes geboten sind. (Atomics and Atomic Technol. **7.** 79—87. 110. März 1956. Harwell, AERE.)
Gerhard Schmidt. 110

J. M. Kay und **F. J. Hutchinson,** *Der Druckwasserreaktor als eine Wärmequelle für Dampfanlagen.* 2. Mitt. (1. vgl. C. **1956.** 6289.) Im Anschluß an l. c. werden das Wärmeübertragungsdiagramm, die wärmetechn. Daten für den prim. Kühlkreis u. äußeren Wärmeaustauscher sowie ein Vgl. des Wirkungsgrades jedes der 5 zitierten Dampfkreise gegeben. (Atomics and Atomic Technol. **7.** 91—96. März 1956.)
Gerhard Schmidt. 110

Giovanni Faraone, *Untersuchungen über die Kinetik radioaktiver Zerfälle mittels photographischer Emulsionen.* 1. Mitt. *Experimentelle Prüfung einer Pechblende im radioaktiven Gleichgewicht.* An einem Stück Pechblende mit genau analysierter chem. Zus. wird gezeigt, wie man aus den Bahnspuren in bekannten Emulsionsdicken den Geh. an U u. Th bestimmen u. wie man aus einer quantitativen Analyse der Bahnspuren die radioakt. Elemente u. ihre Radioisotope analysieren kann. (Ann. Chimica **45.** 141—55. Febr./März 1955. Messina, Univ., Ist. di Chim. fis.; Padova, C. N. R., Centro di stud. per la Chim. nucl.)
H. C. Wolf. 112

M. M. Agresst, *Über die Berechnung der Enddicke der Emulsionsschicht bei der Untersuchung von Kernprozessen mit Hilfe der photographischen Methode.* (Vgl. Bene u. Agresst, C. **1955.** 8546.) Der Ausdruck für die Zahl der sek. Teilchen, die bei einer Kern-Rk. in einer Photoemulsion entstehen, im Verhältnis zur Zahl der Sekundärteilchen, deren Bahnen vollständig innerhalb der Emulsion verlaufen, wird für den Fall eines beliebigen Winkels der Primärteilchen mit der Oberfläche der Emulsion erweitert. Dabei werden verschied. Annahmen bzgl. der Dicke der Emulsion gemacht. (Журнал Экспериментальной и Теоретической Физики [J. exp. theoret. Physik] **29.** 249—51. Aug. 1955.)
M. Wiedemann. 112

R. R. Daniel, G. Friedmann, D. Lal, Yash Pal und **B. Peters,** *Über den Aufbau großer Emulsionsblockdetektoren.* (Vgl. Lal u. Mitarbeiter, C. **1954.** 9453.) Aus 200 Kernemulsionsschichten von 600 μ Dicke werden Emulsionsblöcke von $15 \times 15 \times 12$ cm³ hergestellt. Zur leichten Auffindung korrespondierender Stellen auf aneinander grenzenden Emulsionsschichten wird zwischen diesen ein Netz von mit Po aktivierten 18 μ dicken Nylonfäden mit 1 cm Abstand montiert. Bei dem Ausmeßverf. mit 2 Mikroskopen ist der Einstellfehler im Mittel 20—30 μ. Mitt. von Maßnahmen zur Verhinderung des Auftretens von Luftblasen u. von Verzerrungen der Emulsionen bei der Entwicklung. (Proc. Indian Acad. Sci., Sect. **A 40.** 151—57. Okt. 1954. Bombay, Tata Inst. of Fundament. Res.)
H.-J. Eichhoff. 112

V. D. Hopper, Y. K. Lim und **Madeline C. Walters,** *Die Messung und Herabsetzung der Verzerrung in dicken Emulsionen.* Unters. einiger die Verzerrung entwickelter Bahnspuren beeinflussender Faktoren an 400 μ dicken Ilford G 5-Emulsionen. Wenn bei der Entw. 15° nicht überschritten werden u. die Trocknung durch A.-W.-Mischungen mit steigender Konz. vorgenommen wird, ist der Verzerrungsfehler bei Messungen der Streuung geringer als der n. Störpegel. Durch Anpassung einer Sinusreihe an die Kurve für die Bahnspur eines Teilchens hoher Energie läßt sich die Verzerrung in einfacher Weise quantitativ beschreiben. (Austral. J. Physics **7.** 288—96. Juni 1954. Melbourne, Univ., Phys. Dep.)
H.-J. Eichhoff. 112

Wolfgang Lohmann, *Ein einfaches Entwicklungsverfahren für Kernplatten.* Modifizierung des Entwicklungsverf. nach Bernet u. Chastel (C. **1956.** 319) durch Ansäuern des Amidolentwicklers mit HCl u. Arbeiten bei einer konstanten Temp. von 20°. Zusammenstellung der Entwicklungsbedingungen für Emulsionsdicken von 50—400 μ. (Z. Naturforsch. **11a.** 174—75. Febr. 1956. Freiburg/Br., Univ., Physik. Inst.)
H.-J. Eichhoff. 112

W. G. Kirillow-Ugrjumow, W. M. Fedorow und **B. N. Derjagin,** *Rechteckige Wilson-Kammer mit zweiseitiger Ausdehnung.* Es wurde eine rechteckige WILSON-Kammer von 230×380 mm mit 120 mm Tiefe aus Duralumin konstruiert, bei der die Ausdehnung auf beiden gegenüberliegenden Seiten erfolgt. Die Kammer kann Platten aufnehmen u. eignet sich zur Verwendung mit dem magnet. Massenspektrometer. Die Kammer wird mit 65% Al u. 35% W. gefüllt. (Журнал Экспериментальной и Теоретической Физики [J. exp. theoret. Physik] **28.** 603—07. Mai 1955. Physikal. Lebedew-Inst. der Akad. der Wiss. der UdSSR.) M. WIEDEMANN. 112

W. K. Ljapidewski, *Untersuchung des Feldes der Partialdrucke in einer Diffusionskondensationskammer.* Die Verteilung der Übersättigung in einer Diffusionskammer hängt vom Feld der Temp. u. des Partialdruckes ab. Das zylindr. Glasgefäß hatte einen doppelten Messingboden, der mittels fl. N_2 gekühlt wurde. Die Expansion erfolgte in einem Gefäß oberhalb des Arbeitsraumes. Als Dampfquelle diente A., die Diffusionskammer war mit Luft von 1 at gefüllt. Der Partialdruck stieg mit der Entfernung vom Boden bis $\sim$ 30 cm steil an, dann blieb er nahezu konstant, die empfindliche Schicht lag bei 15 cm. Geladene Kondensationszentren änderten die Partialdruckverteilung oberhalb der empfindlichen Schicht nicht wesentlich. Bei Erhöhung der Zahl der Zentren im Kammerraum verringerte sich die Höhe der empfindlichen Schicht. (Журнал Экспериментальной и Теоретической Физики [J. exp. theoret. Physik] **29.** 263—64. Aug. 1955. Moskau, Ingenieur-physikal. Inst.) M. WIEDEMANN. 112

K. G. Zimmer, *Experimentelle Bestimmung der Beziehung erg/Grammröntgen.* Eine exakte Messung von Absorptionskonstanten besteht darin, analog der ionometr. Best. der Energieabgabe radioakt. Stoffe die von einem radioakt. Präp. (γ-Strahler) genau bestimmter Aktivität u. bekannten Zerfallsschemas in einer prakt. unendlich großen M. des interessierenden Mediums hervorgerufene Integral-Dosisleistung feststellen. Hierbei läßt sich direkt die gesuchte Beziehung erg/Grammröntgen ermitteln. Als Strahlenquelle diente ein Präp. von 100 mC ^{60}Co, als absorbierendes Medium eine Wassermasse von 5 m^3. Zur Best. der Integraldosisleistung D sind Kondensatorionisationskammern sehr zweckmäßig. Da jeder zerfallende ^{60}Co-Kern zwei Photonen mit den Energien 1,17 u. 1,33 MeV aussendet, erhält Vf. für die Emission der Quelle von 100 mC $Q = 1{,}48 \cdot 10^4$ erg/sec. Dies ergibt mit der D. des W. d = 1 g/cm^3 die zu bestimmende Größe $Q/Dd = 84$ erg/Grammröntgen. (Z. Naturforsch. **11b.** 56—57. Jan. 1956. Hamburg-Eppendorf, Univ., Frauenklin., Forschungsabt.) GERHARD SCHMIDT. 112

K. G. Zimmer, *Eine Rechenhilfe für die Auswertung strahlenbiologischer Versuche.* Zwischen der Oberfläche O eines konvexen Körpers u. seiner mittleren Projektion P besteht die Beziehung $O = 4P$. Der gesuchte mittlere Durchmesser D eines konvexen Körpers vom Vol. V ergibt sich zu $D = V/P = 4V/O$. Da viele der in der Strahlenbiologie interessierenden Gebilde konvexe Körper darstellen oder durch solche, wie z. B. Kugeln, Zylinder, Ellipsoide, Prismen oder Pyramiden, gut angenähert werden können, ermöglicht obige Beziehung eine schnelle u. einfache Durchführung vieler Rechnungen. (Z. Naturforsch. **11b.** 57. Jan. 1956.) GERHARD SCHMIDT. 112

Michel Yves Bernard, *Die Fokussierung von Teilchen großer Geschwindigkeit mit Gitterlinsen.* 1. Mitt. *Die Konvergenz von Gitterlinsen.* Zur Fokussierung von Ionenstrahlen in Linearbeschleunigern wird eine Dreielektrodenlinse mit stat. Feld empfohlen. Die beiden äußeren Elektroden sind Lochblenden, die mittlere besteht aus einem Metallgitter. Die besondere Bedeutung dieser Linsenform resultiert aus der Tatsache, daß in der Ebene des Gitters das stat. Feld eine Unstetigkeit besitzt. Eine wirksame Fokussierung kommt daher auch dann zustande, wenn Teilchen extrem hoher Geschwindigkeit von mehreren MeV die mit wesentlich kleinerem Potential (Größenordnung 10^5 V) betriebene Linse durchlaufen. Der Feldverlauf als Funktion der elektr. u. geometr. Bedingungen wird berechnet, ferner werden die opt. Eigg. der Linse behandelt. Bei einem Vgl. mit 2- oder 3-Elektrodenlinsen in Form von Lochblenden als Elektroden u. mit gleichen Potentialen ergibt sich die Überlegenheit der Gitterlinse für den vorliegenden Zweck. (J. Physique Radium **14.** 381—94. Juni 1953.) W. REUSSE. 112

L. Waldmann und **R. Bieri,** *Über einen negativen Widerstand für Gleich- und Wechselstrom.* Eine symm. Röhrenschaltung mit zwei äußeren Klemmen wird angegeben, die einen zwischen diesen Klemmen liegenden Widerstand darstellt. Im einfachsten Fall enthält die Anordnung eine Doppeltriode u. zwei Anodenwiderstände. Durch Parallelschaltung mehrerer Doppeltrioden u. Einführung auch von Kathodenwiderständen kann ein Widerstand von ca. $-3\,k\Omega$ erhalten werden, der in einem Spannungsbereich von ± 12 V auf 1,5‰ konstant war. Das Verh. an der Stabilitätsgrenze, für welches die Abweichungen vom linearen Strom–Spannungs-Zusammenhang maßgebend sind, wurde untersucht. Auf die Anwendung negativer Widerstände für Meßzwecke u. für Analogiegeräte zur Umkehrung von symm., definiten Matrizen wird hingewiesen. (Z. Naturforsch. **10a.** 814–20. Nov. 1955. Mainz, MPI für Chem.) B. Müller. 112

G. S. Towler, *Die Verwendung von Schutzschichten in Atomenergieanlagen.* Erfahrungsaustausch über Verwendung organ. Lösungsmittel zum Schutz gegen radioakt. Handverunreinigung in Verbindung mit Arzthandschuhen. In einigen Fällen lassen sich nach dieser Meth. α-Aktivitäten bis zu 99% nach doppeltem Waschen entfernen. (Atomics and Atomic Technol. **7.** 88–89. März 1956. Industr. Group, UKAEA.) Gerhard Schmidt. 112

A$_2$. Optisches Verhalten der Materie.

H. K. Paetzold, *Zur Ultrarotabsorption des Ozons.* Vf. untersucht die Druckabhängigkeit der 9,6 μ-Bande des atmosphär. O_3 mit Hilfe der Weissenauer Messungen der vertikalen O_3-Verteilung. Die dazu gehörenden Kurven p(h)·ε(h) sind dargestellt. Die Messungen werden zwischen den Höhen 0 km bis oberhalb 20 km durchgeführt; die beste Korrelation ergibt sich für das troposphär. Ozon. Eine weitere Möglichkeit zur indirekten Best. der vertikalen O_3-Verteilung vom Erdboden aus wird aufgezeigt. (Z. Naturforsch. **11a.** 128–30. Febr. 1956. Weissenau, MPI für Phys. der Stratosphäre.) E. Hahn. 113

Gilbert Amat, Mark Goldsmith und **Harald H. Nielsen,** *Der Einfluß der Fermi-Resonanz auf die zentrifugale Streckungskonstante eines linearen Moleküls.* Der Einfl. der Fermi-Resonanz auf die zentrifugale Verdrehungskonstante eines linearen Mol. wird berechnet u. auf CO_2 angewendet. Ferner wird die Theorie dieser Banden, welche gleichzeitig Fermi-Resonanz u. l-Typ-Verdopplung aufweisen, diskutiert. (J. chem. Physics **24.** 44–47. Jan. 1956. Columbus, O., Ohio State Univ., Dep. of Phys. and Astronomy.) E. Hahn. 114

Ta-You Wu und **A. B. Bhatia,** *Über die Kopplung zwischen Elektronen- und Kernbewegungen in Molekülen.* Für den n. Zustand von H_2^+ u. dem niedrigsten $^1\Sigma$- u. $^3\Sigma$-Zustand von H_2 wird die Energie der Kopplung zwischen der Elektronen- u. Kernbewegung berechnet. Sie wird durch ein Abstoßungspotential, welches von derselben Größenordnung wie die van der Waalssche Wechselwrkg. ist, dargestellt. Daher ist bei theoret. Wechselwirkungsberechnungen zwischen leichten neutralen Atomen diese Kopplung zwischen Elektronen- u. Kernbewegungen einzubeziehen. (J. chem. Physics **24.** 48–52. Jan. 1956. Ottawa, Can., Nat. Res. Council, Div. of Pure Phys.) E. Hahn. 114

M. Levy, *Empirische Beziehung zwischen der Anregungsenergie der F-Bande und physikalischen Konstanten für Alkalihalogenide.* Vf. berechnet die Anregungsenergie der F-Bande einmal unter Zugrundelegung des Bohrschen Radius von 0,529 Å u. zum anderen mit dem Radius des Kations. Das Verhältnis des zweiten zum ersten Wert liegt bei den Alkalihalogeniden (*LiF, LiCl, NaF, NaCl, NaBr, NaJ, KF, KCl, KBr, KJ, RbCl, RbBr*) im allg. bei 1, lediglich für *CsCl* hat es den Wert 1,64, was auf die unterschiedliche Kristallstruktur zurückgeführt wird. (Nature [London] **177.** 241. 4/2. 1956. Harwell, Berks., Atomic Energy Res. Establ., Metallurgy Div.) H. W. Levi. 114

J. D. Lawson, *Zur Beziehung zwischen Čerenkov-Strahlung und Bremsstrahlung.* Aus den Strahlungscharakteristiken in Abhängigkeit von der Spurlänge a u. von $\beta = v/c$ folgt für endliches a für $\beta n > 1$ die Existenz von Čerenkov-Strahlung u. Bremsstrahlung, für $\beta n < 1$ nur die von Bremsstrahlung (n = Brechungsindex des Mediums). Eine scharfe Trennung zwischen beiden Strahlungen ist nicht möglich. Ein scharfer Übergang ergibt sich theoret. im Grenzfall $a \to \infty$ für $\beta n = 1$. Diese Spuren spalten aber infolge Streuung in mehrere endlicher Länge auf, so daß man prakt. für $\beta n < 1$ wieder Bremsstrahlung erhält, während für $\beta n > 1$ keine scharfe Trennung besteht. Wird eine einzelne endliche Spur eines relativist. Teilchens im freien Raum betrachtet ($\beta n = \beta \approx 1 - E^2/2m^2c^4$), so erhält man ($\lambda$ = Wellenlänge) für $a/\lambda \gg 2E^2/m^2c^4$ Winkelverteilung u. Intensität der Strahlung unabhängig von a u. λ. Das Intensitätsmaximum liegt dann bei einem Winkel $\Theta = 2E^2/m^2c^4$. Die Strahlung zeigt ähnliches Verh. wie eine Bremsstrahlung. (Philos. Mag. [7] **45.** 748–50. Juli 1954. Harwell, Atomic Energy Res. Establ.) H. Liepack. 116

Alan D. K. Laird, *Messung der Wellenlängen der Intensitätsmaxima von Röntgenröhrenspektren.* Es wird eine neue Meth. zur Messung der Wellenlänge des Intensitätsmaximums von Röntgenröhren mitgeteilt. Diese bedient sich der bekannten Absorptionswerte u. gewährt eine unabhängige Kontrolle der Messungen mit dem Kristallspektrometer. Bei einer Röhre mit *W*-Elektrode wurden folgende Werte gemessen: bei 50,0; 45,5; 39,8 u. 33,5 kV Maxima bei 0,337; 0,367; 0,416 u. 0,478 Å. Gleichzeitig erhält man im Gebiet zwischen 30 u. 70 kV die Abhängigkeit der Intensität von der angelegten Spannung bei konstanter Wellenlänge für Bereiche kürzerer Wellenlängen als der dem

Maximum entsprechenden. (J. opt. Soc. America **45.** 568—71. Juli 1955. Berkeley, Calif., Univ. of California.) B. MÜLLER. 116

Paul D. Zemany und **Herman A. Liebhafsky**, *Plattierungsdicken aus der Schwächung charakteristischer Röntgenstrahlen.* Die Dicke der Auflage auf plattierten Metallen kann in der Weise bestimmt werden, daß man ein Röntgenstrahlenbündel ausreichender Energie u. Intensität auf das Metall fallen läßt u. die Schwächung der von dem Substrat emittierten, charakterist. Strahlung durch die Plattierung bestimmt. In der vorliegenden Unters. wird die Schwächung einer charakterist. Linie von Ag bzw. Zr durch eine Fe-Folie in einem Spektrographen bestimmt, der mit einer guten Justiereinrichtung u. einem Reflexionskristall (LiF) ausgestattet ist. Es wird jeweils die für 2^{14} Impulse benötigte Zeit für das plattierte u. unplattierte Metall bestimmt u. das Absorptionsgesetz in der Form $\ln [I_0/I] = [\mu_1/\sin\vartheta_1 + \mu_2/\sin\vartheta_2]\varrho d$ verwendet. Hierin bedeuten I_0/I das Verhältnis der bzgl. Untergrund korr. Zählgeschwindigkeiten u. μ_1 u. μ_2 die Massenabsorptionskoeffizienten von Fe für die einfallende polychromat. u. für die ausgesandte charakterist. Röntgenstrahlung. ϑ_1 u. ϑ_2 sind die Winkel des einfallenden (30°) u. des austretenden (60°) Strahls mit der als eben angenommenen Metalloberfläche. Statt μ_1 u. μ_2 kann ein mittleres μ eingeführt werden. Die Ergebnisse zeigen, daß das Absorptionsgesetz voll erfüllt ist u. daß überdies Übereinstimmung mit den bekannten Massenabsorptionskoeffizienten von Fe besteht. Die angegebene Meth. besitzt Vorteile gegenüber Verff., die die Schwächung eines g e b e u g t e n Röntgenstrahls zur Dickenmessung verwenden. (J. electrochem. Soc. **103.** 157—59. März 1956. Schenectady, N.Y., General Electric Comp., Res. Labor.) W. KRÖNERT. 116

A. O. McCoubrey, D. Alpert und **T. Holstein**, *Einfang von Resonanzstrahlung in Natriumdampf.* (Sitzungsbericht.) (Vgl. C. **1950.** II. 1319.) (Sitzungsbericht.) Vff. untersuchten den Einfang von Resonanzstrahlungen der Wellenlängen $\lambda = 5890$ u. 5896 Å in Na-Dampf. Bei Dampfdichten unterhalb 10^{14} Atome/cm³, bei denen die Linienform durch DOPPLER-Verbreiterung bestimmt ist, steigt die Einfangzeit in Übereinstimmung mit der Theorie monoton mit der Dampfdichte an. Für Dampfdichten oberhalb 10^{14} Atome/cm³ wird die Einfangzeit von derDampfdichte unabhängig. Dieses Verh. steht ebenfalls in Übereinstimmung mit theoret. Voraussagen. (Physic. Rev. [2] **83.** 201. 1/7. 1951. Westinghouse Res. Labors.) E. WASSEROTH. 118

Leon Blitzer, *Verschiebungen und Asymmetrien in kondensierten Funkenspektren elektro-plattierter Elektroden.* Mit Hilfe eines zeitauflösenden Spektrographen wurden einige Besonderheiten im Funkenspektr. von elektro-plattierten Cu-Elektroden mit Ag-Schichten von ca. 1—10 μ Dicke untersucht. Der Beginn der Entladung ist durch kurzlebige, verbreiterte Linien von NII u. OII u. ein intensives Kontinuum charakterisiert. Das Linienspektr. besteht hauptsächlich aus Linien von Ag II u. einigen von Ag I. Nur die Hoch–Niveau-Linien von Ag II sind anfänglich asymm. verbreitert u. weisen Rotverschiebungen auf, kehren jedoch nach 6—9 μsec an ihre ursprüngliche Lage im Spektr. zurück. Die Linien niedriger Niveauübergänge sind durch Selbstumkehr u. angrenzendes Kontinuum gekennzeichnet. Die starke Ähnlichkeit des Spektr. mit dem eines explodierenden Ag-Drahtes weist auf den gleichen zugrunde liegenden Mechanismus beider Effekt hin. Diese Erscheinungen werden durch den STARK-Effekt erklärt, der durch die Felder der angrenzenden Ionen u. Elektronen hervorgerufen wird. (J. opt. Soc. America **45.** 564—67. Juli 1955. Tucson, Ariz., Univ. of Arizona, Dep. of Phys.; Inyokern, China Lake, Calif., U. S. Naval Ordnance Test Stat.) B. MÜLLER. 118

Genneviéve Poinsot und **Jean-Paul Mathieu**, *Brechungsdispersion einiger kubischer Kristalle.* Messung der Brechungsindices von NH_4Cl, $NaBrO_3 \cdot Sr(NO_3)_2$, $Ba(NO_3)_2$, $Pb(NO_3)_2$ im Bereich von 3000—7700 Å u. Darst. der Ergebnisse durch eine DRUDE-Formel. (Ann. Physique [12] **10.** 481—86. Juli/Aug. 1955. Paris, Sorbonne, Labor. des Rech. phys.) H.-J. EICHHOFF. 119

Walther Jaenicke, *Lichtstreuung und Aufhellungsvermögen weißer Pigmente.* Vf. erörtert zunächst die Faktoren, die für eine Betrachtung der opt. Eigg. weißer Pigmente maßgebend sind, u. leitet dann aus der Theorie des Remissionsvermögens u. der Transparenz eine Beziehung für das Aufhellungsvermögen F eines weißen Pigmentes ab. Diese Beziehung ermöglicht die Best. von F aus einer Remissionsmessung u. enthält als einzige opt. Größe die spezif. Remissionskonstante ϱ_0. Aus der Anwendung der Theorie von MIE auf die Transparenz trüber Schichten ergibt sich eine Gleichung für ϱ_0, die auch das Aufhellungsvermögen in seiner Abhängigkeit vom Brechungsindex u. der Teilchengröße enthält. Die dem Maximum dieser Funktion entsprechenden optimalen Teilchengrößen berechnet Vf. für *Bariumsulfat, Bleiweiß, Zinkweiß, Zinkblende, Anatas* u. *Rutil* u. vergleicht sie mit den entsprechenden Werten techn. Präpp., die durch Auszählung elektronenmkr. Aufnahmen erhalten wurden. Ferner werden der Einfl. der Pigmentkonz., der Polydispersität u. der Abweichungen der Teilchenform von der Kugelgestalt diskutiert. Am Beispiel des *Zinksulfids* zeigt Vf., daß die berechnete Funktion den gesamten Verlauf des Aufhellungsvermögens in Abhängigkeit von der Teilchengröße wiederzugeben vermag. Hierzu ist jedoch die Einführung eines Korrekturgliedes erforderlich, das dem diffusen Lichtdurchgang durch die Schicht Rechnung trägt. (Z. Elektrochem., Ber. Bunsenges. physik. Chem. **60.** 163–74. März 1956. Karlsruhe, TH, Inst. für Phys. u. Elektrochem.) H.-U. WOELK. 119

P. K. Katti und **V. N. Wanchoo,** *Depolarisation von durch saure und basische Polymolybdatlösungen gestreutem Licht.* Unters. der Depolarisation von grün gefiltertem Sonnenlicht durch 1%ig. Lsgg. von Na-Molybdat bei p_H-Werten von 1,4–8,3. Die Depolarisation nimmt von 100 bei p_H 8,3 auf den Wert 36 bei p_H 1,4 ab u. zeigt, daß die Teilchengröße von mol. Dimensionen in bas. Lsgg. bis zu Aggregationen der Größenordnung 100 $\mu\mu$ bei p_H 1,4 zunimmt u. daß die Teilchen in saurer u. bas. Lsg. anisotrop sind, bei p_H $\sim$1,4 jedoch mehr oder weniger kugelförmig werden. (J. chem. Physics **23.** 760–61. April 1955. Delhi, Delhi Polytechn., Dep. of Appl. Sci.) H.-J. EICHHOFF. 119

J. T. Mullhaupt und **D. F. Hornig,** *Raman-Spektrum des Hydroniumions.* Über Unterss. des RAMAN-Spektr. von OH_3ClO_4-Einkristallen mit einem photoelektr. Spektrometer bei Zimmertemp. im Bereich von 300–3700 cm^{-1} wird berichtet. Intensive ClO_4^--Banden treten auf, während keine Linien der $HClO_4$-Mol. entdeckt werden. Zwischen 2460 u. 3600 cm^{-1} wird eine breite diffuse Bande beobachtet, die nur eine OH-Streckungsbande des OH_3^+-Ions sein kann. Eine weitere Bande tritt zwischen 1500 u. 1690 cm^{-1} mit einem Maximum bei 1590 cm^{-1} auf, die aus einer Biegungsschwingung von OH_3^+ entstanden sein kann. Die beobachteten Banden im RAMAN-Spektr. sollten mit denen der Infrarotspektren von festem OH_3NO_3 u. OH_3X koinzidieren. (J. chem. Physics **24.** 169. Jan. 1956. Providence, R. I., Brown Univ., Metcalf Chem. Labors.)
E. HAHN. 120

Harry C. Allen jr., L. R. Blaine und **Earle K. Plyer,** *Infrarotspektrum von Schwefelwasserstoff von 2200 bis 2800 cm^{-1}.* Mit Hilfe eines hochauflösenden Gitterspektrometers untersuchen Vff. das Absorptionsspektr. von H_2S im Gebiet zwischen 2200 u. 2800 cm^{-1}. Zwei Banden mit den Erregungszuständen $(n_1, n_2, n_3) = (0, 2, 0)$ u. $(1, 0, 0)$ werden beobachtet. Die beobachteten u. vorhergesagten Konstanten werden gegenübergestellt sowie die beobachteten u. berechneten Frequenzen der stärksten Linien miteinander verglichen u. eine gute Übereinstimmung gefunden. (J. chem. Physics **24.** 35–38. Jan. 1956. Washington, D. C., Nat. Bur. of Standards.) E. HAHN. 120

Frances E. Eshbach und **Russell A. Fisher,** *Das erste Spektrum des Jods im Gebiet zwischen 0,8 und 2,2 μ.* Das infrarote Spektr. des Jods wird in einer elektrodenlosen Lampe angeregt u. im Bereich 0,8–2,2 μ mittels eines Gitterspektrographen u. einem PbS-Detektor registriert. 31 Linien werden gemessen u. tabellar. wiedergegeben. Sie werden auf Übergänge entsprechend dem von MURAKAWA aufgestellten Termschema zurückgeführt (Z. Physik **109.** [1938.] 162). Einige neue Niveaus sind wahrscheinlich von der $5p^4 6p$-Konfiguration abzuleiten. (J. opt. Soc. America **44.** 868–69. Nov. 1954. Evanston, Ill., Northwestern Univ., Dep. of Phys.) H. J. BECHER. 120

Walter F. Edgell und **Curtis H. Ward,** *Raman- und Infrarotspektren von Zinntetramethyl.* Die RAMAN- von fl. u. Infrarotspektren von fl. u. gasförmigem $Sn(CH_3)_4$, $Kp._{748}$ 76,6°, zwischen 2 u. 25 μ werden aufgenommen u. mit den Ergebnissen früherer Unterss. (vgl. z. B. LIPPINKOTT u. TOBIN, C. **1954.** 1438) verglichen. Die erhaltenen Daten stimmen am besten mit denen von SIEBERT (C. **1953.** 5313) überein. Die Frequenzen der Grundschwingungen werden zugeordnet u. eine große Zahl von Kombinations- u. Obertönen gedeutet. Die Kopplung von Skelettschwingungen mit denen der Methylgruppen wird diskutiert u. die Ergebnisse mit denen anderer Tetramethylverbb. der 4. Hauptgruppe verglichen. (J. Amer. chem. Soc. **77.** 6486–91. 20/12. 1955. Lafayette, Ind., Purdue Univ., Dep. of Chem.) G. PÖTZSCHER. 120

L. Salter, *Niederfrequentes Schwingungsspektrum des kubisch-flächenzentrierten Gitters.* (Sitzungsbericht.) (Physic. Rev. [2] **99.** 656. 15/7. 1955. Wabash Coll.)
R. LEVI. 121

Henry T. Minden, *Durch behinderte Rotation hervorgerufene molekulare Verzerrung.* (Sitzungsbericht.) (Physic. Rev. [2] **98.** 1160. 15/5. 1955. Chicago, Ill., Midway Labors.)
E. KLEVER. 121

M. Mandel und **A. H. Barrett,** *Reine Rotationsspektren von Thalliumhalogeniden.* (Sitzungsbericht.) (Physic. Rev. [2] **98.** 1159. 15/5. 1955. Columbia Univ.)
E. KLEVER. 121

B. J. Duncan und **L. Swern**, *Temperatureffekte in Ferriten bei Mikrowellenfrequenzen.* (Sitzungsbericht.) (Physic. Rev. [2] **98.** 1201. 15/5. 1955. Sperry Gyroscope Cy.) E. Klever. 121

S. T. Henderson, *Die Entwicklung der Luminescenz seit der Oxford-Konferenz 1938.* In einer Übersicht wird die Entw. unserer Kenntnisse über die Luminescenz anorgan. Leuchtstoffe in prakt. u. theoret. Hinsicht, ausgehend vom Stand 1938, bis 1955 zusammenfassend behandelt. — 29 Literaturzitate. (Brit. J. appl. Physics, Suppl. **1955.** Nr. 4. S1—4. Enfield, Middlesex, Thorn Electr. Ind.) J. Rudolph. 125

J. W. Strange, *Einige ungelöste Probleme der Luminescenz.* In Demonstrationsverss. werden eine Reihe von Erscheinungen an anorgan. Leuchtstoffen, die noch einer Klärung bedürfen, behandelt. Es wird u. a. gezeigt, daß Mn-aktivierte *Zinksilicat*-Phosphore ein kurzes Nachleuchten nach Glühen des Gemisches aller Ausgangskomponenten, dagegen ein langes Nachleuchten zeigen, wenn Mn als vorher hergestelltes $ZnMn_2O_4$ zugesetzt wird. Zusätze von 10^{-5} As_2O_3 zu Zinksilicatleuchtstoffen, oder von Ni zu *Zinkborat*-Phosphoren erhöht deren Phosphorescenz. Der Einfl. von Zusätzen von ca. 10^{-5} Fe oder Pb auf die Infrarotausleuchtvorgänge in *ZnS·Cu*-Phosphoren, Ausleuchteffekte an den doppelaktivierten Phosphoren *SrS·Ce, Mn, Sr·Eu, Sm* u. *SrS, SrSe·Ce, Sm,* sowie das Auftreten eines Retrappings an *ZnS·Cu, Pb* werden demonstriert. Experimente mit *Cd-Borat-*, *Ca-* u. *Cd-Silicat*-Leuchtstoffen zeigten die Wrkg. tiefer Haftstellen, Verss. an einem Phosphor der Zus. $5CaO \cdot 3Al_2O_3$ mit 1% Tl die Möglichkeit einer Stufenanregung bei zeitlich folgender Erregung mit 2537 u. 3650 Å. Glow-Kurven mit sukzessiver Emission verschied. Banden werden an Pb-aktivierten Cd-Phosphaten beobachtet. (Brit. J. appl. Physics, Suppl. **1955.** Nr. 4. S4—S5. Enfield, Middlesex, Thorn Electr. Ind.) J. Rudolph. 125

C. G. A. Hill, *Angewandte Kathodoluminescenz.* Zusammenfassender Bericht über Beschaffenheit, Eigg. u. Lichtausbeuten der verschied. handelsüblichen, in Kathodenstrahlröhren benutzten Leuchtstoffe. (Brit. J. appl. Physics, Suppl. **1955.** Nr. 4. S6—S11. Wembley, Middlesex, Levy West Labor.) J. Rudolph. 125

K. H. Jürgen Rottgardt, *Luminescenzzerstörung an Leuchtschirmen von Kathodenstrahlröhren durch Elektronen.* In Fortführung der C. **1954.** 8743 vom Vf. beschriebenen Verss. wurde für Leuchtschirme aus Mn-aktiviertem Zn_2SiO_4 (I), Ag-aktiviertem *ZnS* (II) u. Cu-aktiviertem *CdS* (III) der Verlauf der Luminescenzzerstörung durch Elektronenstrahlen untersucht. Da die Abnahme der Luminescenz (= ΔL) sehr stark von den Vakuumbedingungen abhängt, wurden die meisten Verss. in abgeschmolzenen Rohren ausgeführt. ΔL nimmt (unter sonst gleichen Bedingungen) in der Reihenfolge **I, II, III** zu. Der Vgl. mit der Luminescenzzerstörung durch α-Strahlen (Broser u. Kallmann, C. **1951.** I. 3300) bzw. durch UV-Licht (Wollentin, Wei u. Nagy, C. **1953.** 10) zeigt übereinstimmenden (ΔL, J)-Verlauf (J = Intensität der einwirkenden Strahlung), woraus auf einen gleichartigen Vorgang für die Luminescenzabnahme geschlossen wird. Durch Wärmebehandlung (z. B. durch halbstd. Erhitzen des Rohres auf 400°) können die Schädigungen rückgängig gemacht werden. Vf. nimmt an, daß die Elektronen durch Ionisation der Gitterbausteine Störstellen erzeugen, über die strahlungslose Übergänge möglich sind. (Z. angew. Physik **6.** 160—63. April 1954. Eßlingen, C. Lorenz Akt.-Ges., Standard Labor.) O. Fuchs. 125

J. H. Schulman, *Physikalische Messungen und die Natur des Luminescenzzentrums.* In einer Übersicht wird hingewiesen auf die für die Aufklärung der Leuchtzentrenbeschaffenheit u. des Leuchtmechanismus von Luminophoren wichtige Bedeutung relativ einfacher physikal. Messungen, wie Best. der Temperaturabhängigkeit der Quantenausbeute u. des Nachleuchtens, Messung der Absorption sowie der Lage u. Breite der Emissionsbanden bei tiefen Tempp. u. in Abhängigkeit von der Konz. des Aktivators u. gegebenenfalls eines Sensibilisators. (Brit. J. appl. Physics, Suppl. **1955.** Nr. 4. S64—69. Washington, D. C., Naval Res. Labor.) J. Rudolph. 125

W. A. Runciman, *Atomkonfigurationen in Luminescenzzentren.* Für Luminescenzstoffe mit Aktivatoren einer vom Grundgitterkation verschied., bes. höheren Wertigkeit schlägt Vf., ausgehend von der Notwendigkeit einer Ladungskompensation durch Gitterleerstellen oder durch Kompensationsionen, einen Zentrenbau in dem Sinne vor, daß aus Gründen geringster Potentialenergien Assoziationen von Aktivatorionen miteinander sowie mit Leerstellen bzw. Kompensatorionen auftreten. Diese Vorstellungen werden auf Erdalkalioxyd-, Uranat- u. Fluoridluminophore angewandt. Bes. werden mögliche Zentrenkonfigurationen für die Luminophore *CaO·Bi, Li, CaO·U, Li, CaO·U, Sm,* $CaF_2 \cdot U, O$, $CaF_2 \cdot U, Li$ u. die Uranate Ba_2CaUO_6 mit *Sm* sowie mit Sm u. *Li* diskutiert. (Brit. J. appl. Physics, Suppl. **1955.** Nr. 4. S78—85. Wanbley, Middlesex, Gen. Electr. Co., Res. Labor.) J. Rudolph. 125

C. C. Klick, *Zweiwertiges Mangan als Luminescenzzentrum.* Ausgehend von der experimentell u. theoret. sich ergebenden Annahme, daß der angeregte, zur Emission führende Zustand des Mn^{2+} 4 3d-Elektronen mit parallelem u. eines mit antiparallelem Spin, der Grundzustand aber alle Elektronen mit parallelem Spin enthalten, diskutiert Vf. die Deutung der Asymmetrie der Mn^{2+}-Emissionsbanden sowie die Ursache für das Auftreten der grünen oder der roten Bande in verschied. Leuchtstoffen, bes. Silicaten, im Rahmen der Assoziationstheorie u. der Koordinationstheorie. (Brit. J. appl. Physics, Suppl. **1955.** Nr. 4. S74—S78. Washington, D. C., Naval Res. Labor.) J. RUDOLPH. 125

M. Doherty und **W. Harrison,** *Herstellung und charakteristische Eigenschaften der Calciumhalophosphate.* Vff. geben eine Übersicht über das techn. Herstellungsverf. der Halophosphate, bes. im Hinblick auf Beschaffenheit der Ausgangsprodd., Glühprozeß, Aktivator- u. Halogenkonz., über die Abhängigkeit der Emission vom Sb- u. Mn-Geh., sowie über Lichtausbeute u. Lichtverh. der Halophosphate während der Lebensdauer in Leuchtstofflampen. (Brit. J. appl. Physics, Suppl. **1955.** Nr. 4. S11—18. Preston, Siemens Lamp Res. Labor.) J. RUDOLPH. 125

G. R. Fonda, *Energieübertragung in den Calciumhalophosphatleuchtstoffen.* Am Halophosphatleuchtstoff $3Ca_3(PO_4)_2 \cdot CaF_2$ mit verschied. Aktivatorkonzz. C von *Sb* u. *Mn* wird die Änderung der Lichtausbeute η mit der Temp. u. mit C zwischen 87 u. 475° K gemessen. Bei einem nur mit Sb aktivierten Leuchtstoff ist bei geringen Sb-Konzz. η höher u. die Temperaturempfindlichkeit geringer, da die Emission prim. von den absorbierenden Sb-Zentren erfolgen kann u. Resonanzübertragungsprozesse, die mit Verlusten infolge strahlungsloser Übergänge verbunden sein können, nicht auftreten. Auch bei den zusätzlich Mn enthaltenden Leuchtstoffen wird der Einfl. der Aktivatorkonzz. auf die Lichtausbeute unter dem Gesichtspunkt diskutiert, daß direkte Energieübertragung vom Sensibilisator Sb zum Mn einerseits u. schrittweise, mit Verlusten verbundene Übertragung über mehrere Sb bis zum Mn andererseits erfolgen kann. (Brit. J. appl. Physics, Suppl. **1955.** Nr. 4. S69—73. Schenectady, N. Y., General Electric Co.) J. RUDOLPH. 125

P. W. Ranby, D. H. Mash und **S. T. Henderson,** *Die Untersuchung neuer Phosphore mit besonderer Berücksichtigung der Pyrophosphate.* Vff. untersuchen die Luminescenz der mit Sn, mit Sn u. Mn sowie mit Ce u. Mn aktivierten Pyrophosphate von *Ca, Sr, Ba* sowie der gemischten Pyrophosphate von CaSr, SrBa u. BaCa als Funktion des Mn-Geh. (0—0,111 Atome pro Atom P) bei konstanter Sn-Konz. (0,05 Atome Sn pro P) u. des Verhältnisses der Erdalkalikonzz. in den verschied. Mischpyrophosphaten. Gleichzeitig werden durch Röntgenanalyse u. differentielle Thermoanalyse die Kristallstrukturen der reinen u. gemischten Pyrophosphate, die von Glühtempp. u. z. T. von den Aktivatorkonzz. abhängen, ermittelt. Der Zusammenhang zwischen Lage der Emissionsbanden, Kristallstruktur u. Aktivatorkonz., sowie die Art des Einbaus der zweiwertigen Aktivatoren Sn u. Mn u. des als 4wertig angenommenen Ce in das Grundgitter werden diskutiert. (Brit. J. appl. Physics, Suppl. **1955.** Nr. 4. S18—25. Enfield, Middlesex, Thorn Electric Ind.) J. RUDOLPH. 125

Robert J. Ginther, *Luminescenz von K_4MnCl_6 und $KCl \cdot Pb, Mn$.* Vf. untersucht die Emission u. die Anregungsspektren der luminescierenden Systeme K_4MnCl_6 (**I**) ohne u. mit geringen Zusätzen von Pb oder Tl, hergestellt aus der Lsg. oder durch Schmelzen, u. KCl (**II**) mit Mn u. Pb (0,01 bzw. 0,2 Mol-%), hergestellt aus der Schmelze oder durch bloßes Mörsern des Gemisches. Das Maximum der Emission von **I** liegt um 6100, das von **II** um 6300 Å. Aus den (mit einem H_2-Kontinuum aufgenommen) Anregungsspektren ist zu ersehen, daß reines K_4MnCl_6 im Gebiet von 2200—5500 Å 9 Anregungsbanden besitzt. Im Gebiet nichtanregender Wellenlängen 2800—3200 Å wird durch Pb-Zusatz eine starke zusätzliche Anregungsbande erzeugt, durch Tl eine Erhöhung der Erregbarkeit durch Wellenlängen zwischen 2200 u. 2900 Å verursacht. Zur Luminescenzerregung von **II** durch UV ist die Ggw. von Pb, das ein Anregungsbandensyst. zwischen 2200 u. ca. 3600 Å erzeugt, notwendig. Das Luminescenzverh. wird im Lichte der Koordinationstheorie diskutiert. (J. electrochem. Soc. **98.** 74—81. Febr. 1951. Washington, D. C., Naval Res. Labor., Metallurgy Div., Cryst. Branch.) J. RUDOLPH. 125

A₃. Elektrizität. Magnetismus. Elektrochemie.

J. T. Wallmark, *Photographische Untersuchung zur raumladungsbedingten Aufspreizung eines reflektierten Elektronenstrahls.* Für die Unters. von Raumladungsfeldern, bes. den Verlauf von Elektronenbahnen in Gegenfeldern, empfiehlt Vf. die photograph. Aufnahme der Entladungsstrecke. Bei schwachem CO_2-Druck zwischen den Elektroden entsteht als Abb. des Elektronenverlaufes eine blaue, der Empfindlichkeit der n. photograph. Schicht angepaßte Lichterscheinung. Die Helligkeit ist ein Maß für die Elektronendichte. Bei gegebenen geometr. Verhältnissen läßt sich ein optimaler CO_2-Druck angeben. An einer Anordnung mit einem von einer nahezu flächenförmigen virtuellen Kathode ausgehenden Kathodenstrahl mit quadrat. Querschnitt, der in einem Längsfeld zwischen zwei parallelen Elektroden verläuft, wurden Bilder aufgenommen für den Fall des beschleunigenden u. des verzögernden Feldes sowie für das Feld 0. Soweit ein Vgl. der gewonnenen Bilder mit berechenbaren Bahnen möglich ist, erweist die Meth. ihre Brauchbarkeit. (J. appl. Physics **24.** 590—97. Mai 1953. Stockholm, Royal Inst. of Technol.) W. Reusse. 131

S. Pakswer und **R. Meyer,** *Bogenspannung und Entionisierungszeit bei Edelgas-Thyratrons.* Vff. berichten über Messungen an einem Thyratron mit indirekt geheizter Ba/Sr-Kathode, einer Ta-Anode u. einem einfachen Lochgitter. Das Rohr konnte mit Gasgemischen aus *Xe* mit *Ne*, *Ar* u. *He* gefüllt werden. Bei niedriger Konz. an Xe wurde nahezu konstante Bogenspannung ermittelt, bei höherer Xe-Konz. steigt sie steil an. Die Rekombinationszeit für die Ionen nimmt monoton mit dem Mischungsverhältnis zwischen leichten u. schweren Komponenten ab. Die unter den verschied. Bedingungen gemessenen Spektrallinien sind tabellar. zusammengestellt. (J. appl. Physics **24.** 501—09. Mai 1953. Chicago, Ill., Rauland Corp., Res. Dep.) W. Reusse. 131

J. D. Morrison, *Untersuchungen der Ionisierungsausbeute.* 3. Mitt. *Die Entdeckung und Deutung von Feinstruktur.* (2. vgl. C. **1954.** 503.) Vf. hat die bisher benutzte Anordnung zur Messung der Ionisierungsausbeute (IA) mit dem Massenspektrometer durch automat. Aufzeichnung der Abhängigkeit einzelner Massenspitzen von der in kleinen Stufen variierten Beschleunigungsspannung der ionisierenden Elektronen verbessert. Theoret. Unterss. zeigen den schädlichen Einfl. der Energiestreuung der ionisierenden Elektronen auf die Feinstruktur der erhaltenen IA-Kurven u. die Überlegenheit der Differentialkurven der IA, die bei der beschriebenen Technik aus den erhaltenen Kurven durch Subtraktion zu erhalten sind. Solche Kurven der 1. Ableitung der IA für He^+, Ne^+, Ar^+, Kr^+, Xe^+, Hg^+, N_2^+, HCl^+, CO_2^+ u. $C_6H_6^+$ sind graph. wiedergegeben. Der Zusammenhang mit spektroskop. Daten aus dem Vakuum-UV u. dem nahen Röntgenbereich wird diskutiert. Es zeigt sich, daß bei jedem Energieniveau ein Wettstreit zwischen den möglichen Prozessen (Anregung, Ionisation u. Dissoziation) besteht. Mit der beschriebenen Meth. lassen sich höhere Energieniveaus im Mol. untersuchen u. im Prinzip Bindungsenergien messen. (J. chem. Physics **21.** 1767—72. Okt. 1953. Melbourne, Commonwealth Sci. and Ind. Res. Org., Chem. Physics Sect., Div. of Ind. Chem.) R. Conrad. 131

J. D. Morrison, *Untersuchungen der Ionisierungsausbeute.* 4. Mitt. *Die Elektronenspektren einiger einfacher Moleküle.* (3. vgl. vorst. Ref.) Zur Messung des 2. Differentialquotienten der Ionisierungsausbeute (IA) benutzt Vf. eine abgeänderte massenspektrometr. Meth., bei der der Beschleunigungsspannung der ionisierenden Elektronen eine sinusförmige schwache Wechselspannung der Frequenz f überlagert wird. Das Ionenauffangsyst. des Massenspektrometers spricht nur auf Wechselstrom der Frequenz 2f an u. ist phasenempfindlich; sein Ausschlag ist daher direkt proportional der IA bei der betreffenden Elektronenenergie. Es wurden Kurven der IA für H_2^+, NO^+, O_2^+, $C_2H_2^+$, $C_6H_6^+$, N_2^+ u. CO_2^+ sowie die Fragmentionen $CO^+{}_{CO}$ u. $CO^+{}_{CO_2}$ aufgenommen. Dabei läßt sich eine nahe Beziehung der erhaltenen Ergebnisse zu spektroskop. Daten erkennen. Energieverteilung der ionisierenden Elektronen u. Amplitude der überlagerten Spannungswelle lassen sich zur Spaltbreite eines opt. Spektrographen in Analogie setzen. Wenn beide möglichst klein gemacht werden, wird die Differentialkurve der Ionisierungswahrscheinlichkeit einer Linie in der opt. Spektroskopie immer ähnlicher. Daher wird die Kurve der IA als Elektronenspektr. bezeichnet. Wenn auch die bisher erreichte Auflsg. noch keinen direkten Vgl. mit spektroskop. Daten erlaubt, so erscheint es bei verbesserter Auflsg. doch möglich, etwa durch Messung der Elektronenspektren von Fragmentionen, Dissoziations- u. Bindungsenergien zu bestimmen. (J. chem. Physics **22.** 1219—23. Juli 1954.) R. Conrad. 131

W. Ss. Meltschenko, *Bestimmung der absoluten Konzentrationen von Atomen eines vielkomponentigen Gases im Bogen.* Durch Erweiterung der Meth. von Prileshajewa (Труды Сибирского Физико-Технического Института [Arb. Sibir. physik.-techn. Inst.] **28.** [1949.] 83) wird diese auch für die Best. der absol. Konzz. der Atome in der positiven Säule eines Gleichstrombogens bei komplizierter Zus. des Gases anwendbar. Da der Ionisationsgrad des Gasgemisches bei gegebener Temp. von der Zus. des Gases abhängt, kann man durch Messung des Ionisationsgrades die Konz. der einzelnen Komponenten k bestimmen. Zusätzlich müssen noch die Intensitätsverhältnisse zweier Spektrallinien von k—1 der gesuchten Elemente bekannt sein. Experimentell wird die Best. der Konzz. eines 3komponentigen Bogengases (*Luft–Zn–Mn*) durchgeführt. (Журнал Экспериментальной и Теоретической Физики [J. exp. theoret. Physik] **28.** 628—29. Mai 1955. Sibir. Inst. für techn. Physik.) J. Geiger. 131

Myron J. Block und **Wolfgang Finkelnburg,** *Über die axiale Ausdehnung des Anodenfallgebietes beim Kohlelichtbogen.* Vff. geben eine Versuchsanordnung zur Messung des Anodenfallgebietes des Niederstromkohlebogens an. In einen in Winkelstellung brennenden Bogen wird mittels eines Druckluftmechanismus eine Wolframsonde mit einer Geschwindigkeit von 10—20 cm/sec gegen die Anodenstirnfläche geschossen u. nach deren Berührung sofort wieder zurückgezogen. Die Wolframsonde ist bis auf ihre kleine blanke Stirnfläche mit Glas isoliert. Die Sondencharakteristik u. die Bewegung der Sonde wurden als Funktionen der Zeit aufgenommen. Es ergab sich aus den besten der zahlreichen aufgenommenen Oscillogramme eine axiale Ausdehnung des Anodenfallgebietes von ca. 2 μ, eine Größenordnung, die der freien Weglänge der Elektronen entspricht. Absolutwerte der Anodenfallspannungen können vorerst noch nicht angegeben werden, da die Potentialdifferenz zwischen einer kalten Sonde u. einem heißen Plasma noch nicht bekannt ist. (Z. Naturforsch. **8a.** 758. Nov. 1953. New York, N. Y., Farrand Optical Co.; Erlangen, Siemens-Schuckertwerke, Forschungslabor.) E. Wasserroth. 131

C. H. Hertz, *Der Einfluß isolierender Schichten auf den Coronastrom und die Durchschlagspannung von Funkenstrecken.* An einer Spitze, die einer Plattenelektrode gegenüber steht, wird durch Anlegen einer hohen Spannung in Luft von Atmosphärendruck eine Coronaentladung erzeugt. Es wurde gefunden, daß der Coronastrom sehr viel größer wird, wenn die Plattenelektrode mit einer Schellackschicht überzogen ist, was die Funkendurchschlagspannung von der Spitze zur Platte stark senkt. Es wird gezeigt, daß der Grund für dieses unerwartete Verh. feine Poren in der Lackschicht sind, in denen wegen der hohen Aufladung der Lackschichtoberfläche die Luft ionisiert wird. Durch diese zusätzlichen Ionisationsbereiche wächst der Coronastrom u. beeinflußt die Durchschlagspannung. Der Einfl. der Lackschicht auf Coronastrom u. Durchschlagspannung findet sich bei negativer u. positiver Spitze. Der gleiche Effekt kann auch mit anderen isolierenden Schichten gefunden werden. Es wird gezeigt, daß der Lackschichteffekt zum Nachw. von Poren in Lackschichten u. isolierenden Folien benutzt werden kann. In folgenden Überzügen konnten keine Poren mehr nachgewiesen werden: *Pliofilm* (0,05 mm), *Alkathen* (0,05 mm), *Teflon* (0,15 mm), *Glimmer* (0,1 mm), *Paraffin* (0,3 mm), dünnes *Glas* u. *Emailschichten* auf Metallunterlage. Auf die Auswrkg. des Effektes in der Hochspannungstechnik wird hingewiesen. (Ark. Fysik **9.** Nr. 1. 1—28. 1955. Lund, Univ., Phys. Inst.) B. Müller. 131

C. H. Hertz, *Die Einwirkung von Lackschichten auf die Wechselstromcorona an Spitzen und Drähten.* (Vgl. vorst. Ref.) Es wird die Spitzencorona über einer mit Lack überzogenen Metallplatte untersucht, wobei ähnliche Erscheinungen wie bei der Gleichstromcorona gefunden werden. Danach wird die Wechselstromcorona am freien Draht untersucht, die für Hochspannungsfreileitungen von besonderem Interesse ist. Es wird gezeigt, daß das Aussehen der Wechselstromcorona am sauberen Draht sich stark von dem an einem lacküberzogenen Draht unterscheidet u. daß im letzteren Falle die Coronaeinsatzspannung tiefer u. die Coronaverluste höher liegen. Die Versuchsergebnisse können auch hier wieder durch die isolierenden Eigg. der Lackschicht erklärt werden. Der Zusammenhang zwischen der hier untersuchten Erscheinung u. den an techn. Hochspannungsfreileitungen gemachten Erfahrungen wird diskutiert (Alterungserscheinungen, Coronaverluste bei Eisbldg.). (Ark. Fysik **9.** Nr. 2. 29—37. 1955.) B. Müller. 131

Reinhards Siksna, *Zwei verschiedene Zündungen zwischen einer stark gekrümmten positiven und einer ebenen Elektrode.* Die Coronaentladung an einer als Drahtschleife ausgebildeten positiven Elektrode, die einer ebenen Plattenelektrode gegenübersteht, wird in Abhängigkeit von Elektrodenabstand, Drahtdurchmesser u. Krümmung des Drahtes untersucht. Gemessen wird die zeitliche Abnahme der Spannung des Syst., das vorher aufgeladen wurde. Durch möglichst rasche Spannungssteigerung konnte das Gebiet des ersten Zusammenbrechens des Feldes weit überschritten werden, bis beim etwa doppelten Wert der Spannung eine zweite Zündung einsetzte. Das Phänomen der zwei positiven Zündungen wird durch positive Raumladungen verursacht, wie Experimente bei Bestrahlung der Entladungsstrecke zeigen. Hier verschwindet die erste Zündung. Bei größerem Abstand der Elektroden geht die erste Zündung in ein hörbares Sprühen („noisy brush") über. (Ark. Fysik **9.** Nr. 6. 77—82. 1955. Uppsala, Univ., Inst. för Högspänningsforskning.) B. Müller. 131

Reinhards Siksna, *Einige Besonderheiten der Strom–Spannungs-Charakteristiken der positiven Coronaentladung.* (Vgl. vorst. Ref.) Mit Hilfe von oscillograph. Messungen u. Strom–Spannungs-Charakteristiken wurde die unter intensivem Geräusch, Lichtausstrahlung u. starkem Anstieg des Stroms stattfindende Corona untersucht. Diese trat von einem Elektrodenabstand von ca. 10 mm an auf. Die Frequenz der Stromstöße betrug ca. 3000—4000 sec^{-1}, der maximale Strom ca. 30 μA. Für das Auftreten dieser Coronaform werden Luftfeuchtigkeit u. während der Entladung gebildete Stickoxyde u. das Vorhandensein von akt. Zentren in der Oberfläche der positiven Elektrode verantwortlich gemacht. (Ark. Fysik **9.** Nr. 7. 83—91. 1955.) B. MÜLLER. 131

W. B. Smith-White, *Über die mechanische Wirkung in Dielektrika.* Ergänzende Bemerkungen zu den früheren Mitteilungen des Vf. (vgl. C. **1951.** II. 338. 3414; **1953.** 2713). Es wird gezeigt, daß die POISSONschen Äquivalentverteilungen von Oberflächen- u. Raumladungen in Dielektrika nur für die Potentialfunktion gültig sind, nicht aber für die mechan. Wirkungen eines elektr. Feldes. (Vgl. hierzu C. **1956.** 633.) (Proc. physic. Soc., Sect. A **64.** 945—46. 1/10. 1951. Sydney, Univ., Dep. of Mathem.) O. FUCHS. 132

John G. Mavroides, *Druckkoeffizient der Dielektrizitätskonstanten des Wassers.* Für die Abhängigkeit der DK. des W. vom Druck gibt Vf. eine Gleichung, die aus der Anwendung der Theorie von KIRKWOOD auf das von HALL angegebene Modell einer Fl. folgt. In diesem Modell sind die Moll. der Fl. tetraedr. u. einfach dichtgepackt angeordnet. Vf. wendet diese Gleichung jedoch auch auf das Modell an, in dem die Anordnung der Moll. tetraedr. erfolgt. Für $\Delta_p = 1$ u. T = 20° ergibt die Auswertung für die beiden Modelle $\Delta\varepsilon/\varepsilon = 3{,}7 \cdot 10^{-5}$ bzw. $7{,}5 \cdot 10^{-5}$. Die experimentelle Best. des Druckeinfl. auf die DK. des W. führt Vf. unter Anwendung von Ultraschall durch. Eine Ultraschallwelle passiert einen mit der zu untersuchenden Fl. gefüllten Kondensator senkrecht zu seinen Platten. Um Vibrationen zu vermeiden, sind die Abmessungen des Kondensators klein gegenüber der Wellenlänge des Ultraschalls. Änderungen in ε äußern sich in entsprechenden Änderungen von C, die eine Frequenzmodulation eines geeignet gekoppelten Oscillators bewirken. Durch Messung der Amplitude der Spannung dieses Kondensators läßt sich $\Delta\varepsilon/\varepsilon$ bestimmen. Es ergibt sich $4{,}1 \cdot 10^{-5} < \Delta\varepsilon/\varepsilon < 6{,}4 \cdot 10^{-5}$. Vf. weist darauf hin, daß für eine Entscheidung zwischen den beiden Flüssigkeitsmodellen auf diesem Wege exaktere Messungen erforderlich sind. (J. chem. Physics **24.** 398—99. Febr. 1956. Providence, R. I., Brown Univ., Dep. of Phys.) H. U. WOELK. 132

Elizabeth A. Little, *Dynamisches Verhalten von Bezirkswänden in Bariumtitanat.* (Sitzungsbericht.) (Physic. Rev. [2] **98.** 1201. 15/5. 1955. MIT.) E. KLEVER. 133

H. W. Worner, *Thermoelektrische Eigenschaften von Titan unter spezieller Beziehung zu den allotropen Umwandlungen.* Das für die Verss. benutzte Ti lag in einer sehr reinen (**I**) u. in einer weniger reinen Handelsform (**II**) vor. **I** enthielt (in At.-%) 0,03 N, 0,02 O, 0,02 Fe, ferner Cu, Mg, Si, Sn, V, Sb u. Mn nur in Spuren, kein C, Zn, Pb u. Co spektroskop. feststellbar; **II** enthielt 0,3 C, 0,4 N, 0,9 O, <0,02 Cu, <0,04 Si, 0,3 Fe, ferner Mg, Zn, Sn, Pb, Mn u. Co nur in Spuren, V u. Sb nicht feststellbar; außerdem waren in **I** u. **II** spektroskop. nicht festzustellen: Na, K, Ag, Be, Ca, Sr, Ba, Cd, B, Al, Zr, Nb, Ta, As, Bi, Cr, Mo, W u. Ni. Gemessen wurde bei steigender u. fallender Temp. im Temperaturbereich 20—980° die Thermospannung V der Kombination *Ti–Pt.* Für beide Temperaturrichtungen wurden ident. Werte gefunden. Die Verss. zeigen, daß bei der allotropen Umwandlung des Ti (Übergang von α- zu β-Ti) V sprunghaft ansteigt. Der Umwandlungsbereich erstreckt sich für **I** von 883±1° bis 887±2°, bei **II** dagegen von 865—970°. Diese Breite bei **II** ist vor allem auf die Ggw. von O, N u. C zurückzuführen. Der Temperaturverlauf von V wird durch eine mechan. Vorbehandlung des Ti infolge des damit verbundenen Orientierungseffektes geändert, doch verschwindet der Unterschied ab der Umwandlungstemp. T_u. Auch im Temperaturverlauf des PELTIER-Effektes des Ti–Pt-Paares u. der Differenz zwischen den THOMSON-Koeffizenten von Ti u. Pt treten bei T_u Anomalien auf; die absol. Thermospannung von Ti beträgt + 7,5 mV/Grad bei 20°, geht bei steigender Temp. durch ein schwaches Maximum, wird ab ca. 500° negativ u. steigt bei T_u von dem Mindestwert — 3 steil auf etwas über 0 an (alle letztgenannten Ergebnisse beziehen sich nur auf **I**). Daraus folgt, daß die absol. Thermospannung der dichtgepackten Form kleiner ist als die einer weniger dichten; diese „Regel" gilt auch für die allotrope Umwandlung von Fe u. für den Schmelzvorgang von Metallen wobei die Fl. die weniger dichte Form darstellt. (Austral. J. sci. Res., Ser. A **4.** 62—83. März 1951. Melbourne, Univ., Phys. Metallurgy Sect., CSIRO, Baillieu Labor.) O. FUCHS. 133

I. M. Lifschitz und **Ss. I. Pekar,** *Elektronenbindungszustände auf Kristalloberflächen und Oberflächenschwingungen von Gitteratomen nach Tamm.* Zusammenfassende Übersicht. — 68 Literaturangaben. (Успехи Физических Наук [Fortschr. physik. Wiss.] **56.** 531—68. Aug. 1955.) E. KLEVER. 135

P. W. Anderson, *Indirekte Austauschkopplung von Kernmomenten durch Elektronen in Halbleitern und Isolatoren.* (Sitzungsbericht.) (Physic. Rev. [2] **99.** 623. 15/7. 1955. Bell Telephone Labors.) H. LIEPACK. 135

I. M. Zidilkowski und **F. G. Bass**, *Über die Arbeiten von G. M. Awakjanz „Zur Theorie der Überführungsgleichungen in starken elektrischen Feldern"*. Nach Ansicht der Vff. liefern die Arbeiten von AWAKJANZ (vgl. hierzu C. **1955.** 9731) keine neuen Gesichtspunkte zur Deutung des Verh. von Halbleitern in starken Feldern. (Журнал Экспериментальной и Теоретической Физики [J. exp. theoret. Physik] **28.** 245. Febr. 1955. Michatschkala, Dagestaner Zweigstelle der Akad. der Wiss. der UdSSR.) R. AMBERGER. 135

G. H. Kinchin, *Die elektrischen Eigenschaften von Graphit.* Von verschied. Proben von polykrist. Graphit (I) mit einer Kristallitgröße d = 300—2000 Å u. von einem Einkristall von Travancore-Graphit (II) wurden zwischen T = 4,2 u. 1273° K der HALL-Koeff. A u. der spezif. elektr. Widerstand r gemessen. Bei kleinem d fällt A mit wachsendem T zunächst stark ab u. nähert sich dann einem Grenzwert, der schwach negativ ist. Für d = 550 wurde ein ähnlicher, wenn auch schwächerer Abfall gefunden, für d = 700 dagegen eine Zunahme, wobei stets $A < 0$; die Zunahme ist um so stärker, je größer d. Die Grenzwerte liegen etwa auf gleicher Höhe. Aus diesen Ergebnissen folgt: In **I** liegt eine Leitung über freie Elektronen u. über positive Leerstellen vor. Die Beweglichkeit der ersteren ist größer als die der letzteren; die Konz. der ersteren beträgt $6 \cdot 10^{18}$ cm^{-3} bei T = 300°. Durch das Fehlen von Elektronen in **I** mit kleinem d ist $A > 0$. Beim starken Erhitzen (1700—2500°) von **I** u. Abschrecken werden Elektronen entfernt. Dabei steigt A bei T = 77° je nach der Höhe der Maximaltemp. von negativen zu positiven Werten an; das Verhältnis der Beweglichkeit der Leerstellen zu der der Elektronen ergibt sich daraus zu 0,80. Während A von **I** mit wachsender magnet. Feldstärke H ansteigt, wobei der Anstieg um so stärker ist, je niedriger T, geht A von **II** bei 4, 14,5 u. 20,5° K durch ein Minimum u. fällt bei 77° K von positiven auf schwach negative Werte ab; bei T = 290° ist A von **I** u. **II** prakt. unabhängig von H. Die relative Änderung von r (ausgedrückt durch $\Delta r/r$) von **I** mit H ist zwischen 77 u. 290° K proportional $H^{1,74}$. $\Delta r/r$ beträgt bei 290° K für eine Probe $1,56 \cdot 10^{-3}$ u. steigt mit fallendem T an, wenn H senkrecht zur Stromrichtung steht, dagegen $0,90 \cdot 10^{-3}$, wenn parallel zur Stromrichtung. $\Delta r/r$ von **I** geht für H = 0 mit wachsendem T durch ein Minimum, das um so ausgeprägter ist, je größer d. r ist umgekehrt proportional $\varrho^{1/4}$ (ϱ = D.). Ferner hängt r noch von der mechan. Vorbehandlung der Probe ab. Die mittlere freie Weglänge β der Elektronen ergibt sich bei T = 273 zu 2350 Å. Die Temperaturabhängigkeit von ß u. des Prod. aus effektiver M. u. Geschwindigkeit der freien Elektronen wird abgeschätzt. (Proc. Roy. Soc. [London], Ser. A **217.** 9—26. 24/3. 1953. Harwell, Berks., AERE.) O. FUCHS. 135

Kurt Heldt und **Günter Haase**, *Der elektrische Widerstand von reinem hochvakuumgesintertem Aluminiumoxyd.* α-Al_2O_3 (**I**) wurde nach dem von FRICKE u. JOCKERS (vgl. C. **1951.** I. 441) angegebenen Verf. aus reinstem Al (99,996% Al, 0,0028% Si, 0,0005% Fe, 0,0005% Cu) hergestellt; die Gesamtverunreinigungen von **I** betrugen <0,03%. Von **I**-Stäbchen wurde zwischen 500 u. 1500° im Hochvakuum die Temperaturabhängigkeit der spezif. elektr. Leitfähigkeit σ gemessen. Die Ergebnisse lassen sich darstellen durch $\sigma = a \cdot \exp(-E/kT)$ mit zwei verschied. Aktivierungsenergien (2,38 eV unterhalb 800° u. 2,50 eV bei höherer Temp.). Messungen an atmosphär. Luft ergeben durch die Adsorption von Verunreinigungen (bes. von W.) an **I** wesentlich höhere σ-Werte. (Z. angew. Physik **6.** 157—60. April 1954. Frankfurt/M., Univ., Inst. für angew. Phys.) O. FUCHS. 135

C. J. Kriessman und **S. E. Harrison**, *Ionengleichgewicht in einer Reihe von Magnesium-Manganferriten.* (Sitzungsbericht.) (Physic. Rev. [2] **99.** 627. 15/7. 1955. Remington Rand Inc.) R. STEIN. 135

R. W. Wright, *Restwiderstand in einem extrem unreinen Halbleiter.* Preßkörper aus wasserfreiem *CdO*-Pulver wurden in Ggw. von Luft auf 700—800° erhitzt; sie wurden dabei schwarz u. waren auch nach dem Abkühlen noch matt purpurschwarz. Die Farbe ist durch das Vorliegen eines großen Überschusses an metall. Cd bedingt. Die Temperaturabhängigkeit des elektr. spezif. Widerstandes (in $\Omega \cdot$cm) läßt sich darstellen durch $\varrho = 5,39 \cdot 10^{-4} + 4,76 \cdot 10^{-6}$ T (Messungen zwischen T = 400 u. 900° K). Das Auftreten des 1. Gliedes in der Gleichung (des „Restwiderstandes") ist durch die Streuung an den Zentren der Fremdkörper, die gleichzeitig Gitterfehlstellen u. Elektronenquellen sind, verursacht. Der effektive Radius dieser Zentren berechnet sich zu 3,8 Å u. der gegenseitige Abstand der Zentren zu 12 Å. (Proc. physic. Soc., Sect. A **64.** 949—50. 1/10. 1951. Ibadan, Nigeria, Univ. Coll., Phys. Dep.) O. FUCHS. 135

F. H. Stieltjes und **L. J. Tummers**, *Einfache Theorie des Schichttransistors.* Die theoret. Grundlagen des Transistors, sein Aufbau aus halbleitendem Material (vorwiegend *Ge*-Einkristallen) u. seine Eigg. werden angegeben. Es werden p- u. n-Gebiete in Ge, p-n-Übergänge, Konzentrationsänderungen bei Anlegen einer Spannung, der Diffusionsstrom von Minoritätsträgern, Fluß- u. Sperrichtung sowie die Wirkungsweise von Schichttransistoren behandelt. Ferner werden der Emitterwirkungsgrad γ, Basiswirkungsgrad β u. Stromverstärkungsfaktor α erklärt u. drei Schaltungen mit gemeinsamer Basis u. Schaltungen mit gemeinsamem Emitter angegeben. Abschließend wird auf die Kennlinien u. auf p–n–p- u. n–p–n-Transistoren eingegangen. (Philips' techn. Rdsch. **17.** 241—55. Febr. 1956. Eindhoven.) D. HAHN. 135

S. C. Hunter und **F. R. N. Nabarro,** *Die Ausbreitung von Elektronen in gedehnten metallischen Gittern.* Das Störungspotential V wird als proportional der elast. Dehnung des Metalles angenommen. Bei schwacher Dehnung ist V von der Art des von BARDEEN u. SHOCKLEY (vgl. C. **1951.** II. 1245) eingeführten Deformationspotentials U. Im Falle fast freier Elektronen hängt der Beitrag des Ionengitters zu U in 1. Näherung nur von den Dilatations- u. nicht von den Scherkomponenten ab; durch den Übergang von Elektronen von den komprimierten zu den gedehnten Bezirken wird U geändert u. ist dann nur noch von der FERMI-Energie der Elektronen abhängig. Für höhere Näherung hängt die effektive Elektronenmasse von der Wechselwrkg. zwischen den Elektronen u. dem Ionengitter ab. Schließlich wird noch der Einfl. von Verschiebungen auf den elektr. Widerstand von *Cu* u. *Na* abgeschätzt. (Proc. Roy. Soc. [London], Ser. A **220.** 542—61. 22/12. 1953. Birmingham, Univ.) O. FUCHS. 136

S. Machlup, *Leerstellen in metallischem Natrium.* Vf. berechnet den Einfl. des Leerstellengleichgewichts auf den elektr. Widerstand von Na u. findet, daß die beobachtete Widerstandsanomalie am F. von 0,4 $\mu\Omega\cdot$cm einer Leerstellenkonz. von $^1/_4$ At.-% entspricht. Aus Beobachtungen der spezif. Wärme am F. ergibt sich eine Leerstellenkonz. von $^1/_2$ At.-%. Die Diskrepanz zwischen den beiden Werten wird erklärt. (J. chem. Physics **24.** 169—70. Jan. 1956. Univ. of Illinois, Dep. of Phys.) H. W. LEVI. 136

M. C. Steele, *Hall-Effekt und Schwankungen des Magnetowiderstandes von Antimoneinkristallen in einem magnetischen Feld und bei Temperaturen des flüssigen Heliums.* (Sitzungsbericht.) (Physic. Rev. [2] **98.** 1180—81. 15/5. 1955. U. S. Naval Res. Labor.) E. KLEVER. 136

Kun Huang, *Eine Bemerkung zur Fröhlichschen Theorie der Supraleitung.* Es wird gezeigt, daß in der von FRÖHLICH (vgl. C. **1951.** I. 3301) aufgestellten Theorie der Supraleitung der Energieterm E_1 von einer Änderung der Gitterschwingungsfrequenz infolge adiabat. Deformation der Elektronen herrührt, während sich der zweite Energieterm E_2 auf die Zusammenstöße zwischen den Gitterschwingungen u. den Elektronen bezieht. Das Supraleitungsverh. wird ausschließlich von E_2 bestimmt. Die von WENTZEL (vgl. C. **1952.** 4095) aus der FRÖHLICHschen Theorie gezogenen Folgerungen sind fehlerhaft. (Proc. physic. Soc., Sect. A **64.** 867—73. 1/10. 1951. Liverpool, Univ., Dep. of Theoret. Phys.) O. FUCHS. 136

T. E. Faber, *Der Phasenübergang in Supraleitern.* 3. Mitt. *Phasenausbreitung unterhalb der kritischen Feldstärke.* (2. vgl. C. **1956.** 6022.) Wenn am einen Ende eines bis zur Supraleitung gekühlten *Sn*-Stabes ein supraleitender Kern erzeugt wird (z. B. durch Erniedrigung der magnet. Feldstärke H an einer engbegrenzten Stelle), so breitet sich der supraleitende Zustand zum anderen Ende mit der Geschwindigkeit v aus, die für verschied. Tempp., für verschied. H-Werte, ausgedrückt durch $q = (H_{kr} - H_0)/H_{kr}$, wo H_{kr} = krit. H-Wert, u. für verschied. Proben (Änderung von Radius, Länge, Leitfähigkeit u. Oberflächenbeschaffenheit der Proben) gemessen wurde. Im Mittel ist v von der Größenordnung 10 cm/Sekunde. Ab q = 0,01 steigt $v^{1/3}$ linear mit q an (bei kleinerem q stärkerer Abfall). $v^{1/3}q$ ist zwischen T = 1,7 u. 3,5° K für die verschied. Proben unabhängig von T. Aus den Verss. folgt, daß sich zuerst ein supraleitender Faden aus dem Primärkern heraus mit großer Geschwindigkeit u. dann eine supraleitende Hülle bilden. Im theoret. Teil geht Vf. von den Annahmen aus, daß die Erscheinung im wesentlichen durch die Grenzflächenspannung zwischen der n. u. der supraleitenden Phase sowie von der elektromagnet. Dämpfung durch den Wirbelstrom in der normalleitenden Phase vor dem supraleitenden Faden bestimmt wird. Die theoret. Ergebnisse stehen im Einklang mit unter bestimmten Bedingungen erhaltenen experimentellen Daten. Für die Grenzflächenspannung werden Werte abgeschätzt, die als zuverlässiger als früher mitgeteilte angesehen werden; die Unterschiede gegenüber den theoret. Ergebnissen von GINSBURG u. LANDAU (vgl. C. **1951.** I. 3457) u. PIPPARD (vgl. C. **1953.** 7473) werden diskutiert. (Proc. Roy. Soc. [London], Ser. A **223.** 174—94. 22/4. 1954. Cambridge, Univ., Royal Soc. Mond Labor.) O. FUCHS. 136

Manuel Castañs, *Ausdruck für die mechanische Energie einer Kombination von Stromkreisen mit konstanter elektromotorischer Kraft und idealen Supraleitern.* (An. Real Soc. españ. Física Quím., Ser. A **51.** 189—91. Juli/Aug. 1955.) R. K. MÜLLER. 136

F. Kirchner und **W. Wilhelmy,** *Das gyromagnetische Verhältnis des Protons.* Vff. bestimmen das gyromagnet. Verhältnis der Protonen zu $\gamma = (2{,}67569 \pm 0{,}00017)\cdot 10^{-4}$.

$sec^{-1} \cdot Gauss^{-1}$. Dieser Wert weicht von der einzigen früheren Präzisionsbest. von THOMAS, DRICOLL u. HIPPLE $\gamma = (2{,}67530 \pm 0{,}00006) \cdot 10^{-4} \cdot sec^{-1} \cdot Gauss^{-1}$ außerhalb der Fehlergrenze ab. Dabei besteht der einzige Unterschied in der Größe u. der Erzeugung des Magnetfeldes (eisenfreie Spulen u. Elektromagnete, Feldstärken von 100 bzw. 5000 Oe). Vff. vermuten, daß der Unterschied durch einen fehlerhaften Wert des vom Internationalen Komitee für Maß u. Gewicht festgesetzten Umrechnungsfaktors von „internationalen Volt" in „absol. Volt" bzw. A vorgetäuscht ist. (Z. Naturforsch. **10a.** 657—58. Aug. 1955. Köln, Univ., I. Physikal. Inst.) H. FAHLENBRACH. 137

B. N. Brockhouse, L. M. Corliss und **J. M. Hastings,** *Mehrfachstreuung langsamer Neutronen in dünnen Blättchen und magnetische Streuung von Zinkferrit.* (Vgl. C. **1955.** 6.) Es wurde die Neutronenstreuung an dünnen Proben aus Be, Pb, Bi u. Th gemessen. Dabei war die Versuchsanordnung so getroffen, daß Mehrfachstreuung vorherrschte. Die Wellenlänge betrug 1,062 Å. Von der gesamten diffusen Streuung werden kohärente Kernstreuung u. therm. Streuung abgezogen. Die nach CHANDRASEKHAR (Radiative Transfer, Oxford 1950) u. VINEYARD (C. **1955.** 11325) errechnete Mehrfachstreuung wird mitgeteilt. Die Ergebnisse werden zur Korrektur gemessener diffuser Streuung an Zn-Ferrit bei verschied. Tempp. verwendet, um den differentiellen magnet. Wirkungsquerschnitt der magnet. Ionen zu errechnen. Die Diskussion der Wirkungsquerschnitte erlaubt neue Aussagen über die Ferritstruktur. Eine bei der Temp. des fl. N_2 hinzukommende Kleinwinkelstreuung wird als Folge von ferromagnet. Ordnung der Fe-Ionen in kleinen Bereichen gedeutet. (Physic. Rev. [2] **98.** 1721—27. 15/6. 1955. Chalk River, Ont., Atomic Energy of Canada Ltd., Phys. Div.; Upton, N. Y., BNL.) H. C. WOLF. 137

Charles A. Kraus, *Das Verhalten micellarer Elektrolyte in der Nähe der kritischen Konzentration.* Eine krit. Diskussion der in den letzten Jahren von McDOWELL u. KRAUS (C. **1952.** 4590) veröffentlichten Daten über die Äquivalentleitfähigkeit (Λ) von zur Micellenbldg. befähigten langkettigen Elektrolyten in W.-Methanol-Gemischen läßt die zunächst nur als Arbeitshypothese angenommene Vorstellung, daß die Konz. des Elektrolyten im nichtmicellaren Zustand oberhalb der krit. Konz. konstant u. gleich dieser bleibt, als sehr wahrscheinlich gelten. Vf. zeigt, wie Λ des in Micellenform vorliegenden Elektrolytanteils berechnet werden kann, wobei sich in Bestätigung der genannten Vorstellung ergibt, daß oberhalb der krit. Konz. prakt. die gesamte zugesetzte Elektrolytmenge Micellen bildet, während bei niedrigen Konzz. der Zustand der Micellen-Ionen nur wenig von der Konz. abhängt. Weiter wird gezeigt, daß die Tendenz der langkettigen Ionen zur Assoziation unterhalb der krit. Konz. nicht nur von der Länge der KW-stoffkette, sondern auch von der Zahl der C-Atome in den anderen substituierten Alkylgruppen abhängt, u. daß auch die krit. Konz. von der Größe der Substituenten abhängig ist. Schließlich wird noch die Rolle der Gegen-Ionen diskutiert u. ihre Bedeutung für die Abnahme der Leitfähigkeit des micellenbildenden Elektrolyten mit wachsender Konz. aufgezeigt. (Proc. nat. Acad. Sci. USA **39.** 1213—17. Dez. 1953. Brown Univ., Metcalf Res. Labor.) W. NIEMITZ. 138

José Lima-de-Faria, *Über die Entstehung von makroskopischen elektrischen Ladungen im Inneren von Lösungen.* Vf. diskutiert die Bldg. starker makroskop. elektr. Ladungen im Inneren von Lsgg. in der Nähe starker diskontinuierlicher elektr. Felder. Der Beschleunigungsmechanismus chem. Rkk. unter dem Einfl. eines elektr. Feldes wird schemat. dargestellt; der beschriebene Mechanismus steht im Einklang mit der POISSONschen Gleichung. Für Elektrolyte wie HCl, H_2CrO_4, KOH, $Pb(NO_3)_2$ u. $CuSO_4$ folgt nach Anlegen eines Feldes von 1500 V pro 15 cm zu Beginn ein rapides Ansteigen der Stromstärke, darauf ein starker Abfall u. dann langsames Ansteigen. Für Salze wie $NaCl$, $NaNO_3$, KCl u. KNO_3 steigt die Stromstärke sehr stark an u. es wird kein Absinken beobachtet. Dieser Unterschied im Verh. scheint mit dem Prozeß des Ladungswechsels in Verb. zu stehen; im 1. Falle scheint die Bldg. von Sekundärionen nur an einer Elektrode, im 2. Falle an beiden Elektroden stattzufinden. (Vgl. auch C. **1953.** 8517.) (C. R. hebd. Séances Acad. Sci. **235.** 1297—99. 24/11. 1952.) M. MINSINGER. 138

A. K. Ganguly, L. M. Mukherjee und **S. B. Ghosh,** *Potentiometrische Untersuchung von Tonen und Harzen in nichtwässerigen Medien.* Bei mehrbas. Säuren kann der Dissoziationsgrad der verschied. H^+-Ionen durch potentiometr. Analyse leicht bestimmt werden. Der Dissoziationsgrad kann nun durch das Medium verändert werden. Ein protophiles Medium wird die Dissoziation des Protons erhöhen usw. Durch geeignete Wahl des Mediums kann man also ein Syst. nach Belieben in eine Säure oder Base verwandeln. Eine Anwendung der Meth. zur Unters. der Charakteristik von Suspensionen von feinverteiltem *Bentonit, Kaolin, Glimmer* u. *Quarz* in verschied. Lösungsmittelgemischen ist der Zweck dieser Arbeit. Auch auf die Unters. von synthet. Harzen läßt sich die Meth.

anwenden. Die benutzten Meßinstrumente u. die Durchführung der Verss. sind beschrieben. (Sci. and Cult. **19.** 42—44. Juli 1953. Calcutta, Univ., Coll. of Sci. and Techn. and Bengal Immun. Res. Inst.) H. STUHLDREER. 139

R. E. Barieau, *Die korrekte Anwendung der Gibbs-Helmholtzschen Gleichung auf reversible galvanische Elemente, in denen sich die Zusammensetzung einer der Phasen mit der Temperatur ändert.* (Vgl. C. **1953.** 4648.) In Erwiderung eines Einwandes von LI (vgl. C. **1953.** 4648) gibt Vf. unter Benutzung des 1. u. 2. Hauptsatzes der Thermodynamik einen ins einzelne gehenden Beweis an, daß die GIBBS-HELMHOLTZsche Gleichung $\alpha \Delta F_{cell}/\alpha T = -\Delta S_{cell}$ direkt auf jedes reversible galvan. Element anwendbar ist, wie auch immer sich die Zus. jeder anwesenden Phase mit der Temp. ändert. (J. chem. Physics **21.** 1827—28. Okt. 1953.) E. WASSERROTH. 140

J. W. Stout, *Die Thermodynamik reversibler galvanischer Elemente in denen sich die Zusammensetzung einiger der Phasen mit der Temperatur ändert.* (Vgl. vorst. Ref.) Die aus dem Temperaturkoeff. der EMK. eines reversiblen galvan. Elementes, bei dem die Zus. der Phasen temperaturabhängig ist, berechnete Entropieänderung entspricht einer einzelnen chem. Reaktion. Vf. zeigt, daß die von BARIEAU u. von LI vorgeschlagenen Methoden zur Best. dieser Rk. äquivalent sind. Die Meth. von BARIEAU ist einfacher u. direkter u. gibt die Ergebnisse in einer handlicheren Form wieder. (J. chem. Physics **21.** 1829—30. Okt. 1953. Chicago, Ill., Univ. of Chicago, Inst. for Study of Metals.) E. WASSERROTH. 140

J. G. Aston und **Frank L. Gittler,** *Die elektromotorische Kraft der Zelle H_2, HCl(g), AgCl(f), Ag(f) bei 25°. Abgeleitete Werte von 0 bis 40°.* Direkte Messung der EMK. obiger Zelle, wozu Essigsäure mit HCl gesätt. u. dann zur Erzeugung des erforderlichen HCl-Druckes mit dest. W. verd. wurde. Die App. u. sonstige Methodik wurden bereits früher (C. **1956.** 6911) beschrieben. Es wurde für E_0^0 ein Wert von —0,1509 absol. Volt gefunden, was gut mit dem rechner. bestimmten Wert —0,1506 übereinstimmt. Die EMK. der Zelle wurde für Tempp. zwischen 0 u. 40° berechnet u. tabelliert. (J. Amer. chem. Soc. **77.** 3173—74. 20/6. 1955. State College, Pa., Pennsylvania State Univ., Coll. of Chem. and Phys.) I. KARUTZ. 140

Friedrich Brandstaetter, *Über die Glimmlichtelektrolyse mit Wechselstrom.* Als Elektrolyt diente 2n H_2SO_4 (I), als Gegenelektrode ein wassergekühlter Ag-Stab. Die angelegte Spannung betrug 600—700 V. Gemessen wurde die Abhängigkeit der Gleichstromkomponente J_g von dem Gasdruck p über der Fl. u. von der Wechselstromstärke J_w, z. T. bei verschied. Elektrodenabständen. Die Verss. zeigen, daß ein Gleichrichtereffekt auftritt, dessen Vorzeichen durch die Wahl von p u. J_w unter sonst gleichen Bedingungen umgekehrt werden kann ($J_g > 0$ für $p > 60$ Torr, $J_g < 0$ für $p < 60$, wobei die Größe des Effektes mit steigendem J_w zunimmt); unter mittleren p–J_w-Bedingungen ist $J_g = 0$. Einige mit fl. Hg statt mit I ausgeführte Verss. zeigen, daß die Erscheinungen sehr stark von der Natur der Flüssigkeitselektrode abhängen. (Z. angew. Physik **6.** 164—68. April 1954. Wien, TH, Inst. für Experimentalphys.) O. FUCHS. 141

Kiichiro Sugino und **Shigeru Aoyagi,** *Untersuchungen über den Mechanismus der elektrolytischen Perchloratbildung.* Wss. Lsgg. von $NaClO_3$ (1—6 mol.) werden in einer Zelle mit großer Pt-Kathode u. rotierender Pt-Mikroanode elektrolysiert. Stromdichte-Potentialkurven der elektrolyt. Oxydation des ClO_3^--Ions werden polarograph. bestimmt. Das erhaltene Polarogramm ist grundverschieden von denen der üblichen Redoxprozesse. Bes. ist die Höhe der ersten der beiden beobachteten Wellen umgekehrt proportional zur ClO_3^--Konzentration. Daraus folgt, daß bei dem niedrigeren Potential (1,7—1,9 V) Elektrolyse von W. erfolgt u. erst bei einem Potential >2,3 V die ClO_3^--Oxydation vonstatten geht. Ein damit verträglicher Mechanismus ist a) $2\,ClO_3^- - 2e \rightarrow 2\,ClO_3$ (oder $O_3Cl \cdot ClO_3$); b) $2ClO_3 + H_2O \rightarrow HClO_3 + HClO_4$; c) $ClO_3^- - e \rightarrow ClO_3$; d) $OH^- - e \rightarrow OH$; e) $ClO_3 + OH \rightarrow HClO_4$. Zur Erhärtung dieser Annahme werden ClO_3^--Lsgg. bei definierten Anodenpotentialen, die der zweiten Welle des Polarogramms entsprechen, elektrolysiert. Die Ergebnisse bestätigen die Richtigkeit der Zuordnung. Es wird angenommen, daß die Entladung des ClO_3^--Ions nicht nur wegen der hohen O_2-Überspannung an Pt, sondern auch wegen der verringerten Aktivität des W. in der Umgebung der Anodenoberfläche möglich ist. Dafür spricht die ungewöhnlich hohe Salzkonz. u. das große Hydratisierungsvermögen der vorhandenen Ionen. Bedingung für das Aufrechterhalten eines für die ClO_3^--Oxydation ausreichend edlen Potentials ist die Anwendung hoher anod. Stromdichten. (J. electrochem. Soc. **103.** 166—71. März 1956. Tokyo, Japan, Tokyo Inst. of Technol., Dep. of Chem. Engng., Labor. of Organ. Electrochem.) W. KRÖNERT. 141

Sj. L. Bonting und **B. S. Aussen,** *Der Einfluß von oberflächenaktiven Stoffen auf polarographische Wellen von Sauerstoff und Zink und auf die Elektrocapillarkurve von*

Quecksilber. Einer zufälligen Beobachtung nachgehend haben Vff. die Einw. von oberflächenakt. Stoffen auf die Halbwellenpotentiale (Hwp) von Sauerstoff u. Zn eingehender untersucht. *Tween 80*, eine nicht ionogene Substanz, *Teepol*, eine anionenakt. u. *Desogen*, eine kationenakt. Substanz rufen alle 3 eine Verschiebung der Hwp sowohl bei Sauerstoff als auch bei Zn nach negativen Werten hervor. Daraus läßt sich schließen, daß der Effekt nicht auf der Basis von chem. Rkk. zu erklären ist, sondern eine Adsorptionswrkg. sein muß. Die Unters. der Elektrocapillarkurve des Hg in diesen 3 Lsgg. zeigt eine Verschiebung des Maximums nach der positiven Seite für Tween 80 u. nach der negativen Seite für Teepol u. Desogen. Vff. folgern, daß die oberflächenakt. Stoffe eine Adsorptionsschicht auf dem Hg bilden, die sich hemmend auf die Einstellung der Potentiale auswirkt, wodurch sich die Verschiebung der Hwp zu negativen Werten hin erklärt. (Recueil Trav. chim. Pays-Bas **73.** 455—61. Juni 1954. Amsterdam, Univ., Labor. of Physiol. Chem.) S. LANZ. 142

R. Sroka und **H. Fischer,** *Polarisation und Kristallwachstum bei der Elektrokristallisation von Kupfer.* Vff. haben den Zusammenhang zwischen Polarisation u. Abscheidungsform am Beispiel der Abscheidung von Cu studiert. Unter sorgfältiger Beachtung der Reproduzierbarkeit der Versuchsbedingungen wurde die Abscheidung aus dem H_2SO_4-Bad durch Messung der Polarisation Δg als Funktion der Stromdichte i bei verschied. Strommengen verfolgt. Als Elektrodenmaterial diente 1 mm starkes Cu-Blech mit Würfeltextur (Anteil der nach [1 0 0] orientierten Kristalle 90%). Δg als Funktion von i stellt einen aus 2 Ästen bestehenden Kurvenzug dar. In bestimmten Stromdichtebereichen gehorcht jeder dieser Äste für sich der Gleichung von TAFEL. Ein Vgl. dieser Kurven mit den verschied. Bedingungen unter den erhaltenen Abscheidungsformen des Cu zeigt eine eindeutige Beziehung zwischen dieser u. dem Kurvenverlauf. Bei Anwendung von 13,5 Coul/cm² erfolgt die Abscheidung bis zu 5 mA/cm² (Überspannung: —20 bis —35 mV) überwiegend in oktaedr. Pyramiden. Oberhalb dieser Stromdichte treten würfelförmige Abscheidungen auf. Oberhalb 12 mA/cm² erfolgt die Abscheidung zunehmend in feinkristalliner Form. Die Abscheidungsform läßt sich somit auch zu den Durchtrittsfaktoren der Gleichung von TAFEL in Beziehung setzen. Die abgerundeten α-Werte für die drei beobachteten Abscheidungstypen, Pyramiden, Würfel, mikrokristallin, sind 1,0, $^1/_8$ u. $^1/_4$. Vff. vermuten jedoch, daß diese Werte zu hoch sind, weil sich dem Durchtritt noch ein langsamerer Vorgang überlagern kann. Durch Abscheidung einer Schicht aus feinkristallinem Cu gelingt es, den Einfl. einer oktaedr. oder kub. Cu-Substanz fast vollständig zu unterdrücken. Diese Ergebnisse werden von den Vff. auf der Grundlage von 2 Modellvorstellungen für die Entstehung der Wachstumsschichten diskutiert. Die eine nimmt einen durch Schwankungen der Metallionenkonz. an der Fläche der Schicht gesteuerten Mechanismus an. Die andere einen durch Oberflächendiffusion bestimmten. Auf Grund der gefundenen Unterschiede der α-Werte für Pyramiden- u. Würfelwachstum erscheint es unwahrscheinlich, daß die Cu^{2+}-Ionen sich bevorzugt an den Seitenflächen der Wachstumsschichten abscheiden. Dieses wird jedoch von dem erstgenannten Mechanismus gefordert. Vff. vermuten daher eine bevorzugte Abscheidung an den oberen Flächen der Schichten entsprechend einem Wachstumsvorgang mit Oberflächendiffusion. Es ist jedoch nicht ausgeschlossen, daß neben der als vorherrschend gefundenen Durchtrittspolarisation noch andere Polarisationsarten eine Rolle spielen. Auch die Oberflächendiffusion selbst kann als zweite, überlagernde Hemmung wirken. Vff. weisen darauf hin, daß die Deutung der Cu-Abscheidung durch das diffusionsbedingte Modell nicht ohne weiteres auf andere kathod. Metallabscheidungen übertragen werden kann. (Z. Elektrochem., Ber. Bunsenges. physik. Chem. **60.** 109—18. März 1956. Karlsruhe, TH, Inst. für Physikal. Chem. u. Elektrochem.) H. U. WOELK. 142

Eugène Darmois und **Israël Epelboin,** *Über einen Mechanismus des elektrolytischen Polierens.* Für die Deutung des Poliermechanismus ist die Annahme eines Oxydfilmes nicht erforderlich. Man kann das elektrolyt. Polieren in ClO_4^--haltigen Lsgg. durch Adsorption der ClO_4^--Ionen an der zu polierenden Metalloberfläche erklären. Die auf diese Weise gebildete Schicht erzeugt ein genügend starkes elektr. Feld (Überspannungen), so daß Metallionen direkt aus dem Kristallgitter in Lsg. gehen können (ohne Mitwrkg. eines chem. Prozesses). Dieser Mechanismus kann z. T. auch Poliervorgänge unter Beteiligung anderer Anionen erklären. (C. R. hebd. Séances Acad. Sci. **237.** 501—03. 7/9. 1953.) W. SKALIKS. 143

P. R. Rowland, *Mechanismus des elektrolytischen Polierens.* Nach Verss. des Vf. können *Au*, *Pt* u. *Pd* in geschmolzenem *KCl* oder *NaCl* anod. poliert werden. Mindeststromdichte für Pd ca. 1 A/cm² bei 950°, für Au u. Pt ca. 0,15 A/cm² bei 970 bzw. 1020°. Unedlere Metalle (z. B. *Fe* u. *Cu*) gaben geringeren Glanz. — Ferner wurden die adsorptiven Bedingungen der Polier- u. Ätzeffekte an Cu-Oberflächen in H_3PO_4 (50 : 50 Volumenteile) untersucht. Es konnten polierte u. geätzte Zonen mit einer Zwischenzone auf demselben Objekt gleichzeitig erzeugt werden. Bei Zusatz von $Hg(NO_3)_2$ wurde das Cu. überall amalgamiert, nur nicht an den polierten Stellen. Ähnliche Zonen konnten in 1 mol, *$CuSO_4$*-Lsg. erzeugt werden, u. ihr Verh. gegen Hg^{2+}-Ionen war analog. Die „polierte" Zone war hier allerdings matt. — Vf. schließt aus seinen Verss., daß die Polierwrkg. nicht durch Oxyd-, Hydroxyd- oder dergleichen Schichten auf der Anode erklärt werden kann. Auch die Bldg. von Oxydfilmen durch gelösten O_2 ist ausgeschlossen, wie Verss. in H_2-Atmosphäre ergaben. Kristallgitter der Chloride von Au, Pt u. Pd sind unter den Versuchsbedingungen nicht beständig. Auch das Verh. der Cu-Anoden gegen Hg^{2+}-Ionen spricht gegen die Existenz von Oxydfilmen. Durch die hohe Stromdichte beim Elektropolieren (nicht etwa durch einen Oxydfilm) wird die Kontaktadsorption von Hg an der Cu-Oberfläche verhindert. Da die Ätz- u. Wachstumsformen von Metallkristallen durch Adsorption bestimmt sind, kann hiernach bei hoher Stromdichte keine Ätzung, sondern nur noch Elektropolierung eintreten. (Nature [London] **171.** 931. 23/5. 1953. London, Guy's Hospital Med. School.) W. SKALIKS. 143

E. Bull Simonsen, *Elektrolytisches Polieren von Preßkörpern aus Kupferpulver.* Es wird experimentell nachgewiesen u. an 4 Mikrophotographien gezeigt, daß beim elektrolyt. Polieren (in 1 : 1 verd. H_3PO_4) von Preßkörpern aus Cu-Pulver die Poren mit zunehmender Polierdauer (5, 7 u. 9 Min.) stark vergrößert u. die Kanten abgerundet werden. Andererseits ist eine Polierzeit von 5 Min. nicht genügend, wenn man eine gute Oberfläche für die metallograph. Unters. erzielen will. Bei dem gewöhnlichen, m e c h a n. Polierverf. wird dagegen die Porosität der metallograph. Probekörper richtig wiedergegeben, wie sich durch Dichtebest. nachweisen ließ. Bei der Interpretierung der Mikrobilder von elektropolierten Proben ist also größte Vorsicht geboten. (Res. Corresp., Suppl. zu: Research **6.** Nr. 4. 24 S—25 S. April 1953. Cambridge, Univ., Dep. of Metallurgy.) W. SKALIKS. 143

Minko Balkanski, *Untersuchung der Überspannung von Kupfer in Kupferacetatlösung.* Vf. untersucht die Überspannung η einer elektrolyt. polierten Cu-Platte (Oberfläche 4 cm^2), die in eine $^1/_{10}$mol. $(CH_3COO)_2Cu$ (I)-Lsg. eintaucht. Die graph. Darst. log Stromdichte — η liefert einen Grenzwert η_∞ von 290 mV, der erheblich höher ist als der von 58 mV, den $^1/_{10}$mol. starke Elektrolytlsgg. wie $CuSO_4$, $Cu(NO_3)_2$ u. $Cu_3(PO_4)_2$ ergeben. Dies zeigt, daß I nicht vollkommen dissoziiert vorliegt u. daß η vom Zustand der in der Lsg. vorhandenen Ionen abhängt. Bei Zugabe verschied. Essigsäurekonzz. zu I tritt ein Absinken von η ein. Weiterhin untersucht Vf. den Einfl. von Makromoll., z. B. *Polyvinylalkohol* (II) auf η in I u. stellt dabei fest, daß in Ggw. von II sich der Hydratationsgrad der Ionen in der Lsg. ändert. Dies hat zur Folge, daß sich der Anstieg der Stromdichte-η-Kurve wenig verschiebt. Vf. gelangt daher zu der Schlußfolgerung, daß die Aktivität des Cu^{2+}-Ions in I-Lsgg. von der anderer Cu-Salzlsgg. verschieden ist. (C. R. hebd. Séances Acad. Sci. **238.** 1221—23. 15/3. 1954.) H. SURAWSKI. 143

M. J. Pryor und **M. Cohen,** *Hemmung der Eisenkorrosion durch einige anodische Inhibitoren.* Bei Korrosionsverss. mit Gewichtsverlustfeststellung in Lsgg. anod. Inhibitoren (*Na_2CrO_4, $NaNO_2$, NaOH, Na_2HPO_4, Na_3PO_4, Na_2MoO_4, Na_2WO_4, Na_2CO_3, CH_3· COONa, C_6H_5COONa, Na_2SiO_3*) in verschied. Konzz. findet sich ein Schwellenwert der Konz., oberhalb dessen Passivierung einsetzt. Die Prodd. der Schutzschichten werden röntgenograph. identifiziert; sie bestehen sämtlich aus *γ-FeOOH* mit einer Ausnahme bei der unbelüfteten Na_2HPO_4-Lsg. Daneben finden sich in den Schichten *Fe_3O_4* u. *α-FeO· OH.* Die Potential–Zeit-Kurven zeigen eine Veredlung zur Zeit der Passivierung. Stromdichte–Potential-Kurven nach zunehmenden Korrosionszeiten zeigen edlere Ruhepotentiale u. stärkere Polarisation im anod. Ast infolge Schichtbildung. Die Wrkg. von Chloridzusätzen auf die Passivierung wird untersucht. Inhibitoren mit stark oxydierend wirkenden Anionen, wie Chromat u. Nitrit, passivieren Eisen sowohl in entlüfteten Lsgg. als auch in Ggw. von O_2. Weniger stark oxydierende Anionen, wie Wolframat u. Molybdat, verhalten sich in Ggw. von Luft ähnlich wie Chromat u. Nitrit. Die übrigen Inhibitoren wirken nur im Zusammenhang mit O_2 passivierend. Es wird ein Mechanismus für den Inhibitionsvorgang angenommen, der auf der heterogenen Oxydhautbldg., die vornehmlich durch adsorbierten O_2 aus der Lsg. bewirkt wird, beruht. Daneben verläuft ein schwacher Korrosionsvorgang, der beendet ist, wenn die Schicht die Flächen völlig bedeckt. Die erreichten Schichtdicken betragen ungefähr 200 Å. (J. electrochem. Soc. **100.** 203—15. Mai 1953. Ottawa, Can., Nat. Res. Council.) W. KATZ. 143

R. D. Misch und **E. S. Fisher,** *Anodisches Filmwachstum auf Hafnium in Salpetersäure.* Kompakte Hf-Proben mit grobem Korn werden nach dem Polieren u. Ätzen anod. in 70%ig. HNO_3 bei Zimmertemp. u. einer Stromdichte von 0,025 bzw. 1,5 mA/cm^2 u. bei 90° u. 0,025 mA/cm^2 behandelt. Photograph. Mikroaufnahmen werden mit Hellfeldbeleuchtung hergestellt u. die Orientierung der Kristallite mit LAUE-Rückstrahlaufnahmen bestimmt. Bei Zimmertemp. bildet sich auf einzelnen Hf-Kristallen ein gleich-

mäßiger Oxydfilm aus, dessen Dicke von der Orientierung des Metallkristalls abhängt. Bei 0,025 mA/cm² überschreitet die Zellenspannung nicht 1,5 V; dagegen steigt die Zellenspannung bei 1,5 mA/cm² auf 185 V u. der Film wird durch Funkenbldg. zerstört. Es wird stets beobachtet, daß sich ebenso wie beim Zr (vgl. LUSTMAN u. KERZE jr., The Metallurgy of Zirconium, McGraw-Hill Book Co., New York 1955) ein Oxydfilm bevorzugt auf der Kristallfläche (1 1 $\bar{2}$ 6) des Hf bildet, was auf einen ähnlichen anod. Mechanismus hinweist. Bei 90° u. 0,025 mA/cm² wird ein nicht gleichmäßiger Oxydfilm auf einzelnen Kristalliten erzeugt. Es bilden sich keilförmige Zeichnungen aus, die für jeden Kristall in die gleiche Richtung zeigen. Der Bedeckungsgrad der Kristallite mit diesen Flecken hängt nicht von der Art der Kristallfläche ab. Das diskontinuierliche Wachstum wird der Keimbldg. von Verunreinigungen der Metalloberfläche zugeschrieben. Ein Orientierungseffekt tritt auch beim Elektropolieren von Hf auf. (J. electrochem. Soc. **103.** 153—56. März 1956. Lemont, Ill., Argonne Nat. Labor., Metall. Div.)
W. KRÖNERT. 143

A$_4$. Thermodynamik. Thermochemie.

G. A. Kluitenberg, S. R. de Groot und **P. Mazur,** *Relativistische Thermodynamik irreversibler Prozesse.* 1. Mitt. *Wärmeleitung, Diffusion, viscose Strömung und chemische Reaktionen. Formeller Teil.* Die ECKARTsche Theorie relativist. Thermodynamik irreversibler Prozesse in einfachen fluiden Stoffen (vgl. Physic. Rev. [2] **58.** [1940.] 919) wird auf eine isotrope Mischung beliebig vieler chem. Komponenten erweitert, in der Wärmeleitung, Diffusion, viscose Strömung, chem. Rkk. u. Kreuzeffekte zwischen diesen auftreten. Die vier Vektoren der relativen Massenströme sind im vierdimensionalen Raum–Zeit-Kontinuum als senkrecht zu den vier Vektoren der Schwerpunktsgeschwindigkeit definiert. Das Entropiegleichgewicht folgt aus den relativist., makroskop. Gesetzen. Man erhält $n + 4$-Beziehungen zwischen $4n + 4$ phänomenolog. Gleichungen für relative Massen- u. Wärmeströme (n = Anzahl der chem. Komponenten). Wie zu erwarten, bleiben $3n$ unabhängige Gleichungen übrig. Es wird gezeigt, daß die ONSAGER-Beziehungen LORENTZ-Transformationen gegenüber invariant sind. Neue Kreuzeffekte, beruhend auf relativist. Termen in den den Wärme- u. Impulsströmen zugeordneten Kräften werden zwischen Wärmeleitung u. Diffusion sowie zwischen Volumviscosität u. chem. Rk. („visco-chem. Effekt") gefunden. (Physica **19.** 689—704. Aug. 1953. Utrecht, Univ., Inst. voor theoret. natuurkunde.) E. U. FRANCK. 146

L. Onsager und **S. Machlup,** *Schwankungen und irreversible Prozesse.* Vff. berechnen die Wahrscheinlichkeit einer gegebenen Folge von (Nichtgleichgewichts-) Zuständen eines spontan schwankenden thermodynam. Syst., wobei vorausgesetzt wird, daß die einen Zustand bestimmenden makroskop. Variablen beliebige GAUSSsche Variable sind, deren mittleres Verh. durch die für irreversible Prozesse gültigen Gesetze bestimmt wird. Diese Wahrscheinlichkeit kann in Form der Dissipationsfunktion ausgedrückt werden. Die sich ergebende Gleichung, die eine Erweiterung des BOLTZMANNschen Prinzips ist, zeigt die statist. Bedeutung der Streufunktion. Aus der Form dieser Gleichung wird das Prinzip der geringsten Energiestreuung evident. (Physic. Rev. [2] **91.** 1505—12. 15/9. 1953. New Haven, Conn., Yale Univ., Sterling Chem. Labor. and Sloane Phys. Labor.; Murray Hill, N. J., Bell Telephone Labors.) E. WASSERROTH. 146

S. Machlup und **L. Onsager,** *Schwankungen und irreversible Prozesse.* 2. Mitt. *Systeme mit kinetischer Energie.* (1. vgl. vorst. Ref.) Vff. dehnen die l. c. erhaltenen Resultate auf Systeme 2. Ordnung aus, d. h. solche Systeme, in denen Trägheitskräfte auftreten. Es werden für die Dissipationskoeffizienten reziproke Beziehungen, die die irreversiblen Prozesse beschreiben, hergeleitet, wobei eine verallgemeinerte Definition der thermodynam. Kräfte benutzt wird. Vff. können wiederum eine Dissipationsfunktion definieren, mit deren Hilfe die Wahrscheinlichkeitsfunktion der Schwankungen ausgedrückt werden kann. (Physic. Rev. [2] **91.** 1512—15. 15/9. 1953.) E. WASSERROTH. 146

N. Ss. Fortunatow und **Ju. P. Nasarenko,** *Erwiderung auf den Aufsatz von N. A. Ismailow, A. M. Schkodin und W. W. Alexandrow „Zur Diskussion über die Methode der Aktivität zur Thermodynamik realer Systeme.* Vff. wenden sich gegen die Verwendung des Begriffes des Aktivitätskoeff. in der Theorie der Lsgg. durch ISMAILOW, SCHKODIN u. ALEXANDROW (vgl. C. **1956.** 7150). Die Eigg. der Lsgg. sind durch die entsprechenden Funktionen auszudrücken u. nicht durch die Abweichungen vom „idealen" Modell. (Украинский Химический Журнал [Ukrain. chem. J.] **19.** 697—99. 1953. Inst. für allg. u. anorgan. Chem. der Akad. der Wiss. der UkrSSR.) O. LEBTAG. 146

N. A. Ismailow, A. M. Schkodin und **W. W. Alexandrow,** *Weiteres über die Aktivitätsmethode in der Thermodynamik realer Systeme.* Erwiderung auf die Kritik von FORTUNATOW u. NASARENKO (vgl. vorst. Ref.) an einer früheren Arbeit der Vff. (C. **1956.** 7150).

(Украинский Химический Журнал [Ukrain. chem. J.] **20.** 100—03. 1954. Charkow, Gorki-Univ.) O. LEBTAG. 146

Frank D. Maslan und **Theodore M. Littman,** *Kompressibilitätsschaubild für Wasserstoff und Edelgase.* Auf Grund der in der Literatur vorliegenden Daten haben Vff. je ein Kompressibilitätsschaubild für H_2 für niedrige u. für hohe Drucke (bis zu 1000 at u. 500° K) entworfen, die unter Berücksichtigung entsprechender empir. additiver Korrekturen auch zur Ermittlung der Kompressibilitätsdaten für *He, Ar* u. *Ne* verwandt werden können. (Ind. Engng. Chem. **45.** 1566—68. Juli 1953. New York, N. Y., Univ., Dep. of Chem. Engng.) T. OPPERMANN. 148

N. P. Popowskaja und **P. I. Protzenko,** *Spezifische Gewichte und Molekularvolumina binärer Systeme aus den Nitraten von Kalium-Cadmium und Silber-Cadmium.* Es wurden die Isothermen der D. u. der sich daraus ergebenden spezif. Voll. geschmolzener Mischungen der Systeme $Cd(NO_3)_2$–KNO_3 u. $Cd(NO_3)_2$–$AgNO_3$ bestimmt. Die Messungen der D. erfolgten nach der Auftriebsmethode. Obgleich in beiden Systemen eine kongruent schm. Verb. 1 : 2 auftritt, zeigen die gemessenen Dichteisothermen u. die des spezif. Vol. der Schmelzen einen gleichmäßigen Verlauf. Hieraus wird gefolgert, daß in den Schmelzen die Verbb. 1 : 2 vollständig dissoziiert sind. (Журнал Физической Химии [J. physik. Chem.] **29.** 225—30. Febr. 1955. Rostow/Don, Staatl. Molotow-Univ.) E. KORDES. 148

R. W. Davies, *Die Beziehung zwischen der Smoluchowskischen Gleichung und derjenigen von Kramers-Chandrasekhar.* Es wird gezeigt, daß die Erweiterung der FOKKER–PLANCKschen Gleichung auf eine modifizierte Telegraphengleichung bzw. hyperbol. Diffusionsgleichung im Konfigurationsraum führt. Ihre Lösung nähert sich für lange Zeiten asymptot. derjenigen der SMOLUCHOWSKI-Gleichung. Beide Gleichungen unterscheiden sich durch einen Term, der die Teilchengeschwindigkeit berücksichtigt. Dieser Term fehlt in der SMOLUCHOWSKI-Gleichung. (Physic. Rev. [2] **93.** 1169—70. 15/3. 1954. Pasadena, Calif., American Inst. of Aerolog. Res.) E. U. FRANCK. 149

F. Prévot, *Allgemeine Grundlagen und Physik des Hochvakuums.* Überblick über die kinet. Gastheorie unter besonderer Berücksichtigung der Verhältnisse bei kleinen Drukken, sowie über die Gasabsorption, -adsorption u. -desorption an Gefäßwandungen. (Génie chim. **73.** 1—7. Jan. 1955. Commissariat à l'Énergie atomique.) D. BREDTSCHNEIDER. 149

G. J. Hooyman, *Einige Bemerkungen zur Thermodynamik der Diffusionsphänomene.* Einige theoret. Bemerkungen zu den Diffusionsgesetzen unter besonderer Berücksichtigung bin. u. tern. Gemische. (Suppl. del Nuovo Cimento Nr. 2 (zu [10] **1**). 166—68. 1955. Utrecht, Univ., Inst. für Theoret. Phys.) W. NIEMITZ. 149

E. W. Becker, W. Vogell und **F. Zigan,** *Die Selbstdiffusion von N_2 und CO_2 bei hohem Druck. Zur Additivität der zwischenmolekularen Kräfte.* Vff. untersuchen, welche Schlüsse über die Additivität der zwischenmol. Kräfte aus der Druckabhängigkeit der mit isotopen Gasen gemessenen Selbstdiffusion gezogen werden können. Es wurde dazu die Druckabhängigkeit der Selbstdiffusion von N_2 zwischen 20 u. 90 at u. die des CO_2 zwischen 15 u. 52 at bei 20° mit ^{15}N bzw. ^{12}C gemessen. Beim N_2 war das Prod. aus Diffusionskoeff. u. Gasdichte innerhalb der Fehlergrenze druckunabhängig, beim CO_2 nahm das Prod. mit steigendem Druck im untersuchten Bereich um ca. 30% zu. Aus einem Vgl. mit der ENSKOGschen „Dense-Gases-Theorie" schlossen Vff., daß die zwischenmol. Kräfte des N_2 weitgehend additiv sind, während beim CO_2 wesentliche Beiträge zum Virial durch Molekelkonfigurationen geliefert werden, bei denen sich die anziehenden Kräfte teilweise absättigen. (Z. Naturforsch. **8a.** 686—94. Nov. 1953. Marburg/Lahn, Univ., Physikal. Inst.) E. WASSERROTH. 149

Yao Chiang und **W. J. Smothers,** *Differentialthermoanalyse im chemischen Laboratorium.* Erklärung u. Anwendung. (J. chem. Educat. **29.** 308—09. Juni 1952. Fayetteville, Ark., Univ. of Arkansas, Inst. of Sci. and Technol.) H.-G. MOSLÉ. 150

H. C. Longuet-Higgins, *Transportvorgänge in Flüssigkeiten.* Zusammenfassender Überblick über die verschied. Theorien der Transportvorgänge in Fll., von denen im einzelnen behandelt werden: phänomenolog. Koeff., thermodynam. Näherung, statist. Theorie des Transportes, Transport in komprimierten Gasen, Theorie der BROWNschen Bewegung, statist. Theorie von KIRKWOOD u. Mitarbeitern u. Ausblick auf die künftige Entwicklung. — 16 Literaturangaben. (Suppl. del Nuovo Cimento Nr. 2 (zu [10] **1**). 140—53. 1955. Cambridge, Univ., Chem. Labor.) W. NIEMITZ. 150

A. R. Ubbelohde, *Transportphänomene in Schmelzen und der Schmelzvorgang.* Zusammenfassender Überblick über die Theorie des Schmelzvorganges u. der Transportphänomene in Schmelzen. Behandelt werden im einzelnen: Beschreibung der Schmelzen unter dem Gesichtspunkt der nächstbenachbarten Teilchen, anisotrope Polymethylenmoll., Schmelzmechanismus starrer anisotroper sowie aromat. KW-stoffmoll., thermodynam. Schmelzparameter, Schmelzentropie, Volumenänderung beim Schmelzvorgang, Viscosität der Schmelzen kugelförmiger anisotroper Moll., Transportmechanismen in anderen Schmelztypen u. Ionenkristalle mit niedrigem Schmelzpunkt. — 17 Literaturangaben. (Suppl. del Nuovo Cimento Nr. 2 (zu [10] **1**). 126—39. 1955. London, Imp. Coll. of Sci. and Techn.) W. NIEMITZ. 150

J. Chojnacki, *Der Schmelzpunkt und die thermische Ausdehnung von Kristallen des A 1- und des A 2-Typs.* Vf. betrachtet die Ionen des Kristalls als elast. Kugeln vom Radius r_0, die sich gegenseitig berühren. Der anharmon. Anteil der kinet. Energie ihrer Schwingungen bewirkt die Ausweitung des Gitters u. eine Kontraktion des scheinbaren Ionenradius. Es wird berechnet, daß bei Vergrößerung der Gitterabstände durch therm. Bewegung von d_0 auf $d_T = B \cdot d_0$ dieselbe Bewegung den Ionenradius von r_0 auf $r_T = r_0/B$ vermindert. Vf. glaubt, daß diese therm. Kontraktion des scheinbaren mittleren Ionenradius für das Schmelzen des Kristalls maßgeblich ist. Es werden speziell Kristalle vom Typ A 1 u. A 2 diskutiert. (Bull. int. Acad. polon. Sci. Lettres, Cl. Sci. math. natur., Sér. A **1951**. 123—29. März/Juni, ausg. 1952.) E. WASSERROTH. 150

W. Jost und **H. Röck,** *Eine geeignete Methode für die Auswertung von Dampf–Flüssigkeits-Gleichgewichten von binären Gemischen.* Für die Auswertung thermodynam. Messungen von Gemischen hat sich eine Entw. der überschüssigen freien Energie nach GIBBS ΔG^E in orthogonalen Funktionen vorteilhaft erwiesen. Da die Messungen keine glatten Kurven, sondern eine Reihe von Einzelwerten ergeben, wurde eine für die Bewertung von Einzelmessungen in gleichen Abständen geeignete Meth. entwickelt, die VETTINs unzusammenhängende orthogonale Polynomialkoeffizienten benutzte. (Chem. Engng. Sci. **3**. 17—25. Febr. 1954. Göttingen, Univ., Inst. für physik. Chemie.)
H. MIETHING. 150

Arthur Rose, E. T. Williams, W. W. Sanders, R. L. Heiny und **J. F. Ryan,** *Binäre Dampf–Flüssigkeit-Gleichgewichte. „Trial and error" — Vorhersage und Beziehung.* An Hand des Syst. *A.–W.* erklären Vff. eine Meth., die es ermöglicht, sofern das betreffende bin. Dampf–Fl.-Syst. sich gemäß den Gleichungen von VAN LAAR oder MARGULES oder ähnlichen Gleichungen verhält, den Verlauf der Gleichgewichtskurve zu errechnen. Bei den Systemen A.–W., *Methanol–W.*, *Chlf.–A.* u. *Aceton–Chlf.* zeigten die errechneten Werte gute Übereinstimmung mit den experimentellen Daten. (Ind. Engng. Chem. **45**. 1568—72. Juli 1953. State College, Pa., Pennsylvania State Coll.)
T. OPPERMANN. 150

I. Brown und **A. H. Ewald,** *Flüssigkeit–Dampf-Gleichgewichte.* 2. Mitt. *Das System Benzol–n-Heptan.* (1. vgl. C. **1954**. 6912.) Für 14 Bzl.–n-Heptan-Mischungen, die den gesamten Konzentrationsbereich umfassen, wurden die Konzz. von Fl. u. Dampf im Gleichgewicht bei 60 u. 80° gemessen. Ferner wurden äquimol. Mischungen bei 50, 70 u. 85° untersucht. Zur Analyse dienten Dichtemessungen. Die Mischungsabhängigkeit der thermodynam. Funktionen bei konstantem P u. V wurden berechnet u. in Form der „Überschuß"-Größen tabelliert. Ein Azeotrop bei hoher Benzolkonz. wird unterhalb 38° vermutet. Die HILDEBRAND-SCATCHARD-Gleichung für die Mischungsenergie bei konstantem V steht in brauchbarer Übereinstimmung mit den experimentellen Werten für die freie „Überschuß"-Energie der Vermischung in diesem Syst., erscheint aber unbrauchbar zur Voraussage dieser Größe für fast-reguläre Lösungen. (Austral. J. sci. Res., Ser. A **4**. 198—212. Juni 1951. Melbourne, Div. of Ind. Chem.) E. U. FRANCK. 150

Russell S. Drago und **Harry H. Sisler,** *Flüssigkeit–Dampf-Gleichgewichte in dem System Ammoniak–Hydrazin bei erhöhten Temperaturen.* Es wird das Gleichgewicht Flüssigkeit–Dampf für das bin. Syst. NH_3–$NH_2 \cdot NH_2$ im Konzentrationsbereich 0 bis ca. 80% $NH_2 \cdot NH_2$ bei 88,5; 100,3; 114,1 u. 124,9° bestimmt. Die Aktivitäten u. Aktivitätskoeffizienten für NH_3 in der fl. Phase werden berechnet. Bis zu ca. 15 Mol-% $NH_2 \cdot NH_2$ gilt für NH_3 das RAOULTsche Gesetz. Im Widerspruch zu den theoret. Erwartungen folgt jedoch $NH_2 \cdot NH_2$ im gleichen Bereich nicht dem HENRYschen Gesetz. Die berechneten Werte für die Quotienten des HENRYschen Gesetzes nehmen ab mit steigender $NH_2 \cdot NH_2$-Konz., so daß das beobachtete Verhalten mit Assoziation der $NH_2 \cdot NH_2$-Moll. erklärt werden kann. (J. physic. Chem. **60**. 245—49. Febr. 1956. Columbus, O., Univ., McPherson Chem. Labor.) W. KRÖNERT. 150

William M. Spicer und **Leon H. Meyer,** *Einige Azeotrope des Broms.* (Vgl. C. **1953**. 8314.) Es werden die Gleichgewichtskonzz. Dampf–Fl. für die Systeme Br_2–*1.1.2-Trifluor-1.2.2-trichloräthan* (**I**), Br_2–*1.1.1.2-Tetrachlor-2.2-difluoräthan* (**II**) u. Br_2–*Benzotrifluorid* (**II**) mitgeteilt. Die azeotropen Gemische: I mit 45,5 Mol-% Br_2, $Kp._{760}$ 41,0°, **II** mit 90,8 Mol-% Br_2, $Kp._{760}$ 57,8°, **III** mit 96,7 Mol-% Br_2, $Kp._{760}$ 58,1°. Im Syst.

Br_2-*1.1.1.3.3-Pentafluor-2.2.3-trichlorpropan* sind 2 fl. Phasen am Verdampfungsgleichgewicht beteiligt (Zweiphasenazeotrop bei 69,5 Mol-% Br_2, $Kp._{760}$ 49,1°). Die Ergebnisse sind in Übereinstimmung mit den Differenzen der inneren Drucke der Komponenten jedes Systems. — Ferner wurden die Volumenänderungen beim Mischen bestimmt. Es wurde für I 6,2%, für II 4,7% u. für III 4,3% Zunahme gefunden. — Im Syst. Br_2-CS_2 tritt bei höheren Br_2-Gehh. eine chem. Rk. ein. (J. Amer. chem. Soc. **73.** 934—38. 15/3. 1951. Atlanta, Ga., Georgia Inst. of Techn., School of Chem.) H. LACKMANN. 150

J. F. Lee, *Die Thermodynamik kritischer Erscheinungen in Gasen.* Ein Ausdruck für die Schallgeschwindigkeit, a_c, am krit. Punkt wird abgeleitet u. zur Berechnung der spezif. Wärme bei konstantem Vol., C_v, am krit. Punkt benutzt: $C_v = T \cdot m^{-1} (v/a_c\, \mu_c)^2$, m = Molmasse, v = Molvol., μ_c = JOULE-THOMSON-Koeff. am krit. Punkt. Damit wurden für N_2, CO_2 u. O_2 die C_v-Werte 11,3, 17,4 u. 13,1 cal/Mol/Grad erhalten. Calorimetr. wurden für CO_2 50 cal/Mol/Grad gefunden (vgl. MICHELS u. STRIJLAND, Physica **6.** [1939.] 511.). Für die Differenz werden Relaxationseffekte verantwortlich gemacht u. diskutiert. (J. Franklin Inst. **256.** 245—48. Sept. 1953. Raleigh, N. C., State Coll.) E. U. FRANCK. 150

Hans Ludvig Lorentzen. *Untersuchungen der kritischen Phänomene in vertikalen, Kohlendioxyd enthaltenden Röhren.* Vf. beschreibt eine App. zur Beobachtung des Verh. eines in einer vertikalen Röhre eingeschlossenen Gases beim Erhitzen bis zum krit. Bereich u. berichtet über damit angestellte Unterss. an CO_2, die im allg. die erwarteten Befunde ergaben. Lediglich die sonst beobachtete Nebelbldg. beim Erhitzen bzw. Abkühlen in der Nähe des krit. Punktes wurde nicht beobachtet, was vielleicht damit zusammenhängt, daß die Herst. des CO_2 u. die Füllung der Röhre unter extrem vorsichtigen Bedingungen erfolgte. Mit Hilfe einer entwickelten Meßmeth. unter Verwendung zylindr. Linsen läßt sich die Massenverteilung in der Röhre mittels Refraktionsmessungen mit großer Genauigkeit ermitteln, so daß sich mittels der beschriebenen App. eine recht genaue Best. der Isothermen in nächster Umgebung des krit. Punktes ermöglichen läßt, wobei die Verwendung eines sehr guten Thermostaten notwendig ist. Hierfür wird eine neuartige Regelung beschrieben, die auf der Ausdehnung des Thermostatenwassers selbst beruht. (Acta chem. scand. **7.** 1335—46. 1953. Blindern-Oslo, Univ., Kjem. Inst.) W. NIEMITZ. 150

W. DeSorbo und **W. W. Tyler,** *Die spezifische Wärme von Graphit von 13° bis 300° K.* (Vgl. C. **1954.** 3403.) Vff. bestimmten die spezif. Wärme von sehr reinem ACHESON-Graphit zwischen 13 u. 300° K. Im Bereich zwischen 13 u. 54° K ergab sich eine quadrat. Abhängigkeit der C_p-Werte von der Temp., was in guter Übereinstimmung mit früheren experimentellen u. theoret. Unterss. über die spezif. Wärme stark anisotroper Festkörper steht. Auf Grund früherer Messungen anderer sehr anisotroper Feststoffe wird angenommen, daß die spezif. Wärme von Graphit gegebenenfalls bei noch tieferen Tempp. einem T^3-Gesetz gehorcht. Vff. berechnen die thermodynam. Funktionen Entropie, Enthalpie u. freie Energie durch graph. Integration u. geben sie tabellar. bei integralen Werten der Temp. bis 300° K wieder. Die Entropie von Graphit bei 298,16° K beträgt $1{,}372 \pm 0{,}005$ cal/Grammatom · Grad, wovon 0,004 von 13° bis 0° K extrapoliert ist unter Annahme der Gültigkeit des dritten Hauptsatzes u. der T^2-Abhängigkeit. (J. chem. Physics **21.** 1660—63. Okt. 1953. Schenectady, N. Y., Knolls General Electric Res. Labor.) E. WASSERROTH. 151

J. Krumhansl und **H. Brooks,** *Die spezifische Gitterschwingungswärme von Graphit.* Aus früheren Experimenten geht hervor, daß die spezif. Wärme von Graphit im Temperaturgebiet zwischen 15 u. 80° K eine T^2-Abhängigkeit an Stelle eines T^3-Gesetzes aufweist. Vff. zeigen, daß dieses Verh. eine Folge der elast. Anisotropie von Graphit u. daher eher eine innere Eig. als ein Teilchengrößeneffekt, wie GURNEY annimmt, oder ein schichtenartiges Verh. ist, wie KOMATSU u. NAGAMIYA annehmen. Es wird gezeigt, daß sowohl die Behandlung des Problems von GURNEY als auch die von KOMATSU u. NAGAMIYA in gewisser Hinsicht Fehler aufweist. Die Berechnungen der Vff. führen zu dem Ergebnis, daß die experimentellen Daten theoret. gut wiedergegeben werden können, wenn man Gitterschwingungen zweier Typen unterscheidet: a) solche mit Atomverschiebungen n. zu den Schichtebenen mit einer DEBYE-Temperatur von 900° K u. b) solche mit Atomverschiebungen in den Ebenen mit einer DEBYE-Temperatur von 2500° K. (J. chem. Physics **21.** 1663—69. Okt. 1953. Ithaca, N. Y., Cornell Univ., Dep. of Phys.; Cambridge, Mass., Harvard Univ., Div. of Appl. Sci.) E. WASSERROTH. 151

Darrel W. Osborne und **Edgar F. Westrum jr.,** *Die Wärmekapazität von Thoriumdioxyd zwischen 10 und 305° K. Die Wärmekapazitätsanomalien des Urandioxyds und Neptuniumdioxyds.* Die Wärmekapazität von ThO_2 wurde in einem adiabat. Calorimeter gemessen, wobei sich, wie erwartet, keine Anomalien ergaben. Enthalpie, Entropie und

Freie Enthalpie wurden aus diesen Daten berechnet u. für verschied. Tempp. tabellar. zusammengestellt. Bei 298,16° K beträgt die Normalentropie 15,593 ± 0,02 cal/Grad·Mol, die Entropie 2524,4 ± 3 cal/Mol. Unter der Annahme, daß die Gitterentropie von UO_2 u. NpO_2 gleich der von ThO_2 ist, wurden die magnet. Entropiebeiträge bei 298,16° K zu 3,0 cal/Grad·Mol für UO_2 u. zu 3,6 cal/Grad·Mol für NpO_2 bestimmt. Diese Werte sind etwas größer als die reinen Spinanteile (2,18 bzw. 2,75 cal/Grad·Mol). Die Entropien der anderen Actinidendioxyde werden bei 298,16° K wie folgt geschätzt (in cal/Grad·Mol): *PaO_2*: 17,8; *PuO_2*: 19,7; *AmO_2*: 20,0; *CmO_2*: 20,3; *BkO_2*: 20,6; *CfO_2*: 20,3. In der Gegend von 25° K zeigen NpO_2 u. UO_2 eine Anomalie in Form einer starken Spitze in der Wärmekapazität. (J. chem. Physics **21.** 1884—87. Okt. 1953. Lemont, Ill., A. N. L.) F. CRAMER. 151

F. I. Havlíček, *Ein genähertes Entropiediagramm für Uranhexafluorid.* Mit den krit. Daten u. Sättigungsdampfdrucken von UF_6 im Gebiet niedriger Tempp. (KATZ u. RABINOWITCH, Die Chemie des Urans, Nat. Nucl. Energy Series VIII-5, New York [1951]) wird ein angenähertes Entropiediagramm (t–S-Diagramm) konstruiert. Die Extrapolation der Meßdaten erfolgt nach den korrespondierenden Zuständen bekannter Fll. u. Dämpfe. Zur Berechnung der LAVAL-Düsen (Anreicherung von ^{235}U) wird $p_{\text{krit.}}/p = 0{,}59$ gesetzt, u. die Geschwindigkeiten ergeben sich nach $W = f \cdot 4{,}88\ (i_1 - i_2)^{1/2}$ m/sec worin der Düsenfaktor f 95% beträgt u. die dem Diagramm entnommenen Enthalpiedifferenzen in cal/Mol eingesetzt werden. Die Orientierung der Entropie nach der des Tripelpunktes erscheint nach dem Zweck des Diagramms als die natürliche. (Z. Naturforsch. **11a.** 99. Jan. 1956. Ljubljana, Jugoslawien, J. Stefan Inst.) W. KRÖNERT. 154

L. D. Roberts und **J. W. T. Dabbs,** *Eine neue Methode zur Messung der absoluten Temperatur und Entropie bei und unterhalb 1° K.* (Sitzungsbericht.) Für die Entropie- u. Temperaturänderungen im magnet. Feld bei tiefen Tempp. hat CASIMIR die Gleichungen angegeben: $\Delta S = \int (dM/dT)_H\, dH$ (mit konstanter Temp.) u. $\Delta T = \int (dM/dS)_H dH$ (mit konstanter Entropie) (M = magnet. Moment, H = magnet. Feldstärke). Vff. beschreiben speziell die Best. des Differentialkoeff. $(dM/dS)_H$. (Physic. Rev. [2] **83.** 201. 1/7. 1951. Oak Ridge Nat. Labor.) E. WASSERROTH. 154

J. W. T. Dabbs und **L. D. Roberts,** *Die Entropie von $MnSO_4(NH_4)_2SO_4 \cdot 6\,H_2O$ von 0,25° K bis 4,2° K in einem magnetischen Feld.* (Sitzungsbericht.) An einer kugelförmig gepreßten Probe von pulverförmigem $MnSO_4(NH_4)_2SO_4 \cdot 6H_2O$ bestimmten Vff. die Entropie im magnet. Feld, um den Gültigkeitsbereich der CASIMIRschen Formel zu untersuchen. Sie fanden, daß die Gleichung von 0,25 bis 4,2° K im Gebiet bis hinunter zu $S = S_0 - 6{,}2 \cdot 10^7$ erg/°K gut erfüllt ist. (Physic. Rev. [2] **83.** 201. 1/7. 1951. Oak Ridge Nat. Labor.) E. WASSERROTH. 154

M. Sugita, *Metalltheorie.* 1. Mitt. *Thermodynamik bei Metallen.* Kurze qualitative Erörterungen über wirkliche Stabilität u. falsches Gleichgewicht u. Aktivierungskomplexe (Erstarrungskerne usw.). (Kinzoku [Metals] **23.** 594—95. Aug. 1953. [Orig.: japan.]) L. SCHULER. 155

M. Sugita, *Metalltheorie.* 2. Mitt. *Engpässe und Aktivierungsenergie.* (1. vgl. vorst. Ref.) Qualitative kurze Erörterungen. (Kinzoku [Metals] **23.** 674—75. Sept. 1953. [Orig.: japan.]) L. SCHULER. 155

M. Sugita, *Metalltheorie.* 3. Mitt. *Engpässe und Aktivierungsenergie.* (2. vgl. vorst. Ref.) Weitere Ausführung an Hand einiger thermodynam. Gleichungen. (Kinzoku [Metals] **23.** 932—33. Aug. 1953. [Orig.: japan.]) L. SCHULER. 155

P. Meares, *Ein Überschuß an Wärme und Volumen beim Mischen.* Vf. diskutiert eigene Daten einiger Mischungen, deren Überschuß an Enthalpie u. Vol. beim Mischen entgegengesetzte Vorzeichen haben, zusammen mit den Daten von THACKER u. ROWLINSON. Wenn die Moll. der Mischungskomponenten gleiche Größe haben, wird die Volumenänderung von zwei Faktoren bestimmt. Die Änderung der inneren Energie der Mischung ist proportional der Volumenänderung ΔV_t. Daher hat ΔV_t immer dasselbe Vorzeichen wie die Energie u. Enthalpie der Mischung. Die zweite Größe ist durch die Differenzen zwischen den Kompressibilitäten u. kohäsiven Energiedichten der reinen Komponente u. der Mischung gegeben. Diese Volumenänderung ist negativ. Die Summe beider ergibt die beobachtete Gesamtvolumenänderung. (J. chem. Physics **22.** 955—56. Mai 1954. Aberdeen, Univ. of Aberdeen, Chem. Dep.) V. BURBACH. 156

David G. Clifton und **George E. MacWood,** *Thermodynamik der Titanchloride.* 1. Mitt. *Bildungswärme von Titantrichlorid.* Vff. bestimmen in einem Eiscalorimeter die Reaktionswärme der Rk. $TiCl_3 + \frac{1}{2}Cl_2 = TiCl_4$ zu $-19{,}9 \pm 0{,}3$ kcal/Mol. Aus diesem Wert u. den Lösungswärmen von $TiCl_3$ in HCl von $-39{,}2 \pm 0{,}12$ kcal/Mol u. von $TiCl_4$ in HCl von $40{,}4 \pm 0{,}2$ kcal/Mol folgt dann für die Bildungswärme des Titantrichlorids bei 298° K −172,2 ± 0,7 kcal/Mol. (J. physic. Chem. **60.** 309—11. März 1956. Columbus, O., Ohio State Univ., McPherson Chem. Labor.) H. MÜLLER. 156

David G. Clifton und **George E. MacWood,** *Thermodynamik der Titanchloride. 2. Mitt. Bildungswärme von Titandichlorid.* (1. vgl. vorst. Ref.) Die Bildungswärme des $TiCl_2$ wurde nach zwei unabhängigen Methoden bestimmt. Vff. beschreiben die Herst. von $TiCl_2$ u. messen die Lösungswärme in HCl zu −66,7 ± 0,4 kcal/Mol. Aus der Kombination dieses Wertes mit den in der 1. Mitt. (l. c.) erhaltenen Lösungswärmen von $TiCl_3$ u. $TiCl_4$ u. der Bildungswärme von $TiCl_4$ von −192,1 ± 0,6 kcal/Mol folgt für die Bildungswärme des Titandichlorids −123,3 ± 0,8 kcal/Mol. (J. physic. Chem. **60.** 311—13. März 1956.) H. MÜLLER. 156

Benjamin S. Sanderson und **George E. MacWood,** *Thermodynamik der Titanchloride. 3. Mitt. Der Sublimationsdruck von Titantrichlorid.* (2. vgl. vorst. Ref.) Vff. messen nach der Transpirationsmeth. mit Helium als Trägergas den Sublimationsdruck von $TiCl_3$ im Bereich von 628—823° K u. erhalten dafür die Beziehung log p (mm) = −8296/T + 10,401. Sie bestimmen die Sublimationswärme bei 298° K zu 42,0 ± 0,5 kcal/Mol, die freie Energie der Sublimation zu 29,6 ± 1,0 kcal/Mol u. die Bildungswärme des gasförmigen $TiCl_3$ zu −130,2 ± 1,4 kcal/Mol. (J. physic. Chem. **60.** 314—16. März 1956.) H. MÜLLER. 156

Benjamin S. Sanderson und **George E. MacWood,** *Thermodynamik der Titanchloride. 4. Mitt. Die Disproportionierung von Titantrichlorid.* (3. vgl. vorst. Ref.) Das Disproportionierungsgleichgewicht von $TiCl_3$ wird im Bereich von 593—821° K nach einer Effusionsmeth. u. einer stat. Meth. untersucht. Beide Meßmethoden liefern für den Vorgang $2\,TiCl_3$ (fest) = $TiCl_2$ (fest) + $TiCl_4$ (fl.) verschied. Resultate der Druck-Temp.-Funktion. Vff. vermuten als Grund den niedrigen Akkommodationskoeff. des $TiCl_4$ von $2{,}4\cdot 10^{-4}$, so daß der Wert der Reaktionswärme nach den stat. Messungen von 38,6 ± 0,4 kcal/Mol als richtig anzusehen ist. Außerdem folgt aus den Isothermen des Disproportionierungsdruckes, daß im Gleichgewicht nicht die nach der Reaktionsgleichung geforderten drei Phasen existieren, sondern das Syst. $TiCl_2$-$TiCl_3$ eine Mischungslücke besitzt. (J. physic. Chem. **60.** 316—19. März 1956.) H. MÜLLER. 156

S. A. Greene, *Die Dissoziation von Natriumacetylid.* Vf. untersucht die Zers. von NaC_2H zwischen 100 u. 183° u. findet, daß sich ein heterogenes Gleichgewicht nach $2\,NaC_2H \rightleftharpoons Na_2C_2 + C_2H_2$ einstellt. Der Dissoziationsdruck ist durch log p = 8,538 − 2749/T gegeben. Aus dieser Gleichung wird die Dissoziationswärme zu +12,6 kcal ermittelt. Die Berechnung der Dissoziationswärme aus den Standardbildungswärmen der Komponenten bei 18° ergibt 8,2 kcal. (J. Amer. chem. Soc. **77.** 5013—14. 5/10. 1955. Murray Hill, N. J., Air Reduction Co., Inc., Res. Labor.) W. KRÖNERT. 156

André Moutet, *Bestimmung der Verbrennungstemperatur durch optische Beobachtung.* Nach eingehender Darst. der verschied. Verff. zur Best. der Tempp. leuchtender Körper u. von Flammen beschreibt Vf. bes. die Temperaturbest. nach der Meth. der Linienumkehr. Es gelang, an Flammen von nicht über 25 cm Durchmesser bis zu 4500 Messungen pro Sek. durchzuführen. Als Meßergebnis gibt Vf. die Abhängigkeit der Temp. verbrennender *Propan*/Luft-Gemische von der Konz. an. (Rev. Opt. théor. instrument. **33.** 313—38. Juli 1954. Off. Nat. d'Études et de Rech. Aéronautique.) E. ROEDER. 157

K. S. Krishnan und **S. C. Jain,** *Temperaturverteilung in einem elektrisch geheizten Faden.* Aus einer Differentialgleichung, mit der man die Temperaturverteilung an einem Wolframdraht, dessen Temp. in der Mitte ca. 2400° K erreicht, abschnittweise berechnen kann, wird eine neue Gleichung abgeleitet, die für die Temp. auf der ganzen Länge eines langen Drahtes gilt. (Nature [London] **173.** 820—21. 1/5. 1954. New Delhi, Nat. Phys. Labor. of India.) H. MIETHING. 158

H. Kurt Forster, *Über die Wärmeleitung in einer anwachsenden Dampfblase.* Vf. behandelt theoret. die Frage der Wärmeleitung in einer anwachsenden Dampfblase in einer überhitzten Flüssigkeit. (J. appl. Physics **25.** 1067—68. Aug. 1954. Los Angeles, Calif., Univ. of California, Dep. of Engng.) J. V. HARLEM. 158

H. S. Strickler, *Wärmeleitfähigkeit von gekörnten Betten.* Es wird eine Gleichung aufgestellt, um aus der Wärmeleitfähigkeit des Gases u. des zerkleinerten festen Körpers, dessen Porosität u. Oberflächengröße die Wärmeleitfähigkeit des Gemisches im Strombett zu berechnen. An Beispielen wird gezeigt, daß die Übereinstimmung zwischen Rechnung u. Experiment um so besser ist, je größer der Unterschied in der Wärmeleitfähigkeit von Gas u. festem Körper ist. (Ind. Engng. Chem. **46.** 828. April 1954. Ottawa, Can., Nat. Res. Council.) H. MIETHING. 158

Gustave Ribaud, *Über die Wärmeübertragung im Ablauf einer chemischen Reaktion.* Als typ. Beispiel wird die LANGMUIR-Fackel hingestellt, die als solche eine Temp.

von ungefähr 2000° besitzt, während in Ggw. von W Tempp. über 3400° erreicht werden. Für den Fall, daß die chem. Rk. der Vereinigung zweier akt. Moll. nur an einer Oberfläche vor sich geht, gilt, daß bei der Wärmeübertragung die Diffusion die wichtigste Rolle spielt. Geht hingegen die Rk. nur in der Gasphase vor sich, so ist die Funktion f(N, ϑ) wichtig, wobei für N in erster Näherung gilt: $N = N_0 e^{-(bx/u)}$. (C. R. hebd. Séances Acad. Sci. **238.** 1457—60. 5/4. 1954.) H. NÖTH. 158

Eugen Sänger, *Zur Kinetik des konvektiven Wärmeüberganges und der Strömungsreibung an spiegelnden Oberflächen.* Bei den mit Überschallgeschwindigkeit fliegenden Flugzeugen spielen die Reflexionen der Partikel an den fliegenden Körpern u. die damit verbundenen Wärmeübergänge u. Reibungsverluste eine Rolle. Es wurden daher von Luft bei Stratosphärentemp. (216,5° K), atomarem Wasserstoff- oder Protonengas von 10000° K u. Elektronengas von 10000° K die Reflexion an Wänden mit Rauhigkeiten von 10^{-6} bis 10^{-9} cm untersucht. Der Anteil der spiegelnd reflektierten Gaspartikel ist von der Strömung unabhängig u. wird in einem Schaubild veranschaulicht. Im Vgl. dazu wird Licht von 6000 Å schon bei Rauhigkeiten von 10^{-4} cm reflektiert. Für die dabei stattfindende Wärmeübertragung u. Reibung in ruhendem u. strömendem Gas werden Formeln angegeben, die ineinander übergehen, wenn man die Strömungsgeschwindigkeit = 0 setzt. (Z. Naturforsch. **9a.** 410—18. Mai 1954. Courcelle sur Yvette.) H. MIETHING. 158

Hugo Schmauch und **Werner Bentz,** *Ein kombiniertes Zeit- und Phasendemodulationsverfahren zur Messung von Schallgeschwindigkeiten mit handelsüblichen Ultraschallimpulsgeräten.* Durch Messung der Laufzeit durch Zeit- u. Phasendemodulation lassen sich handelsübliche Ultraschallimpulsgeräte in einfacher Weise zur Best. der Schallgeschwindigkeit verwenden. Der experimentelle Aufbau der Zusatzapp. wird beschrieben. (Z. angew. Physik **6.** 168—71. April 1954. Saarbrücken, Inst. für Metallforschung.) O. FUCHS. 159

Hans Heinrich Rust, *Untersuchungen zur Klärung chemischer Wirkungen des Ultraschalls.* (Vgl. C. **1953.** 1606.) Für die destruktiven chem. Wirkungen des Ultraschalls sind die in stehenden Wellenfeldern in Resonanz schwingenden Gasbläschen verantwortlich. Jodausscheidung aus KJ-Stärkelsgg. finden an der Stelle der Ausbldg. der stärksten Wechseldruckamplitude statt. Fl. Medien mit extrem hohem Gasgeh. (z. B. mit CO_2 gesätt. W.) zeigen keine chem. Wrkg., da durch Ultraschall sofort heftige Entgasung einsetzt. Beschallte Gele zeigen ebenso wie völlig gasfreie Fll. keine Wirkungen, da der freien Beweglichkeit von Gasblasen Grenzen gesetzt sind. Bei Sprudelbldg. ist keine definierte Reflexionswand (Oberfläche) vorhanden, wodurch die Ausbldg. stehender Wellen u. damit eine entsprechende chem. Wrkg. weitgehend verhindert wird. Vf. beweist die Notwendigkeit stehender Wellen. Die Frequenzabhängigkeit chem. Wirkungen läßt sich durch die Theorie des Vf. erklären. (Angew. Chem. **65.** 249—52. 21/5. 1953. Hamburg.) F. CRAMER. 159

Virginia Griffing und **Daniele Sette,** *Luminescenzerzeugung durch intensive Ultraschallwellen. W.*, mit verschied. Gasen gesätt., u. organ. Fll. wurden mittels Piezoquarz über Flüssigkeitskontakt u. Nylonmembrane bei Frequenzen zwischen 0,66 u. 2 MHz mit verschied. Intensitäten beschallt. Die Intensität der dabei auftretenden schwachen Luminescenz wurde mit einem Sekundärelektronenvervielfacher gemessen. Konstruktion u. Eichung der App. bzgl. Schallintensität sind beschrieben. Bei hohen Intensitäten waren die Ergebnisse besser reproduzierbar als bei niedrigen; angegeben sind Mittelwerte; wegen Trübung u. Entgasung wurden die Proben häufig erneuert. Cavitation u. Luminescenz traten nur zusammen auf. Bei 2 MHz u. konstanter Schallintensität wurde an einer Anzahl Proben von dest. W., gesätt. mit *CCl_4* u. verschied. Gasen, die Luminescenzintensität visuell geschätzt u. die Ausbeute an Cl_2 quantitativ bestimmt; sie steigt mit der Lichtintensität. Die größte Ausbeute wird mit *Ar*, eine halb so große mit *CO*, gar keine mit *CO_2* erhalten. Bei quantitativen Messungen mit 1 MHz war die Cl_2-Ausbeute proportional der Schallenergie. Bei verschied. Frequenzen erzeugt gleiches Verhältnis Schallintensität zu Schallintensität an der Cavitationsschwelle die gleiche Luminescenzintensität. In Leitungswasser wurde H_2O_2 gebildet, mit CCl_4-Zusatz freies Cl_2; in dest. W. + CCl_4 + H_2 kein Effekt. Von *Äther, Aceton, Methylalkohol* u. *Nitrobenzol* zeigte nur letzteres schwache Luminescenz, keines eine chem. Reaktion. Es wird geschlossen, daß es sich in den meisten Fällen um Chemiluminescenz handelt. Frühere Arbeiten sind zitiert. (J. chem. Physics **23.** 503—09. März 1955. Washington, D. C., Cath. Univ., Dep. of Chem.) F. DÖRR. 159

Jerome Rothstein, *Monomolekulare oder bimolekulare Relaxationskinetik in Cu_3Au und β-Messing.* (Sitzungsbericht.) (Physic. Rev. [2] **99.** 614. 15/7. 1955. Signal Corps Engng. Labors.) R. STEIN. 159

A$_5$. Kolloidchemie. Grenzschichtforschung.

E. Matijević und **B. Težak,** *Koagulationswirkungen von Natriumpyrophosphat auf Silberhalogenidsole in statu nascendi.* (Vgl. C. **1954.** 254.) Vff. untersuchen die Wirkungen wss. Lsgg. von Natriumpyrophosphat auf die elektrolyt. Koagulation von hydrophoben Silberhalogenidsolen „in statu nascendi". Bei dem Fällungssyst.: $AgNO_3$–$Na_4P_2O_7$ tritt ein Maximum auf, dessen Höhe stark von der Ionenkonz. abhängt. Das Maximum verschiebt sich zu höheren Pyrophosphatkonzz., wenn bei konstanter $AgNO_3$-Konz. HNO_3 hinzugegeben wird. Die Fällungskurve des Syst.: $AgNO_3$–Kaliumhalogenid–$Na_4P_2O_7$ zeigt drei verschied., sehr deutlich getrennte Maxima. Das erste Maximum tritt bei hohen Pyrophosphatkonzz. auf, wenn p_H 9 überschritten wird, u. entspricht wahrscheinlich einem Mischsyst. von Silberoxyd u. -halogenid. Das zweite Maximum, das an derselben Stelle erscheint wie bei Abwesenheit von Halogenid, entspricht dem reinen Silberpyrophosphat. Das dritte Maximum ist dem Silberhalogenid zuzuschreiben, das durch Koagulation des Sols mittels Pyrophosphat entsteht. Die kritische Koagulationskonz. hat den für vierwertige Gegenionen charakterist. Wert. Einige andere Beobachtungen beweisen ebenfalls den vierwertigen Charakter des Pyrophosphats als Gegenion. Die Dissoziationsgleichgewichte des Pyrophosphats ändern sich bei Zugabe von HNO_3, u. die Koagulationskonzz. steigen an. Die Zugabe von Gelatine ermöglicht eine Unterscheidung von Kristallisations- u. Koagulationsvorgängen bei den untersuchten Systemen. (Arhiv Kem. **25.** 135—40. Dez. 1953. Zagreb, Univ., Fac. of Sci., Labor. of physic. Chem.) H. PITTACK. 163

K. Krishnamurti und **N. V. Karbelkar,** *Änderung der Oberflächenspannung bei der gegenseitigen Ausfällung von Kolloiden.* (Vgl. C. **1953.** 4003.) Bei der gegenseitigen Ausfällung von entgegengesetzt geladenen Kolloiden wurde beobachtet, daß bei Beginn der Koagulation, etwa für 1 Min., eine merkliche Verringerung der Oberflächenspannung in der Lsg. eintritt. Danach steigt die Oberflächenspannung wieder an, um nach einigen Min. einen konstanten Wert anzunehmen. Parallel mit dieser Erscheinung geht eine Änderung der Lichtabsorption u. der elektr. Leitfähigkeit. Die Änderung der Oberflächenspannung wird auf die plötzliche Aggregation der Primärteilchen beim Mischen der Lsgg. zurückgeführt. Beim Zentrifugieren wird der Endwert der Oberflächenspannung schneller erreicht als beim langsamen Absitzen. Für die Verss. wurden *Fe_2O_3-*, *Preußischblau-*, *AgJ-*, *Kongorot-*, *Mastix-* u. *As_2S_5*-Sole verwendet. (Sci. and Cult. **19.** 37—38. Juli 1953. Nagpur, Coll. of Sci., Chem. Labor.) H. STUHLDREER. 166

Alexander Kolin, *Zentripetale und zentrifugale Elektromagnetophorese.* (Vgl. C. **1954.** 7821.) Auf kleine Teilchen, die in einer Fl. suspendiert sind, deren elektr. Leitfähigkeit anders ist als die der Teilchen, wird eine Kraft ausgeübt, wenn ein elektr. Strom durch die Fl. senkrecht zu einem ebenfalls angelegten Magnetfeld geht. Die Richtung dieser Kraft ist senkrecht zum Feld u. senkrecht zum Strom. Diese Erscheinung ist die Folge einer Kombination von Körper- u. Oberflächenkräften. Die Raumkraft ist eine elektromotor. Kraft, die Oberflächenkraft ist eine Kombination von hydrostat. Druck mit hydrodynam. Kräften. Die Beobachtung dieses Effektes verlangt an sich sehr homogene Felder, Vf. zeigt jedoch, daß unter bestimmten Bedingungen auch inhomogene Felder verwendbar sind. (J. appl. Physics **25.** 1065—66. Aug. 1954. Chicago, Ill., Univ. of Chicago.) J. v. HARLEM. 168

Erich Heinz, *Untersuchungen über die physikalisch-chemischen Grundlagen der Membranpolarisation.* Die Impedanz von oxydierten u. nichtoxydierten Kollodiummembranen wurde über einen Frequenzbereich von 20—20000 Hz verfolgt. Das Ersatzschaltbild entsprach einem Polarisationselement mit einem unpolarisierbaren Nebenschluß. Die Abhängigkeit der Polarisationskapazität von der Wechselstromfrequenz unterliegt einem Gesetz $\log C_{Poi} = \log k_c - m \cdot \log N$ mit $N = \omega/2\pi$. Die dielektr. Kapazität der Kollodiummembranen ergibt sich bei Extrapolation der Polarisationskapazität auf die Frequenz ∞ u. beträgt $0{,}18 \pm 0{,}05 \cdot 10^{-9}$ F/cm^2. Die DK. der Membran ist ca. 14. Es wird der Schluß gezogen, daß die Polarisation der Kollodiummembran mit der selektiven Ionenpermeabilität, u. daß der unpolarisierbare Nebenschluß mit dem nicht selektiven Anteil der Membranpermeabilität zusammenhängt. Mit steigendem Oxydationsgrad der Membran nehmen Polarisationskapazität u. Polarisationswinkel zu, der Parallelwiderstand dagegen ab. Letzteres Phänomen wird mit der Lockerung der Membran durch gesteigerten Wassergeh. in Zusammenhang gebracht. Bei fast allen stärker oxydierten Membranen traten Doppelimpedanzen in Erscheinung. Sie wurden auf asymm. Struktur der Membranoberflächen zurückgeführt. Ersatz der Kaliumionen der angrenzenden Lsg. durch Calciumionen erhöht den Parallelwiderstand beträchtlich u. setzt den Polarisationswiderstand herab. (Biochim. biophysica Acta [Amsterdam] **15.** 489—99. Dez. 1954. Uppsala, Univ., Physiol. Inst.) H.-J. HEINRICH. 170

J. H. E. Herbst, *Die Wirkung der Membrandicke auf die Dialyse.* Die Dialysegeschwindigkeiten von *NaCl-* u. *Saccharose* (I)-Lsgg. durch Cellulosemembranen von 0,022 mm bzw. 0,030 mm Dicke werden im diskontinuierlichen sowie kontinuierlichen Verf., bei dem die NaCl- bzw. I-Lsg. laufend nachgegeben wird, untersucht. Es ergibt sich, daß bei NaCl im kontinuierlichen Verf. prakt. kein Unterschied zwischen den Dialysegeschwindigkeitskoeffizienten D für die beiden Membranen besteht. Bei der diskontinuierlichen Dialyse von NaCl u. auch I, sowie bei der kontinuierlichen Dialyse von I beträgt das Verhältnis von D für die beiden Membranen 1,2—1,4. In diesem Falle stellt demnach die Überführung durch die Membran den geschwindigkeitsbestimmenden Schritt dar. (Canad. J. Chem. **32.** 996—97. Okt. 1954. Toronto, Ont., Ontario Res. Foundat., Dep. of Chem.) E. BLASIUS. 170

F. C. Collins und **H. Raffel,** *Näherungsbehandlung der Viscosität idealisierter Flüssigkeiten.* 1. Mitt. *Die Stoßverteilung.* Vff. berechnen in Anlehnung an ENSKOG bzw. CHAPMAN u. COWLING den Anteil an der Viscosität von idealisierten, aus streng kugelförmigen Moll. bestehenden Fll., der durch die unmittelbare Übertragung der Bewegungsgröße durch das Mol. beim Zusammenstoß mit einem anderen Mol. verursacht wird. In Abweichung der erwähnten Berechnungen wird dabei angenommen, daß die Konz. der Molekülzentren der nächsten Nachbarmoll. der eigentlichen Zusammenstoßsphäre dem freien Molekülvol. reziprok ist. Außerdem wird der Tatsache Rechnung getragen, daß nur ein Bruchteil der Oberfläche für einen Zusammenstoß mit einem bestimmten Mol. verfügbar ist, da der Rest durch weitere Nachbarmoll. blockiert ist. Der auf diese Weise erhaltene Ausdruck kann in Abhängigkeit der adiabat. Kompressibilität der Fl. u. ihrer Verdampfungswärme dargestellt werden. Dabei zeigt sich, daß der so berechnete Anteil an der Viscosität ca. $^1/_4$ bis $^1/_2$ der experimentell beobachteten Viscosität für verschied. Fll. von kleinem Mol.-Gew. ausmacht. Die Temperaturkoeffizienten dieses Viscositätsanteils sind ebenfalls kleiner als die experimentell beobachteten der Gesamtviscosität. (J. chem. Physics **22.** 1728—33. Okt. 1954. Brooklyn, N. Y., Polytechnic Inst., Dep. of Chem.) W. NIEMITZ. 172

G. E. Duvall, *Linearisierte Strömungstheorie und Stoßwellen in Metallen.* (Sitzungsbericht.) (Physic. Rev. [2] **100.** 967. 1/11. 1955. Stanford Res. Inst.) H. LIEPACK. 173

G. F. Hüttig, *Die Mahlungsfunktionen.* Vf. definiert 1. „Durchgangskennlinie" (= Summationskurve) $D = f(x)$, wo x = Teilchendurchmesser, D = Gewichtsprozente des Mahlgutanteils mit Teilchendurchmessern $\leqq x$ (Rückstandskennlinie $R = 100 - D$). 2. „Häufigkeit" $H = \partial D/\partial x$. 3. „Mahlfluß" $M = \partial D/\partial t$ bei konstantem x, gibt an, wieviel Gewichtsprozente sich in der (endlichen) Zeit ∂t aus Teilchen $> x$ in Teilchen $< x$ gewandelt haben. M wird negativ, wenn Teilchen zusammenbacken. Spezif. Mahlfluß $M' = M/H$. 4. „Verteilungsverschiebung" $V = -\partial H/\partial t$ bei konstantem x. Spezif. Verteilungsverschiebung $V' = V/H$. Für einen bestimmten x-Wert ist $V = \partial H_1/\partial t - \partial H_2/\partial t$; das erste Glied bedeutet den Anteil der Teilchen der Größe x, der in solche $< x$ zermahlen wird, u. heißt auch 5. „Zermahlungskennlinie" $Z = \partial H_1/\partial t$; sie ist oft etwa gleich dem Mittel aus M u. V. Das zweite Glied bei 4. bedeutet den Anteil des Mahlgutes an Teilchen, die ursprünglich $> x$ waren u. in der (endlichen) Zeit ∂t in Teilchen von der Größe x umgewandelt wurden, es heißt auch 6. „Bildungskennlinie" $B = -\partial H_2/\partial t$. Gemäß 4. ist $B = V - Z$. Die spezif. Zermahlungskennlinie $Z' = Z/H$ nimmt stets kontinuierlich ab. Die abgebildeten Kennlinien stammen von Kugelmühlen. (Mh. Chem. **84.** 272—77. 1953. Graz, TH, Inst. für Anorg. u. Physikal. Chem.) H. PAULI. 175

Jonas Svensson, *Eine neue Formel für die Korngrößenverteilung von durch Zerkleinerung hergestellten Produkten.* Sowohl die Verteilungsgleichung von GAUDIN: $C(k) = (k/k_0)^n$ als auch die von ROSIN u. RAMMLER: $C(k) = 1 - \exp[-(k/k_0)^n]$, worin k die Teilchengröße u. C (k) die Gewichtsfraktion des Durchganges bei der Siebmaschenweite k bedeuten u. k_0 u. n Parameter sind, besitzen nur ein begrenztes Anwendungsgebiet. Vf. findet die Verteilungsfunktion $C(k) = E_p(x) = \int_0^x \exp(-x^{1/p})\,dx / \int_0^\infty \exp(-x^{1/p})\,dx$, in der $x = (k/k_0)^n$ bedeutet. Diese Funktion geht für $p = 0$ in die GAUDINsche u. für $p = 1$ in die ROSIN-RAMMLERsche Gleichung über. Der Parameter p ist empir. zu bestimmen. Wird log x gegen log k aufgetragen, so ergibt sich eine Gerade mit dem Anstieg n; k_0 ist die Teilchengröße bei $\log x = 0$. Die Beziehung zwischen log x u. C(k) ist im Bereich $0 \leqq p \leqq 2$ ausführlich vertafelt. — Auch diese Verteilungsfunktion ist nicht allg. anwendbar. Sie gilt nicht bei der Zerkleinerung eines Materials, welches sich eher an den Korngrenzen als durch die Körner hindurch spaltet. Eine weitere Ausnahme ist bei der Zerkleinerung in Apparaten mit gleichzeitiger Siebwrkg., z. B. Backen-,

Kegelbrechern usw., gegeben. Verteilungen dieser Art können jedoch durch eine Kombination mehrerer einfacher Verteilungsfunktionen mit verschied. Parametern beschrieben werden. (Kungl. Tekn. Högskolans Handl. **1955.** Nr. 88. 3—53.)
D. Bredtschneider. 175

Corrado Rossi, *Über den Feinheitsgrad antikryptogamen Schwefels.* Bericht über Beziehungen zwischen Feinheitsgrad, Sedimentation u. antikryptogame Wrkg. von Schwefelpulvern. (Chim. e Ind. [Milano] **33.** 794—98. Dez. 1951. Genua, Univ., Ist. di Chim. ind.)
C. Grimme. 175

F. E. Karasz, W. M. Champion und **G. D. Halsey jr.,** *Die Bildung von Eisschichten auf Oberflächen von Anatas und Silberjodid.* Vff. untersuchen die Adsorption von N_2 u. Ar an TiO_2 (Anatas) u. AgJ, die mit bis zu zwölfmol. Eisschichten bedeckt waren. Es erweist sich als möglich, bei Anatas aus den Adsorptionsisothermen von N_2 u. Ar bei -196^0 zwischen mono-, di- u. trimol. Eisschichten zu unterscheiden. Dickere Schichten liefern gleiche Isothermen. Bei AgJ werden stets die gleichen Adsorptionsisothermen für Ar erhalten, gleichgültig, ob adsorbiertes W. vorhanden ist oder nicht. Vff. schließen daraus, daß das Wachstum von Eis auf AgJ nicht unter Gleichgewichtsbedingungen stattfindet, da beide Oberflächen energet. nicht vergleichbar sind. (J. physic. Chem. **60.** 376—78. März 1956. Seattle, Wash., Univ. of Washington, Dep. of Chem.)
H. Müller. 176

Izumi Higuchi, Taikyue Ree und **Henry Eyring,** *Adsorptionskinetik.* 1. Mitt. *Das System von Alkaliatomen auf Wolfram.* Alkaliatome werden an einer W-Oberfläche als Ionen adsorbiert. Das „Kontaktpotential" V, d. h. die Potentialdifferenz zwischen der so entstandenen elektr. Doppelschicht u. der W-Oberfläche wird durch die Helmholtzsche Gleichung $V = 4\pi\,\sigma_m\,\Theta\,e\,d_0/\varepsilon$ gegeben, worin σ_m die Zahl der verfügbaren Adsorptionsplätze pro Oberflächeneinheit, Θ den Bedeckungsgrad, e die Elementarladung, d_0 den Abstand Ion—Oberfläche u. ε die DK. der Doppelschicht bedeuten. Es wird festgestellt, daß die Desorptions- bzw. Adsorptionswärme, die Aktivierungswärme u. die freie Aktivierungsenergie für die Desorption mit steigendem Bedeckungsgrad abnehmen. Dieser Effekt wird dem elektr. Feld der Doppelschicht zugeschrieben, das die Festigkeit der absorbierten Ionen herabsetzt. Die Abnahme dieser Funktionen wird theoret. als Funktion von V, das seinerseits von Θ abhängt, angegeben. Die Becker-Zeldovichsche Gleichung für die Desorptionsgeschwindigkeit $-d\Theta/dt = a\,\Theta\exp(b\,\Theta)$ (Trans. electrochem. Soc. **55.** [1929.] 153; Acta physicochim. URSS **1.** [1934.] 449) wird mit Hilfe der Theorie der absol. Reaktionsgeschwindigkeit abgeleitet u. die physikal. Bedeutung der beiden Konstanten gedeutet; a ist die Frequenz des Übergangs eines Adions zum Adatom an einer unbedeckten Oberfläche, während b das Verhältnis der Abnahme der freien Aktivierungsenergie bei der Desorption für den Fall $\Theta = 1$ zu der mittleren kinet. Energie des adsorbierten Ions (= RT) angibt. Zur Prüfung der vorliegenden Theorie ermitteln Vff. aus den experimentellen Werten für V die Parameter d_0 (vgl. oben) u. α (Polarisierbarkeit des Adions). Die berechneten Daten werden mit Literaturangaben über die Ionenradien u. Polarisierbarkeiten verglichen. Die berechneten Polarisierbarkeiten liegen zwischen denen für den Atom- u. Ionenzustand. Ein Vgl. der unter Verwendung der angegebenen Parameter berechneten Energiegrößen mit experimentellen Daten ist befriedigend. Anwendung findet die Theorie auf die Systeme *Cs* an *W*, *K* an W, *Na* an W u. *Ba* an W. (J. Amer. chem. Soc. **77.** 4969—75. 5/10. 1955. Salt Lake City, Ut., Univ. of Utah, Dep. of Chem.)
W. Krönert. 176

Elizabeth W. Baumann und **William J. Argersinger jr.,** *Einfluß der Elektrolytaufnahme auf die Gleichgewichtskonstante des Natrium–Wasserstoff-Austausches an Dowex 50.* Auf Grund entsprechender theoret. Betrachtungen werden experimentelle Unterss. über den Einfl. der Wasseraufnahme u. der Elektrolytsorption auf die berechnete thermodynam. Gleichgewichtskonstante K des Na^+–H^+-Austausches an *Dowex 50* (mit 8% Divinylbenzol vernetzt) für das Syst. NaCl–HCl bei 25^0 beschrieben u. diskutiert. Folgende 2 Systeme werden untersucht: 1. Reines Harz (Na- oder H-Form) im Gleichgewicht mit NaCl- oder HCl-Lsgg. verschied. Molalitäten. 2. Harz (Na- + H-Form) im Gleichgewicht mit NaCl–HCl-Lsgg. verschied. Molalitäten. Aus den Ergebnissen geht die Bedeutung des Beitrags der Elektrolytsorption auf die Best. des Aktivitätskoeff. f für das reine Harz in einer Lsg. des entsprechenden Salzes bei der Molalität m hervor. Im Falle des hier untersuchten Syst. kann jedoch die Elektrolytsorption für den Austausch selbst vernachlässigt werden, wenn f bei der Berechnung von log K berücksichtigt wird. Für den Na–H-Austausch stellt das negative Prod. aus der Wasseraufnahme (Mole W./Äquivalent Harz) u. dem log der Aktivität des W. in der bin. Lsg. eine ausreichende Näherung für die Berechnung der entsprechenden log f-Werte dar. Die Ergebnisse sind in Tabellen u. Diagrammen wiedergegeben. (J. Amer. chem. Soc. **78.** 1130 bis 1134. 20/3. 1956. Lawrence, Kan., Univ. of Kansas, Chem. Labor.) H. Hofmann. 177

A_6. Strukturforschung.

Heinz Krebs, Richard Thees und **Werner Meyer-Eppler,** *Über ein neues photomechanisches Verfahren zur Berechnung der Atomverteilung in amorphen Substanzen.* (Vgl. C. **1954.** 10425.) Bei der Auswertung der gestreuten Röntgenstrahlung waren bisher langwierige Rechnungen nötig. Der nach den Prinzipien von MEYER-EPPLER konstruierte photomechan. Integraph analysiert die Kurve in ca. 1 Stunde. Er wird kurz erklärt. Der Vgl. mit einer bekannten Kurve gab einen mittleren Fehler unter 2%. Am Beispiel des explosiven *Sb* wird das Verf. erprobt u. führt zu neuen Erkenntnissen über die Struktur dieser Substanz. (Naturwissenschaften **40.** 389—90. Juli 1953. Bonn, Univ., Chem. Inst. u. Inst. für Phonetik u. Kommunikationsforsch.) H. PAULI. 181

Rudi Schall, *Röntgenblitzrohre in Betrieb und Anwendung.* Röntgenblitzröhren ermöglichen Grob- u. Feinstrukturaufnahmen schnellveränderlicher Objekte mit Belichtungszeiten von Mikrosek. oder weniger. Ein auf 10—300 kV aufgeladener Kondensator von 10—100 nF wird über eine hochevakuierte Röhre mit kalter Kathode entladen, dessen Anode kurzzeitig kräftige Röntgenstrahlen aussendet. Eine Zündelektrode synchronisiert Blitz u. Vorgang. SIEMENS & HALSKE-Röhren arbeiten mit 100 kV an der Pumpe, WESTINGHOUSE-Röhren mit 300 kV abgeschmolzen. Der Aufsatz zeigt Schaltungen u. Röhrenaufbau nach THOMER, SLACK, SCHALL (mit Filmbelichtung nach CAUCHOIS bzw. SEEMANN), Röhre nach SCHAAFFS mit Belichtung nach REGLER u. Schaltung nach BREIDENBACH. Die Lebensdauer der an der Pumpe arbeitenden Röhren ist unbegrenzt bei zeitweiliger Entgasung. Abgeschmolzene Röhren vertragen kaum einige Hundert Entladungen. — Die Röntgenabsorption hängt prakt. nicht von der chem. Bindung ab, die Messung wird durch chem. Umsetzungen nicht verfälscht. Die Durchstrahlung des Objekts u. die Unabhängigkeit vom Eigenleuchten des Vorgangs bes. bei Detonationen bieten opt. Verff. gegenüber große Vorteile. Form u. Ausbreitung von Detonationswellen konnten im Sprengstoff u. in angrenzenden Medien studiert werden. Zur Unters. von Stoßwellen (bei Überschallgeschwindigkeiten) ist die Röntgenblitztechnik bes. geeignet (vgl. C. **1953.** 2651). Aus der Absorption der Strahlung in der Wellenfront läßt sich photometr. die Verdichtung u. der bisher nicht meßbare Druck berechnen. In der Festkörperphysik werden dynam. Umwandlungen u. Deformationen von Kristallgittern zunächst versuchsweise mit Blitzröhren gemessen. (Arch. techn. Messen **1953.** 117—20. Mai. Weil/Rh.) H. PAULI. 181

R. Castaing, *Prüfung dünner metallographischer Schnitte durch Elektronenmikroskopie und -beugung.* Vf. betont die Vorzüge der Elektronenbeugung vor Abdruckverff. u. berichtet kurz von ihrer erfolgreichen Anwendung bei der Unters. der Alterung einer *Al–Cu*-Legierung. (J. Physique Radium **16.** 71 S. Juli 1955.) G. KIRSCHSTEIN. 181

J. L. Franklin, *Berechnung von Ionisationspotentialen.* Vf. leitet auf der Grundlage der durch Verschmelzung entstehend gedachten isoelektron. Atommodelle eine neue Meth. ab, mit der es möglich ist, Ionisationspotentiale komplexer Moll. aus den Molekularbahnen der Gruppen oder aus den Atombahnen der entsprechenden isoelektron. Atome, aus denen sich das Mol. zusammensetzt, zu berechnen, wie an Hand der Berechnung der Ionisationspotentiale einer großen Zahl von Paraffinen, Olefinen, aromat. Verbb., Alkylhalogeniden, Aminen u. O-haltigen Verbb. gezeigt wird, wobei mit wenigen Ausnahmen die Übereinstimmung der berechneten u. der von verschied. Autoren gemessenen Werte ausgezeichnet ist. (J. chem. Physics **22.** 1304—11. Aug. 1954. Baytown, Tex., Humble Oil and Refining Co.) W. NIEMITZ. 182

A. B. F. Duncan, *Die Elektronenstruktur von Fluorwasserstoff.* Für den n. Zustand von HF wird eine Berechnung der Molekülbahnen (MO) nach der Meth. des „self-consistent field" durchgeführt. Die MO werden in Linearkombinationen aller Innenschalen- u. Valenzbahnen ausgedrückt u. sämtliche Wechselwirkungen der 10 Elektronen berücksichtigt. Dissoziationsenergie u. Dipolmoment von HF werden errechnet. (J. Amer. chem. Soc. **77.** 2107—10. 20/4. 1955. Rochester, N. Y.) G. RUBAN. 182

F. M. Hamilton und **H. F. Ameen,** *Laboratoriumsversuche zur Eisenerzsinterung und -untersuchung.* Die Sinterung der Eisenerze in Abhängigkeit von der physikal. Beschaffenheit der Erze u. Zuschlagsprodd. u. der Abkühlungsgeschwindigkeit des Sinters wird durch Zerkleinerungs- u. Siebverss., sowie durch mkr. Unters. der Sinter untersucht u., soweit dies möglich ist, in Kurven dargestellt. Es bilden sich 4 Zonen aus: Eine Sinterschicht, eine Schmelzzone, eine ausgetrocknete Zone u. eine Schicht mit der Mischung, welche alle verschied. Luftdurchlässigkeit besitzen. (Mining Engng. **187.** 1275—82. Dez. 1950.) F. ENSSLIN. 190

Nils Schönberg, *Ternäre Übergangsmetalloxydphasen mit Fluoritstruktur.* Tern. Phasen A—B—O vom Typ C1, wobei A u. B Übergangsmetalle sind, wurden nach verschied. Methoden hergestellt u. röntgenograph. untersucht. Als allg. Formel für solche Verbb. wird $A_K^{z+}B_{4-K}^{4+}O_{8-(K/2)(4-z)}$ vorgeschlagen, worin K etwa innerhalb der Grenzen $1 \lesseqgtr K < 2$ variiert u. z die Wertigkeit der Komponente A bedeutet. Untersucht wurden bes. Oxyde mit Fluoritstruktur für A = Fe, Co, Ni in Verbindung mit B = Ti bzw. A = V, Cr, Mo, W, Mn in Verbindung mit B = Zr. All diese Oxyde sind schwarz u. besitzen gleiche Achsenlängen, zwischen a = 5,09 u. 5,13 Å, die den interatomaren Abständen A,B—O = 2,21 bzw. O—O = 2,56 Å entsprechen. Trotz der ungünstigen geometr. Bedingungen für die Bldg. eines Gitters vom Typ C 1 sind die Oxyde bei Zimmertemp. stabil. — Ferner wurden für z = 2 u. K = 2 Phasen der Zus. ABO_3 erhalten, bes. solche mit Ilmenitstruktur (Typ E 2_2) für A = Mn, Fe, Co, Ni u. B = Ti (nicht jedoch für A = V–Ni u. B = Zr, Nb, Ta, Mo, W) sowie solche mit Korundstruktur (Typ D 51) für A = Cr u. B = Mo, W. Nicht erreicht wurde die Perowskitstruktur, Typ E 2_1. (Acta chem. scand. **8.** 1347—50. 1954. Uppsala, Univ., Inst. of Chem.) G. RUBAN. 195

M. J. Buerger und **Theodor Hahn,** *Die Kristallstruktur von Berthierit, $FeSb_2S_4$.* Es wird über die Verfeinerung der Berthieritstruktur berichtet. Jedes Sb-Atom ist an 3 S-Atome im Abstand 2,5 Å gebunden. Diese SbS_3-Gruppen verbinden sich über S-Atome zu 2 nichtäquivalenten SbS_2-Ketten parallel der c-Achse. Die Fe-Atome sind von 6 S-Atomen in annähernd oktaedr. Form im Abstand von 2,5 Å umgeben. Dies ist ungefähr der zu erwartende Abstand für Fe–S-Ionenbindung. Deshalb kann die Struktur wahrscheinlich angesehen werden als $Fe^{2+}(SbS_2^-)_2$. (Amer. Mineralogist **40.** 226—38. März/April 1955. Cambridge, Mass., MIT, Dep. of Geol. and Geophysics, Crystallogr. Labor.) J.-E. HILLER. 195

Leonid V. Azaroff und **M. J. Buerger,** *Verfeinerung der Struktur von Cubanit, $CuFe_2S_3$.* Die Cubanitstruktur wurde wegen ihres interessanten Ferromagnetismus nochmals genau bestimmt. Die Fe-Atome befinden sich in 4-Koordination gegenüber den S-Atomen in Abständen von 2,29, 2,28, 2,27 u. 2,25 Å. Das benachbarte Fe-Atom hat den Abstand 2,81 Å. Die gemeinsame Tetraederkante ist etwas verkürzt, auf eine Länge von 3,61 Å gegenüber den anderen Kanten, die 3,71, 3,72, 3,73, 3,84 u. 3,84 Å lang sind. (Amer. Mineralogist **40.** 213—25. März/April 1955. Cambridge, Mass., MIT, Dep. of Geol. and Geophysics, Crystallogr. Labor.) J.-E. HILLER. 195

J. N. Dempsey und **N. C. Baenziger,** *Die Kristallstruktur eines Äthylen–Palladiumchlorid-Komplexes.* Der dimere Komplex $(PdCl_2C_2H_4)_2$ wird nach der Meth. von KHARASCH u. ASHFORD (J. Amer. chem. Soc. **58.** [1936.] 1733) hergestellt. Die Kristallstruktur der Verb. wird mit Hilfe von WEISSENBERG-Aufnahmen untersucht. $(PdCl_2 \cdot C_2H_4)_2$ krist. rhomb. mit a = 15,41; b = 9,29 u. c = 7,23 Å. Aus der D. 2,63 folgt Z = 4. Charakterist. Raumgruppen sind Pbam u. Pba2. Die Atomparameter werden durch FOURIER-Synthesen bestimmt (Projektion auf [0 0 1] sowie 3dimensionale Schnitte für z = 0 u. ½): Pd_1 in 4 (g) (x = 0,080; y = 0,130); Pd_2 in 4 (h) (0,418; 0,372); Cl_1 in 4 (g) (0,424; 0,380); Cl_2 in 4(h) (0,76; 0,123); Cl_3 in 4(g) (0,230; 0,132); Cl_4 in 4(h) (0,408; 0,138); C_1 in 8(i) (x = 0,079; y = 0,376; z = 0,094); C_2 in 8(i) (0,266; 0,371; 0,594). Die Koordination um die Pd-Atome ist quadrat. eben. Die beiden Pd-Atome sind durch eine Brücke von zwei Cl-Atomen verbunden. Die beiden mit den Pd-Atomen verknüpften C_2H_4-Gruppen stehen eindeutig in trans-Stellung. Eine Entscheidung zwischen den beiden Raumgruppen Pbam u. Pba2 kann nicht getroffen werden, da die C-Atommaxima nicht genügend aufgelöst sind. Die wahrscheinlichste Anordnung ist, daß die Ebene des C_2H_4-Mol. senkrecht zu der Verbindungslinie zwischen Pd-Atom u. Mittelpunkt der Doppelbindung angeordnet ist. (J. Amer. chem. Soc. **77.** 4984—87. 5/10. 1955. Iowa City, Io., State Univ. of Iowa, Dep. of Chem.) W. KRÖNERT. 195

Daniel C. Buck und **Lester W. Strock,** *Trimorphismus in Zinksulfid.* Das Auftreten einer 3. Modifikation von ZnS wird experimentell nachgewiesen. Neben *Zinkblende* (β) u. *Wurtzit* (α) wurde eine rhomboedr. Dreischichtstruktur gefunden, die im Temperaturbereich von 600—1020° auftritt. Die Struktur ist der Zinkblendestruktur verwandt, wenn man diese nach hexagonalen Achsen aufstellt u. die c- u. a-Werte etwas verändert. Sie wird als γ-Zinksulfid bezeichnet. Auf die Rolle, die diese Phase bei der α–β-Umwandlung spielt, wird kurz eingegangen. (Amer. Mineralogist **40.** 192—200. März/April 1955. Bayside, L. I., N. Y., Sylvania Electr. Prod., Inc.) J.-E. HILLER. 195

G. Careri und **A. Paoletti,** *Selbstdiffusion in flüssigen Metallen.* (Vgl. C. **1955.** 35.) Es werden die ersten Ergebnisse einer Serie von Messungen des Selbstdiffusionskoeff. von Metallen (bisher In, Sn u. Pb) im fl. u. krist. Zustand mitgeteilt u. kurz im Licht der neueren Anschauungen über den fl. Zustand erörtert u. diskutiert. (Suppl. del Nuovo Cimento Nr. 2 (zu [10] **1**). 161—65. 1955. Roma, Univ., Ist. di Fis.) W. NIEMITZ. 197

F. C. Frank, *Martensit.* Ausgehend von der Voraussetzung, daß an der Grenzfläche von Austenit u. Martensit jede dichtest besetzte Gitterebene des Austenits auf eine ebensolche des Martensits kantenweise trifft u. daß im KURDJUMOW-SACHS-Fall dieses Zusammentreffen längs dichtest besetzter Gittergeraden erfolgt, werden aus den Gitterkonstanten beider Phasen Orientierungszusammenhang u. Habitusebene berechnet. Die genannte Voraussetzung wird durch experimentelle Beobachtungen gestützt, u. das Ergebnis stimmt gut mit experimentellen Befunden überein. Die benutzte Darst. der Grenzfläche Austenit–Martensit bedingt ein Netz paralleler Schraubenversetzungen, die einen Beitrag zur Grenzflächenenergie liefern. (Acta metallurg. [New York] **1.** 15—21. Jan. 1953. Bristol, Univ., H. H. Wills Phys. Labor.)
O. KRISEMENT. 197

J. C. Fisher, *Anwendung der Keimbildungstheorie auf isothermen Martensit.* Die von CECH u. HOLLOMON mitgeteilten experimentellen Ergebnisse für die isotherme Martensitbldg. in einer Legierung mit 23% Ni, 4% Mn u. 73% Fe werden vom Vf. mit Hilfe der FISHER-HOLLOMON-TURNBULLschen Variante der BECKER-DÖRINGschen Keimbildungstheorie untersucht. Es zeigt sich, daß bei passender Wahl eines Parameters $\vartheta^2 \cdot \sigma^3$, wobei ϑ von den elast. Konstanten des Austenits u. dem Scherwinkel des Martensits abhängt u. σ die Grenzflächenenergie Austenit–Martensit bezeichnet, die experimentellen Daten mit guter Genauigkeit durch die genannte Theorie dargestellt werden können. Die Wahl des Parameters erscheint auf Grund anderer Unterss. gerechtfertigt. In der genannten Legierung tritt keine atherm. Keimbldg. des Martensits auf, vielmehr entstehen alle Keime beim isotherm. Halten. (Acta metallurg. [New York] **1.** 32—35. Jan. 1953. Schenectady, N. Y., Gen. Electr. Res. Labor.)
O. KRISEMENT. 197

R. P. Agarwala und **H. Wilman,** *Verformung von Eisenkristallen durch einen in einer Richtung verlaufenden Verschleißvorgang.* Die an zwei Eisenkristallen mit glatten, ungestörten Oberflächen nach einem unter Druck von ca. 50 g/cm² durchgeführten Strich mit feinem Schmirgelpapier auftretenden Oberflächenveränderungen u. Umwandlungen werden röntgenograph. ermittelt. Hierbei wird eine Außenschicht aus ungeordnet angeordneten α-Eisenteilchen festgestellt. Dahinter folgt eine Schicht von ungeordnetem γ-Eisen, der eine ausgedehnte Schicht von α-Eisen in einem großen Orientierungsbereich folgt. Schließlich tritt noch eine orientierte γ-Eisenschicht in Berührung mit dem darunterliegenden, prakt. unverformten Haupt-α-Eisenkristall auf. (J. Iron Steel Inst. **179.** 124—31. Febr. 1955. Imp. Coll. of Sci. and Technol.)
H. HOCHSTEIN. 197

Nobutami Kasai, Masao Kakudo und **Takeo Watase,** *Röntgenographische Prüfung elektrolytisch niedergeschlagenen blanken Nickels.* 1. Mitt. *Natriumnaphthalinsulfonate als Glanzmittel.* Die untersuchten *Ni*-Ndd. wurden aus Elektrolytbädern verschied. Zus. u. wechselnder Bedingungen bei Zusatz von α- oder β-naphthalinsulfosaurem Na hergestellt. Die Röntgenbeugungsdiagramme zeigten keine Verschiedenheit ihres Gittertyps oder bevorzugte Kornausrichtungen. Form u. Größe der Kristallkörner wurden genau aus der Verbreiterung der Pulverdiagramme nach JONES berechnet (angelassene Probestücke als Normalvergleichsgitter). Die Kornabmessungen waren (rechtwinklige Achsen) a = b = 50 Å, c = 1300 Å, also erheblich kleiner als gewöhnliche Ni-Niederschläge. Der Glanz der Ndd. scheint nicht von der Kornorientierung, sondern von der Korngröße herzurühren. Anomal intensive Röntgenbeugung kann nicht nur von der Korngröße, sondern auch von einer Gitterverzerrung oder Zwillingsbldg. herrühren. (J. electrochem. Soc. Japan **21.** 215—18. Mai 1953. Osaka Univ. [Orig.: japan.; Auszug: engl.])
L. SCHULER. 197

W. Gruhl und **J. Gumper,** *Studien über die Würfellage bei Kupfer.* Verss. an Raffinade-Cu u. Elektrolyt-Cu ergaben, daß bei der Rekristallisation von um 97,6% kaltgewalzten Proben prim. nebeneinander Würfellage u. Spinellzwillingslage entstehen. Bei längerem Glühen verschwinden allmählich die Reflexe der Spinellzwillingslage, während sich die Würfellage immer schärfer einstellt. Die Würfellage entsteht nur aus der Walztextur heraus; dabei weisen andere Ausgangslagen, wie die Kreuzwalztextur, oder eine um 50% verformte Würfellage einen höheren Anteil von nach [0 0 1] orientierten Gitterbereichen auf. Beide Erscheinungen stehen im Widerspruch zu der Theorie der orientierten Keimbildung. Die Würfellage ist gegen Kaltverformung sehr beständig. Sie bleibt nach 50%ig. Gerade-, Schräg- u. Kreuzwalzen erhalten, wird jedoch durch 50%ig. Walzen in allen Richtungen rasch zerstört. (Metall **8.** 830—34. Nov. 1954. Aachen, Rhein.-Westf. TH, Inst. für Metallhüttenkunde u. Elektrometallurgie.)
F. VIER. 197

H. Tober, *Wachstum und Orientierung von Kristalliten in eutektischen Legierungen.* Die Kristallbldg in den Eutektika von *Cu–Ag-* u. *Pb–Sn*-Legierungen wird untersucht.

Die bisher allg. angenommene Beziehung zwischen den Orientierungen der 2 Phasen einer eutekt. Legierung liegt nicht vor. Nur 1 Phase ist monokristallin innerhalb eines eutekt. Kornes; die 2. Phase ist in gewisser Weise in der Richtung der Lamellen orientiert. Mkr. Unterss. von Pb–Sn-Legierungen verschied. Zus., die zur Erstarrung abgeschreckt werden, zeigen, daß die monokristalline Sn-reiche Phase zuerst auskristallisiert. (Metalen **8.** 431–36. 31/12. 1953.) W. Wesly. 197

R. K. McGeary und **B. Lustman,** *Bevorzugte Orientierung in Zirkonium.* Die in Zr durch Kalt- u. Warmwalzen sowie durch Rekristallisation oberhalb u. unterhalb der Umwandlungstemp. erzeugten Texturen werden röntgenograph. bestimmt. Die Wärmeausdehnungswerte werden in der Walzrichtung u. senkrecht dazu gemessen. Unter anderem wird festgestellt, daß die Textur in der Oberfläche des kaltgewalzten Zr sich grundsätzlich nicht von der im Probeinneren unterscheidet. Der Umwandlungsvorgang des raumzentrierten kub. β-Zr u. des hexagonalen dichtgepackten α-Zr ist von reversibler Art. Die Umwandlungstextur zeigt, daß die Orientierungsbeziehung die gleiche ist, wie sie schon von Burgers angegeben worden ist. Durch Röntgenbeugungsunterss. zeigte sich, daß die Wärmeausdehnung von Zr in der c-Achsenrichtung $10{,}3 \pm 0{,}5 \cdot 10^{-6}$ pro Grad u. $4{,}5 \pm 0{,}5 \cdot 10^{-6}$ pro Grad in der α-Achsenrichtung beträgt. (J. Metals **3.** 994–1002. Nov. 1951. Pittsburgh, Pa., Westinghouse Electric Corp.) H. Hochstein. 197

Reynolds M. Denning, *Richtung und Schleifhärte in Diamant: Eine weitere Untersuchung.* Es werden Untersuchungsergebnisse über die Schleifhärte von Diamanteinkristallen auf verschied. Ebenen u. ihre Richtungsabhängigkeit mitgeteilt. Das Verhältnis der Schleifhärte zur Symmetrieklasse wird diskutiert. (Amer. Mineralogist **40.** 186–91. März/April 1955. Ann Arbor, Mich., Univ. of Michigan.) J.-E. Hiller. 200

B. B. Tschetschulin, *Sprödigkeit von Metallen und Maßstabeffekt.* An Stählen wird nach verschied. Wärmebehandlung die Abhängigkeit der krit. Temp. T_{kr} der Sprödigkeit (Auftreten krist. Teilchen im Bruch) von einer vergleichbaren Dimension M untersucht. Es ergibt sich die Beziehung $1/T_{kr} = K \log M + B$, wobei K u. B Materialkonstanten sind. Diese Beziehung wird aus der statist. Natur der Sprödfestigkeit begründet. Als neue, die Neigung eines Stahls zum Maßstabeffekt kennzeichnende Größe wird ein Maßstabkoeff. für T_{kr} vorgeschlagen, der sich mit der einzelnen Schmelze u. der Stahlsorte wenig ändert, aber um so größer ist, je höher die Anlaßtemp. nach dem Härten ist. (Журнал Технической Физики [J. techn. Physik] **25.** 125–34. Jan. 1955.) R. K. Müller. 200

Donald S. Clark, *Das Verhalten von Metallen unter dynamischer Belastung.* Inhaltlich ident. mit der C. **1956.** 845 referierten Arbeit. (Metal Progr. **64.** Nr. 5. 67–73. Nov. 1953. Pasadena, Calif., California Inst. of Technol.) H. Hochstein. 200

P. G. Brodoni und **M. Nuovo,** *Der Tangentialmodul in einigen Metallen in der Nähe des Schmelzpunktes.* Zur Vervollständigung der Kenntnis vom elast. Verh. fester Stoffe bei hohen Tempp. wurden eine Reihe von Verss. zur Best. der Temperaturänderung des Tangentialmoduls in der Nähe des Schmelzvorganges durchgeführt, u. zwar an *Sn, Pb* u. *Bi.* Zu den bisherigen Ergebnissen, aus denen hervorgeht, daß der Verlauf des Torsions- u. Ausdehnungsmoduls ähnlich ist u. sich nicht entsprechend der Sutherland-Hypothese beim F. dem Nullwert nähert, werden einige vorläufige Bemerkungen gemacht. (Suppl. del Nuovo Cimento Nr. 2 (zu [10] **1**). 155–58. 1955. Roma, Ist. Naz. di Ultracustica.) W. Niemitz. 200

J. Barducci und **R. Cabarat,** *Statische und dynamische Messungen des Young-Moduls von Sinterwerkstoffen.* Die unter Benutzung der beiden Meßverff. an Sinterwerkstoffen erhaltenen Ergebnisse zeigen, daß (außer bei sehr grobem porösem Gefüge) die stat. u. dynam. ermittelten Werte für den Elastizitätsmodul prakt. gleich sind. (Rev. Métallurgie **51.** 149–53. März 1954.) H. Hochstein. 200

Bernard Jaoul, *Einfluß der Verunreinigungen auf die Form der Zugkurven an Aluminium-Einkristallen.* (Vgl. C. **1956.** 6042.) An Einkristallen aus den Al-Legierungen Al–Si 0,2%; Al–Cu 0,4 u. 1%; Al–Zn 2,5 u. 7,7% wurden ähnliche Zugkurven erhalten wie an reinen Al-Einkristallen (l. c.). Leichtes Gleiten überwiegt; die Spannungen wachsen mit der Potenz 2/3 der Konz. an Legierungsbestandteilen. (C. R. hebd. Séances Acad. Sci. **240.** 2532–34. 27/6. 1955.) H. C. Wolf. 200

D. S. Eppelsheimer und **D. S. Gould,** *Deformationscharakteristiken von Hafnium.* Vff. untersuchen die Deformierbarkeit von Hf u. finden 30% als obere Grenze der Kaltverformbarkeit. Bei erhöhter Temp. (300–500°) läßt sich die Verformung wesentlich weiter treiben. Die Texturänderungen, die bei der Druck- bzw. Streckverformung auftreten, werden beschrieben. (Nature [London] **177.** 241–42. 4/2. 1956. Rolla, Mo., Missouri School of Mines and Metallurgy.) H. W. Levi. 200

W. C. Levengood und **E. C. Montgomery,** *Über den Widerstand von Tafelglas gegen rasche Temperaturveränderungen.* An Unterss. von DINGER sowie WAMPLER u. WATKINS anknüpfend, wird gezeigt, daß der Widerstand von Glasplatten (von 2—6 mm Dicke) gegen plötzliche Temperaturänderungen (Eintauchen in heißes W.) zur Quadratwurzel aus der Dicke umgekehrt proportional verläuft. Glastafeln mit geschliffenen Rändern sind unabhängig von der Korngröße des zum Naßschliff verwendeten Schleifmittels widerstandsfähiger als mit dem Diamanten zugeschnittene Platten; auch Altern des Glases nach dem Schleifen oder Schneiden verbessert die therm. Widerstandsfähigkeit. (J. Soc. Glass Technol. **37.** Trans. 306—15. Dez. 1953. Toledo, O., Libbey-Owens-Ford Glass Co.) W. HENTSCHEL. 200

Andrew G. F. Dingwall und **H. Moore,** *Die Einflüsse verschiedener Oxyde auf die Viscosität eines Glases vom Natron-Kalk-Kieselsäure-Typ.* Ausgehend von einem einfachen Glas der Zus. 74% SiO_2, 10% CaO u. 16% Na_2O wird untersucht, wie sich die Viscosität des Glases ändert, wenn man die Kationen teilweise durch andere Kationen verschied. Wertigkeit ersetzt. Die Messung der Viscosität erfolgte bei den Glasschmelzen mit einem koaxialen Zylinderviscosimeter, das näher beschrieben wird, für festes Glas nach der Glasfadendehnungsmethode. Auf Grund des Verlaufes der Viscositätskurven lassen sich folgende Schlüsse ziehen: Die Viscositätsänderungen bei hohen u. niedrigen Tempp. infolge des Ersatzes eines Teils des SiO_2 durch ein anderes Oxyd sind nicht immer auf die gleichen Eigg. des substituierenden Oxyds zurückzuführen. Bei hohen Tempp. (1200—1400°) wirken die Oxyde in folgender Weise: a) die Viscositätsänderungen beim Eintritt eines einwertigen Kations hängen teils von dem Ionenradius des Kations, teils von seiner Feldstärke ab. Liegen diese einwertigen Kationen zu gleichen Anteilen in sonst ident. Gläsern vor, so nimmt die Viscosität mit dem Anstieg des Ionenradius zu. b) Der Ersatz von SiO_2 durch Oxyde zweiwertiger Kationen in äquivalenten Mengen führt zu Viscositätsänderungen, die hauptsächlich von ihrer Feldstärke (Polarisierbarkeit) u. nur wenig von ihrem Ionenradius abhängen. Für eine bestimmte Temp. nimmt die Viscosität mit zunehmender Feldstärke des substituierenden Kations zu. c) Die Viscositätsänderungen durch Einführung eines sich am Aufbau der Glasstruktur beteiligenden drei- oder vierwertigen Oxyds (Al_2O_3, B_2O_3, TiO_2, ZrO_2) — die hier nur bis zu einem Ersatz von 4% des ursprünglichen SiO_2 geprüft werden konnte — hängt hauptsächlich von der Stärke der Bindung zwischen dem substituierenden Ion u. einem als Glasbildner beteiligten O-Atom ab. Atome oder Ionen, die eine O-Bindung stärker als $\equiv$Si—O eingehen, führen zu einer Zunahme der Viscosität, diejenigen mit O-Bindungen schwächer als die von $\equiv$Si—O führen zu Viscositätserniedrigung. Bei niedrigen Tempp. ($<700°$) u. einem Viscositätsbereich zwischen 10^{11}—10^{13} Poise hängt der Einfl. ein- u. zweiwertiger Kationen hauptsächlich von den Ionenradien ab. Diese bestimmen die Zahl der O-Atome, mit denen die Kationen koordinativ an die Glasbildner gebunden sind. Man kann diese Kationen in folgende Gruppen mit Ionenradienbereichen u. zugehörigen Koordinationszahlen einteilen: Radius 0,3—0,6 Å, koordinativ vierwertig (Tetraederanordnung); 0,6—1,0 Å, koordinativ sechswertig (Oktaederanordnung); 1,0—1,6 Å, koordinativ achtwertig (Würfel oder höhere Ordnung). In jeder dieser Gruppen geben die kleineren Kationen höhere Viscositätswerte als die größeren. Deutliche Knicke treten bei 0,3, 0,6, 1,0 u. 1,6 Å in den Diagrammen auf, in denen die zu einer Viscosität von 10^{12} Poise gehörende Temp. als Ordinate u. die Ionenradien als Abszisse aufgetragen werden. Dabei liegen die Punkte für Na^+ u. Cd^{2+} zwischen den Geraden für die zweite u. dritte Gruppe nach obiger Einteilung, weil die Größe ihrer Ionenradien eine koordinativ sechs- oder achtwertige Zuordnung erlaubt. In Bestätigung der Unterss. von MOORE u. PRASAD lassen sich auf Grund der Viscositätsmessungen bei niedrigen Tempp. an Gläsern, bei denen Fe_2O_3 einen Teil des SiO_2 ersetzt, über die verschied. Zustandsformen des Fe folgende Aussagen machen: Eisen(II) gibt blaue Färbung, das Viscositätsverh. stimmt mit demjenigen der anderen zweiwertigen Kationen überein. Eisen(III) gibt braune oder Bernsteinfärbung, die Viscositätswerte geben keinen sicheren Aufschluß über den Zustand des Fe. Eisen(II)-(III) gibt graue Färbung, die Viscositätswerte liegen tiefer als für Eisen(II), u. die Viscositätswerte mit Belastung sind zu unsicher, um als Beweis für das Vorliegen von koll. „grauem“ Fe zu dienen. Farbloses Eisen, hier liegen die Viscositätswerte höher als für Eisen(II), u. die für niedrige Tempp. für den Viscositätsbeitrag des Fe extrapolierten Werte deuten auf eine Beteiligung des Fe als Glasbildner hin. Somit ist in den Fe-haltigen Gläsern von blauer Farbe das Fe im „Eisen(II)“-Zustand vorhanden, die graue Farbe ist wahrscheinlich auf im Glas dispergiertes koll. Fe_3O_4 zurückzuführen, u. das „farblose“ Fe ist am Aufbau der Glasstruktur beteiligt, wahrscheinlich ähnlich wie das SiO_4-Tetraeder. (J. Soc. Glass Technol. **37.** Trans. 316—72. Dez. 1953. Sheffield, Univ., Dep. of Glass Technol.) W. HENTSCHEL. 200

Katsuhiko Itô, *Eine neue einfache Meßmethode für die Temperaturabhängigkeit des mechanischen Verhaltens von festen Hochpolymeren.* Zur Unters. der Temperaturabhängigkeit der mechan. Eigg. von festen linearen oder vernetzten Hochpolymeren verwendet Vf. die ROCKWELLsche Härteprüfmaschine. Bei konstanter Anheizgeschwindigkeit werden dabei die ROCKWELL-Zahl–Temp.-Kurven erhalten; der Substanzbedarf ist gering. Auf diese Weise können z. B. untersucht werden: Umwandlungserscheinungen, Fließverh., Einfl. von Verstärkungsmitteln. Ergebnisse werden mitgeteilt für *Epoxyharz, Diallylphthalatharz, Polyesterharz, Polyvinylchlorid, Glasfasern* enthaltendes *Polyesterharz* u. *Baumwolle* enthaltendes *Phenolharz*, meist zwischen 20 u. 180°. Durch Vgl. der erhaltenen Kurven mit auf andere Weise bestimmten Eigg. (Temperaturabhängigkeit des Elastizitätsmoduls, der Zug- u. Bruchfestigkeit, der Zug–Dehnungs-Kurve) der gleichen Stoffe ergibt sich die Brauchbarkeit der bes. einfach zu handhabenden Methode. (J. sci. Res. Inst. [Tokyo] **48.** 154—65. Sept. 1954. [Orig.: engl.]) O. FUCHS. 200

A₇. Gleichgewichte. Kinetik.

Arthur E. Martell, *Das Verhalten von Metallkomplexen in wässerigen Lösungen.* Die Löslichkeiten, die elektr. Leitfähigkeiten, der Einfl. des p_H-Wertes u. die Absorptionsspektren von wss. Lsgg. verschied. Metallkomplexe unter besonderer Berücksichtigung der analyt. Anwendungen werden besprochen. (J. chem. Educat. **29.** 270—80. Juni 1952. Worcester, Mass., Clark Univ.) H.-G. MOSLÉ. 223

G. B. Boki, M. N. Ljaschenko und **Ss. Ss. Batzanow**, *Über eine neue Methode zur Bestimmung der Struktur von Komplexverbindungen.* 4. Mitt. (3. vgl. C. **1956.** 8286.) Aus den für verschied. Komplexverbb. des 2wertigen *Pt* nach der Immersionsmeth. bestimmten Brechungszahlen n u. aus den D-Werten werden die Werte für die Koordinatenfraktion errechnet, wobei die früher (l. c.) mitgeteilten Ionenbrechungszahlen u. die von BATZANO (Вестник Московского Университета, Серия Физико-Математических и Естественных Наук [Nachr. Moskauer Univ.] **9.** [physik.-math. naturwiss. Ser.] [1954.] 95) mitgeteilten Werte für die Brechung des Kristallwassers benutzt werden. Es werden folgende $R^{\infty}_{\text{koord.}}$-Werte erhalten: Cl–Pt–Cl 17,55; Cl–Pt–NH_3 14,99 bzw. 14,70 (aus $K[Pt(NH_3)Cl_3]H_2O$ bzw. $[Pt(NH_3)_3Cl]Cl$); NH_3–Pt–NH_3 11,30; NH_3–Pt–NO_2 16,19; NO_2–Pt–NO_2 19,76. Hieraus ergeben sich für das experimentelle n^2_{∞} u. das aus R_{∞} (cis) bzw. R_{∞} (trans) errechnete n^2 die Werte: cis-$Pt(NH_3)_2{}^{2+}$ 2,763 u. 2,751 bzw. 2,675; trans-$Pt(NH_3)_2Cl_2$ 2,708 u. 2,768 bzw. 2,680; trans-$Pt(NH_3)_2(NO_2)_2$ 2,570 u. 2,668 bzw. 2,594. In allen Fällen stimmt der errechnete n^2-Wert mit dem experimentellen Wert besser überein, wenn von der richtigen Konfiguration ausgegangen wird. Aus der Brechungszahl n läßt sich also die Konfiguration des Komplexes ausreichend sicher ermitteln. (Вестник Московского Университета, Серия Физико-Математических и Естественных Наук [Nachr. Moskauer Univ.] **9.** Nr. 12. [physik. math. naturwiss. Ser.] Nr. 8. 75—78. Dez. 1954. Geol. Fak., Lehrstuhl für Kristallograph. u. Kristallchem.) O. LEBTAG. 223

R. L. Denyer, A. Gilchrist, J. A. Pegg, J. Smith, T. E. Tomlinson und **L. E. Sutton**, *Eine Untersuchung der Komplexbildung durch Verteilung eines Reaktionspartners zwischen der Dampfphase und der Lösung: Die Bestimmung der Assoziationskonstanten und der Bildungswärmen einiger Wasserstoffbindungen.* Es wird eine Meth. entwickelt, die es gestattet, aus der Verteilung einer flüchtigen Substanz u. einer nichtflüchtigen in einem flüchtigen Lösungsm. die Assoziationskonstante K zu bestimmen, aus deren Temperaturabhängigkeit die Bildungswärmen bestimmt u. mit direkten calorimetr. Werten verglichen werden. Als flüchtiger Reaktionspartner dient *Trimethylamin*, als flüchtiges Lösungsm. *Cyclohexan*; weiter kommen zur Verwendung: *Naphthalin, p-Nitrotoluol, p-Dichlorbenzol, Anisol, Phenol, p-Chlorphenol, o-Kresol, m-Kresol, p-Kresol, Triphenylmethanol, n-Heptylalkohol, 2.5-Dimethylpyrrol, Indol, α- u. β-Naphthol* u. *Mercaptobenzol.* Die K-Werte betragen in der gleichen Reihenfolge bei 25°: 0; 3,5; 2,7; 1,8; 800; 1700; 650; 650; 600; 110; 32; 32; 85; 1000; 2100; 2,5. Die Bildungswärmen betragen mit Phenol —5,8 bzw. calorimetr. —5,7, mit p-Chlorphenol —7,0 bzw. —8,0, u. mit p-Kresol —3,8 kcal/Mol. Die Stärke der O—H—N-Bindung wächst mit der Säurestärke der OH-Gruppe. Schwache N—H—N-Bindungen werden festgestellt, S—H—N-Bindungen nicht beobachtet. (J. chem. Soc. [London] **1955.** 3889—3901. Nov. Oxford, Phys. Chem. Labor.) K. L. WOLF. 223

J. R. Hulett, J. A. Pegg und **L. E. Sutton**, *Die elektrischen Dipolmomente einiger Wasserstoffbindungskomplexe.* (Vgl. vorst. Ref.) Es werden die Dipolmomente einiger Komplexverbb. des *Trimethylamins* im Anschluß an die Best. ihrer Assoziationskonstante ermittelt. Die Werte betragen für *Phenol* 1,53, für *Triphenylmethanol*

1,46 Debye (in Benzol). Die Momente der Komplexe mit Trimethylamin in Cyclohexan betragen für Phenol 3,24, *p-Kresol* 3,13, *o-Kresol* 3,02, *α-Naphthol* 3,14, *β-Naphthol* 3,80, *p-Chlorphenol* 3,93, *p-Fluorphenol* 3,93, *Indol* 2,99. *Triphenylmethanol* 1,65 Debye. Die Momente der Komplexe sind alle größer, als es der einfachen Additivität entspräche. Im ganzen sind die Quadrate der Momentänderungen der Assoziationskonstante proportional. (J. chem. Soc. [London] **1955.** 3901—08. Nov.) K. L. WOLF. 223

Arthur E. Martell, *Der Einfluß der Ligandenisomerie auf die Stabilität von Metall-Chelat-Verbindungen.* An Hand von Literaturwerten zeigen Vff., daß bei folgenden Chelatverbb. die Stabilität parallel mit der Basizität (pk) der ringbildenden Verb. geht: *2-Methyl-3.5-heptandion* (a) u. *2.2-Dimethyl-3.5-heptandion* (b) mit Ce^{3+}, *3-Chlorsalicylaldehyd* (a), *5-Chlorsalicylaldehyd* (b), *3-Nitrosalicylaldehyd* (a) u. *4-Nitrosalicylaldehyd* (b) mit Cu^{2+}. Es ist $pk_a < pk_b$ u. $\log K_a < \log K_b$ (K = Beständigkeitskonstante der Chelatverb.). Die unterschiedliche Beständigkeit der Chelatverbb. von *2-Oxy-1-naphthaldehyd* (a) u. *2-Oxy-3-naphthaldehyd* (b) mit Cu^{2+} wird auf einen Resonanzeffekt zurückgeführt ($\log K_a > \log K_b$). Auf die Beständigkeitskonstanten von *1.2-Diaminocyclohexan-N.N'-tetraessigsäure* (a), *1.3-Diaminocyclohexan-N.N'-tetraessigsäure* (b) u. *1.4-Diaminocyclohexan-N.N'-tetraessigsäure* (c) mit Ca^{2+} u. Mg^{2+} hat die Zahl der Chelatringe pro Ligand (a: 6 oder 5 Bindungen pro Metallatom, b u. c: 3) Einfl. ($\log K_a > \log K_b > \log K_c$). Bei den Verbb. von *1.2-Diaminopropan* (a), *1.3-Diaminopropan* (b), *α-Alanin* (a) u. *β-Alanin* mit Cu^{2+} bilden die Verbb. a 5gliedrige Chelatringe, die stabiler sind als die 6gliedrigen von b. Die ster. Effekte, die auf die Chelatbldg. von Methyloxinen u. von disubstituierten Dipyridylen einwirken, werden diskutiert. Für die Chelatbldg. von *N-Dimethyläthylendiamin-(1.2)*, *N-Äthyläthylendiamin-(1.2)*, *N.N'-Dimethyläthylendiamin-(1.2)*, *N-Propyläthylendiamin-(1.2)*, *N-Isopropyläthylendiamin-(1.2)*, *N-Diäthyläthylendiamin-(1.2)* u. *N-Butyläthylendiamin-(1.2)* mit Cu^{2+} u. Ni^{2+} u. von *Äthylen-1.2-diamno-N.N'-diessigsäure-N.N'-dipropionsäure*, *Butylen-1.4-diamino-N.N'-tetraessigsäure*, *Äthylen-1.2-diamino-N-diessigsäure* u. *Äthylen-1.2-diamino-N.N'-diessigsäure* mit Mg^{2+} werden spezif. Effekte, wie Substitution am Donatoratom, Anordnung der Chelatringe u. gegenseitige Wechselwrkg. der im Chelatring zusammengeschlossenen Gruppen, diskutiert. Die ster. Anordnung der Chelatverbb. von *Triaminotriäthylamin* u. *Triäthyltetramin* mit Zn^{2+} u. Cu^{2+} u. von *Iminoessigsäure*, *Asparaginsäure*, *Iminoessigsäurepropionsäure* u. *Glutaminsäure* wird aufgezeigt. Die Chelatbildungstendenz von *cis-* u. *trans-Diaminocyclohexan* mit Cu^{2+} wird potentiometr. bestimmt u. ist annähernd gleich. (J. physic. Chem. **59.** 308—12. April 1955. Worcester, Mass., Clark Univ., Dep. of Chem.) R. LACMANN. 223

M. L. Miller und **C. L. Sheridan,** *Konzentrierte Salzlösungen.* 1. Mitt. *Aktivitätskoeffizienten von Natriumrhodanid, Natriumjodid und Natriumperchlorat bei 25⁰.* Mittels der isopiest. Dampfdruckmeth. von ROBINSON u. SINCLAIR (J. Amer. chem. Soc. **56.** [1934.] 1830; **57.** [1935.] 1161; 1165) werden die Dampfdrucke von konz. NaSCN-, NaJ- u. $NaClO_4$-Lsgg. (bis zur Sättigung) gemessen. Bezugselektrolyt ist H_2SO_4, u. als Standarddampfdrucke werden die Messungen von SHANKMAN u. GORDON (J. Amer. chem. Soc. **61.** [1939.] 2370) verwendet. Die Konzz. der isoton. Lsgg. werden angegeben u. daraus die osmot. u. Aktivitätskoeffizienten berechnet. Es folgt, daß sich das Verh. der Salze in den hochkonz. Lsgg. an das der verd. Lsgg. anschließt u. daß keine Anomalien auftreten. (J. physic. Chem. **60.** 184—86. Febr. 1956. Stamford, Conn., Amer. Cyanamid Comp., Res. Div., Stamford Labor.) W. KRÖNERT. 224

M. L. Miller und **M. Doran,** *Konzentrierte Salzlösungen.* 2. Mitt. *Viscosität und Dichte von Natriumrhodanid, Natriumperchlorat und Natriumjodid.* (1. vgl. vorst. Ref.) Die Viscosität der wss. Lsgg. von NaSCN, $NaClO_4$ u. NaJ werden bei 0, 30 u. 50⁰ mit einem OSTWALDschen u. einem CANNON-FENSKE-Viscosimeter gemessen. Der Konzentrationsbereich umfaßt verd. bis gesätt. (bzw. übersätt.) Lösungen. Die Versuchsergebnisse werden in Anlehnung an die absol. Geschwindigkeitstheorie behandelt u. die Aktivierungsenergie (ΔE), die freie Aktivierungsenergie (ΔF) u. die Entropie (ΔS) des viscosen Fließens berechnet. Für die Aktivierungsenergie gilt: $\Delta E = R[d \ln \eta / d(1/T)]$, worin η die absol. Viscosität bedeutet. Die ΔF-Werte werden nach $\Delta F = RT \ln \cdot V\eta / h \cdot L$ berechnet (V = Molvol. der Bewegungseinheit, h = PLANCKsche Konstante u. L = AVOGADROsche Zahl). ΔS wird unter der Annahme, daß ΔE mit der entsprechenden Aktivierungswärme ΔH identisch ist, nach $\Delta F = \Delta H - T \cdot \Delta S$ berechnet. Aus den Ergebnissen schließen Vff., daß bei höheren Konzz. begrenzte quasikristalline Nahordnung vorliegt, u. zwar beginnt der Ordnungsprozeß bei um so niedrigeren Konzz., je größer das Anion ($ClO_4^- > SCN^- > J^-$) ist. Berechnungen der partiellen mol. Entropie für das Lösungsm. u. den gelösten Stoff u. der sich daraus ergebenden Überschußentropien lassen den Schluß zu, daß für die Ausbldg. der Nahordnung die gelösten Ionen u. nicht die Wassermoll. verantwortlich sind. (J. physic. Chem. **60.** 186—89. Febr. 1956.) W. Krönert. 224

M. L. Miller, *Konzentrierte Salzlösungen.* 3. Mitt. *Elektrolytische Leitfähigkeit von Natriumrhodanid-, Natriumjodid- und Natriumperchloratlösungen.* (2. vgl. vorst. Ref.) Die elektrolyt. Leitfähigkeit von NaSCN-, NaJ- u. $NaClO_4$-Lsgg. wird bei 0, 30 u. 50° u. Konzz. zwischen 1n u. Sättigung gemessen. Die Äquivalentleitfähigkeiten der drei Salze, die alle *Na^+* enthalten, streben für jede einzelne Temp. einem gemeinsamen Grenzwert zu. Diese Erscheinung läßt sich unter der Annahme deuten, daß in den konz. Na-Salzlsgg. der Stromtransport mehr u. mehr durch eine gemeinsame Einheit, das Na-Ion, übernommen wird. Diese Annahme erscheint plausibel, wenn man das Vorliegen begrenzter quasikristalliner Ordnung in den sehr konz. wss. Lsgg. annimmt. (Vgl. vorst. Ref.) Der Vgl. der Aktivierungsenergie für den Leitfähigkeitsprozeß u. für das viscose Fließen spricht ebenfalls für das angegebene Modell. Das Ansteigen des Waldenschen Prod. (Äquivalentleitfähigkeit × Viscosität) bei höheren Salzkonzz. wird in Übereinstimmung mit den übrigen Beobachtungen auf die überwiegende Beteiligung der Na-Ionen am Stromtransport zurückgeführt. (J. physic. Chem. **60.** 189—92. Febr. 1956.) W. Krönert. 224

A. M. Azzam, *Über eine neue Theorie zur Berechnung der Ionensolvatation.* Es werden die einzelnen Faktoren, von denen die Solvatation von Ionen abhängt, sowie die Struktur des Ion–Lösungsmittel-Komplexes erörtert. Hierbei wird für die Orientierung des Ion–Wasser-Komplexes für negative Ionen eine neue Formulierung gegeben. Hierauf werden die mathemat. Beziehungen über die Verteilung des Lösungsm. in der Nähe des Ions abgeleitet, wobei für die DK. die neue Analyse von Webb (J. Amer. chem. Soc. **48.** [1926.] 2589) verwendet wurde. Die Solvatationszahlen wurden mit Hilfe der theoret. statist. Mechanik unter Benutzung besonderer Näherungsmethoden errechnet u. betragen: für H_3O^+ 2,9; Li^+ 6; Na^+ 4,5; K^+ 2,9; Rb^+ 2,3; Cs^+ 0; F^- 4,7; Cl^- 2,9; Br^- 2,4; J^- 0. Eine Gegenüberstellung der Werte mit den nach verschied. anderen Methoden errechneten Werten wird gegeben. Die Übereinstimmung mit den aus Experimenten erhaltenen Werten anderer Autoren ist gut. Es ergibt sich, daß die prim. Hydratation nur für eine einzige Schicht von Moll. des Lösungsm. rund um das Ion existiert. Ferner zeigen nur Kationen mit kleineren Ionenradien als 1,7 Å u. nur Anionen mit geringerem Radius als 2,1 Å eine prim. Hydratation. (Z. Elektrochem., Ber. Bunsenges. physik. Chem. **58.** 889—99. 1954. Cairo, Ibrahim Univ., Fac. of Sci., Dep. of Chem.) G. Maier. 224

T. G. Owe Berg, *Flüssigkeitsstruktur und Löslichkeit schwerlöslicher Salze in Wasser.* Vf. wendet die theoret. Formeln für die Löslichkeit von festen Stoffen in Fll. bei Annahme idealer Lsgg. auf wss. Lsgg. von schwerlösl. Salzen an u. zeigt, daß der Lösungsvorgang chem. Rkk. zwischen dem Salz u. dem W. beinhaltet. Die Gleichgewichtskonstanten für einige solcher Gleichgewichts-Rkk. werden aus den Koordinationszahlen der Flüssigkeitsstruktur berechnet u. die Resultate mit experimentellen Daten an *Ag-* u. *Pb-Halogeniden,* sowie an *Ag_2O* verglichen. Für konz. Lsgg. leichtlösl. Salze können die Formeln nicht angewandt werden, da diese dem Raoultschen Gesetz nicht folgen. (Acta chem. scand. **7.** 1313—22. **1953.** Avesta, Schweden, Avesta Jernverks A. B.) W. Niemitz. 224

Berthe Charreton, *Beitrag zur Untersuchung sehr schwer löslicher basischer Salze.* 1. Mitt. *Anwendung auf einige Bleisalze.* Vf. betrachtet theoret. die Bldg. schwerlösl. bas. Schwermetallsalze, die bei schrittweiser Alkalisation einer Lsg. des Neutralsalzes erhalten werden, u. zeigt, daß die Konz. des Anions A^- sich gemäß den theoret. Gesetzen der Fällung der unlösl. bas. Salze ändert. Das Konzentrationsminimum von A^- wird erreicht, sobald das erste gebildete bas. Salz vollkommen ausgefallen ist. Die Kenntnis von A^- gestattet es, den Basizitätsindex x des ersten Salzes zu berechnen u. den des höchsten bas. Salzes zu verifizieren, vorausgesetzt, daß letzteres nicht mit einem Überschuß von OH^--Ionen unter Bldg. von Hydroxyden reagiert. Es werden Lsgg. von *$PbCl_2$* (I) u. *$PbBr_2$* (II) untersucht u. in ihnen auf Grund der während der Fällung auftretenden Änderungen der Leitfähigkeit u. des p_H die Existenz von schwerlösl. mono- u. tribas. Salzen nachgewiesen. Messungen der Konz. der Cl^-- u. Br^--Anionen bestätigen dieses Ergebnis. Bei Verwendung einer mittelstarken Base, z. B. von *Diäthylamin,* bleiben die tribas. Salze stabil. Des weiteren werden Aktivitätsmessungen von Cl^- u. Br^- durchgeführt. Bei Cl^- stimmen die experimentellen Ergebnisse gut mit den theoret. vorausgesagten überein, sofern die Bldg. des Komplexions *$PbCl^+$* (III) mit berücksichtigt wird. Die Dissoziationskonstante K von **III** beträgt 0,03, während bei Br^- die des *$PbBr^+$*-Ions sich angenähert zu $K = \{[Pb^{2+}][Br^-]\}/[PbBr^+] = 0{,}006$ berechnen läßt. Folgende Löslichkeitsprodd. ergeben sich: 1. monobas. Chlorid: $S_1 = [Pb^{2+}][Cl^-][OH^-] = 10^{-13,7}$;

2. monobas. Bromid: $S_1 = [Pb^{2+}][Br^-][OH^-] = 10^{-14,8}$; 3. tribas. Chlorid: $S_2 = [Pb^{2+}] \cdot [Cl^-]^{1/2}[OH^-]^{3/2} = 10^{-16,6}$ u. 4. tribas. Bromid: $S_2 = [Pb^{2+}][Br^-]^{1/2}[OH^-]^{3/2} = 10^{-17,4}$. Weiterhin beschreibt Vf. die Herst. einer ca. $^1/_{1000}$ mol. *$Pb(MnO_4)_2$*-Lsg. u. weist konduktometr. u. potentiometr. sowie durch Messung der MnO_4^--Konz. ein tribas. Salz der Zus. *$Pb(MnO_4)_2 \cdot 3PbO$* (**IV**) nach. Für Unterss. bei höheren Konzz. werden Lsgg. von *$KMnO_4$* u. *$Pb(NO_3)_2$* verwendet, wodurch sich das Verhältnis R der Anfangskonzz. der MnO_4^-- u. Pb^{2+}-Ionen ändern läßt. Wenn $R > ^1/_2$, tritt restlose Fällung des Pb als **IV** ein. Ist hingegen $R < ^1/_2$, so fällt so lange Pb als **IV** aus, bis alles Mn verbraucht ist. Danach bildet sich tribas. $Pb(NO_3)_2$ (**V**). Messungen der Leitfähigkeit in wss. Acetonlsgg. erlauben eine quantitative Trennung von **IV** u. **V**. Das Löslichkeitsprod. von **IV** ist sehr klein u. ergibt sich zu $S = [Pb^{2+}][MnO_4^-]^{1/2}[OH^-]^{3/2} = 10^{-18,9}$. (Bull. Soc. chim. France [5] **1956**. 323—37. Febr. Paris, Labor. d'enseignement de chim.) H. SURAWSKI. 224

Berthe Charreton, *Beitrag zur Untersuchung sehr schwer löslicher basischer Salze. 2. Mitt. Anwendung auf einige Bleisalze.* (1. vgl. vorst. Ref.) Vf. untersucht theoret. die Bldg. schwerlösl. bas. Pb-Salze, die bei der Zugabe von Alkali zu der Suspension des betreffenden unlösl. Neutralsalzes in Alkalinitratlsg. nacheinander erhalten werden. Mittels Messung des p_H, der Leitfähigkeit u. der Anionenkonz. der Mutterlsg. wird gezeigt, daß im Fall des *$PbCrO_4$* (**I**) ein monobas. Salz der Zus. *$PbCrO_4 \cdot PbO$* (**II**) entsteht. Sind S_n u. S_b die Löslichkeitsprodd. von **I** u. **II**, wobei nach KOLTHOFF (J. physic. Chem. **46**. [1942.] 561) $S_n = 2,8 \cdot 10^{-13}$ ist, so ergibt sich das Verhältnis $S_n/S_b = \{[Pb^{2+}][CrO_4^{2-}]\}/\{[Pb^{2+}][CrO_4^{2-}]^{1/2} \cdot [OH^-]\} = 10^{3,32}$, woraus für S_b ein Wert von $1,35 \cdot 10^{-16}$ folgt. Colorimetr. Messungen der CrO_4^{2-}-Ionenkonz. der gesätt. Lsgg. von **I** u. **II** liefern $S_n = 10^{-13,4}$, $S_b = 10^{-16,8}$ u. $S_n/S_b = 10^{3,4}$. Beim *$PbSO_4$* weist Vf. die Existenz eines mono- u. tribas. Salzes nach, wobei das letztere in Ggw. eines Überschusses an Alkali viel weniger lösl. ist als **II**. Die Verhältnisse der Löslichkeitsprodd. des neutralen u. des mehrbas. Salzes einerseits u. des mono- u. tribas. Salzes andererseits ergeben sich zu $S_n/S_b = \{[Pb^{2+}] \cdot [SO_4^{2-}]\}/\{[Pb^{2+}][SO_4^{2-}]^{1/2}[OH^-]\} = 10^{5,9}$ u. $S_b/S_{b'} = \{[Pb^{2+}][SO_4^{2-}]^{1/2}[OH^-]\}/\{[Pb^{2+}] \cdot [SO_4^{2-}]^{1/4}[OH^-]^{3/2} = 10^{2,17}$. Hieraus folgt dann $S_n = 10^{-7,65}$, $S_b = 10^{-13,55}$ u. $S_{b'} = 10^{-15,72}$. Trotz der zwischen den Chromaten, Molybdaten u. Wolframaten bestehenden Analogie konnte Vf. in fl. Phase die bereits auf trockenem Weg dargestellten monobas. Salze *$PbWO_4 \cdot PbO$* u. *$PbMoO_4 \cdot PbO$* nicht erhalten. (Bull. Soc. chim. France [5] **1956**. 337—47. Febr.) H. SURAWSKI. 224

Berthe Charreton, *Beitrag zur Untersuchung sehr schwer löslicher basischer Salze. 3. Mitt. Anwendung auf einige Bleisalze.* (2. vgl. vorst. Ref.) Da es nach den bisher angewandten Untersuchungsmethoden nicht möglich ist, bas. Salze höheren Grades mit Ausnahme des tribas. zu bestimmen u. andererseits die tribas. Salze noch leicht Hydroxyd enthalten können, wodurch sich die unterschiedlichen Literaturangaben erklären lassen, gibt Vf. eine neue potentiometr. Meth. zur Unters. von bas. Pb-Salzen an. Das Verf. beruht auf folgendem Prinzip: Bei Zugabe eines Neutralsalzes zu einer alkal. Lsg. entsteht eine Fällung u. eine Abnahme des p_H der Lösung. Wird nun das p_H mittels einer starken Base auf seinen Anfangswert wieder zurückgebracht, so läßt sich die Zus. der Fällung aus dem Verhältnis der zugegebenen Mengen an Base u. Neutralsalz ermitteln. Diese Meth. kann nur in einem Bereich $9,5 < p_H < 11,5$ gebraucht werden, also in dem Bereich, in dem sich die höheren bas. Salze bilden. Die experimentellen Ergebnisse sind in Tabellen zusammengestellt u. bestätigen, daß in dem angegebenen p_H-Gebiet das tribas. *Chlorid, Bromid* u. *Sulfat* des Pb, sowie das monobas. Chromat stabile Verbb. sind. Indessen zeigt *$Pb(OH)_2$* die Tendenz, sich bei höheren p_H-Werten zu bilden, solange die Pb-Konz. noch sehr klein, z. B. in der Größenordnung von 10^{-5} mol., ist. (Bull. Soc. chim. France [5] **1956**. 347—53. Febr.) H. SURAWSKI. 224

Henry R. Bartos und **John L. Margrave,** *Die thermische Zersetzung von $NaNO_3$.* Zur Aufklärung der Kinetik u. des Mechanismus der therm. $NaNO_3$-Zers. wird die Verb. in einem Goldschiffchen bis 865° erhitzt u. die Zersetzungsprodd. durch Messung der Absorptionsspektren (HILGER-Quarz-Spektrograph) u. durch massenspektrograph. Analyse untersucht. Bei 700° erscheinen in dem UV-Absorptionsspektr. die ersten schwachen Linien des *NO*-Mol. u. treten mit wachsender Intensität bei 775, 825 u. 865° auf. Die massenspektrograph. Analyse ergibt bei 800° beträchtliche Mengen an NO, *N_2* u. *O_2*, während *NO_2* u. gegebenenfalls *N_2O* feststellbar sind. Zwischen 400 u. 600° treten als Zersetzungsprodd. nur O_2 u. N_2 auf. NO wird erstmalig bei 700° beobachtet. Jedoch ist es unklar, ob NO ein prim. Zersetzungsprod. ist, oder ob prim. NO_2 gebildet wird, das anschließend therm. zerfällt. In den Absorptionsspektren treten keine NO_2-Linien auf; das massenspektrograph. festgestellte NO_2 könnte durch Rk. von NO mit O_2 entstanden sein. (J. physic. Chem. **60**. 256. Febr. 1956. Madison, Wis., Univ. of Wisconsin, Dep. of Chem.) W. KRÖNERT. 225

Harold S. Johnston, *Zersetzung von Stickstoffpentoxyd in Gegenwart von Stickoxyd.* 3. Mitt. *Einfluß von Fremdgasen.* (2. vgl. C. **1952.** 3619.) Die Zers. von N_2O_5 in Ggw. von NO wurde bei 50,5° unter Zusatz von Ar, N_2, CO_2 oder SF_6 untersucht. Der Druck der Reaktionspartner betrug jeweils ca. 0,08 mm, der der Fremdgase wurde zwischen 0,02 u. 0,10 mm variiert. Mit Hilfe des LINDEMAN-Mechanismus für monomol. Rkk. wurde gezeigt, daß die Versuchsdaten Geschwindigkeitskonstanten 2. Ordnung für jeden Reaktionspartner u. jedes Fremdgas ergeben. Die relativen Werte für die Geschwindigkeitskonstanten bei der unteren Konzentrationsgrenze betragen: 0,14 für Ar, 0,23 für N_2, 0,30 für NO, 0,32 für SF_6, 0,40 für CO_2 u. 1,00 für N_2O_5. Aus den Daten für jedes Fremdgas wird auf die Halbwertszeit im Hinblick auf die Zers. von n.-verteilten aktivierten Moll. geschlossen u. die Anwendung solcher Daten auf das Problem der Desaktivierungsgeschwindigkeits-Funktion diskutiert. (J. Amer. chem. Soc. **75.** 1567—70. 5/4. 1953. Stanford, Calif., Univ., Dep. of Chem.) M. SCHENK. 225

David J. Wilson und **Harold S. Johnston**, *Zersetzung von Stickstoffpentoxyd in Gegenwart von Stickoxyd.* 4. Mitt. *Einfluß von Edelgasen.* (3. vgl. vorst. Ref.) Bei kleinen Drucken, ca. 0,1 mm, ist die Rk. $N_2O_5 + NO \rightarrow 3NO_2$ zweiter Ordnung. In diesem Druckbereich haben Vff. den Einfl. von Edelgasen u. CCl_4 auf die Geschwindigkeitskonstante der Rk. untersucht. Die Größe Geschwindigkeitskonstante/kinet. Stoßkonstante u. damit die relative Wirksamkeit wächst langsam mit dem Mol.-Gew. u. steigt bei konstantem Mol.-Gew. beim Übergang zu einem 2- oder mehratomigen Gas. Die größte Wirksamkeit hat N_2O_5. (J. Amer. chem. Soc. **75.** 5763. 20/11. 1953. Stanford, Calif., Univ., Dep. of Chem.) H.-U. WOELK. 225

A. F. Rekaschewa und **B. Je. Grus**, *Untersuchung des Reduktionsmechanismus von Diazoniumsalzen. Oxydation von Phenylhydrazin.* Zur Klärung des Reduktionsmechanismus bei Diazoniumsalzen führen Vff. Unterss. durch über die Oxydation von *Phenylhydrazin* (**I**) zu Bzl. mit wss. *$CuSO_4$* (**II**) u. *$K_3[Fe(CN)_6]$* (**III**), um die Herkunft des zum Phenylrest tretenden H aufzuklären, der entweder aus der N—H-Bindung der Hydrazingruppe oder der O—H-Bindung des W. stammen kann. Unter Berücksichtigung des bekanntlich sehr leicht eintretenden Isotopenaustausches zwischen **I** u. schwerem W. (in 1 Min. sind im sauren Medium bei 20° alle Hydrazin-H-Atome durch *D* ersetzt) werden Vgll. des Isotopengeh. der Endprodd. angestellt bei Anwendung 1. nur von schwerem W. als Lösungsm. für **II** oder **III**, 2. allein von schwerem **I** (aus **I** durch Lsg. in schwerem W.) u. 3. von beidem. Zur Oxydation wird eine Lsg. von **I** in verd. CH_3COOH zu einer heißen wss. Lsg. von **II** (10% Überschuß) zugetropft. (Bei Einw. von **III** wird **I** in der Kälte in einer Lsg. von **III** mit KOH suspendiert.) Das gebildete Bzl. wird gereinigt, verbrannt u. der Geh. an D auf Grund der erhöhten D. des gebildeten W. bestimmt. Für den D-Geh. des Bzl. werden bei Anwendung von **II** (dahinter in Klammern von **III**) nach 3. 27% (74%), nach 1. 21% (65%) u. nach 2. 44% (100%) gefunden. Diese Ergebnisse werden als Beweis dafür angesehen, daß der zum Phenylrest übertretende H aus der Hydrazingruppe stammt. Ein Isotopenaustausch in den Kern von **I** bei Lsg. in schwerem W. wird selbst nach 100 Std. bei 100° nicht festgestellt. Ferner werden die Zwischenprodd. eines eventuellen Reaktionsmechanismus diskutiert. (Доклады Академии Наук СССР [Ber. Akad. Wiss. UdSSR] [N. S.] **92.** 337—40. 11/9. 1953. Phys. chem. Inst. „L. W. Pissarschew" der Akad. der Wiss. der UdSSR.) H. WINTER. 225

Donald L. Ball und **John O. Edwards**, *Kinetik und Mechanismus der Zersetzung von Caroscher Säure.* 1. Mitt. Es werden Unterss. über die Kinetik u. den Mechanismus der Zers. von ca. 0,02 mol. wss., phosphat- oder carbonatgepufferten Lsgg. von *H_2SO_5* bei 25° beschrieben u. diskutiert. Auf Grund der kinet. Daten sowie potentiometr. Titrationen wird als 2. Dissoziationskonstante $K_2 \approx 4 \cdot 10^{-10}$ angegeben. Die Zers. kann sowohl auf spontanem Wege wie auch katalyt. zwischen H_2SO_5 u. H_2O_2 erfolgen. Der katalyt. Weg kann durch Zugabe von *Äthylendiamintetraessigsäure* blockiert werden. Die Geschwindigkeit der spontanen Zers. ist hinsichtlich der Peroxydkonz. von 2. Ordnung. Im p_H-Bereich 6—8, wo hauptsächlich HSO_5^- vorliegt, gilt das Geschwindigkeitsgesetz $-d[HSO_5^-]/dt = k_a[HSO_5^-]^2/[H^+]$, im p_H-Bereich 10,5—11,7, wo SO_5^{2-} vorliegt, das Geschwindigkeitsgesetz $-d[SO_5^{2-}]/dt = k_b[SO_5^{2-}]^2[H^+]$. Daraus folgt als Gesamtgeschwindigkeitsgesetz im betrachteten p_H-Bereich $-d[H_2SO_5]_T/dt = k[H^+][H_2SO_5]^2_T/K_2(1 + [H^+]/K_2)^2$. Die p_H-Abhängigkeit deutet auf die Existenz eines Protons zwischen zwei 2-wertigen Anionen in einem aktivierten Zwischenkomplex hin. Folgender Reaktionsmechanismus wird vorgeschlagen: $HSO_5^- + H_2O \rightleftharpoons SO_5^{2-} + H_3O^+$ (**I**), $HSO_5^- + SO_5^{2-} \rightleftharpoons$ aktivierter Komplex $\rightleftharpoons HSO_6^- + SO_4^{2-}$ (**II**), $HSO_6^- + OH^- \rightleftharpoons H_2O + SO_4^{2-} + O_2$ (**III**). (**II**) ist vermutlich geschwindigkeitsbestimmend. Aus der Temperaturabhängigkeit der Geschwindigkeiten bei hohen u. niedrigen p_H-Werten wurden nachst. Größen berechnet: Ionisationswärme = 5000 ± 500 cal/Mol; Ionisationsentropie = —25,8 ± 1,7 Entropieeinheiten/Mol; beide Werte bezogen auf 25° u. 1 Mol/Liter. Für den geschwindigkeitsbestimmenden Schritt gelten k = 0,392 [(Mol/Liter)$^{-1}$ (sec)$^{-1}$]; $\Delta H = 13000 \pm 500 - RT$ cal/Mol; $\Delta S = -20,1 \pm 1,7$ Entropieeinheiten/Mol. (J. Amer. chem. Soc. **78**. 1125—29. 20/3. 1956. Providence, R. I., Brown Univ., Metcalf Chem. Labors.) H. HOFMANN. 225

W. C. Cameron, A. Farkas und **L. M. Litz,** *Sauerstoffisotopenaustausch zwischen Vanadinpentoxyd, gasförmigem Sauerstoff und Wasser.* Vff. untersuchen in einer näher beschriebenen App. den Austausch der Sauerstoffisotopen ^{18}O u. ^{17}O an den Systemen V_2O_5–O_2 (Gas), V_2O_5–D_2O u. V_2O_5–D_2O–O_2 im Temperaturbereich von 400—550°. Dabei wird V_2O_5 in Form von aus einer Schmelze erhaltenen Kristallen verschied. Größenfraktionen verwendet. Die Isotopenanalyse erfolgt in einem Massenspektrometer. Wie die tabellar. u. graph. mitgeteilten Ergebnisse zeigen, steigt im Syst. V_2O_5–O_2 (Gas) die Austauschgeschwindigkeit mit fallender Teilchengröße. Bei V_2O_5 auf Al_2O_3-Träger wird die Umsetzung durch eine Oberflächen-Rk. kontrolliert u. verläuft hinsichtlich des zeitlichen Ablaufs nach einer Rk. erster Ordnung, bzgl. des O_2-Drucks nach einer Rk. nullter Ordnung. Die Aktivierungsenergie beträgt 45 kcal/Mol. Der Al_2O_3-Träger nimmt selbst an dem Austausch nicht teil. Auch an amorphen V_2O_5-Mikrokugeln ist die Oberflächen-Rk. der geschwindigkeitsbestimmende Vorgang. Nach einer durch Temperaturbehandlung erfolgten Kristallisation deutet das Abweichen von einer Rk. erster Ordnung auf einen durch Diffusion bestimmten Reaktionsablauf. Der an V_2O_5 auf Träger mit ^{18}O-reichem D_2O-Dampf untersuchte Austausch vollzieht sich dagegen mit einer 20—30fach größeren Geschwindigkeit als mit O_2-Gas. Die Austausch-Rk. schließlich zwischen ^{18}O-reichem D_2O-Dampf u. n. O_2-Gas in Ggw. von V_2O_5 auf Träger verläuft mit einer dem Austausch mit O_2-Gas ähnlichen Geschwindigkeit, so daß offensichtlich diese letztere Rk. geschwindigkeitsbestimmend ist. Die Diskussion des Austauschmechanismus an Hand der Ergebnisse führt zu der Annahme, daß bei dem durch Oberflächen-Rk. gesteuerten Austausch die rasche Diffusion der O-Atome in die V_2O_5-Teilchen durch Gitterstörungen infolge von Fremdatomen oder Defektstellen bewirkt wird. Falls O_2 so stark adsorbiert wird, daß eine druckunabhängige Adsorptionsschicht entsteht, ist auch die für den zeitlichen Ablauf des Austauschs geltende erste Reaktionsordnung verträglich mit der gefundenen nullten Ordnung bzgl. des O_2-Drucks. Schließlich läßt die hohe Aktivierungsenergie für den V_2O_5–O_2-Austausch eine Beteiligung der Dissoziation der O_2-Moll. oder der Aufhebung von V—O-Bindungen an der Aktivierungs-Rk. möglich erscheinen. (J. physic. Chem. **57**. 229—38. Febr. 1953. Philadelphia, Pa., Allied Chem. & Dye Corp., Barrett-Div., Res. Labor.) G. WEITBRECHT. 225

J. Rowbottom, *Die Ausbeute an primären Radikalen im bestrahlten Wasser.* Ein krit. Überblick über die bisherigen Arbeiten auf dem Gebiet der durch Bestrahlung von W. in Ggw. verschied. gelöster Stoffe entstehenden Radikale u. ihres Schicksals führt Vf. zu der Annahme, daß der größere Teil gelöster Stoffe mit Radikalen reagiert, die aus Ionen gebildet werden, während nur bestimmte Verbb. (vornehmlich Ce, $Cr_2O_7^{2-}$ sowie H_2O_2-Derivv.) in der Lage sind, mit aus angeregten Wassermoll. entstandenen Radikalen zu reagieren, die sonst im allg. schnell rekombinieren oder sich zu H_2 oder H_2O_2 umsetzen. Diese Annahme wird im einzelnen diskutiert, u. es wird gezeigt, daß sich viele der bislang nicht ganz erklärbaren Ergebnisse von Bestrahlungsverss. an wss. Lsgg. auf diese Weise deuten lassen. (Science [Washington] **119**. 904—05. 25/6. 1954. Leeds, Univ., Dep. of Chem.) W. NIEMITZ. 226

E. Spode und **E. Weber,** *Neue Untersuchungen über die reduktionsbeschleunigende Wirkung optischer Strahlung.* Lsgg. mit 0,033% *Cysteinhydrochlorid* u. 0,066% *Na-Tellurit* wurden unter Verwendung von Interferenz- u. Flüssigkeitsfiltern mit monochromat. Licht einer Hg-Lampe zwischen 280 u. 800 mμ bestrahlt. Die Oberflächendosis betrug stets 10^7erg/cm^2. Die Photored. des Tellurits führt zu Braunfärbung, deren Extinktion E am Ende der Bestrahlung colorimetr. gemessen wurde. Durch Auftragen von E gegen die Wellenlänge ergab sich eine Wirkungskurve des Lichts, die bei 313 mμ ein Maximum besitzt. (Naturwissenschaften **40**. 481—82. Sept. 1953. Berlin, Humboldt-Univ., Inst. für Strahlenforsch.) A. WELLER. 226

P. W. Selwood und **F. K. Schroyer,** *Protonenrelaxation und Reaktionsbereitschaft eines Katalysators.* Als die Reaktionsbereitschaft eines Katalysators definieren Vff. das Verhältnis der Aktivität einer bestimmten Gewichtsmenge des Katalysators zu der gleichen Menge in einer echten Lsg. des reagierenden Mediums. Dieser Ausdruck läßt sich mit der von BLOCH, HANSEN u. PACKARD (Physic. Rev. **70**. [1946.] 474) angegebenen Meth. ermitteln. Vff. haben diese Meth. verbessert u. die Protonenrelaxationszeiten T an *Eisen-*, *Chrom-* u. *Kupferoxyden* auf *Al* als Funktion der Konzz. bestimmt. Als Protonenquelle diente H_2O. Ferner wurde T als Funktion der Konzz. wss. Lsgg. von $Fe_2(SO_4)_3$, $Cr(NO_3)_3$ u. $CuSO_4$ ermittelt. Ist M die Konz. der paramagnet. Ionen in Mol/Liter W.,

M_0 die Konz. einer wss. Lsg., die die gleiche Relaxationszeit ergibt, so ist $a = 2M_0/M$ ein Maß für die Reaktionsbereitschaft des Katalysators. Die Messungen der Vff. bestätigen die Gültigkeit der Beziehung $1/T \sim N$, worin N die Zahl der paramagnet. Ionen/cm³ bedeutet. Abweichungen von dieser Gleichung ergeben sich bei sehr kleinen Konzentrationen. Die Diskussion der Ergebnisse der Vff. zeigt die Vorteile der Meth. der Best. von T gegenüber Susceptibilitätsmessungen, die nur Durchschnittswerte für alle im Syst. vorhandenen Ionen liefern. Kerninduktionsmessungen dagegen beziehen sich auf die Oberflächenionen. (Discuss. Faraday Soc. Nr. **8.** 337—44. 1950. Evanston, Ill., Northwestern Univ., Dep. of Chem. and Phys.) H.-U. Woelk. 227

N. S. Kotelkow, *Bestimmung der relativen Adsorptionskoeffizienten bei der Dehydrierung von Isopropylalkohol auf platiniertem Nichrom.* Zur Feststellung der adsorptiven Eigg. der akt. Zentren des Katalysators wurden die relativen Adsorptionskoeffizienten Z (Verhältnis des Adsorptionskoeff. eines Reaktionsprod. zu dem des Ausgangsstoffes) nach der reaktionskinet. Meth. von Bork u. Mitarbeitern bestimmt. Um den Einfl. der Ggw. von Reaktionsprod. auf den Dehydrierungsprozeß zu untersuchen, wurden zum Ausgangsstoff *Isopropylalkohol* (I) 25, 50 u. 75% *Aceton* (II) bzw. H_2 zugefügt. Nach der allg. kinet. Gleichung für monomol. Rkk. wurden die Reaktionsgeschwindigkeitskonstante K u. die relativen Adsorptionskoeffizienten (Z_2 für II u. Z_3 für H_2) in Abhängigkeit von den in der Zeiteinheit eingesetzten mol. Mengen Ausgangsstoff A_I u. den in der Zeiteinheit gebildeten mol. Mengen an Reaktionsprodd. m berechnet. $dm/dt = K(A_1 - m)/[A_1 + (Z_2 + Z_3 - 1)m]$ u. $K = (Z_2 + Z_3)A_1 \ln[A_1/(A_1 - m)] - (Z_2 + Z_3 - 1)m$. Die Herst. des Katalysators als therm. platinierte mehrfache Spirale, die Bedeckung seiner Oberfläche mit C-Dendriten durch Dehydrierung von reinem I bei 450—500° („Verkohlung"), sowie die Durchführung der Verss. im strömenden Syst. werden beschrieben. — Die Verss. zeigen, daß für Gemische von I mit II $Z_2 > 1$ ist und mit Erhöhung der Temp. (von 250 auf 350°) abnimmt (von 1,5 auf 1,0). Vermehrte Zugabe von II bewirkt geringe, aber gesetzmäßige Erhöhung von Z_2 u. eine merkliche Verminderung von m. „Verkohlung" des Katalysators bewirkt eine sehr geringe Erhöhung von Z_2. — Für Gemische von I mit H_2 ist $Z_3 < 1$. Bei Erhöhung der Temp. u. vermehrter Zugabe von H_2 treten grundsätzlich die gleichen Erscheinungen auf wie bei Gemischen mit II, doch ist hier der Unterschied zwischen „nichtverkohltem" u. „verkohltem" Katalysator beträchtlich: Im 1. Falle ändert sich Z_3 von 0,4 bei 250° auf 0,1 bei 350°, im 2. Falle bleibt Z_3 ungefähr konstant bei 1. — Vf. führt die Formel zur Berechnung der Reaktionsgeschwindigkeitskonstanten K auf die Frostsche Gleichung $V_0 \ln[1/(1-Y)] = \alpha + \beta V_0 Y$ zurück, wo V_0 die Volumengeschwindigkeit, Y den Grad der Umwandlung u. α u. β Konstanten bedeuten, u. beweist diese Analogie durch Verss. an „nichtverkohltem" Katalysator bei verschied. Volumengeschwindigkeiten der Zugabe des reagierenden Stoffes. (Журнал Прикладной Химии [J. angew. Chem.] **27.** 64—70. Jan. 1954., Saratow, Lehrstuhl für Chem. Landwirtsch. Inst.) F. Berndt. 227

A_8. Präparative anorganische Chemie. Komplexchemie. Metallorganische Verbindungen.

Y. L. Sandler, *Die ortho–para-Umwandlung von Wasserstoff und Deuterium an inhomogenen paramagnetischen Oberflächen.* Die Kinetik der ortho-para-Umwandlung von H_2 u. D_2 an verschied. präpariertem *Neodymoxalat* u. an *Hämin*-Kristallen wurde zwischen —200° u. 150° mit einer statist. Methode untersucht. Die Kurven der Temperaturabhängigkeit der Umwandlungsgeschwindigkeit bei 20 Torr H_2- bzw. D_2-Druck verlaufen für die Nd-Präpp. u. das Hämin ähnlich (s. auch frühere Resultate von Farkas u. Sandler, J. Chem. Physics **8.** [1940.] 248). Bei den höchsten u. tiefsten erfaßten Tempp. sinkt die Geschwindigkeit, in einem mittleren Temperaturbereich wächst sie mit steigender Temperatur. In den erstgenannten Temperaturgebieten werden „scheinbare" Aktivierungsenergien zwischen —800 u. —6000 cal/Mol, in den letztgenannten solche zwischen +500 u. +4000 cal/Mol gefunden. Der Befund wird unter Berücksichtigung der temperaturabhängigen Ad- u. Desorption auf eine energet. heterogene Oberflächenstruktur zurückgeführt. Im Nd-Oxalat scheinen zwei deutlich unterschiedene Arten von Umwandlungszentren vorzuliegen, die vom adsorbierten Wasserstoff nur nach Überwindung erheblich verschied. Aktivierungsenergien erreicht werden können. Für Hämin muß eine größere Vielfalt von Umwandlungszentren angenommen werden. Diskussion des gefundenen Verhältnisses der Umwandlungsgeschwindigkeiten von H_2 u. von D_2 u. Vgl. mit den Ergebnissen von Farkas u. Garbatski (J. Chem. Phys. **6.** [1938.] 260) zeigen, daß chem. Vorgänge für diese o–p-Umwandlungen nicht wesentlich waren. (Canad. J. Chem. **32.** 249—60. März 1954. Ottawa, Can., Nat. Res. Labor., Div. of Pure Chem.) E. U. Franck. 238

W. S. Wood, *Wasserstoffperoxyd.* Behandelt werden die alten u. neuen Herstellungsmethoden, u. zwar aus BaO_2, elektrochem., durch Rk. in der Gasphase u. durch Autoxydationsvorgänge, z. B. durch Verwendung von 2-Äthylanthrachinon-2-Äthylanthrahydrochinon oder Hydrazobenzol–Azobenzol; ferner werden besprochen: die Herst. von hochkonz. H_2O_2, die Stabilität, wobei bes. auf den Einfl. von Reinheit, Temp. u. Ggw. von Stabilisatoren eingegangen wird, die Verträglichkeit mit Metallen, Kunststoffen usw., die Gefährlichkeit des H_2O_2, physikal. Konstanten bei verschied. Konzz., die Verwendungsmöglichkeiten, wie Bleichen von Wolle, Baumwolle, Leinen, Holzbrei usw., Oxydations-Rkk. in der organ. Chemie, die Herst. anorgan. Verbb., u. die Verwendung von H_2O_2 als Energiequelle. — 103 Literaturzitate. (Roy. Inst. Chem., Lectures, Monogr. Rep. **1954.** Nr. 2. 1—35.) J. MATTNER. 241

E. M. Roth jr. und **E. S. Shanley,** *Die Stabilität reinen Wasserstoffperoxyds.* Vff. führten Unterss. aus über die Stabilität von reinem H_2O_2 (I) (99%) u. über den Einfl. von Faktoren, von denen angenommen wird, daß sie die Zersetzungsgeschwindigkeit beeinflussen. Für die Best. der Zersetzungsgeschwindigkeit wurde eine manometr. Technik entwickelt, die auf der volumetr. Messung von frei gewordenem Gas beruht u. gestattet, in kürzerer Zeit Ergebnisse zu erhalten als bei titrimetr. Analyse der I-Lösung. Die App. hierzu u. ihre Kalibrierung werden beschrieben. Es ergab sich: In Behältern aus Borsilicatglas oder reinem Al betrugen die Zersetzungsgeschwindigkeiten 0,5—1,0 (%/Jahr) bei 30°, 10 bei 66° u. 200 bei 100°. Die üblichen I-Stabilisatoren *Natriumstannat, Natriumpyrophosphat* u. *8-Oxy-Chinolin* verbessern die Stabilität von reinem I nicht. Dies wird als Beweis dafür gewertet, daß sie als Inhibitoren für I-Zers.-Katalysatoren wirken. Säuren setzen die Stabilität des I sogar herab. Für je 10° Temp.-Erhöhung steigt die Zersetzungsgeschwindigkeit auf das 2,4fache. Eine eindeutige Abhängigkeit des Temperaturkoeff. von der aktuellen Zersetzungsgeschwindigkeit (d. h. von der Stabilität der Probe unter genormten Bedingungen) konnte nicht gefunden werden. Die Zers. des reinsten I ist im wesentlichen eine heterogene Rk. an den Behälterwänden. Die gesamte Wandfläche nimmt daran teil, jedoch ist die benetzte Wand wirksamer als die trockene. (Ind. Engng. Chem. **45.** 2343—49. Okt. 1953. Buffalo, N. Y., Buffalo Electro-Chemical Co.) GERHARD GÜNTHER. 241

Heinz Elkeles, *Über den Austausch von Schwefel zwischen Dithionit- und Thiosulfat- und zwischen Tetrathionat- und Sulfat-Ionen.* Die in einer früheren Mitt. (C. **1954.** 3646) angeführten Umsetzungen zwischen mit ^{35}S (S*) markiertem $S_2O_3^{2-}$ u. $S_2O_4^{2-}$ sowie zwischen $S_4O_6^{2-}$ u. SO_4^{2-} wurden ausgedehnt auf die isotopisomeren Verbb. $S^*SO_3^{2-}$ u. $SS^*O_3^{2-}$, $O_3SS^*SSO_3^{2-}$ u. $O_3SSSS^*O_3^{2-}$ sowie auf $S^*O_4^{2-}$. In keinem Fall konnte ein Austausch der S-Atome beobachtet werden. (Acta chem. scand. **8.** 1557—62. 1954. Stockholm, Univ., Inst. für Anorg. u. Physikal. Chem.) U. WANNAGAT. 253

Cecil V. King und **Boris Levy,** *Austausch zwischen adsorbierten und gelösten Sulfationen.* Der Austausch von markiertem S zwischen Lsgg. von $Na_2S^*O_4$ u. $Ag_2S^*O_4$ u. Pulvern von Ag_2S, ZnS, MnS u. Ag wird mit Hilfe von Messungen der Radioaktivität und der Leitfähigkeit verfolgt. Es zeigt sich, daß zwischen S^{2-} u. SO_4^{2-} kein Austausch, sondern lediglich Adsorption von SO_4^{2-} stattfindet. Im Syst. Ag_2S–$Na_2S^*O_4$ u. Ag–$Na_2S^*O_4$ findet keine oder nur geringe Adsorption von Na_2SO_4 statt, dagegen erreicht sie im Syst. Ag–$Ag_2S^*O_4$ meßbare Werte. (J. physic. Chem. **60.** 374—76. März 1956. New York, N. Y., Univ., Chem. Dep.) H. MÜLLER. 253

W. S. Koski, P. C. Maybury und **Joyce J. Kaufman,** *Isotopen-Analyse einiger gasförmiger Borhydride durch Wärmeleitfähigkeit.* Beschrieben wird die Best. des D-Geh. in teilweise deuterierten gasförm. Borhydriden (B_2H_6, B_5H_9, B_5H_{11}, B_4H_{10}) durch Messung der Wärmeleitfähigkeit der einzelnen Borhydride selbst oder ihrer durch Zers. an 500° heißem Uran entstandenen H_2–D_2-Gemische. (Analytic. Chem. **26.** 1992—94. Dez. 1954. Baltimore, Md., Johns Hopkins Univ., Chem. Dep.) W. LUCHSINGER. 258

G. W. Morey, F. R. Boyd jr., J. L. England und **W. T. Chen,** *Das System $NaPO_3$–$Na_4P_2O_7$–$K_4P_2O_7$–KPO_3.* (Vgl. C. **1955.** 4062.) Vff. stellen ein Zustandsdiagramm für den Teil des tern. Syst. Na_2O–K_2O–P_2O_5 auf, der innerhalb der Grenzen $NaPO_3$–$Na_4 \cdot P_2O_7$–$K_4P_2O_7$–KPO_3 liegt. Die Komponenten des bin. Syst. $Na_4P_2O_7$–$K_4P_2O_7$ bilden eine lückenlose Mischkristallreihe mit einem Schmelzpunktsminimum. Alle Zuss. der Verbindungslinie $Na_5P_3O_{10}$–$K_5P_3O_{10}$ schm. inkongruent; wahrscheinlich liegt eine stark dissoziierende Verb. der Zus. $Na_5P_3O_{10} \cdot K_5P_3O_{10}$ vor. Weiterhin folgt aus den Röntgendiagrammen das Vorliegen ausgedehnter Mischkristallbildung. Die Zustandsfelder dieser Mischkristallreihen sowie der Verbb. $NaPO_3$, $3NaPO_3 \cdot KPO_3$ u. KPO_3 werden bestimmt. (J. Amer. chem. Soc. **77.** 5003—11. 5/10. 1955., Washington, D. C., Carnegie Inst., Geophys. Labor.) W. KRÖNERT. 264

L. E. Copeland und **R. H. Bragg,** *Die Hydrate des Magnesiumperchlorats.* Die Wasserdampfdrucke für die Gleichgewichte $Mg(ClO_4)_2 \cdot 2H_2O + 2H_2O = Mg(ClO_4)_2 \cdot 4H_2O$ u. $Mg(ClO_4)_2 \cdot 4H_2O + 2H_2O = Mg(ClO_4)_2 \cdot 6H_2O$ betragen bei 23° 8,15 ± 0,54 bzw. 20,9 ± $1,1 \cdot 10^{-3}$ mm, für $Mg(ClO_4)_2 + 2H_2O = Mg(ClO_4)_2 \cdot 2H_2O < 0,56 \cdot 10^{-3}$ mm. Über der gesätt. Lsg. ist der Wasserdampfdruck $81 \cdot 10^{-3}$ mm. Für die Existenz eines Trihydrates ergaben sich keinerlei Anzeichen. (J. physic. Chem. **58.** 1075—77. Dez. 1954. Chicago, Ill., Portland Cement Ass., Res. and Developm. Div.) U. WANNAGAT. 282

Gunnar O. Assarsson und **Aino Balder,** *Die vielkomponentigen wässerigen Systeme, die die Chloride von Ca^{2+}, Mg^{2+}, Sr^{2+}, K^+ und Na^+ enthalten, zwischen 18 und 93°.* (Vgl. C. **1955.** 43 u. 5978.) Zwischen 18 u. 93° wurde das wss. Vier-Komponenten-System, das die Chloride von Ca, Mg u. Na enthält, untersucht. Mit ansteigender Temp nimmt der Existenzbereich von *Tachyhydrit* auf Kosten von *Magnesiumchloridhexahydrat* u. *Calciumchloridhydrat* zu. Der Bereich des Doppelsalzes *Bäumlerit* wächst hauptsächlich auf Kosten von *Calciumchloriddihydrat* u. *Carnallit*; über 92° nimmt das Doppelsalz *Dicalciumchlorid–Magnesiumchloridhexahydrat* hauptsächlich auf Kosten von *Tachyhydrit* zu. Das Syst. verändert sich bei Zufügung von $SrCl_2$ u. NaCl nicht wesentlich. Neue Verbb. entstanden nicht. (J. physic. Chem. **59.** 631—33. Juli 1955. Stockholm, Geol. Surv., Chem. Labor.) A.-F. BOGENSCHÜTZ. 284

Walter Strohmeier, *Reindarstellung, Isolierung und Löslichkeiten von Cadmium-, Zink- und Magnesiumdiphenyl und von Magnesiumdiäthyl.* Die genannten Prodd. werden nach bekannten Methoden u. unter Ausschluß von Luftfeuchtigkeit u. O_2 sehr rein dargestellt u. die Löslichkeiten in *Bzl.*, *Dioxan*, *Heptan* u. *Diäthyläther* bei 20° gemessen.

Versuche: Magnesiumdiphenyl aus Mg u. C_6H_5Br u. Ausfällen des $MgBr_2$ mit Dioxan (vgl. KULLMANN, C. **1952.** 5721), entsprechend Magnesiumdiäthyl. Zinkdiphenyl aus Lithiumphenyl u. $ZnCl_2$ in Ae. (vgl. WITTIG u. Mitarbeiter, C. **1951.** II. 2575), Cadmiumphenyl aus Mg-Phenylbromid u. $CdBr_2$ u. Ausfällen des $MgBr_2$ mit Dioxan. (Chem. Ber. **88.** 1218—23. 1955. Würzburg, Univ., physik.-chem. Inst.) A. ZAPPEL. 289

Herbert D. Glass, *Hochtemperaturphasen von Kaolinit und Halloysit.* Eine Reihe von Kaoliniten u. Halloysiten mit verschied. Struktur u. wechselnden Verunreinigungen werden röntgenograph. u. mit Differentialthermoanalyse untersucht, um die Veränderung der therm. Effekte kennenzulernen. Die Erhitzung ging bis 1350°. Oberhalb 600° wandelt sich der Kaolin in *Metakaolin* um; zwischen 950 u. 980° bilden sich primärer *Mullit*, γ-Al_2O_3 u. amorphe Kieselsäure; zwischen 1200 u. 1250° findet sek. Mullitbldg. statt; zwischen 1240 u. 1350° schließlich tritt *Cristobalit* auf. (Amer. Mineralogist **39.** 193—207. März/April 1954. Urbana, Ill., Illinois State Geol. Survey.) J.-E. HILLER. 294

Gladys E. Sturdy und **Robert N. R. Mulford,** *Das System Gadolinium–Wasserstoff.* Es werden Unterss. über die Abhängigkeit von Druck, Temp. u. Zus. der festen Phase im Syst. *Gd–H₂* beschrieben u. diskutiert. Im Temperaturbereich von 0—800° existieren 2 Hydridphasen, von denen die eine der stöchiometr. Zus. GdH_2 nahekommt u. kub. Kristallstruktur vom Fluorittyp mit $a_0 = 5{,}303 \pm 0{,}001$ Å u. $D_{\text{röntg.}}$ 7,08 g/cm³ besitzt. Die 2. Phase kommt der stöchiometr. Zus. GdH_3 nahe u. hat hexagonale Struktur mit $a_0 = 3{,}73 \pm 0{,}01$ Å, $c_0 = 6{,}71 \pm 0{,}02$ Å u. $D_{\text{röntg.}}$ 6,57 g/cm³ (als GdH_3 berechnet). Das kub. Hydrid ist mit einigen Hydriden der Seltenen Erden u. PuH_2, das hexagonale Hydrid mit einer Pu-Hydridphase der annähernden Zus. PuH_3 isomorph. Aus den Druck–Temp.-Zusammensetzungsdaten für die Umwandlung von H_2-gesätt. Gd zu an H_2 verarmtem GdH_2 im Temperaturbereich von 600—800° wird eine Enthalphieänderung von —46,9 kcal/Mol H_2 berechnet. Ein Druck–Temp.-Zusammensetzungsdiagramm u. ein unvollständiges Phasendiagramm des Syst. Gd–H_2 sind wiedergegeben. (J. Amer. chem. Soc. **78.** 1083—87. 20/3. 1956. Los Alamos, N. Mex., Univ. of California, Los Alamos Sci. Labor.) H. HOFMANN. 310

G. L. Simard, M. Burke und **D. J. Salley,** *Radioindicatoruntersuchungen über die Wechselwirkung von Dithiophosphat mit Galenit. Die verdrängende Wirkung von Phosphat.* (Vgl. C. **1956.** 1528.) Vff. untersuchen die Ad- u. Desorption von PO_4^{3-} an Bleiglanz (I) u. den Austausch von adsorbiertem PO_4^{3-} mit PO_4^{3-} der Lsg.; die Rk. zwischen PO_4^{3-} u. I ist in 10—12 Min. beendet, verschied. Präpp. sind verschieden stark wirksam. Auslaugen vermindert, Verwitterung begünstigt die Adsorption, die Desorption ist gering. Nach der schnellen Anfangs-Rk. wird nur in Ggw. von O_2 eine weitere, langsamere Adsorption festgestellt, die auf eine Rk. zwischen O_2 u. I zurückgeführt wird. Die Verdrängung von PO_4^{3-} durch Dithiophosphat (II) u. umgekehrt wird untersucht, auch hier ist die Oberflächenbeschaffenheit von I bestimmend. In Ggw. der optimalen Menge II ($0{,}45 \cdot 10^{-8}$ Mol/ml) wird die Flotation von I durch $> 4 \cdot 10^{-8}$ Mol/ml PO_4^{3-} stark herabgesetzt, z. B. durch $6 \cdot 10^{-8}$ Mol/ml auf einen Flotationsindex von 0,5, durch $16 \cdot 10^{-8}$ Mol/ml auf 0,1. Ursache ist die Verdrängung von II durch PO_4^{3-} an der Oberfläche von I.

(Mining Engng. **190.** 39—44. Jan. 1951. Stamford, Conn., Amer. Cyanamid Co., Res. Div.) G. Herrmann. 328

Eiichi Minami und **Tatsujiro Ishimori,** *Trennung von Blei und Barium durch Ionenaustauschharze.* Durch einen Austauscher vom NH_4-R-Typ, z. B. Amberlite IR-120-NH_4, wird eine wss. Lsg. von Nitraten des *Ba* u. *Pb* geschickt, wobei Ba^{2+} u. Pb^{2+} adsorbiert werden. Durch Elution mit NH_4-Acetatlsg. vom p_H 6,1 wird Pb^{2+} ausgelaugt. Dann wird Ba^{2+} mit 10%ig. NH_4Cl-Lsg. herausgewaschen. (J. chem. Soc. Japan, pure Chem. Sect. [Nippon Kagaku Zassi] **74.** 378—79. Mai 1953. Tokyo, Univ. [Orig.: japan.]) L. Schuler. 328

A. I. Kisslowa, W. I. Possypaiko und **A. G. Bergman,** *Wolframat- und Sulfataustausch unter Mitwirkung der Alkalimetalle Lithium und Kalium in Schmelzen binärer Gemische.* Vermittels der visuell-polythermischen Methode werden die primären Kristallisationstemperaturen folgender 14 bin. Systeme untersucht: Li_2WO_4 mit $Li_2(BO_2)_2$, Li_2Cl_2, Li_2SO_4, Li_2F_2, Li_2CrO_4, K_2WO_4, desgleichen K_2WO_4 mit $K_2(BO_2)_2$, K_2Cl_2, $K_2(NO_3)_2$, K_2SO_4, K_2F_2, K_2CrO_4, sowie der Systeme K_2SO_4–$K_2(BO_2)_2$ u. Li_2SO_4–$Li_2(BO_2)_2$. Die bin. Zustandsdiagramme, deren eine Komp. die Salze K_2WO_4 bzw. K_2SO_4 sowie Li_2WO_4 bzw. Li_2SO_4 sind, mit anderen Salzen werden untereinander verglichen. (Журнал Физической Химии [J. physik. Chem.] **29.** 359—67. Febr. 1955. Krassnodar, Kubansches Landwirtschaftl. Inst.) E. Kordes. 337

Eric R. Jette, *Einige physikalische Eigenschaften von Plutoniummetall.* Eine Zusammenstellung der physikal. Eigg. von Pu-Metall auf Grund neuerer Messungen an über 99,9%ig. Pu wird gegeben. Unterhalb des F. tritt Pu in 6 festen Phasen auf: α, β, γ, δ, δ' u. ε. Auf Grund von Dilatometermessungen, die nach der Meth. der sog. „adiabat. Eigenerwärmung" durchgeführt wurden, ergeben sich die folgenden Phasenumwandlungspunkte in °C: $\alpha \rightleftarrows \beta$: 122 ± 2; $\beta \rightleftarrows \gamma$: 206 ± 3; $\gamma \rightleftarrows \delta$: 319 ± 5; $\delta \rightleftarrows \delta'$: 451 ± 4; $\delta' \rightleftarrows \varepsilon$: 476 ± 5; F. 639,5 ± 2. Die Dichten der einzelnen Phasen haben folgende Werte in $g \cdot cm^{-3}$ (in Klammern Temp. in °C). α: 19,737 (25); β: 17,65 (150); γ: 17,19 (210); δ: 15,92 (320); δ': 15,99 (465); ε: 16,48 (500°) u. geschmolzen: 16,50 (665°). Die Werte der linearen therm. Ausdehnungskoeffizienten $\alpha \cdot 10^6$ betragen: 50,8 (α); 38,0 (β); 34,7 (γ); −10,0 ± 0,5 (δ); −120 (δ'); 25,7 ± 2,0 (ε) u. 50 (geschmolzen). Für den spezif. elektr. Widerstand $\varrho \cdot 10^6$ wird gefunden (in Klammern Meßtemp. in °C): α: 145 (28°); β: 110,5 (132°); γ: 110 (230°); δ: 103 (353°); δ': 105 (462°) u. ε: 114 (490°). Der Temperaturkoeff. des elektr. Widerstandes $1/\varrho \cdot d\varrho/dt \cdot 10^5$ besitzt folgende Werte: −21 (α); −6 (β); −5 (γ), + 7 (δ), + 45 (δ'), u. −7 (ε). Die Kristallstrukturen der γ, δ-, δ'- u. ε-Phase wurden röntgenograph. untersucht u. die Gitterparameter bestimmt. γ-Pu kristallisiert rhomb.-flächenzentriert in der Raumgruppe F d d d u. besitzt bei 210° folgende Gitterkonstanten: a_0 = 3,1603 Å; b_0 = 5,7624 Å u. c_0 = 10,41 Å. Die Koordinationszahl ist 10 mit 4 Pu im Abstand 3,021 Å, 2 Pu im Abstand 3,160 Å u. 4 Pu im Abstand 3,286 Å. δ-Pu ist kub.-flächenzentriert mit a_0 = 4,6370 bei 320°. Die Koordinationszahl ist 12, der Abstand Pu–Pu = 3,279 Å. δ'-Pu ist bei 465° tetragonal-flächenzentriert mit den Gitterkonstanten a_0 = 4,701; c_0 = 4,489 Å u. c/a = 0,955. Die ε-Phase ist kub. raumzentriert u. besitzt bei 500° die Gitterkonstante a_0 = 3,638; die Koordinationszahl beträgt 8, der Pu–Pu-Abstand 3,150 Å. Die Strukturen der α- u. β-Phase sind kompliziert u. noch nicht in allen Einzelheiten aufgeklärt. Die α-Phase ist nicht isomorph mit α-U. Die mittleren spezif. magnet. Susceptibilitäten werden nach der Meth. von Gouy gemessen u. folgende Werte für die Mitte des jeweiligen Phasenbereiches gefunden: α: 532 (25°), β: 553, γ: 531, δ: 515 u. ε: $522 \cdot 10^{-6}$. Für die α-Phase ist die Susceptibilität temperaturunabhängig; für die übrigen Phasen sinkt sie mit steigender Temp. ab. Dilatometerkurven u. ausführliche Ausdrücke für die Ausdehnungskoeffizienten als Funktion der Temp. werden angegeben. (J. chem. Physics **23.** 365—68. Febr. 1955. Los Alamos, N. Mex., Los Alamos Sci. Labor.) F. Weigel. 343

F. S. Arimoto und **A. C. Haven jr.,** *Derivate des Dicyclopentadienyleisens.* Synth. u. Eigg. von *Amino-* u. *Vinyldicyclopentadienyleisen* (**I**) werden beschrieben, ferner einige Derivv. u. Polymerisationsverss. von **I.**

Versuche: *Acetylcyclopentadienyl-[cyclopentadienyl]-eisen* (**II**), nach Weinmayr. *Oxim*, $C_{12}H_{13}ONFe$, F. 169—170° (Ae.). — *Dicyclopentadienyleisencarbonsäureamid*, $C_{11}H_{11} \cdot ONFe$, F. 168—170° (Chlf.–Ae.), durch 2std. Rühren von Dicyclopentadienyleisencarbonsäure (vgl. l. c.) mit PCl_5 in Bzl. bei n. Temp. u. Rk. des gebildeten *Chlorids* mit $NH_4 \cdot OH$-*Dicyclopentadienyleisencarbonsäureazid*, $C_{11}H_9ON_3Fe$, F. 74—75°, aus vorst. Chlorid u. wss. NaN_3 in Aceton bei 0—5°, dann ½ Std. bei n. Temp.; Infrarot-Spektr.; 26% (Ausbeute). — *N-[Dicyclopentadienyleisen]-benzylurethan*, $C_{18}H_{17}O_2NFe$, F. 112—113° (Ae–PAe.), durch Erhitzen vorst. Verb. mit Benzylalkohol auf 200°; Infrarot-Spktr.; 80%. — *[Aminocyclopentadienyl]-cyclopentadienyleisen*, $C_{10}H_{11}NFe$, F. 155° (Ae.–PAe.), aus vorst. Verb., a) durch 6std. Kochen mit 10%ig. KOH unter N_2; b) durch Hydrogenolyse mit RANEY-Ni (4 Std. bei 70 at u. 75° in CH_3OH; 96%); folgende Darstellungsverss. waren erfolglos: Hydrierung mit Pt mit oder ohne HCl-Zusatz, Rkk. mit Phenyl- u. Methyl-Mg-halogeniden, Säurehydrolyse, Red. mit $LiAlH_4$; UV- u. Infrarot-Spektren. *Acetylderiv.*, F. 170,5—172° (Chlf.-Ae.). — *Cyclopentadienyl-[-α-oxyäthylcyclopentadienyl]-eisen*, $C_{12}H_{14}OFe$, F. 73—75°, orangefarbene Stangen (Ae.-PAe.), aus **II** u. $LiAlH_4$ in sd. Ae. (2 Std. unter N_2); Infrarot-Spektr.; 89%. *Acetat*, $C_{14}H_{16}O_2Fe$, F. 67—68°, sublimiert bei 60°/0,2 mm; Infrarot-Spektrum. — *Cyclopentadienyl-[vinylcyclopentadienyl]-eisen* (**I**), $C_{12}H_{12}Fe$, F. 48—49°, $Kp._{0,2}$ 80—85°, sublimiert bei 45—50°/0,4 mm, a) aus vorst. Carbinol über Al_2O_3 bei 200°/36 mm (30 Min.; 21%); b) analog aus vorst. Acetat (175°/3 bis 5 mm; 56%); leicht lösl. in Ae., PAe., CH_3OH; Camphergeruch; Infrarot-Spektrum. — Polymerisationsverss. von **I**: Erhitzen mit 1 Tropfen 85% ig. H_3PO_4 (2 Std. bei 80°) → viscoses Öl, lösl. in Bzl., unlösl. in CH_3OH; 2std. Erhitzen mit Azodiisobutyronitril (**III**; 80°) → braunes Pulver, F. 280—285°, unlösl. in CH_3OH u. Ae., lösl. in Chlf. u. Bzl.; 6std. Erhitzen mit wss. $K_2S_2O_8$ (80°) → Öl; 6std. Erhitzen von 5 g **I** mit Paraformaldehyd in HF (60°), dann Gießen in wss. Ascorbinsäurelsg. → 4,2 g Nd., unlösl. in sd. Bzl.; 2std. Rühren einer Suspension von 1 g festem **I**-Polymeren in wss. $Ce(SO_4)_2$ bei n. Temp. → blaue Lsg., nach Behandeln des Filtrats mit Ascorbinsäure → 1 g red. Polymeres; Copolymerisation mit Methylmethacrylat in Ggw. von **III** (3 Std. bei 80°) → festes Prod. mit dem F. 190—210°; mit Styrol in Ggw. von **III** (2 Std. bei 80°) → gelber Festkörper, F. 158—165°; mit Chloropren in wss. NaOH bei Ggw. von „Nancy Woodrosin“ u. $K_2S_2O_8$ (1 Std. bei 40° unter N_2) → dunkelbraunes Prod., sehr zäh, Camphergeruch. — *Cyclopentadienyl-[äthylcyclopentadienyl]-eisen*, $C_{12}H_{14}Fe$, $Kp._{0,2}$ 74—76°, aus **II** nach CLEMMENSEN; 25%. (J. Amer. chem. Soc. **77**. 6295—97. 5/12. 1955. Deepwater, N. J., E. I. du Pont de Nemours & Co., Jackson Labor.) J. ROTHE. 354

Genichiro Makishima und **Ichihei Horino**, *Über die Erzeugung von Nickel und Kobalt aus Nickelspeise.* Aus Lsgg. wird durch Kalkbehandlung der Hauptanteil an As, Cu, Sb u. anderen Elementen ausgefällt. Das in Lsg. verbliebene As wird vollständig als Sulfid gefällt. Die $NiCl_2$ u. $CoCl_2$ enthaltende Restlsg. wird mit Cl_2 in Ggw. von Kalk oxydiert. Co wird als $Co(OH)_3$ abgetrennt u. Ni durch $Ca(OH)_2$-Milch in $Ni(OH)_2$ verwandelt. Dann erfolgt die Red. der Hydroxyde zu metall. Ni u. Co wie üblich. (J. electrochem. Soc. Japan **21**. 239—41. Mai 1953. Chuetu. [Orig.: japan., Auszug: engl.]) L. SCHULER. 356

Gunnar Gabrielson, *Komplexe Kupfer-(I)-cyanidverbindungen.* Nach Arbeiten früherer Autoren, über die Vf. zusammenfassend berichtet, ist der wichtigste Alkali-Kupfercyanid-Komplex $[Cu(CN)_3]^{2-}$. Je nach Konz. an Alkalicyanid steht er im Gleichgewicht mit $[Cu(CN)_2]^-$ u. $[Cu(CN)_4]^{3-}$. Vf. untersuchte die Abhängigkeit der Komplexbldg. von den NaCN- u. CuCN-Konzz. u. bestätigte, daß $[Cu(CN)_3]^{2-}$ der wichtigste Komplex ist. Seine Dissoziation nimmt mit steigender Verdünnung, mit steigendem p_H-Wert u. mit steigender Temp. um einige % zu. (Metal Finishing **52**. Nr. 2. 60—64. 75. Febr. 1954. Partille, Schweden; Kem. Fabr. Dr. Ernst Harbeck A. B.) H. PLUSKAL. 358

Marcel Delépine, *Die Verwendung von Tetrachlorkohlenstoff bei der Chlorierung einiger Platinmetalle.* Vf. verwendet zur Chlorierung der Platinmetalle *Ru*, *Pt* u. bes. für die in Königswasser unlösl. *Ir* u. *Rh* an Stelle des üblichen Cl_2 *Tetrachlorkohlenstoff* (**I**). Die Chlorierung gelingt, wenn gasförmiges **I** auf die Metalle bei Rotglut einwirkt. In Ggw. von *Alkalichloriden* gelangt man so direkt zu den Chlorosalzen; doch verläuft die Rk. auch ohne Zusatz glatt u. liefert die wasserfreien Chloride. Allein bei Einw. von **I** auf Ir werden ca. 10—12% des Metalls nicht angegriffen. Es entsteht eine Mischung von Chlorosalzen des Ir(III) u. Ir(IV); Ir(III) wird vorteilhaft durch H_2O_2 in salzsaurer Lsg. zu Ir(IV) oxydiert. (Bull. Soc. chim. France [5] **1956**. 282—83. Febr. Coll. de France, Labor. de Chim. organ.) K. FRENKLER. 362

A₉. Mineralogische und geologische Chemie.

Earl Ingerson, *Die Natur der erzbildenden Lösungen in verschiedenen Stadien — ein Vorschlag zur Deutung.* Zur Kenntnis der erzbildenden Lsgg. ist es notwendig, den Geh. des W. im Magma zu kennen. Dieser ist am kleinsten in granit. Magmen (unter 4%) u. steigt mit der Basizität der Magmen bis auf ca. 10%. Die erzbildenden Lsgg. können erhebliche Konzz. an Metallionen enthalten, welche durch sek. Rkk. (H_2S) ausgefällt werden. Einen Weg zur Unters. des Verh. des W. bietet die Unters. nach der Isotopenmeth., da bei der Kristallisation eine „deuterische“ Differentiation eintritt. Auch das Verhältnis ^{16}O zu ^{18}O kann für diese Unterss. herangezogen werden. (Econ. Geol. **49**. 727—33. Nov. 1954. Washington, D. C., US. Geol. Surv.) F. ENSSLIN. 378

Hansjoachim Lippert, *Das Roteisenstein-Grenzlager von der Wende Mittel-Oberdevon in der Dillmulde. Beobachtungen und Gedanken zur Entstehung von Erz und Nebengestein.* Die Roteisensteine werden als syngenet. mit den Diabasen u. Tuffen betrachtet, u. zwar handelt es sich dabei wahrscheinlich um submarine Ergüsse. Der Mandelstein dürfte wesentlich älter als die Diabasgänge sein. (Z. dtsch. geol. Ges. **104.** 260—76. Sept. 1953. Wetzlar.) F. ENSSLIN. 378

Reno L. Sales, *Genetische Beziehungen zwischen Graniten, Porphyren und begleitenden Kupferlagerstätten.* Die Cu-Lagerstätten sind durch Differentiation eines granit. Batholithen als Restlsgg. abgeschieden worden. Die Abscheidung begann in der Kuppel des Batholithen u. hat sich in die Spalten u. Bruchzonen der umgebenden Gesteine fortgesetzt. (Mining Engng. **6.** 499—505. Mai 1954. Butte, Mont., Anaconda Copper Min. Co.) F. ENSSLIN. 378

John W. Gruner, *Die Entstehung der Uranlagerstätten des Colorado-Plateaus und angrenzender Gebiete.* Die sedimentären U-Vorkk. sind weitgehend an fossile Pflanzen- u. Tierreste gebunden. Das in den Lsgg. zugeführte U wurde durch das organ. Material ausgefällt u. zu *Pechblende* u. *Coffinit* reduziert. (Mines Mag. **44.** 53—56. März 1954. Minneapolis, Minn., Univ.) F. ENSSLIN. 378

G. J. Fergusson, *Aktivitätsmessungen von Proben zur Altersbestimmung mit Radiokohlenstoff.* Die App. zur Messung geringer Radioaktivität zur Best. des ^{14}C in natürlichen Prodd. wird genau beschrieben. Sie besteht aus einem GEIGER-MÜLLER-Zählrohr, welches in einer automat. Probenkammer angeordnet u. mit einem automat. Voltmeter gekoppelt ist. (New Zealand J. Sci. Technol., Sect. B **35.** 90—108. Juli 1953.) F. ENSSLIN. 378

G. J. Fergusson und **T. A. Rafter,** *^{14}C-Altersmessungen in Neuseeland.* 1. Mitt. Mit der beschriebenen App. (vgl. vorst. Ref.) wurden Messungen an alten Holzkohlen (1700—3500 Jahre), Holz aus dem Ohakea-Alluvium (3500 Jahre) u. Torf aus einem Mangrovensumpf (älter als 20000 Jahre) gemacht. (New Zealand J. Sci. Technol., Sect. B **35.** 127—28. Juli 1953.) F. ENSSLIN. 378

Joseph E. Worthington, *Biogeochemische Prospektierung auf der Shawangunk-Mine — eine Rahmenuntersuchung.* Über der Lagerstätte wurden Proben von Weißbirkenzweigen entnommen u. nach dem Veraschen die Gehh. an Cu, Zn u. Pb in der Asche bestimmt. Die Zn-Gehh. schwanken zwischen 93 u. 379 mg/kg; die Cu-Werte zwischen 0 u. 26 mg/kg u. die Pb-Werte zwischen 0 u. 3,4 mg/kg. Die niedrigen Pb-Werte sind auf die geringe Löslichkeit u. Aufnahmefähigkeit durch die Pflanzen zurückzuführen. (Econ. Geol. **50.** 420—29. Juni/Juli 1955. New York City, N. Y., Columbia Univ., Oregenesis Labor.) F. ENSSLIN. 378

Harry V. Warren, Robert E. Delavault und **D. G. Routley,** *Vorläufige Untersuchungen über die Biogeochemie von Molybdän.* Vff. untersuchen Pflanzen, Abies lasiocarpa, Pinus contorta u. Larrea tridentata, auf ihren Molybdängeh., wobei sich zeigt, daß die möglichen Schwankungen größer sind als die für Kupfer u. Zink. Dabei hoffen sie, daß, wenn diese Beobachtungen weiterhin bestätigt werden, Mo ein wichtiger Wegweiser in biogeochem. Unterss. auf Cu u. möglicherweise auf W u. U sein wird. (Trans. Roy. Soc. Canada, Sect. IV [3] **47.** 71—75. Juni 1953.) J.-E. HILLER. 378

Irving A. Breger, Robert Meyrowitz und **Maurice Deul,** *Wirkungen von zersetzender Destillation auf Uran in Verbindung mit ausgewählten natürlichen kohlenstoffhaltigen Substanzen.* Es werden eine Reihe von Kohlen u. Tonschiefern trocken destilliert u. untersucht, ob in ihnen organ. U-Verbb. oder -Komplexe vorhanden sind bzw. während der Behandlung entstehen. Es zeigt sich, daß keine nennenswerte Verflüchtigung von U bei der Dest. stattfindet. (Science [Washington] **120.** 310—12. 20/8. 1954. Washington, D. C., US Geolog. Survey.) J.-E. HILLER. 378

Richard Rumbold, *Radioaktive Mineralien im Cornwall und Devon.* Statist. Aufzählung der radioakt. Erzvorkk. im Cornwall u. Devon Englands. (Mining Mag. **91.** 16—27. Juli 1954.) F. ENSSLIN. 380

Henry L. Jicha jr., *Paragenese der Erze des Palomas- (Hermosa-) Distrikts, Südwest-Neu Mexiko.* Die Erze sind tertiären Alters u. bei niedrigen Tempp. entstanden. Die Pb–Zn–Ag-Erze füllen Bruchspalten aus u. bilden Verdrängungen in paläozoischen Kalken u. Dolomiten. Die Hauptmineralien sind *Bleiglanz, Zinkblende, Kupferkies* u. *Silberglanz*; akzessor. treten auf *Pyrit, Polybasit* u. *Fahlerz.* Die Gangart besteht aus *Talk, Calcit, Quarz, Baryt* u. *Tonmineralien.* Daneben treten sek. Erzmineralien auf. Die Mineralisation wird auf alkal. hydrothermale Lsgg. zurückgeführt. (Econ. Geol. **49.** 759—78. Nov. 1954. Socorro, N. Mex., Bureau of Mines and Mineral Resources.)
F. ENSSLIN. 380

Richard Weyl, *Schwermineraluntersuchungen im schleswig-holsteinischen Jungtertiär.* Mit Beiträgen von **Hans Werner.** Die Fraktionen 0,2—0,1 mm aus Sedimenten des Jungtertiärs wurden auf ihren Schwermineralgeh. untersucht. Die marinen Schichten enthalten vorwiegend *Hornblende* u. *Epidot*; die fluvialen Sande u. limnischen Tone metamorphe u. stabile Mineralien wie *Turmalin, Disthen, Rutil, Zirkon, Granat* usw. (Z. dtsch. geol. Ges. **104.** 99—133. Dez. 1952. Kiel u. Krefeld.) F. Ensslin. 380

S. A. Hiemstra, *Baddeleyit von Phalaborwa, Osttransvaal.* Aus Phalaborwa in Osttransvaal wird Baddeleyit beschrieben. Seine D. beträgt 5,739, Optik: $n_\alpha = 2{,}136$, $n_\beta = 2{,}236$, $n_\gamma = 2{,}243$, 2V 30°, X/c = 13°. Analyse: $ZrO_2 = 95{,}20$, $SiO_2 = 0{,}06$, $Fe_2O_3 = 2{,}10$, MgO = 0,64, CaO = 0,80, MnO = 0,23, $TiO_2 = 1{,}65$%. Die d-Werte aus der Debye-Scherrer-Aufnahme werden angegeben. (Amer. Mineralogist **40.** 275—82. März/April 1955. Pretoria, Südafrika, Geol. Surv.) J.-E. Hiller. 380

Frank S. Simons, *Die Blei–Zink-Erzgänge des Chilete-Grubenbezirks im nördlichen Peru.* Die Erze *Zinkblende, Pyrit* u. *Bleiglanz* kommen in einem Gangsyst. mit Quarz u. verkieseltem u. pyritisiertem *Andesin* vor. (Econ. Geol. **50.** 399—419. Juni/Juli 1955. Washington, D. C., US Geol. Survey.) F. Ensslin. 380

Walter Kranz, *Die Bohnerze im westlichen und südwestlichen Vorries (Härtsfeld usw.).* Ältere u. neuere Fundpunkte von Bohnerz werden beschrieben u. z. T. mit Analysen belegt. Ein wirtschaftlicher Abbau dürfte kaum in Frage kommen. (Z. dtsch. geol. Ges. **104.** 41—52. Dez. 1952. Bopfingen.) F. Ensslin. 380

A. W. Jolliffe, *Geologie und Eisenerze des Steep Rock-Sees.* (Econ. Geol. **50.** 373 bis 398. Juni/Juli 1955. Kingston, Ont., Queen's Univ.) F. Ensslin. 380

C. W. Wolfe, *Kristallographie der Jadeitkristalle aus der Nähe von Cloverdale, Californien.* Vf. untersucht gute Kristalle von Jadeit aus der Nähe von Cloverdale in Californien. Optik: $n_\alpha = 1{,}640$, $n_\beta = 1{,}645$, $n_\gamma = 1{,}652$, zweiachsig positiv, 2V = 67°, nicht pleochroit., Auslöschungsschiefe Z/c = 40°. Folge Kristallformen wurden beobachtet: (0 1 0), (1 0 0), (1 3 0), (1 1 0), (1 0 1), (1 1 1), $(\bar{1}\,1\,1)$, $(\bar{3}\,1\,1)$. Die Raumgruppe ist C 2/c mit a = 9,48, b = 8,59, c = 5,23 kX, $\beta = 107°26'$. Analyse: $SiO_2 = 61{,}66$, $Al_2O_3 = 21{,}81$, $TiO_2 = 0{,}05$, $Fe_2O_3 = 0{,}32$, FeO = 0,24, MgO = 0,98, CaO = 1,38, $Na_2O = 12{,}27$, $K_2O = 0{,}57$, $H_2O^+ = 0{,}44$, $H_2O^- = 0{,}10$%. (Amer. Mineralogist **40.** 248—60. März/April 1955. Boston, Mass., Univ.) J.-E. Hiller. 380

Verne C. Fryklund jr. und **Murl W. Hutchinson,** *Das Vorkommen von Kobalt und Nickel in der Silver Summit-Grube. Coeur d'Alene Distrikt, Idaho.* Die silberreichen Kupfererze enthalten 0,4% Co u. ca. 1% Ni. Das Co–Ni-Mineral ist *Gersdorffit,* welches in den Fahlerz-Sideritgängen auftritt u. ein Mineral der Erstausscheidung darstellt. (Econ. Geol. **49.** 753—58. Nov. 1954. Spokane, Wash., US Geol. Surv.; Wallace, Id., Hecla Min. Co.) F. Ensslin. 380

Walter S. White und **James C. Wright,** *Die White Pine-Kupferlagerstätte Ontonagon County, Michigan.* Das Kupfer kommt in Form von *Chalkocit* in einer sedimentären Lagerstätte aus der Keweenawan-Zeit in Tonschiefer vor. Der Cu-Geh. der Schichten beträgt 1—3%. Er nimmt mit steigendem Geh. an Sandstein ab. Die Cu-führenden Schichten haben eine Mächtigkeit von 1—3 Fuß. (Econ. Geol. **49.** 675—716. Nov. 1954. Washington, D. C., US Geol. Survey.) F. Ensslin. 380

Martin Donath, *Die jugoslawischen Magnesitlagerstätten.* Wenn auch die einem Sediment eingelagerten Magnesite von Bela Stena Bor enthalten u. damit auf eine sedimentär-hydrothermale Entstehung schließen lassen, so kommt Vf. doch auf Grund der Unters. anderer Lagerstätten, die Blei führen, zu dem Schluß, daß z. B. die gangartigen Gelmagnesite von Galica-Dubovac aszendente Bildungen sind. Vf. betrachtet allerdings das Problem der Entstehung der Magnesite Jugoslawiens als noch nicht restlos gelöst. (Tonind.-Ztg. keram. Rdsch. **79.** 267—74. Sept. 1955. Berlin-Charlottenburg, T. U., Inst. für Lagerstättenforsch. u. Rohstoffkunde.) O. Bär. 380

Alice D. Weeks, Mary E. Thompson und **Alexander M. Sherwood,** *Navajoit, ein neues Vanadiumoxyd von Arizona.* Aus der Monument 2-Mine in der Navajo-Indianer-Reservation, Apache County, Ariz., wurde als neues Mineral Navajoit gefunden. Es kommt als dünner Überzug in Sandstein u. Tonlinsen einer V–U-Lagerstätte vor. Es ist dunkelbraun, weich u. faserig, hat Seidenglanz u. braunen Strich. D. 2,56. Aus der Analyse: $V_2O_5 = 71{,}68$, $V_2O_4 = 3{,}08$, $Fe_2O_3 = 3{,}58$, $H_2O = 20{,}30$, $SiO_2 = 1{,}20$, CaO = 0,22% ergibt sich die Formel $V_2O_5 \cdot 3H_2O$. Das Mineral ist opt. zweiachsig, wahrscheinlich negativ mit $n_\alpha = 1{,}905$, $n_\beta = 2{,}02$, n_γ etwas über 2,02. Pleochroismus von gelbbraun nach dunkelbraun. Es ist monoklin mit a = 17,43, b = 3,65 (Faserachse), c = 12,25 Å, $\beta = 97°$. Z = 6. (Amer. Mineralogist **40.** 207—12. März/April 1955. Washington, D. C., US Geol. Surv.) J.-E. Hiller. 380

Folke Sandford und **Stig Fransson,** *Die Feuerfestigkeit von einigen Typen von Quarz und Quarzit.* 1. Mitt. Von einigen schwed. Quarz- u. Quarzitvorkk. (von Mon, Radanefors, Tisselskog, Fyle Valley u. Lemunda) wird der F. u. das Schmelzverh. untersucht. Zur Feststellung des Einfl. der Fremdbeimengungen werden Al_2O_3, CaO, Fe_2O_3, Ca_2O_3 u. TiO_2 hinzugegeben, ferner K_2O u. Na_2O als $KNaCO_3$. Die Ergebnisse werden durch graph. Darstellungen wiedergegeben. (Chalmers Tekn. Högskolas Handl. Nr. **147.** 1—27. 1954. Acta polytechn. [Stockholm], Nr. 156, Chem. includ. Metallurgy Ser. **4.** Nr. 3. 1—26.) J.-E. HILLER. 380

Folke Sandford und **Stig Fransson,** *Die Feuerbeständigkeit von einigen Typen von Quarz und Quarzit.* 2. Mitt. (1. vgl. vorst. Ref.) Es werden die Eigg. folgender Proben untersucht: Quarz, von Krokek u. Radanefors (Schweden), Quarzit von Laxharby, Tisselskog, Fröskog (Schweden), Westerwald u. Sachsen (Deutschland), Piermont u. Toscana (Italien), Macclesfield (England). Außer der chem. Analyse werden die Erweichungsprozesse bei verschied. Drucken an vorerhitztem u. nichtvorerhitztem Material behandelt. Ferner werden die therm. Ausdehnung u. die D. an ungebranntem u. an bis 1450° erhitztem Material bestimmt. (Chalmers Tekn. Högskolas Handl. Nr. **162.** 1—24. 1955. Acta polytechn. [Stockholm] Nr. 173, Chem. includ. Metallurgy Ser. **4.** Nr. 9. 1—24. 1955.) J.-E. HILLER. 380

Mary E. Thompson, Alice D. Weeks und **Alexander M. Sherwood,** *Rabbittit, ein neues Uranylcarbonat von Utah.* Rabbittit ist ein grünes, feinnadelig bis faseriges Mineral, das als Ausblühung in der Lucky Strike-Mine, San Rafael Distrikt, Emery County, Utah, gefunden wurde. Aus der Analyse: CaO 10,6, MgO 9,2, UO_3 37,4, CO_2 17,8, H_2O 24,5, unlösl. 0,5% ergibt sich die Formel $Ca_3Mg_3(UO_2)_2(CO_3)_6(OH)_4 \cdot 18H_2O$. D. 2,6; Optik: zweiachsig, wahrscheinlich positiv, $n_\alpha = 1{,}502$, $n_\beta = 1{,}508$, $n_\gamma = 1{,}525$. Er ist monoklin, doch konnte der Winkel β, der wahrscheinlich nahe bei 90° liegt, nicht bestimmt werden. In Richtung der Faserachse ergibt sich c = 9,45 Å, a wurde zu 32,6 u. b zu 23,8 Å bestimmt. Z = 8. Die Eigg. des Rabbittits werden mit dem *Swartzit* verglichen. (Amer. Mineralogist **40.** 201—06. März/April 1955. Washington, D. C., US Geol. Surv.) J.-E. HILLER. 380

Toshio Sudo, *Eisenreicher Saponit aus tertiären Eisensandlagern von Japan (Nachprüfung über Lembergit).* Als Bindemittel in Eisensanden tritt ein grünes Mineral, welches durch Verwitterung von Augit entstanden ist, auf. Es gehört zur Montmorillonitgruppe u. wurde als Lembergit beschrieben. Nach neueren chem. u. röntgenograph. Unterss. ist es als eisenreicher Saponit einzugliedern. (J. geol. Soc. Japan **60.** 18—27. Jan. 1954. [Orig.: engl.]) F. ENSSLIN. 380

J. D. Bateman, *Neuere Entwicklung des Urans in Ontario.* Die U-haltigen Quarz-Konglomerate des unteren Huronian nördlich vom Huron-See u. die U-haltigen Pegmatite der Greenville-Provinz wurden untersucht. Das U ist in den Gesteinen sehr fein verteilt u. benötigt zur Gewinnung erhöhte Aufwendungen. (Econ. Geol. **50.** 361—72. Juni/Juli 1955. Toronto, Canada.) F. ENSSLIN. 380

E. Lehmann, *Beitrag zur Beurteilung der paläozoischen Eruptivgesteine Westdeutschlands.* (Z. dtsch. geol. Ges. **104.** 219—37. Dez. 1952. Giessen.) F. ENSSLIN. 385

Hans Hentschel, *Zur Petrographie des Diabasmagmatismus im Lahn-Dill-Gebiet.* (Z. dtsch. geol. Ges. **104.** 238—46. Dez. 1952. Wiesbaden.) F. ENSSLIN. 385

Heinrich Götz, *Zur Petrographie der devonischen Magmatite der Dillmulde.* Die Mandelsteine entstammen keinem Diabasmagma, sondern sind mit den Weilburgiten (nach LEHMANN) vergleichbar. Die körnigen Diabase sind auf das Oberdevon beschränkt, während der Deckdiabas kein einheitliches Gestein darstellt. (Z. dtsch. geol. Ges. **104.** 277—86. Sept. 1953. Oberscheld [Dillkreis].) F. ENSSLIN. 385

B. J. N. S. R. Anjaneyulu, *Geologie des Küstenstreifens von Vizagapatam bis Pudimadaka unter besonderer Berücksichtigung der Schwarzsandkonzentrate.* Der Schwarzsand enthält an Schwermineralien ca. 50% *Magnetit,* 8% *Granat,* 7% *Ilmenit,* 2% *Monazit* u. 2% *Zirkon* neben anderen in geringen Mengen vorkommenden Mineralien. Die Vorräte an Monazit betragen ca. 1200 t. (Quart. J. geol., Mining metallurg. Soc. India **25.** 89—98. Sept. 1953. Waltair, Andhra Univ., Geol. Dep.) F. ENSSLIN. 385

D. Chandra, *Der Ursprung einiger Einschlüsse von Faserkohle in dem Barakar-Sandstein der Kurasia-Kohlengruben.* Die Einschlüsse sind keine Destillationsprodd. der Kohle, sondern, wie durch Macerisieren u. anschließende mkr. Unters. festgestellt wurde, eindeutig Pflanzenreste. (Quart. J. geol., Mining metallurg. Soc. India **25.** 123. Sept. 1953.) F. ENSSLIN. 390

Hannfrit Putzer, *Die Salsen der Halbinsel Kertsch und ihre Borlagerstätten.* Die Salsen, welche in Beziehung zu erdölhaltigen Schichten stehen, fördern durch ihren

Gasgeh. (Methan) auf Spalten borhaltigen Schlamm, welcher beim Ablagern u. Erstarren *Ulexit* liefert. Der Borgeh. des W. schwankt zwischen 0,9 u. 4 g B_2O_3/Liter. (Z. dtsch. geol. Ges. **104.** 134—41. Dez. 1952. Criciuma, Santa Catarina, Brasilien.) F. ENSSLIN. 390

Takahisa Hanya, *Der Zusammenhang zwischen der chemischen Natur natürlicher Wässer und der geologischen Natur der Umgebung.* 1. Mitt. Der Silicatgeh. der Gesteine wurde mit der chem. Zus. der dort vorkommenden natürlichen Wässer in Beziehung gesetzt. In einem Gebiet mit sauren Gesteinen hatte das Verhältnis (Ca + Mg)/(Basenüberschuß + SO_4) niedrige u. SiO_2/(Basenüberschuß + SO_4) hohe Werte. In Gebieten mit bas. Gestein waren die Verhältnisse umgekehrt. (J. chem. Soc. Japan, pure Chem. Sect. [Nippon Kagaku Zassi] **74.** 365—67. Mai 1953. Tokyo, Metropol. Coll. [Orig.: japan.]) L. SCHULER. 393

B. Allgemeine und theoretische organische Chemie.

Ludovic Joulé, Georges Carpéni und **Yolande Hamann,** *Untersuchung der UV-Absorptionsspektren wässeriger Lösungen von Brenzcatechin in Abhängigkeit von der Konzentration und dem pH.* Ausgehend von einer Arbeit über die Elektrometrie wss. Lsgg. von *Brenzcatechin* (P) (vgl. CARPÉNI u. HAMANN, C. **1956.** 1540) untersuchten Vff. den Einfl. der Konz. u. des pH auf die UV-Spektren solcher Lösungsmittel. Das Spektr. von P (c = 0,00125 mol., d = 0,1 cm) zeigt 2 Maxima, die durch steigendes pH (entsprechend dem Übergang $P \rightarrow P^- \rightarrow P^{2-}$) nach längeren Wellen verschoben werden. Die Daten des zweiten Maximums sind: pH ca. 0: [λ_{max}] 2745 (Å), [ε_{max}] ca. 2000 ($Mol^{-1} \cdot cm^{-1}$); pH ca. 11: 2875, ca. 4000; pH ca. 15: 3035, ca. 5600. Die Konzentrationsabhängigkeit des 2. Maximums ergibt sich wie folgt: pH 2; 4 mol. an P: 2760, ca. 2000; 0,016 mol.: 2750, ca. 2000; pH 9,06; 3,48 mol.: 2810; 0,014 mol.: 2775, ε_{max} beide wie vorst.; pH am Äquivalenzpunkt des P^-: 1,63 mol. (pH 11,8): 2880, ca. 4000; 0,0065 mol. (pH 10,8): 2860, ca. 4000. Am Äquivalenzpunkt von P^- überlagern sich pH- u. Konzentrationseffekte, die mit dem Übergang von verd. zu konz. Lsgg. verbundene Assoziation (l. c.) beeinflußt das UV-Spektr. nur wenig. Die stärkere Verschiebung im neutralen Bereich wird damit erklärt, daß in konz. Lsgg. bes. assoziierte Ionen ($2\,P \cdot P^- \cdot aq.$), in verd. Lsgg. dagegen gleichzeitig neutrale Moll. P u. Ionen P^-, beide monomer, vorliegen, während im sauren Bereich in beiden Lsgg. einheitliche Moll., gleich ob assoziiert oder nicht, vorhanden sind. Die Ergebnisse sprechen dafür, daß die Assoziation durch mittelbare „Veresterung" über H-Bindungen erfolgt. (Bull. Soc. chim. France [5] **1956.** 448—50. März. Marseille, Fac. des Sci., Labor. de Chim. SPCN.) J. RICHTER. B 118

Je. I. Klabunowski, *Die spontane Trennung von optischen Isomeren.* Es werden 2 Fälle spontaner Trennung opt. Isomere beschrieben. Eine 17,5%ig. Lsg. von Methyläthylallylphenylammoniumjodid, eingeschmolzen in eine Ampulle, lieferte nach 2 monatigem Stehen Kristalle, deren spezif. Drehung in 4%ig. wss. Lsg. +15°, in Chloroformlsg. +27° betrug; die Mutterlauge wies eine spezif. Drehung von −0,15° auf. Eine 2. spontane opt. Spaltung wurde bei Einw. von rac. 2-Chloroctan auf eine Harnstofflsg. beobachtet. Nun ist zwar Harnstoff nicht opt.-akt., jedoch von asymm. Kristallbau, der zur Ausscheidung des +-Isomeren des 2-Chloroctans führte, so daß das unreine opt. Isomere nach einer 2. Spaltung mit einem Reinheitsgrad von 95,6% gewonnen werden konnte. (Природа [Natur] **44.** Nr. 11. 86—87. Nov. 1955. Inst. für organ. Chemie der Akad. der Wiss. der UdSSR.) A. v. WILPERT. B 119

L. J. Bellamy, *Infrarotspektren und polare Effekte.* 2. Mitt. (1. vgl. C. **1956.** 3521.) Vf. gibt eine Anzahl von Beispielen, bei denen Verschiebungen von Infrarot-Frequenzen massenunabhängiger Schwingungen mit den induktiven u. mesomeren Effekten quantitativ vergleichbar sind. Der mesomere Effekt kann unabhängig davon durch Intensitätsmessungen bestimmt werden. Vf. vermutet, daß in einzelnen Fällen die Infrarotmessungen eine genaue Best. der Effekte sowie von physikal. Eigg., die mit diesen zusammenhängen (Chelatstabilitäten u. Halbwellenpotentiale mit Carbonylfrequenzen, Bindungsstärken u. Reaktivitäten von Alkoholen), ermöglichen. Auch die lineare Beziehung zwischen Carbonylfrequenz u. dem HAMMETTschen σ-Wert ermöglicht solche Aussagen. — Diskutiert werden bei 17 Verbb. die Carbonylfrequenzen u. die Absorptionsbanden zwischen 650—850 cm^{-1}: *Benzoesäure* (1730; 811, 806, 714, 683); *Acetophenon* (1692; 761, 730, 690); *Benzaldehyd* (1705; 826, 745, 687); *Benzoesäureamid* (1675; 810, 790, 771, 704, 684); *1.2-Dibenzoyläthan* (1681; 772, 735, 692); *Benzoylformaldehydmonoxim* (1656; 788, 698, 682); *Benzalacetophenon* (1664; 784, 750, 688); *N.N-Dimethyl-* (1645; 800, 738, 724, 698); *N-Methylbenzoesäureamid* (1657; 804, 801, 719, 708, 694); *N-Benzoylglykokoll* (1640; 807, 722, 707, 704); *Benzoin* (1681; 756, 702, 694, 681, 673); *Benzoyl-*

chlorid (1773; 772, 684, 671); *Benzophenon* (1664, 756, 700, 694, 681); *Benzil* (1675; 794, 724, 717, 690, 680); *Benzilmonoxim* (1667; 771, 730, 692); *Benzoesäuremethylester* (1724; 820, 710, 687, 675) u. *-äthylester* (1733; 809, 710, 685, 674). (J. chem. Soc. [London] **1955.** 4221—26. Dez. Waltham Abbey, Ministry of Supply, Explosives Res. and Developm. Establ.) M.-L. KLAAR. B 120

Rolf Mecke, Reinhard Mecke und **A. Lüttringhaus,** *Über den Bindungscharakter der Thiongruppe.* 2. Mitt. *Infrarotspektren.* (1. vgl. C. **1956.** 8578.) Es wird für eine Reihe von Thionverbb. die Lage der C=S-Valenzschwingungsbande im Infrarotspektr. ermittelt u. das Verhältnis zur Frequenz der jeweils analogen CO-Verb. gebildet. Dies Verhältnis liegt im Durchschnitt bei 1,45 mit den Extremwerten 1,61 (*Thiophosgen*) u. 1,34 (*Benzotrithion*). Eine Sonderstellung nehmen die Derivv. des Thioharnstoffs u. der Thioamide ein. Außer den genannten Verbb. wurden untersucht: *Vinylen-*(*), *Äthylen-* u. *Phenyläthylentrithiocarbonat, Dimethyl-, Diäthyl-* u. *Brenzcatechinthioncarbonat, N-Methylbenzthiazolthion, Trithion* (*), *2.3-Dimethyl-*(*), *2-Butyl-3-methyl-*(*) u. *3-p-Anisyltrithion, 4-Thionpyron, 2.3-Dimethyl-4-thion-* u. *-1.4-dithiochromon, 1.4-Dithiochromon, 2-Thioncumarin, Thiobenzophenon, Di-p-tolyl-, Di-p-anisylthioketon, Thioharnstoff, N.N'-Trimethylen-* u. *Tetramethylthioharnstoff, Thiocarbanilid, p.p'-Dimethyl-, N.N'-Dimethyl-, p.p'-Dimethoxy-, -Dichlor-, -Dibrom-, -Dijod-, -Dinitrothiocarbanilid* u. *1-Phenyl-2.3.4-trimethylpyrazolthion* sowie — mit Ausnahme der durch (*) gek. Verbb. — die entsprechenden C=O-Substanzen. (Z. Naturforsch. **10b.** 367—70. Juli 1955. Freiburg, Univ., Phys.-chem. Inst. u. Chem. Labor.) K. L. WOLF. B 120

L. F. Thomas, E. I. Sherrard und **J. Sheridan,** *Die Mikrowellenspektren von einigen teilweise deuterierten Methylderivaten.* 1. Mitt. *Methylcyanid und Methylacetylen.* Es werden die Rotationskonstanten der folgenden Moll. aus ihrem Mikrowellenspektr. zwischen 16000 u. 49000 MHz bestimmt: H_2DCCN, HD_2CCN, $H_2DCC{\equiv}CH$, $HD_2CC{\equiv}CH$, $H_2DCC{\equiv}CD$, $HD_2CC{\equiv}CD$ u. $D_3CC{\equiv}CH$. Die berechneten u. gemessenen Werte für die einzelnen Übergänge sowie die aus letzteren berechneten Größen der Molekülstruktur werden tabellar. angegeben. Außerdem werden die Konstanten D_J u. D_{JK} für die Methylacetylene bestimmt u. D_{JK} sowie die Kopplung des Kernquadrupolmoments von ^{14}N für die Methylcyanide ermittelt. Für 8 isotope Methylcyanide u. für 11 isotope Methylacetylene führt die Berechnung der Trägheitsmomente der Moll. mittels der gefundenen Strukturparameter zu guter Übereinstimmung mit den von anderen Autoren mitgeteilten Werten. Diese Parameter sind für Methylcyanid: $d_{CH} = 1{,}112$ Å, $d_{CD} = 1{,}107$ Å, $d_{CC} = 1{,}458$ Å, $d_{CN} = 1{,}157$ Å, $\sphericalangle HCH = 109^0 16'$ ($\sphericalangle HCC = 109^0 40'$), $\sphericalangle DCD = 109^0 21'$ ($\sphericalangle DCC = 109^0 35'$); für Methylacetylen: d_{CH} (methyl) $= 1{,}112$ Å, d_{CD} (methyl) $= 1{,}108$ Å, $d_{C-C} = 1{,}458$ Å, $d_{C\equiv C} = 1{,}207$ Å, d_{CH} (acetylen) $= 1{,}060$ Å, d_{CD} (acetylen) $= 1{,}058$ Å, $\sphericalangle HCH = 108^0 25'$ ($\sphericalangle HCC = 110^0 30'$), $\sphericalangle DCD = 108^0 32'$ ($\sphericalangle DCC = 110^0 23'$). Die Genauigkeit der Messungen ist so groß, daß die Unterschiede für $\sphericalangle HCH$ außerhalb der Fehlergrenze liegen. Die möglichen Ursachen dieser Unterschiede werden diskutiert. (Trans. Faraday Soc. **51.** 619—25. Mai 1955. Birmingham, Univ., Dep. of Chem.) R. J. HÜTTENRAUCH. B 121

Takehiko Shimauchi, *Rotationsisomere.* Überblick über Arbeiten auf dem Gebiet der Rotationsisomerie (vgl. MIZUSHIMA, Structure of molecules and internal rotation, Academic Press, New York, 1954). (Kagaku-no-Ryôiki [J. Jap. Chem.] **9.** 145—50. März 1955. Tokio, Univ., Abt. Chem. [Orig.: japan.]) E. MAEKAWA. B 123

Kunio Kojima, *Umkehrungsisomere.* Überblick. — 30 Literaturangaben. (Kagaku-no-Ryôiki [J. Jap. Chem.] **9.** 150—55. März 1955. Tokio, TH. [Orig.: japan.]) E. MAEKAWA. B 123

B. G. Gowenlock und **J. Trotman,** *Geometrische Isomerie bei dimerem Nitrosomethan.* Bei der Photolyse von tert.-Butylnitritdampf entstehen je nach Reaktionsbedingungen 2 Isomere des *dimeren Nitrosomethans*, eine vom F. 122° (**I**) u. eine vom F. 97,5° (**II**). Beide zeigen verschied. UV-Adsorption (λ_{max} in W. 276 bzw. 265 mμ). Beim Erhitzen auf den F. lagert sich **II** in **I** um, außerdem bildet sich etwas Formaldoxim (**III**). Dagegen lagert sich **I** beim Bestrahlen mit Licht in wss. Lsg. in **II** um, wobei mehr **III** gebildet wird. Die Pyrolyse von tert.-Butylnitritdampf u. von **I**-Dampf führt zu **II**, woraus sich ergibt, daß das Dimere in der Dampfphase in das Monomere dissoziiert. Beim Erhitzen in wss. Lsgg. gehen **I** u. **II** in **III** über. Wenn die bei der Pyrolyse entstandenen Gase über Lösungsmittel mit niederer DK. (bei Tempp. $< -78^0$) geleitet werden, entstehen **II** u. **III**. Bei Zimmertemp. lagert sich aber **II** in **I** um, wahrscheinlich nach Dissoziation in das Monomere (intermediäres Auftreten einer Blaufärbung). Vff. nehmen eine geometr. Isomerie der Dimeren an u. schließen aus obigen Beobachtungen, den Infrarotspektren von **I** u. **II** sowie den Eigg. einiger Nitrosoverbb., bei denen die

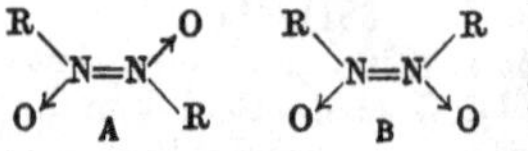

Entstehung einer stabilen cis-Form aus ster. Gründen ausgeschlossen ist, daß **I** die energieärmere trans-Konfiguration **A** u. **II** die cis-Form **B** besitzt. Weiter wurde die Verschiebung von λ_{max} in Lösungsmitteln mit verschied. DK. untersucht u. festgestellt, daß mit sinkender DK. eine n. Verschiebung nach höheren Wellenlängen auftritt u. daß außerdem die dimeren Nitrosogruppen ein weiteres Maximum bei 213—218 mμ in Ae., Cyclohexan u. n-Hexan besitzen. Für die Pyrolyse kommen Vff. zu dem Ergebnis, daß in der Gasphase eine Aktivierungsenergie von 30—40 kcal/Mol nötig ist u. daß eine molekulare Abspaltung des Nitrosomethans aus tert.-Butylnitrit erfolgt. (J. chem. Soc. [London] **1955.** 4190—96. Dez. Swansea, Univ. of Wales, Univ. Coll.) G. Meinhardt. B 123

S. Winstein und **N. J. Holness,** *Benachbarter Kohlenstoff und Wasserstoff.* 19. Mitt. *tert.-Butylcyclohexylderivate. Quantitative Konformationsanalyse.* (18. vgl. C. **1956.** 4087.) Vff. verfolgten titrimetr.: a) die Verseifung folgender Hydrogenphthalate mit wss. NaOH zwischen 50 u. 75° u. ermittelten [in ()] $\Delta H^{\ddagger}$- (in kcal/Mol) u. $\Delta S^{\ddagger}$-Werte (in cal/Grad·Mol): *Cyclohexyl-* (13,2; —31), *trans-4-tert.-Butyl-* (14,4; —28), *cis-3-tert.-Butyl-* (13,2; —31), *cis-4-tert.-Butyl-* (15,9; —27) u. *trans-3-tert.-Butylcyclohexylhydrogenphthalat* (15,8; —27); b) die Chromsäureoxydation in 75%ig. Essigsäure (**VI**) zwischen 25 u. 50° von *Cyclohexanol* (k_{25} 5,84·10^{-3} [Liter/Mol·Sek.]; k_{50} 42,1·10^{-3}), *trans-4-tert.-Butyl-* (**IV**; 4,72·10^{-3}; 29,9·10^{-3}) u. *cis-4-tert.-Butylcyclohexanol* (**V**; 14,0·10^{-3}; 76,3·10^{-3}); c) die Formolyse zwischen 25 u. 50° von *Cyclohexyl-* (**I**; [$\Delta H^{\ddagger}$] 23,8; [$\Delta S^{\ddagger}$] +1,0), *trans-4-tert.-Butyl-* (**II**; 22,9; —2,0) u. *cis-4-tert.-Butylcyclohexyl-p-toluolsulfonat* (**III**; 22,0; —2,4); d) die Acetolyse zwischen 50 u. 100° von **II** (28,1; +1,7), **III** (22,0; —2,4), *cis-3-tert.-Butyl-* (27,5; —0,5) u. *trans-3-tert.-Butylcyclohexyl-p-toluolsulfonat* (26,6; —0,6); e) die Äthanolyse zwischen 50 u. 75° ohne bzw. bei Ggw. von Na-Äthylat von **I** (25,5; —6 bzw. bei Ggw. von Na-Äthylat k_{75} 241·10^{-5} [Liter/Mol·Sek.]), **II** (26,6; —4 bzw. 25,3; —7) u. **III** (24,4; —8 bzw. 22,2; —5). Die erhaltenen Gemische der Reaktionsprodd. wurden chromatograph. aufgearbeitet, die Zus. der Gemische von **IV** u. **V** durch den F. (Tabelle der FF. verschied. **IV**–**V**-Gemische ist angegeben) ermittelt. Da **IV** u. **V** bzgl. der Konformation reine Formen, nämlich äquatorial bzw. axial, sind u. die elektr. Effekte der 4-tert.-Butylgruppe wegen ihrer Entfernung vom Reaktionszentrum klein sind, können vorst. kinet. Ergebnisse zur Erfassung der energet. u. chem. Unterschiede, die infolge der verschied. Konformation der reagierenden Gruppe zu erwarten sind, herangezogen werden. Die Daten können weiter als Grundlage für eine quantitative Konformationsanalyse bei solchen Verbb. dienen, die bzgl. ihrer Konformation weniger homogen sind. Die Rkk. a) u. b) zeigten eine Kinetik 2. Ordnung, c) u. d) (ohne Ggw. von Na-Äthylat) eine solche 1. Ordnung. Zugabe von Na-Äthylat erhöhte die Reaktionsgeschwindigkeit der Äthanolyse bei **I** u. **III** stark, die Rk. war 2. Ordnung, die Rk. von **II** wurde dagegen nur wenig beschleunigt, u. die Rk. folgte der Kinetik 1. Ordnung. Untersucht wurde ferner die Zus. der Solvolyseprodd. von **II** u. **III** in 60%ig. wss. Aceton (**X**) bei Ggw. von $CaCO_3$ sowie in **VI** u. Ameisensäure (**VII**), die Na-Acetat bzw. Na-Formiat enthielten, zwischen 25° bzw. Rückflußtemp.; ebenso wurde die Hydratation von *4-tert.-Butylcyclohexen* (**VIII**) zwischen 25 u. 50° in **VII** (ohne u. bei Ggw. von Na-Formiat) sowie in **VI** zwischen 25 u. 100° bei Ggw. von $HClO_4$ u. die von *Cyclohexen* in **VII** bei 25° untersucht. Aus **II** entstand bei hohen Formiatkonzz. (0,566mol.) $^2/_3$ bis $^3/_4$ **VIII** u. (nach $LiAlH_4$-Red. u. Chromatographie) fast reines invertiertes **V** sowie wenig (axiales) *trans-3-tert.-Butylcyclohexanol* (**IX**); bei geringer Formiatkonz. (0,04mol.) entstand fast kein **VIII**, aber in hoher Ausbeute ein Gemisch von **IV**, **V** u. **IX**. **III** ergab bei der Solvolyse viel **VIII** (83—87%) sowie in wss. **X** fast nur **IV**, in **VII** u. **VIII** dagegen ein **IV**–**V**–**IX**-Gemisch. Zur Bldg. der axialen Alkohole **V** u. **IX** werden Wasserstoffbrückenkationen als Übergangszustände angenommen, wobei eine H-Verschiebung stattfindet, die in der Folge wss. **X** $<$ **VI** $<$ **VII** an Umfang zunimmt. Die Zus. der Alkoholgemische wurde nach Oxydation zu den entsprechenden Ketonen infrarotspektroskop. ermittelt. Die Solvolyse des axialen **III** verläuft schneller als die des äquatorialen **II**, die Solvolysegeschwindigkeit von **I** liegt zwischen der von **II** u. **III**, u. zwar näher an **II**, woraus auf die Verteilung der Konformation von **I** u. ähnlichen Cyclohexylderivv. geschlossen werden kann. Aus den Ergebnissen der Chromsäureoxydation (Rk. b) geht hervor, daß **V** mit seiner axialen OH-Gruppe 2,5—3mal schneller reagiert als **IV**, dessen OH-Gruppe sich in äquatorialer Stellung befindet. Dagegen zeigen bei der Verseifung der Hydrogenphthalate die äquatorialen Verbb. eine 10fache Reaktionsgeschwindigkeit (bei 39°) gegenüber den axialen, wobei die entsprechenden 3- u. 4-tert.-Butylcyclohexylverbb. nahezu gleiche Verseifungsgeschwindigkeit besitzen; dieser Unterschied entspricht einem solchen in der freien Aktivierungsenergie ($\Delta\Delta F^{\ddagger}$) von 1,4 kcal/Mol, welcher mit der Differenz zwischen den Energieunterschieden zwischen Übergangs- u. Grundzustand von axialer (energiereicherer) u. äquatorialer (energieärmerer) Form gleichzusetzen ist. Die Unterschiede der freien Energie zwischen axialer u. äquatorialer Form werden für nachst. Gruppen abgeschätzt: tert.-Butyl >5,4 (kcal/Mol), Isopropyl >3,3 (in W. bei 39°), Hydrogenphthalat-OH^--Übergangszustand bei der Verseifung 2,6 (in W. bei 39°), n-Butyl 2,1 (in W. bei 39°), n-Propyl 2,1 (in W. bei 39°), Äthyl 2,1 (in W. bei 39°), Methyl 1,8, Hydrogenphthalatanion —1,2 (in W. bei 39°), p-Toluolsulfonat 1,7 (in A., **VI** oder **VII** bei 50°) u. OH 0,8 (in 75%ig. **VI** bei 40°). Das Verh. u. die Bldg. von Carboniumionen bei Additions- u. Solvolyse-Rkk. sowie bei Umlagerungen werden diskutiert.

Versuche: *trans-4-tert.-Butylcyclohexanol* (**IV**), F. 81—82°; *Hydrogenphthalat*, $C_{18}H_{24}O_4$, F. 146,2—146,7° (Äthylacetat–Pentan); *p-Toluolsulfonat* (**II**), $C_{17}H_{26}O_3S$, F. 89,4 bis 90,0° (Pentan mit wenig Äthylacetat). — *4-tert.-Butylcyclohexanon* (**XI**), F. 47,5 bis 48,5°, Kp.₉ 90—92°, durch Zugabe von CrO_3–**VI** zu **IV** in **VI** bei n. Temp. (1 Nacht Stehen). — *cis-4-tert.-Butylcyclohexanol* (**V**), F. 82—83°, durch Red. von **XI** mit H_2/RANEY-Ni in A. u. Chromatographie an Al_2O_3 (Elution mit Pentan u. 5% Ae.); *Hydrogenphthalat*, $C_{18}H_{24}O_4$, F. 141—142° (Äthylacetat–Pentan); *p-Toluolsulfonat* (**III**), $C_{17}H_{26}O_3S$, F. 79 bis 80° (Äthylacetat–Pentan). — *trans-4-tert.Butylcyclohexylmethylxanthogenat*, $C_{12}H_{22}OS_2$, F. 45,2—46,3°, durch 28std. Rühren von **IV** in absol. Ae. mit NaH, Zugabe von CS_2, nach 50 Min. Zugabe von Methyljodid, 14 Std. rühren u. weiteres CH_3J zugeben; 62% (Ausbeute). — *4-tert.-Butylcyclohexen* (**VIII**), $Kp._{20}$ 65—66°, durch Erhitzen vorst. Verb. im Vakuum (100 mm Hg) auf 208° (1 Std.), chromatograph. Reinigung; n_D^{20} 1,4583. — *3-tert.-Butylcyclohexanon*, $Kp._{10}$ 92—95°, durch Einw. von tert.-Butyl-MgBr auf Cyclohexen-(2)-on ($Kp._{20}$ 65—66°, n_D^{20} 1,4824); n_D^{25} 1,4611; 35%; *Semicarbazon*, F. 204 bis 205° (Zers.). — *cis-3-tert.-Butylcyclohexanol*, F. 40—41°, $Kp._{10}$ 103°, aus vorst. Verb. durch $LiAlH_4$-Red. (½ Std.), Reinigung über das Hydrogenphthalat [$C_{18}H_{24}O_4$, F. 136,0 bis 136,8° (wss. Methanol)]; n_D^{25} 1,4660; *p-Toluolsulfonat*, $C_{17}H_{26}O_3S$, F. 58—59,5° (Pentan). — *trans-3-tert.-Butylcyclohexanol* (**IX**), $C_{10}H_{20}O$, F. 48—49°, $Kp._5$ 85°, analog **V**; n_D^{25} 1,4684; *Hydrogenphthalat*, $C_{18}H_{24}O_4$, F. 154,5—155,5° (wss. Methanol); *p-Toluolsulfonat*, $C_{17}H_{26}O_3S$, F. 33—35°. — *Cyclohexyl-p-toluolsulfonat* (**I**), F. 43,6—44,2°. (J. Amer. chem. Soc. **77**. 5562—78. 5/11. 1955. Los Angeles, Calif., Univ. of California, Dep. of Chem.) B. GNAUCK. B 123

Eugene F. Magoon und **L. Zechmeister**, *Über die cis-Formen einiger Biphenylenderivate von Butadien und Hexatrien.* Aus den entsprechenden trans-Verbb. konnten durch kurzes Schmelzen oder Bestrahlen nach chromatograph. Aufarbeitung folgende Verbb. erhalten werden: *cis-1.6-Dibiphenylenhexatrien* (*cis*-**I**), *3-cis-1-Biphenylen-4-phenylbutadien* (*cis*-**II**) sowie *3-monocis-* (**IIIa**), *5-monocis-* (**IIIb**) u. *3.5-dicis-1-Biphenylen-6-phenylhexatrien* (**IIIc**). Die durch J_2 beschleunigte Einstellung des Gleichgewichts zwischen cis- u. trans-Formen führt zu einem Gemisch mit 93—98% trans-Verbindung. Vff. untersuchten die UV-Absorption der trans- u. cis-Verbb. (zwischen 240 u. 500 mμ in Hexan), wie erwartet (vgl. ZECHMEISTER u. Mitarbeiter, J. Amer. chem. Soc. **65**. [1943.] 1940 u. früher) treten hier cis-Spitzen nicht auf, da durch trans → cis-Umlagerungen bei konjugierten aliphat. Systemen dieser Art die Gesamtgestalt der Moll. nicht geändert wird. cis-**I** zeigt nur eine leichte Abnahme der Feinstruktur der Hauptbande u. eine leichte kurzwellige Verschiebung der Maxima gegenüber trans-**I**. Die Hauptbanden von cis-**II**, das sich bei Abwesenheit von Lösungsmitteln schon im Dunkeln in trans-**II** umlagert, zeigen keine Feinstruktur. Die Konst. der aus trans-**III** zu erwartenden u. erhaltenen 3 cis-Verbb. (**IIIa**, **b** u. **c**) ergab sich aus ihren UV-Spektren sowie ihren Stabilitäten. So zeigten die Hauptbanden von **IIIa** erhebliche, die von **IIIb** u. **IIIc** keine Feinstruktur, letztere sind also die ster. gehinderten Formen. **IIIc** ergab bei Ggw. von J_2 unter sehr milden Bedingungen 80% **IIIa**, woraus auf eine Umwandlungsfolge **IIIc** → **IIIa** → *all-trans*-**III** geschlossen wird. Die Stabilität der cis- u. trans-Verbb. ist beim Sieden im Dunkeln prakt. gleich, die cis-Formen, bes. die ster. gehinderten, sind jedoch photochem. reaktiv. Ungehinderte cis-Verbb. schm. höher als trans-Verbb., während gehinderte die niedrigsten FF. besitzen. Das Verhältnis der Isomeren in Mischungen wurde spektrochem. ermittelt.

Versuche (FF. korr.): *trans-1.6-Dibiphenylenhexatrien* (*trans*-**I**), $C_{30}H_{20}$, rotorangefarbene Kristalle, F. 331,5—333°, durch Kondensation von Fluorenon mit Dihydromuconsäure, Chromatographie an Kalk-Celit; λ_{max} 465 mμ, $\varepsilon = 7{,}65 \cdot 10^4$ (in Cyclohexan); ergab durch Schmelzen im evakuierten Rohr nach 10 Sek. u. Abkühlen im Eisbad, Chromatographie der Benzollsg. an Al_2O_3-Kalk-Celit (Elution mit Bzl. + 10% A.): *cis*-**I**, F. 333—335° (heißes Bzl.); λ_{max} 458,5 mμ, $\varepsilon = 5{,}44 \cdot 10^4$ (Cyclohexan). — *trans-1-Biphenylen-4-phenylbutadien* (*trans*-**II**), $C_{22}H_{16}$, gelbe Nadeln, F. 150,5—151° (Chlf.); λ_{max} 373 mμ, $\varepsilon = 4{,}7 \cdot 10^4$ (Hexan); ergab beim Schmelzen (75 Sek. bei 345° im evakuierten Rohr) u. schnellem Abkühlen nach Chromatographie der Benzollsg. an Magnesia-Celit,

Elution mit Bzl. + 10% A., Eindampfen u. Rückstand erneut Chromatographieren (in Bzl.–Hexan, 1 : 1, an Magnesia–Kalk-Celit): *cis*-**II**, Öl; λ_{max} 357,5 mμ, $\varepsilon = 3{,}46 \cdot 10^4$ (Hexan). — *all-trans-1-Biphenylen-6-phenylhexatrien* (*trans*-**III**), $C_{24}H_{18}$, gelborangefarbene Nadeln, F. 156—157°, nach Barraclough u. Mitarbeitern (J. chem. Soc. [London] **1939.** 1549); Reinigung durch Chromatographie; λ_{max} 388 mμ, $\varepsilon = 6{,}78 \cdot 10^4$ (Hexan); ergab durch Schmelzen a) 30 Sek. bei 275—280°, Chromatographieren in Hexan–Bzl. an Al_2O_3–Kalk-Celit, Entwickeln mit Bzl.–Hexan (2 : 1): **IIIa**, gelbe Nadeln, F. 165,5—167° (heißes Bzl., Methanol zugeben), Reinigung durch erneute Chromatographie; λ_{max} 385,5 mμ, $\varepsilon = 5{,}67 \cdot 10^4$ (Hexan); b) 30 Sek. bei 270—275°, in Bzl. an Magnesia-Celit chromatographieren, mit Bzl. + 8% Aceton entwickeln: **IIIb**, fahlgelbe Prismen, F. 122—123,5° (A.); λ_{max} 385 mμ, $\varepsilon = 5{,}25 \cdot 10^4$ (Hexan) sowie **IIIc**, fahlgelbe Kristalle, F. 118,5—121°; λ_{max} 379 mμ, $\varepsilon = 4{,}83 \cdot 10^4$ (Hexan). — Die Farben der Zonen in den chromatograph. Säulen wurden im UV-Licht beobachtet. (J. Amer. chem. Soc. **77.** 5642—46. 5/11. 1955. Pasadena, Calif., California Inst. of Technol., Gates and Crellin Labors. of Chem.) B. Gnauck. B 123

Paul Pesteil, Adnan Zmerli und **Louise Pesteil,** *Luminescenz von Kristallen bei tiefen Temperaturen.* 9. Mitt. *Übergänge T → S von Benzol.* (8. vgl. Zmerli u. Pesteil; C. R. hebd. Séances Acad. Sci. **240.** [1955.] 2217.) Vff. nehmen Bezug auf den bei früheren Unterss. (vgl. C. **1956.** 6337) für krist. *Bzl.* bei 20°K bei ca. 3400 Å gelegenem Übergang T → S u. berichten über die Schwingungsstruktur sowie über ein zweites zwischen 2700 u. 3200 Å gelegenes Spektrum. Dieses Spektr. wurde gleichzeitig mit dem l. c. beschriebenen erhalten. Aus der Analyse der beiden Spektren folgt, daß das Spektr. niedriger Frequenz die Schwingungsstruktur eines Überganges B_{2u} hat, das hoher Frequenz die Schwingungsstruktur eines Überganges E_u^-. Im letzten Fall kann es sich nicht um den Übergang S → S viel niedrigerer Frequenz handeln, dessen Symmetrie $^1B_{2u}$ ist. Es muß vielmehr angenommen werden, daß die beiden angeregten Elektronenniveaus die Symmetrien $^3B_{1u}$ u. $^3E_u^-$ haben. Es wird noch darauf hingewiesen, daß die beiden Spektren einen Abstand von ca. 8200 cm^{-1} haben u. daß man im nahen Infrarot Absorptionsbanden dieser Frequenz findet. (C. R. hebd. Séances Acad. Sci. **241.** 29—31. 4/7. 1955.) C. Gottfried. B 125

D. V. G. L. Narasimha Rao, *Berechnung der Dipolmomente trisubstituierter Benzole.* Durch Erweiterung der Smallwood-Herzfeld-Meth. (J. Amer. chem. Soc. **52.** [1930.] 1919) auf trisubstituierte Benzolderivv. u. Berücksichtigung einer Korrektur für die DK. des Kerninnenraumes (LeFèvre u. LeFèvre, J. chem. Soc. [London] **1937.** 1088) werden für nachst. Verbb. die Dipolmomente berechnet u. mit experimentell gefundenen verglichen: *1.2.4-Trichlorbenzol, 2.4-Dinitrochlor-* (bzw. *-brom-* bzw. *-jod-*) *-benzol* u. *2.5-Dichlornitrobenzol.* (Indian J. Physics Proc. Indian Assoc. Cultivat. Sci. **29.** 49—54. Febr. 1955. Waltair, Andhara Univ., Physics Dep.) E. Moisar. B 132

Arthur Lüttringhaus und **Johannes Grohmann,** *Über den Bindungscharakter der Thiongruppe.* 1. Mitt. *Dipolmomentmessungen.* Es wurden die Dipolmomente von Oxo- u. den entsprechenden Thionverbb. in Bzl. gemessen, folgende Momente wurden gefunden (jeweils zuerst das der genannten Thion- u. dann das der analogen C=O-Verb.): *1-Phenyl-2.3.4-trimethylpyrazolthion* 7,00 D (4,96), *Tetramethylthioharnstoff* 4,70 (3,37), *N-Methyl-α-thiopyridon* 5,16 (4,03); *N.N-Dimethylthioacetamid* 4,76 (3,74), *N-Methylbenzthiazolthion* 4,74 (3,74), *Michlers Thioketon* 6,12 (5,16), *3-p-Anisyltrithion* 5,89 (5,14), *2.6-Dimethylthionpyron* 5,19 (4,50), *3-Phenyltrithion* 4,93 (4,30), *Benzotrithion* („*Dithiosulfinden*") 3,88 (3,36), *2.3-Dimethylthiochromon* 4,15 (3,64), *Äthylentrithiocarbonat* 4,86 (4,46), *Thioncumarin* 4,85 (4,49), *Brenzcatechinthioncarbonat* 4,40 (4,14), *Phenyläthylentrithiocarbonat* 4,69 (4,62), *Thionchelidonsäurediäthylester* 3,36 (3,34), *Thiobenzophenon* 3,37 (2,95), *p.p'-Ditolylthioketon* (F. 90,5—91,5°) 3,45 (3,45), *p.p'-Dichlorthiobenzophenon* (F. 108,5—109,5°) 1,58 (1,79) u. *p.p'-Dibromthiobenzophenon* (F. 118—120°) 1,71 (1,93). Die Farbe wird kurz angegeben. Aus der Differenz der Momente der Thio- u. der zugehörigen Carbonylgruppe werden Rückschlüsse auf den Polarisationsgrad gezogen. Dieser ist am höchsten, wenn N-Atome der C=S- bzw. C=O-Gruppe benachbart sind. (Z. Naturforsch. **10b.** 365—67. Juli 1955. Freiburg, Univ., Chem. Inst.)
K. L. Wolf. B 132

C. M. French und **D. Harrison,** *Eine empirische Bindungsadditionsmethode zur Berechnung der diamagnetischen Susceptibilität von einfachen organischen Molekülen.* Das von Pacault (Rev. sci. Instruments **86.** [1948.] 38) abgeänderte Berechnungssyst. nach Pascal für die diamagnet. Susceptibilität unter Verwendung von einerseits Atom- u. Bindungskonstanten u. andererseits strukturbedingten Korrekturwerten führt zu keinen ganz befriedigenden Ergebnissen. Vff. erhalten durch die Einführung der Bindungswechselwrkg., die die Wechselwrkg. auch zwischen entfernteren Nachbarn berücksichtigt, an Stelle der Korrekturwerte im Vgl. mit den noch relativ unsicheren gemessenen Werten bis auf vereinzelte Ausnahmen bessere Übereinstimmung. Vff. berechnen aus Messungen an einfachen Verbb. die Bindungs- u. Wechselwirkungswerte, die erst nach dem Vorliegen weiterer genauer Messungen vermehrt werden können. (J. chem. Soc. [London] **1955.** 1990—96. Juni London, Queen Mary Coll.) GRETCHEN MÜLLER. B 137

C. M. French und **I. G. Roe,** *Die Leitfähigkeit von Pikrinsäure in organischen Lösungsmitteln.* 2. Mitt. *Die Abhängigkeit der Leitfähigkeit von der Zeit.* (1. vgl. C. **1954.** 5485.) Vff. bestimmten die Leitfähigkeit von *Pikrinsäure* (**I**) in Chlorbenzol (**II**), α-Chlor- (**III**) u. α-Bromnaphthalin (**IV**) bei 25° u. Konzz. von 14,06 0,04·10^{-3} [g Äquivalente/Liter]. Eine Änderung der Leitfähigkeit mit der Zeit wurde für **I** in Lsg. in verschied. Ketonen u. Nitriten beobachtet, fehlt jedoch in den Lsgg. in **II**, **III**, **IV** u. H_2O. Eine Erklärung hierfür, die durch spektrophotometr. Messungen gestützt wird, wird in der Geschwindigkeit des Ionisationsprozesses gesucht, die abhängig von den Protonenacceptoreigg. des Lösungsm. ist. (Trans. Faraday Soc. **49.** 791—95. Juni 1953. London, Queen Mary Coll., Dep. of Chem.) GABRIELE GÜNTHER. B 138

Theodore Shedlovsky und **Robert L. Kay,** *Die Dissoziationskonstante von Essigsäure in Wasser–Methanol-Gemischen bei 25° aus Leitfähigkeitsmessungen.* Vff. bestimmen die Leitfähigkeiten verd. Lsgg. von *HCl* u. *Essigsäure* in W.–Methanol-Gemischen im Bereich 10—100% Methanol bei 25°. Die Daten werden unter Verwendung der Gleichungen von ONSAGER für starke u. von FUOSS-SHEDLOWSKY für schwache Elektrolyte ausgewertet. Die Aktivitätskoeffizienten werden nach DEBYE-HÜCKEL berechnet u. der Einfl. des Lösungsm. berücksichtigt. Die Grenzleitfähigkeit (Λ_0) der Essigsäure wird indirekt aus dem Unterschied der Grenzleitfähigkeiten von *NaCl* u. *Na-Acetat* bei gleicher Konz. u. Lösungsmittelzus. nach Λ_0(HAc) = Λ_0(HCl) — [Λ_0(NaCl) — Λ_0(NaAc)] berechnet. Mit dem so ermittelten Λ_0(HAc) wird dann die Dissoziationskonstante K der Essigsäure erhalten. Entsprechende Daten werden auch für HCl berechnet. In Gemischen mit mehr als 40% Methanol liegt HCl nicht mehr vollständig ionisiert vor. Die Dissoziationskonstanten in Gemischen mit 60; 80; 90; 95,8 u. 100% Methanol betragen 4,0; 1,2; 0,29; 0,14 u. 0,059. Die Stärke der Essigsäure nimmt erheblich mit steigender Methanolkonz. ab (K = 1,753·10^{-5} in W. u. 2,37·10^{-10} in Methanol). Ein Vgl. der Werte mit den aus EMK.-Messungen erhaltenen Daten von HARNED u. EMBREE (J. Amer. chem. Soc. **57.** [1935.] 1669) zeigt gute Übereinstimmung. Anders als bei den Salzen, deren Grenzleitfähigkeit etwa im mittleren W.–Methanol-Bereich ein flaches Minimum durchläuft, liegt bei den Säuren ein Minimum bei ca. 90% Methanol vor; bei höheren Konzz. steigt die Kurve stark an. (J. physic. Chem. **60.** 151—55. Febr. 1956. New York, N. Y., Labor. of the Rockefeller Inst. for Medical Res.) W. KRÖNERT. B 139

Martin Kilpatrick und **C. Arne Arenberg,** *Der Einfluß von Substituenten auf die protolytischen Konstanten von Anilinium-ähnlichen Protolyten.* Vff. bestimmen die Gleichgewichtskonstanten für die protolyt. Gleichgewichte $AH^+ + B \rightleftarrows BH^+ + A$ bei substituierten Anilinen mit Hilfe colorimetr. Messungen unter bevorzugter Verwendung von Buttergelb (**I**) als Indicator. Bei den Berechnungen der K-Werte für die der Unters. unterworfenen Ammoniumionen von *o-*, *m-* u. *p-Nitranilin, o-*, *m-*, *p-Chloranilin, o-*, *m-* u. *p-Methylanilin, m-* u. *p-Fluoranilin, p-Dimethylaminoazobenzol* u. *m-Nitro-p-methylanilin* gegenüber W., Methanol, A., Anilin, m-Kresol u. Essigsäure (B) wird das protolyt. Gleichgewicht des Indicators berücksichtigt. Die K-Werte für den Indicator in den verschied. Lösungsmitteln u. gegenüber den genannten Ionen werden angegeben. Die Wirkungsweise von **I**, das schrittweise zwei Protonen anlagern kann, wird diskutiert. Vff. nehmen die Anlagerung des ersten Protons an einem Azostickstoffatom an. — Die protolyt. Gleichgewichte selbst werden in W. u. Methanol durch Salze kaum beeinflußt, während in A. eine stärkere Beeinflussung zu beobachten war. Die K-Werte für die untersuchten Halogenaniliniumionen zeigen die Reihenfolge: o $>$ m $>$ p. Vff. führen das darauf zurück, daß bei diesen Verbb. dem induktiven Effekt eine größere Bedeutung zukommt als dem mesomeren. Die K-Werte sind für die Chlorverbb. — vermutlich infolge einer größeren H-Affinität des Chlors — größer als für die entsprechenden Fluorverbindungen. Bei den Nitroverbb. wurde die Reihenfolge o $>$ p $>$ m beobachtet, die für einen stärkeren Einfl. des mesomeren Effektes gegenüber dem induktiven spricht. Bei o-Nitranilin wird außerdem mit Bldg. eines Chelatringes u. dadurch weiterer Stabilisierung gerechnet. Die Verhältnisse werden eingehend im Vgl. zu K-Werten in der Phenol- u. Benzoesäurereihe diskutiert. Die K-Werte für die Nitraniline steigen mit 1/DK. stark, für die Halogenaniline weniger stark, während sie für die Methylaniline abfallen. Jedoch scheint die DK. von geringerer Bedeutung zu sein als die Protonendonoreigg. des Lösungsm., Messungen in W. zeigen die gleichen K-Werte wie solche in m-Kresol. Die HAMMETTsche Gleichung wird für die obengenannten Verbb. — auch für die o-substituierten Aniline — hinreichend befolgt. Die K-Werte werden ferner auf

Grund der elektrostat. Theorie berechnet, die berechneten Werte stimmen weitgehend mit den gefundenen überein. (J. Amer. chem. Soc. **75.** 3812—21. 5/8. **1953.** Chicago, Ill., Inst. of Technol., Dep. of Chem.) J. Kleinwächter. B 139

Josef Cabicar und **Václav Zátka,** *Thermodiffusion in flüssiger Phase.* 1. Mitt. *Thermodiffusion in wässerigen Alkohollösungen.* Es wird eine App. beschrieben, die zur Unters. der Thermodiffusion der wss. Lsgg. von Alkoholen angewendet wurde. Der Soretsche Koeff. für *A.* steigt mit steigender Konz. von negativen Werten (bei 24,55% kehrt sich sein Vorzeichen um) zum Maximum bei 52% u. sinkt dann wieder ab. Solches Verh. wurde auch bei *Methanol, n-Propanol* u. *Isopropanol* beobachtet. Der Verteilungskoeff. von A. stellt im untersuchten Zeitintervall eine quadrat. Funktion der Temp. u. eine lineare Funktion der Zeit dar. Die beste Verteilung tritt bei einer Wanddistanz von 0,025 cm ein. Die Konzentrationsabhängigkeit des Soretschen Koeff. wurde durch Assoziatbldg. erklärt. (Chem. Listy **48.** 348—54. März 1954. Praha, Českoslov. akad. věd, Labor. pro fys.-chemii. [Orig.: tschech.]) V. Kačena/Prag. B 149

Webster B. Kay und **Robert E. Albert,** *Flüssigkeits–Dampf-Gleichgewichtsbeziehungen im System Äthan–Cyclohexan.* Für verschied. Mischungen bekannter Zus. des Syst. *Äthan* (I)–*Cyclohexan* (II) werden von Vff. Druck–Temp.- u. Druck–Dichte-Diagramme aufgenommen, mittels derer die P—V—T—x-Beziehungen des Syst. studiert werden. Die Zus. der Mischung mit dem höchsten krit. Druck (298,5°F; 1338 lb/in² u. 71 Mol-% I) wird ermittelt. Der Dampfdruck des **II** vom Kp. bis zum krit. Punkt läßt sich durch $\log p = 5{,}62509 - (2839{,}875/T[^0R])$ lb/in² ausdrücken. Für eine Anzahl von Drucken zwischen 100 u. 1300 lb/in² werden die Tempp. u. die Zus. der fl. koexistenten Phase u. der Dampfphase bei konstantem Druck wiedergegeben. Diese Beziehungen werden auch durch das Gleichgewichtsverhältnis K (= y/x) für **I** u. **II** ausgedrückt. Nach dem Gesetz der idealen Lsgg. sollten die K-Werte für **I** unabhängig vom Lösungsm., mit dem **I** vermischt wird, sein. Die Ergebnisse zeigen jedoch, daß die K-Werte für **II** als Solvens zwischen denen liegen, die für Paraffinverbb. u. Bzl. erhalten wurden. (Ind. Engng. Chem. **48.** 422—26. März 1956. Columbus, O., State Univ.) K. Frenkler. B 150

L. N. Canjar, E. C. Horni jr. und **R. R. Rothfus,** *Dampf–Flüssigkeits-Gleichgewichte im System Aceton–Benzol–Äthylendichlorid.* Vff. untersuchen die Dampf–Fl.-Gleichgewichte der drei bin. Gemische *Bzl.–Aceton* (I), *Bzl.–Äthylendichlorid* (**II**) u. **I–II** sowie des tern. Syst. I–*Bzl.*–**II** über den gesamten Konzentrationsbereich bei einem konstanten Gesamtdruck von 760 mm Hg. Die Aktivitätskoeffizienten werden nach $\gamma_i = Py_i/P_i^0x_i$ berechnet, wobei die Dampfdrucke P^0_i der reinen Komponenten nach Coulson, Hales u. Herington (Trans. Faraday Soc. **44.** [1948.] 636) bzw. Redlich, Kister u. Turnquist (für **II**, Chem. Engng. Progr. Symp. Ser. No.2. **48.** [1952.] 49) erhalten werden. (Ind. Engng. Chem. **48.** 427—30. März 1956. Pittsburgh, Pa., Carnegie Inst. of Technol.) K. Frenkler. B 150

O. B. Cecil und **R. H. Munch,** *Thermische Leitfähigkeit einiger organischer Flüssigkeiten.* Vff. untersuchen die therm. Leitfähigkeit K_L einiger organ. Fll. mittels der Hitzdrahtmethode. Theoret. wird die Beziehung $\Delta T/RI^2 = (A/K_L) + B$ abgeleitet (ΔT = Temperaturdifferenz zwischen Hitzdraht u. Innenwand der Meßstelle, R Widerstand des Hitzdrahts u. I Stromstärke des Heizstroms, A u. B Konstanten, die allein von den Dimensionen u. dem Material der App. abhängig sind). Für Mischungen (bin. u. tern.) wird für K_M die empir. Beziehung $K_M = (\%A/100)K_A + (\%B/100)K_B + (\%C/100)K_C$ gefunden, worin K_A, K_B u. K_C die therm. Leitfähigkeiten der Komponenten A, B u. C sind. — Meßergebnisse [$K_L \cdot 10^5$ (cal/cm·Grad·Sek.)] bei 25°: *W.* 148; *CH_3OH* 50,5; *CCl_4* 25,2; *C_2H_5Br* 28,6; *Chlf.* 32,0. — Bei 28 bzw. 81°: *Acroclor 1221* 27,7; 27,2; *Aroclor 1242* 24,0; 23,4; *Aroclor 1248* 23,6; 23,1; *Aroclor 1254* 22,9; 22,1; *Dioctylphthalat* 32,4; 30,9; *Dibutylphthalat* 32,5; 29,9; *2-Äthylhexyldiphenylphopshat* 31,3; 30,0; *Isooctyldiphenylphosphat* 30,0; 30,7; *Tris-[2-äthylhexyl]-phosphat* 31,2; 28,5; *Trikresylphosphat* 31,7; 31,1; *Tetraäthylsilicat* 30,3; 34,4; *Tetra-[2-äthylhexyl]-silicat* 31,9; 30,7; *Adipinsäure-, Azelainsäure-* u. *Sebacinsäure-bis-[2-äthylhexyl]-ester* 33,5; 29,7 bzw. 35,6; 33,6 bzw. 36,0; 35,1; *1.2.4-Trichlorbenzol* 25,8; 26,7. (Ind. Engng. Chem. **48.** 437—40. März 1956. St. Louis, Mo., Monsanto Chem. Co., Organ. Chem. Div.) K. Frenkler. B 158

Paolo M. Strocchi und **Ettore Gliozzi,** *Beitrag zur Kenntnis der konzentrierten wässerigen Saccharoselösungen.* 4. Mitt. *Einfluß von NaBr, Na_2CO_3, Na_2SO_4 und Na_3PO_4 auf die Viscosität.* (3. vgl. C. **1956.** 1257.) Die Unters. der Viscosität von Rohrzuckerlsgg. (55%) in Ggw. verschied. Mengen von Na-Salzen bei 20—60° läßt einen merklichen Unterschied im mol. Salzeffekt zwischen Cl^- u. Br^- erkennen, der größer ist als der zwischen Li^+, Na^+ u. K^+ beobachtete. CO_3^{2-} erhöht die Viscosität mehr als SO_4^{2-}, bei den hohen Tempp. ist die negative (depressive) Wrkg. von SO_4^{2+} größer als die von CO_3^{2-}. Die mol. Effekte der verschied. Anionen bzgl. des Inkrements der spezif. Viscosität der Zuckerlsgg. u. des Verhältnisses Φ/V sind oberhalb einer (auf das Lösungsm. bezogenen) krit. Konz. von 0,4 Mol(Gew.-)% um so höher, je größer die Ladung des Ions ist, wie dies auch schon bei den Kationen gefunden wurde. (Ann. Chimica **43.** 190—200. März 1953. Bologna, Univ., Ist. di Chim. industr. ed appl.) R. K. MÜLLER. B 172

S. A. Barker, E. J. Bourne und **O. Theander,** *Trennungen von Kohlenhydraten an Kohlesäulen in Gegenwart von Borat.* Boratkomplexe von Zuckern u. Sacchariden werden aus Kohle-Celit-Säulen (WHISTLER u. DURSO, C. **1950.** II. 2718) leichter als freie Zucker eluiert. Es gelingt mit Boratpuffer (p_H 10) u. Anwendung der linearen Gradienten-elution (W.-A.) von LINDBERG u. WICKBERG (Acta chem. scand. **8.** [1954.] 569) die einwandfreie Trennung von Modellgemischen wie *Melibiose–Maltose* (Ausbeuten 89,9 bzw. 89,5%), *Isomaltose–Maltose* (91,1 bzw. 87,1%) u. *Isomaltotriose–Maltotriose* (92,4 bzw. 89,0%). Ferner läßt sich ein *Dextranpartialhydrolysat* in 9 Fraktionen auflösen. Zwischen der Saccharidkettenlänge u. der Alkoholkonz. im Eluens besteht eine lineare Beziehung. (J. chem. Soc. [London] **1955.** 4276—80. Dez. Birmingham, Univ., Chem. Dep.) K. H. WOLF. B 177

J. S. Dave und **M. J. S. Dewar,** *Mischungen kristalliner Flüssigkeiten.* 2. Mitt. *Der Konstitutionseinfluß auf die Übergangstemperatur von Mischungen kristalliner Flüssigkeiten.* (1. vgl. C. **1955.** 8582.) Vff. untersuchten weitere bin. Systeme, in welchen eine Komponente zur Bldg. von fl. Kristallen befähigt ist. Bei der Deutung der Ergebnisse wird zwischen 2 Faktoren unterschieden, auf die die Konst. der Komponenten Einfl. besitzt. Der ster. Faktor beschreibt die Fähigkeit der Moll., sich in ein „Gitter" der kristallinen Fl. einzuordnen, die mittlere Kohäsionsenergiedichte für den Orientierungseffekt stellt die Abnahme der Energie bei der Ordnung der Fl. dar. Sind die beiden Komponenten des Syst. gleich in Größe u. Gestalt, so ist der ster. Faktor gleich für Gemische aller Zuss., der Energiefaktor variiert mehr oder weniger linear mit der Zus., die Übergangslinie im Phasendiagramm ist daher mehr oder weniger gerade. Für Systeme von *p-Azoxyanisol* (**II**) mit einer 2. Komponente gleicher Gestalt wurde festgestellt, daß die Neigung der Geraden ein Maß für die virtuelle Übergangstemp. T_2 der 2. Komponente ist: je geringer der Anstieg, desto höher T_2 u. desto größer die Tendenz der Komponente zur Bldg. von fl. Kristallen. Bei Isomerenpaaren SCHIFFscher Basen ist die Neigung ähnlich; bei Ggw. von zwei polaren Gruppen ist sie gering; die Effekte der endständigen Gruppen sind annähernd additiv, die Reihenfolge ihrer Wirksamkeit $NO_2 > OCH_3 > (CH_3)_2N > CH_3 > Cl > Br > H$. — Differieren dagegen die Komponenten eines Gemisches in Größe u. Gestalt, so ist die Übergangslinie im Phasendiagramm konkav bzw. besitzt ein Minimum. Bei extrem geringen Tendenzen zur Bldg. von fl. Kristallen ist die Übergangslinie sehr steil. — Folgende Systeme wurden untersucht: *p-Anissäure* + *Zimtsäure* (**V**); *N-p-Anisyliden-p-anisidin* + *N-p-Anisyliden-p-toluidin* (**IV**); *p-Azoxyphenetol* (**I**) + *4.4'-Dichlorazoxybenzol* (**III**); **I** + *β-Naphthylamin* (**VI**); **II** + **III**; **II** + *N-p-Anisyliden-p-dimethylaminoanilin* (F. 146°); **II** + *N-p-Nitrobenzyliden-p-toluidin* (F. 124°); **II** + *N-4-Nitrobenzyliden-p-anisidin* (F. 136°); **II** + *p-Dimethylamino-N-[4-methylbenzyliden]-anilin* (F. 146°); **II** + *N-[4-Methylbenzyliden]-p-anisidin*; **II** + **IV**; **II** + *N-[4-Methylbenzyliden]-p-toluidin* (F. 93,5°); **II** + *p-Dimethylamino-N-[4-nitrobenzyliden]-anilin* (F. 220°); **II** + *N-[4-Chlorbenzyliden]-p-anisidin*; **II** + *p-Chlor-N-[4-anisyliden]-anilin*; **II** + *N-[4-Chlorbenzyliden]-p-toluidin* (F. 128°); **II** + *p-Chlor-N-[4-chlorbenzyliden]-anilin* (F. 112°); **III** + *p-Brom-N-[4-methylbenzyliden]-anilin* ($C_{14}H_{15}NBr$, F. 133°, aus p-Toluylaldehyd u. p-Bromanilin); **II** + *N-Benzyliden-p-anisidin* (F. 71°); **II** + *N-[4-Methylbenzyliden]-anilin* (F. 45°); **II** + *N-Benzyliden-p-dimethylaminoanilin* (F. 101°); **II** + *N-Benzylidenanilin*; **II** + *Azobenzol*; **II** + *Azoxybenzol*; **II** + **V**; **II** + *Acetanilid*; **II** + *α-Naphthylamin*; **III** + **VI**. (J. chem. Soc. [London] **1955.** 4305—09. Dez. London, Queen Mary Coll., Mile End Road.) M.-L. KLAAR. B 186

N. G. Anderson und **I. M. Dawson,** *Die Untersuchung von Kristallwachstum mit dem Elektronenmikroskop.* 4. Mitt. *Die Keimbildung und das Wachstum von n-Pentakontansäurepropylester.* (3. vgl. C. **1954.** 4124.) Es wurde das Wachstum von Kristallen von n-Pentakontansäurepropylester, $C_{53}H_{106}O_2$, elektronenmkr. untersucht. Als Lösungsm. wurde PAe. vom Kp. 100—120° benutzt. Die erhaltenen Kristalle wurden vor der elektronenmkr. Beobachtung mit einer Ni–Pd-Legierung u. einem Aufdampfwinkel von 15° bedampft. In den ersten Wachstumsstadien wurden Kristalle ohne erkennbare Wachstumsstufen beobachtet. Es wird hieraus geschlossen, daß das Wachstum von Schichtkernen ausgeht, die aus kleinen kondensierten monomol. Filmen mit Flächeninhalten von 0,25—20 μ^2 bestehen. Die später auftretenden Wachstumsstufen hatten nach Messungen aus der Schattenlänge eine Höhe von 75 ± 12 Å, in guter Übereinstimmung mit dem von STÄLLBERG, STÄLLBERG-STENHAGEN u. STENHAGEN (vgl. C. **1954.** 6921) beobachteten langen Netzebenenabstand von 70 Å. An den Ecken der obigen Schichten bilden sich durch Kondensation von Moll. Schraubenversetzungen. Das weitere

Wachstum geschieht dann um diese Versetzungszentren, die resultierende Spirale ist nach dem Zentrum der Kristallfläche zu aufgebaut. Infolge innerer Gleitung wurden bei einer Reihe von Kristallen Oberflächen beobachtet, die eine Kombination von $(0\,0\,1)$- u. $(0\,0\,\bar{1})$-Wachstumsfiguren zeigten. Während eine große Anzahl von Kristallen parallele $(0\,0\,1)$- u. $(0\,0\,\bar{1})$-Oberflächenstrukturen zeigten, wurden bei einem kleinen Prozentsatz Abweichungen von dem genauen Parallelismus festgestellt. Der Verdrehungswinkel zwischen den beiden Kristallhälften erwies sich als nicht konstant. Das Auftreten dieser Verdrehungen kann nicht im Sinne von WILMAN (vgl. C. **1952.** 7150) durch Rotationsgleiten erklärt werden, da die Verdrehung nicht durch Deformation eines schon gebildeten Kristalls entsteht, sondern während des Wachstums selbst. Die Verdrehungsgrenzfläche wird meistens von einer Schraubenversetzung oder einer Gruppe von Schraubenversetzungen durchdrungen. (Proc. Roy. Soc. [London], Ser. A **228.** 539—48. 22/3. 1955. Glasgow, Univ., Chem. Dep.) C. GOTTFRIED. B 190

Yoshiyuki Urushibara, Fujiro Imura und **Kenro Ikeda,** *Erratum: Polymorphie von cis- und trans-β-Methoxy-p-nitrochalkon in Lösung.* (Vgl. C. **1955.** 3829.) Die Angaben über UV-Absorptionsspektren der *β-Methoxy-p-nitrochalkone* werden berichtigt. (J. chem. Physics **23.** 759. April 1955. Bunkyo-ku, Tokyo, Univ., Dep. of Chem.) K. FRENKLER. B 190

I. L. Krupatkin, *Über das Verfahren der zwei Lösungsmittel.* (Vgl. C. **1954.** 8060). Das Verf. mit 2 Lösungsmitteln, wobei ein bin. Syst. einmal in einem polaren, andererseits in einem nichtpolaren Lösungsm. untersucht wird, eignet sich zur Unters. der Wechselwrkg. der Komponenten des bin. Syst. u. ihrer Veränderung durch die dritte Komponente, das Lösungsmittel. Als Beispiel werden die Systeme *Antipyrin* (**I**)–*Salicylsäure* (**II**)–W. u. **I**–**II**–Bzn. durch Aufnahme der Entmischungsisothermen untersucht. Durch die Bldg. von Salipyrin (**III**) tritt im Syst. mit W. ein Löslichkeitsminimum mit oberem tern. krit. Punkt auf, im Syst. mit Bzn. ein Löslichkeitsmaximum mit synklinaler singulärer Kante, es lassen sich also die Löslichkeitsgebiete der bin. Systeme Bzn.–**I** u. Bzn.–**III** unterscheiden; letzteres Syst. wird durch **II** homogenisiert, in beiden tern. Systemen überwiegen die benzinfreien homogenen bin. Systeme. Der Vgl. der Gleichgewichtsdiagramme zeigt, daß beim Übergang vom polaren zum nichtpolaren Lösungsm. sich die Art der Umsetzung von **III** mit dem Lösungsm. ändert, indem **III** nicht durch Hydratationsprozesse, sondern durch Assoziationsprozesse stabilisiert wird. Als polare Lösungsmittel eignen sich auch höhere Alkohole, als nichtpolare gesätt. KW-stoffe der Fettreihe, CS_2 u. S. (Журнал Общей Химии [J. allg. Chem.] **25** (**87**). 2189—98. Nov. 1955. Tscherkass. Pädagog. Inst.) R. K. MÜLLER. B 221

W. R. Trost, *Die Additionsverbindungen von Siliciumtetrachlorid und Aminen.* Folgende Amine wurden mit $SiCl_4$ umgesetzt u. gaben in exothermer Rk. Additionsverbb.: *Diäthylamin, Triäthylamin, Butylamin, Dibutylamin, Tributylamin, Piperidin, Morpholin, Äthanolamin, Diäthylanolamin, Pyridin* (**I**), *Dimethylanilin* (**II**) u. *Anilin* (**III**). Mit $SiCl_4$ u. überschüssigem Amin in PAe. oder Bzl. entstanden gewöhnlich voluminöse, weiße Ndd., während bei überschüssigem $SiCl_4$ sich gefärbte, meist gelbe Ndd. bildeten. Bei Ausschluß von Feuchtigkeit sind die Verbb. recht beständig. Die Additionsverbb. von **I**, **II** u. **III** wurden stöchiometr. näher untersucht. Mit **I** wurden dabei die *Verbb.* $SiCl_4(I)_2$, gelb, mikrokrist., Zers. bei ca. 100° in trockener Luft, u. $SiCl_4(I)_4$, hygroskop. Pulver, Zers. bei ca. 200°, erhalten. **II** lieferte die *Verbb.*: $SiCl_4(II)$, rosa, Zers. ca. bei 80°, $SiCl_4(II)_2$, in PAe. grün, trocken rot (die rote Form wird bei ca. 70° gelb u. schm.) u. $SiCl_4(II)_4$, gelb, wird beim Erhitzen in PAe./Cyclohexan u. überschüssigem **II** braun. Von **III** wurden die *Verbb.* $SiCl_4(III)_2$, gelb, u. $SiCl_4(III)_4$, Pulver, Zers. bei 185°, gegen Wasserdampf unempfindlich, erhalten. Über den möglichen Aufbau u. die Bindungsverhältnisse zwischen $SiCl_4$ u. den Aminen werden Vorstellungen entwickelt. (Canad. J. Chem. **29.** 877—84. Okt. 1951. Halifax, Dalhonsie Univ., Dep. of Chem.) K. NEZEL. B 223

W. N. Ufimzew und **M. M. Malafejewa,** *Beweglichkeit des Halogens im Benzolkern.* (Vgl. C. **1955.** 9089.) Es wurde die Aktivität des Br-Atoms in Nitro- u. Dinitrobrombenzolen in Abhängigkeit von der Stellung der Nitrogruppen untersucht. 0,1 g der untersuchten Verb. wurden mit 1 ml Piperidin 1 Std. im Rohr auf eine bestimmte Temp. (25—200°) erhitzt, das Reaktionsprod. wurde mit Ae. extrahiert u. Brom als AgBr bestimmt. Es wurde festgestellt, daß durch die Einführung von Nitrogruppen in *Brombenzol* (**I**) die Aktivität des Br-Atoms erhöht wird, wobei die Beweglichkeit in folgender Reihe zunimmt: **I** < *m-Nitrobrombenzol* (**II**) < *p-Nitrobrombenzol* (**III**) < *o-Nitrobrombenzol* (**IV**). In **I** reagieren bei 150° 0%, bei 200° 0,43% Brom, in **II** bei 150° 3,5%, bei 200° 25,4%, in **III** bei 100° 95,9%, in **IV** bei 100° 98,4%. In *2.4-* (**V**) u. *2.6-Dinitrobrombenzol* (**VI**) ist die Aktivität des Broms noch stärker: Sie reagieren mit Piperidin bereits bei 25° so heftig, daß an Stelle Piperidin das weniger reaktionsfähige o-Bromanilin verwendet wurde. Hierbei reagieren in **V** bei 100° 26,3%, in **VI** bei 100° 59,2% Brom.

3.5-Dinitrobrombenzol (**VII**) ist weniger reaktionsfähig: Mit Piperidin reagieren bei 100° 26,6% Brom. Durch $CuSO_4 \cdot 5\,H_2O$ wird die Aktivität des Br in **I**—**VII** allg. erhöht: In Ggw. von 0,1 g $CuSO_4 \cdot 5\,H_2O$ reagierten bei analogen Verss. mit Piperidin in **I** bei 150° 45,4%, in **II** bei 150° 79,0%, in **III** u. **IV** bei 100° 100%, in **VII** bei 100° 78,4%, bei 125° 90,5% Brom. Bei einem Vgl. mit den Bromnaphthalinen ergibt sich, daß die Aktivität des Br in **I** geringer ist als in *2-Bromnaphthalin*, jedoch größer als in *1-Bromnaphthalin*. Analog ist das Br-Atom in **II** weniger reaktionsfähig als das in *2-Brom-4-nitronaphthalin*, jedoch reaktionsfähiger als das in *1-Brom-3-nitronaphthalin*. **III** u. **IV** sind weniger reaktionsfähig als die entsprechenden o- u. p-Nitrobromnaphthaline, ausgenommen *3-Nitro-2-bromnaphthalin*, das erheblich langsamer reagiert als **IV**. (Доклады Академии Наук СССР [Ber. Akad. Wiss. UdSSR] [N. S.] **99**. 555—58. 1/12. 1954. Wiss. Woroschilow-Forschungsinst. für Zwischenprodd. u. Farbstoffe.) G. FROELICH. B 225

Charles R. Hauser und **David S. Hoffenberg**, *Die Beckmannsche Umlagerung von Ketoximen mit Borfluorid. Entwicklung der Theorie und einer neuen Methode.* Benzophenonoxim (**I**) u. der entsprechende O-Methyläther werden von BF_3 in stabile N-Koordinationskomplexe umgewandelt. Diese erleiden erst bei 125—150° bzw. in Essigsäurelsg. bei 115—120° BECKMANNsche Umlagerung. Auch das Acetat des **I** bildet zunächst mit BF_3 einen N-Koordinationskomplex, jedoch lagert sich dieser bereits bei 30—35° um. — Ferner wird die BECKMANNsche Umlagerung mit BF_3 in Eisessig bei einigen anderen Oximen untersucht. — Die Reagentien, die die Umlagerung schon bei niederen Tempp. bewirken, bilden intermediär wahrscheinlich esterartige Prodd., die erst bei höherer Temp. wirksame Oxoniumverbindungen ergeben. Die innermol. 1.2-Umlagerung der N-Komplexe in Oxoniumverbb. wird mit der Alkylwanderung bei Benzyläthern bzw. quaternären Ammoniumsalzen verglichen.

Versuche: *BF_3-Komplex von* **I**, F. 149—150° (Zers.), aus **I** in Ligroin u. BF_3 bei Raumtemp.; 98% (Ausbeute); in Bzl. als Lösungsm. 76%; zers. sich in 2 Wochen, geht mit $NaHCO_3$-Lsg. wieder in **I**, F. 142—143°, über. — *Benzanilid* (**II**), F. 162—163° (A.), aus vorst. Komplex durch Erwärmen auf 150°, wobei Temp. spontan auf 210° ansteigt; 83%; ähnliche Ergebnisse bei 20 Min. Rk. bei 140°, beim Überleiten von BF_3 über **I** bei 150°, beim Erhitzen in „Dowtherm" auf 150° u. bei 10 Min. Kochen mit Essigsäure. — *Benzophenonoxim-O-methyläther* (**III**), F. 60—61°, aus einer Suspension von **I** in Methyljodid durch Zugabe von Ag_2O u. 3 std. Kochen; 71%. — *BF_3-Komplex von* **III**, F. 45—65°, aus **II** u. BF_3 in Ligroin; 50%; in Bzl. entstand ein Bzl.-unlösl. Öl; mit 10%ig. $NaHCO_3$-Lsg. entstand **III**, F. 60—61°. Bildet beim langsamen Erhitzen auf 125° (heftige Rk.) **II**; 53%, berechnet auf **III**. — *BF_3-Komplex von Benzophenonoximacetat*, aus Benzophenonoximacetat (**IV**, F. 72—73°) in Toluol durch Sättigen mit BF_3 bei 0°. **IV** gibt in Toluol durch Sättigen mit BF_3 ohne Kühlung **II**; 90%. — BF_3–Essigsäure-Meth. für BECKMANNsche Umlagerungen: A) 2—3 g Oxim in 20 ml Eisessig werden mit BF_3 gesätt. (Temp. steigt auf 115—120°); B) 2—3 g Oxim u. 20 g BF_3–Diessigsäure-Komplex wurden 10 Min. auf 115—120° erwärmt. Es wurde erhalten: **II** aus **I**, nach Meth. A) 98%, nach Meth. B) unter Verwendung nur einer katalyt. Menge von BF_3 95%, nach der n. Meth. 99%; aus Acetophenon *Acetanilid*, F. 113—114°, A) 96%, B) 87% + 6% aus der Mutterlauge; aus Cyclohexanon *ε-Caprolactam*, F. 64 bis 68°, B) 98%; aus Phenylaceton *N-Benzylacetamid*, F. 53—55°, A) 35%, B) 40%. (J. org. Chemistry **20**. 1482—90. Nov. 1955. Durham, N. C., Duke Univ., Dep. of Chem.) R. MATTNER B 225

Yoshio Ogata, *Neuere Probleme des Mechanismus der organischen Reaktionen.* 1. Mitt. Überblick über die theoret. Forschung der Halogenierung, Kupplung u. Mercurierung aromat. Verbindungen. — 60 Literaturangaben. (Kagaku-no-Ryôiki [J. Jap. Chem.] **9**. 451—56. Juli 1955. Kyôto, Univ., Abt. techn. Chem. [Orig.: japan.]) E. MAEKAWA. B 225

Yoshio Ogata, *Neuere Probleme des Mechanismus der organischen Reaktionen.* 2. Mitt. (1. vgl. vorst. Ref.) Überblick über die theoret. Forschung der Nitrierung u. Sulfonierung aromat. Verbindungen. — 28 Literaturangaben. (Kagaku-no-Ryôiki [J. Jap. Chem.] **9**. 510—14. Aug. 1955. [Orig.: japan.]) E. MAEKAWA. B 225

Yoshio Ogata, *Neuere Probleme des Mechanismus der organischen Reaktionen.* 3. Mitt. (2. vgl. vorst. Ref.) Überblick über die theoret. Forschung der Veresterung u. der Rkk. der Ester. — 65 Literaturangaben. (Kagaku-no-Ryôiki [J. Jap. Chem.] **9**. 570—77. Sept. 1955. [Orig.: japan.]) E. MAEKAWA. B 225

Yoshio Ogata und **Masaya Okano**, *Neuere Probleme des Mechanismus der organischen Reaktionen.* 4. u. 5. Mitt. (3. vgl. vorst. Ref.) Überblick über die theoret. Forschung der Substitution u. Enthalogenierung der aliphat. Verbindungen. — 92 Literaturangaben. (Kagaku-no-Ryôiki [J. Jap. Chem.] **9**. 660—67. Okt. 729—37. Nov. 1955. [Orig.: japan.]) E. MAEKAWA. B 225

Yoshio Ogata, *Neuere Probleme des Mechanismus der organischen Reaktionen.* 6. Mitt. (4. u. 5. vgl. vorst. Ref.) Überblick über die theoret. Forschung von H^+-bedingten Umlagerungen, des Na-Austausches gegen H, der Ätherbldg. u. -hydrolyse sowie der Hydratation u. Dehydratation. — 66 Literaturangaben. (Kagaku-no-Ryôiki [J. Jap. Chem.] **9.** 797—805. Dez. 1955. [Orig.: japan.]) E. Maekawa. B 225

Jan Marek, *Die Hydrolyse des Acetanhydrids bei erhöhten Temperaturen in Anwesenheit von Äthylacetat.* Die Kinetik der Hydrolyse des *Acetanhydrids* im Gemisch aus $CH_3COOC_2H_5$ (I)-H_2O (II)-CH_3COOH (III)-$(CH_3CO)_2O$ (**IV**) wurde unter Bedingungen gemessen, die bei der industriellen Rektifikation bei erniedrigtem Druck vorkommen. Die Reaktionsgeschwindigkeit wurde im Temperaturbereiche von 65—95° bestimmt, Konzentrationsbereich (in Molenbrüchen); **I** 0—0,7; **III** 0,15—0,5; **II** u. **IV** 0—0,3. Die Hydrolyse verläuft nach der zweiten Ordnung, die Hydrolyse von **I** kann vernachlässigt werden. Die Konz. von **III** u. das Verhältnis der Konzz. von **I** u. **II** haben keinen Einfl. auf die Reaktionsgeschwindigkeitskonstante, diese ist der Konz. von **I** proportional. Eine empir. Gleichung wurde angegeben, welche die beobachteten Abhängigkeiten mit einem Fehler $\pm 4\%$ erfaßt. (Chem. Listy **48.** 168—82. Febr. [Orig.: tschech.]; Collect. czechoslov. chem. Commun. **19.** 621—31. Aug. 1954 [Orig.: engl.]. Praha, Ústav chem. inženýrství, Vysoká škola chem.-technol.) V. Kačena/Prag. B 225

S. Winstein, E. Clippinger, A. H. Fainberg und **G. C. Robinson,** *Natur und Verhalten von Ionenpaaren bei der Acetolyse.* (Vgl. C. **1955.** 2638.) Bei der Deutung von Rkk. organ. Halogenide u. Benzolsulfonate RX (**I**), die über Carbeniumionen verlaufen, muß eine stufenweise Dissoziation zu den freien Ionen (**IV**) über die Zustände des „inneren" (**II**) (nicht durch andere Moll. getrennten) u. des „äußeren" (**III**) (durch Lösungsmittelmoll. getrennten) Ionenpaares angenommen werden. Alle Stadien sind durch Gleichgewichte miteinander verknüpft, u. es hängt von den relativen Geschwindigkeiten ab, welche dieser Formen zu den Endprodd. reagiert. Es wird eine Diskussion der möglichen Grenzfälle durchgeführt, bes. im Hinblick auf geschwindigkeitsbeeinflussende Wirkungen von gemeinsamen (X^-) u. fremden ($LiClO_4$, LiBr u. a.) Ionen. Zusatz geringer Mengen $LiClO_4$ bewirkt bei einigen der untersuchten Verbb. einen Zwei-Stufen-Effekt, anfangs einen sehr steilen Anstieg von k_t (titrimetr. Geschwindigkeitskonstante 1. Ordnung der Solvolyse), danach ein langsames Anwachsen proportional der Salzkonz. entsprechend $k_t = k^0_{extr.} (1 + b[LiClO_4])$ ($k^0_{extr.}$ durch Extrapolation $[LiClO_4] \rightarrow 0$). Zweifellos bewirkt das $LiClO_4$ eine Änderung in der Rückkehr der Ionen. Folgende p-Toluolsulfonate (X = OTs) u. p-Brombenzolsulfonate (X = OBs) wurden untersucht: *2-Phenylpropyl-(1)-OBs, threo-3-Phenylbutyl-(2)-OTs, exo-Norbornyl-OBs, 2-p-Anisylpropyl-(1)-OTs, threo-3-p-Anisylbutyl-(2)-OBs, Cholesteryl-OTs, 2-[2.4-Dimethoxyphenyl]-äthyl-OBs.* Davon zeigen nur die beiden letzten eine Geschwindigkeitsdepression durch Zusatz von OTs^- bzw. OBs^-. Im Fall von Kationen mit Brücken vom Norbornyl- oder 3-Arylbutyl-(2)-Typ entstehen die Solvolyseprodd. aus den **III**, nicht aus den **II**. Die Rückkehr zum kovalenten Zustand **I** während der Solvolyse geschieht bei den ersten drei Verbb. nur durch „internal return" der **II**, bei den übrigen auch vom äußeren Ionenpaar **III** aus. $LiClO_4$, LiBr u. gewisse andere Salze sind in der Lage, die **III** wirksam zu binden u. bewirken ein Anwachsen von k_t durch Verhinderung der Rückkehr der **III** zu **II** oder **I**. (Chem. and Ind. **1954.** 664—65. 5/6. Los Angeles, Calif., Univ., Dep. of Chem.) G. Lohaus. B 225

Masuo Murakami, Shigeru Oae und **Sei Takeuchi,** *Elektronische Deutung des Mechanismus organischer Reaktionen.* 7. Mitt. *Reaktionen und Strukturen von organischen Haliden bei Substitutionsreaktionen.* (5. u. 6. vgl. J. chem. Soc. Japan, pure Chem. Sect. [Nippon Kagaku Zassi] **72.** [1951.[34.) Vff. untersuchen die Umsetzungen von *n-Butylchlorid* (I, Kp. 77,5°), *Allylchlorid* (II, Kp.45°), *ω-Chloracetophenon* (**III**, F. 56°), *Chloraceton* (**IV**, Kp. 119°), *Äthylchloracetat* (**V**, Kp. 143—144°), *n-Butylidenchlorid* (**VI**, Kp. 114—115°), *Benzylchlorid* (**VII**, Kp. 179°), *Benzalchlorid* (**VIII**, $Kp._{14}$ 88—89°) u. *Benzotrichlorid* (**IX**, $Kp._{25}$ 104—105°) in absol. A. mit $AgNO_3$ bei Tempp. zwischen 20 u. 50°. Um die störende Katalyse durch AgCl auszuschalten, wird im Dunkeln gearbeitet. Für die Verbb. **I, VI, VII, VIII** u. **IX** wird auch die Umsetzung mit KJ in absol. Aceton untersucht. Vff. finden **II** u. **VII** reaktionsfähiger als die gewöhnlichen Alkylchloride; **III, IV, V** reagieren nicht so leicht wie **I**. Auch **VI** ist reaktionsträger als **I**. In der Reihe **VII, VIII, IX** nimmt die Reaktionsfähigkeit mit wachsender Zahl der Cl-Atome bei der Rk. mit KJ ab, bei der Rk. mit $AgNO_3$ zu. Die experimentellen Ergebnisse werden von Vff. als S_N2-Typ-Rk. gedeutet u. ausführlich diskutiert. — Bimol. Geschwindigkeitskonstanten für die Rk. mit $AgNO_3$ bei 50° ($k \cdot 10^{-5}$ Liter·Mol^{-1}·min^{-1}) **I** 1,2; **II** 7,9; **III** 0,67; **IV** 0,31; **V** 0,32; **VI** 0,13; **VII** 83,0; **VIII** bei 20° 76,7; **IX** bei 20° 102,5; für die Rk. mit KJ: **I** bei 60° 0,12; **VI** 0,00; **VII** bei 25° 0,77; **VIII** bei 50° 0,24; **IX** bei 50° 0,13. (Bull. chem. Soc. Japan **24.** 1—4. April 1951. Osaka, Univ., Inst. of Sci. and Ind. Res.) K. Frenkler. B 225

R. F. Hudson und **B. Saville**, *Teilnahme des Lösungsmittels bei nucleophilen Verdrängungsreaktionen.* 1. Mitt. *Allgemeine Betrachtungen.* Die Born-Kirkwood-Behandlung der Solvatation ist nach Vff. auf Rkk. mit polaren Übergangszuständen nicht anwendbar. An Hand von Ergebnissen anderer Autoren wird gezeigt, daß die Geschwindigkeiten von Rkk. solcher Art vor allem durch spezif. Wechselwrkg. zwischen Lösungsm. u. gelöstem Stoff bestimmt werden, daher ist der Einfl. weitreichender elektrostat. Kräfte nur von sek. Wirkung. Besprochen wird ferner die Bernal-Fowler-Meth. (vgl. J. chem. Physics **1.** [1933.] 515) zur Erfassung der Solvatation anorgan. Ionen, die große Ähnlichkeit mit der von organ. Übergangszuständen zeigt. Diese Ähnlichkeit wird durch die Anwendung der empir. Gleichung von Grunwald u. Winstein (C. **1949.** I. 969), die einen Zusammenhang zwischen der Geschwindigkeit von S_N1-Solvolysen u. der Solvatationskraft herstellt, demonstriert; Vff. zeigen dabei, daß die Änderungen der Parameter dieser Gleichung durch die Änderungen der freien Energien der Solvatation von Ionen in verschied. Medien identifiziert werden können. Es wird geschlossen, daß die Solvatationsenergie von Anionen allg. viel größer ist als die von Kationen, was in Übereinstimmung mit der bei Ionisierungs-Rkk. beobachteten starken elektrophilen Katalyse steht. Vff. diskutieren ferner die Bedeutung der Aktivierungsentropie in fl. Mischungen bzgl. der spezif. Solvatation, wobei unter bestimmten Bedingungen (große Unterschiede in der Solvatationskraft der beiden Komponenten, deren Moll. regellos verteilt sein sollen) die Entropie mit der Zus. der Mischung in Beziehung gebracht werden kann. Besprochen wird schließlich der Einfl. der Bldg. kovalenter Bindungen auf das Ausmaß der Solvatation, wobei nun auch Rkk. vom S_N2-Typ mit betrachtet werden. Der große Lösungsmitteleffekt bei S_N1-Rkk. wird in erster Linie auf die größere negative Ladung der abgespaltenen Gruppe zurückgeführt, wodurch eine größere Anzahl elektrophiler Lösungsmittelmoll. durch spezif. Wechselwrkg. am Übergangszutand teilnimmt. Unter geeigneten Bedingungen kann dadurch die Reaktionsordnung beeinflußt werden (vgl. nachst. Ref.). (J. chem. Soc. [London] **1955.** 4114—21. Dez. London, Queen Mary Coll.)

B. Gnauck. B 225

R. F. Hudson und **B. Saville**, *Teilnahme des Lösungsmittels bei nucleophilen Verdrängungsreaktionen.* 2. Mitt. *Die Reaktion zwischen Äthanol und Säurechloriden.* (1. vgl. vorst. Ref.) Titrimetr. verfolgt wurde die Kinetik der Äthanolyse von *Acetylchlorid* (**I**) u. *p-Nitrobenzoylchlorid* (**II**) zwischen 0 u. 26 bzw. 20° in CCl_4 sowie in Ae. bzw. Aceton (**III**). Folgende Aktivierungsenergien E (in kcal/Mol) wurden ermittelt a) bei **I** in CCl_4 u. den in ( ) angegebenen Konzz. an A.: E_{0-20} 3,30 (0,050 [Mol/Liter]), 5,35 (0,100), 7,6 (0,172), 10,8 (0,345), 12,1 (0,690); E_{13-26} 8,95 (0,3193), 8,18 (0,2192) u. 4,40 (0,1105); b) bei **II** in CCl_4 10,25 (0,690) bzw. 10,73 (5,175); c) **II** in **III** 9,65 (3,45). Die k_1-Werte der Rk. von **I** in Ae. betrugen zwischen $2{,}1 \cdot 10^{-4}$ ([A.] = 0,089) u. $460 \cdot 10^{-4}$ min^{-1} ([A.] = 1,725) bei 20°. Es ergibt sich, daß die scheinbare Reaktionsordnung sich schnell mit der A.-Konz. ändert, über ca. 0,7 Mol A. beträgt sie 1, mit abnehmender Konz. an A. nähert sie sich dem Wert 3. Dies wird auf Assoziation in dem unpolaren Medium (CCl_4) zurückgeführt, wobei die Bldg. von A.-Trimeren (vgl. Staveley u. Spice, C. **1954.** 975) anzunehmen ist. Im untersuchten Konzentrationsbereich wechselt nun die Lage des Gleichgewichts zwischen Monomeren u. Trimeren von einer Seite zur anderen entsprechend der Änderung der Reaktionsordnung. Ein Vgl. mit den Daten von Hoffmann (Z. physik. Chem., Abt. B **53.** [1943.] 179) zeigt, daß die Reaktionsgeschwindigkeit proportional der Konz. an assoziiertem A. über einen weiten Konzentrationsbereich ist. In guter Übereinstimmung mit Daten von Mecke u. Nückel (Naturwiss. **31.** [1943.] 348) u. Hoffmann (l. c.) wird die Assoziationswärme von trimerem A. zu 16 kcal/Mol berechnet. Aus den Daten der Rkk. in den sehr verd. Lsgg. ist zu ersehen, daß die Rk. nicht unter Eliminierung von HCl aus einer Additionszwischenstufe (vgl. nebenst. Formel) abläuft; hiermit wird die Ansicht unterstützt, daß die Bldg. des Übergangszustandes von einer beträchtlichen Zunahme der Polarität (was eine weitere Solvatation erfordert) begleitet ist. Aus den Daten der Rkk. von **II** ergibt sich ferner, daß die Reaktionsgeschwindigkeit v auch dann proportional der Konz. an assoziiertem A. ist, wenn die Assoziation über eine Trimerisierung hinausgeht. Hierzu wird angenommen, daß die Rk. nur 3 Moll. A. erfordert u. das Trimere nebenst. Formel besitzt (vgl. Davies, Annu. Rep. Progr. Chem. **43.** [1946.] 5). Die Rk. soll durch Aufbrechen einer H-Bindung (1—2) unter Aktivierung eines A.-Mol. ablaufen, so daß das O-Atom 1 mit dem C-Atom in Wechselwrkg. treten kann, gleichzeitig solvatisiert H-Atom 2 das Cl-Atom, während O-Atom 5 die Abstoßung des H-Atoms 6 beim Bruch der OH-Bindung 1—6 begünstigt. Hieraus folgt, daß die Rk. eben bes. mit 3 Moll. A. abläuft, gleichgültig wie groß die Assoziation des A.-Aggregates ist, u. daß der Einfl. des übrigen Lösungsm. zu vernachlässigen ist. Für die Rkk. von **I**

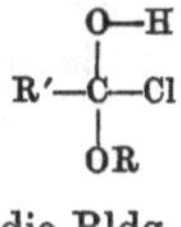

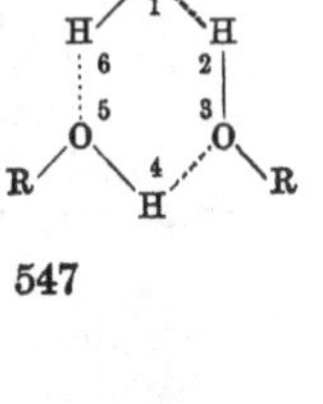

(u. **II**) in Ae. (u. **III**) wurde folgende allg. Gleichung gefunden: $v = k_2[R'COCl][ROH] + k_3[R'COCl][ROH]^2$. Der 1. Ausdruck ist in Ae. klein (d. h. die Kinetik ist über einen weiten Konzentrationsbereich 3. Ordnung) u. wird der Geschwindigkeit der bimol. Rk. mit dem durch Ae. solvatisierten Übergangszustand zugeschrieben. Der 2. Ausdruck stellt die bimol. Geschwindigkeit mit dem durch ein A.-Mol. solvatisierten Übergangszustand dar. Eine Entscheidung, ob die Rk. mit 2 monomeren A.-Moll. oder mit einem aktivierten Aggregat der Art $R_2O-(ROH)_2$ erfolgt, kann nicht gefällt werden. In Übereinstimmung mit den polaren Eigg. wurde gefunden, daß k_2 obiger Gleichung in **III** viel größer ist als in Diäthyläther. k_3 ist aber in **III** nur doppelt so groß wie in Ae., dies ist in Übereinstimmung mit früheren Ergebnissen (vgl. Brown u. Hudson, C. **1953**. 5639) ähnlicher Rkk. in wss. **III** u. Dioxan. Es wird darauf hingewiesen, daß allg. die beobachtete Stöchiometrie in konz. Lsgg. nicht eingehalten wird, so bei den meisten bimol. Rkk. in hinreichend polaren Lösungsmitteln, wie z. B. in stark wss. **III**. (J. chem. Soc. [London] **1955**. 4121—29. Dez.) B. Gnauck. B 225

R. F. Hudson und **B. Saville**, *Teilnahme des Lösungsmittels bei nucleophilen Verdrängungsreaktionen.* 3. Mitt. *Ionisationsreaktionen mit besonderer Berücksichtigung der Alkoholyse von Triphenylmethylchlorid.* (2. vgl. vorst. Ref.) Vff. untersuchten titrimetr. die Äthanolyse von *Triphenylmethylchlorid* (**I**, F. 112° [PAe.–Acetylchlorid, 9 : 1]) in CCl_4 bei 0—20° ohne u. bei Ggw. von Triäthyl- u. n-Butylamin (**V**) bzw. Phenol (**VI**), die Alkoholyse von **I** mit Isopropylalkohol in CCl_4 bei 21°, die Äthanolyse von **I** bei 20 bzw. 21° in Ae. bzw. Aceton (**II**), die von *Chlordimethyläther* (**III**, Kp. 59,5°)in Ae. bei 20° sowie die von **III** u. *2.4.6-Trimethylbenzoylchlorid* (**IV**, $Kp._{22}$ 130°) in CCl_4 bei 20°. Die Aktivierungsenergie der Rk. von **I** in CCl_4 betrug 12,8 bzw. 13,6 kcal/Mol bei [A.] = 0,690 bzw. 5,175 Mol/Liter. In verd. Lsgg. an A. wurde bei **III** u. **IV** starke Autokatalyse durch HCl beobachtet. Die Rk. von **I** in A.–CCl_4 ist reversibel, die Lage des Gleichgewichts ist für verschied. Bedingungen angegeben. Zugabe von **V** zu **I**-Lsgg. in verd. A.–CCl_4-Lsg. hat nur eine geringe Wrkg. auf die Reaktionsgeschwindigkeit v; hieraus wird gefolgert, daß die Substitutionsgeschwindigkeit nicht in erster Linie durch die Knüpfung der neuen Bindung bestimmt wird, d. h., die Rk. verläuft vermutlich nicht nach dem S_N2-Mechanismus. Andererseits wird die Geschwindigkeit der Alkoholyse (u. der Aminierung) durch Zugabe von elektrophilen Reagentien, z. B. von **VI** (vgl. Swain, C. **1949**. I. 668), beträchtlich erhöht, was die Bedeutung des Bindungsbruches erweist u. schließen läßt, daß die Rk. (in stärker polaren Lösungsmitteln) durch langsame Ionisation abläuft, wobei zuerst ein Ionenpaar gebildet wird, das entweder zerfällt oder die kovalente Bindung zurückbildet. In verd. A.-Lsgg. (bis zu 0,69mol. an A.) hängt v von der Konz. an trimerem A. ab (vgl. vorst. Ref.). Katalyse durch H^+ wurde hier nicht gefunden, woraus folgt, daß das Ionenpaar durch Wechselwrkg. von 3 (möglicherweise auch 2, nicht aber von einem) A.-Moll. mit **I** entsteht. Die Bldg. eines ähnlichen Ionenpaares in verd. Lsgg. von **VI** konnte colorimetr. festgestellt werden, so ist die Konz. an Carboniumion proportional $[\mathbf{VI}]^2$ bei Konzz. von 0,05—1,0 molar. Da unter diesen Bedingungen **VI** als Dimeres vorliegt, erfolgt die Ionisation von **I** entweder durch dieses oder durch die Einw. von zwei Moll. monomerem **VI**. In polaren Medien (Ae.) ist die Reaktionsordnung der Alkoholyse von **I** zwei bzgl. A., bei Steigerung der Polarität wird v beträchtlich größer, z. B. 50mal bei Ersatz von Ae. durch **II**, was dem Beitrag des **II** zur Solvatationsenergie zugeschrieben wird. Dieser Befund steht im Gegensatz zum Verh. von p-Nitrobenzoylchlorid (vgl. vorst. Ref.), deswegen wird angenommen, daß der Übergangszustand von **I** stärker polar ist u. vielleicht dem von Winstein u. Schreiber (C. **1955**. 4558) angenommenen „inneren" Ionenpaar ähnelt. Vielleicht verläuft die Rk. in **II** auch unter Wechsel im Reaktionsmechanismus. Der Ablauf der Rk. wird wie folgt formuliert: $R'X + ROH \rightleftharpoons R'\cdots X^-\cdots HOR \xrightarrow{ROH} R'OR + H^+$, wobei also das solvatisierte Ionenpaar wahrscheinlich durch Rk. mit einem nucleophilen Agens (ROH) zers. wird; aus den beobachteten u. berechneten Reaktionsordnungen (1,55—1,12 im Bereich von 0,34—1,725mol. A.) wird vermutet, daß der Mechanismus zwischen dem Reaktionstyp S_N1 u. S_{NC^+} von Gelles u. Mitarbeitern (J. chem. Soc. [London] **1954**. 2918) liegt. In konz. A.-Lsgg. nimmt v mit der [A.] schnell zu, die Rk. ist hier jedoch während des gesamten Ablaufs 1. Ordnung; die solvatisierten Ionenpaare bleiben also assoziiert. — Die Rkk. von **III** u. **IV** sind weitgehend irreversibel, u. ihre Anfangsgeschwindigkeit ist auch von der A.-Konz. abhängig, wobei die HCl-Autokatalyse mit steigender [A.] abnimmt. Eine Veränderung der Ordnung der Solvatations-Rk. wurde hier nicht beobachtet, was — wie die Irreversibilität — auf die Instabilität des Carboniumions zurückgeführt wird. (J. chem. Soc. [London] **1955**. 4130—38. Dez.) B. Gnauck. B 225

F. L. J. Sixma, *Über die Theorie der aromatischen Substitution.* 4. Mitt. *Der orientierende Einfluß von Substituenten in Naphthalinderivaten.* 6. Mitt. *über den Einfluß von*

Substituenten auf die Reaktionsfähigkeit aromatischer Verbindungen. (3. vgl. Recueil Trav. chim. Pays-Bas **72.** [1953.] 543; 5. vgl. C. **1956.** 7487.) Vf. berechnet nach der früher (Recueil Trav. chim. Pays-Bas **72.** [1953.] 273) beschriebenen Meth. die Aktivierungsenergie für elektrophile Substitution des Naphthalinkerns unter der Annahme, daß sich 1,5 Å vom C-Atom 1 bzw. 2 eine positive oder negative Ladung eines Substituenten befindet. Die Aktivierungsenergien für sämtliche möglichen Stellungen des neueintretenden Substituenten werden dargestellt in Abhängigkeit von der Größe der Ladung e_γ (0···1). Für den Fall einer positiven Ladung in 1 ist die 5-Stellung bevorzugt neben 4 u. 8. Für hohe Werte von e_γ kommt noch 6 in Frage. Für positive Ladung in 2-Stellung ist ebenfalls 5 begünstigt. Für niedrige Werte von e_γ ist noch Stellung 4 u. 8 möglich, für hohe kommt Substitution in 6 u. 7 als Neben-Rk. in Frage. — Eine negative Ladung in 1 dirigiert hauptsächlich nach 4 u. 8, beides in gleichem Maße. Für $e_\gamma < {}^1/_3$ treten 1.2- u. 1.5-Derivv. als Nebenprodd. auf. Bei hohem e_γ tritt der Substituent hauptsächlich in 2, 4 u. 8 ein, doch ist dabei die ster. Hinderung in 2 u. 8 zu berücksichtigen. Eine negative Ladung in 2 dirigiert nach 1, daneben für kleine e_γ nach 4 u. 8, für hohe nach 3 u. 4. Auch hier Komplikationen durch ster. Hinderung in 1 u. 3. — Als Beispiele für Substituenten, die aus mehreren Punktladungen zusammengesetzt gedacht werden können, werden die berechneten Aktivierungsenergien für Mono-, Di- u. Trinitronaphthaline angegeben. — *1-Nitronaphthalin* wird danach in 8 u. 5 substituiert, *2-Nitronaphthalin* hauptsächlich in 5, daneben in 8. — Die berechneten Ergebnisse werden durch Verss. gut bestätigt. (Recueil Trav. chim. Pays-Bas **73.** 235—42. April 1954. Amsterdam, Univ., Labor. for Organic Chem.) F. SCHAUDER. B 225

F. L. J. Sixma, *Über die Theorie der aromatischen Substitution.* 5. Mitt. *Notiz über die Anwendung der Hammettschen Gleichung auf den Zusammenhang der Reaktionsgeschwindigkeiten der elektrophilen und nucleophilen Substitution.* 7. Mitt. *über den Einfluß von Substituenten auf die Reaktionsfähigkeit aromatischer Verbindungen.* (4. bzw. 6. vgl. vorst. Ref.) Vf. untersucht, ob die σ-Werte der HAMMETTschen Gleichung, die ursprünglich nur für Seitenketten-Rkk. gedacht waren, auch für Substitutionen am Kern angewendet werden können. Wenn das der Fall ist, müßte ein linearer Zusammenhang bestehen zwischen den Lokalisationsenergien für Seitenketten-Rkk. u. für elektrophile bzw. nucleophile Substitutionen. Vf. berechnet diese Lokalisationsenergien nach dem in Recueil Trav. chim. Pays-Bas **72.** [1953.] 673, von ihm angegebenen Verf. für verschied. Substituenten u. findet tatsächlich lineare Abhängigkeit. Abweichungen können vorkommen, wenn im Übergangszustand Resonanzstrukturen, die über den Kern hinausreichen, auftreten, also für —E (+E)-Substituenten in p-Stellung bei elektrophiler (nucleophiler) Substitution. Auf Grund der Theorie sind halbquantitative Aussagen über die ϱ-Werte möglich. Sie sollen für nucleophile Substitution positiv u. ~ 1,6mal größer, für elektrophile Substitution negativ u. ~ 4mal größer sein als für Seitenkettenreaktionen. (Recueil Trav. chim. Pays-Bas **73.** 243—48. April 1954.) F. SCHAUDER. B 225

S. Lewin, *Die Reaktion von L-Histidin mit D-Glucose.* Die Rk. von *L-Histidin* (**I**) mit *D-Glucose* (**II**) wurde unter Verwendung verschied. Konzz. (${}^1/_{15}$—${}^1/_{62,5}$mol. **I**, bis 1,2mol. **II**) bei p_H 5—9 u. Tempp. von 20—50° aerob u. anaerob durch Messung der p_H-Abnahmen (Glaselektrode) untersucht. Beim Mischen der **I**- u. **II**-Lsgg. fiel der p_H-Wert ab u. erreichte, bei höheren Tempp. rascher, einen stationären Wert. Die Ergebnisse bei p_H 8—9 lassen sich mit einem Mechanismus, nach dem 1 **II**-Mol. u. 1 anion. **I**-Mol. reagieren, in Einklang bringen. Bei p_H 5—6,5 war keine Rk. feststellbar. Die Gleichgewichtskonstante fiel mit steigender Temp. von 3,9 bei 20° auf 2,3 (± 0,2) bei 50° ab, d. h., die Rk. ist exotherm. Die Dauer des 1. stationären p_H-Wertes nahm mit steigender Temp. ab (4 Wochen bei 20°, 5 Std. bei 50°). Es schloß sich ein weiterer p_H-Abfall an, der manchmal zu einer 2. p_H-Stufe führte. Bei höheren Tempp. wurden mehrere aufeinanderfolgende p_H-Niveaus beobachtet. Die Braunfärbung trat am Ende des 2. oder am Beginn des 3. p_H-Niveaus ein. Aerob war die Farbintensität geringer als anaerob. Erhöhtes Anfangs-p_H u. größere **II**-Konz. bewirkten stärkere Bräunungs-Rk., die bei < 0° völlig unterblieb. (Biochem. J. **61.** XXV. Dez. 1955. London, South-West Essex Techn. Coll., Phys. Chem. Labor.) K. MAIER. B 225

Williams D. Emmons und **Jeremiah P. Freeman,** *Die Aminolyse von N-Nitrotoluolsulfonamiden.* Es wurde die außerordentlich leichte Spaltung von substituierten N-Nitrotoluolsulfonamiden (**A**) durch sek. Amine bei Raumtemp. gemäß der Gleichung p-$CH_3C_6H_4$·$SO_2N(NO_2)R$ + $R_2'NH$ → p-$CH_3C_6H_4SO_2NR_2'$ + $RNHNO_2$ beobachtet. Als Lösungsm. kam Acetonitril, als sek. Amin meist Piperidin zur Anwendung. Die Rk. erwies sich als allg. anwendbare Meth. zur Darst. von Mono- u. Dialkylcarbinylnitraminen, während die Bereitung von Trialkylcarbinylnitraminen an der Unzugänglichkeit der entsprechenden **A** scheiterte. Hohe Ausbeuten an den **A** u. den Nitraminen (bezogen auf die **A**) aus *n-Butyl-* (92,81 %), *sek.-Butyl-* (54,86), *n-Amyl-* (81,90), *Isoamyl-* (95,96) u. *n-Hexyltoluol-*

sulfonamid (84,86) werden angegeben. Offenbar muß die Rk. durch nucleophilen Angriff auf die Sulfonylgruppe, wahrscheinlich unter Aufweitung des Elektronenoktetts des S eingeleitet werden. Für die Richtung der Spaltung kann möglicherweise eine größere Stabilität des Nitraminanions gegenüber der des Sulfonamidions verantwortlich gemacht werden.

Versuche: *Sulfonamide*: *N-sek.-Butyl-*, F. 61,5—62,5°. *N-n-Butyl-*, F. 40—42°. *N-Isoamyl-*, $Kp._{0,3}$ 152°, n_D^{20} 1,5181. *N-n-Hexyl-*, F. 60—62°. *N-n-Amyl-*, $C_{12}H_{19}O_2NS$, $Kp._{0,2}$ 158°, n_D^{20} 1,5206, aus n-Amylamin u. p-Toluolsulfonylchlorid (I); 92% (Ausbeute). *N-tert.-Butyl-*, $C_{11}H_{17}O_2NS$, F. 115—115,5° (A.), aus tert.-Butylamin u. **I** in Pyridin; 62%. *N-tert.-Octyl-*, $C_{15}H_{25}O_2NS$, F. 134,5—135,5° (A.), analog vorst. Verb.; 76%. *N-Nitro-N-sek.-butyl-*, $C_{11}H_{16}O_4N_2S$, F. 73,5—74° (A.), aus N-sek.-Butyltoluolsulfonamid nach Gillibrand u. Lamberton (C. **1950.** I. 178); 54%. *N-Nitro-N-n-amyl-*, $C_{12}H_{18}O_4N_2S$, F. 51,5—52° (A.), analog vorst. Verb.; 81%. *N-Nitro-N-isoamyl-*, analog vorst. Verb.; 95%. — *N-Nitro-N-n-hexyltoluolsulfonamid*, $C_{13}H_{20}O_4N_2S$, F. 28—29° (A.), analog vorst. Verb.; 84%. — Durch Aminolyse der Nitrotoluolsulfonamide (10 g in 35 cm³ Acetonitril bei 5—10° mit 10 g Piperidin versetzen, dann ½ Std. unter Rücken am Rückfluß sd.) erhält man die entsprechenden *prim. Nitramine*: *n-Amyl-*, $C_5H_{12}O_2N_2$, $Kp._{0,02}$ 60—62°, n_D^{20} 1,4611; 92%. *Isoamyl-*, $C_5H_{12}O_2N_2$, $Kp._{0,02}$ 62—64°, n_D^{20} 1,4594; 90%. (J. Amer. chem. Soc. **77.** 6061—62. 20/11. 1955. Huntsville, Ala., Rohm & Haas Comp., Redstone Arsenal Res. Div.) G. Lohaus. B 225

H. Shechter und **D. E. Ley**, *Orientierung bei Additionsreaktionen von Distickstofftrioxyd an ungesättigte Systeme.* Auf Grund bisheriger Ergebnisse glaubte man, daß die Anlagerung von N_2O_3 an Olefine heterolyt. durch NO_2^+ u. NO^- erfolgt. Bei Ausführung der Rkk. mit Methacrylsäuremethylester bzw. p-Nitrostyrol stellten Vff. jetzt fest, daß N_2O_3 homolyt. in NO_2- u. NO-Radikale zerfällt, wovon sich ersteres endständig anlagert, unabhängig von den elektron. Effekten der Substituenten an der Doppelbindung.

Versuche: *2-Methyl-3-nitro-2-nitrosopropionsäuremethylester*, $C_5H_8O_5N_2$, F. 130 bis 130,5°, aus Methacrylsäuremethylester in Ae. mit $NaNO_2$ u. H_2SO_4 bei 0—5°; in Lsg. blau, als Festkörper dimer u. farblos. — *2-Methyl-3-nitroacrylsäuremethylester*, $C_5H_7O_4N$, $Kp._{0,5}$ 60—62°, aus vorst. Verb. mit Na-Acetat, n_D^{20} 1,4689, $D.^{20}_{20}$ 1,2179. — *α.p-Dinitroacetophenonoxim*, $C_8H_7O_5N_3$, F. 133,0—134,4°, aus p-Nitrostyrol mit wss. HNO_2 bei 25—30° bzw. mit N_2O_3 bei —30 bis —35° in Ae., gelbe Kristalle aus A.; 62% bzw. 32% (Ausbeute). — *α.p-Dinitroacetophenon*, F. 149,9—150,9°. aus vorst. Verb. mit H_2SO_4; 74%. (Chem. and Ind. **1955.** 535. 7/5. Columbus, O., Ohio State Univ., Dep. of Chem.) H. Weber. B 225

George W. Watt und **William R. McBride**, *Die Kinetik der heterogenen Ammoniakatbildung von Harnstoff und Thioharnstoff.* Vff. untersuchten wie früher (C. **1956.** 4937) die Kinetik der heterogenen Ammoniakatbldg. von festem *Harnstoff* (**I**) u. *Thioharnstoff* (**II**) mit gasförmigem NH_3 bei —35,0 u. 0,0° u. NH_3-Drucken von 150—471 mm Hg bzw. 70—472 mm Hg, wobei sich 1 Mol NH_3 an **I** bzw. **II** anlagert. Für die von Janecke u. Hoffmann (Z. Elektrochem. angew. physik. Chem. **38.** [1932.] 880) beobachtete Anlagerung von 3 Mol NH_3 konnte unter den Reaktionsbedingungen kein Anhaltspunkt erhalten werden; es wird angenommen, daß diese Triammoniakate nicht direkt aus Festkörpern u. Gas gebildet werden können. Die Kinetik der Rkk. ist dabei unabhängig von der Herkunft u. dem Aggregationszustand der festen Stoffe (was auch für die Rk. zwischen NH_3 u. festem $(NH_4)_2SO_4$ gefunden wurde). Die Rk. ist 1. Ordnung bzgl. des NH_3-Drucks u. 0. Ordnung bzgl. des Anfangsgewichts von **I** bzw. **II** (bei geringen Gewichten) sowie scheinbar 0. Ordnung bzgl. der Oberflächenbedeckung. Zwischen dieser u. der Verlangsamung der Ammoniakatbldg. besteht eine direkte Beziehung. Als „wahre Aktivierungsenergie" für die Rkk. wurde 0,5—1,0 kcal/Mol gefunden. Bei den Rkk. von **II** tritt vermutlich bei höheren Drucken u. fortgeschrittener NH_3-Anlagerung eine geschwindigkeitsbestimmende Konkurrenz-Rk. auf, außerdem wurde bei Drucken über 220 mm die Bldg. von Spuren einer fl. Phase beobachtet. Die Dissoziationsdrucke für die Monoammoniakate von **I** u. **II** bei —35,0° betrugen 104 bzw. 33 mm Hg. (J. Amer. chem. Soc. **77.** 5795—99. 20/11. 1955. Austin, Tex., Univ. of Texas, Dep. of Chem.)

B. Gnauck. B 225

Harlan L. Goering und **Herbert H. Espy**, *Die durch Jodidionen geförderte Dehalogenierung von cis- und trans-1.2-Dihalocyclohexanen.* Titrimetr. verfolgt wurde die durch J^- (KJ oder NaJ) geförderte Dehalogenierung von *cis-* (**Ia**, $Kp._8$ 90—91°, n_D^{25} 1,5238, $D.^{25}_4$ 1,508) u. *trans-1-Brom-2-chlor-* (**Ib**, $Kp._9$ 976°, n_D^{25} 1,5173, $D.^{25}_4$ 1,479), *cis-* (**IIa**, $Kp._8$ 100—104°, n_D^{25} 1,5514, $D.^{25}_4$ 1,803) u. *trans-1.2-Dibrom-* (**IIb**, $Kp._5$ 80°, n_D^{25} 1,5507, $D.^{25}_4$ 1,784) sowie *cis-* (**IIIa**, $Kp._{30}$ 100—100,5°, n_D^{25} 1,4953, $D.^{25}_4$ 1,199) u. *trans-1.2-Dichlorcyclohexan* (**IIIb**, $Kp._{30}$ 87,5—88°, n_D^{25} 1,4888, $D.^{25}_4$ 1,180) bei 80 u. 100° in 99 Gew.-%ig. wss. Methanol. Es wurden folgende Aktivierungsenthalpien $\Delta H^{\neq}$ ([kcal/Mol] u. Aktivierungsentropien $\Delta S^{\neq}$ [cal/Grad·Mol] gefunden: **Ia** 25,4, —16,3; **Ib** 26,9, —12,3;

IIa 25,4, −14,6; **IIb** 25,1−25,5, −9,2 bis −10,3. **IIIa** u. **IIIb** reagierten sehr langsam, die obere Grenze ihrer k_2-Werte bei 100° beträgt $0{,}2 \cdot 10^{-6}$ Liter/Mol·Sekunde. Die scheinbaren k-Werte 2. Ordnung nehmen bes. nach 30%ig. Umsatz etwas ab. Als Ursache hierfür kommt eine Abweichung der Abhängigkeit 1. Ordnung bzgl. [J^-] jedoch nicht in Frage, auch die konkurrierende Solvolyse erklärt den Gang der k_2-Werte nur zum Teil; das Verhältnis Solvolyse : Eliminierung betrug für 100° für **Ia** 0,11, **Ib** 0,22, **IIa** 0,08 u. **IIb** 0,006. Vielmehr wird als Ursache eine Neben-Rk., die J_3^- oder ein äquivalentes Partikel verbraucht, angenommen. Es wurde ferner gezeigt, daß geringe Änderungen des Wassergeh. in CH_3OH keine erhebliche Wrkg. auf die Kinetik ausüben. Potentiometr. verfolgt wurde ferner die S_N2-Rk. von J^- mit *Cyclohexylbromid* ($Kp._{57}$ 83,0 bis 83,5°) in 99%ig. CH_3OH, nach 50%ig. Umsatz nahm der k_2-Wert infolge Umkehrbarkeit der Austausch-Rk. ab ($\Delta H^{\neq}$ 26,9, $\Delta S^{\neq}$ −5,7). Vff. schließen, daß **Ib** u. **IIb** eine reine „gekoppelte"-trans-(E_2)-Dehalogenierung gemäß dem Mechanismus von WINSTEIN u. Mitarbeitern (J. Amer. chem. Soc. **61.** [1939.] 1645) erleiden, während die cis-Isomeren zunächst in einer (geschwindigkeitsbestimmenden) S_N2-Verdrängungs-Rk. zu trans-1-Halo-2-jodcyclohexan umgewandelt werden, worauf die E_2-Dehalogenierung erfolgt. (J. Amer. chem. Soc. **77.** 5023−26. 5/10. 1955. Madison, Wis., Univ. of Wisconsin, Dep. of Chem.) B. GNAUCK. B 225

Warren B. Crummett und **Vernon A. Stenger,** *Thermische Stabilität von Methylchloroform und Tetrachlorkohlenstoff.* Vff. untersuchen die therm. Stabilität des *1.1.1-Trichloräthans* (**I**) bei Tempp. bis zu 750° F beim Kontakt mit verschied. Metallen u. vergleichen sie mit derjenigen des ähnliche physikal. u. Lösungsmitteleigg. aufweisenden *Tetrachlorkohlenstoffs* (**II**). Als Hauptzersetzungsprodd. treten Phosgen (**III**) u. HCl auf; **III** wird durch Umsetzung mit Anilin zu 1.3-Diphenylharnstoff quantitativ bestimmt. Bei der Berührung mit Gußeisen bei 675° F bildete 1 g **II** 275 mg u. 1 g **I** 0,74 mg **III**; jedoch ist die HCl-Ausbeute aus **I** größer als aus **II**. An Stahl ist die Zers. des **II** sehr viel geringer. Im Kontakt mit Cu werden bis herab zu 395° F von **II** beträchtliche Mengen **III** gebildet; **I** setzt sich unterhalb 600° F in geringem Maße zu einem unbekannten Prod. um. Oberhalb 600° F treten Spuren **III** auf. Sowohl **I** als auch **II** zers. sich nur unbedeutend im Kontakt mit Zn, Al u. Messing, wobei **I** sich in jedem Fall stabiler erweist. Beim Al wird die Schutzwrkg. des Oxydfilms diskutiert. Vff. nehmen an, daß, ausgenommen bei niedrigen Tempp., Feuchtigkeit bei der **III**-Bldg. nur eine untergeordnete Rolle spielt. (Ind. Engng. Chem. **48.** 434−36. März 1956. Midland, Mich., Dow Chem. Co., Main Labor.) K. FRENKLER. B 225

M. Picon, *Über die katalytische Oxydation einiger kohlenstoffhaltiger Gase.* Vf. untersucht das Verh. von *CO* u. *Äthylen* (**I**) an Mangandioxyd (**II**)-Kontakten. Der Katalysator wird von Vf. durch Einw. von $MnSO_4$ auf $KMnO_4$ in schwefelsaurer Lsg. dargestellt; die Analyse ergibt die Formel 3 $MnO_2 \cdot Mn_2O_3$ (ferner 1,1% CO_2 u. 2,35% H_2O). Oberhalb 0° enthält durch **II** geleitete Luft nur noch CO von der Konz. 1/1300000. Pyrolusit ist im Gegensatz zu dem künstlich dargestellten Oxyd für vorst. Rk. unbrauchbar. Die Absorption von **I** durch **II** ist gering. Bei *Acetylen* (**III**) steht die Geschwindigkeit der Absorption in umgekehrtem Verhältnis zur Konz.: von einem Gas, das **III** in der Konz. 1/700 enthält, werden 6% **III** absorbiert, bei der Konz. 1/250000 sind es schon 70%. Die Empfindlichkeitsgrenze der Rk. mit **III** liegt bei der Konz. 1/750000. (Bull. Soc. chim. France [5] **1956.** 369−70. Febr.) K. FRENKLER. B 227

A. M. Rubinstein, L. Ch. Freidlin und **N. W. Borunowa,** *Katalytische Inaktivität von amorphem Nickel bei der Hydrierung von Benzol und der Dehydrierung von Cyclohexan.* Wenn man die aus gemischten Lsgg. der Nitrate von Ni u. Al mit 30%ig. NaOH gefällten Hydroxyde nach der Red. mit H_2 (1 oder 500 at) auf 350−425° erhitzt, sind sie für die *Benzolhydrierung* oder die *Cyclohexandehydrierung* inaktiv. Bei einem nur auf 300° erhitzten Katalysator ist noch kein Rückgang der Aktivität festzustellen. (Известия Академии Наук СССР, Отделение Химических Наук [Nachr. Akad. Wiss. UdSSR, Abt. chem. Wiss.] **1955.** 766−67. Juli/Aug. Zelinsky-Inst. für organ. Chem. der Akad. der Wiss. der UdSSR.) R. K. MÜLLER. B 227

K. G. Mijesserow, O. Je. Morosowa und **Al. A. Petrow,** *Katalytische Eigenschaften von aktiviertem Aluminiumoxyd bei Isomerisation ungesättigter Kohlenwasserstoffe.* Bei der Aktivierung von Al_2O_3 mit Mineralsäuren werden diese nicht durch mol. Adsorption an der Oberfläche gebunden, sondern substituieren die an der Oberfläche befindlichen OH-Gruppen; z. B. kann man sich bei der Aktivierung mit HCl das akt. Zentrum an der Oberfläche wie nebenst. vorstellen. Die aktivierende Wrkg. nimmt zu in der Reihenfolge H_3BO_3−HBr−H_3PO_4 −HCl−HF−H_2SO_4. Bei dem mit HCl aktivierten Al_2O_3 geht die Aktivität der Menge des chem. gebundenen Cl parallel. Als Beispiele für ungesätt. KW-stoffe, deren Umwandlung

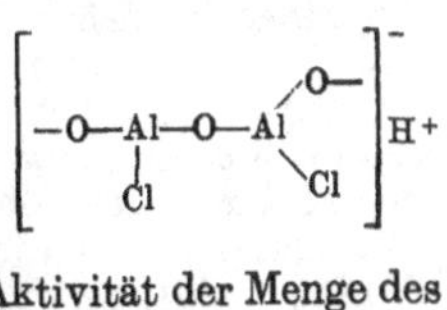

untersucht wird, sind *n-Hexen*, das in 2-Methylpenten-(2) übergeht, u. *Cyclohexen* genannt. (Журнал Общей Химии [J. allg. Chem.] **25** (87). 2204—08. Nov. 1955. Erdölinst. der Akad. der Wiss. der UdSSR.) R. K. Müller. B 227

B. A. Bolotow und **L. K. Smirnowa**, *Katalytische Umwandlung von Äthylalkohol unter Druck.* Aus A. entstehen bei 300—350° u. Drucken bis 5 at an einem aktivierten Cu-Katalysator Ketone: *Aceton, Methylpropyl-, Methylisobutyl-, Dipropylketon* u. *höhere Ketone.* Bei 350—400° u. 20—150 at bilden sich *gesätt. KW-stoffe* mit gleicher Anzahl C-Atome wie die genannten Ketone. Im Druckgebiet 10—20 at sind die Hauptprodd. höhermol. KW-stoffe (*n-Heptan, Octane, n-Nonan* usw.), oberhalb 20 at niedrigmol. KW-stoffe (*C_3H_8, n-Pentan*). Aus den Unterss. bei verschied. Drucken läßt sich schließen, daß der Bldg. von gesätt. KW-stoffen aus A. die Bldg. von Aldolen u. Ketonen vorausgeht. (Журнал Общей Химии [J. allg. Chem.] **25** (87). 1987—92. Sept. 1955. Leningrad, Univ.) R. K. Müller. B 227

Herbert C. Brown und **Hans Jungk**, *Die katalytischen Halogenide.* 11. Mitt. *Die Isomerisierung von o- und p-Xylol und einiger verwandter Alkylbenzole unter dem Einfluß von Bromwasserstoff und Aluminiumbromid; die relativen Isomerisierungsfähigkeiten von Alkylgruppen.* (8. vgl. C. **1954.** 8774.) Untersucht wurde die Kinetik der Isomerisierung von *o-* (**I**, $Kp._{748}$ 144,1°, n_D^{20} 1,5051) u. *p-Xylol* (**II**, $Kp._{745}$ 137,9°, n_D^{20} 1,4954) in Toluol (**III**, $Kp._{742}$ 110,0°, n_D^{20} 1,4985) unter dem Einfl. von HBr + Al_2Br_6 bei 0 u. 25°. Hierbei war das Verhältnis **III**: Al_2Br_6 5 : 1, die Reaktionsmischung ist homogen. **I** u. **II** ergaben dabei nur *m-Xylol* (**IV**, $Kp._{740}$ 138,9°, n_D^{20} 1,4969), die **III**–Xylol-Mischungen wurden infrarotspektroskop. analysiert. **IV** blieb unter den Reaktionsbedingungen unverändert. Die Isomerisationen folgen einer Kinetik 2. Ordnung, die Geschwindigkeitsgleichung lautet für **I** (u. entsprechend für **II**): $v = k[I][Al_2Br_6 \cdot HBr]$ (bei $[HBr] = [Al_2Br_6]$). Folgende E- (kcal/Mol), log A-, ΔH^{+}- (kcal/Mol) u. ΔS^{+}-Werte (cal/Grad·Mol) wurden erhalten für **I**: 22,8; 14,86; 22,3; —0,68; bzw. für **II**: 21,3; 14,36; 20,9; —2,41. Zur Unters. der viel schneller ablaufenden Isomerisierungen von *p-Äthyl-* (**V**) u. *p-Isopropyltoluol* (**VI**, $Kp._{744}$ 176,9°, n_D^{20} 1,4902) wurde ein Strömungssyst. (App. beschrieben) benutzt. Nach 0,005 Sek. Reaktionszeit betrug das Ausmaß der Isomerisation bei **V** 7 u. bei **VI** 52,0%. Für die Leichtigkeit der Isomerisierung ergibt sich also die Folge $CH_3 < C_2H_5 < (CH_3)_2CH$ ($< (CH_3)_3C$). Die Ergebnisse schließen das Auftreten eines unlokalisierten π-Komplexes nach Dewar als Zwischenstufe aus. Vielmehr wird angenommen, daß die Rk. durch direkte 1.2-Alkylverschiebung entweder über den nebenst. Übergangszustand **B** oder über einen lokalisierten π-Komplex **C** (mit hohem Energieinhalt) abläuft

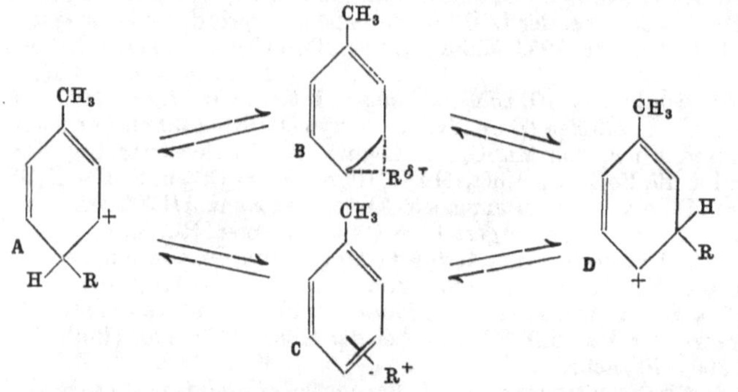

u. tatsächlich eine unimol. Umlagerung des σ-Komplexes **A** (bzw. des entsprechenden für **II**) darstellt. Die Kinetik 2. Ordnung resultiert aus der Gleichgewichtsverteilung von Protonen zwischen dem als Lösungsm. benutzten **III** u. **I** bzw. **II**. Wegen der hohen Stabilität des σ-Komplexes von **IV** (vgl. McCaulay u. Lien, C. **1952.** 2146) verlaufen die Rkk. nur in einer Richtung u. prakt. vollständig. Als geschwindigkeitsbestimmende Stufe wird die Umlagerung des σ-Komplexes **A** in **D** angenommen. Mittels der relativen Basizität von McCauley u. Lien (l. c. u. früher) werden folgende Verteilungen der σ-Komplexe berechnet: $III \cdot H^+ : I \cdot H^+ = 0{,}62 : 0{,}38$, $III \cdot H^+ : II \cdot H^+ = 0{,}66 : 0{,}34$, $III \cdot H^+ : IV \cdot H^+ = 0{,}19 : 0{,}81$. Hieraus ergibt sich, daß zu Beginn der Rk. die Protonen hauptsächlich an **III** gebunden sind, später durch Bldg. des stärker bas. **IV** $HBr \cdot Al_2Br_6$ dem Syst. mehr u. mehr entzogen wird, wodurch die Verteilung der Protonen zwischen **III** u. **I** bzw. **II** nicht konstant bleibt u. die Kinetik 1. Ordnung nicht eingehalten wird. Überraschend ist das hohe Verhältnis der relativen Reaktionsgeschwindigkeiten zwischen **II** u. **I** (4,53 bei 25° bzw. 5,57 bei 0°). Vff. schließen daraus, daß die schnelle Isomerisierung von **II** durch eine höhere Gleichgewichtskonz. des σ-Komplexes verglichen mit der des σ-Komplexes von **I** bedingt ist. Dies wurde bereits früher (vgl. Brown u. McGary, C. **1955.** 10231) bei anderen aromat. Substitutions-Rkk. beobachtet u. muß wohl mit der stärkeren hyperkonjugativen Wechselwrkg. der p-CH_3-Gruppe gegenüber der o-CH_3-

Gruppe zusammenhängen. — *p-Äthyltoluol* (**V**), Kp.$_{743}$ 161,7°, durch Zugabe einer Mischung von p-Bromtoluol u. Äthylbromid zu Na in Ae. bei 0° (30 Min.), einige Std. bei 0° u. über Nacht bei n. Temp. Stehen; n_D^{20} 1,4985; 30% (Ausbeute; enthielt noch m- u. o-Isomeres). (J. Amer. chem. Soc. **77**. 5579—84. 5/11. 1955. Lafayette, Ind., Purdue Univ., Dep. of Chem.) B. GNAUCK. B 227

Herbert C. Brown und **Hans Jungk**, *Die katalytischen Halogenide.* 12. Mitt. *Die Reaktion von Benzol und Toluol mit Methylbromid und -jodid in Gegenwart von Aluminiumbromid; Beweis für einen Verdrängungsmechanismus bei der Methylierung aromatischer Verbindungen.* (11. vgl. vorst. Ref.) Die Rk. von *Bzl.* bzw. *Toluol* (**I**) mit *Methylbromid* (**II**) bei Ggw. mol. Mengen an Al_2Br_6 bei 0 u. 25° ergab **I** bzw. *Xylole* in hoher Ausbeute (ca. 92—94%) bei Reaktionszeiten von < 30 Sekunden. HBr trat nicht auf, es verbleibt offenbar in der Form eines σ-Komplexes [z. B. $I \cdot H^+$ — $(Al_2Br_7)^-$]. Anscheinend besitzt das in einem σ-Komplex gebundene Al_2Br_6 nur geringe katalyt. Wrkg., da Zugabe von **II** zu einer Lsg. des **I**-σ-Komplexes in **I** (6 Mol **I** u. je 1 Mol HBr u. Al_2Br_6) nach 3 Min. zu keiner Rk. führte. Höher methylierte Verbb. entstanden nach der infrarotspektroskop. Analyse nur in geringer Menge, auch nach 2 Std. Reaktionsdauer. Die Rk. von *Methyljodid* (**III**) mit **I** verlief langsamer als die mit **II**, nach 17 Min. waren nur 38% **I** umgesetzt, d. h. **II** reagiert wenigstens 200mal schneller als **III**; auch bei den Rkk. mit **III** treten kaum höher methylierte Prodd. auf. Die Best. der Isomerenverteilung war infolge der Isomerisation der Xylole (vgl. l. c.), die Einhaltung einer Temp. wegen der Reaktionswärme, schwierig. Es entstanden aus **I** u. **II** zwischen 0 u. 5° (25 u. 32°) bzw. aus **I** u. **III** zwischen —1 u. 2° 28,9% *p*-, 17,3% *m*- u. 53,7% *o-Xylol* (29,3%, 20,9% u. 49,8%) bzw. 39,8%, 11,9% u. 48,3%. Die relativen Reaktivitäten von **I** u. Bzl. wurden aus Daten von Konkurrenz-Rkk. bei 0, 25 u. 45° mit **II** bzw. bei 0° mit **III** ermittelt, sie betrugen (in gleicher Folge) 3,8, 3,0, 2,5 bzw. 4,8. Die geringen Ausbeuten an höher methylierten Verbb. werden darauf zurückgeführt, daß die stärker bas. Prodd. als σ-Komplexe mit $HBr \cdot Al_2Br_6$ gebunden werden u. so keiner weiteren Rk. mehr zugänglich sind. Daß solche Komplexe unter den Reaktionsbedingungen stabil sind, ergibt sich daraus, daß keine HBr-Entw. auftritt u. **II** mit einer Lsg. des σ-Komplexes nicht reagiert. Aus den angewendeten mol. Verhältnissen wird auch offenbar, daß in den σ-Komplexen $Al_2Br_7^-$, nicht aber $AlBr_4^-$, als Anion vorliegt (vgl. BROWN u. WALLACE, C. **1954**. 8774). Die Ergebnisse schließen für FRIEDEL-CRAFTS-Rkk. mit Methylhalogeniden einen Mechanismus aus, der den Angriff von CH_3-Carboniumionen vorsieht. Es wird dagegen geschlossen, daß die Rk. durch nucleophilen Angriff der Aromaten auf eine polarisierte Methylhalogenid–Al_2Br_6-Additionsverb. erfolgt. Die geringe Reaktionsgeschwindigkeit von **III** gegenüber **II** wird der geringeren Basizität des J-Atoms zugeschrieben, die eine schwächere Koordination mit Al_2Br_6 zur Folge hat. (J. Amer. chem. Soc. **77**. 5584—89. 5/11. 1955.) B. GNAUCK. B 227

Ss. I. Chromow, O. W. Bragin und **Je. Ss. Balenkowa**, *Kontaktumwandlungen von 1-Methyl-1-cyclopentylcyclohexan in Gegenwart von platinierter Kohle.* Eine äther. Lsg. von Cyclopentylmagnesiumchlorid wird mit $HgCl_2$ versetzt, langsam eine äther. Lsg. von 1-Chlor-1-methylcyclohexan zugegeben, die Mischung 20 Std. gekocht, die Hauptmenge des Ae. abdest. u. nach Zusatz von Toluol 15 Std. gekocht, man erhält in 6,5%ig. Ausbeute *1-Methyl-1-cyclopentylcyclohexan* (**I**), $C_{12}H_{22}$, Kp.$_{12}$ 95—96°; $D.^{20}_4$ 0,8852; n_D^{20} 1,4830. Beim Überleiten von **I** über Kohle mit 10% Pt bei 320° werden erhalten: *Phenylcyclopentan, Toluol, isomere Amylbenzole* u. *α-Methylnaphthalin.* (Журнал Общей Химии [J. allg. Chem.] **25** (87). 1992—95. Sept. 1955. Moskau, Univ.) R. K. MÜLLER. B 227

N. I. Schuikin, W. A. Tulupow und **I. F. Belski**, *Kontaktkatalytische Umwandlungen von Tetrahydrosilvan in Cyclopentadien.* Beim Überleiten von Tetrahydrosilvan über oxyd. Katalysatoren, wie TiO_2 + Al_2O_3, bei 550—600° u. 25—50 mm entstehen bis zu 20% *Cyclopentadien* (**I**) u. bis zu 60% *Piperylen* (**II**). Die Bldg. von **I** u. **II** erfolgt in 2 unabhängig voneinander verlaufenden Rkk., doch geht **II** unter den gleichen Bedingungen auch teilweise in **I** über. (Журнал Общей Химии [J. allg. Chem.] **25** (87). 1623—29. Aug. 1955. Moskau, Univ.) R. K. MÜLLER. B 227

E. de Barry Barnett, Mechanism of organic chemical reactions. New York: Interscience. 1956. (304 S.) 8°. $ 4,75.

Karl Freudenberg und **Günter Schuhmacher**, Die Ultraviolett-Absorptionsspektren von künstlichem und natürlichem Lignin sowie von Modellverbindungen. Heidelberg: Springer. 1956. (34 S. m. 15 Abb.) 8° = Sitzungsberichte d. Heidelberger Akademie d. Wissenschaften. Math.-naturwiss. Klasse. Jg. 1953/55. Abh. 3. DM 7,20.

Paul Hölemann, Rolf Hasselmann und **Grete Dix**, Untersuchungen über die Vorgänge bei der Zersetzung von in Azeton gelöstem Azetylen. Hrsg.: Forschungsstelle f. Azetylen, Dortmund u. Düsseldorf. Als Ms. gedr. Köln, Opladen: Westdeutscher Verl. 1955. (60 S. m. Abb. u. Tab.) 4° = Forschungsberichte d. Wirtschafts- u. Verkehrsministeriums Nordrhein-Westfalen. Nr. 206. DM 15,55.

C. Präparative organische Chemie. Naturstoffe.

A. Russell Jones und **Walter J. Skraba**, *Synthese von ^{14}C-Methylamin und ^{14}C-Diazomethan.* Durch Umsetzung von $^{14}CO_2$ mit NH_3 in einem Pyrexrohr mit einem K-Spiegel (vgl. LOFTFIELD, Nucleonics **1.** [1947.] Nr. 3. 54) bei 630° in $K^{14}CN$, Red. über PtO_2 in verd. H_2SO_4, Alkalisieren u. Dest. in HCl entsteht in 98%ig. Ausbeute $^{14}CH_3NH_2 \cdot HCl$. Bei ½std. Erwärmen dieser Verb. mit überschüssigem KCN entsteht quantitativ $^{14}C_{(CH_3)}$-*Methylharnstoff*, der wie üblich zu 77% in $^{14}C_{(CH_3)}$-*N-Nitroso-N-methylharnstoff* verwandelt wird. Die anschließende Zers. mit 50%ig. KOH ergibt 54% $^{14}CH_2N_2$ (Ausbeute bezogen auf $K^{14}CN$). (Science [Washington] **117.** 252—53. 6/3. 1953. Oak Ridge, Tenn., Nat. Labor., Chem. Div.) H. LEHWALD. 480

Ferdinand Bohlmann und **Klaus Kieslich**, *Polyacetylene.* 6. Mitt. *Umwandlung von Polyinen in Kumulene.* (5. vgl. C. **1956.** 3875.) Die Beständigkeit höherer aliphat. Kumulene ist von den Endgruppen abhängig. Als bes. günstig erweist sich hier die endständige 2.2.6.6-Tetramethylcyclohexylidengruppe, zu deren Bldg. das leicht aus Methylcyclohexanon durch Methylierung zugängliche 2.2.6.6-Tetramethylcyclohexanon (**V**) verwendet wird, es hat aber den Nachteil, sehr reaktionsträge zu sein: Mit Propargylbromid u. Zn kann bei **V** keine Umsetzung erreicht werden, die Rk. mit Acetylendi-MgBr ist erst nach 3tägiger Dauer vollständig. Die Umwandlung des entstandenen *Bis-[1-oxy-2.2.6.6-tetramethylcyclohexyl-(1)]-acetylens* (**I**) nach KUHN u. Mitarbeitern (Chem. Ber. **87.** [1954.] 598 u. früher) mit $CrCl_2$ zu *Bis-[2.2.6.6-tetramethylcyclohexyliden-(1)]-äthylen* (**II**) verläuft nur in geringer Ausbeute, besser wird **II** durch Einw. von PBr_3 auf **I** in Pyridin erhalten. Die Br-Abspaltung des aus **I** + PBr_3 in Bzl. erhaltenen *Bis-[1-brom-2.2.6.6-tetramethylcyclohexyl-(1)]-acetylens* gelang nicht. **II** ist stabil, reagiert nicht mit Br_2, läßt sich aber hydrieren. Zur Darst. des **II** homologen Pentaens *Bis-[2.2.6.6-tetramethylcyclohexyliden-(1)]-butatriens* (**III**) wird aus **V** u. Diacetylendi-MgBr *Bis-[1-oxy-2.2.6.6-tetramethylcyclohexyl-(1)]-butadiin* (**IV**) gebildet, das aber nicht nach KUHN (l. c.) in **III** verwandelt werden kann. Dagegen kann **IV** mit PBr_3 umgesetzt werden, das Reaktionsprod. ist jedoch nicht das erwartete Bis-[1-brom-2.2.6.6-tetramethylcyclohexyl-(1)]-butadien, sondern *1.4-Bis-[2.2.6.6-tetramethylcyclohexyliden-(1)]-2.3-dibrombutadien-(1.3)* (**VI**), durch doppelte Propargylumlagerung entstanden (vgl. SAMMUL u. Mitarbeiter, C. **1954.** 7389), wie das (abgebildete) UV-Spektr. u. die Ozonisierung zu **V** beweisen. Durch Behandeln mit Zn-Staub wird **VI** in **III** übergeführt, das noch stabil ist, im Gegensatz zu **II** aber mit Br_2 zu **VI** reagiert. Durch partielle Hydrierung von **III** kann *1.4-Bis-[2.2.6.6-tetramethylcyclohexyliden-(1)]-butadien*, durch Perhydrierung das entsprechende *Butan* erhalten werden. — Die Rk. von **V** mit Triacetylendi-Na in fl. NH_3 ergibt *Bis-[1-oxy-2.2.6.6-tetramethylcyclohexyl-(1)]-hexatriin*, das mit PBr_3 ein Gemisch verschied. Bromide liefert, aus dem durch fraktionierte Kristallisation *Bis-[1-brom-2.2.6.6-tetramethylcyclohexyl-(1)]-hexatriin* isoliert wird. Die anschließende Rk. mit Zn liefert das nächsthöhere Kumulen, *Bis-[2.2.6.6-tetramethylcyclohexyliden-(1)]-hexapentaen*, das in Kristallen bereits sehr unbeständig ist. — Die Rk. von Diacetylenmono-MgBr mit **I** führt zu *1-Oxy-2.2.6.6-tetramethylcyclohexyl-(1)-diacetylen* (das als Nebenprod. durch Dimerisierung entstehende **IV** kann chromatograph. abgetrennt werden). Die anschließende Dimerisierung mit CuCl führt zu *Bis-[1-oxy-2.2.6.6-tetramethylcyclohexyl-(1)]-octatetrain*, das mit PBr_3 in *Bis-[1-brom-2.2.6.6-tetramethylcyclohexyl-(1)]-octatetrain* u. dann durch Entbromierung in das nur als orangerotes PAe.-Eluat erhältliche *Bis-[2.2.6.6-tetramethylcyclohexyliden-(1)]-octaheptaen* umgewandelt wird. In ihrem spektralen Verh. (vgl. Original) nehmen die Kumulene eine Zwischenstellung zwischen den Polyinen u. den konjugierten Polyenen ein.

Versuche: *2.2.6.6-Tetramethylcyclohexanon* (**V**), Kp.$_{13}$ 64—64,5°, aus Methylcyclohexanon durch 3maliges Methylieren mit CH_3Br u. $NaNH_2$ u. Dest.; 60% (Ausbeute). — *Bis-[1-oxy-2.2.6.6-tetramethylcyclohexyl-(1)]-acetylen* (**I**), $C_{22}H_{38}O_2$, F. 184,5° (PAe.), durch Zutropfen von **V** zu Acetylendi-MgBr in Ae., 3tägiges Stehen u. 2std. Erwärmen, Zers. mit Eis/H_2SO_4 u. Ausäthern; 77%. — *Bis-[2.2.6.6-tetramethylcyclohexyliden-(1)]-äthylen* (**II**), $C_{22}H_{36}$, F. 150° (A.), a) aus **I** in Ae. mit $CrCl_2$ nach KUHN (l. c.) u. Chromatographieren in PAe. an Al_2O_3; 6%; b) aus **I** in Ae. + PJ_3 u. wenig $(C_2H_5)_3N$, Zers. mit NaOH u. $Na_2S_2O_3$ u. Ausäthern; 9%; c) aus **I** in Pyridin durch Zutropfen von PBr_3 in Pyridin, Stehen, Erwärmen auf 70°, Zers. mit wss. CH_3OH u. Ausäthern; 16%. *Bis-[1-brom-2.2.6.6-tetramethylcyclohexyl-(1)]-acetylen*, F. 174°, aus 0,669 g **I** + PBr_3 in sd. Bzl.; läßt sich nicht mit Zn entbromieren. — *Bis-[1-oxy-2.2.6.6-tetramethylcyclohexyl-(1)]-butadiin* (**IV**), $C_{24}H_{38}O_2$, F. 173° (PAe.), a) durch Zutropfen von **V** in Ae. zu Diacetylendi-Na in fl. NH_3, Stehen, Zers. mit NH_4Cl nach Sättigen mit Ae. u. Ausäthern; 13%; b) aus Diacetylendi-MgBr + **V** durch 64std. Stehen, ½std. Erwärmen u. Zers. mit H_2SO_4; 58%. — *1.4-Bis-[2.2.6.6-tetramethylcyclohexyliden-(1)]-2.3-dibrom-*

butadien-(1.3) (**VI**), $C_{24}H_{36}Br_2$, F. 233,5° (Chlf.–CH_3OH), aus **IV** + PBr_3 in Bzl. wie oben, Zers. mit Eis–$NaHCO_3$ u. Ausäthern; 71%. — *Bis-[2.2.6.6-tetramethylcyclohexyliden-(1)]-butatrien* (**III**), $C_{24}H_{36}$, F. 204°, aus **VI** in absol. Ae. + aktiviertem Zn-Staub in 4 Std.; Würfel aus Ae.; 92%; gibt mit Br_2 in CCl_4 **VI**. — *1.4-Bis-[2.2.6.6-tetramethylcyclohexyl-(1)]-butan*, $C_{24}H_{46}$, F. 115° (Ae.–Methanol), durch Hydrieren von **III** in Eisessig–Essigester über PtO_2. — *1.4-Bis-[2.2.6.6-tetramethylcyclohexyliden-(1)]-butadien-(1.3)*, $C_{24}H_{38}$, F. 67° (Ae.–CH_3OH), durch Hydrieren von 0,5 g **III** in Essigester über 4%ig. Pd-Kohle bis zur entsprechenden H_2-Aufnahme. — *Bis-[1-oxy-2.2.6.6-tetramethylcyclohexyl-(1)]-hexatriin*, $C_{26}H_{38}O_2$, F. 204° (PAe.), durch Zutropfen von 14,6 g 1.6-Dichlorhexadiin-(2.4) in Ae. zu $NaNH_2$ in fl. NH_3 bei —70°, dann **V** in Ae., 18std. Stehen, Zers. mit NH_4Cl, Abdampfen des NH_3, Ausäthern des in W. aufgenommenen Rückstandes u. Chromatographie; 26 g. — *Bis-[1-brom-2.2.6.6-tetramethylcyclohexyl-(1)]-hexatriin*, F. 212—213°, aus vorst. Verb. in Bzl. + PBr_3, 4std. Erwärmen auf 60°, dann 12std. Stehen, Zers. u. Ausäthern; unrein. — *Bis-[2.2.6.6-tetramethylcyclohexyliden-(1)]-hexapentaen*, aus vorst. Verb. in Ae. mit Zn-Staub durch 10 Min. langes Erhitzen unter Licht- u. Luftausschluß, Vakuumeindampfen unter N_2 u. Chromatographieren; orangegelbe Kristalle; zers. sich in Sekunden. — *Bis-[1-oxy-2.2.6.6-tetramethylcyclohexyl-(1)]-octatetrain*, $C_{28}H_{38}O_2$, F. 134° (PAe.), durch Zutropfen von Diacetylen in Ae. zu Äthyl-MgBr unter Kühlen, Zufügen von **V**, 48std. Stehen bei 40—50° unter Verschluß, Zers. mit NH_4Cl, Aufnehmen in Ae. u. Chromatographieren; 3std. Schütteln des gebildeten rohen *1-Oxy-2.2.6.6-tetramethylcyclohexyldiacetylens* mit CuCl, NH_4Cl u. HCl mit O_2 u. Ausäthern; 25%. — *Bis-[2.2.6.6-tetramethylcyclohexyliden-(1)]-octaheptaen*, aus vorst. Verb. durch Entbromieren mit Zn-Staub wie oben u. Chromatographieren; orangefarbenes Eluat. (Chem. Ber. **87.** 1363—72. 30/9. 1954. Braunschweig, TH, Organ.-chem. Inst.) H. Lehwald. 490

Ferdinand Bohlmann, Heinz-Jürgen Mannhardt und **Heinz-Günther Viehe**, *Polyacetylenverbindungen*. 7. Mitt. *Synthese des Polyinketons aus Artemisia vulgaris*. (6. vgl. vorst. Ref.) Für das von Sörensen u. Mitarbeitern (C. **1955.** 10399 u. früher) aus *Artemisia vulgaris* isolierte Polyinketon der ungefähren Zus. $C_{12}H_{10}O$ kamen zunächst als mögliche Strukturen *cis-* u. *trans-Dodecatriin-(6.8.10)-en-(4)-on-(2)* (**I**) u. *cis-* u. *trans-Dodecatriin-(4.6.8)-en-(10)-on-(2)* (**II**) in Betracht. Die Synth. von **I** u. **II** durch Umsetzung der Säurechloride von Undecatriin-(5.7.9)-en-(3)-säure u. Undecatriin-(3.5.7)-en-(9)-säure mit CH_3–Li oder Dimethyl–Cd führten infolge der Alkaliempfindlichkeit der Prodd. nicht zu den Ketonen. Es wurde daher zunächst versucht, **II** über die entsprechenden Alkohole zu synthetisieren, indem durch gemischte oxydative Dimerisierung von Heptadiin-(1.3)-en-(5) (**III**) mit trans-Pentin-(1)-ol-(4) *trans-Dodecatriin-(4.6.8)-en-(10)-ol-(2)* (*trans*-**IV**) [ferner entstehen hierbei *Tetradecatetrain-(4.6.8.10)-dien-(2.12)* u. *Decadiin-(4.6)-diol-(2.9)*] u. von cis-Penten-(2)-in-(4) mit Heptadiin-(1.3)-ol-(6) *cis*-**IV** [als Nebenprodd. hierbei *Decadiin-(4.6)-dien-(2.8)* u. *Tetradecatetrain-(4.6.8.10)-diol-(2.13)*] dargestellt u. nach Oppenhauer mit Al-tert.-Butylat oxydiert wurden. Das hierbei aus trans-**IV** entstandene trans-**II** konnte aber nicht isoliert werden, da es unter diesen Bedingungen mit Aceton eine Aldolkondensation zu *4-Methyltetradecatriin-(6.8.10)-dien-(4.12)-on-(2)* eingeht, das zufolge des UV-Spektr. mit der Enolform im Gleichgewicht steht. Weitere Verss. in dieser Richtung wurden abgebrochen, da Sörensen (Privatmitt.) für sein Keton inzwischen die genaue *Zus.* $C_{14}H_{14}O$ ermittelt u. bei der Perhydrierung Tetradecanon-(3) erhalten hatte. Es kamen danach als wahrscheinliche Strukturen Tetradecatriin-(2.4.6)-en-(8)-on-(12) (**V**) u. Tetradecatriin-(4.6.8)-en-(2)-on-(12) (**VI**) in Betracht. **V** wurde aus dem aus Propionylmalonsäureester erhaltenen *Propionylessigsäureester* durch Rk. der Na-Verb. mit Penten-(2)-in-(4)-ylbromid, alkal. Verseifung, Decarboxylierung zu *Nonen-(6)-in-(8)-on-(3)* u. anschließende oxydative Dimerisierung mit Methyldiacetylen erhalten, **VI** durch Rk. von Propargylmalonsäure mit Dihydropyran u. anschließend Propionylchlorid, Verseifen u. Decarboxylieren zu *Heptin-(1)-on-(5)* u. oxydative Kupplung mit **III** dargestellt. **V** u. **VI** besitzen ähnliche FF. u. ähnliche UV-Spektren, unterscheiden sich jedoch in den Infrarotspektren. Das von **V** erweist sich ident. mit dem des natürlichen Ketons. Eine weitere Bestätigung der Identität beider Verbb. ergaben die Röntgendiagramme. Spektren vgl. Original.

Versuche: *trans-Dodecatriin-(4.6.8)-en-(10)-ol-(2)* (trans-**IV**), $C_{12}H_{12}O$, F. 56° (PAe.), durch 5std. Schütteln von **III** u. Pentin-(1)-ol-(4) in CH_3OH mit CuCl, NH_4Cl u. HCl in W. u. O_2, Ausäthern u. Aufarbeiten durch Chromatographie in Bzl. an saurem Al_2O_3 bzw. Aufnehmen des äther. Abdampfrückstandes in Bzl.–PAe. (1:4) u. Ausschütteln mit 50%ig. wss. CH_3OH; 13% (Ausbeute). *β-Anthrachinoncarbonsäureester*, $C_{27}H_{18}O_4$, F. (unscharf) 122—123° (Zers.; Aceton–PAe.); die Kristalle färben sich am Licht blau. — *Heptadiin-(1.3)-ol-(6)*, Kp.$_{12}$ 70—90° (Badtemp.), durch Zutropfen von Diacetylen in Ae. u. anschließend Propylenoxyd zu $NaNH_2$ in fl. NH_3 unter Rühren,

Zers. nach 22std. Stehen mit NH_4Cl, Abdampfen des NH_3, Ausäthern des in W. aufgenommenen Rückstandes u. Dest.; 4,6%. Als Hauptprod. *Decadiin-(4.6)-diol-(2.9)*, Kp.$_{0,02}$ 95—105° (Badtemp.). — *cis*-**IV**, aus vorst. Verb. + cis-Penten-(2)-in-(4) in CH_3OH durch oxydative Kupplung u. Aufarbeiten wie oben; viscoses gelbliches Öl. *β-Anthrachinoncarbonsäureester*, F. 121° (Aceton–PAe.). Daneben *Tetradecatetrain-(4.6.8.10)-diol-(2.13)*, F. 88°. — *4-Methyltetradecadien-(4.12)-triin-(6.8.10)-on-(2)*, $C_{15}H_{14}O$, F. 38,5° (PAe. bei —50°), aus trans-**IV** in Bzl. + Al-tert.-Butylat u. Aceton (3 std. Kochen), Hydrolysieren mit H_2SO_4, Vakuumeindampfen u. Chromatographieren in PAe.–Bzl. (2:1) an saurem Al_2O_3; 18%. *2.4-Dinitrophenylhydrazon*, $C_{21}H_{18}O_4N_4$, F. 202° (Zers.), orangefarbene Nadeln aus Chlf.–CH_3OH. — *Heptin-(1)-on-(5)*, Kp.$_{12}$ 57—60°, durch Zutropfen von Propargylmalonsäure zu Dihydropyran + 1 Tropfen H_2SO_4 unter Kühlen, Stehen, Schütteln mit KOH, Zutropfen des in Bzl. aufgenommenen Abdampfrückstandes zu $NaNH_2$ in Bzl., Abtreiben des NH_3 mit N_2, 3std. Rühren mit Propionylchlorid in Bzl., Kochen nach Zusatz von Essigsäure u. Vakuumdest.; 60%. *2.4-Dinitrophenylhydrazon*, $C_{13}H_{14}O_4N_4$, F. 128°, gelbe Kristalle aus CH_3OH. — *Tetradecatriin-(4.6.8)-en-(2)-on-(12)* (**VI**), $C_{14}H_{14}O$, F. 64°, durch oxydative Kupplung von **III** mit vorst. Verb. wie oben u. Chromatographieren; Nadeln aus PAe.; 7%. *p-Carboxyphenylhydrazon*, $C_{21}H_{20}O_2N_2$, Zers. ab 170° (je nach Erhitzungsgeschwindigkeit), aus vorst. Verb. + Phenylhydrazin-4-carbonsäure in wss. CH_3OH durch Erwärmen. — *Nonen-(6)-in-(8)-on-(3)*, Kp.$_{18}$ 90—110° (Badtemp.), durch Zufügen von 3 g Propionylessigsäureäthylester zu Na in absol. A., dann Zutropfen von 3 g Penten-(2)-in-(4)-ylbromid in Ae. bei 0° unter Rühren, 22std. Stehen, Neutralisieren mit Essigsäure, Ausäthern u. Dest. (Kp.$_{0,005}$ 95—100° [Badtemp.]), Verseifen mit wss. methanol. KOH u. Decarboxylieren durch Dest.; 1,75 g. *2.4-Dinitrophenylhydrazon*, $C_{15}H_{16}O_4N_4$, F. 121—122°, aus A. gelbe Kristalle. — *Tetradecatriin-(2.4.6)-en-(8)-on-(12)* (**V**), $C_{14}H_{14}O$, F. 57,5° (PAe.), durch oxydative Kupplung von 1 g vorst. Verb. mit 0,7 g Methyldiacetylen in CH_3OH, Extrahieren des Abdampfrückstandes mit CH_3OH u. Chromatographieren des Extraktes an saurem Al_2O_3; 0,4 g. *p-Carboxyphenylhydrazon*, $C_{21}H_{20}O_2N_2$, Zers. ab 170° (je nach Erhitzungsgeschwindigkeit). (Chem. Ber. **88**. 361—70. 14/3. 1955.) H. Lehwald. 490

Ferdinand Bohlmann und **Heinz-Jürgen Mannhardt**, *Polyacetylenverbindungen*. 8. Mitt. *Zur Konstitution des Dehydromatricariaesters aus Artemisia vulgaris.* (7. vgl. vorst. Ref.) Als mögliche Struktur des von Stavholt u. Sørensen (vgl. C. **1952**. 1919) isolierten *Dehydromatricariaesters* vom F. 113°, der isomer mit dem aus *Matricaria inodora* isolierten trans-Decatriin-(4.6.8)-en-(2)-säuremethylester (trans-**I**) ist, kamen *cis*-**I** sowie *cis*- u. *trans-Decatriin-(2.4.6)-en-(8)-säuremethylester* (**II**) in Betracht. *trans*-**II** wurde durch oxydative Kupplung von Propenyldiacetylen mit Propiolsäuremethylester gewonnen [als Nebenprod. wurden *Diacetylendicarbonsäuredimethylester* u. *Tetradecatetrain-(4.6.8.10)-dien-(2.12)* isoliert], besitzt aber ein anderes UV-Spektr. u. niedrigeren Schmelzpunkt. Auf Grund des Vgl. der Spektren von trans-**I** u. dem Ester vom F. 113°, von trans-**I** u. trans-**II** u. schließlich von Lachnophyllumester u. dem aus Pentin-(1)-en-(3) u. Propiolsäure dargestellten isomeren *Octadiin-(2.4)-en-(6)-säuremethylester* (bei den letzteren tritt der gleiche Unterschied auf wie zwischen trans-**I** u. trans-**II**) wird der natürliche Ester vom F. 113° als *cis*-**I** angesprochen. Die Vergleiche der Infrarotspektren bestätigen diesen Befund (Spektren vgl. Original). Für die spektroskop. Unterss. wurde ferner aus trans-Penten-(2)-in-(4) über das Na-Salz durch Carbonisieren u. Verestern *trans-Hexin-(2)-en-(4)-säuremethylester* dargestellt (Spektren vgl. Original).

Versuche: *trans-Decatriin-(2.4.6)-en-(8)-säuremethylester* (trans-**II**), $C_{11}H_8O_2$, F. 61°, durch Kupplung von Heptadiin-(1.3)-en-(5) mit Propiolsäuremethylester (l. c.) u. Chromatographieren an saurem Al_2O_3; aus PAe. gelbliche Kristalle. — *trans-Octadiin-(2.4)-en-(6)-säuremethylester*, $C_9H_8O_2$, F. 32,5°, Kp.$_{0,01}$ 63—68° (Badtemp.), durch Kupplung von Propiolsäuremethylester mit trans-Penten-(2)-in-(4) wie vorst., Schütteln mit wss. methanol. KOH, Isolieren der Säure u. Verestern mit CH_2N_2; aus PAe. Nadeln. — *trans-Hexin-(2)-en-(4)-säure*, $C_6H_6O_2$, F. 134° (Bzl.), durch Zutropfen von trans-Penten-(2)-in-(4) in Ae. zu $NaNH_2$ in Ae., 4std. Kochen, Stehen mit Trockeneis, Zers. mit NH_4Cl u. Ansäuern der abgetrennten wss. Schicht; 51%. *Methylester*, F. 10°, Kp.$_{12}$ 78—85° (Badtemp.). (Chem. Ber. **88**. 429—34. 14/3. 1955.) H. Lehwald. 490

Ferdinand Bohlmann und **Heinz-Günter Viehe**, *Polyacetylenverbindungen*. 9. Mitt. *Alkalische und saure Addition an Polyine.* (8. vgl. vorst. Ref.) Während Diacetylen in alkal. Lsg. leicht Alkohol anlagert, erfolgt die Anlagerung an Dimethyldiacetylen (**I**) zu *Hexin-(2)-en-(4)-ol-(5)-methyläther* wesentlich langsamer, da die CH_3-Gruppen infolge der Hyperkonjugation als Elektronendonatoren fungieren, was die Ausbldg. der für die Rk. erforderliche mesomere Kumulenstruktur hemmt. Demgegenüber reagieren Dimethyltriacetylen (**II**) etwas u. Dimethyltetraacetylen (**III**) erheblich schneller mit CH_3OH, die Wrkg. der CH_3-Gruppen tritt hier weniger stark in Erscheinung. Im ersten

Fall bildet sich *Octadiin-(2.4)-en-(6)-ol-(7)-methyläther*, im zweiten *Decatriin-(2.4.6)-en-(8)-ol-(9)-methyläther*. Letzterer kann durch Chromatographie in *cis-* u. *trans-Isomere* aufgetrennt werden, die sich im UV-Spektr. wenig, im Infrarotspektr. aber deutlich unterscheiden. Im Licht werden beide schnell in ein rotes bzw. grünes Polymerisat verwandelt; bei dem O_3-Abbau entsteht aus beiden *Octatriin-(2.4.6)-säure*. Durch endständige tert.-Butylgruppen wird die Anlagerung etwas verlangsamt, wie die Rk. von Di-tert.-butylpentaacetylen (**IV**) zu *2.2.13.13-Tetramethyltetradecatetrain-(3.5.7.9)-en-(11)-ol-(12)-methyläther* zeigt. Die für die Anlagerung von Alkoholen an Polyine erforderliche Ausbldg. eines Kumulenmesomeren erfolgt demnach bei Verbb. mit mehreren konjugierten C≡C-Bindungen leichter; es kann also bei diesen Verbb. auf eine Abnahme des Acetylencharakters der C≡C-Bindungen geschlossen werden. Es bleiben jedoch stets Restvalenzen, die für die Alkoholanlagerung von Bedeutung sind, da reine Kumulene unter den gleichen Bedingungen keinen Alkohol addieren. — Einfache Acetylenverbb. addieren in saurem Medium unter der katalyt. Wrkg. von Hg^{2+} H_2O (vgl. Nieuwland u. Mitarbeiter, J. org. Chemistry **1.** [1936.] 159). In Ggw. von konz. H_2SO_4 addiert **I** auch ohne Katalysator H_2O, jedoch entsteht hierbei nicht Hexin-(2)-on-(4), wie Griner [1892] annahm, sondern zunächst *Hexin-(2)-on-(4)* (UV- u. Infrarotspektr.) u. nach Aufnahme eines 2. Mol. H_2O *Propionylaceton* (**V**). Auch hier reagieren Polyine mit endständigen tert.-Butylgruppen langsamer, wie die Rk. von Di-tert.-butyldiacetylen zu *2.2.7.7-Tetramethyloctin-(3)-on-(5)* zeigt. **II** reagiert ebenfalls langsamer u. bildet bei teilweiser Zers. *Octadiin-(2.4)-on-(6)*. Demgegenüber wird aber **III** vollständig zers., während das stabilere **IV** beim längeren Erwärmen mit konz. H_2SO_4 auf 50° unverändert bleibt. Grundsätzlich die gleichen Verhältnisse werden bei den analogen Rkk. in Ggw. von Hg^{2+} beobachtet. Aus **I** entstehen 80% **V**, 20% *Acetonylaceton* u. Spuren von *Dipropionyl* u. aus Di-tert.-butyldiacetylen in 4mal langsamerer Rk. 90% *2.2.7.7-Tetramethyloctandion-(3.5)* u. 10% *2.2.7.7-Tetramethyloctandion-(3.6)*. Von den höheren Polyinen reagiert nur noch **II**, wobei ein bisher nicht aufgeklärtes Keton isoliert wird. Da eine H_2O-Anlagerung an eine Dreifachbindung nur bei Bindungen mit reinem Acetylencharakter stattfinden kann, findet die bei den höheren Polyinen festgestellte Erschwerung der H_2O-Addition ihre Erklärung in der bereits oben festgestellten Verminderung des Acetylencharakters der C≡C-Bindungen bei den höheren Homologen.

Versuche (FF. >50° auf Kofler-Block): *2.2.13.13-Tetramethyltetradecatetrain-(3.5.7.9)-en-(11)-ol-(12)-methyläther*, $C_{19}H_{22}O$, F. 114—115° (PAe. bei —50°), aus 0,234 g **IV** in CH_3OH + Na (2½std. Kochen), Zers. mit W., Ausäthern u. Chromatographieren in PAe. an Al_2O_3; 5 mg (Ausbeute). — *Decatriin-(2.4.6)-en-(8)-ol-(9)-methyläther*, $C_{11}H_{10}O$, F. 71° (PAe.), aus 0,97 g **III** wie vorst., Verdünnen mit W., Ausäthern u. Chromatographieren des Eindampfrückstandes; 0,5 g; bildet im Licht ein rotes Polymerisat. Daneben ein 2. *Isomeres*, F. 61° (PAe.); bildet im Licht ein dunkelgrünes Polymerisat. — *Octatriin-(2.4.6)-säuremethylester*, F. 157°, aus den beiden vorst. Isomeren durch Ozonisieren in Essigester bei —60°, 10 Min. Erwärmen des Abdampfrückstandes mit 10%ig. H_2O_2 u. Tetrahydrofuran, Ausziehen des Ätherauszuges mit $NaHCO_3$ u. Verestern mit CH_2N_2; aus PAe. Nadeln. — *Octadiin-(2.4)-en-(6)-ol-(7)-methyläther*, $C_9H_{10}O$, F. 43—46° (PAe.), aus **II** wie vorstehend. — *Hexin-(2)-en-(4)-ol-(5)-methyläther*, Kp. 160—170°, aus 3 g **I** in CH_3OH mit KOH in 14 Std. bei 120° im Einschlußrohr; 3,9 g. — *Hexin-(2)-on-(4)*, Kp. 145—146°, aus **I** + konz. H_2SO_4 unter Eis–Kochsalz-Kühlung, Gießen auf Eis u. Ausäthern; 45%. *2.4-Dinitrophenylhydrazon*, $C_{12}H_{12}O_4N_4$, F. 164°, orangegelbe Kristalle aus CH_3OH. — *Acetonylaceton-bis-2.4-dinitrophenylhydrazon*, F. 275°, aus **I** + 10%ig. H_2SO_4 u. $HgSO_4$ in CH_3OH (2½std. Kochen), Wasserdampfdest. u. Behandeln des ersten Destillatdrittels mit 2.4-Dinitrophenylhydrazin; 18,5%. *Propionylaceton–Cu-Komplex*, aus dem 2. Drittel des Destillats; 81,5%. Daneben in geringer Menge das *Disemicarbazon* des *Dipropionyls*. — *Octadiin-(2.4)-on-(6)*, F. —10°, $Kp._{0,5}$ 30°, aus 0,5 g **II** in Tetrahydrofuran u. konz. H_2SO_4 unter Eis–Kochsalz-Kühlung, Gießen auf Eis, Ausäthern u. Chromatographieren; 134 mg. *2.4-Dinitrophenylhydrazon*, $C_{14}H_{12}O_4N_4$, F. 149° (CH_3OH). — *2.2.7.7-Tetramethyloctin-(3)-on-(5)*, $Kp._{0,05}$ 60° (Badtemp.), aus 1 g Di-tert.-butyldiacetylen u. konz. H_2SO_4 in 10 Min. bei 60°; 0,5 g. *2.4-Dinitrophenylhydrazon*, $C_{18}H_{24}O_4N_4$, F. 137—138° (A.). — *2.2.7.7-Tetramethyloctandion-(3.5)*, $C_{12}H_{22}O_2$, F. 28°, $Kp._{15}$ 90° (Badtemp.), aus 1 g Di-tert.-butyldiacetylen + H_2SO_4 u. $HgSO_4$ in CH_3OH in 15 Std. bei 100° im Einschlußrohr, Verdünnen mit W., Ausäthern, Aufnehmen des Rückstandes in CH_3OH, Fällen als *Cu-Komplex* (F. 144—146°; 0,45 g) u. Zers. mit 20%ig. H_2SO_4. Daneben aus der CH_3OH-Lsg. mit 2.4-Dinitrophenylhydrazin *2.2.7.7-Tetramethyloctandion-(3.6)-bis-2.4-dinitrophenylhydrazon*, $C_{24}H_{30}O_8N_8$, F. 260 bis 270° (Zers.). — *Keton vom $Kp._{0,2}$ 50°* (Badtemp.), aus **II**, 10%ig. H_2SO_4 u. $HgSO_4$ in CH_3OH durch 3std. Wasserdampfdest. u. Ausäthern; 0,25 g. *2.4-Dinitrophenylhydrazon*, F. 250° (Chlf.–CH_3OH). (Chem. Ber. **88.** 1017—27. 1/7. 1955.) H. Lehwald. 490

Ferdinand Bohlmann und **Heinz-Günter Viehe,** *Polyacetylenverbindungen.* 10. Mitt. *Synthese der Polyine aus Oenanthe crocata.* (9. vgl. vorst. Ref.) Die Rk. von 1-Bromheptadien-(2.4)-in-(6) mit Butyrylessigester u. anschließende Ketonspaltung ergibt *Dodecadien-(7.9)-in-(11)-on-(4)* (I). Die Weiterbehandlung mit Penten-(2)-in-(4) in Ggw. von $CuCl/O_2$ führt neben *Tetrakosatetraen-(7.9.15.17)-diin-(11.13)-dion-(4.21)* (II) u. *Decadien-(2.8)-diin-(4.6)* zu *Oenantheton,* ident. mit dem von Anet u. Mitarbeitern (C. **1956.** 8100) aus *Oenanthe crocata* isolierten Produkt. Die analoge Umsetzung von **I** mit Penten-(2)-in-(4)-ol (**III**) in Ggw. von $CuCl/O_2$ ergibt neben **II** u. *Decadien-(2.8)-diin-(4.6)-diol-(1.10)* (**IV**) *Heptadecatrien-(7.9.15)-diin-(11.13)-ol-(17)-on-(4),* das durch $LiAlH_4$-Red. in *DL-Oenanthotoxin* verwandelt wurde u. als schwer reinzuerhaltendes Racemat 20° niedriger schm. als die von Lythgoe (l. c.) isolierte opt.-akt. Form. — n-Hexyl-MgBr ergibt mit Acrolein *Nonen-(1)-ol-(3),* nach anschließender Bromierung mit PBr_3 ein Gemisch aus *1-Bromnonen-(2)* u. *3-Bromnonen-(1),* dessen Auftrennung nicht gelang. Bei Einw. von Triphenylphosphin reagiert nur das erstere, u. es bildet sich *Triphenylnonen-(2)-ylphosphoniumbromid,* das mit LiC_4H_9 zum *Ylid* $C_6H_{13}CH{=}CH{-}CH^{(-)}{-}P^{(+)}(C_6H_5)_3$ umgewandelt u. mit Propargylaldehyd in *Dodecadien-(3.5)-in-(1)* übergeführt wird. Die anschließende Kupplung mit **III** liefert neben *Tetrakosatetraen-(7.9.-15.17)-diin-(11.13)* u. **IV** *Oenanthetol,* ident. mit dem von Lythgoe isolierten natürlichen Produkt. UV- u. Infrarotspektren vgl. Original.

Versuche (alle Rkk. unter N_2): *Dodecadien-(7.9)-in-(11)-on-(4)* (I), $Kp._{0,02}$ 80 bis 100°, aus Na-Butyrylessigsäureäthylester + 1-Bromheptadien-(2.4)-in-(6) in Ae. unter Rühren u. Kühlen, 20 std. Stehen, Zugabe von verd. KOH, Vakuumabdampfen des Ae., Ansäuern der wss. Phase nach 24 std. Stehen u. Ausäthern, Abdampfen u. Decarboxylieren durch Dest.; 27% (Ausbeute); ergibt ein *Ag-Salz* u. *2.4-Dinitrophenylhydrazon.* — *Heptadecatrien-(7.9.15)-diin-(11.13)-on-(4)* (*Oenantheton*), $C_{17}H_{20}O$, F. 45,7° (PAe. bei —50°), aus 0,5 g I + 0,75 g Penten-(2)-in-(4) in CH_3OH mit wss. NH_4Cl + 5 g CuCl + wenig HCl, 3 std. Schütteln mit O_2, Isolieren mit Ae. u. Chromatographie in PAe. u. Bzl. (4:1) an Al_2O_3; 400 bzw. 100 mg. Daneben durch Elution mit PAe. *Decadien-(2.8)-diin-(4.6)* u. durch Elution mit Ae. *Tetrakosatetraen-(7.9.15.17)-diin-(11.13)-dion-(4.21)* (II), $C_{24}H_{30}O_2$, F. 76°, aus PAe. verfilzte Nadeln. — *Heptadecatrien-(7.9.15)-diin-(11.13)-ol-(17)-on-(4),* $C_{17}H_{20}O_2$, F. 56—57° (PAe.), aus 2 g I in CH_3OH + NH_4Cl + CuCl + HCl in W. wie vorst., Schütteln mit O_2, Isolieren mit Ae., Ausziehen des Abdampfrückstandes mit sd. Chlf. [als Rückstand bleibt *Decadien-(2.8)-diin-(4.6)-diol-(1.10)* (**IV**)], Abdampfen u. Chromatographie an saurem Al_2O_3 in Bzl.; 770 mg. Daneben aus dem Chromatogramm durch Elution mit PAe. u. Bzl. **II.** — *Heptadecatrien-(7.9.15)-diin-(11.13)-diol-(4.17)* (*DL-Oenanthotoxin*), $C_{17}H_{22}O_2$, F. 68°, aus vorst. Verb. + $LiAlH_4$ in Ae. bei —30°, Zufügen von Methylformiat, Zers. mit NH_4Cl, Ausziehen mit Ae. u. Chromatographie in Bzl. an saurem Morin-Al_2O_3 (Brockmann); Sternchen aus Ae.-PAe. bei —15°; 500 mg (roh). — *Nonen-(1)-ol-(3),* $Kp._{12}$ 90—95°, aus n-Hexyl-MgBr + Acrolein in Ae.; 61%. — *1-Bromnonen-(2)* u. *3-Bromnonen-(1)* (Gemisch), $Kp._{16}$ 95—105° (unscharf), aus vorst. Verb. in Ae. + PBr_3 u. wenig Pyridin u. 12 std. Stehen; 79%. — *Triphenylnonen-(2)-ylphosphoniumbromid,* F. 170°, aus 4,2 g vorst. Gemisches + 6 g Triphenylphosphin in Bzl. (3 Tage stehen); 3,86 g. — *Dodecadien-(3.5)-in-(1),* $Kp._{0,05}$ 50° (Bad), aus vorst. Verb. in Ae. + 95% der theoret. erforderlichen Menge LiC_4H_9, 2 std. Stehen, Eintragen von Propargylaldehyd in Ae. u. Dest. nach Filtration; λ_{max} 260 mμ (ε = 30000); 43%. — *Heptadecatrien-(2.8.10)-diin-(4.6)-ol-(1)* (*Oenanthetol*), $C_{17}H_{22}O$, F. 70,7—71°, aus 0,475 g vorst. Verb. + 3 g **III** in CH_3OH mit CuCl, NH_4Cl u. HCl wie oben u. Chromatographie an saurem Al_2O_3; Nadeln aus PAe.; 390 bzw. 100 mg. (Chem. Ber. **88.** 1245—51. 1/8. 1955.) H. Lehwald. 490

Ferdinand Bohlmann und **Heinz-Jürgen Mannhardt,** *Polyacetylenverbindungen.* 11. Mitt. *Synthese eines aus Coreopsis-Arten isolierten Polyins.* (10. vgl. vorst. Ref.) Matricarianol [Decen-(2.8)-in-(4.6)-ol, (I)] gibt bei der Umsetzung mit PBr_3 *1-Bromdecadiin-(4.6)-dien-(2.8),* das mit Triphenylphosphin in *Decen-(2.8)-in-(4.6)-yltriphenylphosphoniumbromid* (II) u. nach Rk. mit LiC_4H_9 über das *Ylid* $CH_3CH{=}CH{-}[C{\equiv}C]_2{\cdot}CH{=}CH{-}CH{=}P(C_6H_5)_3$ durch Rk. mit Acrolein in *Tridecatetraen-(1.3.5.11)-diin-(7.9)* (**III**), ident. mit der von Sörensen u. Sörensen (Acta chem. scand. **8.** [1954.] 1741) aus *Coreopsis*-Arten isolierten Verbindung, verwandelt wird. **III** entsteht ferner in befriedigender Ausbeute durch Oxydation von I mit MnO_2 in Aceton zu *Decadiin-(4.6)-dien-(2.8)-al-(1)* u. Umsetzung mit dem aus Allylbromid erhaltenen Ylid $CH_2{=}CH{-}CH{=}P(C_6H_5)_3$. Zur weiteren Charakterisierung wurde das *1.4-Maleinsäureanhydridaddukt* von **III**, $CH_3{-}CH{=}CH{-}[C{\equiv}C]_2{-}CH{=}CHCHCH{=}CHCH_2CHCO{-}O{-}CO{-}CH$. dargestellt. UV- u. Infrarotspektren vgl. Original.

Versuche (alle Rkk. unter N_2 u. Lichtausschluß): *Decadiin-(4.6)-dien-(2.8)-al-(1)* (*2.8-trans.trans-Matricarianal*), $C_{10}H_8O$, F. 68,5°, durch 5std. Schütteln von trans.trans-**I** mit MnO_2 in Aceton, Eindampfen u. Chromatographie in PAe. an Al_2O_3; gelbliche Platten aus PAe.; 41,5% (Ausbeute). — *trans-Tridecadiin-(7.9)-tetraen-(1.3.5.11)* (**III**), $C_{13}H_{12}$, F. 70,5°, a) durch 2std. Rühren von Allyltriphenylphosphoniumbromid in Ae. mit LiC_4H_9, Zufügen vorst. Verb. in absol. Ae., 2std. Rühren, Abdampfen u. Chromatographie in PAe. an Al_2O_3; gelbliche Kristalle aus PAe.; b) durch Rk. von **II** mit LiC_4H_9 in Ae., Zufügen von Acrolein u. 2tägiges Stehen bei 0°. Daneben bei a) aus der Mutterlauge *3-cis-***I**, viscose Flüssigkeit. *1.4-Maleinsäureanhydridaddukt*, F. 150° (Bzl. u. PAe.). — *1-Bromdecadiin-(4.6)-dien-(2.8)*, $C_{10}H_9Br$, F. 44,5° (PAe. bei —50°), aus **I** in Ae. + PBr_3 u. wenig Pyridin, 30 Min. Kochen, Zers. mit Eis u. Chromatographieren; 87%. — *Decen-(2.8)-in-(4.6)-yltriphenylphosphoniumbromid* (**II**), aus vorst. Verb. + $(C_6H_5)_3P$ in Bzl. (10 Std. stehen); 77%. (Chem. Ber. **88.** 1330—34. 1/8. 1955.)
H. LEHWALD. 490

Ferdinand Bohlmann und **Heinz-Günter Viehe**, *Polyacetylenverbindungen.* 12. Mitt. *Synthese des Cicutols.* (11. vgl. vorst. Ref.) Acrolein wird mit C_4H_9MgBr zu *n-Hepten-(1)-ol-(3)* umgesetzt, das bei der Bromierung mit PBr_3 neben *3-Bromhepten-(1)* *1-Brom-hepten-(3)* ergibt. Bei der Einw. von Triphenylphosphin reagiert bevorzugt letzteres unter Bldg. von *Hepten-(2)-yltriphenylphosphoniumbromid*, dessen Umsetzung mit C_4H_9Li zum *Ylid* $(C_6H_5)_3P{=}CHCH{=}CHC_4H_9$ führt. Die Rk. des Ylids mit Penten-(2)-in-(4)-al liefert *Dodecatrien-(3.5.7)-in-(1)* u. die oxydative gekreuzte Dimerisierung dieses KW-stoffs mit Pentin-(4)-ol-(1), das nach EGLINTON u. Mitarbeitern (vgl. C. **1953.** 6656) leicht aus Tetrahydrofurfurylchlorid erhältlich ist, gibt ein Gemisch aus 3 Polyinen, aus dem durch Chromatographie *Tetrakosahexaen-(5.7.9.15.17.19)-diin-(11.13)*, *Heptadecatrien-(8.10.12)-diin-(4.6)-ol-(1)*, ident. mit dem von ANET u. Mitarbeitern (C. **1956.** 8100) aus *Cicuta virosa* isolierten „*all-trans*"*-Cicutol* u. *Decadiin-(4.6)-diol-(1.10)* isoliert werden konnte. Aus der Mutterlauge von Cicutol konnten außerdem geringe Mengen des *cis-Isomeren* erhalten werden. Damit sind alle aus *Oenanthe crocata* u. *Cicuta virosa* isolierten Polyine strukturell aufgeklärt.

Versuche (alle Rkk. unter N_2 u. unter weitgehendem Lichtausschluß): *n-Hepten-(1)-ol-(3)*, $Kp._{12}$ 60—63°, aus n-Butyl-MgBr + Acrolein in Ae. in 1 Std.; 42% (Ausbeute). — *1-Bromhepten-(2)* u. *3-Bromhepten-(1)*, aus vorst. Verb. mit PBr_3 in Ae. in Ggw. von wenig Pyridin (1 Std. kochen, mit Eis zers. u. dest.). — *Hepten-(2)-yltriphenylphosphoniumbromid*, F. 156° (KOFLER-Block), aus vorst. Gemisch u. $(C_6H_5)_3P$ in Bzl.; 70%. — *Penten-(2)-in-(4)-al*, $Kp._{12}$ 40° (Badtemp.), aus Penten-(2)-in-(4)-ol-(1) in Ae. u. akt. MnO_2 durch 3std. Schütteln, Abfiltrieren u. Vakuumdest.; 38%. *Dinitrophenylhydrazon*, rote Verb., die sich bei 150° explosionsartig zers.; wird bei der Rekristallisation zersetzt. — *Dodecatrien-(3.5.7)-in-(1)*, $Kp._{0,02}$ 65—70°, aus vorvorst. Verb. in Ae. + C_4H_9Li, 2std. Rühren, Abdampfen des Filtrats u. Dest.; 60%. — *Heptadecatrien-(8.10.12)-diin-(4.6)-ol-(1)* („*all-trans*"*-Cicutol*), $C_{17}H_{22}O$, F. 67,5—68,5° (PAe.), Misch-F. mit natürlichem Cicutol 65—67,5°, aus vorst. Verb. + Pentin-(4)-ol-(1) mit CuCl + NH_4Cl u. HCl in wss. CH_3OH durch 3std. Schütteln mit O_2, Abdampfen der abgetrennten Ae.-Schicht, Chromatographie an saurem Al_2O_3 u. Eluierung mit Äther. Aus der Mutterlauge als öliger Anteil *10-cis-Cicutol*, das durch Kochen in PAe. mit einer Spur Jod *trans-Cicutol* ergibt. Daneben durch Eluierung mit PAe. *Tetrakosahexaen-(5.7.9.15.17.19)-diin-(11.13)*, $C_{24}H_{30}$, F. 81°, gelbe Kristalle aus PAe. bei —80°. (Chem. Ber. **88.** 1347—51. 1/9. 1955.)
H. LEHWALD. 490

Ferdinand Bohlmann, *Polyacetylenverbindungen.* 13. Mitt. *Zur Konstitution des Phenyltriindiens aus Coreopsis-Arten.* (12. vgl. vorst. Ref.) SÖRENSEN u. SÖRENSEN (Acta chem. scand. **8.** [1954.] 1741) haben aus *Coreopsis*-Arten ein Phenyltriindien (**I**) mit der wahrscheinlichen Struktur $C_6H_5(C{\equiv}C)_3(CH{=}CH)_2CH_3$ isoliert u. gefunden, daß das UV-Spektr. von **I**, verglichen mit einer entsprechenden Verb., die statt der Phenylgruppe eine C=C-Doppelbindung enthält, nicht wie üblich zum Langwelligen, sondern zum Kurzwelligen verschoben ist. Dieses Verh. von **I** deutet darauf hin, daß wahrscheinlich cis-Bindungen vorliegen. Zur Klärung dieser Frage wird die entsprechende *trans-Verb.* dargestellt. Aus 4-Phenylbutin-(2)-diol-(1.4) über *4-Phenyl-1.4-dichlorbutin-(2)* erhaltenes *Phenyldiacetylen* entsteht durch oxydative Verknüpfung mit Penten-(2)-in-(4)-ol neben *Decadiin-(4.6)-dien-(2.8)-diol-(1.10)* u. *Diphenyloctatetrain* *1-Phenylnonatriin-(1.3.5)-en-(7)-ol-(9)*, das mit MnO_2 zum entsprechenden *Aldehyd* oxydiert wird. Dieser wird entweder mit Hilfe des Ylids $(C_6H_5)_3P{=}CHCH_3$ nach WITTIG u. SCHÖLLKOPF (vgl. C. **1955.** 2887) oder besser durch Rk. mit C_2H_5MgBr über *1-Phenylundecatriin-(1.3.5)-en-(7)-ol-(9)* durch H_2O-Abspaltung mit Toluolsulfonsäure in *1-Phenylundecatriin-(1.3.5)-dien-(7.9)* (**Ia**) verwandelt. — Die UV- u. Infrarotspektren von **I** u. **Ia** sind deutlich verschieden. Bei der Synth. über das Ylid tritt neben **I** noch ein öliges

Isomerengemisch auf, das die gleichen UV- u. Infrarotspektren wie **I** besitzt u. dessen Banden bei 743 cm^{-1} sowie zwischen 10 u. 11 μ auf eine cis-Bindung zurückgeführt werden können [cis-Bindungen sind bei Ylidsynthesen möglich (vgl. WITTIG, l. c.)]. Demnach ist **I** wahrscheinlich ein *7.9-Di-cis-* oder *7-Mono-cis-Isomeres* von **Ia** u. sollte das gleiche Maleinsäureanhydridaddukt wie **Ia** haben. Tatsächlich unterscheiden sich die beiden Addukte in den FF. u. in den Spektren; es wird daher angenommen, daß in **I** noch ein anderes Polyindien enthalten ist, welches das krist. Addukt bildet, während **I** selbst nicht addiert wird, da cis.cis- bzw. cis–trans-Diene nur sehr langsam addiert werden. Spektren vgl. Original.

Versuche: *Phenyldiacetylen*, $Kp._{0,1}$ 40—50° (Badtemp.), aus 4-Phenylbutin-(2)-diol-(1.4) nach ARMITAGE u. Mitarbeitern (C. **1956**. 8082) zu *4-Phenyl-1.4-dichlorbutin-(2)*, Rk. des Rohprod. mit $NaNH_2$ in fl. NH_3 u. Reinigen durch Chromatographie an Al_2O_3 (BROCKMANN); 85% (Ausbeute). — *1-Phenylnonatriin-(1.3.5)-en-(7)-ol-(9)*, $C_{15}H_{10}O$, F. 103° (Ae.–Bzl.), durch Zutropfen einer Lsg. von 50 g CuJ u. 150 g NH_4Cl in 1%ig. HCl zu 15 g vorst. Verb. u. 25 g Penten-(2)-in-(4)-ol-(1) in CH_3OH–Aceton unter Einleiten von O_2 (15 Std.), Ausäthern, Abdampfen, Digerieren mit Chlf., Abdunsten u. Chromatographieren in Bzl. an Al_2O_3; 5,5 g. — *1-Phenylnonatriin-(1.3.5)-en-(7)-al-(9)*, $C_{15}H_8O$, F. 75°, aus vorst. Verb. in Ae. u. MnO_2, 4 Std. Schütteln; aus PAe. gelbe Nadeln; 53%. — *1-Phenylundecatrien-(1.3.5)-diein-(7.9)* (**Ia**), F. 64°, a) durch Zutropfen vorst. Verb. zu einer Lsg. des Ylids aus Äthyltriphenylphosphoniumbromid (aus Äthylbromid u. Triphenylphosphin bei 120° im Einschlußrohr) u. C_4H_9-Li in Ae. unter Kühlen u. Rühren, 1 std. Erwärmen, Filtrieren, Chromatographieren, Eluieren mit PAe. + 5% Bzl. u. Abkühlen auf —70°; gelbliche Kristalle aus Bzl.–PAe.; 5%; b) durch Zutropfen der vorst. Verb. in PAe. zu C_2H_5MgBr in Ae., Zers. mit NH_4Cl, Aufnehmen in Ae., Abdampfen, Erwärmen mit Bzl. u. Zufügen von Toluolsulfonsäure in Bzl. (gesätt.), Neutralisieren u. Chromatographieren. *Maleinsäureanhydridaddukt*, F. 175° (Zers.; Bzl.–PAe.), aus vorst. Verb. + Maleinsäureanhydrid in Bzl. in 2 Std. bei 65° unter Verschluß; Sublimieren bei 50° (Bad)/0,001 mm. (Chem. Ber. **88**. 1755—61. 2/11. 1955.) H. LEHWALD. 490

Ferdinand Bohlmann und **Hansjörg Sinn**, *Polyacetylenverbindungen.* 14. Mitt. *Reaktion von Polyinenen mit Ozon und Persäuren.* (13. vgl. vorst. Ref.) Die verschied. Reaktionsfähigkeit von Acetylen- u. Äthylenbindungen gegenüber O_3 kann zur Synth. von Carbonsäuren aus Polyeninen verwendet werden. trans.trans-Decadiin-(4.6)-dien-(2.8) (trans.trans-**I**) wird durch O_3 nur an den beiden Äthylenbindungen ozonisiert, das *Diozonid* gibt bei der oxydativen Spaltung *Diacetylendicarbonsäure*, bei der reduktiven Spaltung den sehr instabilen *Diacetylendialdehyd* (**VI**). — Ein ähnlicher Unterschied in der Reaktionsfähigkeit wird bei der Rk. mit Persäuren festgestellt. Da nach SWERN (C. **1948**. I. 538) die Persäure-Rk. über π-Komplexe verläuft, ist die Rk. von der Elektronendichte an der Doppelbindung abhängig, elektrophile Substituenten bewirken somit eine Abnahme der Reaktionsgeschwindigkeit. Da Äthylenbindungen schneller reagieren als Acetylenbindungen, kann angenommen werden, daß die π-Elektronen der Acetylenbindungen weitgehend ihren π-Charakter verloren haben u. besondere Verhältnisse vorliegen. Dies wird durch nachst. Verss. bestätigt: trans.trans- u. cis.cis-**I** reagieren mit Phthalmonopersäure (**III**) zunächst zu *trans.trans-* (*trans.trans*-**II**) bzw. *cis.cis-2.3-Epoxydecen-(8)-diin-(4.6)* (*cis.cis*-**II**); erst bei der Weiter-Rk. zu den entsprechenden *2.3;8.9-Diepoxyden* (**V**) findet in geringem Maße auch ein Angriff auf die Dreifachbindungen statt. Da die **II** 4mal langsamer reagieren als die **I**, dürfte die 2. Doppelbindung eine gewisse Kompensation des Elektronenzuges der Dreifachbindungen verursachen. **III** reagiert mit 3.8-Dimethyldecadien-(2.8)-diin-(4.6)-diol-(1.10)-diacetat u. 1.8-Dimethoxyoctadien-(1.7)-diin-(3.5) schneller als mit **I** zu *3.8-Dimethyl-2.3;8.9-diepoxydecadiin-(4.6)-diol-(1.10)-diacetat* bzw. *1.8-Dimethoxy-1.2;7.8-diepoxyoctadiin-(3.5)*. Die Aufspaltung der Epoxyde mit wss. Ameisensäure zu den entsprechenden Diolen bzw. Tetraolen erfolgt bei den Monoepoxyden leichter als bei den Diepoxyden. Das hierbei aus trans.trans-**II** entstehende *Decadiin-(4.6)-en-(8)-diol-(2.3)* läßt sich mit HJO_4 zum instabilen *Octadiin-(2.4)-en-(6)-al-(1)* (**IV**) spalten, der in CH_3OH sofort acetalisiert wird. Trotz seiner Instabilität kann **IV** mit Äthyl-MgBr zu *Decen-(2)-diin-(4.6)-ol-(8)* umgesetzt werden. trans.trans-**V** wird analog zu *Decadiin-(4.6)-tetraol-(2.3.8.9)* gespalten, aus dem mit HJO_4 **VI** entsteht. Abschließend erfolgt eine Diskussion der Spektren (vgl. Original).

Versuche: *cis.cis-Decadiin-(4.6)-dien-(2.8)* (*cis.cis*-**I**), $Kp._1$ 60—65° (Badtemp.), aus cis-Penten-(2)-in-(4) durch oxydative Dimerisierung mit CuCl, NH_4Cl in 50%ig. CH_3OH mit O_2 (l. c.). *trans.trans*-**I**, F. 94° (PAe.); 90% (Gesamtausbeute). — *3.8-Dimethyldecadien-(2.8)-diin-(4.6)-diol-(1.10)-diacetat*, $C_{16}H_{18}O_4$, F. 70° (A.), durch 2std. Kochen von 3-Methylpenten-(2)-in-(4)-ol-(1) mit Acetanhydrid zum *Acetat* ($Kp._{12}$ 75 bis 82°; 75%) u. oxydative Dimerisierung wie vorst.; 95%. — *3.8-Dimethyl-2.3;8.9-diepoxydecadiin-(4.6)-diol-(1.10)-diacetat*, $C_{16}H_{18}O_6$, F. 99° (A.), aus vorst. Verb. + **III**

(4tägiges Kochen u. Aufnehmen des Abdampfrückstandes in Chlf.). — *Diacetylendicarbonsäure*, F. 170—180° (unter Verpuffen; Ae.–PAe.), aus trans.trans-I durch Ozonisieren mit 3%ig. O_3 in Essigester bei 0°, Eindampfen, 10 Min. langes Erwärmen in Dioxan mit H_2O_2 auf 50°, Ausäthern u. Ausziehen mit $NaHCO_3$; 64%. — *Diacetylendialdehyd* (**VI**), aus vorst. Ozonidlsg. durch Eindampfen, Erwärmen in wss. Dioxan mit Zn-Staub, Ausäthern u. Chromatographie; verharzt beim Eindampfen. — *trans.trans-2.3-Epoxydecen-(8)-diin-(4.6)* (*trans.trans*-**II**), $C_{10}H_{10}O$, F. 28° (PAe.), $Kp._{0,1}$ 70—75° (Badtemp.), aus 6,6 g trans.trans-**I** + **III** (mit 1,4 g akt. O) in Chlf. in 3 Tagen bei 20°, Eindampfen des Filtrats u. Chromatographieren an Al_2O_3; 60%. *cis.cis*-**II**, $C_{10}H_{10}O$, $Kp._{0,1}$ 65—67° (Badtemp.), aus cis.cis-I wie vorstehend. — *trans.trans-2.3;8.9-Diepoxydecadiin-(4.6)* (*trans.trans*-**V**), $C_{10}H_{10}O_2$, F. 64° (Badtemp.), $Kp._{0,1}$ 95°, aus 6,5 g trans. trans-**I** + **III** (3 Mol akt. O) in Chlf. in 3 Tagen u. Chromatographie; 50%. *cis.cis*-**V**, $C_{10}H_{10}O_2$, $Kp._{0,1}$ 90—92°, analog aus cis.cis-**I**. — *Octen-(6)-diin-(2.4)-al-(1)* (**IV**), $Kp._{0,001}$ 30—40° (Bad), aus trans.trans-**II** in Dioxan + 30%ig. Ameisensäure durch 10 Min. Kochen, Überschichten mit PAe. u. mehrstd. Schütteln mit HJO_4; gelbliche schnell verharzende Flüssigkeit. — *Decen-(2)-diin-(4.6)-ol-(8)*, $Kp._{0,005}$ 110° (Bad), aus **IV** + Äthyl-MgBr in Ae., Zers. mit NH_4Cl u. Chromatographieren; 50%. — *Hexadiin-(2.4)-dial-(1.6)*, aus trans.trans-**V** + Ameisensäure, Oxydieren mit HJO_4 u. Chromatographieren; 34%; zers. sich beim Eindampfen der Lösung. *Bis-2.4-dinitrophenylhydrazon*, F. 215—220° (Zers.), aus A. braunrote Kristalle. (Chem. Ber. **88**. 1869—77. 10/12. 1955.)

H. LEHWALD. 490

Ferdinand Bohlmann und **Eberhard Inhoffen**, *Polyacetylenverbindungen*. 15. Mitt. *Synthese des „all–trans"-Isomeren einer aus Carlina vulgaris isolierten Polyacetylenverbindung.* (14. vgl. vorst. Ref.) Zur Synth. des von SÖRENSEN u. SÖRENSEN (vgl. Acta chem scand. **8**. [1954.] 1763) aus *Carlina vulgaris* aufgefundenen „all–trans"-Tridecatriin-(4.6.8)-trien-(2.10.12)-ol-(1)-acetats (**I**) wurde Triacetylenmono-Li mit Acrolein zu *Nonen-(1)-triin-(4.6.8)-ol-(3)* umgesetzt, dieses mit PBr_3 unter Allylumlagerung in *Nonen-(2)-triin-(4.6.8)-ylbromid* u. dann mit K-Acetat in das instabile *Nonen-(2)-triin-(4.6.8)-ol-(1)-acetat* (**II**) verwandelt, das zum Strukturbeweis oxydativ zu *Octadecahexain-(4.6.8.10.12.14)-dien-(2.16)-diol-(1.18)-diacetat* dimerisiert wurde. Da **II** für die weiteren Umsetzungen zu instabil war, wurde auf einem anderen Weg Diacetylenmono-Li mit Acrolein zu *Hepten-(1)-diin-(4.6)-ol-(3)* umgesetzt, dieses mit PBr_3 u. dann mit K-Acetat in *Hepten-(2)-diin-(4.6)-ylbromid* bzw. in *Hepten-(2)-diin-(4.6)-ol-(1)-acetat* (**III**) verwandelt. Die oxydative Kupplung von **III** mit Hexin-(1)-dien-(3.5), das aus dem Ylid von Triphenylallylphosphoniumbromid, $(C_6H_5)_3P{=}CH{-}CH{=}CH_2$, u. Propargylaldehyd erhalten wurde, lieferte neben *Dodecatetraen-(1.3.9.11)-diin-(5.7)* u. *Tetradecadien-(2.12)-tetrain-(4.6.8.10)-diol-(1.14)-diacetat* **I**, das das gleiche Spektr. wie das natürliche **I** besitzt, jedoch einen anderen F. aufweist. Das synthet. **I** gibt ein *Maleinsäureanhydridaddukt*, das von dem natürlichen erst nach Bestrahlung erhalten werden kann. Es wird daher angenommen, daß bei der Bestrahlung eine Isomerisierung der 10.11-Doppelbindung eintritt u. daß das natürliche Acetat ein *10-cis-Isomeres* ist (Spektren vgl. Original).

Versuche (mitbearbeitet von **H. Hanke**): *Nonen-(2)-triin-(4.6.8)-ol-(1)-acetat* (**II**), aus 1.6-Dichlorhexadiin-(2.4) + $LiNH_2$ in fl. NH_3, Zufügen von Acrolein zu dem gebildeten *Triacetylenmono-Li* in fl. NH_3 bei —70°, Zers. mit NH_4Cl, Abdampfen, Aufnehmen in Ae., Zufügen von PBr_3 in Bzl. + wenig Pyridin, Zers. mit Eis-$NaHCO_3$ nach 1std. Stehen, Chromatographieren, Vakuumeinengen, Zufügen von Eisessig, Abdampfen des restlichen Bzl., 1std. Erwärmen mit K-Acetat, Gießen in W., Ausäthern u. Chromatographieren in Bzl. an saurem Al_2O_3 (Eluieren mit PAe./Bzl., 10:1); explodiert beim Eindampfen; gibt ein gelbes *Ag-Salz*. — *Octadecahexain-(4.6.8.10.12.14)-dien-(2.16)-diol-(1.18)-diacetat*, aus dem **II**-Eluat durch Einengen, Aufnehmen in CH_3OH u. 3std. Schütteln mit CuCl, NH_4Cl u. wenig HCl mit O_2, Ausäthern u. Chromatographieren; gelbe Kristalle aus CH_3OH, die beim Erwärmen schwarz werden. — *Hepten-(2)-diin-(4.6)-ol-(1)-acetat* (**III**), aus 12 g Dichlorbutin + $LiNH_2$ in fl. NH_3, Versetzen mit Acrolein wie oben, Zers., Aufnehmen des *Carbinols* in Ae., Zugabe von PBr_3 in Bzl. bei 0° u. weiter wie bei **II**; 2,3 g (Ausbeute); verharzt ohne Lösungsmittel. — *Hexin-(1)-dien-(3.5)*, aus Triphenylallylphosphoniumbromid + Butyl-Li zum *Ylid* (vgl. WITTIG u. SCHÖLLKOPF, C. **1955**. 2887), 2std. Rühren mit Propargylaldehyd in Ae. bei 20°, Schütteln mit ammoniakal. CuCl, Schütteln des abfiltrierten Cu-Salzes mit NaCN u. Wasserdampfdestillation. — *Tetradecadien-(2.12)-tetrain-(4.6.8.10)-diol-(1.14)-diacetat*, $C_{18}H_{14}O_4$, F. 89°, durch oxydative Kupplung der ersten 5 cm^3 bei der vorst. Dampfdest. mit **II** wie oben, Isolieren mit Ae., Abdampfen, Aufnehmen in Bzl. u. Fällen mit PAe.; aus Ae. gelbe Blättchen. Aus der Mutterlauge durch Chromatographie u. Eluieren mit PAe. *Dodecatetraen-(1.3.9.11)-diin-(5.7)*, $Kp._{0,001}$ 70° (Badtemp.) (*Maleinsäureanhydriddiaddukt*, F. 198°, aus Tetrahydrofuran/PAe.) sowie durch Eluieren mit PAe./Bzl. (5:1), *Tridecatriin-(4.6.8)-trien-(2.10.12)-ol-(1)-acetat* (I), F. 31°, Nadeln aus PAe. bei −50°; polymerisiert schnell. *Maleinsäureanhydridaddukt*, $C_{19}H_{14}O_5$, F. 113° (Ae.–PAe.). (Chem. Ber. **89**. 21–26. 4/1. 1956.) H. Lehwald. 490

M. S. Kharasch, Yu Cheng Liu und **Walter Nudenberg,** *Photochemische Bromierung von 2.3-Dimethylbutan und 2.2.4.4-Tetramethylpentan in der Dampfphase.* Photobromierung von *2.3-Dimethylbutan* (I) in Dampfphase bei 100° liefert zu 35% *2-Brom-2.3-dimethylbutan* (II), 25% *1.4-Dibrom-2.3-dimethylbuten-(2)* (III), 4% *2.3-Dibrom-2.3-dimethylbutan* (IV) u. geringe Mengen tri- u. tetrabromierter Verbb. unbekannter Konstitution. Die Ausbeuten wurden aus der verbrauchten Brommenge errechnet. Die Reaktionsmechanismen werden diskutiert. **II** entsteht aus dem durch ein freies Br-Atom gebildeten 2.3-Dimethylbutylradikal, das auch für **III** Zwischenprod. ist, wobei anschließend Disproportionierung eintritt. **IV** u. Polybromide müssen durch komplizierte radikal. Mechanismen entstehen. Photobromierung von *2.2.4.4-Tetramethylpentan* (V) in Dampfphase bei 100° liefert nur sehr geringe Mengen an Bromierungsprodd.; bei 200° wurden 72% *2-Brom-2.3.4.4-tetramethylpentan* (VI) u. ein Dibromid (5%) unbekannter Konst. isoliert. Die Bldg. von **VI** ist durch Rk. von **V** mit Br zum 2.2.4.4-Tetramethylpentylradikal, das sich zum 2.2.3.4-Tetramethylpentylradikal umlagert u. mit Br_2 weiterreagiert, zu erklären.

Versuche: *2-Brom-2.3-dimethylbutan* (II), $C_6H_{13}Br$, Kp.$_{27,5}$ 41–41,5°, aus 700 cm³ sd. **I** durch Zutropfen von 360 g Br_2 während 10 Std. zum **I**-Dampf; n_D^{20} 1,4541; 35% (Ausbeute); aus dem Rückstand scheidet sich *2.3-Dibrom-2.3-dimethylbutan* (IV) krist. ab, das bei 170–175° sublimiert. — *1.4-Dibrom-2.3-dimethylbuten-(2)* (III), $C_6H_{10}Br_2$, F. 57–57,5°: Rückstand von **II** nach Abscheidung von **IV** im Vakuum dest.; Kp.$_{0,1}$ 40°; gelbliche Fl., krist. beim Kühlen; Nadeln; Gemisch aus cis-trans-Isomeren. Rk. mit Br_2 in CCl_4 liefert *2.3-Dimethyl-1.2.3.4-tetrabrombutan*, F. 137–138°, aus A. gelbliche Nadeln. Als weitere Fraktion dest. nach der Abtrennung von **III** bei 96–100°/0,4 mm ein *Tetrabromid*, $C_6H_{10}Br_4$ oder $C_6H_8Br_4$, F. 149–152°, aus Ae. Nadeln. — *2-Brom-2.3.4.4-tetramethylpentan* (VI), $C_9H_{19}Br$, Kp.$_5$ 51–52°, aus **V** u. Br_2 bei 155 mm u. 200° u. Bestrahlung mit einer 200-Wattlampe; n_D^{20} 1,4701; 72,2%. Der Rückstand besteht aus einem *Dibromid*, $C_9H_{18}Br_2$, unbekannter Konst., F. 122–132° (Ae.). — Strukturnachw. von **VI**: a) Umsetzung mit $AgNO_3$ u. Titration des Filtrates nach Volhard; b) Esterbldg. mit Silberacetat; c) Umsetzung mit 3.5-dinitrobenzoesaurem Ag liefert *2.3.4.4-Tetramethylpenten-(1)*, Kp.$_{754}$ 125–126°; n_D^{20} 1,4261. Ozonolyse u. Rk. mit 2.4-Dinitrophenylhydrazin liefert *3.4.4-Trimethylpentanon-(2)-2.4-dinitrophenylhydrazon*, $C_{14}H_{20}O_4N_4$, F. 109–110°, aus verd. A. orangefarbene Nadeln. (J. org. Chemistry **20**. 680–88. Mai 1955. Chicago, Ill., Univ., George Herbert Jones Labor.) I. Mischon. 510

W. W. Perekalin und **A. Ss. Ssopowa,** *Nitroolefine.* Allg. Übersicht über Darst., Eigg., Rkk. u. prakt. Bedeutung der *Nitroolefine.* — 158 Literaturzitate. (Успехи Химии [Fortschr. Chem.] **24**. 613–34. 1955.) G. Froelich. 520

A. A. Petrow und **Ju. I. Porfirjewa,** *Untersuchungen auf dem Gebiet konjugierter Systeme.* 52. Mitt. *Über die Anlagerungsweise von Brom an Vinylalkylacetylene.* (50. vgl. Leporskaja, Журнал Общей Химии [J. allg. Chem.] **23** (**85**). [1953.] 1471; Доклады Академии Наук СССР [Ber. Akad. Wiss. UdSSR] [N. S.] **89**. 873.) Die Homologen des Vinylacetylens RC≡CCH=CH_2 (R=CH_3, C_2H_5, n-C_3H_7, n-C_4H_9, iso-C_5H_{11}) lagern Br_2 fast ausschließlich an die Doppelbindung an, wobei Verbb. vom Typus *RC≡CCHBrCH₂Br* (I) neben nichtuntersuchten Di- u. Tetrabromiden gebildet werden. Die Verbb. **I** sind lange haltbar. Ihre Konst. wird durch Oxydation bewiesen, wobei *α.β-Dibrompropionsäure* u. eine *Carbonsäure*, im Falle von R = CH_3 *Essigsäure*, bei R = C_2H_5 *Propionsäure*, usw. erhalten werden. Im Kontakt mit Cu_2Br_2 + HBr werden sie zu Dibromsubstitutionsprodd. von Dienen mit konjugierten Doppelbindungen *RCBr=CBrCH=CH₂* (II) isomerisiert, die in Polymere übergehen, aber in Ggw. von Stabilisatoren haltbar sind. Alkoh. Alkalilauge wirkt bei Zimmertemp. auf die Verbb. **II** prakt. nicht ein. Die Abspaltung von HBr durch Einw. alkoh. KOH bei Zimmertemp. führt die Verbb. **I** in *Bromvinylalkylacetylene RC≡CCBr=CH₂* (III) über, die beim Aufbewahren in 2–3 Tagen verharzen, auch dann, wenn Stabilisatoren zugegen sind. Von einigen der erhaltenen Verbb. werden die Raman-Spektren aufgenommen.

Versuche: *Verbb. RC≡CCHBrCH₂Br* (I). Die Bromierung wird in Chlf. bei −8 bis −10° unter Rühren durchgeführt; die Lsg. von Br_2 wird zur Lsg. des KW-stoffs im Überschuß (mol. Verhältnis 1:2) in 5 Std. zugesetzt, das Reaktionsprod. durch fraktionierte Dest., zuletzt bei 10 mm, isoliert u. nichtverbrauchter KW-stoff in der gleichen Weise bromiert, bis dieser fast völlig umgesetzt ist. *R* = CH_3; Kp.$_{10}$ 79,5–80,5;

aus Penten-(1)-in-(3); D.$^{20}_4$ 1,8300; n_D^{20} 1,5588; 76 g (Ausbeute) aus 43 g. $R = C_2H_5$; Kp.$_{10}$ 87—87,5°; aus Hexen-(1)-in-(3); D.$^{20}_4$ 1,6920; n_D^{20} 1,5470; 21,8 g aus 20 g. $R = n\text{-}C_3H_7$, Kp.$_{10}$ 100—102°; aus Hepten-(1)-in-(3); D.$^{20}_4$ 1,6008; n_D^{20} 1,5348; 60,1 g aus 42 g. $R = n\text{-}C_4H_9$, Kp.$_{10}$ 114—115°; aus Octen-(1)-in(3); D.$^{20}_4$ 1,5191; n_D^{20} 1,5300; 67 g aus 54 g. $R = iso\text{-}C_5H_{11}$, Kp.$_{10}$ 121—123°; aus 7-Methylocten-(1)-in-(3); D.$^{20}_4$ 1,4590; n_D^{20} 1,5238; 45,5 g aus 45 g. — *Verbb. $RCBr{=}CBrCH{=}CH_2$* (II). 0,1 Mol einer der vorst. Verbb. wird 4—6 Std. mit 10 g Cu_2Br_2 + 50 ml 48%ig. HBr in 50 ml Ae. erwärmt; beim Fraktionieren des Reaktionsprod. im Vakuum sd. 70—80% innerhalb 0,5—1°. $R = CH_3$, Kp.$_{10}$ 57—57,5°; D.$^{20}_4$ 1,8304; n_D^{20} 1,5768. $R = C_2H_5$, Kp.$_{10}$ 69,5 bis 70°; D.$^{20}_4$ 1,7089; n_D^{20} 1,5640. $R = n\text{-}C_3H_7$, Kp.$_{10}$ 85,5—86°; D.$^{20}_4$ 1,6075; n_D^{20} 1,5518. $R = n\text{-}C_4H_9$, Kp.$_{10}$ 101,5—102,5°; D.$^{20}_4$ 1,5319; n_D^{20} 1,5440. $R = iso\text{-}C_5H_{11}$, Kp.$_{10}$ 111—113°; D.$^{20}_4$ 1,4614; n_D^{20} 1,5330. — *Verbb. $RC{\equiv}CCBr{=}CH_2$* (III). Aus den Verbb. I u. einem kleinen Überschuß 15%ig. alkoh. KOH bei Zimmertemp.; das Reaktionsprod. wird mit Wasserdampf dest.; 55—60%. $R = CH_3$, Kp.$_{40}$ 52—53°; D.$^{20}_4$ 1,4010; n_D^{20} 1,5255. $R = C_2H_5$, Kp.$_{40}$ 67,5—68,5°; D.$^{20}_4$ 1,3081; n_D^{20} 1,5165. $R = n\text{-}C_3H_7$, Kp.$_{40}$ 83—84°; D.$^{20}_4$ 1,2443; n_D^{20} 1,5092. $R = n\text{-}C_4H_9$, Kp.$_{40}$ 102—103°; D.$^{20}_4$ 1,2005; n_D^{20} 1,5051. $R = iso\text{-}C_5H_{11}$, Kp.$_{40}$ 113—115°; D.$^{20}_4$ 1,1619; n_D^{20} 1,4998. (Журнал Общей Химии [J. allg. Chem.] **23** (**85**). 1867—73. Nov. 1953. Leningrad, Inst. für Flugzeuggerätebau, Chem. Labor.) R. KNOBLOCH. 530

A. A. Petrow, *Untersuchungen auf dem Gebiet konjugierter Systeme.* 54. Mitt. *Über die Anlagerungsweise von unterbromiger Säure an Vinylalkylacetylene. Synthese und Eigenschaften von α-Oxidoverbindungen der Vinylalkylacetylene.* (52. vgl. vorst. Ref.; vgl. auch C. **1955.** 10480.) Aus Vinylmethylacetylen (I) u. HOBr entsteht *1-Brompentin-(3)-ol-(2)* (II). Andere Formulierungsmöglichkeiten des Reaktionsprod. sind auf Grund seines chem. Verh. auszuschließen. Bromierung von II gibt *1.3.4-Tribrompenten-(3)-ol-(2)*, Behandeln mit $(CH_3CO)_2O$ das *Acetat*, Einw. von KOH *1.2-Oxidopentin-(3)* (III). Anlagerung von W. an III liefert *Pentin-(3)-diol-(1.2)*. Die Anlagerung von CH_3OH an III führt zu *2-Methoxypentin-(3)-ol-(1)*; diese Konst. folgt aus den Anlagerungsregeln von Alkoholen an ungesätt. Oxidoverbb. in Ggw. von BF_3-Ätherat. HBr lagert sich an III unter Bldg. von *2-Brompentin-(3)-ol-(1)* an. Analog wie bei I verläuft die Anlagerung von HOBr an Vinyläthylacetylen (IV).

Versuche: *1-Brompentin-(3)-ol-(2)* (II), C_5H_7OBr, Kp.$_{10}$ 89,5°; Kp.$_{20}$ 103—103,5°; aus I (90 g) bei ½std. Schütteln in mit H_2SO_4 angesäuerter Lsg. von Acetbromamid unter Kühlen mit Eis; aus dem öligen Reaktionsprod. wird II mit W. herausgelöst (ungelöst sehr wenig Verunreinigungen) u. aus der wss. Lsg. mit Ae. extrahiert; D.$^{20}_4$ 1,5124; n_D^{20} 1,5172; 82 g (Ausbeute). *Acetat*, $C_7H_9O_2Br$, Kp.$_{10}$ 98°; Kp.$_{20}$ 112,5—113°; D.$^{20}_4$ 1,3970; n_D^{20} 1,4864. — *1-Bromhexin-(3)-ol-(2)*, C_6H_9OBr, Kp.$_{10}$ 96,5—97°; Kp.$_{20}$ 108—108,5°; aus IV; D.$^{20}_4$ 1,4071; n_D^{20} 1,5070; 40%. *Acetat*, $C_8H_{11}O_2Br$, Kp.$_{10}$ 104,5 bis 105°; D.$^{20}_4$ 1,3267; n_D^{20} 1,4820. — *1.3.4-Tribrompenten-(3)-ol-(2)*, $C_5H_7OBr_3$, Kp.$_8$ 135,5°; aus II u. der berechneten Menge Br_2 in Chlf.; D.$^{20}_4$ 2,2090; n_D^{20} 1,5918; 88%. — *1.2-Oxidopentin-(3)* (III), C_5H_6O, Kp. 125,5—126,5°; II oder II-Acetat werden unter tropfenweisem Zusatz über erhitzte konz. KOH dest.; D.$^{20}_4$ 0,9499; n_D^{20} 1,4542; 85%. — *1.2-Oxidohexin-(3)*, C_6H_8O, Kp. 142—143°; D.$^{20}_4$ 0,9182; n_D^{20} 1,4530. — *Pentin-(3)-diol-(1.2)*, $C_5H_8O_2$, F. 56—57°; Kp.$_8$ 111,5—112,5°; aus III durch 3std. Erhitzen mit der 5fachen Menge W. im Rohr auf 100°; aus Bzl. Kristalle; 60%. — *2-Methoxypentin-(3)-ol-(1)*, $C_6H_{10}O_2$, Kp.$_{10}$ 72,5°; Kp.$_{20}$ 84—84,5°; aus III in Methanol + sehr wenig BF_3-Ätherat bei 5std. Einw.; D.$^{20}_4$ 0,9925; n_D^{20} 1,4572; 72%. — *2-Brompentin-(3)-ol-(1)*, C_5H_7OBr, Kp.$_{10}$ 88,5—89°; Kp.$_{20}$ 102—103°; durch Zusatz von III zu konz. HBr; D.$^{20}_4$ 1,5120; n_D^{20} 1,5312; 70%. *Acetat*, $C_7H_9O_2Br$, Kp.$_{10}$ 97—97,5°; Kp.$_{20}$ 111,5—112; D.$^{20}_4$ 1,3956; n_D^{20} 1,4938. (Журнал Общей Химии [J. allg. Chem.] **24** (**86**). 803—07. Mai 1954. Leningrad, Technol. Lensowjetinst., Labor. für organ. Chem.)

R. KNOBLOCH. 530

Hans von Euler und **Hans Hasselquist,** *Zur Kenntnis der Reduktone.* 9. Mitt. *Reaktionsprodukte von (Triose-) Redukton A und (Triose-) Redukton II.* 1. Mitt. (8. vgl. C. **1952.** 1304.) Als *Redukton A* (I) wird die von EULER u. MARTIUS aus Glucose erhaltene Verb. $C_3H_4O_3$, F. 140—143° (Ark. Kemi **11.** Nr. 14 [1933.]) bezeichnet. Der bei der Behandlung von I mit 1-Methoxybutadien nicht reagierende Anteil (offenbar die trans-Form) wird als *Redukton II* (II) bezeichnet. Kurze Einw. von überschüssigem CH_2N_2 auf II lieferte Prismen, F. 70—71°, längere Einw. ein Öl. I gab eine *Monoacetylverb.*, $C_5H_6O_4$, F. 101°. I-*Chloracetat*, F. 95—102° (nach 1 Min. an der oberen F.-Grenze: F. 120—130°). II-*Chloracetat*, F. 112—114° [nach 1 Min. bei 116° F. 146—148° (Zers.)]. I-*Dibenzoylester*, $C_{17}H_{12}O_5$, F. 121—122° u. auch F. 114—115° (F. schwankte beim Umkristallisieren, vermutlich wegen cis-trans-Umlagerung). II-*p-Nitranilid*, F. 232 bis 233°. — I-*p-Bromanilid*, $C_9H_8O_2NBr$, F. 159,5—160°. — Aus 2 Mol I u. 1 Mol Benzidin entstand *Substanz HH 135*, $C_{18}H_{16}O_4N_2$, mkr., intensiv rote Nadeln, F. >295°. – Aus 1 Mol I u. 1 Mol Benzidin entstand *Substanz HH 136*, $C_{15}H_{14}O_2N_2$, F. 290°, rotbraune prismat. Nadeln. (Ark. Kemi **3.** 405–11. 1951. Stockholm, Univ., Vit. Inst. u. Inst. für organ.-chem. Forschung.) K. Nezel. 680

Stina Ställberg-Stenhagen, *Optisch-aktive höher aliphatische Verbindungen.* 9. Mitt. *Die Synthese der rechtsdrehenden Diastereoisomeren von 3.4-Dimethyldokosansäure.* (8. vgl. C. **1953.** 8052.) Die opt. Aktivität einer Verb. mit 2 benachbarten akt. Zentren kann nicht durch eine einfache Additionsregel berechnet werden (vgl. 7. Mitt., C. **1953.** 8051). Die diastereoisomeren (+)-*3.4-Dimethyldokosansäuremethylester* (**IVa** u. **b**) wurden durch gemischte Elektrolyse des (—)-Monomethylesters[(—)-**I**] der meso-3.4-Dimethyladipinsäure(meso-**III**) bzw. des (+)-Monomethylesters [(+)-**II**] der (—)-**III** u. Na-Stearat (**V**) dargestellt. Als Nebenprodd. entstanden die diastereoisomeren (+)-*Dimethylester* der entsprechenden (+)-*3.4.7.8-Tetramethylsebacinsäuren.* Die Stereoisomeren meso-**III** u. DL-**III** wurden nach den Methoden von Faltis u. Wagner [1923.] bzw. von Vogel [1927.] gewonnen. Die meso-Struktur der höherschm. **III** wurde durch die Bldg. ihres *akt. Monomethylesters* bewiesen, der bei der Hydrolyse wieder in die inakt. meso-**III** übergeführt wird.

Versuche: *Gemisch der stereoisomeren 3.4-Dimethyladipinsäuren* (**III**), a) durch mehrstd. Erhitzen eines Gemischs von Cu-Bronze, β-Jodbuttersäure u. Crotonsäure auf 110–145° im Hochdruckgefäß; 53% (Ausbeute); b) durch Zugabe von Äthylidenmalonsäurediäthylester ($Kp._8$ 97–98°, aus Malonsäurediäthylester, Acetanhydrid u. Acetaldehyd; 85%) zu amalgamiertem Al in feuchtem Ae., gegen Ende der Rk. Zugabe von W. u. dann von verd. H_2SO_4, 8std. Kochen der gebildeten *2.3-Dimethylbutan-1.1.4.4-tetracarbonsäure* (**VI**)-*Tetraäthylesters* ($Kp._{0,5}$ 152–155°; 75%) mit KOH in W. u. Methanol u. Decarboxylierung von **VI**; 51%. – *meso*-**VI**, F. 185° (Aceton), aus dem nach vorst. Meth. b) gewonnenen **VI**-Gemisch. – *meso*-**III**, F. 133–134°, durch mehrfache Kristallisation des **III**-Gemisches aus W. oder Äther. – *meso*-**III**-*Monomethylester* (**I**), $C_9H_{16}O_4$, $Kp._{0,3}$ 104–106°, durch 5std. Kochen von 240 g meso-**III** mit Methanol u. konz. HCl; 116 g; daneben 76 g *Dimethylester* ($C_{10}H_{18}O_4$, $Kp._{0,5}$ 72°), der partiell in 50–55%ig. Ausbeute zu **I** verseift werden konnte. – (—)-**I**, durch fraktionierte Kristallisation des Cinchonidinsalzes aus 60%ig. Aceton; $D.^{20}_4$ 1,079, $[\alpha]_D^{20}$ —1,51° (homogen). – *Rechtsdrehender Monomethylester* [(+)-**II**] *der* (—)-**III**, $C_9H_{16}O_4$, durch partielle Veresterung von DL-**III**, die aus den Mutterlaugen von meso-**III** gewonnen wurde, mit Methanol u. fraktionierte Kristallisation des Cinchonidinsalzes des gebildeten *Monomethylesters* (**II**) aus 60%ig. Aceton; $D.^{20}_4$ 1,078, $[\alpha]_D^{20}$ +4,97° (homogen). – DL-**III**, F. 115,5–116,5° (W.; instabile Form, F. 107–108°), durch Hydrolyse eines Gemischs von partiell opt.-akt. (+)-**II** u. (—)-**II**. Direkte Umkristallisation der oben dargestellten DL-**III** führt zu keinem reinen Produkt. – (—)-**III**, $C_8H_{14}O_4$, F. 100,0–100,4° (W.), durch Hydrolyse von (+)-**II**; Prismen, $[\alpha]_D^{25}$ —3,2° (c = 5,91; Chlf.), —2,3° (c = 5,94; W.). (—)-**III** bildet wahrscheinlich eine Mol.-Verb. mit Bzl. vom F. 85°. (+)-*Dimethylester*, $C_{10}H_{18}O_4$, $Kp._{0,6}$ 76°, durch Veresterung von (+)-**II**; $D.^{22}_4$ 1,029, $[\alpha]_D^{22}$ +7,81° (homogen). – (+)-*3.4-Dimethyldokosansäuremethylester* (**IVa**), $C_{25}H_{50}O_2$, F. 29,0–29,4° (Methanol), $Kp._{0,1}$ 162°, durch Elektrolyse (vgl. 7. Mitt., l. c.) von (—)-**I**, **V** u. Na in Methanol-A. zwischen Pt-Elektroden, nach Abfiltrieren des nebenbei gebildeten *n-Tetratriakontans* Zugabe von W. u. Ae.-Extraktion; $D.^{24}_4$ 0,864, $[\alpha]_D^{24}$ +5,62° (homogen); 23–28%. *Freie Säure*, $C_{24}H_{48}O_2$, F. 50,4–50,6° (Methanol), glänzende Plättchen, $[\alpha]_D^{24}$ +8,53° (c = 8,55; Chlf.). *Amid*, $C_{24}H_{49}ON$, F. 82,4–82,8° (Methanol oder Aceton), nach Erstarren u. erneuter F. 83,4–83,7°, über das Säurechlorid; prismat. Nadeln. – (+)-*3.4.7.8-Tetramethylsebacinsäuredimethylester*, $C_{16}H_{30}O_4$, $Kp._{0,2}$ 117–117,5°, als Nebenprod. von **IVa**; $D.^{24}_4$ 0,969, $[\alpha]_D^{24}$ +18,01° (homogen). *Freie Säure*, $C_{14}H_{26}O_4$, F. 75–76° (Bzl.-PAe.), kurze Prismen, $[\alpha]_D^{25}$ +22° (c = 6,02; Chlf.). – *Diastereoisomerer* (+)-*3.4-Dimethyldokosansäuremethylester* (**IVb**), $C_{25}H_{50}O_2$, F. 35,9–36,3° u. 20,1–20,2°, $Kp._{0,1}$ 162–164°, analog **IVa** aus (+)-**II**; $[\alpha]_D^{24}$ +6,52° (homogen); 27–30%. *Freie Säure*, $C_{24}H_{48}O_2$, F. 49,6–49,9° (Aceton), nach Erstarren erneuter F. 45,4–45,7°, $[\alpha]_D^{25}$ +5,34° (c = 8,6; Chlf.). *Amid*, $C_{24}H_{49}ON$, F. 95,1–95,4° (Methanol), dünne, glänzende Plättchen. – *Diastereoisomerer* (+)-*3.4.7.8-Tetramethylsebacinsäuredimethylester*, $C_{16}H_{30}O_4$, $Kp._{0,3}$ 126°, als Nebenprod. von **IVb**; $D.^{25}_4$ 0,968, $[\alpha]_D^{25}$ +15,76° (homogen). *Freie Säure*, $C_{14}H_{26}O_4$, F. 77,8–78,6° (Bzl.-PAe.), $[\alpha]_D^{25}$ +12,7° (c = 6,37; Chlf.). – Die Rotationsdispersionen der dargestellten Verbb. werden angegeben. (Ark. Kemi **3.** 249–65. 1951. Uppsala, Univ., Inst. of Med. Chem.) U. John. 810

Stina Ställberg-Stenhagen, *Optisch-aktive höher aliphatische Verbindungen.* 10. Mitt. *Abbau der aus* (—)-*3.4-Dimethyladipinsäure gewonnenen rechtsdrehenden 3.4-Dimethyldokosansäure zu einer rechtsdrehenden 2.3-Dimethylheneikosansäure.* (9. vgl. vorst. Ref.)

Die aus (—)-3.4-Dimethyladipinsäure[(—)-**II**] dargestellte (+)-*3.4-Dimethyldokosansäure*[(+)-**III**] (vgl. l. c.) wurde in ihr *Ag-Salz* u. dieses nach der Meth. von HUNSDIECKER u. HUNSDIECKER (Ber. dtsch. chem. Ges. **75**. [1942.] 291) in (+)-*1-Brom-2.3-dimethylheneikosan* (**Ia**) übergeführt. Der aus **Ia** gewonnene entsprechende *Alkohol* wurde zu (+)-*2.3-Dimethylheneikosansäure* (**IV**) mit der bes. hohen Mol.-Rotation $[M]_D$ +66° oxydiert. Verss., eine stereoisomere *2.3-Dimethylheneikosansäure* analog aus meso-**II** darzustellen, mißlangen. Die Hydrolyse u. Oxydation des Zwischenprod. *1-Brom-2.3-dimethylheneikosan* (**Ib**) führt anscheinend vor allem zu einer 2-Oxy-2.3-dimethylheneikosansäure mit partiell oder vollständig racemisiertem α-C-Atom.

Versuche: (+)-*1-Brom-2.3-dimethylheneikosan* (**Ia**) aus (—)-**II**, $C_{23}H_{47}Br$, F. 33,5—34° (Aceton) u. F. 15,8—16,1°, durch Zugabe von Br_2 zu 12,66 g des in CCl_4 suspendierten Ag-Salzes von (+)-**III** ($[M]_D^{25}$ +19,7°) u. Ae.-Extraktion des mit W. versetzten Gemischs; glänzende Plättchen, $[\alpha]_D^{24}$ +6,00° (c = 2,82; Chlf.); 5,62 g (Ausbeute). — (+)-*2.3-Dimethylheneikosansäure* (**IV**) aus (—)-**II**, $C_{23}H_{46}O_2$, F. 65,8—66,1°, durch 3tägiges Kochen von **Ia**, CH_3COOK, Eisessig u. Butylacetat, Zugabe von W., Ae.-Extraktion des gebildeten Acetats, Hydrolyse durch 4std. Kochen mit KOH in wss. A. u. Oxydation des rohen Alkohols mit $KMnO_4$ in Aceton (4 Tage bei 22—23°); Reinigung von **IV** über das Ba-Salz, Zers. des Salzes mit verd. HCl u. Kristallisation aus PAe. u. Aceton; glänzende Plättchen, $[\alpha]_D^{23}$ +18,6° (c = 2,83; Chlf.); 18%. *Amid*, $C_{23}H_{47}ON$, F. 118,2—118,3° (Methanol), über das Chlorid; glänzende Plättchen oder lange dünne Prismen. — *Isomeres 1-Brom-2.3-dimethylheneikosan* (**Ib**) aus meso-**II**, $C_{23}H_{47}Br$, F. 33,3—34° (Aceton) u. F. <26°, analog **Ia** aus der aus meso-**II** dargestellten (+)-**III** ($[M]_D^{24}$ +31,3°); glänzende Plättchen, $[\alpha]_D^{23}$ +6,8° (c = 13,6; Chlf.); 66%. — *Verb. $C_{23}H_{46}O_3$*, F. 56—63° (Eisessig), analog **IV** aus **Ib**; glänzende Plättchen, α_D^{24} +0,06° (c = 3,86, l = 1; Chlf.). *Amid*, $C_{23}H_{47}O_2N$, F. 108,9—109,2° (Methanol), glänzende Plättchen. (Ark. Kemi **3**. 267—72. 1951.) U. JOHN. 810

Stina Ställberg-Stenhagen, *Optisch-aktive höher aliphatische Verbindungen.* 11. Mitt. *Die Synthese von* (—)-*2-Methyl-2-äthyleikosansäure.* (10. vgl. vorst. Ref.) Durch vorsichtige Hydrolyse von DL-α-Methyl-α-äthylbernsteinsäure (DL-**II**)-Dimethylester wurden *3-Methyl-3-äthyl-* (*DL*-**I**) u. *2-Methyl-2-äthyl-3-carbomethoxypropionsäure* (**III**) dargestellt. DL-**I** wurde in die opt. Antipoden gespalten. Durch gemischte Elektrolyse der Na-Salze von (—)-**I** u. Stearinsäure entstanden die *Methylester* von (—)-*2-Methyl-2-äthyleikosansäure* (**IV**) u. (—)-*α.α'-Dimethyl-α.α'-diäthyladipinsäure.*

Versuche: *DL-3-Methyl-3-äthyl-3-carbomethoxypropionsäure* (*DL*-**I**), $C_8H_{14}O_4$, F. 35,8—36,3° (PAe.), Kp.$_1$ 96—97°, durch 1tägiges Stehen von DL-**II**-Dimethylester (Kp.$_3$ 71—72°), KOH, W. u. Methanol bei 50°; nach Ansäuern Ae.-Extraktion; 91% (Ausbeute). (—)-**I**, Kp.$_{0,5}$ 88°, durch fraktionierte Kristallisation des Chininsalzes aus Aceton; $D.^{23}_4$ 1,091, $[\alpha]_D^{23}$ —11,5° (homogen). — (—)-**II**, $C_7H_{12}O_4$, F. 64,6—65,4° (PAe. + Bzl.), durch Hydrolyse von (—)-**I**; dicke Prismen, $[\alpha]_D^{22}$ —5,9° (c = 7,45; Chlf.). *Dimethylester*, $C_9H_{16}O_4$, Kp.$_3$ 72°, $D.^{23}_4$ 1,037, $[\alpha]_D^{23}$ —8,87° (homogen). — *DL-2-Methyl-2-äthyl-3-carbomethoxypropionsäure* (**III**), $C_8H_{14}O_4$, F. 71,9—72,4° (PAe.), durch Lösen von DL-**II**-Anhydrid in Na + Methanol, ½std. Stehen bei Zimmertemp., nach Zugabe von W. u. HCl Ae.-Extraktion u. Dest. des entstandenen Gemischs von DL-**I** u. **III**. — (—)-*2-Methyl-2-äthyleikosansäure* (**IV**)-*Methylester*, $C_{24}H_{48}O_2$, F. 25,4—25,5° (Methanol) u. F. 14,6—14,7° (instabile Modifikation), Kp.$_{0,2}$ 151—153°, durch Elektrolyse von 11 g (—)-**I**, 17,9 g Stearinsäure u. 0,4 g Na in A., nach Entfernung von gebildetem *n-Tetratriakontan* fraktionierte Dest.; dünne glänzende Platten, $D.^{23}_4$ 0,862, $[\alpha]_D^{23}$ —3,76° (homogen); 5,85 g. **IV**, $C_{23}H_{46}O_2$, F. 54,4—54,7 (PAe.), dünne glänzende Platten, $[\alpha]_D^{23}$ —4,28° (c = 12,86; Chlf.). *Amid*, $C_{23}H_{47}ON$, F. 53—54° (Methanol), nach längerem Stehen F. 58,4—58,7°, u. instabile Modifikation von F. 39°. — (—)-*2.2'-Dimethyl-2.2'-diäthyladipinsäuredimethylester*, $C_{14}H_{26}O_4$, Kp.$_{0,6}$ 85—87°, als Nebenprod. bei der Darst. von **IV**-Methylester; $D.^{23}_4$ 0,983, $[\alpha]_D^{23}$ —13,4° (homogen); 4,34 g (roh). *Freie Säure*, $C_{12}H_{22}O_4$, F. 130—131° (Bzl.), Prismen, $[\alpha]_D^{25}$ —6,5° (c = 10,1; Chlf.). (Ark. Kemi **3**. 273—80. 1951.) U. JOHN. 810

H. B. Knight, R. E. Koos und **Daniel Swern,** *Addition von Ameisensäure an olefinische Verbindungen.* 1. Mitt. *Monoolefinische Verbindungen.* Im Gegensatz zu Essigsäure, die sich beim Kp. ohne Katalysator kaum, in Ggw. von Katalysatoren nur bis zu 40% an die Doppelbindung von Ölsäure anlagert, zeigt HCOOH auch ohne Katalysator ein starkes Additionsvermögen an Olefine. So bildet Ölsäure u. ihr Methylester mit 100%ig. HCOOH in leicht kontrollierbarer Rk. ein Oxystearinsäuregemisch aus vorwiegend *9-* u. *10-Oxystearinsäure*, das in gleicher Weise auch aus Elaidinsäure hergestellt werden kann. Statt 100%ig. HCOOH kann auch 90%ig. verwendet werden, die Rk. verläuft dann in heterogener Reaktionslösung. Mit Cyclohexen u. Hexen-(1)

bildet HCOOH *Ameisensäurecyclohexyl-* bzw. *-sek.-hexylester*, der nach Verseifung ein Gemisch aus *Hexenol-(2)* u. *-(3)* liefert. Desgleichen entstehen aus Undecen-(10)-säure (I; Undecylensäure) *Oxyundecansäuren*, die nur als *Methylester* isoliert werden konnten, u. aus Oleylalkohol *Dioxyoctadecane*. Dagegen läßt sich HCOOH nicht an Ricinoleinsäure (cis-12-Oxyoctadecen-(9)-säure), Ricinusöl u. Crotylalkohol [Buten-(2)-ol] addieren. Da die Additions-Rk. über ein Carboniumion verläuft, wird sie durch starke Säuren, wie H_2SO_4, $HClO_4$, oder den BF_3-Essigsäurekomplex katalysiert, die Reaktionsgemische sind dann aber nicht mehr so einheitlich.

Versuche: *Monooxystearinsäuren* (Isomerengemisch), F. 73—74° (Ligroin), a) aus Ölsäure u. sd. wasserfreier HCOOH in Ggw. von 70%ig. $HClO_4$ ($^1/_4$ Std. unter N_2) u. Verseifung mit 6n NaOH; 70% (Ausbeute); mit 85%ig. H_2SO_4 als Katalysator (½ Std. kochen) 60%, in Ggw. von BF_3-Essigsäurekomplex (1:2) 60%, mit 90%ig. HCOOH + wenig konz. H_2SO_4 (1 Std. kochen) 65%; b) analog aus Elaidinsäure (F. 43°, aus Ölsäure durch Erhitzen mit Se auf 220°); 65%. — *10-Oxystearinsäure*, F. 81,5—82,5°, aus vorst. Gemisch durch fraktionierte Kristallisation aus A.; gibt mit sd. HCOOH u. $HClO_4$ wieder das Isomerengemisch. — *Dioxyoctadecane* (Isomerengemisch), F. 62,5 bis 63,5° (Ligroin) aus Oleylalkohol [cis-Octadecen-(9)-ol-(1)] mit 100%ig. HCOOH u. $HClO_4$ (1 Std. kochen) u. Verseifung des entstandenen *Ameisensäureformoxyoctadecylesters* mit 0,2n alkoh. NaOH; 60%. — *Ameisensäurecyclohexylester*, Kp.$_{97-98}$ 94,5—95,0°, aus Cyclohexen, HCOOH u. $HClO_4$ ($^1/_4$ Std. bei 105°); n_D^{25} 1,4392; 69%. — *Ameisensäurehexyl-(2 u. 3)-ester* (Gemisch, Kp.$_{125}$ 85,5—95° aus Hexen-(1) analog vorst. Verb.; n_D^{20} 1,4012; 55%. Gibt bei der Verseifung mit 5n alkoh. KOH *Hexanol-(3)*, Kp.$_{124-125}$ 82,2—83,8°, n_D^{25} 1,4135, u. *Hexanol-(2)*, Kp.$_{124-125}$ 86—87,6°, n_D^{25} 1,4121, im Verhältnis 1:2. — *Monooxyundecansäuremethylester* (Isomerengemisch), Kp.$_{0,3-0,6}$ 106—113°, aus I mit HCOOH u. $HClO_4$ ($^1/_4$ Std. kochen) u. Behandlung der gebildeten *Formyloxyundecansäuren* in sd. CH_3OH mit Naphthalin-2-sulfonsäure (4 Std.); 48%. (J. Amer. chem. Soc. **75.** 6212—15. 20/12. 1953. Philadelphia, Pa., U. S. Dep. of Agriculture, Bur. of Agricult. and Ind. Chem., Eastern Reg. Res. Labor.) H. HRUSCHKA. 810

H. Gudgeon, R. Hill und **E. Isaacs**, *Darstellung einiger substituierter Butadiene.* Vff. berichten über die Darst. von *1-Cyanbutadien-(1.3)* durch Pyrolyse von 1-Cyan-2-acetoxybuten-(3) (I), *1.3-Diacetoxy-1-cyanbutan* (II) u. *1-Acetoxy-1-cyanbuten-(2)*. Die Darst. von *1-Cyan-2-chlorbutadien-(1.3)* gelingt analog aus 1-Acetoxy-1-cyan-2-chlorbuten-(2), die von *Estern* des *Butadien-(1.3)-carbonsäure-(1)* aus den entsprechenden Estern der 1-Acetoxybuten-(2)-carbonsäure-(1).

Versuche: *1-Cyan-2-acetoxybuten-(3)* (I), Kp.$_{20}$ 118°, $C_7H_9O_2N$, aus 1-Cyan-2-oxybuten-(3) durch Acetylierung mit $(CH_3CO)_2O$ in Pyridin. — *1.3-Diacetoxy-1-cyanbutan* (II; *Acetaldolcyanhydrindiacetat*), $C_9H_{13}O_4N$, Kp.$_{22}$ 150°, aus Acetaldol mit HCN u. Acetylierung; n_D^{20} 1,4304. — *1-Oxy-1-cyanbuten-(2)* (*Crotonaldehydcyanhydrin*), *Acetat*, Kp.$_{20}$ 97—100°, aus Crotonaldehyd mit 98%ig. HCN in Ggw. von $N(C_2H_5)_3$ u. Acetylierung; 82% (Ausbeute). *Propionat*, $C_8H_{11}O_2N$, Kp.$_{12}$ 95—96°, n_D^{20} 1,4383. *Benzoat*, Kp.$_{12}$ 159—160°. *Methylcarbonat*, $C_7H_9O_3N$, Kp.$_{20}$ 108°, n_D^{20} 1,4383. — *1-Cyanbutadien-(1.3)*, C_5H_5N, Kp.$_{24}$ 48—50°, a) aus I durch Pyrolyse bei 500—510°; 57%; b) aus II bei 480—500°; 60%, daneben *Fraktionen vom Kp.$_{13}$ 95—97°*, n_D^{20} 1,4368, u. *Verb. $C_7H_9O_2N$*, Kp.$_{12}$ 102—104°, n_D^{20} 1,4460; c) aus vorst. Estern bei 490—510°; n_D^{20} 1,4878; 80%. — *1-Acetoxy-1-cyan-2-chlorbuten-(2)*, $C_7H_8O_2NCl$, Kp.$_{17}$ 104°, aus 2-Chlorcrotonaldehydcyanhydrin durch Acetylierung; n_D^{20} 1,4582. — *1-Cyan-2-chlorbutadien-(1.3)*, C_5H_4NCl, Kp.$_{20}$ 51—52°, aus vorst. Verb. bei 490—500°; n_D^{20} 1,5150; daneben *Dimeres*, $(C_5H_4NCl)_2$, F. 120° (Bzl.). *1-Oxybuten-(2)-carbonsäure-(1)*, *Methylester*, $C_6H_{10}O_3$, Kp.$_{15}$ 80—84°, aus Crotonaldehydcyanhydrin mit konz. HCl u. HCl-Gas in CH_3OH. *Äthylester*, Kp.$_{20}$ 90°. *n-Butylester*, Kp.$_{15}$ 110°. — *1-Acetoxybuten-(2)-carbonsäure-(1)*, *Methylester*, $C_8H_{12}O_4$, Kp.$_{10}$ 100°. *Äthylester*, Kp.$_{15}$ 110—115°. *n-Butylester*, Kp.$_{15}$ 130°. *Butadien-(1.3)-carbonsäure-(1)*, F. 70—73°, aus dem Methylester. *Methylester*, $C_6H_8O_2$, Kp.$_{20}$ 50—52°, aus vorst. Methylester bei 480—500°; n_D^{20} 1,4765, D.$^{20}{}_4$ 0,9648; 73%. *Äthylester*, $C_7H_{10}O_2$, Kp.$_{18}$ 63—65°, D.$^{20}{}_4$ 0,964, n_D^{20} 1,4785; 40%. *n-Butylester*, $C_9H_{14}O_2$, Kp.$_{20}$ 91—93°, n_D^{17} 1,4745; 35%. (J. chem. Soc. [London] **1951.** 1926—28. Juli. Blackley, Manchester, Imp. Chem. Indust. Ltd., Res. Labor.) WOLFGANG SCHULZ. 810

M. L. Fein, *Mischester der Milchsäure mit Fettsäuren.* Durch Umsetzung der freien Oxygruppe einiger Milchsäureester mit Pelargonylchlorid bzw. Lauroylchlorid werden einige *Fettsäuremilchsäuremischester* dargestellt.

Versuche (Viscositäten bei 20° in cP): *2-Butoxyäthyllactatpelargonat*, Kp.$_{2,8}$ 160°, n_D^{20} 1,4379, D.$^{20}{}_4$ 0,9564; 64% (Ausbeute). — *2-[2-Butoxyäthoxy]-äthyllactatpelargonat*, Kp.$_{1,0}$ 168°, n_D^{20} 1,4402, D.$^{20}{}_4$ 0,9740, 13,74 cP; 79%. — *2-Chloräthoxyäthyllactatpelargonat*, Kp.$_{3,0}$ 178°, n_D^{20} 1,4496, D.$^{20}{}_4$ 1,0530, 17,98 cP; 85%. — *Äthyllactyllactatlaurat*, Kp.$_{0,9}$ 171°, n_D^{20} 1,4392, D.$^{20}{}_4$ 0,9810, 25,24 cP; 83%. — *Butyllactyl-*

lactatlaurat, $Kp._{1,2}$ 186—190°, n_D^{20} 1,4415, $D.^{20}_4$ 0,9677, 22,38 cP. (J. Amer. chem. Soc. **73.** 5870. Dez. 1951. Philadelphia, Pa., Bur. of Agricult. and Ind. Chem., Eastern Regional Res. Labor.) E. SCHILDKNECHT. 850

Henry M. Woodburn und **Russell C. O'Gee,** *Die Reaktion von Dicyan mit organischen Verbindungen.* 6. Mitt. *Äthylendiamin und seine Alkylderivate.* (5. vgl. C. **1954.** 291.) Es wird über den Einfl. von vicinalen Amino- oder Alkylaminogruppen auf die Rk. von aliphat. Aminen (Äthylendiaminderivv.) u. $(CN)_2$ berichtet. Verbb. mit 2 benachbarten prim. NH_2-Gruppen bilden *Bis-[Δ²-imidazolinyl-(2)]-verbb.*; bei solchen mit einem prim. u. einem sek. NH_2 reagiert lediglich die prim. Gruppe zu *Oxamidinderivv.*; bei 2 benachbarten sek. NH_2 reagiert nur eine zum substituierten *Oxamidin*; Verbb. mit benachbarten prim. u. tert. NH_2 scheinen mit $(CN)_2$ *Cyanformamidine* zu bilden, die durch Analysen charakterisiert werden konnten, deren Infrarotspektren aber von denen bekannter Cyanformamidine abweichen.

Versuche: *Äthylendiamine*: *N.N-Dimethyl-*(I), Kp. 105—108°, aus 2-Bromäthylaminhydrobromid u. $(CH_3)_2NH$ in W.; 54% (Ausbeute). — *N.N'-Dimethyl-*, Kp. 105—115°, aus CH_3NH_2 in W./A. mit Äthylendibromid (3 Std. kochen); 55%. — *N.N'-Diäthyl-*, $Kp._{35}$ 55—60°, $Kp._{758}$ 153—154°; 32%. — *N.N'-Di-n-propyl-*, Kp. 184 bis 187°; 25%. — *N.N'-Diisopropyl-*, Kp. 165—168°; 71%. — *N.N'-Di-n-butyl-*, $Kp._8$ 110—111°, aus Äthylendibromid u. n-Butylamin (24 Std. stehen, dann 10 Std. erwärmen); 33%. — *Bis-[Δ²-imidazolinyl-(2)]*, $C_6H_{10}N_4$, F. 289—291° (Zers.; im geschlossenen Rohr), aus 60 g Äthylendiamin mit $(CN)_2$ bei 0° innerhalb 10—15 Min., dann 24 std. bei 0°; Nadeln aus A.; 2 g. *Pikrat*, F. 272—273° (Zers.); aus A. gelbes Pulver. — *Bis-[4-methyl-Δ²-imidazolinyl-(2)]*, $C_8H_{14}N_4$, F. 246—250° (Zers.; A.), aus Propylendiamin analog vorst. Verb. — Oxamidine, aus dem entsprechenden N-Alkyläthylendiamin u. $(CN)_2$ in Eisessig u. W. bei p_H 7—8 u. 20°: *symm.-Bis-[2-methylaminoäthyl]-*, $Kp._5$ 149°, aus N-Methyläthylendiamin; 32%. *Dipikrat*, $C_8H_{20}N_6 \cdot 2C_6H_3O_7N_3$, F. 144—145° (Zers.; W.). — *symm.-Bis-[2-äthylaminoäthyl]-*, $Kp._5$ 166—167°, aus N-Äthyläthylendiamin; 40%. *Dipikrat*, $C_{10}H_{24}N_6 \cdot 2C_6H_3O_7N_3$, F. 81° (Zers.). — *symm.-Bis-[2-n-propylaminoäthyl]-*, $Kp._4$ 135—137°, aus N-n-Propyläthylendiamin; 63%. *Dipikrat*, $C_{12}H_{28}N_6 \cdot 2C_6H_3O_7N_3$, F. 148° (Zers.). — *symm.-Bis-[2-isopropylaminoäthyl]-*, $Kp._4$ 133—134°, aus N-Isopropyläthylendiamin; 41%. *Dipikrat*, $C_{12}H_{28}N_6 \cdot 2C_6H_3O_7N_3$, F. 153—154°. — *symm.-Bis-[2-n-butylaminoäthyl]-*, $Kp._4$ 135°, aus N-n-Butyläthylendiamin; 67%. *Dipikrat*, $C_{14}H_{32}N_6 \cdot 2C_6H_3O_7N_3$, F. 150°. — Analog aus vorst. N.N'-Dialkyläthylendiaminen folgende Oxamidine: *N.N'-Dimethyl-N.N'-bis-[2-methyl-aminäthyl]-*, $Kp._5$ 84—85°; 55%. *Dipikrat*, $C_{10}H_{24}N_6 \cdot 2C_6H_3O_7N_3$, F. 181°. — *N.N'-Diäthyl-N.N'-bis-[2-äthylaminoäthyl]-*, $Kp._4$ 125—126°; 48%. *Dipikrat*, $C_{14}H_{32}N_6 \cdot 2C_6H_3O_7N_3$, F. 138—139°. — *N.N'-Di-n-propyl-N.N'-bis-[2-n-propylaminoäthyl]-*, $Kp._5$ 117°; 52%. *Dipikrat*, $C_{18}H_{40}N_6 \cdot 2C_6H_3O_7N_3$, F. 84—85°. — *N.N'-diisopropyl-N.N'-bis-[2-isopropylaminoäthyl]-*, Kp. 109—110°; 27%. *Dipikrat*, $C_{18}H_{40}N_6 \cdot 2C_6H_3O_7N_3$, F. 134°. — *N.N'-Di-n-butyl-N.N'-bis-[2-n-butylaminoäthyl]-*, $Kp._4$ 134—135°; 33%. *Dipikrat*, $C_{22}H_{48}N_6 \cdot 2C_6H_3O_7N_3$, Zers. ab 200°. — *N-[2-Dimethylaminoäthyl]-cyanformamidin*, $C_6H_{12}N_4$, F. 116° (Zers.), aus I in Ae. mit $(CN)_2$ bei 0°; pulvrige Kristalle aus Ae.; 22%. — *N-[2-Diäthylaminoäthyl]-cyanformamidin*, $C_8H_{16}N_4$, F. 105° (Zers.), aus N.N-Diäthyläthylendiamin analog vorst. Verb.; 45%. (J. org. Chemistry **17.** 1235—44. Sept. 1952. Buffalo, N. Y., Univ. of Buffalo, Dep. of Chem.) H. GOEBEL. 890

Kenneth C. Kennard, *Thionylamine.* Kurze Übersicht über Darst. u. Eigg. der *Thionylamine* u. Vgl. mit den Eigg. von Isocyanaten. — 14 Literaturangaben. (Org. chem. Bull. **27.** Nr. 2. 1—4. 1955. Rochester, N. Y., Eastman Kodak Comp., Res. Labor.) H. BERTSCH. 910

Tetsuo Shiba, *Neue natürliche Aminosäuren.* Überblick über neue natürliche Aminosäuren. — 128 Literaturangaben. (Kagaku-no-Ryôiki [J. Jap. Chem.] **9.** 236—43. April. 312—22. Mai 1955. Ôsaka, Univ., Abt. Chem. [Orig.: japan.]) E. MAEKAWA. 950

Kunihiko Mizumachi und **Masatake Honda,** *Äthylendiamintetraessigsäure und ihre Homologen.* Überblick. — 136 Literaturangaben. (Kagaku-no-Ryôiki [J. Jap. Chem.] **9.** 223—35. April. 354—62. Juni 1955. Tokio, Univ., Abt. Chem. [Orig.: japan.]) E. MAEKAWA. 950

Harris O. van Orden und **Emil L. Smith,** *Die Synthese von Arginyldipeptiden; die Einwirkung von Papain und Trypsin.* Die Synth. von *Arginyldipeptiden* erfolgte in folgenden Schritten: 1. Umwandlung von *Carbobenzoxynitro-L-arginin* (I) in das *gemischte Anhydrid* mit *Isobutylchlorcarbonat*; 2. Kupplung mit einem Aminosäureäthyl- oder benzylester zu einem *Carbobenzoxynitro-L-arginylaminosäureester*; 3. Verseifung des Esters (ausgenommen Benzylester) zur *Carbobenzoxynitro-L-arginylaminosäure*; 4. katalyt.

Hydrierung zum *Dipeptid*. Krist. *Trypsin* hydrolysierte die auf diesem Wege hergestellten Peptide: *L-Arginylglycinsulfat* (**VII**), *L-Arginyl-L-phenylalaninhydrochlorid*, *L-Arginyl-L-leucinhydrochlorid* u. *L-Arginyl-L-glutaminsäure*, besitzt aber keine Wrkg. auf die Carbobenzoxynitroverbindungen. Krist. *Papain* hat keine Wrkg. auf die freien Dipeptide, aber hydrolysiert langsam **I**-Amid u. *Carbobenzoxynitro-L-arginyl-L-leucin* (**IX**) u. *-L-phenylalanin* (**XII**). Ein Extrakt aus Schweinenieren hydrolysiert *L-Arginyl-L-leucin*.

V e r s u c h e: *Nitro-L-arginin* (**II**), F. 257—258°, durch Nitrierung von L-Arginin $< -5°$; 60% (Ausbeute). — *Carbobenzoxynitro-L-arginin* (**I**), F. 132—134°, aus **II** nach BERGMANN u. Mitarbeiter (C. **1935**. I. 255); 93,8%. — *Phthalylnitro-L-arginin*, $C_{14}H_{15}\cdot O_6N_5$, F. 209—210,5° (W.): **II** u. Phthalsäureanhydrid wurden 90 Min. auf 140—150° erhitzt; die feste M. wurde in A. gelöst, im Vakuum wurde eingedampft. — **II**-*Methylesterhydrochlorid*, $C_7H_{16}O_4N_5Cl$, F. 154—155° (CH_3OH–Ae.), aus **II** in absol. Methanol u. trockenem HCl bei 0°; 90,3%. — *Gemischtes Anhydrid* (**III**) *von* **I** u. *Chlorkohlensäureisobutylester:* **I** u. Triäthylamin (**X**) wurden in äquimol. Mengen in Tetrahydrofuran gelöst u. auf 5° gekühlt; dann wurde eine äquimol. Menge Isobutylchlorcarbonat zugefügt u. das Gemisch 20 Min. stehengelassen; diese **III**-Lsg. wurde für die Darst. der **I**-Derivv. benutzt. — **I**-*Anilid*, $C_{20}H_{24}O_5N_6$, F. 166—167° (Essigester), aus Anilin u. **III**-Lsg.; 41,6%. — **I**-*Amid*, $C_{14}H_{20}O_5N_6$, F. 219—220° (A.–W.), aus **III**-Lsg. in absol. Methanol mit NH_3; 54,4%. — *Carbobenzoxynitro-L-arginylglycinäthylester* (**IV**), $C_{18}H_{26}\cdot O_7N_6$, F. 124—126° (Essigester–Ligroin), aus äquimol. Mengen **III**-Lsg. u. einem Gemisch von Glycinäthylesterhydrochlorid u. **X** durch kurzes Erhitzen; 28%. — *Carbobenzoxy-L-arginylglycin* (**V**), $C_{16}H_{22}O_7N_6$, F. 111—113° (CH_3OH–W.), aus **IV** durch Verseifung; 88%. **V**-*Benzylester* (**VI**), $C_{23}H_{28}O_7N_6$, F. 153,5—154,5°, aus Glycinbenzylesterhydrochlorid, **X** in Chlf. u. **III**-Lsg.; 57,9%. — *L-Arginylglycinsulfat* (**VII**), $C_8H_{17}O_3N_5\cdot H_2SO_4\cdot 2\,H_2O$, aus **VI** durch Hydrierung mit Pd in Methanol, Eisessig u. 6n H_2SO_4 bei n. Druck; $[\alpha]_D^{19}$ +41,2° (1% in W.); 45,4%. — *Carbobenzoxynitro-L-arginyl-L-leucinmethylester* (**VIII**), $C_{21}H_{32}O_7N_6$, F. 162—163,4° (A.–W., 1:1), aus *L*-Leucinmethylesterhydrochlorid, **X** u. **III**-Lsg. in Chlf. bei Zimmertemp.; 53,4%. — *Carbobenzoxynitro-L-arginyl-L-leucin* (**IX**), $C_{20}H_{30}O_7N_6$, F. 161—162° (A.–W., 1:1), aus **VIII**; 94,5%. — *L-Arginyl-L-leucinhydrochlorid*, $C_{12}H_{25}O_3N_5\cdot HCl\cdot 2H_2O$, F. 222° (Zers.), aus **IX** durch Hydrierung wie bei **VII**; $[\alpha]_D^{19}$ +10,2° (1% in W.); 58,7%. — *Carbobenzoxynitro-L-arginyl-L-phenylalanin* (**XII**)*-äthylester* (**XI**), $C_{25}H_{32}O_7N_6$, F. 141—143°, aus äquimol. Mengen L-Phenylalaninäthylesterhydrochlorid, **X** u. **III**-Lsg. in Chlf. bei Zimmertemp.; 40,7%. — **XII**, $C_{23}H_{28}O_7N_6$, F. 224,5—226° (CH_3OH–W.), aus **XI**; 81,6%. — *L-Arginyl-L-phenylalaninhydrochlorid*, $C_{15}H_{23}O_3N_5\cdot HCl\cdot H_2O$, aus **XII** durch Hydrierung; $[\alpha]_D^{19}$ +36,6° (1% in W.); 55%. — *Carbobenzoxynitro-L-arginyl-L-glutaminsäurediäthylester* (**XIV**), $C_{23}H_{34}O_9N_6$, F. 111—113° (Essigester–Ligroin), aus L-Glutaminsäurediäthylesterhydrochlorid, **X** u. **III**-Lsg. bei Zimmertemp.; 62%. — *Säure*, $C_{19}H_{26}\cdot O_9N_6$, aus **XIV**, F. 211—212° (CH_3OH–W.); 91%. — *L-Arginyl-L-glutaminsäure*, $C_{11}H_{21}\cdot O_5N_5\cdot H_2O$, aus vorst. Verb. durch Hydrierung; $[\alpha]_D^{19}$ +27,2° (1% in W.); 82%. — *Carbobenzoxynitro-L-arginyl-L-tyrosinäthylester*, $C_{25}H_{32}O_8N_6$, F. 139—141° (Essigester–Ligroin), aus Tyrosinäthylester u. **III**-Lsg. in Tetrahydrofuran unter Erhitzen; 60%. — *Carbobenzoxyglycylnitro-L-arginin* (**XIII**), F. 139—141° (CH_3COOH–W.): Carbobenzoxyglycin u. **X** in Toluol wurden bei 5° mit Isobutylchlorcarbonat in das gemischte Anhydrid übergeführt; diese Lsg. wurde zu einer wss. Lsg. von **II** in n-NaOH gegeben; nach 3½ Std. Rühren wurde auf Zimmertemp. erwärmt, die wss. Schicht mit Äther gewaschen u. mit 5n HCl angesäuert; 1 g. — *Carbobenzoxy-L-phenylalaninnitro-L-arginin*, $C_{23}H_{28}\cdot O_7N_6$, F. 171,5—173° (CH_3COOH–W.): Carbobenzoxy-L-phenylalanin wurde, wie bei **XIII** beschrieben, in das gemischte Anhydrid übergeführt u. entsprechend weiterbehandelt; 50%. (J. biol. Chemistry **208**. 751—64. Juni 1954. Salt Lake City, Ut., Univ., Coll. of Med., Dep. of Biol. Chem. and Med., u. Labor. for Study of Hereditary and Metabol. Disorders.) K. NEHRING. 950

P. H. Hermans, *Konstitution von aus Nylon 6 isolierten cyclischen Polyamiden.* Drei aus techn. ε-Caprolactam isolierte kristalline Substanzen A, B u. C der Zus. $(C_6H_{11}\cdot ON)_n$ waren nach kryoskop. Mol.-Gew.-Bestimmungen in 5%ig. Phenollsg. als *cycl. Dimere* (A, B) bzw. als *cycl. Trimeres* (C) angesehen worden. Schrittweise Hydrolyse in 25%ig. wss. Salzsäure bei 110° bei einer Konz. von 0,5 Grundmol/Liter führte zu Beginn zum linearen Dimeren, Trimeren bzw. Tetrameren (papierchromatograph. nachgewiesen), womit A, B u. C als die entsprechenden cycl. Verbb. nachgewiesen wurden. Dieses Ergebnis stimmt überein mit den kryoskop. Mol.-Gew.-Bestimmungen von ROTHE (Chem. Ber. **88**. [1955.] 284) in p-Aminohexahydrobenzoesäurelactam u. Acetanilid. Die Gefrierpunktserniedrigungen in Phenol sind abnorm hoch. — *Dimeres* (A), F. 347—348°; *Trimeres* (B), F. 247—248°; *Tetrameres* (C), F. 241—242° (alle FF. korr.).

(Nature [London] **177**. 126—27. 21/1. 1956. Utrecht, Cellulose-Forschungsinst. der AKU.) S. Neue. 950

Kin'ya Sono, *Organische Zirkonverbindungen*. Überblick. — 40 Literaturangaben. (Kagaku-no-Ryôiki [J. Jap. Chem.] **9**. 776—81. Dez. 1955. Nagoya, Kôgyô-Gizyutu-Sikenzyo. [Orig.: japan.]) E. Maekawa. 980

Heiner Gutbier und **Heinz-Günther Plust**, *Über die Reaktion des Acetylchlorids mit Arsen(III)-oxyd und die Bildung des Methylen-bis-dichlorarsins*. Bei der Einw. von *Acetylchlorid* (I) auf As_2O_3 entstehen auf Grund der Gleichgewichte $As_2O_3 + 6\,CH_3\cdot COCl \rightleftharpoons 2\,AsCl_3 + 3\,(CH_3CO)_2O$; $AsCl_3 + 3\,(CH_3CO)_2O \rightleftharpoons As(CH_3COO)_3 + 3\,CH_3CO\cdot Cl$; $2\,AsCl_3 + As(CH_3COO)_3 \rightarrow 3\,(CH_3COO)AsCl_2$ nebeneinander $AsCl_3$, *As-Triacetat* (II), *Acetanhydrid* (III) u. in geringer Menge *Acetoarsendichlorid* (IV; alle Verbb. werden massenspektroskop. ermittelt). Dagegen reagiert I mit Sb_2O_3 fast vollständig nach $Sb_2O_3 + 6\,CH_3COCl \rightarrow 2\,SbCl_3 + 3\,(CH_3CO)_2O$. Die therm. Zers. von II verläuft oberhalb 90° nach $As(CH_3COO)_3 \rightarrow CH_3COO\text{-}AsO + (CH_3CO)_2O$ u. $CH_3COO\text{-}AsO \rightarrow CH_3\text{-}AsO + CO_2$; oberhalb 150° beginnt dann die Abspaltung von W. aus dem *Methylarsenoxyd* (V) gemäß $x CH_3\text{-}AsO \rightarrow (AsCH)_x + x H_2O$, worauf sich (bes. bei 220°) die aus dem W. u. III gebildete *Essigsäure* nachweisen läßt. V ist Zwischenstufe bei der Synth. des *Methylen-bis-[dichlorarsins]*, die durch Umsetzung von I mit As_2O_3 in Ggw. von $AlCl_3$ erfolgen kann, für die als neues Verf. die Umsetzung von I mit II in Ggw. von $AlCl_3$ angegeben wird. Ihr Ablauf ist über das aus I u. V entstehende *Methyldichlorarsin* u. einen aus diesem u. $AlCl_3$ gebildeten Komplex (der in einer S_E-Rk. durch $AsCl_2$ substituiert wird) zu deuten.

Versuche: Eichung u. Auswertung der Massenspektren (MSpektr.) vgl. Original. — *Rk. des As_2O_3 mit Acetylchlorid* (I): 10 g As_2O_3 werden mit 20 cm³ I 30 Std. im Ölbad bei 100° am Rückfluß gekocht u. dann bei 15 mm destilliert. Das Destillat enthält (MSpektr.) $AsCl_3$, *Acetanhydrid* (III), I u. wenig *Acetatoarsendichlorid* (IV); der Rückstand (15 g) erstarrt zu *As-Triacetat* (II), $C_6H_9O_6As$, F. 82°; 59% (Ausbeute, bezogen auf As). — *Zeitlicher Ablauf*: Dem Reaktionsgemisch (zur Beschleunigung wie vorst. unter Zusatz von 0,5 II) werden Proben entnommen, die nach 30, 45, 60, 90, 150, 210, 270, 285 Min. bei 100° 99, 98, 98, 98, 94, 77, 62, 51 Mol-% I u. 1, 2, 2, 2, 6, 13, 15, 20 Mol-% $AsCl_3$ u. (bis 150 Min. 0) 10, 23, 29 Mol-% III enthalten (MSpektr.). — *Nachw. von* IV: Beim Erhitzen von As_2O_3 mit 1 Mol $AsCl_3$ u. 3 Mol I wird IV nachgewiesen (Abb. des Teilspektr. von Massenzahl 100—200 des MSpektr.). — *Darst. u. Zers. von* II, $C_6H_9O_6As$, F. 82,5°, Nadeln (durch Sublimation), Kp.$_6$ 124°: 20 g As_2O_3, 5 g II (zur Beschleunigung) u. 100 cm³ III werden bis zur Auflsg. des As_2O_3 10—15 Min. am Rückfluß gekocht, III durch Dest. entfernt u. das Prod. im Hochvakuum dest.; 82%. Zers. im Quarzrohr unter Argon, Probeentnahme nach Abkühlen auf 20° u. Abpumpen flüchtiger Prodd., die in einer Kühlfalle aufgefangen werden. Nach 30 Min. bei 90, 120, 150° bzw. 10 Min. bei 180, 220° werden im MSpektr. die relativen Ionenintensitäten (Höchstwerte = 100) für III 2,3; 19; 58; 100; 24; für CO_2 0,3; 8,1; 44, 50, 100; für VI 4,3; 4,6; 12; 100; 51 erhalten. — *Methylen-bis-[dichlorarsin]*, $CH_2Cl_4As_2$, F. 73° (schuppige Blättchen aus Bzn.), Kp.$_4$ 80°, durch Zugeben von 16 g feingepulvertem $AlCl_3$ unter Umschütteln u. Kühlen zur Lsg. von 100 g II in 33 cm³ $AsCl_3$, Zutropfen von 65 cm³ I, Erhitzen im Ölbad auf 150° (2 Std.) u. 175° (2 Std.), u. Dest.; 35%. (Chem. Ber. **88**. 1777—86. 1955. Erlangen, Siemens-Schuckert-Forschungslabor.) F. J. Meyer. 980

Joseph Hoch und **Georges Tsatsas**, *Eine allgemeine Synthese von disubstituierten 3.4-Methylendioxyacetophenonen und ihre Eigenschaften*. Durch Kondensation der entsprechenden Methylendioxybenzole mit Acetanhydrid in Ggw. von BF_3 werden *disubstituierte 3.4-Methylendioxyacetophenone* in guten Ausbeuten erhalten: Acetophenone: *3.4-Dimethylmethylendioxy-* (I), F. 47°, Kp.$_{12}$ 144—145°, aus Dimethylmethylendioxybenzol-(1.2) bei —15 bis 0° u. Zers. mit konz. Na-Acetatlsg.; 86% (Ausbeute). *Oxim*, F. 124°. *Semicarbazon*, F. 229°. — *3.4-Methyläthylmethylendioxy-* (II), Kp.$_{12}$ 156°; 61%. *Oxim*, F. 72°. *Semicarbazon*, F. 161°. — *3.4-Diäthylmethylendioxy-*, Kp.$_{10}$ 160°; 81%. *Oxim*, F. 53°. *Semicarbazon*, F. 175°. — *3.4-Methylisopropylmethylendioxy-*, Kp.$_{11}$ 161°; 70%. *Oxim*, F. 80°. *Semicarbazon*, F. 176°. — *3.4-Methylisobutylmethylendioxy-*, Kp.$_{12}$ 167°; 82%. *Oxim*, Kp.$_{14}$ 200—202°. *Semicarbazon*, F. 136°. — *3.4-Dipropylmethylendioxy-* (IV), Kp.$_{12}$ 181—182°; 88%. *Oxim*, Kp.$_{13}$ 205°. *Semicarbazon*, F. 122°. — *3.4-Methylnonylmethylendioxy-*, Kp.$_{11}$ 225—226°; 71%. *Oxim*, Kp.$_{14}$ 238°. *Semicarbazon*, F. 128°. — *3.4-Cyclopentylidendioxy-*, Kp.$_{13}$ 184—185°; 67%. *Oxim*, F. 112°. *Semicarbazon*, F. 220°. — *3.4-Cyclohexylidendioxy-* (III), F. 52°, Kp.$_{11}$ 192—193°; 77%. *Oxim*, F. 135°. *Semicarbazon*, F. 194°. — *3.4-Dioxyacetophenon*, F. 116°, durch Verseifen von I, II oder III mit Pyridinhydrochlorid bei 180°. — Während sich IV mit Eisessig in 10%ig. Ausbeute synthetisieren läßt, geht die Rk. bei I nicht. Die Ausbeuten an II

u. **IV** bei der FRIEDEL-CRAFTS-Rk. mit Acetylchlorid in CS_2 bei -5^0 liegen wesentlich tiefer. — Alle Verbb. besitzen Kümmelgeruch. (C. R. hebd. Séances Acad. Sci. **234.** 2610—12. 30/6. 1952.) R. PASEDAG. 1180

Alfred Pongratz und **Walter Polesofsky,** *Über das Oxypseudocumochinon.* Trinitropseudocumol gibt bei der Red. mit Sn u. HCl *5-Oxy-3.6-diaminopseudocumol,* das als Base sehr unbeständig ist u. als Salz in 2n Essigsäure durch Chromsäure zu *5-Oxypseudocumochinon* (I) oxydiert wird. Die Absorptionsspektren von I u. von *Pseudocumochinon* (**II**) im Sichtbaren u. im UV wurden in $5\cdot10^{-4}$mol. Lsg. in A. gemessen. Die Maxima sind im **I** gegenüber **II** nach Rot verschoben.

Versuche: *Trinitropseudocumol,* F. 186—187° (Xylol), als in W. unlösl. Rückstand beim Umkristallisieren der rohen 3.6-Dinitro-5-pseudocumolsulfonsäure. — *5-Oxy-3.6-diaminopseudocumoldihydrochlorid,* $C_9H_{16}ON_2Cl_2$, F. 265° (Zers.), durch Red. von 37 g vorst. Verb. mit Sn u. konz. HCl unter Erhitzen; 24 g (Ausbeute). *Triacetylverb.,* $C_{15}H_{20}O_4N_2$, F. 241—242° (W.). — *5-Oxypseudocumochinon* (I), $C_9H_{10}O_3$, rote Nadeln, F. 171,5—172° (W.), durch Oxydation von 4,8 g vorst. Verb. mit 1 mol. Chromsäurelsg. in 2n Essigsäure u. Abtreiben mit Wasserdampf; 0,45 g; leicht lösl. in den üblichen Lösungsmitteln, schwer lösl. in kaltem Wasser. — *5-Oxypseudocumohydrochinon,* rosafarbene Nadeln, F. 182—186°, durch Behandlung von 0,4 g **I** in Bzl. mit $Na_2S_2O_4$; 0,35 g. (Mh. Chem. **86.** 312—17. 15/4. 1955. Lannach/Steiermark, Lannacher Heilmittelgesellschaft, Forschungslabor.) S. PREIS. 1190

Daniel Peltier, *Über einige substituierte o-Toluylsäuren und ihre Methylester.* Zur Unters. des Einfl. der Stellung verschied. Substituenten auf die Dissoziationskonstanten von o-Toluylsäure (I) u. die Hydrolysengeschwindigkeit ihres Methylesters wurden eine Anzahl überwiegend unbekannter Derivv. von **I** u. deren Methylester dargestellt. — *3-Nitro-2-methyl-,* $C_8H_7O_4N$, F. 184°, u. *5-Nitro-2-methylbenzoesäure,* F. 179°, durch Nitrierung von **I** u. fraktionierte Kristallisation des entstandenen Nitrogemisches in nahezu quantitativer Ausbeute. — *4-Nitro-2-methylbenzonitril,* $C_8H_6O_2N_2$, F. 100, nach GABRIEL u. THIEME (Ber. dtsch. chem. Ges. **52.** [1919.] 1079); wird mit $^2/_3$ konz. H_2SO_4 in ½ Std. bei 140° in *4-Nitro-2-methylbenzoesäureamid,* $C_8H_8O_3N_2$, F. 167°, u. weiter in *4-Nitro-2-methylbenzoesäure,* $C_8H_7O_4N$, F. 153°, verwandelt. *Methylester,* $C_9H_9O_4N$, F. 76°. — *6-Nitro-2-methylbenzoesäuremethylester,* $C_9H_9O_4N$, F. 50°, nach GABRIEL (l. c.) über das Säurechlorid. — *3-Amino-,* $C_8H_9O_2N$, F. 187°, *5-Amino-,* F. 196°, u. *4-Amino-2-methylbenzoesäure,* F. 165° (*Methylester,* $C_9H_{11}O_2N$, F. 70°), aus vorst. Verbb. durch Red. mit H_2S in ammoniakal. Lösung. — *6-Amino-2-methylbenzoesäure,* F. 128° (*Methylester,* F. 15,5°), direkt durch GABRIEL-Synthese. — *3-Acetamido-,* $C_{10}H_{11}O_3N$, F. 213°, *4-Acetamido-,* F. 247°, *5-Acetamido-,* F. 223° u. *6-Acetamido-2-methylbenzoesäure,* F. 189° (*Methylester,* $C_{11}H_{13}O_3N$, F. 80°), durch Acetylierung der vorst. Aminosäuren. — *3-Cyan-2-methylbenzoesäure,* $C_9H_7O_2N$, F. 209°, aus der Aminosäure durch SANDMEYER-Reaktion. Analog *4-Cyan-,* F. 195° (*Methylester,* F. 91°) u. *5-Cyan-2-methylbenzoesäure,* F. 149° (*Methylester,* F. 45°). Verss., die 6-Cyanverb. analog aus der 6-Aminosäure darzustellen, führten zu *6-Oxy-2-methylbenzoesäure,* $C_8H_8O_3$, F. 173°. Nur aus dem 6-Aminosäuremethylester konnte in sehr geringer Ausbeute der *6-Cyan-2-methylbenzoesäuremethylester,* $C_{10}H_9O_2N$, F. 42°, erhalten werden. (C. R. hebd. Séances Acad. Sci. **235.** 1660—62. 22/12. 1952.) H. LEHWALD. 1210

W. I. Kusnetzow und **A. A. Nemodruk,** *Synthesen mit Komplexverbindungen.* 1. Mitt. *Darstellung von Azofarbstoffen aus Brenzcatechin.* Es werden durch Kupplung von diazotiertem Anilin bzw. Derivv. mit Brenzcatechin (I) in Ggw. von $Al_2(SO_4)_3\cdot18\,H_2O$ u. Na-Acetat in saurem Medium *3.4-Dioxyazobenzol* u. einige seiner Derivv. dargestellt. Es entstehen hierbei intermediär I-Al-Komplexe, die zu einer „innermol. Dissoziation" (vgl. auch C. **1953.** 8547) befähigt sind u. mit Diazoniumverbb. auch in stark saurem Medium glatt kuppeln.

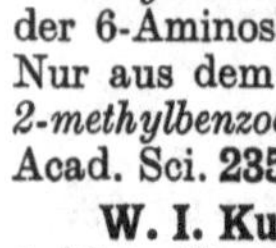

Versuche: *3.4-Dioxyazobenzol,* $C_{12}H_{10}O_2N_2$, F. 165° (A.); zu einer Lsg. von 0,05 Mol I u. 0,028 Mol $Al_2(SO_4)_3\cdot18\,H_2O$ in 50 ml W. gibt man unter Kühlung eine Phenyldiazoniumsulfatlsg. (aus 0,05 Mol Anilin) u. in 40 Min. 50 ml 20%ig. Na-Acetatlsg. u. zers. den Al-Komplex mit 15 ml konz. HCl; kirschrotes Pulver; 72% (Ausbeute). — *1-[3'.4'-Dioxybenzolazo]-naphthalin,* $C_{16}H_{12}O_2N_2$, F. 201,5° (A.); analog Vorst. aus I u. α-Naphthylamin; kirschrot; 81%. — *3.4-Dioxy-4'-methylazobenzol,* $C_{13}H_{12}O_2N_2$, F. 175°; aus I u. p-Toluidin; kirschrot; 80%. — *3.4-Dioxy-2'-methoxyazobenzol,* $C_{13}H_{12}O_3N_2$, F. 149° (A,); aus I u. o-Anisidin; 77%. — *3.4-Dioxy-2'.4'-dimethylazobenzol,* $C_{14}H_{14}O_2N_2$, F. 183°; aus **I** u. m-Xylidin; dunkelrot. — *3.4-Dioxy-3'-methyl-6'-methoxyazobenzol,* $C_{14}H_{14}O_3N_2$, F. 162° (A.); aus **I** u. p-Kresidin (3-Amino-4-methoxytoluol); dunkelrot; 79%. — *3.4-Dioxy-2'-carboxyazobenzol,* $C_{13}H_{10}O_4N_2$, F. 182° (A.); aus **I** u. Anthranilsäure; kirschrot; 75%. (Сборник Статей по Общей Химии [Samml. Aufsätze allg. Chem.] **2.** 1378—81. 1953. Vernadsky-Inst. für Geochem. u. analyt. Chem. der Akad. der Wiss. der UdSSR; Derbenewsk, Stalin-Werk.) G. FROELICH. 1320

L. Jurd, *Die Jodierung von Tyrosin und seinen Derivaten.* Die Jodierung von Tyrosin (**I**), 3-Nitrotyrosin (**II**) u. o-Methyltyrosin (**III**) nach der Meth. von JURD (C. **1953.** 2104) wird beschrieben.

Versuche: *3.5-Dijodtyrosin,* F. 198°, Nadeln aus W., aus **I** u. J_2 in Eisessig/konz. HCl u. 30%ig. H_2O_2 bei 60—65°; 71% (Ausbeute). — *3-Jod-5-nitrotyrosin,* F. 224 bis 226° (Zers.), goldgelbe Nadeln aus W., aus **II** u. J_2 in 95%ig. A., konz. HNO_3 u. 30%ig. H_2O_2 bei 45—50°, dann 30 Min. bei 70°; 60%. — *Monojod-o-methyltyrosinsemihydrat,* $C_{10}H_{12}O_3NJ \cdot 0,5\,H_2O$, F. 222°, Nadeln aus W., aus J_2 u. **III**-Sulfat in A., konz. H_2SO_4 u. 30%ig. H_2O_2 bei 50°, dann 5 Min. bei 65°; 84%. (J. Amer. chem. Soc. **77.** 5747. 5/11. 1955. Los Angeles, Calif., Univ. of California, Dep. of Chem.) H. GNICHTEL. 1350

A. G. Brook und **Henry Gilman,** *Bildung von Tetraarylsilanen bei Umsetzungen von Triarylsilylmetallverbindungen.* 2. Mitt. *Reaktionen mit Triarylsilanen.* (1. vgl. C. **1956.** 8077.) Triarylsilylmetallverbb. reagieren bei Zimmertemp. mit Triarylsilanen u. geben hohe Ausbeuten an *Tetraarylsilanen.* Außer den Hydrolyseprodd. der nichtumgesetzten Reagentien sind die einzigen Nebenprodd. H_2 u. ein anorgan. SiO_2-ähnliches Material. Wahrscheinlich bildet sich zunächst durch Rkk. der beiden Triarylverbb. je 1 Mol *Tetraarylverb.* u. *Diarylderiv.*, das der weiteren Rk. leichter zugänglich ist u. in *SiH_4* oder ein metalliertes Deriv. übergeht. Mit Hilfe dieser Unterss. kann nicht entschieden werden, ob eine Arylgruppe des Silans oder der Silylmetallverb. wandert (vgl. nachst. Ref.), da ein intermediärer Austausch von H u. Metall stattfindet. Die Na- u. K-Verbb. sind bei diesen Rkk. gleich wirksam, mit Triphenylsilyl-Li jedoch verläuft die Umsetzung langsamer u. führt nur zu geringen Mengen *Tetraphenylsilan* (**VI**), während hauptsächlich *Hexaphenyldisilan* entsteht.

Versuche (Rkk. unter N_2): *Triphenylsilyl-K* (**I**), aus Hexaphenyldisilan mit Na/K in Ae. u. anschließende Amalgamisierung. — *Hexa-p-tolyldisilan,* F. 354—356° (Toluol), durch 18std. Erhitzen von Tri-p-tolylchlorsilan (**II**; aus $SiCl_4$ + p-Tolyl-Li) mit Na in Xylol; 72% (Ausbeute). — *Tri-p-tolylsilyl-K* (**III**), aus vorst. Verb. analog **I**. — *Tri-o-tolylsilyl-K,* aus Tri-o-tolylchlorsilan u. Na/K in Ae. (24 Std. rühren). — *Tri-p-tolylsilan* (**IV**), $C_{21}H_{22}Si$, F. 81—83° (PAe.), aus **II** u. $LiAlH_4$ in Ae.; 77%. — *Tetraphenylsilan* (**VI**), F. 230—232° (Bzl.), a) aus **I** u. Triphenylsilan (**V**) in Ae. (5 Tage stehen) u. Hydrolyse mit feuchtem Ae.; 55%, daneben 12% *Hexaphenyldisiloxan* (**VII**), F. 223—225° (PAe.) u. 31,4% *SiO_2*- u. *$Si(OH)_4$*-haltiges anorgan. Material; b) analog, aber mit Triphenylsilyl-Na in Äthylenglykoldimethyläther u. *Tri-p-tolylphenylsilan,* F. 172—183° (PAe.) in Ae.; 40%, daneben 20% *Triphenylsilanol* (**VIII**), F. 149—151° (PAe.); c) aus Triphenylsilyl-Li in Äthylenglykoldimethyläther u. **V** (4 Tage), dann mit CO_2 u. Hydrolyse mit W.; 11%, neben 14% *Hexaphenyldisilan,* F. 359—361° u. 63% unverändertem **V** ($Kp._{0,03}$ 116—120°, F. 41—44°). — *Tri-p-tolylsilan,* F. 172—183° (PAe.), a) aus **I** u. **IV** in Ae. (4 Tage rühren) u. anschließende Behandlung mit CO_2; 16%, daneben 14% **VI**, 5% **VIII** u. 1,3% *Tetra-p-tolylsilan,* F. 205—210°; b) analog aus **III** u. **V**; 14,5%, daneben 12% **VI**. — *Triphenylsilylcarbonsäure,* F. 177—178°, aus **I** u. Tri-o-tolylsilan analog vorst. Verb.; 11%, daneben 8% **VII** u. 13,5% **VIII**. (J. Amer. chem. Soc. **76.** 2333—38. 5/5. 1954. Ames, Io., Iowa State Coll., Chem. Labor.)
K. SCHNURRBUSCH. 1380

A. G. Brook und **Henry Gilman,** *Bildung von Tetraarylsilanen bei Umsetzungen von Triarylsilylmetallverbindungen.* 3. Mitt. *Reaktionen mit Triarylmethanen.* (2. vgl. vorst. Ref.) Triarylsilylmetallverbb. reagieren schnell u. prakt. quantitativ mit Triarylmethanen oder analogen Verbb. mit einem akt. H-Atom unter Austausch des H- u. Metallatoms u. Übergang in das entsprechende *Triarylsilan* u. *Metallsalz des Triarylmethans.* Wird die Metallverb. im Überschuß angewandt, so bildet sich mit dem entstehenden Triarylsilan ein *Tetraarylsilan.* Die H-liefernde Verb. nimmt an dieser Rk. nicht teil, wie die Umsetzung von Triphenylsilyl-K (**I**) mit Tri-p-tolylmethan (**IX**) zeigte, wo als einzigste Tetraverb. *Tetraphenylsilan* (**VI**) entstand. Triphenylmethyl-Na (**XII**) reagierte bei Zimmertemp. nicht mit Triphenylsilan (**V**) oberhalb 60° trat Rk. unter Bldg. von *Triphenylmethan* (**II**) u. *Hexaphenyldisilan* (**III**) ein. Diese Rk. scheint für die Na-Verb. charakterist. zu sein, da weder mit Triphenylmethyl-Li noch mit Triphenylmethyl-MgCl unter diesen Bedingungen eine analoge Rk. stattfand.

Versuche: *Hexaphenyldisilan* (**III**), F. 360—363°, aus **I** u. **II** in Ae. (4½ Tage bei 35°) u. Behandlung mit CO_2; 7% (Ausbeute), neben 95% *Triphenylessigsäure* (**IV**), F. 269—271°, 64% *Triphenylsilan* (**V**), $Kp._{1,3}$ 154—156°, F. 43—45°, u. 3% *Tetraphenylsilan* (**VI**), F. 230—232° [nach 40 Min. 54% **IV**, 26% **II**, 39% **V** u. 37% *Tri-*

phenylsilanol (**VII**), F. 149–151°]. Mit 2,5 Mol **I** (4 Tage bei 25°) 26% **VI**, 10% **V**, 11% **VII**, 9% *Triphenylsilylcarbonsäure* u. 77% **IV**. Mit 1,5 Mol **I** (6 Tage bei 25°) 41% **V**, 17% **VI**, 76% **IV**. Mit je 1 Mol **I** u. **II** [4 Tage bei 74° in 1.2-Dimethoxyäthan (**VIII**)–Bzl.] 7% **VI**, 23% **IV**, 41% **VII** u. 26% **II**. – *Tri-p-tolylessigsäure* (**X**), aus 2 Mol **I** u. 1 Mol **IX** in Ae. (4 Tage bei 25%) u. Rk. mit CO_2; 10%, neben 43% **VI**, 11% **VII** u. 57% **IX**. Mit je 1 Mol **I** u. **IX** (4 Tage bei 75° in Ae.–Bzl.) 32% **VI**, 11% **VII**, 57% **IX**, $Kp._2$ 184–187°, 61–63°, 6% *Hexaphenyldisiloxan* (**XI**), F. 221–225°, u. 3% **X**, F. 223–225° (aus Eisessig). – Weitere analoge Rkk.: Aus je 1 Mol Triphenylsilyl-Na u. **II** (4 Std. bei 25° in **VIII**) 24% **II**, F. 92–94°, 30% **VII** (durch alkal. Behandlung des vorliegenden **V**) u. **IV**; nach 5 Tagen 36% **VII**, 77% **II**, 16% **V** (→ **VII**) u. 4% **IV**. Aus 1,4 Mol Triphenylsilyl-Li u. 1 Mol **II** (1 Tag bei 25° in **VIII**) 37% **IV**; nach 3 Tagen bei 75° in **VIII**–Bzl. 70% **V** u. 70% **II**. Aus 0,74 Mol **XII** u. 1 Mol **V** (7 Tage bei 60° in Ae.–Bzl.) 50% **III**, 6% **VI**, 8% **XI**, 5% **VII**, 16% **V**, 39% **IV** u. 47% **II**. Aus 0,94 Mol **XII** u. 1 Mol **V** (3 Tage bei 25° in Ae., dann Ae.–Bzl.) 78,5% **V**, 98% **IV**; nach 7 Tagen bei 74° 61% **III**, 33% **IV**, 16% **VI** u. 44% **II**. Aus 1 Mol Triphenylmethyl-Li u. 1 Mol **V** (1 Tag bei 25° in Ae.–Bzl.) 46% **V** u. 22% **IV**; nach 3 Tagen bei 75° 36% **II**, 6% **VII** u. 85% **V**. Aus 1 Mol Triphenylmethyl-MgCl u 1 Mol **V** (4 Tage bei 75° in Ae.–Bzl.) 87% **V**, 30% **IV** u. 33% **II**. (J. Amer. chem. Soc. **76**. 2338–42. 5/5. 1954.) K. SCHNURRBUSCH. 1380

A. D. Petrow, W. F. Mironow und **W. M. Wdowin,** *Synthese und Eigenschaften von α-Cyanisopropoxysilanen.* Durch Einw. von Methyl-, Äthyl-, Phenyl-, Phenylmethyl-, Diäthyl-, Methyl-α-chlormethyl- u. Methyl-α.α-dichlormethylchlorsilanen sowie $SiCl_4$ auf Acetoncyanhydrin (I) erhielten Vff. *α-Cyanisopropoxysilane*, die weder bei der Hydrolyse noch nach längerem Stehen HCN abspalteten. Als Nebenprodd. wurden in geringer Ausbeute durch Hydrolyse der Chlorsilane Disiloxane gebildet.

Versuche: *Allg. Darstellungsmeth.*: Man läßt **I** langsam zu einem gekühlten Gemisch von Pyridin, Bzl. u. dem entsprechenden Chlorsilan zutropfen, läßt 24 Std. stehen, filtriert ab u. fraktioniert. *Methyl-bis-[α-cyanisopropoxy]-silan*, $C_9H_{16}O_2N_2Si$, $Kp._{14}$ 108°; $D.^{20}_4$ 0,9644; n_D^{20} 1,4130; 72,2% (Ausbeute). – *Diäthyl-bis-[α-cyanisopropoxy]-silan*, $C_{12}H_{22}O_2N_2Si$, $Kp._{19}$ 141–142°; $D.^{20}_4$ 0,9576; n_D^{20} 1,4270; 60,3%; daneben *symm.-Tetraäthyl-bis-[α-cyanisopropoxy]-disiloxan*, $C_{16}H_{32}O_3N_2Si_2$, $Kp._5$ 153 bis 154°; $D.^{20}_4$ 0,9734; n_D^{20} 1,4332. – *Phenylmethyl-bis-[α-cyanisopropoxy]-silan*, $C_{15}H_{20}O_2N_2Si$, $Kp._4$ 153–154°; $D.^{20}_4$ 1,0327; n_D^{20} 1,4780; 81%; daneben *symm.-Diphenyldimethyl-bis-[α-cyanisopropoxy]-disiloxan*, $C_{22}H_{28}O_3N_2Si_2$, $Kp._3$ 200–203°; $D.^{20}_4$ 1,0645; n_D^{20} 1,4800. – *Methyl-α-chlormethyl-bis-[α-cyanisopropoxy]-silan*, $C_{10}H_{17}O_2N_2 \cdot ClSi$, $Kp._3$ 114°; $D.^{20}_4$ 1,0702; n_D^{20} 1,4380; 77,5%. – *Methyl-α.α-dichlormethyl-bis-[α-cyanisopropoxy]-silan*, $C_{10}H_{16}O_2N_2Cl_2Si$, $Kp._3$ 139°; $D.^{20}_4$ 1,1374; n_D^{20} 1,4462; 40,8%; daneben *symm.-Dimethyl-bis-[dichlormethyl]-bis-[α-cyanisopropoxy]-disiloxan*, $Kp._1$ 176 bis 178°; $D.^{20}_4$ 1,2052; n_D^{20} 1,4563. – *Äthyldichlor-[α-cyanisopropoxy]-silan*, $C_6H_{11} \cdot ONCl_2Si$, $Kp._9$ 78°; aus Äthyltrichlorsilan u. **I**; $D.^{20}_4$ 1,1211; n_D^{20} 1,4288; 55,6%; daneben *Äthylchlor-bis-[α-cyanisopropoxy]-silan*, $C_{10}H_{17}O_2N_2ClSi$, $Kp._{15}$ 139–140°; $D.^{20}_4$ 0,9735; n_D^{20} 1,4320; 11,8%. – *Phenyldichlor-[α-cyanisopropoxy]-silan*, $C_{10}H_{11} \cdot ONCl_2Si$, $Kp._2$ 116°; $D.^{20}_4$ 1,1915; n_D^{20} 1,4995; 82,2%. – *Tetrakis-[α-cyanisopropoxy]-silan*, $C_{16}H_{24}O_4N_4Si$, F. 92–94°; 55,8%. (Известия Академии Наук СССР, Отделение Химических Наук [Nachr. Akad. Wiss. UdSSR, Abt. chem. Wiss.] **1955**. 1122–24. Nov./Dez. Zelinski-Inst. für organ. Chem. der Akad. der Wiss. der UdSSR.)

CH. WEISKE. 1380

Stefan Goldschmidt und **Hans-Ludwig Krauß,** *Über arylsubstituierte Phosphor-Stickstoff-Verbindungen.* Die bei der Umesterung von PCl_3 mit prim. aromat. Aminen in erster Stufe zu erwartenden Verbb. Ar—NH—PCl_2 sind unbeständig, mit überschüssigem PCl_3 bilden sie *Arylamino-N.N-bis-[dichlorphosphine]* (**I**), mit überschüssigem Amin *Aryliminoarylaminophosphine*, $[Ar \cdot N{=}P{-}NH \cdot Ar]_2$ (= *Phosphorazoverbb.*, **II**). Die therm. Zers. von **I** u. (im Hochvakuum) von **II** führt zu *Arylamino-N.N-bis-[arylimino-phosphinen]* (**III**), deren Dipolmoment die nebenst. Struktur beweist, u. deren Entstehen aus **II** für dieses die nebenst. Formel wahrscheinlich macht. Die Reaktionsfähigkeit der für Amidsynthesen verwandten **II** kann nicht durch die —P=N-Bindung erklärt werden, die auch in dem reaktionsträgen **III** vorkommt.

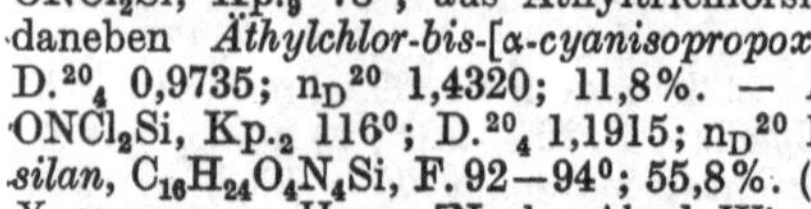

II III

Die Rkk. mit **II** werden durch einen kryptoion. Mechanismus erklärt, in dem die polare $P^{(\delta+)}—N^{(\delta-)}$-Bindung so gespalten wird, daß ein elektropositiver Rest (z. B. Acylkation) an den N, ein elektronegativer (z. B. OH-Anion) an den P tritt.

Versuche: *Anilino-N.N-bis-[dichlorphosphin]*, $C_6H_5NP_2Cl_4$, F. 46°, durch Kochen von 32,3 g staubfeinem trockenem Anilinhydrochlorid (**IV**) mit 103 g PCl_3 bis zur Auflsg.; krist. nach Abkühlen auf -20^0, grobe glasklare Kristalle aus PCl_3 (alle Operationen unter N_2; O_2 u. H_2O sind auszuschließen); 74% (Ausbeute). — *p-Methoxyphenylamino-N.N-bis-[p-methoxyphenyliminophosphin]* (**V**), Zersetzungspunkt 315°, $D.^{25}$ 1,3094; n_D^{25} (fest) 1,6852. Man behandelt 40 g p-Anisidinhydrochlorid analog vorst. Verb., dest. das überschüssige PCl_3 bei 11 mm u. 20° ab u. erhitzt den Rückstand 8 Std. im Hochvakuum auf 120°, löst in Bzl., fällt Cl-haltige Prodd. mit Anisidin, filtriert u. engt auf 50 cm³ ein; Kristallisation nach einigen Wochen, glitzernde Oktaeder aus Bzl. oder Dioxan; 24%. — *Diphosphorsäuretris-p-anisidid*, $(CH_3 \cdot O \cdot C_6H_4 \cdot N)_3P_2O_4H_4$, Zersetzungspunkt 250°, hydrophober, in inerten organ. Lösungsmitteln unlösl. Rückstand nach erschöpfender Extraktion der Prodd. der therm. Zers., wenn bei der Darst. des p-Anisidino-N.N-bis-(dichlorphosphins) unter Luftzutritt gearbeitet wurde. — *Diphosphorsäuretrisanilid*, $(C_6H_5N\cdot)_3P_2O_4H_4$, analog wie die vorst. Verb., ausgehend vom **IV**. — *Phenyliminophenylaminophosphin*, $[(C_6H_5N)_2HP]_2$ (**VI**), Zersetzungspunkt 215°, Darst. nach GRIMMEL, GUENTHER u. MORGAN (J. Amer. chem. Soc. **68**. [1946.] 539) in absol. Bzl. bei Ausschluß von O_2 u. W.; 67%; tropft man die Aminlsg. in die PCl_3-Lsg., so muß man so lange Amin zufügen, bis ein Nd. auftritt (dabei als Nebenprod. entstehendes Arylamino-N.N-bis-[aryliminophosphin] wird nach Eindampfen im Vakuum bei Zimmertemp. durch Aufschlämmen des feingepulverten Rückstandes mit heißem Bzl. u. Filtrieren abgetrennt). *Umsetzungen des* **VI**: *Methylierung* von 10 g **VI** in 300 cm³ Xylol unter N_2 mit Methyl-MgJ aus 4 g Mg u. 18,5 g Methyljodid in 50 cm³ Ae., Zugabe von 16,4 g Dimethylsulfat in 50 cm³ Ae. u. Eindampfen im Hochvakuum; der Rückstand wird mit Eiswasser versetzt, alkal. gemacht u. mit Wasserdampf dest.; aus dem Destillat wird *N-Methylanilin* u. aus dem Rückstand H_3PO_3 isoliert; P-substituierte Säure wurde nicht gefunden. — *Rk. mit HCl:* Aus **VI** in Xylol werden bei 70° durch Einleiten von HCl unter Ausschluß von O_2 u. W. 74% **IV** u. 37% PCl_3 gebildet. — *Rk. mit W.:* Die Lsg. von 8,6 g **VI** in 100 cm³ Dioxan wird auf 100° erwärmt u. mit 200 cm³ Eiswasser versetzt: *Dianilidophosphorige Säure*, $(C_6H_5\cdot NH)_2POH$, F. 156° (A.), scheidet sich in glänzenden Blättchen ab, nach ½ Std. bei 0° 66%. Kochen der vorst. Verb. oder von **VI** mit W. u. etwas Methanol führt zu Anilinphosphit bzw. Anilin u. H_3PO_3 (100%). — *Rk. mit A.:* Durch 12std. Kochen von 10 g **VI** in 150 cm³ absol. A. mit 5 cm³ Pyridin entsteht *Phosphorigsäuretriäthylester*, $Kp._{11}$ 47—49°; 48%. — *Therm. Zers.*: Durch Erhitzen von **VI** mit Quarzsand (2 Teile) im Hochvakuum auf 250° entsteht 1 Mol Anilin. Die Extraktion des roten Rückstandes mit Dioxan liefert unreines *Phenylamino-N.N-bis-[phenyliminophosphin]*. — *Dipolmessung an* **V**: $D.^{25}$ in Bzl.: (Molenbruch $= \gamma \cdot 10^{-4}$: 0,0) 0,8727; (1,3727) 0,87293; (3,4125) 0,87336; (5,3757) 0,87372; (6,4973) 0,87384. DK. bei 25° in Bzl.: ($\gamma \cdot 10^{-4}$: 5,5616) 2,2774; (4,4499) 2,2763; (3,5573) 2,2756; (2,8450) 2,2751; (1,7076) 2,2741; (0,0) 2,2726. Mol-Polarisation nach HEDESTRAND (Z. physik. Chem., Abt. B **2**. [1929.] 428) berechnet $P\infty = 213{,}11$. Dipolmoment berechnet $\mu = 2{,}03 \pm 0{,}05$ Debye. (Liebigs Ann. Chem. **595**. 193—202. 1955.)

F. J. MEYER. 1380

Gilm Kamai und **N. A. Tschadajewa**, *Einige cyclische Äthylenglykol- und α-Alkoxypropylenglykolester von arylarsonigen Säuren.* Es werden der *Äthylenglykol-*, *3-Methoxypropylenglykol-*, *3-Äthoxypropylenglykol-*, *3-Butoxypropylenglykol-*, *Trimethylenglykol-* u. *Diäthylenglykolester* der *phenylarsonigen Säure* (**I**) aus Phenyldichlorarsin (**II**) u. den entsprechenden Glykolen in Ggw. von Pyridin synthetisiert. Analog werden der *Äthylenglykol-*, *3-Methoxypropylenglykol-*, *3-Äthoxypropylenglykol-* u. *3-Butoxypropylenglykolester* der *p-tolylarsonigen Säure* (**III**) aus p-Tolyldichlorarsin (**IV**) u. den entsprechenden Glykolen erhalten. **I**-Ester werden durch W. leicht zu dem entsprechenden Glykol u. *Phenylarsinoxyd* verseift. Aus **II** bzw. **IV** u. Brenzcatechin werden in geringer Ausbeute die *Brenzcatechinester* von **I** u. **III** erhalten. Bei der direkten Einw. von **II** auf Brenzcatechin in der Siedehitze oder im Rohr entstehen *Diphenylchlorarsin* u. *Brenzcatechinarsenigsäurechlorid.*

Versuche: Die Rkk. werden in absol. Ae. durchgeführt. Folgende Phenylarsonigsäureester werden dargestellt: *Äthylenglykolester*, $Kp._{10}$ 122—123°; $D.^{20}_0$ 1,5279; n_D^{20} 1,5961; 56,6% (Ausbeute). *3-Methoxypropylenglykolester*, $Kp._{12}$ 151—152°; $D.^{20}_0$ 1,4379; n_D^{20} 1,5720; 62,5%. *3-Äthoxypropylenglykolester*, $Kp._{11}$ 158—159°; $D.^{20}_0$ 1,3584; n_D^{20} 1,5540; 65,3%. *3-Butoxypropylenglykolester*, $Kp._{10}$ 175—176°, $D.^{20}_0$ 1,2795; n_D^{20} 1,5369; 52,8%. *Trimethylenglykolester*, $Kp._{12}$ 135—136°; $D.^{20}_0$ 1,4618; n_D^{20} 1,5980; 62,1%. *Diäthylenglykolester*, $Kp._{12}$ 170—172°; $D.^{20}_0$ 1,4591; n_D^{20} 1,5841; 50,3%. Alle Ester sind farb- u. geruchlose Öle. — Folgende *p-Tolylarsonigsäureester: Äthylenglykolester*, $Kp._{10}$ 138—140°; erstarrt; 45,6%. Die folgenden Ester sind Öle. *3-Methoxypropylenglykolester*, $Kp._{10}$ 164—165°; $D.^{20}_0$ 1,3717; n_D^{20} 1,5621; 48,3%. *3-Äthoxypropylenglykolester*, $Kp._9$ 169—170°; $D.^{20}_0$ 1,3237; n_D^{20} 1,5505; 51,8%. *3-Butoxypropylenglykolester*, $Kp._{10}$ 190—191°; $D.^{20}_4$ 1,2483; n_D^{20} 1,5377; 63,1%. — *Phenylarsonigsäurebrenzcatechin-*

ester, F. 85—86°, Kp.$_9$ 178—179°; 20,1%. — *p-Tolylarsonigsäurebrenzcatechinester*, F. 106 bis 107°; Kp.$_9$ 186—188°; 23,4%. (Доклады Академии Наук СССР [Ber. Akad. Wiss. UdSSR] [N. S.] **86.** 71—73. 1/9. 1952. Kasan, Zweigstelle der Akad. der Wiss. der UdSSR, Chem. Arbusow-Inst.) U. Wörffel. 1380

A. N. Nessmejanow, R. Ch. Freidlina und **N. A. Ssemenow,** *Kondensation von 1.1.1-Trichlorpropen mit aromatischen Verbindungen.* 1.1.1-Trichlorpropen (**I**) reagiert mit Brom- oder Chlorbenzol in Ggw. von $AlCl_3$ leicht unter Bldg. von *3-[p-Bromphenyl]-* (**II**) bzw. *3-[p-Chlorphenyl]-1.1-dichlorpropen-(1)* (**III**), deren Struktur durch Hydrolyse zu *3-[p-Bromphenyl]-* bzw. *[3-p-Chlorphenyl]-propionsäure* sowie Dehydratisierung der letzteren zu *6-Brom-* bzw. *6-Chlorhydrindon-(1)* bewiesen wird. **II** u. **III** lagern Cl_2 unter Bldg. von *3-[p-Brom-* (bzw. *Chlor-*) *phenyl]-1.1.1.2-tetrachlorpropan* an. **I** gibt mit Anisol bei 80—90° in Ggw. von $AlCl_3$ *3-[p-Methoxyphenyl]-1.1-dichlorpropen-(1)* (**IV**), dessen $KMnO_4$-Oxydation *Anissäure* liefert. Bei der Rk. von Phenol mit **I** in Ggw. von $AlCl_3$ entstehen *3-[o-Oxyphenyl]-* (**V**) u. *3-[p-Oxyphenyl]-1.1-dichlorpropen-(1)* (**VI**), deren Struktur durch Methylierung mit $(CH_3)_2SO_4$ zu *3-[o-Methoxyphenyl]-1.1-dichlorpropen-(1)* bzw. **IV** bewiesen wird. Bei der Hydrolyse von **IV** mit konz. H_2SO_4 wird *3-[x-Sulfo-p-methoxyphenyl]-propionsäure* erhalten. **I** reagiert mit Na-Phenolat unter Bldg. eines Gemisches von **V**, **VI** u. *3-Phenoxy-1.1-dichlorpropen-(1).* **I** läßt sich bei den vorst. Rkk. durch 1.1.3-Trichlorpropen-(1) ersetzen, doch sind die Ausbeuten geringer als bei der Verwendung von **I**.

V e r s u c h e: *3-[p-Bromphenyl]-1.1-dichlorpropen-(1)* (**II**), $C_9H_7Cl_2Br$, Kp.$_5$ 117,5 bis 118°; aus 0,31 Mol **I** u. 1,24 Mol Brombenzol in Ggw. von 1 g $AlCl_3$; $D.^{20}_4$ 1,5532; n_D^{20} 1,5830; 76% (Ausbeute). Daraus durch 1 std. Erhitzen mit 93%ig. H_2SO_4 auf 120° *3-[p-Bromphenyl]-propionsäure*, $C_9H_9O_2Br$, F. 135° (n-Heptan), die beim Behandeln mit konz. H_2SO_4 bei 145° in *6-Bromhydrindon-(1)*, C_9H_7OBr, F. 111—112° (verd. A.), übergeht. — *3-[p-Bromphenyl]-1.1.1.2-tetrachlorpropan*, $C_9H_7Cl_4Br$, F. 89° (A.); aus **II** durch 6 std. Einleiten von Cl_2 bei 60°; 65%. — *3-[p-Chlorphenyl]-1.1-dichlorpropen-(1)* (**III**), $C_9H_7Cl_3$, Kp.$_6$ 115—116°; aus **I** u. Chlorbenzol; $D.^{20}_4$ 1,3208; n_D^{20} 1,5630; 74,5%. Daraus *3-[p-Chlorphenyl]-propionsäure*, $C_9H_9O_2Cl$, F. 122,5—123° (verd. A. oder n-Heptan), die zu *6-Chlorhydrindon-(1)*, F. 79—80° (A.), dehydratisiert wird. — *3-[p-Chlorphenyl]-1.1.1.2-tetrachlorpropan*, $C_9H_7Cl_5$, Kp.$_5$ 142—143°, F. 90° (A.), aus **III** durch Chlorieren bei $<30°$; 78%. — *3-[p-Methoxyphenyl]-1.1-dichlorpropen-(1)* (**IV**), $C_{10}H_{10}OCl_2$, Kp.$_5$ 118 bis 119°; aus **I** u. Anisol in Ggw. von $AlCl_3$ (3 Std. bei 90°); $D.^{20}_4$ 1,2307; n_D^{20} 1,5486; 74%. Gibt bei der $KMnO_4$-Oxydation *p-Methoxybenzoesäure*, $C_8H_8O_3$, F. 184,5°. — *3-[o-Oxyphenyl]-1.1-dichlorpropen-(1)* (**V**), $C_9H_8OCl_2$, Kp.$_3$ 116—117°; aus 0,45 Mol **I** u. 2,34 Mol Phenol in Ggw. von 4 g $AlCl_3$, 4 Std. kochen u. Extrahieren mit Chlf.; $D.^{20}_4$ 1,3050; n_D^{20} 1,5727; 50%. Daneben als höhersd. Fraktion *3-[p-Oxyphenyl]-1.1-dichlorpropen-(1)* (**VI**), $C_9H_8OCl_2$, Kp.$_3$ 130—131°, F. 40,5—41° (PAe.); $D.^{20}_4$ 1,3057; n_D^{20} 1,5732; 22%. — *3-[o-Methoxyphenyl]-1.1-dichlorpropen-(1)*, $C_{10}H_{10}OCl_2$, Kp.$_{4,5}$ 109°; aus **V** durch Methylierung mit $(CH_3)_2SO_4$; $D.^{20}_4$ 1,2372; n_D^{20} 1,5525. Daraus durch Oxydation mit $KMnO_4$ *o-Methoxybenzoesäure*, $C_8H_8O_3$, F. 98,5°. — *3-Phenoxy-1.1-dichlorpropen-(1)*, $C_9H_8OCl_2$, Kp.$_7$ 103—104°; aus Phenol u. **I** (1:0,25 Mol) in Ggw. von 1 Mol NaOH in 100 ml A. (6 Std. kochen); $D.^{20}_4$ 1,2718; n_D^{20} 1,5534; 12 g; daneben 16 g eines Gemisches aus **V** u. **VI**. — *3-[x-Sulfo-p-methoxyphenyl]-propionsäure, Ba-Salz*, $(C_{10}H_{11}\cdot O_6S)_2Ba$, aus **IV** durch 20 Min. langes Erhitzen mit 90%ig. H_2SO_4 u. Behandeln mit $BaCO_3$; 90%. — *3-[x-Sulfophenyl]-propionsäure, Hydrat*, $C_9H_{10}O_5S\cdot H_2O$; aus 3-Phenyl-1.1-dichlorpropen-(1) durch Behandeln mit 92%ig. H_2SO_4, 20—30 Min. bei 55° u. Stehen über Nacht; hygroskop. Kristalle; 95%. (Известия Академии Наук СССР, Отделение Химических Наук [Nachr. Akad. Wiss. UdSSR, Abt. chem. Wiss.] **1955.** 993—98. Nov./Dez. Inst. für Metallorgan. Verbb. der Akad. der Wiss. der UdSSR.)
G. Froelich. 1410

Yoshimasa Hirata und **Hiroshi Kakizawa,** *Strukturbestimmung von Oxytetracyclin.* Überblick. — 16 Literaturangaben. (Kagaku-no-Ryôiki [J. Jap. Chem.] **9.** 442—50. Juli 1955. Nagoya-Tikusa, Univ., Abt. Chem. [Orig.: japan.]) E. Maekawa. 1860

Martin G. Ettlinger, *Derivate der ζ-Truxinsäure.* Vf. diskutiert die bisherigen Untersuchungsergebnisse verschied. Autoren über Derivv. der *ζ-Truxinsäure* u. zeigt, daß sich die mit a bezeichnete Carboxylgruppe entgegen der bisherigen Annahme nicht in cis-, sondern in trans-Stellung zur benachbarten Phenylgruppe befindet. (J. Amer. chem. Soc. **77.** 6646—47. 20/12. 1955. Houston, Tex., Rice Inst., Dep. of Chem.)
H. Ascherl. 2020

Toyoyuki Nagano, *Triphenyläthylenderivate.* 2. Mitt. (1. vgl. C. **1955.** 9556.) Zur Unters. der biol. Eigg. stellte Vf. *1.2.2-Triphenyl-1-chloräthan* aus Desylbromid u. Bzl. über *1.2.2-Triphenyläthanon* u. *1.2.2-Triphenyläthanol* (**I**) dar. — Aus *α-[p-Meth-*

oxyphenyl]-phenylessigsäure (**II**) konnte im Gegensatz zu Diphenylessigsäure mit PCl_3 kein krist. Säurechlorid, sondern nur das sehr langsam kristallisierende *Anhydrid* erhalten werden. Vermutlich bildet sich intermediär das Keten, das sofort mit Spuren von Feuchtigkeit zum Anhydrid reagiert.

Versuche: *1.2.2-Triphenyläthanon*, F. 136—138°, aus Desylbromid u. Bzl. in Ggw. von $AlCl_3$ (vgl. ANSCHÜTZ u. FÖRSTER [1909]); 85% (Ausbeute). — *1.2.2-Triphenyläthanol* (**I**), F. 88—89° (60%ig. CH_3COOH), aus 0,27 g vorst. Keton u. $NaBH_4$ in Methanol, 30 Min. bei Raumtemp.; Nadeln; 0,27 g. — *1.2.2-Triphenyl-1-chloräthan*, $C_{20}H_{17}Cl$, F. 99—100° (A.), aus **I** u. $SOCl_2$ in Pyridin (über Nacht bei Raumtemp.); Prismen; 72,4%. Gibt bei 2std. Kochen in alkoh. KOH, nicht aber bei 5std. Erhitzen in Pyridin (vgl. dagegen KLAGES u. HEILMANN [1904]) *Triphenyläthylen*, F. 69—71° (Methanol); Prismen. Diese Verb. entsteht auch aus **I** durch 3std. Kochen mit PCl_3 in Benzol. — *1-[4-Methoxyphenyl]-2.2-diphenyläthanol*, $C_{21}H_{20}O_2$, F. 160—161° (Bzl.), aus 4-Methoxydesylbromid (vgl. 1. Mitt.) analog **I**; Prismen; 83,3%. *Acetylderiv.*, $C_{23}H_{22}O_3$, F. 121—123° (Eisessig); Plättchen. — *1-[4-Methoxyphenyl]-2.2-diphenylbromäthylen* (vermutlich), F. 128—129° (Methanol), aus vorst. Verb. u. 1 Mol Br_2 in Eisessig. — *4-Methoxybenzil*, F. 64—65° (Bzl./PAe.), aus 4-Methoxydesoxybenzoin u. SeO_2 in Pyridin (1 Std. bei 100° u. 2 Std. bei 120°); 96,7%. — *4-Methoxybenzilsäure*, aus vorst. Verb. durch Benzilsäureumlagerung; 90%. — *p-Methoxydiphenylessigsäure* (**II**), $C_{15}H_{14}O_3$, F. 104—105° (Bzl./PAe.), aus vorst. Verb. u. $SnCl_2$ in konz. HCl u. Eisessig, 2std. Rühren bei 30° u. 10 Min. bei 70°; Kristalle; 94,7%. — *Diphenylessigsäure*, aus Benzil analog **II**; 90%. — **II**-*Anhydrid*, $C_{30}H_{26}O_5$, F. 120—121° (Bzl./PAe.), aus 1,45 g **II** u. PCl_3 in Bzl., 3std. Kochen, 2monatiges Stehen des braunen öligen Rückstandes (**II**-Chlorid?) in Bzl./PAe. im Kühlschrank (schwache HCl-Entw.); Plättchen; 0,5 g. — **II**-*Amid*, $C_{15}H_{15}O_2N$, F. 136—137° (Bzl.), aus vorst. **II**-Chlorid u. konz. NH_3 (einige Tage bei Raumtemp.); Prismen. — Der Vers., α-Phenyldesoxyanisoin aus vorst. **II**-Chlorid u. Anisol in Ggw. von $AlCl_3$ oder $SnCl_4$ darzustellen, ergab nur ein glasiges Harz. (J. Amer. chem. Soc. **77**. 6680—81. 20/12. 1955. Tokyo, Kitasato Inst., Chem. Labor.)

H. ASCHERL. 2200

Henri Moureu, Paul Chovin und **Robert Sabourin** (unter technischer Mitarbeit von **Michel Ducros**), *Untersuchungen in der Benzilreihe*. 8. Mitt. *Derivate des 5.5'-Dinitrosalicils, die sich durch Reduktion der Carbonyl- und Nitrofunktionen ergeben*. (7. vgl. C. **1956**. 4701.) Die selektive Red. von 5.5'-Dinitrosalicil (**I**) mit KBH_4 führt zu einem Gemisch von zwei Diastereomeren des *5.5'-Dinitrohydrosalicyloins* (**IIa** u. **IIb**), das auf Grund der verschied. Wasserlöslichkeit der beiden Isomeren getrennt werden kann. Bei der Acetylierung von **IIa** bzw. **IIb** bildet sich neben dem n. Tetraacetylderiv., *symm.-5.5'-Dinitro-2.2'.α.β-tetraacetoxydiphenyläthan* (**IIIa**) bzw. seinem Isomeren (**IIIb**), *2-[5'-Nitro-2'-acetoxyphenyl]-5-nitro-3-acetoxycumaran* (**IV**), dessen Konst. durch Hydrolyse zu *2-[5'-Nitro-2'-oxyphenyl]-5-nitrocumaranol-(3)* (**V**), elektrometr. Titration u. Umwandlung von **IV** u. **V** mit HCl–A. zu *2-[5'-Nitro-2'-oxyphenyl]-5-nitrocumaron* (**VII**) nachgewiesen wird. Sowohl **IV** als auch **V** existieren in cis- u. trans-Form. **VII** entsteht außerdem durch Dehydratation von **IIa** u. **IIb**, durch Desacetylierung u. nachfolgende Dehydratation von **IIIa** u. **IIIb** u. durch Hydrolyse von *2-[5'-Nitro-2'-acetoxyphenyl]-5-nitrocumaron*. Bei der Behandlung von **IIIa** sowie von **IIa** mit alkoh. HCl wurde ein zweites Cyclisierungsprod., *5.5'-Dinitrocumarano-[3'.2':2.3]-cumaran* (**VI**) isoliert. Die katalyt. Red. der Nitrogruppen von **IIIa** u. **IIIb** führte ohne Schwierigkeiten zu zwei Isomeren des *symm.-2.2'.α.β-Tetraacetoxy-5.5'-diaminodiphenyläthans* (**VIII**); ein Vers. der Desacetylierung durch Umesterung mit HCl–W. mißlang; es entstand *2-[5'-Amino-2'-oxyphenyl]-5-aminocumaron* (**IX**). Durch Red. von **IIa** u. **IIb** mit $NaHSO_3$ wurden die zwei Diastereomeren des *5.5'-Diaminohydrosalicyloins* (**X**) erhalten, die mit HCl–A. ebenfalls zu **IX** führten. **IX** wurde auch direkt durch katalyt. Red. von **VII** erhalten. Die katalyt. Red. von **VI** ergab *5.5'-Diaminocumarano-[3'.2':2.3]-cumaran*.

Versuche: *5.5'-Dinitrohydrosalicyloin* (**IIa**), $C_{14}H_{12}O_8N_2$, F. 258° (korr., Dioxan–W.), durch Red. von **I** mit KBH_4 u. Extraktion des Reaktionsgemisches mit W., gelblich. — *Isomeres* (**IIb**), $C_{14}H_{12}O_8N_2$, F. 310—312° (korr., A.), aus vorgenanntem Extraktionsrückstand, gelblich. — *symm.-5.5-Dinitro-2.2'.α.β-tetraacetoxydiphenyläthan* (**IIIa**), $C_{22}H_{20}O_{12}N_2$, F. 167,5—169° (korr.), a) aus **IIa** mit Essigsäureanhydrid, 15 Min. Kochen; 68% (Ausbeute); daneben *2-[5'-Nitro-2'-acetoxyphenyl]-5-nitro-3-acetoxycumaran* (**IV**), $C_{18}H_{14}O_9N_2$, F. 178°, Nadeln aus A.; 10%; b) wie unter a) in Ggw. von Pyridin, hexagonale Kristalle; 61,6%; mit alkal. Methanol → **IIa**; 93%. — *Isomeres von* **IIIa** (**IIIb**), $C_{22}H_{20}O_{12}N_2$, F. 169° (A.), aus **IIb** mit Acetanhydrid in Ggw. von Pyridin, 1 Std. bei 120°; 36,5%; daneben **IV**; 12%; mit methanol. Alkali → **IIb**; 95%. — *2-[5'-Nitro-2'-oxyphenyl]-5-nitrocumaranol-(3)* (**V**), $C_{14}H_{10}O_7N_2$, F. 234° (korr.), aus **IV** mit methanol.

Alkali; 88%. — *2-[5'-Nitro-2'-oxyphenyl]-5-nitrocumaron* (**VII**), $C_{14}H_8O_6N_2$, F. 271° (korr.), a) aus **IIIa** mit konz. HCl in A., 2½ Std. Kochen, große gelbe Nadeln aus A.; 65%; daneben *5.5'-Dinitrocumarano-[3'.2':2.3]-cumaran* (**VI**), $C_{14}H_8O_6N_2$, F. 282—283° (korr.), lange Nadeln aus Essigester; 16,8%; b) aus **IIIb** wie unter a); c) aus **IIa**; 75%; daneben **VI**; 12%; d) aus **IIb** bzw. **IV** wie unter a); e) aus **V** mit HCl–A.; 90%. — *2-[5'-Nitro-2'-acetoxyphenyl]-5-nitrocumaron*, $C_{16}H_{10}O_7N_2$, F. 285°, aus **VII** mit Acetanhydrid in Ggw. von Pyridin, 1 Std. bei 100°. — *symm.-2.2'.α.β-Tetraacetoxy-5.5'-diamino-diphenyläthan* (**VIIIa**), $C_{22}H_{24}O_8N_2$, F. 162°, aus **IIIa** durch katalyt. Hydrierung über Adams-PtO_2 in Essigsäureäthylester; 55,6%. — *Isomeres* (**VIIIb**), $C_{22}H_{24}O_8N_2$, F. 234°, aus **IIIb** wie vorst.; 67%. — *5.5'-Diaminohydrosalicyloin* (**Xa**), $C_{14}H_{16}O_4N_2$, F. 231° (korr., W.), aus **IIa** mit $NaHSO_3$ in NH_3; 75%; *Dichlorhydrat*, $C_{14}H_{18}O_4N_2Cl_2 \cdot H_2O$, Nadeln oder Stäbchen aus Alkohol. — *Isomeres* (**Xb**), $C_{14}H_{16}O_4N_2$, F. 300° (korr.), a) aus **IIb** wie vorst.; 70%; b) aus **IIb** durch katalyt. Red. über Adams-PtO_2. — *2-[5'-Amino-2'-oxyphenyl]-5-aminocumaron* (**IX**), $C_{14}H_{12}O_2N_2(\cdot H_2O?)$, F. 140° (korr.), a) aus **VII** durch Hydrierung über PtO_2 in Dioxan oder Essigsäureäthylester, Nadeln; b) aus den Dichlorhydraten von **VIIIa**, **VIIIb**, **Xa** bzw. **Xb** mit konz. HCl in A., 2 Std. kochen; 65%; *Dichlorhydrat*, $C_{14}H_{14}O_2N_2Cl_2$. — *5.5'-Diaminocumarano-[3'.2':2.3]-cumaran*, $C_{14}H_{12}O_2N_2$, F. 316° (korr.), aus **VI** durch katalyt. Red. über PtO_2 in Dioxan, schwach gelblich; 55%. (Bull. Soc. chim. France, Mém. [5] **1955**. 1560—68. Nov./Dez. Paris, Labor. Municipal.) J. Knaul. 2380

W. I. Kusnetzow und **A. A. Nemodruk**, *Eine verbesserte Synthese des Präparats „Stilbazo". Synthesen mit Komplexverbindungen.* 2. Mitt. (1. vgl. C. **1956**. 8608.) Es wird eine neue Meth. zur Darst. von „Stilbazo" [**I**; *Diammoniumsalz* von *4.4'-Bis-[3.4-dioxy-benzolazo]-stilbendisulfonsäure-(2.2')*] beschrieben, das zur colorimetr. Best. von Al u. anderen Elementen dient (vgl. C. **1951**. I. 1503). 4.4'-Diaminostilbendisulfonsäure-(2.2') (**II**) wird diazotiert u. die Bis-diazoniumverb. in saurem Medium mit Brenzcatechin in Ggw. von $KAl(SO_4)_2 \cdot 12\,H_2O$ u. Soda gekuppelt. Beim Behandeln des Reaktionsprod. mit NH_4OH entsteht **I**.

V e r s u c h e: Die Lsg. von 0,025 Mol **II**, 3,8 g $NaNO_2$ u. 5 g Soda in 150 ml W. gießt man auf ein HCl–Eis-Gemisch, läßt ½ Std. stehen, filtriert das erhaltene Bis-diazoniumsalz ab, suspendiert es in 50 ml W. u. gibt die Suspension zu einer Suspension von 0,06 Mol Brenzcatechin, 35 g $KAl(SO_4)_2 \cdot 12\,H_2O$ u. 10 g Soda in 150 ml W.; nach Zufügen von 100 ml 20%ig. Na-Acetat-Lsg. rührt man noch 2 Std., zers. den Al-Komplex mit konz. HCl u. behandelt den Nd. mit NH_4OH; 97% Reinheitsgrad; 87% Ausbeute. (Журнал Общей Химии [J. allg. Chem.] **25** (**87**). 131—32. Jan. 1955. Vernadsky-Inst. für Geochem. u. analyt. Chem. der Akad. der Wiss. der UdSSR.)
G. Froelich. 2520

G. Wanag und **E. Gudrinijetze**, *Chlormethylierung von Tetralin.* Die Chlormethylierung von Tetralin zu *Tetralyl-(6)-methylchlorid* (**I**) wird in Ggw. von H_3PO_4 durchgeführt; man erhält neben 66% **I** wenig *Tetralyl-(5)-methylchlorid* (**II**). Aus **I** werden *Tetralyl-(6)-essigsäure* (**III**), *S-[Tetralyl-(6)-methyl]-isothioharnstoff*, *N-[Tetralyl-(6)-methyl-piperidin* u. *[Tetralyl-(6)-methyl]-pyridiniumchlorid* erhalten. Die Chlormethylierung von Dekalin gelingt nicht.

V e r s u c h e: *Tetralyl-(6)-methylchlorid* (**I**), $C_{11}H_{13}Cl$, Kp.$_{12}$ 141—142°, man erhitzt ein Gemisch aus 66 g Tetralin, 28 g Paraformaldehyd, 65 ml Eisessig, 33 g krist. H_3PO_4 u. 91 ml konz. HCl 4 Std. auf 85—90°; 60 g (Ausbeute), die wenig **II** enthalten. Bei überschüssigem Paraformaldehyd u. 6—7std. Erhitzen auf 90—95° erhält man neben **I** 10% *5.8-Bis-[chlormethyl]-tetralin*, F. 117° (Ae.). — *N-[Tetralyl-(6)-methyl]-piperidin*, aus 3,6 g **I** u. 8 ml Piperidin in Ae. unter Kühlung, nur als öliges, bei 10 mm nicht destillierbares Rohprod. erhalten. *Pikrat*, $C_{22}H_{26}O_7N_4$, F. 150°. — *[Tetralyl-(6)-methyl]-pyridiniumchlorid* $C_{16}H_{18}NCl$, F. 115° (absol. A.), aus **I** u. Pyridin bei Zimmertemp.; Prismen; 88,5.% — *S-[Tetralyl-(6)-methyl]-isothioharnstoff-Hydrochlorid*, $C_{12}H_{17}N_2ClS$, F. 212° (wss. Ae.), aus **I** u. Thioharnstoff beim Erwärmen; Nadeln; 96%. — *Tetralyl-(6)-essigsäure* (**III**), $C_{12}H_{14}O_2$ F. 97°, die aus (**II**-haltigem) **I** u. NaCN in schwach verd. A. durch 3—4std. Erhitzen auf dem Wasserbad entstehende Lsg. des Nitrils wird nach Zugabe von konz. NaOH auf dem Wasserbad erhitzt; durch zeitweise Zugabe von 3%ig. H_2O_2 läßt sich die Verseifungsdauer auf 8—9 Std. abkürzen; das ölige Reaktionsprod. gibt beim Ausfrieren Kristalle von **III**, die abgesaugt werden; aus CH_3CO_2H Tafeln; 41,8%. In dem Mutterlaugenöl ist *Tetralyl-(5)-essigsäure*, F. 35°, enthalten; aus verd. A. Kristalle; 5,4%. **III**-*Amid*, $C_{12}H_{15}ON$, F. 169°. **III**-*Anilid*, $C_{18}H_{19}ON$, F. 112°, aus verd. A. Tafeln. (Известия Академии Наук Латвийской ССР [Nachr. Akad. Wiss. LettSSR] **1955**. Nr. 5. 119—24. Chem. Inst. der Akad. der Wiss. der LettSSR.)
O. Pollak v. Emhofen. 2700

L. S. Minckler, A. S. Hussey und **Robert H. Baker,** *Stereoisomere des 10-Oxymethyldekalols-(2).* Nachdem *cis-10-Oxymethyl-trans-dekalol-(2)* (I) dargestellt (vgl. HUSSEY u. Mitarbeiter, C. **1954.** 1473) u. seine Konfiguration bewiesen war (vgl. DREIDING u. TOMASEWSKI, C. **1955.** 4816. 9791), beschrieben Vff. die Synthesen u. Konfigurationsbeweise der übrigen *10-Oxymethyldekalole-(2)* (**II—IV**), ausgehend vom *10-Carbäthoxy-$\Delta^{1,9}$-oktalon-(2)* (**V**). Die katalyt. Redd. der $\Delta^{1,9}$-Oktaline geben bei Oxymethylensubstituenten hauptsächlich cis-Dekaline. Die Eigg. (einschließlich Infrarotspektren) der Rohprodd. zeigen jedoch eine geringere Stereospezifität der Rk. als bei Methyl-, Dichlormethyl- u. zu trans-Isomeren führenden Carbäthoxysubstituenten. Die die katalyt. Red. ster. lenkenden Faktoren sind unklar. Die Red. der 2-Ketogruppe in cis-Dekalonen scheint weniger stereospezif. zu sein als in entsprechenden trans-Verbindungen. Daß die Red. der 2-Ketogruppe in der Oktalinreihe zu cis-substituierten Verbb. führt, wird dem ebenen Charakter des $\Delta^{1,9}$-Oktalins zugeschrieben.

V e r s u c h e: *cis-10-Carbäthoxy-trans-dekalol-(2)* (**VI**), $C_{13}H_{22}O_3$, $Kp._{0,3}$ 110 bis 113°, aus 10-Carbäthoxy-trans-dekalon-(2) (vgl. HUSSEY l. c. mit $NaBH_4$ in A. 12 Std. bei Zimmertemp.; n_D^{25} 1,4890; 90% (Ausbeute). *p-Toluolsulfonat,* $C_{20}H_{28}O_5S$, F. 78 bis 79°. — *cis-10-Oxymethyl-trans-dekalol-(2)* (**I**), F. 141—142°, aus **VI** mit $LiAlH_4$ in Ae. 3 Std. unter Rückfluß. — *trans-10-Carbäthoxy-trans-dekalyl-(2)-acetat* (**VII**), $Kp._1$ 110—113°, aus dem p-Toluolsulfonat von **VI** mit K-Acetat u. Eisessig 16 Std. unter Rückfluß; n_D^{25} 1,4739; 47%; daneben durch fraktionierte Dest. wahrscheinlich *10-Carbäthoxy-trans-oktalin,* $Kp._1$ 78—81°, n_D^{25} 1,4767; 37%. — *trans-10-Oxymethyl-trans-dekalol-(2)* (**II**), $C_{11}H_{20}O_2$, F. 117,5—119°, aus **VII** mit $LiAlH_4$ 12 Std.; aus Chlf.; 59%. *Bis-p-nitrobenzoat,* $C_{25}H_{26}O_8N_2$, F. 226°. — *cis-10-Oxymethyl-$\Delta^{1,9}$-oktalol-(2)* (**VIII**), $C_{11}H_{18}O_2$, F. 119—120°, aus **V** mit $LiAlH_4$ 6 Std.; aus Chlf.; 85%. — *cis-10-Oxymethyl-cis-dekalol-(2)* (**III**), $C_{11}H_{20}O_2$, F. 124—125°, aus **VIII** durch katalyt. Red. über PtO_2 in A. bei Atmosphärendruck; aus Chlf.; 88%. *Bis-p-nitrobenzoat,* $C_{25}H_{26}O_8N_2$, F. 136—137°. — *cis-10-Carbäthoxy-$\Delta^{1,9}$-oktalol-(2)* (**IX**), $C_{13}H_{20}O_3$, $Kp._1$ 120°, aus **V** mit $NaBH_4$ in Methanol 12 Std. bei Zimmertemp.; n_D^{25} 1,5025; 95%; gibt mit $LiAlH_4$ **VIII**, 75%; gibt durch katalyt. Red. über PtO_2 u. anschließender Rk. mit $LiAlH_4$ **I**, 38%. — *cis-10-Carboxy-trans-dekalol-(2),* F. 161,5°, aus **IX** durch katalyt. Red. über PtO_2 u. Verseifung. — *10-Carbäthoxy-$\Delta^{1,9(?)}$-oktalon-(2)-dioxolan-(2)* (**X**), $C_{15}H_{22}O_4$, $Kp._{0,04}$ F. 115 bis 116°, aus **V** mit Äthylenglykol u. p-Toluolsulfonsäure in Bzl. 5 Std. unter Rückfluß; n_D^{25} 1,4996; 90%; läßt sich nicht über PtO_2 hydrieren. — *10-Oxymethyl-$\Delta^{1,9(?)}$-oktalon-(2)-dioxolan-(2)* (**XI**), $C_{13}H_{20}O_3$, $Kp._{0,4}$ 132—134°, aus **X** durch Red. mit $LiAlH_4$, 13 Std.; n_D^{25} 1,5297; 95%; sehr viscose Fl., krist. beim Stehen, F. 78—80°. — *10-Oxymethyl-cis-dekalon-(2)-dioxolan-(2)* (**XII**), $C_{13}H_{22}O_3$, $Kp._{0,05}$ 145—150°, aus **XI** durch katalyt. Red. über 10% Pd-Kohle in A., n_D^{25} 1,5160; 90%; spaltet bei Dest. Äthylenglykol ab. — *10-Oxymethyl-cis-dekalon-(2)* (**XIII**), $C_{11}H_{18}O_2$, $Kp._{0,6}$ 134°, aus **XII** durch Hydrolyse mit HCl-haltigem wss. Methanol 3 Std. unter Rückfluß; n_D^{25} 1,5178; 80%. *2.4-Dinitrophenylhydrazon,* $C_{17}H_{22}O_5N_4$, F. 122—123,5°. — *10-Oxymethyl-$\Delta^{1,9}$-oktalon-(2)* (**XIV**), $C_{11}H_{16}O_2$, F. 78,5—79,5°, aus **XI** mit HCl u. Methanol 1 Std. unter Rückfluß; aus Hexan-Ae. blaßgelbe Kristalle; 65%. — *trans-10-Oxymethyl-cis-dekalol-(2)* (**IV**), $C_{11}H_{20}O_2$, F. 139—140°, aus **XIII** mit $NaBH_4$ 6 Std.; aus Chlf.-Bzl.; 50%; daneben wenig **III** aus dem Rückstand; **IV** auch aus **XIII** durch Hydrieren über PtO_2, 75%, oder aus **XIV** wie vorst., 74%, erhältlich. *Bis-p-nitrobenzoat,* $C_{25}H_{26}O_8N_2$, F. 198°. — *10-Oxymethyl-trans-dekalon-(2)* (**XV**), $Kp._{0,6}$ 124—129°, aus 10-Oxymethyl-trans-dekalon-(2)-dioxolan-(2) mit HCl-Methanol; n_D^{25} 1,5145; 75%. *2.4-Dinitrophenylhydrazon,* $C_{17}H_{22}O_5N_4$, F. 104 bis 106°. — *cis-10-Oxymethyl-trans-dekalol-(2)* **I**, F. 143—144°, aus **XV** durch Hydrieren über PtO_2; aus Chlf.-Hexan. *Bis-p-nitrobenzoat,* $C_{25}H_{26}O_8N_2$, F. 155—156°. (J. Amer. chem. Soc. **78.** 1009—12. 5/3. 1956. Evanston, Ill., Northwestern Univ., Chem. Labor.)

H. KAMPFER. 2700

Je. G. Popowa, *Zur Gewinnung von 4-Nitro-5.6.7.8-tetrahydronaphthalincarbonsäure-(2).* Durch Nitrierung von 1-Acetylamino-5.6.7.8-tetrahydronaphthalincarbonsäure-(2) (I) wird *1-Acetylamino-4-nitro-5.6.7.8-tetrahydronaphthalincarbonsäure-(2)* erhalten, die durch Hydrolyse u. Desaminierung in *4-Nitro-5.6.7.8-tetrahydronaphthalincarbonsäure-(2)* übergeführt wird.

V e r s u c h e: *1-Acetylamino-4-nitro-5.6.7.8-tetrahydronaphthalincarbonsäure-(2),* $C_{13}H_{14}O_5N_2$, F. 210—211° (A.), man gibt in 30 Min. bei 0 bis −5° zu einer Lsg. von 49,3 g I in 165 ml konz. H_2SO_4 ein Gemisch von 23 ml 45%ig. HNO_3 u. 38 ml konz. H_2SO_4, rührt 1/2 Std. u. gießt in W.; gelbe Nadeln; 39,4 g (Ausbeute). — *1-Amino-4-nitro-5.6.7.8-tetrahydronaphthalincarbonsäure-(2),* $C_{11}H_{12}O_4N_2$, F. 262° (Zers.; A.), durch 9std. Kochen vorst. Verb. mit alkoh. NaOH; leuchtendgelbe Nadeln. — *4-Nitro-5.6.7.8-tetrahydronaphthalincarbonsäure-(2),* F. 199° (Methanol), aus 19,5 g des Na-Salzes vorst. Verb. in Eisessig durch Diazotieren mit $NaNO_2 + H_2SO_4$ u. Verrühren des Reaktionsprod. mit einer Suspension von Cu_2O in absol. A.; 37,4%. (Журнал Общей Химии [J. allg. Chem.] **25** (87). 2492—93. Dez. 1955. Wiss. Chem.-Pharmazeut. Ordshonikidse-Forschungsinst.) O. Pollak v. Emhofen. 2700

Ss. I. Ssergijewskaja und **Je. G. Popowa,** *Alkylaminoalkylester von 1-Amino- und 4-Amino-5.6.7.8-tetrahydronaphthalincarbonsäure-(2)-estern.* Es werden durch Rk. von 1-Nitro- (I) oder 4-Nitro-5.6.7.8-tetrahydronaphthalincarbonsäure-(2)-chlorid mit β-Diäthyl- oder β-Dimethylaminoäthanol die entsprechenden Naphthalincarbonsäureester als Hydrochloride erhalten u. an Raney-Ni zu den *Estern* der *1-* bzw. *4-Amino-5.6.7.8-tetrahydronaphthalincarbonsäure-(2)* reduziert. *1-Nitro-5.6.7.8-tetrahydronaphthalincarbonsäure-(2)-γ-diäthylaminopropylesterhydrochlorid* wird durch Rk. von 1-Nitro-5.6.7.8-tetrahydronaphthalincarbonsäure-(2) mit γ-Diäthylaminopropylchlorid gewonnen.

Versuche: *1-Nitro-5.6.7.8-tetrahydronaphthalincarbonsäure-(2), β-Diäthylaminoäthylesterhydrochlorid,* $C_{17}H_{25}O_4N_2Cl$, F. 172—173° (Bzl.-absol A.-Gemisch), aus äquimol. Mengen **I** u. β-Diäthylaminoäthanol in sd. Bzl.; 9,4 g (Ausbeute). *β-Dimethylaminoäthylesterhydrochlorid,* $C_{15}H_{21}O_4N_2Cl$, F. 167—168° (Methylalkohol-Äthylacetat-Gemisch); 71,6%. — *4-Nitro-5.6.7.8-tetrahydronaphthalincarbonsäure-(2), β-Diäthylaminoäthylesterhydrochlorid,* $C_{17}H_{25}O_4N_2Cl$, F. 170—172° (Äthylacetat–A.-Gemisch); 50%. *β-Dimethylaminoäthylesterhydrochlorid,* $C_{15}H_{21}O_4N_2Cl$, F. 181—182° (Bzl.-absol. A.-Gemisch); 50%. — *1-Nitro-5.6.7.8-tetrahydronaphthalincarbonsäure-(2)-γ-diäthylaminopropylesterhydrochlorid,* $C_{18}H_{27}O_4N_2Cl$, F. 161—163° (Isopropylalkohol-Äthylacetat-Gemisch), aus 22,1 g 1-Nitro-5.6.7.8-tetrahydronaphthalincarbonsäure-(2) in 100 ml Isopropylalkohol u. 15 g γ-Diäthylaminopropylchlorid (1 Std. bei 85—90°); 14,7 g. — *1-Amino-5.6.7.8-tetrahydronaphthalincarbonsäure-(2), β-Diäthylaminoäthylesterhydrochlorid,* $C_{17}H_{27}O_2N_2Cl$, F. 186 bis 187° (absol. A.-Bzl.-Gemisch), durch Hydrierung der Nitroverb. in absol. A. an Raney-Ni. *β-Dimethylaminoäthylesterhydrochlorid,* $C_{15}H_{23}O_2N_2Cl$, F. 156—157° (Dichloräthan). *γ-Diäthylaminopropylesterhydrochlorid,* $C_{18}H_{29}O_2N_2Cl$, F. 124° (Zers.; Isopropylalkohol–Äthylacetat-Gemisch; 1 : 10). — *4-Amino-5.6.7.8-tetrahydronaphthalincarbonsäure-(2), β-Diäthylaminoäthylesterhydrochlorid,* $C_{17}H_{27}O_2N_2Cl$, F. 154—155° (Äthylacetat–A.-Gemisch). *β-Dimethylaminoäthylesterhydrochlorid,* $C_{15}H_{23}O_2N_2Cl$, F. 195—196° (Äthylacetat–A.-Gemisch). — *4-[β-Diäthylaminoäthylamino]-5.6.7.8-tetrahydronaphthalincarbonsäure-(2)-äthylesterhydrochlorid,* $C_{19}H_{31}O_2N_2Cl$, F. 162—164° (Bzl.-PAe.-Gemisch), aus 4-Amino-5.6.7.8-tetrahydronaphthalincarbonsäure-(2)-äthylester u. β-Diäthylaminoäthylchlorid in Bzl. (5 Std. Kochen). (Журнал Общей Химии [J. allg. Chem.] **25** (87). 2488—92. Dez. 1955. Wiss. Chem.-Pharmazeut. Ordshonikidse-Forschungsinst.)

O. Pollak v. Emhofen. 2700

Harold H. Zeiss und **Minoru Tsutsui,** *Oxydation von 8-Nitrodehydroabietinsäuremethylester.* Durch Oxydation von 8-Nitrodehydroabietinsäuremethylester (**I**) mit CrO_3/CH_3COOH wurde ein *saures Prod.* erhalten, das bei der Decarboxylierung ein Gemisch von **II** u. **III** lieferte. **II** u. **III** gehen durch Einw. von NaOH bzw. Acetanhydrid leicht ineinander über. Durch Red. mit Sn–HCl zu den entsprechenden Aminen **IV** u. **V** u. Desaminierung durch Diazotierung u. Einw. von H_3PO_2 wurde jeweils ein Gemisch von **VI** u. **VII** erhalten. **VI** u. **VII** können wie **II** u. **III** ineinander übergeführt werden.

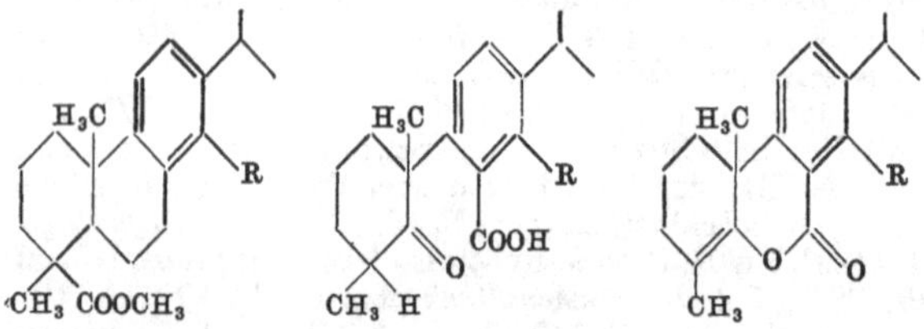

I R = NO_2 VIII R = H — II R = NO_2 IV R = NH_2 VI R = H — III R = NO_2 V R = NH_2 VII R = H

Die Oxydation von Dehydroabietinsäuremethylester (**VIII**) analog **I** lieferte ebenfalls **VI** u. **VII** u. daneben *1.12-Dimethyl-1-carbomethoxy-7-acetyl-1.2.3.4.9.10.11.12-oktahydrophenanthron-(9).*

Versuche (FF. korr.; opt. Drehung in 95%ig. A. bei Raumtemp. im 1 dm-Rohr; UV-Spektren in 95%ig. A.; Infrarotspektren in Chlf.): 3,6 g **I** (vgl. Campbell u. Morgana, J. Amer. chem. Soc. **63.** [1941.] 1838) ergaben bei 10std. Erhitzen mit Chromsäure auf 70° (vgl. Hansen u. Zeiss, C. **1955.** 10042) 2,0 g *Säure,* F. 140—150°. — *Nitroketosäure* **II**, $C_{18}H_{23}O_5N$, F. 231—232° (A.), durch Erhitzen von 3,78 g vorst. Säure im Vakuum innerhalb einiger Min. auf 150—160° (→ CO_2), Lösen der Schmelze in Ae., Extraktion mit n-NaOH u. Ansäuern der alkal. Lsg.; Prismen; $[\alpha]_D$ +296° (c = 0,7); λ_{max} 230; 285 mμ (log ε = 3,21; 1,86); 1,8 g (Ausbeute). Daneben aus der äther. Lsg. oder durch 24std. Erhitzen von 0,1 g **II** mit Acetanhydrid auf 160°, Kühlen, Zugabe von W. u. 20 Min. langes Erhitzen auf dem Dampfbad das *Nitroenollacton* **III**, $C_{18}H_{21}O_4N$, F. 208—209° (A.); Nadeln; $[\alpha]_D$ +40,9° (c = 0,23); λ_{max} 232; 290 mμ (log ε = 4,0; 2,44),

Infrarotabsorption 5,72; 5,87 μ; 0,2 g bzw. 80 mg. Gibt bei 10 Min. langem Kochen mit 5%ig. NaOH-Lsg. in wss. A. (1 : 1) **II**. – Durch Lösen von 1 g **II** bzw. 0,3 g **III** in Essigsäure auf dem Dampfbad, Zugabe von Sn-Pulver u. Zutropfen von konz. HCl entstanden die *Aminoverbb.* **IV** [$C_{18}H_{25}O_3N$, F. 185–186° (A. u. wenig W.); Nadeln; $[\alpha]_D + 125°$ (c = 1,33)] u. **V** [$C_{18}H_{23}O_2N$, F. 86–87° (A.); $[\alpha]_D + 133,5°$ (c = 0,48); 110 mg]. – Die Diazotierung von 340 mg **IV**, Zugabe von 30%ig. wss. H_3PO_2, 20std. Stehen in der Kälte u. 30 Min. langes Erhitzen auf dem Wasserbad lieferte 30 mg *Enollacton* **VII** [$C_{18}H_{22}O_2$, Harz, krist. nicht; $[\alpha]_D + 163,5°$ (c = 2,5)] u. 240 mg *Ketosäure* **VI** [$C_{18}H_{24}O_3$, F. 154 bis 156° (A.); $[\alpha]_D + 163°$ (c = 0,57)]. Analog ergaben 140 mg **V** 23 mg **VII** u. 91 mg **VI**. – Bei der Oxydation von 3,14 g **VIII** bei 70° mit CrO_3 in CH_3COOH entstand als Neutralprod. *1.12-Dimethyl-1-carbomethoxy-7-acetyl-1.2.3.4.9.10.11.12-oktahydrophenanthron-(9)*, F. 143–144° (A.); Prismen; 17–20%, u. daneben 220 mg *saures Prod.* (F. 120°; → CO_2 bei 160°), das auf 120–160° bis zur Beendigung der Gasentw. erhitzt wurde. 130 mg des Prod. gaben **VI** (99 mg) u. **VII**. – **VII** lieferte bei 5 Min. langem Kochen mit 5%ig. wss.-alkoh. NaOH **VI**, das durch 12std. Kochen in Acetanhydrid wieder in **VII** übergeht. (J. Amer. chem. Soc. **77**. 6707–09. 20/12. 1955. New Haven, Conn., Yale Univ., Sterling Chem. Labor.; u. Dayton, O., Monsanto Chem. Comp.) H. ASCHERL. 2850

I. N. Nasarow und **I. L. Kotljarewski**, *Synthese polycyclischer, den Steroiden verwandter Verbindungen.* 25. Mitt. *Synthese von mit Östron verwandten Verbindungen nach der Methode der Dienkondensation.* (24. vgl. Известия Академии Наук СССР, Отделение Химических Наук [Nachr. Akad. Wiss. UdSSR, Abt. chem. Wiss.] **1954**. 56; 23. vgl. C. **1956**. 8337.) Das nach einer verbesserten Meth. hergestellte CH≡CMgBr wird zur Gewinnung von *Methylphenyläthinylcarbinol* aus Acetophenon (Ausbeute 46%), *Methyl-p-methoxyphenyläthinylcarbinol* aus p-Methoxyacetophenon (30%) u. *6-Methoxy-1-äthinyl-3.4-dihydronaphthalin* aus 6-Methoxytetralon-(1) (35%) benutzt. Diese werden in Ggw. von $Pd/CaCO_3$ zu den entsprechenden *Vinylverbb.* hydriert. Durch Behandeln mit $KHSO_4$ spaltet Methylphenylvinylcarbinol W. ab u. gibt *2-Phenylbutadien-(1.3)* (60%); hieraus durch Einw. von Maleinsäureanhydrid *3-Phenyl-Δ^3-tetrahydrophthalsäureanhydrid.* Beim Dehydratisieren von Methyl-p-methoxyphenylvinylcarbinol erfolgt Polymerisation des Reaktionsprodukts. Mit 6-Methoxy-1-vinyl-3.4-dihydronaphthalin (**I**) werden Diensynthesen durchgeführt. Aus **I** u. Cyclopenten-(1)-on-(5) (**II**) entstehen die *Methoxyketone* **III** u. **IV**. Von DANE u. EDER (Liebigs Ann. Chem. **539**. [1939.] 207) ist **III** synthetisiert aber für **IV** gehalten worden. Die Hydrierung (Pd) von **III** führt unter Absättigung der Doppelbindung $C_{(9)}$—$C_{(11)}$ zu 2 stereoisomeren Methoxyketonen (**Va** u. **Vb**), die sich wahrscheinlich durch die Konfiguration an $C_{(8)}$—$C_{(9)}$ unterscheiden. Die Konst. von **III** u. **IV** wird durch Grignardierung mit CH_3MgJ, Dehydratation u. Dehydrierung mit Se bewiesen; hierbei entstehen *5'-* bzw. *3'-Methyl-7-methoxy-1.2-cyclopentanophenanthren.* Aus **I** u. 1-Methylcyclopenten-(1)-on-(5) (**VI**) werden die *Methoxyketone* **VII** u. **VIII** u. aus diesen durch Hydrieren unter Absättigung der Doppelbindung $C_{(9)}$—$C_{(11)}$ die *Methoxyketone* **IX** bzw. **X** erhalten. Die Rk. von **I** mit 1.3-Dimethylcyclopenten-(1)-on-(5) (**XI**)

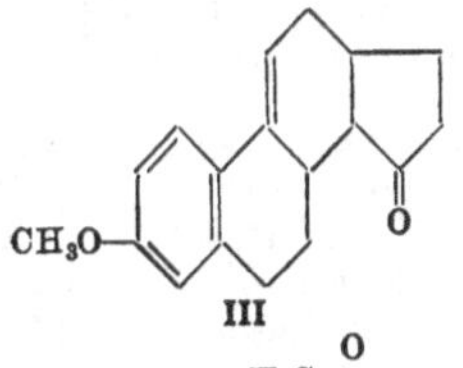

III

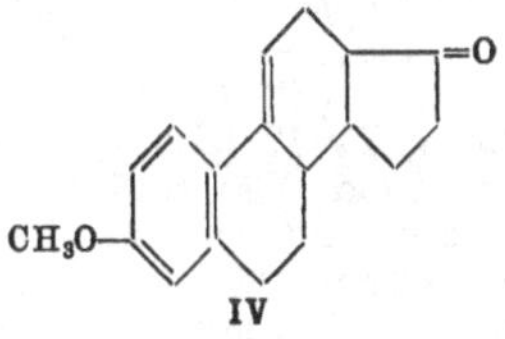

IV

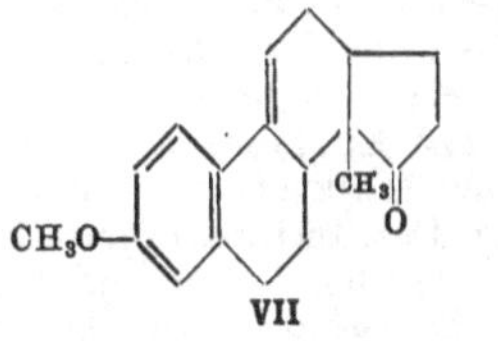

VII

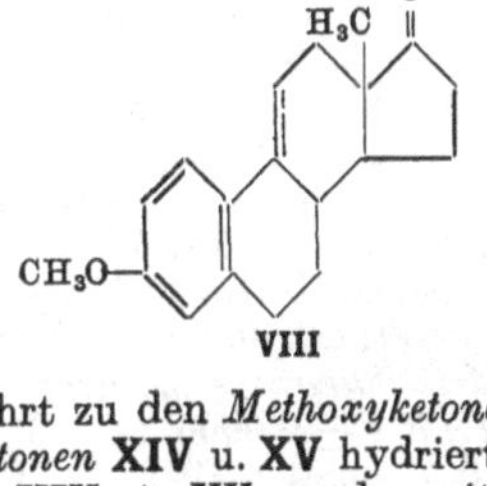

VIII

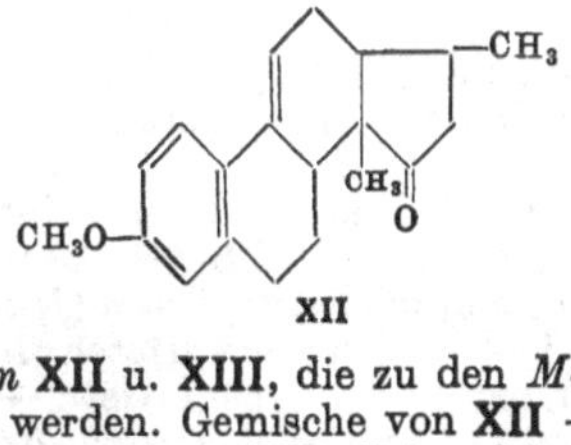

XII

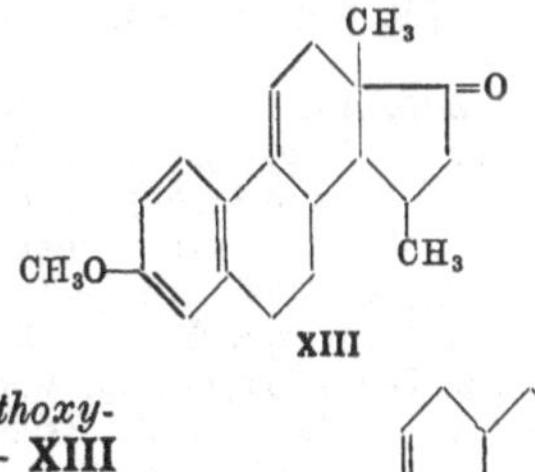

XIII

führt zu den *Methoxyketonen* **XII** u. **XIII**, die zu den *Methoxyketonen* **XIV** u. **XV** hydriert werden. Gemische von **XII** + **XIII** u. **XIV** + **XV** werden nit Eisessig + HBr behandelt, wobei Gemische der entsprechenden *Oxyketone* gebildet werden. Aus **I** u. Cyclohexen-(1)-on-(3) (**XVI**) entsteht wahrscheinlich das *Methoxyketon* **XVII**, das zu dem *Methoxyketon* **XVIII** hydriert wird. Bei den Verss., diese zu entmethylieren, werden nicht die

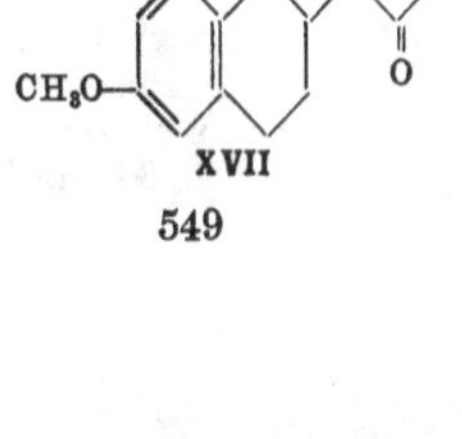

XVII

entsprechenden Oxyketone, sondern *2-Methoxy-7.8.9.10-tetrahydrochrysen* bzw. *2-Methoxy-6a.7.8.9.10.10a-hexahydrochrysen* erhalten.

Versuche: *6-Methoxytetralon-(1)*, F. 78—79°, $Kp._1$ 130—135°, aus 6-Methoxytetralin durch Oxydation mit CrO_3 in CH_3CO_2H; 76,5% (Ausbeute, auf umgesetztes Ausgangsmaterial bezogen). — *6-Methoxy-1-äthinyl-3.4-dihydronaphthalin*, $C_{13}H_{12}O$, $Kp._{0,04-0,06}$ 118—125°, aus vorst. Verb. (20 g) in CH≡CMgBr in Ae. + Toluol im Druckgefäß, anfangs bei —70, dann 10 u. schließlich 45°, u. Zerlegen mit Eis bei —5°; hellgelbe, nur kurze Zeit haltbare Fl.; n_D^{18} 1,6005; 7,2 g, die wahrscheinlich 5—10% *1-Oxy-6-methoxy-1-äthinyl-1.2.3.4-tetrahydronaphthalin* enthalten; Nebenprod. der Rk. sind 7 g *Bis-[6-methoxy-3.4-dihydronaphthyl-(1)]-acetylen*, F. 176—177°. — *6-Methoxy-1-vinyl-3.4-dihydronaphthalin* (**I**), $Kp._{1,5}$ 118—124°, durch Hydrieren vorst. Verb. (Pd/$CaCO_3$; Methanol); n_D^{19} 1,5865; 5,7 g aus 7,2 g. — *Methoxyketon* **III**, $C_{18}H_{20}O_2$, F. 142°, man erhitzt 3 g **I** mit 8 g **II** 3 Std. im geschlossenen Gefäß auf 170°, fraktioniert unverbrauchtes **II** (6 g) im Vakuum ab u. erhält 2,6 g Reaktionsprod. ($Kp._{0,06}$ 210—215°), das aus A. krist. wird; 1,5 g neben 0,8 g **IV**. — *Methoxyketon* **IV**, $C_{18}H_{20}O_2$, $Kp._{0,5}$ 210—215°. — *Methoxyketone* **Va** u. **Vb**, $C_{18}H_{22}O_2$, durch Hydrieren von 0,7 g **III** (Pd/$CaCO_3$; Methanol; 60°; 30 Std.); erhalten werden 0,06 g des Stereoisomeren **Va** vom F. 160—160,3° (A.) u. 0,2 g des Stereoisomeren **Vb** vom F. 116—117°. — *5'-Methyl-7-methoxy-1.2-cyclopentanophenanthren*, F. 97—98° (A.), **III** wird durch Grignardieren mit CH_3J in den entsprechenden Alkohol übergeführt; dieser mit $KHSO_4$ 2 Std. auf 180—190° (Badtemp.) erhitzt, das Dehydratationsprod. (F. 88°; $Kp._{0,1}$ 190—202°) mit Se im geschlossenen Gefäß bei 300° dehydriert u. das Dehydrierungsprod. ($Kp._{0,1}$ 160—180°) aus Bzl. + A. umkrist.; 0,1 g aus 0,4 g **III**. *Trinitrobenzolat*, F. 126—127°. — *3'-Methyl-7-methoxy-1.2-cyclopentanophenanthren*, F. 147—148° (A.), aus **IV** analog Vorst.; 0,2 g aus 1,2 g **IV**. *Trinitrobenzolat*, F. 136,5—137°. — Gemisch der *Methoxyketone* **VII** u. **VIII**, $C_{19}H_{22}O_2$, $Kp._{0,2}$ 220—222°, aus 1 g **I** u. 10 g **VI** bei 170°; hellgelb, glasartig; 0,6 g. Durch Chromatographieren von 1 g des Gemisches an Al_2O_3 u. Eluieren mit PAe. werden 0,3 g eines Prod. (**VII** oder **VIII**?) erhalten, das mit Na + A. red., anschließend mit $KHSO_4$ dehydratisiert u. mit Se dehydriert wird, wobei 0,05 g einer *Verb.* $C_{19}H_{18}O$, F. 136—136,3°, gewonnen werden. *Trinitrobenzolat* hieraus: F. 147—148°. — Gemisch der *Methoxyketone* **IX** u. **X**, $C_{19}H_{24}O_2$, $Kp._{0,1}$ 199—203°, durch Hydrieren von **VII** + **VIII** (Pd/$CaCO_3$; A.); hellgelbes Öl. — Gemisch der *Methoxyketone* **XII** u. **XIII**, $C_{20}H_{24}O_2$, $Kp._{0,1}$ 205—208°, aus 2,7 g **I** u. 8 g **XI** bei 155—160°; sehr dickes, gelbes Öl; 0,8 g. Hieraus ein Gemisch der *Oxyketone*, $C_{19}H_{22}O_2$, $Kp._{0,03}$ ~215—220°, durch 6std. Erhitzen mit Eisessig + 48%ig. HBr auf 120° (Badtemp.); gelbe, glasartige Masse. — Gemisch der *Methoxyketone* **XIV** u. **XV**, $C_{20}H_{26}O_2$, $Kp._{0,1}$ 195—200°, durch Hydrieren des Gemisches von **XII** u. **XIII** (Pt; A.); Öl. Hieraus ein Gemisch der *Oxyketone*, $C_{19}H_{24}O_2$, $Kp._{0,03}$ 215—220°; hellgelb, glasig. — *Methoxyketon* **XVII**, $C_{19}H_{22}O_2$, F. 132° (A.), aus 4 g **I** u. 12 ml **XVI**, 20 Std. im geschlossenen Gefäß bei 120°; Kristalle; 2 g. — *Methoxyketon* **XVIII**, $C_{19}H_{24}O_2$, F. 147° (A.), $Kp._{0,1}$ 220—222°, durch Hydrieren von **XVII** (Pd/$CaCO_3$; A.; Zimmertemp., dann 70°); Kristalle. — *2-Methoxy-7.8.9.10-tetrahydrochrysen*, $C_{19}H_{18}O$, F. 183° (60%ig. A.), aus **XVII** beim Vers. der Entmethylierung; graue Kristalle; 0,05 g aus 0,1 g. — *2-Methoxy-6a.7.8.9.10.10a-hexahydrochrysen*, $C_{19}H_{20}O$, F. 219—220° (70%ig. CH_3CO_2H), hellrosafarbene Kristalle; 0,03 g aus 0,04 g **XVIII**. (Известия Академии Наук СССР, Отделение Химических Наук [Nachr. Akad. Wiss. UdSSR, Abt. chem. Wiss.] **1953**. 1100—10. Nov./Dez. Inst. für organ. Chem. der Akad. der Wiss. der UdSSR.) R. KNOBLOCH. 2950

Ken'ich Fukui und **Masao Kitano**, *Neue Darstellungsmethoden von Alkylenoxyd mittels Kaliumfluorid.* Überblick. — 37 Literaturangaben. (Kagaku-no-Ryôiki [J. Jap. Chem.] **9**. 514—18. Aug. 1955. Kyoto, Univ., Techn. Fak. [Orig.: japan.])
E. MAEKAWA. 3030

Horton H. Morris und **Raymond H. Young jr.**, *Die Darstellung und Decarboxylierung einiger α-Alkyl-β.β-dimethylglycidester.* Vff. stellten eine Reihe weiterer homologer *α-Alkyl-β.β-dimethylglycidsäureäthylester* (**I**) aus α-Bromfettsäureestern u. Aceton mit K-tert.-Butylat in trockenem tert.-Butanol dar (vgl. C. **1955**. 9541 u. JOHNSON u. Mitarbeiter, C. **1956**. 3294). In Ggw. von Feuchtigkeit traten neben *Hexyl-*, *Heptyl-* u. *Octyl-***I** die entsprechenden *3-Oxy-3-alkyl-2-methylbuten-(1)-säure-(4)-äthylester* auf. Durch therm. Decarboxylierung von **I** wurden die erwarteten *2-Methylalkanone-(3)* erhalten. Für die Größe A in der Gleichung n_D^{20} = A/Mol.-Gew. + 1,4704 ± 0,0006 (vgl. PARTINGTON, An advanced Treatise on Physical chemistry, Band 4, London 1949; C. **1954**. 10164) ergaben sich nachst. Werte: **I** —7,705; Bromfettsäureester —4,524; Ketone —7,615. Einige **I** sind gegen die Stengelrost von Hafer u. Meltau von Kartoffeln verursachenden Pilze wirksam.

Versuche: α-Alkyl-β.β-dimethylglycidsäureäthylester (**I**): *Methyl-*, $Kp._4$ 60°; n_D^{20} 1,4230; $D.^{20}_4$ 0,9897; $D.^0_4$ 1,0105; 63,8% (Ausbeute). — *Äthyl-*,

Kp.$_4$ 74°; n_D^{20} 1,4252; D.$^{20}_4$ 0,9748; D.$^0_4$ 0,9938; 61,4%. — *Propyl-*, Kp.$_3$ 76°; n_D^{20} 1,4289; D.$^{20}_4$ 0,9597; D.$^0_4$ 0,9771; 63,5%. — *Butyl-*, Kp.$_4$ 86°; n_D^{20} 1,4306; D.$^{20}_4$ 0,9510; D.$^0_4$ 0,9721; 62,7%. — *Amyl-*, Kp.$_4$ 99°; n_D^{20} 1,4331; D.$^{20}_4$ 0,9385; D.$^0_4$ 0,9575; 66,5%. — *Hexyl-*, Kp.$_8$ 120°; n_D^{20} 1,4354; D.$^{20}_4$ 0,9341; D.$^0_4$ 0,9509; 60,5%. — *Heptyl-*, Kp.$_4$ 125°; n ^{20} 1,4378; D.$^{20}_4$ 0,9257; D.$^0_4$ 0,9423; 46,9%. — *Octyl-*, Kp.$_4$ 139°; n_D^{20} 1,4388; D.$^{20}_4$,9217; D.$^0_4$ 0,9380; 65,2%. — *Nonyl-*, Kp.$_2$ 136°; n_D^{20} 1,4406; D.$^{20}_4$ 0,9144; D.$^0_4$ 0,9282; 64,3%. — α-Alkyl-β.β.-dimethylglycidsäuren, durch Verseifung von I mit 1 Mol Na-Äthylat in A. u. Zugabe von 1 Mol W., nichtkristallisierende viscose Fll. außer *α-n-Hexyl-* [$C_{11}H_{20}O_3$, F. 67—68° (PAe.); 99%] u. *α-n-Heptyl-* [$C_{12}H_{22}O_3$, F. 71 bis 71,5° (PAe.); 93%]. — Alkylisopropylketone, durch 8—10std. Erhitzen vorst. Glycidsäuren bei Atmosphärendruck: *Methyl-*, Kp. 96°. *2.4-Dinitrophenylhydrazon* (*DNP*), F. 122°. *Semicarbazon* (*SC*), F. 113°. — *Äthyl-*, Kp. 113°; n_D^{20} 1,3971; D.$^{20}_4$ 0,8105; D.$^0_4$ 0,834g; 51%. *DNP*, F. 110°. *SC*, F. 81°. — *Propyl-*, Kp. 133°; n_D^{20} 1,4042; D.$^{20}_4$ 0,8091; D.$^0_4$ 0,8340; 57,5%. *DNP*, F. 97,5°. *SC*, F. 119°. — *Butyl-*, Kp. 158°; n_D^{20} 1,4115; D.$^{20}_4$ 0,8163; D.$^0_4$ 0,8333; 40%. *DNP*, F. 73°. *SC*, F. 110°. — *Amyl-*, Kp.$_{20}$ 72°; n_D^{20} 1,4172; D.$^{20}_4$ 0,8176; D.$^0_4$ 0,8340; 69,5%. *DNP*, F. 92,5°. *SC*, F. 77°. — *Hexyl-*, Kp.$_4$ 77°; n_D^{20} 1,4226; D.$^{20}_4$ 0,8215; D.$^0_4$ 0,8369; 51,5%. *DNP*, F. 82°. *SC*, Öl. — *Heptyl-*, Kp.$_3$ 79°; n_D^{20} 1,4261; D.$^{20}_4$ 0,8243; D.$^0_4$ 0,8387; 61%. *DNP*, F. 103°. *SC*, Öl. — *Octyl-*, Kp.$_4$ 94°; n_D^{20} 1,4300; D.$^{20}_4$ 0,8268; D.$^0_4$ 0,8419; 75,5%. *DNP*, F. 125°. *SC*, F. 57°. — *Nonyl-*, Kp.$_4$ 111°; n_D^{20} 1,4340; D.$^{20}_4$ 0,8293; D.$^0_4$ 0,8441; 73,5%. *DNP*, F. 28°. *SC*, Öl. (J. Amer. chem. Soc. **77.** 6678—80. 20/12. 1955. Orono, Maine, Univ., Dep. of Chem.) H. Ascherl. 3030

F. Govaert und **P. Cornand,** *Über die Darstellung von einigen Oxycarbonsäuren und Derivaten aus Tetrakis-[oxymethyl]-methan.* 1. Mitt. *3.3.3-Tris-[oxymethyl]-propionsäure.* Durch Kochen von *3-Brommethyl-3-oxymethyloxacyclobutan* (**I**) mit alkoh. KCN oder NaCN wurde *3-Cyanmethyl-3-oxymethyloxacyclobutan* (**II**) erhalten, das sich in *3-Carboxymethyl-3-oxymethyloxacyclobutan* (**III**) überführen ließ. Durch Erhitzen von **III** mit NH_3 unter Druck (220°) wird unter Ringöffnung, Eintritt einer Aminogruppe u. intramol. Wasserabspaltung *3.3-Bis-[oxymethyl]-butyrolactam* (**IV**) gebildet, das auch aus **II** mit NH_3 unter Druck (220°) entsteht. Beim Erhitzen von **II** mit NH_3 auf 50° bildet sich das Ammoniumsalz von **III**, das durch Vakuumdest. in das Lacton von **III** übergeht. Dieses Lacton läßt sich auch durch intramol. Veresterung von **III** in Ggw. von Säuren darstellen u. durch starke HCl in *3-Chlormethyl-3-oxymethylbutyrolacton* überführen, während Erhitzen mit NH_3 zu **IV** führt. Durch Behandlung von **II** oder eines Salzes von **III** mit überschüssiger H_2SO_4, Rk. des entstandenen *3.3-Bis-[oxymethyl]-butyrolactons* (**V**) mit NaOH u. Ansäuern konnte *3.3.3-Trioxymethylpropionsäure* dargestellt werden.

Versuche: *3-Brommethyl-3-oxymethyloxacyclobutan* (**I**), $C_5H_9O_2Br$, Kp.$_{13}$ 149 bis 150°, aus Pentaerythritdibromhydrin in A. durch Zugabe alkoh. KOH u. $^3/_4$std. Kochen; 70% (Ausbeute). — *Brommethylchlormethyl-bis-[oxymethyl]-methan*, $C_5H_{10}O_2BrCl$, Kristalle aus Bzl., aus **I** durch Rk. mit konz. HCl u. Abdampfen der überschüssigen HCl; 100%. — *3-Cyanmethyl-3-oxymethyloxacyclobutan* (**II**), $C_6H_9O_2N$, Kp.$_{13}$ 180°, aus **I** durch 5std. Kochen mit alkoh. KCN-Lsg.; 81%. — *3-Carboxymethyl-3-oxymethyloxacyclobutan, Bariumsalz*, $(C_6H_9O_4)_2Ba \cdot H_2O$, aus **II** durch 30 Min. Kochen mit $Ba(OH)_2$-Lsg., Zugabe von W., abdest. dieses W. u. Fällen mit A.; Kristalle aus wss. A. verlieren beim Trocknen 4 Mol. Wasser. *Freie Säure* (**III**), $C_6H_{10}O_4 \cdot H_2O$, F. 110° (A.-Ae.), aus dem Ba-Salz mit H_2SO_4; über P_2O_5 wasserfrei, $C_6H_{10}O_4$, F. 115,5°. — *3-Carboxymethyl-3-oxymethyloxacyclobutanlacton*, $C_6H_8O_3$, F. 59,5° (absol. A.), a) aus **II** in W. durch Sättigen mit NH_3 u. 12std. Erhitzen auf 50° im Autoklaven; Kp.$_{0,45}$ 120°; b) aus **III** in Ggw. von wenig HCl durch Erhitzen auf 110° im Vakuum. — *3.3-Bis-[oxymethyl]-butyrolactam* (**IV**), $C_6H_{11}O_3N$, F. 123° (A.-Ae.), aus **III** in W. durch Sättigen mit NH_3 u. 36std. Erhitzen. — *3.3-Bis-[oxymethyl]-butyrolacton* (**V**), $C_6H_{10}O_4$, F. 79°, Kp.$_{0,26}$ 183,5°, aus **II** durch 30 Min. Kochen mit NaOH u. Zers. des entstehenden Na-Salzes mit überschüssiger H_2SO_4. — *Tris-[oxymethyl]-propionsäure*, $C_6H_{12}O_5$, F. 120,5° (A.-Ae.), aus vorst. Verb. in absol. A. mit NaOH u. Zers. des Na-Salzes mit HCl. — *3-Chlormethyl-3-oxybutyromethyllacton*, $C_6H_9O_3Cl$, Kp. 160—162°, aus obigem Lacton durch Einleiten von HCl in eine Lsg.; 95%. — *3.3-Bis-[acetoxymethyl]-butyrolacton*, $C_{10}H_{14}O_6$, Kp.$_{0,3}$ 159 bis 160°, aus **V** in Bzl. durch 2std. Kochen mit Acetylchlorid; 90%. (Meded. Kon. vlaamse Acad. Wetensch., Letteren schone Kunsten België, Kl. Wetensch. **16.** Nr. 8. 3—13. 1954. Gent, Univ., Labor. voor Org. Scheikunde.) H. Bertsch. 3040

P. Cornand und **F. Govaert,** *Über die Darstellung von einigen Oxycarbonsäuren und Derivaten aus Tetrakis-[oxymethyl]-methan.* 2. Mitt. *3.3-Dioxymethylglutarsäure.* (1. vgl. vorst. Ref.) 3.3-Bis-[brommethyl]-oxacyclobutan wurde durch Rk. mit NaCN in *3.3-Bis-[cyanmethyl]-oxacyclobutan* (**I**) übergeführt, das beim Kochen mit wss. HBr

Bis-[cyanmethyl]-brommethyloxymethylmethan ergab. *3.3-Bis-[carboxymethyl]-oxacyclobutan* wurde aus **I** durch Verseifen mit $Ba(OH)_2$ u. Zers. mit der theoret. Menge H_2SO_4 erhalten. Durch überschüssige H_2SO_4 wird der Cyclobutanring aufgespalten u. durch intramol. Veresterung *3.3-Bis-[oxymethyl]-glutarsäuredilacton* (**II**) gebildet. **II** ist sehr stabil u. destillierbar. Durch Umsetzung von **II** mit $Ba(OH)_2$ u. Zers. des Ba-Salzes wurde eine Lsg. von *3.3-Bis-[oxymethyl]-glutarsäure* (**III**) erhalten. **III** geht in wss. Lsg. in das *Monolacton* über, das sich nicht weiter verestert, durch Zugabe von Säure aber sofort in **II** übergeführt wird. **III** ließ sich durch Zers. des Ag-Salzes in äther. Suspension mit H_2S darstellen; beim Erwärmen über 75° tritt auch in festem Zustand Lactonisierung ein. **II** reagiert mit NH_3 unter Bldg. von *3.3-Bis-[oxymethyl]-glutarimid*, das durch Dest. oder Behandeln mit 10%ig. HCl **II** zurückliefert. Durch Verseifen von **I** mit NH_3 bei 220° oder Erhitzen von **III** mit NH_3 auf 220° wurde das *Lactonlactam* der *3-Oxymethyl-3-aminomethylglutarsäure* erhalten. Läßt man trockenes HCl auf **I** in absol. A.–Ae. einwirken, so bildet sich, wahrscheinlich über den doppelten Iminoester *3-Oxymethyl-3-chlormethylmonoiminoglutarsäureäthylesteramidindihydrochlorid* oder analog mit HBr das *Dihydrobromid*. Diese beiden Verbb. gehen durch Kochen mit 2n HCl in *3-Chlormethyl-3-oxymethylglutarsäureimid* über, das durch Einw. von konz. HCl **II** ergibt. Die Addition von H_2S an **I** führte zum entsprechenden *Dithionsäurediamid*, während die Anlagerung von HBr in Bzl. das *Lacton* der *3-Brommethyl-3-cyanmethyl-3-oxymethyliminopropionsäure* ergab.

Versuche: *3.3-Bis-[cyanmethyl]-oxacyclobutan* (**I**), $C_7H_8ON_2$, F. 76,5° (Bzl.), Kp.$_{0,4}$ 138°, durch Zutropfen von *3.3-Bis-[brommethyl]-oxacyclobutan* in A. zu NaCN in A. u. 8 Std. Kochen unter Rühren; 89% (Ausbeute). — *3.3-Bis-[oxymethyl]-glutarsäuredilacton* (**II**), $C_7H_8O_4$, F. 206° (Nadeln Bzl.), aus **I** in 10%ig. NaOH durch 1std. Kochen u. Zers. mit überschüssiger H_2SO_4. — *3.3-Bis-[oxymethyl]-glutarsäuremonolaton*, $C_7H_{10}O_5$, F. 118° (A.–Ae.), aus dem Ba-Salz von **III** durch Zers. mit etwas weniger als der theoret. Menge H_2SO_4, 2mal Fällen des $BaSO_4$ mit A., abdest. des wss. A. im Vakuum bei niedriger Temp. u. Kühlen auf 0°. — *3.3-Bis-[oxymethyl]-glutarsäure* (**III**), $C_7H_{12}O_6$, F. 108° (nach Umwandlung bei 75°), durch Einleiten von H_2S in eine Suspension des Ag-Salzes in Äther. *Ba-Salz*, $C_7H_{10}O_6Ba$, aus **II** durch 45 Min. Kochen mit der theoret. Menge $Ba(OH)_2$. — *3.3-Bis-[oxymethyl]-glutarsäureimid*, $C_7H_{11}O_4N$, F. 115° (Dioxan), a) aus **II** durch 12std. Stehen mit gesätt. methylalkoh. NH_3-Lsg. bei Raumtemp. im Rohr; b) aus Chlormethyloxymethylglutarsäureimid in W. durch 1std. Kochen mit Ag_2O unter Rühren u. Zers. des Ag-Salzes mit HCl. — *3.3-Bis-[carboxymethyl]-oxacyclobutan*, $C_7H_{10}O_5$, Kristalle aus Aceton–PAe., aus **I** durch 50 Min. Kochen mit wenig überschüssigem $Ba(OH)_2$ u. Zers. des Ba-Salzes mit der theoret. Menge H_2SO_4. *Ba-Salz*, $C_7H_8O_5Ba \cdot H_2O$. *Dimethylester*, $C_9H_{14}O_5$, Kp.$_{0,01}$ 169°, durch portionsweise Zugabe der Säure zu äther. Diazomethanlsg. u. Eindampfen. — *3-Oxymethyl-3-chlormethylmonoiminoglutarsäureäthylesteramidindihydrochlorid*, $C_9H_{20}O_2N_3Cl_3$, aus **I** in absol. A.–Ae. durch Einleiten der theoret. Menge HCl bei −20°, Einschmelzen ins Rohr u. 24std. Stehen in der Kälte; Kristalle aus Eisessig–Äther. *Dihydrobromid*, analog. — *3-Chlormethyl-3-oxymethylglutarsäureimid*, $C_7H_{10}O_3ClN$, F. 154° (Bzl.–PAe.), aus vorst. Verb. durch 20 Min. Kochen mit 2n HCl; 91%. — *3-Oxymethyl-3-aminomethylglutarsäurelactonlactam*, $C_7H_9O_3N$, F. 171° (A.), a) aus **I** in W. durch Sättigen mit NH_3 bei 0° u. 12std. Erhitzen im Autoklaven auf 220° u. Vakuumdest. bei 210° Badtemp.; bei 140° tritt NH_3-Entw. ein; b) analog a) u. Behandeln mit HCl statt Vakuumdest.; c) aus dem Ba-Salz des 3.3-Bis-[carboxymethyl]-oxacyclobutans durch Rk. mit $(NH_4)_2SO_4$, Filtrieren, Einengen des Filtrats, Verdünnen mit A., Sättigen mit NH_3 bei 0° u. 14std. Erhitzen im Autoklaven auf 220°, Vakuumdest. des A. u. NH_3 u. Erhitzen auf 200°. — *3.3-Dimethyloxacyclobutan-ω.ω'-bis-[thioncarbonsäureamid]*, $C_7H_{12}ON_2S_2$, aus **I** in A. u. gesätt. alkoh. NH_3-Lsg. durch Sättigen mit H_2S bei 0°. — *Bis-[cyanmethyl]-brommethyloxymethylmethan*, $C_7H_9O \cdot N_2Br$, F. 98° (Toluol), aus **I** in W. u. etwas weniger als der theoret. Menge wss. HBr durch 2¹/₄std. Kochen, Eindampfen auf dem Wasserbad u. Vakuumdest.; Kp.$_{0,75}$ 181 bis 185°; 83%. — *3-Brommethyl-3-cyanmethyl-3-oxymethyliminopropionsäurelactonhydrobromid*, $C_7H_{10}ON_2Br_2$, aus **I** in trockenem Bzl. durch Einleiten der theoret. Menge HBr. (Meded. Kon. vlaamse Acad. Wetensch., Letteren schone Kunsten België, Kl. Wetensch. **16.** Nr. 14. 3—19. 1954.) H. BERTSCH. 3040

Boris Weinstein, *Einige Ester der 2-Thenoesäure.* Vf. stellte nachst. 2-Thenoesäureester durch 4std. Kochen von 10 g Säure mit 125 ml Alkohol in Ggw. von 5 ml konz. H_2SO_4 dar: *Methyl-*, Kp.$_{0,50}$ 40°; n_D^{20} 1,5420; $D.^{20}_4$ 1,2290; 71% (Ausbeute). — *Äthyl-*, Kp.$_{0,40}$ 45°; n_D^{20} 1,5248; $D.^{20}_4$ 1,1620; 78%. — *n-Propyl-*, Kp.$_{0,45}$ 57°; n_D^{20} 1,5170; $D.^{20}_4$ 1,1123; 75%. — *Isopropyl-*, Kp.$_{0,05}$ 36°; n_D^{20} 1,5120; $D.^{20}_4$ 1,1026; 31%. — *n-Butyl-*, Kp.$_{0,15}$ 58°; n_D^{20} 1,5122; $D.^{20}_4$ 1,0859; 80%. — *Isobutyl-*, Kp.$_{0,06}$ 43°; n_D^{20} 1,5083; $D.^{20}_4$ 1,0751; 60%. — *sek.-Butyl-*, Kp.$_{0,18}$ 46°, n_D^{20} 1,5075; $D.^{20}_4$ 1,0862; 32%. — *n-Amyl-*,

Kp.$_{0,13}$ 63°; n_D^{20} 1,5071; D.$^{20}_4$ 1,0573; 67%. — *Tri-isoamyl-* [*Neopentyl* (?), d. Red.], Kp.$_{0,07}$ 76°; n_D^{20} 1,5968; D.$^{20}_4$ 1,0593; 59%. — *n-Decyl-*, Kp.$_{0,13}$ 130°; n_D^{20} 1,4947; D.$^{20}_4$ 0,9995; 83%. — *Benzyl-*, Kp.$_{0,03}$ 98°; n_D^{20} 1,5720; D.$^{20}_4$ 1,1672; 22%. — Die gefundenen Mol.-Refrr. sind etwas höher als die unter Benutzung des S-Inkrements für Dialkylsulfide berechneten Werte. (J. Amer. chem. Soc. **77**. 6709. 20/12. 1955. Wright-Patterson AFB, Ohio, Materials Labor.) H. ASCHERL. 3071

Alexander B. Neill, *Eine neue Synthese von Oxindol.* o-Chlorphenylessigsäure wurde mit konz. NH_4OH u. Cu-Pulver im Bombenrohr zu *Oxindol* cyclisiert.

Versuche: *o-Chlorbenzylcyanid*, aus o-Chlorbenzylchlorid entsprechend der Darst. von Benzylcyanid (vgl. Org. Synth., Coll. Vol. **I**, S. 107, Aufl. 1941); 91—94% (Ausbeute). — *o-Chlorphenylessigsäure*, aus vorst. Verb. analog der Darst. von Phenylessigsäure (l. c., S. 437); 85—88%. — *Oxindol*, F. 126—127° (W.), bei 8std. Erhitzen vorst. Verb. (5,3 g) mit Cu-Pulver (0,56 g) oder $Cu(CH_3COO)_2$ (1 g) u. konz. NH_4OH (28 cm³) im Bombenrohr auf 155—165°; 34—43%. (J. Amer. chem. Soc. **75**. 1508. 20/3. 1953. Norwich, N. Y., Eaton Labor., Inc., Div. of Chem.) G. MOHR. 3081

E. A. Goldsmith und **H. G. Lindwall,** *Untersuchungen in der Benzindolreihe.* Vff. haben nach der Meth. von JAPP-KLINGEMANN aus dem Diazoniumsalz von β-Naphthylamin (**I**) bzw. 1-Methoxy-β-naphthylamin (**II**) u. α-Methylacetessigester (**III**) *4.5-Benzindol-* bzw. *7-Methoxy-5.6-benzindol-2-carbonsäureäthylester* (**IV** bzw. **V**, R = C_2H_5, R' = R'' = H) dargestellt. Daraus konnten nach MANNICH substituierte *3-Aminomethylderivv.* gewonnen werden. **IV** u. **V** (R = C_2H_5, R' = R'' = H) u. die MANNICH-Basen geben leicht *N-Cyanäthylderivate.* Die Verseifung der Estergruppierung in 2-Stellung gelingt nur, wenn R' = R'' = H oder R' = H u. R'' = $CH_2 \cdot CH_2 \cdot CN$ bzw. bei **V**, wenn R' = $CH_2 \cdot CN$ u. R'' = H sind. Die im letzteren Falle entstehende [*2-Carboxy-7-methoxy-*[*5.6-benzindolyl-*(*3*)]*-essigsäure* ist im Avena- u. Bohnentest unwirksam. Die Darst. von **II** über 2-Nitro-α-naphthol scheiterte, weil letztere Verb. nicht methyliert werden konnte. **II** wurde daher umständlicher über *Orange II*, *1-Amino-2-naphtholhydrochlorid*, *β-Naphthochinon*, *2-Benzolazo-1-naphthol* u. *1-Methoxy-2-benzolazonaphthalin* hergestellt.

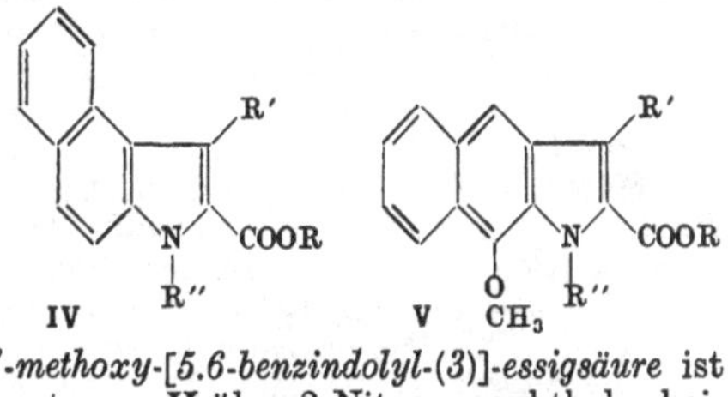

IV V

Versuche: *4.5-Benzindol-2-carbonsäureäthylester* (**IV**, R = C_2H_5, R' = R'' = H), $C_{15}H_{13}O_2N$, F. 164—165° (A./Aceton), aus α-Methylacetessigester (**III**) in A./Eis beim Versetzen mit diazotiertem β-Naphthylamin (**I**) in Ggw. von 50%ig. KOH (5 Min. Rühren bei —10°). Anschließend Kochen des entstandenen *β-Naphthylhydrazons des Brenztraubensäureäthylesters* mit alkoh. HCl; 43% (Ausbeute). — *4.5-Benzindol-2-carbonsäure*, $C_{13}H_9O_2N$, F. 224—226° (wss. A.), aus vorst. Verb. beim Kochen mit 20%ig. NaOH bis zur klaren Lsg.; 85%. — *3-Dimethylaminomethyl-4.5-benzindol-2-carbonsäureäthylester*, $C_{18}H_{20}O_2N_2$, F. 168—169° (A.), aus **IV** (R = C_2H_5, R' = R'' = H), 33%ig. wss. Dimethylamin u. 37%ig. Formalin in essigsaurer Lsg. beim 2—6std. Erwärmen auf dem Dampfbad u. anschließenden Fällen mit NH_3; Nadeln; 36%; nach 8std. Erwärmen 59%. — *3-Diäthylaminomethyl-4.5-benzindol-2-carbonsäureäthylester*, $C_{20}H_{24}O_2N_2$, F. 175 bis 176° (A.), entsprechend mit Diäthylamin u. nach 4½std. Erwärmen; 29%. — *3-Morpholinomethyl-4.5-benzindol-2-carbonsäureäthylester*, $C_{20}H_{22}O_3N_2$, F. 174,5—175,7°, entsprechend mit Morpholin (2—6 Std. Erwärmen); Nadeln; 41%. — *1-*[*β-Cyanoäthyl*]*-4.5-benzindol-2-carbonsäureäthylester*, $C_{18}H_{16}O_2N_2$, F. 176—177,5° (A.), aus **IV** (R = C_2H_5, R' = R'' = H) u. Acrylnitril in Dioxan in Ggw. von Triton B (Trimethylbenzylammoniumhydroxyd; 30 Min. bei 75°, anschließend Stehen bei Zimmertemp. über Nacht); 88%. — *β-*[*2-Carboxy-4.5-benzindolyl-*(*1*)]*-propionsäure*, $C_{16}H_{13}O_4N$, F. 228—229° (wss. A.), aus vorst. Verb. beim Kochen mit 10%ig. KOH, bis kein NH_3-Geruch mehr feststellbar ist, anschließend Ansäuern mit verd. Essigsäure; 91%. — *3-Dimethylaminomethyl-1-*[*β-cyanoäthyl*]*-4.5-benzindol-2-carbonsäureäthylester*, $C_{21}H_{23}O_2N_3$, F. 119—120° (A.), aus **IV** [R = C_2H_5, R' = $CH_2N(CH_3)_2$, R'' = H] entsprechend wie oben, jedoch 2 Std. bei 75° halten, anschließend Stehen über Nacht bei Zimmertemp. u. Behandeln mit wss. KOH; 43%. — *1-*[*β-Cyanoäthyl*]*-3-diäthylaminomethyl-4.5-benzindol-2-carbonsäureäthylester*, $C_{23}H_{27}O_2N_3$, F. 105—106° (A.), entsprechend; 60%. — *1-*[*β-Cyanoäthyl*]*-3-morpholinomethyl-4.5-benzindol-2-carbonsäureäthylester*, $C_{23}H_{25}O_3N_3$, F. 149,5—150,5° (A.), entsprechend; 84%. — *1-Methoxy-2-benzolazonaphthalin*, F. 100—101° (A.), aus 2-Benzolazo-1-naphthol (22 g) in lebhaft gerührter, 85° warmer 10%ig. NaOH (250 cm³) beim Versetzen mit Dimethylsulfat (40 cm³) u. schnellem Erhitzen auf 100° (30 Min. Nachrühren u. Abkühlen auf Zimmertemp.); orangefarbene Plättchen; 84%. — *1-Meth-*

oxy-β-naphthylamin (**II**), F. 48—49°, aus vorst. Verb. durch katalyt. Hydrierung an Raney-Ni in A.; Reinigung durch Wasserdampfdest.; 92%. — *7-Methoxy-5.6-benzindol-2-carbonsäureäthylester* (**V**, R = C_2H_5, R′ = R″ = H), $C_{16}H_{15}O_3N$, F. 229—230° (A.), aus diazotiertem **II** u. **III** in wss.-alkoh. KOH unter Rühren in der Kälte (< 5°). Das mit Ae. extrahierte Reaktionsprod. wird mit alkoh. HCl cyclisiert; 27%. — *7-Methoxy-5.6-benzindol-2-carbonsäure*, $C_{14}H_{11}O_3N$, F. 243—245° (Zers., wss. A.), aus vorst. Verb. beim Kochen mit 5%ig. KOH bis zur klaren Lsg.; 82%. — *3-Dimethylaminomethyl-7-methoxy-5.6-benzindol-2-carbonsäureäthylester*, $C_{19}H_{22}O_3N_2$, F. 188—190° (A.), aus **V** (R = C_2H_5, R′ = R″ = H), 33%ig. wss. Dimethylamin u. 37%ig. Formalin in Essigsäure (5 Std. Dampfbad u. Stehen über Nacht bei Zimmertemp.); 45%. — *3-Morpholinomethyl-7-methoxy-5.6-benzindol-2-carbonsäureäthylester*, $C_{21}H_{24}O_4N_2$, F. 199—200,5° (A.), entsprechend; 54%. — *3-Diäthylaminomethyl-7-methoxy-5.6-benzindol-2-carbonsäureäthylester*, $C_{21}H_{26}O_3N_2$, F. 190—191° (A.), entsprechend vorst. Verb.; 21%. — Folgende Verbb. wurden analog den entsprechenden 4.5-Benzindolderivv. hergestellt: *1-[β-Cyanoäthyl]-7-methoxy-5.6-benzindol-2-carbonsäureäthylester*, $C_{19}H_{18}O_3N_2$, F. 168,5—169,5° (A.); 54%. — *1-[β-Cyanoäthyl]-3-dimethylaminomethyl-7-methoxy-5.6-benzindol-2-carbonsäureäthylester*, $C_{22}H_{25}O_3N_3$, F. 132—133°, Nadeln; 41%. — *1-[β-Cyanoäthyl]-3-morpholinomethyl-7-methoxy-5.6-benzindol-2-carbonsäureäthylester*, $C_{24}H_{27}O_4N_3$, F. 194,5—196° (A.); 39%. — *β-[2-Carboxy-7-methoxy-5.6-benzindolyl-(1)]-propionsäure*, $C_{17}H_{15}O_5N$, F. 269 bis 271° (Zers.; A.), aus **V** (R = C_2H_5, R′ = H, R″ = $CH_2\cdot CH_2\cdot CN$) durch alkal. Hydrolyse; silbrige Platten; 54%. — *[2-Carboxy-7-methoxy-5.6-benzindolyl-(3)]-essigsäure*, $C_{16}H_{13}O_5N$, F. 251,5—253° (Zers.), aus **V** [R = C_2H_5, R′ = $CH_2N(CH_3)_2$, R″ = H] u. NaCN in wss. A. (80 Std. Kochen) u. anschließend Verseifen mit 20%ig. NaOH; 57%. (J. org. Chemistry **18**. 507—15. Mai 1953. New York, Univ., W. H. Nichols Labor.) G. Mohr. 3081

Marcel Servigne, Étienne Szarvasi und **Liliane Neuvy**, *Einige Reaktionen von 1.4-Halogenbutanen. δ-Chlorbutylphthalimidmonohydrat*, $C_{12}H_{14}O_3NCl$, F. 73—75°, durch Kondensation von 1-Brom-4-chlorbutan (I) u. Phthalimid-K; 50—57% (Ausbeute). — *N-Methylphthalimid*, $C_9H_7O_2N$, F. 131—131,5°, a) durch 2tägiges Erhitzen vorst. Verb. mit 33%ig. CH_3NH_2 im Autoklaven auf 150°; 52%; b) ebenso mit wss. $(CH_3)_2NH$. — *N-Propylphthalimid*, $C_{11}H_{11}O_2N$, F. 64,5°, mit Propylamin in 24 Std. bei 70—80° unter Druck; 33%. — *1-Methoxy-4-chlorbutan*, $C_5H_{11}OCl$, Kp.$_{13}$ 38°, durch 1 std. Kochen von I mit $NaOCH_3$; $D.^{21}_4$ 1,001, n_D^{18} 1,428; 58%. — *1.4-Bis-[isothiocyano]-butan*, $C_6H_8\cdot N_2S_2$, Kp.$_{0,5}$ 147°, aus 1.4-Dichlorbutan (II) mit NH_4SCN; gelbe Fl., $D.^{21,5}_4$ 1,2107, $n_D^{19,5}$ 1,542, Infrarotspektr.; 68%. — *Thiophan* (*Tetrahydrothiophen*), Kp. 120—122°, durch Einleiten von H_2S in II in Ggw. von Na-Alkoholat; $D.^{22}_4$ 1,01, $n_D^{21,5}$ 1,5035; 70%. Durch Bromierung entsteht eine *rote, instabile Verbindung*. (C. R. hebd. Séances Acad. Sci. **238**. 2169—71. 31/5. 1954.) R. Pasedag. 3081

H. P. Crocker und **R. H. Hall**, *Die Reaktion von 1-[Nitrophenyl]-pyrazolen mit Alkali.* 1-[2.4-Dinitrophenyl]-pyrazol (I) wird schon am schwach alkal. Al_2O_3 zu *2.4-Dinitrophenoxyd*, das in *2.4-Dinitro-* bzw. *2-Brom-4.6-dinitrophenol* übergeführt werden kann, u. *Pyrazol* (**II**) zersetzt. Gleiche Aufspaltung erfolgt mit wss.-methanol. NaOH, während mit sd. CH_3ONa/CH_3OH **II** u. *2.4-Dinitroanisol* entsteht. Gegen kalte wss. NaOH ist **I** stabil. 1-[p-Nitrophenyl]-pyrazol zers. sich unter gleichen Bedingungen nicht.

V e r s u c h e : *1-[2.4-Dinitrophenyl]-pyrazol* (I), F. 109—109,5° (CH_3OH), citronengelbe Prismen. — *1-[p-Nitrophenyl]-pyrazol*, F. 170°. — *Pyrazol* (**II**), F. 69—70°, sublimiert bei 60—70°/11 mm, durch Chromatographieren von **I** aus Bzl. an Al_2O_3, Eluieren mit Bzl. u. dann mit CH_3OH; Nadeln; 65% (Ausbeute). — *2.4-Dinitrophenoxyd, Na-Salzmonohydrat*, $C_6H_3O_5N_2Na\cdot H_2O$, F. 311—312° (Zers.; n-Butylalkohol), a) neben **II** durch weiteres Eluieren mit CH_3OH; kleine gelbe Nadeln; 89%; b) durch 10 Min. Kochen von 500 mg **I** in CH_3OH mit 40%ig. wss. NaOH unter N_2, Verdünnen mit W., Ausäthern von **II** (*Pikrat*, F. 160—161° [Bzl.]) u. Lösen des Rückstandes in CH_3OH; 334 mg. — *2.4-Dinitrophenol*, F. 113° (wss. A.); aus 320 mg vorst. Verb. mit verd. HCl /Ae.; Platten; 256 mg. — *2.4-Dinitroanisol*, F. 88°, durch 5 Min. Kochen von **I** in CH_3OH mit $NaOCH_3$ unter N_2 u. Gießen in verd. HCl; 98%. Aus dem Filtrat **II**. (J. chem. Soc. [London] **1955**. 4489—91. Dez. Great Burgh, Epsom, Surrey, Distillers Co., Ltd., Res. and Dev. Dep.) R. Pasedag. 3122

Tetsuo Nozoe, Masatsune Satô, Shô Itô, Kazuo Matsui und **Teruo Matsuda**, *6-Amino-1.3-diazaazulen.* 5-Nitrosotropolon bildet mit $NH_2OH\cdot HCl$ *p-Tropochinontrioxim*, das katalyt. über Pd zu *2.5-Diaminotroponimin* (**I**) hydriert wurde. Aus dem **I**·HCl entsteht mit überschüssiger HCOOH *6-Amino-1.3-diazaazulen* (**II**). **II** ist verhältnismäßig stabil. Beim Erwärmen mit konz. H_2SO_4 oder 2n NaOH auf dem Wasserbad bleibt die Base unverändert. Die Hydrierung gab das

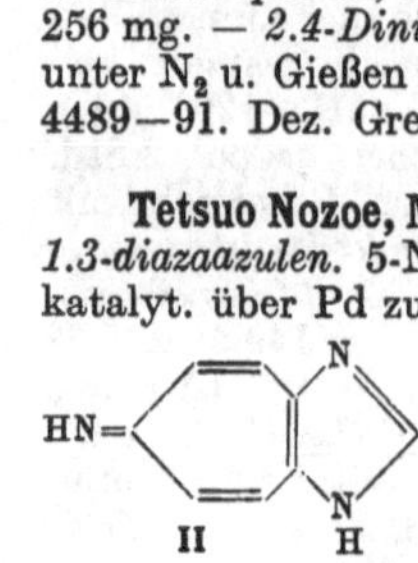
II

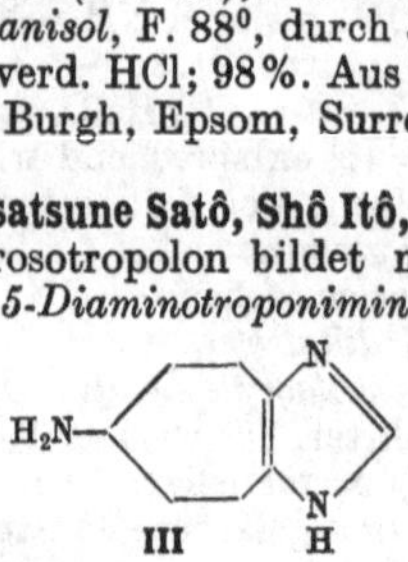
III

Hexahydroderiv. **III**, Alkyljodide alkylierte Jodalkylate, Br_2 ein *Dibromhydrobromid.* Die Oxydation von **II** mit CrO_3 lieferte *Imidazoldicarbonsäure-(4.5).* Beim Erhitzen von **I**·HCl mit 40%ig. Essigsäure entstand wahrscheinlich *2-Methyl-6-amino-1.3-diazaazulen,* mit Acetanhydrid außerdem das *Diacetat* von **I**.

Versuche: *p*(oder *γ*)-*Tropochinontrioximmonohydrat,* $C_7H_7O_3N_3 \cdot H_2O$, F. 204°, aus 5-Nitrosotropolon u. 2 Mol $NH_2OH \cdot HCl$ in CH_3OH; gelbliche seidige Nadeln (W.). — *2.5-Diaminotroponimin* (**I**), Öl, aus vorst. Verb. durch Hydrierung über Pd-Kohle. *Pikrat,* $C_{13}H_{12}O_7N_6$, F. 197°, scharlachrote Nadeln (verd. A.). *Pikrolonat,* $C_{17}H_{17}O_5N_7$, F. 263°, orangefarbene Nadeln (CH_3OH). *Styphnat,* $C_{13}H_{12}O_8N_6$, F. 220° (Zers.), dunkle, purpurne, körnige Kristalle (CH_3OH). *Dihydrochlorid,* $C_7H_{11}N_3Cl_2$, F. 237°, gelbe Nadeln (konz. HCl). — *6-Amino-1.3-diazaazulen* (**II**), $C_8H_7N_3$, F. > 290°, aus vorst. Dihydrochlorid mit überschüssiger HCOOH auf dem Wasserbad; gelbliche Prismen (A.). *Pikrat,* $C_{14}H_{10}O_7N_6$, F. 283°, gelbe Nadeln (verd. A.). — *6-Aminohexahydro-1.3-diazaazulen* (**III**), Öl, durch Hydrierung von **II** über PtO_2. *Chloroplatinat,* F. > 290°, orangefarbene Körnchen (W.). *p-Nitrobenzylidenderiv.,* $C_{15}H_{16}O_2N_4 \cdot H_2O$, F. 210° (Zers.), gelbe Prismen (verd. A.). — *N-Methyl-6-amino-1.3-diazaazulenjodmethylat,* $C_{10}H_{12}N_3J$, F. 270° (Zers.), gelbe Prismen (W.), durch Kochen von **II** mit überschüssigem CH_3J in CH_3OH. *Pikrat,* $C_{15}H_{12}O_7N_6$, F. 270° (Zers.), gelbe Mikroprismen (verd. A.). — *N-Äthyl-6-amino-1.3-diazaazulenjodäthylat,* $C_{12}H_{16}N_3J$, F. 290° (Zers.), gelbliche Prismen (W.). *Pikrat,* $C_{16}H_{14}O_7N_6$, F. 250 bis 255° (Zers.), gelbe Mikroprismen (verd. A.). — *Dibrom-6-amino-1.3-diazaazulenhydrobromid,* $C_8H_8N_3Br_3$, F. > 290° (Sintern bei 170°), orangefarbene Kristalle. **II**-*Monobenzoat,* $C_{15}H_{11}ON_3$, F. 240°, Würfel (A.). Krist. Acetylderiv. wurde nicht erhalten. — *Imidazoldicarbonsäure-(4.5),* $C_5H_4O_4N_2$, F. 280° (Zers.), aus **II** mit $K_2Cr_2O_7/H_2SO_4$. — *2-Methyl-6-amino-1.3-diazaazulen,* F. > 290°, gelbe Prismen (W.), aus **I**·HCl beim Erhitzen mit 40%ig. Essigsäure. Mit Acetanhydrid–Na-Acetat bei 110—120° statt Essigsäure außerdem **I**-*Diacetat,* F. 127—131°, blauviolette Prismen, die durch Hitze oder Sonnenlicht farblos werden. (Proc. Japan Acad. **29.** 565—69. Dez. 1953. Sendai, Tôhoku Univ., Fac. of Sci., Chem. Inst. [Orig.: engl.]) K. Nezel. 3122

Henda Schulte und **Arno Yersin,** *Beitrag zur Kenntnis eines durch Kondensation von Malonylchlorid entstehenden Pyronderivates.* (Vgl. C. **1955.** 5780.) Thioharnstoff (**I**) u. Malonylchlorid (**II**) reagierten bei 55—60° unter Bldg. mehrerer Prodd., von denen eines wasserunlösl. war. Dieses besaß die Zus. $C_6H_3O_5Cl$ u. stellt vermutlich eine *Chloroxypyroncarbonsäure* (**III**) dar. Die Stellung der Substituenten ist noch ungeklärt. Wahrscheinlich wird **III** aus **II** durch zweimalige Kondensation unter Austritt von HCl u. nachfolgender Hydrolyse der Säurechloridgruppe bei der Aufarbeitung gebildet. **III** gibt beim kurzen Erhitzen in Alkohol–Pyridin-Gemischen u. raschen Abkühlen tiefblaue Lsgg., die intensiv rot fluorescieren. Werden konz. Lsgg. von **III** angesetzt, so kristallisieren aus Methanol–Pyridin grüne u. aus A.–Pyridin blaue Nadeln, die in organ. Solventien wieder Lsgg. mit obengenannten Eigg. geben. Die Lsgg. sind im Dunkeln haltbar. Bei Zimmertemp. reagiert **III** mit W. unter HCl- u. CO_2-Abspaltung zu *Acetondicarbonsäure* (**IV**), u. in der Siedehitze entsteht aus **III** mit W. HCl, CO_2 u. Aceton. Die Zers. von **III** mit W. läßt sich bei Zugabe von $FeCl_3$ leicht am Verblassen der rotvioletten Farbe verfolgen. Aus **III** u. sd. A. entstand der *Diäthylester* von **IV**, aus **III** u. Anilin (**V**) das *Dianilid* von **IV** u. aus **III** u. α-Naphthylamin (**VI**) vermutlich das *Bis-α-naphthylamid* von **IV**. Wird **III** mit **V** jedoch in Ae. umgesetzt, so scheidet sich das *Aniliniumsalz* von **III** krist. aus, das sicl beim Erwärmen in Methanol–Pyridin mit rotvioletter Farbe u. roter Fluorescenz auflöst. Zeitungspapier oder Holz wird in einer sd. Lsg. von **III** in A. oder Methanol rot gefärbt. Diese Farb-Rk. tritt auch schon beim Verreiben von **III** mit etwas W. auf Zeitungspapier auf.

Versuche: *Chloroxypyroncarbonsäure* (**III**), $C_6H_3O_5Cl$, F. 134—135° (CS_2), aus **I** u. **II** unter Rühren u. Feuchtigkeitsausschluß 2—3 Std. bei 55—60°, Zers. des Reaktionsprod. mit wenig Eiswasser, nach 12 Std. wasserunlösl. Prod. abgesaugt, zweimal mit CS_2 im Soxhlet extrahiert, prismat. Nadeln; 24—28% (Ausbeute). — *Acetondicarbonsäure* (?) (**IV**), F. 122° (Ae.), aus 0,2 g **III** mit wenig W. durch 2std. Stehen bei Zimmertemp. u. rasches Entfernen des W. im Vakuumexsiccator über KOH, Nadeln; 0,14 g. — *Pentabromaceton,* F. 74—75°, aus **IV** mit wss. Br_2, Nadeln. — *Kupferacetondicarbonsäurediäthylester,* F. 142—143°, aus 0,15 g **III** durch 1/4std. Kochen in absol. A. u. Umsetzen des vom A. befreiten Öles mit Cu-Acetatlsg.; 0,9 g. — *Acetondicarbonsäuredianilid,* $C_{17}H_{16}O_3N_2$, F. 154—155° (verd. A.), **III** mit **V** übergossen, kurz auf 65° erwärmt, mit verd. HCl behandelt u. das Dianilid abgenutscht, Nadeln oder Blättchen; 74%. — *2-Oxychinolinessigsäure-(4),* F. 205—206° (nach vorherigem Sintern), aus 1 g vorst. Verb. mit 80%ig. H_2SO_4, Nadeln; 0,25 g. Beim Schmelzen der Verb. entsteht eine Verb., die bei 218° schm. u. vermutlich *Lepidon* darstellt. — *Acetondicarbonsäure-bis-α-naphthylamid* (?), $C_{25}H_{20} \cdot O_3N_2$, F. 193—194° (A.), aus **III** u. **VI** durch Erhitzen auf 90° im Paraffinbad, Nadeln;

28%. — *Aniliniumsalz* von III, $C_{12}H_{10}O_5NCl$, F. 92—94°, aus III u. V in absol. Ae., Lanzetten; 75%. (Chem. Ber. **89.** 714—19. 1956. Berlin, Humboldt-Univ., Inst. für Veterinär-Chemie.) L. FISCHER. 3211

Alice Walker, Wilmer E. Baldwin, Helen I. Thayer und **B. B. Corson,** *1.2-Di-[chinolyl-(2)]-äthan und verschiedene verwandte Verbindungen.* Das von MILLER [1888] bei der Rk. von Chinaldin mit S gefundene „Dichinaldyl" wurde als *1.2-Di-[chinolyl-(2)]-äthan* erkannt, da es auch aus *1.2-Di-[chinolyl-(2)]-äthylen* (I) dargestellt werden kann. I läßt sich durch Kondensation von Chinaldaldehyd mit Chinaldin u. durch Wasserabspaltung aus *1.2-Di-[chinolyl-(2)]-äthanol* (II) gewinnen. Als Nebenprod. bei der Darst. von II entsteht *1.2-Di-[chinolyl-(2)]-acetaldehyd*, das mit dem Hydratationsprod. von *1.2-Di-[chinolyl-(2)]-acetylen*, das aus I über das *Dibromid* dargestellt wird, ident. ist. I ist verschieden von dem Dichinolyläthylen von KAPLAN u. LINDWALL (J. Amer. chem. Soc. **65.** [1943.] 927).

Versuche (FF. korr.): *1.2-Di-[chinolyl-(2)]-äthan*, $C_{20}H_{16}N_2$, F. 164—165,5°, a) aus Chinaldin mit S (9 Std. bei 150—200°); Tafeln aus Bzl.; 17% (Ausbeute); b) analog, aber in Ggw. von NaOH; 19%, daneben eine *Verb.* $(C_{10}H_7N)_n$ (n = 3 oder 4), F. 195 bis 197° (A.; *Pikrat*, F. 263—264° [Zers.]), u. eine *Verb. vom F. 276—277,5°*; c) aus II durch Hydrierung in Methanol über Pt bei 26°. *Dihydrochlorid*, F. 279—281°, braunrot. *Dipikrat*, F. 275—280° (Zers.). — *1.2-Di-[chinolyl-(2)]-äthylen* (I), $C_{20}H_{14}N_2$, F. 192—194°, a) aus II mit Essigsäureanhydrid u. Essigsäure; gelborangefarbene Nadeln aus A.; 75%. b) aus Chinaldin u. Chinaldaldehyd beim Kochen mit Essigsäure u. Essigsäureanhydrid; 70%. — *1.2-Di-[chinolyl-(2)]-äthanol* (II), F. 166—168°, nach KAPLAN u. LINDWALL; blaßgelbe Tafeln aus A.; 70%, daneben zweitnachst. Verbindung. — *1.2-Di-[chinolyl-(2)]-äthylendibromid*, $C_{20}H_{14}N_2Br_2$, F. 173°, aus I in CCl_4 u. Br_2; hellgelbe Kristalle aus Chlf.-Methanol; 90%. — *1.2-Di-[chinolyl-(2)]-acetylen*, $C_{20}H_{12}N_2$, F. 179—180°, aus vorst. Verb. mit sd. alkoh. KOH; gelborangefarbene Tafeln aus Methanol; 74%. — *1.2-Di-[chinolyl-(2)]-acetaldehyd*, $C_{20}H_{14}ON_2$, F. 213,5—215°, aus vorst. Verb. durch Kochen mit 65%ig. H_2SO_4; aus A. gelborangefarbene elektrostat. Nadeln; 83% *Phenylhydrazon*, $C_{26}H_{20}N_4$, F. 149—150,5°. (J. org. Chemistry **16.** 1805—08. Dez. 1951. Pittsburgh, Pa., Univ., Dep. of Chem.) S. SEIDE. 3231

H. A. Lloyd, Louise U. Matternas und **E. C. Horning,** *Bildung von Dihydrocarbostyrilyl-(3)-essigsäure und -estern durch Umlagerung.* (Vgl. LLOYD u. HORNING, J. Amer. chem. Soc. **76.** [1954.] 3651.) Es gelang, das 7gliedrige Lactam 2-Oxo-4-carbäthoxy-2.3.4.5-tetrahydrobenzazepin (I) u. den entsprechenden Methylester (II), die durch BECKMANN-Umlagerung von 3-Carbäthoxy- (V) bzw. 3-Carbomethoxytetralon-(1)-oxim mit Polyphosphorsäure dargestellt wurden, in alkoh. HCl in das 5gliedrige Lactam *2-Oxo-1.2.3.4-tetrahydrochinolinyl-(3)-essigsäureäthyl-* (III) bzw. *-methylester* (IV) zu überführen; die Estergruppe von II blieb dabei unverändert; mit konz. wss. HCl entstand aus I u. II die entsprechende Säure, welche mit CH_2N_2 IV lieferte. III ergab bei Dehydrierung mit Pd–C ohne u. mit Lösungsm. *Carbostyrilyl-(3)-essigsäureäthylester.* Die Carbonylbande der Lactamgruppe von 2-Oxo-2.3.4.5-tetrahydrobenzazepin u. dessen in 4- u. 5-Stellung substituierten Estern liegt bei 5,97 μ (in Chlf.), da die entsprechende Absorption der Dihydrocarbostyrile bei 5,95—5,97 μ liegt, konnte die Umlagerung nicht infrarotspektroskop. bei dieser Frequenz verfolgt werden.

Versuche: *3-Carbäthoxytetralon-(1)-oxim* (V), $C_{13}H_{15}O_3N$, F. 88—88,5° (Cyclohexan), aus 3-Carboxytetralon-(1) durch Veresterung u. Umsetzung mit $NH_2OH \cdot HCl$ in A.–Pyridin (3 Std. sd.); analog: *3-Carbomethoxytetralon-(1)-oxim*, $C_{12}H_{13}O_3N$, F. 138 bis 138,5° (Bzl.–Cyclohexan). — *2-Oxo-4-carbäthoxy-2.3.4.5-tetrahydrobenzazepin* (I), $C_{13}H_{15}O_3N$, F. 141—142° (Äthylacetat), V in Polyphosphorsäure 5 Min. auf 110° erhitzen, in Eiswasser gießen; 86% (Ausbeute). — *2-Oxo-4-carbomethoxy-2.3.4.5-tetrahydrobenzazepin* (II), $C_{12}H_{13}O_3N$, F. 120,5—121° (Cyclohexan–Bzl.), analog vorst.; 50%. — *2-Oxo-1.2.3.4-tetrahydrochinolinyl-(3)-essigsäure*, $C_{11}H_{11}O_3N$, F. 206—208° (W.), durch Sieden von I in konz. HCl (2 Std.); 99%; *Äthylester* (III), $C_{13}H_{15}O_3N$, F. 100—100,5° (Hexan), a) durch 12std. Sieden von I mit wenig konz. HCl in A.–Bzl.; b) aus der Säure in A.–Bzl.; 97%; *Methylester* (IV), $C_{12}H_{13}O_3N$, F. 150,5—151° (Bzl.), a) aus der Säure mit CH_2N_2 in Ae.–Methanol; 93%; b) durch 16std. Kochen von II mit wenig konz. HCl in Methanol. — *Carbostyrilyl-(3)-essigsäureäthylester*, $C_{13}H_{13}O_3N$, F. 186,5—187° (Bzl.), a) durch Erhitzen von III mit 5%ig. Pd-C auf 250° (15 Min.), Zugabe von heißem Bzl.; 70%; b) durch 3std. Kochen von III mit 5%ig. Pd–C in Cymol; 74%. (J. Amer. chem. Soc. **77.** 5932—33. 20/11. 1955. Bethesda, Md., U. S. Dep. of Health, Educat. and Welfare, Publ. Health Serv., Nat. Inst. of Health, Nat. Heart Inst., Labor. of Chem. of Natural Products.) B. GNAUCK. 3231

D. H. Hey und **D. G. Turpin,** *Zwischenkerncyclisierung.* 9. Mitt. *Abnormale Reaktionen von Orthosubstituenten enthaltenden 2-Amino-N-methylbenzaniliden.* (8. vgl. ABRAMOvitch u. Hey, C. **1956**. 6106.) Durch Zers. der Diazoniumsalze aus 2-Amino-N-methylbenz-2′-naphthalid (**III**), 2-Amino-4′-methoxycarbonyl- (**XIIa**) bzw. -3′-carboxy-N-methylbenzanilid werden nach früher beschriebenen Verff. N-Methyl-3.4-benzophenanthridon, dessen Konst. durch anderweitige Synth. bewiesen wird, sowie *3-Methoxycarbonyl-* u. ein Gemisch aus *2-* u. *4-Carboxy-N-methylphenanthridon* dargestellt. Dagegen erfolgte beim Vers., in analoger Weise von 2-Amino-N-methylbenz-1′-naphthalid (**II**) zu N-Methyl-1.2-benzophenanthridon bzw. von 2-Amino-2′-methoxycarbonyl- (**XIa**) oder -2-′carboxy-N-methylbenzanilid (**XI**) zu den erwarteten Phenanthridonen zu gelangen, Desaminierung bzw. Entmethylierung, u. es wurden nur die entsprechenden Säureanilide u. eine Reihe nichtidentifizierter Prodd. isoliert. Vff. nehmen an, daß aus ster. Gründen in allen Fällen, in denen der mit dem Amidstickstoff verknüpfte aromat. Ring der verwendeten Säureanilide o-ständige Substituenten trägt, keine Cyclisierung erfolgen kann. Eine Nachprüfung der in der 6. bzw. 7. Mitt. (Heacock u. Hey, C. **1955**. 7674. 7675) beschriebenen Rkk. dieser Art ergab, daß es sich bei den aus 2-Amino-N-methylbenz-o-toluid bzw. 2-Amino-2′-nitro-N-methylbenzanilid erhaltenen Prodd. vom F. 141—142° bzw. F. 92—93° nicht um 1.10-Dimethylphenanthridon ($C_{15}H_{13}ON$) bzw. 10-Methyl-1-nitrophenanthridon ($C_{14}H_{10}O_3N_2$) handelt, sondern um *Benz-o-toluidid*, $C_{14}H_{13}ON$, F. 142—143°, bzw. *o′-Nitrobenzanilid*, $C_{13}H_{10}O_3N_2$, F. 94°. Die aus 2-Amino-2′-chlor-N-methylbenzanilid erhaltene nichtidentifizierte Verb. vom F. 70—75° dürfte unreines *o′-Chlorbenzanilid*, $C_{13}H_{10}ONCl$, F. 99°, gewesen sein. Die von Chardonnens u. Würmli (C. **1952**. 4131) aus 2-Amino-2′.4′.N-trimethylbenzanilid erhaltene u. mit 1.3.10-Trimethylphenanthridon bezeichnete Verb. vom F. 194° wird als *2′.4′-Dimethylbenzanilid* erkannt. Auch konnten die Angaben von Kelly u. Mitarbeitern (C. **1955**. 1043), die aus 2-Amino-2′-äthyl-N-methyl-4.5-methylendioxybenzanilid das 1-Äthyl-10-methyl-6.7-methylendioxyphenanthridon u. daraus durch $LiAlH_4$-Red. das entsprechende Phenanthridin (F. des Pikrats 175°) synthetisiert haben wollen, nicht bestätigt werden. Bei der Nacharbeit des von diesen Autoren angegebenen Verf. durch Vff. entstanden offenbar nur *2′-Äthyl-3.4-methylendioxybenzanilid* bzw. *2-Äthyl-N-[3.4-methylendioxybenzyl]-anilin* (F. des *Pikrats* 125°).

V e r s u c h e: *2-Nitrobenz-1′-naphthalid*, $C_{17}H_{12}O_3N_2$, F. 206°, durch 1 std. Kochen von 10 g 1-Naphthylamin u. o-Nitrobenzoylchlorid (**I**; aus 10 g Säure) in Pyridin–Ae., Einengen u. Gießen in W.; aus A. Nadeln; 14,6 g (Ausbeute). — *N-Methyl-2-nitrobenz-1′-naphthalid*, $C_{18}H_{14}O_3N_2$, F. 182—183°, a) durch Zugabe von $(CH_3)_2SO_4$ zu 14,6 g vorst. Verb. in Aceton–10%ig. NaOH; aus Bzl.–PAe. hellgelbe Blättchen; 12,6 g; b) durch 10 Min. lange Rk. von 0,5 g N-Methyl-1-naphthylamin mit 0,5 g **I** in Ggw. von K_2CO_3 in sd. Ae., Einengen u. Zugabe von W.; 0,6 g. — *2-Amino-N-methylbenz-1′-naphthalid* (**II**), $C_{18}H_{16}ON_2$, F. 144°, durch Hydrieren von 8,6 g vorst. Verb. in Ggw. von Raney-Ni in Bzl.; aus Bzl.–PAe. Prismen; 6,6 g. — *Toluol-p-sulfon-N-methyl-2-naphthalid*, F. 72—77°, aus 21,3 g Toluol-p-sulfon-2-naphthalid mit $(CH_3)_2SO_4$ bei 70—80° in 5%ig. NaOH; aus A. Nadeln; 20,5 g. Daraus durch 1 std. Erhitzen in konz. H_2SO_4–Eisessig, Gießen in W., Alkalisieren, Aufnehmen in Bzl. u. Einleiten von HCl *N-Methyl-2-naphthylaminhydrochlorid*, F. 176—180° (äthanol. HCl); 8 g. — *N-Methyl-2-nitrobenz-2′-naphthalid*, F. 110 bis 111°, a) durch Rk. von **I** mit 10 g 2-Naphthylamin u. Methylieren von 10,8 g des entstandenen *2-Nitrobenz-2′-naphthalids* (F. 178—179°, aus A. Nadeln; 12,5 g); aus Bzl.–PAe. gelbe Prismen; 7,1 g; b) durch Zugabe von äther. **I** (aus 2 g Säure) zu 2 g vorst. Hydrochlorids in CH_3COONa enthaltendem Pyridin, ½ std. Kochen, Einengen, Fällen mit W. u. Aufnehmen in Chlf.; 2,3 g. — *2-Amino-N-methylbenz-2′-naphthalid* (**III**), F. 108° durch Erhitzen von Fe-Spänen in 5%ig. Essigsäure, Zugabe von 11,5 g vorst. Verb., 1 std. Kochen, Alkalisieren mit Soda u. Aufnehmen in heißem Bzl.; aus Bzl.–PAe. Prismen; 7,7 g. — Bei 2 std. Einw. von Cu-Pulver auf das Diazoniumfluoroborat aus 3,5 g **II** (über das isolierte Diazoniumchlorid) in Aceton, Behandeln mit W., Aufnehmen in Chlf., Waschen mit 10%ig. NaOH u. Einengen erhält man 3,2 g eines Harzes, welches in Bzl.–PAe. (1:1) gelöst wird u. nach Chromatographie an Al_2O_3 u. Eluieren mit demselben Lösungsm. 0,23 g *Benz-1-naphthalid* (**IV**; F. 161°, aus A. Nadeln), dann 0,18 g einer *Verb. vom F. 178—179°* (**IVa**; aus Bzl.–PAe. Blättchen), dann mit Bzl.–PAe. (2:1 bzw. 4:1) 0,4 g einer *Verb. vom F. 255—256°* (**IVb**; aus Bzl. Blättchen) u. mit Bzl., Bzl.–Ae., dann Ae. 1,3 g eines gelben Harzes ergibt. Ähnlich liefert das Diazoniumsulfat aus 2,5 g **II** 0,09 g **IV**, 0,06 g **IVa** u. 0,1 g **IVb**. — Analoge Zers. des Diazoniumfluoroborats aus 4 g **III** ergibt nach Eluieren mit Bzl.–PAe. (1:1, 2:1; dann 3:1) 0,08 g *Prismen vom F. 180—181°*, dann mit Bzl. *N-Methyl-3.4-benzophenanthridon*, $C_{18}H_{13}ON$, F. 198—199°, aus A. Nadeln; 0,2 g; entsteht auch aus 0,2 g nachst. Verb. durch Überführen mit CH_3J ins *Methojodid* (gelb; 0,3 g), 20 Min. langes Kochen mit $K_3[Fe(CN)_6]$ in 10%ig. NaOH–Methanol u. Aufnehmen in A.; daneben (unlösl. in A.) eine gelbe *Verb. vom F. 230—240°*. — *3.4-Benzophenanthridin*, $C_{17}H_{11}N$, F. 110°, aus 5.6.7.8-Tetrahydro-3.4-benzophenanthridin, a) aus 1,5 g durch 6 std. Erhitzen mit Se auf 280—310°, Aufnehmen in Bzl., Chromatographie an Al_2O_3 u. Eluieren mit Bzl.; aus PAe. Nadeln; 0,2 g; b) aus 0,5 g durch 2std. Erhitzen mit Pt-Kohle auf 280° u. Reinigung wie vorst.; 0,2 g. — *2'-Carboxy-2-nitrobenzanilid*, F. 238—239°, a) aus 15 g Anthranilsäure (**V**) u. **I** (aus 18,4 g Säure) in 2n NaOH–Ae.; aus A. Prismen; 14,5 g; b) aus 28 g des Methylesters durch 2std. Kochen in 4n NaOH; 25,2 g. *Methylester*, $C_{15}H_{12}O_5N_2$, F. 160°, aus 13,7 g **V**-Methylester u. **I** (aus 14 g Säure) in Pyridin–Ae.; aus Bzl. Prismen; 20,5 g. — *2'-Carboxy-N-methyl-2-nitrobenzanilid* (**VI**), F. 217—218°, durch 30std. Rk. von $(CH_3)_2SO_4$ mit 22 g vorst. Säure in 8%ig. NaOH u. Ansäuern; aus A. Nadeln; 18,5 g. *Methylester* (**VIa**), F. 116—117°, durch 2std. Kochen von 16 g **VI** in gesätt. methanol. HCl u. Gießen in W.; aus Methanol Nadeln; 13,4 g. — *3'-Carboxy-2-nitrobenzanilid*, $C_{14}H_{10}O_5N_2$, F. 262—264°, a) aus **I** u. 10 g m-Aminobenzoesäure (**VII**); aus A. Nadeln; 10,5 g; b) aus 5 g des Methylesters; 4,2 g. *Methylester*, F. 175—176°, aus **I** u. 9,8 g **VII**-Methylester; aus Methanol Blättchen; 13,6 g. — *3'-Carboxy-N-methyl-2-nitrobenzanilid* (**VIII**), $C_{15}H_{12}O_5N_2$, F. 176—177°, aus 10 g vorst. Säure; aus Essigester gelbe Prismen; 5,5 g. — *4'-Carboxy-2-nitrobenzanilid*, F. 303—304°, a) aus **I** u. 27 g p-Aminobenzoesäure (**IX**); aus Nitrobenzol Blättchen; 25 g; b) aus 20 g des Methylesters; 16,5 g. *Methylester*, F. 166—167°, aus **I** u 9,5 g **IX**-Methylester; aus Methanol Nadeln; 14,7 g. — *4'-Carboxy-N-methyl-2-nitrobenzanilid* (**X**), F. 227°, aus 15 g vorst. Säure; aus A. Nadeln; 10 g. *Methylester* (**Xa**), $C_{16}H_{14}O_5N_2$, F. 93—94°, aus 15 g **X**; aus Methanol Prismen; 10,2 g. — *2'-Carboxy-2-methylaminobenzanilid*, $C_{15}H_{14}O_3N_2$, F. 234—235° (Zers.), bei Zugabe von 1,5 g **VI** (in wss. NH_4OH) zu sd. wss. $FeSO_4$, Ansäuern mit Essigsäure u. Einengen; aus A. gelbe Prismen; 0,9 g. — *2-Amino-2'-carboxy-N-methylbenzanilid* (**XI**), $C_{15}H_{14}O_3N_2$, F. 182° (Zers.), a) durch Red. von 1,5 g **VI** wie vorst., aber statt Ansäuern Alkalisieren mit weiterem NH_4OH, Einengen u. Zugabe von Essigsäure; aus A. Prismen; 0,8 g; b) durch Red. von 2 g **VI** wie oben, aber nach Ansäuern Zugabe von wss. $CuSO_4$, Lösen des gebildeten *Cu-Salzes* (grüne Nadeln; 1,5 g) in wss. NaOH, Abfiltrieren von $Cu(OH)_2$ u. Ansäuern mit Essigsäure; 1 g; lagert sich beim Erhitzen über den F. in vorst. Verb. um. *Methylester* (**XIa**), $C_{16}H_{16}O_3N_2$, F. 88—89°, durch Hydrieren von 7 g **VIa** mit Raney-Ni bei 1 at in Bzl., Einengen u. Fällen mit PAe.; aus Bzl.–PAe. Nadeln; 5,0 g. — *2-Amino-4'-carboxy-N-methylbenzanilid* (**XII**), F. 195—196°, durch Hydrieren von 4,5 g **X** mit Raney-Ni in etwas A. enthaltendem Essigester bei 1 at; aus Essigester Prismen; 1,8 g. *Methylester* (**XIIa**), $C_{16}H_{16}O_3N_2$, F. 103—104°, analog **XIa** aus 6,7 g **Xa**; aus Bzl.–PAe., dann Methanol Nadeln; 6,5 g. — Bei 48std. Einw. von Cu-Pulver auf eine wss. Diazoniumchloridlsg. aus 2,4 g **XI**, Zugabe von wss. NaOH, Filtrieren u. Ansäuern wird ein Nd. erhalten, der mit A. ausgelaugt wird; als Rückstand bleibt ein *gelbes Pulver* (**XIII**; 0,53 g), das bei 303—304° schm. u. dann zu langen Nadeln (F. > 350°) erstarrt; aus dem A.-Extrakt durch Eindampfen, Aufnehmen in PAe.–Ae. (3 : 1), Chromatographie an Silicagel u. Eluieren mit demselben Lösungsm. *N-Benzoylanthranilsäure* (**XIV**), $C_{14}H_{11}O_3N$, F. 183 bis 184°, aus Essigester–PAe. Nadeln; 0,07 g. Die analoge Zers. einer Diazoniumsulfatlsg. aus 2,4 g **XI** liefert 0,56 g **XIII** u. 0,05 g **XIV**. — Bei 36std. Einw. von Cu-Pulver auf eine wss. Diazoniumsulfatlsg. aus 6,65 g **XIa**, Aufnehmen der Reaktionsprodd. in Chlf., Einengen u. Behandeln der halbfesten M. mit Bzl. bleibt als Rückstand eine *Verb. vom F. 259°* (Zers.; aus viel Methanol Prismen; 0,72 g); aus der Benzollsg. nach Chromatographie an Al_2O_3 u. Eluieren mit Bzl. **XIV**-*Methylester*, $C_{15}H_{13}O_3N$, F. 101°, aus PAe. Nadeln; 0,76 g; im Endeluat (mit Bzl.–Ae., Ae.; dann Methanol) eine *Verb. vom F. 197°* (aus Methanol Prismen; 1,08 g), die bei der Hydrolyse **XIII** ergibt. — Bei 48std. Einw. von Cu-Pulver auf die wss. Diazoniumchloridlsg. aus 5 g rohem *2-Amino-3'-carboxy-N-methylbenzanilid* (aus 7 g **VIII** durch Hydrieren mit Raney-Ni in Essigester, Einengen u. Fällen mit PAe.), Alkalisieren, Filtrieren, Ansäuern u. Behandeln des Nd. mit PAe.–A. (4 : 1) bleibt im Rückstand eine *Verb. vom F. 320—322°* (nach Sintern bei 316°), aus Essigester Nadeln; 0,21 g; aus der PAe.–A.-Lsg. nach Chromatographie an Silicagel u. Eluieren mit demselben Lösungsm. ein *Gemisch von 2- u. 4-Carboxy-N-methylphenanthridon*, $C_{15}H_{11}O_3N$, F. 260—272°, aus Eisessig Nadeln; 0,72 g. — Bei der Zers. der wss. Diazoniumsulfatlsg. aus 2,36 g **XII** mit Cu-Pulver analog der Rk. mit den Diazoniumsalzen aus **XI** wird nach dem Ansäuern eine in A. unlösl. *Verb.* $C_{30}H_{24}O_6N_2$ erhalten, F. 341—343° (Zers. ab 290°), aus Nitrobenzol Nadeln; 0,37 g; aus der alkoh. Lsg. ließen sich keine definierten Prodd. isolieren. — Bei der Einw. von Cu-Pulver auf die wss. Diazoniumsulfatlsg. aus 4,8 g **XIIa** u. Aufarbeiten wie beim Diazoniumsalz von **XIa** wird aus den Mittelfraktionen der Benzolelution *3-Methoxycarbonyl-N-methylphenanthridon* gewonnen, $C_{16}H_{13}O_3N$, F. 223—224 , aus Bzl. Nadeln; 0,72 g; aus dem Endeluat mit Methanol eine *Verb. vom F. 232—234°*, aus Chlf.–Aceton Nadeln; 0,09 g. — *2'.4'-Dimethyl-2-nitrobenzanilid*, $C_{15}H_{14}O_3N_2$, F. 163—164°, aus 11 g 2.4-Dimethylanilin u. **I** (aus 15 g Säure) in Ggw. von Pyridin in Ae.; aus A. Rosetten; 14,8 g. Daraus (7,5 g) mit $(CH_3)_2SO_4$ in Aceton–10%ig. NaOH *2'.4'.N-Trimethyl-2-nitrobenzanilid*, $C_{16}H_{16}O_3N_2$,

F. 126—127°, aus Bzl.-PAe. Nadeln; 5,5 g. — *2-Amino-2'.4'.N-trimethylbenzanilidhydrochlorid*, $C_{16}H_{18}ON_2 \cdot HCl$, F. 120—130°, in geringer Menge durch Hydrieren vorst. Verb. mit RANEY-Ni in Bzl., Ausziehen mit konz. HCl u. Eindampfen; Blättchen. — Bei mehrstd. Rk. einer wss. Diazoniumchloridlsg. aus 3,5 g vorst. Hydrochlorids mit Cu-Pulver, Aufnehmen in Chlf., dann Bzl., Chromatographie an Al_2O_3 u. Eluieren mit Bzl. werden 0,24 g *2'.4'-Dimethylbenzanilid* erhalten, $C_{15}H_{15}ON$, F. 193—194°, aus A. Nadeln. — *2'-Äthyl-N-methyl-4.5-methylendioxy-2-nitrobenzanilid*, F. 97—98°, durch 2std. Rk. von 3,5 g o-Äthyl-N-methylanilin mit 4.5-Methylendioxy-2-nitrobenzoylchlorid (aus 5,5 g Säure) in Ggw. von K_2CO_3 in sd. Ae., Einengen, Versetzen mit W., Aufnehmen in Bzl., Chromatographie an Al_2O_3 u. Eluieren mit Bzl.; aus Bzl.-PAe. hellgelbe Nadeln; 5,6 g. Daraus (5,2 g) durch Hydrieren mit RANEY-Ni in Bzl. *2-Amino-2'-äthyl-N-methyl-4.5-methylendioxybenzanilid*, F. 121°, aus Bzl.-PAe. Blättchen; 4,1 g. — *2'-Äthyl-3.4-methylendioxybenzanilid*, $C_{16}H_{15}O_3N$, F. 143—144°, a) durch Rk. von 3,6 g o-Äthylanilin mit 4,6 g 3.4-Methylendioxybenzoylchlorid in Ggw. von Pyridin in Ae.; aus A.-PAe. Nadeln; 5,8 g; sublimiert ohne Zers. bei 130—150°/1 mm; b) bei 2std. Erhitzen der konz. Diazoniumsulfatlsg. aus 4,1 g vorst. Amins auf 75°, 2½std. Kochen, Aufnehmen in Chlf., dann Bzl., Chromatographie an Al_2O_3 u. Eluieren mit Bzl.; 0,13 g; aus den weiteren Eluaten mit Bzl., dann Ae. undefinierbare Prodd. u. mit A. Spuren einer *Verb. vom F. 94—96°*. — *2-Äthyl-N-[3.4-methylendioxybenzyl]-anilin*, durch 6std. Rk. von 1,4 g vorst. Anilids mit $LiAlH_4$ in sd. Ae.; Öl; gibt in Bzl. das *Pikrat*, $C_{16}H_{17}O_2N \cdot C_6H_3O_7N_3$, F. 124—125° (Zers.), aus Bzl. gelbe Prismen; 1,41 g. (J. chem. Soc. [London] **1954**. 2471—81. Juli. London, Univ., King's Coll.) W. HOFFMANN. 3231

D. H. Hey und **D. G. Turpin**, *Zwischenkerncyclisierung*. 9. Mitt. *Abnormale Reaktionen von ortho-Substituenten enthaltenden 2-Amino-N-methylbenzaniliden*. Vortrag (Inhalt in vorst. Ref. enthalten) u. Diskussionsbeiträge. (Chem. and Ind. **1954**. 216—17. 20/2.) W. HOFFMANN. 3231

Josef Borkovec, Jiří Michalský, Emil Rabušic und **Jaromír Hadáček**, *Aminoalkylchinoxaline*. 1. Mitt. Als womöglich physiol. wirksame Verbb. wurden *2-Aminomethyl-* u. *2-[α-Aminoäthyl]-chinoxaline* dargestellt.

Versuche: *1-Chlor-3-phthalimidopropanon*, $C_{11}H_8O_3NCl$, F. 139—140° (Methylalkohol), aus 1-Diazo-3-phthalimidopropanon u. trockenem HCl in Ae. 84%; (Ausbeute) oder wss. HCl in Eisessig; 88%. — *N-[3-Phthalimidoacetonyl]-pyridiniumchlorid*, $C_{16}H_{13}O_3N_2Cl$, F. 138—140°, aus vorst. Verb. u. Pyridin (15 Min. auf dem Wasserbad); 92%. — *Phthalimidoacetyl-N-p-dimethylaminophenylnitron* [$C_6H_4(CO)_2NCH_2COCH{=}N^+(O^-){-}C_6H_4N(CH_3)_2$], $C_{19}H_{17}O_4N_3$, F. 202—204°, durch Einw. von KOH auf vorst. Verb. u. p-Nitrosodimethylanilin in A.; 98%. — *2-Phthalimidomethylchinoxalin*, $C_{17}H_{11}O_2N_3$, F. 227—228° (A.), durch Einw. von wss. HCl auf eine Suspension der vorst. Verb. in Ae., Abdampfen der äther. Schicht u. Behandeln des Rückstandes mit o-Phenylendiamin in A.; 60%. — *2-Aminomethylchinoxalinhydrochlorid*, $C_9H_{10}N_3Cl$, F. 205—207° (A.-Ae.), durch 2std. Kochen der vorst. Verb. mit Hydrazinhydrat in A.; 71%. — *1-Diazo-3-phthalimidobutanon-(2)*, $C_{12}H_9O_3N_3$, F. 109—110° (Ae.), durch Einw. von $SOCl_2$ auf dl-α-Phthalimidopropionsäure (1 Std. bei 60—70°), Abdampfen u. Behandeln mit CH_2N_2 in Bzl.; 76%. — *1-Chlor-3-phthalimidobutanon-(2)*, $C_{12}H_{10}O_3NCl$, F. 120—121° (Methylalkohol), aus vorst. Verb. u. HCl in Ae.; 80%. — *N-[3-Phthalimido-2-oxobutyl]-pyridiniumchlorid*, $C_{17}H_{15}O_3N_2Cl \cdot C_2H_5OH$, F. 123—125°. — *α-Phthalimidopropionyl-N-p-dimethylaminophenylnitron* [$C_6H_4(CO)_2NCH(CH_3)COCH{=}N^+(O^-)C_6H_4N(CH_3)_2$], $C_{20}H_{19}O_4N_3$, F. 158 bis 160°. — *α-Phthalimidoäthylchinoxalin*, $C_{18}H_{13}O_2N_3$, F. 124—125°. — *2-[α-Aminoäthyl]-chinoxalinhydrochlorid*, $C_{10}H_{12}N_3Cl$, F. 194—196° (Zers.). (Chem. Listy **48**. 717—21. Mai 1954. Brno, Masarykova univ., Přírodověd. fak., Ústav organ. chem.) J. KOVÁŘ/Prag. 3272

Josef Borkovec, Jiří Michalský und **Miloš Ambrož**, *Aminoalkylchinoxaline*. 2. Mitt. (1. vgl. vorst. Ref.) *β-Phthalimidobuttersäuremethylester*, $C_{13}H_{13}O_4N$, F. 62—63° (Ae.), aus 1-Diazo-3-phthalimidobutanon-(2) u. Ag_2O in Methylalkohol; 54,3% (Ausbeute). — *β-Phthalimidobuttersäure*, $C_{12}H_{11}O_4N$, F. 121—122°, *Hydrat*, F. 105—106°, durch 3std. Erwärmen der vorst. Verb. mit 40% wss. HBr auf 60—65°; 44,2%. Gibt mit CH_2N_2 den Methylester quantitativ zurück. — *1-Diazo-4-phthalimidopentanon-(2)*, $C_{13}H_{11}O_3N_3$, F. 115°, durch 20 Min. lange Einw. von $SOCl_2$ bei 60° auf vorst. Verb., Abdampfen u. Behandeln mit CH_2N_2 in Bzl.; 90,4%. — *1-Brom-4-phthalimidopentanon-(2)*, $C_{13}H_{12}O_3NBr$, F. 108° (A.), aus vorst. Verb. u. wss. HBr in Eisessig; 88,1%. — *N-[4-Phthalimido-2-oxopentyl]-pyridiniumbromid*, $C_{18}H_{17}O_3N_2Br$, F. 235—237°, aus vorst. Verb. u. Pyridin (10 Min. bei 55—60°); 88%. — *β-Phthalimidobutyryl-N-[p-dimethylaminophenyl]-nitron*, $C_{21}H_{21}O_4N_3$, F. 147°, durch Einw. von NaOH auf vorst. Verb. u. p-Nitrosodimethylanilin in A. bei —10°; 77,0%. — *2-[β-Phthalimidopropyl]-chinoxalin*, $C_{19}H_{15}O_2N_3$, F. 137°, durch Behandeln der Suspension von vorst. Verb. in Ae. mit HCl, Abdampfen der äther.

Schicht u. Einw. von o-Phenylendiamin in A. (30 Min. auf Wasserbad); 44,9%. — Analog *N-[4-Phthalimido-2-oxobutyl]-pyridiniumchlorid*, $C_{17}H_{15}O_3N_2Cl$, F. 225—228°; 98%. — *β-Phthalimidopropionyl-N-[p-dimethylaminophenyl]-nitron*, $C_{20}H_{19}O_4N_3$, F. 162 bis 163°; 72%. — *2-[β-Phthalimidoäthyl]-chinoxalin*, $C_{18}H_{13}O_2N_3$, F. 149—150°; 38%. (Chem. Listy **48**. 865—68. Juni 1954.) J. Kovář/Prag. 3272

Jiří Michalský, Josef Borkovec und **Jaromír Hadáček**, *Die Aminoalkylchinoxaline. 3. Mitt. Darstellung von 2-Phthalimidoalkylchinoxalincarbonsäure-(3)-nitrilen.* (2. vgl. vorst. Ref.) Vff. haben *Nitrile* vom Typus *R—CO—C(CN)=N—C₆H₄N(CH₃)₂(p)* (**I**; *R* = *Phthalimidoalkyl*) dargestellt u. diese unter den unten angegebenen Bedingungen mit *o-Phenylendiamin* (**III**) in die zugehörigen *2-Phthalimidoalkyl-3-cyanchinoxaline* (**II**) umgewandelt. Die Nitrile **I** wurden nach Kröhnke (vgl. C. **1948**. II. 720) aus den entsprechenden *N-[Phthalimido-2-oxoalkyl]-pyridiniumbromiden* mit p-Nitrosodimethylanilin (**IV**) u. NaCN dargestellt. Als Zwischenprodd. der **I**-Synthesen sind *Phthalimidoacyl-N-[p-dimethylaminophenyl]-nitrone* anzunehmen. *Phthalimidoacetyl-N-[p-dimethylaminophenyl]-nitron* konnte unter bestimmten Versuchsbedingungen neben dem *Nitril* **Ia** (*R* = *Phthalimidomethyl*) isoliert werden. Die Umwandlungsprodd. der *2-Phthalimidoalkyl-3-cyanchinoxaline* (**II**) sollen möglicherweise tuberkulostat. akt. sein.

Versuche: *γ-Phthalimidobuttersäuremethylester*, $C_{13}H_{13}O_4N$, F. 89—90°, aus 1-Diazo-4-phthalimidobutanon-(2) mit Methanol u. Ag_2O; 85% (Ausbeute), oder aus nachst. Verb. mit Diazomethan; aus Methanol Platten. — *γ-Phthalimidobuttersäure*, $C_{12}H_{11}O_4N$, F. 117—118° (W.), aus vorst. Verb. mit konz. HCl in Essigsäure bei 100°; 74%. — *1-Diazo-5-phthalimidopentanon-(2)*, $C_{13}H_{11}O_3N_3$, F. 96°, aus vorst. Verb. mit $SOCl_2$ u. Behandlung des Säurechlorids mit *Diazomethan* bei 0° in Bzl./Ae.; aus Ae. Nädelchen; 81%. — *1-Brom-5-phthalimidopentanon-(2)*, $C_{13}H_{12}O_3NBr$, F. 139°, aus vorst. Verb. u. 40%ig. HBr in Eisessig; aus Methanol Platten; 94%. — *N-[3-Phthalimidoacetonyl]-pyridiniumbromid* (**V**), $C_{16}H_{13}O_3N_2Br \cdot C_2H_5OH$, F. 213°, aus 1-Brom-3-phthalimidopropanon-(2) u. überschüssigem Pyridin bei 60° (diese u. nachst. Verbb. wurden aus A./Ae. umkrist., wobei sie mit 1 Mol A. kristallisieren); 90%. — *N-[4-Phthalimido-2-oxobutyl]-pyridiniumbromid* (**VI**), $C_{17}H_{15}O_3N_2Br \cdot C_2H_5OH$, F. 228—229°, aus 1-Brom-4-phthalimidobutanon-(2) wie vorst. Verb.; 95%. — *N-[5-Phthalimido-2-oxopentyl]-pyridiniumbromid* (**VII**), $C_{18}H_{17}O_3N_2Br \cdot C_2H_5OH$, F. 223—224°, aus 1-Brom-5-phthalimidopentanon-(2); 93%. — *N-[3-Phthalimido-2-oxobutyl]-pyridiniumbromid* (**VIII**), $C_{17}H_{15}O_3N_2Br \cdot C_2H_5OH$, F. 123—125°, aus 1-Brom-3-phthalimidobutanon-(2); 89%. — *α-[p-Dimethylaminophenylimino]-β-oxo-γ-phthalimidobuttersäurenitril* (**Ia**), $C_{20}H_{16}O_3N_4$, F. 283—284°, aus **V**, **IV** u. NaCN in wss. A. bei 50° (10 Min.); aus Bzl./A. rotviolette Prismen; 56,5%. Bei n. Temp. statt bei 50° entsteht hauptsächlich *Phthalimidoacetyl-N-[p-dimethylaminophenyl]-nitron*, F. 202—204° (Bzl./A.). — *α-[p-Dimethylaminophenylimino]-β-oxo-δ-phthalimidovaleriansäurenitril* (**Ib**), $C_{21}H_{18}O_3N_4$, F. 194—196°, aus **VI**, **IV** u. NaCN in wss. A. bei 35—40°; aus Bzl.-A. rote Platten; 68%. — *α-[p-Dimethylaminophenylimino]-β-oxo-ε-phthalimidocapronsäurenitril* (**Ic**), $C_{22}H_{20}O_3N_4$, F. 197,5—198°, aus **VII**, **IV** u. NaCN in wss. A. bei 0° (30 Min.); aus Bzl.-A. tiefrote metallglänzende Prismen; 80%. — *α-[p-Dimethylaminophenylimino]-β-oxo-γ-phthalimidovaleriansäurenitril* (**Id**), $C_{21}H_{18}O_3N_4$, F. 184—185°, aus **VIII**, **IV** u. NaCN in wss. A. bei n. Temp. in 15 Min.; dimorph, aus A. rote Prismen oder orangerote kurze Nädelchen; 37%. — *α-[p-Dimethylaminophenylimino]-β-oxo-δ-phthalimidocapronsäurenitril* (**Ie**), $C_{22}H_{20}O_3N_4$, F. 183—184°, aus N-[4-Phthalimido-2-oxopentyl]-pyridiniumbromid, **IV** u. NaCN in wss. A. bei n. Temp. in 10 Min.; dimorph, rote Prismen oder orangerote Nädelchen aus A. oder Bzl.; 60%. — *2-Phthalimidomethyl-3-cyanchinoxalin*, $C_{18}H_{10}O_2N_4$, F. 255°, aus **Ia** u. **III** in Eisessig mit einigen Tropfen 37% wss. HCl bei 100°; aus A. Nädelchen; 74%. — *2-[β-Phthalimidoäthyl]-3-cyanchinoxalin*, $C_{19}H_{12}O_2N_4$, F. 204°, aus **Ib** u. **III** wie vorst. Verb.; aus A. Nädelchen; 70%. — *2-[γ-Phthalimidopropyl]-3-cyanchinoxalin*, $C_{20}H_{14}O_2N_4$, F. 180°, aus **Ic** u. **III**; aus A. Nädelchen; 65%. — *2-[α-Phthalimidoäthyl]-3-cyanchinoxalin*, $C_{19}H_{12}O_2N_4$, F. 183°, aus **Id** u. **III**; aus A. Prismen; 78%. — *2-[β-Phthalimidopropyl]-3-cyanchinoxalin*, $C_{20}H_{14}O_2N_4$, F. 196°, aus **Ie** u. **III**; aus A. Prismen; 74%. (Chem. Listy **49**. 1379—84. Sept. 1955.) J. Plešek/Prag. 3272

J. Borkovec, J. Michalský und **A. Podpěrová**, *Aminoalkylchinoxaline. 4. Mitt. Synthese der 2-Phthalimidoalkyl-3-chlorchinoxaline.* (3. vgl. vorst. Ref.) Vff. haben einige α-[p-Dimethylaminophenylimino]-β-oxophthalimidoalkancarbonsäurenitrile (**I**), deren Darst. l. c. beschrieben wurde, durch milde Hydrolyse in die zugehörigen *α-Oxophthalimidoalkancarbonsäuren* (**II**) übergeführt. Diese Säuren **II** wurden ohne vorherige Isolierung in *2-Phthalimidoalkyl-3-oxychinoxaline* (**III**) verwandelt, aus welchen mit $POCl_3$ oder PCl_5 die entsprechenden *2-Phthalimidoalkyl-3-chlorchinoxaline* (**IV**) dargestellt wurden. Die Verbb. **III** u. **IV** u. ihre Umwandlungsprodd. sollen möglicherweise biol. wirksam sein.

Versuche: 2-Phthalimidoalkyl-3-oxychinoxaline (III): die I werden in Eisessig gelöst u. zur Lsg. etwas konz. HCl zugefügt; dann wird 7 Min. gekocht, 1 Mol o-Phenylendiamin in wenig Eisessig u. einem Überschuß an wss. Kaliumacetat zugegeben, einige Min. weitergekocht, nach dem Abkühlen mit W. verd. u. aus A. umkristallisiert. — *2-Phthalimidomethyl-* (**IIIa**), $C_{17}H_{11}O_3N_3$, F. 315°, aus α-[p-Dimethylaminophenylimino]-β-oxo-γ-phthalimidobuttersäurenitril; 83% (Ausbeute). — *2-[α-Phthalimidoäthyl]-* (**IIIb**), $C_{18}H_{13}O_3N_3$, F. 307—308°, aus α-[p-Dimethylaminophenylimino]-β-oxo-γ-phthalimidovaleriansäurenitril; 76%. — *2-[β-Phthalimidoäthyl]-* (**IIIc**), $C_{18}H_{13}O_3N_3$, F. 286—288°, aus α-[p-Dimethylaminophenylimino]-β-oxo-δ-phthalimidovaleriansäurenitril; 82%. — *2-[β-Phthalimidopropyl]-* (**IIId**), $C_{19}H_{15}O_3N_3$, F. 225—226°, aus α-[p-Dimethylaminophenylimino]-β-oxo-δ-phthalimidocapronsäurenitril; 87%. — *2-[γ-Phthalimidopropyl]-* (**IIIe**), $C_{19}H_{15}O_3N_3$, F. 235—236°, aus α-[p-Dimethylaminophenylimino]-β-oxo-ε-phthalimidocapronsäurenitril; 88,5%. — 2-Phthalimidoalkyl-3-chlorchinoxaline (**IV**), aus den **III** u. $POCl_3$, 1 std. Kochen u. Abdestillieren des überschüssigen $POCl_3$ im Vakuum: *2-Phthalimidomethyl-*, $C_{17}H_{10}O_2N_3Cl$, F. 256—257° (A.–Bzl.), aus **IIIa**; 60%. — *2-[β-Phthalimidoäthyl]-*, $C_{18}H_{12}O_2N_3Cl$, F. 195° (Bzl.); aus **IIIc**; 68%. — *2-[β-Phthalimidopropyl]-*, $C_{19}H_{14}O_2N_3Cl$, F. 152—153° (A.), aus **IIId**; 63,5%. — *2-[γ-Phthalimidopropyl]-*, $C_{19}H_{14}O_2N_3Cl$, F. 158° (A.–Bzl.), aus **IIIe**; 70%. — *2-[α-Phthalimidoäthyl]-*, $C_{18}H_{12}O_2N_3Cl$, F. 155—156° (A.), aus **IIIb**, $POCl_3$ u. PCl_5 1 Std. kochen); 76%. (Chem. Listy **49.** 1405—07. Sept. 1955.) J. PLEŠEK/Prag. 3272

Masayuki Machida, *Über einige chemische Eigenschaften der Uronsäuren.* Überblick. — 46 Literaturangaben. (Kagaku-no-Ryôiki [J. Jap. Chem.] **9.** 683—89. Okt. 1955. Kyôto, Sen'i-Daigaku. [Orig.: japan.]) E. MAEKAWA. 3400

Harriet L. Frush und **Horace S. Isbell,** *Mutarotation, Hydrolyse und Struktur von* *D-Galaktosylaminen.* Aus Galaktose u. NH_3 wurden nach DE BRUYN [1895] die *Galaktosylamine* hergestellt. Das hierbei erhaltene NH_3-haltige Prod. der Anfangsdrehung +87° ist ein Gemisch. Sein Drehwert konnte durch Rekristallisation auf +138° erhöht werden. Das zweite Galaktosylamin hat eine spezif. Anfangsdrehung von +62,2°. Durch milde Acetylierung wurden aus diesen Verbb. zwei krist. *Pentaacetate* erhalten, die zu den *N-Acetylderivv.* desacetyliert wurden. Bei der Perjodatoxydation wurden pro Mol Acetylderiv. 2 Mol Perjodat verbraucht. Die entstehenden Verbb. mit den Drehwerten +60 bzw. —96° wurden als *D'-Acetamido-* bzw. *L'-Acetamido-D-oxymethyldiglykolaldehyd* angesehen. Beide Verbb. geben nach Bromoxydation u. Hydrolyse *Glycerinsäure.* Für die N-Acetylverb. ergibt sich daraus eine α- u. β-Pyranosestruktur. Damit kann auch für die Ausgangsverbb. die Struktur des α- (**I**) u. *β-D-Galaktopyranosylamins* (**II**) angenommen werden (**I** als *NH_3-Komplex* mit $[\alpha]_D$ +138°; **II** mit $[\alpha]_D$ 62°). Die Kinetik der Mutarotation u. Hydrolyse von **I** u. **II** stimmt mit früher für die Rkk. des L-Arabinosylamins (ISBELL u. FRUSH, C. **1953.** 9114) aufgestellten Mechanismen überein. Die Mutarotation des **I**-NH_3-Komplexes u. des **II** in W. wurde mit Hilfe der Drehwertänderungen verfolgt. Abgesehen von Störungen, die durch Hydrolyse u. Bldg. von Digalaktosylamin erfolgen, erreichen beide Verbb. den Drehwert +63° (Wert des Anomerengleichgewichts). Im Gleichgewicht liegt also fast ausschließlich die *β-Verb.* **II** vor. Die Mutarotation in Ggw. von Säuren, Basen oder Puffern kann im p_H-Bereich 8,7—11,5 gut verfolgt werden: Im stärker sauren oder alkal. Medium verläuft sie sehr schnell. Sie wird durch Ammoniumionen u. saures Phosphat (allg. Säurekatalyse) u. auch durch Hydroxylionen katalysiert. Die Mutarotationskonstante in Abwesenheit von NH_4^+-Ionen läßt sich durch die Gleichung $k_m = 0{,}004 + 6 \cdot 10^6\,[H^+] + 0{,}4\,[OH^-]$ ausdrücken. Die Hydrolyse des **I**-NH_3-Komplexes wurde unterhalb p_H 8 verfolgt, wo das Gleichgewicht zwischen den Anomeren sich schnell einstellt. Die Hydrolysenkonstante ist nach der Gleichung $k_H = 1/(22{,}5 + 616 \cdot 10^4\,[H^+] + 1{,}55 \cdot 10^9[OH^-])$ zu berechnen. Ihr Maximum liegt bei p_H 4,8.

Versuche: *α-D-Galaktopyranosylamin* (**I**), *NH_3-Komplex*, $C_6H_{13}O_5N \cdot NH_3$, durch Suspendieren von 40 g D-Galaktose u. 1 g NH_4Cl in 100 cm³ wasserfreiem Methanol u. Einleiten von NH_3 bis zur Lsg.; nach mehrtägigem Stehen u. dann Abkühlen krist. ein Prod. mit $[\alpha] = +87°$. Hieraus durch Umkristallisieren mit wss. $NH_4OH + NH_3$-gesätt. Methanol der **I**-NH_3-Komplex; $[\alpha]_D^{20}$ +138° (c = 5; W.). — *β-D-Galaktopyranosylamin* (**II**), $C_6H_{13}O_5N$, aus vorst. Verb. durch Aufbewahren während einiger Monate über P_2O_5 u. Umkristallisieren des Prod. (**P**) aus W. + A., oder aus vorst. Prod. ($[\alpha]$ +87°) durch Lösen in warmen W. u. Zusatz von Methanol u. Isopropanol; $[\alpha]_D^{20}$ +62,2° (2,1 Min.; c = 2; W.). — *Pentaacetylderiv.* von **I**, $C_{16}H_{23}O_{10}N$, F. 172—173°, aus dem **I**-NH_3-Komplex u. Acetanhydrid in Pyridin, 3 Tage im Eis–Kochsalz-Bad u. 1 Tag bei Raumtemp.; $[\alpha]_D^{20}$ +117,4° (c = 2; Chlf.). — *Pentaacetylderiv.* von **II**, $C_{16}H_{23}O_{10}N$, F. 173°, aus **P** wie vorst. u. Eingießen in Eis + W.; $[\alpha]_D^{20}$ +34,7° (c = 2; Chlf.). —

N-Acetylderiv. von I, $C_8H_{15}O_6N$, F. 179—180°, aus dem Pentaacetylderiv. durch Desacetylieren mit Ba-Methylat in wasserfreiem Methanol; $[\alpha]_D^{20}$ +194,9° (c = 2; W.). — *N-Acetylderiv.* von II, $C_8H_{15}O_6N$, F. 233°, wie vorst.; $[\alpha]_D^{20}$ +9,8° (c = 2; W.). (J. Res. nat. Bur. Standards **47**. 239—47. Okt. 1951. Washington.) H. Manthey. 3400

Ulrich Weiss, *Derivate von Morphin.* 1. Mitt. *14-Oxydihydromorphinon.* Durch kurzes Erhitzen von 14-Oxydihydrocodeinon (**I**) mit HBr wird *14-Oxydihydromorphinon* erhalten. Es besitzt große analget. Wrkg., zeigt einen blauen $FeCl_3$- u. rosafarbenen m-Dinitrobenzol/Alkali-Test u. läßt sich zu **I** methylieren, das als *Hydrochlorid* u. *Oxim* charakterisiert wird.

Versuche: *14-Oxydihydromorphinon*, $C_{17}H_{19}O_4N$, F. 248—249° (A., Äthylacetat oder Bzl.), durch 20 Min. Erhitzen von **I** mit konz. wss. HBr auf 110—120°, Einstellen auf p_H 10—11 <10°, Entfernen von **I** mit Chlf., Einstellen auf Kongo mit verd. HCl, Zugeben von NH_4OH bis p_H 8,5, Ausziehen mit Chlf., Einengen u. kurzes Behandeln mit Bzl.; 35% (Ausbeute). *Hydrochloridhydrat*, $C_{17}H_{19}O_4N \cdot HCl \cdot H_2O$. — *14-Oxydihydrocodeinon* (**I**), F. 217—220°, durch Stehen von **I** in A. mit CH_2N_2/Ae. über Nacht bei Raumtemp., Zugeben von verd. Essigsäure u. Alkalisieren. *Hydrochlorid*, F. 264—266° (Zers.). *Oxim*, *Monohydrat* (?), $C_{18}H_{22}O_4N_2 \cdot H_2O$, F. ~95°, danach Wiederverfestigung u. F. 194°. (J. Amer. chem. Soc. **77**. 5891—92. 20/11. 1955. Richmond Hill, N. Y., Endo Products, Inc., Res. Labor.) R. Pasedag. 3500

Harold Conroy, *Neopinon.* Thebain (**IV**) wird mit N-Bromsuccinimid (**VII**) in wss. Aceton in *14-Bromcodeinon* (**II**) übergeführt, das in Chlf./CH_3OH in Ggw. von Pd zu *Neopinon* (**I**)-*Hydrobromid* hydriert werden kann. Die $NaBH_4$-Red. von **I** führt direkt, die von **II** über *14-Bromcodein* zu *Neopin.* Während **I** mit Aktivkohle in sd. Äthylacetat zu *Codeinon* (**III**; *β-Codeinon*) isomerisiert wird, dimerisiert (vgl. **VI**) es sich beim Stehen in 1,25n KOH bei 25° unter Übergang seines Anions in **III** u. Michael-Addition von **I**. **I**, dessen Verh. gegen Säuren diskutiert wird, liefert in langsam verlaufender Rk. mit $KHSO_4$ ein Gemisch aus **III** u. *8-Oxy-7.8-dihydrocodeinon*, das ebenso aus **IV** entsteht. Das leicht erhältliche **I**-*Methojodid* geht beim Vers. des Hofmannschen Abbaues schon unter mildesten Bedingungen in eine *violette Verb.* $C_{18}H_{19}O_3N$ der wahrscheinlichen Konst. **V** über, deren Lsg. beim Erwärmen mit konz. HCl vermutlich unter Bldg. von *3.4.6-Trioxyphenanthren* entfärbt wird. Für alle angeführten Übergänge werden ausführliche Reaktionsmechanismen diskutiert.

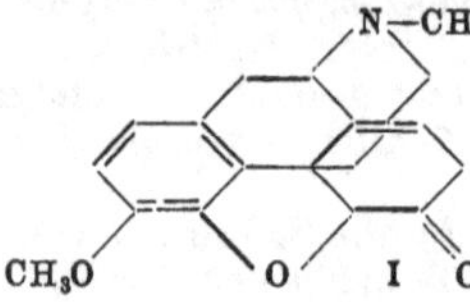

I

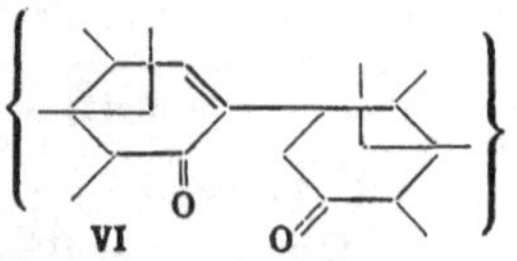

VI

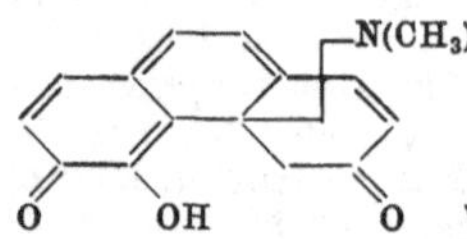

V

Versuche: *14-Bromcodeinon* (**II**), F. 157° nach Vorerhitzen, durch Zugeben von **VII** zu **IV** in Aceton/W. bei 15—18° in 15 Min., Zugeben von W. in 30 Min., 1 std. Rühren bei 20° u. 2 Std. bei 0—5°; 85% (Ausbeute). — *Neopinon* (**I**), $C_{18}H_{19}O_3N$, F. 132 bis 133° (Zers.; Äthylacetat), durch mehrstd. Hydrieren von **II** in Chlf./CH_3OH bei 25° in Ggw. von Pd-Kohle → *Hydrobromid*, das mit wss. K_2CO_3-Lsg. geschüttelt wird u. über das *Chloroformsolvat* (F. ~ 92° [Zers.]) **I** liefert; rosafarbene Nadeln, $[\alpha]_D^{23}$ −9,8° (c = 0,713; Chlf.); 81—86%. — *Codeinon* (**III**), F. 182—182,5° (Zers.), durch 2 std. Kochen von **I** in Äthylacetat mit Darco-G-60 unter N_2; 54%. — *14-Bromcodein*, $C_{18}H_{20}O_3NBr$, F. ~150° (Zers.; Chlf./Aceton), durch 15 Min. Rühren von **II** mit $NaBH_4$ in wss. CH_3OH bei 0—5°; feine Nadeln; 76%. — *Neopin*, a) durch 90 Min. Stehen von **I** in CH_3OH mit $NaBH_4$ bei 25°, Einengen, Verdünnen mit 10%ig. NaOH, kurzes Aufkochen, Verdünnen mit W. u. Ausziehen mit Chlf.; b) durch 90 Min. Stehen vorst. Verb. mit $NaBH_4$ in wss. CH_3OH (1:2) bei 40°. *Hydrobromid*, F. 284—286° (Zers.; wss. A.. — *Dimeres von* **I** (**VI**), $C_{36}H_{38}O_6N_2$, F. ~245° (Zers.; Chlf.-Ae.), a) durch 1 std. Rühren von **I**-Chloroformsolvat in Bzl. mit wss. KOH unter N_2; 55—61%; b) analog unter Zusatz von **III**; 106% (berechnet auf **I** allein). — *8-Oxy-7.8-dihydrocodeinon*, a) durch 19 tägiges Stehen von 2 g **I**-Chloroformsolvat mit wss. $KHSO_4$ unter N_2 bei 25° u. Neutralisieren mit $NaHCO_3$; 1,1 g neben **III**; b) analog aus 1,5 g **IV**; 1,1 g neben **III**. — **I**-*Methojodidhydrat*, $C_{19}H_{22}O_3NJ \cdot H_2O$, F. 154—155° (Zers.; W./A.), in Bzl. in 30 Min. bei 25°; Nadeln; 88%. — *Verb.* $C_{18}H_{19}O_3N$ (**V**), F. 183° (wss. CH_3OH), durch 2 std. Rühren von 2 g vorst. Verb. mit $NaHCO_3$ in wss. CH_3OH (1:1) bei 40—50°, Verdünnen mit W., Stehen u. Chromatographieren aus Chlf.; schwarze Nadeln; 25 mg. — Die Infrarot- u. UV-Absorptionsspektren der meisten Verbb. sind angegeben. (J. Amer. chem. Soc. **77**. 5960—66. 20/11. 1955. Rahway, N. J., Merck & Co., Inc., Res. Labors., Chem. Div.) R. Pasedag. 3500

S. Takagi, W. I. Taylor, S. Uyeo und **H. Yajima,** *Die Lage der Hydroxylgruppen im Lycorin.* Nach Wiederholung der Arbeit von Kondo u. Katsura (Ber. dtsch. chem. Ges. **72.** [1939.] 2083 u. **73.** [1940.] 112) ordnen Vff. dem Lycorin die Konst. **VI** mit einer disek. Glykolgruppierung zu. Die alkal.-alkoh. Hydrolyse des aus Diacetyldihydrolycorin (**VIII**) u. Bromcyan (**V**) gewonnenen *Diacetyl-ω-brom-N-cyanodihydrosecolycorins* (**VII**) liefert *Anhydro-N-cyano-*(**II**), *Anhydro-*, *Anhydrodehydro* (**III**), *Anhydro-ω-äthoxy-N-cyanodihydrosecolycorin* (**IV**) sowie den *Iminoäther* der Konst. **IX**, das auch aus **II** mit heißer äthanol. KOH entsteht. Weitere Hydrolyse von **IV** führt zu *ω-Äthoxydihydrosecolycorin.* Die Oxydation von **II** gibt schließlich ein *Ketolactam* **XI** mit einem Isocarbostyrilgerüst. Zwecks Zuordnung der angegebenen Strukturen werden die Infrarot- u. UV-Absorptionsspektren der Verbb. diskutiert. Die HJO_4-Spaltung von Dihydrolycorinon (I) führt zu dem *Dialdehyd* **XII**, der als *Dioxim* charakterisiert wurde u. über sein *Bis-[äthylendithioketal]* durch Desulfurierung mit Raney-Ni in das entsprechende *Methyläthylderiv.* **X** übergeführt wurde. Die $LiAlH_4$-Red. von **I** gibt *Dihydrolycorin.*

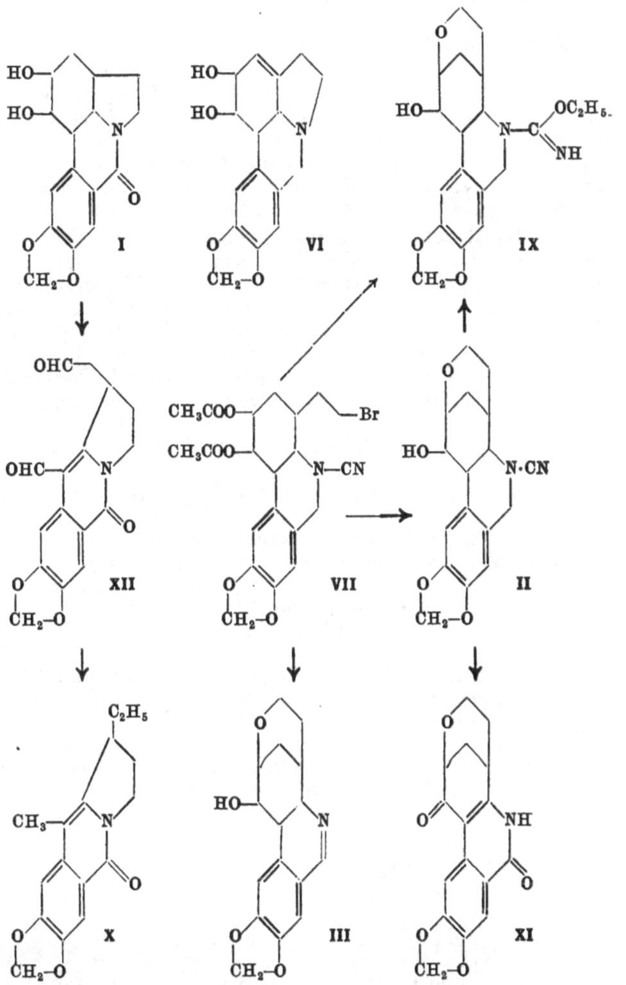

V e r s u c h e: *Dihydrolycorin,* F. 248° (Zers.; A.), durch 5std. Kochen von 0,1 g **I** mit $LiAlH_4$ in Tetrahydrofuran; Nadeln; 25 mg (Ausbeute). — *Dialdehyd* **XII**, $C_{16}H_{13}O_5N$, F. 212° (Zers.; CH_3OH), durch 5std. Erwärmen von 0,3 g **I** mit 0,1 mol. wss. HJO_4 in 20%ig. Essigsäure auf 40—50°, Ausziehen mit Äthylacetat u. Einengen unter CO_2; [α] + 101° (c = 0,4; A.); 0,32 mg. *Dioxim,* $C_{16}H_{15}O_5N_3$, F. 252—253° (Zers.; A.). *Bis-[äthylendithioketal]*, $C_{20}H_{21}O_3NS_4$, F. 247—249° (A.), mit Äthandithiol u. BF_3-Ätherat. — *Verb.* **X**, $C_{16}H_{17}O_3N$, F. 153—154° (Aceton), durch 8std. Kochen von 50 mg vorst. Thioketals mit Raney-Ni in absol. CH_3OH u. Einengen; Nadeln, $[\alpha]_D$ + 11,1° (c = 2,0; A.); 29 mg. — *Diacetyl-ω-brom-N-cyandihydrosecolycorin* (**VII**), $C_{21}H_{23}O_6N_2Br$, F. 177—178°, durch Kochen von **VIII** u. **V** in absol. Bzl.; $[\alpha]_D$ — 71,6° (c = 0,6; Chlf.). — *Anhydro-N-cyanodihydrosecolycorin* (**II**), $C_{17}H_{18}O_4N_2$, F. 215—217° (A.), durch 4std. Stehen von 0,5 g **VII** mit äthanol. KOH bei Raumtemp., Einleiten von CO_2, Filtrieren, Einengen, Aufnehmen in Chlf. u. Schütteln mit verd. HCl; $[\alpha]_D$ — 197° (c = 0,5; Chlf.); 180 mg. — *Anhydro-N-cyano-ω-äthoxydihydrosecolycorin* (**IV**; *Dihydrocyanolycorinanhydridalkoholat* [?], $C_{19}H_{24}O_5N_2$, F. 187—188° (A.), aus den Mutterlaugen von **II** nach Chromatographieren; $[\alpha]_D$ — 174° (c = 0,7; Chlf.); 25 mg. — *Anhydrodehydrodihydrosecolycorin* (**III**), $C_{16}H_{17}O_4N$, F. 226° (Äthylmethylketon), aus den sauren Anteilen bei der Herst. von **II**, Alkalisieren, Chromatographieren aus Chlf. an Al_2O_3 u. Eluieren mit Bzl.-Chlf.

(1:16); $[\alpha]_D$ —81° (c = 0,3; Chlf.); 15 mg. — *Iminoäther* **IX**, $C_{19}H_{24}O_5N_2$, F. 110° (Äthylmethylketon), nach Trocknen im Vakuum F. 156—158°, a) neben **III**; $[\alpha]_D$ —89,8° (c = 0,6; Chlf.); b) in 2 Std. aus 200 mg **II** mit heißer äthanol. KOH; 140 mg. — *Anhydrodihydrosecolycorin*, $C_{16}H_{19}O_4N$, F. 198° (Methyläthylketon), a) neben **IX** nach a) als Acetoneluat; 16 mg; b) durch Hydrierung von **III** in Essigsäure in Ggw. von PtO_2, c) durch 1½std. Kochen von **II** mit 30%ig. H_2SO_4, Verdünnen mit W., Ausziehen mit Chlf., Alkalisieren der wss. Schicht u. Ausziehen mit Chlf.; $[\alpha]$ —181° (c = 0,5; Chlf.); d) analog c) aus **IX**; 60%. Daneben nach c) oder d) aus der Chloroformlsg. **III**. — *ω-Äthoxydihydrosecolycorin*, $C_{18}H_{25}O_5N$, F. 167—168° (Äthylmethylketon), wie vorst. unter c) aus 100 mg **IV** in 1 Std.; $[\alpha]_D$ —168° (c = 0,5; Chlf.); 30 mg. — *Ketolactam* **XI**, $C_{16}H_{13}O_5N$, F. 337° (A.), aus 280 mg **II** mit CrO_3; 28 mg. — Die Infrarot- u. UV-Spektren der meisten Verbb. sind angegeben. (J. chem. Soc. [London] **1955**. 4003—07. Nov. Frederictown, Univ., Osaka, Univ., School of Pharmacy.) R. PASEDAG. 3500

E. Earl Royals und **Samuel E. Horne jr.**, *Umwandlung von d-Limonen in l-Carvon.* *d-Limonen* wurde in A. bei —5° mit Äthylnitrit (Methylnitrit gab nur 70%ig. Ausbeute) u. HCl in 80%ig. Ausbeute in das *Nitrosochlorid* übergeführt, aus dem mit Pyridin HCl abgespalten wurde, wobei *l-Carvoxim* (**I**), F. 74°, in 90—95%ig. Ausbeute entstand. Dieses wurde mit 5%ig. wss. Oxalsäure in 78—80%ig. Ausbeute zu *l-Carvon* hydrolysiert; Gesamtausbeute 56—60%; Kp.$_4$ 88—90°; n_D^{20} 1,4989; D.$^{25}_4$ 0,9673; $[\alpha]_D^{25}$ —54,2°. *Semicarbazon*, F. 140—141,5°. **I** gab mit 5n HCl *Carvacrol* in 74—77%ig. Ausbeute; Öl; charakterisiert als *2-Methyl-5-isopropylphenoxyessigsäure*, F. 152—152,5°. Ein Oximgruppenaustausch zwischen **I** u. Benzaldehyd ließ sich nicht ausführen. (J. Amer. chem. Soc. **73**. 5856—57. Dez. 1951. Emory Univ., Ga., Dep. of Chem.) W. LINDENBERG. 3600

N. M. Chopra, Wesley Cocker und **J. T. Edward**, *Gegenseitige Umwandlungen der Desmotroposantonine.* Vff. nehmen an, daß im (—)-α-Desmotroposantonin [(—)-α-DTS] die $C_{(11)}$-Methylgruppe eine thermodynam. instabile Konformation besitzt u. entweder unter der Einw. von Säuren — unter Umkehr an $C_{(5)}$ u. $C_{(6)}$ — in (+)-β-DTS oder durch Epimerisierung an $C_{(11)}$ durch K_2CO_3 in sd. Xylol in (—)-β-DTS umgelagert wird. Analoges gilt für die Umlagerung von (+)-α-DTS in (+)-β-DTS (mit Carbonat) u. in (—)-β-DTS (mit Säure). (Chem. and Ind. **1955**. 41. 8/1. Dublin, Univ., Trinity Coll., Chem. Labor.) G. SCHORRE. 3600

G. G. Allan, F. S. Spring, Robert Stevenson und **W. S. Strachan**, *Triterpenoide.* 43. Mitt. *Die Konstitution einiger durch Dehydratation von α-Amyrin und verwandten Alkoholen erhaltener Verbindungen.* (42. vgl. BEATON u. SPRING, C. **1956**. 5841.) Auf Grund nachst. Rkk. u. der Infrarotabsorptionsspektren konnte die Konst. einiger Prodd., die durch Dehydratation von α-Amyrin u. verwandter Verbb. entstehen, aufgeklärt werden. Das durch Dehydratation von 3β-Oxy-Δ^{12}-ursen-11-on (**IV**) mit PCl_5 nach SPRING u.

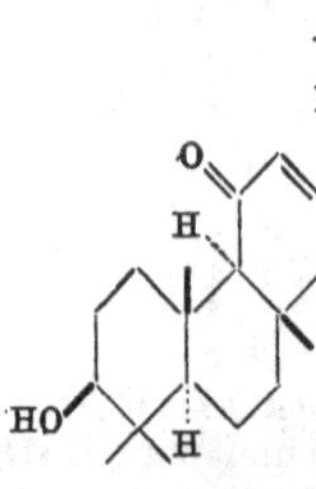
IV

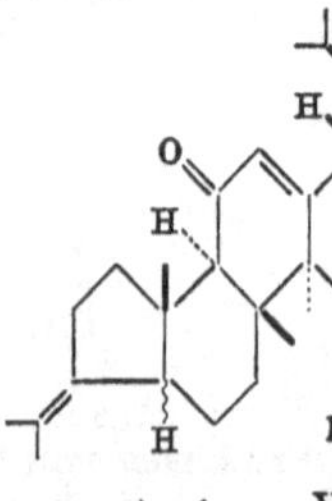
I

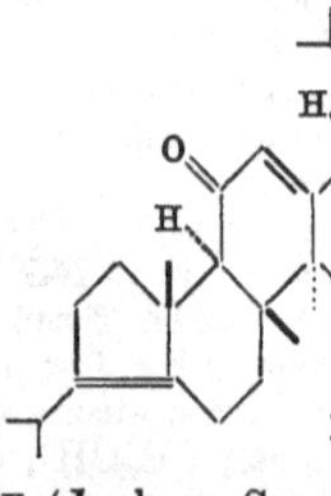
III

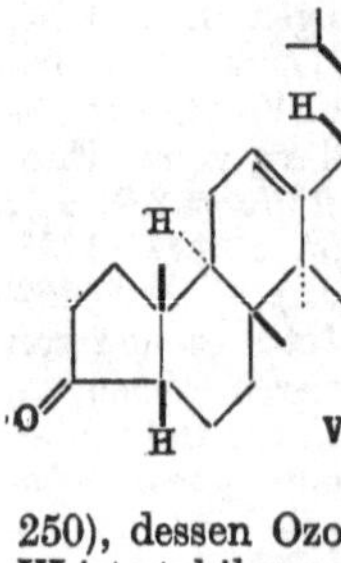
VI

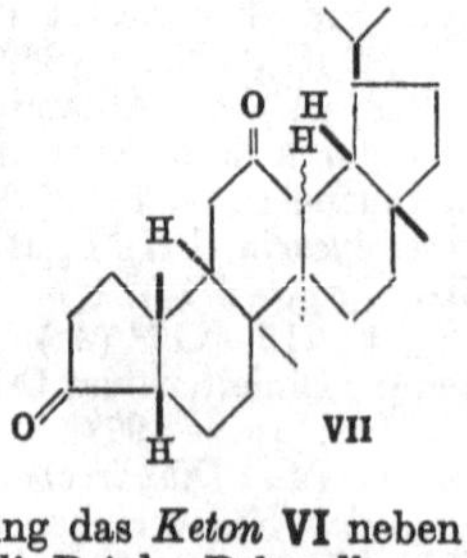
VII

VICKERSTAFF (J. chem. Soc. [London] **1937**. 249) erhaltene Gemisch von „α-Amyradienon-I" u. „-II" wird als *8.10.14-Trimethyl-$\Delta^{3.4.12}$-5ξ-* (**I**) u. *-$\Delta^{3.5.12}$-novursadien-11-on* (**III**) identifiziert. **I** wird mittels HCl zu **III** isomerisiert. Die WOLFF-KISHNER-Red. von **I** führt zu *8.10.14-Trimethyl-$\Delta^{3.4.12}$-5ξ-novursadien* (**II**), dem „d-α-Amyradien" von VESTERBEY u. WESTERLIND (Liebigs Ann. chem. **428**. [1922.] 250), dessen Ozonisierung das *Keton* **VI** neben wenig *Diketon* **VII** sowie *Aceton* liefert. **VI** ist stabil gegen Alkali. Bei der Behandlung von **II** mit Trichloressigsäure in Chlf. entsteht das isomere *8.10.14-Trimethyl-$\Delta^{3.5.12}$-novursadien*, das auch durch WOLFF-KISHNER-Red. von **III** erhalten wird. Das bei der Dehydratation von **IV** mit HJ/Essigsäure von EWEN u. Mitarbeitern (J. chem. Soc. [London] **1944.** 28) erhaltene „α-Amyradienon-III" wird als *5.8.14-Trimethyl-Δ$^{9,10.12}$-novursadien-11-on* (**V**) erkannt. **V** bildet sich auch aus **III** mit HJ/Essigsäure. Es wird ein Reaktionsmechanismus diskutiert. Die Red. von **V** nach WOLFF-KISHNER oder mit $LiAlH_4$ in der Siedehitze führt zu *5.8.14-Trimethyl-Δ$^{9,10.12}$-novursadien,* das mit HCl/Essigsäure das „*l-α-Amyradien*" von VESTERBEY (Ber. dtsch. chem. Ges. **24.** [1891.] 3895) gibt. Letzteres entsteht auch aus **II** mit BF_3/Essigsäure. Die katalyt. Hydrierung von **V** liefert *5.8.14-Trimethyl-Δ^{12}-9ξ.10ξ-novursen.* Das durch Dehydratisierung von Δ$^{9,11.12}$-Ursadien-3 β-ol (**VIII**) von EWEN u. Mitarbeitern (l. c.) mit PCl_5 über ein „Dichlor-α-amyradien" (**IX**) mit Zn gewonnene „d-α-Amyratrien" wird aus **VIII** mit PCl_5 direkt ohne Auftreten von **IX** erhalten u. als *8.10.14-Trimethyl-Δ$^{3,4.9,11.12}$-5ξ-novursatrien* identifiziert. Es entsteht auch bei der $LiAlH_4$-Red. von **I** u. nachfolgenden Behandlung mit $POCl_3$/Pyridin. **IX** wäre als 3.4-Dichlorid anzusehen. Die $LiAlH_4$-Red. von **V** bei 0° führt zu *5.8.14-Trimethyl-Δ$^{1,10.9,11.12}$-novursatrien,* das mit HCl/Essigsäure das von EWEN aus **VIII** erhaltene „*l-α*-Amyratrien" gibt. Es wird als *5.8.14-Trimethyl-Δ$^{9,10.11.13,18}$-novursatrien* erkannt. Die $[\alpha]_D$-Werte stehen mit den angegebenen Strukturen in gutem Einklang.

Versuche ($\alpha = [\alpha]_D$ in Chlf.): *8.10.14-Trimethyl-Δ$^{3,4.12}$-5ξ-novursadien-11-on* (**I**; „*α-Amyradienon-I*"), F. 197—199° (Chlf./CH_3OH), aus **IV** mit PCl_5; Nadeln, α +167° (c = 2,9); 60% (Ausbeute). — *8.10.14-Trimethyl-Δ$^{3,5.12}$-novursadien-11-on* (**III**; „*α-Amyradienon-II*"), F. 155—156° (CH_3OH), a) aus den Mutterlaugen von **I** durch Einengen, Lösen in PAe., Chromatographieren an Al_2O_3 u. Eluieren mit PAe.-Bzl. (3:1); α +147° (c = 0,8); 10%; b) durch 16std. Kochen von 0,5 g **I** in Essigsäure mit konz. HCl; prismat. Nadeln, α +149° (c = 1,7); 0,3 g. — *8.10.14-Trimethyl-Δ$^{3,4.12}$-5ξ-novursadien* (**II**; „*d-α-Amyradien*"), F. 134—135° (CH_3OH), durch 15std. Erhitzen von 800 mg **I**, $NaOCH_3$ u. $N_2H_4 \cdot H_2O$ in CH_3OH auf 200° im Autoklaven; Prismen, α +109° (c = 1,3); 310 mg. — *Keton $C_{27}H_{42}O$* (**VI**), F. 146—147° (CH_3OH), durch Ozonisieren von 1 g **II** in Chlf. bei —35°, 1 std. Rühren mit Zn/Essigsäure bei Raumtemp., Einengen, Chromatographieren aus PAe. an Al_2O_3 u. Eluieren mit PAe.; α +210°; 250 mg. — *Diketon $C_{27}H_{42}O_2$* (**VII**), F. 204—206° (CH_3OH), neben **VI** mit PAe.-Bzl. (2:1); Platten, α +184°. Daneben aus den Waschwassern 25 mg *Aceton-2.4-dinitrophenylhydrazon* (F. 121—124°). — *8.10.14-Trimethyl-Δ$^{3,5.12}$-novursadien,* $C_{30}H_{48}$, F. 70—72° (Aceton), a) durch 1std. Stehen von 700 mg **II** in Chlf./Trichloressigsäure; hexagonale Prismen, α +123° (c = 1,4); 200 mg; b) analog **II** aus 1 g **III**; α +120° (c = 2,1); 200 mg. — *5.8.14-Trimethyl-Δ$^{9,10.12}$-novursadien-11-on* (**V**; „*α-Amyradienon-III*"), F. 170—177° (CH_3OH), aus **IV** mit HJ/Essigsäure; große Plättchen, α +171° (c = 3,3); b) analog aus 11-Oxo-Δ^{12}-ursen-3β-ylacetat oder -benzoat; c) durch 8std. Kochen von 2 g **III** mit Eisessig/HJ; α +172° (c = 2,1); 1,2 g. — *5.8.14-Trimethyl-Δ$^{9,10.12}$-novursadien,* $C_{30}H_{48}$, F. 98—99° (Aceton/CH_3OH), a) durch 7std. Kochen von 1 g **V** mit $LiAlH_4$/Ae. u. 16std. Stehen bei Raumtemp.; Platten, α +120° (c = 2,8); 560 mg; b) analog **II** aus 1 g **V**; α +118° (c = 0,9); 250 mg.— *5.8.14-Trimethyl-Δ^{12}-9ξ.10ξ-novursen,* $C_{30}H_{50}$, F. 95—96° (Aceton/CH_3OH), durch 24std. Hydrieren von 600 mg **V** in Eisessig in Ggw. von Pt; Platten, α +140° (c = 1,4); 350 mg. — „*l-α-Amyradien*", F. 193—194° (Chlf./CH_3OH), a) durch 16std. Kochen von 150 mg vorvorst. Verb. in Chlf./Essigsäure mit konz. HCl; Platten, α —110° (c = 1,9); 50 mg; b) durch 80std. Kochen von 250 mg **II** mit BF_3/Eisessig; α —104° (c = 1,5); 130 mg. — *8.10.14-Trimethyl-Δ$^{3,4.9,11.12}$-5ξ-novursatrien* („*d-α-Amyratrien*"), F. 132 bis 134° (CH_3OH oder CH_3OH/Chlf.), a) durch 3std. Kochen von 500 mg **I** mit $LiAlH_4$/Ae. u. 15std. Kochen in Pyridin mit $POCl_3$; Nadeln, α +445° (c = 2,1); 200 mg; b) durch 1½std. Schütteln von **VIII** in PAe. mit PCl_5 u. 2 Min. Kochen; α +439° (c = 0,9). — *5.8.14-Trimethyl-Δ$^{1,10.9,11.12}$-novursatrien,* F. 145—146° (CH_3OH), durch 72std. Stehen von **V** mit $LiAlH_4$/Ae. bei 0°; Nadeln, α —358° (c = 1,6). — *5.8.14-Trimethyl-Δ$^{9,10.11.13,18}$-novursatrien* („*l-α-Amyratrien*"), F. 140—142° (CH_3OH), durch 2std. Erhitzen von 80 mg vorst. Verb. in Essigsäure mit konz. HCl auf 100°, 48std. Stehen u. 3std. Erhitzen auf dem Wasserbad; Nadeln, α —450° (c = 0,5); 50 mg. — Die Infrarotabsorptionsspektren aller Verbb. sind angegeben. (J. chem. Soc. [London] **1955.** 3371—77. Okt. Glasgow, Roy. Techn. Coll.) R. PASEDAG. 3600

M. B. E. Fayez, James Grigor, F. S. Spring und **Robert Stevenson,** *Triterpenoide.* 44. Mitt. *Die Konstitution von „l-α-Amyradien".* (43. vgl. vorst. Ref.) Für das aus α-Amyrin (**III**) nach VESTERBEY (Ber. dtsch. chem. Ges. **24.** [1891.] 3835) u. EWEN u. Mitarbeitern (J. chem. Soc. [London] **1944.** 28) erhaltene „*l-α*-Amyradien" wird auf Grund nachst. Rkk. u. Unters. der Infrarotspektren die Konst. eines *5.8α.9β-Trimethyl-Δ$^{12.14}$-10α-novursadiens* (**I**) bewiesen. Die CrO_3-Oxydation von **I** führt zu *5.8α.9β-Trimethyl-Δ^{14}-10α-novursen-12-on,* das sich zufolge seiner Stabilität gegen Säureeinw. u. seines Übergangs in *5.8α.9β-Trimethyl-Δ^{13}-10α-novursen-12-on* (**II**) bei Alkalibehandlung als *β.γ*-ungesätt. Keton ausweist. Stärkere Oxydation von **I** liefert das *Δ^{14}-10α-*

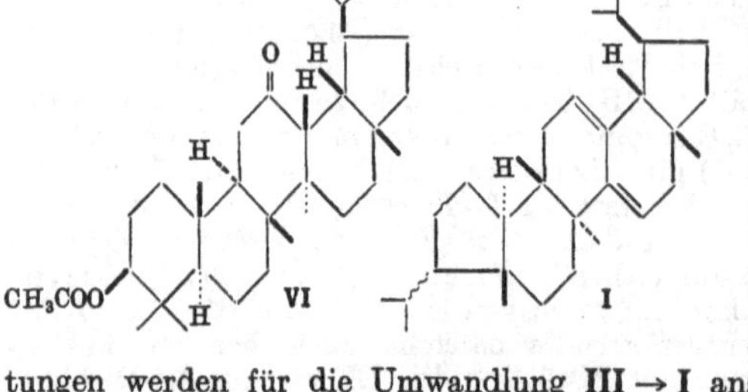

Novursen-12.16-dion. II ist ident. mit der Verb., die bei der Behandlung von 12-Oxo-13α-ursan-3β-ylacetat (IV-Acetat) oder IV-Benzoat, 3β.12-Diacetoxy-Δ^{12}-ursen (V) bzw. von 12-Oxoursan-3β-ylacetat (VI) mit HJ/Eisessig entsteht. Für den letzten Fall wird ein Reaktionsmechanismus diskutiert, bei dem 8.10.14-Trimethyl-$\Delta^{3,5}$-novursen-12-on als Zwischenprod. angenommen wird. Analoge Betrachtungen werden für die Umwandlung III → I angestellt. Die CrO_3-Oxydation von II liefert *5.8α.9β-Trimethyl-Δ^{13}-10α-novursen-12.15-dion*, während unter stärkeren Bedingungen die isomeren *Δ^{13}-10α-Novursen-12.15.16-* bzw. *-11.12.15-trione* entstehen. Durch $LiAlH_4$-Red. von II wird ein Gemisch der *epimeren 5.8α.9β-Trimethyl-Δ^{13}-10α-novursen-12-ole* erhalten, das bei Behandlung mit Acetanhydrid/Pyridin oder HCl/Essigsäure I liefert.

Versuche (α = $[\alpha]_D$ in Chlf.): *5.8α.9β-Trimethyl-Δ^{13}-10α-novursen-12-on* (II), $C_{30}H_{48}O$, F. 158—159° (wss. CH_3OH), a) durch 16std. Kochen von 2 g IV-Acetat in Eisessig mit HJ, Verdünnen mit W. u. Ausäthern; flache Nadeln, α —41° (c =1,6); 400 mg (Ausbeute); b) analog aus 45 g IV-Benzoat; 10 g; c) ebenso aus 1 g V; 550 mg; d) aus VI; α —39° (c = 1,5); e) durch 3std. Kochen nachst. Verb. mit 5%ig. methanol. NaOH u. Zugeben von W.; α —38° (c = 0,9). — *5.8α.9β-Trimethyl-Δ^{14}-10α-novursen-12-on*, $C_{30}H_{48}O$, F. 218—219° (Chlf./CH_3OH), durch 1std. Erhitzen von 2 g I mit CrO_3/90%ig. Essigsäure/Bzl. auf 100°; Nadeln, α —62° (c = 2,2); 760 mg. — *5.8α.9β-Trimethyl-Δ^{14}-10α-novursen-12.16-dion*, $C_{30}H_{46}O_2$, F. 224—225° (Chlf./CH_3OH), a) durch 5½std. Erhitzen von 3 g I mit CrO_3/Eisessig auf 100° u. Stehen über Nacht; feine Nadeln, α —134° (c = 1,2); 320 mg; b) analog aus 224 mg vorst. Ketons in 1 Std.; 93 mg. — *5.8α.9β-Trimethyl-Δ^{13}-10α-novursen-12.15-dion*, $C_{30}H_{46}O_2$, F. 176—177° (CH_3OH), durch 1std. Rühren von 8 g II mit CrO_3/90%ig. Essigsäure bei 95°, Ausäthern, Chromatographieren aus Bzl./PAe. (3:7) an Al_2O_3 u. Eluieren; flache gelbe Nadeln, α +86° (c = 2,7); 2,6 g. — *5.8α.9β-Trimethyl-Δ^{13}-10α-novursen-11*(oder *16*)*.12.15-trion*, $C_{30}H_{44}O_3$, F. 182 bis 183° (wss. CH_3OH), a) neben vorst. Verb. durch Eluieren mit Bzl./PAe. (1:1); lange flache orangefarbene Nadeln, α +214° (c = 1,8); 0,84 g; b) mit CrO_3/Essigsäure aus 120 mg vorst. Verb. bei 95° in 1 Std.; 30 mg. — *5.8α.9β-Trimethyl-Δ^{13}-10α-novursen-12.15.16*(oder *11*)*-trion*, $C_{30}H_{44}O_3$, F. 228—230° (wss. CH_3OH), neben vorst. Verb. nach a) durch weiteres Eluieren; gelborangefarbene Nadeln, α +378° (c = 0,9); 90 mg. — *5.8α.9β-Trimethyl-$\Delta^{12.14}$-10α-novursadien* (I; „*l-α-Amyradien*"), F. 195—197° (Chlf./CH_3OH), durch 2std. Kochen von 1 g II mit $LiAlH_4$/Ae., Stehen über Nacht, 2std. Erhitzen der epimeren *5.8α.9β-Trimethyl-Δ^{13}-10α-novursen-12-ole* (Nadeln u. Prismen aus Chlf./CH_3OH) mit konz. HCl in Chlf./Essigsäure oder 1std. Erhitzen mit Pyridin/Acetanhydrid auf 100°; Platten, α —112° (c = 2,6); 80 bzw. 30 mg. — Die Infrarotspektren aller Verbb. sind angegeben. (J. chem. Soc. [London] **1955**. 3378—83. Okt.)

R. PASEDAG. 3600

Irving Allan Kaye, Mary Fieser und Louis F. Fieser, *Chemie des C-Ringes im α-Amyrin.* Das durch Oxydation von α-Amyrin (II; 3-Oxy-Δ^{12}-ursen) mit O_3 gewonnene „*α-Amyrinacetatoxyd*" (*3-Acetoxy-12.13-epoxyursan*; vgl. RUZICKA u. Mitarbeiter, Helv. chim. Acta **28**. [1945.] 199, sowie MC LEAN u. Mitarbeiter, C. **1955**. 594) erweist sich gegen neutrales u. alkal. Al_2O_3 sowie gegen $LiAlH_4$ bei 85° als stabil. Erst bei der $LiAlH_4$-Red. in sd. N-Äthylmorpholin (Kp. 139°) entsteht II, wahrscheinlich durch Dehydratation des erwarteten Alkohols. An saurem Al_2O_3 erfolgt schließlich Umlagerung zu dem instabilen *3β-Acetoxy-12-keto-13-isoursan* (IV), das nach RUZICKA (l. c.) mit HCl in das stabile *3β-Acetoxy-12-ketoursan* (III) übergeht. Sowohl IV als auch III liefern mit Acetanhydrid/Na-Acetat *3β.12-Diacetoxy-Δ^{12}-ursen* (V), während mit Isopropenylacetat (I) in Ggw. von p-Toluolsulfonsäure aus IV *3β.12-Diacetoxy-Δ^{11}-13-isoursen*, dagegen aus III die *Δ^{11}-Ursenverb.* entsteht. Letztere beide Enoldiacetate lassen sich ebenso wie V bei 90° in A. u. 50—54 lbs. nicht katalyt. hydrieren, liefern aber im Gegensatz zu V im Dunkeln bei der Bromierung 2 isomere *Bromketone*, deren Dehydrobromierung zu *3β-Acetoxy-12-keto-$\Delta^{9,11}$-ursen* führt. Bei der $LiAlH_4$-Red. von IV wird nur ein leicht acetylierbares *3.12-Diol* erhalten, während aus der $LiAlH_4$-Red. von III ein Gemisch von *3β.12β-* u. *3β.12α-Dioxyursan* resultiert. Letzteres gibt nur ein *Monoacetat*, die 3β.12β-Verb. dagegen unter gleichen Bedingungen ein *Diacetat*. Weder IV noch III sind der WOLFF-KISHNER- bzw. der CLEMMENSEN-Red. zugänglich.

Versuche (FF. korr.): *α-Amyrin* (II), *Benzoat*, F. 195,5—197,1° (Aceton), durch Extrahieren von 2 kg Manila elemi-Harz mit 85%ig. wss. A., Überführen in Benzoate,

Entfernen des größeren Teils von Amyrin-β-benzoat mit Ae., Lösen des Rückstandes in Eisessig, 1std. Kochen mit Selensäure oder SeO_2 in W., 15 Min. Kochen mit wasserfreiem Na-Acetat, Gießen in W., Lösen in PAe., Chromatographieren an Al_2O_3 u. 4 bis 5tägiges Eluieren mit PAe.; $[\alpha]_D$ +97,1° (c = 2,04); 102,7 g (Ausbeute). Daneben mit Bzl./PAe. (1:4) 10—11 g *β-Amyradienyl-II-benzoat* (*$\Delta^{11.13.18}$-Oleanadienylbenzoat*, F. 250 bis 251,5° [Methyläthylketon], $[\alpha]_D$ —30,8° [c = 1,77]). **II**, F. 175,9—179°, durch Verseifung oder mit $LiAlH_4$. *Trifluoracetat*, $C_{32}H_{49}OF_3$, F. 208,3—210,6° (Aceton), mit Trifluoressigsäure in 5 Min. bei Raumtemp. in Bzl., $[\alpha]_D$ +72,7° (c = 2,82). *p-Toluolsulfonat*, $C_{37}H_{56}O_3S$, F. 129,8—129,9°, $[\alpha]_D$ +70° (c = 2,30); 88%. *Methansulfonat*, $C_{31}H_{52}O_3S$, F. 102,2—102,4°, $[\alpha]_D$ +67,0° (c = 1,56). — *α-Amyradienylbenzoat* (*$\Delta^{9.11.12}$-Ursadienylbenzoat*), F. 171,5—173° (Isopropylalkohol/Aceton), durch Bromieren von 258,1 mg **II**-Benzoat in CCl_4 unter Belichtung, Einengen u. 22std. Kochen mit Kollidin; 205 mg. Durch Zugeben von Li zu 1 g in 1.2-Dimethoxyäthan u. fl. NH_3 in 30 Min., Zugeben von Aceton, Einengen, Ausäthern u. Acetylieren → **II**-*Acetat* (F. 220—224°, $[\alpha]_D$ +79,7° [c = 2,57; Chlf.]; 0,675 g). — *α-Amyrinacetatoxyd* (*3-Acetoxy-12.13-epoxyursan*), $C_{32}H_{52}O_3$, F. 220—223° (Aceton), durch ~4½std. Einleiten von 2%ig. O_3-Gas in 37,9 g **II**-Acetat in CCl_4; Nadeln, $[\alpha]_D$ +63,9° (c = 2,36); ~5 g. — *α-Amyrenoxyd* (*12.13-Epoxyursan*), $C_{30}H_{50}O$, F. 142—144° (CH_3OH/Ae.), analog aus α-Amyren (Δ^{12}-Ursen); $[\alpha]_D$ +69,4° (c = 2,03). — *3β-Acetoxy-12-keto-13-isoursan* (**IV**), F. 201—203° (CH_3OH/Ae.), durch Behandeln von 32,8 g vorvorst. Verb. in Bzl. mit saurem Al_2O_3 über Nacht u. Fällen mit CH_3OH; $[\alpha]_D$ +124,3° (c = 1,85); 24,9 g. — *12-Keto-13-isoursan* („*α-Amyrenoxyd*"), analog **IV** aus vorvorst. Verb.; $[\alpha]_D$ +131,2° (c = 2,16). — *α-Amyranonolenoldiacetat* (**V**; *3β.12-Diacetoxy-Δ^{12}-ursen*), $C_{34}H_{54}O_4$, F. 251,5—256,5°, durch Kochen von **IV** oder 3β-Acetoxy-12-ketoursan (**III**; aus **IV** mit konz. HCl in Chlf./Essigsäure) in Acetanhydrid/Na-Acetat; $[\alpha]_D$ +64,2° (c = 2,03). *3β.12-Dioxy-Δ^{12}-ursen*, $C_{30}H_{50}O_2$, F. 181—183° (Ligroin), beim Vers. der $LiAlH_4$-Red. von **V** nach 10 Std.; durchscheinende Kristalle, $[\alpha]_D$ +90,6° (c = 2,86; Bzl.). — *3β.12-Diacetoxy-Δ^{11}-ursen*, $C_{34}H_{54}O_4$, F. 247 bis 250° (Ae./Isopropylalkohol), durch 2std. Erhitzen von **III** in **I** in Ggw. von p-Toluolsulfonsäure ansteigend auf 98°, 17std. Kochen, Konzentrieren, Zugeben von $NaHCO_3$, Einengen bei 30°/10 mm u. Zugeben von W. u. Bzl.; Nadeln, $[\alpha]_D$ +85,9° (c = 2,00); 85—88%. — *3β.12-Diacetoxy-Δ^{11}-13-isoursen*, $C_{34}H_{54}O_4$, F. 169,5—173°, aus **IV**; $[\alpha]_D$ —37,1° (c = 2,12). — *3β-Acetoxy-11α-brom-12-keto-13-isoursan*, $C_{32}H_{51}O_3Br$, F. 230,2 u. 230,7° (CH_3OH/Ae.), durch Bromieren vorst. Verb. in CCl_4 im Dunkeln, Stehen über Nacht, Zugeben von CH_3OH u. 26std. Stehen; $[\alpha]_D$ +145,5° (c = 2,09; CCl_4). — *3β-Acetoxy-11α-brom-12-ketoursan*, F. 226—239°. — *Iso-α-amyrenonylacetat*, F. 290,5—293°, a) durch Umkristallisieren vorst. Verb.; b) durch Bromierung vorvorst. Verb. im UV-Licht; 79,2%. — *3β.12-Diacetoxy-$\Delta^{9.11.12}$-ursadien*, $C_{34}H_{52}O_4$, F. 257—259,3° (Aceton/CH_3OH), durch Bromieren von 255,9 mg **V** in CCl_4 im UV-Licht, Einengen u. 46std. Stehen in CH_3OH/CCl_4; Nadeln, $[\alpha]_D$ +260° (c = 1,52); 200 mg. — *3β.12α-Dioxyursan*, $C_{30}H_{52}O_2$, F. 258,4—259,2° (Aceton/CH_3OH), aus 5 g **III** mit $LiAlH_4$ in 40 Std. u. Lösen in Isopropylalkohol; $[\alpha]_D$ +17,4° (c = 2,19); 0,4 g. *Monoacetat*, $C_{32}H_{54}O_3$, F. 283,5 bis 287,5° (Ae./A.), in 16 Min. bei 100° oder in 18 Std. bei Raumtemp.; $[\alpha]_D$ +30,3° (c = 1,32). — *3β.12β-Ursandiol*, $C_{30}H_{52}O_2$, F. 169,9—170,4° (Ae./Ligroin), aus den Mutterlaugen vorst. Alkohols durch Einengen u. Lösen in Ligroin; Blättchen, $[\alpha]_D$ +10,2° (c = 1,87); 3,59 g. *Diacetat*, $C_{34}H_{56}O_4$, F. 205,2—206,4° (CH_3OH), in 16 Min. bei 100° oder in 18 Std. bei Raumtemp.; durchscheinende Kristalle, $[\alpha]_D$ —1,2° (c = 2,11). *Monoacetat*, $C_{32}H_{54}O_3$, F. 274,4—276,2° (CH_3OH/Bzl.), 8 Min. bei 100° u. Chromatographieren; $[\alpha]_D$ +17,8° (c = 1,49). — *3.12-Ursandiol*, $C_{30}H_{52}O_2$, F. 191,6—192,8° (Ae./Ligroin), a) aus 1 g **IV** mit $LiAlH_4$; $[\alpha]_D$ +52,0° (c = 2,03); 0,545 g; b) durch Red. von 3β-Benzoyloxy-12-keto-13-isoursan („α-Amyrinbenzoatoxyd"). *3.12-Diacetat*, $C_{34}H_{56}O_4$, F. 163—165,5° (CH_3OH), in 25 Std. bei Raumtemp., Chromatographieren u. Eluieren mit PAe./Bzl. (3:1 u. 2:1); $[\alpha]_D$ +49,7° (c = 1,96). *3-Monoacetat*, $C_{32}H_{54}O_3$, F. 234—236° (CH_3OH), neben vorst. Diacetat mit PAe./Bzl. (2:1); Nadeln, $[\alpha]_D$ +62,7° (c = 2,13). — Die Infrarotspektren der meisten Verbb. sind angegeben. (J. Amer. chem. Soc. **77**. 5936—39. 20/11. 1955. Cambridge, Mass., Harvard Univ., Chem. Labor.)

R. PASEDAG. 3600

D. Arigoni, O. Jeger und **L. Ruzicka**, *Zur Kenntnis der Triterpene.* 183. Mitt. *Über die Konstitution und Konfiguration von Tirucallol, Euphorbol und Elemadienolsäure.* (182. vgl. C. **1956**. 3871.) Vff. schließen die Aufklärung der Konst. des mit Euphol (**VIII**) u. Lanosterin isomeren *Tirucallols* (**I**) ab. — Die Umsetzung von *Tirucallenolacetat* (**II**) mit HCl in Eisessig führt zu einer glatten u. stereospezif. verlaufenden Isomerisierung zu *Isotirucallenolacetat* (**III**), dessen nicht hydrierbare Doppelbindung sich an der gleichen Stelle befindet wie beim isomeren Isoeuphenolacetat (**IV**). Oxydation von **III** mit tert.-Butylchromat bildet das *Ketonepoxyd* **V** u. das *Keton* **VI**, dessen Ozonisation nach

Spaltung mit Zn + CH_3COOH u. Veresterung *L-(+)-2.6-Dimethylönanthsäuremethylester* (**XVI**) u. den auch beim Abbau von **IV** entstehenden *tricycl. Acetoxyketomethylester* **VII** liefert. Dadurch ist gezeigt, daß **III** u. **IV** sich nur durch verschied. Konfiguration an $C_{(20)}$ unterscheiden u., wie näher ausgeführt wird, das gleiche für das Paar **I–VIII** gilt. **I** ist also *20-Isoeuphol.* **I** u. **VIII** kommen gemeinsam im Milchsaft von Euphorbia tirucalli u. Euphorbia triangularis vor. — Auf Grund der so aufgeklärten Struktur von **I** kann man für *Elemadienonsäure* (**IX**), *Elemadienolsäure* (**X**) u. *Euphorbol* (**XI**) die nachst. Strukturen ableiten, wobei in **IX** u. **X** die Konfigurationen an $C_{(17)}$ u. $C_{(20)}$ u. in **XI** die Konfiguration an $C_{(17)}$ u. die Haftstelle der CH_2-Gruppe noch endgültig geklärt werden müssen. — Das aus **III** mit Phthalmonopersäure erhältliche *Epoxyd* **XII** gibt mit H_2SO_4 glatt ein *Acetoxydien* der sehr wahrscheinlichen Konst. **XIII**, dessen UV-Maxima dieselben sind wie die des ebenso aus **IV** gewonnenen isomeren Acetoxydiens. OsO_4-Oxydation von **III** u. reduktive Spaltung des Komplexes mit $LiAlH_4$ liefert das *Triol* **XIV**, welches mit Pb(IV)-Acetat bei nachheriger Acetylierung zu dem *Acetoxydiketon* **XV** abgebaut wurde. Dessen Überführung in die amorphe *Oxymethylenverb.*, Spaltung mit alkal. H_2O_2, CH_2N_2-Veresterung der erhaltenen *Säuren*, Chromatographie u. fraktionierte Dest. lieferte teilweise racemisierten **XVI**, der in der gleichen Reaktionsfolge auch aus **IV** entsteht. In beiden Fällen wird das *Carbanion* **XVII** intermediär entstehen, an welches dann in einem als asymm. Synth. anzusehenden Vorgang ein Proton angelagert wird.

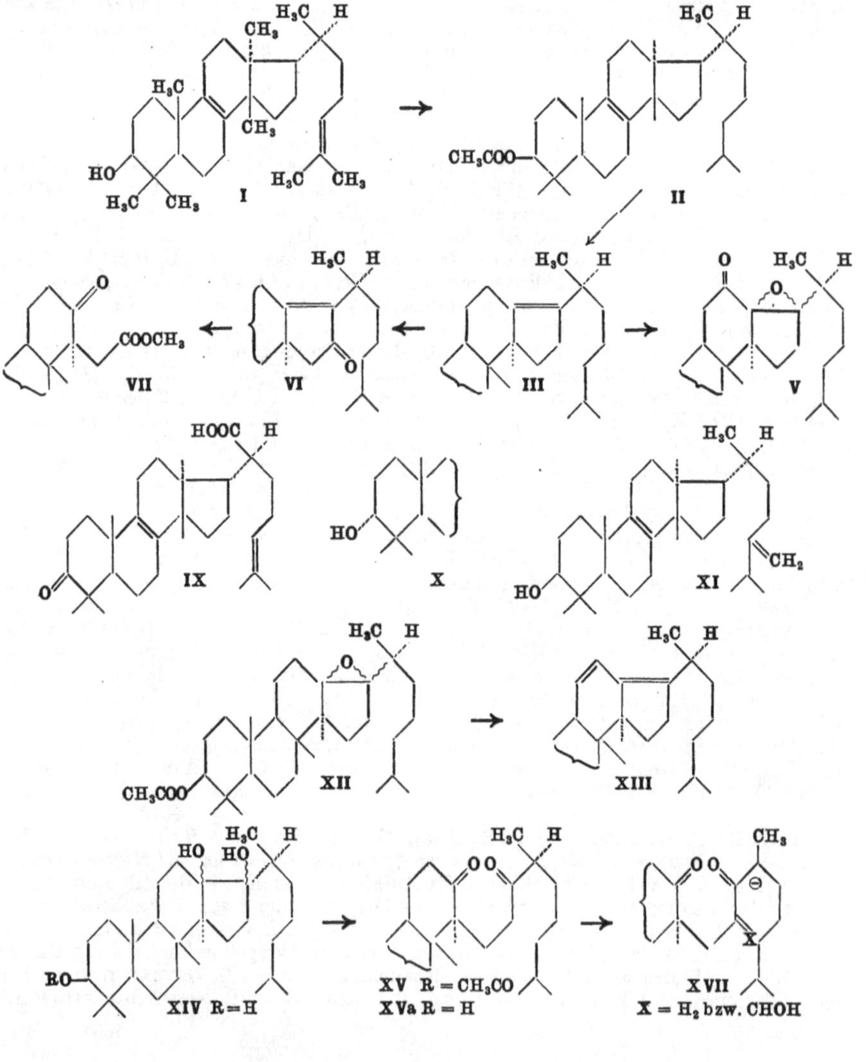

Versuche (FF. korr. u. in einer im Hochvakuum zugeschmolzenen Capillare bestimmt; $[\alpha]_D$ in Chlf. im dm-Rohr): *Isotirucallenolacetat* (III), $C_{32}H_{54}O_2$, durch 4std. Erwärmen von 500 mg II in Eisessig mit wenig konz. HCl; aus CH_2Cl_2–CH_3OH feine Blättchen; $[\alpha]_D$ $-1,4^0$ (c = 0,88); 500 mg roh (Ausbeute). — *α,β-ungesätt. Keton* VI, durch tropfenweise Zugabe von CrO_3 enthaltender benzol. Lsg. von tert.-Butylchromat zu 1 g III in Bzl. + Eisessig, 2tägiges Stehen, Gießen auf W., Ausäthern, Chromatographie der nach Aufarbeitung erhaltenen amorphen Prodd. (940 mg) an Al_2O_3, Eluierung mit PAe.–Bzl. (1:1) u. Dest. bei 200°/0,01 mm; Öl; $[\alpha]_D$ $+8^0$ (c = 1,07); 403 mg. Bei weiterer Eluierung mit Bzl.–Ae. (9:1) wurde das *Ketonepoxyd* V, $C_{32}H_{52}O_4$, eluiert; F. 131–132° (CH_3OH-W.); $[\alpha]_D$ $+8^0$ (c = 0,76); 42 mg. — Nach Ozonisation von 356 mg VI in Essigester bei -70^0, Einengen, Aufnehmen in Eisessig, 2std. Rk. mit Zn-Staub, Einengen des Filtrats, Aufarbeitung u. CH_2N_2-Veresterung der sauren Prodd. (207 mg), Chromatographie, Eluierung mit PAe. u. Dest. des Rohprod. (20 mg) bei 75–80° Badtemp./12 mm wurde *L-(+)-2.6-Dimethylönanthsäuremethylester* (XVI), $C_{10}H_{20}O_2$, erhalten; $[\alpha]_D$ $+18^0$ (c = 1,18). Weitere Eluierung mit PAe.–Bzl. (1:1) lieferte den *tricycl. Acetoxyketomethylester* VII, $C_{24}H_{38}O_5$, F. 195–196°, aus CH_2Cl_2–PAe. kleine Nadeln; $[\alpha]_D$ $+21^0$ (c = 0,78); 85 mg. — *Isotirucallenolacetatepoxyd* (XII), $C_{32}H_{54}O_3$, F. 55–56° (CH_2Cl_2–CH_3OH), dann CH_3OH-W), durch mehrstd. Stehen von III mit Benzopersäure in Chlf.; $[\alpha]_D$ -13^0 (c = 1,0). — *Acetoxydien* XIII, $C_{32}H_{52}O_2$, F. 90° (CH_2Cl_2–CH_3OH), aus 300 mg XII durch Erwärmen in Eisessig mit wenig konz. H_2SO_4 auf 80°; $[\alpha]_D$ $+69^0$ (c = 1,03); 280 mg. — *Triol* XIV, $C_{30}H_{54}O_3$, F. 161–162° (CH_3OH), durch mehrtägiges Stehen von 309 mg III in Pyridin mit OsO_4, Abdampfen, Lösen in Bzl., Zutropfen zu $LiAlH_4$ in Ae.–Bzl. (1:1), Zers. mit verd. H_2SO_4 u. Aufarbeitung; $[\alpha]_D$ $+22^0$ (c = 0,88); 289 mg. — *Acetoxydiketon* XV, $C_{32}H_{54}O_4$, F. 116–117°, durch 2tägiges Stehen von 99 mg XIV in Eisessig mit $(CH_3COO)_4Pb$ u. Acetylieren des nichtkristallisierenden *Oxydiketons* XVa (100 mg); Nadeln aus CH_3OH; $[\alpha]_D$ $+16^0$ (c = 0,90). *Dioxim*, $C_{32}H_{56}O_4N_2$, F. 192°, Nadeln aus CH_3OH-W.; $[\alpha]_D$ -34^0 (c = 0,81). *Mono-2.4-dinitrophenylhydrazon*, $C_{38}H_{58}O_7N_4$, F. 172°, Nadeln aus CH_2Cl_2–CH_3OH. — Nach 5tägigem Stehen von 1 g XV in absol. Ae. mit 2 g C_2H_5ONa u. 10 cm³ reinem Äthylformiat, Aufarbeitung, Lösen des erhaltenen amorphen Rohprod. (875 mg) in 2n NaOH + CH_3OH, langsame Zugabe von 30%ig. H_2O_2, Aufarbeitung, Veresterung der sauren Prodd. (700 mg) mit CH_2N_2, Fraktionierung bei 12 mm, Reinigung der bei 80–120° übergehenden Fl. (60 mg) durch Chromatographie, Eluierung mit Pentan u. Dest. der 42 mg bei 70° Badtemp./11 mm wurde XVI mit $[\alpha]_D$ $+7^0$ (c = 1,44) erhalten. (Helv. chim. Acta 38. 222–30. 1/2. 1955. Zürich, ETH, Organ.-chem. Labor.)

H.-J. NITZSCHKE. 3600

H. Dutler, O. Jeger und L. Ruzicka, *Zur Kenntnis der Triterpene.* **184.** Mitt. *Zur Konstitution und Konfiguration von Friedelin und Cerin; ein Beitrag zur Biogenese pentacyclischer Triterpene.* (183. vgl. vorst. Ref.) Bei Rk. des aus Friedelanolbenzoat durch Pyrolyse leicht erhältlichen *Δ^2-Friedelens* (II) mit $ZnCl_2$ in sd. Eisessig entsteht ein Gemisch von KW-stoffen, aus dem *$\Delta^{13,18}$-Oleanen* (III) isoliert werden kann. Unter Berücksichtigung der bisher bekannten Tatsachen über *Friedelin* läßt sich diesem damit die untenst. Konst. I zuordnen. Da früher aber festgestellt wurde, daß die im Ring A vorliegende Ketogruppe in einer Gruppierung $-CH_2CH_2-CO-CH-CH-$ enthalten ist, muß entweder bei den Rkk., die zur Ableitung dieser Gruppierung führten, eine CH_3-Wanderung von $C_{(5)}$ nach $C_{(10)}$ eingetreten sein, oder dem Friedelin kommt die Konst. **Ia** mit α-ständiger CH_3-Gruppe an $C_{(10)}$ zu. Diese Formel setzt eine 1.3-Wanderung einer CH_3-Gruppe sowohl bei der Biogenese als auch bei dem Übergang von II in III voraus. — Aus den früher nachgewiesenen Beziehungen zwischen I u. dem α-Oxyketon *Cerin* (IV) u. aus der Bldg. von Acetylcerin bei der $(CH_3COO)_4Pb$-Oxydation von I folgen für IV die untenst. Konstitutionen **IVa** bzw. **IVb**. — Die von BROWNLIE u. Mitarbeitern (J. Soc. chem. Ind. **1955.** 686) für I bzw. *Δ^3-Friedelen* vorgeschlagenen Konstitutionen können nicht zutreffen, wie näher ausgeführt wird.

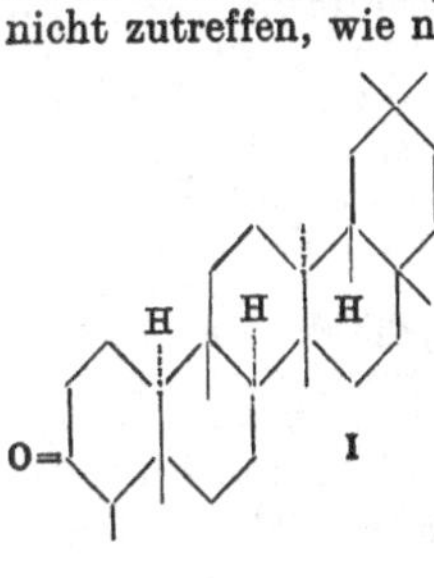

I

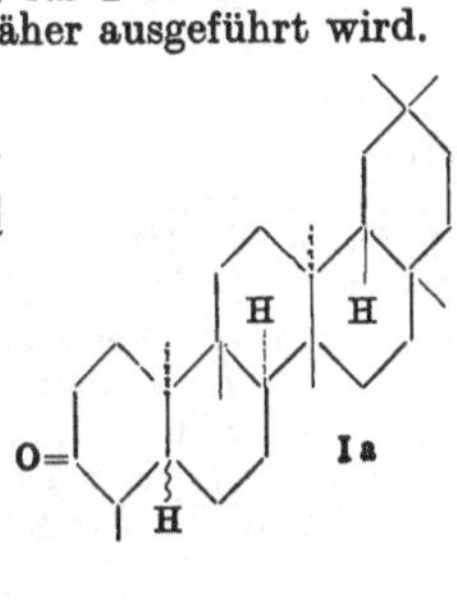

Ia

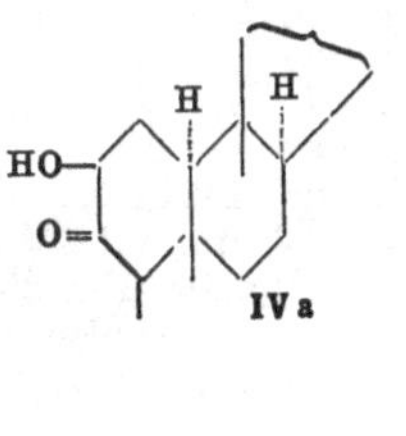

IVa

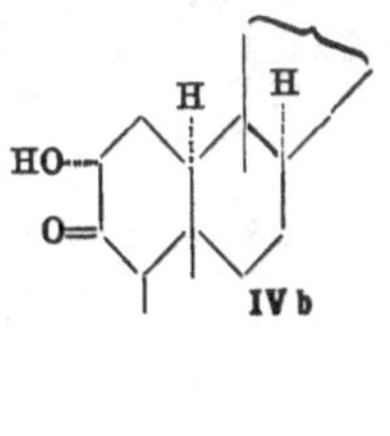

IVb

Versuche (FF. korr. u. in einer im Hochvakuum evakuierten Capillare bestimmt; $[\alpha]_D$ in Chlf. im dm-Rohr): Nach $1^1/_4$std. Kochen von 102 mg Δ^2-Friedelen (II; F. 253—254°; $[\alpha]_D$ +53° [c = 0,77]) mit 3 g geschmolzener $ZnCl_2$ in Eisessig, Aufarbeitung, Kristallisation der erhaltenen Kristalle (F. 140—195°; $[\alpha]_D$ ±0° [c = 1,0]) aus Chlf.-CH_3OH (37 mg **II** werden zurückerhalten), Eindampfen der Mutterlauge (62 mg), Lösen in Pyridin, 18std. Rk. mit OsO_4, Aufarbeiten, Spalten des Os-Esters mit $LiAlH_4$, Lösen in PAe., Chromatographie an Al_2O_3 u. Eluieren mit PAe. wurden 31 mg rohes *$\Delta^{13,18}$-Oleanen* (III) erhalten; Nadeln aus Essigester–Methanol, F. 183—184°; $[\alpha]_D$ —18° (c = 0,23). (Helv. chim. Acta **38**. 1268—73. 1/8. 1955.) H.-J. NITZSCHKE. 3600

R. B. Wagner, Robert F. Forker und **Penn F. Spitzer jr.**, *Die Δ^9-12-Keto-Steroidsapogenine.* Die Sapogeninfraktionen aus Agave deserti Engelm. u. Agave huachucensis Baker zeigen ein UV-Maximum bei 238 mμ. An diesen Fraktionen wurden durch Chromatographie *9-Dehydrohecogenin* u. *9-Dehydromanogenin* (II) isoliert, die das Δ^9-12-Keton-syst. enthalten. Ihre Konst. wurde durch Überführung in bekannte Sapogenine, wie *Hecogenin* (III), *Rockogenin, Agavogenin, Manogenin* (VIII), *Kammogenindiacetat* (V), *Gitogenin* u. *Manogensäure* (VI) bewiesen.

Versuche ($[\alpha]_D$ in Dioxan im dm-Rohr): *9-Dehydrohecogenin*, $C_{27}H_{40}O_4$, 610 mg Hecogeninfraktion aus Agave deserti Engelm. (F. 244—247°) werden in absol. Bzl. auf eine Säule von akt. Al_2O_3 gegeben u. nacheinander eliniert mit Bzl., 8% Ae. enthaltendem Bzl., Pentan mit steigender Ae.-Konz., Ae. u. 0,5% Methanol in Ae.; 74 mg wurden mit Methanol–Ae. eluiert; aus Methanol Nadeln, F. 235°; $[\alpha]_D^{24}$ —11° (c = 1,32). *Acetat* (I), $C_{29}H_{42}O_5$, aus Methanol Nadeln, F. 224—227°; $[\alpha]_D^{25}$ —7° (c = 2,01). — *Rockogenindiacetat*, $C_{31}H_{48}O_6$: a) 39 mg **I** wurden in Ae. u. wenig Essigsäure in Ggw. von ADAMS-Katalysator bei n. Temp. u. 3 at 3 Std. hydriert; das Prod. wurde acetyliert. F. 200—203° (Methanol); $[\alpha]_D^{25}$ —68° (c = 1,00); 20 mg (Ausbeute). b) Hecogenin (III) aus Agave toumeyana Trel. [F. 268°; $[\alpha]_D^{24}$ +18° (c = 0,564)] wurde hydriert u. acetyliert; $[\alpha]_D^{25}$ —63° (c = 1,28). — *9-Dehydromanogenin* (II), $C_{27}H_{40}O_5$: 0,9 g **VIII**-Diacetatfraktionen aus Agave huachucensis Baker (F. 237°) wurden in Pentan–Bzl. (1:1) an Al_2O_3 chromatographiert u. wie oben eluiert; reines Bzl. lieferte unreines **II**-*Diacetat* (VII); mit 1% Methanol in Ae. wurde das *Monoacetat* erhalten; F. 243—248°; 0,1 g. 7—100% Methanol in Ae. gab reines **II**; F. 237—240° (Ae.); $[\alpha]_D^{24}$ —16° (c = 0,88); 0,1 g. — *Diacetat* (VII), $C_{31}H_{44}O_7$, F. 261—263° (Ae., dann Methanol); $[\alpha]_D^{24}$ —62° (c = 1,34). — *Agavogenin*, $C_{27}H_{44}O_5$; **VII** wurde in absol. A. innerhalb 40 Min. mit Na versetzt, nach der Rk. mit W. verd. u. mit HCl neutralisiert; der A. wurde durch Durchleiten von N_2 durch die heiße Mischung entfernt, es wurde in Ae. aufgenommen; F. 238—240°; (wss. Methanol); $[\alpha]_D^{28}$ —62° (c = 1,02); 58%. *Triacetat*, $C_{33}H_{50}O_8$, F. 228—230° (Ae.); $[\alpha]_D^{26}$ —98° (c = 2,09). — *Manogenin* (VIII)-*Diacetat*, $C_{31}H_{46}O_7$: a) 1 g **VII** wurde in Ae. mit wenig Essigsäure in Ggw. von ADAMS-Katalysator 5 Std. bei n. Temp. u. 3 at hydriert; 0,85 g Kristalle; F. 248°; dieses Prod. wurde in Essigsäure bei n. Temp. mit CrO_3 in 50%ig. Essigsäure oxydiert; aus Methanol Nadeln, F. 261—264°; $[\alpha]_D^{26}$ —42° (c = 1,51); 624 mg; **VIII** wurde durch Verseifung von 320 mg Diacetat mit 10%ig. KOH in A. (30 Min. Kochen) dargestellt; F. 243—246°; $[\alpha]_D^{26}$ 0° (c = 1,7); 140 mg; b) 500 mg **V** aus Yucca schottii Engelm. [F. 262—264°; $[\alpha]_D^{25}$ —82° (c = 2,42)] wurde wie bei a) hydriert u. ergab dasselbe Zwischenprod.; ebenso wurde die Oxydation durchgeführt. — *Gitogenin*: **VIII**-Diacetat wurde mit Na in absol. A. u. 85%ig. Hydrazinhydrat 12 Std. im Einschlußrohr auf 200° erhitzt, in W. gegossen, mit konz. HCl angesäuert u. der A. durch Durchleiten eines N_2-Stromes durch die heiße Lsg. entfernt; der Nd. wurde in Ae. aufgenommen; aus Ae. Nadeln; F. 268—271°; $[\alpha]_D^{24}$ —61° (c = 0,84). *Diacetat*, 242—244° (CH_3OH); $[\alpha]_D^{25}$ —91° (c = 1,56). — *9-Dehydromanogensäure*, $C_{27}H_{38}O_7$: 203 mg **VII** wurden nach Verseifung mit 5%ig. alkoh. KOH mit CrO_3 in Essigsäure 1 Std. bei n. Temp. oxydiert; nach Versetzen mit Methanol u. W. wurde das Prod. in Ae. aufgenommen, der saure Anteil mit 5%ig. wss. KOH extrahiert, angesäuert u. in Ae. aufgenommen; F. 265—267° (CH_3COOH) unter Zers.; $[\alpha]_D^{24}$ 0° (c = 0,99); 24 mg. *Dimethylester*, $C_{29}H_{42}O_7$, mit Diazomethan; F. 178—180° (CH_3OH); $[\alpha]_D^{28}$ +4° (c = 1,10). — *Manogensäure* (VI), $C_{27}H_{40}O_7$: a) 217 mg **II** wurden wie oben beschrieben hydriert, in Essigsäure wurde gelöst u. bei n. Temp. wie für die ungesätt. Säure beschrieben, oxydiert; F. 266—269° unter Zers. (CH_3COOH); 64 mg; b) **III** gab bei Oxydation mit CrO_3 bei n. Temp. in Essigsäure *Hecogenon*, F. 237—240° $[\alpha]_D^{26}$ +17° (c = 1,30); 1,6 g dieses Prod. wurden in Essigsäure mit CrO_3 in 90%ig. Essigsäure versetzt, die Mischung 90 Min. bei 31° gehalten u. dann 3 Std. auf 55° erwärmt; nach Versetzen mit Methanol u. Einengen wurde in Ae. aufgenommen u. die äther. Lsg. mit wss. $NaHCO_3$ gewaschen; aus dem Ae. wurden 0,5 g Hecogenon zurückgehalten, aus dem alkal. Extrakt nach Ansäuern 53 mg **VI**; F. 269—272° unter Zers. (CH_3COOH). *Dimethylester* (IV), $C_{29}H_{44}O_7$, mit Diazomethan; aus Methanol Nadeln, F. 161—163°. **IV** wurde auch erhalten durch Red. von **II** mit Na u. A. anschließende Oxydation mit CrO_3 bei n. Temp., gefolgt von Methylierung. — *Dimethylester von Chlorogeninsäure* (*6-Ketogitogensäure*), F. 163°; $[\alpha]_D^{25}$ —44° (c = 1,26). (J. Amer. chem. Soc. **73.** 2494—97. Juni 1951. State Coll., Pa., School. of Chem. and Phys., Whitmore Labors.). K. H. MENZEL. 3650

Donald L. Klass, Mary Fieser und **Louis F. Fieser,** *Digitogenin.* Das aus Digitogenin (**I**) mittels Chlorameisensäureäthylesters (**III**) erhaltene **I**-*2.3-Dicathylat* (**II**) liefert bei der $Na_2Cr_2O_7$-Oxydation *22α.5α-Spirostan-2α.3β-diol-15-ondicathylat* (**IV**), das ein *2.4-Dinitrophenylhydrazon* gibt, aber nur in sehr geringer Ausbeute nach HUANG-MINLON zu *Gitogenindiacetat* (**V**) red. werden kann. Besser entsteht **V** durch Desulfurierung des **IV**-*Äthylenthioketals.* Die cis-Hydroxylierung von Δ^2-*22α.5α*-Spirosten (**VI**) führt nur zu *22α.5α-Spirostan-2.3β-diol,* das ein *Acetonid* bildet u. zu *Gitogensäure* ozonisiert wird. Beim Erhitzen mit $NaOC_2H_5$ im Rohr entsteht nach Acetylierung **V.** Reines *Gitogenin* gibt mit konz. H_2SO_4 keinen violetten Farbtest. Die trans-Stellung der 2- u. 3-OH-Gruppe in **I** wird durch das Nichteintreten einer Dehydratation bei der Sublimation mit $KHSO_4$, sowie durch Nichtbldg. des Acetonids bestätigt. Ferner wird dadurch u. durch Unters. des Infrarotspektr. der *Digitogensäure* bzw. des *Oxims* die Stellung der $C_{(15)}$-OH-Gruppe u. ihre wahrscheinlich β-Konfiguration festgelegt. **IV** kann leicht zu *22α.5α-14-Isospirostan-2α.3β-diol-15-ondicathylat* isomerisiert werden. **II** bildet ein *Trifluoracetat.* Die $LiAlH_4$-Red. von Digitogeninlactontriacetat bzw. des Lactontriols führt zu *Bisnorallocholan-2α.3β.15β.16β.22-pentaol,* das ein dimorphes *Acetonid* bildet. Beim Vers. der Oxydation mit NO_2 in Chlf. konnte kein Prod. isoliert werden, obwohl die Infrarotanalyse ein COOH-Deriv. anzeigte. Aus Tigogeninlacton wird analog *Bisnorallocholan-3β.16β.22-triol* erhalten, das überraschenderweise ein 7-Ring-*Acetonid* gibt. Aus einem Digitoninpräparat des Handels wurde als neues Sapogenin *Neodigitogenin* isoliert u. als *2.3-Dicathylat* charakterisiert. Es wird mit äthanol. HCl zu **I** isomerisiert.

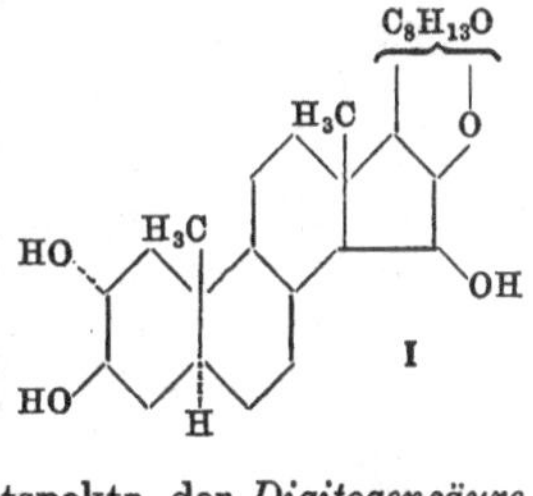

I

Versuche: *Digitogenin* (**I**), F. 288—291° (Zers.; CH_3OH), durch 17std. Kochen von 14,1 g Digitonin mit methanol HCl, Einengen u. Verdünnen mit W.; 5,1 g (Ausbeute). — *Gitogenindicathylat,* $C_{33}H_{52}O_8$, F. 203—205° (CH_3OH), durch Behandeln von 3,84 g **I** in absol. Dioxan/Pyridin mit **III** bei 0°, Stehen über Nacht bei Raumtemp., Verdünnen mit verd. HCl, Ausäthern, Chromatographieren u. Eluieren mit PAe.-Bzl. (6:4); Platten; $[\alpha]_D$ —86° (c = 1,13 in Chlf.); 71 mg. — *Digitogenin-2.3-dicathylat* (**II**), $C_{33}H_{52}O_9$, F. 174 bis 176° (CH_3OH), neben vorst. Verb. durch Eluieren mit PAe.-Bzl. (1:1) u. Bzl.; kurze prismat. Nadeln, $[\alpha]_D$ 91° (c = 1,72 in Chlf.), —77° (c = 1,172 in Pyridin); 3,11 g. Hydrolyse mit methanol. Alkali → **I,** Nadeln, $[\alpha]_D$ —80° (c = 1,29 in Chlf.), —61° (c = 1,18 in Pyridin). — *Neodigitogenin-2.3-dicathylat,* $C_{33}H_{52}O_9$, F. 225—228° (CH_3OH), mit Bzl.-Ae. (9:1) u. Ae.; Nadeln, $[\alpha]_D$ —102° (c = 1,50 in Chlf.), —91° (in Pyridin); 290 mg. — *Neodigitogenin,* $C_{27}H_{44}O_5$, F. 275—283° (Zers.; CH_3OH), Nadeln, $[\alpha]_D$ —82° (c = 1,25 in Pyridin). 72std. Kochen mit äthanol. HCl u. Behandeln mit **III** → 58% **II.** — *22α.5α-Spirostan-2α.3β-diol-15-on-dicathylat* (**IV**), $C_{33}H_{50}O_9$, F. 224,5—226° (Ae.-CH_3OH), durch 9std. Stehen von **II** mit $Na_2Cr_2O_7 \cdot 2H_2O$ bei Raumtemp.; glitzernde Platten, $[\alpha]_D$ —79° (c = 1,87 in Chlf.); 77%. *2.4-Dinitrophenylhydrazon,* $C_{39}H_{54}O_{12}N_4$, F. 268—270° (Zers.), gelbe Kristalle, $[\alpha]_D$ —288° (c = 0,60 in Chlf.). *Äthylenthioketal,* $C_{35}H_{54}O_8S_2$, F. 244,5 bis 246° (Ae.-CH_3OH), durch Behandeln von **IV** mit Äthandithiol in Ggw. von 70—72%ig. $HClO_4$, Zugeben von CH_3OH nach 20 Min., dann von W. u. Ausäthern; kurze, flache Nadeln, $[\alpha]_D$ —110° (c = 1,51 in Chlf.); 43—66%. — *Gitogenindiacetat* (**V**), $C_{31}H_{48}O_6$, F. 252—255° (Ae.-CH_3OH), durch 12std. Kochen von **IV**-Äthylenthioketal in absol. A. mit RANEY-Ni, Kochen mit äthanol. KOH, Ausfällen mit W., Trocknen u. Acetylieren; $[\alpha]_D$ —96° (c = 1,92 in Chlf.); 69%. — *Gitogenin,* $C_{27}H_{44}O_4$, F. 271,5—275° (Zers.; A.), a) durch Hydrolyse; b) durch HUANG-MINLON-Red. von **IV** mit $N_2H_4 \cdot H_2O$/Triäthylenglykol; Nadeln, $[\alpha]_D$ —70° (c = 1,02 in Chlf.); 4%. — *22α.5α-Spirostan-2β.3β-diol,* $C_{27}H_{44}O_4$, F. 243,5—245,5° (CH_3OH), durch Zugeben von J_2 zu **VI** (F. 181—184°, aus Tigogenin, $[\alpha]_D$ —31° [c = 3,62 in Chlf.]; 68,4%) in Eisessig/Ag-Acetat bei 35°, 15 Min. bei 35°, 3std. Erhitzen mit wss. Essigsäure auf dem Wasserbad unter Rühren, Sättigen mit NaCl, Abfiltrieren, Einengen u. Acetylieren → *Diacetat* ($C_{31}H_{48}O_6$, F. 216—217,5° [CH_3OH], kurze Nadeln, $[\alpha]_D$ —36° [c = 1,89 in Chlf.]; 23%), das hydrolysiert wird; Nadeln, $[\alpha]_D$ —48,5° (c = 1,55 in Chlf.) 24std. Erhitzen mit $NaOC_2H_5$ auf 184° im Rohr, Ausfällen mit W. u. Acetylieren → 54% **V.** *Acetonid,* $C_{30}H_{48}O_4$, F. 249—251,5° (Ae.), durch 18std. Kochen mit Aceton in Ggw. von p-Toluolsulfonsäure, Neutralisation mit 10%ig. K_2CO_3-Lsg. u. Ausäthern; kleine Platten, $[\alpha]_D$ —37° (c = 1,51 in Chlf.); 75%.

— *Gitogensäure*, F. 239—242° (wss. Essigsäure), durch Oxydation vorst. Diols mit KILIANI-Lsg./Eisessig–Chlf.; kurze Nadeln, $[\alpha]_D$ —56° (c = 1,45 in Chlf.); 55%. — *Digitogensäure*, F. 211—219° (Zers.; Essigsäure), Nadeln, $[\alpha]_D$ —43° (c = 2,16 in Chlf.). *Oxim*, F. 172—175° (Zers.; A.–W.), Mikronadeln. — *22α.5α-14-Isospirostan-2α.3β-diol-15-ondicathylat*, $C_{33}H_{50}O_9$, F. 221—223° (A.), durch 20 Min. Kochen von 40 mg **IV** mit konz. HCl/A. u. Einengen; kurze Nadeln; $[\alpha]_D$ —115° (c = 1,44 in Chlf.); 33 mg. *2.4-Dinitrophenylhydrazon*, $C_{39}H_{54}O_{12}N_4$, F. 240—242° (Zers.; Chlf.-CH_3OH), hellgelbe Nadeln. *Freies Keton*, $C_{27}H_{42}O_5$, F. 200—205° (verd. Aceton), Mikronadeln, $[\alpha]_D$ —106° (c = 1,07 in Chlf.). — *Digitogenin-2.3-dicathylat-15-trifluoracetat*, $C_{35}H_{51}O_{10}F_3$, F. 193 bis 196° (Ae.-CH_3OH), durch 2 std. Stehen von **II** mit Trifluoracetanhydrid bei Raumtemp. u. Einengen; $[\alpha]_D$ —110° (c = 1,18 in Chlf.); 86%. — *Digitogenintriacetat*, F. 193,5 bis 196° (PAe.), durch 8 std. Kochen von 4,65 g **I** mit Acetanhydrid/Na-Acetat, Zugeben von W., Ausäthern, Chromatographieren, Eluieren von 112 mg **V** mit PAe.–Bzl. (1:1) u. Eluieren mit Bzl.; Nadeln, $[\alpha]_D$ —117° (c = 2,71 in Chlf.); 3,4 g. — *Digitogeninlactontriacetat*, $C_{28}H_{40}O_8$, F. 287—291° (Aceton–PAe.), durch 45 Min. Erhitzen vorst. Triacetats mit rauchender HNO_3 auf dem Wasserbad; feine Nadeln, $[\alpha]_D$ —122° (c = 1,36 in Chlf.); 30%. *Lactontriol*, F. 285—289° (Zers; Aceton), kurze Nadeln, $[\alpha]_D$ —114° (c = 1,35 in Pyridin). — *Bisnorallocholan-2α.3β.15β.16β.22-pentaol*, $C_{22}H_{38}O_5$, F. 255,6 bis 258,5° (A.), durch 24 std. Kochen vorst. Triacetats bzw. vorst. Triols in absol. Tetrahydrofuran mit $LiAlH_4$, Zers. u. Zugeben von Chlf.; glitzernde Platten, $[\alpha]_D$ —2° (c = 1,45 in Pyridin); 68 bzw. 51%, *Acetonid*, $C_{25}H_{42}O_5$, F. 240—243° (Chlf.), mit Aceton u. wasserfreiem $CuSO_4$ in 3 Tagen bei Raumtemp.; kurze Nadeln, $[\alpha]_D$ —5° (c = 1,88 in Pyridin); *höherschm. Form*, F. 260—263°, kurze Nadeln, $[\alpha]_D$ —7° [c = 1,78 in Pyridin). — *Bisnorallocholan-3β.16β.22-triol*, $C_{22}H_{38}O_3$, F. 247—250°, aus Tigogeninlactonacetat (F. 219—222°, Nadeln $[\alpha]_D$ —45° [c = 1,51 in Chlf.]) mit $LiAlH_4$; hexagonale Platten, $[\alpha]_D$ +15° (c = 1,90 in Pyridin); 75%. *Triacetat*, $C_{28}H_{44}O_6$, F. 117—119° (Ae.-CH_3OH), $[\alpha]_D$ +53° (c = 2,55 in Chlf.) *Acetonid*, $C_{25}H_{42}O_3$, F. 189,5—191,5° (Aceton), flache Nadeln, $[\alpha]_D$ —33° (c = 1,63 in Pyridin); 52%. — Die Infrarotspektren der meisten Verbb. sind angegeben. (J. Amer. chem. Soc. **77**. 3829—33. 20/7. 1955. Cambridge, Mass., Harvard Univ., Chem. Labor.) R. PASEDAG. 3650

Akira Fujino, *Sterische Konfiguration der Terpenoid- und Steroidverbindungen*. Überblick über die Probleme der ster. Konfiguration der Terpenoid- u. Steroidverbindungen. — 37 Literaturangaben. (Kagaku-no-Ryôiki [J. Jap. Chem.] **9**. 103—18. Febr. 1955. Ôsaka, städt. Univ., Organ.-chem. Inst. [Orig.: japan.]) E. MAEKAWA. 3700

Jun Môri, *Absolute Konfiguration der Steroidverbindungen*. Überblick über die Probleme der absol. Konfiguration der Steroidverbindungen. — 75 Literaturangaben. (Kagaku-no-Ryôiki [J. Jap. Chem.]. **9**. 119—128. Febr. 1955. Tokio-Meguro, metropol. Univ., Abt. Chem. [Orig.: japan.]) E. MAEKAWA. 3700

Joseph L. Owades und **Albert E. Sobel**, *Untersuchungen an α-Cholesterylen*. Bei der Pyrolyse von Al-Cholesterylsulfat entsteht das mit der von ZWENGER [1848] aus Cholesterin mit H_2SO_4 erhaltenen Verb. ident. *α-Cholesterylen*, dessen Struktur auf Grund der Diskussion seiner UV- u. Infrarotspektren sowie wegen verschied. Eigg. u. Rkk. als *3.6'-Bis-$\Delta^{2.4}$-cholestadien* angenommen wird.

Versuche: *α-Cholesterylen* (*3.6'-Bis-$\Delta^{2.4}$-cholestadien*), $(C_{27}H_{43})_2$, F. 290—300°, a) aus Cholesterin mit wss. H_2SO_4 bei 65°; aus Chlf., Pyridin u. Toluol hellgelbe Kristalle; $[\alpha]_D$ —26° (c = 0,1 in Chlf.); b) aus 92 g Al-Cholesterylsulfat bei 138°/1 mm (1/2 Std.); 1,1 g *Tetrabromid*, $(C_{27}H_{43}Br_2)_2$, F. 130—132° (Zers.; Ae.-CH_3OH). *Maleinsäureanhydridaddukt*, $C_{58}H_{88}O_3$, F. 180—190° (Äthylacetat-CH_3OH); daneben *Addukt* $(C_{31}H_{45}O_3)_2$, F. 268—273° (Toluol). — *3'-Methyl-1.2-cyclopentenophenanthren* (DIELS *KW-stoff*), F. 126—127° (nach Chromatographie), aus vorst. Verb. mit Se (70 Std. bei 340°). — *Ketosäure* $C_{25}H_{42}O_3$, F. 95—100° (Zers.; wss. A.), aus α-Cholesterylen durch Ozonolyse. *2.4-Dinitrophenylhydrazon*, $C_{31}H_{46}O_6N_4$, F. 135°. (J. Amer. chem. Soc. **73**. 4223—25. Sept. 1951. New York, N. Y., Polytechn. Inst. of Brooklyn, Dep. of Chem. u. Jewish Hosp. of Brooklyn, Dep. of Biochem.) K. H. MENZEL. 3700

J. A. Hogg, P. F. Beal, A. H. Nathan, F. H. Lincoln, W. P. Schneider, B. J. Magerlein, A. R. Hanze und **R. W. Jackson**, *Die Nebennierenhormone und verwandte Verbindungen*. 1. Mitt. *Eine „direkte" Synthese von Hydrocortisonacetat und Cortisonacetat aus 11α-Oxyprogesteron*. Das durch Umsetzung von aus 11α-Oxyprogesteron durch Oxydation enthaltenen *11-Ketoprogesteron* mit Oxalsäurediäthylester u. Na-Methylat in Bzl. bei 25—30° erhaltene *Na-11-Keto-21-oxyprogesteron-21-äthoxyoxalat* (**I**) gibt nach Rk. mit J_2/KJ u. Acetylierung *11-Dehydrocorticosteronacetat*. Mit Br_2 geht **I** in *3.11-Diketo-$\Delta^{4.17,20-cis)}$-pregnadien-21-säuremethylester* (**II a**) über. Analog entsteht *3-Keto-11α-oxy-$^{4.17,20(cis)}$-*

pregnadien-21-säuremethylester aus Na-11α.21-Dioxyprogesteron-21-äthoxyoxalat (III). Verseifung von **IIa** gibt die entsprechende *Säure* (**II**) u. *3.11-Diketo-$\Delta^{4.16}$-pregnadien-21-säure.* Mit Na-Methylat wird aus **II** nicht wieder **IIa**, sondern der *Methylester* (**IV**) der entsprechenden *trans-Säure* erhalten. **IIa** gibt mit Pyrrolidin das Enamin, *3-Pyrrolidino-11-keto-$\Delta^{3.5.17,20(cis)}$-pregnatrien-21-säuremethylester,* das sich mit $LiAlH_4$ zu *3-Pyrrolidino-11β.21-dioxy-$\Delta^{3.5.17,20(cis)}$-pregnatrien* red. läßt, dessen Verseifungsprod., *11β.21-Dioxy-$\Delta^{4.17,20(cis)}$-pregnadien-3-on* (**V**), nach Acetylierung zum *21-Monoacetat* (**Va**) u. Oxydation *21-Acetoxy-$\Delta^{4.17,20(cis)}$-pregnadien-3.11-dion* (**VI**) gibt. **V** entsteht auch aus **IIa** über das *3-Äthylenketal,* Red. zu *3-Keto-11β.21-dioxy-$\Delta^{4.17,20(cis)}$-pregnadien-3-äthylenketal* u. Verseifung. Auf demselben Weg wird aus **IV** *11β.21-Dioxy-$\Delta^{4.17,20(trans)}$-pregnadien-3-on* (**VII**) erhalten. Als Beweis für die Lage der 17,20-Doppelbindung bei **Va** u. **VII**-*Acetat* (**VIIa**) diente die Rk. mit OsO_4. Hierbei geht **Va** in *11β.17α.20α-Trioxy-21-acetoxy-Δ^4-pregnen-3-on* (**VIII**) u. **VIIa** in *11β.17α.20β.21-Tetraoxy-Δ^4-pregnen-3-on* (REICHSTEINs *Substanz E*) über. **VIII** gibt bei der Oxydation mit MnO_2 *Hydrocortisonacetat* (**IX**) u. bei der Oxydation mit CrO_3 *Cortisonacetat* (**X**). Die Oxydation von **Va** u. **VIIa** mit Phenyliodosoacetat in Ggw. von OsO_4 gibt ebenfalls **IX** u. die analoge Umsetzung von **VI** gibt **X**.

Versuche: *11-Dehydrocorticosteronacetat,* F. 181—182,5°, aus I mit J_2 in wss. KJ, dann mit K-Acetat in Methanol; 40%. *3.11-Diketo-$\Delta^{4.17,20(cis)}$-pregnadien-21-säure* (**II**), F. 252—254° (Zers.), aus **IIa** mit wss. methanol. KOH. *Methylester* (**IIa**), $C_{22}H_{28}O_4$, F. 212—216°, aus I in mit Eisessig neutralisiertem tert.-Butanol/Methanol mit Br_2 in Ggw. von Na-Acetat bei 0°, dann mit Na-Methylat in Methanol; $[\alpha]_D^{23}$ +189° (Aceton); 60%. *3-Keto-11α-oxy-$\Delta^{4.17,20(cis)}$-pregnadien-21-säuremethylester,* $C_{22}H_{30}O_4$, F. 205—210°, aus **III** analog **II**; $[\alpha]_D^{23}$ +133° (Aceton). *3.11-Diketo-$\Delta^{4.16}$-pregnadien-21-säure,* F. 169 bis 172°, als Nebenprod. bei der Darst. von **II**. *Methylester,* $C_{22}H_{28}O_4$, F. 114—115°, $[\alpha]_D^{23}$ +179° (Aceton). — *3.11-Diketo-$\Delta^{4.17,20(trans)}$-pregnadien-21-säuremethylester* (**IV**), $C_{22}H_{28}O_4$, F. 155—159°, aus **II** mit Na-Methylat in Methanol; $[\alpha]_D^{23}$ + 121° (Aceton). — *3-Pyrrolidino-11-keto-$\Delta^{3.5.17,20(cis)}$-pregnatrien-21-säuremethylester,* $C_{26}H_{35}O_3N$, F. 181—183°, aus **IIa** mit Pyrrolidin in Ggw. von p-Toluolsulfonsäure; $[\alpha]_D^{23}$ —110° (Chlf.). — *3-Pyrrolidino-11β.21-dioxy-$\Delta^{3.5.17,20(cis)}$-pregnatrien,* $C_{25}H_{37}O_2N$, F. 228—232° (Zers.), aus vorst. Verb. mit $LiAlH_4$ in Dibutyläther, N-Äthylmorpholin oder Ae.-Bzl.; $[\alpha]_D^{23}$ —88° (Chlf.). — *11β.21-Dioxy-$\Delta^{4.17,20(cis)}$-pregnadien-3-on* (**V**), $C_{21}H_{30}O_3$, F. 156—158°, aus vorst. Verb. mit Alkali in Methanol-W.; $[\alpha]_D^{23}$ + 128° (Aceton). *21-Monoacetat* (**Va**), $C_{23}H_{32}O_4$, F. 190—191° $[\alpha]_D^{23}$ +128° (Aceton); 70—76% (Ausbeute, bezogen auf **IIa**). — *21-Acetoxy-$\Delta^{4.17,20(cis)}$-pregnadien-3.11-dion* (**VI**), $C_{23}H_{30}O_4$, F. 196—199°, durch Oxydation von **Va** mit CrO_3; $[\alpha]_D^{23}$ +145° (Aceton). — *3.11-Diketo-$\Delta^{4.17,20(cis)}$-pregnadien-21-säuremethylester-3-äthylenketal,* $C_{24}H_{32}O_5$, F. 188—190°, aus **IIa** mit Äthylenglykol u. p-Toluolsulfonsäure; $[\alpha]_D^{23}$ +9°. — *3-Keto-11β.21-dioxy-$\Delta^{4.17,20(cis)}$-pregnadien-3-äthylenketal,* $C_{23}H_{34}O_4$, F. 185—188°, aus vorst. Verb. mit $LiAlH_4$; $[\alpha]_D^{23}$ +4° (Aceton). Geht bei der Säurehydrolyse in **V** über. — *11β.21-Dioxy-$\Delta^{4.17,20(trans)}$-pregnadien-3-on* (**VII**), $C_{21}H_{30}O_3$, F. 181—185°, aus **IV** analog vorst. Verb. u. Hydrolyse: $[\alpha]_D^{23}$ +120° (Aceton). *Monoacetat* (**VIIa**), $C_{23}H_{32}O_4$, F. 107—110°; $[\alpha]_D^{23}$ +113° (Aceton). — *11β.17α.20α-Trioxy-21-acetoxy-Δ^4-pregnen-3-on* (**VIII**), $C_{23}H_{34}O_6$, F. 228—229°, aus **Va** mit OsO_4 nach MILAS u. SUSSMAN (J. Amer. Chem. Soc. **58**. [1936.] 1302); $[\alpha]_D^{23}$ +89° (Aceton). Freie *Tetraoxyverb.,* $C_{21}H_{32}O_5 \cdot 2H_2O$, F. 256—260°, $[\alpha]_D^{23}$ +65° (Aceton). — *11β.17α.20β.21-Tetraoxy-Δ^4-pregnen-3-on* F. 130—132°, aus **VIIa** analog **VIII**. *20.21-Diacetat,* $C_{25}H_{36}O_7$, F. 230—231,5°; $[\alpha]_D^{23}$ +168° (Aceton). — *Hydrocortisonacetat* (**IX**), F. 217—220°, aus **VIII** mit MnO_2 oder aus **Va** bzw. **VIIa** mit Phenyljodosoacetat in tert.-Butanol/Pyridin in Ggw. katalyt. Mengen OsO_4; $[\alpha]_D^{23}$ +159° (Dioxan). — *Cortisonacetat* (**X**), F. 244—248°, aus **VIII** mit CrO_3 in Pyridin oder aus **VI** analog **IX**. (J. Amer. chem. Soc. **77**. 4436—38. 20/8. 1955. Kalamazoo, Mich., Upjohn Co., Res. Labors.) H. SCHEURLEN 3750

J. A. Hogg, F. H. Lincoln, A. H. Nathan, A. R. Hanze, W. P. Schneider, P. F. Beal und **J. Korman,** *Die Nebennierenhormone und verwandte Verbindungen.* 2. Mitt. *Synthese von 1-Dehydroanalogen.* (1. vgl. vorst. Ref.). 11-Ketoprogesteron (**I**) gibt bei der Umsetzung mit 2 Mol Oxalsäurediäthylester u. Na-Methylat u. Bromierung *2-Brom-3.11-diketo-$\Delta^{4.17,20(cis)}$-pregnadien-21-säuremethylester.* Die HBr-Abspaltung mit Kollidin oder LiCl in Dimethylformamid gibt hieraus *3.11-Diketo-$\Delta^{1.4.17,20(cis)}$-pregnatrien-21-säuremethylester,* das über sein Enamin oder Ketal durch Red. u. Verseifung in *11β.21-Dioxy-$\Delta^{1.4.17,20(cis)}$-pregnatrien-3-on* übergeführt werden kann. Aus dessen 21-Acetat ensteht mit Phenyljodosoacetat in Ggw. von OsO_4 *11β.17α-Dioxy-21-acetoxy-$\Delta^{1.4}$-pregnadien-3.20-dion* (**II**), daraus mit N-Bromacetamid *17α-Oxy-21-acetoxy-$\Delta^{1.4}$-pregnadien-3.11.20-trion.* Andererseits läßt sich **II** mit $SOCl_2$ dehydratisieren zu *17α-Oxy-21-acetoxy-$\Delta^{1.4.9,11}$-pregnatrien-3.20-dion* u. anschließend mit N-Bromacetamid in *9α-*

Brom-11β.17α-dioxy-21-acetoxy-$\Delta^{1.4}$-pregnadien-3.20-dion überführen. Mit K-Acetat entsteht daraus *17α-Oxy-21-acetoxy-9α.11α-epoxy-$\Delta^{1.4}$-pregnadien-3.20-dion*, aus dem mit HF *9α-Fluor-11β.17α-dioxy-21-acetoxy-$\Delta^{1.4}$-pregnadien-3.20-dion* (III) erhalten wird. III ist im Glokoygenspeichertest 50mal stärker als Hydrocortison wirksam u. bewirkt eine Salzretention, die 4,6mal größer ist als bei Desoxycorticosteronacetat.

Versuche: *2-Brom-3.11-diketo-$\Delta^{4.17,20(cis)}$-pregnadien-21-säuremethylester*, $C_{22}H_{27}O_4Br$, F. 160—162°, aus I mit Diäthyloxalat u. Na-Methylat in tert.-Butanol, nach Neutralisation des ausgeschiedenen Salzes Bromierung mit 3 Mol Br_2 in Ggw. von Na-Acetat u. anschließende Behandlung mit Na-Methylat in Methanol; $[\alpha]_D^{23}$ +209° (Chlf.); 58,3% (Ausbeute). — *3.11-Diketo-$\Delta^{1.4.17,20(cis)}$-pregnatrien-21-säuremethylester*, $C_{22}H_{26}O_4$, F. 240—243°, aus vorst. Verb. mit Kollidin oder LiCl in Dimethylformamid; $[\alpha]_D^{24}$ + 210° (Chlf.); 70%. — *11β.21-Dioxy-$\Delta^{1.4.17,20(cis)}$-pregnatrien-3-on*, $C_{21}H_{28}O_3$, F. 174—175°, aus vorst. Verb. über seine *Pyrrolidinoverb.*, Red. mit $LiAlH_4$ u. Abspaltung des Enamins bzw. über das entsprechende *Ketal*; $[\alpha]_D^{25}$ +110° (Chlf.). *21-Monoacetat*, $C_{23}H_{30}O_4$, F. 220 bis 222,5° $[\alpha]_D$ +122° (Chlf.). — *11β.17α-Dioxy-21-acetoxy-$\Delta^{1.4}$-pregnadien-3.20-dion* (II), $C_{23}H_{30}O_6$, F. 240—242°, aus vorst. Acetylverb. mit Phenyljodosoacetat in Ggw. von OsO_4; $[\alpha]_D^{24}$ +116° (Dioxan); 65%. *Freie Trioxyverb.*, $C_{21}H_{28}O_5$, F. 232—236°, $[\alpha]_D$ +102° (Dioxan). — *17α-Oxy-21-acetoxy-$\Delta^{1.4}$-pregnadien-3.11.20-trion*, $C_{23}H_{28}O_6$, F. 230 bis 232° (Zers.); durch Oxydation von II mit N-Bromacetamid in tert.-Butanol/Pyridin; $[\alpha]_D$ +185° (Dioxan); 85%. *Freie Dioxyverb.*, $C_{21}H_{26}O_5$, F. 230,5—232,5° aus vorst. Verb. mit $KHCO_3$ in wss. Methanol; $[\alpha]_D^{23}$ +169° (Dioxan); 91%. — *17α-Oxy-21-acetoxy-$\Delta^{1.4.9,11}$-pregnatrien-3.20-dion*, $C_{23}H_{28}O_5$, F. 223—226°, aus II mit $SOCl_2$-Pyridin; $[\alpha]_D^{24}$ +75° (Chlf.); 48%. — *9α-Brom-11β.17α-dioxy-21-acetoxy-$\Delta^{1.4}$-pregnadien-3.20-dion*, F. 180—185° (Zers.), aus vorst. Verb. mit N-Bromacetamid in Ggw. von $HClO_4$; $[\alpha]_D^{25}$ +133° (Chlf.). — *17α-Oxy-21-acetoxy-9α.11α-epoxy-$\Delta^{1.4}$-pregnadien-3.20-dion*, $C_{23}H_{28}O_6$, F. 192—195°, aus vorst. Verb. mit K-Acetat in Aceton; $[\alpha]_D$ +67° (Chlf.); 76%. — *9α-Fluor-11β.17α-dioxy-21-acetoxy-$\Delta^{1.4}$-pregnadien-3.20-dion* (III), $C_{23}H_{29}O_6F$, F. 235—238°. aus vorst. Verb. mit HF; $[\alpha]_D^{25}$ +101° (Aceton); 44%. (J. Amer. chem. Soc. **77**. 4438—39. 20/8. 1955.) H. SCHEURLEN. 3750

—, *Puromycin*. Überblick. — 7 Literaturangaben. (Kagaku-no-Ryôiki [J. Jap. Chem.] **9**. 265—67. April 1955. [Orig.: japan.]) E. MAEKAWA. 3900

Josef Fried und **Doris E. Walz**, *Streptomycin*. 11. Mitt. *Die Synthese von 3.6-Dimethyl-N-methyl-D-glucosamin.* (10. vgl. C. **1955**. 3391.) Die aus Diaceton-D-glucose nach VISCHER u. REICHSTEIN (Helv. chim. Acta **27**. [1944.] 1332) erhaltene 1.2-Monoaceton-3-methyl-5.6-anhydro-D-glucose (I) liefert nach Methylierung u. Hydrolyse *3.6-Dimethyl-D-glucose*, die mit Pb-Tetraacetat zu *2.5-Dimethyl-D-arabinose* (II) abgebaut wird. II gibt bei der Cyanhydrinsynth. neben der entsprechenden epimeren *Mannosaminsäure* die *3.6-Dimethyl-*N*-methyl-D-glucosaminsäure* (III), deren *Lacton* mit Na-Amalgam zu dem gewünschten *Aminozucker*, der in Form seines *Triacetats* isolierbar ist, red. wird. Das Triacetat wird bei der Chromatographie zum *Diacetat* desacetyliert. Die Red. der analog aus 2.3.5-Trimethyl-D-arabinose erhaltenen *3.4.6-Trimethyl-N-methyl-D-glucosaminsäure* gelang nicht.

Versuche: *1.2-Monoaceton-3.6-dimethyl-D-glucose*, $C_{11}H_{20}O_6$, Kp.$_{0,1}$ 97—101°, aus I u. $NaOCH_3$ in CH_3OH (2 Tage stehen); $[\alpha]_D$ —33,5° (c = 2,0 in Aceton); 80% (Ausbeute). — *3.6-Dimethyl-D-glucose*, F. 124—126° (Äthylacetat), aus vorst. Verb. mit wss.-alkoh. HCl (18 Std. bei 45°), Neutralisieren mit Ag_2CO_3 u. Fällung mit H_2S; $[\alpha]_D^{23}$+101°→ +64,7° (konst. nach 5 Std.; c = 1,2 in W.); 75,5%. *Osazon* $C_{20}H_{26}O_4N_4$, F. 114,5—115,5°, aus Ae.–Hexan u. Äthylacetat–Hexan Nadeln; $[\alpha]_D^{25}$ —139,4° → —50° (konst., nach 24 Std.; c = 1,51 in Pyridin–A., 2:3). — *2.5-Dimethyl-D-arabinose* (II), $C_7H_{14}O_5$, Kp.$_{0,03}$ 126°, aus 7,0 g vorst. Verb. mit Pb-Tetraacetat in Eisessig u. Verseifung der gebildeten *4-Formylverb.* mit 0,5 n HCl; $[\alpha]_D^{20}$ +23° (W.); n_D^{20} 1,4648; 5,78 g. — *2.5-Dimethyl-D-arabonolacton*, $C_7H_{12}O_5$, F. 59—60°, aus 470 mg II mit Br_2 in W. (24 Std. stehen) aus Ae. Nadeln; $[\alpha]_D$ +62,2° (Anfangswert, keine Mutarotation; c = 1,09 in W.); 290 mg. — *2.5-Dimethyl-D-arabonamid*, $C_7H_{15}O_5N$, F. 130,5—131°, aus vorst. Verb. mit NH_3 in CH_3OH; aus A.–Ae. Nadelbüschel; $[\alpha]_D^{23}$ —34° (c = 0,82 in W.). — *3.6-Dimethyl-N-methyl-D-glucosaminsäure* (III), $C_9H_{19}O_6N$, Zers. bei 178° (Bräunung bei 171°; absol. A.), aus II in absol. A. mit Methylamin u. HCN bei 35—40°, anschließende Behandlung mit konz. HCl bei —20°, Verseifung mit $Ba(OH)_2$ u. Fällung von Ionen mit H_2SO_4, $PbCO_3$, Ag_2CO_3 u. H_2S; $[\alpha]_D^{24}$ +2,8° (keine Mutarotation; c = 2,8 in W.); daneben *3.6-Dimethyl-N-methyl-D-mannosaminsäure*, $C_9H_{19}O_6N$, F. 185—186°, $[\alpha]_D^{23}$ —3,8° → —5,8° (Endwert, nach 20 Std.; c = 2,13 in W.). — *3.6-Dimethyl-N-methyl-D-glucosamin*, aus 400 mg vorst. Verb. durch Eindampfen mit HCl u. Red. des gebildeten Lactons mit Na-Amalgam u. verd. H_2SO_4; 410 mg (roh). *1.2.4-Triacetat*, $C_{15}H_{25}O_8N$, F. 140—141°, aus Äthylacetat–

Hexan Nadeln; $[\alpha]_D^{24}$ +110° (c = 0,98 in Chlf.). *2.4-Diacetat*, F. 162,5—163,5° (Äthylacetat), $[\alpha]_D^{24}$ +71° → +31° (Endwert, nach 1 Std.; c = 0,73 in W.). — *α- u. β-Methyl-2.3.5-trimethyl-D-arabofuranosid*, $C_9H_{18}O_5$, $Kp._{0,4}$ 66—68°, aus 5 g **II** mit 1%ig. methanol. HCl u. Methylierung der gebildeten α- u. *β-Methyl-2.5-dimethyl-D-arabofuranoside* mit CH_3J u. Ag_2O; n_D^{25} 1,4321; 5 g. — *2.3.5-Trimethyl-D-arabinose*, aus 5 g vorst. Verb. mit 0,3n HCl (3 Std. bei 100°); $[\alpha]_D$ +38°; 3,7 g. — *2.3.5-Trimethyl-D-arabonamid*, $C_8H_{17}O_5N$, F. 137—138°, aus vorst. Verb. durch Oxydation mit Br_2 in W. zum *Lacton* u. Rk. mit NH_3; $[\alpha]_D^{24}$ —16,5° (c = 1,15 in W.). — *3.4.6-Trimethyl-N-methyl-D-glucosaminsäure*, $C_{10}H_{21}O_6N$, F. 206—206,5° (absol. A.), aus vorst. Verb. analog **III**; $[\alpha]_D^{24}$ +9,5° → +8,2° (konst., nach 20 Std.). (J. Amer. chem. Soc. **74**. 5468—74. 5/11. 1952. New Brunswick, N. J., Squibb Inst. for Med. Res.) K. MAIER. 3900

D. E. Ames, R. E. Bowman, J. F. Cavalla und **D. D. Evans**, *Griseoviridin*. 1. Mitt. Das Streptomyces-Antibioticum *Griseoviridin* (I) liefert ein *Diacetat* u. *Perchloratdiacetat*, während beim Vers., ein Benzoylderiv. herzustellten, nur gummiartige Prodd. entstanden. Die katalyt. Hydrierung von I-Diacetat führt wahrscheinlich zu *Hexahydrogriseoviridindiacetat*, dessen Spektr. fast mit dem des Prod. aus I-Diacetat u. 2 Mol Perbenzoesäure ident. ist. Die Rk. von I mit CH_2N_2 führt neben viel gelber, gummiartiger M. zu geringen Mengen einer krist. *Verb.* $C_{23}H_{31}O_7N_3S$, die keine CH_3O-Gruppen enthält. Die alkal. Hydrolyse von I liefert NH_3 u. beim Ansäuern H_2S neben Essigsäure. Bei saurer Hydrolyse entsteht CO_2 u. sehr wenig H_2S.

Versuche: *Griseoviridin* (**I**), $C_{22}H_{29}O_7N_3S$, F. 228—230° (Pyridin), $[\alpha]_D^{27}$ —237° (c = 0,5 in CH_3OH). *Hemimethanolat*, $C_{22}H_{29}O_7N_3S \cdot {}^1/_2\, CH_3OH$, F. 160° ($CH_3OH$). *Diacetat*, $C_{26}H_{33}O_9N_3S$, F. 137—140° (Zers.; CH_3OH-Ae.-PAe.), sintert bei 125°, $[\alpha]_D^{27}$ —230° (c = 0,44 in CH_3OH). *Perchloratdiacetat*, $C_{26}H_{33}O_9N_3S \cdot HClO_4$, Zers. > 170°, in 30 Min. mit Acetanhydrid (70%ig. $HClO_4$ bei 50—55°; $[\alpha]_D$ —188° (c = 0,19 in Dimethylformamid). *Hexahydrogriseoviridindiacetat*, $C_{26}H_{39}O_9N_3S$, F. 213—214° (CH_3OH-Ae. u. CH_3OH), durch Hydrieren von I-Diacetat in Äthylacetat in Ggw. von Pd/$SrCO_3$; feine Nadeln. — *Verb.* $C_{23}H_{31}O_7N_3S$, F. 262—264° (Zers.; CH_3OH), aus I mit CH_2N_2 in CH_3OH; Platten. — Die Infrarotspektren sind angegeben. (J. chem. Soc. [London] **1955**. 4260—63. Dez. Hounslow, Middlesex, Parke, Dawis & Co., Res. Dep.) R. PASEDAG. 3900

D. E. Ames und **R. E. Bowman**, *Griseoviridin*. 2. Mitt. (1. vgl. vorst Ref.) Die Desulfurierung von Griseoviridin (I) bzw. seines Diacetats führt zu *Oktahydrodethiogriseoviridin* bzw. dessen *Diacetat*. Bei der alkal. Hydrolyse dieser Verb. entsteht kein NH_3, während bei der sauren Hydrolyse *D-α-Alanin* (D-**IV**) u. 2 weitere nicht faßbare Aminosäuren erhalten werden. Die Hydrolyse von I gibt Cystin (**III**) u. Serin, die des Prod. der Perbenzoesäurebehandlung von I-Diacetat **III**. Während aus I selbst kein Dinitrophenylhydrazon erhalten werden konnte, wurde aus dem sauren Hydrolysat ein *Dinitrophenylhydrazon* $C_{14}H_{14}O_7N_4$ isoliert. Bei der Red. von I mit rotem P/HJ entsteht D-**III** u. **IV**. Nach dem Lösen von I in konz. HCl wird ein *Hydrochlorid* $C_{22}H_{29}O_7N_3S \cdot 1{,}09\ HCl$ (**II**) erhalten, das sich zu einem krist. Prod. unsicherer Formel hydrieren läßt u. mit p-Phenylphenacylbromid (**V**) ein *Deriv.* $C_{35}H_{37}O_8N_3S$ bildet. Ozonolyse von I-Diacetat, I, seinen alkal. Hydrolyseprodd. oder **II** gibt *Crotonaldehyd* (**VI**). Aus **II** entsteht daneben *Aldol* u. *Acetaldehyd*, während aus Hexahydrogriseoviridin kein **VI** erhalten wurde. Das Epoxyacetat von I liefert schon bei saurer Hydrolyse **VI** neben *Glyoxal*. Somit wird für I die Ggw. eines Ringsyst. **A** oder **B** u. der Gruppierung $CH_3 \cdot CH(\text{-}O) \cdot CH_2CH{=}C<$ angenommen. Die Infrarotspektren von I u. seiner Derivv. werden im Zusammenhang mit den möglichen Strukturen diskutiert.

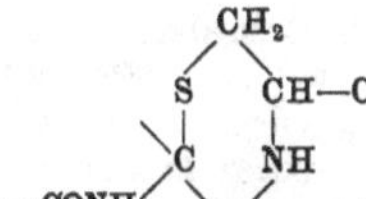
A

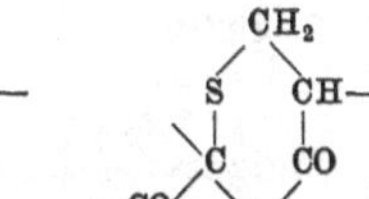
B

Versuche: *Oktahydrodethiogriseoviridin*, $C_{22}H_{39}O_7N_3$, F. 190—192° (CH_3OH-Äthylmethylketon), durch Hydrieren von I in A. in Ggw. von RANEY-Ni, Filtrieren, Einengen u. 3std. Kochen mit RANEY-Ni; feine Nadeln, $[\alpha]_D^{20}$ —32° (c = 0,5 in CH_3OH). *Diacetat*, $C_{26}H_{43}O_9N_3$, F. 213—215° (Äthylacetat-PAe. mit wenig Acetanhydrid), durch Hydrieren von I-Diacetat in Ggw. von Pd/$SrCO_3$ in Äthylacetat u. 2½std. Kochen mit RANEY-Ni; Nadeln, $[\alpha]_D^{27}$ —34° (c = 0,16 in CH_3OH). — *Dinitrophenylhydrazon* $C_{14}H_{14}O_7N_4$, F. 220—222° (Zers.; CH_3OH), durch 3 std. Kochen von I mit 6n HCl u. Behandeln mit 2.4-Dinitrophenylhydrazin; orangefarbene Nadeln. — *D-Cystin* (D-**III**) $C_6H_{12}O_4N_2S_2$, durch 5std. Erhitzen von I, rotem P u. HJ bei 150° (Badtemp.); $[\alpha]_D^{22.5}$ +218° (in n-HCl). Daneben **IV**. — *Hydrochlorid* $C_{22}H_{29}O_7N_3S \cdot 1{,}09\ HCl$ (**II**), Zers. < 300°, durch Lösen von I in konz. HCl, Einengen bei 20—30° u. Zugeben von Aceton/CH_3OH; Nadeln. — *Verb. vom F. 247—248°* ($C_{23}H_{35}O_7N_3S$[?]), durch 4std. Hydrieren von 3 g **II** in 95%ig. A. in Ggw. von Pd-Kohle; feine, prismat. Nadeln aus CH_3OH. — *Verb.* C_{35}·

$H_{37}O_8N_3S$, F. 288—289° (Chlf.-A.), durch Kondensation von II mit V; Nadeln. (J. chem. Soc. [London] **1955**. 4264—70. Dez.) R. PASEDAG. 3900

W. Gruber und **G. Proske**, *Über Trametenolsäure.* Aus dem in Alpentälern an Nadelhölzern vorkommenden Baumschwamm Fenchel-Porling [*Trametes odorata* (Wulf.) Fr.] wird durch Ätherextraktion des lufttrockenen Materials u. a. eine Säure isoliert, für die der Name *Trametenolsäure* (I) vorgeschlagen wird. I fällt aus den Extrakten als weißes, amorphes, zu Gallerten neigendes Pulver an u. besitzt die Zus. $C_{30}H_{48}O_3$ ($\pm$ CH_2). Mit CH_2N_2 bildet I einen *Monomethylester*, 2 der 3 O-Atome liegen also als COOH-Gruppe vor. Das dritte O-Atom liegt als sek. OH-Gruppe vor, da mit Acetanhydrid ein *Monoacetat*, durch Oxydation des Methylesters ein *Carbonylcarbonsäuremethylester* (als *Oxim* charakterisiert) u. bei der anschließenden Verseifung die *freie Säure* erhalten wurde. Bei der Retropinakolinumlagerung mit PCl_5 wurde aus I W. abgespalten, jedoch konnte der Nachw. einer Ringverengung aus Substanzmangel nicht erbracht werden. Außerdem ist wahrscheinlich wenigstens eine Doppelbindung vorhanden, da bei der katalyt. Hydrierung 1,72 Mol H_2 aufgenommen wurden u. mit Tetranitromethan in Chlf. Gelbfärbung eintrat. Bei der Anwendung der Isopropenregel kann man sich I aus 6 Isoprenresten u. 3 O-Atomen aufgebaut denken, I dürfte daher eine bisher nicht bekannte Oxytriterpencarbonsäure sein.

Versuche: *Trametenolsäure* (I), $C_{30}H_{48}O_3$, F. 259—61°, durch 15tägige Ätherextraktion von 750 g lufttrockenem, granuliertem Material, Abdampfen (5 g), kurzes Digerieren mit kaltem A., Aufnahmen des Pulvers in sd. CH_3OH u. Behandeln mit Kohle; aus CH_3OH Nadeln; $[\alpha]_D$ +47,27° in CH_3OH; sublimiert bei 200—220°/0,005 mm. *Methylester*, $C_{31}H_{50}O_3$, F. 127—128° (A.), aus I + CH_2N_2 in Ae.; $[\alpha]_D$ +58,79° in $CHCl_3$. *Acetyltrametenolsäure*, $C_{32}H_{50}O_4$, F. 209°—211° (CH_3OH). *Methylester*, $C_{33}H_{52}O_4$, F. 104 bis 106° (A.). — *Trametenonsäuremethylesteroxim*, $C_{31}H_{49}O_3N$, F. 178—179°, aus I-Methylester durch Stehen mit CrO_3 in Eisessig, Ausäthern, Aufnehmen des Abdampfrückstandes in sd. Bzl., Chromatographieren an Al_2O_3 u. Behandeln mit $NH_2OH \cdot HCl$ in Ggw. von Na-Acetat in absol. CH_3OH; gibt nach Verseifung mit 10%ig. KOH *Trametenonsäure*, F. 204—206°. — *Verb.* $C_{31}H_{48}O_2$, F. 122—124° (CH_3OH), durch langsames Zufügen von 0,8 g I-Methylester zu 0,6 g PCl_5 in absol. PAe., 12std. Schütteln, Verdünnen mit Ae. u. Chromatographieren; $[\alpha]_D$ +62,07° in Chlf.; 41,6%. (Mh. Chem. **81**. 837—42. 15/10. 1950. S.-B. österr. Akad. Wiss., math.-naturwiss. Kl., Abt. IIb **159**. 837—42. 1950. Wien, Univ., II. Chem. Labor.). H. LEHWALD. 3950.

Alfred Dierichs und **Friedrich Ludwig**, Organische Chemie. Lehrbrief 1. 2. umgearb. Aufl. Berlin: Deutscher Verl. d. Wissenschaften. 1956. (80 S. m. Abb.) 8° = Lehrbriefe f. d. Fernstudium. Bergakad. Freiberg.

Eugen Müller, Hrsg. Methoden der organischen Chemie. 4. völlig neu gestaltete Aufl. Bd. 3. Physikalische (Forschungs-) Methoden. T. 1. Bearb. v. **F. Becker** u. a. Stuttgart: Thieme. 1955. (XXIX + 954 S. m. 448 Abb.) 4°. DM 162,—.

Hermann Römpp, Organische Chemie im Probierglas. Stuttgart. Franckh. 1956. (213 S. m. Abb.) 8°.

D. Makromolekulare Chemie.

I. Prigogine und **A. Bellemans**, *Statistische Theorie von r-meren-Lösungen.* Ausdehnung der von PRIGOGINE, TRAPPENIERS u. MATHOT (vgl. C. **1953**. 8815) angestellten Betrachtungen auf r-mere polymere Moleküle. Gleichungen werden angegeben für die freie Konfigurationsenergie einer aus einem solchen Mol. bestehenden Fl. u. für die Mischung aus monomeren u. r-meren Moll.; für den letzten Fall werden auch die Konfigurationsentropie u. die Entropie des freien Vol. berechnet. Der Vgl. mit experimentellen Daten (Abhängigkeit des Dampfdruckes des Lösungsm. von der Konz. des Polymeren) ergibt bessere Übereinstimmung als die Theorie von HUGGINS, MILLER u. GUGGENHEIM. (J. Polymer Sci. **18**. 147—51. Sept. 1955. Brüssel, Faculté des Sciences, Univ. Libre.) O. FUCHS. 4000

W. James Lyons, *Verteilung der Aktivierungsenergien für die viscoelastische Deformation.* Eine Beziehung, die sich nur wenig von einer Gleichung für die Abhängigkeit der Relaxationszeit von der Gesamtaktivierungsenergie der viscoelast. Deformation unterscheidet (vgl. z. B. SIMHA, J. physic. Chem. **47**. [1943.] 348) u. die sich auf den elementaren Deformationsvorgang bezieht, wird aufgezeigt u. die Verteilungsfunktion der Aktivierungsenergien (für T = 300° K) auf Grund einer experimentell abgeleiteten Relaxation-Zeit-Verteilung angegeben. (J. appl. Physics **23**. 287—88. Febr. 1952. Akron, O., Firestone Tire & Rubber Co., Chem. and Physic. Res. Labor.) R. SCHÄFF. 4000

Nishio Hirai, *Rheologie des hochmolekularen Gels.* Überblick. — 25 Literaturangaben. (Kagaku-no-Ryôiki [J. Jap. Chem.] **9**. 498—503. Aug. 1955. Okayama, Univ., Med. Fak. [Orig.: japan.]) E. MAEKAWA. 4000

Elliott J. Lawton, J. S. Balwit und **A. M. Bueche,** *Eigenschaften von bestrahltem Polyäthylen. Einfluß des ursprünglichen Molekulargewichts.* Vff. untersuchten den Einfl. des Ausgangsmol.-Gew. von Polyäthylen (7000—35000) auf die zur Vernetzung erforderliche Elektronenbestrahlung (800 kV) u. bestimmten den Einfl. der Bestrahlung auf einige physikal. Eigg. (Zugfestigkeit u. Dehnung bei verschied. Tempp.). Bei einem Mol.-Gew. von 21000 ist die Mindestbestrahlung für das Unlöslichwerden der Probe in Toluol bei 90° $3{,}5 \cdot 10^6$ R. Bei Paraffinwachsen mit dem Mol.-Gew. 2100 bzw. 480 waren die entsprechenden Werte $65-70 \cdot 10^6$ bzw. $800-900 \cdot 10^6$ R. Aus den Befunden wurden die Zahl elast. akt. Vernetzungsbrücken u. der Vernetzungswirkungsgrad der Bestrahlung [(Zahl der Vernetzungsstellen pro cm^3 Polymerisat)/(Zahl der erzeugten Ionenpaare pro cm^3 Polymerisat)] berechnet. Es wird gezeigt, daß wahrscheinlich durch die Bestrahlung eine Art Ketten-Rk. ausgelöst wird, wobei die durch Ionisation freigemachten H-Atome weitere H-Atome abspalten können. Es wurde berechnet, daß bei einem Mol.-Gew. von 21000 (Typ DYNH der Bakelite Co.) durch eine Bestrahlung von $15 \cdot 10^6$ R ca. 1 Vernetzungsstelle pro Mol. erzeugt wird u. die durchschnittliche Zahl der C-Atome zwischen den Vernetzungsstellen ca. 1500 beträgt. (Ind. Engng. Chem. **46.** 1703—09. Aug. 1954. Schenectady, N. Y., General Electric Co., Res. Labor.) R. Schäff. 4010

A. Charlesby und **M. Ross,** *Einfluß der Vernetzung auf die Dichte und das Schmelzen von Polyäthylen. Polyäthylen* (I) wurde durch Bestrahlen mit Neutronen und γ-Strahlen vernetzt. Der krist. Anteil (röntgenograph. bestimmt) nimmt dabei um so stärker ab, je höher der Vernetzungsgrad c; er beträgt z. B. ca. 50% für c = 0%, 30% für c = 10, 10% für c = 22; wenn 40% der C-Atome vernetzt sind, sind nur noch geringe Reste an Kristalliten vorhanden. Die dem n. F. von nichtvernetztem I entsprechende Übergangstemp. t_u fällt mit steigendem c nur wenig ab. Die D. d nimmt mit steigender Strahlungsintensität J u. fallender Temp. t (Messungen zwischen t = 20 u. 230°) zu; die Änderung von d ist in der Umgebung von t_u am stärksten ausgeprägt. Für die Änderung des spezif. Vol. V_c von vernetztem amorphem I mit anderen Größen gilt die Beziehung $[P + P_0/(1 - \beta)]\,(V_c - V_0) = RT/M$; dabei bedeuten: P = äußerer Druck, P_0 = innerer Druck, verursacht durch die Bindungskräfte, V_0 = Vol. bei 0° K, M = Mol.-Gew. von C_2H_4, β = Funktion von c^0, die etwa gleich c ist; P_0 u. V_0 sind unabhängig von c. Aus den Messungen ergeben sich V_0 bzw. P_0 zu 0,88 cm^3/g bzw. $3{,}2 \cdot 10^9$ Dyn/cm^2. Die aus d erhaltenen t_u-Werte sind etwas größer als die nach anderen Methoden bestimmten. Vernetztes I wird bei tieferer Temp. transparent als nichtvernetztes, wobei die Temp. der beginnenden Transparenz umso tiefer liegt, je höher J. Unter einer UV-Lampe zeigt n. I eine purpurfarbene, schwachvernetztes I eine intensive blauweiße u. stark vernetztes eine gelbweiße Fluorescenzfarbe. Vgl. auch Charlesby, C. **1956.** 3051. (Proc. Roy. Soc. [London], Ser. A **217.** 122—35. 24/3. 1953. Harwell, Berks., Atomic Energy Res. Establ.) O. Fuchs. 4010

W. W. Korschak und **N. G. Matwejewa,** *Aus dem Gebiet der hochmolekularen Verbindungen.* 59. Mitt. *Über die Stereochemie der α-Methylstyrole im Zusammenhang mit ihrer Polymerisierbarkeit.* (58. vgl. C. **1956.** 3318.) Zur Herst. von *2.6-Dimethoxy-α-methylstyrol* (I) wird 2.6-Dimethoxyacetophenon mit CH_3MgJ grignardiert; der entstehende entsprechende Alkohol wird nicht gefaßt, da er sofort zu I dehydratisiert wird. Für die Herst. von *2.6-Dimethyl-4-tert.-butyl-α-methylstyrol* (II) geht man von 2.6-Dimethyl-4-tert.-butylacetophenon (III) aus, das beim Behandeln mit CH_3J + Na [*2.6-Dimethyl-4-tert.-butylphenyl*]*-dimethylcarbinol* liefert; dieses wird schon beim Aufarbeiten der Reaktionsmasse zu II dehydratisiert. II aus III durch Grignardieren mit CH_3MgJ zu gewinnen, gelingt nicht, da keine Rk. eintritt. I u. II erweisen sich als nicht polymerisierbar. Geprüft werden langes Erhitzen auf 200°, Erhitzen mit Benzoylperoxyd, Einw. von $AlCl_3$ u. Bestrahlen mit UV-Licht. Die der Polymerisation entgegenstehenden ster. Hinderungen, hervorgerufen durch die α-CH_3-Gruppe u. 2 Substituenten in o-Stellung, werden durch Raumformeln illustriert. — *2.6-Dimethoxy-α-methylstyrol* (I), $C_{11}H_{14}O_2$, F. 36—37°; $Kp._{26}$ 136—138°; $Kp._3$ 92—94°; Kristalle; $D.^{20}{}_4$ 1,043 (unterkühlt); 47,6% (Ausbeute). — *2.6-Dimethyl-4-tert.-butyl-α-methylstyrol* (II), $C_{15}H_{22}$, $Kp._3$ 124—125°; aus 100 g III, 210 g CH_3J u. 48 g Na-Pulver in 250 ml Ae. + 1 ml Ä. (zum Anregen der Rk.), anfangs ohne zu erwärmen, dann 1 Std. zum Sieden; dickes Öl; $D.^{20}{}_4$ 0,9489; n_D^{20} 1,5050; 15,7 g. (Известия Академии Наук СССР, Отделение Химических Наук [Nachr. Akad. Wiss. UdSSR, Abt. chem. Wiss.] **1953.** 751—56. Juli/Aug. Inst. für organ. Chem. der Akad. der Wiss. der UdSSR.) R. Knobloch. 4010

W. W. Korschak und **N. G. Matwejewa,** *Aus dem Gebiet der hochmolekularen Verbindungen.* 60. Mitt. *Über die Rolle stereochemischer Faktoren beim Polymerisationsprozeß.* (59. vgl. vorst. Ref.) Übersichtsarbeit. (Известия Академии Наук СССР, Отделение

Химических Наук [Nachr. Akad. Wiss. UdSSR, Abt. chem. Wiss.] **1953.** 1116–19. Nov./Dez.) R. KNOBLOCH. 4010

Bernard Rosen, *Polymeres–Lösungsmittel-Wechselwirkungen in verdünnten Lösungen.* Von den Lsgg. der *Polystyrol*-Fraktionen des osmot. Mol.-Gew. 82000 (**Ia**) bzw. 655000 (**Ib**) in den Lösungsmitteln Chlf. (**II**), Toluol (**III**), Butanon (**IV**) u. Cyclohexan (**V**, nur Messungen mit **Ia**, da **Ib** in **V** zu wenig lösl.) wurden bei 25° bei verschied. Konzz. C von **I** (0,2–2%) die DD. d gemessen; aus den d-Werten wurde das scheinbare spezif. Vol. Φ von **I** (Volumenzunahme der Lsg. beim vollständigen Lösen von 1 g **I**) berechnet (Genauigkeit von Φ ca. 0,02–0,03%). Bei wachsendem c fällt Φ von **Ia** u. **Ib** in **II** u. **III** u. von **Ia** in **V** ab u. erreicht ab ca. C = 1% einen Grenzwert; der Abfall ist in **II** am stärksten u. in **III** am schwächsten. Φ von **Ia** u. **Ib** in **IV** geht bei C = 0,5–0,6% durch ein schwaches Minimum. Die Grenzwerte (bei C = 2%) liegen in **V** am höchsten (0,930), in **II** u. **III** etwa gleich hoch (0,916–0,9175) u. in **IV** am niedrigsten (0,9085). Die Grenzwerte sind für **Ia** u. **Ib** etwa gleich groß, während unter C = 1% Unterschiede zwischen beiden Fraktionen erhalten wurden. Die Abhängigkeit von Φ vom Verhältnis β der Gewichtsmengen von **Ib** u. **II** läßt sich darstellen durch $\Phi = 0{,}9482 - 4{,}81\beta + 180\beta^2$ (für die anderen Lsgg. nicht ausgewertet). Die Diskussion dieser u. weiterer der Literatur entnommener Daten ergibt, daß die Unterschiede auf die verschieden starke Wechselwrkg. zwischen **I** u. den Lösungsmitteln zurückzuführen sind (bei **II** u. **III** starke, bei **IV** mittelstarke u. bei **V** schwache Wechselwrkg.); die Abweichungen vom atherm. Verh. (für **Ib** in **II** abgeschätzt) sind größer als erwartet, wodurch die exakte Auswertung erschwert wird. Das thermodynam. Verh. von **I** in **IV** ist bes. komplex. (J. Polymer Sci. **18.** 559–82. Aug. 1955. Akron, O., Univ., Rubber Res. Labor.) O. FUCHS. 4010

Jaroslav Müller, *Über Zersetzung von Acetylbenzoylperoxyd in Lösung und die dadurch initiierte Polymerisation von Vinylacetat.* Die kinet. Unters. der Zers. von *Acetylbenzoylperoxyd* (**I**) in Cyclohexan, Xylol, Chlorbenzol u. Butylacetat zeigte, daß in der Gleichung $-d[I]/dt = k_l[I] + k_i[I]^n$ (k_l u. k_i die Geschwindigkeitskonstante der monomol. u. der induzierten Zers.) der Exponent n = 1,5 den Versuchswerten besser entspricht als n = 2, der Exponent n = 2 ist nur bei „langsamen" Lösungsmitteln anwendbar. Die Initiationsgeschwindigkeit der Polymerisation von Vinylacetat in Lsg. ist lediglich durch die Geschwindigkeit der induzierten Ketten-Rk. bestimmt. (Chem. Listy **49.** 1283–89. Sept. 1955 [Orig.: tschech.]); Collect. czechoslov. chem. Commun. **21.** 216–24. 1956. Brno, Výzk.Ústav pro využití plast. hmot.) L. MATOUŠEK/Prag. 4010

Masakazu Matsumoto und **Masayasu Maeda,** *Kinetik der Polymerisation von Vinylacetat in benzolischer Lösung.* Bei der Polymerisation von *Vinylacetat* (**I**) in Bzl. besteht zwar Linearität zwischen 1/P u. $R/[M_1]^2$ (P = Polymerisationsgrad, R = Polymerisationsgeschwindigkeit, $[M_1]$ = Konz. von **I**), doch ist die Neigung der Geraden um so geringer, je höher die Anfangskonz. von **I**. Unter der Annahme (vgl. hierzu STOCKMAYER u. PEEBLES, C. **1954.** 6962), daß Bzl. in die Polymerisatkette eingebaut wird, ergibt sich aus der kinet. Auswertung der Verss., daß der Kettenabbruch vor allem durch die Vereinigung zweier Radikale mit **I** bzw. mit Bzl. als Endgruppen zustande kommt, u. daß die Neigung der Geraden proportional $[M_2]/[M_1]$, wo $[M_2]$ = Konz. des Bzl., ist (in Übereinstimmung mit dem Vers.). (J. Polymer Sci. **17.** 435–38. Juli 1955. Kurashiki, Okayama [Japan], Kurashiki Plant, Kurashiki Rayon.) O. FUCHS. 4010

Kaneyoshi Ashida, *Untersuchungen über schwach saure Ionenaustauscher.* 4. Mitt. *Über Kondensationsprodukte aus Dioxybenzoesäure und Formaldehyd.* (2. vgl. Chem. High Polymers [Tokyo] **9.** [1952.] 400.) α- u. *β-Resorcylsäure* (**I**) bilden mit Formaldehyd in Ggw. saurer Katalysatoren alkalilösl., in Ggw. bas. Katalysatoren alkaliunlösl. *Harze*; am besten sind die mit NaOH erhaltenen Prodd.; α-**I** bildet zwar bessere Prodd. als β-**I**, die Harzbildungsfähigkeit u. Alkalibeständigkeit ist aber geringer. Beide bilden mit bas. Katalysatoren dreidimensional vernetzte Harze. (Chem. High Polymers [Tokyo] **10.** 27–31. 1953. Yokohama. [Orig.: japan.]) L. SCHULER. 4010

Kaneyoshi Ashida, *Untersuchungen über schwach saure Ionenaustauscher.* 5. Mitt. *Ionenaustauscher aus Polyvinylalkohol und dreibasischen anorganischen Säuren.* (4. vgl. vorst. Ref.) Die entstehenden Ester sind infolge Vernetzung bzw. Brückenbindung unlösl. u. die unverbunden bleibenden Säurereste vermitteln den Ionenaustausch. Die Borsäure- u. Phosphorsäureester sind bei allen Herstellungsbedingungen gelatine- oder (pflanzen)gummiähnliche spröde Harze. Bei Heißwasserbehandlung nimmt das Austauschvermögen ab. Die Borsäureester sind nicht ganz alkaliunlösl. u. müssen durch Nachbehandlung unlösl. gemacht werden. Phosphorsäureesterharze (bei nahe 100° verestert) haben ein Austauschvermögen (AV) von 9,66, solche mit Arsensäure 9,05 Mol.-Äquivalente/g; bei Veresterung bei 120–130° ist das AV gering. (Chem. High Polymers [Tokyo] **10.** 117–21. 1953. Yokohama. [Orig.: japan.]) L. SCHULER. 4010

Kaneyoshi Ashida, *Untersuchungen über schwach saure Ionenaustauscher.* 6. Mitt. *Über das p-Oxyphenylglycinformaldehydharz.* (5. vgl. vorst. Ref.) Nur bei alkal. Katalyse mit nachträglicher Wärmehärtung (98—100°, über 15 Std.) entsteht ein Austauschharz z. B. aus 16,7 g *p-Oxyphenylglycin* (I), 16 cm³ 20%ig. NaOH u. 26 cm³ 35%ig. CH_2O bei 70—80°. Durch Einkondensation von Phenol (0,94 g auf 0,01 Mol I) erhöht sich die Alkalibeständigkeit. Mit zunehmender Konz. des K^+ nimmt die Austauschfähigkeit für Ca ab. — Kurve. (Chem. High Polymers [Tokyo] **10.** 121—25. 1953. Yokohama. [Orig.: japan.]) L. Schuler. 4010

J. I. De Jong und **J. De Jonge** (unter Mitarbeit von **Johanna Schilling** und **Greet Nel**), *Die chemische Zusammensetzung einiger Kondensate von Harnstoff und Formaldehyd.* (Vgl. auch C. **1955.** 4799.) Einige zwischen p_H 2 u. 7 u. bei Tempp. von 20—76° dargestellte Polymerisationsprodd. von Harnstoff (I) u. HCHO werden auf ihr Mol.-Gew. u. ihre Zus. untersucht, indem der NH_3- (nach Kjeldahl), CO_2- (nach der $BaCO_3$-Meth.), $-CH_2OH$- (nach der Cyanidmeth., vgl. C. **1954.** 10353) u. $-CH_2$-Geh. (als Unterschied zwischen dem gefundenen HCHO u. dem Geh. an $-CH_2OH$-Gruppen) bestimmt u. hieraus das Verhältnis CH_2/I berechnet wird. Aus den erhaltenen CH_2/I-Werten (0,55—0,83) folgt, daß überwiegend geradkettige ($CH_2/I = 0,75$) u./oder verzweigtkettige Polymerisate ($NH_2CONH-CH_2-NHCONH-\cdots$ u./oder $XNH-CH_2-NH(X)-CH_2-\cdots$; $X = NH_2CO$) entstehen u. eine Ringbldg. ($CH_2/I = 1$) kaum stattfinden kann. Dies folgt auch aus einer bei 5%ig. Umsatz abgebrochenen Polymerisation, bei der *Trimethylentetraharnstoff* (Ausbeute 1,08 g; gefunden 1,0 g) entsteht (bei Ringbldg. theoret. 0,55 g). Die Ausbeuten bei der schrittweise verlaufenden Kondensation betragen weniger als 50%, die Kondensate sind niedermol. u. bestehen etwa aus 2—6 Moll. I, verbunden durch CH_2-Gruppen. Sie sind in W. wenig lösl. u. zers. sich $>200°$. Der Anteil der CH_2OH-Gruppen an den Kondensaten ist kleiner als dem Verhältnis CH_2/I entspricht. (Recueil Trav. chim. Pays-Bas **72.** 1027—36. Nov. 1953. Eindhoven, Niederlande, N. V. Philips Gloeilampenfabrieken, Res. Labors.) H. Lehwald. 4010

Seizo Okamura und **Takuhiko Motoyama,** *Ammoniumpersulfat, Benzoylperoxyd und Azo-bis-isobuttersäurenitril als Polymerisationsinitiatoren in homogener Phase.* Vff. untersuchten bei 60° den zeitlichen Verlauf der Polymerisation von *Methylmethacrylat* in einer Dioxan–W.-Mischung (Volumenverhältnis 6,5:1 = Mischung I) u. von *Vinylacetat* in einer Eisessig–W.-Mischung 5,5:2 (Mischung II). Als Katalysatoren für die Polymerisation dienten Benzoylperoxyd (**III**), Azo-bis-isobuttersäurenitril (**IV**) u. Ammoniumpersulfat (**V**), deren Konz. in weiten Grenzen variiert wurde. **III, IV** u. **V** sowie die entstandenen Polymerisate sind in den Mischungen **I** u. **II** löslich. Die Rkk. wurden nach einem Umsatz von ca. 7% abgebrochen. Die Mol.-Geww. der entstandenen Polymerisate wurden viscosimetr. bestimmt. Die Rkk. sind von nullter Ordnung. Die Polymerisationsgeschwindigkeit R steigt linear mit $\sqrt{J}$ an (J = Katalysatorkonz.). 1/P (P = Polymerisationsgrad) steigt gemäß der von Mayo, Gregg u. Matheson (vgl. C. **1952.** 1836) angegebenen Beziehung $1/P = C_m + C_sS/M + C_IJ/M + d^2R/M^2$ (M = Monomerkonz.) linear mit m R/M^2 an. Für d^2 ergeben sich daraus die Werte: 19,0 für **II** mit **III, IV** u. **V**; 51,0 für **I** mit **V**; 92,3 für **I** mit **III** u. **IV**. Auf abweichende Ergebnisse von Sengupta u. Palit (vgl. C. **1952.** 4149) wird hingewiesen (das charakterist. Verh. der Emulsionspolymerisation wird durch den Polymerisationsort, nicht durch die Katalysatorart bestimmt). (J. Polymer Sci. **17.** 428—31. Juli 1955. Kyoto, Japan, Univ., Faculty of Engin., Dep. of Textile Chem.) O. Fuchs. 4010

Sterling F. Strause und **Elizabeth Dyer,** *Das polymere Peroxyd des Methacrylonitrils.* Das *polymere Peroxyd* (I, $C_4H_5O_2N$) von *Methacrylonitril* (II) wurde als sehr viscoses Prod. (lösl. in Chlf., Methanol, Essigester, Aceton, Eisessig u. Acetanhydrid, wenig lösl. in A. u. Isopropanol, unlösl. in CCl_4) durch Einleiten von O_2 in das Monomere bei 45—50° unter Rühren erhalten. Während sich für das theoret. 1:1-Copolymere der Struktur $[-OCH_2C(CH_3)(CN)O-]_n$ ein Geh. an peroxyd. O von 32,3% errechnet, besaßen die tatsächlich erhaltenen Präpp. maximal 26,7%. Der Peroxydgeh. ist — im Gegensatz zu den polymeren Peroxyden von Styrol, α-Methylstyrol u. Inden — mit NaJ in Acetanhydrid jodometr. quantitativ erfaßbar. Die Abwesenheit von Hydroperoxydgruppen wurde nachgewiesen. Die Explosionstempp. verschied. Präpp. lagen zwischen 140 u. 165°. UV-Bestrahlung während der Oxydation erhöhte zwar die Ausbeute, reduzierte jedoch den O-Geh. u. das Mol.-Gew. des I, während α.α'-Azoisobutyronitril bei Verkürzung der Rk.-Dauer das gleiche Prod. wie die Oxydation im Dunkeln ohne Initiator lieferte. Im Dunkeln war die n. Polymerisation des **II** völlig inhibiert; dagegen entstand unter UV-Belichtung nebenher eine geringe Menge Polymethacrylonitril, wahrscheinlich infolge zusätzlichen Kettenstartes durch unter diesen Bedingungen zersetztes **I.** Neben dem **I** bildeten sich *Brenztraubensäurenitril* (**III**), *Formaldehyd* (**IV**), *CO* u. CO_2,

III u. IV wahrscheinlich teilweise durch Zers. von I, CO u. CO_2 unter UV-Bestrahlung durch Oxydation von IV. Der genaue Mechanismus ist jedoch nicht bekannt. Quantitative Studien der therm. Zers. gaben gute Übereinstimmung der Reaktionsprodd. mit dem jodometr. ermittelten Peroxydgehalt. In Chlf. erfolgte — im Einklang mit der Annahme, daß I überwiegend aus einem 1:1-Copolymeren aus II u. O_2 besteht — wenigstens 92% der Zers. unter Kettenspaltung zu III u. IV; in anderen Lösungsmitteln, die H-Atome liefern können, entstanden daneben durch reduktive Spaltung immer noch wechselnde Mengen Acetol. Mit Zn u. Eisessig ließ sich I glatt zum *Oxyacetoncyanhydrin* reduzieren. Bemerkenswert ist die außerordentlich größere Beständigkeit von I im Vgl. zu dem äußerst instabilen polymeren Peroxyd des Acrylonitrils, die vermutlich in Verbindung gebracht werden kann mit der allg. beobachteten Zunahme der Beständigkeit beim Übergang von sek. zu tert. Peroxyden.

Versuche: *Oxyacetoncyanhydrin*, $Kp._{19}$ 130°, n_D^{20} 1,4391, durch Zutropfen einer wss. Lsg. von KCN zur wss. Lsg. der Bisulfitverb. des Oxyacetons bei 15—20°, Ansäuern auf p_H 3 u. Extraktion mit Ae.; 20% (Ausbeute). — *Oxyacetonbenzoat*, $Kp._2$ 101—102°, aus dem Cyanhydrin mit überschüssigem Benzoylchlorid in Pyridin. *2.4-Dinitrophenylhydrazon*, F. 189—190,3° (Essigester). (J. Amer. chem. Soc. **78.** 136—39. 5/1. 1956. Newark, Del., Univ. of Delaware, Chem. Dep.) G. Lohaus. 4010

D. J. Angier und **W. F. Watson,** *Mastifizierung von Kautschuk*, 2. Mitt. *Zwischenpolymerisation von Naturkautschuk und Neopren durch Kaltmahlen.* (1. vgl. Pike u. Watson, C. **1954.** 2408.) Als Ausgangsmaterial dienten proteinfreier Naturkautschuk (I) u. Neopren (II); I u. II sind lösl. in Benzol. Beim Kneten von I findet ein Mol.-Abbau statt [Abnahme von (η)], der beim Kneten in Luft stärker als bei Luftausschluß (Arbeiten unter N_2) ist; nach einer Knetdauer t von ca. 60 Min. erfolgt kein weiterer Abbau mehr. Dagegen tritt beim Kneten von II u. von I—II-Mischungen eine Vernetzung von II unter sich bzw. von II mit I auf, wodurch die Prodd. in Bzl. teilweise unlösl. werden. Der unlösl. Anteil („Gel-Geh." G) steigt mit wachsendem t u. bei Erhöhung der Scherkräfte (höhere Knetgeschwindigkeit) stark an. Bei II erfolgt die erste Gel-Bldg. beim Kneten unter N_2 bei 30° nach t = 40 Min., bei der Mischung aus 25 II + 75 I aber bereits nach t = 5; andererseits fällt G für t = 120 mit wachsendem I-Geh. ab. Der Quellungsgrad des Gels nimmt bei steigendem t ab. Der in Bzl. lösl. Anteil wurde durch Zusatz von PAe. (Ausfällen von freiem II) bzw. durch Zusatz von Methyläthylketon (Ausfällen von freiem I u. z. T. von Vernetzungen aus I u. II) in Fraktionen zerlegt; hierbei werden charakterist. Unterschiede für die verschied. Arten der Vorbehandlung (Kneten in Luft oder N_2, Einfl. von t) gefunden. Eine exakte Auswertung der Fällverss. ist dadurch erschwert, daß die Fällwrkg. bei II prakt. unabhängig vom Mol.-Gew. ist, nicht aber bei I. II läßt sich durch eine Mischung aus 4 Teilen MgO, 5 ZnO, 0,5 Stearinsäure u. 1 Hexamethylentetramin (je bezogen auf 100 Teile II bzw. I—II-Mischung) bei 140° vulkanisieren. (J. Polymer Sci. **18.** 129—40. Sept. 1955. Welwyn Garden City, Herts., England, Brit. Rubber Prod. Res. Ass.) O. Fuchs. 4030

R. J. Dimler, I. A. Wolff, J. W. Sloan und **C. E. Rist,** *Deutung der Werte der Perjodatoxydation von abgebautem Dextran.* Natives *Dextran* (I), klin. I-Fraktionen u. stark abgebautes I (Hydrolyse mit H_2SO_4 bei 80° u. p_H 1) verschied. Stämme wurden mit $NaJO_4$ oxydiert. Der Anteil an 1.6-Bindungen wurde unter Berücksichtigung des Endgruppeneinfl. auf die Ameisensäurebldg. berechnet u. zu dem Mol.-Gew. (Zahlenmittel) in Beziehung gesetzt. Vff. geben Gleichungen für einen homogenen, nur makromolekulare Bruchstücke liefernden Abbau, bei dem nur 1.3- bzw. nur 1.6-Bindungen hydrolysiert werden; aus diesen läßt sich berechnen, wie hoch der mittlere Polymerisationsgrad (DP) eines Abbauprod. sein müßte, dessen mittels JO^-_4 bewirkte Ameisensäurebldg. bekannt ist. In Wirklichkeit lag nur bei I aus dem Stamm NRRL B-512 der gemessene DP-Wert zwischen den beiden berechneten Extremwerten u. war bei I aus B-1254, B-742 u. B-742-S höher. Der Grund dafür ist in einer Fraktionierung bei der Aufarbeitung der Hydrolysenprodd. u. in der Bldg. von Glucose, die sich vor allem bei starker Hydrolyse bemerkbar macht, zu suchen. Ferner werden anscheinend 1.6-Bindungen langsamer als die anderen gelöst. — Die möglichen I-Strukturen u. ihr mögliches Verh. beim Abbau werden diskutiert. U. a. wird eine Struktur erörtert, bei der die Seitenketten nur aus je einem einzelnen Glucoserest bestehen, u. die bes. hohe Ameisensäurewerte geben muß. Es wird geschätzt, daß bei der Hydrolyse von I aus B-742-S ca. 75% der Spaltungen freie Glucose liefern, bei I aus B-512 nur ca. 20%. (J. Amer. chem. Soc. **77.** 6568—73. 20/12. 1955. Peoria, Ill., Northern Utilization Res. Branch.) W. Willenberg. 4050

El S. Amin, *Die Polysaccharide von Colocasia antiquorum* (*Taro oder Colocass*). Vf. isoliert aus den Knollen von *Colocasia antiquorum* nach Entfernung des in ihnen enthaltenen Pflanzenschleims mit Hilfe der Meth. von HIRST, JONES u. ROUDIER (C. **1948.** E. 1256) *Stärke* (**I**; 14% W., 0,3% sulfathaltige Asche, 0,05% N; $[\alpha]_D$ +160° [c = 0,5; 4%ig. NaOH]; Gelierungspunkt 70—75°), deren Blauwert auf einen *Amylose* (**II**)-Geh. von 28% hinweist. Die Colocasiaknollen bestehen aus 70,2—74,0% W., 1,9 bis 2,0% Proteinen, 0,04—0,15% Fetten u. 21,5—21,8% Kohlenhydraten u. unterscheiden sich in ihrer Zus. nicht wesentlich von Kartoffelknollen. Die Colocasia-**I** liefert bei der Hydrolyse nur *Glucose* (**III**) ($[\alpha]_D$ +54° [c = 0,5; W.]; *Glucosazon*, F. 205°) u. bei der Fraktionierung von **I** nach BOURNE u. Mitarbeitern (J. chem. Soc. [London] **1948.** 1687) **II** (14% W., 0,4% sulfathaltige Asche, 0,06% N.; $[\alpha]_D$ +150° [c = 0,4 in 4%ig. NaOH], 18 g [30%] Ausbeute) u. *Amylopektin* (**IV**; 15% W., $[\alpha]_D$ +152° [c = 0,9; 4%ig. NaOH], 38 g [62%], aus der Mutterlauge von **II** durch Versetzen mit A.). Die Perjodatoxydation ergibt für **II** eine Kettenlänge von 490 **III**-Einheiten u. für **IV** eine solche von 22 Einheiten pro Endgruppe. Die Acetylierung von **II** bzw. **IV** führt zu amorphem *Acetylierungsprod.* (**IIa**) mit $[\alpha]_D$ +172° (c = 1; Chlf.) u. 80% bzw. **IVa** mit $[\alpha]_D$ +168° (c = 1; Chlf.) u. 82%. Bei der Methylierung von **IIa** (8malige Behandlung mit Dimethylsulfat u. NaOH in Aceton) entsteht nach Fraktionierung durch erschöpfende Extraktion mit PAe.-Chlf.-Gemischen (90:10; 85:15 u. 80:20) eine *Substanz* (**IIb**; $C_9H_{16}O_5$; OCH_3 41%; 1,3 g) mit $[\alpha]_D$ +210° (c = 0,5; Chlf.), η_{sp} 0,4 (c = 0,5; m-Kresol), die bei der Hydrolyse nach HOUGH, JONES u. WADMAN 94% *2.3.6-Tri-O-methylglucose* (**V**; F. 120—121°, $[\alpha]_D$ +69° [c = 2,0; W.]; 70 mg) u. 3% *2.3-Di-O-methylglucose* (**VI**) liefert. Unter den gleichen Bedingungen ergibt **IVa** durch Methylierung ein *Prod.* **IVb** ($[\alpha]_D$ +212° [c = 0,5; Chlf.], η_{sp} 0,3 [c = 0,5; m-Kresol]; 1,6 g) u. durch dessen Hydrolyse 4,5% *2.3.4.6-Tetra-O-methylglucose* (**VII**), 89% **V** (*2.3.6-Tri-O-methyl-D-glucose*, $C_9H_{18}O_6$, OCH_3 41,0%, F. 121°; $[\alpha]_D$ +70° c = 2,0; W.]; 85 mg) u. 5% **VI**. Durch Behandlung von **IVb** mit 2%ig. HCl in CH_3OH (7 Std. am Rückfluß) u. Hydrolyse mit n-H_2SO_4 (6 Std.) läßt sich **VII** (*2.3.4.6-Tetra-O-methyl-D-glucose*, OCH_3 52,0%, $[\alpha]_D$ +82° [c = 1; W.]; 29 mg, *Anilinderiv.*, F. 132°; 8 mg) isolieren. — Der durch Extraktion von Colocasiknollen mit W. (Zimmertemp.) u. Reinigung durch wiederholte Fällung mit 96%ig. A., Dialyse u. Bldg. des in W. unlösl. *Cu-Komplexes* abgeschiedene *Pflanzenschleim* bildet eine in organ. Lösungsmitteln unlösl., schwer in W., aber leicht in Alkali lösl. *amorphe Substanz* von geringem Reduktionsvermögen, die durch 10 Min. lange Einw. von Speichel nicht angegriffen wird. Sie besitzt $[\alpha]_D$ +13,4° (c = 0,6; n-NaOH), η_{sp} 0,2 (c = 0,1; n-NaOH), enthält 0,2% sulfathaltige Asche, 0,05% N u. 2% *Uronsäure* u. liefert durch Säurehydrolyse (n-H_2SO_4, 100°, 12 Std.) 88% *Galaktose* (*D-Galaktosemethylphenylhydrazon*, F. 185° [Zers.], $[\alpha]_D$ +82° [c = 0,5; W.]), *Schleimsäure* (F. 215°) u. 8% *Arabinose* (*L-Arabinose-α-benzoylphenylhydrazon*, F. 170—171°, $[\alpha]_D$ +105° [c = 0,5; W.]; 8 mg). Die Acetylierung des Schleims (2std. Einw. von Pyridin bei 70° u. 3tägige Behandlung mit Acetanhydrid bei 52°) führt zu einem *amorphen Prod.* (**VIII**; 2,9 g) mit $[\alpha]_D$ +35° (c = 1; Chlf.), das sich durch 8 Methylierungen (Dimethylsulfat u. 30%ig. NaOH in Aceton, 8 Std. bei 10° u. ½ Std. bei 50°, Reinigung durch Fällung mit PAe. u. Behandlung mit CH_3J u. Ag_2O) in das *Methylierungsprod.* (**IX**; OCH_3 42%; $[\alpha]_D$ —15° [c = 1; Aceton]; η_{sp} 0,3 [c = 1; Chlf.]) überführen läßt. Die Behandlung mit PAe.-Chlf.-Gemischen (95:5; 90:10; 85:15) ermöglicht eine Trennung in die Fraktionen **IXa** ($[\alpha]_D$ —13°; 1,2 g) u. **IXb** ($[\alpha]_D$ —15°; 0,6 g). Die geringe negative spezif. Drehung zeigt an, daß die **III**-Einheiten durch β-Bindungen miteinander verknüpft sind. Die Hydrolyse von **IXa** (3%ig. methanol. HCl, 7 Std., 100°) liefert 10% *2.3.4.6-Tetra-O-methylgalaktose* ($C_{10}H_{20}O_6$, OCH_3 50,5%. *2.3.4.6-Tetra-O-methyl-N-phenyl-D-galaktosylamin*, $C_{16}H_{25}O_5N$, OCH_3 38,9%; F. 194°; 12 mg), 87% *2.3.6-Tri-O-methylgalaktose* ($C_9H_{18}O_6$, OCH_3 39,0%; $[\alpha]_D$ +88° [c = 1; W.]. *2.3.6-Tri-O-methyl-γ-D-galaktonolacton*, F. 98—99°; 50 mg) u. 2,5% *Di-O-methylgalaktose*. Dieses Ergebnis weist darauf hin, daß die Monosaccharide im Polysaccharid-Mol. durch $C_{(1)}$—$C_{(4)}$-Bindungen verknüpft sind. **IXb** ergibt bei der Hydrolyse neben vorst. Verbb. 19% *2.3.5-Tri-O-methylarabinose* (*2.3.5-Tri-O-methyl-L-arabonolacton*, F. 28°; 30 mg. *2.3.5-Tri-O-methyl-L-arabonamid*, F. 134°; 22 mg). (J. chem. Soc. [London] **1955.** 2441—45. Juli. Alexandria, Univ.) P. FAHRNLAENDER. 4050

Kunio Ygi und **Jun Okuda**, *Metalloflavoprotein.* Überblick. — 35 Literaturangaben. (Kagaku-no-Ryôiki [J. Jap. Chem.] **9.** 504—09. Aug. 1955. Nagoya-Syôwa, Univ., Med. Fak. [Orig.: japan.]) E. MAEKAWA. 4070

Yasuo Tazawa, *Chemie der Sameneiweißstoffe.* 1., 2., 3. u. 4. Mitt. Überblick. — 156 Literaturangaben. (Kagaku-no-Ryôiki [J. Jap. Chem.] **9.** 558—69. Sept. 667—80. Okt. 746—58. Nov. 806—19. Dez. 1955. Niigata, Univ., Naturw. Fak. [Orig.: japan.]) E. MAEKAWA. 4070

W. Croon und **H. Croon**, *Trägerelektrophorese mit stabilisiertem Strom.* Zur Erzielung schärferer elektrophoret. Proteintrennungen bei höheren Spannungen wird eine

Versuchsanordnung beschrieben, bei der die Stromstärke elektron. stabilisiert wird. Es werden Beziehungen zwischen Stromstärke, Streifenlänge, Laufzeit u. Trenneffekt angegeben. (Naturwissenschaften **42.** 439–40. Aug. 1955. Saarbrücken, Univ., Physik. Inst., Staat. Inst. für Hygiene u. Infektionskrankheiten, Chem. Abt.) R. Pasedag. 4070

Linus Pauling, *Die stochastische Methode und die Struktur von Proteinen.* An Hand einer Reihe von Beispielen zeigt Vf. zusammenhängend die Anwendung der stochast. Meth. bei der Strukturaufklärung anorgan. u. organ. Verbb. mit besonderer Berücksichtigung der Proteine. (Amer. Scientist **43.** 285–97. April 1955. Pasadena, Cal., Inst. of Technol.) C. Gottfried 4070

Jen Tsi Yang und **Joseph F. Foster,** *Statistische und „all-or-none"-Bindung von Alkylbenzolsulfonat durch Albumine.* Mittels Gleichgewichtsdialyse u. Elektrophorese untersuchen Vff. die Bindungen von handelsüblichem *Dodecylbenzolsulfonat* (**I**; *Santomerse Nr. 3*) an krist. *Rinderplasmaalbumin* (A) u. selbsthergestelltem krist. *Ovalbumin* (O; 4 mal krist., bis zur Salzfreiheit dialysiert, dann lyophilisiert). — In der Bindungskurve von A sind 3 Bereiche zu unterscheiden: zunächst erfolgt rein statist. Bindung mit maximal 12 **I**-Anionen/Mol. A. In der 2. Region tritt eine „all-or-none" Rk. ein, bei der unter Denaturierung ein Komplex mit ca. 48 **I**-Ionen gebildet wird, so daß auf 2 kation. Reste des Proteins ca. 1 Ion des Netzmittels kommt. In der 3. Region erfolgt wieder statist. Bindung, wobei unter den angewendeten Bedingungen keine obere Grenze der Ionenmenge festzustellen war. Die Bindungskurve für O gleicht im wesentlichen der für A, jedoch tritt hier sofort die „all-or-none"-Rk. ein. Dabei werden pro Mol. O ca. 43 Ionen gebunden, was einem Ion für jede kation. Gruppe des O entspricht. — Vff. folgern hieraus, daß durch **I** eine Entfaltung der Peptidketten bei O wesentlich leichter u. unter stärkerer Veränderung des Mol. erfolgt als bei A. In der ausführlichen Diskussion werden auch die Möglichkeiten einer Fehldeutung der Bindungskurven erörtert, die durch Micellbldg. von **I** oder seine nicht vollkommene Einheitlichkeit bedingt sind (vgl. Foster u. Yang, J. Amer. chem. Soc. **76.** [1954.] 1015). (J. Amer. chem. Soc. **75.** 5560–67. 20/11. 1953. Ames, Iowa State Coll., Dep. of Chem.) U. Freimuth. 4070

K. H. Gustavson, *Die Art der Brückenbindungen in Kollagen und Gelatine.* Zusammenfassende Übersicht eines Teils neuerer Arbeiten des Vf. mit 96 Literaturhinweisen. Aus dem Verh. von *Kollagenen* (**I**) u. *Gelatinen* (**II**) in nativem oder modifiziertem Zustand gegenüber verschied. Reagentien sowie den Titrationskurven ergibt sich, daß neben Brückenbindungen zwischen Ketimidgruppen (H-Brücken) u. salzartigen Bindungen zwischen benachbarten Peptidketten 2 zusätzliche Brückenbindungsarten in **I** vorliegen, die für dessen Stabilisierung verantwortlich sind: A. Eine intermol. H-Brückenbindung zwischen der OH-Gruppe der Oxyaminosäuren, bes. des Oxyprolins, u. der Carbonylgruppe von Ketimidgruppen. Sie ist verantwortlich für die hydrotherm. Stabilität hauptsächlich im Bereich zwischen 40 u. 65° u. nur im Säugetier-**I**, nicht aber im Fisch-**I** nachzuweisen. B. Allg. in jedem **I** eine esterartige Bindung zwischen den nicht acetylierbaren OH-Gruppen u. Carbonylgruppen. Als experimenteller Hinweis dient das niedrige Basenbindungsvermögen von **I** gegenüber alkalivorbehandelter **II** nach Korrektur für den unterschiedlichen Amid-N-Gehalt. Diese Bindung trägt den Hauptanteil an der **I**-Stabilisierung u. wird bei der Hitzeextraktion der alkalivorbehandelten **II** hydrolysiert. Bei mehrstd. Behandlung von **I** bei 70° wird die Zahl der reaktionsfähigen Carbonylgruppen verdoppelt, wie es sich aus der Fixierung von kation. Chromkomplexen ergibt. Während die Bindungsarten A u. B beim Übergang von **I** in **II** gelöst werden u. daher für die Stabilisierung der **II**-Moll. nicht wesentlich beitragen, scheint eine 3. Bindungsart zwischen der Guanidylgruppe des Arginins (**III**) u. einer Carbonylgruppe sowohl zur Stabilisierung von **I** als auch von nicht abgebauter **II** beizutragen. Dies würde die Maskierung sowohl eines Teils der Carbonylgruppen sowie auch eines Teils der **III**-Reste, wie sie sich durch das besondere Verh. ihrer Guanidylgruppen gegen Gerbstoffe, z. B. Formalin, ergibt, erklären. (Svensk kem. Tidskr. **67.** 116–29. 1955. Stockholm, Garverinäringens Forskningsinst.) W. Königsdorf. 4070

E. Biologische Chemie. Physiologie. Medizin.

E_1. Allgemeine Biologie und Biochemie.

Kôsuke Ôki, *Die vom Standpunkt der Quantenchemie betrachtete Funktion der Zelle.* Überblick. — 13 Literaturangaben. (Kagaku-no-Ryôiki [J. Jap. Chem.] **9.** Nr. 7. 426–33. Juli 1955. Hukuoka, Med. Fak. d. Kyûsyû-Univ. [Orig.: japan.]) E. Maekawa. 4150

C. H. Gallagher, J. D. Judah und **K. R. Rees,** *Glucoseoxydation durch Mitochondrien des Hirns.* Vff. incubieren Mitochondrienpräpp. des Rattenhirns in 0,25 mol. *Saccharose-*

Lsg. unter aeroben Bedingungen mit *Citrat* (**I**; 30 μmol.; [Substrat: *Adenylsäure* (**II**; 0,001 mol.], *Adenosintriphosphat* (**III**; 0,001), $MgSO_4$ (0,0067), KCl (0,025), Na-Phosphatpuffer (0,0133, p_H 7,4), *Cytochrom c* ($2 \cdot 10^{-5}$), *Glutathion* ($6{,}6 \cdot 10^{-4}$, Temp.: 38°] u. bestimmen O_2-Verbrauch u. Menge der gebildeten Ketosäuren [*α-Oxoglutar-* u. *Brenztraubensäure* (**V**)]. Es wird festgestellt, daß die Präpp. glykolyt. Stoffwechselprodd. (z. B. **I**) u. *Glucose* (**VI**) sowie *Glucose-6-phosphat* (**VII**) vollständig zu CO_2 u. H_2O abbauen. Hefeautolysate (150 μg) u. Ca^{2+}-Ionen (bis $5{,}4 \cdot 10^{-4}$ mol.) fördern die **VI**-Oxydation, u. erstere heben die durch *Arsenit* (**IV**) (0,007) hervorgerufene Hemmung des **I**-Stoffwechsels wieder auf. Verbrauchtes **I** u. gebildete **V** stehen im Gleichgewicht miteinander. Bei Ggw. von **IV** tritt eine Anhäufung von **V** ein, während ihre Bldg. durch Einw. von Fluorid verhindert wird. — Mitochondrien aus Leber oder Niere bauen **VI** nicht vollständig zu CO_2 u. H_2O ab.. Auch anaerob werden **VI** u. **VII** in einem Substrat, bestehend aus **II** (0,0017 mol.), $MgSO_4$ (0,0066), KCl (0,025), anorgan. Phosphat (0,0133), $NaHCO_3$ (0,025), **V** (0,0066), Co I-Ferment (0,00033) u. **III** (0,001), abgebaut. Im Gegensatz zu diesen Befunden zeigen Mitochondrienpräpp. aus Rattenleber, -niere u. -herz keinerlei glykolyt. Wirksamkeit. (Biochem. J. **62.** 436—40. März 1956. London, Univ. Coll., Dep. of Chem.; Univ. Coll. Hosp., Med. School, Dep. of Morbid Anat.)

P. FAHRNLAENDER. 4150

Hajime Suzuki, *Biosynthese von Eiweiß und die Nucleinsäure.* Überblick. — 19 Literaturangaben. (Kagaku-no-Ryôiki [J. Jap. Chem.] **9.** Nr. 7. 433—41. Juli 1955. Nagoya, Univ., Human. Fak. [Orig.: japan.]) E. MAEKAWA. 4150

Dušan Soudek und **Lumír Beneš,** *Der Eiweißanteil der Haut des Zellkerns.* Wenn aus dem Kern der Leberzelle von Maus u. Ratte die lösl. Proteine extrahiert werden, bleibt die Kernhaut als morpholog. einheitlicher Bestandteil zurück, ebenso bei der Trypsingewinnung; sie scheint demnach aus „Restprotein" zu bestehen; die Annahmen, daß es sich um saures Protein handelt oder daß die Proteine des Kerns einen einheitlichen Komplex darstellen, werden abgelehnt. (Českoslov. Biol. **4.** 416—21. Juli 1955. Brünn [Brno], Univ., farm. fak., cytofarm. labor. u. lék. fak., biol. ústav.)

R. K. MÜLLER. 4150

H. Fischer und **L. Wagner,** *Die Wirkung niedermolekularer (basischer) Proteine auf Zellen und Organismen.* Beim Studium der Permeabilität von Zellen für niedermol. Eiweißkörper wurde gefunden, daß vor allem bas. Proteine die Zellmembran durchdringen u. im Zellinnern beachtlich hohe Konzz. erreichen können. *Protamin* (**I**) u. *Histon* gelangen ungespalten in die Zelle, wie durch Papierelektrophorese von Kochextrakten (p_H 4,6) entsprechend incubierter Zellen u. Vgl. mit den Testproteinen gezeigt wurde. Die Kinetik der **I**-Aufnahme wurde an Ascitestumorzellen untersucht. Die Aufnahme ist bei 37° optimal, nimmt mit steigendem p_H zu u. wird durch Dinitrophenol, Cyanid, Jodacetat, Arsenit, Azid u. Fluorid gehemmt; ebenfalls hemmend wirkt eine Vorbehandlung der Zellen mit Novocain sowie höheren Co-Konzentrationen. Nur ein Teil des gespeicherten **I** in der Zelle ist frei; der größere Teil ist gebunden. Die Zellkationen verschieben sich bei der Aufnahme charakterist., K wird durch Na ersetzt, die Kationensumme um einen Betrag vermindert, der etwa den bas. Äquivalenten des intracellulären freien **I** entspricht. Die Zellatmung wird durch **I** in Parallele zu den morpholog. u. chem. Veränderungen gehemmt. — Auch Trypsin u. WITTE-Pepton werden von Zellen aufgenommen, ohne jedoch weitgehende morpholog. Veränderungen u. Elektrolytverschiebung hervorzurufen. — Die in vitro-Verss. können auf den ganzen Organismus übertragen werden. (Naturwissenschaften **41.** 532—33. 2. Nov.-H. 1954. Frankfurt/M., Univ., I. Med. Klinik.) K. F. MÜLLER. 4150

Elda Quercioli, *Molekulare Struktur, cytogenetische und cytophysiologische Wirkung von Substanzen der Cumaringruppe.* Vf. untersuchte die Wrkg. folgender Derivv. des *Cumarins* (**I**) auf die Zellkernmitose: *4-Methyl-*, *5-Methyl-*, *6-Methyl-*, *7-Methyl-*, *6-Chlor-*, *3-Acetyl-*, *7-Methoxy-*, *7-Oxy-*, *7.8-Dioxy-* (*Daphnetin*), *6.7-Dioxycumarin*, *β-Methyldaphnetin*, *α.β-Diphenylumbelliferon*, *α-Phenyl-β-methyl-5-oxy-*, *α-Phenyl-β-methoxy-*, *α.3.4-Methylendioxyphenylcumarin.* Sämtliche Verbb. besaßen in verschied. Stärke eine Wrkg. auf die Mitose u. bewirkten eine Chromosomenagglutination mit Hemmung in den Anfangsstadien der Prophase. Am stärksten war dieser Effekt bei Verbb., die ein CH_3-Radikal enthielten, dessen Stellung ohne Bedeutung zu sein schien. Cl- u. Phenyl-Radikale hemmen die mutagene Wirkung. (Atti Accad. naz. Lincei, Rend., Cl. Sci. fisiche, mat. natur. [8] **18.** 313—18. März 1955. Firenze, Univ., Ist. Botan.)

P. G. SCHEURLEN. 4150

G. Brichta, M. Hammerschmidt und **O. Parzer,** *Leukocytenstoffwechsel unter Sulfabutin.* Nach einem anfänglichen Anstieg zeigt sich unter *Sulfabutin* (**I**; *1.4-Dimethylsulfonoxybutan*) ein rascher Abfall der Leukocytenatmung (indirekte Meth. von WARBURG).

Dieser Verh. wird als eine Zellschädigung gewertet. Bei mit **I** erfolgreich behandelten Patienten mit myelot. Leukämie zeigt sich eine gewisse Normalisierungstendenz der Atmungs- u. Glykolysewerte, die bei nichtreagierenden Fällen fehlen. (Wiener Z. inn. Med. Grenzgebiete **36.** 525—29. Dez. 1955. Wien, Univ., II. Med. Klinik)
H. PATZSCH. 4150

Harry Eagle, *Aminosäuren, die für die menschliche Krebszelle (Stamm HeLa) in Gewebskultur lebensnotwendig sind.* Der Aminosäurebedarf von menschlichen Uteruscarcinomzellen wird in Gewebskulturen untersucht. Außer den 8 Aminosäuren, die für den N-Haushalt notwendig sind, [*Isoleucin* (**I**), *Leucin, Lysin* (**II**), *Methionin* (**III**), *Phenylalanin* (**IV**), *Threonin, Tryptophan* (**V**) u. *Valin*] sind *Arginin, Cystin* (**VI**), *Cystein, Histidin* u. *Tyrosin* erforderlich. Die Mindestmengen liegen zwischen 0,003 μmol. **V**/ml u. 0,1 μmol. **II**. Die optimalen Mengen entsprechen größenordnungsmäßig denen, die im Serum enthalten sind. Nur die L-Isomeren sind wirksam. Das Fehlen einzelner Säuren führt zu Degenerationserscheinungen, die im Anfang noch reversibel sind. Anhaltender Mangel führt zum Absterben der Carcinomzellen. Die Substanzen **I—VI** rufen in hohen Konzz. (1—10 μmol./ml) Wachstumshemmungen hervor. Die Tatsache, daß *Alanin, Asparaginsäure, Prolin, Oxyprolin* u. *Serin* den Kulturen nicht zugesetzt werden müssen, läßt den Schluß zu, daß diese von der Zelle selbst in erforderlichen Mengen synthetisiert werden können. Die Ergebnisse dieser Arbeit stimmen qualitativ mit denen überein, die bei einer früheren Unters. an Mäusefibroblasten gefunden wurden (vgl. J. biol. Chemistry **214.** [1955.] 839). (J. exp. Medicine **102.** 37—47. 1/7. 1955. Bethesda, Md,. Nat. Inst. of Health, Nat. Microbiol. Inst., Labor. of Infect. Diseases, Sect. on Exp. Therapeutics.) U. BAUMANN. 4160

O. N. Bulanowa, *Der Gehalt an Cytochrom c in den inneren Organen bei Leukose und Krebs.* Der Geh. an *Cytochrom c* (**I**) beträgt beim Menschen in der Norm im Herzmuskel 10,19, in der Milz 0,23 mg% (Mittelwerte), in der Leber ist er $\leq$ 1 mg%. Bei Krebs verschied. Lokalisation u. bei Leukosen ist der **I**-Geh. im Herzmuskel vermindert (im Mittel 4,68 bzw. 5,26 mg%), in der Milz erhöht (0,34 bzw. 0,35 mg%), in der Leber prakt. unverändert. Diese Befunde werden als Anzeichen dafür bewertet, daß Krebs u. Leukosen Krankheiten des gesamten Organismus sind u. einander pathogenet. nahestehen. (Вопросы Медицинской Химии [Fragen med. Chem.] **1.** 290—95. Juli/Aug. 1955. Moskau, Zentr. Inst. für Hämatologie u. Bluttransfusion des Gesundh.-Minist. der UdSSR.) R. K. MÜLLER. 4160

Takeo Takahashi, *Guanase und Arginase in der Leber von mit Lebercarcinogenen gefütterten Ratten.* Nach Befunden von anderen Autoren haben Lebertumoren der Ratte eine geringere Konz. an *Arginase* (**I**) als n. Leber, während die *Guanase* (**II**) im Tumor die gleiche Konz. wie im n. Gewebe hat. Vf. fand, daß die **I** des Lebergewebes bei patholog. Veränderung ständig abnahm. Die **II** zeigt bei optimalem p_H 9 keine Beziehung zu den durch Verfüttern von Carcinogenen hervorgerufenen patholog. Veränderungen. Erfolgt aber die Unters. bei p_H 5, 6, 7, 8, 10 oder 11, so wird für **II** eine allmähliche Abnahme im Verlauf der patholog. Veränderungen gefunden; nach Eintreten der Carcinombldg. ist dabei die Aktivität der **II** auf etwa die Hälfte gesunken. (Gann, Japan. J. Cancer Res. **45.** 631—36. Dez. 1954. Tokyo, Showa Med. School, Labor. of Med. Zool. [Orig.: engl.; Auszug: japan.] A. HESSE. 4160

Shogo Ichii, Masako Inaba und **Kazuo Mori,** *Untersuchungen über Rhodanese in der Leber von Ratten während der Lebercarcinombildung.* Beim Verfüttern der beiden Carcinombildner *2-Acetylaminofluoren* u. *p-Dimethylaminoazobenzol*, ändert sich der Geh. an *Rhodanese* (**I**) in Relation zu den physiol. Veränderungen. In der hyperplast. Leber war der **I**-Geh. stets niedriger als in den Kontrollen; bei Auftreten von Lebercarcinomen war die **I**-Aktivität völlig verschwunden. Da sich während der Carcinombldg. das p_H-Optimum der **I** ständig verschiebt, erfolgt entweder eine mengenmäßige oder eine artmäßige Änderung der **I**. (Gann, Japan. J. Cancer Res. **45.** 637—41. Dez. 1954. Tokyo, Showa Med. School, Labor. of Med. Zool. [Orig.: engl.; Auszug: japan.])
A. HESSE. 4160

H. Langemann, *Oxytryptamin (Serotonin) als neues Hormon. Mit besonderer Berücksichtigung seiner Beziehung zum Syndrom des metastasierenden Carcinoids.* Zusammenfassende Arbeit über Vork., Nachw., Biochemie u. die physiol. Eigg. des sich vom Tryptophan ableitenden *Oxytryptamins.* Seine Beziehung zum metastasierenden Carcinoid wird ausführlich diskutiert. Vf. weist auf die hohe Konz. dieser Verb. in Metastasen u. im Blut von Carcinompatienten hin. — Etwa 80 Literaturangaben. (Schweiz. med. Wschr. **85.** 957—61. 1/10. 1955. Zürich, Univ., Pharmakolog. Inst.) A. EBEN. 4160

Hermann Druckrey und **Dietrich Schmähl,** *Cancerogene Wirkung von Quarz bei Implantation bei Ratten.* 29 Ratten der erbreinen Stämme BD I, BD II u. Wistar erhielten im Alter von 100 Tagen je 100 mg frisch gemörserten Quarzsand (als Modell einer makromol. Kieselsäure von hohem Ordnungsgrad) operativ steril subcutan u. intraperitoneal implantiert. Nach 393 Tagen traten in der Bauchhöhle einer Ratte multiple Tumoren (Spindelzellsarkome) auf; im weiteren Verlauf entstanden bei 3 weiteren Ratten intraperitoneal Sarkome. — 63 Ratten erhielten in ihrer Jugend je ca. 500 mg zerriebenes Glas operativ subcutan u. in die Bauchhöhle implantiert. Innerhalb von 800 Tagen entwickelte sich bei keinem Tier ein Tumor. (Naturwissenschaften **41**. 534. 2. Nov.-H. 1954. Freiburg/Br., Chirurg. Universitätsklinik, Labor.) K. F. MÜLLER. 4160

Carlo Franzini und **Giovanni Pisani**, *Cytochemische Untersuchungen über die Wirkung der Röntgenstrahlen auf die peripheren Leukocyten bei chronischen Leukämien. Verhalten des Leukocytenglykogens.* Mittels der histochem. Technik nach MCMANUS-HOTCHKISS konnten Vff. nachweisen, daß der *Glykogen* (I)-Geh. der peripheren Granulocyten bei myelo. u. lymphat. Leukämien geringer als bei n. Zellen ist. Die I enthaltenden Granula der neutrophilen Leukocyten von chron. lymphat. Leukämien sind empfindlicher gegen Röntgenbestrahlung als diejenigen der myeloischen Leukämien. (Arch. Scienze med. **100** (**80**). 121—32. Aug. 1955. Torino, Cons. Naz. Ricerche, Centro Studi Oncol.) P. G. SCHEURLEN. 4160

Morton M. Kligerman und **David V. Habif**, *Anwendung von radioaktivem Gold zur Behandlung von Pleura- und Bauchfellergüssen bei Carcinose.* Instillation von ^{198}*Au* in die Bauch- u. Pleurahöhle von 35 Patienten mit Carcinom erwies sich im allg. als gute palliative Maßnahme zur Reduzierung der Ergüsse, die den Erfolgen mit Bestrahlung von außen meist überlegen ist. (Amer. J. Röntgenol. Radium Therapy Nuclear Med. **74**. 651—56. Okt. 1955. New York, N. Y., Columbia Univ., Coll of Physic. and Surg., Dep. of Radiol. and Surgery u. Presbyterian Hosp.) H. DOSSMANN. 4160

J. B. S. Haldane, Biochimie et génétique. Paris: Presses universitaires de France. (VIII + 178 S.) fr. 900,—.

E₂. Enzymologie. Gärung.

Burckhardt Helferich, *Stand der Enzymchemie und ihre Bedeutung.* Vortrag nebst ausführlicher Diskussion. (Arbeitsgemeinsch. Forsch. Landes Nordrhein-Westfalen Heft **14**. 7—37. 1952. Bonn, Univ.) A. HESSE. 4210

O. Braun-Falco und **B. Rathjens**, *Zur Frage spezifischer Hemmung der Nieren-Kohlensäureanhydratase im histologischen Schnitt durch 2-Acetylamino-1.3.4-thiodiazol-5-sulfonamid.* Meerschweinchen wird unmittelbar nach Tötung u. Ausblutung die Niere entfernt u. von dieser Aceton-fixierte Gefrierschnitte mit einer $Co(HCO_3)_2$-Lsg. bebrütet. An Stellen der Fermentaktivität wird die Rk. $Co(HCO_3)_2 \rightarrow CoCO_3 + H_2O + CO_2$ stark beschleunigt u. das unlösl. $CoCO_3$ durch Behandlung mit Ammoniumsulfid-Lsg. als schwarzes Sulfid sichtbar gemacht. Bes. stark waren die Schwärzungen in den Tubuli, wogegen die Glomeruli u. Zellkerne ungefärbt blieben. Der Einfl. von *Diamox* (*2-Acetylamino-1.3.4-thiodiazol-5-sulfonamid;* I) auf die Nieren-*Kohlensäureanhydratase* wurde wie folgt geprüft: 1. In vivo: 80 mg/kg oder 350 mg I/kg in physiol. NaCl-Lsg. werden mit der Schlundsonde intraperitoneal verabreicht u. die Tiere nach 4 Std. getötet (beim Menschen genügt eine Dosis von 5—10 mg/kg zur Erreichung eines diuret. Effektes). 2. In vitro: Aceton-fixierte Schnitte wurden in einer mit I gesätt. NaCl-Lsg. u. von I in menschlichem Serum 1—4 Std. bei 37° bebrütet u. nach Abspülen mit dest. W. die Enzymaktivität untersucht. Überraschend trat weder in vivo noch in vitro Hemmung ein. (Acta histochem. [Jena] **2**. 39—46. 1955. Mainz, Univ., Hautklinik.) H. TÄNZLER. 4210

A. Castellani und **B. de Bernard**, *Gehalt an Cocarboxylasen in der Leber weißer Ratten nach Behandlung mit Adrenochrom.* Vff. haben männlichen weißen Ratten 3 Tage lang je 700 μg *Adrenochrom* (I)/100 g subcutan injiziert u. in der Leber eine Abnahme der *Cocarboxylase* (*Thiamindiphosphat;* II) um ca. 28% festgestellt. Verss. in vitro mit I u. I u. II zeigten keine Unterschiede. Die Differenzen am lebenden Tiere beruhen offenbar auf verminderter Fähigkeit des Organismus zur Bldg. von II oder Hemmung der Phosphorylierung. (Boll. Soc. ital. Biol. sperim. **30**. 1135—37. Aug./Nov. 1954. Pavia, Univ., Inst. für biol. Chem.) E. DEHN. 4210

R. S. Wolfe und **D. J. O'Kane**, *Die Cofaktoren der Kohlendioxydaustauschreaktion bei Clostridium butyricum.* An lyophylisierten zellfreien Extrakten von Clostridium butyricum wurde die umkehrbare phosphoroclast. Austausch-Rk. zwischen CO_2 u. der Carboxylgruppe von *Brenztraubensäure* (I) sowie zwischen den Carboxylgruppen von Essigsäure (II) u. I unter Verwendung von $^{13}CO_2$ u. $^{13}C_{(COOH)}$-II untersucht. — Während der $^{13}CO_2$-Einbau in I schon nach 10 Min. abgeschlossen ist, verläuft der Einbau aus $^{13}C_{(COOH)}$-II sehr langsam; mit ^{13}C-Acetylphosphat findet kein Austausch statt. — Durch langes Schütteln ($1^1/_2$ Std.; 37°) des Enzymextraktes in Luft tritt Hemmung der phosphoroclast. Rk. u. der Austausch-Rk. mit II ein, während der Austausch mit CO_2 nicht vermindert war. Für die zuletzt genannte Rk. war Ggw. von Phosphat, das auch durch Arseniat ersetzt werden konnte, Cocarboxylase, u. Coenzym A notwendig; Fe^{2+} hatte kaum einen Einfluß. — Der Austausch mit II erfordert mindestens Ggw. von Phosphat u. Coenzym A. — Obwohl der I-Abbau durch Zusatz von Furacin als H^+-Acceptor gesteigert wird, tritt hierdurch völlige Hemmung der Austausch-Rkk. ein, die auch durch H_2-Atmosphäre nicht in Gang gebracht werden kann, woraus auf die Notwendigkeit der Ggw. von Elektronen zu schließen ist. Jodacetat hemmt sowohl die phosphoroclast. Rk. wie den Austausch mit II, hat aber auf den Austausch mit $^{13}CO_2$ nur geringen Einfluß. (J. biol. Chemistry **215**. 637—43. Aug. 1955. Philadelphia, Pa., Univ. of Pennsylvania, Dep. of Botany, Labor. of Microbiol.) H. TÄNZLER. 4210

E. H. Creaser, *Die Wirkung von 8-Azaguanin auf die Enzymbildung.* Analog zur Hemmung der Bldg. des adaptiven Enzyms *β-Galaktosidase* (**V**) bei *Staphylococcus aureus* durch die Purinanaloga *2.6-Diaminopurin* u. *8-Azaguanin* (**I**) [Einbau in *Ribonucleinsäure* (**VII**)] wurde gefunden, daß auch die Synth. von *Katalase* (**II**) u. *Glucozymase* (**III**) unter bestimmten Bedingungen **I**-empfindlich ist. Erfolgt die Enzymbldg. in intakten gewaschenen, anaerob in Glucose (**IV**) gezüchteten u. anschließend in einem Medium von Salzen, Aminosäuren, **IV** u. Galaktose incubierten Zellen, so wird die **II**- u. **V**-Bldg. durch 100 γ **I**/cm^3 fast völlig blockiert. Beim Fehlen von **IV** im Incubationsgemisch sinkt der **I**-Einbau ab, u. die Hemmung der Enzymbldg. geht zurück. Wird **I** bei Versuchsbeginn zugesetzt, so findet keine Enzymbldg. statt; bei Zugabe nach erfolgter Induktion wird sie gehemmt u. hört bald auf. Die **I**-Hemmung ist durch Zusatz von *Guanin* (**VI**), *Xanthin* oder *Hypoxanthin* aufhebbar, *Uracil, Thymin* u. meist auch *Adenin* sind unwirksam. Bei Aufhebung der Hemmung mittels **VI** geht der **I**-Einbau in **VII** weiter, jedoch erfolgt beträchtliche Neubldg. von **VII**. Bei der **III**-Bldg. ändert sich die **I**-Empfindlichkeit mit der Kulturphase. In der exponentiellen Phase wird die **III**-Synth. durch **I**-Konzz., die die **V**-Bldg. vollständig hemmen, nur wenig beeinflußt. Mit beendigter Entw. wird sie **I**-empfindlicher. Die **V**-Synth. ist während aller Phasen stark **I**-empfindlich. Die Ergebnisse werden durch die Annahme eines unterschiedlichen Grades funktioneller Stabilität der einzelnen bei den Synthesen der verschied. Enzyme beteiligten Nucleinsäuren verständlich. (Nature [London] **176**. 556—57. 17/9. 1955. Cambridge, Univ., Dep. of Biochem., Med. Res. Council.) K. MAIER. 4210

M. Wachstein und **E. Meisel,** *Succinodehydrogenase beim Myocardinfarkt und induzierter Myocardnekrose.* Diejenigen Gebiete des Herzmuskels, die bei Verschluß von Coronararterien einer Nekrose unterlagen, zeigten ein rasches Verschwinden der *Succinodehydrogenase* (**I**). Eine Verminderung der enzymat. Wrkg. wurde schon 2 Std. nach Beginn der akuten Symptome festgestellt u. erstreckte sich auch auf solche Muskelfasern, die keine histolog. Veränderungen zeigten. — Im Herz von Ratten, bei denen eine Myocardnekrose durch Plasmocid u. Fluoracetat induziert wurde, erfolgte eine ähnliche Verringerung der **I**-Aktivität. Die bilaterale Adrenalektomie ist ohne Einfl. auf die Aktivität der **I** im Rattenherzen. (Amer. J. Pathol. **31**. 353—65. März/April 1955. Brooklyn, N. Y., St. Catherine Hosp., Dep. of Pathol.) A. HESSE. 4210

William N. Valentine, James H. Follette, E. Barton Hardin, William S. Beck und **John S. Lawrence,** *Untersuchungen über die Aktivität der alkalischen Phosphatase der Leukocyten. Beziehungen zu „Stress" und Hypophysen-Nebennieren-Aktivität.* Durch verschied. Erkrankungen, bes. entzündlicher Art, aber auch nach chirurg. Eingriffen, sowie im letzten Drittel der Schwangerschaft ist die Aktivität der *alkal. Phosphatase* der Leukocyten erhöht. Eine ähnliche Aktivitätssteigerung kann man auch durch Gabe von ACTH, aber nicht im gleichen Maße durch Cortison u. Hydrocortison erreichen. (J. Lab. clin. Med. **44**. 219—28. Aug. 1954. Los Angeles, Calif.) H. G. SCHWEIGER. 4210

W. Walter, *Über den Nachweis der alkalischen und sauren Phosphatase in sympathischen Grenzstrangganglien und ihre Beeinflussung durch Pendiomid.* Bei histochem. Unters. der *sauren Phosphatase* (**I**) u. der *alkal. Phosphatase* (**II**) nach der Meth. von GOMORI fand sich in n. Grenzstrangganglien von Menschen u. Meerschweinchen die **I** vornehmlich im Cytoplasma der Ganglienzellen u. in den Axonen, die **II** dagegen hauptsächlich im pericellulären Bindegewebe der Ganglienzellen. Nach verschied. langer Anwendung des ganglienblockierenden Mittels *Pendiomid* (CIBA 9295) ergab sich beim Nachw. der **I** eine auffallende Gesamtverminderung im Cytoplasma der Ganglienzellen, jedoch keine Veränderungen an den Neurofibrillen; die **I** verhielt sich wie bei n. Tieren. (Acta histochem. [Jena] **1**. 3—14. 20/4. 1954.) A. HESSE. 4210

Arthur LaVelle, Chan-Nao Liu und **Faith W. la Velle,** *Aktivität der sauren Phosphatase und ihre Beziehung zur Anordnung der Nucleinsäure in der Nervenzelle.* Mit Hilfe

einer Modifikation der von GOMORI beschriebenen Meth. wurden Ganglienzellen aus dem Vorderhirn, aus der Medulla, aus der Großhirnrinde u. dem Kleinhirn des Meerschweinchens auf die Aktivität der *sauren Phosphatase* (I) untersucht. Im Cytoplasma verhält sich die Aktivität der I wie das Vork. der NISSL-Substanz. Nucleolus einschließlich Umgebung färbte sich im Gegensatz zu den perinucleolären Körperchen nicht. (Anatom. Rec. **119.** 305—24. Juli 1954. Univ. of Illinois, Dep. of Anatomy.)
H. G. SCHWEIGER. 4210

P. M. Blanc, J. Ratelade und **A. Chaux,** *Histochemische Lokalisierungen von sauren Phosphatasen in der menschlichen Gebärmutter.* Mit der Methodik von GOMORI wurden in biopt. entnommener Schleimhaut von menschlicher Gebärmutter der Geh. an *Phosphatasen* (I) untersucht, u. zwar im Follikelbildungsstadium (II) u. im Follikelluteinkörperstadium (III). *Alkal.* I fand sich (p_H 9,2) im Epithel, aber nur im Stadium **II**, fehlte aber stets im Chorion. — *Saure* I mit p_H-Optimum 5,5 (**Ia**) war stets im Chorion vorhanden; saure I mit Optimum 4,7 bzw. 6,5 fand sich unregelmäßig. Im Epithel fand sich **Ia** nur in 75% der Fälle, u. zwar unabhängig vom hormonalen Zustand. (Bull. Fédérat. Soc. Gynécol. Obstétr. Langue franç. **7.** 207—08. 1955. Suppl. zu: Gynécol. et Obstétr. Lyon, Hôpital St. Joseph et Fac. catholiques.) A. HESSE. 4210

Donald H. Ford und **Albert Hirschman,** *Aktivität der alkalischen Phosphatase in den Ovarien von unreifen und reifenden Albinoratten.* Die *alkal. Phosphatase* (I) der Ovarien von Ratten (40—120 Tage alt) wurde chem. (Nitrophenylphosphat; p_H 10,3) u. histochem. (Glycerophosphat; p_H 9,2) untersucht. Gleichzeitig wurden die Zahl u. Art der Follikel sowie die Zahl der vorhandenen Corpora lutea im Vgl. mit dem Reifezustand ermittelt. Je reifer u. größer die Ovarien sind, desto erheblich geringer ist die Konz. an **I.** Diese Abnahme an **I**-Konz. wird auf eine größere Zunahme der weniger wirksamen Corpora lutea gegenüber den aktiveren Theca- u. Endotheliumzellen zurückgeführt. — Trotz dieser Abnahme der Konz. steigt der Gesamtgeh. an **I** beträchtlich mit der zunehmenden Größe der wachsenden Ovarien. Diese beruht offenbar auf Zunahme der Gesamtmenge an hochakt. Endothelium in der Theca interna, dem Zwischengewebe u. den Corpora lutea. — In den verschied. Phasen des östrogenen Cyclus wird prakt. kein Unterschied im Geh. an **I** gefunden. (Anatom. Rec. **121.** 531—44. 1 Tafel. März 1955. Brooklyn, N. Y., State Univ. of New York, Dep. of Anatomy.) A. HESSE. 4210

H. Leeb und **U. Ploberger,** *Die Aktivität der alkalischen Phosphomonoesterase im Sekret der Cervix uteri.* Die Aktivität der *alkal. Phosphomonoesterase* ist im Cervixsekret vor der Ovulation gesteigert, nach der Ovulation vermindert. Außerdem ist eine große östrogene Aktivität mit einer vermehrten Enzymaktivität verbunden. (Enzymologia [Den Haag] **16.** 317—21. 15/3. 1954. Wien, Univ., I. Frauenklinik u. Inst. für med. Chem.)
H. G. SCHWEIGER. 4210

M. A. Pressnow, *Histochemische Untersuchungen der Phosphatasen normaler Gewebe.* Nach einer eingehend beschriebenen Modifikation des GOMORI-Verf. wurden in den verschied. Organen von Ratten u. Mäusen, in den Ganglien des Kaninchens, in der Hornhaut des Frosches u. im Adenocarcinomgewebe der Milchdrüse der Maus Aktivität u. Verteilung der bas. (**I**) u. sauren *Glycerophosphatase* (**II**) untersucht. Die festgestellte verschied. Verteilung von **I** u. **II** berechtigt zu der Annahme, daß sie 2 verschied. Fermente sind. Das angewandte Verf. ist hochspezif. u. ermöglicht den Nachw. der unspezif. *Phosphomonoesterasen.* Sie ermöglicht jedoch nicht die Erforschung der spezif. Phosphatasen. Der histochem. Nachw. von *Adenosintriphosphatase* ist wahrscheinlich nur an unfixierten Schnitten möglich. (Журнал Общей Биологии [J. allg. Biol.] **15.** 321—35. Sept./Okt. 1954. Zentr. Wiss. Röntgen- u. Radiol. Forschungsinst. des Landwirtschaftsminist. der UdSSR, Exp. Krebs-Abt.) O. LEBTAG. 4210

Richard H. Meyer und **W. Lane Williams,** *Alkalische Phosphataseaktivität in normalen und geschädigten Lebern von Mäusen.* Durch Gabe von Natriumbarbiturat, Urethan u. Kohlenstofftetrachlorid sowie Unterbindung der Gallengänge erzeugte Leberschäden führten zu Vermehrung der histochem. nachweisbaren *alkal. Phosphatase,* bes. in den Gallenkanälchen. Längere Incubationszeiten als 2—3 Std. können zum scheinbaren Auftreten von Enzymaktivität in den Kermen führen. (Anatom. Rec. **119.** 289—304. Juli 1954. Minnesota, Minn., Univ., Dep. of Anatomy.) H. G. SCHWEIGER. 4210

F. Bertolani, A. Bergamini, G. Maggi und **G. Chierego,** *Die Aktivität von β-Glycerophosphatase, Tributyrinesterase und β-Glucuronidase der Leber bei experimenteller Siderose.* Im Leberhomogenat von Ratten, in denen die Vff. Lebersiderosen durch besondere Diät (**a**), durch endovenöse Injektion von *Fe(II)-Gluconat* (**b**) oder *Fe-Oxyd* (**c**) oder durch **a** + **b** hervorgerufen hatten, stellten sie fest: *β-Glycerophosphatase* war in **c** u. **a** + **b** mehr oder weniger vermindert u. in **b** stark vermehrt, während bei **a** nach 31 Tagen eine schwache Abnahme u. nach 58 Tagen eine leichte Zunahme erfolgte. *β-Glucuronidase* war bei **a**, **c** u. **a** + **b** red., in **b** unverändert. *Tributyrinesterase* zeigte bei **c** stärkere, bei **b** u. **a** + **b** geringere Abnahme; in **a** blieb sie unverändert. **b** u. **a** + **b** rufen schwere Leberschäden u. Steatosen, **a** u. **c** Veränderungen der enzymat. Aktivität hervor, die in anderen Tieren nicht auftreten. (Boll. Soc. ital. Biol. sperim. **30**. 1156—57. Aug./Nov. 1954. Modena, Univ., Inst. für allg. klin. Med. u. med. Therap.) E. DEHN. 4210

Takao Ohmura, *Oxydative und photosynthetische Phosphorylierung durch Chloroplastenfragmente.* Durch Zerreiben von Spinatblättern in einer Lsg. von Saccharose (Endkonz. 200 millimol.), Sorbit–Borat-Puffer (p_H 7,2; 50 millimol.), Äthylendiamintetraessigsäure (20 millimol.) u. K-Acsorbat (20 millimol.) u. fraktionierte Sedimentation bei 1000—10000 g wurde eine Fraktion von Chlorplastenfragmenten (**I**) gewonnen, die in Ggw. von *Citrat* (**II**) oder bei Belichtung Abnahme anorgan. Phosphats (**III**) bewirkte. Die Fraktion intakter Chlorplasten (250—1000 g) katalysierte die Abnahme von anorgan. bei Belichtung, während im Dunkeln auch in **II**-Ggw. anorgan. **III** annähernd konstant blieb. Die für die photosynthet. Phosphorylierung erforderlichen Bedingungen unterscheiden sich anscheinend etwas von denen der oxydativen. Erstere wurde durch Riboflavinmonophosphat, nicht jedoch durch Coenzym I oder II, beschleunigt. Das Enzymsyst. ist bei höheren p_H-Werten, bei höheren Tempp., in Abwesenheit von Fluorid u. Ggw. von Ascorbat etwas stabiler u. bewirkte unter aeroben Bedingungen bei Belichtung die Abnahme von 13,7 μMol **III**/Std./0,5 mg Chlorophyll (10°, p_H 7,6). Vermutlich stellt die photosynthet. Phosphorylierung die Kopplung der HILLschen Rk. mit der oxydativen Phosphorylierung dar. Da **I** bei der photosynthet. Phosphorylierung stets aktiver als bei der oxydativen waren, ist das Photoreduktionsprod. der HILLschen Rk., d. h. das Substrat für die anschließende oxydative Phosphorylierung, möglicherweise verschied. von zugesetztem **II** oder red. Pyridinnucleotiden. (Nature [London] **176**. 467—68. 3/9. 1955. Tokyo, Univ., Dep. of Agric. Chem.) K. MAIER. 4210

Shigeru Akamatsu und **Hikaru Kato**, *Affinität zwischen Phosphodiesterase und Phosphatverbindungen.* Aus der kompetitiven Hemmwrkg. des *Diphenylphosphats* (**I**) auf die Hydrolyse von *Di-p-nitrophenylphosphat* (**II**) durch ein *Phosphodiesterase*-Präp. wurde die MICHAELIS-MENTEN-Konstante berechnet. Der Wert stimmte mit dem direkt bestimmten gut überein. Die Affinität von anorgan. Phosphat, Phenylphosphat, p-Nitrophenylphosphat, β-Glycerophosphat, Methylphosphat, Diäthylphosphat, p-Aminophenylphosphat u. o-Aminophenylphosphat zur Phosphodiesterase wurde ebenfalls indirekt aus der Hemmung der Hydrolyse von **I** u. **II** bestimmt. Die mit beiden Substraten gewonnenen Werte waren prakt. gleich. Diäthylmethylphosphat zeigte keine hemmende Wirkung. (J. Biochemistry [Tokyo] **41**. 23—28. Jan. 1954. Chiba, Japan, Univ., School of Med., Dep. of Biochem.) H. G. SCHWEIGER. 4210

Helen A. Padykula und **Edith Herman**, *Faktoren, welche die Aktivität von Adenosintriphosphatase und anderen Phosphatasen bei Messung mittels histochemischer Arbeitsweisen beeinflussen.* In Gefrierschnitten ließen sich bei alkal. Rk. die *Adenosintriphosphatase* (**I**) sowie andere Phosphatasen mit der Meth. von GOMORI besser nachweisen als mit der Meth. von MAENGWYN u. DAVIES. Dies beruht hauptsächlich auf dem Salzgeh. der Medien; die Wirkungen gegen Adenosintriphosphat sowie gegen $\alpha.\beta$-Natriumglycerophosphat werden durch hohe Konzz. an Natriumacetat stark gehemmt. Das p_H-Optimum der **I** hängt von der Zus. der Incubations-Fl. ab. Der Nachw. der **I** im Herzmuskel hängt insofern von der Konz. des Substrates ab, als bei höheren Konzz. deutlichere Kernfärbungen erzielt werden. Der Nachw. wird durch die Konz. der beiden genannten Substrate nicht beeinflußt. (J. Histochem. Cytochem. **3**. 161—69. Mai 1955. Boston, Mass., Harvard Med. School, Dep. of Anatomy.) A. HESSE. 4210

Helen A. Padykula und **Edith Herman**, *Die Spezifität der histochemischen Nachweismethode für Adenosintriphosphatase.* (Vgl. vorst. Ref.) Bei Einw. von Gefrierschnitten auf Adenosintriphosphat bei p_H 9,4 wurden histochem. 3 Arten von *Phosphatase* (**I**) nachgewiesen: 1. Eine **I**, welche SH-Gruppen benötigt; 2. eine **I**, welche durch SH-Verbb. gehemmt wird; 3. eine **I**, welche vergleichweise indifferent gegen SH-Gruppen ist. Einzelheiten über den Nachw. dieser **I** in Herz, Niere u. Duodenum s. im Original. (J. Histochem. Cytochem. **3**. 170—95. Mai 1955.) A. HESSE. 4210

Samuel R. Tipton, Frances Welden und **A. Kurt Weiss**, *Die Wirkung von Riboflavin- oder Thiaminmangel auf die Beeinflussung der Leber- und Nieren-Adenosintriphosphatase und d-Aminosäureoxydase nach Schilddrüsen- und Nebennierendrüsenveränderungen bei der Ratte.* Die *Adenosintriphosphatase-* (**I**) u. *d-Aminosäureoxydase* (**II**)-Aktivität der Leber von Ratten wird durch subcutane Injektion von *Thyroxin* oder durch Verfütterung von getrockneter Schilddrüse stark erhöht, während in der Niere keine bedeutende Änderung eintritt. *Riboflavin*-freie Nahrung führt zu einer Erhöhung von **I**, aber zu einer Erniedrigung von **II** in Leber u. Niere. *Thiamin*-freie Ernährung zeigt keine Beeinflussung von I u. II. Nebennierenentfernung ruft eine schwache Erhöhung von I, Verfütterung von Nebennierendrüsenextrakt dagegen eine deutliche Erniedrigung von I hervor. (Amer. J. Physiol. **180.** 321—24. Febr. 1955. Knoxville, Tenn., Univ., Deps. of Zool. and Entomol.) A. TREBST. 4210

A. Mazur, *Dialkylphosphofluoridase.* Nomenklatur: Dialkylfluorphosphatase, Dialkylfluorphosphatesterase (beide inkorrekt); katalysierte Rk.: $(C_3H_7O)_2{=}P{\langle}^{O}_{F} + H_2O \rightarrow (C_3H_7O)_2{=}P{\langle}^{O}_{OH} + HF$; Best., Reinigung, Eigenschaften. — 3 Literaturangaben. (Methods Enzymol. **1.** 651—56. 1955. New York, N. Y., Coll. of City of New York.) K. MAIER. 4210

I. S. Forrest, A. Grauer und **C. Neuberg,** *Thionophosphatase.* Ein Enzympräp. aus *Aspergillus oryzae* spaltete Na-Monophenylthiophosphat u. Na-Diphenylthiophosphat, aber nicht Triphenylthiophosphat. Die enzymat. Aktivität wurde durch Nachw. des Phenols festgestellt. (Enzymologia [Den Haag] **16.** 305—10. 15/3. 1954. New York, N. Y., Med. Coll., Dep. of Biochem.) H.-G. SCHWEIGER. 4210

D. K. Myers, *Untersuchungen an Cholinesterase.* 7. Mitt. *Bestimmung der molaren Konzentration von Pseudocholinesterase im Serum.* (6. vgl. HAWKINS u. MENDEL, Biochem. J. **44.** [1949.] 260.) Die *Pseudocholinesterase* (I)-Konz. wird ausgedrückt auf der Basis der Enzymaktivität unter Standardbedingungen. Sie beträgt: Pferdeserum $8{,}8 \cdot 10^{-8}$mol., menschliches Serum $7{,}9 \cdot 10^{-8}$mol., weibliches Mäuseserum $5{,}8 \cdot 10^{-8}$mol., Hundeserum $4{,}6 \cdot 10^{-8}$mol., weibliches Rattenserum $1{,}7 \cdot 10^{-8}$molar. Das *Dimethylcarbamat* von *(2-Oxy-5-phenylbenzyl)-trimethylammoniumbromid* ist ein reversibler kompetitiver Inhibitor der I, der sich spezif. u. äquimolar mit den akt. Zentrum der I verbindet u. daher gut zur Messung der I-Konz. eignet. Vorteile dieser Meth. gegenüber anderen werden diskutiert. Die experimentellen Ergebnisse stimmen gut mit den theoret. Voraussagen von GOLDSTEIN überein. (Biochem. J. **51.** 303—11. Juni 1952. Amsterdam, Univ., Pharmaco-therapeutic Labor.) H.-R. SCHÜTTE. 4210

D. K. Myers, *Untersuchungen an Cholinesterase.* 8. Mitt. *Bestimmung der Reaktionsgeschwindigkeitskonstanten mit einem reversiblen Pseudocholinesterasehemmstoff.* (7. vgl. vorst. Ref.) Da die Formulierung von GOLDSTEIN: Enzym (E.) + Substrat (S.) ⇌ Enzym-Substrat-Verb. (E.S.) den Verhältnissen bei Esterasen, bei denen der Sauerstoffacceptor als dritter Reaktionspartner eine Rolle spielt, nicht gerecht wird, wurde die GOLDSTEIN-Gleichung vom Vf. folgendermaßen modifiziert: E. + S. ⇌ E.S. → E. + Reaktionsprodd. u. theoret. abgeleitet. Es wurden die Geschwindigkeitskonstanten von *Nu 683* (HOFFMANN-LA-ROCHE; ≙ *Dimethylcarbamat* des *2-Oxy-5-phenylbenzyltrimethylammoniumbromids*), eines spezif. *Pseudocholinesterasen* (I)-Hemmstoffes mit I bestimmt u. ebenso für *Acetylcholin* mit I. (Biochem. J. **52.** 46—53. Sept. 1952. Amsterdam, Univ., Pharmacotherapeut. Labor.) F. GÜNTHER. 4210

D. K. Myers, *Untersuchungen an Cholinesterase.* 9. Mitt. *Speciesänderungen in der Spezifität von Pseudocholinesterasen.* (8. vgl. vorst. Ref.) Durch wiederholte Fällung u. Fraktionierung mit $(NH_4)_2SO_4$ stellte Vf. aus dem Serum von 10 Säugetier- u. 3 Vogelarten gereinigte *Pseudocholinesterase* (I)-Präpp. her u. prüfte ihre Substratspezifität. Die aus den Seren von Mensch, Hund, Pferd, Katze, Ente, Eichhörnchen, Frettchen u. Taube gewonnenen I können als *Butyrylcholinesterase* (größte Aktivität gegenüber Butyrylcholinchlorid), diejenigen von Ratte, Goldhamster, Maus u. Küken als *Propionylcholinesterasen* klassifiziert werden, während Schweine-I nicht genau eingereiht werden konnte. Überhaupt ist die Einteilung nicht als scharf begrenzt zu betrachten, da nur graduelle, z. T. gleitende Unterschiede bestehen. Die Aktivität von Schweine-I gegenüber Acetyl-, Propionyl-, Butyryl- u. Benzoylcholinchlorid wird durch *Diisopropylphosphat* (II) u. durch *2-Oxy-5-phenylbenzyltrimethylammoniumbromiddimethylcarbamat* (III) etwa gleichwertig gehemmt. Zwischen I von Säugetieren u. von Vögeln besteht insofern ein Unterschied, als Säugetier-I gegenüber Acetyl-β-methylcholin eine nur sehr geringe, Vogel-I dagegen hohe Aktivität besitzt. Die Prüfung der Substratspezifität von I in verschied. Organen einzelner Species ergab, daß innerhalb der Species zwischen den Organen keine Unterschiede bestehen. In den HARDERIAN-Drüsen von Ratten konnte eine I nachgewiesen werden, deren Aktivität gegenüber Butyrylcholin im Gegensatz zur Serum-I von Ratten durch größere Dosen (10^{-3} Mol) III nicht vollständig gehemmt wird. Mäuseserum-I wird durch II wesentlich stärker gehemmt als die „wahre" Cholinesterase. Vf. diskutiert die Klassifikation der Cholinesterasen nach ihrer Substratspezifität. — 53 Literaturangaben. (Biochem. J. **55.** 67—79. Aug. 1953. Amsterdam, Univ., Pharmacotherapeut. Labor.) F. KRUSEN. 4210

J. B. Cavanagh und **G. R. Webster,** *Über die Änderungen der Aliesterase und der Pseudocholinesterase des Ischiasnerven von Küken während der Wallerschen Degeneration und ihre Beziehung zur Zellvermehrung.* Während der WALLERschen Degeneration erfolgt im Ischiasnerven der Küken zunächst eine Zunahme an *Tributyrinase* (I), die mit einer ähnlichen Erhöhung der *Pseudocholinesterase* (II) parallel geht u. anscheinend mit der Vermehrungsaktivität der nichtmakrophagen Elemente verknüpft ist. Eine weitere Zunahme der I scheint eine Funktion der eindringenden Makrophagen zu sein u. ist vielleicht mit dem Abbau von Myelin verknüpft. — *o-Trikresylphosphat* hemmt anfänglich die Enzymaktivität im Nerven, beeinflußt jedoch nicht die nachfolgenden Änderungen der Enzyme oder der Zellen in dem degenerierenden Nerven. (Quart. J. exp. Physiol. cognate med. Sci. **40.** 12—23. 1 Tafel. Jan. 1955. Guy's Hosp. Med. School.)
A. HESSE. 4210

Ezio Giacobini und **Joseph Zajicek,** *Die quantitative Bestimmung der Acetylcholinesteraseaktivität in einzelnen Nervenzellen.* Die von ZAJICEK u. ZEUTHEN (unveröffentlicht) entwickelte, auf der von LINDERSTRØM-LANG angegebenen mikrogasometr. Meth. (Nature [London] **140.** [1937.] 108) beruhende „Mikrotaucher"-Technik zur *Cholinesterase* (I)-Best. in einzelnen Megakaryocyten des Knochenmarks wurde auf die Messung des *Acetylcholinesterase* (II)-Geh. einzelner Nervenzellen übertragen, wobei *Acetylthiocholin* (III) als Substrat diente. Die Esteraseaktivität wird durch die aus Bicarbonatpuffer entwickelte CO_2-Menge angegeben, die die enzymat. aus II gebildete Säure freisetzt (Empfindlichkeit der Taucher $2 \cdot 10^{-6}$ mm^3). Zur quantitativen Best. der unspezif. I- u. der II-Aktivität wird erstere (Serum-I) durch $8 \cdot 10^{-7}$mol. *Bis-monoisopropylaminofluorphosphinoxyd* (*Mipafox*, IV) spezif. gehemmt, das II erst in Konzz. $> 6 \cdot 10^{-6}$mol. beeinflußt. Die Best. verläuft in 3 Schritten: Best. des gesamten III-Spaltungsvermögens der Zelle; 2. Einführung einer $6 \cdot 10^{-6}$mol. IV-Lsg. in den Taucher; 3. Messung der II-Aktivität. Ein aus einem Spinalganglion (Ratte) isolierter Zellkörper u. ein Teil seines Neurits weisen vor u. nach IV-Behandlung die gleiche Esteraseaktivität auf, so daß die bestimmte Esterase anscheinend mit II, dem mit der Übertragung von Nervenimpulsen verbundenen Enzym, ident. ist. (Nature [London] **177.** 185—86. 28/1. 1956. Stockholm, Karolinska Inst., Physiol. Dep. II, u. Inst. of Radiopathol.) K. MAIER. 4210

Mario Bianchi, *Die Phenolsulfatasen in der Placenta bei Schwangerschaftstoxikose.* In den Placenten von eklampt. Schwangeren waren die *Phenolsulfatasen* auf $^1/_3$ gegenüber der Norm herabgesetzt. Auch nach Anästhesie wurde eine Verminderung festgestellt. (Pathologica [Genova] **47.** 39—41. Jan./Febr. 1955. Genova, Univ., Ist. di Clin. Obstetr.)
P. G. SCHEURLEN. 4210

Mario Bianchi, *Der Einfluß des Östradiols auf die Aktivität der Phenolsulfatasen in der Leber.* Meerschweinchen erhielten 14 Tage lang je 100 γ bzw. 5 Tage lang je 1 mg *Östradiol.* Unter dieser Behandlung wurde eine Zunahme der Aktivität der *Phenolsulfatasen* in der Leber auf das Doppelte gegenüber der Norm beobachtet. (Pathologica [Genova] **47.** 43—45. Jan./Febr. 1955. Genova, Univ., Ist. di Clin. Obstetr.)
P. G. SCHEURLEN. 4210

R. C. Kersey, T. Iriye, B. M. Meehan und **M. A. Kasper,** *Ein kinetischer Nachweis für Penicillinase und ihre Bedeutung beim Sterilitätstest.* Es wird eine genauere Meth. zur Best. von *Penicillinase* beschrieben, bei welcher der Penicillinabbau durch die Änderung der opt. Drehung oder Jodabsorption bestimmt wird. Das Verf. liefert genauere Werte als die bisherige mikrobiol. Plattenmethode. Eine Lsg. von 6000 E./cm^3 Penicillin G-Na in Phosphatpuffer p_H 7,0 dient als Substrat. Bebrütung mit 1—5 cm^3 Penicillinase (I) bei 30 ± 1^0 (Endvol. 50 cm^3), dann Vgl. der opt. Drehung bzw. der Jodabsorption nach 10 u. 60 Min. Bebrütung. Berechnung: polarimetr. E. I/cm^3 = 500000·[(1/V)·(1/0,012]·[$\Delta\alpha_D/\varepsilon$] (V = Vol. I; 0,012 = Rotationsdifferenz, die durch 500000 E. I pro Min. hervorgerufen wird; $\Delta\alpha_D$ = Differenz $\alpha_{D1} - \alpha_{D0}$; t = Zeitintervall zwischen α_{D0} u. α_{D1}. Jodometr.: 1 cm der Brut-Fl. + 1 cm^3 0,2mol. KH_2PO_4 werden mit 10 cm^3 0,01n Jodlsg. versetzt, dann mit 0,01n $Na_2S_2O_4$ zurücktitriert. E. I/cm^3 = 500000·1/V·1/0,078·$J_1 - J_0$/t (V = Vol. I; 0,078 = Jodabsorption/Min. durch 500000 E. I; J_0 = anfängliche Jodabsorption; J_2 = Jodabsorption bei der Endtitration; t = Zeitdifferenz zwischen J_1 u. J_0 in Min.). (Antibiotics Annu. **1954/55.** 147—52. Brooklyn, N. Y., Chas. Pfizer & Co., Inc., Res. Labors.) H. GOEBEL. 4210

Hermann Mattenheimer, *Die Substratspezifität „anorganischer" Poly- und Metaphosphatasen.* 1. Mitt. *Optimale Wirkungsbedingungen für den enzymatischen Abbau von Poly- und Metaphosphaten.* Die optimalen Bedingungen für den Abbau von verschied. anorgan. Polyphosphaten (*Pyro-* [I], *Tripoly-*, *Tetrapolyphosphat*; *Grahamsches Salz*) u. Metaphosphaten (*Trimeta-* u. *Tetrametaphosphat*) durch Macerationssaft aus getrockneter Bierhefe (luftgetrocknet; feingemahlen; bei 3—5⁰ mehrere Monate haltbar) u. der hieraus durch Fällen der Lsgg. des gefriergetrockneten Macerationssaftes mittels Ammoniumsulfat gewonnenen Enzympulver sind: p_H 7—8 (bei I u. Metaphosphat mehr nach 7, bei den anderen Phosphaten mehr nach 8 verschoben; bei GRAHAM-Salz scharf p_H 7,7) bei 30° in Veronalpuffer; optimale Aktivierung durch $1-2\cdot10^{-2}$mol. Mg^{2+}. — Die Fermentsubstratsättigung (in γ Substrat-P/cm³ Ansatzgemisch) beträgt: für I 800—1000; Tripolyphosphat 1000—1200; Tetrapolyphosphat 600; GRAHAM-Salz 200; Metaphosphate 800—1000. Mit I wird bei höheren Konzz. eine Substrathemmung beobachtet, die am geringsten ist, wenn der Quotient Mg/P $\geqq$ 1 ist. (Hoppe-Seyler's Z. physiol. Chem. **303.** 107—14. 1956. Berlin, Freie Univ., Physiol.-chem. Inst.) A. HESSE. 4270

Hermann Mattenheimer, *Die Substratspezifität „anorganischer" Poly- und Metaphosphatasen.* 2. Mitt. *Trennung der Enzyme.* (1. vgl. vorst. Ref.) Für folgende Polyphosphatasen der Hefe (Macerationssaft) besteht Substratspezifität: *Pyrophosphatase* (I), *Tripolyphosphatase* (II), *Tetrapolyphosphatase* (III), *Grahamsches Salz spaltende Phosphatase* (IV), *Trimetaphosphatase* (V), *Tetrametaphosphatase* (VI). — I + II lassen sich durch Fällung mit Essigsäure aus einer aus Hefemacerationssaft gewonnenen Enzymlsg. von den übrigen Enzymen abtrennen u. durch Salzfällungen weiterreinigen; Trennung von I u. II gelingt mittels Papierelektrophorese. — III u. IV u. VI werden durch Autoproteolyse inaktiviert; sie lassen sich durch unterschiedliche Adsorbierbarkeit an Al_2O_3 sowie Ca-Bentonit unterscheiden. — Bei Fraktionierung von Hefemacerationssaft mit $(NH_4)_2SO_4$ fällt die Hauptmenge von V + VI bei 20—40% Sättigung, die Hauptmenge von I + II + III bei 40—60%. (Hoppe-Seyler's Z. physiol. Chem. **303.** 115—24. 1956.) A. HESSE. 4270

Hermann Mattenheimer, *Die Substratspezifität „anorganischer" Poly- und Metaphosphatasen.* 3. Mitt. *Papierchromatographische Untersuchungen beim enzymatischen Abbau von anorganischen Poly- und Metaphosphaten.* (2. vgl. vorst. Ref.) Mittels Papierchromatographie werden beim enzymat. Abbau von Poly- u. Metaphosphaten bisher unbekannte Zwischenstufen ermittelt. Es ergeben sich folgende Abbauschemata: Höherpolymere Polyphosphatketten (GRAHAM-Salz) werden zu Orthophosphat über niedrigerpolymere Ketten abgebaut. Tetrapolyphosphat wird über Tripolyphosphat u. Pyrophosphat abgebaut. — Tripolyphosphat wird über Pyrophosphat zu Orthophosphat abgebaut. — Aus Metaphosphaten entstehen zunächst die entsprechenden kettenförmigen Verbb., Trimetaphosphat wird zu Tripolyphosphat u. Tetrametaphosphat wird zu Tetrapolyphosphat aufgespalten, die weiter abgebaut werden. — Die an der Aufspaltung der Polyphosphatketten bis zu einem Kondensationsgrad von 10 beteiligten Enzyme werden als *Oligophosphatasen* bezeichnet, im Gegensatz zu den *Polyphosphatdepolymerasen* u. *Metaphosphatasen* (*Cyclophosphatasen*). (Hoppe-Seyler's Z. physiol. Chem. **303.** 125—39. 1956.) A. HESSE. 4270

E_3. Mikrobiologie. Bakteriologie. Immunologie.

I. T. Nette, *Umwandlung organischer Stoffe während der Denitrifizierung.* Pseudomonas fluorescens u. Ps. aeruginosa reduzieren die Nitrate auf Kosten von A., Glucose (I) u. organ. Säuren, wie Citronen-, Milch- (II), Fumar-, Brenztrauben- (III) u. Essigsäure. Als Zwischenprodd. bei der Oxydation von I wurden III u. flüchtige Säuren gefunden. In Ggw. von I steigt der Geh. an III nach dem Verschwinden der Nitrate u. Nitrite stark an. Bei der II-Oxydation sind III u. flüchtige Säuren die Zwischenprodukte. Bei II-Überschuß steigt der Geh. an III allmählich an oder bleibt nach Erreichung einer bestimmten Menge konstant. II fängt an zu steigen, wenn die Nitrate u. Nitrite verschwinden. Bei II-Mangel wird nach deren Verbrauch die gebildete III verbraucht. Bei der Denitrifizierung werden die organ. Stoffe analog wie bei der Gärung umgewandelt. (Микробиология [Mikrobiologie] **24.** 685—89. Nov./Dez. 1955. Moskau, Lomonossow-Univ., Biol.-Bodenkundl. Fak.) OTTO MAIER. 4320

Kenneth Lentz und **Harland G. Wood,** *Synthese von Acetat aus Formiat und Kohlendioxyd bei Clostridium thermoaceticum.* Die Zellsuspensionen wurden 5—10 Min. bei 55° geschüttelt, dann mit $NaH^{14}CO_3$ oder $H^{14}COONa$ versetzt u. die Rk. nach 5—10 Min. durch Zugabe von H_2SO_4 beendet. Nach Zentrifugieren, 2maligem Waschen des Sedimentes u. Abzentrifugieren wurden die flüchtigen Säuren aus den Zentrifugaten mit H_2O-Dampf abdest., *Acetat* u. *Formiat* (I) an Celitsäulen getrennt oder I wurde durch Mercurioxyd oxydiert u. der C der Methyl- (II) u. Carboxylgruppe (III) bestimmt. Es ergab sich, daß $^{14}CO_2$ (IV) bei geschilderter Versuchsführung schnell in I u. III geht. Es fand ein rascher Austausch zwischen I u. IV statt. Bei gleichzeitiger Ggw. von I u. CO_2 wird zur Acetatbldg. CO_2 bevorzugt als $C_{(COOH)}$ verwertet, während der Formiat-C hauptsächlich als $C_{(\alpha)}$ eingebaut wird. (J. biol. Chemistry **215.** 645—54. Aug. 1955. Cleveland, O., Western Reserve Univ., School of Med., Dep. of Biochem.) H. TÄNZLER. 4320

E. D. Michlin und **M. G. Golyschewa,** *Der Einfluß von Methylenblau auf die Oxydation von Sorbit zu Sorbose durch Acetobacter melanogenum-Bakterien.* Es zeigte sich, daß bei einer Schichtdicke von 12—14 mm u. weniger die Zugabe von Methylenblau das Wachstum von Ac. melanogenum u. somit die Oxydation von *Sorbit* zu *Sorbose* beschleunigt. Die optimale Methylenblaukonz. steht in direkter Abhängigkeit zur Schichtdicke der zu oxydierenden Fl. (bei 4 mm ca. 0,0002, bei 12—14 mm 0,006 mg/ml). (Биохимия [Biochemie] **19.** 549—56. Sept./Okt. 1954. Moskau, Allunions-Wiss. Vitaminforschungs-inst.) H. v. Pezold. 4320

Miriam Schwartz und **Stanley K. Shapiro,** *Der Verwertungsmechanismus von Thiomethyladenosin in der Biosynthese von Methionin.* Zur Unters. diente eine *Methionin* (I) oder *Mercaptomethyladenosin* (II) zum Wachstum benötigende Mutante von Aerobacter aerogenes. Das Wachstum auf I war etwas schneller u. besser als auf äquimol. Konzz. von II. Die auf II wachsenden Kulturen bildeten *Adenin,* das sich im Medium anhäufte. Durch Verwendung von radioakt. markiertem II wurde festgestellt, daß 80% der markierten Mercaptomethylgruppen von II sich in dem I des Bakterieneiweißes vorfanden u. mithin eine lebenswichtige Rolle in der I-Synth. spielen, ebenso wie die *α-Aminobuttersäure.* (J. Bacteriol. **67.** 98—102. Jan. 1954. Ames, Io., Iowa State Coll., Dep. of Bacteriol.) Gerda Schulze. 4320

Hikaru Saitô, *Anwendung der Mikroorganismen für die Synthese von Steroiden.* Überblick. — 25 Literaturangaben. (Kagaku-no-Ryôiki [J. Jap. Chem.] **9.** Nr. 6. 391—98. Juni 1955. Ôsaka, Gakugei-Daigaku. [Orig.: japan.]) E. Maekawa. 4320

Robert A. MacLeod und **Eva Onofrey,** *Kationenantagonismus der antibakteriellen Wirkungsweise der Amine.* Die durch *Di-* u. *Triäthanolamin* (I) ausgeübte Wachstumshemmung von Lactobacillus arabinosus kann durch K^+ in geeigneter Konz. aufgehoben werden, wobei dieser Effekt bei p_H 5 ausgeprägter als bei p_H 7 ist. Durch weiteren Zusatz von Na^+, Mg^{2+}, Ca^{2+} oder NH^{4+} genügen zur Erzielung gleicher Wrkg. geringere K^+-Konzentrationen. Jedoch steigern höhere NH_4^+-Konzz. die tox. Wrkg. der Amine. Mn^{2+} war ohne Einfluß. Wie I verhalten sich auch *Di-* u. *Triäthylamin* sowie *Tri-n-propylamin,* während *Tri-n-butylamin* sich in seiner tox. Wrkg. nicht durch die genannten Kationen beeinflussen ließ. (J. biol. Chemistry **210.** 193—201. Sept. 1954. Kingston, Univ., Dep. of Biochem.; Vancouver, Pac. Fish. Exp. Stat.) H. Hennersdorf. 4330

Fernand Tison, *Trennung der bakteriostatischen und baktericiden Eigenschaften von Isonicotinsäurehydrazid in vitro.* Die Wrkg. von *INH* (I) in vitro ist vergleichbar mit derjenigen von *Streptomycin.* Nach 48 Std. hört bei Tuberkelbacillenkulturen auf Jensen-Milieu im Kontakt mit I-Konzz. von 50 $\mu g/cm^3$ u. darüber das Wachstum auf, bei 1 Woche Kontakt genügen 0,1 μg I zur vollständigen Hemmung; innerhalb 24 Std. ergibt Kontakt mit der 10^4-fachen I-Menge von 1 mg/cm^3 keine Wachstumshemmung der Kulturen, u. selbst bei Kontakt über 1 Woche behält diese Konz. ihre Virulenz bei Meerschweinchen. (Ann. Inst. Pasteur **83.** 134—35. Juli 1952. Sanatorium de Praz-Coutant.)
H. Dossmann. 4330

Gebhard Koch und **Wolfhard Weidel,** *Über die Receptorsubstanz für den Phagen T 5.* 4. Mitt. *Eine einfache Methode zur quantitativen Bestimmung von Aminosäuren und ihre Anwendung für Vergleiche zwischen Receptorsubstanz und mutativem Abwandlungsprodukt.* (3. vgl. Weidel u. Koch, Z. Naturforsch. **10b.** [1955.] 573.) Aus der Zellwand von Escherichia coli B wurde die gegen den Bakteriophagen T 5 *receptorakt. Substanz R 5* (hochmol. Lipoglykoproteid) extrahiert u. mit der in ähnlicher Weise aus der Mutante Escherichia coli B/1,5 gewonnenen *receptorinakt. Substanz A 5* verglichen. Durch Elementaranalyse konnten zwischen R 5 u. A 5 sowie zwischen ihren phenollösl. bzw. phenolunlösl. Anteilen keine wesentlichen Unterschiede erkannt werden. Da auch in der Aminosäurezus. in den genannten Fraktionen weder qualitativ noch quantitativ Unterschiede festgestellt werden konnten, besteht als einzige Möglichkeit zur Erklärung des Unterschieds in der Receptoraktivität nur noch eine Differenzierung im Lipoidanteil. — Die Best. der Aminosäuren erfolgte in den Hydrolysaten, nachdem sie bei p_H 9 (Carbonat-Bicarbonat-Puffer) in die 2.4-Dinitrophenylderivv. umgesetzt worden waren. Aus dem Reaktionsgemisch werden Puffersalze durch Extraktion u. mitentstandenes 2.4-Dinitrophenol durch Sublimation entfernt u. die Aminosäuren zweidimensional chromatographiert u. die ausgeschnittenen Flecke spektrophotometriert. (Hoppe-Seyler's Z. physiol. Chem. **303.** 213—23. 1956. Tübingen, Max-Planck-Inst. für Biol.)
E. Fischoeder. 4331

William M. M. Kirby und **James M. Burnell,** *Wirkung von Antibioticakombinationen auf die Lysis von Staphylococcus aureus durch Penicillin. Aureomycin, Oxytetracyclin* u. *Chloramphenicol* (I) bewirken eine merkbare Änderung der lyt. Wrkg. von *Penicillin* (II) auf St. aureus, indem die Lysis verzögert wird u. mit höheren Konzz. von I die Zahl der vergrößerten Zellen ansteigt. Diese Änderungen stehen eng in Wechselbeziehung mit einer Verzögerung in der Abtötungsgeschwindigkeit in Ggw. der Kombinationen. (J. Bacteriol. **67.** 50—52. Jan. 1954. Seattle, Wash., Univ. of Washington, School of Med., Dep. of Med.) GERDA SCHULZE. 4340

Billie S. Morgan, Herbert S. Goldberg und **Robert N. Goodman,** *Bestimmung von Resten einer Streptomycin–Oxytetracyclin-Kombination mit einer einfachen mikrobiologischen Methode.* Vff. beschreiben eine leicht durchführbare mikrobiol. Meth. zur Rückstandsbest. von im Pflanzenschutz angewandten *Streptomycin–Oxytetracyclin*-Kombinationen; Empfindlichkeit bei Klebsiella pneumoniae als Testorganismus 0,15 $\mu g/cm^3$, mit Erwinia amylovora 0,3 $\mu g/cm^3$. Bei Spritzung von Äpfeln mit einer Konz. von 100 $\mu g/cm^3$ „*Agrimycin*" (CHAS. PFIZER & CO., INC., 15% Streptomycin + 1,5% Oxytetracyclin) konnten nach 27 Tagen noch Rückstände auf der Apfeloberfläche festgestellt werden. Reife Äpfel, die 4 mal in 4 tägigen Intervallen 4½ Monate vor der Ernte mit 100 $\mu g/cm^3$ der Kombination gespritzt worden waren, zeigten keine Antibioticarückstände mehr. (Antibiotics Annu. **1954/55.** 536—39. Columbia, Mo., Univ. of Missouri, Dep. of Horticult. and Microbiol.) H. GOEBEL. 4340

F. C. Visor, V. J. Carroll und **E. F. O'Neill,** *Verwendung von Antibioticis gegen im Ackerbau vorkommende pflanzenpathogene Erreger.* In vitro-Unterss. zeigten, daß eine Kombination von *Streptomycin* (**I**)/*Oxytetracyclin* (**II**) („Agrimycin 100", CHAS. PFIZER & CO., INC.) bedeutend wirksamer gegen pflanzenpathogene Erreger ist als **I** allein. Die Verss. ergaben, daß **II** synergist. zur **I**-Wrkg. bei 7 getesteten Erregern (Xanthomonas ricinicola, X. stewasti, X. vesicatoria, Pseudomonas sesami, P. syringae, P. phaseolicola u. Erwinia amylovora) ist. **II** in der Konz. der Kombination ist weniger wirksam als **I** + **II**; **I** allein wirkt in den untersuchten Konzz. nicht hemmend auf die Erreger. (Antibiotics Annu. **1954/55.** 540—43. Chas. Pfizer & Co., Inc., Techn. Serv. Dep.) H. GOEBEL. 4340

F. A. Barkley, S. L. Piepes und **J. J. D. Hart,** *Antiseptische Wirkung von Biomydrin.* 1. Mitt. *Selbststerilisierung von Biomydrin. Biomydrin* (NEPERA CHEM. CO. INC.; 1% *Neomycin* + 0,005% *Gramicidin* + 1% *Thonzylaminhydrochlorid* [Antihistaminicum] + 0,05% *Thonzoniumbromid* in gepufferter Lsg.) besitzt Antihistamin-, Antifungus-, antiallerg., anästhet., antipyret. u. mucolyt. Wrkg. u. ist selbststerilisierend gegen alle normalerweise in Ohr u. Nase vorkommenden Erreger. (Antibiotics Annu. **1954/55.** 197—205. Yonkers, N. Y., Nepera Chem. Co., Inc., Microbiol. Dep.) H. GOEBEL. 4340

Walther F. Goebel, Guy T. Barry, Margeris A. Jesaitis und **Elizabeth M. Miller,** *Colicin K.* Zur Isolierung u. Unters. von *Colicin K* (**I**) wurde die auf Neopeptonagar erhältliche glatte, opake Variante des **I** bildenden *E. coli*-Stammes *K 235* in 15 Liter fl. Nährlsg. (1% Difco-Casaminosäure, 1,5% Glucose, 0,5% dialysierter Difco-Hefeextrakt, Na_2HPO_4, KH_2PO_4) bei genau p_H 7,0 gezüchtet. Nach beendetem Wachstum u. Abtöten der Bakterien (Chlf.) wurde der **I** enthaltende Überstand im Vakuum rasch eingeengt, dialysiert, Roh-**I** durch Gefriertrocknung erhalten u. durch fraktionierte A.-Fällung (75%ig) bei 0°, mehrmalige $(NH_4)_2SO_4$-Fällung bei p_H 4,5 u. Dialyse gereinigt. Die wss. Lsg. des Prod., das 2 elektrophoret. verschied. Komponenten enthielt, wurde mit Chlf.–Octanol geschüttelt, die **I**-Fraktion, die mit dem organ. Lösungsm. eine Emulsion bildete, durch Zentrifugieren abgetrennt u. **I** (1 g) aus der Chloroformemulsion bei 0° mit A. gefällt. Gereinigtes **I** ist wasserlösl., frei von Nucleinsäuren, enthält 6,5% N, 1,6% P, verhält sich elektrophoret. bei verschied. p_H-Werten homogen, in der Ultrazentrifuge dagegen heterodispers. **I** stellt eine makromol., aus Kohlenhydrat, Eiweiß u. Lipid bestehende Substanz dar, die bei Mäusen u. Kaninchen tox. wirkt u. antibakterielle Wirksamkeit besitzt. **I** ist thermostabil. Die Aktivität wird durch Einw. von krist. Trypsin oder Chymotrypsin bei p_H 8,0 u. von 1%ig. CH_2O-Lsg. rasch zerstört. **I** ist ein wirksames Antigen, das bei Kaninchen Antikörper erzeugt, die **I** spezif. fällen, die antibakterielle **I**-Aktivität neutralisieren u. die **I** bildenden Organismen agglutinieren. **I**-Antiseren zeigen jedoch keine Kreuz-Rk. mit dem Phagen *T 6*, u. *T 6*-Antiseren fällen oder neutralisieren kein **I**. Phage *T 6* u. **I** haben weder chem. noch immunolog. Eigg. gemeinsam. Das aus *E. coli K 235* isolierte Material mit **I**-Aktivität bildet das somat. oder O-Antigen des Bakteriums, wobei noch ungeklärt ist, ob die **I**-Wirksamkeit eine dem O-Antigen innewohnende Eig. darstellt. (Nature [London] **176.** 700—01. 8/10. 1955. New York, Rockefeller Inst. for Med. Res.) K. MAIER. 4340

J. D. Bu'lock und **Elisabeth F. Leadbeater,** *Die Bildung von Polyacetylenverbindungen durch Basidiomyceten: Umwandlung von Glucose.* Vff. kultivieren Basidiomyceten B 841, ein Pilz, von dem bekannt ist, daß er die 4 Antiobiotica *Nemotinsäure* [*4-Oxyundecandien-(5.6)-diin-(8.10)-säure*], *Odyssinsäure* (ein 11-Alkylderiv. der vorst. Verb.) u. die Lactone *Nemotin* u. *Odyssin* der vorst. Säuren bildet, auf einem Substrat, bestehend aus $NaNO_3$ (3 g), KH_2PO_4 (1 g), $MgSO_4 \cdot 7H_2O$ (0,5 g), KCl (0,5 g), *Glucose* (**I**)

(40 g), Maiswürze u. W. u. bestimmen den Geh. an gebildeten *Polyacetylen*-Verbb. (**II**) auf spektrophotometr. Wege (Maximum 263, Minimum 272 mμ). Bei Impfkulturen (a) sind **II**-Bldg. u. **I**-Verbrauch anfangs niedrig u. steigen mit dem Wachstum des Mycels an, wobei die **II**-Konz. nach 6—8 Wochen ein Maximum von 0,6% erreicht, um dann wieder abzusinken. Das p_H des Mediums steigt während des Wachstums von 3,9 auf 5,0 an. Bei Schwemmkulturen (b) tritt die höchste **II**-Menge bereits nach 20 Tagen auf, u. der **I**-Verbrauch ist größer als bei a. Eine Erhöhung der **II**-Ausbeute auf 1,7% wird bei b durch Behandlung mit 4%ig. **I**-Lsg. erzielt. **II** sind keine Stoffwechselendprodd., u. es besteht zwischen ihrer Bldg. u. ihrem Abbau ein Gleichgewicht. Die Verss. zeigen, daß neben einem n. **I**-Abbau auch ein abgeänderter Weg im Stoffwechsel von Zwischenprodd. der **I**-Spaltung, bes. bei genügenden **I**-Reserven, vorkommt. (Biochem. J. **62.** 476—80. März 1956. Manchester, Univ., Dep. of Chem.) P. FAHRNLAENDER. 4340

Mario Pavan, *Die Antibiotica tierischer Herkunft.* (Vgl. C. **1952.** 7355 u. **1953.** 2622.) Übersicht. — Ca. 50 Literaturangaben. (Z. Hyg. Infektionskrankh. **134.** 136—61. 1952. Pavia, Univ., Ist. di Anat. Comparata.) H. IPPEN. 4340

O. K. Orlowa, *Kohlenhydrate der Diphtheriebakterien.* In einer früheren Arbeit (vgl. C. **1955.** 5819) waren die Eigg. eines durch Behandeln von entfetteten Diphtheriebakterien des Stammes PW Nr. 8 mit konz. Alkali isolierten Polysaccharidpräp. beschrieben worden. Wie sich nun zeigte, enthält das durch A. aus der alkal. Kohlenhydratfraktion fällbare Polysaccharid als eine seiner Strukturkomponenten *Mannose* (**I**). Eine andere, früher (vgl. C. **1951.** I. 2172) isolierte Fraktion, die *Arabinose* (**II**), *Galaktose* (**III**) u. **I** im Verhältnis 3 : 1 : 1 enthält, ergab bei einer genauen Unters. ein Mol.-Gew. von 3846; ferner zeigte sich, daß dieses Polysaccharid aus 25 Monosaccharidbausteinen, 15 Pentosen u. 10 Hexosen, aufgebaut ist. Die Bindung der **II** im Polysaccharidmol. ist recht locker; sie wird daher bei der Hydrolyse zuerst abgespalten. So werden schon bei 3tägigem Stehen einer 1%ig. Polysaccharidlsg. mit 1n H_2SO_4 in der Kälte ca. 12% **II** in Freiheit gesetzt. Bei 5 Min. langem Erhitzen einer solchen Lsg. werden sogar 65% reduzierender Substanzen abgespalten, die im wesentlichen aus **II** bestehen. Nach 15 Min. wird **III** in Freiheit gesetzt u. nach 30 Min. schließlich auch **I**. Diese leichte Hydrolysierbarkeit des Polysaccharids führt dazu, daß gewisse Unterschiede in der Isolierungsmethodik nach Zus. u. Eigg. verschied. Präpp. ergeben, die sich im wesentlichen in der Relation der Einzelkomponenten des Polysaccharids unterscheiden. (Биохимия [Biochemie] **19.** 449—52. Juli/Aug. 1954. Rostow, Med. Inst., Lehrstuhl für Biochem.) H. V. PEZOLD. 4350

F. Kauffmann und **V. Møller,** *Über Aminosäuredecarboxylasen von Salmonellatypen und über den KCN-Test.* Bei Unterss. von mehr als 400 Kulturen von Salmonella zeigten sich bei den meisten Kulturen *Lysindecarboxylase* (**I**), *Arginindecarboxylase* sowie *Ornithindecarboxylase* (**II**), jedoch keine Glutaminsäuredecarboxylase. Die **II** fehlte in allen Kulturen von S. typhi u. in 3 von 10 untersuchten Kulturen von S. paratyphi B var. odense. Alle untersuchten Kulturen waren empfindlich gegen KCN. In der nahe verwandten Arizonagruppe finden sich neben KCN-empfindlichen Stämmen einige KCN-resistente Stämme. Eine Differentialdiagnose zwischen Salmonella u. Arizona ist auf Grund der Unterss. der Decarboxylasen nicht möglich. Jedoch können Salmonella u. Bethesda-Ballerup (= Escherichia freundii) an der KCN-Empfindlichkeit der letztgenannten sowie am Fehlen der **I** bei Bethesda unterschieden werden. (Acta pathol. microbiol. scand. **36.** 173—78. 1955. Kopenhagen, Statens Seruminst.) A. HESSE. 4350

C. J. P. Spruit und **J. N. Wanklyn,** *Eisen/Sulfid. Verhältnis bei der Korrosion durch sulfatreduzierende Bakterien.* Vff. untersuchten die *Korrosion* von *Fe* durch *Vibrio desulfuricans* unter hetero- u. autotrophen Bedingungen. Unter heterotrophen Bedingungen wurden Werte von 0,9—1,5 für N [= g-Atom korrodiertes Fe/Mol red. SO_4''] gefunden. In autotrophem Medium wurden dagegen Werte von 5—9, bei geringer SO_4^{2-}-Konz. sogar solche bis 48 erhalten, d. h., daß in diesem Fall nur ein Teil des gebildeten H_2 zur Red. von SO_4^{2-} benutzt wurde. In sterilem autotrophem Medium unter anaeroben Bedingungen muß bei jeder Korrosion H_2 gebildet werden; N war in diesem Fall nicht eindeutig verschieden von Werten in beimpftem autotrophem Medium. Die Korrosionsbeschleunigung unter heterotrophen Bedingungen entsteht nicht durch Entfernung von H_2, sondern ist anderen Eigg. der Bakterien zuzuschreiben. (Nature [London] **168.** 951 bis 952. 1/12. 1951. Pretoria, South African Council for Scientific and Ind. Res., Nat. Chem. Res. Labor.) H. GOEBEL. 4350

Benjamin Warshowsky und **Edward J. Schantz,** *Methode zur Bestimmung von gelöstem Sauerstoff. Anwendung auf flüssige Bakterienkulturen.* Es wird eine App. beschrieben, die zur amperometr. Best. von gelöstem O_2 in wss. Lsg. dient. Es wird eine rotierende Pt- oder Au-Elektrode verwendet. Bei Best. des O_2 in belüfteten u. bewegten

Bakterienkulturen mit lebhaft atmenden Organismen wird so der nachteilige Einfl. von tropfendem Hg vermieden u. die Wrkg. der Bewegung u. Belüftung auf den O_2-Diffusionsstrom stark verringert. Die Ergebnisse stimmen mit denen nach der Meth. von WINKLER an wss. Salzlsgg. überein. Mit dem Verf. wird die O_2-Best. in Kulturen von Serratia marcescens in Tryptose–Dextrose–NaCl-Bouillon oder einem Medium mit säurehydrolysiertem Casein, Dextrose u. Salzen u. in den gleichen Medien mit B. globigii vorgenommen. (Analytic. Chem. **26.** 1811—14. Nov. 1954. Frederick, Md., Headquarters, Camp Detrick.)
PH. FRESENIUS. 4360

William M. Hale und **Richard D. Stoner,** *Einflüsse ionisierender Strahlung auf die Immunität.* Es wird zusammenfassend über die bisher gewonnenen Erkenntnisse zur Beeinflussung der Immunität durch Totalbestrahlungen berichtet. Während die akt. u. passive Immunität gegenüber bakteriellen Infektionen stark verringert oder beseitigt wird, kann ein Einfl. auf die Virusimmunität u. eine bemerkenswerte Herabsetzung der Immunität gegen bakterielle Toxine nicht nachgewiesen werden. Die Antikörperbldg. wird stark beeinträchtigt. (Radiation Res. **1.** 459—69. Okt. 1954. Memphis, Tenn., Univ. of Tennessee, Coll. of Med., Inst. of Pathol., u. Upton, N. Y., Brookhaven Nat. Labor., Med. Dep., Div. of Bacteriol. and Virol.) W. REUSSE. 4370

Roy Markham, *Virusnucleinsäuren.* Übersicht. Eigg. der *Nucleinsäuren* (**I**), Zus. der Virus-**I**, Bakteriophagen-**I**, **I** tier. Viren, Verknüpfung zwischen Virus-**I** u. Virusproteinen, **I**-Funktion in Viren. — 51 Literaturangaben. (Advances Virus Res. **1.** 315—32. 1953. Cambridge, Molteno Inst., Agric. Res. Council, Plant Virus Res. Unit.)
K. MAIER. 4374

D. Gordon Sharp, *Reinigung und Eigenschaften tierischer Viren. Übersicht.* Reinigung u. Eigg. tier. Viren (Vaccinia-, Pferdeencephalomyelitis-, Kaninchenpapillom-, Influenza-, Mäuseencephalomyocarditis-, Coxsackie-, NEWCASTLEsche Krankheit-, Mumpsvirus, Insektenviren, vogelerythromyeloblast. Leukämievirus), Reinigung, Reinheit (Zählung, Einheitlichkeit, serolog. Teste, Wirtsmaterial, unvollständiger Virus), Eigg. gereinigter Viren (Teilchengröße, Dichte, osmot. Eigg., enzymat. Aktivität), Sichtbarmachung (Beschattung mit Schwermetall, Verwendung von Agar, Erkennung). — 154 Literaturangaben. (Advances Virus Res. **1.** 277—313. 1953. Durham, N. C., Duke Univ. School of Med., Dep. of Surg., and Duke Hosp.) K. MAIER. 4374

R. Weimberg und **Michael Doudoroff,** *Die Oxydation von L-Arabinose durch Pseudomonas saccharophila.* Vff. beobachten, daß n. Zellen u. Zellsuspensionen von Pseudomonas saccharophila *$^{14}C_{(1)}$-L-Arabinose* (**I**) zu ca. 60% unter Bldg. von *α-Ketoglutarsäure* (**II**) u. CO_2 oxydieren, wobei 97% der Radioaktivität in der Gasphase gefunden werden. Der Respirationsquotient (RQ) beträgt 1,07. Auch *Brenztraubensäure* (Na-Salz; **III**) u. *Na-Acetat* werden rasch oxydiert. Bei Ggw. von *Jodacetat* (**IV**) ($3 \cdot 10^{-4}$mol.) werden pro Mol **I** 2,5 Mol O_2 verbraucht, während 2,2 Mol CO_2 u. 0,9 Mol **III** gebildet werden. *Arsenit* (**V**) erniedrigt den RQ auf 0,12 u. führt zur Anhäufung von **II**. Aus zellfreien Bakterienextrakten durch Behandlung mit gesätt. $(NH_4)_2SO_4$-Lsg. gewonnene Enzympräpp. (*L-Arabinosedehydrogenase*) in einem Substrat, bestehend aus Phosphatpuffer (0,01 mol., p_H 7,6), $MgCl_2$ (0,1 mol.), *Diphosphopyridinnucleotid* (**VI**, 0,001 mol.), oxydieren **I** (0,1 mol.) bzw. *K-L-Arabonat* (**VII**), *D-Galaktose, D-Glucose-6-* u. *D-Fructose-6-phosphat* unter Red. von **VI**, wobei **I** in *L-Arabono-γ-lacton* übergeht, das durch ein in den rohen Enzympräpp. vorkommendes weiteres Ferment innerhalb von 2 Std. (30°, p_H 7,0) zu 35—38% unter Bldg. von **VII** delactonisiert wird. Der O_2-Verbrauch beträgt bei Oxydation von **I** (20 μMol in 0,01 mol. Trispuffer, p_H 8,0) in Ggw. von **VI** 10,7, bei der von **VII** (10 μMol) unter gleichen Bedingungen 5,2 μMol. Die **VI**-Red. durch **VII** wird gehemmt durch *Hydroxylamin* (0,003 mol.) oder *Äthylendiamintetraessigsäure* (0,001), die Wrkg. der letzten wird durch Mg^{2+} aufgehoben. **V** (0,01 mol.) zeigt dagegen nur einen geringen u. **IV** (0,002 mol.) keinen Einfluß. Aus den Verss. geht hervor, daß die Oxydation von **I** zu **II** durch **VI** (bzw. *Triphosphopyridinnucleotid*) als H-Acceptor über die Zwischenstufe **VII** katalysiert wird. Dabei stammt die dem CO-Radikal benachbarte COOH-Gruppe im **II**-Mol. aus **VII**, das vor der Oxydation in ein sehr reaktionsfähiges Zwischenprod. übergeführt wird. ^{14}C-Verss. lassen erkennen, daß im Stoffwechsel von **I** oder **VII** keine phosphorylierten Verbb. oder dem Tricarbonsäurecyclus angehörende Substanzen auftreten. (J. biol. Chemistry **217.** 607—24. Dez. 1955. Berkeley, Calif., Univ., Dep. of Bacteriol.)
P. FAHRNLAENDER. 4380

R. P. Wagner und **Arloa Bergquist,** *Die Ansammlung von Ketosäuren und Acetaldehyd durch einen durch Threonin gehemmten Neurosporastamm.* In Ggw. von *Threonin* (**I**) sammeln sich in der Kulturlsg. von Neurospora crassa T 77 *Acetaldehyd* (**II**), *Brenztraubensäure* (**III**), *α-Keto-β-methylvaleriansäure* u. *α-Ketoisovaleriansäure* an, wie durch Bldg. der 2.4-Dinitrophenylhydrazone nachgewiesen wurde. Die Ansammlung von **II** u. den Ketosäuren ist mit dem Verschwinden von **I** verbunden. In Abwesenheit von **I** tritt keine Ansammlung von **II** oder Ketosäuren auf. Die Neurospora crassa-Wildform häuft in Ggw. von **I** nur **II** an neben ganz geringen Mengen **III**. (J. biol. Chemistry **216**. 251—62. Sept. 1955. Austin, Tex., Univ. of Texas, Genetics Labor. of Dep. of Zool.)

F. LINGENS. 4380

H. R. V. Arnstein und **R. Bentley,** *Die Biosynthese von Kojisäure. 4. Mitt. Bildung aus Pentosen und Methylpentosen.* (3. vgl. C. **1955**. 7009.) Vff. incubieren Aspergillus flavus-Impfkulturen mit *D-$^{14}C_{(1)}$-Ribose* (**Ia**; 0,0442 g, 52,5 mC/Mol) [Substrat: $NaNO_3$ (2,0 g), K_2HPO_4 (1,0 g), KCl (0,5 g), $MgSO_4 \cdot 7\,H_2O$ (0,5 g), $FeSO_4 \cdot 7\,H_2O$ (0,01 g), Difco-Hefeextrakt (1,0 g), *D-Ribose* (**Ib**, 5,0 g) u. W. ad 1 Liter] u. bestimmen nach einer Versuchsdauer von 8 Tagen die ^{14}C-Verteilung in der gebildeten *Kojisäure* (**II**) (F. 149°, Nadeln), die durch erschöpfende Extraktion mit Ae., Sublimation im Vakuum u. Umkristallisieren aus A.–Leuchtpetroleum (Kp. 30—60°) isoliert u. gereinigt wird. Es zeigt sich, daß die Radioaktivität von **II** an die ersten 3 C-Atome ($C_{(1)}$: 36,7%; $C_{(2)}$: 18,9%, $C_{(3)}$: 24,5%) gebunden ist. Von den 8 untersuchten stereoisomeren Pentosen liefern **Ib** u. *D-Xylose* (**III**) die höchsten **II**-Ausbeuten (8,5 bzw. 9,9—13,4 mg/ml), *L-Arabinose* wird dagegen nur in geringerem Ausmaß (2,3—3,4 mg/ml) in **II** umgewandelt, während aus *D-Arabinose, D-* u. *L-Lyxose, L-Ribose, L-Xylose* sowie aus *L-Rhamnose* u. *L-Fucose* fast keine **II** entsteht. Werden die Mycelien vor den Verss. zuerst in 10%ig. *Glucose* (**IV**)-Lsg. kultiviert, so wird **II** nur aus **Ib** u. **III** gebildet. **IV** selbst führt ebenfalls zu hohen **II**-Ausbeuten (10,8—11,9 mg/ml). Die aus **Ia** bei der Atmung abgegebene CO_2 besitzt anfangs nur eine geringe Radioaktivität, die nach 3 Tagen ein Maximum erreicht. Aus der Aktivitätsverteilung im **II**-Mol. geht hervor, daß **Ib** durch die Wirksamkeit von *Transketolase* u. *Transaldolase* in einen $C_{(6)}$-Körper als **II**-Vorstufe übergeht, dessen Oxydation für die Aktivität des $C_{(2)}$ im **II**-Mol. verantwortlich ist. Es wird ein mutmaßliches Reaktionsschema angeführt, das die **II**-Bldg. aus Pentosen u. Hexosen nach der Gesamt-Rk. 3 [$^{14}C_{(1)}$]-Pentose → Triose + 2 [1.3-$^{14}C_{(2)}$]-Hexose aufzeigt. (Biochem. J. **62**. 403—11. März 1956. Pittsburgh, Pa., Univ., Grad. School of Publ. Health, and London, Mill Hill, Nat. Inst. for Med. Res.) P. FAHRNLAENDER. 4380

J. Meyer, R. Sartory und **F. Levy,** *Prüfung der fungistatischen Wirkung von Fettsäuren und Ammoniumsulfoichthyolat durch in vitro-Versuche.* (Vgl. auch C. **1956**. 3938.) Unterss. mit der Oxford-Meth. unter Verwendung von Ctenomyces mentagrophytes u. Candida albicans als Testorganismen ergaben, daß *Ichthyol* (**I**) in Konzz. von bis zu 10% u. *Propion-, Capron-, Capryl-, Pelargon-* u. *Undecylsäure* in Konzz. bis zu 5% keine fungistat. Aktivität haben. Lediglich *Undecylensäure* (**II**) wirkt bei 5% fungistatisch. Wird jedoch **I** zu 10% den genannten Fettsäuren, die in 5%ig. Konz. vorliegen, zugesetzt, so tritt in allen Fällen, bei 1% **I** häufig, ein fungistat. Effekt auf. Am wirksamsten ist ein Gemisch von 1% **I** u. 1% **II**, wobei **I** überwiegend die Rolle eines Antioxydans zuzukommen scheint. (Bull. Assoc. Diplômés Microbiol. Fac. Pharmac. Nancy **1955**. Nr. 60. 24—30. Strasbourg, Fac. de Pharm., Labor. de Microbiol.) F. KRUSEN. 4380

Jacques Meyer, René Sartory, Jacques Malgras und **Jacques Touillier,** *Über die Proteinnatur von Trichophytinen und ihre Aminosäurezusammensetzung.* Durch Elementaranalyse wurde festgestellt, daß die Endo- u. Exotoxine gewisser Ctenomyces- u. Microsporum-Stämme echte Proteine sind. Durch Hydrolyse wurde nachgewiesen, daß alle diese Trichophytine typ. Aminosäuren enthalten: Asparagin- u. Glutaminsäure, Serin, Glykokoll, Threonin, Alanin, Lysin, Arginin u. Leucin. In einigen ließen sich außerdem Valin, Prolin u. Tyrosin, bei Microsporum lanosum außerdem noch Phenylalanin u. Cystin nachweisen. (C. R. hebd. Séances Acad. Sci. **234**. 2224—26. 26/5. 1952.)

C. GRIMME. 4380

Samon Tanabe und **Shigeru Yamaguchi,** *Über den Einfluß verschiedener Antihistaminica und π-Oxycampher auf die Teilungsgeschwindigkeit von Paramaecium.* Bei Best. der Mindestkonz. zur Verhinderung der Teilung von *Paramaecium* erwies sich *Benadin* dem Urethan am ähnlichsten; $7{,}5 \cdot 10^{-6}$ bis 10^{-5} Mol/Liter bringt die Teilungsgeschwindigkeit auf Null. Längere Dauer bzw. höhere Konzz. führen zum Absterben. Ähnlich bei *Neoantergan* u. *Pandryl-P. π-Oxycampher* wirkt bei 0,0125—0,025 Mol/Liter, führt aber nach 48—72 Std. zum Absterben. Er wirkt stark schädigend auf Insekten. (Folia pharmacol. japon. **49**. 133§. 20/7. 1953. Yokohama Univ. [Orig.: japan.])

L. SCHULER. 4380

Eva Šáchová, *Der Einfluß von Merfen und Merthiolat auf die Infusorien Tetrahymena (Glaucoma) pyriformis.* Wie gegenüber Bakterien wirken *Merfen* (**I**) u. *Merthiolat* (**II**) auch gegenüber den Infusorien Tetrahymena pyriformis als starkes Gift, am stärksten in frischer Lsg., deren Aktivität bei **I** schon nach 1 Std., bei **II** nach 4 Monaten nachläßt. Abweichungen des p_H nach der sauren oder der bas. Seite erhöhen die Toxizität. Diese ist bei 10° geringer, bei 0° aber wieder höher als bei gewöhnlicher Temperatur. Verbb. mit

SH-Gruppe, wie Na-Thioglykolat u. Cystein, wirken deutlich entgiftend, Cystin u. Saponin sind ohne Wirkung. (Českoslov. Biol. **4.** 410—15. Juli 1955. Praha, Karl. univ., biol. fak., parasitol. úst.) R. K. Müller. 4380

E_4. Pflanzenchemie. Pflanzenphysiologie. Pflanzenpathologie.

J. C. Sen Gupta, *Die Steuerung der Auslösung des Blühens bei Pflanzen.* Vortrag: äußere u. endogene Bedingungen (Vernalisierung, Photoperiodizität, Thermoperiodizität), Trennung der Auslsg. des Blühvorgangs in Teilprozesse, endogener Rhythmus, exp. Unterlagen für die Annahme einer hormonalen Steuerung, neuere Theorien, Vernalisierung u. Photoperiodismus in der ind. Landwirtschaft. (Sci. and Cult. **20.** 533—42. Mai 1955. Calcutta, Presidency Coll.) K. Maier. 4404

Donald G. Smith und **E. Gordon Young,** *Die gebundenen Aminosäuren bei verschiedenen Species von Meeresalgen.* Bei 5 verschied. Species von Meeresalgen wurde die Verteilung der gebundenen Aminosäuren bestimmt. Nach Extraktion der freien Aminosäuren u. niederen Peptide mit 75%ig. A. (100 cm^3 Lösungsm./1 g Trockensubstanz) aus den getrockneten Pflanzen kocht man den Rückstand 24 Std. mit 20%ig. HCl (200 cm^3 auf 1 g Trockenmaterial) u. filtriert dann das unlösl. Humin ab. Der Säureüberschuß läßt sich durch wiederholte Vakuumdest. entfernen. Man nimmt den Rückstand in einer berechneten Menge dest. W. auf (pro cm^3 soll 1 mg N enthalten sein), setzt Ag_2O bis zu einem p_H von 4,5 zu u. zentrifugiert. N wird mittels Mikrokjeldahl bestimmt. Eine quantitative Best. der durch Hydrolyse gebildeten Aminosäuren erfolgt nach der Ionenaustauschmeth. von Moore (Moore u. Stein, C. **1952.** 4666). Sie werden weiterhin durch absteigende (McFarren, C. **1952.** 1545) u. zweidimensionale Papierchromatographie (Levy u. Chung, C. **1954.** 10070) identifiziert. Die Aminosäurenzus. bei den Braunalgen, Ascophyllum nodosum u. Fucus vesiculosus war annähernd die gleiche. Ebenso fand man bei der Rotalge, Rhodymenia palmata, u. der Grünalge, Ulva lactuca, eine übereinstimmende Verteilung, die sich aber von der der Braunalge wesentlich unterschied. Chondrus crispus zeichnete sich durch einen hohen Arginingeh. u. durch das Vorhandensein von Ornithin u. Citrullin in dem Säurehydrolysat des unlösl. Materials der getrockneten Pflanze aus. (J. biol. Chemistry **217.** 845—53. Dez. 1955. Halifax, Can., Maritime Regional Labor., Nat. Res. Council.) A. Eben. 4420

R. I. Morrison, *Natürlich vorkommende l-Pipecolinsäure.* In A.-Extrakten von Weißkleeblättern wurde papierchromatograph. eine mit Ninhydrin tiefviolettblau reagierende Substanz von höherem R_F-Wert als Prolin gefunden. Durch Chromatographie an Amberlite u. pulverisierter Cellulose konnten aus 500 g trockenen Blättern 520 mg einer krist. Substanz $C_6H_{11}O_2N$ erhalten werden, die ein alkohollösl. Cu-Salz lieferte, eine Drehung von $[\alpha]_D^{18}$ $-25,4^0$ u. F. 271^0 (Zers.) aufwies. Demnach ist sie ident. mit *l-Pipecolinsäure.* (Biochem. J. **50.** XIV-XV. Jan. 1952. Aberdeen, Macaulay Inst. for Soil Res.) F. Krusen. 4420

A. Chatterjee und **S. K. Talapatra,** *Die Konstitution von Vincain, einem aus Vinca rosea L. isolierten β-Carbolinalkaloid.* Das in der in Indien vorkommenden Apocyanacee Vinca rosea L. enthaltene blutdrucksenkende Alkaloid *Vincain* (**I**), $C_{21}H_{24}O_3N_2$, wurde aus dem A.-Extrakt der Gesamtpflanze isoliert (0,01% der Trockensubstanz) u. durch Chromatographie der Acetonlsg. an Al_2O_3 gereinigt; F. 250—252^0 (Zers.), rechteckige Platten (A.), λ_{max} 225, 250, 280, 292 mμ, 2,9, 5,88, 6,21, 7,3, 9,0 μ; *Hydrochlorid,* $C_{21}H_{24}$·O_3N_2, HCl, F. $20,0^0$ (Zers.); *Chloroplatinat,* $C_{21}H_{24}O_3N_2$. **I** ist eine schwache, einsäurige tert. Base mit 1 $COOCH_3$-, 1 C—CH_3-, jedoch keine $>NCH_3$-Gruppe, gibt ähnliche Farb-Rkk. wie die β-Carbolinalkaloide, das UV-Spektr. zeigt die charakterist. Maxima eines n. a.β.disubstituierten Indols u. eines Ester-CO, das mit einem Enoläther konjugiert ist. Bei der Se-Dehydrogenierung entsteht aus **I** eine O-freie Base, $C_{19}H_{22}N_2$, F. 116—118^0, die mit *Alstyrin* ident. ist. **I** ist entweder mit *δ-Yohimbin* (**II**) ident. oder stereoisomer. **I, II,** *Serpentin* (**III**) u. *π-Tetrahydroserpentin* (**IV**) enthalten einen Dihydropyrankern wie *Alstonin,* ein **III**-Isomeres. Während aber letztes u. dessen Tetrahydroderiv. beim Erhitzen einen Aldehyd geben (Spaltung der O-Brücke), der ein 2.4-Dinitrophenylhydrazon bildet, ist dies bei **I, II, III** u. **IV** nicht der Fall (Stabilität der Ätherbrücke infolge ster. Hinderung). (Sci. and Cult. **20.** 568—70. Mai 1955. Calcutta, Univ., Coll. of Sci., Dep. of Chem.) K. Maier. 4420

A. M. Kusin und **W. I. Merenowa,** *Die Biosynthese von durch radioaktiven Kohlenstoff markierten Opiumalkaloiden.* An *Papaver somniferum* durchgeführte Verss. zeigten, daß die Biosynth. von ^{14}C-haltigen Opiumalkaloiden, wie *Morphium, Codein* u. *Narcotin,* auf 3 Wegen möglich ist. 1. 0,1 ml 0,1 mol. radioakt. Glykokoll- bzw. Acetatlsg. spritzt man unmittelbar in den reifenden Mohnkopf (20 μC). Anschließend werden die Pflanzen noch 14 Tage auf dem Felde belassen. 2. Die Photosynth. der Pflanze von der Blüte bis zur Ernte erfolgt in einer Kammer in einer Atmosphäre, die radioakt. CO_2 (2000 μC) enthält. 3. Kultivierung der abgeschnittenen Mohnköpfe in wss. Lsg. mit markiertem Glykokoll oder Acetat im Laufe von 3 Tagen. Versuchsdauer 25 Tage. Ausnutzung der Aktivität bei Verf. 2 0,4%, davon Morphium 0,36, Codein 0,01 u. Narcotin 0,029%. Am wenigsten geeignet ist Verf. 3. (Биохимия [Biochemie] **19.** 616—18. Sept./Okt. 1954. Moskau, Biophysik. Inst. der Akad. der Wiss. der UdSSR.) H. v. PEZOLD. 4420

M. C. Nath, R. P. Chitale und **Bhavani Belavady,** *Biosynthese von Vitamin C und eine neue Vorstufe.* Der Einfl. äquimol. Mengen *Na-Acetessigester* (**I**), *Glucose* (**II**), **I** + **II** u. des Kondensationsprod. aus **I** u. **II** (**III**, *2-[Tetraoxybutyl]-5-methyl-4-carbäthoxyfuran*), dessen Struktur der der *Ascorbinsäure* (**IV**) ähnelt, auf die Biosynth. der **IV** während der Keimung von Phaseolus mungo wurde untersucht. Im Gegensatz zu **I** steigert **II** die **IV**-Bldg.; **I** + **II** gibt nach 48 Std. einen starken Anstieg der **IV**-Bildung. **III** steigert die **IV**-Bldg. am meisten; nach 96 Std. ist die **IV**-Bldg. in Ggw. von **III** mehr als doppelt so groß wie in Ggw. von **II**, weshalb Vff. annehmen, daß **III** als Vorstufe der **IV**-Synth. eine Rolle spielt. — Die Synth. von **III** erfolgte durch eine Modifikation der Angaben von WERT (J. biol. Chemistry **74.** [1927.] 561) aus einer Schmelze von gleichen Teilen **II** u. $ZnCl_2$ u. **I** + A. u. Eingießen der sirupösen M. in Wasser. Nadeln aus W., F. 153° (korr.), $[\alpha]_D^{20}$ $-19{,}00°$ (in W.). (Nature [London] **170.** 545—46. 27/9. 1952. Nagpur, Univ., Dep. of Biochem.) K. F. MÜLLER. 4425

F. L. Allen und **J. Franck,** *Photosynthetische Sauerstoffentwicklung durch dauernde Lichtimpulse.* Es wird versucht, die sich scheinbar widersprechenden Beobachtungen bei der Photosynth. durch kurze (ca. 10^{-5} Sek.) u. lange Lichtblitze (ca. 10^{-3} Sek.) in Einklang zu bringen. Einführung einer neuen Periode von ca. 10^{-4} Sek. hebt die bestehenden Widersprüche auf. Für den photochem. Primärprozeß wird ein Wirkungsmechanismus diskutiert. Beim 1. Absorptionsakt geht *Chlorophyll* (**I**) in einen metastabilen Zustand über, der Biradikalcharakter hat. Da der metastabile Zustand relativ langlebig ist, steht genügend Zeit zur Verfügung, daß auf Grund des Biradikalcharakters mit dem photosynth. Oxydans (**II**) u. dem die Rolle eines OH-Acceptors spielenden Enzyms (*Cytochrom F*) eine Komplexbldg. eintreten kann. Weder die Energie des 1. Anregungszustandes noch diejenige des metastabilen Zustands reichen für die Auslösung einer *H*-Übertragung auf das photosynth. **II**, unter gleichzeitiger Dissoziation von W., aus. Jedoch kann **I** im metastabilen Zustand durch sensibilisierte Fluorescenz Quanten von anderen angeregten **I**-Moll. sammeln u. derart rasch Bldg. eines angeregten Triplettzustandes erfolgen, der genügend Energie besitzt, um 1 H von H_2O auf **II** u. 1 H auf ein Enzym übertragen zu können. Diesem Enzym wird eine Arbeitsperiode von 10^{-4} Sek. zugeordnet. Mit Hilfe der Messung sehr kleiner O_2-Konzz. durch reversible Phosphorescenzlöschung wurde die O_2-Entw. durch Einzellichtblitze unter anaeroben Bedingungen untersucht. Als biol. Material diente die Alge *Scenedesmus obliquus* in Ggw. von CO_2 oder dem HILL-Reagens *Chinon.* Während ein einzelner Lichtimpuls von 0,5 mSek. Dauer bei der HILL-Rk. O_2 entwickelt, ist dies bei der Photosynth. nicht der Fall. Ein 50mal länger dauernder Lichtblitz von viel kleinerer Intensität ruft in beiden Systemen O_2-Entw. hervor. Bei der HILL-Rk. wird die Ausbeute eines intensiven Lichtimpulses von 0,5 mSek. durch einen gleichen, 1 Sek. vorher erfolgenden gesteigert. Dies deutet darauf hin, daß gewisse Photoprodd. länger als 10^{-2} Sek., wie allg. angenommen wird, lebensfähig sind. Weitere Beobachtungen über die Wrkg. sich überlappender kurzer u. langer Lichtimpulse werden beschrieben u. diskutiert. (Arch. Biochem. Biophysics **58.** 124—43. Sept. 1955. Chicago, Ill., Univ., Res. Inst.) K. MAIER. 4460

P. van der Veken, *Über den Einfluß von Heteroauxin auf die Wasseraufnahme und auf die Synthese von Wandsubstanzen der Kartoffel.* (Vorl. Mitt.) Im Dunkeln bei Zimmertemp. ausgeführte Verss. über das Verh. von Kartoffelscheiben gegen dest. W. u. eine Lsg. von *Heteroauxin* (**I**) in dest. W., durch das ein Luftstrom perlt, zeigen, daß das Kartoffelgewebe W. aufnimmt. Wasseraufnahme u. Cellulosegeh. werden durch die Ggw. von **I** begünstigt. (Meded. Kon. vlaamse Acad. Wetensch., Letteren schone Kunsten België, Kl. Wetensch. **17.** Nr. 2. 3—8. 1955. Leuven, Kath. Univ., Carnoy Inst., Labor. voor Plattenphysiol.) W. WESLY. 4485

T. Ss. Kirilenko, *Die aktive Acidität des Zellsaftes in den Geweben der Eichenblätter, die durch Mehltau infiziert sind.* Bei den gegen den Mehltau resistenten mittleren Blättern von alten Eichen u. bei den alten resistenten Blättern von 1jährigen Sämlingen weist der Zellsaft eine geringere akt. Acidität auf als bei den jungen Blättern der alten Eiche u. bei den mittleren Blättern des Sämlings. Der p_H-Wert ist demnach als ein Merkmal der Mehltauresistenz anzusehen. Bei leichtem Mehltaubefall der Blätter ist die akt. Acidität des Zellsaftes etwas höher als bei gesunden Blättern. Mit zunehmenden Befall nimmt sie ab u. wird fast normal. (Ботанічний Журнал (Киев) [Bot. J. (Kiew)] **12.** Nr. 4. 93—97. 1955.) O. LEBTAG. 4490

S. Røyset, *Eine Möhrenkrankheit aus unbekannter Ursache.* Eine schon im Keimstadium mit Chlorose der Blätter beginnende Möhrenkrankheit, die später auch Nekrose der Wurzeln bewirkt, wird durch Zufuhr von CaO (4000 kg/ha) behoben. Zufuhr von Mikronährstoffen zeigt sich ohne Einfluß. (Tidsskr. norkse Landbruk **62.** 71—80. März 1955.) R. K. MÜLLER. 4490

T. J. Muzik, H. J. Cruzado und **A. J. Loustalot,** *Untersuchungen über Resorption, Translokation und Wirkung von CMU.* Verss. mit Getreide- u. Bohnenpflanzen zeigten, daß *N^1-[p-Chlorphenyl]-N^2.N^2-dimethylharnstoff* (I) die Pflanzen schon in verhältnismäßig niedrigen Konzz. abtötet, allerdings erst nach längerer Zeit. Die ersten Symptome treten bei den älteren Blättern auf: zwischen den Rippen kommt es zur Bldg. von gelben Flecken, die bald schwarz werden u. sich gegen den Blattrand u. die Spitze zu ausdehnen. Dieses wiederholt sich bei den übrigen Teilen des Sprosses, die Pflanze welkt u. stirbt basalwärts allmählich ab. Unterss. über die Aufnahme von I ergaben, daß sowohl Wurzeln, als auch Stengel u. Blätter dieses Herbicid aufnehmen. Resorption u. Weiterleitung, die über das Xylem u. die Transpirationsorgane stets nach der Sproßspitze zu erfolgt, ist bei den Wurzeln sehr viel schneller. Diese vermögen auch noch in Nährlsgg. mit einer I-Konz. zu wachsen, die intakte Pflanzen in 2 Wochen abtöten, ein Beweis dafür, daß die tox. Wrkg. in erster Linie den Sproß trifft. Die Aufnahme durch die Blätter ist weitaus langsamer u. hängt vor allem von der Dicke der Cuticula ab. Die Anzahl der Stomata spielt eine geringere Rolle. Die Ausbreitung in den Blättern scheint durch große Rippen blockiert zu werden. Anomale Zellproliferationen oder Gewebemodifikationen konnten außer des Kollaps von saftreichem Gewebe nirgends beobachtet werden. Wegen seiner geringen Flüchtigkeit könnte I fast ohne Gefahr für die Pflanzen angrenzender Bodenflächen verwandt werden. Für Feldbestäubung ist es aber ungeeignet, da die Tröpfchen hauptsächlich auf die Blattoberflächen fallen, u. eine Weiterleitung kaum vom Blatt zum Stengel erfolgt. (Bot. Gaz. **116.** 65—73. Sept. 1954. Mayaguez, Puerto Rico, Federal Exp. Stat.) M. EBERT. 4495

Roy J. Christoph und **Emma L. Fisk,** *Reaktionen von Pflanzen auf das Herbicid N^1-[p-Chlorphenyl]-N^2.N^2-dimethylharnstoff (CMU).* (Vgl. vorst. Ref.) (Bot. Gaz. **116.** 1—14. Sept. 1954.) M. EBERT. 4495

Karl Paech und Michael Vincent Tracey, Bearb. Moderne Methoden der Pflanzenanalyse. Bd. 1. Berlin, Göttingen, Heidelberg: Springer-Verl. 1956. (XVII + 542 S. m. 215 Abb.) 4°. DM 108,—.

E_5. Tierchemie. Tierphysiologie. Tierpathologie.

W. F. Dmitrijew, *Die Rolle von schwefelhaltigen Aminosäuren und Phosphor in den Proteinen des menschlichen Gehirns.* Im Gehirn des gesunden Menschen wird der Geh. an *S, P, Cystin* (I) u. *Methionin* (II) bestimmt. Die Proteine der grauen Substanz enthalten 0,913% S, die der weißen Substanz 0,906%, die des Gesamthirns 0,83—1,04% (Durchschnitt 0,95%). Der I-Geh. der Proteine beträgt 1,86% in der grauen, 1,78% in der weißen Substanz, 1,92—2,75% (Mittel 2,19%) im Gesamthirn. Die entsprechenden Zahlen für II sind: 2,90%, 2,90% u. 1,95—2,90% (Mittel 2,44%). Der I-Geh. ist in den Proteinen des Gehirns etwas höher als in anderen Geweben u. Organen. Dies gilt auch für den P-Geh. (0,96%; 0,92%; 0,79—0,94%). Die Ergebnisse zeigen, daß die S-haltigen Aminosäuren die wichtigsten Strukturkomponenten der Gehirnproteine u. die Träger der spezif. biol. Eigg. sind. Der hohe P-Geh. des Gehirns hängt ebenfalls mit dessen biol. Rolle zusammen. (Биохимия [Biochemie] **20.** 527—32. Sept./Okt. 1955. Blagoweschtschensk, Med. Inst., Lehrstuhl für Biochem.) O. LEBTAG. 4520

Brigitte A. Askonas, *Kristallisation von Ziegen-β-Lactoglobulin.* Nach teilweiser Entfettung durch Zentrifugieren u. Ausfällung des Caseins läßt sich das *β-Lactoglobulin* (I) aus Ziegenmilch nach vorhergehender Fraktionierung mit Ammoniumsulfat krist. gewinnen. Der isoelektr. Punkt von I liegt bei p_H 5,9 in Na-Acetatpuffer der Ionenstärke $J = 0,1$. Bei p_H 4,15 u. 5,6—8,1 ist I elektrophoret. homogen mit symm. Gipfel. Ein asymm. Gipfel bei p_H 4,6 u. 5,1 im Na-Acetatpuffer $J = 0,1$ verschwindet nach Anstieg der Ionenstärke auf 0,2 bei p_H 4,65. Das Mol.-Gew. von I (37100) entspricht dem von Rinder-β-Lactoglobulin; S_{20} beträgt 2,85. (Biochem. J. **58.** 332—36. Okt. 1954. London, Mill Hill, Nat. Inst. for Med. Res.) K. NEHRING. 4520

E. A. Caspary, *Diffusionskoeffizient von kristallisiertem Ziegen-β-Lactoglobulin.* Die Diffusionsmessungen erfolgten nach der interferometr. Meth. mit einem parallelen Lichtstrahl ($\lambda = 4360$ Å) bei 25 ± 0,01°. Die Diffusionskonstanten werden im Phosphat-NaCl-Puffer p_H 6,9 u. der Ionenstärke $J = 0,2$ für zwei Proteinkonz. bestimmt. $D_{20,w}$ beträgt danach 7,38 bzw. $7,58 \cdot 10^{-7}$ cm²/sec für eine 0,38 bzw. 0,26%ig. Proteinlösung. (Biochem. J. **58.** 336. Okt. 1954. London, Lister Inst. for Preventive Med.) K. NEHRING. 4520

D. M. Spitkowski, *Zur Frage der Methodik der Gewinnung von Strukturen aus Nucleoproteiden und die Bestimmung ihrer rheologischen Eigenschaften.* Mit Hilfe einer Spezialapp., deren Konstruktion u. Arbeitsweise eingehend beschrieben werden, untersucht Vf. die rheolog. Eigg. von *Desoxyribonucleoproteid* (I). Zur Gewinnung eines orientierten I-Fadens wird die Lsg. durch eine graduierte Capillare auf die Prüffläche aufgetragen. Der von der Capillare sich abtrennende Tropfen fällt mit um so größerer Geschwindigkeit, je größer die I-Konz. ist. Zwischen der relativen Relaxation u. der Temp. des Mediums besteht eine lineare Beziehung. Sie beträgt bei 10° in Ggw. von 0,5%ig. $MgCl_2$-Lsg. 31%, in Ggw. von 0,5%ig. $CaCl_2$-Lsg. 21,4%, in Ggw. einer physiol. NaCl-Lsg. 24%. (Биохимия [Biochemie] **20.** 566—70. Sept./Okt. 1955. Moskau, Inst. für exp. Biol. der Akad. der med. Wiss. der UdSSR.) O. LEBTAG. 4520

Maurice Fontaine und **Jaques Leloup,** *Jodabbau bei jungem Lachs (Salmo salar L.) im Süßwasser.* In 100 cm^3 Serum wurde J (in γ) nachgewiesen im Parr (bzw. Smolt): total 12,5 (33,5), gebunden an Eiweiß (I) 5,6 (7), gebunden an *Thyroxin* (II) 3,1 (4,3). Die %-Verhältnisse I/total betrugen 51,4 (20,7), II total 32,1 (15,7). Es wird angenommen, daß das Fluktuieren des J-Geh. im Zusammenhang mit dem Wanderdrang der Fische steht. (C. R. hebd. Séances Acad. Sci. **231.** 169—71. 10/7. 1950.) F. LÜPNITZ. 4520

A. Je. Gurwitsch, *Die Bestimmung von Eiweißantigenen mit Hilfe der Papierchromatographie.* Beschreibung eines Verf. der Papierpräcipitation zur Feststellung eines Eiweißes in der Lsg. u. Identifizierung der Eiweißflecke von Chromatogrammen u. Elektropherogrammen. Das Verf. beruht darauf, daß bei aufeinanderfolgendem Auftragen von Eiweiß u. Antiserum auf einen Papierbereich ein Nd. (Präcipitat) ausfällt. Wird ein Lösungsmittelstrom erzeugt, so werden alle nichtausgefällten Eiweißstoffe weggespült, während der Nd. aus Eiweiß u. Antikörper zurückbleibt. Mit Hilfe dieses Verf. läßt sich die Ggw. eines Antigens im Eiweißgemisch u. die Ggw. der dem Antigen entsprechenden Antikörper im Serum qualitativ nachweisen. Mit Hilfe einer Standardkurve, Präcipitat–zugesetztes Antigen, kann das Antigen auch quantitativ bestimmt werden. Das Präcipitatverf. läßt sich mit der Papierelektrophorese kombinieren, so daß festgestellt werden kann, in welcher Fraktion der Serum- oder Organproteine das dem Organismus zugeführte Fremdeiweiß sich vorfindet; ferner kann die Natur der einzelnen Fraktionen bei der Elektrophorese von Organproteinen festgestellt werden. (Биохимия [Biochemie] **20.** 550—53. Sept./Okt. 1955. Moskau, Inst. für biol. u. med. Chem. der Akad. der med. Wiss. der UdSSR, Labor. für physiol. Chem.) O. LEBTAG. 4551

J. H. Humphrey und **R. R. Porter,** *Eine Untersuchung von Kaninchenantikörpern mittels chromatographischer Aufteilung.* γ-Globuline von Kaninchen, die mit Pneumokokken, Influenzavirus A oder Ovalbumin immunisiert wurden, wurden chromatograph. in einer Celitsäule aufgeteilt u. die einzelnen Eluate auf präcipitierende u. hämagglutinierende Antikörper (AK) untersucht. Nach der ersten, intravenös verabfolgten Impfserie befanden sich, bei den 3 Antigenen in gleicher Weise, die AK in der langsam wandernden Fraktion, nach weiterer Immunisierung in schnell wandernden. Impfverss. mit 2 Antigenen hintereinander zeigen, daß die AK-Verlagerung nicht durch einen Zeitfaktor, sondern durch die wiederholte Antigenverabfolgung bedingt ist u. in keinem Zusammenhang mit dem erreichten AK-Titer steht. Bei einmaliger intramuskulärer Impfung mit Ovalbumin in Fremdadjuvans verbleiben die AK in der langsam wandernden Fraktion monatelang trotz ständig steigendem Titer. Daraus wie aus gewissen Unterschieden der Bindungsfähigkeit der einzelnen Fraktionen gegenüber dem homologen Antigen wird geschlossen, daß je nach Applikationsart des Antigens u. nach Dauer des antigenen Reizes verschied. Körperzellen AK-Globulinmoll. von geringfügig abgewandelter Struktur bilden. (Biochem. J. **62.** 93—99. Jan. 1956. London, Mill Hill, Nat. Inst. for Med. Res.) E. FISCHOEDER. 4551

E. Hiller und **H. Bischof,** *Über den Protein- und Aminosäuregehalt des menschlichen Magensaftes, dargestellt mittels Elektrophorese und Papierchromatographie.* Der ausgeheberte Magennüchternsaft von Magengesunden u. -kranken wurde durch Dialyse gegen W. entsalzen u. im Exsiccator über P_2O_5 eingeengt, da der Geh. an Amino-N sehr gering ist. Mit zunehmender Schwere des patholog. Schleimhautbefundes des Magens steigt der Proteingeh. u. anscheinend auch der Geh. an freien Aminosäuren an. Der Magensaft zeigt ein typ. Elektrophoresediagramm mit 5 Proteinfraktionen, das unter patholog. Verhältnissen charakterist. quantitative Änderungen erfährt. Die einzelnen Fraktionen lassen sich nach ihren Wanderungsgeschwindigkeiten als Albumin, α-, β- u. γ-Globulin auffassen, wobei der verhältnismäßig große Anteil des γ-Globulins (Fraktion 5, vielleicht auch als Hämoglobin zu deuten) auffällig ist. Das Spektr. der freien Aminosäuren scheint, nach den Ergebnissen der Vff. im Vgl. mit Blutserum, einen außergewöhnlich hohen Leucingeh. u. einen relativ hohen Asparaginsäuregeh. aufzuweisen. (Die Medizinische **1953.** 1541—45. 28/11. München, Univ., I. Med. Klinik.) K. NEHRING. 4555

E. Martinsson und **Ch. Lind**, *Bindung des Ammoniaks durch die Schleimhaut des Magens und Einfluß der Glutaminsäure auf dessen sekretorische Tätigkeit.* Zwecks experimenteller Bestätigung der Annahme von MARTINSSON (vgl. C. **1951**. II. 834), wonach die Bldg. von HCl im Magen u. die anschließende Sekretion neben der Wrkg. der Urease auf der Teilnahme von *Glutamin* (I) u. Glutaminase beruhen, wurde im Katzenvers. nach subcutaner oder intravenöser Zufuhr von NH_4Cl u. *Glutaminsäure* (II) I in der Magenschleimhaut bestimmt. Der Geh. an I-Amid-N erreichte danach 7,24 mg% gegenüber 2,48 mg% in der Kontrolle ohne Magensekretion. Demnach kann im Sekretionsapp. NH_3 durch II zu I gebunden werden. Die Bldg. von NH_3 in der Magenschleimhaut bei sekretor. Tätigkeit wird dadurch bewiesen, daß bei subcutaner Zufuhr von Histamin u. II der Geh. an I-Amid-N auf 4,15 mg% ansteigt. Im Hundevers. bewirkt eine II-Zufuhr in allen Fällen eine starke Abnahme der Magensaftabsonderung u. des HCl-Gehaltes. Die Zufuhr großer Mengen II verhindert die Anreicherung von NH_3 unter dem Einfl. des Nahrungsreizes u. hemmt die Magensekretion. (Биохимия [Biochemie] **20**. 533—40. Sept./Okt. 1955. Tartu, Univ., Lehrstuhl für Biochem.) O. LEBTAG. 4555

Bertel Ivstam, *Über die Zusammensetzung des Ausflusses beim sekretierenden Mittelohrkatarrh.* Der Trockensubstanzgeh. des Ausflusses ist höher als der des Serums, woraus Vf. auf eine Rückresorption von Fl. im Mittelohr schließt. Da der auf Trockensubstanz bezogene N- u. Hexosamingeh. derselbe ist wie bei Serum, kann es sich bei dem Ausfluß nur um ein reines Exsudat bzw. Transsudat handeln, das keine Schleimsubstanzen enthält. (Kung. fysiogr. Sällsk. Lund Förh. **22**. Nr. 3. 1—3. 1952.) F. KRUSEN. 4555

J. C. Penhos, *Einfluß von Folsäure und Testosteron auf die geschlechtsunreife männliche Ratte.* An 4 Versuchsreihen mit je 15 ♂ geschlechtsunreifen weißen Ratten wurde festgestellt, daß bei Behandlung a) mit *Folsäure* (I), b) mit *Testosteron* (II), c) mit I + II im Vgl. zum d) Blindvers. das Körpergewicht bei a) bis d) n. zunahm, das Gewicht der Hoden durch I allein nicht verändert wurde, aber bei b) u. noch stärker bei c) abnahm. I erhöht also die hemmende Wrkg. von II auf die hypophysäre Sekretion von gonadotropem Hormon u. verstärkt deutlich die direkte peripher. Reizwrkg. von II auf die Samenblase. (C. R. Séances Soc. Biol. Filiales **148**. 1131. Juni 1954. Inst. de Biol. et Méd. exp.) W. SCHULENBURG. 4558

Barbara J. Bowman und **Robert O. Stafford**, *Der Einfluß von Nortestosteroncyclopentylpropionat auf die Erythropoese bei der kastrierten männlichen Ratte.* Vff. untersuchten die Erythropoese bei männlichen seit längerer Zeit kastrierten Ratten vor u. nach Injektion von *Testosteronpropionat* (I) oder *Nortestosteroncyclopentylpropionat* (II) bei täglichen Dosen von 0,25 u. 1 mg über 27 Tage. Vor Behandlung war die durchschnittliche Erythrocytenzahl (E.Z.) 8,70 ± 0,43 Millionen E./mm³. Nach der Behandlung stieg die durchschnittliche E.Z. auf 9,52—10,14 Millionen E./mm³. Die *Hämoglobin* (III)-Konz. stieg von 17,88 g/100 cm³ auf 19,1—20,0 g/100 cm³. Vff. sind der Ansicht, daß die Wirkungen von I u. II auf das Zunehmen der E.Z. u. III bei kastrierten Ratten vergleichbar sind. (Proc. Soc. exp. Biol. Med. **87**. 136—38. Okt. 1954. Kalamazoo, Mich., Upjohn Co., Res. Labors.) G. BRATFISCH. 4559

Elinor Levin, **S. Albert** und **Ralph M. Johnson**, *Der Phospholipidstoffwechsel von Ratten bei Prostata- und Samenblasenhypertrophie und Hyperplasie.* N., kastrierte u. mit *Testosteron* (I; täglich 1,0 mg in 0,1 ml Maisöl für 2 Tage) vorbehandelte Ratten erhalten Injektionen von radioakt. P (0,45 μC als $NaH_2{}^{32}PO_4$) u. werden 2 Std. später getötet. Es werden die Radioaktivität u. der P-Geh. der säurelösl., der Phospholipid-, Kephalin-, Lecithin-, Sphingomyelin- u. der Desoxyribonucleinsäurefraktion der Prostata u. der Samenblase u. die mitot. Aktivität dieser Gewebe ermittelt. I verursacht bei den n. Tieren eine Hypertrophie der Prostata u. eine Hypertrophie u. Hyperplasie der Samenblase, gleichzeitig wird in beiden Geweben in allen P-Fraktionen eine Zunahme an ^{32}P ermittelt. Auch wenn kastrierte Tiere mit I behandelt werden, wird in den beiden Geweben eine Hyperplasie u. Hypertrophie u. eine Zunahme des ^{32}P-Geh. festgestellt, jedoch ist die Zunahme in der Phospholipidfraktion, die mit der Hyperplasie der Prostata einhergeht, größer als die, die im Zusammenhang mit der Hypertrophie zu beobachten ist u. ist unabhängig von der ^{32}P-Aufnahme der säurelösl. Fraktion. Die Ergebnisse werden dahingehend gedeutet, daß in der Prostata die mitot. Aktivität mit einem Maximum der ^{32}P-Aufnahme in die Phospholipide parallel geht. (Arch. Biochem. Biophysics **56**. 59—65. Mai 1955. Detroit, Mich., Detroit Inst. of Cancer Res., Richard Cohn Radiobiol. Labor., and Wayne Univ., Coll. of Med., Dep. of Physiol. Chem.) H. P. FIEDLER. 4559

Robert L. Griffith und **Richard H. Linn**, *Testosteron bei chronischer Tuberkulose.* Bericht über Erfahrungen mit *Testosteronpropionat* (I) als Aufbaumittel der Kachexie bei 17 chron. Tuberkulosefällen neben antibakterieller Therapie. Ergebnis: gut — deutlich — zweifelhaft — schlecht in 7 — 3 — 5 — 2 Fällen. Gute Verträglichkeit von I.

Einfl. auf das Körpergewicht sollte bei einer Dosierung von 50 mg **I** 3mal/Woche in 1—2 Monaten in Erscheinung treten. (Amer. Rev. Tubercul. **70.** 1020—29. Dez. 1954. Seattle, Wash., U. S. Public Health Hosp.) H. DOSSMANN. 4559

V. G. Foglia, J. C. Penhos und **A. F. Cardeza,** *Wirkung der Sexualhormone auf die Langerhansschen Inseln der Ratte nach subtotaler Pankreatektomie u. Hypophysektomie.* Weiße, ca. 200 g schwere, im Alter von 2 Monaten kastrierte, mit 9 Monaten 95%ig. pankreatektomierte Ratten werden 15 Tage später hypophysektomiert u. bei einheitlicher, red. Ernährung wird einem Teil Salzwasser, einem zweiten Teil *Östradiolbenzoat* (**I**; 4 μg/Tag) einem 3. Teil *Testosteronpropionat* (**II**; 50 μg/Tag) injiziert. 3½ Monate später sind 57% der Kontrollen, 25% der mit **I**, 43% der mit **II** behandelten Tiere diabet., wobei der Gewichtsverlust der Kontrollen 13%, der Ratten mit **I** 18%, der Tiere mit **II** 6% beträgt. Schilddrüsen (10—12 mg) u. Nebennieren (13—14 mg) zeigen Atrophie, Gewichtszunahmen die Samenblasen (14 mg) durch **I** auf 34 mg, durch **II** auf 83 mg, die koagulierenden Drüsen (5 mg) durch **I** auf 10 mg, durch **II** auf 24 mg, die Prostata (5 mg) durch **I** auf 12 mg, durch **II** noch höher sowie durch **II** Nieren u. Leber, Gewichtsverlust durch **I** der Thymusdrüse. Die verbleibenden nichtdiabet. Tiere zeigen insuläre Hypertrophie u. Hyperplasie, letzte in Gestalt u. erhöhter Zahl der Inseln bes. ausgeprägt bei mit **I** behandelten Tieren. (C. R. Séances Soc. Biol. Filiales **148.** 1656—57. Okt. 1954.) ANTJE SCHMIDT. 4559

Giorgio Sogliani, *Dehydroandrosterondinitril in wäßriger Lösung.* Bei 35 psychiatr. Kranken wurde *Dinistenil* (*Dinitril des Dehydroandrosterons*) in einer Dosierung von 0,1—0,5 g täglich angewandt. Besserung wurde bei depressiven Verstimmungen, Melancholien, Angstzuständen, Involutionspsychosen beobachtet, während Zustandsbilder Schizophrenen unbeeinflußt blieben. (Minerva med. [Torino] **46 II.** 581—86. 12/9. 1955. Pavia, Ospedale Neuropsych. della Prov.) P. G. SCHEURLEN. 4559

William R. Kirkham und **Charles W. Turner,** *Einleitung des Mammawachstums bei Ratten durch Östrogen und Progesteron.* Werden *Östrogen* (**I**) u. *Progesteron* (**II**) kastrierten weiblichen Ratten 15 Tage oder länger verabreicht, so ist in der Mamma eine Zunahme des *Desoxyribonucleinsäure*-Geh. feststellbar; der Geh. entspricht dem Geh. der Mamma während der Schwangerschaft; er kann durch weitere **I**-**II**-Gaben bis zu 32 Tagen nicht mehr wesentlich gesteigert werden. Auch der Geh. der durch **I** u. **II** stimulierten Mamma an *Pentosenucleinsäure* steigt in einem der Schwangerschaft entsprechenden Verhältnis an, wenngleich eine Lactation nicht eintritt. Diese tritt jedoch ein, wenn **II** u. **I** für 26 Tage gegeben u. dann abgesetzt werden. (Proc. Soc. exp. Biol. Med. **87.** 139—41. Okt. 1954. Columbia, Mo., Univ. of Missourie, Dep. of Dairy Husbandry.) H. P. FIEDLER. 4559

W. Hohlweg, *Über die protrahierte Wirkung von Fettsäureestern des Follikelhormons.* Fettsäureester des *Östradiols* u. *Äthinylöstradiols* sind sehr protrahiert wirksam u. werden wahrscheinlich — wie sich aus Verss. an Schweinen u. Affen ergab — im Körperfett gespeichert u. von da resorbiert. Freie natürliche u. synthet. *Östrogene* werden nicht in demselben Maße deponiert, was durch die größere Wasserlöslichkeit der mit freien OH-Gruppen gebildeten Verbb. erklärt wird. (Vitamine u. Hormone **6.** 129—33. 1954. Berlin, Charité, Inst. für exp. Endokrinol.) H. BENISCHKE. 4559

Thomas R. Forbes, *Weitere Spezifitätsteste für eine biologische Progesteron-Nachweismethode.* Vf. prüfte die Spezifität des Progesteronnachw. von HOOKER u. FORBES (Endocrinology **41.** [1947.] 158) an den Stromakernen des Endometriums der ovarienlosen Maus mittels *Progesteron* (**I**), *4-Oxyprogesteron, Δ^{11}-Progesteron, 11-Dehydroprogesteron, 16-Dehydroprogesteron, 16-Methoxyprogesteron, Cortisonacetat, 17-Oxycorticosteron, Diäthylstilböstrol* u. PEARLMANS *Verbindung X* (**II**). Nur bei **I** u. **II** ergaben sich verwendbare positive Reaktionen. (Endocrinology **55.** 704—06. Nov. 1954. New Haven, Conn., Yale Univ., Dep. of Anatomy.) B. GÖRLICH. 4559

J. A. Pino, L. S. Rosenblatt und **C. B. Hudson,** *Hemmung der Hypophysengonadotropinsekretion beim Haushuhn durch Enheptin (2-Amino-5-nitrothiazol). Enheptin* (**I**; *2-Amino-5-nitrothiazol*), oral mit der Kost verabreicht, lähmt bei weißen Leghornhühnern die sexuelle Aktivität völlig, während **I**, zusammen mit *gonadotropem Hormon* (**II**) verabreicht, bei den meisten Versuchstieren die Beibehaltung der sexuellen Aktivität bewirkt. Wenn es bei diesen Tieren nach dem Absetzen von **I** u. **II** nicht zur Normalisierung der sexuellen Aktivität kommt, dürfte dies mit der Qualität u. Quantität von **II** zusammenhängen. Die durch Thiouracilbehandlung bedingte thyroidale Hypertrophie kann durch **I** nicht gehemmt werden, während die Hypophysengonadotropinsekretion sowohl bei n. Tieren als auch bei Kapaunen durch **I** gehemmt wird. (Proc. Soc. exp. Biol. Med. **87.** 201—07. Okt. 1954. Berkeley, Calif., Univ. of California, Poultry Dep.) H. P. FIEDLER. 4560

L. A. G. Hissink, *Die Wirkung von Amparon auf die Ascorbinsäurekonzentration der Nebennieren hypophysektomierter Ratten.* Nach *Amparon* (**I**)-Applikation (einem Caseinhydrolysat) kommt es bei den hypophysektomierten Ratten zu einer geringen Abnahme der *Ascorbinsäure* der Nebenniere. Der Vers., eine *ACTH*-Aktivität durch Behandlung mit Oxycellulose abzutrennen, gelang nicht. Die Rk. ist vielmehr der von Cortison ähnlich. Es wird eine ACTH sparende Wrkg. des **I** vermutet. (Med. J. Australia **41** I. 430—32. 20/3. 1954. Sydney, Prince Henry Hosp.) G. GERBER. 4560

Thomas Hernandez und **Roland A. Coulson,** *Überwinterung beim Alligator.* Bei genügend hoher Temp. verfallen Alligatoren nicht in eine Winterstarre, ihre Nahrungsaufnahme ist jedoch weitgehend eingeschränkt u. sie zeigen eine ausgesprochene Hypoglykämie. *Hypophysen*-Fütterung ruft eine Hyperglykämie u. Steigerung des Stoffwechselumsatzes hervor. Getrocknetes Schilddrüsenpulver beeinflußt nicht den Blutzuckergeh., Glucose u. Insulin haben keinen Einfluß. (Proc. Soc. exp. Biol. Med. **79.** 145—49. Jan. 1952. New Orleans, La., Louisiana State Univ., School of Med., Dep. of Biochem.) F. LÜPNITZ. 4560

L. Schiavetti und **F. Ferraris,** *Veränderungen der Magensaftsekretion während der Behandlung mit somatotropem Hormon.* Das *somatotrope Hormon* (**I**) verhält sich im Hinblick auf die Sekretion u. Acidität des Magensaftes antagonist. gegenüber dem *Cortison* (**II**). **I** hemmt die Sekretion sowohl bei n. als auch bei hyperaciden Personen, es bewirkt außerdem eine Senkung der freien u. gebundenen HCl, während die Acidität durch **II** nicht verändert wird. (Gazz. int. Med. Chirurg. **58** (**57**). 1076—88. 30/9. 1953. Roma, Univ., Ist. di Semeiotica Medica.) P. G. SCHEURLEN. 4560

H. Laborit, A. Favre, G. Duchesne, J. Dechen und **G. Bastit,** *Versuche zur Verwendung eines hypophysären Somatotropins in der allgemeinen Pathologie. Biologische Untersuchungen, Indikationen, erste Resultate in der chirurgischen Therapie.* Literaturübersicht (78 Zitate) über Eigg. u. Wirkungsweise des Hypophysenvorderlappenhormons *Somatotropin* (**I**). Verss. der Vff. an 20 Patienten, die an 3 aufeinanderfolgenden Tagen je 100 Einheiten **I** in 2 Dosen erhalten hatten, zeigten einen Abfall des Geh. an Harnstoff u. N im Blut u. Urin. Gleichzeitig stieg der Geh. an Prothrombin u. Plasmaproteinen, bes. Globulinen an. Es trat eine leichte Hyperglykämie auf, die niemals von einer Glucosurie oder Acetonurie begleitet war. Dagegen wurde eine Steigerung der Diurese beobachtet. In 3 Fällen traten Allergien als Nebenerscheinung auf, die gut auf Antihistaminica ansprachen. Die Verwendung von **I** bei großen chirurg. Eingriffen, größeren Verletzungen, Verbrennungen u. Intoxikationen wird vorgeschlagen. (Presse méd. **61.** 1085—87. 15/8. 1953. Paris, Hôp. Militaire du Val-de-Grâce.) R. RUTKOWSKI. 4560

F. G. Sulman, *Hypersekretion des chromatophorotropen ACTH-Faktors bei der Addisonschen Krankheit und deren Einfluß auf die Hautmelanosis.* Bei Menschen mit Nebennierenrindeninsuffizienz ist der Blutspiegel des chromatophorotropen Hormons (**I**; *Intermedin*) erhöht. **I** ist ein Teil des ACTH-Komplexes u. wird als *ACTH-Faktor c* (**II**) bezeichnet. **II** ist wahrscheinlich für die Hautmelanosis des ADDISON-Kranken verantwortlich. Diese Veränderungen konnten bei adrenalektomierten Tieren nicht beobachtet werden. Diese Unterschiede zwischen Mensch u. Tier werden durch die verschied. Struktur der Hypophyse erklärt. Die meisten Tiere produzieren **II** getrennt von den anderen ACTH-Faktoren im Hypophysenzwischenlappen, beim Menschen werden dagegen alle ACTH-Faktoren zusammen in den basophilen Zellen des Vorderlappens erzeugt. Deshalb geht vermehrte ACTH-Produktion beim Menschen parallel mit erhöhter Bldg. des **I** u. Hautmelanosis; dies kann bei Tieren mit gut entwickeltem Zwischenlappen nicht geschehen. (Acta endocrinol. [Copenhagen] **14.** 108—12. Okt. 1953. Jerusalem, Hebrew Univ., Hadassah Med. School, Dep. of Pharmacol.) K. F. MÜLLER. 4560

Leo M. Meyer und **Norton D. Ritz,** *Der Nutzen von Corticotropintherapie bei einem Fall erworbener idiopathischer hämolytischer Anämie.* Bei einer 43jährigen Frau trat nach Behandlung mit *Corticotropin* Heilung einer erworbenen idiopath. hämolyt. Anämie ein, nachdem vorher eine Behandlung mit *Cortison* ohne Erfolg blieb. (J. Amer. med. Assoc. **155.** 742—43. 19/6. 1954. Brooklyn, N. Y., Swedish Hosp.) G. WELTZIEN. 4560

H. B. Stoner und **H. J. Whiteley,** *Die Wirkungen von Cortison und Corticotropin auf die menschliche Nebennierenrinde.* Vff. beschreiben histochem. Befunde an der Nebennierenrinde bei 4 Patienten, die unter *Corticotropin* (**I**)-Behandlung, u. 3 Patienten, die unter *Cortison* (**II**)-Behandlung verstarben. Nach **I** fand sich Hypertrophie u. Hyperaktivität, nach **II** Inaktivität u. Atrophie. Diese Veränderungen werden in bezug auf klin. Verwendung von **I** u. **II** diskutiert. (Lancet **267.** 992—94. 13/11. 1954. Carshalton, Surrey, Med. Res. Council, Toxicol. Res. Unit, Serum Res. Inst.; Cardiff, Welsh National School of Med., Inst. of Pathol.) K. BÖHM. 4561

Elliott J. Collins und **Kenneth J. Olson,** *Hemmung der steroidinduzierten Nebennierenhypofunktion.* Die adrenocorticale Funktion des Hundes wird durch Verabreichung der in der Therapie üblichen Dosen *Cortison* oder *Hydrocortison* unterdrückt bzw. bleibt bei gleichzeitiger Verabreichung von *ACTH* erhalten. (Proc. Soc. exp. Biol. Med. **87.** 76–78. Okt. 1954. Kalamazoo, Mich., Upjohn Comp., Res. Labor.)
H. P. FIEDLER. 4561

H. Houston Merritt, Gilbert H. Glaser und **Christian Herrmann jr.,** *Eine Untersuchung über den Einfluß einer kürzeren oder längeren ACTH- und Cortisonbehandlung auf die klinischen Merkmale bei der multiplen Sklerose.* Kasuistik. (Ann. New York Acad. Sci. **58.** 625–32. 28/7. 1954. New York, N. Y., Presbyterian Hosp., Neurolog. Inst. and Columbia Univ., Coll. of Phys. and Surg., Dep. of Neurol.) H. LEHWALD. 4561

Yoshiro Hashimoto und **Hironobu Yamamoto,** *Die Wirkung von Cortison, DOCA und ACTH auf die Atmung des Gehirngewebes.* 0,1–5 mg *Cortison* (**I**)/kg bei der Maus (subcutan) steigern den O_2-Verbrauch (SV) am meisten in der Großhirnrinde, *ACTH* (**II**) wirkt gleichsinnig, *DOCA* (**III**) bringt bes. am Gehirnstamm stärkste Abnahme des SV hervor. Die Geschwindigkeit des Wirkungseintritts ist verschieden. An der nebennierenlosen Maus (3–4 Tage nach der Entnahme) zeigen **I, II** u. **III** gegenüber der n. Maus starke Änderungen im Einfl. auf den SV, vorwiegend am Gehirnstamm. (Folia pharmacol. japon. **49.** 98 §–99 §. 20/7. 1953. Chiba Univ. [Orig.: japan.]) L. SCHULER. 4561

L. Benda, A. Locker und **E. Rissel,** *Die Gewebsatmung bei anaphylaktischem Schock nach in vivo-Behandlung mit Nebennierenrindenhormonen.* Die Atmung der Leber von Hunden, welche im anaphylakt. Schock starben oder getötet wurden, zeigte bei Vorbehandlung mit *Desoxycorticosteron* (**I**) u. *Cortison* (**II**) eine Abhängigkeit von der Zus. des Mediums. Nach **II**-Behandlung sank die Atmung in Bicarbonat-RINGER-Glucose-Lsg. ab, nach **I**-Behandlung blieb sie in glucosehaltiger u. glucosefreier Bicarbonat-RINGER-Lsg. normal. Im glucosefreien Phosphatpuffer trat nur nach **I**-Vorbehandlung eine Senkung der Gewebeatmung ein, während in glucosehaltiger Phosphat-RINGER-Lsg. nach **I** u. **II** eine Stoffwechselsenkung zu beobachten war. Der Glykogengeh. der Leber sank nach **I**-Applikation ab u. blieb nach **II** normal. (Z. ges. exp. Med. **124.** 390–403. 1954. Wien, Univ., I. Med. Klinik.) LOTHAR BARTH. 4561

Sergio Casentini, Cesare Colizzi, Marine Rossanda und **Francesco Vaccari,** *Untersuchungen über die Beziehungen zwischen Nebennierenrindenhormonen und Ascorbinsäure während des Stress.* Unter der Wrkg. eines schweren Stress (Kälte- oder Formalinstress) kommt es bei der Ratte zu einer Abnahme des *Ascorbinsäure* (**I**)-Geh. in Leber, Muskulatur, Herz, Blut, Nieren u. Gehirn. *ACTH* in einzelnen oder mehrfachen Dosen bewirkt demgegenüber keine Änderung des **I**-Geh. in den verschied. Organen. Mit *Cortison* (**II**; 5 mg/kg) oder einem Totalextrakt der Nebenniere wurden ebenfalls keine Änderungen von **I** beobachtet, ausgenommen nach längeren Behandlungen, in deren Verlauf es zu einer gewissen Speicherung von **I** in der Leber u. einer Abnahme in den Nieren kam. Die durch den Stress verursachte Abnahme des **I** kann durch gleichzeitige Gaben von **II** gebremst werden (beim Meerschweinchen). (Arch. int. Pharmacodynam. Thérap. **93.** 65–74. 1/2. 1953. Milano, Univ., Ist. di Farmacol.) P. G. SCHEURLEN. 4561

Bluebell Reade Forker und **Agnes Fay Morgan,** *Untersuchungen an hypophysektomierten und adrenalektomierten Riboflavin-arm ernährten Ratten.* Werden *Riboflavin* (**I**)-arm ernährte Ratten verschied. Altersstufen in O_2-armen Gebieten (Höhen von 30000 feet = 9150 m) $2^1/_2$ Std. gehalten, so beobachtet man mit wachsender **I**-Mangelerkrankung einen fortschreitenden Abfall der *Ascorbinsäure*-(**II**)-Konz. der Nebennieren; nach 11 wöchiger **I**-Unterernährung fällt die **II**-Konz. nur unmerklich ab. Adrenalektomierte **I**-arme u. n. Tiere zeigen eine Regeneration der Cortex u. eine Beibehaltung des Blutzuckerspiegels vom 4. bis zum 7. Tag der Diät; **I**-arme intakte Ratten haben gleiche Blutzuckerwerte. Bei intakten u. hypophysektomierten unterernährten, n. u. **I**-arm ernährten Ratten wurde nach *ACTH*-Verabreichung eine Eosinopenie u. Glykogenausscheidung durch die Leber, bei hypophysektomierten Tieren eine Ausscheidung von Nebennieren-**II** beobachtet. *Epinephrin* rief bei **I**-arm ernährten Tieren keine Eosinopenie hervor. (J. biol. Chemistry **217.** 659–67. Dez. 1955. Berkeley, Calif., Univ. of California, Dep. of Home Economics.) H. KOCKERT. 4561

T. H. J. Huisman, *Der Einfluß großer Mengen Cortisonacetat auf die „Glucoseverwertung" des isolierten Rattenzwerchfells. Cortisonacetat* (**I**) hemmt in Konzz. von 2,5 mg/2,1 ml u. 0,5 mg/2,1 ml deutlich die Abnahme der Glucosekonz. (Anfangskonz. 300 mg%) in incubierten Rattenzwerchfellen. Die O_2-Aufnahme nimmt etwas ab, während Milchsäurebldg. u. Glykogenablagerung sich nicht merklich von denen der Kontrollen unterscheiden. Nach Zugabe von 2,5 mg **I** wurde im Medium von incubierten Zwerchfellen adrenalektomierter oder hypophysektomierter Ratten eine stärkere Abnahme der

Glucosekonz. als bei den Kontrollen beobachtet. (Acta endocrinol. [Copenhagen] **13.** 55—60. Mai 1953. Groningen, Univ., Dep. of Pharmacol.) K. F. MÜLLER. 4561

A. N. Kuusisto und **Antti Telkkä**, *Der Einfluß von Cortison auf die Schilddrüsenfunktion von Kaulquappen.* Es wurde der Einfl. von *Cortison* (I) auf die Kaulquappenmetamorphose u. das histolog. Bild der Schilddrüse untersucht. Der Vgl. zwischen den Metamorphosezeiten, dem Gewicht, der histolog. Struktur der Schilddrüse u. dem planimetr. bestimmten Verhältnis zwischen Epithel, Kolloid u. Stroma zweier mit I behandelter Gruppen u. der Kontrollgruppe ergab keinen merklichen Unterschied zwischen diesen Gruppen. I hat demnach in der angewandten Dosierung keinen durch die Kaulquappenmeth. nachweisbaren Einfluß. (Acta endocrinol. [Copenhagen] **13.** 61—68. Mai 1953. Helsinki, Univ., Dep. of Anatomy.) K. F. MÜLLER. 4561

T. H. Rindani, *Örtliche Wirkung steroider Hormone bei Entzündung.* Es wird der Einfl. örtlich verabreichter steroider Hormone von je 5 mg in wss. mikrokristalliner Suspension auf die durch Crotonöl hervorgerufene Entzündungs-Rk. an Ratten unter Anwendung der Granulombeuteltechnik von SEYLE untersucht. Während *Hydrocortison* sich als spezif. Gegenmittel erweist, steigern Verb. S u. Desoxycorticosteronacetat die Entzündungsreaktion. Durch Desoxycorticosterondiäthylacetat wird sie herabgemindert. Acetoxypregnenolon u. Progesteron haben keinen Einfl. *Östradiolbenzoat* wirkt hemmend, Testosteron fördernd auf die Entzündungsreaktion. Der Wirkungsmechanismus dieser Hormone u. des Cortisons wird diskutiert. (Arch. int. Pharmacodynam. Thérap. **99.** 467—73. 1/10. 1954. Montreal, Univ., Inst. of Exp. Med. and Surg.) ANTJE SCHMIDT. 4561

George J. Hamwi und **Robert F. Goldberg**, *Klinische Verwendung von Fludrocortisonacetat.* Vff. untersuchten unter verschied. klin. Bedingungen *Fludrocortisonacetat* = *9-α-Fluorhydrocortison* (I; MERCK & CO, INC., Rahway, N. J.), das einen Cortison-ähnlichen Effekt besitzt, der 15—20mal größer als der von Hydrocortison ist. I wirkt auf Mineral- u. Wasserhaushalt ähnlich wie Desoxycorticosteron, doch ungefähr 5mal stärker als dieses. Es kann bei Fällen akuter Nebennierenrindeninsuffizienz angewandt werden, wobei seine Verwendung allerdings durch wesentliche Na- u. Wasserretention eingeschränkt wird. (J. Amer. med. Assoc. **159.** 1598—1601. 24/12. 1955. Columbus, O., Ohio State Univ., Dep. of Med., Div. of Endocrinol. and Metabolism.) K. BÖHM. 4561

Jean Riviere, *Aldosteron, ein neues Nebennierenrindenhormon.* Aldosteron, früher wegen seiner den Elektrolytstoffwechsel spezif. beeinflussenden Wrkg. *Elektrocortin* genannt, ist ein Nebennierenrindenhormon, dessen Eigg. in einer kurzen Literaturübersicht gezeigt werden. (J. Méd. Bordeaux Sud-Ouest **131.** 1292—95. Nov. 1954.) H. P. FIEDLER. 4561

Gordon L. Farrell, Paul C. Royce, Elizabeth W. Rauschkolb und **H. Hirschmann**, *Isolierung und Identifizierung von Aldosteron im Nebennierenvenenblut.* Das aus der Nebenniere stammende venöse Blut von 6 Std. zuvor hypophysektomierten Hunden enthält *Aldosteron.* Dies kann durch Infrarot- u. UV-Spektrographie, Chromatographie u. Nachw. der biol. Aktivität bestätigt werden. (Proc. Soc. exp. Biol. Med. **87.** 141—43. Okt. 1954. Cleveland, O., Western Reserve Univ., School of Med., Dep. of Physiol. and Med.) H. P. FIEDLER. 4561

J. A. Luetscher jr., A. Dowdy, J. Harvey, R. Neher und **A. Wettstein**, *Isolierung von kristallisiertem Aldosteron aus dem Harn eines an nephrotischem Syndrom erkrankten Kindes.* Im 13 Tage-Harn eines an nephrot. Syndrom erkrankten 10 Jahre alten Knaben wurde mittels der Chromatographie u. chem. u. biol. Methoden einwandfrei *Aldosteron* (I), nachgewiesen. Die krist. Substanz zeigte den gleichen F. u. das gleiche Infrarotspektr. wie ein aus Nebennierenrindenextrakt gewonnenes I. Auch das nach der Acetylierung anfallende I-Diacetat zeigte das erwartete Infrarotspektrum. (J. biol. Chemistry **217.** 505—12. Nov. 1955. San Francisco, Calif., Stanford Univ., School of Med., Dep. of Med., u. Basel, Schweiz, Ciba A. G., Res. Labor.) H. P. FIEDLER. 4561

E. Bajusz und **E. Szirmai**, *Wirkung des neuesten Nebennierenrindenhormons „Elektrocortin-Aldosteron" auf die histochemische Reaktion von Succinodehydrogenase.* An intakte (a) bzw. adrenalektomierte (b) Ratten wurde *Aldosteron* (I) allein bzw. in Kombination mit *Cortison* (II) oder *Desoxycorticosteron* (III) verabfolgt. Die histochem. Unters. der *Succinodehydrogenase* (IV) mit Neotetrazoliumsalz zeigte n. IV-Aktivität in den Nieren der mit I behandelten Tiere (a u. b), durch Behandlung mit I + II nur bei den intakten Tieren vermehrte. Die Aktivität blieb nach I-Behandlung n. bei a), während sie bei b) verstärkt wurde. Kombination I + II verstärkte die IV-Aktivität nur bei a). Während die quergestreifte Muskulatur bei intakten Tieren durch I u. I + II eine geringe Aktivitätssteigerung erfuhr, fand bei b) eine Verminderung statt. Bei der Kombination I + III wurden bis auf die Leber u. Muskulatur intakter Tiere histolog. Bilder erhalten, die Vff.

als „Diffus-Farbphänomen" bezeichnen, bei denen gefärbte Ndd. neben farblosen Inseln auffielen. Die Ursache muß im gestörten Lipoidstoffwechsel zu suchen sein. Auffallend ist, daß das **IV**-inakt. Bindegwebe nach **I**-Behandlung ebenfalls **IV**-positiv reagiert. (Acta histochem. [Jena] **2.** 1—15. 1955. Budapest, Allg. Krankenhaus „Arpad".) H. TÄNZLER. 4561

A. F. Muller, J. Crabbé, A. Riondel und **M. C. Sanz,** *Bestimmung der 17-Oxycorticosteroide im Plasma. Vergleich zweier Methoden.* (Vorl. Mitt.) Die Meth. von NELSON u. SAMUELS (J. clin. Endocrinol. Metabolism **12.** [1952.] 519) wird mit der wesentlich vereinfachten von SILBER u. PORTER (J. biol. Chemistry **210.** [1954.] 923) zur Best. der *17-Oxycorticosteroide* im Plasma verglichen. An Hand von 53 unter patholog. Bedingungen durchgeführten Bestimmungen stellen Vff. eine gute Übereinstimmung der beiden Methoden fest. Sie empfehlen daher für klin. Unterss. den vereinfachten Arbeitsgang nach SILBER u. PORTER. (Schweiz. med. Wschr. **85.** 968—69. 1/10. 1955. Clin. thérapeut. univ., Labor. d'Hormonol. de la Maternité, Labor. central de l'Hôpital cantonal de Genève.) A. EBEN. 4561

S. Neukomm, *Der Einfluß von Magnesium-p-Aminobenzoat und Fluorkieselsäure auf die Ausscheidung von Steroidhormonen im Harn. Réactyl* (Gemisch von 5%ig. Lsg. von Mg-p-Aminobenzoat u. 1%ig. Lsg. von Fluorkieselsäure) löst nach intravenösen Gaben bei gesunden ♂ Versuchspersonen stark erhöhte Rindenhormonausschüttung aus (Harnbefunde). (Arch. int. Pharmacodynam. Thérap. **102.** 359—64. 1/7. 1955. Lausanne, Centre anticanc. Romand.) H. WALTER. 4561

G. Poumeau-Delille und **M. Kijewska,** *Die urinären 17-Ketosteroide bei der normalen Ratte. Versuche mit ACTH und Cortison.* Bei Best. der neutralen *17-Ketosteroide* (**I**) im Urin männlicher, 350 g schwerer Ratten wird mit der von JAYLE u. DELTOUR geänderten Meth. von DRECKTER u. CAHEN-SALTER, durch die reichlich vorhandene urinäre Beifärbungen eliminierbar werden, spektrophotometr. aus der mit Dehydroisoandrosteron ermittelten Standardkurve eine mittlere **I**-Menge innerhalb 24 Std. von $14{,}7 \pm 4{,}3$ µg mit Extremwerten von 9,5 u. 19,1 µg gefunden. Bei 12tägiger Behandlung der Tiere mit Cortisonacetat, 5 mg/Ratte u. Tag, steigt die **I**-Menge über 50 µg am 6. Tag, 80 µg vom 10.—13. Tag bis zu einem Maximum von 104 µg am 14. Tag an u. sinkt dann regelmäßig ab, wobei zwischen dem 10. u. 15. Tag eine Polyurie mit Glykosurie auftritt. Nach Stabilisierung der mittleren **I**-Menge auf $11{,}5 \pm 1$ µg erhöht sich diese nach 5tägiger Verabreichung von 10 E. ACTH an die gleichen Tiere auf $16{,}5 \pm 2{,}4$ µg mit den Extremen von 9,5 u. 28 µg, sinkt bei Behandlungsunterbrechung auf 7—9 µg ab u. wird am 9. Tage normal. (C. R. Séances Soc. Biol. Filiales **148.** 1655—56. Okt. 1954.) ANTJE SCHMIDT. 4561

Andrej Bučko und **Zdenko Blažek,** *Ausscheidung neutraler 17-Ketosteroide im Urin bei dekompensierten Herzkranken.* Die Ausscheidung der *17-Ketosteroide* (**I**) wird an gesunden u. kranken Individuen untersucht. Außer bei akuter Lungentuberkulose ist die **I**-Ausscheidung auch bei dekompensierten Herzkranken (Mitral- u. Aortainsuffizienz, Myodegeneratio cordis) vermindert u. muß neben der klin. Unters. mit berücksichtigt werden. (Bratislavské Lekárske Listy **33.** 161—71. März 1953. Zvolen, Štátn. nemocnice, Intern. odd.) R. K. MÜLLER. 4561

Dietrich C. Smith, Stanley A. Sladek und **Arnold W. Kellner,** *Der Einfluß von Säugetierschilddrüsenextrakt auf Wachstumsgeschwindigkeit und sexuelle Differenzierung des mit Thioharnstoff behandelten Fisches Lebistes reticulatus.* Das Wachstum des mit *Thioharnstoff* (**I**) behandelten Fisches (*L. reticulatus*) ist gegenüber den Kontrollen deutlich herabgesetzt. Durch Verfüttern von getrocknetem Schilddrüsenextrakt wird diese **I**-Wrkg. nicht behoben. (Physiol. Zoöl. **26.** 117—24. April 1953. Baltimore, Md., Univ. of Maryland, School of Med., Dep. of Physiol.) K. F. MÜLLER. 4562

Smith Freeman und **T. S. Chang,** *Wirkung der Thyreoidparathyreoidektomie und des Vitamins D auf den Calcium- und Citronensäuregehalt des Serums von normalen Hunden und solchen mit Nephrektomie.* Verss. an Hunden zeigten, daß nach Entfernung von Schild- u. Nebenschilddrüsen (**I** + **II**) bei gleichzeitiger Nephrektomie die Zunahme des *Citronensäure*-Geh. im Blut etwa die gleiche war wie nach einfacher Nephrektomie. Werden **I** + **II** einige Wochen vor den Nieren entfernt (bei Verabreichung von Vitamin D in der Zwischenzeit), so zeigen die Ergebnisse, daß die Zunahme sowohl von Ca als auch Citronensäure im Serum auf der Wrkg. von **I** + **II** beruhen. Große Dosen von Vitamin D scheinen den Ca- u. Citronensäurestoffwechsel zu beeinflussen. (Amer. J. Physiol. **160.** 341—47. Febr. 1950. Chicago, Ill., Northwestern Univ., Med. School, Dep. of Exp. Med.) W. SPITALER. 4562

S. B. Weiss, G. Henkin und **W. Marx,** *Cholesterin-Gleichgewichts-Untersuchungen bei Mäusen mit modifizierten Thyroidaktivitäten.* Wenn eine Diät, die 0,65% *Cholesterin* (**I**) enthält, Thyroid-gefütterten Mäusen in beschränkten Mengen verabreicht wurde, stimulierte das *Schilddrüsenhormon* (II) die Zerstörung oder chem. Umsetzung von I. Bei niedrigen I-Gaben ad libitum stimulierte das II prim. die endogene Synth. u. Exkretion von I. (Proc. Soc. exp. Biol. Med. **86.** 800—03. Aug./Sept. 1954. Univ. of Southern California, School of Med., Dep. of Biochem. and Nutr., Labor. of Allen Hancock Foundat.; Los Angeles County Hosp.) H. BENISCHKE. 4562

R. E. Mancini, F. C. Garberi und **F. de la Balzé**, *Mucoproteine des Bindegewebes im Blut beim menschlichen Myxödem.* Beim starken Myxödem wurde gegenüber n. Fällen eine starke Vermehrung der Mucoproteine des Blutserums nachgewiesen. Bei 4 gemäßigten Fällen von Myxödem wurde eine starke Anschwellung der Kollagenfasern u. -bündel des Chorions u. der amorphen Substanz gefunden, während die restlichen Bindegewebestrukturen nur geringen Veränderungen unterworfen waren; die Mucoproteine des Serums waren im Vgl. zu n. Fällen nicht verändert. (C. R. Séances Soc. Biol. Filiales **146.** 603—04. April 1952. Buenos Aires, Univ., Fac. de Méd., u. Inst. nat. d'Endocrinol.) K. F. MÜLLER. 4562

Paul Starr und **Ruth Liebhold-Schueck**, *Orale Behandlung des Hypothyreoidismus mit l-Thyroxin-Na.* Vff. widerlegen durch ihre Erfolge die bisherige Ansicht, daß orale Therapie von weniger als 1 mg *l-Thyroxin-Na* bei Myxödem erfolglos sei. (J. Amer. med. Assoc. **155.** 732—36. 19/6. 1954. Los Angeles, County Hosp., Thyroid Clin.) G. WELTZIEN. 4562

Lamarque, Thibaud, Romieu und **Pourquier**, *Die Behandlung von 25 Fällen von Hyperthyreose mit radioaktivem Jod 131.* Vff. berichten über die therapeut. Behandlung von 16 Basedowkranken, 6 Patienten mit Kropf in Verbindung mit Hyperthyreose u. 3 Rezidiven mit ^{131}J. Die Dosis betrug 1—12 mC. Man erhält in allen Fällen Dauerheilung (Beobachtungszeit bis zu 2½ Jahren). Die die Ablagerung des ^{131}J kennzeichnende Zeitfunktion ändert sich langsamer im Sinne der n. Funktion beim Gesunden als die klin. Symptome. Bei Einzelbehandlungen wie auch bei successiven Folgebehandlungen muß die Dosis dem jeweiligen Grad der Hyperthyreose angepaßt werden. (J. Radiol. Électrol. Arch. Électr. méd. **34.** 272—75. 1953.) W. REUSSE. 4562

F. Grande und **J. C. de Oya**, *Die Wirkung von Insulin beim Alloxandiabetes des Hundes und seine Beeinflussung durch Pankreasentfernung.* Alloxandiabet. Hunde sprechen auf *Insulin* (I) weniger als n. Tiere an. Die Rk. gegenüber I wird bei zusätzlicher Pankreasentfernung eher noch mehr herabgesetzt, woraus geschlossen wird, daß für die geringe I-Empfindlichkeit des Alloxandiabetes nicht ein dem Pankreas entstammender Faktor verantwortlich gemacht werden kann. (Rev. clín. españ. **51.** 81—89. 31/10. 1953. Madrid, Inst. de Invest. Med.) P. G. SCHEURLEN. 4564

Shiv Kumar und **Surendra K. Lal**, *Einige toxische Stoffwechselfaktoren, die an der Entwicklung des Diabetes mellitus bei der Albinoratte beteiligt sind.* Aus biochem. u. histochem. Unterss. ergab sich, daß diabetogene Stoffe, wie *Alloxan* u. *Harnsäure* (IV), den Geh. des Blutes an red. *Glutathion* (I) bei gleichzeitiger Erhöhung des *Blutzucker* (II)-Spiegels erniedrigen. Annähernd besteht eine Korrelation zwischen der Größe der Abnahme des Geh. an red. I, der Stärke der Hyperglykämie u. der Schwere der an den Pankreasinseln beobachteten Schäden. *Insulin* (III)-Anwendung bei diabet. Ratten erhöht den Geh. des Blutes an red. I zusammen mit einem Abfall des II-Spiegels. Zwischen III- u. dem Geh. an I u. II besteht keine Korrelation. Die antagonist. Wirkungen von *ACTH* u. III auf I u. II werden gezeigt. ACTH vergrößert Produktion u. Nierenclearance der IV. DOCA verursacht eine adrenal-corticale Atrophie. IV wirkt diabetogen bei Tieren, die ein an Methionin armes, an Kohlenhydraten reiches, an Protein niedriges u. an Purinen reiches Futter erhalten. Ein erniedrigter Geh. des Blutes u. der Gewebe (bes. Pankreas) an I u. eine übermäßige Bldg. von dem Alloxan-ähnlichen Derivv. der IV sind für den Schaden u. die geschwächte Funktion der β-Zellen der Insel bei Diabetes mellitus verantwortlich. Die Schutzwirkungen eines an Proteinen u. Methionin reichen Futters u. die Schadwirkungen eines an Kohlenhydraten reichen u. an Protein armen Futters werden angedeutet. (Indian J. med. Res. **41.** 213—34. April 1953. Amritsar, Med. Coll., Dep. of Physiol.) H. PATZSCH. 4564

J. R. M. Franckson, W. Gepts, P. A. Bastenie, V. Conard, N. Cordier und **L. Kovacs**, *Beobachtung über den experimentellen Steroiddiabetes der Ratte.* 70 Ratten mit einem Gewicht von je ca. 200 g, die täglich eine 4 g Kohlenhydrate enthaltende Diät erhielten, wurden während eines Monats täglich 5 oder 10 mg *Cortison* (I) injiziert. Glucosurie, Glykämie, Glucosetoleranz u. Insulinempfindlichkeit wurden vor, während u. nach der Hormonbehandlung untersucht. Die I-Verabreichung hatte einen vorübergehenden Diabetes, der durch erhöhte Glykämie, verminderte Glucosetoleranz u. deutliche Resistenz gegenüber Insulin gek. war, zur Folge. In 14 Fällen bewirkte I eine Glucosurie. Trotz des bedeutenden Gewichtsverlustes war der Harnsäurestoffwechsel nicht auffallend erhöht. Schilddrüse, Hypophyse u. Sexualdrüsen, deren gleichzeitiger Einfl. geprüft wurde, hatten keinen Einfl. auf die Stoffwechselstörungen. Die histolog. Unters. des Pankreas zeigte keine Degenerierung. Die wahrscheinlichste Erklärung des Steroiddiabetes der Ratte scheint die red. Glucoseverwertung zu sein, die auf eine Hemmung der Insulinwrkg. durch **I** zurückzuführen ist. (Acta endocrinol. [Copenhagen] **14.** 153—69. Okt. 1953. Bruxelles, Univ., Hôpital Brugmann, Clin. Méd.) K. F. MÜLLER. 4564

Eugen Špaňár und **Ján Kellen,** *Nierentätigkeit bei Diabetes insipidus vor und während Behandlung mit Extrakt aus Hypophysenhinterlappen.* Bei Injektion von *Hypophysenhinterlappenextrakt* (20 I.E.) mit 3 cm^3 Polyvinylpyrrolidon wird eine Normalisierung der Diurese für 72—96 Std. u. 24std. Steigerung der Glomerularfiltration bei Diabetes erzielt, zugleich auch eine Stabilisierung u. Steigerung der tubulären Wasserresorption. Diese Erscheinungen werden bei Anwendung hoher Extraktdosen in kurzer Zeit nicht beobachtet. (Bratislavské Lekárske Listy **33.** 401—09. 1953. Lubochni, Endokrinol. liečebn. ústav.) R. K. MÜLLER. 4564

Douglas R. Drury und **Arne N. Wick** (unter Mitarbeit von **Mary Carol Almen, Altamae Holbrook, Gladys Falconer** und **Irene Holkesvig**), *Die Wirkung von β-Oxybuttersäure auf Glucoseoxydation in Insulin-behandelten Tieren.* Unter Verwendung von ^{14}C-markierter *Glucose* (I) wird die Wrkg. von *β-Oxybuttersäure* (II) auf die **I**-Oxydation in Insulin-behandelten Kaninchen untersucht. Während die Menge der verschwindenden **I** sich nur wenig durch Zugabe von **II** ändert, wird die **I**-Oxydation merklich reduziert. Dies zeigt, daß **II** wirksam mit **I** hinsichtlich der Endoxydation zur CO_2 (gemessen spezif. Aktivität des ausgeatmeten CO_2) in Konkurrenz tritt. In extrahepat. Geweben scheint der erste Schritt der Einw. von *Insulin* auf den **I**-Metabolismus mit dem Übergang von **I** in die Zelle im Zusammenhang zu stehen. Seine Einw. auf den Endabbau von **I** scheint ein sek. Effekt zu sein, da der Oxydationsgrad von **I** leicht durch Erhöhung der Oxydation einer konkurrenzfähig abzubauenden Substanz red. werden kann. (J. biol. Chemistry **196.** 129—33. Mai 1952. La Jolla, Calif., Scripps Metabolic Clin., u. Los Angeles, Calif., Univ. of Southern California, Dep. of Physiol.) W. KÖNIGSDORF. 4564

N. K. Boardman, *Die Anwendung von Sulfonsäuren-Ionenaustauschern für die Chromatographie von Insulin.* Der Ionenaustauscher wird durch Copolymerisation von Styrol u. Divinylbenzol in Ggw. von Kieselgur (Celite 545), das mit Dichlordimethylsilan behandelt worden war, hergestellt. Nach Elution mit 65,3 g $CH_3COONa \cdot 3\,H_2O$, 30,5 g NaCl u. 300 cm^3 Eisessig/Liter zeigten Absorptionsmessungen (276 mμ), daß ein 6fach umkrist. *Insulin* (BOOTS PURE DRUG CO., LTD., 9011 G) noch mindestens 2 Komponenten enthält. 4% derselben waren in Acetatpuffer unlöslich. Andere Chargen derselben Firma sowie ein von LENS (C. **1948.** E. 1711) hergestelltes Präp. waren chromatograph. einheitlich. Auch nach Wiederholung des chromatograph. Verf. waren verunreinigte Präpp. nicht vollständig getrennt, doch lag die Ausbeute an Protein höher, d. h. 85% statt 73% beim ersten Mal. (Biochim. biophysica Acta [Amsterdam] **18.** 290—91. Okt. 1955. Cambridge, England, Low Temp. Stat. for Res. in Biochem. and Biophys.) F. W. VAN KLAVEREN. 4564

Peter Karlson und **Gisela Hanser,** *Über die Wirkung des Puparisierungshormons bei der Wildform und der Mutante lgl von Drosophila melanogaster.* Der *Puparisierungswirkstoff* (I) wurde durch A.- oder Methanolextraktion aus jungen Puppen von Bombyx mori oder Calliphora erythrocephala (**a**) gewonnen. Durch Chromatographie u. Gegenstromverteilung wurde ein Präp. erhalten, das mit 0,05 γ je Tier 80%, mit 0,025 γ 37% Wirksamkeit besaß. **I** ist nicht nur bei **a** wirksam, sondern auch bei Drosophila, jedoch erfordert diese relativ mehr Wirkstoff. Die Mutationsrasse lgl, bei der infolge Ringdrüsendegeneration die Verpuppung gestört ist, kann durch hohe Dosen des Hormons zur Puparisierung gebracht werden. Es wird angenommen, daß **I** eins der wichtigsten Hormone der Metamorphose ist u. in der Ringdrüse gebildet wird. (Z. Naturforsch. **7b.** 80—83. Febr. 1952. Tübingen, Max-Planck-Inst. für Biochem.) F. LÜPNITZ. 4569

C. G. van Arman, *Die Herkunft von Bradykinin.* Auf der Suche nach dem Vorläufer des *Bradykinins* (I) wird Rinderplasmaprotein nach der Meth. von COHN u. Mitarbeitern (J. Amer. chem. Soc. **68.** [1946.] 459) fraktioniert u. die überstehende Lsg. der in TYRODE-Lsg. vom p_H 7,6 suspendierten u. zentrifugierten 6 Hauptfraktionen nach Einw. von Schlangengift (Bothrops jararaca) auf **I**-Geh. untersucht. Fast die gesamte Aktivität des Plasmas war in Fraktion IV zu finden. Die beiden Unterfraktionen IV-1 u. IV-4 zeigten sehr starke Aktivität, dabei enthielt IV-4 etwa die 2fache **I**-Menge gegenüber IV-1. Die unlösl. Anteile dieser Fraktionen waren inaktiv. Vermutlich enthalten die β_1-Globuline dieser Fraktionen die Vorläufer von **I**. (Proc. Soc. exp. Biol. Med. **79.** 356—59. März 1952. Chicago, Ill., Northwestern Univ., Med. School, Rheumatic Fever Res. Inst.) W. KÖNIGSDORF. 4569

J. de Bersaques, *p_H und CO_2-Gehalt des Blutes und der Rückenmarksflüssigkeit bei metabolischer Acidose und Alkalose.* Im Laufe einer Acidose oder einer Alkalose besteht ein Unterschied zwischen dem p_H des Blutes u. dem p_H der Rückenmarksflüssigkeit. Ebenso ändert sich der Geh. an Gesamt-CO_2 im Blut u. in der Rückenmarks-Fl. in verschied. Weise. Bei stärkeren Schwankungen von p_H-Wert u. CO_2-Geh. im Blut werden diese Änderungen erst nach längerer Zeit auch in der Rückenmarks-Fl. beobachtet. Dies steht im Gegensatz zu Beobachtungen von LEUSEN (C. **1951.** II. 2069; Amer. J. Physiol. **176.** [1954.] 39, 45 u. 513) Im Gegensatz zu WINTERSTEIN u. GOKHAN (Arch. int. Pharmacodynam. Thérap. **93.** [1953.] 212) fand Vf., daß Blut einen geringeren p_H-Wert als die Rückenmarks-Fl. aufweist. (Arch. int. Physiol. Biochim. **63.** 1—6. Febr. 1955. Gand, Univ., Labor. de Physio-pathologie.) K. HEYNS. 4572

A. Collet und **Y. Paulon,** *Der arterielle CO_2-Gehalt beim Kaninchen nach parenteraler Injektion eines CO_2-reichen Gasgemisches.* Vff. injizierten narkotisierten Kaninchen subcutan oder intraperitoneal ca. 150 cm³ eines CO_2-reichen Gasgemisches, nachdem zur Kontrolle des arteriellen CO_2-Geh. die Carotis freigelegt worden war. Bei subcutaner Injektion waren die Veränderungen zu klein u. nicht auswertbar. Bei intraperitonealer Applikation trat Hyperkapnie auf; der CO_2-Geh. des Blutes stieg auf 8—20% an. Hierfür ist wahrscheinlich die Druckzunahme im Bauchraum verantwortlich, da bei entsprechender Lufteinspritzung ebenfalls Hyperkapnie auftritt. (C. R. Séances Soc. Biol. Filiales **144.** 872—74. Juni 1950. Royat, Inst. de Rech. cardiolog.) WOLFGANG ALBRECHT. 4572

Christa Kirberger, *Temperaturadaptation der Sauerstoffbindung des Blutes von Rana esculenta L.* Esculenten werden über 2—3 Wochen an Tempp. von 3, 8, 15 u. 25° angepaßt. Dann wurde das Blut dieser Tiere bei einem O_2-Partialdruck von 19,4 mm Hg u. bei verschied. Tempp. auf seinen O_2-Geh. untersucht. Er betrug bei Esculenten, die bei 25° gehalten wurden, bei 25° 2,06 ± 0,03 Vol.-% u. bei 15° 5,1 ± 0,11 Vol.-%. Die entsprechenden Werte der bei 15° adaptierten Frösche waren 1,66 ± 0,04 u. 4,41 ± 0,06 Vol.-%. Die Werte sind auf den gleichen Geh. an *Hämoglobin* (I) bezogen. Die O_2-Bindung des Blutes der 3°-adaptierten Tiere entspricht der der 15°-Frösche, hingegen ist ihr I-Geh. signifikant erniedrigt. Er betrug 9,84 ± 0,36 g/100 cm³ Blut gegenüber 11,5 ± 0,37 bei 15°-adaptierten Tieren. Die Veränderungen der O_2-Affinität u. des Blutfarbstoffgeh. im Blut sind reversible Regulationsmechanismen. (Z. vergleich. Physiol. **35.** 153—58. 1953. Kiel, Univ., Zool. Inst.) W. SCHELER. 4572

Erik Odeblad und **Göran Enhörning,** *Arteriovenöse Glucosedifferenzmessungen am Kaninchenovar.* Unterss. ergaben — wie auch früher festgestellt —, daß die arteriovenöse Glucosedifferenz sehr gering ist. Die Glucosebest. wurde nach FOLIN u. WU durchgeführt; es ist deshalb zu berücksichtigen, daß im arteriellen u. venösen Blut auch andere Verbb., die alkal. Cu-Tartratlsg. zu reduzieren vermögen, in unbekannter Menge vorhanden sein können. (Acta endocrinol. [Copenhagen] **13.** 74—78. Mai 1953. Stockholm, Women's Clin. of the Caroline Inst., Sabbatsberg Hosp.) K. F. MÜLLER. 4572

O. N. Bulanowa, *Die organischen Säuren des Blutes beim Sterbeprozeß durch Blutverlust und bei anschließender Wiederkehr der Lebensfunktionen des Organismus.* Bei durch schwere Blutverluste hervorgerufener zunehmender Hypoxie nimmt der Geh. des Blutes an organ. Säuren erheblich zu. Diese Zunahme beginnt dann, wenn das Tier ca. 50% seines gesamten Blutes verloren hat. Bis zu diesem Zeitpunkt bleibt der Säuregeh. konstant oder nimmt sogar etwas ab. Die Zunahme der organ. Säuren des Blutplasmas hält über den Zeitpunkt des klin. Todes hinaus bis in das Anfangsstadium der Wiederbelebung an, unbeschadet des Wiedereinsetzens der Blutzirkulation u. der Anwendung künstlicher Atmung. Erst beim Einsetzen der selbständigen Atmung beginnt der Säuregeh. des Blutes langsam abzunehmen, wobei er sich dem n. Geh. erst ca. 3 Std. nach der Wiederbelebung zu nähern beginnt. Bei der Mehrzahl der Verss. steht der Geh. des Blutes an organ. Säuren in direkter Beziehung zur Zeitdauer der schweren Hypoxie. — Im Normalzustand beträgt der Milchsäuregeh. ca. 20% der gesamten organ. Säuren des Plasmas. Der Maximalgeh. an Milchsäure (37%) tritt während der Agonie auf, wobei der Geh. an „X-Säuren" sein Maximum (185% des n. Geh.) beim Wiedereinsetzen der selbständigen Atmung erreicht. (Биохимия [Biochemie] **19.** 590—98. Sept./Okt. 1954. Moskau, Labor. für exp. Physiol. der Wiederbelebung des Organismus der Akad. der Med. Wiss. der UdSSR.) H. v. PEZOLD. 4572

G. W. Titowa, *Die Zerstörung des Hämoglobins in Erythrocyten durch die damit gekoppelte Oxydation anderer Stoffe.* Während nach einer Theorie die Zerstörung des *Hämoglobins* (I) ausschließlich über die Umwandlung in *Choleglobin* (II) u. weiter in Gallenpigmente erfolgt, schließen andere aus der Ggw. von Porphyrin, daß die Zers. von I im Organismus auch durch Abspaltung von freiem II vor sich geht. Durch die vorliegende Arbeit wird gezeigt, daß in den Erythrocyten von Mensch u. Tier eine Umwandlung von **I** in **II** in Ggw. von *Ascorbinsäure* (**III**) selbst bei hohen **III**-Konzz. nicht erfolgt. Beim Vorliegen eines H_2O_2-bildenden Syst. u. in Ggw. von *Dehydroascorbinsäure* (**IV**) u. *Diketogulonsäure* (**V**) erfolgt eine Umwandlung von **I** in **II** bei einer **III**-Konz. von ca. 1—5 mg%. Der Abbau von **I** in Ggw. von **III** u. **IV** beruht auf der Fähigkeit von **III** u. **IV**, in **V** überzugehen, die eine **I**-Umwandlung in **II** bewirkt. Die **I**-Umwandlung in **II** in den Erythrocyten in Ggw. von **III** u. des Syst. Xanthinoxydase–Xanthin wird durch Katalase gehemmt. Bei Zufuhr von **V** wird in vivo u. in vitro das **I** der Erythrocyten teilweise in **II** umgewandelt. Diese Umwandlung ist von keiner Zunahme von freiem Porphyrin begleitet, sondern verläuft über die **II**-Bldg. u. die anschließende Bldg. von Biliverdin. (Биохимия [Biochemie] **20.** 541—49. Sept./Okt. 1955. Leningrad, Univ., Lehrstuhl für Biochem.) O. LEBTAG. 4572

Amoz I. Chernoff, Virginia Minnich und **Soodsarkorn Chongchareonsuk,** *Hämoglobin E, eine vererbliche Anomalie menschlichen Hämoglobins.* Bei 8 Thailändern, von denen 5 klin. u. hämatolog. Symptome einer Mediterran-Anämie aufwiesen, wurde elektrophoret. *Hämoglobin E* (**I**) nachgewiesen (Zimmertemp., 10—14 Std. lang mit 350 V u. 14—16 mA). Derart isoliertes **I** wurde dialysiert u. anschließend spektrophotometr. untersucht. Das Spektr. des *Oxy*-**I** war mit dem n. Erwachsenen-Blutfarbstoff A identisch. Weiter wird auf einige genet. Zusammenhänge eingegangen. (Science [Washington] **120.** 605—06. 16/10. 1954. St. Louis, Mo., Washington Univ., School of Med., Dep. of Med.; Bangkok, Thailand, Univ. of Med. Sci., Siriaj Hosp., Dep. of Pediatrics.) W. SCHELER. 4572

F. Stephen Vogel, *Untersuchungen zur Pathogenese des Kernikterus. Mit besonderer Bezugnahme auf die Natur des Kernikteruspigmentes und seine Ablagerung unter natürlichen und experimentellen Bedingungen.* Kernikteruspigment wurde aus den Gehirnen von 3 Neugeborenen mittels Chlf. extrahiert. Es zeigte positive Diazo-Rk. u. besaß bei 425 mμ ein Maximum der Lichtabsorption. Daraus wurde geschlossen, daß es sich um *Mesobilirubin* (**I**) handelt. Durch intracerebrale Injektion von krist. **I** kann bei neugeborenen Kätzchen ein Kernikterus erzeugt werden, nicht jedoch durch *Bilirubin.* Histolog. konnte eine starke **I**-Ablagerung in den Nervenzellen nachgewiesen werden, ohne daß funktionelle Störungen vorlagen. Diese Befunde stehen im Widerspruch zu den natürlichen Fällen, die mit nervösen Schädigungen einhergehen. (J. exp. Medicine **98.** 509—19. 1/11. 1953. New York, N. Y., Cornell Med. Center-New York Hosp., Dep. of Pathol.) W. SCHELER. 4572

E. Goetze und **S. Rapoport,** *Beziehungen zwischen Glutathionabbau und Kohlenhydratstoffwechsel in Kaninchenerythrocyten.* Vff. untersuchen das Verh. von *Glutathion* (**I**) im Kaninchenblut [n. Zellsuspensionen (a), Hämolysate (b) u. überstehende Fl. nach Abzentrifugieren des Stromas (c)]. Es wird festgestellt, daß **I** zu 85—90% in c enthalten ist u. der **I**-Abbau in Ggw. von Stroma u. unter aeroben Bedingungen schneller verläuft als unter anaeroben. Durch Einw. von *Glucose* (**II**; 300 mg/100 ml) tritt aerob u. anaerob eine Hemmung des SH-Abbaues in a ein, dagegen sind *L-Glutaminsäure* (0,02 Mol/Liter) u. *Glycin* (0,02) ohne Einfluß. Während **II** in b u. c die **I**-Oxydation nicht aufhält, wird bes. in c bei gleichzeitiger Ggw. von **II** u. *Nicotinsäureamid* (**III**; 0,10mol.) eine Hemmwrkg. beobachtet. Auch *Adenosintriphosphat* (**IV**; 0,01mol.) verzögert den **I**-Abbau in b u. c. *Fluorid* (**V**; 0,02mol.) u. *Arsenat* (**VI**; 0,017mol.) in Ggw. von **III** (0,18mol.) heben die Wrkg. von **II** z. T. wieder auf, während durch Versetzen mit **IV** (0,01 mol.) der SH-Abfall gehemmt wird. Anaerob rufen **V** u. **VI**, einzeln zugefügt, nur einen geringfügigen, gemeinsam jedoch einen starken **I**-Abbau hervor, der auch in Ggw. von *3-Phosphoglycerinsäure* einsetzt. *Brenztrauben-* (0,02mol.) u. *α-Ketoglutarsäure* (0,02mol.) verzögern den **I**-Abbau auch bei Abwesenheit von **III**. Die Ergebnisse zeigen, daß die **II**-Wrkg. von *Pyridinnucleotiden* (**VII**) abhängig ist, die in b nur bei Ggw. von **III** erhalten bleiben. Die Wirksamkeit von **VII** wird dagegen aufgehoben, wenn die **IV**-Synth. im Verlauf der Glykolyse durch **V** u. **VI** unterdrückt wird. Daraus wird geschlossen, daß indirekt über die **IV**-Synth. eine Beziehung zwischen Glykolyse u. **I**-Synth. besteht, da **IV** allein den **I**-Abbau auch im **III**-freien b, wo **II** unwirksam ist, verhindert. (Hoppe-Seyler's Z. physiol. Chem. **303.** 240—47. 1956. Berlin, Humboldt-Univ., Physiol.-chem. Inst.) P. FAHRNLAENDER. 4573

Beverly Wescott Gabrio, Marion Hennessey, Joan Thomasson und **Clement A. Finch,** *Erythrocytenschutz.* 4. Mitt. *Beseitigung der Lagerungsschädigung in vitro.* (3. vgl. J. clin. Invest. **33.** [1954.] 252.) Die Regeneration von durch Lagerung biochem. geschädigten Erythrocyten (E.) in vitro verläuft vollständig durch Zufügen von *Adenosin* (**I**), mäßig durch *ATP-Derivv.*, kaum durch subcelluläre Komponenten der Leber. **I** war sowohl wirksam auf gelagerte E. vom Kaninchen als auch vom Menschen. Bei Incubieren von optimaler I-Konz. mit E. bei 37° für 1 Std. werden ca. $^2/_3$ von I durch E. absorbiert u. die Regeneration verläuft unabhängig vom Glucosegehalt. Nach Transfusion ist die Lebensdauer von I-behandelten E. beträchtlich verlängert. Vff. glauben, daß die Regenerierung mit I auf enzymat. Rkk. deutet. Bei diesen Rkk. ist der Betrag an rückgebildetem organ. Phosphat zu absorbiertem I konstant. Für dieses Syst. wurde ein K_m von $3{,}6 \cdot 10^{-3}$ Mol/Liter u. eine Aktivierungsenergie von 6540 cal/Mol/Grad berechnet. (J. biol. Chemistry **215.** 357—67. Juli 1955. Seattle, Wash., Univ., School of Med., Dep. of Med. and King County Central Blood Bank.) G. BRATFISCH. 4573

G. Fegler, *Beziehungen zwischen dem Gehalt an reduziertem Glutathion und spontaner Hämolyse in entnommenem Blut.* Glutathion verhindert die spontane Oxydation von *Hämoglobin* (I) zu *Methämoglobin* (II). Mit $NaNO_2$ behandelte Erythrocyten enthalten kein red. *Glutathion* (III) u. hämolysieren leichter als unbehandelte Zellen. Deshalb sind Beziehungen zwischen II-Bldg., III-Oxydation u. Hämolyse anzunehmen. Blut unter O_2 zeigt stärkere Hämolyse als unter Luft, unter N_2–CO_2 ist sie kaum bestimmbar. Unter Luft ist ein geringerer III-Abfall als unter O_2, der Abfall ist bei 37° stärker als bei 20°. Das Gesamt-III verändert sich in keinem Fall merklich. Durch Jod wird III oxydiert, ohne daß I oxydiert wird. Der Verlauf der Hämolyse nach III-Oxydation durch O_2 ist der gleiche wie durch Jod, u. zwar setzt sehr rasch spontane Hämolyse ein, wenn 60% oxydiert sind. (Nature [London] **170.** 624—25. 11/10. 1952. Cambridge, Inst. of Animal Physiol.) H. MATTHIES. 4573

Ladislaus Goreczky, *Über den Fettsäuregehalt des Depotblutes der Milz.* Bei Hunden fand Vf. im Serum des peripheren Blutes im Mittel 296 (195—334), im Serum des Milzdepotblutes jedoch 385 (234—454) mg% *Fettsäuren.* Im Zusammenhang mit dem früher festgestellten höheren *Cholesterin*-Geh. des Milzdepotblutes weist Vf. auf die Bedeutung der Milz im Lipoidstoffwechsel hin. (Biochem. Z. **325.** 477—81. 1954. Budapest, Krankenhaus der ungar. Staatsbahnen.) F. KRUSEN. 4574

Roy L. Swank und **S. W. Levy,** *Die Auflösung der Chylomikronen. Dosierung und Angriffspunkt des Heparins.* Durch *Heparin* (I) läßt sich eine Klärung der Lipämie nach fetthaltiger Mahlzeit erreichen. I bewirkt die Bldg. oder Freisetzung einer chylolyt. Substanz, u. zwar in den Capillaren der Lunge u. des Beines, aber nicht in den Gehirncapillaren. Dies wird erklärt durch die geringe Lipoidstoffwechselgeschwindigkeit des Gehirns, so daß Auflösung der Chylomikronen zur Durchwanderung durch die Capillarschranke in das Gewebe nicht notwendig wird. (Amer. J. Physiol. **171.** 208—17. Okt. 1952. Montreal, Can., McGill Univ., Dep. of Neurology and Neurosurgery.) H. MATTHIES. 4574

Y. Stein und **A. de Vries,** *Der Einfluß von Polylysin auf die Lipämieklärungsreaktion in vitro. Poly-L-lysinhydrobromid* (I) hemmt die Klärungs-Rk. von in vivo heparinisiertem Serum (II) mit lipäm. Serum (III) oder Chylomikronensuspensionen. Die optimal wirksame I-Konz. (10—15 γ/ml Versuchslsg.) ist der von Protamin ähnlich. Adäquate Zusätze von Heparinlsg. oder Poly-L-asparaginsäurelsg. heben I-Hemmeffekt auf. Die Klärung von Gemischen von II mit III durch Albumin wird mit I verhindert. III agglutiniert nicht mit I, wenn II zugegen ist. (Arch. int. Pharmacodynam. Thérap. **102.** 274—80. 1/7. 1955. Jerusalem, Israel, Univ., Hadassah Med. School.) H. WALTER. 4574

E. Shafrir, A. de Vries und **E. Katchalski,** *Über die Wirkung von Poly-α-aminosäuren auf die Gerinnung von Fibrinogen durch Thrombin.* Die synthet. bas. Poly-α-aminosäuren *Polylysin* (I), *Polyornithin* u. *Polyarginin* beschleunigen die Umwandlung von *Fibrinogen* (II) in *Fibrin* (III) durch *Thrombin* (IV). Die sauren Poly-α-aminosäuren, wie z. B. *Polyasparaginsäure* u. auch *Heparin,* hemmen diese Reaktion. Die sauren Poly-α-aminosäuren heben die gerinnungsbeschleunigende Wrkg. der bas. auf. Durch Zufügen von I können geringe II-Konzz., die allein durch IV nicht mehr in III umgewandelt werden, bestimmt werden. (Proc. Soc. exp. Biol. Med. **87.** 63—67. Okt. 1954. Jerusalem, Hebrew Univ., Hadassah Med. School, Dep. of Clin. Res.; Rehovoth, Weizmann Inst. of Sci., Dep. of Biophys.) G. BRATFISCH. 4574

Robert N. Hammerstrom, Forrest H. Adams, John Bussman und **C. Walton Lillehei,** *Normale Mucoproteinwerte im Hund; Reaktion auf Distemper Vaccine und Endocarditis.* Es wurden die n. Serum-Mucoprotein-Tyrosinwerte (I) bei 55 Hunden unter folgenden Bedingungen bestimmt: 1. N. Hunde (II), 2. n. Hunde nach subcutaner Injektion von Distemper Vaccine (Virogen; III), 3. Hunde mit chron. Herzgefäßbelastung durch große arteriovenöse Fisteln (IV), 4. Hunde mit bakterieller Endocarditis u. großen arteriovenösen Fisteln (V). Die Durchschnittswerte für II lagen bei $2{,}5 \pm 0{,}11$ mg%. Dieser Wert kommt dem menschlichen sehr nahe. Bei III ließ sich ein zeitanaloger, jedoch deutlicher Anstieg von I feststellen ($4{,}6 \pm 0{,}36$ mg%), der sein Maximum nach

2 Wochen erreichte, u. bei der Mehrzahl der Tiere nach 7 Wochen wieder auf den n. Wert abfiel. Bei **IV** u. **V** trat eine Erhöhung auf 3,0±0,20 bzw. 6,0±0,63 mg% ein. (Proc. Soc. exp. Biol. Med. **79.** 527—31. März 1952. Minneapolis, Minn., Univ. of Minnesota, Med. School, Dep. of Surgery and Pediatrics.) W. KÖNIGSDORF. 4574

Robert L. Newman, *Weitere Beobachtungen über Serumcalcium und -phosphor bei Schwangerschaft.* (Vgl. Amer. J. Obstetr. Gynecol. **53.** [1947.] 817.) In Unterss. bei zahlreichen Versuchspersonen mit verschieden hohen Ca-Zulagen per os (1,5—2,6 g Ca ohne u. mit Vitamin-D-Ergänzung) u. einer Versuchsreihe mit intravenöser Ca-Zufuhr wurde festgestellt, daß durch eine solche Behandlung das Serum-Ca u. das ionisierte Serum-Ca nicht erhöht, letzteres eher leicht gesenkt wird. Dabei wird offenbar die Ca-Speicherung verstärkt u. der Blut-Ca-Spiegel entsprechend beeinflußt. Intravenöse Ca-Zufuhr hatte keinen Einfl. bei Fällen mit verlängerten Wehen. Der Einfl. der Schwangerschaft auf weitere Blutbestandteile wird untersucht. (Amer. J. Obstetr. Gynecol. **65.** 796—803. April 1953. Kansas City, Univ., Med. Center.) J. SCHWAIBOLD. 4574

John A. Ulrich (unter Mitarbeit von **Margaret Schropp** und **Elda Jean Martin**), *Ausscheidung von Aminosäuren beim Menschen im Urin bei unbeschränkter Ernährung.* Männer scheiden im allg. im Urin mehr Aminosäuren aus als Frauen. *Prolin* wird jedoch von Frauen in größerem Maße ausgeschieden. (Proc. Staff Meetings Mayo Clin. **29.** 210—14. 21/4. 1954. Rochester, Minn., Sect. of Biochem.) G. WELTZIEN. 4577

Burnham S. Walker, Norman Telles und **Edward Pastore,** *Papierchromatographie der Aminosäuren im cerebrospinalen Liquor.* (Ann. New York Acad. Sci. **58.** 595—601. 28/7. 1954. Boston, Mass., Univ., School of Med., Dep. of Biochem.) H. LEHWALD. 4578

Bruno W. Volk, Abraham Saifer und **Abraham M. Rabiner,** *Proteinfraktionen im Serum und im cerebrospinalen Liquor bei multipler Sklerose.* (Ann. New York Acad. Sci. **58.** 602—12. 28/7. 1954. Brooklyn, N. Y., Jewish Sanatorium and Hosp. for Chronic Diseases, Div. of Labors. and Dep. of Neurology.) H. LEHWALD. 4578

Melvin D. Yahr, Sidney S. Goldensohn und **Elvin A. Kabat,** *Weitere Untersuchungen über den γ-Globulingehalt des cerebrospinalen Liquors bei multipler Sklerose und bei anderen neurologischen Leiden.* (Ann. New York Acad. Sci. **58.** 613—24. 28/7. 1954. New York, N. Y., Presbyterian Hosp., Neurolog. Inst. u. Columbia Univ., Coll. of Physicians and Surgeons, Dep. of Neurology and Microbiol.) H. LEHWALD. 4578

A. Knapp, *Über die Papierelektrophorese des Liquor cerebrospinalis.* Vf. beschreibt die Meth. der Papierelektrophorese des *Liquor cerebrospinalis* sowie die Ergebnisse bei der Unters. n. u. patholog. Liquoren unter besonderer Berücksichtigung luischer Erkrankungen des Zentralnervensystems. (Arch. klin. exp. Dermatol. **201.** 446—77. 1955. Leipzig, Univ., Hautklin.) D. BACHMANN. 4578

R. N. Etingof, *Asparagin und Glutamin im Verlaufe der Ontogenese der Vögel.* Im Hühnereigelb nimmt der *Asparagin* (**I**)-Geh. (in mg/100 ml) von 1,56 bis zum 12. Tag der Entw. ständig zu u. erreicht an diesem Tage 4,35. Der Geh. an *Glutamin* (**II**) steigt von 3,6 am 3. Tag auf 5,3 an u. nimmt dann ständig ab. Im Embryo nimmt der **I**-Geh. (in mg% Amid-N der Trockensubstanz) von 6,5—10,4 am 6. Tag auf 10,5—27,1 am 12. Tag zu, dann ab. Der **II**-Geh. des Embryos ist am 6. Tag mit 17,4—48,1 am höchsten. Die Asparaginaseaktivität des Embryos ist am 6. Tag der Entw. mit 62 bzw. 58 beim p_H 8,0 bzw. 8,7 (in % der Spaltung des zugesetzten **I**) am höchsten u. fällt am 15. Tag auf 19 bzw. 19. Die Glutaminaseaktivität ist im Vgl. zur Asparaginaseaktivität gering. Sie beträgt am 6. Tag 23 bzw. 28 u. nimmt bis zum 15. Tag nur wenig ab. (Биохимия [Biochemie] **20.** 591—96. Sept./Okt. 1955. Moskau, 1. Med. Inst., Lehrstuhl für Biochem.) O. LEBTAG. 4583

Rosa M. Campbell und **H. W. Kosterlitz,** *Die Wirkungen von Protein, Fett und Cholin in der Nahrung auf die Zusammensetzung der Leberzelle und die Umwandlung von Phospholipid- und proteingebundenem Phosphor.* Der Geh. der Leber von erwachsenen Ratten an *Desoxyribonucleinsäure-P* (**I**) u. dessen Umsatz werden durch Variationen des Protein (**II**)-, Fett (**III**)- u. Cholingeh. (**IV**) der Diät nicht beeinflußt. Daher ist Leber-**I** als Vergleichssubstanz im Rahmen des Leberstoffwechsels sehr geeignet. Der *Phospholipid-P* (**V**)-Geh. einer Einheit von Leberzellen wird hauptsächlich durch **II**, wenig durch **III** u. gar nicht durch **IV** bestimmt. Das Verhältnis **V**/Protein-N ist in einem großen Bereich von **II** konstant. Der *Ribonucleinsäure-P* (**VI**)-Geh. wird ebenfalls hauptsächlich durch **II** bestimmt. Nach Messungen im post-absorptiven Zustand nimmt mit steigendem Körpergewicht die Geschwindigkeit der ^{32}P-Aufnahme durch anorgan. P, **V**, rohe **VI** u. **I** ab. Die spezif. u. relativ spezif. Aktivität von **V** u. **VI** steigen mit fallendem **II**, bleiben jedoch unbeeinflußt durch **III** u. **IV**. Ist in **II**-frei gefütterten Ratten ein Teil von **V** aus den Leberzellen verschwunden, wird der restliche **V** öfter umgesetzt. Dabei ist die pro Zeiteinheit umgesetzte Menge **V** trotzdem etwas niedriger als bei mit 40%ig. Caseindiät gefütterten Ratten. Die Umsatzgeschwindigkeit von Leber-**V** wird nicht durch intrahepat. Bedingungen, sondern durch Stoffwechselbedürfnisse des gesamten Körpers bestimmt. (Biochim. biophysica Acta [Amsterdam] **8.** 664—79. Juni 1952. Aberdeen, Marischal, Physiol. Dep.) W. KÖNIGSDORF. 4585

Maurice E. Shils und **W. B. Stewart,** *Entwicklung portaler Fettleber bei Ratten bei Maisernährung; Reaktion auf lipotrope Stoffe.* Wurden Ratten einer Diät unterworfen, die 76% *Mais* u. 3% *Casein* (**I**) enthielt, entwickelte sich eine Fettleber, die durch Anhäufung von *Lipoid* in den Portalflächen gek. war. Wenn **I** das einzige Eiweiß war, entwickelte sich ein centrolobulärer Typus von Fettleber. *Vitamin* B_{12}, *Cholin* u. *Methionin* sind fähig, das Leberfett zu vermindern. (Proc. Soc. exp. Biol. Med. **85.** 298—303. Febr. 1954. Columbia Univ., School of Health and Dep. of Pathol., Coll. of Phys. and Surgeons.) H. BENISCHKE. 4585

J. M. Martin, *Ungesättigte Fettsäuren und Lebernekrose.* Durch Vgl. von 3 Reihen von je 15 verschieden ernährten ♂ weißen Ratten [a) ohne, b) mit Butter (JZ. 30—40)-, c) mit Olivenöl (JZ. 79—94)-Zusatz] wurde eine typ. Erhöhung der Mortalität durch Lebernekrose in der Folge a) → c) festgestellt, an der eine Verabreichung von Vitamin E (Tocopherol) nichts änderte. (C. R. Séances Soc. Biol. Filiales **148.** 1130—31. Juni 1954.) W. SCHULENBURG. 4585

E. L. R. Stockstad, *Antibiotica in der Tierernährung.* Die Anwendung von Antibioticis zur Wachstumssteigerung bei einer Anzahl verschied. Tiere u. der Wirkungsmechanismus wird besprochen. (Food Technol. **9.** 405—08. Aug. 1955. Pearl River, N. Y., Lederle Labor., Res. Div., American Cyanamid Comp., Nutr. and Physiol. Sect.) H. PATZSCH. 4585

James G. Wilson, Carolyn B. Roth und **Josef Warkany,** *Eine Analyse des Syndroms der durch mütterlichen Vitamin-A-Mangel hervorgerufenen Mißbildungen. Wirkungen der Wiederherstellung des Vitamin-A-Gehaltes zu verschiedenen Zeiten der Schwangerschaft.* Vff. untersuchen das Auftreten von Mißbildungen bei den Nachkommen von weiblichen Ratten, die vor u. während der Schwangerschaft Vitamin-A (**I**)-frei ernährt wurden. Die festgestellten Mißbildungen betreffen in starkem Maße das Auge, das Zwerchfell, die Nieren, den Ureter u. die Genitalien, in geringerem Ausmaß den Aortenbogen, das Herz u. die Lunge. Erhalten die Tiere am 10. oder 11. Tag der Schwangerschaft eine einzige orale Applikation von 16000 I.E. **I**, so können die Mißbildungen bis auf die Herzschädigungen völlig verhindert werden. Applikation der gleichen Dosis **I** am 13., 14. oder 15. Tag setzt zwar den Prozentsatz an Nachkommen mit Mißbildungen herab, verhindert aber nicht deren Auftreten. (Amer. J. Anatomy **92.** 189—217. März 1953. Cincinnati, O., Univ., Coll. of Med., Deps. of Anatomy and Pediatrics u. Children's Hosp., Res. Found.) R. REISS. 4587

H. Gounelle, C. Marnay, R. Chéroux und **Y. Raoul,** *Die Resorption des Retinens durch den Darm und seine rapide Umwandlung von Vitamin A beim Menschen.* Verabreichung von 500000 I.E. *Retinen* (*Vitamin-A-Aldehyd,* durch Oxydation von Vitamin A oder durch oxydative Spaltung von β-Carotin) bewirkt beim Menschen in 6 Std. eine 2—4fache Steigerung des Vitamin-A-Spiegels. Die Steigerung des Vitamin-A-Spiegels beträgt bei Verabreichung der gleichen Menge Vitamin A ca. das 8—10fache; Verabreichung der gleichen Menge Carotin erhöht unter gleichen Bedingungen den Vitamin-A-Spiegel nicht. (C. R. Séances Soc. Biol. Filiales **146.** 523—25. April 1952. Hôpital Foch, Centre de Rech.; Inst. nat. d'Hygiène.) K. F. MÜLLER. 4587

L. Travia, *Biologische und klinische Bedeutung der Beziehung zwischen freiem und phosphoryliertem Lactoflavin im Urin.* Normalerweise wird *Lactoflavin* (**I**) als *Lactoflavinphosphat* (**II**) im Urin ausgeschieden. Unter patholog. Bedingungen, wie etwa bei chron. Leberkrankheiten, wird auch **I** ausgeschieden. Auch unter der Einw. von Thyroxin wird das Verhältnis **I**:**II** im Urin zugunsten von **I** verschoben. Dieser Effekt wird durch zusätzliche Gaben von Nebennierenpräpp. gehemmt. Beim dekompensierten Diabetes mellitus ist **I** ebenfalls im Urin vermehrt. (Quaderni Nutriz. **13.** 36—51. Jan./Febr. 1953. Roma, Ist. di Clin. Med. Gen.) P. G. SCHEURLEN. 4587

W. W. Hawkins, *Hautsymptome des Vitamin-B_6-Mangels beim Hund.* Die bei Menschen u. Ratten bekannten schweren Hautschäden bei *Vitamin-B_6*-Mangel traten nach Beobachtungen des Vf. bei erwachsenen Hunden nicht u. bei jungen Hunden nur in einigen Fällen auf, auch wenn schwere hämatolog. Symptome vorhanden waren. (Science [Washington] **121.** 880. 17/6. 1955. Halifax, Nova Scotia, Can., Nat. Res. Counc., Maritime Reg. Labor.) F. KRUSEN. 4587

D. E. Ullrey, D. E. Becker, S. W. Terrill und **R. A. Notzold,** *Gehalt des Futters an Pantothensäure und Fortpflanzungsleistung des weiblichen Schweins.* Die Verfütterung von 5,9 mg *Pantothensäure* (I)/kg Futter konnte Mangelerscheinungen bei geschlechtsreifen Sauen nicht verhindern. Nach n. Trächtigkeit wurden Ferkel mit Anomalitäten geworfen. Bei 12,5 mg I waren Gestation u. Lactationsleistung gut. Hierbei stieg auch der Geh. an freier I in der Milch gegenüber dem I-armen Futter an, obwohl der Gesamt-I-Geh. keinen Unterschied aufwies. Durch Erhöhung auf 19,1 mg I konnten keine Verbesserungen erzielt werden. (J. Nutrit. **57.** 401—14. 10/11. 1955. Urbana, Ill., Univ. of Illinois, Agric. Exp. Stat.) H. PATZSCH. 4587

Felix Bergmann und **Leo Wislicki,** *Die pharmakologische Wirkung massiver Dosen von Nicotinsäureamid.* Es wurde an Hunden, Katzen u. Ratten Toxizität, Verteilungs- u. Ausscheidungsgeschwindigkeit, Blutzucker- u. Oliguriewrkg. von *Nicotinamid* (I) untersucht. DL_{50} bei intravenöser Injektion 1,62 g/kg, nach intraperitonealer Injektion 1,80 g/kg. Nach 0,5—1,0 g/kg trat Blutdruckabfall u. bei Hunden auch Tachycardie ein. Die Atmungstiefe u. -frequenz waren nach anfänglicher Hemmung gesteigert. Die Resorption des I durch den zirkulierenden Blutstrom sowie die Verteilung in der extracellulären Fl. gehen sehr schnell vor sich. Dagegen vollzieht sich die Aufnahme durch die Gewebezellen langsamer u. ist von enzymat. Prozessen abhängig. I erzeugt eine beträchtliche Hyperglykämie sowie eine durch Beeinflussung der Nierentubuli bedingte Oligurie. (Brit. J. Pharmacol. Chemotherapy **8.** 49—52. März 1953.) L. WALLIS. 4587

George H. Hitchings, *Daraprim als Antagonist für Folsäure und Folinsäure.* (Vgl. C. **1956.** 8692.) Literaturübersicht (meist eigene Arbeiten) über *Daraprim* (I; *5-[p-Chlorphenyl]-2.4-diamino-6-äthylpyrimidin*) sowie gewisse andere *2.4-Diaminopyrimidine* als kompetitive Antagonisten für *Folsäure* (II) u. *Folinsäure* (III) unter besonderer Berücksichtigung der Antimalariawirkung. — Aus der Wachstumshemmung von Strept. faecalis durch I, die in Ggw. von II ca. 3000mal stärker ist als in Ggw. von III, wird geschlossen, daß I die Umwandlung von II in III im Organismus hemmt. Auch bei der wachsenden Ratte wird die tox. Wrkg. durch III, aber nicht durch II vermindert. (Trans. Roy. Soc. trop. Med. Hyg. **46.** 467—73. Sept. 1952.) H.-J. KOCH/Berlin. 4587

Jay Firth, S. P. Mistry, Marian F. James und **B. Connor Johnson,** *Vitamin B_{12} und Transmethylierung im Ferkel.* *Vitamin-B_{12}* (I)-Mangel beeinflußt weder den *Cholin* (II)-Spiegel in der Leber noch die Exkretion von II im Harn. Histolog. Prüfung von Leber u. Nieren zeigte weder Fettinfiltration noch Nierenschädigung durch mangelndes II. Es scheint demnach, daß im jungen Schwein bei der Synth. von II aus Methionin I nicht erforderlich ist. (Proc. Soc. exp. Biol. Med. **85.** 307—09. Febr. 1954. Urbana, Ill., Univ. of Illinois, Div. of Animal Nutrit.) H. BENISCHKE. 4587

Ju. L. Milewskaja, *Der Gehalt an Vitamin B_{12} im Blut von Kranken mit perniciöser Anämie.* Zur Erzielung zufriedenstellender Resultate bei der perniciösen Anämie (20 Patienten) waren Dosen von 30—120 γ *Vitamin B_1* (I) erforderlich. Bei Rezidiven mit ausgesprochener Anämie liegt die I-Konz. im Blut unter 0,008 γ/ml. Zufuhr von 15 γ I führt zu Werten von 0,2—1,8 γ/ml innerhalb der ersten 3—6 Std. u. Normalisierung innerhalb von 12—24 Stunden. Bei Zufuhr gleicher I-Dosen kann der I-Blutspiegel individuell sehr unterschiedlich sein. Bei Remissionen betrug die I-Konz. 0,7—0,9 γ/ml (Клиническая Медицина [Klin. Med.] **33** (**36**). Nr. 12. 53—58. Dez. 1955. Moskau, Klin. Ssemaschko-Zentralkrankenhaus des Verkehrsministeriums, 2. Therapeut. Abt., u. Zentralinst. für Ärztefortbldg., 3. Therapeut. Klin.) E. RENTZ. 4587

F. Almasy, *Kobaltmangel und Vitamin-B_{12}-Versorgung beim Rind und Schaf.* Co-Mangelkrankheiten von Säugetieren sind auf das Fehlen von *Vitamin B_{12}* (I) zurückzuführen, das 4,5% Co enthält. In der Hauptsache erhalten die Wiederkäuer I nicht durch die Nahrung, sondern als Stoffwechselprod. gewisser Pansenmikroorganismen. Auf Co-armen Weiden hört die Freßlust der Rinder auf, die bakterielle I-Synth. genügt nicht für ihren Co-Bedarf; die entstehenden I-Avitaminosen sind durch perorale Behandlung mit Co-Salzen oder mit I-Injektionen zu beheben. (Schweiz. Arch. Tierheilkunde **96.** 630—35. Nov./Dez. 1954. Zürich, Univ., Veterinär-chem. Labor.) H. DOSSMANN. 4587

A. M. Hartmann und **L. P. Dryden,** *Die Wirkungslosigkeit von Kobalt, das dem Futter von Milchkühen zur Steigerung der Vitamin-B_{12}-Wirkung der Milch zugesetzt wird.* Der *Vitamin-B_{12}*-Geh. der Milch von Kühen, deren Futter während eines Zeitraumes von 2—10 Monaten Co-Spuren zugesetzt wurde, wurde mit dem der Milch von Kühen, deren Futter nicht durch Co ergänzt war, verglichen. Der B_{12}-Geh. der Milch wurde in Wachstumsverss. an Ratten bestimmt. Es ergab sich, daß die Ergänzung des Futters mit Co keinen Einfl. auf den B_{12}-Geh. der Milch hat. Im Gegensatz hierzu hatten HARPER, RICHARD u. COLLINS (C. **1956.** 7861) gefunden, daß Ergänzung des Futters von Schafen mit Co-Spuren den B_{12}-Geh. der Schafmilch, der mikrobiol. bestimmt wurde, steigert. (Arch. Biochem. Biophysics **40.** 310—13. Okt. 1952. Washington, U. S. Dep. of Agric., Div. of Nutrit. and Physiol.) K. F. MÜLLER. 4587

U. Haenel, *Die Wirkungsweise der oralen Perniciosatherapie mit Vitamin B_{12} und Folsäure.* Es zeigt sich, daß *Folsäure* (I) nicht die Resorption von *Vitamin B_{12}* im Darm beeinflußt, vielmehr beruht die Wrkg. beider Stoffe auf ihrer Enzymeig. beim Aufbau der *Ribosenucleinsäuren* im roten Mark. I kann dabei durch *Purine* ersetzt werden. (Schweiz. med. Wschr. **83.** 1029—31. 24/10. 1953. Mannheim, Städt. Krankenanstalten.) H. MATTHIES. 4587

Nikša Allegretti und **Gjorgje Vukadinović** (unter Mitarbeit von **Gjurgja Uraic**), *Der Einfluß der Ascorbinsäure auf die Insulinempfindlichkeit der Ratte.* Bei Ratten mit zerstörten Nebennieren wird 3 Wochen später der Blutzuckergeh. (nach HAGEDORN-JENSEN) vor u. nach intraperitonealer Injektion von Ascorbinsäure bestimmt. Nach Gaben von 0,4 g/Ratte ist der Blutzuckergeh. unverändert, doch zeigen die operierten Tiere durchweg einen geringeren Blutzuckerspiegel als die Kontrollen. Erhalten die Tiere vor der Ascorbinsäure (I)-Injektion 0,11 E. Insulin, so tritt bei I-Gaben eine ausgeprägte Hypoglykämie auf, wobei die operierten Tiere durch das Fehlen von Adrenalin stärkere Erscheinungen zeigen als die Kontrollen. Vff. schließen daraus im Zusammenhang mit Literaturangaben, daß die I die Sekretion von am C_{11} oxydierten Corticoiden unterdrückt. (Amer. J. Physiol. **177.** 264—68. Mai 1954. Zagreb, Univ., Med. Fac., Inst. of Physiol.) V. BRAUN. 4587

John Esben Kirk und **Margaret Chieffi,** *Tocopherolverabreichung an Patienten mit Dupuytrenscher Kontraktur; Einfluß auf Plasmatocopherolspiegel und Grad der Kontraktur.* An 74—77jährige Patienten mit DUPUYTRENscher Fingerkontraktur wurden während eines Zeitraumes von 300 Tagen täglich 300 mg *α-Tocopherol* (I)*-acetat* verabreicht. An eine an diese Behandlung anschließende Unterbrechung schloß sich eine weitere 350 Tage dauernde Behandlung an. Vor der Behandlung u. in verschied. Zeitabständen während u. nach der I-Verabreichung wurden die Plasma-I-Konzz. bestimmt u. Gipsabdrücke der betroffenen Hände in maximaler passiver dorsaler Beugung angefertigt. Die I-Verabreichung bewirkte ein geringes, aber stetiges Ansteigen des mittleren Plasma-I-Spiegels von 0,55—1,37 mg%; nach Unterbrechung der Behandlung fiel die I-Konz. wieder auf den Ausgangswert. Die I-Therapie hatte auf den Zustand der Hände einen mäßigen, jedoch statist. erfaßbaren, günstigen Einfluß. (Proc. Soc. exp. Biol. Med. **80.** 565—68. Aug./Sept. 1952. St. Louis, Mo., City Infirmary Hosp., u. Washington Univ., School of Med., Div. of Gerontology.) K. F. MÜLLER. 4587

David C. Herting, Stanley R. Ames, Melpomeni Koukides und **Philip L. Harris,** *Die Verdauung von acetylierten Monoglyceriden und Triglyceriden.* Die Art der Verdauung von *Baumwollsaatöl* (I), *Schmalz* (II), *hydriertem* II (III) u. dest. *acetylierten Glyceriden* wurde durch Analysierung der Lipide, die aus dem Magen, Dünndarm, Coecum-Colon u. aus den Faeces nach Verfütterung von Futter mit den verschied. Fetten an erwachsene Ratten erhalten wurden, untersucht. Die Verdauung von I u. II erfolgt ähnlich wie die der teilweise ungesätt. Triglyceride. Eine geringe Lipolyse findet im Magen statt, die größte im Dünndarm. Die Verdauung von III verlief ähnlich wie die ungesätt. Triglyceride. Im Gegensatz zu den ungesätt. Triglyceriden wurde eine große Menge Faecalfett gefunden. Dies weist auf einen relativ geringen Resorptionskoeff. für III hin. Die Verdauung von dest. acetylierten gesätt. Monoglyceriden, hergestellt aus III, stimmt mit der von III überein. Die Verdauung von dest., acetylierten, gemischten gesätt. u. ungesätt. Monoglyceriden, hergestellt aus II, lag zwischen der von gesätt. u. ungesätt. Triglyceriden. Die Resorption von Verdauungsprodd. aus dest. acetylierten Monoglyceriden hing weitgehend von ihrer Fettsäurezus. ab. — 37 Literaturangaben. (J. Nutrit. **57.** 369—87. 10/11. 1955. Rochester, Div. of Eastman Kodak Comp., Distillation Products Ind., Res. Labor.) H. PATZSCH. 4594

R. C. Goldberg und **J. Mayer,** *Normale Jodaufnahme und Anoxieresistenz in Begleitung von deutlichem Hypometabolismus bei erblichem Obesitas-Hyperglykämie-Syndrom.* Bei Mäusen mit hereditärem Fettansatz konnte trotz offensichtlich herabgesetztem Stoffwechsel gegenüber n. Tieren keine Veränderung in der Aufnahme von radioakt. Jod u. in der Rk. auf den Anoxie-Test beobachtet werden. (Proc. Soc. exp. Biol. Med. **81.** 323—25. Okt. 1952. Boston, Mass., Harvard School of Publ. Health, Dep. of Nutrit.; Harvard School of Dental Med. and Harvard Med. School., Biol. Labor.) F. KRUSEN. 4595

F. John Vernberg, *Der Atmungsstoffwechsel von Meeres-Teleostier-Geweben in Beziehung zu Aktivität und Körpergewicht.* Q_{O_2}-Best. an Gehirn, Muskel u. Leber wurde an drei Meeresfischen durchgeführt, einem sehr akt., dem Maifisch (Brevoortia tyrannus), einem trägen Bodenbewohner, dem Seeteufel (Opsanus tau) u. einer Zwischenform, einem Meerbrassen (Stenotomus chrysops). Nur Q_{O_2} des Gehirns zeigt eine Beziehung zur Aktivität des gesamten Organismus. Q_{O_2} des Gehirns u. Muskels beim Seeteufel

sowie des Gehirns beim Meerbrassen steigt etwas mit dem Körpergewicht, während Q_{O_2} der Seeteufelleber sinkt. (Biol. Bull. **106.** 360—70. Juni 1954. Woods Hole, Mass., Marine Biol. Labor., u. Durham, N. C., Duke Univ., Dep. of Zool.)
H.-R. SCHÜTTE. 4596

Günter Stüttgen, *Zur Atmung und Glykolyse der normalen und krankhaft veränderten Haut.* Vf. untersuchte Atmung u. Glykolyse n. u. krampfhaft veränderter menschlicher Haut (Psoriasis, Ekzeme, Tumoren, Hautblasen u. a.) mittels WARBURG-Apparatur. Diese Stoffwechselvorgänge sind in der Epidermis doppelt so intensiv wie im Corium, beim akuten Ekzem u. bei der Acanthose der n. Haut entsprechend, bei Hautblasen in den Epidermisanteilen um mehr als die Hälfte vermindert. Die untersuchten Tumorarten zeigten unterschiedliches Verhalten. Durch externe Behandlung mit Schwermetallen u. Fluorverbb. können beide Stoffwechselvorgänge gehemmt werden. Durch Wässern von Hautgewebe in H_2O u. RINGER-Lsg. lassen sich nicht näher definierte Substanzen entfernen. Hierdurch kommt es zur Blockierung der Atmung u. Reduzierung der Glykolyse. (Arch. klin. exp. Dermatol. **201.** 507—20. 1955. Düsseldorf, Med. Akad., Hautklin.)
D. BACHMANN. 4596

Victor P. Seeberg, Barbara Whitney und **Dorothy Goldman,** *Blutzuckergehalte und die Ausscheidung von intravenös infundierter Glucose, Fructose, Galaktose und Sorbit mit dem Urin.* Vff. geben Albinokaninchen intravenöse Infusion von 1 g/kg pro Std. (Gesamtdosis 1,5 g/kg) *Glucose* (**I**), *Fructose* (**II**), *Galaktose* (**III**) bzw. *Sorbit* (**IV**) u. bestimmen die Blutzuckergehh. bis zu 3 Std. nach der Applikation sowie die Ausscheidung der zugeführten Kohlenhydrate mit dem Urin. Es wird festgestellt, daß der Blutzuckerspiegel nach **I**-Zufuhr höhere Werte erreicht als nach **II**-Gaben (315 mg nach **I**- bzw. 276 mg nach **II**-Applikation). Nach **III** wird die höchste Blutzuckerkonz. (341 mg) beobachtet, während **IV** nur wenig wirksam ist, jedoch die Menge der reduzierenden Zucker im Blut erhöht. Die Ausscheidung mit dem Urin beträgt für **I** 4,2%; **II** 9,8%; **III** 29,6% u. **IV** 17,7%. Die Versuchsergebnisse zeigen, daß **III** im Organismus nur zu einem geringen Anteil verwertet, **IV** in reduzierende Substanzen umgewandelt u. **II** rascher als **I** abgebaut wird. (J. Amer. pharmac. Assoc., sci. Edit. **43.** 592—96. Okt. 1954. Berkeley, Calif., Res. Div., Cutter Labors.)
P. FAHRNLAENDER. 4596

Guido Giacomo Tedeschi, *Über den Mechanismus der Kreatin–Kreatinin-Umwandlung.* ♂ nüchterne Ratten erhielten *Kreatinphosphat* (I) bzw. *Kreatin* (II) subcutan injiziert. Die *Kreatinin* (III)-Ausscheidung im Urin war nach **I** höher als nach **II**. Auch bei Incubation von Herz, Leber u. Nieren mit **I** bzw. **II** war die **III**-Bldg. nach **I** höher als nach **II**, bes. in Herz u. Nieren. (Quaderni Nutriz. **13.** 29—25. Jan./Febr. 1953. Roma, Univ., Ist. di Fisiol. Generale.)
P. G. SCHEURLEN. 4596

Günther Weitzel, Harald Schön, Friedrich Gey und **Ursula Roester,** *Stoffwechselversuche mit Fettsäuren mittlerer Kettenlänge.* 4. Mitt. *Mittlere Fettsäuren im Leberstoffwechsel.* (3. vgl. SCHÖN u. Mitarbeiter, C. **1956.** 5617.) In Fortsetzung der Verss. wurde geprüft, inwieweit oral verabreichte Fettsäuren mittlerer Kettenlänge (*Glyceride* der *Octan-, Decan-* u. *Dodecansäure*) eine Leberverfettung bewirken u. festgestellt, welche Fettsäuren in den Fettlebern abgelagert werden, u. zwar bei Cholin (**I**)-Mangel bzw. bei einer an **I** ausreichenden Kost. Die Aufarbeitung der Lebern der 3 Wochen mit der entsprechenden Nahrung gefütterten Ratten ergab, daß die gesunde, nicht unter **I**-Mangel stehende Leber die Fettsäuren mittlerer Kettenlänge höchstens in Spuren in ihre Lipide einbaut, daß aber auch bei **I**-Mangel Reinzuchtratten trotz hoher Gaben mittlerer Fettsäuren keine Fettlebern ausbildeten, während in Parallelverss. mit Schweineschmalz oder Olivenöl hochgradige Fettlebern festgestellt wurden. Die Aufarbeitung der Lebern bzw. die Unters. des Fettes lieferte keine Anhaltspunkte dafür, daß Fettsäuren mittlerer Kettenlänge in den unter **I**-Mangel stehenden Lebern abgelagert werden, woraus gefolgert wird, daß auch bei **I**-Mangel Fettsäuren mittlerer Kettenlänge in den Lebern glatt umgesetzt werden. Sprague-Dawley-Ratten zeigten dagegen bei **I**-Mangel nach Verfütterung mittlerer Fettsäuren hochgradige Fettlebern. Fettsäuren mittlerer Kettenlänge konnten jedoch im Leberfett trotzdem nicht nachgewiesen werden, woraus zu schließen ist, daß auch bei **I**-Mangel u. trotz Ausbldg. von Fettlebern die Fettsäuren mittlerer Kettenlänge (C_8—C_{12}) in der Leber nicht depotfähig sind. (Hoppe-Seyler's Z. physiol. Chem. **303.** 184—95. 1956. Göttingen, Med. Forschungsanst. der Max Planck-Ges., Biochem. Abt.)
H. P. FIEDLER. 4596

Rolf Blomstrand und **Jürg A. Rumpf,** *Die Umsetzungen von $^{14}C_{(1)}$-Cetylalkohol in Palmitinsäure in der Darmschleimhaut der Ratte.* (Vgl. C. **1956.** 5337.) Durch Verabreichung von 5%ig. Lsgg. von $^{14}C_{(1)}$-*Cetylalkohol* (**I**) in Olivenöl an Ratten wurde festgestellt, daß 63 bis 96% der gefütterten Aktivität resorbiert wurden. Während der Resorption wurde der größte Teil von **I** zu *Palmitinsäure* oxydiert, die darauf in Glyceride, Phospholipoide u.

Cholesterinester eingebaut wurde. (Acta chem. scand. **8.** 1100. 1954. Lund, Schweden, Univ., Dep. of Physiol. Chem.) H. BENISCHKE. 4596

J. Ward, R. Haslam und **L. Schiff,** *Die Wirkung von Cholinmangel und Lebercirrhose auf die Fettabsorption in der Ratte.* Schwerer u. lang anhaltender *Cholin*-Mangel mit gleichzeitiger schwerer Fettvacuolisation u. Lebercirrhose beeinflußt nicht die Menge des resorbierten Baumwollsamenols, den Grad der Fetthydrolyse in den Eingeweiden oder den Spiegel der Serumlipoide. (Proc. Soc. exp. Biol. Med. **85.** 401—03. März 1954. Columbia, Univ., School of Public Health and Dep. of Pathol., Coll. of Physic. and Surg.) H. BENISCHKE. 4596

James B. Carey jr. und **C. J. Watson,** *Isolierung von Desoxycholsäure aus normalen menschlichen Faeces.* Menschliche Faeces werden mit A. extrahiert. Nach Einengen, Alkalisieren u. Extraktion mit PAe. wird die wss. Phase kongosauer mit Chlf. extrahiert u. der Chloroformrückstand nach Zusatz von wenig Essigsäure mit Celit gemischt u. an einer Celitsäule mit 70%ig. wss. Essigsäure als stationäre u. PAe.-Isopropyläther als bewegliche Phase 2mal chromatographiert. Der Eluatrückstand ist reine *Desoxycholsäure* (charakterisiert durch F. u. Misch-F. 173—174°, Stearinsäurederiv. F. 186°, Infrarotspektr., UV-Spektr.). Mit diesem Verf. konnte nachgewiesen werden, daß Desoxycholsäure das Hauptausscheidungsprod. der Gallensäure ist. (J. biol. Chemistry **216.** 847—50. Okt. 1955. Minneapolis, Minn., Univ. of Minnesota, Hosp., Dep. of Med.) PH. FRESENIUS. 4596

M. G. Kritzman, K. I. Gawrilowa und **A. Ss. Konikowa,** *Untersuchung der Bildung von Proteinen der Organe und Gewebe aus Serumproteinen bei experimenteller Atherosklerose.* Unter Verwendung von mit ^{35}S markiertem Blutserum führten Vff. vergleichende Unterss. über den Übergang der Plasmaproteine gesunder u. atherosklerot. Kaninchen in die Gewebe- u. Organproteine gesunder u. atherosklerot. Tiere durch. — Die Ergebnisse deuten darauf hin, daß bei atherosklerot. Kaninchen infolge der Änderungen der Blutplasmazus. (Anhäufung von Lipoproteinriesenmoll., Zunahme der β- u. γ-Globuline) der n. Regenerierungsprozeß der Herz-, Leber- u. Nierenproteine aus den Plasmaproteinen gestört ist. Diese Störung ist anscheinend ein Glied in der Kette des pathogenet. Prozesses bei der Atherosklerose, wobei es sehr wahrscheinlich ist, daß durch einen Ersatz des bei dieser Krankheit veränderten Plasmas gegen n. Plasma eine gewisse Korrektur der Störungen des Stoffumsatzes bewirkt werden kann. (Биохимия [Biochemie] **19.** 557—60. Sept./Okt. 1954. Moskau, Therapeut. Inst. der Akad. der Med. Wiss. der UdSSR.) H. v. PEZOLD. 4596

N. P. Lissowskaja, *Phosphoproteine und der Stoffumsatz des Gehirns.* Die Phosphoproteine sind auf Grund der Geschwindigkeit des Einbaues von ^{32}P leicht von anderen P-haltigen Gewebeeiweißarten zu unterscheiden. — Der Umsatz der Phosphoproteine steht in enger Beziehung zum oxydativen Stoffwechsel der Nervenzelle. Er hängt in erster Linie von der Möglichkeit der oxydierenden Phosphorylierung zusammen. Dies geht aus Verss. mit Hirnschnitten der Ratte hervor. (Биохимия [Biochemie] **19.** 626—37. Sept./Okt. 1954. Moskau, Bach-Inst. für Biochem. der Akad. der Wiss. der UdSSR.) H. v. PEZOLD. 4596

G. Je. Wladimirow, T. N. Iwanowa und **N. I. Prawdina,** *Der Einfluß des funktionellen Zustandes auf den Umsatz von Phosphorverbindungen im Hirngewebe.* Die Erregung des Zentralnervensyst. durch elektr. Strom führt nach subcutaner Zufuhr von Phosphat (50γ P enthaltend 0,5γ radioakt. P je 1 g Körpergewicht) zu einer Zunahme der relativen spezif. Aktivität des P der Phospholipide u. der P-haltigen Proteine des Gehirns der untersuchten Ratten. Durch Hexanastab u. Amital hervorgerufener Schlaf wird bei der Ratte von einer Abnahme dieser relativen spezif. P-Aktivität begleitet. Von den 4 bei der Fraktionierung von Hirngewebe erhaltenen Fraktionen (Phospholipide, Desoxyribonucleinsäuren, Ribonucleinsäuren u. Inosit-P enthaltende „Fraktion X") zeigten die Phospholipide die stärksten, durch Änderungen des funktionellen Zustandes hervorgerufenen Schwankungen der relativen spezif. P-Aktivität. (Биохимия [Biochemie] **19.** 578—85. Sept./Okt. 1954. Leningrad, Physiol. Pawlow-Inst. der Akad. der Wiss. der UdSSR, Labor. für Biochem. des Nervensyst.) H. v. PEZOLD. 4596

Frank A. Smith, Dwight E. Gardner und **Harold C. Hodge,** *Untersuchungen über den Stoffwechsel von Fluorid.* 3. Mitt. *Wirkung von akuter, renaler, tubulärer Schädigung auf die Ausscheidung von Fluorid durch das Kaninchen.* (1. vgl. C. **1952.** 1058.) Bei Tieren mit Schädigung der Nierentubuli (Prüfung durch die Protein- u. Chloridkonzz. im Harn) durch Behandlung mit Uranylnitrat wurde ein n. F-Gleichgewicht festgestellt. Die berechnete F-Resorption in den Tubuli war viel geringer als diejenige der Chloridresorption. Die Ablagerung von F in den verschied. Geweben u. Organen war bei den Versuchstieren n. niedrig u. bei doppelten F-Gaben nur wenig erhöht wie bei n. Tieren. Die Hauptmenge des zurückgehaltenen Fe war im Skelett abgelagert. (A.M.A. Arch. ind. Health **11.** 2—10. Jan. 1955. Rochester, N. Y., Univ., School of Med. and Dent., Div. of Pharmacol. and Toxicol., Dep. of Radiat. Biol.) J. SCHWAIBOLD. 4596

Je. F. Ssidelnikowa und **R. I. Rosina,** *Über den Bromumsatz bei Patienten mit tuberkulöser Meningitis.* An 55 Patienten mit tuberkulöser Meningitis wird festgestellt, daß die Verabreichung von *NaBr* per os (täglich 0,45 g 10 Tage) den Br-Geh. in Blut u. Liquor um das 5—10fache für die Dauer 1 Monats u. länger steigert. Auf den Chlorid-geh. in Blut u. Liquor u. auf die Ausscheidung derselben mit dem Urin hat diese Zunahme keinen merklichen Einfl., auch nicht auf den Protein- u. Zuckergeh. sowie auf die exkretor. Funktion der Nieren. Auch die atyp. hyperglykäm. Rk. der Patienten auf Zuckerbelastung sowie die Intensität dieser Rk. sind unabhängig von der Höhe des Br-Spiegels. Nur beim Abklingen der Meningitis kam es bei einer Reihe von Patienten zu einer Zunahme des hyperglykäm. Koeffizienten. (Клиническая Медицина [Klin. Med.] **33 (36).** Nr. 12. 30—35. Dez. 1955. Moskau, Wiss. Gebiets-Tbc-Forschungsinst., Biochem. Labor.) E. RENTZ. 4596

Karl Bernhard, J. P. Vuilleumier und **G. Brubacher,** *Zur Frage der Entstehung der Benzoesäure im Tierkörper.* Subcutan oder oral an Ratten verabreichte ^{14}C-Carboxyl-markierte *Benzoesäure* (I) wird ebenso wie *Deuterio*-I (bei Mensch u. Tier) zu 90% als I oder I + *Hippursäure* im Harn wiedergefunden. Die Dehydrierung der *Hexahydro*-I nach Anreicherung der Körper-Fl. von Meerschweinchen mit D_2O zu *Deuterio*-I spricht für Bldg. derselben aus hydrocycl. Verbindung. Während *Vanillin*- u. *Geraniol*-Gaben keinen I-Ausscheidungsanstieg bewirkten, ist dies bei parenteraler oder oraler Zufuhr von *Chinasäure* u. D-markiertem *Phenylalanin,* bei letzter nur nach hohen Dosen, der Fall. (Helv. chim. Acta **38.** 1438—44. 15/10. 1955. Basel, Univ., Physiol.-Chem.-Inst.) V. SACHS. 4596

Harold H. Jones, Harold H. Jones jr., Richard R. Howard und **Leitha D. Bunch,** *Stoffwechselcharakteristik bei multipler Sklerose. Die chemische Anomalität bei einer großen Zahl von Patienten im Blut und Urin und das Stoffwechselgleichgewicht bei 2 Patienten.* Die an über 100 Patienten mit multipler Sklerose durchgeführten Stoffwechselunterss. führten zu folgendem Ergebnis: In allen Fällen trat bei der Glucosebelastung (oral) eine abnorme Zunahme der Brenztraubensäurekonz. u. nur geringe Abnahme von anorgan. P im Blut ein; Albuminwert u. Verhältnis von Albumin/Globulin waren erniedrigt. Bei den stetig progressiven Fällen ist bei Männern die Serum-Cholinesteraseaktivität erhöht, bei den remissiv verlaufenden Fällen erniedrigt. Verlängerte Prothrombinzeit, positive Cephalinflockung u. starke Thymoltrübung bei vielen Patienten lassen auf Leberschaden schließen. Unters. des Stoffwechselgleichgewichtes bei 2 Patienten ergab ein negatives Ca-Gleichgewicht, das durch ACTH-Gaben zu n. Werten verschoben werden konnte. (Ann. New York Acad. Sci. **58.** 656—67. 28/7. 1954. Winfield, Kans., H. L. Snyder Mem. Res. Foundat.) H. LEHWALD. 4596

D. S. Jackson, *Die Anregung der Bindegewebebildung durch Carragheenin.* Vf. gibt Meerschweinchen eine subcutane Injektion einer 1%ig. Lsg. von *Carragheenin* in Salzlsg. u. bestimmt die Menge des gebildeten Bindegewebes durch Extraktion mit 0,2mol. NaCl (p_H 4,7) u. Isolierung des NaCl-lösl. *Kollagens* (II) durch Fällung mit NaCl (18%). — Der II-Geh. der verschied. Fraktionen wird durch Best. der Oxyprolinkonz. nach der Meth. von NEUMAN u. LOGAN (vgl. C. **1951.** I. 504) ermittelt. Es zeigt sich, daß die II-Menge in den Anfangsstadien des Wachstums größer ist als die des *citratlösl. Kollagens* (I), dessen Geh. jedoch nach 6 Tagen über den von II ansteigt. Daraus geht hervor, daß II u. nicht I als Vorstufe des Speicherkollagens anzusehen ist. (Biochem. J. **62.** 25 P. März 1956. Manchester, Univ., Rheumat. Res. Centre.) P. FAHRNLAENDER. 4597

F. S. Mejersson, M. Je. Jegorowa und **Ss. Ja. Gus,** *Über die Dynamik der Konzentration des Glykogens im Myocard beim experimentellen Herzfehler.* Während der warmen Jahreszeit (Mai/Aug.) beträgt der Glykogen (I)-Geh. des linken Herzventrikels bei Kaninchen 547—680 mg%, während der kalten Jahreszeit (Dez./März) 326—430 mg%. Bei experimenteller Aortenstenose beträgt der I-Geh. infolge der Aktivierung der Glykogenolyse durch Anoxie 1—2 Tage später nur noch 40—35% der Norm, während im Laufe der folgenden 70 Tage dank der kompensator. Hyperfunktion des Herzens wieder eine allmähliche Zunahme bis zur Norm erfolgt. Das Herzgewicht nimmt während der Versuchszeit um etwa das 2fache zu u. der Gesamt-I-Geh. des Herzens steigt von 18—20 auf 40—45 mg. (Вопросы Медицинской Химии [Fragen med. Chem.] **1.** 336—38. Sept./Okt. 1955. Wiss. Ssetschenow-Forschungsinst.) E. RENTZ. 4597

Heather Shelley, *Beziehung zwischen der Hemmung der Cholinesterase und der Erhöhung des Muskeltonus des Kaninchen-Duodenums.* Bei Verss. am isolierten Duodenum, longitudinalen Duodenalmuskel u. Homogenaten aus verschied. Lagen von Duodenum u. Ileum (Versuchstier Kaninchen) mit *Cholinesterase* (**I**)-hemmenden Stoffen [*Eserin* (**II**); *Diisopropylfluorphosphat* (**III**)] wurde festgestellt, daß die kleinste Konz., die auf die isolierten Organpräpp. tonussteigernd wirkte, für **II** 2,7·10^{-8}mol. u. für **III** 10^{-7}mol. betrug. Maximale Wrkg. wurde bei 2,7·10^{-6}mol. bzw. 10^{-5}mol. beobachtet; bei darüber hinausgehenden Konzz. sank der Tonus. Die **I**-Aktivität war an das Muskelgewebe gebunden. Das Gewebe der longitudinalen Muskeln besaß doppelte spezif. **I**-Aktivität u. 3fache Pseudo-**I**-Aktivität wie die circulären Muskeln. Durch **II** wurden beide Enzyme gleich stark, durch **III** bevorzugt die Pseudo-**I** gehemmt. Die Erhöhung des Muskeltonus wird merklich, wenn 20%ig. Hemmung der spezif. **I**-Aktivität vorliegt u. verläuft dann parallel zur Hemmung. (Brit. J. Pharmacol. Chemotherapy **10**. 26—35. März 1955. Oxford, Univ., Dep. of Pharmacol.) P. LOCH. 4597

J. Admiraal, D. K. Myers und **J. C. van Houten,** *Die Wirkung der Cholinesterasehemmung auf die Beweglichkeit des Dünndarms.* Die in vitro-Befunde von H. SHELLEY (vgl. vorst. Ref.), wonach *Pseudocholinesterase* bei der Zerstörung von *Acetylcholin* im isolierten Längsmuskel des Kaninchendarms keine wesentliche Rolle spielt, wurden in vivo durch eine neuentwickelte Meth., bei der die Kontraktionen eines Dünndarmsegmentes in situ gemessen werden, bestätigt. Nach intravenösen Injektionen der 3 Anticholinesterasen *Diisopropylfluorphosphat, Tetraäthylpyrophosphat* u. dem Prostigminanalogen *Nu 1250* (*Methobromid* des *N-Methyl-p-chlorphenylcarbaminsäure-3-dimethylaminophenylesters*) wurden hierbei Darmbeweglichkeit u. Cholinesterase (**I**)-Aktivität bestimmt. Zwischen dem Grad der Hemmung der echten **I** durch die Verbb. u. der Wrkg. auf die Darmbeweglichkeit bestand ein enger Zusammenhang. Die Beweglichkeit der Längsmuskulatur nahm zu, wenn die echte **I** zu ca. 20% gehemmt wurde. Bei >80%ig. echter **I**-Hemmung traten peristalt. Bewegungen auf. (Nature [London] **176**. 468—69. 3/9. 1955. Amsterdam, Univ., Pharmaco-therap. Labor.) K. MAIER. 4597

Yuji Tonomura und **Shizuo Watanabe,** *Die Wirkung von Adenosintriphosphat auf die Lichtstreuung von Actomyosinlösungen.* Messung der Intensität der Lichtzerstreuung in *Actomyosin* (**I**)-Lsgg. nach Zusatz von *ATP* mit Hilfe eines Elektronenvervielfacherelektromagnet. Oscillographen-Syst. bei p_H 6,4, 20° u. in 0,5mol. KCl. Es werden 3 Phasen entsprechend den Veränderungen der Viscosität unterschieden; in der 1. Phase fällt die Viscosität schnell ab, bleibt in der 2. Phase konstant u. steigt in der 3. Phase wieder auf den ursprünglichen Wert an. Die Intensität der Lichtzerstreuung in der **I**-Lsg. fällt in der 1. Phase nach Zusatz von ATP schnell ab. In Abwesenheit von Mg^{2+} ist der Abfall der ATP-Konz. proportional, solange diese klein ist; in Ggw. von Mg^{2+} ist sie der ATP-Konz. über den ganzen untersuchten Bereich proportional. Ca^{2+} haben keinen Einfl. auf die 1. Phase. Der Mechanismus wird formuliert nach: $M + ATP \xrightarrow{k_1} M\cdot ATP$, $M\cdot ATP \xrightarrow{k_2} M'\cdot ATP$, wo ATP = **I**, M das ursprüngliche Mol. u. M' das deformierte Mol. des Actomyosins sind. — Die Dauer der 2. Phase ist nach CSAPÓ dem Geh. an **I** direkt u. der Wirksamkeit der Adenosintriphosphatase umgekehrt proportional. In der 3. Phase steigt die Lichtzerstreuung wieder auf den ursprünglichen Wert an. Solange noch nicht alles **I** aufgespalten ist, liegt eine Rk. 1. Ordnung vor, die von der zugesetzten Menge von **I** unabhängig ist. Die Geschwindigkeit der Rk. $M'\cdot ATP \xrightarrow{k_3} M + ATP$ wird durch Ca^{2+} u. Mg^{2+} etwas beschleunigt. (Nature [London] **169**. 112—13. 19/1. 1952. Sapporo, Hokkaido Univ., Fac. of Sci., Dep. of Chem.) K. LOHMANN. 4597

E. Wertheimer und **Victoria Ben-Tor,** *Die Fettverwertung durch den Muskel.* Es wurde der direkte Abbau der *Fettsäuren* (**I**) von Rattenserum durch ruhenden überlebenden Muskel (Zwerchfell, Ratte) untersucht. Bei 3std. Incubation von Zwerchfell in *Glucose* (**II**)-freiem Serum nehmen **I** ab. Bei n. **II**-Geh. des Serums (100 mg/100 cm³) erfolgt keine Abnahme. In Ggw. von 40—50 mg **II**/100 cm³ Serum ist die Abnahme eindeutig nachweisbar, bei 25 mg **II**/100 cm³ ist sie beträchtlich. Wie **II** hemmen *Brenztraubensäure* u. bes. *Acetoacetat* die **II**-Abnahme vollständig, während *Galaktose, Fructose* u. *Acetat* diese nur teilweise inhibieren. Verschied. Stoffwechselgifte, wie NaCN, NaF, Monojodacetat, Fluoracetat, 2.4-Dinitrophenol, hemmen in den üblichen Konzz. die **I**-Abnahme weitgehend oder vollständig. Bei Incubation von Diaphragma in Serum anomal hohen **I**-Geh. mit wechselnden **II**-Konzz. wird die **I**-Abnahme ausgeprägter u. weniger vom **II**-Geh. des Serums abhängig, so daß auch bei n. **II**-Geh. ein **I**-Abfall nachweisbar ist. Die Verss. zeigen, daß im Muskel eine Konkurrenz zwischen **I** u. **II**-Oxydation besteht. (Biochem. J. **50**. 573—76. Febr. 1952. Jerusalem, Hebrew Univ., Dep. of Pathol. Physiol.) K. MAIER. 4597

Je. F. Iwanenko und **W. F. Dunajewa,** *Quellung der Kolloide des Gehirns bei Erregung des zentralen Nervensystems.* An weißen Mäusen wird die Quellung der Kolloide im Gehirn unter dem Einfl. der durch *Campher* (I) verursachten Krämpfe oder der durch Narkose- u. Schlafmittel hervorgerufenen Hemmung des Zentralnervensyst. untersucht. Durch I wird die Quellung der Kolloide erhöht; der Wassergeh. des Gehirns wird hierbei erhöht. Ein ununterbrochener 40 Min. langer *Ae.*-Schlaf vermindert die Kolloidquellung; noch stärker ist diese Wrkg. bei einer Unterbrechung des Ae.-Schlafes für einige Minuten. Bei dem durch subcutane Zufuhr von 0,7ml 5% ig. *Urethan* hervorgerufenen 40 Min. langen Schlaf ist die Kolloidquellung ebenfalls vermindert. Bei I-Zufuhr ist in den Pausen zwischen zwei Krampfanfällen die Kolloidquellung vermindert. (Биохимия [Biochemie] **20.** 636—40. Sept./Okt. 1955. Charkow, Pharm. Inst., Lehrstuhl für Biochemie.) O. LEBTAG. 4597

A. M. Monnier, *Ionenaustausch bei der Tätigkeit der Nervenfaser.* Übersicht. Es werden dargestellt die Reizung motor. u. sensibler Nerven durch elektr. Impulse, der Mechanismus der Leitung der Impulse u. die Beteiligung verschied. Ionen an diesem Vorgang. Ferner wird zusammenfassend über Verss. mit ^{42}K an der ruhenden u. akt. Nervenfaser berichtet, die Aufschlüsse über die Ionenbewegung im Nervengewebe bringen. (Cahiers de Physique **1953.** Nr. 45. 58—84. Sept. Paris, Sorbonne.) W. REUSSE. 4598

C. Long, *Biochemie. Die Biochemie des Rhodopsins.* Übersicht über die Biochemie des Sehfarbstoffs *Rhodopsin:* Darst., Bleichvorgang, Biosynth., cis–trans-Isomere des Retinens u. Vitamins A. — 29 Literaturangaben. (Sci. Progr. **42.** 653—63. Okt. 1954. Aberdeen, Univ., Dep. of Biol. Chem.) K. MAIER. 4598

R. I. Dorfman and R. A. Shipley, Androgens biochemistry, physiology and clinical significance. London: Chapman & H. 1956. (XVII + 590 S.) 108 s.

E₆. Pharmakologie. Therapie. Toxikologie. Hygiene.

Georges Ungar und **Evelyn Damgaard,** *Hemmung von Verbrennungsreaktionen in mit β-Strahlen behandelter Haut.* Nach Verss. mit Ratten wird der in der Haut durch Hitzeeinw. verursachte, auf Proteasenaktivierung zurückzuführende Proteinabbau weitgehend verhindert, wenn die betreffenden Hautpartien vorher mit β-Strahlen behandelt wurden. Die Haut-Rk. auf *Histamin* (I) wird durch β-Strahlen nicht beeinflußt, die I-Freisetzung durch *Compound 48–80* (Di-bis-tetrameres Kondensationsprod. von *N-Methylhomoanisylamin* mit *Formaldehyd*) wird jedoch gehemmt. Vff. vermuten eine direkte Hemmung der Proteasen durch β-Strahlen. (Proc. Soc. exp. Biol. Med. **87.** 383—86. Nov. 1954. Chicago, Ill., Univ. of Illinois, Coll. of Med., Dep. of Physiol. and Inst. for Tubercul. Res.) F. KRUSEN. 4601

Jacques Harel, *Zur Wirkung von intraperitonealen Injektionen mit radioaktivem kolloidalem Gold* (^{198}Au) *auf die Leber der Ratte.* Eine Gruppe von Ratten erhielt einmalige intraperitoneale Injektionen von 2 bzw. 4, eine zweite über mehrere Wochen verteilt insgesamt 5 mC einer koll. ^{198}Au-Lösung. Die Tiere starben teilweise, ein Teil wurde getötet. Sie zeigen sämtlich abdominelle Anomalien, ferner Anämie u. Leukopenie. Die Leber wurde nach der 1. Injektion zunehmend atrophiert gefunden, sie zeigte bräunliche Farbe u. stellenweise Warzen auf der Oberfläche. Nach 6 Monaten wurde demgegenüber Leberhypertrophie festgestellt. Das Gewebe ist rötlich, die Oberfläche mit harten weißlichen oder gelblichen Knötchen von Reiskorn- bis Kirschkerngröße bedeckt. Auch die histolog. Unters. der Leber u. in einigen Fällen von Lunge, Milz, Nieren, Testikel u. Knochenmark zeigt typ. Befunde. (Bull. Assoc. franç. Étude Cancer **40** (**44**). 68—77. 1953.) W. REUSSE. 4601

W. W. Wainwright, Byron G. Butt, J. Donald Hauptfuehrer und **Harold L. Dute,** *Die Ablagerung von radioaktivem Jod in den Zähnen von Personen, die wegen Schilddrüsenerkrankungen mit* ^{131}*Jod behandelt wurden.* Extrahierte Zähne von Patienten, die vorher wegen verschied. Schilddrüsenstörungen perorale ^{131}J-Gaben erhalten hatten, wurden radioautograph. auf ihren Geh. an Radiojod geprüft. Die Zeitabstände zwischen Jodaufnahme u. Zahnextraktion lagen zwischen 5 Std. u. 19 Tagen. Unabhängig vom Zeitintervall zeigten alle Zähne etwa gleiche Aktivität. Diese Zeitunabhängigkeit der J-Ablagerung wird an zahlreichen Radioautogrammen gezeigt; eine Erklärung für den Befund kann nicht gegeben werden. (J. Amer. Dental Assoc. **47.** 649—55. Dez. 1953. Chicago, Ill., Univ. of Illinois, Coll. of Dent., Dep. of Radiol.) W. REUSSE. 4601

Reed M. Nesbit und **Thomas E. Nesbitt,** *Versuche mit hochkonzentriertem Urokon bei der Pyelographie.* An Hand eigener u. fremder Versuchsergebnisse mit 70% *Urokon* (I) als Kontrastmittel in der Pyelographie u. durch Vgl. mit anderen Kontrastmitteln zeigen Vff., daß dieses Mittel bes. sicher diagnostizierbare Bilder liefert. Bei 30% I treten zwar weniger Störungen im Allgemeinbefinden auf, die Vorteile der 70% ig. Lsg. überwiegen aber. (J. Urology **70.** 332—37. Aug. 1953. Ann Arbor, Mich., Univ. of Michigan Hosp., Dep. of Surg., Sect. of Urology.) W. REUSSE. 4601

Amos E. Light, John A. Tornaben, Peter B. Dews, Everett H. Lang, Rocco V. Fanelli und **Stata Norton,** *Über die Ausscheidung von jodhaltigen, an Mäuse verabreichten Verbindungen.* Vff. untersuchten die Absorption, Verteilung u. Ausscheidung einer Reihe jodhaltiger Verbb. an Mäusen. Die chem. Best. von Jod im Urin, Gallensaft u. Magen-Darm-Trakt erfolgt nach der Meth. von WHITE u. ROLF (Proc. Soc. exp. Biol. Med. **43.** [1940.] 1). Klin. verwendete Röntgenkontrastmittel für Cholecystographie ergaben Jodwerte im Gallensaft von mehr als 1 mg/kg Körpergewicht, verbunden mit leichter Jodanhäufung im Urin. Jodwerte bis zu 75% des verwendeten Jods wurden nach Anwendung von Röntgenkontrastmitteln zur Pyelographie im Urin gefunden; nur Spuren von Jod wurden im Gallensaft festgestellt. Es ist schwierig, die Ausscheidungswege anderer jodhaltiger Verbb. vorauszusagen; es scheint jedoch, als ob Verbb. vom Monobenzolringtyp den Harnweg bevorzugen, während solche mit 2 Benzolringen im Gallensaft erscheinen, bes. dann, wenn noch andere chem. Gruppen vorhanden sind. Untersucht wurden: *NaJ, o-Jodamid, 2.4.6-Trijodamid, Trijodresorcin, 2.4.6-Trijodphenoxyessigsäure, Na-o-, -m-, -p-Jod-* u. *-2.5-Dijodbenzoat, 2.3.5-Trijod-, 3.5-Dijod-2-* u. *-4-oxy-* sowie *-4-aminobenzoesäure, 2.5-Dijodhippursäure, 3.5-Dijod-l-tyrosin, N-Methyl-N-[4-oxy-3.5-dijodphenäthyl]-β-alanin, Na-Tetrajodphthalat, Na-m-* u. *-p-Jodbenzolsulfonat, K-3.4-Dijodbenzolsulfonat, N-[3.5-Dijod]-* u. *-[1-Oxybenzolsulfonyl]-glycin, Na-[3.4.5-Trijod]-* u. *-[4-Amino-3.5-dijodbenzolsulfonyl]-glycinat, N-[4-Amino-3.5-dijodbenzolsulfonyl]-glutaminsäure, 7-Jod-8-oxychinolinsulfonsäure-(5), α.α-Dichlor-β.β-bis-[p-jodphenyl]-äthylen, α.α-Bis-[p-jodphenyl]-essigsäure, N-[3.5-Dijod-4-oxy]-* u. *-[4-aminobenzoyl]-anthranilsäure, 4-[3.5-Dijod-4-oxy]-* u. *-[4-aminobenzamido]-benzoesäure, N-[3.5-Dijodbenzolsulfonyl]-anthranilsäure, 4-[3.5-Dijodbenzolsulfonamido]-benzoesäure, Na-N-[3.5-Dijodbenzolsulfonyl]-sulfanilat, N-[4-Oxy-3.5-dijodbenzolsulfonyl]-anthranilsäure, N-[4-Oxy-3.5-dijodbenzolsulfonamido]-benzoesäure, N-[3.5-Dijodsulfanilyl]-anthranilsäure, 3-[3.5-Dijodsulfanilamido]-benzoe-* u. *-benzolsulfonsäure, 4-[3.5-Dijodsulfanilamido]-benzoe-* u. *-phenylessigsäure, 2-, 3-* u. *4-[3.4.5-Trijodbenzolsulfonamido]-benzoesäure, 3-[3.4.5-Trijodbenzolsulfonamido]-benzolsulfonsäure, Na-N-[3.4.5-Trijodbenzolsulfonyl]-sulfanilat, 4-[N-(4-Jodbenzolsulfonyl)-aminomethyl]-benzolsulfonsäure, 4-[N-(3.5-Dijodsulfanilyl)-aminomethyl]-benzolsulfonsäure* u. *-sulfonsäureamid, 4-[N-(3.4.5-trijodbenzolsulfonyl)-aminomethyl]-benzolsulfonsäure* u. *-sulfonsäureamid, Na-3.3'.5-Trijoddisulfanilamid, Dijodfluorescein, Tetrajodfluorescein (Jodeosin), β-[4-Oxy-3.5-dijodphenyl]-α-phenylpropionsäure (Jodalphionsäure, Priodax), Na-o-Jodhippurat (Hippuran), Diodrast, Di-Na-Salz der N-Methyl-3.5-dijodchelidonsäure (Neo-Jopax), Methiodal-Na (Skiodan).* (J. Amer. pharmac. Assoc., sci. Edit. **43.** 495—500. Aug. 1954. Tuckahoe, N. Y., Welcome Res. Labors.) H. KOCKERT. 4601

Gustavo Moros G., Rafael José Neri und **Guillermo Villagordoa,** *Fluorodensographie mit strahlenundurchlässiger Substanz. Eine neue Methode für hämodynamische Untersuchungen.* Vff. haben zur Diagnose der Herzbewegung die Kymographie mit einer Kontrastmittelgabe (*Diodrast;* **I**) u. lichtelektr. Auswertung des Fluorogramms kombiniert. Bei Beobachtung des rechten Herzventrikels konnten das Eindringen des **I** u. die wachsende Konz. lichtelektr. verfolgt werden. Vff. sehen in dieser besonderen Form der Kymographie ein wertvolles Mittel zur Unters. der Hämodynamik u. geben Anweisungen für die prakt. Durchführung. (Amer. Heart J. **45.** 495—99. April 1953. Mexico, D. F., Inst. Nac. de Cardiologia, Dep. of Radiol.) W. REUSSE. 4601

Michel Mosinger, Henri Fiorentini, Jacqueline Quicke und **Roger Occelli,** *Experimentelle Intoxikation mit Kaliumchromat. Untersuchung der visceralen, Haut-, Gelenkknochen- und allgemeinen Reaktionen.* In tierexperimentellen Unterss. erwies sich *$KCrO_4$* als hochtox. Substanz, die bei Injektion u. lokaler Applikation ausgedehnte Schäden hervorruft. (C. R. Séances Soc. Biol. Filiales **148.** 2045—47. Dez. 1954.) F. KRUSEN. 4606

E. Pfeifer, *Magnesiumnarkose am Moorkarpfen.* Am *Moorkarpfen* (*Carrassius vulgaris*) konnte durch Injektion von $MgCl_2$- u. $MgSO_4$-Lsg. bzw. durch Zusatz dieser Salze zum W. eine reversible Lähmung der kompensator. Augenbewegung erzeugt werden. Mit anderen Kationen (K, Na, Ca) wurde ein ähnlicher Effekt nicht erzielt; bei höherer Konz. (2 u. 5%ig. Lsg. von KCl, NaCl u. $CaCl_2$) entstanden irreversible Schädigungen. Die Mg-Wrkg. wird durch Ca nicht wie beim Warmblüter aufgehoben. (Naunyn-Schmiedebergs Arch. exp. Pathol. Pharmakol. **216.** 375—80. 1952. Graz, Univ., Pharmakol. Inst.) A. DAUTZENBERG. 4606

Robert T. Clark jr. und **Arthur B. Otis,** *Vergleichende Untersuchungen über die Gewöhnung von Mäusen an Kohlenmonoxyd und geringen Sauerstoffgehalt.* Verss. mit 5 Wochen alten männlichen Labormäusen. Die Tiere wurden 14 Tage lang steigenden

Mengen von CO (bis 0,14%) ausgesetzt. Temp. konstant 23°. 70% dieser Tiere hielten danach 60 Min. lang einen Luftdruck entsprechend der Höhe von 34000 Fuß aus, Kontrolltiere starben 100% ig. — Tiere wurden bis zu 14 Tagen einem Luftdruck entsprechend 16000—18000 Fuß Höhe, danach einer Atmosphäre von 0,25% CO-Geh. ausgesetzt. 88% der Tiere überlebten 1 Tag, 62% 9 Tage. Von den Kontrolltieren überlebte keins mehr als 1,5 Tage. Der O_2-Verbrauch der Tiere betrug ziemlich gleichmäßig sowohl bei dem geringeren O_2-Geh. als auch in der CO-Atmosphäre 3,1 cm^3/g Std. bzw. 3,0 cm^3/g Std. bzw. 3,2 cm^3/g Std. bei den Kontrolltieren. — Die CO_2-Kapazität von Mäusen, die 14 Tage einer CO-Konz. von 0,15% ausgesetzt waren, betrug 46,97% (Kontrolltiere 42,62) beim Plasma, 32,10 (37,84) beim Blut; die O_2-Kapazität 30,20 (32,10). Nach dem Aufenthalt in einer Atmosphäre entsprechend 18000 Fuß (14 Tage) betrug die CO_2-Kapazität des Plasmas 29,82 (42,83), des Blutes 23,98 (38,89), die O_2-Kapazität 28,70 (19,17). — Sowohl die Behandlung mit geringem O_2-Geh. als auch in erhöhter CO-Atmosphäre verursachten ein Absinken des Körpergewichtes um 35% des Ausgangsgewichtes. — Weitere Angaben über das Verhältnis Erythrocyten/Plasma, der Alkalireserve (bestimmt durch p_H-Messung) u. des O-Bedarfs während der Versuche. — 32 Literaturangaben. (Amer. J. Physiol. **169.** 285—94. 1/5. 1952. Rochester, N. Y., Univ., School of Med. and Dent., Dep. of Physiol. and Vital Economic.) F. LÜPNITZ. 4606

Fernand Caujolle und **Pierre Gayrel,** *Verteilung des Bors im Körper von Hunden nach Injektion von Phenylborsäure.* Infusion von 2% ig. wss. *Phenylborsäure* bei Hunden (26,5; 44,2; 24,3 u. 30,5 mg B/kg Körpergewicht) führt zu besonderer Anreicherung des Bors in Blutkörperchen, Leber, Nieren u. Muskel; auffallend hoch ist der B-Geh. des Gehirns, der von Vergiftungen bei Kindern bekannt ist. (C. R. hebd. Séances Acad. Sci. **240.** 1374—76. 21/3. 1955.) V. SACHS. 4607

H. Specht und **H. F. Brubach,** *Inhalation von Schwefelhexafluorid.* Vff. berichten über Atmungsverss. mit Gemischen aus O_2 u. Schwefelhexafluorid, SF_6 (I; PENNSYLVANIA SALT MANUFACT. CO., Philadelphia, Pa., u. MATHESON CO., INC., East Rutherford, N. J.). Unterss. an weißen, ausgewachsenen Ratten ließen die weitgehende Unschädlichkeit von I erkennen. Selbstverss. der Vff. zeigten, daß nach ca. 20—30 Atemzügen ein bemerkenswertes Schwindelgefühl auftritt, was vielleicht mit dem CO_2-Austausch zwischen Blut u. Lungenraum zusammenhängt. (Science [Washington] **114.** 662—63. 21/12. 1951. Bethesda, Md., Nat. Inst. of Health, USPHS, Nat. Inst. of Arthritis and Metabol. Diseases.) R. KÖNIG. 4607

H. Fritsch und **H. Krupp,** *Wirkung von Insekticiden auf ein isoliertes Ganglien-Muskel-Präparat von Dytiscus marginalis (Gelbrandkäfer).* Vff. untersuchten an einem isolierten Bauchmark-Ganglienpräp. des Gelbrandkäfers (Dytiscus marginalis) die Wirkungsweise von *DDT* (I), *Hexachlorcyclohexan* u. *E 605,* die spezif. erregende Wirkungen von irreversiblem Charakter zeigten. *Nicotin* (II) wirkt auch erregend u. in höheren Dosen lähmend, seine Lähmung war aber auswaschbar. II vermochte die Wrkg. der Insekticide am Ganglion aufzuheben, moderne Ganglienblocker, wie *Pendiomid* oder *Buscopan,* blieben unwirksam. I zeigte auch am peripheren Muskel erregende Wirkungen, die durch II nicht zu lähmen waren. An intakten Insekten (Blatta orientalis L.) wurden diese Befunde bestätigt. Die Übertragung der Nervenerregung scheint bei Insekten nicht durch Acetylcholin zu geschehen. (Naunyn-Schmiedebergs Arch. exp. Pathol. Pharmakol. **214.** 227—41. 1952. Leipzig u. Göttingen, Univ., Pharmakol. Inst.) K. BÖHM. 4607

D. Hofmann-Credner und **H. Siedek,** *Verteilung und Schicksal von Schradan (Bisdimethylaminophosphonigsäureanhydrid) in Säugetieren bei Anwendung einer radioaktiven Verbindung.* Unterss. über die Möglichkeit der Anwendung von *Schradan* (I) in der inneren Humantherapie. Es wird die Anreicherung von markiertem P aus der Verb. in Gehirn, Lunge, Herz, Magen, Darm, Leber, Milz, Niere, Skelettmuskulatur, Haut, Blut sowie in Gallen-Fl., Harn u. Faeces von Ratten u. Kaninchen bestimmt, denen 5 bzw. 16 mg/kg subcutan injiziert worden waren. In der Muskulatur wurden bis 38,4% ^{32}P wiedergefunden; diese Konz. ist höher als in den anderen Organen. Der größte Teil von I wird in der Leber abgebaut, nur ein kleiner Teil unverändert mit dem Harn ausgeschieden. (Arch. int. Pharmacodynam. Thérap. **89.** 47—81. Febr. 1952. Wien, Med. Univ. Klinik.) F. LÜPNITZ. 4607

Fritz Steiniger, *Über die Gefährdung von Schweinen durch Rattengifte vom Cumarintyp.* 5 g *Octosin* (I), in Portionen zu 1 g an 5 Tagen hintereinander an ein Schwein (36 kg) verfüttert, veränderten dessen Prothrombinspiegel ebensowenig wie die Verfütterung von täglich 5—6 (6 Tage hintereinander) mit I vergifteten Ratten. Die Verfütterung von täglich 5 g I (5 Tage hintereinander) erhöhte die Prothrombinzeit von 17,5 auf 47 Sek. (Schwein, 30 kg). Die einmalige Gabe von 15—50 g I (Schweine, 26—88 kg) zog eine Prothrombinzeit-Speicherung um höchstens 17 Sek. nach sich. (Dtsch. tierärztl. Wschr. **60.** 245—51. 15/6. 1953.) E. SCHEIBE. 4607

T. R. Niederland, E. Brixová, J. Gvozdják (unter techn. Mitarbeit von **J. Holanová**), *Metabolische Wirkung der Salicylate im Organismus. 3. Mitt. Biochemische Veränderungen an den Nebennieren von Kaninchen bei chronischer Salicylatverabreichung.* (2. vgl. Časopis českého Lékárnictva **93.** [1954.] 616.) Wenn Kaninchen 28 Tage lang täglich 8 g *Na-Salicylat* (I), berechnet auf 70 kg u. in 3 Dosen verteilt, erhalten, nimmt das Gewicht der Nebennieren zu, zugleich werden Höchstwerte an *l-Ascorbinsäure* (II) u. *Cholesterin* (III) beobachtet. Bei 14 u. 32 g I nehmen alle diese Werte ab. Auch 32 g I bewirken jedoch (bei den überlebenden Tieren) keine Ausschwemmung von II u. III aus den Nebennieren. Im Glykogengeh. der Leber treten keine Schwankungen ein. Durch Verabreichung von Glucose wurde in einem Falle Resistenz gegenüber tox. I-Gaben erzielt: zur Norm strebende II- u. III-Werte bei auffallend niedrigem Leberglykogen. (Bratislavské Lekárske Listy **35.** II. 140—53. Aug. 1955. Bratislava, Úst. všeob. klin. biochem. LFUK.)
R. K. MÜLLER. 4607

S. Holz und **C. Hermann,** *Die Wirkung von Pyridin und einiger seiner Derivate auf das isolierte Ohr und den Darm vom Kaninchen.* Bei Verss. an isoliertem Ohr u. isoliertem Darm von Kaninchen wurde beobachtet, daß *Pyridin* (I) die charakterist. Wrkg. des *Nicotins* (II) aufhob. Dieses wird als konkurrierender Mechanismus angesehen. Von den in β-Position substituierten I-Derivv. können Nicotinsäure u. Nicotinamid die II-Wrkg. nicht aufheben. Dagegen hebt das *Nikethamid* (III) die Wrkg. auf u. ebenso *Diäthylamin*, das als Substituent in der Seitenkette von III vorkommt. Es wird versucht, Erklärungen für diese Erscheinung zu geben. (Acta ci. venezolana **2.** 70—75. März/April 1951. Venezuela, Univ. Cent., Fac. Méd., Dep. Farmacol.)
B. KRAFT. 4607

J. Giaja und **L. Markovic-Giaja,** *Chlorpromazin und Wärmeregulierung.* Vff. konnten in Verss. mit Ratten, welche subcutan 25 mg/kg *Largactil „Specia"* (I) erhielten, zeigen, daß I eine stark temperatursenkende Wrkg. hat, die mit der Abnahme der Außentemp. ansteigt. I beeinflußt weder die Intensität des Grundumsatzes, noch verhindert es die Anpassung der Thermogenese an die jeweilige Außentemperatur. Die O_2-Aufnahme der Ratte wird durch I nicht gestört; erst bei Körpertempp. unter 20° sinkt sie unter die Werte des n. Grundumsatzes, was jedoch, wie Vff. zeigen konnten, nicht auf I direkt, sondern sek. auf die tiefe Hypothermie zurückzuführen ist. (C. R. Séances Soc. Biol. Filiales **148.** 842—44. Mai 1954. Belgrad, Univ., Fac. des Sci., Inst. de Physiol.)
F. KRUSEN. 4607

V. Popovic, *Chlorpromazin und experimentelle Poikilothermie. Largactil* (I), an Ratten subcutan in Dosis von 25 mg/kg verabreicht, hat auf die O_2-Aufnahme bei der n. Thermoregulierung, bei experimenteller Poikilothermie u. bei dem mit der Wrkg. von *Dinitrophenol* oder *Adrenalin* verbundenen O_2-Stoffwechsel keinen Einfluß. Die von I bewirkte Hypothermie beruht auf seinem starken Einfl. auf die Wärmeregulierung. Seine Wrkg. erstreckt sich demnach nicht auf die Thermogenese, sondern auf die Thermolyse. (C. R. Séances Soc. Biol. Filiales **148.** 845—46. Mai 1954. Belgrad, Univ., Fac. des Sci., Inst. de Physiol.)
F. KRUSEN. 4607

Jacob Kirshner, *Komplikationen bei Chlorpromazintherapie.* Als häufigste Nebenerscheinungen werden Hypotension, Lethargie u. Somnolenz, als wichtigste Komplikationen Dermatitis, Gelbsucht u. Parkinsonismus genannt. — 32 Literaturangaben. (Med. Ann. District Columbia **24.** 635—40. Dez. 1955. Bronx, N. Y., Veterans Administr. Hosp.)
F. KRUSEN. 4607

Irvin M. Cohen und **John D. Archer,** *Leberfunktion und Komplikationen nach Behandlung mit Chlorpromazin.* Bei 800 mit *Chlorpromazin* (10-[γ-Dimethylaminopropyl]-2-chlorphenothiazin-HCl) Behandelten tritt in 5 Fällen Gelbsucht auf, vermutlich durch Idiosynkrasie. (J. Amer. med. Assoc. **159.** Nr. 2. 99—101. 10/9. 1955. Galveston, Tex.)
H. WALTER. 4607

J. M. Martin, *Lebernekrose durch Alloxan und Chloroform.* Vf. bestätigt in Verss. mit Ratten die schon früher gemachte Beobachtung, daß *Alloxan* (I) u. *Chlf.* (II) zusammen verabreicht in erheblich größerem Ausmaß Lebernekrosen hervorrufen als gleiche Mengen dieser Substanzen bei getrennter Applikation. Durch gleichzeitige Zufuhr von *Methionin, Cystin, Tocopherol* u. Schilddrüsen sowie fettreichem Futter wird die gemeinsame Toxizität von I u. II noch verstärkt, während sie durch täglich 20 mg *Methylthiouracil* fast völlig aufgehoben wird. (C. R. Séances Soc. Biol. Filiales **148.** 914—15. Mai 1954.)
F. KRUSEN. 4607

Hiroshi Mayeda, *Die Entbindung freien Histamins durch Sinomenin, besonders in bezug auf den Ort der Entbindung.* (Vgl. C. **1954.** 4658 u. **1956.** 171.) Bei intravenöser Verabreichung von *Sinomenin* (I) wird beim Hund bevorzugt in der Haut, ferner im Muskel *Histamin* (II) frei, nur vergleichsweise wenig in den sogenannten Schockorganen wie der Leber, im beobachtenswerten Gegensatz zu Pepton u. anderen lokalen II entbindenden Stoffen. Bei der Katze ist ebenfalls der Anteil der Leber unter den Stellen der II-Entbindung gering. Die von I veranlaßte Freimachung von II in der Haut ist von derjenigen durch Hitzeschädigung bzgl. Entstehungsort u. Entbindungsmechanismus verschieden. (Folia pharmacol. japon. **49.** 79 §—80 §. 20/7. 1953. Okayama, Univ. [Orig.: japan.]) L. SCHULER. 4608

Raymond-Hamet, *Toxizitätsvergleich von Corynanthin und kristallisiertem Corynanthein.* Prüfung der Alkaloide aus Pseudocinchona africana A. Chevalier an Meerschweinchen ergab bei intraperitonealer Injektion für krist. *Corynantheintartrat* eine DL_{50} von 83 mg/kg u. für *Corynanthinhydrochlorid* eine solche von 158 mg/kg. (C. R. Séances Soc. Biol. Filiales **146.** 1042—44. Juli 1952.) F. KRUSEN. 4608

V. Rathnasabapathy und **V. Iswariah,** *Die Pharmakologie von Gigantin.* Nach eingehenden pharmakolog. Unterss. hat das aus Calotropis gigantea isolierte *Gigantin* (I; $C_{24}H_{36}O_9$) einen bei Hunden ca. 30 Min. anhaltenden blutdruckerhöhenden Effekt infolge direkter Wrkg. auf Herz u. Gefäße, jedoch ohne Constriction der Coronargefäße. In physiol. Dosen hat I eine digitalisähnliche leistungssteigernde Wrkg. auf das Herz. I hat eine direkte motor. Wrkg. auf die glatte Uterusmuskulatur, jedoch keine Wrkg. auf die glatten Muskeln der Eingeweide u. auf die Atmung. Gaben von 0,3 mg/kg beim Hund sind immer tödlich. (Indian J. veterin. Sci. animal Husbandry **22.** 151—60. Juni 1952. Madras, Med. Coll., Dep. of Pharmacol., Res. Unit on Indigenous Drugs.) H.-J. KOCH/Berlin. 4608

D. Quivy, *Vergleichende Untersuchung zweier koagulierender Schlangengifte.* Unterss. mit den Giften von *Cerastes* (Ce) u. *Bothrops* (Bo) *atrox* ergaben, daß die thrombokinet. Aktivität beider Gifte bei höheren Konzz. von gleicher Stärke ist, während bei abnehmenden Konzz. die Wrkg. des Giftes von Bo schneller als die von Ce zurückgeht. (C. R. Séances Soc. Biol. Filiales **148.** 1985—87. Dez. 1954.) F. KRUSEN. 4609

R. Russell Best, John D. Coe und **George B. McMurtrey,** *Wirkung von Seifen, die Hexachlorophen enthalten, auf Wunden und verbrannte Oberflächen.* Ggw. von 2% Hexachlorophen (I) in Kern- oder 5% I in fl. Seifen (verdünnt mit gleichen Teilen W.) übt keinen Einfl. auf die Gewebereaktion aus. Die Wundheilung wurde nicht verzögert. Fl. Seifen, die A. enthalten, zeigen eine stärkere Gewebereaktion. Diese Beobachtung ist für die Verwendung der „Grüne-Seife-Tinktur" (USP) von Bedeutung. Wegen der starken Gewebereizung sollte besser eine wss. I enthaltende fl. Seife verwendet werden. (Arch. Surgery **62.** 895—902. Juni 1951. Omaha, Univ. Nebraska, Coll. of. Med., Dep. of Surg. and Anatom.) H. PATZSCH. 4610

Toshio Shirahige, *Experimentaluntersuchung über die Resorption von Sulfathiazol aus der Wundoberfläche.* 2. Mitt. *Wirkung von nichtionisierten oberflächenaktiven Mitteln.* In die 3 Salbengrundlagen Lanolin (10)–Vaselin (I), hydrophile Salbe (II) u. Propylenglykol (50)–Carbowax 4000 (50) (III) werden je 10% *Sulfathiazol* (IV) eingebracht u. als nichtionisiertes oberflächenakt. Mittel (OM) je 0,5, 5 u. 10 mg% Span 60 (Sorbitanmonostearat) bzw. G 2162 (Polyoxyäthylenglykolmonostearat) zugemischt u. auf einer Wundfläche auf dem Rücken eines Kaninchens 6 Std. lang wirken lassen. Aus der Best. des IV in Harn u. Blut (5 Diagramme) u. Vgl. mit Leervers. ohne OM ergibt sich, daß Span in I keine Wrkg. auf die Resorption von IV hat, während $>$ 0,5% G 2162 eine Resorptionszunahme nur bewirkt bei Anwendung in der gleichen Salbengrundlage. Die IV-Resorption aus der II wird durch G 2162 erhöht, aber kaum meßbar durch Span. In III haben beide OM fast keine Wirkung. (Folia pharmacol. japon. **49.** 282—88. 20/9. 1953. [Orig.: japan., Auszug: engl.]) L. SCHULER. 4610

C. E. Coulthard und **L. J. Hale** (mit einem Addendum von **M. R. Gurd**), *Behandlung experimenteller Bacilleninfektionen von Mäusen mit Chinoxalin-1.4-di-N-oxyd.* Die Läsionen durch experimentelle Infektionen der Maus mit Salmonella typhi u. paratyphi B, Shigella sonnei sowie Pseudomonas pyocyanea verschwanden durch Behandlung mit *Chinoxalin-1.4-di-N-oxyd* (I) in einer Dosierung von 250 mg/kg. Die Entstehung *Streptomycin*-resistenter Pseudomonas pyocyanea- u. Proteus vulgaris-Stämme wird durch I verzögert. In vitro war I gegenüber allen untersuchten Proteusstämmen wirksam. (Brit. J. Pharmacol. Chemotherapy **10.** 394—96. Sept. 1955. Nottingham, Boots Pure Drug Co., Ltd.) H. DOSSMANN. 4610

I. M. Rollo, *Daraprim — experimentelle Chemotherapie.* (Vgl. C. **1956.** 8682.) Die Antimalariawirksamkeit gegenüber *Plasmodium gallinaceum* bei Küken (Infektion durch intravenöse Injektion von 0,2 ml Glucose–NaCl-Lsg. mit Heparin, die 50 Millionen parasitenhaltige Erythrocyten enthält, orale Zufuhr des Mittels in wss. Lsg. nach einigen Std., dann 2mal täglich 3 Tage lang u. Differentialzählung der parasitenhaltigen Erythrocyten am folgenden Tag) bzw. gegen *P. berghei* bei Mäusen (Infektion intraperitoneal mit 5 Millionen infizierten Zellen, Auswertung erst am 7. Tag) wird von folgenden 2.4-Diaminopyrimidinen untersucht [Aktivitäten: 0 bzw. 1 (keine bzw. leichte Aktivität bei Dosen von 100 mg/kg bei Küken oder 50 mg/kg bei Mäusen). 2—5 (akt. bei Dosen von 100—10, 10—1, 1—0,1 u. 0,1—0,01 mg/kg); Proguanil-Äquivalente in ()]: *5-Phenoxy-*, 2 bzw. 1. *5-[2-Chlorphenoxy]-*, 1; 1. *5-[3-Chlorphenoxy]-*, 2 (0,05); 1. *5-[4-Chlorphenoxy]-*, 2; 2. *5-[4-Methylphenoxy]-*, 0; 1. *5-[3-Chlorphenoxy]-6-methyl-*, 3 (0,5); 1. *5-[4-Chlorphenoxy]-6-methyl-*, 3 (0,4); 3 (0,7). *5-[4-Chlorphenoxy]-6-äthyl-*, 3; 1. *5-[4-Chlorphenoxy]-6-propyl-*, 2; 1. *5-Benzyl-*, 2; 2. *5-[2-Chlorbenzyl]-*, 1; 2. *5-[4-Chlorbenzyl]-*, 2; 2 (0,6). *5-[4-Methylbenzyl]-*, 2; 0. *5-[4-Nitrobenzyl]-*, 3 (0,6); 2. *5-Benzyl-6-methyl-*, 2; 3. *5-[2-Chlorbenzyl]-6-methyl-*, 2; 2. *5-[4-Chlorbenzyl]-6-methyl-*, 3 (0,4); 3 (2). *5-[4-Nitrobenzyl]-6-methyl-*, 3 (1); 3 (1,5). *5-[4-Chlorbenzyl]-6-äthyl-*, 3; 2. *5-[2.4-Dichlorbenzyl]-6-methyl-*, 2; 3. *5-[3.4-Dichlorbenzyl]-6-methyl-*, 2; 2. *5-Phenyl-*, 2; 2. *5-[2-Chlorphenyl]-*, 1; 2. *5-[3-Chlorphenyl]-*, 2 (0,3); 2 (0,5). *5-[4-Chlorphenyl]-*, 3 (0,4); 4 (30). *5-[4-Methylphenyl]-*, 2; 2. *5-[4-Nitrophenyl]-*, 2; 2. *5-Phenyl-6-methyl-*, 3; 2. *5-[2-Chlorphenyl]-6-methyl-*, 2; 2. *5-[3-Chlorphenyl]-6-methyl-*, 3; 3. *5-[4-Chlorphenyl]-6-methyl-*, 4 (15); 4 (40). *5-[4-Nitrophenyl]-6-methyl-*, 3 (2); 3 (2). *5-[4-Chlorphenyl]-6-methoxymethyl-*, 3; 0. *5-Phenyl-6-äthyl-*, 3; 2. *5-[4-Chlorphenyl]-6-äthyl-* (I; *Daraprim*), 5 (60); 5 (200). *5-[2.4-Dichlorphenyl]-*, 2; 3 (1). *5-[3.4-Dichlorphenyl]-*, 3 (0,7); 3. *5-[3.4-Dichlorphenyl]-6-methyl-*, 4 (14); 5 (130). *5-[3.4-Dichlorphenyl]-6-äthyl-*, 4 (20); 5 (190). *5-[3.4-Dichlorphenyl]-6-propyl-*, 4; 4. *5-[3.4-Dichlorphenyl]-6-butyl-*, 4; 3. Wie bei vorst. Verss. ist I auch bei extraerythrocytärem P. gallinaceum sowie bei durch Sporozoiten hervorgerufenen Infektionen an Küken von den genannten Verbb. am wirksamsten u. bedeutend wirksamer als Proguanil. Auch bei Sporozoiteninfektionen durch *P. cynomolgi* beim Affen erwiesen sich I u. einige seiner Analogen als hochwirksam. Nach wiederholten Gaben unterschwelliger Dosen von I konnte bei P. gallinaceum u. P. berghei eine I-Resistenz erzeugt werden. Proguanil-resistente Stämme von P. gallinaceum sowie von P. cynomolgi u. *P. knowlesi* sprachen mit I fast wie n. Stämme an. (Trans. Roy. Soc. trop. Med. Hyg. **46.** 474—84. Sept. 1952.) H.-J. KOCH/Berlin. 4610

Lilly Mudrow-Reichenow, *Der moderne Stand der biologischen und chemotherapeutischen Malariaforschung.* Zusammenfassender Bericht über neue Erkenntnisse in der Biologie der Malariaparasiten u. die experimentelle Chemotherapie der Malaria. Als wichtigste malariawirksame Verbb. werden behandelt: *Chinin, Atebrin, Plasmochin, Fourneau 710, Rhodoquin, Plasmocid* = *6-Methoxy-8-diäthylaminopropylaminochinolin*; *Pentaquine* u. *Isopentaquine* = *8-[5-Isopropylaminoamylamino]-6-methoxychinolin* bzw. *8-[4-Isopropylamino-1-methylbutylamino]-6-methoxychinolin*; *Primaquine* = *Aminopentyl-8-amino-6-methoxychinolin*; *Certuna, Cilional* = *Dimethylaminooxychinolylaminobutan*, die *Endochine* (wirksamster Vertreter: *4-Oxy-3-heptyl-7-methoxychinaldin*), *Resochin* = *7-Chlor-4-[4'-diäthylamino-1'-methylbutylamino]-chinolin* u. andere *4-Aminochinoline* (*Sontochin* = *7-Chlor-4-[4'-diäthylamino-1'-methylbutylamino]-3-methylchinolin*; *Camoquine* = *4-[7-Chlor-4-chinolylamino]-α-diäthylamino-o-kresol*), *Paludrin* (N^1-*p-Chlorphenyl-*N^5*-isopropylbiguanid*), dessen N^5-Methylderivat *M 4430* u. N^1*-[3.4-Dichlorphenyl]-*N^5*-isopropyldiguanid*; *Bemural* = *4-Aminobenzolsulfonsäure-3.5-dibromanilid*; *Sulfapyrimidin* (*2-[p-Aminobenzolsulfonamido]-pyrimidin*), dessen 4- u. 4.6-Methylderivv. (*Sulfamerazin* u. *Sulfamethazin*), *Metachloridin* (*N-[5-Chlor-2-pyrimidyl]-metanilamid*), *Sulfapyrazin* (*2-p-[Aminobenzolsulfonamido]-pyrazin*) u. a. (z. B. *Naphthochinonderivv.*). (Ergebn. Hyg., Bakteriol., Immunitätsforsch. exp. Therap. **27.** 420—511. 1952. Wuppertal-Elberfeld, Farbenfabriken Bayer Chemotherapeut. Laborr.) K. F. MÜLLER. 4610

W. Jahn und **C. Häussler,** *Über Resorption, Ausscheidung und Verträglichkeit eines neuen Arsenobenzols (Spirotrypan) beim Pferd.* Die Verträglichkeitsprobe an 2 Pferden mit 40 cm^3 (1,6 g As) Spirotrypan (2-Bis-[β.γ-dioxypropyl]-aminophenol-4-arseno-5-β-⟨benzoxazolyl-(2)-mercapto⟩-propionsaures Na) ergab bei intramuskulärer Injektion keine Rk., bei teilweiser subcutaner Injektion lokale Entzündung der Injektionsstelle. Die As-Komponente ist $^1/_2$ Std. post inj. feststellbar u. erreicht nach 4 Std. den Höchstwert; danach fällt er langsam ab [nach 168 Std. 4 γ/100 g Blut). Die Organspeicherung nimmt ab in der Reihenfolge Niere, Leber, Milz, Muskulatur. (Tierärztl. Umschau **6.** 131—34. April 1951.) G. RUHNKE. 4610

Walter Kugler, *Die unspezifische Wirkung von TBI 698 (Conteben). Eine experimentelle funktionell-morphologische Untersuchung mit besonderer Berücksichtigung der Leber und Lymphknoten sowie der qualitativen und quantitativen Bluteiweißverhältnisse.* Weiße ♂ Ratten, von denen die eine Hälfte pflanzliche u. die andere Hälfte tier. Nahrung erhielt, zeigten unter gleichzeitiger Absceß- u. *TB I*-Wrkg. Leberhypertrophie. Eine degenerative Verfettung war nicht festzustellen. Gleichzeitig waren die BKS verlangsamt u. das Bluteiweißbild normalisiert. (Z. ges. exp. Med. **120.** 651—66. 1953. Tübingen, Univ., Pathol. Inst.) R. RUTKOWSKI. 4610

C. Levaditi, A. Vaisman und **H. Chaigneau-Erhard,** *Antituberkulöse Wirksamkeit von Isonicotinsäurehydrazid* (*INH*). Vergleichsverss. an mit H 37 Rv infizierten Mäusen mit u. ohne *INH* (I)-Behandlung, insgesamt 46,5 mg bei Verabreichung von 1,0—1,5 mg/Tag, ergaben eine Mortalität von 25% gegenüber 100%. Die Ausfälle der I-behandelten Tiere werden auf eine Virusansteckung zurückgeführt. Bei I-Behandlung zeigten die Tiere im Gegensatz zu den Kontrollen nach 38 Tagen keine oder nur geringe Läsionen u. nur geringes Auftreten von Bacillen in den verschied. Organen. Hinweis auf den unterschiedlichen Wirkungsmechanismus von **I** u. *Streptomycin.* (Ann. Inst. Pasteur **83.** 127—30. Juli 1952. Paris, Inst. Alfred Fournier.) H. DOSSMANN. 4610

M. Naguib und **J. M. Robson,** *Die Wirkung von Cortison allein und in Kombination mit Isoniazid bei der experimentellen Corneatuberkulose der Maus.* Nach Injektion von Mycobacterium tuberculosis var. bovis in die Cornea von Mäusen wurde der Einfl. der Nebennierenresektion u. der *Cortison* (I)-Behandlung auf den Verlauf der Infektion untersucht: geringe, aber deutlich günstige Einw. bei entfernter Nebenniere; I-Verabreichung 0,5—1 g/Tag an intakte u. operierte Tiere führte nach 3 Wochen dauerndem günstigem Einfl. zur Verschlimmerung der Krankheit mit Blasenbldg. an der Cornea, ihrer Perforierung u. Metastasenbildung. Bei kombinierter Verabreichung von *Isoniazid* 0,2—0,3 g/Tag u. **I** 0,5 g/Tag überwog der ungünstige Einfl. von **I.** (Brit. J. Pharmacol. Chemotherapy **10.** 387—93. Sept. 1955. Guy's Hosp. Med. School, Dep. of Pharmacol.) H. DOSSMANN. 4610

C. O. Siebenmann und **A. Zubrys,** *Wikurng von Isonicotinoylhydrazonen substituierter Benzaldehyde auf die experimentelle Tuberkulose der Maus.* Die nachst. Verbb. wurden auf ihre tuberkulostat. Aktivität geprüft: 4-Oxy-, 4-[Carboxymethoxy]-, 2-Oxy-3-methoxy-(I), 2-[Carboxymethoxy]-3-methoxy-, 2-Oxy-, 2-[Carboxymethoxy]-(II), 4-Oxy-3-methoxy- u. 4-[Carboxymethoxy]-3-methoxy-benzalisonicotinsäurehydrazid. Alle Verbb. waren auch gegen einen streptomycinresistenten Stamm wirksam, etwas schwächer gegen einen BCG-Stamm. In vivo (tuberkulöse Maus) waren die 4 Phenoxyessigsäureverbb. therapeut. wirksamer als die 4 anderen Verbindungen. Am aktivsten waren **I** u. **II,** die beide auch wenig tox. waren. (Antibiotics Annu. **1954/55.** 442—50. Toronto, Can., Univ. of Toronto, Connaught Med. Res. Labors.) H. GOEBEL. 4610

Harry Shubin, Charles A. Heiken, Allen Glaskin, Edward Pennes, Sailen Sinha und **Sushil Chakravarty,** *Verwendung von Streptomycylidenisonicotinylhydrazinsulfat bei der Tuberkulosebehandlung. Streptomycylidenisonicotinylhydrazinsulfat* (I, *Streptohydrazid,* CHAS. PFIZER & CO., INC.), ein mol. Gemisch von 236 mg *Isoniazid* (**II**) +1 g *Streptomycin* (**III**), ist in Dosen von ca. 1,4 oder 2,8 g bedeutend weniger tox. als seine Einzelkomponenten allein. Gegen akute Tuberkuloseformen ist **I** ebenso wirksam wie Injektion von **III** + orale Gabe von **II**; **I** wird intramuskulär verabreicht u. kann täglich gegeben werden (bessere Ergebnisse als bei intermittierender Behandlung). (Antibiotics Annu. **1954/55.** 406—12. Philadelphia, Pa., Rush Hosp. u. Philadelphia Gen. Hosp. Northern Div.) H. GOEBEL. 4611

Aaron M. Gold, Rupert LaCaille und **Aaron Prigot,** *Streptomycyliden-Isonicotinsäure hydrazid bei der Behandlung der Knochentuberkulose.* Bericht über die erfolgreiche Behandlung von 4—45jährigen Patienten mit Knochentuberkulose durch „*Streptohydrazid*" (CHAS. PFIZER & CO., INC.) mit Röntgenbildern. (Antibiotics Annu. **1954/55.** 418—28. New York, N. Y., Harlem Hosp., Dep. of Hosp. and Surgery.) H. GOEBEL. 4611

John W. V. Cordice jr. und **Aaron Prigot,** *Behandlung von tuberkulöser Adenitis mit Streptomycyliden-Isonicotinsäurehydrazid.* 13 Fälle mit tuberkulöser Lymphadenitis sprachen auf Behandlung mit „*Streptohydrazid*" (CHAS. PFIZER & CO., INC.) gut an, 2 Fälle zeigten nach 6 Monaten Rückfälle, die aber auf eine 2. Behandlung wieder ansprachen. In 3 Fällen traten Unverträglichkeitserscheinungen auf; Leberschäden wurden nicht beobachtet. (Antibiotics Annu. **1954/55.** 429—36. New York, N. Y., Harlem Hosp., Depp. of Hosp. and Surgery.) H. GOEBEL. 4611

Ju. N. Ssacharow, *Über die toxische Wirkung von Streptomycin auf die Gehirnhäute.* Bei der tuberkulösen Meningitis ist die intralumbale (subarachnoidale, suboccipitale) Anwendung von *Streptomycin* (**I**) indiziert, nicht jedoch bei der serösen lymphocytären oder Virusmeningitis, wo **I**, wie an Hand mehrerer klin. Beispiele gezeigt wird, bei höherer Dosierung (100 000 E.) in tox. Weise das meningeale Syndrom verstärkt u. verlängert („I-Meningitis" mit Temperaturschwankungen, Verschlechterung des Zustandes, Kopfschmerzen, Erbrechen, epileptoide Anfälle). Der eigenartige remittierende Verlauf der I-Meningitis mit Rezidiven nach jeder intralumbalen I-Injektion u. das Verschwinden des Syndroms nach Absetzen von **I** helfen, eine fälschlich diagnostizierte tuberkulöse Meningitis von der gutartigen Virusmeningitis zu unterscheiden. (Клиническая Медицина [Klin. Med.] **33 (36).** Nr. 12. 69—73. Dez. 1955. Moskau, Zentralinst. für Ärztefortbldg., Lehrstuhl für Nervenkrankh.) E. RENTZ. 4611

Silvester Mašura, *Toxische Wirkung von Streptomycin in der Therapie der Meningitis.* $^{1}/_{2}$ Std. nach intralumbaler Applikation von 0,1 g *Streptomycin* (I) traten bei einem auch gegenüber Sulfonamiden u. Penicillin allerg. reagierenden Patienten *Nystagmus* 3. Grades, *Dyslalie*, BROCAsche *Aphasie, Mydriasis* u. *Gleichgewichtsstörung* ein; der Zustand normalisiert sich nach ausgiebiger Lumbalpunktion. Störungen des Vestibularapp. machen sich gleich zu Beginn der I-Applikation bemerkbar u. können gleichzeitig peripherer u. zentraler Art sein. (Bratislavské Lekárske Listy. **31.** 617—19. 1951, Michalovce, Štátn. oblastn. nem.) E. ROTTER. 4611

Kenneth M. Smith, *Nachprüfung von 100 Fällen mit Streptomycin behandelter Miliartuberkulose und tuberkulöser Meningitis nach 5 Jahren.* Von 100 an Miliartuberkulose u. Meningitis tuberculosa leidenden Patienten, die mit *Streptomycin* intramuskulär u. intrathecal behandelt waren, lebten 5 Jahre nach Abschluß der Behandlung noch 15. Die auf das tuberkulöse Leiden zurückzuführenden Todesfälle ereigneten sich innerhalb der ersten $2^{1}/_{2}$ Jahre. (Amer. J. med. Sci. **225.** 657—59. Juni 1953. Long Beach, Calif., Veterans Administration Hosp., Pulmonary Diseases Serv.) R. RUTKOWSKI. 4611

L. E. Josselyn, C. Endicott und **J. C. Sylvester,** *Resorption von Erythromycin.* 3. Mitt. *Verschiedene pharmazeutische Anwendungsformen.* (2. vgl. SYLVESTER u. JOSSELYN, Antibiotics and Chemotherapy. **3.** [1953.] 930.) *Erythromycin* (I)-Tabletten mit einem darmunlösl. Überzug werden bedeutend langsamer resorbiert als andere pharmazeut. Zubereitungen. Präpp. aus I-Base oder I-Stearat in Tablettenform oder als wss. Suspension lieferten vergleichbare Blutspiegel. I-Stearatsuspension ist die wirksamste Applikationsform für I. (Antibiotics Annu. **1954/55.** 279—82. Illinois, North Chicago, Abbott Labors.) H. GOEBEL. 4611

J. C. Sylvester und **L. E. Josselyn,** *Resorption von Erythromycin.* 4. Mitt. *Erythromycin B.* (3. vgl. vorst. Ref.) Mit *Erythromycin B* (I; *Erythromycinstearat*, ABBOTT) wird ein nahezu doppelt so hoher Blutspiegel erreicht wie mit derselben Dosis *Erythromycin* (II). Als Chemotherapeuticum besitzt I gegenüber II jedoch keine Vorteile, da es infolge stärkerer Resorption auch höhere Toxizität aufweist. (Antibiotics Annu. **1954/55.** 283—85.) H. GOEBEL. 4611

Kenneth C. Watson, *In vitro-Aktivität von Chloramphenicol auf Salmonella typhi. Chloramphenicol* (I) besitzt in vitro eine geringe, aber eindeutige bactericide Wrkg. auf *S. typhi.* Bei Ggw. von 50 $\mu g/cm^3$ I konnten sowohl in künstlich infizierten Blutgerinnseln als auch auf Nährbouillon nach 48 Std. nur noch 10% von *S. typhi* bakteriolog. nachgewiesen werden. Das Auftreten von typhoiden Fieberrückfällen nach Verabreichung von I erklärt Vf. durch in vivo auftretende Schutzwrkg. der intracellulären Formen von S. typhi gegen Phagocytose durch I, die zu period. Bakteriämie führt. (J. Lab. clin. Med. **45.** 97—101. Jan. 1955. Pietermaritzburg, South Africa, Natal Provincial Administr., Grey's Hosp.) R. LAFFERENZ. 4611

W. Busse, *Über die Wirkung des Chloramphenicols auf die Darmmotilität.* Besprechung von Verss. an isolierten Dünndarmpräpp. nach MAGNUS u. am Meerschweinchendünndarm in situ zur Feststellung der Wrkg. von *Chloramphenicol* (I) in verschied. Konzz. auf die Darmmotilität; bei Verdünnung 1:5000 wurde die Wrkg. verschied. darmerregender Stoffe wie *Doryl, Nicotin* u. $BaCl_2$ aufgehoben. In vivo, Meth. STRAUB u. TRIENDL, wirkt I peristaltikhemmend; bei I-Applikation in das Darmlumen konnte die I-Wrkg. durch Vorbehandlung der Mucosa des Darmes mit *Tannin* aufgehoben werden. Synthet. I-Racemat war bei analogen Verss. etwas stärker wirksam als das biol. *d-(—)-Threo-1-p-nitrophenyl-2-dichloracetamidopropanediol-(1.3).* Zur Klärung, ob I muskuläre Wirkungen ausübt, wurde ein ganglienfreies Kaninchenohrpräp. mit einer I-RINGER-Lsg. durchströmt u. Abschwächung der Histamin- u. Adrenalinempfindlichkeit festgestellt. Besprechung der Zusammenhänge zwischen Dosierung u. I-Konz. im Darm beim Tiervers. u. Übertragung der Ergebnisse auf die klin. I-Therapie sowie Diskussion des Wirkungsmechanismus. (Naunyn-Schmiedebergs Arch. exp. Pathol. Pharmakol. **216.** 331—43. 1952. Göttingen, Univ., Pharmakol. Inst.) H. DOSSMANN. 4611

Stata Norton und **E. J. de Beer,** *Wirkung einiger Antibiotica auf Rattenmastzellen in vitro.* Von *Polymyxin B* (I), *Bacitracin, Aureomycin, Achromycin, Penicillin G* u. *Sulfanilamid* greift allein I die Mastzellen des Rattenmesenteriums in vitro kräftig an. Die Zellfragmentation ist etwa gleich wie bei *Präp. 48—80* (Histaminkörper, Bezugssubstanz). Sie wird durch *Cycloserin* verhindert, das in bestimmten Konzz. auch einem hypoton. Zellzerfall entgegenwirkt. (Arch. int. Pharmacodynam. Thérap. **102.** 352—58. 1/7. 1955. Tuckahoe, N. Y., Wellcome Res. Labor.) H. WALTER. 4611

P. Razemon und **M. Ribet,** *Die Anwendung von fibrinolytischen Enzymen in der Thoraxchirurgie.* Durch die intrathoracale Anwendung von fibrinolyt. Enzymen (*Streptokinase*) wird eine beschleunigte Lyse von hämorrhag. u. tuberkulösen Ergüssen erreicht. Dadurch kommt es zu einer therapeut. wertvollen schnelleren Austrocknung der Exsudate, Säuberung u. Desinfizierung der Cavernen u. zu einer Erhöhung der Wrkg. von Antibioticis. (Presse méd. **59.** 974—76. 7/7. 1951. Lille, l'Hôpitale Calmette, Laboratoire.) J. JÜRGENS. 4614

John F. Madden und **Harold G. Ravits,** *Enzymdébridement bei schmerzlosen, infektiösen Ulcerationen der Haut.* Die kombinierte Anwendung von *Streptokinase-Streptodornase* („*Varidase*") oder die Applizierung von gereinigtem, krist. *Trypsin* erleichtern die Entfernung der Exsudate bei indolenten, infektiösen Ulcerationen der Haut u. begünstigen die Bldg. neuen Hautgewebes. (J. Amer. med. Assoc. **149.** 1616—19. 30/8. 1952. St. Paul.) J. KEIL. 4614

Richard C. Britton und **David V. Habif,** *Klinische Anwendung von Hyaluronidase.* Umfassender Literaturüberblick (156 Zitate), z. T. mit Ergänzungen aus eigenen Erfahrungen (Kasuistik). (Surgery **33.** 917—42. Juni 1953. New York, Columbia Univ., Coll. of Physicians and Surgeons, Dep. of Surgery.) H. GIBIAN. 4614

A. Bergamini, G. Scapinelli und **G. Benatti,** *Der Einfluß der Hyaluronidase auf die Funktion der Nierenglomerula bei gesunden und nierenkranken Personen.* Vff. geben an, daß nach intravenöser Verabreichung einer einmaligen Gabe von *Hyaluronidase* (**I**; 250 bis 2500 E.) eine Vergrößerung des Glomerulumfiltrats erfolgt, während der Nierenplasmastrom unbeeinflußt bleibt. Am deutlichsten waren diese Veränderungen bei nephrit. Prozessen. Intramuskuläre Injektionen von **I** beeinflussen die Nierenclearance nicht. (Minerva med. [Torino] **46 II.** 527—32. 8/9. 1955. Modena, Univ., Ist. Clin. Med. Gen.) P. G. SCHEURLEN. 4615

A. Schäffer und **E. Kühle,** *Zum Wirkungsmechanismus einer sympathicomimetischen Substanz aus der Adrenalinreihe. Phenylisobutylnorsuprifen* (*Dilatol*; **I**) zeigt am Ganztier (**II**) eine monophas. Senkung des Blutdrucks mit starker Zunahme der Extremitätendurchblutung u. Ausschüttung des Milzdepots. Am Spinaltier (**III**) erfolgt zunächst ein Druckanstieg ohne Latenz u. ohne Minderung der peripheren Durchblutung, dem später eine Drucksenkung mit Durchblutungsminderung folgt. Eine künstliche Auffüllung des Kreislaufs (*Periston*) verwischt die Unterschiede zwischen **II** u. **III**. **I** greift demnach ausschließlich peripher an, während der Initialeffekt von **I** bei **III** als Ausdruck einer direkten sympathicomimet. Auswrkg. auf die Herzdynamik gedeutet wird. (Naunyn-Schmiedebergs Arch. exp. Pathol. Pharmakol. **216.** 494—500. 1952. Hamburg, Univ., Inst. f. exp. Pathol. u. Balneol.) H. JORDAN. 4620

H. J. Bein, F. Gross, W. Schuler und **J. Tripod,** *Pharmakologische Differenzierung von parasympathicolytisch und ganglienblockierend wirkenden Substanzen als Grundlage ihrer therapeutischen Anwendungsmöglichkeiten.* Untersucht wurden folgende Verbindungen: *Antrenyl* (**I**), *Methanthelin* (**II**), *N.N-Dimethylpiperidyliden-1.1-diphenylmethanmethylsulfat* (*Diphenmethanil*; **III**), *Scopolamin-N-butylbromid* (**IV**) u. *Pendiomid* (**V**). In allen Versuchsanordnungen (isolierter Kaninchen- u. Meerschweinchendünndarm, isoliertes Froschherz, Katzenblutdruck, oberes Halsganglion der Katze, Speichelsekretion des Kaninchens, Magensaftsekretion beim Hund, experimentelle Magenulcera bei Ratte u. Meerschweinchen) zeigte sich übereinstimmend, daß die Verbb. **I—IV** als Parasympathicolytica die muscarinähnlichen Wirkungen des Acetylcholins an den Endapparaten paralysieren, während **V** als Ganglienblocker die nicotinähnlichen Wirkungen bei der intraganglionären Erregungsübertragung hemmt. **I—IV** können allerdings in sehr hohen Konzz. auch intraganglionär hemmen; dabei sind aber die peripheren Erscheinungen an den parasympath. Endapparaten bereits so stark ausgeprägt, daß diese Möglichkeit therapeut. nicht verwertbar ist. Zwischen den Verbb. **I—IV** bestehen in den verschied. Versuchsanordnungen gewisse quantitative Unterschiede. (Schweiz. med. Wschr. **82.** 1143—48. 1/11. 1952. Basel, Ciba A. G., Wissenschaftl. Labor.) A. DAUTZENBERG. 4620

H. J. Bein, *Vergleichende Untersuchungen von ganglienblockierenden Substanzen, von Sympathicolyticis und von Parasympathicolyticis bei experimenteller Lungenembolie.* Die durch experimentelle Lungenembolie bei Katzen hervorgerufenen Veränderungen der Atmung u. des Kreislaufs konnten durch 0,5 mg/kg *Pendiomid* [*N.N.N'.N'-3-Pentamethyl-N.N'-diäthyl-3-azapentylen-(1.5)-diammoniumdibromid*] sofort wieder normalisiert werden, während *DHE 45, Hydergin, Priscol, Regitin* sowie *Atropin* ohne Wrkg. blieben. *Novocain* hat in hohen Dosen (7—10 mg/kg) nur geringe flüchtige Wrkg. *Hexamethonium* u. *Tetraäthylammoniumbromid* waren auch in hohen Dosen nicht so wirksam wie *Pendiomid*; durch vorher gegebenes *Hexamethonium* wird aber die Wrkg. von *Pendiomid* gehemmt. (Experientia [Basel] **8.** 67—69. 15/2. 1952. Basel, Ciba A. G., Biol. Abt.) H. DAUTZENBERG. 4620

Erik Jacobsen und **Y. Skaarup,** *Experimentelle Auslösung des Konfliktverhaltens bei Katzen: Die Wirkung einiger anticholinergischer Verbindungen.* Es wurde die Wrkg. von 10 anticholinerg. Verbb., *Benzilsäure* (**I**)-*Dimethylaminoäthylester-HCl*, **I**-*Diäthyl-*

aminoäthylester-HCl (*Benactyzine*), I-*Di-n-propylaminoäthylester-HCl*, I-*Diisopropylaminoäthylester-HCl*, I-*Diäthylaminopropylester-HCl*, I-*Diäthylaminoisopropylester-HCl*, *Trasentin*, *Chlorpromazin* (II), *Scopolamin*-HBr (III), A., auf das Konfliktverh. von Katzen (Methodik s. Acta pharmacol. toxicol. **11.** [1955.] 117) untersucht. Die I-Aminoester zeigten deutlich einen normalisierenden Einfl., wobei das N-Diäthylaminoäthylderiv. das beste Resultat gab. II u. III hatten keine, A. schwache Wirkung. (Acta pharmacol. toxicol. [København] **11.** 125—34. 1955. Copenhagen, Medicinalco, Ltd., Biol. Labors.) K. MAIER. 4620

Erik Jacobsen und **Else Sonne,** *Die Wirkung von Benzilsäurediäthylaminoäthylesterhydrochlorid* (*Benactyzine*) *auf das durch Stress hervorgerufene Verhalten der Ratte.* In bestimmter Weise gereizte Ratten zeigen anomales Verhalten. Zufuhr von *Benzilsäurediäthylaminoäthylester-HCl* (*Benactyzine*) bewirkt dessen Normalisierung (wirksame Dosis $^1/_{300}$—$^1/_5$ der letalen). (Acta pharmacol. toxicol. [København] **11.** 135—47. 1955. Copenhagen, Medicinalco, Ltd., Biol. Labor.) K. MAIER. 4620

B. Je. Wotschal, *Antihistaminpräparate.* Übersicht. — 38 Literaturstellen. (Клиническая Медицина [Klin. Med.] **33** (**36**). Nr. 12. 3—12. Dez. 1955.) E. RENTZ. 4625

Aurel Hudcovič, *Die synthetischen Antihistaminica in der Therapie der Schwangerschaftstoxikosen. Antistin* = *N-Phenyl-N-benzylaminoäthylimidazolin* (CIBA) u. *Phenergan* = *N-[2-Dimethylamino-n-propyl]-phenothiazin* (SPECIA) bringen in der Therapie der *Schwangerschaftstoxikosen* befriedigende Ergebnisse. Die Wrkg. äußert sich am 4.—5. Tag durch Verringerung oder Verschwinden des Erbrechens, Besserung des subjektiven Befindens, der Stimmung u. des Appetits. Bei *Eklampsien* treten nach 24 Std. Erniedrigung des Blutdruckes, Erhöhung der Diurese u. Verringerung des ausgeschiedenen Eiweißes ein. (Bratislavské Lekárske Listy **31.** 544—53. 1951. Bratislava, Slov. Univ., Žensk. a pořodn. klinika.) E. ROTTER. 4625

R. Bönicke und **H. Wolter,** *Untersuchungen über die antispastische und tuberkulostatische Wirkung des Antihistaminicums „Avil" und ihre Aufhebbarkeit durch p-Aminobenzoesäure.* In vitro besitzt *Avil* (I) [*1-Phenyl-1-pyridyl-(2)-3-dimethylaminopropan-p-aminosalicylat*] neben der Antihistaminwrkg. eine hohe tuberkulostat. Aktivität, die auf den *PAS*-Anteil zurückzuführen sein dürfte. Diese Wrkg. wird in Ggw. von *p-Aminobenzoesäure* (II) aufgehoben. Auch die Verbb. von II mit *Thioharnstoff*-Derivv. wirken im gleichen Sinne. Dagegen wird die antispast. Wrkg. von I gegenüber dem Histaminkrampf am Darm auch durch 25fache molare Konz. von II nicht vermindert. (Naturwissenschaften **39.** 383—84. 2. Augustheft 1952. Borstel, Tuberkuloseforschungsinst.) L. BERGER. 4625

Benigno R. Garat und **Manuel Asrilant,** *Klinischer Versuch mit einem neuen synthetischen Antihistaminicum, Chlorcyclizinhydrochlorid.* Als günstige Ergebnisse der Behandlung mit *Chlorocyclizinhydrochlorid* wurde Verkürzung der Dauer der allerg. Erkrankungen bes. bei poliklin. Rhinopathien u. Urticaria beobachtet. Geringer waren sie bei vasomotor. Rhinopathien u. nicht vorhanden bei Asthma u. Pruritus. (Prensa méd. argent. **38.** 3086—90. 23/11. 1951. Buenos Aires, Inst. Naz. Enferm. Alérg.) B. KRAFT. 4625

Matner, *Thiantan — ein neues Antihistaminicum.* Mit *β-Diäthylamino-äthylphenothiazin* (*Thiantan*) wurde bei einer Reihe allerg. Hautkrankheiten ein symptomat. Erfolg erzielt. (Dermatol. Wschr. **125.** 587—90. 1952.) F. JUNG. 4625

Charlotte Zschocke, *Niadon in der dermatologischen Praxis.* Bericht über gute Erfolge bei 77 Fällen mit dem antiallerg. u. antipruriginös wirkenden *Niadon* (RIEDEL-DE HAEN, Seelze u. Berlin), einem Kombinationspräp. mit Geh. an 1% *Nicotinsäureamid*, 5% $CaBr_2$ u. 25% *Dextrose.* (Therap. d. Gegenwart **93.** 466—68. Dez. 1954. Wiesbaden.) H. DOSSMANN. 4625

F. M. Berger und **T. E. Lynes,** *Die Wirkung von Mephenesin auf Barbituratnarkosen.* An Mäusen wurde der Synergismus zwischen *Mephenesin* (I) u. *Hexobarbital-Na* (II) bzw. *Butabarbital-Na* (III) untersucht. In geeigneten Mischungsverhältnissen potenziert I hypnot. u. narkot. Wirkungen von II u. III. Bemerkenswert ist die vollständige Unterdrückung des excitativen Anfangsstadiums nach II u. III durch I. (Arch. int. Pharmacodynam. Thérap. **100.** 401—08. 1/1. 1955. New Brunswick, N. J., Wallace Labor.) H. WUNDERLICH. 4627

Ss. W. Ditschesskul, *Der Einfluß von Promedol, Phenadon und Tekodin auf die anästhetisierende Wirkung von Novocain.* In Verss. am Kaninchen u. in klin. Beobachtungen wird der Einfl. von *Promedol* (I), *Tekodin* (II) u. *Phenadon* (III) auf die Anästhesie mit 0,25—2%ig. *Novocain* (IV)-Lsg. untersucht. Die mit I u. II erzielte Verstärkung ist der mit Morphin erzielten vergleichbar, III wirkt schwächer. Am deutlichsten ist die Verstärkung bei kleinen IV-Dosen (0,25 u. 0,5%ig. Lsg.); 1 ml 2%ig. I-Lsg. verlängert

die Anästhesiedauer mit 0,25%ig. IV-Lsg. von 25 auf 120–130 Minuten. (Вестник Хирургии имени И. И. Грекова [Grekow Nachr. Chirurgie] **76.** Nr. 9. 81–84. Okt. 1955., Leningrad, 1. Med. Pawlow-Inst., Klin. für allg. Chirurgie.)
R. K. MÜLLER. 4627

H. Laborit, P. Huguenard, C. Douzon, B. Weber und **R. Guittard,** *Physiologische und klinische Studie über ein anästhesierendes Steroid, der Mononatriumbernsteinsäureester des 21-Oxypregnandions.* Die letale Dosis des genannten Steroids (*Viadril*) für die Maus beträgt 310 mg/kg. Es hat keine Wrkg. auf das vegetative Nervensystem u. keinen hormonalen Effekt, wirkt zentral schwach anästhesierend u. potenziert die Wrkg. anderer zentraler Analgetica. (Press. méd. **63.** 1725–27. 14/12. 1955.)
HEINRICH HERMANN. 4627

W. Schimmler, *Über die Wirkung des intravenös verabreichten Novocains auf den arteriellen Kreislauf und auf den Stoffwechsel des Menschen.* An 18 Versuchspersonen wurde die Wrkg. von 0,1 g *Novocain* in 1%ig. Lsg. intravenös auf Kreislauf u. Stoffwechsel untersucht. Dazu wurden fortlaufend Blutdruck, Schlag- u. Minutenvol. sowie O_2-Verbrauch u. CO_2-Abgabe bestimmt. Während bei Gesunden offenbar die physiol. Schwankungen des Gasstoffwechsels u. Minutenvol. nur vergrößert werden, senkt *Novocain* bei adrenerg.-ergotroper Ausgangslage beide Faktoren. Umgekehrt wurde bei cholinergisch-histotroper Grundeinstellung eine Steigerung von Stoffwechsel u. Minutenvol. beobachtet. (Naunyn-Schmiedebergs Arch. exp. Pathol. Pharmakol. **216.** 390–99. 1952, München, Univ., II. Med. Klinik.) A. DAUTZENBERG. 4627

C. H. Wellis, Waller V. Morgan und **E. J. de Beer,** *Zentral lähmende Wirkungen einiger myoneural blockierender Mittel.* Zur Muskellähmung bei Hunden u. Katzen wurden *d-Tubocurarin* (I), *Dekamethonium* (II) u. *Succinylcholin* in hohen Dosen verwandt. Die Wrkg. von I ließ sich prompt durch *Prostigmin,* die von II mit *49–204* (einem 2-substituierten Stilbazolin) aufheben. Nach Wiederherstellung der myoneuralen Erregungsübertragung (spontan oder nach Gabe eines Antidots), die durch elektr. Reizung des N. phrenicus u. ischiadicus geprüft wurde, bestand nach hohen Relaxansdosen weiterhin Atemstillstand, der N. phrenicus zeigte keinen Aktionsstrom. Durch *Lobelin* oder *TRC-209* (*9-Amino-1.3-dimethyl-2.10-diazaphenanthrendihydrochlorid*) wurden prompt Atembewegungen in Gang gesetzt, die oft nach kurzer Zeit wieder sistierten. Erst mit dem Ingangkommen der Spontanatmung traten auch Aktionsströme im N. phrenicus auf. — Es konnte nicht geklärt werden, ob diese verlängerte Apnoe — bei funktionierender myoneuraler Synapse — Folge einer direkten zentralen Wrkg. der Relaxantien oder durch Anoxie bedingt ist. (J. Pharmacol. exp. Therapeut. **106.** 353–63. Nov. 1952. Tuckahoe, N. Y., Wellcome Res. Labor.) A. DAUTZENBERG. 4628

F. T. Evans, P. W. S. Gray, H. Lehmann und **E. Silk,** *Die Empfindlichkeit für Succinylcholin in Abhängigkeit von der Serum-Cholinesterase.* Unterss. an 2 Patienten, die nach *Succinylcholin* (I) eine längere Atemlähmung aufwiesen (20 bzw. 21 Min.), ergaben in beiden Fällen stark herabgesetzte Serum-Cholinesterasespiegel. In-vitro-Verss. im WARBURG-App. zeigten, daß I die Acetylcholinhydrolyse durch die „echte" Acetylcholinesterase u. durch die Pseudocholinesterase hemmt; die Hydrolyse von I erfolgt aber nur durch die Serum (Pseudo-)-Cholinesterase. Bei Kranken mit niedrigen Serum-Cholinesterasewerten ist daher mit verlängerter I-Wrkg. zu rechnen. (Lancet **262.** 1229 bis 1230. 21/6. 1952. London, St. Bartholomew's Hosp.) A. DAUTZENBERG. 4628

Hans-Jürgen Steinke und **Günther Vogel,** *Experimentelle Untersuchungen zur Frage der Kreislaufwirkung von Curarin.* An der Katze kann durch höhere Dosen *d-Tubocurarin* (3 E./kg) oder rasche Injektion kleinerer Dosen (1 E./kg) ein Blutdrucksturz zustande kommen. Nach Unterbindung beider Ureteren kann schon 1 E./kg *Curarin* tödlichen Blutdruckabfall bewirken. Die individuellen Schwankungen sind groß. *Eserin* ist als Antidot wirksamer als *Prostigmin.* Beide wirken aber im wesentlichen auf die Atmung, während der Kreislaufkollaps kaum beeinflußt wird. *Antihistin* ist ohne Wrkg. auf den Kollaps. Am besten wirken *Adrenalin* u. *Arterenol.* Demnach ist als Ursache des Kollapses nicht eine Histaminausschüttung, sondern eine Lähmung sympath., evtl. auch zentraler Synapsen anzusehen; Verhinderung der renalen Ausscheidung des *Curarins* durch Ureterenunterbindung erhöht die Toxizität deutlich. Auf die klin. Folgerungen bei gestörter Nierenfunktion bzw. bei Operationen an den Harnorganen wird hingewiesen. (Naunyn-Schmiedebergs Arch. exp. Pathol. Pharmakol. **216.** 381–89. 1952. Berlin, Humboldt-Univ., Physiol. Inst.; Städt. Krankenhaus Neukölln, Chirurg. Klinik.)
A. DAUTZENBERG. 4628

Ray W. Gifford jr. und **Walter F. Kvale,** *Untersuchung eines neuen adrenolytischen Mittels (Regitin) als Test für Phäochromocytoma. Regitin* (*C 7337, 2-{N-p-Tolyl-N-[m-oxyphenyl]-aminomethyl}-imidazolinhydrochlorid*) wurde bei 279 Patienten in der Dosis von 5 mg intravenös gegeben u. bewirkte bei 7 auf Phäochromocytoma Verdächtigen prompt einen starken Abfall des Blutdruckes. 7 Fälle falscher positiver Rk. werden zurückgeführt auf Senkung vor dem Test, Urämie, niedrigen Blutdruck an sich u. noch ungeklärte blutdrucksenkende Wrkg. von *Regitin* auf überempfindliche Patienten. (J. Amer. med. Assoc. **149.** 1628—34. 30/8. 1952. Rochester, Minn., Univ., Sect. of Clin. Phys., u. Div. of Med.) G. Weltzien. 4630

P. M. Alperin, F. I. Loginowa und **M. W. Malowa,** *Erfahrungen mit Neodicumarin zur Prophylaxe thromboembolischer Komplikationen bei Hypertonie. Neodicumarin,* ein Pelentananalogon, zeigte bei 24 Hypertonikern eine günstigere thromboprophylakt. Wrkg. als Dicumarin. Dosierung: 2 Tage lang zu 0,2 g 3mal, dann 2mal täglich, Erhaltungsdosis 0,1—0,2 g täglich. Die gewünschte Senkung des Prothrombinindex (bis 53—60%) wurde am 5.—6. Tage erreicht. Die Gerinnungszeit des Blutes nahm etwas zu, die erhöhte Viscosität deutlich ab. Es traten in keinem Falle thromboembol. Komplikationen auf u. bei bestehenden Thrombophlebitiden kommen die Thromben zur Resorption. Keine Mikrohämaturie, keine sonstigen Nebenwirkungen. (Клиническая Медицина. [Klin. Med.] **34** (**37**). Nr. 1. 64—68. Jan. 1956. Moskau, Zentralinst. für Hämatol. u. Bluttransfusion, u. 2. Med. Stalin-Inst., hospit. therapeut. Klinik der Pädiatr. Fak.) E. Rentz. 4630

Hans Seel, *Spartein in der Herztherapie.* 600 Fälle von Reizleitungsstörungen, Myocardschäden, Coronarsklerose u. Coronarinsuffizienz wurden — z. T. in Verbindung mit Digitaloiden — mit *Spartein* behandelt. Unter Berücksichtigung individueller Schwankungen wurde die Anfangsdosis bei leichten bis mittleren Fällen von 0,05 g bis auf 0,001 g pro dosi reduziert. Der Erfolg war stets eindeutig. Für die Nachbehandlung waren bei Extrasystolen Erhaltungsdosen von 0,002 g pro die, bei Reizleitungsstörungen solche von 0,05—0,1 g pro die erforderlich. Bei Coronarschäden trat der therapeut. Effekt mit Hilfe gleichzeitiger Digitalisgaben schneller ein. Die von früheren Autoren angegebene diuret. Wrkg. konnte bei den angewandten kleinen Dosen nicht beobachtet werden. Die Nebenalkaloide von Sarothamnus scoparius werden abschließend in ihrer pharmakol. Wrkg. diskutiert. (Planta med. [Stuttgart] **1.** 12—17. Juni 1953.) G. Kerstein. 4630

A. W. Brockmann, *Die Entwicklung der Theophyllintherapie und ihre klinische Bedeutung.* In einem Überblick über die Entw. der Purinderivv. wird bes. auf *Theophyllinäthylendiamin* (*Euphyllin*), *Theophyllin-Na-Glycinat* sowie auf die *Theophyllin*-Synth. überhaupt eingegangen. Pharmakol. u. therapeut. Besonderheiten von I-*Diäthanolamin* (*DHT*-Siegfried), 7-[*2.3-Dioxypropyl*]- u. 7-[*β-Oxäthyl*]-*theophyllin* (*Cordalin*) werden vergleichend besprochen. Die Beeinflussung des Wasser- u. Salzstoffwechsels, der hämodynam. Verhältnisse sowie der Gefäße u. Bronchien durch Theophyllin werden referierend zusammengefaßt. (Arzneimittel-Forsch. **4.** 444—49. Juli 1954. Säckingen.) H. Jordan. 4630

Heinrich Gebhardt, Grundriß der Pharmakologie, Toxikologie und Arznei-Verordnungslehre. 16. verb. Aufl. München: Müller & Steinicke. 1956. (VII + 503 S.) 8° = Sammlung medizinischer Grundrisse. DM 14,—.

F. Pharmazie. Desinfektion.

J. Kysela und **K. Háze,** *Einige Bemerkungen zur Gefrierpunktserniedrigung nach dem Tschechoslowakischen Arzneibuch 1. Ausgabe, 1. Ergänzungsband.* Vff. stellen fest, daß die Angaben über Gefrierpunktserniedrigung des Arzneibuches von Autoren übernommen wurden, die thermoelektr. gemessen haben. So ergeben sich beim Arbeiten mit dem Beckmann-Thermometer Differenzen. (Československ. Farmac. **4.** 247. Juni 1955. Praha, Medika, Kontr.-Labor.) E. Vevera. 4750

J. Böswart und **Zd. Blažek,** *Gehaltsbestimmung von Drogen im Tschechoslowakischen Arzneibuch 2. Ausgabe.* 1. Mitt. *Alkaloid- und Glykosiddrogen.* Vff. führen die bekannten Methoden an, nach denen die Drogen bestimmt werden. — 145 Literaturangaben. (Českoslov. Farmac. **4.** 363—68. Sept. 1955.) E. Vevera. 4750

G. Grotefendt, *Vorschläge zur Verbesserung der Arzneiflaschen.* (Pharmaz. Ztg. **91./100.** 746—50. 7/7. 1955. Nordhorn/Hannover, Löwen-Apotheke.) H. P. Fiedler. 4758

R. Opfer-Schaum, *Die Verwendung des „Bamix" in Rezeptur und Defektur der Apotheke.* Das preiswerte, robuste u. handliche Mixgerät „Bamix" (3 Abb.) ist durch seine Verwendbarkeit in Gefäßen jeder Art u. Größe zur schnellen Herst. von Salben, Schüttelmixturen, Emulsionen, Linimenten, Tinkturen, Lsgg., Suppositorien, Essenzen, Pulvern aller Art u. a. bes. geeignet. (Pharmaz. Ztg. verein. Apotheker-Ztg. **101.** 320—22. 22/3. 1956. Rodheim/Bieber.) M. Negwer. 4758

Alexandr Filip, *Der gegenwärtige Stand des Pulverabteilens in den Apotheken.* Vf. stellt fest, daß zur Zeit keine brauchbaren, maschinell zu betätigenden u. genau arbeitenden Pulverabfüllgeräte in den Apotheken vorhanden sind u. bis jetzt hauptsächlich von Hand geteilt wird. (Českoslov. Farmac. **4.** 346—49. Sept. 1955. Praha, Apothekerforschungszentrale.) E. Vevera. 4766

G. Schaefer, *Die Methoden der perlingualen Applikation von Medikamenten.* Vf. weist auf die Nachteile der perlingualen Applikation u. auf eine patentamtlich geschützte, näher erläuterte Vorr. hin, welche die bisherigen Mängel der perlingualen Applikation beseitigen soll. (Pharmaz. Ztg. **91/100.** 751—52. 7/7. 1955. Bad Salzhausen.) H. P. Fiedler. 4766

A. Rieth, *Rhizomknollen von „Helianthus tuberosus", ein gutes Nährsubstrat zur Pilzkultur, besonders für „Claviceps purpurea".* Als Pilznährsubstrat für Claviceps purpurea dient ein mit Agar verfestigter u. mit bidest. W. (1:3) verd. Knollenpreßsaft, aber auch nur verd. Knollenbrei von Helianthus tuberosus L. (Topinambur). Der Topinambur–Agar-Boden ist einem Hefe–Glucose-Agar oder Pepton–Glucose-Agar deutlich überlegen. (Pharmazie **10.** 206—07. März 1955. Gatersleben, Dtsch. Akad. der Wiss., Inst. für Kulturpflanzenforsch.) Ph. Fresenius. 4782

A. Jindra und **O. Motl,** *Ionenaustauscher in der Pharmazie.* 2. Mitt. (1. vgl. C. **1956.** 3939; vgl. auch C. **1954.** 2225.) Übersicht über die Verwendung von Ionenaustauschern in der biochem. Analyse, Isolierung von Naturstoffen u. bei einigen Rkk. der organ. Chemie. Literatur bis Ende 1954 berücksichtigt. — 88 Literaturangaben. (Českoslov. Farmac. **4.** 343—46. Sept. 1955.) E. Vevera. 4786

Hans Vogt, *Silicone in der Pharmazie.* Vortrag. — Überblick über Konst., Synth., technolog. wichtige Eigg. u. Anwendungen der *Silicone* (I). In der Pharmazie werden die I u. a. zum Hydrophobieren von Glas u. anderen Geräten (in siliconisierten Geräten ist z. B. die Blutgerinnung stark verzögert), zum Sterilisieren medizin. Instrumente, als Formentrennmittel u. vor allem in der Dermatologie verwendet. Eingehend diskutiert Vf. ihre Wrkg. als Antioxydantien in Salben u. dgl. u. erwähnt abschließend eine Verwendungsmöglichkeit der I in der Tierheilkunde bei der Behandlung der Trommelsucht der Wiederkäuer. (Dtsch. Apotheker-Ztg. **96.** 227—30. 15/3. 1956. Kiel.) M. Negwer. 4786

Alm Valseth, *Über Silicone, insbesondere ihre Anwendung in Medizin und Pharmazie.* Zusammenfassender Vortrag über die Chemie der Silicone, ihre Eigg. u. deren Verwertung in Präpp. (Salben, Tabletten usw.) u. Geräten für medizin. Zwecke. (Norges Apotekerforen. Tidsskr. **63.** 557—63. 579—82. Dez. 1955.) R. K. Müller. 4786

Ss. Je. Burkat, *Gewinnung und Untersuchung eines medizinischen Adsorptionsmittels aus Torf.* Der Torf wird mit der 6fachen Gewichtsmenge 3%ig. HCl vermischt u. zum schwachen Sieden erhitzt. Dabei gehen verschied. Stoffe in Lsg., bes. auch Ca u. Fe. Die Torfmasse wird abfiltriert, bis zur Beseitigung der Ca-, Fe- u. Cl-Ionen mit dest. W. ausgewaschen u. bei Zimmertemp. getrocknet. Dann gibt man die M. durch ein Sieb von 0,25 mm. Bei Ggw. von Carbonaten wird der Torf mit 4facher Wassermenge u. 25%ig. HCl bis zur Carbonatzers. versetzt. Man bringt den Säuregeh. auf 3% u. verfährt weiter wie oben. Die nach dieser Meth. erhaltenen Präpp. (*Torsol* genannt) aus Torf verschied. Lagerstätten besitzen ähnliche Zus., eine große Adsorptionsfähigkeit u. sind im Gegensatz zu den Ausgangsprodd. reich an freien Huminsäuren. Auf die Magentätigkeit üben sie keine negative Wrkg. aus. Wegen der physikal.-chem. u. pharmakol. Eigg. der Bestandteile wird die medizin. Anwendung empfohlen. (Аптечное Дело [Apothekenwesen] **4.** Nr. 4. 29—33. Juli/Aug. 1955. Winniza, Med. Inst., Lehrstuhl für Biochem.) Reinhard Hüttenrauch. 4786

T. Ja. Tscherikowskaja, N. N. Pigulewskaja und **Je. F. Pjatnitzkaja,** *Über die biologische Aktivität von Baldrianpräparaten.* Bei der Unters. der biol. Aktivität verschied. Baldrianaufgüsse nach den Vorschriften der 1. Ergänzung zur Pharmakopoe VIII der UdSSR entsprachen 75% der Aufgüsse den Anforderungen (1 Froscheinheit/5 ml), während beim Rest die Abweichungen bis zu 100% erreichten. (Аптечное Дело [Apothekenwesen] **4.** Nr. 4. 42—44. Juli/Aug. 1955. Zentr. Wiss. Forschungsinst. für Apothekenwesen der Hauptapothekenverwaltung beim Gesundheitsmin. der UdSSR, Pharmakol. Labor.) Reinhard Hüttenrauch. 4790

G. I. Chutzischwili, *Über die Gewinnung einer Chlorophyll–Carotin-Paste aus Baumnadeln.* Nadelabfälle der Holzindustrie werden zerkleinert u. mit Bzn. 3—4 Std. extrahiert, der Extrakt verdampft. Die Benzinreste werden mit direktem Dampf entfernt. Nach Verseifung der gewonnenen Teerstoffe mit 40%ig. Lauge erhält man eine Paste. Die Herst. von 8 kg Paste erfordert 190 kg Nadeln, 84 kg Bzn. (12,5 kg gehen verloren) u. 0,24 kaust. Soda. Die Paste findet Verwendung bei der Behandlung verschied. Krankheiten. (Лесное Хозяйство [Forst-Wirtsch.] **9.** Nr. 2. 76—78. Febr. 1956.) Otto Maier. 4790

Hanns Rudolf Fromm, *Moderne Arzneimittel.* (Vgl. C. **1955.** 8441). Übersicht über neuere Arzneimittel unter besonderer Berücksichtigung der Antibiotica, Sulfonamide, Antihistamine, Sedativa, Hypnotica, Hormone, Herz- u. Gefäßmittel, Diuretica, Spasmolytica, Analgetica, Expectorantia, Rhinologica, Vitamine, Leber–Gallen-Präpp., Diagnostica, Enzyme, Antimykotica u. Antiseptica. Die Eigg. der verschied. Handelspräpp. werden besprochen. (Pharmaz. Ztg. **91./100.** 733—40. 7/7. 1955. Berlin.)
H. P. FIEDLER. 4800

Tibor Bielický, *Wertung der Toleranz und der Wirkung dermatologischer Präparate.* In einer Übersicht zeigt Vf. die Problematik dermatolog. Präpp. u. ihre mögliche Wrkg. u. Anwendungsweise. — 21 Literaturangaben. (Českoslov. Farmac. **4.** 358—63. Sept. 1955. Praha, Univ., II. dermatolog. klinik.) E. VEVERA. 4800

Herbert Tracksdorf, *Ergebnisse der Überprüfung der Stabilität alter, lange gelagerter Lokalanästhetica.* Untersucht wurde die Stabilität einiger lange gelagerter Lokalanästhesiemittel (*Jenacain* 2%, 3 Jahre alt, *Ebistocain,* 5%, 17 Jahre alt, *Novocain* „*E*", 2% + *Corbasil,* 6 Jahre alt, *Novocain* „*M*", 4% + *Corbasil,* 5 Jahre alt u. *Novocain* „*E*", 2% + *Suprarenin,* 5 Jahre alt). Es wurde festgestellt, daß die saure Rk. nicht nur zur Konservierung der Vasokonstringentien, sondern auch der Lokalanästhetica notwendig ist. Neutrale Lsgg. sind nur anwendbar bei täglicher Selbstzubereitung, jedoch ist die Haltbarkeit dieser Lsgg. sehr gering. (Zahnärztl. Welt **9.** 493—94. 10/9. 1954.)
E. BOYE. 4806

Stewart C. Harvey und **Mark Nickerson,** *Eine Notiz über die Wasserlöslichkeit von Dibenamin- und Dibenzylinhydrochlorid.* Zwei Methoden werden beschrieben, um die sehr geringe Wasserlöslichkeit zweier Arzneimittel, *Dibenamin* (I, N.N-Dibenzyl-β-chloräthylamin) u. *Dibenzylin* (II, N-Benzyl-N-phenoxyisopropyl-β-chloräthylamin), als Hydrochloride zu bestimmen u. die niedrigste notwendige Konz. von A. in W. festzustellen, um die Löslichkeit von I u. II zu erhöhen. (J. Amer. pharmac. Assoc., sci. Edit. **44.** 126. Febr. 1955. Salt Lake City, Ut., Univ. of Utah, Coll. of Med.) F. GROH. 4806

Elisabeth Gundersen und **Jørgen Mørch,** *Untersuchungen über die Haltbarkeit von Arzneimitteln.* 8. Mitt. *Untersuchungen über die Haltbarkeit von Morphininjektionslösung bei Wärmebehandlung und Aufbewahrung.* (7. vgl. SCHOU u. MØRCH, C. **1955.** 5847.) Die Stabilität von Injektionslsgg. mit 3% Morphin (I)-hydrochlorid in W. + 15% Glycerin (II) wird durch colorimetr. Prüfung des Geh. an Oxydimorphin (III = Pseudomorphin) nach Rk. mit Vanillin untersucht. Entgegen Angaben der Literatur wird das Absorptionsmaximum zu 640 mμ (statt 600), die Extinktion E = 1,788 bei 0,1% III (statt 0,829) ermittelt. Änderung des II-Geh. von 0—30% beeinflußt die I-Zers. nicht. Die Unterss. bestätigen die Haltbarkeit der I-Lsgg. u. die Möglichkeit ihrer Sterilisierung im Autoklaven (120°, 20 Min.) ohne wesentliche Verluste. Eine für die Wrkg. bedeutungslose Verfärbung kann durch Zusatz von 0,1% $Na_2S_2O_5$ verhindert werden; statt dessen kann man nach vorläufigen Unterss. auch Tetracemin verwenden. (Dansk Tidsskr. Farmaci **29.** 181—91. Aug. 1955. Danmarks farm. Højskole, Afd. f. farmaci.)
R. K. MÜLLER. 4806

Helena Dyková, *Geschlechtshormone.* Übersicht mit zahlreichen Strukturformeln u. Angabe der Handelspräpp., der Herstellerfirmen u. Applikationsform. — 55 Literaturangaben. (Českoslov. Farmac. **4.** 350—58. Sept. 1955. Praha, Výzk. úst. pro farm. a biochem.) E. VEVERA. 4808

Zdeněk Pádr, *Formen des Depotinsulins.* Übersicht mit 56 Literaturangaben. (Českoslov. Farmac. **4.** 255—58. Juni 1955. Praha, Výzk. úst. pro farm. a biochem.)
E. VEVERA. 4808

Mogens Kaern, *Die Haltbarkeit von Penicillin in wäßriger Lösung. Ein Vergleich zwischen mit Natriumphosphat bzw. Natriumcitrat stabilisierten Lösungen.* Für die Stabilisierung von *Penicillin* (I)-Lsgg. bietet Na-Citrat (II) gegenüber NaH_2PO_4 (III) den Vorteil, daß seine Pufferkapazität bei den p_H-Werten <6, die bei der Zers. des I auftreten, ihr Maximum erreicht, während die von III hier schon stark abgenommen hat. Bei p_H 6,1 ist sie für II u. III gleich, die Stabilisierwrkg. von II in einer Lsg. mit 10000 I.E. I jedoch größer als die von III (beide in 0,2mol. Lsg.). Bei einer I-Konz. von 500000 I.E. wird die Stabilität bei einer 10% des I entsprechenden II-Konz. soweit verbessert, daß die Zers. des I 10% nicht überschreitet. Bei 50000 I.E. I wirken II u. III nicht sehr verschieden; mit zunehmender II-Konz. wird die Wrkg. von II aber deutlich besser. Vf. empfiehlt, I-Lsgg. mit soviel II zu verwenden, daß die Lsgg. isoton. werden, bei hoher I-Konz. mindestens 10% des I; dann beträgt die Haltbarkeit bei 50000 I.E. I bei 20° (4°) 20 Tage (4 Monate), bei 500000 I.E. 5 Tage (2—3 Monate). (Dansk Tidsskr. Farmaci **29.** 93—104. Mai 1955. Bispebjerg hosp. apotek, u. Danmarks farm. Højskole, Afd. f. farmaci.) R. K. MÜLLER. 4810

N. P. Artemow, *Die Herstellung von Synthomycinemulsionen in der Apothekerpraxis.* Auf 100 (Teile) Emulsion werden 20 Ricinusöl u. 20 dest. W. auf 5 Aprikosenharz gegossen u. rasch zerrieben. Die erhaltene prim. Emulsion wird mit W. verd., leicht angewärmt, mit 1,0 Synthomycinpulver versetzt u. intensiv geschüttelt, bis eine gleichmäßige Verteilung des Pulvers erreicht ist. (Аптечное Дело [Apothekenwesen] **4.** Nr. 5. 34. Sept./Okt. 1955. Temir-Tau, Apotheke Nr. 10.) REINHARD HÜTTENRAUCH. 4810

V. Gaunø Jensen, *Untersuchungen über die titrimetrische Wasserbestimmung.* 2. Mitt. *Wasserbestimmung in medizinischen Teeren.* (1. vgl. C. **1956.** 2265.) Die Wasserbest. in offizinellen Teeren durch Titration nach FISCHER (Lösungsm. wasserfreies Chlf.) wird im Vgl. mit der Modifikation nach JOHANSSON (SO_2–Pyridin + Chlf.) u. der Dest. mit Toluol (I) untersucht. Die Titration ergibt meist reproduzierbare Werte, die I-Dest. stets höhere, vermutlich vor allem, weil verschied. wasserlösl. Teerbestandteile mit dem W. destillieren. Die höheren Wasserwerte im Destillat werden mit einer Kondensation von Luftfeuchtigkeit bei der Dest. erklärt. Die Reproduzierbarkeit der Titrationswerte hängt vom Typ des Teers ab; alle Teere verbrauchen etwas Reagens, wenn sie einige Zeit mit einem Überschuß an Reagens stehen. Neben-Rkk. treten während der Titration selbst nicht auf, solange W. zugegen ist. Es sollen keine größeren Mengen Probe verwendet werden als die Genauigkeit der Bürettenablesung erfordert; konstanter Galvanometerausschlag ist nur bei 10—20 Sek. Dauer zu erwarten. Tabellen für Wassergehh. von Birken-, Buchen-, Wacholder-, Kohlen- u. Kieferntteer. (Dansk Tidsskr. Farmaci **29.** 225—37. Okt. 1955. Danmarks farm. Højskole, afd. f. farmaci.) R. K. MÜLLER. 4880

Svend Aage Schou, *Der Kupfergehalt in galenischen Präparaten.* 1. Mitt. *Grundlage der Dithiocarbamatmethode und ihre Anwendung zur Kupferbestimmung in galenischen Präparaten.* (Vgl. C. **1955.** 2724.) Für die eingehend besprochene Meth. der Cu-Best. als Dithiocarbamat (I) wird eine Kurve der Beziehung der Cu-Konz. u. der Extinktion des Cu–I-Komplexes bei 436 mμ gegeben. Die Standardlsg. von Cu–I-Komplex (5 γ Cu) in 5 ml CCl_4 zeigt nach 1½ Monaten Aufbewahrung im Dunkeln nur unbedeutende Änderungen der Absorptionskurve. Bei der Anwendung der Meth. auf Galenica kann es notwendig werden, etwa anwesendes Ni oder Co mit Komplexon (II) zu binden, das vor Citrat zugesetzt wird. 1 g Droge oder Extrakt glüht man in flacher Quarzschale, extrahiert den abgekühlten Rückstand mit einem sd. Gemisch von 1 ml HNO_3 + 5 ml W., kühlt ab, filtriert, wäscht nach, setzt 3 ml NH_4OH zu, überführt in einen Scheidetrichter, gibt 0,5 ml 1%ig. II, nach kurzem Stehen 5 ml 20%ig. NH_4-Citratlsg., dann 1 cm^3 0,1%ig. Di–Na-I-Lsg. zu u. bestimmt Cu im Vgl. zu einer Blindwertbestimmung. (Dansk Tidsskr. Farmaci **29.** 202—13. Sept. 1955. København, Rigshosp. apotek.)
R. K. MÜLLER. 4880

Jaroslav Zýka, *Polarometrische Untersuchung der Cadmiumsalze der Citronen- und Weinsäure.* Vf. arbeitet eine polarometr. Titration aus, um Citronensäure (I) oder Weinsäure (II) in pharmazeut. Präpp. zu bestimmen. I u. II sind nach dieser Meth. nebeneinander nicht bestimmbar. Fehlergrenze bei I ±3%, bei II ±5%, gearbeitet wird mit 0,1 mol. Lsg. von $CdCl_2$ bei p_H 6,5—7,5 u. bei 10—15°. Um die Löslichkeit des entstehenden Nd. zu verringern, enthält die zu titrierende Lsg. 50% Alkohol. Als Kathode dient eine Hg-Tropfelektrode, EMK. —1,25 V gegen gesätt. Hg_2Cl_2-Elektrode. (Českoslov. Farmac. **4.** 230—31. Juni 1955. Praha, Karl. univ., Kat. analyt. chem.)
E. VEVERA. 4880

Aleš Sekera und **Jan Stráník,** *Über Glucochloralosen.* 2. Mitt. *Elektrophotometrische Bestimmung der α- und β-Glucochloralose.* (1. vgl. BOROVANSKY u. SEKERA, C. **1956.** 7884.) Vff. legen der Best. die FUDJIVAROV-ROSSE-Rk. zugrunde: 4 ml wss. *α-Glucochloralose*-Lsg. (Konz. 25 mg%) mit 2 ml 0,02mol. HJO_4 mischen u. 20 Min. bei Zimmertemp. stehenlassen, dann 8 ml frisch bereitete 8%ig. KOH u. 10 ml Pyridin zufügen, mischen u. 4 Min. bei 80° im Thermostaten belassen, dann 5 Min. unter fließendem W. abkühlen u. in 3 Min. colorimetrieren gegen eine Mischung von W., Pyridin, HJO_4 u. KOH in demselben Verhältnis wie in der Analyse. Grünfilter Nr. 525 B des FISCHER-Elektrophotometers verwenden. Bei *β-Glucochloralose* 8 ml Ausgangsmenge nehmen. (Českoslov. Farmac. **4.** 330—33. Sept. 1955. Brno [Brünn], Univ., Úst. pro chem. farm.)
E. VEVERA. 4880

Arnošt Okáč und **Vladimír Jokl,** *Elektrochromatographische Trennung von Sulfonamiden.* Elektrochromatograph. trennen Vff. Sulfonamide. In einem Exsiccator wird das rundgeschnittene SCHLEICHER & SCHÜLL-Papier Nr. 595 so befestigt, daß die 2 entgegengesetzten Enden 0,5 cm in 2 Schalen eintauchen, die als Elektrolytgefäße dienen. Kohleelektroden, Batteriestrom EMS 120 V werden verwendet. Als Elektrolyte (I) dienen: 0,1n H_2SO_4, p_H —1,2, SÖRENSEN-Puffer wie Glykokoll p_H 2, Phosphatpuffer p_H 4,7—7,0, Boratpuffer p_H 8—12, 0,1n NaOH, p_H 13. Zur Analyse wird 0,1 g einer Tablette mit Aceton extrahiert u. von dem Extrakt 2—3 Mikroliter (= 8—12 γ) in die

Papiermitte aufgetragen. Tablettenfüllmasse stört nicht. Das Papier wird mit I angefeuchtet u. die aufgetragene Substanz 2 Std. der Ionophorese unterworfen. Flecke werden mit 1%ig. Lsg. von p-Dimethylaminobenzaldehyd in 3%ig. HCl sichtbar gemacht. (Českoslov. Farmac. **4.** 219—20. Juni 1955. Brno [Brünn], Přírodověd. fak., Úst. analyt. chem.) E. VEVERA. 4880

Josef Blažek und **Zdeněk Stejskal**, *Gewichtsanalytische Bestimmung von Chlorpromazine. Chlorpromazine* (*Largactil, Megaphen*), das Hydrochlorid von 3-Chlor-10-[γ-dimethylaminopropyl]-dibenzo-p-thiazin (I), wird gravimetr. so bestimmt, daß man salzsauer mit Silicowolframsäure (II) bei 70° fällt, wobei es einen schwerlösl. Nd. bildet. 1 Mol II bindet 4 Mol I. Bei 110° wird der Nd. getrocknet. Fehlergrenze 5%. (Českoslov. Farmac. **4.** 246—47. Juni 1955. Praha, Státny úst. pro kontr. léčiv.) E. VEVERA. 4880

A. Jindra und **J. Pohorský**, *Die Verwendung von Harzionenaustauschern zur Bestimmung der Alkaloide in ihren Salzen und galenischen Präparaten.* Es werden 67 Arbeiten besprochen, die sich mit der *Best. von Alkaloiden* auf titrimetr., chromatograph. oder anderem adsorptivem Wege befassen. In Fortsetzung früherer Arbeiten (vgl. C. **1950.** I. 2002) wird unter Verwendung des Anionenaustauschers *Amberlite IR-4B* eine quantitative Halbmikro- u. Mikrometh. für Alkalidsalze ausgearbeitet. Gleichzeitig wird die Best. des Alkaloidgeh. in einigen galen. Präpp. u. Drogen geprüft. Im Prinzip erfolgt die Best. folgendermaßen: Die alkoh. Lsg. des Alkaloidsalzes wird über dem Ionenaustauscher chromatographiert, der den Säureanteil zurückhält u. neutralisiert, während die Base quantitativ durch die chromatograph. Säule tritt u. dann mit einem Farbindicator oder potentiometr. titriert wird. Bei der Unters. aller Alkaloidsalze der tschechoslowak. Pharmakopoe wird festgestellt, daß der Ionenaustausch augenblicklich u. quantitativ ist. Niedrigere Ergebnisse werden beim *Ephedrinhydrochlorid* u. *Cotarninhydrochlorid* erhalten; für die Best. dieser Verbb. ist der verwendete Ionenaustauscher wegen unvollständiger Umsetzung ungeeignet. Höhere Ergebnisse werden beim *Physostigmin* gefunden. — Es wurden die bei den Neutralisationstitrationen verwendeten Elektroden geprüft u. gefunden, daß sich die zur direkten Best. der Alkaloidbasen sehr geeignete Chinhydronelektrode für diese Zwecke wegen zu niedrigerer Werte nicht eignet. Zufriedenstellend arbeitet diese Elektrode nur bei *Arecolin, Papaverin* u. *Pilocarpin.* Die Glas- u. die Antimonelektrode erwiesen sich als sehr genau u. verläßlich. — Mit den gewonnenen Erkenntnissen werden geeignete Methoden für die Unters. von alkaloidhaltigen Drogen ausgearbeitet; ferner werden die Anomalien der höheren Ergebnisse bei den galen. Präpp. geklärt, u. es wird gefunden, daß oft die Begleitstoffe die Ursache dafür sind u. daß es in den meisten Fällen nötig ist, diese teilweise oder ganz zu entfernen.

Versuche: Beschreibung der chromatograph. App. für die Mikro- u. Semimikrobestimmung. Der Ionenaustauscher wird unter ausgekochtem dest. W. in einer Reibschale auf Korngröße 0,05—0,8 mm, bes. 0,2 mm, zerrieben u. von den gröberen Teilchen abgegossen. Er ist unter W. lange Zeit haltbar u. wird vor Gebrauch 48 Std. so aufbewahrt. — Für die Titration wird ein Elektronenpotentiometer, Radiometer PHM 3h, je eine automat. SCHELLBACH-Mikrobürette von 2 bzw. 10 cm^3, eine Chinhydron-, eine Glas-, eine Antimon- u. eine gesätt. Kalomelelektrode als Vergleichselektrode verwendet. — Die Chromatographen werden unter Vermeidung von Luftbläschen mit dem Ionenaustauscher in 2,5 cm (1,8 g) bzw. 3,5 cm (2,5 g) Höhe gefüllt. Die Regeneration erfolgt mit 4%ig. Na_2CO_3-Lsg. (5 cm^3), nachträgliches Waschen bis zur Alkalifreiheit. — Mikrometh.: Ca. 5 mg Alkaloidsalz werden in 5 cm^3 A. (90%ig) gelöst, die Harzschicht im Chromatographen mit 5 cm^3 heißem A. durchgewaschen u. die Alkaloidsalzlsg., gleichfalls heiß, aufgegeben. Ist die Säule richtig hergestellt, dann ist die Durchflußgeschwindigkeit 60—70 Tropfen/Min.; nun wird mit weiteren 10 cm^3 heißem A. durchgewaschen, u. die Vorlage mit dem Alkaloid entfernt. Die Säule wird mit einigen cm^3 dest. W. gespült u. regeneriert. Die alkoh. Alkaloidlsg. wird mit 35 cm^3 ausgekochtem CO_2-freiem W. verd. u. potentiometr. mit 0,01n HCl titriert. — Für die Halbmikrometh. werden in gleicher Weise 10—30 mg Substanz in 10 cm^3 A. gelöst, mit 20 cm^3 A. eluiert u. zur Titration mit 45 cm^3 W. verdünnt. — In Tabellen werden die Ergebnisse von jeweils 10—12 Bestimmungen unter abwechselnder Verwendung der drei erwähnten Elektroden an folgenden Substanzen bekanntgegeben u. einzelne Hinweise für die Durchführung der Best. beigefügt: Apomorphinum chloratum, Arecolinum bromatum, Atropinum sulfuricum, Chininum chloratum u. sulfuricum, Cocainum chloratum, Codeinum phosphoricum, Ephedrinum chloratum, Homatropinum bromatum, Morphinum chloratum, Papaverinum chloratum, Physostigminum salicylicum, Pilocarpinum chloratum, Scopolaminum bromatum, Strychninum nitricum. — Für die folgenden Drogen u. Extrakte wird in jedem einzelnen Falle die Art der Best. beschrieben: Cortex Chinae, Extractum Chinae fluidum u. siccum, Radix Ipecacuanhae, Tinctura Ipecacuanhae, Semen Strychni, Tinctura Strychni, Extractum Strychni spissum, Folia Belladonnae, Tinctura Belladonnae, Extractum Belladonnae spissum, Folia Hyoscyami, Extractum Hyoscyami spissum. — 6 Titrationskurven, 30 Tabellen. (Časopis českého lékárnictva, vědecká příloha **63.** 57—75. 30/6. 1950. Prag, Karlsuniv., Inst. für pharmazeut. Chem.) E. ROTTER. 4880

V. Parrák, *Oscillopolarographische Untersuchung von Chinin, Chinidin, Cinchonin und Cinchonidin. Chinin* (I), *Chinidin* (II), *Cinchonin* (III) u. *Cinchonidin* (IV) geben im gesamten p_H-Bereich oscillopolarograph. gut unterscheidbare Einschnitte. So kann **I** von **III** gut unterschieden werden. Wird **I** am Rückfluß bis zu 1 Std. mit n. Essigsäure gekocht, so ist oscillopolarograph. keine Veränderung wahrnehmbar. In n-HCl u. n-NaOH wurde für **I, II, III, IV** ein gut sichtbarer Einschnitt am Kathodenteil festgestellt. (Českoslov. Farmac. **4.** 337—39. Sept. 1955. Bratislava, Štatn. úst. pre kontr. liečóv.) E. VEVERA. 4880

O. N. Ssobolewa, *Colorimetrische Bestimmung von Papaverin und dessen Salzen.* Die Lsg. mit 0,5—1,5 mg *Papaverin* (I) wird in einer Porzellanschale zur Trockne eingedampft, der Rückstand mit 2 Tropfen 35%ig. Formalin u. 0,2 ml 80%ig. H_2SO_4 versetzt. Nach genau 30 Min. bringt man die Substanz in ein 25 ml-Gefäß, versetzt sofort mit 0,5 ml Bromwasser, schüttelt um u. setzt nach genau 4 Min. 5 ml A. u. 1 ml 25%ig. NH_4OH u. W. bis zur Marke zu. Die nach Umschütteln erhaltene Färbung wird colorimetriert. (Аптечное Дело [Apothekenwesen] **4.** Nr. **4.** 37—39. Juli/Aug. 1955. Zentral. Wiss. Forschungsinst. der Hauptapothekenverwaltung für Apothekenwesen beim Gesundheitsmin. der UdSSR.) REINHARD HÜTTENRAUCH. 4880

United States of America, übert. von: **Charles L. Mehltretter** und **Francis B. Weakley,** Peoria, Ill., V. St. A., *Extraktion von Opiumalkaloiden,* bes. von *Morphium* aus Mohnkapseln oder Mohnkapselstroh, das z. B. 9 bzw. 13,2% Feuchtigkeit hat, erfolgt mit einer Isobutanol–W.-Mischung (Verhältnis 10:1 bis 2), zweckmäßig in Ggw. von so viel Alkali, daß die freie Alkaloidbase entsteht. Bedingungen u. Ausbeuten vgl. Tabellen. (**A. P. 2 715 627** vom 26/5. 1952, ausg. 16/8. 1955.) G. KRAUSS. 4791

Benger's Ltd. (Erfinder: **Eric London** und **George Daniel Twigg,** Holmes Chapel), England, *Kolloidale Eisenzubereitung* durch Rk. von in W. lösl. Dextran mit 1.6-Glucosebindungen mit gelösten oder suspendierten Fe-Verbb., z. B. Ferrichlorid, -nitrat, -sulfat, -acetat, -ammonsulfat, Liquor ferri dialysati oder Ferrioxyhydrat in Ggw. von Alkali. Nach Filtration Einstellen auf p_H 4—11, bes. 6,5. Die Lsgg. können durch Zusatz von Glucose u./oder NaCl isoton. gemacht u. im Vakuum getrocknet werden. (**D. B. P. 938 502** Kl. 30h vom 27/2. 1954, ausg. 2/2. 1956. Anmeldung bekanntgemacht 11/8. 1955. E. Prior. 27/2. 1953.) K. HEINZE. 4805

Biofarmas (S. p. A.), Italien (Erfinder: **Frederico Geremica),** *Herstellung konzentrierter Lösungen von Methionin* (*γ-Methylmercapto-α-aminobuttersäure* [I]), die für die *pharmazeut. Anwendung* wichtig sind, gelingt, indem man **I** mit äquimol. Mengen anorgan. oder organ. Basen (NaOH, NH_4, OH, Amine, Cholinhydrat, Diäthyläthanolamin, Äthylendiamin) umsetzt. Man erhält stabile 15—20%ig. Lösungen. — Man löst 150 g **I** in 500 (cm^3) 2n NaOH u. füllt mit W. auf 1000 auf. Diese 15%ig. Lsg. kann in jedem gewünschtem Maße weiter verd. werden. (**F. P. 1 021 384** vom 5/6. 1950, ausg. 18/2. 1953. It. Prior. 6/6. 1949.) S. MEIER. 4807

Cilag Akt.-Ges., Schaffhausen, Schweiz (Erfinder: **H. Suter** und **W. Kündig),** *Herstellung von neuen Äthern.* Man setzt Verbb. der allg. Formel I, in der R_1, R_2 u. R_3 niedere, verzweigte Alkylreste darstellen, mit Glycerin u. dgl. um. Die Rk. wird in Ggw. von anorgan. Säuren, wie H_2SO_4, HCl oder H_3PO_4 durchgeführt. — Z. B. erhitzt man 2.4.6-Trimethylphenol mit Glycerin in Ggw. von wasserfreiem Na-Acetat. Man erhält *2.4.6-Trimethylphenyl-[2'.3'-dioxypropyl]-äther,* Kp.$_{0,004}$ 144—147°, F. 60—62°. *Die Prodd. wirken auf das Nervensyst.* u. rufen ein *Erschlaffen der Muskulatur* hervor. — Vgl. auch D. B. P. 838 002; C. **1952.** 7093. (**Schwed. P. 134 929** vom 14/4. 1950, ausg. 26/3. 1952.) K. H. KÄHLER. 4807

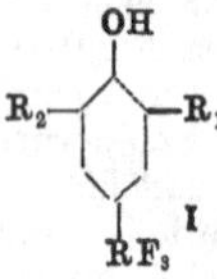

I

N. V. Koninklijke Pharmaceutische Fabrieken v/h Brocades-Stheeman & Pharmacia, Amsterdam, Holland, *Herstellung von Mandelsäure* (I)-*Estern.* Man verestert 0,5 (Mol) **I** mit 1,5 n-Octanol in Ggw. von 150 cm^3 1.2-Dichloräthan u. 7,5 cm^3 konz. H_2SO_4 unter 5std. Rückflußkochen u. erhält 53% **I**-*Octanolester,* Kp.$_{18}$ 200°. — Entsprechend: **I**-*Nonanolester,* Kp.$_{17}$ 214—217°. — *Spasmolytica.* (**A. P. 2 707 194** vom 8/3. 1954, ausg. 26/4. 1955. Holl. Prior. 7/6. 1949.) O. MÜLLER-MEININGEN. 4807

Aktiebolaget Pharmacia, Stockholm, Schweden, *Herstellung von Oxycarbonsäurederivaten von Azoverbindungen.* Hydrazoverbb. der Formel $(OH)(Z_1)R-\underset{H}{N}-\underset{H}{N}-C_6H_4-Z_2$,

(R aromat. oder heterocycl. Rest ohne Aminogruppe, Z_1 Carboxylgruppe oder deren Ester oder Nitrilgruppe, Z_2 Sulfonamidgruppe, in der mindestens ein H-Atom substituiert ist) werden

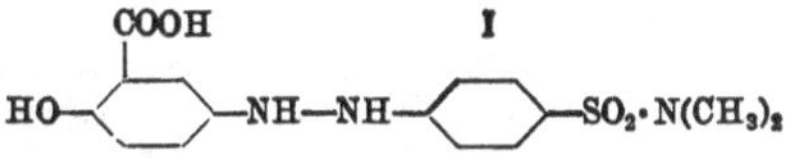

I

zu den entsprechenden Azoverbb. oxydiert, worauf gegebenenfalls Z_1 u. Z_2 in die freie Carboxyl- bzw. Sulfonamidgruppe übergeführt werden. Z. B. oxydiert man die Verb. **I** mit einer alkal. Br-Lsg.; die Prodd. zeichnen sich durch *baktericide Wrkg.*, bes. *bei rheumat. Infektionen*, aus. (**Dän. P. 74672** vom 18/6. 1941, ausg. 8/9. 1952. Schwed. Prior. 21/2. 1941.) K. H. KÄHLER. 4807

National Research Development Corp. (Erfinder: **Walter Charles Joseph Ross, James Lionel Everett** und **John James Roberts**), London, England, *Mittel gegen maligne Tumoren* aus Verbb. der allg. Formel $(Cl \cdot CH_2 \cdot CH_2)_2{=}N-$ 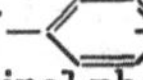 $-(CH_2)n \cdot COOR$, worin R Alkyl oder H bedeutet. p-[N.N-Di-(2-chloräthyl)-amino]-phenylbuttersäure bzw. ihr Methyl- oder Äthylester. (**E. P. 727 336** vom 20/11. 1952, ausg. 30/3. 1955.) K. HEINZE. 4807

Soc. des Usines Chimiques Rhône-Poulenc, Paris, Frankreich, *Organoarsenverbindungen* der allg. Formel **I** in der X AsO oder AsO_3H_2 oder die Salze des letzteren Restes u. R gesätt. oder ungesätt. Alkylreste mit nicht >3 C-Atomen bedeuten, erhält man entweder durch Rk. von $AsCl_3$ mit den endsprechenden Äthylendiaminen, wobei Dichlorarsine entstehen, die mit

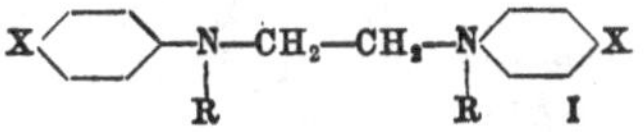

I

starken Basen die AsO-Verbb. ergeben, die bei der Oxydation die Arsonsäuren bilden, oder durch Rk. von Äthylendibromid mit Verbb. der Formel $X \cdot C_6H_4 \cdot NH \cdot R$, wobei X u. R die obige Bedeutung haben. — N.N[1]-Dimethyl-N.N[1]-diphenyläthylendiamin wird 1 Std. mit $AsCl_3$ auf 90—100° erhitzt. Das Reaktionsprod. wird in 1 Liter Eiswasser unter Zusatz von 250 (cm³) NaOH-Lsg. (d = 1,33) u. 500 Chlf. aufgenommen. Symm. Bis-(p-arseno-N-methylanilin)-äthan schlägt sich nieder, das nach Waschen mit Chlf. im Vakuum bei 450° getrocknet wird. — *Chemotherapeutica*, bes. *Amoebicide.* (**E. P. 738 040** vom 23/3. 1953, ausg. 5/10. 1955.) J. MÜHLEISEN. 4807

Abbott Laboratories, North Chicago, Ill., übert. von: **Arthur W. Weston, Armiger H. Sommers** und **Karl M. Beck,** Waukegan, Ill., V. St. A., *Aminoalkylpiperidine* der allg. Formel I in der R_1 = einen Alkyl-, Aralkyl-, Acyl- oder einen aliphat. oder aromat. Carbalkoxyrest, R_2 u. R_3 = Alkylreste oder zusammen mit dem N-Atom einen Piperidyl- oder einen Morpholinylrest, R_6 u. R_7 = nicht tox. Substituenten, n = eine kleine ganze Zahl u. H im Sechserring = ein vollständig gesätt. Ringsyst. oder auch R_1, R_6 u. R_7 = H u. R_2 u. R_3

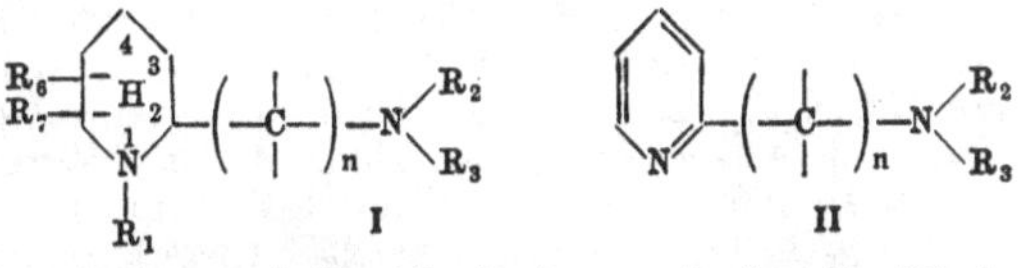

I II

dann zusammen mit dem N-Atom einen heterocycl. Rest bedeuten, u. in der die Alkyl- u. Alkylenreste nicht >8 C-Atome enthalten, können durch Red. eines 2-(ω-Dialkylamino- oder cycl. Alkylenaminoalkyl)-pyridins der allg. Formel **II** mit dem PtO-Katalysator nach ADAMS u. anschließende Rk. mit einer Verb. R_1-X (X = Cl, Br oder J) hergestellt werden, wobei die Alkyl- oder Aralkylgruppen R_1 durch Red. der entsprechenden Acylgruppen oder durch reduktive Alkylierung hergestellt werden können. An Stelle der Verb. R_1-X kann auch eine Verb. der Formel CH_2—O—CH$-R_4$ (Epoxid) verwendet werden (R_4 = H oder ein Alkylrest), wenn die Gruppe $-CH_2-HC(OH)-R_4$ eingeführt werden soll. — Aus 2-[β-(1-Piperidyl)-äthyl]-pyridin erhält man durch Red. mit dem PtO-Katalysator nach ADAMS → *2-[β-(1-Piperidyl)-äthyl]-piperidin* (**III**), $Kp._{1,2}$ 107—108°; n_D^{25} 1,4900; *Dihydrochlorid*, F. (aus A.-Ae.) 305—307°. Aus **III** durch Methylieren mit einer Mischung aus wasserfreier Ameisensäure u. Formalin → *1-Methyl-2-[β-(1-piperidyl)-äthyl]-piperidin*, $Kp._{0,9}$ 83—84°; n_D^{25} 1,4876; *Dihydrochlorid*, F. (aus A.-Ae.) 286—287° (Zers.). — Aus 1-Acetyl-2-[β-(1-piperidyl)-äthyl]-piperidin durch Red. mit $LiAlH_4$ → *1-Äthyl-2-[β-(1-piperidyl)-äthyl]-piperidin*, $Kp._{0,5}$ 87—88°; n_D^{25} 1,4879; *Dihydrochlorid*, F. 264—265° (Zers.). — Durch Erhitzen von **III** mit Äthylenchlorhydrin in 10%ig. NaOH auf 45° → *1-(β-Oxyäthyl)-2-[β-(1-piperidyl)-äthyl]-piperidin*, $Kp._{0,4}$ 116—117°; n_D^{25} 1,5046. — In entsprechender Weise wird aus **III** u. 1.2-Propylenoxyd das *1-(β-Oxypropyl)-2-[-β-(1-piperidyl)-äthyl]-piperidin* erhalten, $Kp._{0,3}$ 105°; n_D^{25} 1,4934. — Aus dem 1-Benzoyl-2-[β-(1-piperidyl)-äthyl]-piperidin durch Red. mit $LiAlH_4$ → *1-Benzyl-2-[β-(1-piperidyl)-äthyl]-piperidin*, $Kp._1$ 172—174°; n_D^{25} 1,5300; *Monohydrochlorid*, wird rot bei 155°, F. 175—190° unter Dunkelrotfärbung; *Dihydrochlorid*, F. 241—242°; *Sulfat, Sesquihydrat*, F. $>75°$. — Aus **III** u. Chlorameisensäureäthylester in Ggw.

von $NaHCO_3$ → *1-Carbäthoxy-2-[β-(1-piperidyl)-äthyl]-piperidin*, $Kp._{0,3}$ 116—117°; n_D^{25} 1,4867. — Aus III u. Ameisensäureäthylester → *1-Formyl-2-[β-(1-piperidyl)-äthyl]-piperidin*, $Kp._{0,8}$ 131—132°; n_D^{25} 1,5024. — Aus III u. Essigsäureanhydrid → *1-Acetyl-2-[β-(1-piperidyl)-äthyl]-piperidin*, $Kp._{0,4}$ 124—125°; n_D^{25} 1,5018. — Aus III u. n-Butyrylchlorid in 40%ig. NaOH → *1-n-Butyryl-2-[β-(1-piperidyl)-äthyl]-piperidin*, $Kp._{0,3}$ 144 bis 146°; n_D^{25} 1,4968; *Hydrochlorid*, F. (aus Isopropanol–Ae.) 169—170°. — In entsprechender Weise aus III u. Benzoylchlorid → *1-Benzoyl-2-[β-(1-piperidyl)-äthyl]-piperidin*, $Kp._1$ 204—207°; n_D^{25} 1,5443; *Hydrochlorid*, F. 214—215°. — Aus III u. p-Chlorbenzoylchlorid → *1-p-Chlorbenzoyl-2-[β-(1-piperidyl)-äthyl]-piperidin*, $Kp._{0,5}$ 203 bis 204°; *Hydrochlorid*, F. (aus n-Propanol–Ae.) 209—210°. — Aus III u. p-Methoxybenzoylchlorid → *1-p-Methoxybenzoyl-2-[β-(1-piperidyl)-äthyl]-piperidin*, $Kp._{0,3}$ 203 bis 206°; *Hydrochlorid*, F. 227—228°. — Aus III u. p-Nitrobenzoylchlorid → *1-p-Nitrobenzoyl-2-[β-(1-piperidyl)-äthyl]-piperidin, Hydrochlorid*, F. (aus Isopropanol–Ae.) 199 bis 200°. — Daraus mit H_2 in Ggw. von Pd/Tierkohle → *1-p-Aminobenzoyl-2-[β-(1-piperidyl)-äthyl]-piperidin*, $Kp._{0,5}$ 238—242°; *Dihydrochlorid*, F. 180—190°; *Monohydrochlorid, Monohydrat*, F. 224°. — Aus III u. Phenylacetylchlorid → *1-Phenylacetyl-2-[β-(1-piperidyl)-äthyl]-piperidin*, $Kp._{0,25}$ 183—185°; n_D^{25} 1,5393; *Hydrochlorid*, F. 185—187°. — Aus III u. Diphenylacetylchlorid → *1-Diphenylacetyl-2-[β-(1-piperidyl)-äthyl]-piperidin*, F. (aus Skellysolve B) 100—100,5°; *Hydrochlorid*, F. 206,5—207,5°. — Aus III, 90%ig. Ameisensäure u. p-Methoxybenzaldehyd → *1-p-Methoxybenzyl-2-[β-(1-piperidyl)-äthyl]-piperidin*, $Kp._{0,6}$ 190°. — Aus 2-(β-Diäthylaminoäthyl)-piperidin u. Benzoylchlorid → *1-Benzoyl-2-(β-diäthylaminoäthyl)-piperidin*, $Kp._{0,3}$ 150—153°; n_D^{25} 1,5281. — Aus 2-[β-(1-Piperidyl)-äthyl]-chinolin durch Red. mit Adams-PtO-Katalysator in Eisessig → *2-[β-(1-Piperidyl)-äthyl]-1.2.3.4-tetrahydrochinolin*, gelbes Öl, $Kp._{0,4}$ 143—147°; n_D^{20} 1,5659; *Monohydrochlorid*, F. (aus n-Propanol) 243°. — Daraus mit Benzoylchlorid das *1-Benzoyl-2-[β-(1-piperidyl)-äthyl]-1.2.3.4-tetrahydrochinolin*, $Kp._{0,1}$ 202—203°; F. (aus Skellysolve B) 102—103°; *Hydrochlorid*, F. 235,5—236,5°. — Aus 2-(1-Piperidylmethyl)-piperidin (**IV**) durch Methylieren mit wasserfreier Ameisensäure u. Formalin → *1-Methyl-2-(1-piperidylmethyl)-piperidin*, $Kp._{2,4}$ 94—95°; n_D^{25} 1,4846. — Aus IV u. Benzoylchlorid → *1-Benzoyl-2-(1-piperidylmethyl)-piperidin* (**V**), viscoses, gelbes Öl, $Kp._{0,3}$ 160 bis 170°; *Hydrochlorid*, F. (aus n-Propanol) 255°. — Aus IV u. p-Methoxybenzoylchlorid → *1-p-Methoxybenzoyl-2-(1-piperidylmethyl)-piperidin*, gelbes Öl, $Kp._{0,3}$ 185—189°; *Hydrochlorid*, F. 244°. — Aus V durch Red. mit $LiAlH_4$ in absol. Äther → *1-Benzyl-2-(1-piperidylmethyl)-piperidin*, $Kp._{0,3}$ 136—137°. — Aus α-Picolinoylchlorid u. Piperidin → *1-(α-Picolinoyl)-piperidin* (**VI**), $Kp._{0,3}$ 131—135°; F. (aus Skellysolve B) 76—77,5°. — Daraus durch Red. mit $LiAlH_4$ in absol. Ae. u. N_2-Atmosphäre → *2-(1-Piperidylmethyl)-pyridin*, $Kp._{10}$ 122—124°; n_D^{25} 1,5170; *Dihydrochlorid*, F. 200—215°. — Daraus durch Red. mit Adams-PtO-Katalysator in Essigsäure → *2-(1-Piperidylmethyl)-piperidin*, $Kp._5$ 104—106°. — Aus VI u. durch Red. mit red. PtO bei 30 at → *1-(α-Pipecolinoyl)-piperidin*, F. (aus A.–Ae.) 254—255° (Zers.). — Aus III u. p-Äthoxybenzoylchlorid → *p-Äthoxybenzoyl-2-[β-(1-piperidyl)-äthyl]-piperidin*, $Kp._2$ 231—233°. — Aus Vinylpyridin u. Morpholin → *2-[β-(1-Morpholinyl)-äthyl]-pyridin*, $Kp._{18}$ 167—170°. — Daraus durch Red. mit Adams-PtO-Katalysator in Eisessig → *2-[β-(1-Morpholinyl)-äthyl]-piperidin*, $Kp._{0,5}$ 89—90°. — Daraus mit Benzoylchlorid → *1-Benzoyl-2-[β-(1-morpholinyl)-äthyl]-piperidin*; *Hydrochlorid*, F. 202—203°. — Aus III u. Isopropylbromid → *1-Isopropyl-2-[β-(1-piperidyl)-äthyl]-piperidin*; *Dihydrochloridhemihydrat*, F. (aus Isopropanol–absol. Ae.) 248—249°. (Zers.). — *Lokalanästhetica* u./oder *Diuretica*. — (**A. P. 2 684 965** vom 10/8. 1950, ausg. 27/7. 1954.) R. Link. 4807

J. R. Geigy Akt.-Ges., Basel, Schweiz, *Tetrasubstituiertes Diaminoalkan*. Zu E. P. 708 699; C. **1955.** 1097 ist nachzutragen: *N-(β.β-Dimethyl-γ-piperidinopropyl)-di-o-tolylamin*, $Kp._{0,8}$ 176—178°; *Hydrochlorid*, F. (aus sd. A.) 216—218°. — Aus β.β-Dimethyl-γ-piperidinopropylchlorid u. Di-o-tolylamin. *Therapeuticum*. (**Schwz. P. 303 571** vom 15/6. 1951, ausg. 1/2. 1955. **Zusatz zu Schwz. P. 298323; C. 1955. 1795.**) R. Link. 4807

Ciba Akt.-Ges., Basel, Schweiz, *Herstellung des 3-Phenyl-3-(γ-diäthylaminopropyl)-2.6-dioxopiperidins*, $Kp._{0,2}$ 198—205°, *Hydrochlorid*, F. 187—190°, dad. gek., daß man eine Verb. der Formel $XCH_2CH_2C(X_1)(C_6H_5)CH_2CH_2CH_2N(C_2H_5)_2$, in der X u. X_1 zur Gruppe —CO—NH—CO— kondensierbare Reste darstellen, in An- oder Abwesenheit von Lösungsmitteln (Eisessig) u. in Ggw. von Kondensationsmitteln, wie konz. H_2SO_4, Essigsäureanhydrid, $SnCl_4$, $TiCl_4$, BF_3-Ätherate, $ZnCl_2$, $AlCl_3$ oder deren Gemische, bei erhöhter Temp., z. B. bei 110—120°, kondensiert. — Das z. B. als Ausgangsmaterial benötigte *2-Phenyl-2-(γ-diäthylaminopropyl)-pentan-1.5-disäuredinitril*, $Kp._{0,3}$ 158—164°, kann durch Kondensation von Benzylcyanid mit γ-Chlorpropyldiäthylamin in Ggw.

von $NaNH_2$ u. Rk. des erhaltenen *Phenyl-(γ-diäthylaminopropyl)-essigsäurenitrils*, $Kp._{0,15}$ 121—125°, mit Acrylsäurenitril in Ggw. eines bas. Katalysators hergestellt werden. — *Heilmittel* mit *parasympathicolyt.* Wirkung. (**Schwz. P. 306 903** vom 7/7. 1950, ausg. 1/7. 1955. **Zusatz zu Schwz. P. 302 311; C. 1955. 11748.**) R. Link. 4807

Ward, Blenkinsop & Co. Ltd., London, England (Erfinder: **Alan August Goldberg** und **Donald Maurice Besly**), *Substituierte Azaacridine* der allg. Formel **I**, in der R eine Alkoxy- oder Aryloxygruppe, Y Halogen (Ordnungszahl mindestens 17) u. X H, Aryl, Aralkyl oder die Gruppe $Z-C_nH_{2n}-$ bedeuten, in der n eine Zahl >1 u. Z H, eine Oxy- oder Alkoxygruppe, die Reste $R_1 \cdot R_2N-$, $R_1R_2N-C_mH_{2m}\cdot O-$ oder den Rest **II** darstellen (R_1 u. R_2 bedeuten Alkylreste mit 1—4 C-Atomen, m eine Zahl >1 u. A eine CH_2-Gruppe oder ein O-Atom), werden erhalten, wenn man ein Azaacridin der allg. Formel **III**, in der Y u. R die obengenannte Bedeutung besitzen u. B Halogen, eine Phenoxy- oder alkylierte Phenoxygruppe bedeutet, in Ggw. oder in Abwesenheit eines inerten Lösungsm. mit dem Ammoniumsalz einer schwachen Säure, mit einem prim. Aralkyl- oder Arylamin oder einem Amin der Formel $Z-C_nH_{2n}-NH_2$, in der Z die obengenannte Bedeutung besitzt, erhitzt. — 4,3 (Teile) 2-Methoxy-6.9-dichlor-1-azaacridin (**IV**) werden in 20 trocknem Phenol gelöst, auf 110° erhitzt u. mit 2,4 5-Diäthylamino-2-aminopentan versetzt. Man krist. das *2-Methoxy-6-chlor-9-[5'-diäthylaminopentyl-(2')]-amino-1-azaacridindihydrochlorid*, F. 172—174° (Zers.) nach der üblichen Aufarbeitung als gelbes Pulver aus wss. Aceton aus. Entsprechend erhält man: aus 2-n-Butoxy-6.9-dichlor-1-azaacridin (**V**) u. β-Diäthylaminoäthylamin → *2-Butoxy-6-chlor-9-β-diäthylaminoäthylamino-1-azaacridindihydrochlorid*, F. (aus wenig A.) 228 bis 230°, gelbes mikrokristallines Pulver. — Aus **V** u. 5-Diäthylamino-2-aminopentan → *2-n-Butoxy-6-chlor-9-[5'-diäthylaminopentyl-(2')]-amino-1-azaacridinhydrochlorid*, F. (aus A.–Aceton) 174—178°; *Bis-(p-nitrobenzoat)*, F. (aus verd. A.) 154—156°, kleine Prismen. — Aus **V** u. $(NH_4)_2CO_3$ → *2-n-Butoxy-6-chlor-9-amino-1-azaacridinhydrochlorid*, F. (aus Methanol u. einer Spur alkoh. HCl) 254—256°, gelbe Nadeln. — *2-Methoxy-6-chlor-9-amino-1-azaacridinhydrochlorid*, F. 281—283°, hellgelbe Nadeln; *freie Base*, F. (aus wss. Pyridin) 294—296°, kleine Nadeln. — Aus **V** u. Äthanolamin → *2-n-Butoxy-6-chlor-9-β-oxyäthylamino-1-azaacridinhydrochlorid*, F. (aus wss. A.) 248—250°, kleine gelbe Nadeln. — *2-n-Butoxy-6-chlor-9-β-äthoxyäthylamino-1-azaacridinhydrochlorid*, gelbes mikrokristallines Pulver. — *2-n-Butoxy-6-chlor-9-β-diäthylaminoäthoxyäthylamino-1-azaacridinhydrochlorid*, schwachgelbes kristallines Pulver. — Aus **IV** u. Benzylamin → *2-Methoxy-6-chlor-9-benzylamino-1-azaacridinhydrochlorid*, F. (aus wss. A.) 274—276° (Zers.), citronengelbes mikrokristallines Pulver. — Aus **IV** u. β-Morpholinoäthylamin → *2-Methoxy-6-chlor-9-β-morpholinoäthylamino-1-azaacridindihydrochlorid*, F. (aus W. u. HCl) 259—260° (Zers.), gelbe Platten. — Aus **IV** u. β-Piperidinoäthylamin → *2-Methoxy-6-chlor-9-β-piperidinoäthylamino-1-azaacridindihydrochlorid*, F. (aus W. u. HCl) 245 bis 247° (Zers.), gelbe, glänzende Plättchen. — Aus **IV** u. n-Dodecylamin → *2-Methoxy-6-chlor-9-n-dodecylamino-1-azaacridinhydrochlorid*, F. (aus wenig A.) 200—202°, gelbe, glänzende Plättchen. — Aus **IV** u. p-Toluidin → *2-Methoxy-6-chlor-9-p-toluidino-1-azaacridinhydrochlorid*, F. (aus wenig Eisessig) 272—274° (Zers.), kleine orangefarbene Kristalle. — Aus 2-Phenoxy-6.9-dichlor-1-azaacridin u. $(NH_4)_2CO_3$ → *2-Phenoxy-6-chlor-9-amino-1-azaacridinhydrochlorid*, F. (aus wenig A.) 278—280° (Zers.), mikrokristallines, gelbes Pulver. — *Pharmaceutica* zur Bekämpfung von *pathogenen Bakterien* u. *Blutparasiten*. (**E. P. 722 704** vom 15/2. 1951, ausg. 26/1. 1955.) R. Link. 4807

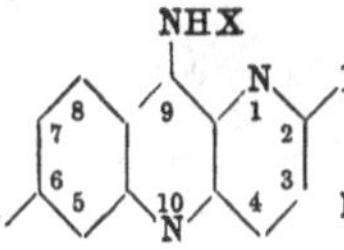
I

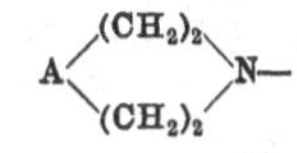
II

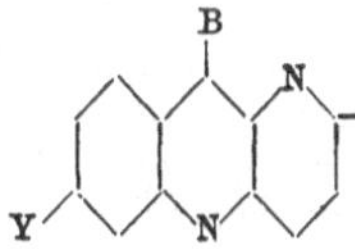
III

Wellcome Foundation Ltd., London, England (Erfinder: **George H. Hitchings** und **Peter Byrom Russell**, Tuckahoe, N. Y., V. St. A.), *2.4-Diamino-5-p-chlorphenyl-6-äthylpyrimidin* (**I**), farblose Kristalle vom F. 235°, wird hergestellt durch Dehydrierung von 2-Amino-4-oxy-5-p-chlorphenyl-6-äthyldihydropyrimidin (**II**) (erhalten durch Kondensation von Guanidin mit α-p-Chlorphenyl-β-äthylacrylnitril) mittels Schwefel (**III**) oder Phosphorpentasulfid (**IV**) zu 2-Amino-4-oxy-5-p-chlorphenyl-6-äthylpyrimidin (**V**), farblose Nadeln vom F. 271°, bzw. 2-Amino-4-mercapto-5-p-chlorphenyl-6-äthylpyrimidin (**VI**), hellgelbe Prismen vom F. 231°, und Überführung der so erhaltenen Zwischenverbb. in **I** nach an sich bekannten Verff., z. B. durch Erhitzen von **V** oder **VI** mit alkoh. Ammoniak im Bombenrohr auf 180°. — Zur Dehydrierung von **II** zu **V** wird das Gemisch von **II** u. **III** 3 Std. auf 190—210°, von **II** zu **VI** das Gemisch von **II, IV** u. Tetrahydronaphthalin 2 Std. auf 170—175° erhitzt. Wird letztere Rk. bei 190° durchgeführt, so entsteht als Hauptprod. *2.4-Dimercapto-5-p-chlorphenyl-6-äthylpyrimidin*, gelbe Prismen vom F. 317°.

— *Heilmittel gegen Malaria.* (**D. B. P. 934 947** Kl. 12p vom 31/3. 1953, ausg. 10/11. 1955. Anmeldung bekanntgemacht 18/5. 1955. E. Prior. 1/4. 1952.) H. Bräucker. 4807

Soc. des Usines Chimiques Rhône-Poulenc, Paris, Frankreich, *Herstellung von substituierten Diaminen.* Zur Herst. von Diaminen der Formel I, in der Het Pyridin,

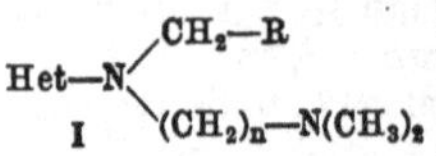

I

Pyrimidin oder Thiazol, R eine Alkylgruppe mit höchstens 6 C-Atomen, eine Aralkyl- oder Arylgruppe oder eine monocycl. heterocycl. Gruppe u. n 2 oder 3 bedeuten, setzt man halogenierte Pyridin-, Pyrimidin- oder Thiazolverbb. mit sek. tert. Diaminen der allg. Formel $R \cdot CH_2NH \cdot (CH_2)nN(CH_3)_2$ um. — Z. B. kondensiert man α-Brompyridin mit N-Dimethylaminoäthylbenzylamin zu *N-Dimethylaminoäthyl-N-benzyl-α-aminopyrimidin.* Die Prodd. sind *Antihistaminica.* (**Dän. P. 74 598** vom 21/6. 1944, ausg. 25/8. 1952. F. Prior. 9/9. 1943.) K. H. Kähler. 4807

Wellcome Foundation Ltd., London, England, *Herstellung von quartären Piperaziniumsalzen* der allg. Formel I, in welcher X für ein nichttox. Anion, Y für Phenyl oder Cyclohexyl, R für H oder CH_3 u. R_1 u. R_2 für Alkylreste mit 1—3 C-Atomen stehen, wobei die Summe der C-Atome im Kation wenigstens 20 u. nicht mehr als 23 betragen soll, durch Quaternisieren einer entsprechenden Piperazinverb. mit einem Alkylhalogenid.

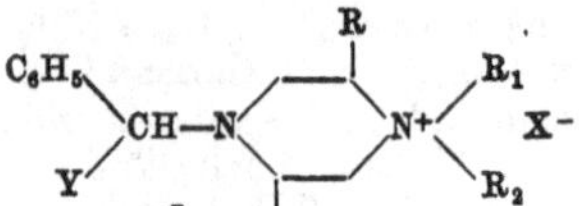

I

— Es werden die folgenden 4-Benzhydrylpiperaziniumjodide hergestellt: 1.2.5-Trimethyl-4-benzhydrylpiperazin (II) (*Monohydrochlorid,* F. 164°) u. CH_3J → *1.1.2.5-Tetramethyl-,* F. 220°; II u. C_2H_5J (III) *1.2.5-Trimethyl-1-äthyl-,* F. 201—202°; 2.5-Dimethyl-4-benzhydrylpiperazin (F. 82,5—83°) u. III → *1.1-Diäthyl-2.5-dimethyl-,* F. 190°; 1-Methyl-4-benzhydrylpiperazin u. III → *1-Äthyl-1-methyl-,* F. 228°; Benzhydrylpiperazin u. III *1.1-Diäthyl-,* F. 254—255°; *1-Isopropyl-1-methyl-,* F. 238°; sowie die folgenden 4-(α-Cyclohexylbenzyl)-piperaziniumjodide: 1-Methyl-4-(α-cyclohexylbenzyl)-piperazin u. III → *1-Äthyl-1-methyl-,* F. 173—174°; *1-Isopropyl-1-methyl-,* F. 194°; *1.1-Diäthyl-,* F. 195°; *1-Methyl-1-propyl-,* F. 182°. — *Spasmolyt. Eigenschaften.* (**E. P. 738 690** vom 12/5. 1953, ausg. 19/10. 1955. **Belg. P. 519 855** vom 9/5. 1953, ausg. 13/5. 1955. Beide A. Priorr. 13/5. 1952.) E. Carl. 4807

E. Merck, Deutschland, *Verbindungen von curareähnlicher Wirkung. Quaternäre Ammoniumsalze des Belladonnins* (I) oder eines seiner niederen Derivv. werden durch Einw. von 0,5—1,0 Mol eines Alkylierungsmittels hergestellt. — Man kocht 3,2 g I u. 11,8 g Äthyljodid in 40 cm³ Xylol u. erhält nach Umkristallisieren aus Methanol–Äthylacetat das I-*Bis-jodäthylat,* F. 286°. — I-*Bromäthylat,* F. 243—244°. — I-*Bis-jodisoamylat,* F. 234—236°. — I-*Methosulfat,* F. 124—126°. — I-*Bis-bromäthylat,* F. 98 bis 101°. (**F. P. 1 080 533** vom 16/1. 1953, ausg. 9/12. 1954. D. Prior. 15/2. 1952.) G. Weltzien. 4807

Eli Lilly & Co., Indianapolis, Ind., V. St. A., *5-Cyan-6-methylpyridin-2.3.4-tricarbonsäuretriäthylester.* In Abänderung des Verf. des E. P. 721 295; C. **1956.** 5917 wird anstelle von Iminoacetylaceton das Diacetonitril mit dem α-Keto-γ-äthoxyakonitsäuretriäthylester zur Umsetzung gebracht, $Kp._{0,2}$ 161°; n_D^{25} 1,5028; $D.^{26}_{26}$ 1,1863. — *Zwischenprodd.* zur Herst. von *Pyridoxin.* (**Schwz. P. 306 644** vom 7/3. 1952, ausg. 1/7. 1955. A. Prior. 16/3. 1951.) R. Link. 4809

N. V. Organon, Oss, Holland, *Vitamin-B_{12}-Präparat.* Wss. Lsg. von Vitamin B_{12} u. u. Intrinsic factor werden bei p_H 3—9 u. Tempp. unter 0°, bes. —20°, mit aliphat. Alkoholen, wie A. oder Methanol, u./oder Ketonen mit 3—7 C-Atomen, wie Aceton oder Diäthylketon, versetzt u. die Fällung abzentrifugiert, mit A. u. Ae. gewaschen u. getrocknet. Der Intrinsic factor wird durch Extraktion der Schleimhaut des Pylorus oder des Duodenums gewonnen. Peroral wirksam. (**E. P. 733 875** vom 18/12. 1952, ausg. 20/7. 1955. Holl. Prior. 20/12. 1951.) K. Heinze. 4809

Farbwerke Hoechst Akt.-Ges., vormals Meister Lucius & Brüning, Frankfurt/M., *Penicillin-G-Salz* von 2-Äthoxy-6.9-diaminoacridin (I) wird erhalten durch Umsetzung von I oder einem Salz von I mit Penicillin-G (II) oder einem Salz von II. — Gelbes Kristallpulver, F. 101—103° (Zers.). (**Schwz. P. 307 803** vom 13/6. 1952, ausg. 16/8. 1955. D. Prior. 22/6. 1951.) H. Bräucker. 4811

Upjohn Co. (Erfinder: **Hermann Hoecksema, Lionel Edward Rhuland** und **LeRoy Emanuel Johnson**), Kalamazoo, Mich., V. St. A., *Herstellung von Erythromycin* auf biol. Wege durch Zusatz von 0,05—1% Propionamid oder von geradkettigen 1-Alkanolen mit höchstens 4 C-Atomen, wie Methanol, A., n-Propanol u. n-Butanol oder von Propanol in Mengen von 0,05—1% oder von wasserlösl. Propionsäuresalzen, bes. Na- oder

Ca-Propionat in gleichen Mengen als ausbeutesteigernde Zusätze zu den Nährlösungen. — Mengenbeispiele, Tabellen. (**D. B. PP. 936 411, 936 412** u. **936 413** Kl. 30h vom 23/5. 1954, ausg. 15/12. 1955. Anmeldungen bekanntgemacht 26/5. 1955. Alle A. Prior. 12/6. 1953.) H. Schindler. 4811

J. R. Geigy Akt.-Ges., Basel, Schweiz, *Mittel gegen Tbc* aus 4-15 (Teilen) Isonicotinsäurehydrazid u. 1—3 Pyridin-3-aldehydthiosemicarbazon, gegebenenfalls in Salzform. Es können inerte Träger beigemischt werden. — Tabletten. (**E. P. 734 155** vom 17/8. 1953, ausg. 27/7. 1955. Schwz. Prior. 26/8. 1952.) K. Heinze. 4815

Broadus Wilson, Raleigh, N. C., V. St. A., *Luftsterilisation,* durch Verdampfen einer ca. 30% W. enthaltenden Lsg. von Triäthylenglykol unter konstanter Zuführung von W., so daß der Wassergeh. der zu verdampfenden Lsg. etwa konstant bleibt. — Vorr., Zeichnungen. (**A. P. 2 715 056** vom 23/12. 1948, ausg. 9/8. 1955.) K. Heinze. 4833

Charles Van Buren, Washington, D. C., V. St. A., übert. von: **Moises L. de Guevara,** Mexico City, Mexico, *Flüssiges Desinfektionsmittel,* gek. durch einen Geh. an ClO_2 u. Na-Perborat, z. B. wss. Lsg. von Na-Tetraborat, Na-Perborat, $B(OH)_3$, $KClO_3$, H_2SO_4, HCl u. p-Aminobenzoesäure. Phenolkoeff. übertrifft Jodtinktur um 30%. (**A. P. 2 701 781** vom 30/12. 1949, ausg. 8/2. 1955.) K. Heinze. 4833

Wallace & Tiernan Inc., Wilmington, Del., V. St. A., *Desinfektionsmittel,* bestehend aus einem wasserlösl. Jodid u. einem organ., keimtötenden Mittel, wie Chlormelanin bzw. dessen Derivv., wie Trichlormelamin, N.N'-Dichlorazodicarbamidin, N.N'-Dichlorbiuret oder N-Chloracetylharnstoff. Es können Netzmittel, organ. Säuren u. Puffersubstanzen zugesetzt werden, so daß die Lsg. des Gemisches einen p_H-Wert < 7 aufweist. (**E. P. 728 166** vom 13/11. 1952, ausg. 13/4. 1955. A. Prior. 28/11. 1951.) K. Heinze. 4833

Albert Lespagnol et **Denise Bar**, Généralités de chimie pharmaceutique. Paris: Editions Labo-pharma. 1955. (23 S.) 4°.

F. Reimers, The basic principles for pharmacopoeial tests. Vol. 3. London: Heinemann Medical. 1956. (116 S. m. Diagr.) 17 s. 6 d.

G. Analyse. Laboratorium.

Roland A. Blomgren, Edwin J. Hart und **Leon S. Markheim,** *Laboratorium für chemische Forschung mit radioaktivem Kobalt.* Vff. beschreiben die apparative Technik des Arbeitens mit ^{60}Co im Laboratorium. In der Bestrahlungskammer sind 5 getrennte ^{60}Co-Stäbe beweglich angebracht. Die verwendeten Aktivitäten betragen bis 400 C. Sicherheitsmaßnahmen für die Arbeit mit ^{60}Co sowie für den Transport u. das Überführen des ^{60}Co aus dem Transportgefäß in die Bestrahlungskammer werden mitgeteilt. (Rev. sci. Instruments **24.** 298—303. April 1953. Chicago, Ill., ANL, Remote Control Engng. and Chem. Div.) Max Schmidt. 5004

L. Knop und **J. Fegeš,** *Eine Anwendung des Temperaturschwimmers als Thermometer.* Die Genauigkeit der Dichtebest. von schwerem W. in kleinen Konzz. nach der Schwimmermeth. wurde durch Verwendung eines zweiten geeichten Schwimmers verbessert. Genauigkeit $\pm 0{,}05$ der Dichte. Daß die Bewegungsgeschwindigkeit v eines Schwimmers gleich $k(T_v - T_s)$ ist, wurde experimentell nachgewiesen (k = individuelle Schwimmerkonstante, T_v = Versuchstemp., T_s = Schwebetemp.). Komplikationen durch „Altern" der Beckmann-Thermometer u. der geringen Löslichkeit des Quarzes der Thermometerröhrchen. (Sloven. Acad. Sci. Arts, „J. Stefan" Inst. Physics, Rep. **2.** 87—92. Mai 1955.) H.-G. Moslé. 5016

Robert J. Bussolari, Seymour Schiff und **Robert E. Treybal,** *Die Strömung von Flüssigkeiten durch Türme mit Lochplatten zur Flüssig-Flüssig-Extraktion.* Vf. berechnet die Antriebskräfte, die notwendig sind, um in einer Siebbodenkolonne den Gegenstrom von 2 Fll. hervorzurufen. Die Höhe der unter dem Siebboden gestauten Schicht der leichteren F. muß groß genug sein, um die Oberflächenspannung in den Sieblöchern zu überwinden u. die Durchflußbeschleunigung zu erzeugen. Außerdem muß der Differenzdruck, der durch den Unterschied des spezif. Gewichts entsteht, die Widerstände überwinden, die der schweren Fl. auf ihrem Weg abwärts durch die Kolonne entgegenstehen. (Ind. Engng. Chem. **45.** 2413—17. Nov. 1953.) G. Adolphi. 5034

D. Hausding, *Vielseitig verwendbare analytische Absorptionskolonne.* Eine Absorptionskolonne nur mit Schliffverbb., bestehend aus einem 2fach tubulierten Zersetzungskolben mit aufgesetzten Absorptionseinheiten, die ein Zurückfließen der Lsg. verhindern, wird beschrieben. Die Titration erfolgt dann direkt in den Absorptionsvorlagen. An-

wendungsbeispiele: NH_3 in NH_4-Salzen, SO_2 neben CO_2 u. *Pektinanalyse.* (Z. analyt. Chem. **145.** 1—5. 1955. Dresden, TH, Inst. für Lebensmittel- u. Gärungschem.)
H.-G. Moslé. 5038

D. F. Rushman und **Elizabeth M. G. Simpson,** *Eine Halbmikro-Molekulardestillationsapparatur für quantitative Zwecke.* Der App. besteht im Prinzip aus einer kleinen Kupferheizplatte, auf der ein flaches Schälchen das Analysengut (ca. 100 mg) aufnimmt. Dieses wird vor u. nach Dest. gewogen, während auf eine Wägung des Destillates verzichtet wird. Die Zufuhr der Drähte für Heizung u. Thermoelement von außen, sowie die vakuumdichte Montage der Heizplatte auf einem Glasschliffkern ist mittels Borsilicatglases erreicht. Die App. eignet sich für Tempp. bis 300°, wobei z. B. Triglyceride (Mol.-Gew. 900) schnell dest. u. gut von höheren Polymeren getrennt werden. (J. Oil Colour Chemists' Assoc. **37.** 319—22. Juni 1954. Teddington, Middlesex, Paint Res. Stat.)
H. Boser. 5038

D. J. Trevoy und **W. A. Torpey,** *Hochvakuumfraktionierung mit fallender Strömungsrichtung.* (Vgl. C. **1953.** 8154. 8155.) Die beste Kontrolle für den Fortgang der Dest. ist die Messung des Dampfdruckes, die aber normalerweise schwer durchgeführt werden kann. Wenn man aber ein Tensimeter mit fallender Strömung einbaut, kann die Messung bei der Dest. mit 0,5% Genauigkeit ausgeführt werden. Ein App. mit n. Destillierkolben in Verbindung mit einem solchen Tensimeter, durch das die Fl. langsam durchfällt, wird beschrieben u. abgebildet. Es werden damit Di-2-äthylhexylphthalat u. Di-2-äthylhexylsebacat gereinigt, u. ein 50%ig. Gemisch von beiden wird fraktioniert destilliert. Versuchsdaten sind in Kurven u. Tabellen angegeben. (Analytic. Chem. **26.** 492—94. März 1954. Rochester, N. Y., Res. Lab. Eastman Kodak.)
H. Miething. 5038

J. J. Benbow, *Ein Apparat zur Messung der dynamischen Scherelastizität und Viscosität fester Stoffe bei hohen Audionfrequenzen.* Zur Best. der Scherelastizität u. der Viscosität von organ. Gläsern wurde eine App. entwickelt, die als Meßinstrument ein Galvanometer enthält, dessen Schwingspule an dem zu untersuchenden stabförmigen Stoff aufgehängt wird. Aus den gedämpften Schwingungen werden auf einem Kathodenstrahloscillographen das logarithm. Dekrement u. die Frequenz der Schwingungen direkt gemessen. Die dynam. Scherelastizität u. die Viscosität werden dann unter Zugrundelegung der Maxwellschen Gleichung berechnet. Mit dem neuen Instrument wurden *Glycerin-Sextol-Phthalat-Glas-*, *Perspex-*, *Polythen-* u. *Metall-*Stäbe untersucht. Die Ergebnisse stehen in guter Übereinstimmung mit veröffentlichten Werten. (J. sci. Instruments **30.** 412—13. Nov. 1953. Welwyn, Herts., Imperial Chem. Ind. Ltd., Butterwick Res. Labor.)
G. Wille. 5040

J. O'M. Bockris und **D. C. Lowe,** *Ein elektromagnetisches Viscosimeter für geschmolzene Silicate bei Temperaturen bis zu 1800° C.* Für die schwierigen Bestimmungen der Viscosität von geschmolzenen Silicaten entwickelten Vff. ein neues Rotationsviscosimeter mit einer elektromagnet. Drehmomentmessung. Während bisher die obere Temperaturgrenze bei 1650° lag, ist es mit dem neuen Instrument, für das *Mo* u. *Graphit* als Baustoffe verwendet wurden, möglich, die Viscosität bis 1820° zu messen. Im Bereich von 0,05 bis 14000 P hat das Viscosimeter eine Genauigkeit von $\pm$0,5% u. kann durch die elektromagnet. Drehmomentmessung ohne Umbauten im ganzen Bereich benutzt werden. Der Aufbau des Geräts u. das benutzte Eichverf. werden im einzelnen beschrieben. (J. sci. Instruments **30.** 403—05. Nov. 1953. London, Imp. Coll. of Sci. and Technol.)
G. Wille. 5040

P. Mason, *Ein Instrument zur Prüfung der Zusammendrückbarkeit von Pasten.* Vf. beschreibt ein neues Gerät zur Messung der Zusammendrückbarkeit von pastösen Substanzen, das sich durch geringe mechan. Reibung auszeichnet u. das Belastungen bis zu mehreren kg aushält. Die Verformungsgeschwindigkeit kann an einem Zeigergerät oder opt. abgelesen werden. Die Messung der Zusammendrückbarkeit eines *Bitumens* bei konstanter Belastung ergab eine Zähigkeit, die mit der im Rotationsviscosimeter gemesssenen übereinstimmte. Typ. Resultate für wss. *Zement-*, $CaCO_3$- u. $Ca(OH)_2$-Pasten werden diskutiert, wobei u. a. berücksichtigt werden: Einfl. der Rauhigkeit der Oberfläche, der Zusatz von Füllstoffen u. die Verformungsgeschwindigkeit. (J. sci. Instruments **30.** 418—21. Nov. 1953. Watford, Herts., Building Res. Stat., Garston.)
G. Wille. 5040

Sergio Berlingozzi, *Neuere Fortschritte in den papierchromatographischen und papierelektrophoretischen Verfahren.* Zusammenfassender Bericht unter besonderer Betonung eigener Arbeiten. — 42 Literaturangaben. (Sperimentale, Sez. chim. biol. **5.** 33—52. 15/8. 1954. Firenze, Italia.)
H. Endrass. 5062

A. Raoul Poggi und **Giorgio Serchi**, *Chromatographie auf Porzellan und anderem porösen Material.* Vorl. Mitt.: *Orientierende Anwendungen auf pharmazeutischem Gebiet.* Für Fälle, in denen die Papierchromatographie keine guten Ergebnisse bringt oder bei denen Papier sich nicht verwenden läßt, werden Stäbe aus porösem Berliner Porzellan vorgeschlagen. An einigen Vitaminen, Aminosäuren, Alkaloiden, sowie an den Halochromieverbb. von H_2SO_4 mit Cyclohexanon u. Aceton werden die Arbeitsweisen erläutert u. die gefundenen R_f-Werte tabellar. mitgeteilt. (Chimica [Milano] [N. S.] **9 (30)**. 123—30. April 1954. Cagliari, Univ., Ist. di Chimica Farmac. e Tossicol.) H. ENDRASS. 5062

Jaroslav Janák, *Anwendung von Zeolithen in der Gaschromatographie.* (Vorl. Mitt.) Vf. hat bisher für die chromatograph. Best. der Gase nur Aktivkohle oder Silicagel angewendet. (Vgl. C. **1956**. 3953, 4240 u. 4526.) Diese Arbeiten haben gezeigt, daß Aktivkohle bessere Eigenschaften für die Trennung von permanenten Gasen hat, hingegen eignet sich Silicagel für KW-stoffe bis C_4. Für die Trennung der höheren KW-stoffe wurden natürliche u. synthet. Zeolithe zum erstenmal angewendet. Die Trennfähigkeiten der akt. Alumosilicate sind durch ihre Polarität u. genau regulierbare Porosität gegeben. Die Zonen der einzelnen KW-stoffe auf den Zeolithen sind außerordentlich scharf, u. die Zeit, die zur Durchführung der Analyse nötig ist, ist auch kürzer als am Silicagel. Durch den Austausch der Kationen in den Zeolithen wird das Gitter deformiert, u. dadurch werden die Adsorptionseigenschaften in weiten Grenzen geändert. Durch einige Kationen wird auch Chemisorption bewirkt, u. dadurch ist es möglich, eine selektive Adsorption für irgendein Gas zu erzielen, z. B.: Olefine. (Chem. Listy **49**. 1403—05. Sept. [Orig.: tschech.]; Collect. czechoslov. chem. Commun. **20**. 1241—43. 1955. [Orig.: deutsch]. Brno, Ústav pro naftový výzkum.) K. SETÍNEK/Prag. 5062

Raymond H. McFee, *Laboratoriumslichtquelle für monochromatische Strahlung von 1,08 und 2,06 μ.* Die angegebene Lichtquelle besteht in einer *He*-Entladung in Form einer GEISSLER-Röhre, die jenseits von 0,7 μ nur die Linien 1,08 u. 2,06 μ emittiert. Mit Hilfe eines Glasfilters CORNING Nr. 2540 u. einer wassergefüllten Glasküvette (10 mm) kann die 1,08 μ-Strahlung, mit Hilfe der CORNING-Filter Nr. 4784 zusammen mit Nr. 2540 kann die 2,06 μ-Linie isoliert werden. Die Strahlungsleistung beträgt im Mittel $3{,}36 \cdot 10^{-2}$ bzw. $1{,}45 \cdot 10^{-3}$ W/cm². Die Lichtquelle ist zur Eichung von infrarotempfindlichen Photozellen geeignet. (J. opt. Soc. America **42**. 67. Jan. 1952. Cambridge, Mass., Photoswitch Incorp.) J. RUDOLPH. 5063

G. Ehgartner, W. Piepenbrink und **H. Maier-Leibnitz**, *Ein Wechsellichtmonochromator für Spektrallinien von ausgedehnten Lichtquellen.* Vff. beschreiben ein „Wechsellichtfilter", bei dem nur das von einer Spektrallinie erzeugte Interferenzstreifensyst. Wechsellicht hervorruft, während kontinuierliches Licht keine Wrkg. hat. Zu dieser Anordnung ist eine Interferenzplatte mit der Wechsellichtmeth. kombiniert, wodurch bei großem Lichtleitwert Spektrallinien vom Untergrund getrennt werden können. Wird die Dicke der Interferenzplatte variiert, so kann die Anordnung für alle Wellenlängen verwendet werden. Es wird das Spektr. einer *Cd*-Lampe mit drei verschied. Blendenplatten angegeben u. ausgemessen. Berechnungen u. Ausmessungen der „Filterkurve" des Geräts, die durch zwei Perioden bestimmt wird, werden angeführt. (Z. Physik **141**. 246—53. 1955. München, TH, Labor. für Techn. Phys.) E. HAHN. 5063

J. Gaunt, *Ein einfacher Infrarotgitterspektrograph für den analytischen Gebrauch.* Vf. beschreibt einen für die Analyse von fl. Stoffen bestimmten Gitterspektrographen mit ziemlich hoher Apertur (f/4) u. kurzer Brennweite, das Gitter besitzt 2400 Linien/in. (maximale Intensität bei 2,95 μ). Zur Ausschaltung der überlappenden Ordnungen des Spektr. werden F-Zentrenfilter aus gefärbten Alkalihalogenidkristallen verwendet. Als Lichtquelle dient ein NERNST-Stift, als Empfänger entweder eine ungekühlte PbS-Zelle mit 400 Hz-Verstärker oder ein Thermoelement mit 10 Hz-Verstärker. Die PbS-Zelle wurde unmittelbar hinter dem Austrittsspalt ohne Sammlung der Strahlung auf ihrer Oberfläche montiert, während bei Verwendung des Thermoelements die Strahlung fokussiert wurde. Die Leistungsfähigkeit der App. entsprach bei 6 μ der eines NaCl-Prismenspektrographen u. war bei 3 μ bedeutend besser. Wiedergegeben werden die Ergebnisse der quantitativen Analyse von D_2O, wobei die Intensität der HOD-Bande bei 2,94 μ gemessen wurde. Ferner sind angegeben die Spektren des Hg-Bogens (1—2 μ), von Wasserdampf (ca. 2,6—2,9 μ u. 6—7 μ) u. HCl-Gas (bei 3,4 μ) mit verschied. Filtern, die Infrarotdurchlässigkeit verschied. F-Zentrenfilter sowie Abb. der Apparatur. (J. sci. Instruments **31**. 315—18. Sept. 1954. Harwell, Berks., AERE, Chem. Div.) B. GNAUCK. 5063

Bert L. Vallee, *5 cm-Absorptionszellen für Spektrophotometrie beschränkter Volumina.* Für das BECKMAN-Modell DU-Spektrophotometer wurde für geringe Mengen eine 5 cm lange Absorptionszelle entwickelt, mit der ohne Änderung der App. als Beispiel für die größere Empfindlichkeit, im menschlichen Serum mit Diäthyldithiocarbamat der Cu-Geh. bei 1,8 mg Gesamtmenge mit $\pm 2,2\%$ Genauigkeit bestimmt werden konnte. (Analytic. Chem. **25.** 985—87. Juni 1953. Cambridge, Mass., Inst. of Technol., Dep. of Biolog. and Spectroscopy Labor.) H. LEHWALD. 5063

M. Bobtelsky, *Grundlagen der Heterometrie und ihre Interpretierung.* Es wird eine allg. Beschreibung der Heterometrie, der quantitativen photometr. Unters. chem. Rkk. in Suspensionen, gegeben. Zur Festlegung des p_H werden im allg. gleichzeitig konduktometr. u. p_H-metr. Titrationen vorgenommen. Anders als bei der Turbidimetrie werden keine Schutzkolloide benötigt. (Analytica chim. Acta [Amsterdam] **13.** 172—78. Aug. 1955. Jerusalem, Hebrew Univ., Dep. of Inorgan. u. Analyt. Chem.) PH. FRESENIUS. 5066

W. J. Blaedel und **H. T. Knight,** *Reinigung und Eigenschaften des Dinatriumsalzes von Äthylendiamintetraessigsäure als Urtitersubstanz.* Es wird gezeigt, daß das Dinatriumsalz (I) der Äthylendiamintetraessigsäure mit 2 Moll. Kristallwasser als Urtitersubstanz zur Titration mehrerer gewöhnlicher Metalle (Literaturzusammenstellung) geeignet ist. Von Vorteil ist das hohe Mol.-Gew. des I u. die Stabilität der Lösungen. An Hand von Dampfdruckkurven wird gezeigt, daß I über einen weiten Luftfeuchtigkeitsbereich u. bis 100° stabil ist. Zur Reinigung von I wurden 10 g unreines I in 100 ml H_2O gelöst u. mit A. bis zu bleibendem Nd. versetzt. Dieser wird abfiltriert, verworfen u. im Filtrat durch A. 99,5% ig. I gefällt. Die fehlenden 0,5% sind H_2O, das am besten durch 4—6tägiges Trocknen auf 80° (760 mm, 50% relative Feuchte bei 25°) entfernt wird. Dieses I bleibt gewichtskonstant an Luft u. im Exsiccator über H_2SO_4 u. $CaCl_2$ u. kann als Urtiter benutzt werden. Das kristallwasserfreie I ist aber hygroskop. u. muß über P_2O_5 aufbewahrt werden. Darst. durch Erhitzen von I auf 120° im Vakuum ca. 16 Std. lang. (Analytic. Chem. **26.** 741—43. April 1954. Madison, Wis., Univ. of Wisconsin, Dep. of Chem.) K.-H. KÜSSNER. 5066

W. J. Blaedel und **H. T. Knight,** *Die Stöchiometrie bei der Titration von Metallionen mit dem Dinatriumsalz der Äthylendiamintetraessigsäure. Die Verwendung der Hochfrequenztechnik.* Innerhalb einer Fehlergrenze von 0,1% hat die Titration von Di-Na-Äthylendiamintetraacetat (I) mit Cu, Zn, Ca u. Mg einen formelgerechten Ablauf. Um Fehlermöglichkeiten auszuschalten, wurden weder chem. Indicatoren noch Leitfähigkeitsdiagramme, sondern die Differentialhochfrequenztechnik (vgl. auch C. **1953.** 104) verwandt. Im einzelnen wurde 0,01 mol. I-Lsg. mit 0,01 mol. Cu^{2+}-Lsg. titriert. Der p_H-Wert wurde von 2,5—10 variiert. Bei p_H 1 ist die Empfindlichkeit infolge zu hoher Leitfähigkeit der Säure zu gering. Mit hoher Genauigkeit läßt sich bis 2 mol. NH_4OH-Lsg. verwenden. Bei der entsprechenden Zn-Titration ist dieses bis 0,5 mol. NH_4OH-Lsg. möglich. Die Ca-Best. ist in Lsgg. mit $p_H < 8$ nicht mehr genau. Bei Mg soll das Endpunkts-p_H nicht < 10 sein. (Analytic. Chem. **26.** 743—46. April 1954. Madison, Wis., Univ. of Wisconsin, Dep. of Chem.) K.-H. KÜSSNER. 5066

a) Elemente und anorganische Verbindungen.

P. Blanc und **J. Racine,** *Einige Betrachtungen über die Kationenfällung mit Schwefelwasserstoff in saurem Medium.* (Vgl. C. **1955.** 8689.) Darst. der Arbeitsweise zur qualitativen Trennung der Elemente der H_2S-Gruppe unter besonderer Berücksichtigung der Ggw. von As^V. Die Trennung der Kationen hat unter genau zu beobachtenden Verhältnissen der Temp. u. des Säuregeh. zu erfolgen. (Chim. analytique [4] **36.** 158—59. Juni 1954.) PH. FRESENIUS. 5100

Herbert P. Broida, Harold J. Morowitz und **Margaret Selgin,** *Optische spektroskopische Bestimmung von Wasserstoffisotopen in wässerigen Mischungen.* (Vgl. C. **1956.** 8258.) Die in allen techn. Einzelheiten beschriebene, relativ schnell arbeitende Meth. zur Best. des Geh. von H_2O an D_2O in den verschiedensten Lsgg. besteht darin, daß der Dampf der wss. Probe mit dem H_2O–D_2O-Gemisch durch ein Gefäß gepumpt wird, in dem eine elektrodenlose Hochfrequenzentladung eine Emission mit den BALMER-Linien von H u. D anregt. Das Licht wird mit einem Monochromator zerlegt, u. die Intensitäten der β-Linien der BALMER-Serie von H u. D registriert, deren Verhältnis eine Funktion der relativen Konzz. ist. Eine Best. an Proben bis zu 0,1 ml kann in weniger als 10 Min. mit einer Genauigkeit von einigen %, bei größeren Mengen (≥ 1 ml) u. längerer Zeit mit 0,1% Genauigkeit ausgeführt werden. Optimale Bedingungen bzgl. Druck, Temp., Dampfflußgeschwindigkeit u. Entladungsbedingungen werden diskutiert. Eichkurven werden für den Konzentrationsbereich 0—1 u. 1—80% D_2O aufgenommen. Einige Beispiele für die Anwendung des Verf., bes. zur Best. des D_2O-Geh. von Blut werden mitgeteilt. (J. Res. nat. Bur. Standards **52.** 293—301. Juni 1954. Washington, D. C.)

J. RUDOLPH. G 238

R. Geyer, *Sulfattitration mit Bariumchlorid und Adsorptionsindicator.* SO_4-Ionen (50—250 mg in 250 ml) lassen sich in schwach essigsaurer Lsg., die 50% Methanol enthält, unter Anwendung von alizarinsulfosaurem Na als Adsorptionsindicator (1 ml 0,1%ig. Lsg.) direkt mit n/10 $BaCl_2$-Lsg. titrieren. In der blaßgelben Lsg. entsteht ein weißer Nd., der sich 1 Tropfen vor Erreichung des Endpunktes bräunlichgelb u. beim nächsten Tropfen hellrosa färbt. Am günstigsten ist p_H 3,0—3,6, das sich beim Vol. von 250 ml durch Zugabe von 10 ml 25%ig. Essigsäure einstellt. Für 10—50 mg SO_4^{2-} soll das Vol. 50 ml, die Säurezugabe 2 ml u. die Indicatorzugabe 0,25 ml, für 2—10 mg SO_4^{2-} das Vol. 10 ml, die Säurezugabe 1 ml u. die Indicatorzugabe 0,1 ml betragen. Wegen der Beeinflussung des Umschlagspunktes durch viele Kationen, bes. durch die Alkalimetalle, ist eine empir. Titerstellung der $BaCl_2$-Lsg. erforderlich. Deshalb bleibt die Anwendung des Verf. auch auf reine Sulfatlsgg. beschränkt. Bei Ggw. von Cu u. 3- u. höherwertigen Ionen versagt das Verfahren. Bei Übertitrieren kann der Überschuß zurücktitriert werden. Deshalb ist auch die umgekehrte Titration zur Best. von Ba bei empir. Titerstellung möglich. (Z. analyt. Chem. **146.** 174—81. 1955. Freiberg, Sa., Bergakad., Anorg.-Chem. Inst.) H. Pluskal. G 253

Earle R. Caley und Carl E. Moore, *Äthylmethylpikrat als Reagens für Barium.* Das Na-Salz des *3-Äthyl-5-methyl-2.4.6-trinitrophenols* (**I**), dessen Darst. durch Nitrierung von 1.3.5-Äthylmethylphenol beschrieben wird, kann sowohl zur gravimetr. als auch zur colorimetr. Best. von Ba^{2+} benutzt werden. Die quantitative Fällung von Ba ist auch in Ggw. von Ca u. Sr möglich. I ist gegebenenfalls auch zur Best. von Pb, La u. Ce^{3+} geeignet. Zur photometr. Best. geht man von Lsgg. aus, die nicht mehr als 2 mg Ba^{2+}/ml enthalten, fällt mit Überschuß von gesätt. I-Lsg. bei p_H 7, läßt absitzen, dekantiert u. wäscht mehrfach mit Ae. das überschüssige Fällungsmittel heraus. Durch Entfernung des überschüssigen I ist die Löslichkeit des Ba-Äthylmethylpikrates vergrößert (0,12 g/100 ml bei 25°), u. der Nd. kann in 100 ml W. gelöst werden. Diese gelbe Lsg. hat ein Absorptionsmaximum bei 390 mμ u. erlaubt Ba-Best. im Bereich von 0,3 bis 13 mg durchzuführen (gegebenenfalls auch indirekte SO_4^{2-}-Best.). (Analytic. Chem. **26.** 939—40. 19/5. 1954.) K.-H. Küssner. G 285

A. R. Deschreider, *Die Schnellbestimmung von Zink in Alkoholen durch Polarographie.* Die Meth. gründet sich auf die Elektrolyse einer sehr kleinen Fraktion der zu untersuchenden Lsg. in einer Zelle, deren Kathode leicht polarisierbar ist u. aus tropfend zulaufendem Hg besteht, während die nichtpolarisierbare Anode aus einer Hg-Wanne besteht. Die Stromdichte wird laufend durch ein Spiegelgalvanometer aufgezeichnet. Die Meth. ergibt Werte gleicher Genauigkeit wie die colorimetr. Bestimmung. (Rev. Fermentat. Ind. aliment. **7.** 131—32. Aug. 1952.) H. Haevecker. G 288

W. Wayne Meinke und Richard E. Anderson, *Aktivierungsanalyse Seltener Erden. Vergleich mit spektralphotometrischen Analysen.* Es werden Lsgg. Seltener Erden u. Erdgemische mit einer 25 mg Ra-Be-Neutronenquelle bestrahlt (ca. 1000 Neutronen/cm²·sec.) u. ihre Aktivität mit einem Geiger-Müller-Gaszähler gemessen. Der Vgl. mit der Analyse aus den Absorptionsbanden ergibt, daß die Aktivierungsanalyse in den Fällen, bei denen die Absorptionsbanden der Gemische zusammenfallen (Eu–Sm, Dy–Ho) für die Best. einzelner Komponenten überlegen ist. (Analytic. Chem. **26.** 907—09. 19/5. 1954. Ann Arbor, Mich., Univ. of Michigan, Chem. Dep.) V. Braun. G 303

J. T. Rozsa, *Spektrochemische Methoden fördern die Titantechnologie.* Wie in der Technologie des Be, Zr u. U, so ermöglicht der Emissionsspektrograph (Abb.) auch in der des Ti schnelle, genaue u. vielseitige Analysen, bewährte Vorbereitungsmethoden u. bes. geeignete Spektrallinien sind zusammengestellt. (Iron Age **172.** Nr. 12. 166—70. 17/9. 1953. Cleveland, O., Nat. Spectrographic Labor., Inc.) H. Eckhard. G 321

Hidehiro Gotô, Shin Suzuki und Akira Onuma, *Studien über Gasanalyse in metallischem Titan.* H_2, O_2 u. N_2 wurden in Ti nach der Vakuumschmelz- u. Chlormeth. bestimmt. Nach der ersten Meth. konnten H_2 u. O_2 unter Verwendung eines Eisenbades bei 1850 bis 1900° vollständig erfaßt werden, N_2 jedoch nicht. Nach der zweiten Meth. wurde O_2 durch Chlorierung mit einem Cl_2–N_2-Gasstrom bei 300° bestimmt. (Nippon Kinzoku Gakkai-Si [J. Japan Inst. Metals] **19.** 89—91. Febr. 1955. [Orig.: japan.; Auszug: engl.]) W. Luchsinger. G 321

Maurice Codell und George Norwitz, *Bestimmung von Sauerstoff in Titan und Titanlegierungen.* Es wird eine neue Meth. zur Best. von O in Ti u. Ti-Legierungen beschrieben. Die Probe wird mit C gemischt u. in einem Quarzrohr bei 825° unter Verwendung von He als Trägergas mit Br_2 behandelt. C bildet mit vorhandenem O_2 CO, das durch heißes CuO in CO_2 übergeführt wird u. durch Absorption mit Ascarit gravimetr. bestimmt werden kann. Br_2 u. $TiBr_4$ werden in verschied. Kühlvorr. ausgefroren. Die letzten Spuren Br_2 werden durch auf 350° erhitzte Zn-Granalien beseitigt. — Die Meth. eignet sich für die O_2-Best. in käuflichen Ti u. Ti-Legierungen mit Gehh. von 0,05 bis 0,5% O_2. (Analytic. Chem. **27.** 1083—90. Juli 1955. Philadelphia, Pa., Frankford Arsenal, Pitman-Dunn Laborr.) R. BORCHARDT. G 321

Louis Silverman und **Katherine Trego,** *Methode zur Eisenbestimmung in Thoriummetall und -verbindungen.* Geringe Mengen Fe in Th können über $FeCl_3$ spektrophotometr. bestimmt werden, indem die Lsg. von 1 g Metall in 10 ml 1:1 HCl + 8 mg Na-Fluorsilicat gelöst, mit 16 mg B_2O_3 u. 1 ml 30%ig. H_2O_2 versetzt u. zur Trockne eingedampft wird. Der Rückstand wird in 10 ml 1:1-HCl aufgenommen u. auf 25 ml aufgefüllt. Die opt. D. wird bei 342,5 oder 420 mμ gegen W. als 0,0 gemessen u. das Ergebnis mit einer Eichkurve ausgewertet. 0,02 mg Fe können so bestimmt werden. Eichkurven u. Kurven der opt. D. gegen Wellenlänge der Begleitmetalle. (Nucleonics **11.** Nr. 7. 53—56. Juli 1953. Downey, Calif., AERD, North Amercian Aviation, Inc.) H.-G. MOSLÉ. G 324

G. Talsky, *Endpunkterkennung bei der Mangantitration nach Volhard-Wolff.* Zur Erleichterung der Endpunktsbest. bei der Titration von Mn(II)-Salzen nach VOLHARD-WOLFF wird die Anwendung eines Taschenspektroskops empfohlen. Die Lsg. wird dazu im durchfallenden Licht mit dem Spektroskop betrachtet. Bei geringem MnO_4^--Überschuß kann man charakterist. Absorptionsbanden im grünen Teil des Spektr. feststellen, wenn die Lsg. äußerlich noch gelblich erscheint. Als Lichtquellen eignen sich Tages- oder Kunstlicht mit Ausnahme von Leuchtröhren (Eigenspektr.). Diese Endpunktsbest. eignet sich ferner für manganometr. Titrationen gefärbter Lsgg. (z. B. H_2O_2), sofern diese nicht im grünen Teil des Spektr. absorbieren. (Angew. Chem. **68.** 182. 7/3. 1956. München.) H. HOFMANN. G 350

H. Flaschka und **A. M. Amin,** *Mikrotitrationen mit Äthylendiamintetraessigsäure.* 10. Mitt. *Die direkte Titration von Mangan in reinen Lösungen und neben anderen Metallen.* (9. vgl. C. **1956.** 8447.) Auch Mn läßt sich mit Komplexon in ammoniakal., tartrathaltiger Lsg. bestimmen, wenn die Titration in Ggw. eines Reduktionsmittels, Ascorbinsäure, durchgeführt wird. Hg, Cu, Cd, Zn, Co u. Ni können mit KCN maskiert werden u. stören dann die Best. nicht. Anschließend an die Mn-Best. lassen sich in der gleichen Lsg. noch Cd u. Zn nach Demaskierung mit Formalin komplexometr. titrieren. (Mikrochim. Acta [Wien] **1953.** 414—20. Graz, Univ., Med.-chem. Inst. u. Pregl-Labor.) A.-M. FRETZDORFF. G 350

Binayendra Nath Sen, *Über die Trennung von MnO_4^- und $Cr_2O_7^{2-}$ durch Kreidestiftchromatographie.* (Vgl. C. **1955.** 10333.) Mittels Schreibkreide als Miniaturadsorptionssäule u. verd. H_2SO_4 als Lösungsm. gelingt die Trennung von MnO_4^- u. $Cr_2O_7^{2-}$ in 6 bis 8 Minuten. Zur Identifizierung wird der noch feuchte Stift in SO_2-Gas gehalten. Das rosa Mn-Band verschwindet u. das darüber befindliche gelborange Cr-Band wird grün. (Sci. and Cult. **20.** 147. Sept. 1954. Burdwan, Raj Coll., Chem. Labor.) F. UMLAND. G 350

U. Veereswara Rao, U. Muralikrishna und **G. Gopala Rao,** *Die Bestimmung von Permanganat neben Dichromat mit Thallium(I)-sulfat.* MnO_4^- kann neben $Cr_2O_7^{2-}$ mit Tl(I)-Lsg. titriert werden, indem ca. 10 ml eingestellte Tl-Lsg. im Kolben mit 45 ml einer ca. 1,0mol. NaF-Lsg. u. 6 ml konz. HCl versetzt werden. Die Mischung $MnO_4^- + Cr_2O_7^{2-}$ wird aus einer Bürette bis zum Umschlag von Gelb nach Rotbraun zugegeben. MnO_4^- wird red., nicht aber $Cr_2O_7^{2-}$. Ist das Verhältnis $K_2Cr_2O_7$:$KMnO_4$ größer als 2:1, so muß die Titration potentiometr. erfolgen, da der Umschlag visuell nicht mehr zu erkennen ist. Invers kann die Best. nicht durchgeführt werden. (Z. analyt. Chem. **145.** 12—16. 1955. Waltair, Südindien, Andhra Univ., Chem. Inst.) H.-G. MOSLÉ. G 350

Walter Nielsch und **Gerhard Böltz,** *Zur photometrischen Bestimmung des Kupfers mit Bromwasserstoffsäure.* Zur photometr. Best. des Cu wurden Lsgg. von 0,1 mg Cu/ml in mindestens 51%ig. HBr (meist 56%ig) verwendet. Es wurden aliquote Teile dieser Lsg. mit 56%ig. HBr aufgefüllt u. im *Elko II*-Photometer mit Filter Hg 564 u. Hg-. Brenner oder Filter S 53E u. Glühlampe gemessen u. mittels Eichkurven ausgewertet. Es zeigte sich bei 510 mμ ein Absorptionsmaximum u. bei 580 mμ ein Nebenmaximum. Bis zu 8 ml H_3PO_4/100 ml Lsg. u. bis zu 20 ml HCl/100 ml stören nicht. Die störende Wrkg. von Kationen wird noch untersucht. Die Gültigkeit des BEERschen Gesetzes ist zwischen 2 u. 250 μg Cu/ml erwiesen. Die Messungen sind bis auf 0,07 μg Cu genau ausführbar. Dunkel aufbewahrt zeigen die Lsgg. wochenlang dieselbe Absorption. Die Temperaturabhängigkeit kann im allg. zwischen 10 u. 30° vernachlässigt werden. — Vgl. C. **1955.** 8691. (Z. analyt. Chem. **142.** 94—102. 1954. Laucherthal, Hohenzollern.) H. PLUSKAL. G 358

Pierre Laffitte, *Untersuchung über die Genauigkeit von Gesteinsanalysen.* Die Fehlerquellen bei Gesteinsanalysen liegen 1. in der Probenahme, dadurch, daß die untersuchte Probe nicht dem Durchschnitt des Gesteins entspricht; 2. darin, daß die Probemenge

zu gering gewählt wird u. 3. darin, daß Zerkleinerung u. Analyse nicht mit der nötigen Sorgfalt durchgeführt werden. (Bull. Soc. géol. France [6] **3.** 723—45. Juni 1954.)
F. ENSSLIN. 5290

Haskiel R. Shell, *Möglicher Eisenverlust bei der Natriumcarbonatschmelze von Silicaten und Gesteinen.* Aus den ausgeführten Verss. ergab sich, daß der Verlust an Fe erheblich sein kann, wenn man den Sodaaufschluß anwendet. In einem Ton z. B., der 0,72% Fe_2O_3 enthielt, gingen 0,33% Fe_2O_3 an den Pt-Tiegel verloren. Durch ca. 1std. Erhitzen des leeren Pt-Tiegels auf 1200° scheidet sich das Fe als Fe_2O_3 auf der Innenseite des Tiegels aus u. kann mit heißer konz. HCl herausgelöst u. bestimmt werden. (Analytic. Chem. **26.** 591—93. März 1954. Norris, Tenn., U. S. Bur. of Mines, Analyt. Labor.)
W. BAUR. 5290

Monique Angeli, *Die Bestimmung des Magnetitgehaltes in Mineralien durch die Messung der Magnetisierung mit der Forrerschen Waage.* An einer Reihe von Magnetit (Fe_3O_4)-haltigen Mineralien wird mit der FORRERschen Waage die Magnetisierung bei einem äußeren Magnetfeld von 10000 Oe bestimmt. Die Größe dieser Magnetisierung scheint ein direktes Maß für den Magnetitgeh. zu sein. Im einzelnen wurde zur Sicherstellung dieses Verf. gefunden, daß bei einem bestimmten mittleren Magnetitgeh. die Streuungen des Geh. an verschied. Stellen recht gering sind. Die verschied. Magnetitproben verschiedenster Herkunft u. Herstellungsweise sind nur im Rahmen des unterschiedlichen Reinheitsgrades voneinander verschieden. Bei dem äußeren Magnetfeld von 10000 Oe ist keine Abhängigkeit von der Magnetitkorngröße mehr vorhanden. Die Genauigkeit der Meth. liegt bei ca. 1%. (Doc. métallurg. **1955.** 59—70. Juli/Aug./Sept.)
H. FAHLENBRACH. 5290

Michelle Gibaud und **M. Geloso,** *Anwendung der Thermowaage zur Bestimmung einer Mischung von Kalk, Magnesia, Calciumcarbonat und Dolomit.* Die Zers. von $Mg(OH)_2$ beginnt bei 380°, die von $Ca(OH)_2$ bei 490° im trockenen Luftstrom. $MgCO_3$ zerfällt im trockenen Luftstrom bei 420°, im trockenen CO_2-Strom bei 460°. $CaCO_3$ zeigt im Luftstrom eine beginnende Zers. bei 790°, in CO_2 bei 950°. Die Temp. liegt für Dolomit bei 800° in Luft u. CO_2 bis zu 24 mm Druck, bei höherem CO_2-Druck bei 790° als dem 1. u. bei 950° als dem 2. Zerfallspunkt. Die Pyrolysediagramme sind angegeben. Es ergibt sich die Möglichkeit einer thermogravimetr. Analyse eines Gemisches von Dolomit, $CaCO_3$, $Ca(OH)_2$ u. $Mg(OH)_2$. Die Ggw. von $MgCO_3$ läßt sich gleichzeitig nicht ermitteln, kann jedoch bei Abwesenheit der Hydroxyde analyt. erfaßt werden. — 13 Literaturangaben. (Chim. analytique [4] **36.** 153—58. Juni 1954. Paris, Labor. de l'Enseignement de Chim., Fac. des Sci.)
PH. FRESENIUS. 5292

Wilfrid R. Foster, *Einfache Methode zur Bestimmung der Plagioklasfeldspäte.* Vf. berichtet über eine Meth. zur Best. der Plagioklase, bei der der Feldspat vor dem Lötrohr zu einer Glasperle geschmolzen wird. Zur Best. wird ein Diagramm angegeben, das den Brechungsindex des Glases den verschied. Feldspatgliedern zuordnet. (Amer. Mineralogist **40.** 179—85. März/April 1955. Columbus, O., Ohio State Univ., Coll. of Engng.)
J.-E. HILLER. 5292

Alexander Köhler und **Paul Wieden,** *Die Quarzbestimmung in Gesteinen auf differential-thermoanalytischem Wege.* Mittels der Differentialthermoanalyse wird der Geh. an freiem Quarz vor allem in Gesteinen aus dem österreich. Anteil der Südböhm. M. bestimmt, bei denen er schon früher volumetr. oder rechner. (aus der Analyse) ermittelt wurde. Es zeigt sich, daß die Meth. folgende Vorteile besitzt: 1. Sie ist einfacher als andere Methoden; jede Best. erfordert nur ca. 2 Std.; 2. Fehler infolge Inhomogenität des Materials werden herabgemindert; 3. die Werte für den Geh. an freiem Quarz sind genauer (meist höher) als die durch die anderen Verff. bestimmten, bei denen Fehler bis zu 10 Gew.-% auftreten; 4. kleine Unterschiede lassen sich mit hoher relativer Genauigkeit feststellen. Die Proben (0,4 g; Korngröße 60 μ) befinden sich in einem Nickelblock. Die Aufheizgeschwindigkeit beträgt 10°/Minute. Es wird die Abkühlungskurve (nach Aufheizen auf 800°) aufgenommen. Eichung erfolgt mit Gemischen von reinem Quarz u. geglühter Tonerde. Im Bereich 0—40% Quarz besteht genaue Proportionalität zwischen der Höhe des Ausschlags u. dem Quarzgehalt. Proben mit höherem Quarzgeh. werden so verd., daß sie in den Bereich von 0—40% Quarz fallen. (Tschermaks mineralog. petrogr. Mitt. [3] **5.** 209—14. 1955. Wien, TH, Inst. für angew. Min. u. Petrogr.)
P. NEY. 5292

b) Organische Verbindungen.

Gunnar Widmark, *Mikronachweis einiger Elemente in organischen Verbindungen nach einer modifizierten Emich-Methode.* Der schnelle Mikronachw. von As, Br, Cl, J, N, P u. S in organ. Verbb. nach BENNETT, GOULD, SWIFT u. NIEMANN, der eine modifizierte EMICH-Meth. ist, wurde neu bearbeitet. 1. Bei der Verbrennung einiger N-haltiger Verbb. kommt es zur Bldg. von störenden Cyaniden. Diese Cyanide werden vor der Fällung der Silberhalogenide nach Ansäuern mit H_2SO_4 ausgekocht. 2. Die gleichzeitige Ggw. von Cl, Br u. J kann durch die NH_3–PbO_2-Meth. nachgewiesen werden. 3. Der S-Nachw. ist oft infolge des S-Geh. der Glasrohre u. anderer Gerätematerialien nicht zuverlässig. 4. H_2S u. AsH_3 werden besser getrennt absorbiert, als wenn sie in einer Pb-Acetat- u. $AgNO_3$-haltigen Doppel-Gelschicht aufgefangen werden. Beschreibung der Arbeitsvorgänge; 1 Tabelle. (Acta chem. scand. **8.** 246–50. 1954. Stockholm, Univ., Inst. für organ.-biol. Chem.) R. KIESSIG. 5352

Georg-Maria Schwab und **Stavros Caramanos,** *Zur Kenntnis der Kjeldahl-Reaktion.* 3. Mitt. (2. vgl. C. **1954.** 10208.) Chromatograph. Verss. zeigen, daß die Zwischenprodd. der Kjeldahlisierung des Anilins mit denen der Anilinschwarzbldg. verwandt sind. Die Elementaranalyse von Polymerisationsprodd. dieser Zwischenprodd. weist darauf hin, daß es sich um sulfonierte Oxyemeraldine handelt. Kinet. Verss. u. Überlegungen führen zu dem Ergebnis, daß Anilin zunächst in Sulfanilsäure übergeht, die dann zum größten Teil hydrolysiert wird, so daß beide nebeneinander in einem Gleichgewicht vorhanden sind, bevor die weitere Oxydation vor sich geht. (Mh. Chem. **86.** 341–47. 1955. München, Univ., Physikal.-Chem. Inst.) R. BORCHARDT. 5352

Stig Veibel, *Neue Methoden zur Erkennung organischer Substanzen mit Hilfe der funktionellen Gruppen.* Tert. Alkohole lassen sich über die Alkylhalogenide mit Thioharnstoff in krist. Thiuroniumverbb. überführen, die als Pikrate gewonnen werden. Diese lassen sich zur Best. des Mol.-Gew. mit $HClO_4$ in Eisessig titrieren. Alkohole, Phenole u. Thiophenole lassen sich mit m-Nitrobenzazid in m-Nitrophenylurethane überführen, die sich titanometr. bestimmen lassen. Carbonylgruppen (I) werden als p-Carboxyphenylhydrazone nachgewiesen u. diese mit NaOH gegen Phenolphthalein titriert. Das Verh. von Substanzen mit mehreren I bzw. mit anderen funktionellen Gruppen neben I wird besprochen. Carboxylgruppen lassen sich durch Umsetzung mit Benzylthiuroniumchlorid nachweisen, wobei oft das Salz der betreffenden Säure gebildet wird. Es läßt sich nach BERGER (Acta chem. scand. **8.** [1954.] 427) mit $HClO_4$ in Eisessig titrieren. Die Meth. ist auf Sulfonsäuren nicht anwendbar. Amine, Amide, Sulfonamide usw. können potentiometr. mit $HClO_4$ in Eisessig titriert werden. Viele Amine besitzen einen charakterist. pK_B-Wert. Pyrazolonkörper (II) lassen sich sowohl als Säuren wie als Basen mit potentiometr. Anzeige titrieren. Darst. der Titrationskurven für mehrere II. — 14 Literaturangaben. (Chim. analytique [4] **36.** 145–52. Juni 1954. Kopenhagen, Techn. Univ.) PH. FRESENIUS. 5364

H. L. Kies, *Eine mercurimetrische Bestimmungsmethode von Thioharnstoff. Thioharnstoff* u. *Allylthioharnstoff* (*Thiosinamin*) können mit einer eingestellten Hg(II)-Lsg. nach dem „Dead-stop"-Verf. unter Verwendung von 2 Hg-Elektroden titrimetr. bestimmt werden. Die Komplexkonstante für den Hg-Thioharnstoffkomplex wurde aus den mitgeteilten Polarogrammen zu $3 \cdot 10^{-23}$ berechnet. (Z. analyt. Chem. **145.** 5–9. 1955. Delft, Niederlande, TH, analyt.-chem. Inst.) H.-G. MOSLÉ. G 600

H. Siegel und **F. T. Weiss,** *Bestimmung von Aldehyden in Gegenwart von Ketonen und Verfahren zur Bestimmung von Acetalen.* Die Aldehyde werden in Ggw. von Ketonen durch eine Modifikation der argentometr. Meth. von PONNDORF (Ber. dtsch. chem. Ges. **64.** [1931.] 1913) bestimmt. Acetale werden nach Säurehydrolyse auf gleiche Weise bestimmt. → Ausführung: 0,5 mMol Aldehyd wird mit 25,0 ml 0,1n $AgNO_3$-Lsg. u. 5 ml 0,5n NaOH 15 Min. in einem 100 ml-Maßkolben mechan. geschüttelt. Nach Zusatz von 2 ml 0,5n NaOH schüttelt man weitere 10 Min.; dann setzt man 10 ml 6n NaOH hinzu u. schüttelt wieder 10 Minuten. Hierauf wird mit 5 ml 18n H_2SO_4 angesäuert u. die abgekühlte Lsg. wird mit W. aufgefüllt u. filtriert. 50,0 ml des Filtrats werden nach Zusatz von 4 ml Eisenalaunindicator mit 0,05n Rhodanidlsg. titriert. Gleichzeitig Blindversuch. Die Genauigkeit ist bei reinen Aldehyden $\pm 2\%$; 5–90% Aldehyd in Ggw. von Ketonen werden mit $\pm 3\%$ Genauigkeit bestimmt. Es stören nicht: Ester, Carbonsäuren u. einwertige Alkohole. Polyoxyverbb. u. Acetale stören. — Best. von Acetalen: 0,5 mMol Probe wird in einem verschlossenen 250 ml-Maßkolben mit 25 ml 2n H_2SO_4 3 Std. auf 60° erwärmt. Die abgekühlte Lsg. wird mit 7 ml 6n NaOH versetzt u. dann mit n-NaOH gegen Phenolphthalein titriert. Dann gibt man 25,0 ml 0,1n $AgNO_3$-Lsg. hinzu u. verfährt wie oben, benutzt jedoch 100 ml Filtrat zur Best. des Ag-Überschusses. (Analytic. Chem. **26.** 917–19. 19/5. 1954. Emeryville, Calif., Shell Development Co.) K. F. MÜLLER. G 660

G. A. Howard und **A. R. Tatchell,** *Die Trennung von 2.4-Dinitrophenylhydrazonen.* Die Trennung einiger 2.4-Dinitrophenylhydrazone flüchtiger Carbonylverbb. gelang mit einer Kolonne, die mit Dichlordimethylsilan vorbehandeltes Kieselgur, Bzl. u.

Formamid (I) als stationäre u. bewegliche Phase enthielt. Das Beladen der Kolonne erfolgte entweder durch Lösen der 2.4-Dinitrophenylhydrazone in I u. Gießen auf den Kolonneninhalt oder durch Lösen der Hydrazone in Bzl. u. Vermischen mit vorbehandeltem Kieselgur. Die Entw. erfolgte mit I, das mit Bzl. gesätt. war. Die Verbb. wurden durch Extraktion der Eluate mit Bzl. isoliert. Zur quantitativen Best. der Hydrazone erwies es sich als geeignet, die Lichtdurchlässigkeit von gleichen Fraktionen des Eluats mit einem photoelektr. SPEKKER-Absorptiometer zu bestimmen. Auf diese Weise konnten selbst kleine Mengen geradkettiger u. verzweigter Aldehyde nebeneinander nachgewiesen werden. (Chem. and Ind. **1954.** 219. 20/2. Nutfield, Surrey, Brewing Ind. Res. Foundat.) HORST BAGANZ. G 660

Ralph T. Holman und **Lennart Hagdahl**, *Verdrängungsanalysen von Fetten.* 3. Mitt. *Trennung von normalen gesättigten Fettsäuren von der Ameisen- bis zur Behensäure.* (2. vgl. HAGDAHL u. HOLMAN, C. **1950.** II. 2177.) Grundsätzliche Ausführungen zur Verdrängungsanalyse nach TISELIUS (C. **1943.** II. 1389). Unter Anknüpfung an frühere eigene Arbeiten (Arch. Biochem. **17.** [1948.] 301; Acta chem. scand. **2.** [1948.] 574) werden weitere Verss. zur Trennung der n. Fettsäuren C_1-C_{22} mit der interferometr. Adsorptionsapp. nach TISELIUS-CLAESSON angestellt; 76 mm-Küvette, doppeltes Filter u. Mischer nach HAGDAHL; Adsorbens: Ein Gemisch aus 1 Teil „*Darco G-60*" u. 2 Teilen „*Hyflo Super Cel*"; Fließgeschwindigkeit 20 ml/1 Std. unter Druck; Charakterisierung der Fettsäuren vgl. Original; Darst. der Ergebnisse in Verdrängungsdiagrammen. Als Lösungsm. finden Verwendung für C_1-C_6 W., Verdrängungsmittel 0,4%ig. Lsg. von Hexansäure; für C_6-C_{12} 50%ig. A., Verdrängungsmittel 2%ig. Lsg. von Dodecansäure; für $C_{10}-C_{14}$ 65%ig. A., Verdrängungsmittel 1%ig. Lsg. von Tetradecansäure; für $C_{14}-C_{16}$ 80%ig. A., Verdrängungsmittel 1%ig. Lsg. von Hexadecansäure; für $C_{16}-C_{22}$ Chlf. (22 Vol.-%) + A. (78 Vol.-%), Verdrängungsmittel 1%ig. Lsg. von Docosansäure. Die verdrängten Säuren werden interferometr. bzw. durch Titration ermittelt. Aus den Verss. geht hervor, daß unter den gewählten Versuchsbedingungen die n. gesätt. Fettsäuren C_1-C_{22} trennbar sind. Dies trifft auch auf Säuren zu, die sich nur um 1 C-Atom voneinander unterscheiden, ausgenommen C_{21}. Vgl. Betrachtungen über die Verdrängungsanalyse u. die anderen chromatograph. Arbeitsweisen. (J. biol. Chemistry **182.** 421—27. Jan. 1950. Coll. Stat., Tex., Agric. Exp. Stat. and Agric. and Med. Coll.) K. TÄUFEL. G 810

Ralph T. Holman und **William T. Williams**, *Verdrängungsanalysen von Fetten.* 6. Mitt. *Trennung von ungesättigten Fettsäuren.* (5. vgl. C. **1953.** 2496; 3. vgl. vorst. Ref.) Unter Heranziehung der App. für interferometr. Adsorptionsmessungen nach TISELIUS u. CLAESSON (C. **1942.** I. 3123) werden Verss. zur Trennung von gesätt. u. ungesätt. Fettsäuren (Mengen bis ca. 100 mg) an Säulen aus Kohle (Darco G-60; 1 Teil) u. „Hyflo Super Cel" (2 Teile) ausgeführt; Mischungen aus W. u. A. als Lösungsmittel. Neben der interferometr. Prüfung erfolgt eine solche der Fraktionen durch physikal. u. chem. Teste (Titration mit Alkali bzw. mit Brom, UV-Absorption (BECKMAN-Spektrophotometer), enzymat. Best. der Linolsäure); Arbeitsweise vgl. C. **1952.** 2555. Als kurzkettige Säuren werden herangezogen: *Croton-* (F. 73°), *Butter-* (Kp.$_{768mm}$ 162—163°), *Penten-(2)-* (Kp.$_{760}$ 199°), *n-Valerian-* (Kp.$_{760}$186°), *3-Methylbuten-(2)-* (F. 69°), *Isovalerian-* (Kp.$_{760}$ 177°), *Sorbin-* (F. 134,5°), *Hexen-(2)-* (F. 32,5°), *n-Capron-* (Kp.$_{760}$ 203°), *Hexen-(3)-* (Kp.$_{760}$ 208°), *n-Octan-* (Kp.$_{760}$ 239°), *Undecylensäure* (Kp.$_{760}$ 275°). *Laurin-*, *Myristin-*, *Palmitin-* u. *Stearinsäure* werden als reine Verbb. benutzt, Undecansäure (F. 21°) durch Hydrierung aus Undecensäure, Palmitölsäure (JZ. 93,3) aus der C_{16}-Fraktion der Methylester von Lebertran gewonnen; ferner gelangen zur Anwendung: *Ölsäure* (aus Olivenöl; JZ. 85; F. 13,3°; Äquivalentgewicht 281), *Elaidinsäure* (JZ. 87,5; F. 42 bis 43°; Äquivalentgewicht 286), *Petroselinsäure* (aus Petersiliensamenöl; F. 29°; Äquivalentgewicht 285), *Linolsäure* (JZ. 175; durch Bromierung u. folgende Entbromung), *10.12-Octadecadiensäure* (F. 55—56°; aus dehydratisiertem Ricinusöl), *Linolensäure* (durch Bromierung u. folgende Entbromung), *β-Elaeostearinsäure* (F. 68—69°; aus Holzöl); *Arachinsäure* (F. 73°; Darst. aus Octadecylbromid nach der Malonsäuresynth.). Aus den eingehend beschriebenen u. graph. dargestellten Verss. geht hervor, daß die Verdrängungstechnik nach TISELIUS sehr wirksam u. wertvoll ist. Es sind Trennungen von gesätt. u. verschied. ungesätt. Fettsäuren der gleichen Kettenlänge zwischen 4u. 18 C-Atomen durchführbar. Die Adsorption ist bei nichtkonjugierter Ungesättigtheit verringert, bei Konjugation in Carboxylnähe verstärkt. Die konjugierte Octadecadiensäure (nicht in Carboxylnähe) wird weniger stark adsorbiert als die Stearinsäure, während die konjugierte Octadecatriensäure der letzten gegenüber stärkere Adsorption erkennen läßt. Öl- u. Linolsäure sind trennbar; sie liegen aber hinsichtlich der Adsorbierbarkeit zwischen Myristin- u. Palmitinsäure. Begleitstoffe in Fettsäuren sind bei der chromato-

graph. Trennung erkennbar. (J. Amer. chem. Soc. **73.** 5285—89. Nov. 1951. College Station, Tex., Agric. and Mechanical Coll. Syst., Dep. of Biochem. and Nutrit.)
K. TÄUFEL. G 810

Ralph T. Holman, *Verdrängungsanalysen von Fetten.* 7. Mitt. *Trägertrennung von ungesättigten Fettsäuren.* (6. vgl. vorst. Ref.) Grundsätzliche Ausführungen zur „Träger-Verdrängungschromatographie" nach TISELIUS u. HAGDAHL (C. **1951.** II. 2360); Anwendung auf die Methylester einer Reihe von ungesätt. Fettsäuren, um qualitative Unterrichtung über den Einfl. von Grad u. Stellung der Lückenbindung im Vgl. mit gerad- u. ungeradzahligen gesätt. Fettsäureestern zu gewinnen. Benutzt wird die App. nach HOLMAN (C. **1953.** 2496) mit gekoppelten Filtern (HAGDAHL, C. **1948.** E. 955) in der früher beschriebenen Arbeitsweise (HOLMAN u. HAGDAHL, C. **1952.** 2555) mit einer Mischung von 1 Teil Kohle (Darco G 60) u. 2 Teilen „Hyflo Supercel" als Adsorbens. Prüfung der Fraktionen interferometr., titrimetr. (mit 0,02 n-KOH), UV-spektrometr., durch Messung der enzymat. Oxydation (bei Linolsäure); Zus. der Systeme aus je 60—130 mg Ester (vgl. Original); als Lösungsm. wird 95%ig. wss. A. benutzt. Aus den ausführlich diskutierten Ergebnissen u. ihrer graph. Darst. wird abgeleitet, daß sich die ungesätt. Fettsäuren unter Vgl. mit den gerad- u. ungeradzahligen Vertretern in einer Adsorptionsreihe anordnen lassen (vgl. Original). Es wird ermittelt, daß sich die Adsorption bei gleicher Kettenlänge mit der Zunahme der isolierten Lückenbindungen abschwächt. Der Übergang von der gesätt. zur entsprechenden olefin. bzw. acetylen. Säure wirkt sich in gleicher Weise aus, während umgekehrt die Konjugierung die Adsorption verstärkt. Die Unterschiede in der Adsorption zwischen cis- u. trans-Isomeren sind gering. Eine isolierte Doppelbindung im Mol. setzt die Adsorption um etwa den gleichen Betrag herab wie die Verkürzung der Kette um 2 C-Atome. Es wird gezeigt, daß mit dieser Arbeitsweise die chromatograph. Trennung von *Stearin-* u. *Linolsäure* sowie von *Linol-* u. ihrer konjugiert-isomeren Säure durchführbar ist. Bei ungesätt. Säuren unterliegt die Trennung insofern Beschränkungen, als sie etwa gleiche Adsorbierbarkeit aufweisen. Der Erfolg hängt weitgehend von der Art der ausgewählten Träger ab. (J. Amer. chem. Soc. **73.** 5289—92. Nov. 1951.) K. TÄUFEL. G810

Hermann Boser, *Eine neue Mikrobestimmungsmethode für Citronensäure.* Unter den Bedingungen der Aminosäureanalyse nach POPE u. STEVENS (mittels Kupferphosphatsuspension) bildet *Citronensäure* (I) einen lösl. Cu-Komplex, der über einen weiten Konzentrationsbereich die Zus. Cu:I = 1:1 hat. *Wein-, Milch-, Äpfel-, Malon-, Bernstein-, Fumar-, Brenztrauben-, Acetessigsäure* u. *Fettsäuren* reagieren unter den Analysenbedingungen nicht. In Papierchromatogrammen wird die Citratzone ausgeschnitten u. mit Kupferphosphatsuspension behandelt. Cu-Best. im Filtrat mittels Na-Diäthyldithiocarbaminats (günstigstes Erfassungsgebiet: 20—300 γ **I**; 1 γ Cu entspricht 3,02 γ **I**). Die Markierung erfolgt im UV-Licht oder besser durch Besprühen eines Vergleichschromatogramms mit 0,03%ig. Methylrot in 0,05mol. Boratpuffer (p_H 8,0). Als Lösungsmittelgemisch eignet sich A.-konz. NH_4OH-W. (80:4:16); R_F-Wert für **I**: 0,10. Sämtliche Aminosäuren, welche die Cu-Auswertung stören, haben höhere R_F-Werte. Oxalsäure ist die einzige Säure, welche bei dieser Meth. stört. (Naturwissenschaften **42.** 440. Aug. 1955. Karlsburg, Diabetikerheim u. Forschungsinst. für Diabetes Garz u. Karlsburg.)
K. F. MÜLLER. G 850

H. Harris und **F. L. Warren,** *Trennung basischer Aminosäuren durch Papierionophorese.* Die Trennung wurde auf Streifen WHATMANN Nr. 1-Papier von 38 cm Länge bei 185 V in 16—17 Std. durchgeführt. *Lysin* (**I**) u. *Arginin* (**II**) lassen sich bei p_H 11,5 (0,05mol. Na_2CO_3) voneinander u. von den natürlich vorkommenden Aminosäuren abtrennen. *Ornithin* (**III**) wandert schneller anodenwärts als **I**, aber kann nicht von *Prolin* (**IV**) oder *γ-Aminobuttersäure* (**V**) abgetrennt werden, die mit etwa gleicher Geschwindigkeit wandern. *Histidin* (**VI**), *β-Alanin* (**VIII**), *Methylhistidin* (**VII**), *β-Aminobuttersäure* (**IX**), die neutralen Aminosäuren mit Ausnahme von **IV** u. die sauren Aminosäuren wandern schneller als **III**. Bei p_H 8,6 (0,05mol. Na-Diäthylbarbituratlsg./0,01mol. Diäthylbarbitursäurelsg.) wandern **I**, **II** u. **III** aus dem Papier in das Kathodengefäß; **VI** u. **VII** dagegen wandern voneinander getrennt zur Anode. Bei diesem p_H kann **VII** auch von *Anserin* (*β*-Alanylmethylhistidin) getrennt werden. **VIII** u. **IX** können bei p_H 4,0 (0,05mol. K-Hydrogenphthalatlsg.) von den α-Aminosäuren abgetrennt werden. Bei diesem p_H wandern **I**, **II**, **III**, **VI**, **VII** u. **V** aus dem Papier in das Kathodengefäß, **VIII** u. **IX** ebenfalls zur Kathode, bleiben aber auf dem Papier, während die neutralen Aminosäuren im wesentlichen nicht u. die sauren Aminosäuren zur Anode wandern. (Biochem. J. **57.** XXXII—III. Aug. 1954. London, Hosp. Med. Coll., Dep. of Biochem.)
K. NEHRING. G 950

A. Waksman und **E. J. Bigwood,** *Identifizierung und quantitative chromatographische Bestimmung von γ-Amino-n-buttersäure an Ionenaustauschsäulen.* Unter Verwendung einer 50 cm-Säule aus *Dowex 50* u. einem Citratpuffer vom p_H 4,9 läßt sich *γ-Amino-n-buttersäure* (I) aus einem Bäckerhefehydrolysat chromatograph. abtrennen, während sich an einer 15 cm-Säule I u. *Glucosamin* (II) nicht trennen lassen. Durch Papierchromatographie wird gezeigt, daß die einheitlich erscheinende Zone, die an einer 15 cm-Säule erhalten wird, aus I, II u. einer vernachlässigbaren ninhydrinpositiven Substanz besteht. (Suomalaisen Tiedeakatemian Toimituksia [Ann. Acad. Sci. fennicae], Sarja A. II **60.** 49–64. 1955. Brussels Univ., Fac. of Med., Dep. of Biochem.) K. F. MÜLLER. G 950

Rosarina Carpignano, *Photometrische Messungen an einigen Trinitrotoluolen.* Vf. sucht eine analyt. Meth. zur Best. von Trinitrotoluolen bei der Nitrierung von Toluol u. zur Best. von Mischungen von Trinitrotoluol (TNT) u. Pikrinsäure. Dazu wird photocolorimetr. die Rk. von α-, β-, γ- u. η-TNT in Acetonlsg. mit konz. wss. Ammoniak untersucht, die Farbintensität der Mischungen α–β-, α–γ-, α–η-, α–β–γ–η-TNT u. α-TNT–Pikrinsäure nach Zugabe von Ammoniak gemessen u. die zeitliche Abhängigkeit der Durchlässigkeit bei 650 mμ aufgenommen. (Ann. Chimica **44.** 11–19. Jan. 1954. Torino, Univ., Ist. di Chim. org. industr.) H. MARSEN. G 1060

H. Wehle, *Eine qualitative und quantitative Nachweismethode für o-Kresol.* Das bisher beste Verf. zur Best. von *o-Kresol* im Trikresylphosphat (I) war die Oxydation zu *Salicylsäure* u. die colorimetr. Best. mit $FeCl_3$. Sulfochlorierte Kresole, in Weichmachern, ergeben bei diesem Verf. nicht erfaßbare *Polyoxyphenolsäuren.* Fehler bis zu 50%. Vf. gibt eine neue Meth. der sauren Verseifung an, (1 Teil **I** mit 20 Teilen konz. H_2SO_4, 2 Std. bei 100°). Es tritt Sulfonierung ein, u. aus techn. **I** entstehen *o-Kresol-p-sulfonsäure* (II), *m-Kresol-p-sulfonsäure* (III) u. *p-Kresol-m-sulfonsäure* (IV). Bei der Chlorierung des Gemisches mit HCl + $KClO_3$ werden **II** u. **III** in chlorierte Chinonsulfosäuren **V** bzw. **VI** übergeführt, **IV** dagegen wird nur chloriert zu einem gelben, wasserlösl. Prod. **VII. V** u. **VI** werden durch KJ zu Hydrochinonverbb. u. darüber hinaus durch Verlust von akt. Cl, von dem **VI** mehr als **V** besitzt, reduziert; beide können auch mit Anilin in Anilinhydrochinonsulfonsäuren übergeführt werden, während die akt. Cl-Atome erhalten bleiben, so daß durch eine Differenzbest. **V** u. **VI**, nicht aber **VII** erfaßt werden. Parallelverss. mit *Hydrochinon, Brenzcatechin, Resorcin,* reinem *o-Kresol* u. *m-Kresol,* sowie *Phenol* bestätigten die Ergebnisse. Verss., die o-Verb. durch Kondensation mit *Formaldehyd* auf Grund ihrer von der m- u. p-Verb. verschied. Eigg. zu trennen, scheiterten. Colorimetr. Best. mit anorgan. Salzen (*Ba-Acetat, Pb-Acetat, Na-Acetat,* NH_4*-Acetat,* $MgSO_4$, $CoCl_2$, $Co(NO_3)_2$, *Al-Acetat, Zn-Acetat*) u. mit organ. Verbb. (*Brenzcatechin, Hydrochinon, Resorcin, Pyrogallol, Benzidin, p-Phenylendiamin, m-Phenylendiamin, Dimethylaminobenzaldehyd*) war wegen zu geringer Farbunterschiede zu wenig spezifisch. Lediglich mit *Anthracen* u. **V** entsteht eine violette Farbe im Gegensatz zu **VI**, das farblos bleibt. Vf. vermutet Bldg. eines *Chlormaleinsäurederivats.* — Für die colorimetr. Best. wird *Phloroglucin* verwendet, das mit **V** eine Farb-Rk. gibt. Vf. berichtet noch über nicht geklärte Farb-Rkk. von **V** mit *Anilin* u. *Xanthogenat.* Als Ursache der Vergiftung mit **I** gibt Vf. Zerstörung des *Lecithins* u. Ersatz dieses durch *o-Kresol* an.

V e r s u c h e : Die **I** enthaltende Substanz mit methanol. KOH 1 Std. unter Rückfluß verseifen, ansäuern u. ausäthern. Ätherfrei wägen. Alkoh. Lsg. mit 20facher Menge konz. H_2SO_4 versetzen u. 2 Std. bei 100° halten. Abkühlen u. mit dest. W. verd., 25 cm^3 konz. HCl, etwas NaCl u. 5 g $KClO_3$ zugeben, 12 Std. stehen lassen. Mit W. verd. u. ausäthern. Auf 100 cm^3 mit Ae. auffüllen. 25 cm^3 davon mit 10 cm^3 10%ig. KJ-Lsg., 10 cm^3 konz. HCl u. 20 cm^3 A. versetzen. 2. Probe nach Sulfurierung u. Chlorierung vor dem KJ-Zusatz mit 10 cm^3 10%ig. alkoh. Anilinlsg. versetzen. Beide Lsgg. nach 15 Min. mit 0,1 n $Na_2S_2O_3$*-Lsg.* u. 0,5%ig. Stärkelsg. titrieren. Differenz, mit 0,0054 multipliziert, gibt o + m-Kresolgehalt. Die Differenz dieses Wertes gegenüber dem Gewicht des 1. Ätherrückstandes zeigt den Geh. an p-Kresol. 5, 10, 15, 20 cm^3 usw. der 2. Ätherlsg. (nach der Sulfurierung u. Chlorierung) über ca. 0,1 g *Phloroglucin* schichten, konz. H_2SO_4 zutropfen, 5 Min. stehen lassen, mit W. verdünnen, im Scheidetrichter ausäthern. Äther. Schicht in Farbdichte mit gleichbehandeltem, reinem *o-Kresol* vergleichen. (Pharmazie **10.** 86–99. Febr. 1955. Leipzig, Bez. Hygiene-Inst.) J. MILLER. G 1060

P. L. de Reeder, *Qualitative und quantitative Analyse von Sulfonamidgemischen.* 2. Mitt. (1. vgl. C. **1954.** 5577.) Es wird eine Übersicht über die Trennung von Sulfonamidgemischen durch Lösungsmittel gegeben: I. [Gruppe] lösl. in W., Ia. unlösl. in. verd. CH_3COOH, Ia 1. lösl. in A. [*Sulfacetamid* (I), *Na-Irgamid* (II), *Na-Irgafen* (III), *Na-Sulfathiazol* (IV)], Ia 2. unlösl. in A. (*Na-Sulfadiazin, Na-Sulfamerazin, Na-Sulfamezathin,* **II, III, IV,** *Na-Sulfapyridin*), Ib. lösl. in verd. CH_3COOH [*Sulfanilamid* (V), I, *Na-I, Soluseptazin*], II. unlösl. in W., IIa. lösl. in sd. W. (**I, V**), IIb. unlösl. in sd. W., IIb 1. unlösl. in verd. NaOH (*Irgafen, Septazin, Sulfaguanidin*), IIb 2. lösl. in verd. NaOH, IIb 2 A. unlösl. in verd. HCl (*Irgamid, Succinylsulfathiazol*), IIb 2B. lösl. in verd. HCl (*Sulfadi-*

azin, Sulfamerazin, Sulfamezathin, Elkosin, Sulfathiazol, Sulfamethylthiazol, Sulfapyridin). Die Trennung u. der Einzelnachw. der Verbb. der Gruppe Ia 1 wird ausführlich beschrieben. (Analytica chim. Acta [Amsterdam] **7.** 417—27. Nov. 1952. Den Haag.)
H.-J. Koch/Berlin. G 1090

P. L. de Reeder, *Qualitative und quantitative Analyse von Sulfonamidgemischen.* 3. Mitt. (2. vgl. vorst. Ref.) Ausführliche Beschreibung von Trennung u. Einzelnachw. der Sulfonamide der in vorst. Mitt. beschriebenen Gruppen Ia 2 u. Ib. (Analytica chim. Acta [Amsterdam] **7.** 428—37. Nov. 1952.) H.-J. Koch/Berlin. G 1090

P. L. de Reeder, *Qualitative und quantitative Analyse von Sulfonamidgemischen.* 4. Mitt. (3. vgl. vorst. Ref.) Gruppe **II** (wasserunlösl. Sulfonamide) wird mit heißem W. behandelt u. unterteilt in **IIa** = Lsg. u. **IIb** = Rückstand. **IIa** ist ident. mit früher beschriebener Gruppe **Ib** außer Sulfaseptazin. **IIb** wird getrennt in alkalilösl. (**IIIa**) u. alkaliunlösl. (**IIIb**). Letztere umfaßt Irgafen als Salz, Septazin, Sulfaguanidin u. Rodilon. Ersteres wird mit W., Sulfaguanidin mit 7%ig. HCl herausgelöst. Septazin läßt sich vom säureunlösl. Rückstand mit Aceton trennen. Rest ist Rodilon. **IIIa** wird schwach angesäuert. Es fallen (**IVa**): Irgamid (**V**) u. Succinylsulfathiazol (**VI**), in Lsg. bleiben (**IVb**): Sulfapyrimidine, Sulfapyridin (**VII**), Sulfathiazol (**VIII**) u. Sulfamethylthiazol (**IX**). Nachweis von **V** wie früher beschrieben. Nach Verseifung von **IVa** Nachw. der isolierten Bernsteinsäure als Pb-Salz. **V** u. **VI** können auch mit Aceton getrennt werden, in dem **V** lösl. ist. Neo-Uliron u. Uliron treten auch in **IVa** auf. **IVb** enthält Sulfadiazin, Sulfamerazin, Sulfamezathin. Nachw. wie früher; ferner Elkosin. Dieses gibt spezif. weiße Fällung mit K_2HgJ_4, keine Rk. mit Vanillin. Ferner sind vorhanden **VII, VIII, IX. IX** gibt mit Bichromat-H_2SO_4 u. $NaNO_2$ nicht die für **VIII** spezif. Reaktionen. Chromatograph. Nachw. von **IX** in Mischungen. Drei Mischungsanalysen werden beschrieben. (Analytica chim. Acta [Amsterdam] **8.** 6—15. Jan. 1953.)
Ph. Fresenius. G 1090

M. Srinivasan und **V. R. Bhalerao,** *Bestimmung von Phenolphthalein. Phenolphthalein* (**I**) läßt sich jodometr. bestimmen. Ausführung: ca. 20 mg **I** werden in 25 ml 0,25%ig. NaOH + 10 ml $NaHCO_3$-Lsg. gelöst, mit 10 ml 0,1 n Jodlsg. versetzt u. zu 100 ml ergänzt; gleichzeitig Blindvers. ohne **I.** Nach 10 Min. läßt man 50 ml Reaktionsgemisch unter Rühren zufließen zu einem Gemisch aus ca. 190 ml W., 5 ml 2%ig. Stärkelsg., 2 ml 10%ig. KJ u. 5 ml 10%ig. H_2SO_4, das tropfenweise mit stark verd. Jodlsg. bis zur Blaufärbung versetzt wurde, u. titriert unter Rühren mit n/50 Thiosulfatlsg., bis die blaue Farbe verschwindet u. die Lsg. rot wird. 1 ml 0,1 n Jodlsg. = 0,003976 g **I.** (Current Sci. **21.** 10. Jan. 1952. Mysore, Central Food Tech. Res. Inst.)
K. F. Müller. G 2260

J. Donald Swan, *Bestimmung von Epoxyden mit Natriumsulfit.* Zahlreiche Epoxyde reagieren in wss. Lsg. quantitativ mit Na_2SO_3 unter Freisetzung eines Äquivalents NaOH. Zur Analyse werden 0,01—0,02 Mol Epoxyd enthaltende Proben eingewogen u. mit 50 ml gesätt. Na_2SO_3-Lsg. (eingestellt auf p_H 9,45—9,50; für potentiometr. Titrationen auf p_H 9,60) versetzt u. bei 20° verschlossen stehen gelassen (Reaktionszeiten s. unten!). Die gebildete NaOH wird mit 0,2n HCl bis zum olivgrünen Endpunkt des Indicators (6—10 Tropfen Lsg. von 0,1 g Alizaringelb R u. 0,06 g Xylolcyanol FF in 100 ml W.) oder potentiometr. titriert. Genauigkeit der Meth. ±0,5%. Folgende Verbb. wurden analysiert; in ( ) Reaktionszeiten in Min.: *Äthylenoxyd, Propylenoxyd, Isobutylenoxyd, 1.2-Epoxybutan, Epichlorhydrin, Glycid* (alle 30), *Methylepichlorhydrin* (60), *cis-* u. *trans-2.3-Epoxybutan* (180) u. *Styroloxyd* (180). *Phenylglycidsäureäthylester* reagierte nicht. Erhitzen der Proben kann zur Glykolbldg. führen. W., Alkohole, Glykole, Äthylen, Propylen u. Isobutylenchlorhydrine stören nicht. In Ggw. von — im Verhältnis zum Epoxydgeh. kleinen — Aldehydkonzz. (geprüft wurden *Acetaldehyd, Propionaldehyd, Isobutyraldehyd* u. *n-Butyraldehyd*), die mit Na_2SO_3 reagieren, wird mit Na_2SO_3 die Gesamtmenge Epoxyd + Aldehyd bestimmt. Der Aldehydgeh. wird hierauf mit $NaHSO_3$ u. jodometr. Rücktitration ermittelt. (Analytic. Chem. **26.** 878—80. 19/5. 1954. Austin, Tex., Jefferson Chem. Co., Inc., Austin Labor.) K. Prchal. G 3030

Kuang Lu Cheng und **John A. Riddick,** *Colorimetrische Bestimmung von 2.5-Pyridindicarbonsäure.* Zur Best. von *2.5-Pyridindicarbonsäure* (**I**) in Ggw. von HNO_3, *3-Pyridincarbonsäure* (**II**) u. *5-Äthyl-2-methylpyridin* (**III**) wurde eine colorimetr. Meth. ausgearbeitet, deren Genauigkeit ±1,8% beträgt. Die Meth. beruht auf der Bldg. eines wasserlösl. Komplexes zwischen Fe(II) u. **I**, dessen Absorptionsmaximum bei 415 mμ liegt. Eichkurve: 0, 2, 4... 10 ml einer wss., in 500 ml 0,630 g **I** enthaltenden Lsg. werden je in einem 25 ml-Meßkölbchen mit 1 Tropfen 1%ig. Phenolphthaleinlsg. versetzt u. mit 2n NaOH titriert. Dann versetzt man mit je 10 ml Pufferlsg. (Na-Acetat-Essigsäure, p_H 3,6) u. 2 ml frisch hergestellter Fe(II)-Lsg. (7,0 g Eisenammoniumsulfat werden in

50 ml W. gelöst; die filtrierte Lsg. wird mit 1 ml Eisessig versetzt u. mit W. zu 100 ml verd.) u. ergänzt mit W. zu 25 ml. Die spektrophotometr. Messung erfolgt bei 415 mμ. — Bei der Best. von **I** in der **II** (als Hauptprod.) u. HNO_3 enthaltenden Oxydations-Fl. von **III** muß deren gelbe bis braune Färbung als Korrektur berücksichtigt werden. (Analytic. Chem. **26.** 536—38. März 1954. Terre Haute, Ind., Commercial Solvents Corp.)
K. F. MÜLLER. G 3231

B. Galos und **W. Ostrowski**, *Elektrophoreische Trennung von Zuckern und ihren Derivaten.* Vff. beschreiben die elektrophoret. Trennung von *Pentosen* (**I**) [*Xylose, Arabinose* (**Ia**), *Ribose, Rhamnose* (**Ib**) u. *Fucose*], *Hexosen* (**II**) [*Glucose* (**IIa**), *Galaktose* (**IIb**), *Sorbose, Mannose* u. *Fructose*] u. *Oligosacchariden* (**III**) [*Cellobiose* (**IIIb**), *Maltose, Lactose, Saccharose* (**IIIc**), *Melibiose* (**IIIa**), *Raffinose* (**IIId**) u. *Trehalose*] in Form ihrer Boratkomplexe in einer gepufferten Lsg., bestehend aus 0,05 mol. H_3BO_3-, 0,05 mol. KCl- u. 0,012 mol. NaOH-Lsg. (p_H 8,6), u. bestimmen auf einem mit Kreatininlsg. getränkten WHATMAN-Papierstreifen von bestimmter Dimension die Beweglichkeit dieser Zuckerarten im elektr. Feld (195 V, 15 mA). Die Dauer der Elektrophorese beträgt bei einer Temp. von 21° 8 Stunden. Der Nachw. der einzelnen Saccharide wird mit Anilinphthalatreagens durchgeführt. Die Beweglichkeit ergibt sich aus dem Abstand der auf dem Papierstreifen entwickelten, durch die Zucker hervorgerufenen Farbflecke von der durch Kreatinin erzeugten farbigen Zone, wobei Stromspannung, Dimension des Papierstreifens u. Elektrophoresezeit (in Sek.) berücksichtigt werden. Es wird festgestellt, daß alle Zuckerarten zur Anode wandern, dabei ist die Beweglichkeit von **I** u. **II** sowie von Ketosen größer als die von **III** u. Aldosen. Ausnahmen bilden **IIIa** u. **IIId**, die rascher wandern als **Ia** bzw. **IIIb** u. **IIIc**. Unter den Zuckerderivv. bewegt sich *Glucuronsäure* (**IV**) schneller als *Galakturonsäure*, wobei die Wanderungsgeschwindigkeit bei Tempp. oberhalb 23° bzw. unterhalb 16° im Vgl. mit der bei 19—21° stark vermindert ist. Im Gegensatz zu diesen Beobachtungen wandert *Glucosamin* zur Kathode, dagegen *Acetylglucosamin* zur Anode, u. zwar mit größerer Geschwindigkeit als **IIa**. Mit Hilfe eines Elektropherogramms lassen sich in Hydrolysenprodd. von Gummi arabicum **Ib, IIb, Ia** u. **IV** nachweisen. Es wird ausgeführt, daß die Elektrophorese im Gegensatz zur Chromatographie nicht nur eine schnellere Arbeitsweise, sondern auch eine präzise Trennung von Zuckerarten mit ähnlichen Wanderungsgeschwindigkeiten erlaubt. (Bull. Acad. polon. Sci., Cl. II. **2.** 61—65. 1954. Cracow, School of Med., Dep. of Physiol. Chem.)
P. FAHRNLAENDER. G 3400

S. N. Parikh, J. M. Parikh und **A. N. Godbole**, *Die Trennung von Glucose und Sorbit durch Papierchromatographie.* Durch aufsteigende Chromatographie auf Filterpapier WHATMAN Nr. 1 (Laufzeit 16—20 Std.) gelingt die Trennung mit m-Kresol–Phenol–W. (4:2:1) oder (2:2:1) oder Phenol–W. (4:1). In diesen Lösungsmittelsystemen sind die R_F-Werte für Glucose u. Sorbit deutlich unterscheidbar. Als Sprühreagens für Sorbit dient ein Gemisch aus 33,3 cm³ 0,1 mol. Borsäure + 26,7 cm³ 0,1 mol. NaOH + 40 cm³ Methylrot (0,02% in 60%ig. A.). Die Chromatogramme werden vor dem Besprühen über einer heißen Platte 3—4 Min. getrocknet. (Current Sci. **23.** 53. Febr. 1954.)
H. ROSSOW. G 3400

D. Gross, *Papierelektrophorese höherwertiger Alkohole.* Durch Hochspannungspapierelektrophorese wurden höherwertige Alkohole (*Erythrit, Sorbit, Mannit* u. *Dulcit*) voneinander u. von den Boratkomplexen von Hexosen getrennt. Eine Trennung *Inosit/Glycerin* sowie von *Dioxyaceton* u. *Glycerinaldehyd* gelang unter den Versuchsbedingungen nicht. (Nature [London] **176.** 362—63. 20/8. 1955. Ravensbourne, Keston, Kent, Tate & Lyle Ltd., Res. Labor.) E. MOISAR. G 3400

Alma L. Hayden, Phyllis B. Smeltzer und **Irving Scheer**, *Nachweis von Steroidpseudosapogeninen durch Infrarotspektroskopie.* Die Pseudosapogenine haben in der Gegend von 1695 cm^{-1} eine mäßig starke Bande; im Bereich zwischen 1000 u. 800 cm^{-1} zeigen sie keine starke Absorption. Die Absorption bei 1695 cm^{-1} fehlt den Ausgangssapogeninen, den Dihydrosapogeninen u. den Prodd., die durch Oxydation oder Red. an der C_{20}—C_{22}-Doppelbindung der Pseudosapogeninstruktur entstehen. Die Bande bei 1695 cm^{-1} u. das Fehlen einer starken Absorption im 1000—800 cm^{-1}-Bereich können zum Nachw. von Pseudosapogeninen dienen. (Analytic. Chem. **26.** 550—52. März 1954. Bethesda, Md., Nat. Inst. of Arthritis and Metabolic Dis.)
K. F. MÜLLER. G 3650

Erwin H. Mosbach, Claire Zomzely und **Forrest E. Kendall**, *Trennung von Gallensäuren durch Verteilungschromatographie.* Es wird die Trennung von Gallensäuren durch Verteilungschromatographie an Celite 545 beschrieben. Als stationäre Phase diente 70%ig. Essigsäure u. als mobile Phase ein von Fall zu Fall zu variierendes Gemisch von PAe. u. Isopropyläther. Zur Trennung der Lithocholsäure von Stearin- u. Palmitinsäure wurden 95% ig. wss. Methanol als stationäre Phase u. n-Heptan als mobile Phase verwandt. (Arch. Biochem. Biophysics **48.** 95—101. Jan. 1954. New York, N. Y., Columbia Univ., Goldwater Memorial Hosp., 1[rst] Div., Res. Serv.)

F. Leuschner. G 3700

H. Pénau, E. Saïas, C. Andreetti und **J. Ferdet,** *Colorimetrische Bestimmung des Framycetins.* Die von den Vff. ausgearbeitete Meth. zur Best. von *Framycetin* (I) (Soframycin Roussel), einem Antibioticum aus Streptomyces lavandulae, beruht auf der Feststellung, daß bei der papierchromatograph. Trennung des sauren I-Hydrolysats eine prim. *Aminoverb. A* u. wahrscheinlich ein *Aminozucker B* entsteht, der die Farb-Rk. nach Elson-Morgan (C. **1934.** II. 3996; Bldg. einer Pyrrolverb. in alkal. Mittel mit Acetylaceton, die sich mit p-Dimethylaminobenzaldehydhydrochlorid kirschrot färbt) gibt. Nach Ermittlung der verschied. Faktoren, die diese Rk. beeinflussen, wird eine Arbeitsweise beschrieben, die zur Best. von I-Konzz. von 300 γ/cm^3 Ausgangslsg. an brauchbar ist. Sie besteht in der Messung der Lichtabsorption (Maximum bei 5400 Å) der nach Vorschrift erhaltenen Lsg. an Hand einer angelegten Vergleichskurve. Die so erhaltenen Werte stimmen mit den bakteriolog. festgestellten gut überein. (Ann. pharmac. franç. **11.** 431—38. Juni 1953. Paris-Romainville, Inst. de Recherches Roussel-Sofrapen.)

W. Schulenburg. G 3900

Dorothy De Fontaine und **Sidney W. Fox,** *Anwendung einer quantitativen Methode für Peptidanalysen zur Bestimmung der N-Endgruppenreihenfolge von Lysozym.* Vff. bestimmten den End-aminoiden Tripeptidrest von *Lysozym* (I) ohne Veränderung des Restmoleküls. Die Reihenfolge war: L-Lysyl, L-Valyl, L-Phenylalanyl. I besitzt ein Mol.-Gew. von 14700 u. soll nur eine einzige Peptidkette enthalten. Die quantitative Best. der Aminosäuren in I ergab: Alanin (9,9), Arginin (11), Glycin (11,3), Histidin (0,9), Isoleucin (6,7), Leucin (6,9), Lysin (6,1), Methionin (2,4), Phenylalanin (3,1), Prolin (2,2), Serin (9,4), Threonin (7,4), Tyrosin (2,8), Valin (5,5).

Versuche: *Lysozym,* 3 mal umkrist. (J. biol. Chemistry **157.** [1945.] 43), elektrophoret., fast homogen. Peptidanalyse nach Fox, Hurst u. Warner (J. Amer. chem. Soc. **76.** [1954.] 1154) mit folgenden Abänderungen: 4 Std. Phenylisocyanatbehandlung, selektive Spaltung des behandelten Prod. mit Dioxan/HCl in HCl-Atmosphäre für 6 Std., Totalhydrolyse mit 6 n wss. HCl. (J. Amer. chem. Soc. **76.** 3701—03. 20/7. 1954. Ames, Io., Iowa State Coll., Chem. Labor.)

G. Bratfisch. G 4070

c) Bestandteile von Pflanzen und Tieren.

O. Tělupilová-Krestýnová und **Fr. Šantavý,** *Zur Frage der mikropolarographischen Bestimmung der Chloridionen in biologischen Flüssigkeiten.* Vff. bringen eine Übersicht der ihnen bekannten quantitativen Mikromethoden zur polarograph. Best. von Chloriden in biol. Flüssigkeiten. (Mikrochim. Acta [Wien] **1954.** 64—71. Olomouc, ČSR, Med.-chem. Inst. der Palacký-Univ.)

H. Marsen. 5664

G. F. Bahr, *Eine Routinemethode zur Bestimmung des Osmiumgehaltes biologischer Präparate.* Os wird in biol Präpp. durch die Farb-Rk. des OsO_4 mit Thioharnstoff photometr. bei 478 mμ bestimmt. Die Substanz wird zuerst mit festem NaOH verseift u. durch Zusatz von $NaNO_3$ eine klare rote Schmelze gewonnen. Das OsO_4 wird aus der gelösten Schmelze nach Zugabe von Aminosulfonsäure durch Erhitzen zum Sieden mit $H_2SO_4 + K_2Cr_2O_7$ u. Durchleiten eines CO_2-, N_2-, O_2- oder Luftstromes in vorgelegte 4% Thioharnstoff-haltige 6 n HCl übergetrieben. Bei der zur Colorimetrie erforderlichen Verdünnung dieser Lsg. darf die HCl-Konz. nicht unter 0,3 n fallen, da sonst ein irreversibler Farbumschlag nach Braun stattfindet. Zur Herst. einer Eichkurve zur Ablesung der Os-Werte muß das gleiche Destillationsverf. eingehalten werden, da die Kurve sonst nicht dem Beerschen Gesetz folgt. (Z. Naturforsch. **10b.** 156—58. März 1955. Stockholm, Karolinska Inst., Inst. für Zellforschung u. Genetik.)

Ph. Fresenius. 5664

Adolf Fischer, *Über die papierchromatographische und papierelektrophoretische Trennung von Indolderivaten.* Es wurden folgende Verbb. untersucht: *Tryptophan, Indolylessigsäure, Indolacetamid, Indolacetonitril* (I), *Indolaldehyd.* Bei der papierchromatograph. Trennung erwies sich das Lösungsmittelgemisch Isopropanol–W.–NH_3 (80:15:5) als bes. geeignet. Entw. erfolgte mit der $NaNO_2$- u. $HClO_4$-Reaktion. Die meisten Indolderivv. zeigen einen R_f-Wert $<$0,90. Die papierelektrophoret. Trennung führte mit dem Elphor-H-Gerät nach Grassmann u. Hannig [Phosphatpuffer nach Sörensen (p_H 7)] zur sauberen Trennung. Bei der Unters. von Pflanzenextrakten ist eine Vorreinigung erforderlich. Zur Anreicherung von Zonen wurde sowohl für die Papierchromatographie als auch für die Papierelektrophorese eine „Isolierpack“-Meth. ausgearbeitet. Zur Voranreicherung dient die „aufsteigende“ Chromatographie an der Cellulosesäule. Zur Best. von I in Kohlpflanzen wird der CCl_4-Extrakt, nach Vorreinigung an Al_2O_3, papierchromatographiert, mit 0,5% ig. $NaNO_2$-Lsg. u. HCl-Dämpfen entwickelt u. der transparent gemachte Streifen photometriert. Bei Rosenkohl wird so der I-Geh. in 8 Wachstumsstadien verfolgt u. das Maximum im Stadium der optimalen vegetativen Entw. gefunden. (Planta 43. 288—314. 1954. Gießen, Justus-Liebig-Hochsch., Botan. u. Physiol.-Chem. Inst.) K. PRCHAL. 5666

M. Kato, *Einfacher Nachweis von Niacinderivaten.* (Vorl. Mitt.) Zum Nachw. (bes. im Harn von Seidenspinnern) von *N^1-Methylniacinamid* (I), *Niacin* (II) u. *Niacinamid* (III) bewährte sich ein papierchromatograph. Verf. mit 1% Harnstoff in gesätt. n-Butanol–W. u. DRAGENDORFF-Reagens zur Färbung. [Herst. aus zentrifugiertem u. NO_3-frei gewaschenem $Bi(OH)_3$-Nd. aus 1 g bas. Bi-Nitrat mit verd. NH_3, Lösen in HCl, Zugabe von wss. konz. KJ-Lsg. (aus 3 g KJ) u. 70% Essigsäure, Vol. 50 cm^3, Mischung am besten erst vor Gebrauch.] Die R_f-Werte sind für I, II u. III 0,08, 0,29 u. 0,68. (Kagaku [Science] 23. 478—79. 1953. Hamakura, Seidenkult.-Labor. [Orig.: japan.]) L. SCHULER. 5666

d) Medizinische und toxikologische Analyse.

J.-A. Gautier und **P. Pignard,** *Neue Methoden für die Calciumbestimmung im Blutserum und in den Körperflüssigkeiten.* Vff. empfehlen das *Komplexon* III (*Di-Na-Salz der Äthylendiamintetraessigsäure*, vgl. SCHWARZENBACH, C. **1949.** I. 917) für die zuverlässige u. schnelle Best. von Ca^{2+} in biol. Flüssigkeiten. Bei der Best. von Ca^{2+} im Blut erspart diese Meth. (Beschreibung) die mühsame Veraschung, die Albuminabscheidung u. die anschließende Manganometrie. Die ganze Arbeit beansprucht nach der vorangegangenen Fällung u. Wiederauflsg. des Ca-Oxalats $<$20 Min.; die Streuung liegt selbst bei kleinen Proben (1 cm^3 Fl.) unter 3%. Vergleichsverss. bestätigen die Zuverlässigkeit. Die Meth. kann, entsprechend abgewandelt, auch für die Ca-Best. in den verschied. tier. u. pflanzlichen Geweben benutzt werden. (Ann. pharmac. franç. **11.** 438—45. Juni 1953. Paris, Fac. de Pharm., Chaire de Chim. analyt., Hôtel-Dieu, Labor. de Pharm.) W. SCHULENBURG. 5728

L. N. Lapin, W. O. Gein und **N. W. Reiss,** *Die Anwendung der Biuretreaktion für die titrimetrische Bestimmung der Gesamtmenge von Protein und der Proteinfraktionen im Blutserum.* Vf. schlägt folgende Meth. für die Best. des Gesamtproteins im Blutserum vor: zu 1 ml 0,03 mol. $CuSO_4$-Lsg. werden 2 ml 0,5 n NaOH-Lsg. zugesetzt, geschüttelt u. 2 ml 23% ig. Na_2SO_4-Lsg. zugefügt; 0,1 ml Serum wird zu der *$Cu(OH)_2$* (I)-Suspension gegeben, gemischt u. 40 Min. bei Zimmertemp. stehengelassen. Alle 5 Min. wird der Kolben geschüttelt. Das überschüssige I wird abfiltriert, in 6 ml 10% ig. Sulfosalicylsäure gelöst u. 1 ml KJ- + KCNS-Lsg. zugesetzt. Das in 1 Min. ausgeschiedene J_2 wird mit 0,01 n $Na_2S_2O_3$-Lsg. titriert. Nach schwacher Gelbfärbung wird 1 ml Stärkekleister zugesetzt. Diese Meth. beruht darauf, daß nicht die Intensität der Färbung, sondern die bei der Rk. nicht verbrauchte I-Menge bestimmt wird. Für die Best. der einzelnen Proteinfraktionen wird 23% ig. Na_2SO_4-Lsg. dem Serum zugesetzt. (Вопросы Медицинской Химии [Fragen med. Chem.] **1.** 383—90. Sept./Okt. 1955. Samarkand, Pawlow-Inst. für Med., Lehrstuhl für Biochem.) OTTO MAIER. 5728

Otto Walter und **Rolf Schmutzler,** *Eine einfache Bestimmungsmethode der Aktivität des Thrombininhibitors* (*Heparin*). Best. des heparinartigen Plasmaantithrombins (Thrombininhibitor) in einer Modifikation der Einphasen-Prothrombinnachweismeth., die den „Acceleratorfehler“ ausschaltet, durch Messung des Aktivitätsverlustes im verd. Plasma. (Folia haematol. [Leipzig] **73.** 335—45. 1955. Rostock, Univ., Med. Klin.) V. SACHS. 5728

John S. McAnally und **Estelle R. Hausman,** *Die Bestimmung von Harnöstrogenen durch Fluorescenz.* Die aus dem Harn isolierten Östrogene werden nach H_2SO_4-Behandlung bei 80° in alkoh. Lsg. in einem Spezial-BECKMAN-Spektrophotometer mit Licht der Wellenlänge 455 mμ, bei der das Erregungsmaximum liegt, bestrahlt. Man erhält dabei eine Fluorescenz, deren Absorptionsmaximum bei 485 mμ liegt, wodurch der Einfl. von Störsubstanzen im Harnextrakt weitgehend ausgeschaltet wird. Nach der 1. Messung wird eine 2. nach KNO_3-Zusatz vorgenommen. Die Differenz beider Messungen entspricht dem vorhandenen Östron u. Östriol, da NO_3^- die Fluorescenz von Östrogenen in H_2SO_4 zerstört, wobei es aber noch nicht geklärt ist, ob nicht auch andere fluorescenzfähige Substanzen zugleich oxydiert werden. (J. Lab. clin. Med. **44.** 647—50. Okt. 1954. Coral Gables, Fla., Univ. of Miami, School of Med.) PH. FRESENIUS. 5732

James M. Fujimoto, E. Leong Way und **Charles H. Hine,** *Eine Schnellmethode zur Morphinbestimmung.* Morphin (I) wird aus biol. Material nach Autoklavieren mit HCl

u. Alkalisieren mit KOH durch längeres Ausschütteln in n-Butanol übergeführt. Daraus erfolgt Überführung in n-H_2SO_4, daraus (nach Alkalischmachen mit NaOH) in Chlf. u. dann in Phosphatpuffer (p_H 5,8). Dann wird die auf Zusatz von Silicomolybdänsäure (II) u. NH_3 entstehende Färbung nach 15 Min. bei 675 mμ photometriert. I kann auch aus der UV-Absorption nach Überführung in den Phosphatpuffer durch Messung in 5 mμ-Abständen von 310—230 mμ bestimmt werden. Die Rk. mit II ist für I sehr charakteristisch. Störungen können durch N-Allylnormorphin, Dromoran, Dihydromorphinon, Metopon, Normorphin u. PAS erfolgen. (J. Lab. clin. Med. **44.** 627—35. Okt. 1954. San Francisco, Calif., Univ. of California, School of Med., Coll. of Pharm.)

PH. FRESENIUS. 5762

Clément Duval, Colorimétrie minérale. „Monographies de l'Union intern. de chimie pure et appliquée". Paris: Sté d'Edit. d'enseignement supérieur. (251 S.) fr. 1800,—.

H. Angewandte Chemie.

I. Allgemeine chemische Technologie.

T. K. Ross, *Apparatebaumaterialien, Anlagen und Maschinen.* Fortschrittsbericht 1954. — 69 Zitate. (Rep. Progr. appl. Chem. **39.** 904—09. 1954.)

GERHARD GÜNTHER. 5804

T. K. Ross, *Flüssigkeitsströmung, Wärmeübergang und Einheitsverfahren.* Fortschrittsbericht 1954 auf folgenden Gebieten: Fl.-Strömung, Wärmeübergang, Zerkleinerung, Korngrößentrennung, Mischen, Rühren, Befeuchten, Trocknen, Dest., Adsorption, Absorption, Extraktion, Kristallisation, Filtration u. Zentrifugieren. — 146 Zitate. (Rep. Progr. appl. Chem. **39.** 889—903. 1954.) GERHARD GÜNTHER. 5816

Emil Kirschbaum, *Der Wärmeübergang im senkrechten Verdampferrohr in dimensionsloser Darstellung.* Es wird die Versuchsapp. beschrieben, mit der der Wärmeübergang im senkrechten Verdampfungsrohr aus Cu von 40/48 mm Durchmesser u. 4 m Länge gemessen wurde, dessen Innenwand bes. sorgfältig auf Rauheiten (elektronenmkr.) untersucht wurde. Es werden die Temperaturverhältnisse in Abhängigkeit von der Fl.-Höhe (W. u. wss. NaCl- u. Zuckerlsgg.), der Rohrwandtemp. u. der Beheizungsart ermittelt. Durch Einführung von 3 dimensionslosen Kennzahlen gelingt es, eine Gleichung aufzustellen, die den Wärmeübergangskoeff. im voraus zu berechnen gestattet. (Chemie-Ing.-Techn. **27.** 248—57. Mai 1955. Karlsruhe, TH, Inst. für App. u. Verf. Tech.)

H. MIETHING. 5816

J. Moss, *Wärmeübertragung. Thermische Leitfähigkeit; Konvektionsgrundlagen; Kondensation; Siedeverdampfung; feste und strömende Stromläufe; Strahlung usw.* An Hand der einschlägigen Literatur (62 Zitate), die im wesentlichen 1954 u. 1955 erschienen ist, wird das große Gebiet der Wärmeübertragung kurz besprochen. (Chem. Process. Engng. **36.** 321—23. Sept. 1955.) H. MIETHING. 5816

Shinjiro Kodama, Kenichi Fukui und **Hideo Tanaka,** *Theoretische Untersuchung über die Temperaturverteilung bei eigenwärmeaustauschenden Reaktionskammern.* 10. Mitt. *Ergänzungen zur 9. Mitt.* (9. J. chem. Soc. Japan, ind. Chem. Sect. [Kōgyō Kagaku Zassi] **53.** [1950.] 273.) (J. chem. Soc. Japan, ind. Chem. Sect. [Kōgyō Kagaku Zassi] **54.** 303 bis 305. Mai 1951. Kyoto Univ. [Orig.: japan.]) L. SCHULER. 5816

R. Griessbach und **G. Naumann,** *Ionenaustauscher und Katalyse.* Vf. beschreibt die histor. Entw. auf dem Gebiet der anorgan. (zeolith.) u. organ. Ionenaustauscher sowie Herst. u. Eigg. zeolith. Katalysatoren. Anschließend werden zahlreiche Beispiele für die Anwendung der beiden Austauschertypen in der anorgan. u. organ. Katalyse besprochen. (Chem. Techn. **5.** 187—92. April 1953. Wolfen, VEB Farbenfabrik, anorg.-wissenschaftl. Labor.) GERHARD GÜNTHER. 5826

R. J. Haskin, *Magnetische Aufbereitung von nichtmetallischen Mineralstoffen.* Besprechung verschied. Typen von Magnetscheidern mit hohen Feldstärken zur Entfernung von Fe-haltigen Substanzen, die dem Handmagneten nicht mehr folgen. Beispiele ausgeführter Anlagen, z. B. zur Reinigung von Baryt für Glasuren, von Emailrohstoffen u. Tonen im trockenen oder feuchten Zustand. (Canad. Mining metallurg. Bull. **47.** 819—21. Dez. 1954. Milwaukee, Wis., Dings Magnetic Separator Co.)

G. LOCHMANN. 5828

R. Jaeckel, *Neuere Forschungsergebnisse der Vakuumtechnik.* Gekürzter Abdruck eines zusammenfassenden Vortrages über Entw. der Vakuumpumpen, Evakuierungsvorgänge, Erzeugung tiefster Drucke (bis $<10^{-10}$ Torr), Vakuummessung u. verfahrenstechn. Probleme. — Zahlreiche Literaturzitate. (Chemie-Ing.-Techn. **28.** 201—02. März 1956. Bonn, Univ., Physikal. Inst.) R. STEIN. 5842

Manson Benedict und **Arnold Boas,** *Die Trennung von Gasmischungen durch Massendiffusion.* Der von MAIER (J. chem. Physics **7.** [1939.] 854) entwickelte einstufige Massendiffusionsapp. zur Trennung von Gasgemischen unter Verwendung eines Diffusionsschirmes u. eines Trägerdampfes ist mit gutem Erfolg nur bei Gemischen mit großen Unterschieden in den Diffusionskoeffizienten (z. B. bei H–He) anwendbar. Durch Hintereinanderschalten mehrerer dieser Apparate kann der Trenneffekt zwar gesteigert werden, der apparative Aufwand ist dann aber sehr groß. Für Gasgemische mit nur kleinen Unterschieden in den Diffusionskoeffizienten (z. B. Isotopengemische) wird daher die Verwendung einer auf einem ähnlichen Prinzip beruhenden Massendiffusionskolonne empfohlen, bei der der Trägerdampf durch ein in der Kolonnenachse verlaufendes, mit Öffnungen versehenes Rohr jedem Abschnitt der Kolonne zugeführt wird. Der Dampf durchströmt dann einen konzentr. angeordneten Diffusionsschirm (bei genau eingestellter Gleichgewichtsdiffusion ist dieser entbehrlich), trifft auf das im Gegenstrom zugeführte Gasgemisch u. kondensiert sich, mit dem schwerer diffundierbaren Bestandteil angereichert, an den gekühlten Außenwänden. Die physikal. Vorgänge bei der Massendiffusion von Zwei- u. Vielstoffgemischen werden mathemat. beschrieben. Die so auf theoret. Wege gewonnenen Ergebnisse stimmen mit den von MAIER (l. c.) auf experimentellem Wege gefundenen Ergebnissen bei der Trennung eines N_2–H_2-Gemisches zufriedenstellend überein. Die Anwendung der Theorie auf eine Massendiffusion, bei der aus natürlichem CH_4 mit 1,06% $^{13}CH_4$ pro Tag 100 g 90% reines $^{13}CH_4$ erhalten wird, zeigt deutlich die Überlegenheit der Kolonne über die Batterie einstufiger Geräte. Für eine Diffusionskolonne, die aus einem Koksofengas mit 50% H_2 einen 90% reinen H_2 in 90%ig. Ausbeute liefert, wird ein thermodynam. Wirkungsgrad von nur 1,1% berechnet (gegenüber 10% bei der partiellen Tieftemperaturkondensation), der Einsatz eines einstufigen App., der 90% reinen H_2 bei allerdings erheblich geringerer Ausbeute liefert, ist hier günstiger. Demnach dürfte das Hauptanwendungsgebiet des Massendiffusionsverf. in Zukunft vorwiegend bei der Isotopentrennung liegen. (Chem. Engng. Progr. **47.** 51—62. Febr. 111—22. März 1951. New York, N. Y., Hydrocarbon Res. Inc.)
H. LEHWALD. 5862

Charles Paquot, *Die Molekulardestillation und ihre Anwendungen in der Industrie der Fette.* Überblick über Entw., Grundlagen u. techn. Einzelheiten der Molekulardest.; Anwendungsbeispiele aus der Fettindustrie: Entsäuerung u. Geruchsbeseitigung, Dest. von Glyceriden, Extraktion von Vitaminprodd., Monoglyceriden, dimerisierten Säuren, Wachsen, Fraktionierung u. Reinigung von Mineralölen, Dicarbonsäureestern u. Fruchtsäften. (Olii minerali, Grassi Saponi, Colori Vernici **31.** 205—11. Nov. 1954.)
R. K. MÜLLER. 5864

D. C. Freshwater, *Planungsunterlagen für Glockenbödendestillationskolonnen.* Vf. beschreibt an Hand schemat. Abb. physikal. Zustände u. Vorgänge in Glockenbödenkolonnen, wobei der Materietransport von Boden zu Boden u. auf dem einzelnen Boden eingehend behandelt wird. Der Einfl. von Gestaltung, Type u. Anzahl der Glocken u. der Gestaltung der Wehre u. der Rückflußleitungen wird erörtert. Hinweise auf Konstruktionsmaterialien u. Montagemaßnahmen. (Ind. Chemist **28.** 538—44. Dez. 1952. Birmingham, Univ., Dep. of Chem. Engng.) GERHARD GÜNTHER. 5864

Ascher Opler und **Robert G. Heitz,** *Lochkartenberechnung von sechskomponentigen Destillationskolonnen mit Wärmebilanz.* Vff. führen mit einer lochkartengesteuerten IBM-Rechenmaschine Berechnungen von Destillationsvorgängen aus, wobei für erste Näherungen die Meth. von THIELE u. GEDDES (Ind. Engng. Chem. **25.** [1933.] 289) u. für höhere Genauigkeiten die Meth. von LEWIS u. MATHESON (Ind. Engng. Chem. **24.** [1932.] 494) benutzt wurde. Vorzüge u. Nachteile des Verf. gegenüber konventionellen Rechenmethoden werden diskutiert. (Ind. Engng. Chem. **43.** 2465—71. Nov. 1951. Pittsburgh, Calif., Dow Chemical Comp.) GERHARD GÜNTHER. 5864

Günther Matz, *Kristallisatoren.* Vf. beschreibt die prakt. verwendeten Bautypen von Kühlungs- u. Vakuumkristallisatoren, bei denen die Kristalle aus Lsgg. abgeschieden werden, u. charakterisiert deren Leistungsfähigkeit u. Anwendungsbereich. — 20 Literaturangaben. (Chemie-Ing.-Techn. **27.** 18—22. 1955. Leverkusen, Farbenfabrik Bayer A.G.)
MAX SCHMIDT. 5868

A. W. Bamforth, *Kristallisation.* Literaturübersicht, bes. aus den Jahren 1950 bis 1953, auf den Gebieten des Kristallwachstums, der fraktionierten Kristallisation u. speziell der Herst. von *Na_2SO_4, Nitraten, Kalisalzen* u. *Zucker.* — 77 Zitate. (Chem. Process Engng. **35.** 235—37. Aug. 1954.) GERHARD GÜNTHER. 5868

Soc. An. du Blanc Omya, Seine, Frankreich, *Herstellung feiner Pulver aus weichen Mineralien,* wie Kreide, durch schonendes Zerkleinern in einer Fl., wie W., u. Abtrennen des Rückstandes von der Suspension. Die Suspension wird durch einen Farbenreiber geschickt u. die feinen Teilchen durch Zentrifugieren abgetrennt, während die Suspension der groben Teilchen von neuem durch den Farbenreiber geschickt wird. Verwendung der Pulver in der Kautschuk-, Farben- oder Papierindustrie. (**F. P. 1 068 403** vom 18/12. 1952, ausg. 24/6. 1954.) M. Pankow. 5821

Directie van de Staatsmijnen in Limburg, Heerlen, Holland, *Stark basische Anionenaustauscher* sind unlösl. u. unschmelzbare hochmol. Harze mit mehreren tert. Sulfoniumgruppen, von denen jede mindestens 2 Alkoxyarylgruppen (I) am S-Atom enthält. Man erhält die Harze durch Kondensation eines tert. Sulfoniumsalzes (II), das mindestens 2 I enthält, mit Formaldehyd. Man kann auch ein II, das nur 1 I enthält, in Mischung mit einer Alkoxyarylverb. verwenden. Weiter kann man ein Dialkoxyarylsulfid mit CH_2O in Ggw. von H_2SO_4 umsetzen u. das Kondensationsprod. mit einem Dialkylsulfat erhitzen oder man kondensiert ein Dialkoxyarylsulfoxyd mit CH_2O in Ggw. von H_2SO_4 u. behandelt das Reaktionsprod. in Ggw. von konz. H_2SO_4 mit einer Alkoxyarylverbindung. Durch Rk. von Trianisylsulfoniumchlorid (aus Anisol, $SOCl_2$ u. $AlCl_3$) in konz. H_2SO_4 mit Paraformaldehyd in konz. H_2SO_4 bei $< 80^0$ erhält man ein Gel, das in 24 Std. bei n. Temp. erhärtet u. nach Zerkleinerung auf eine Korngröße von 0,6 bis 0,2 mm mit Na_2CO_3-Lsg. sulfatfrei gewaschen wird. Das Prod. eignet sich bes. zur Absorption von Silicationen aus Lösungen. — Vgl. auch Holl. P. 73996; C. **1955.** 9209. (**E. P. 737 924** vom 21/7. 1952, ausg. 5/10. 1955. Holl. Priorr. 25/7. 1951 u. 5/6. 1952.) J. Mühleisen. 5827

Faudi Feinbau G. m. b. H. (Erfinder: **Herbert Curt Müller,** Bad Homburg, und **Arnold Dornauf**), Oberursel, *Kontinuierliches Filtrieren von Flüssigkeiten* unter Reinigung der Filterflächen, indem der Filterschlamm mittels zwischen den Hohlfilterkammern in senkrechter Richtung verschiebbarer, die ganze Filterfläche bestreichender Abstreifer period. entfernt wird. — Abbildungen. (**D. B. P. 934 227** Kl. 12d vom 20/4. 1950, ausg. 13/10. 1955. Anmeldung bekanntgemacht 28/9. 1950.) K. Demmler. 5831

Soc. des Couleurs Zinciques, Soc. An., Aubervilliers, Frankreich, und **Valère Allard,** Bouchain (Erfinder: **Valère Allard**), *Verminderung des Feuchtigkeitsgehaltes des Filterkuchens auf Saugfiltern* durch Abpressen unter vibrationsmäßigem Zusammendrücken u. Zusammenstreichen des Kuchens, dad. gek., daß die Vibrationsvorr. aus Querstücken besteht, die als Reiber für den Kuchen ausgebildet u. an ihren äußeren Enden an einem starren Träger mittels Zwischenschaltung einer elast., aus Zylinder u. Kolben bestehenden Einheit besfestigt sind, deren Zylinder mit einem Gas beschickt werden kann u. dessen Druck nach Belieben auf Unter- oder Überdruck oder auf Atmosphärendruck einstellbar ist. — Vorrichtung. (**D. B. P. 938 011** Kl. 12d vom 3/12. 1952, ausg. 19/1. 1956. Anmeldung bekanntgemacht 28/7. 1955. F. Prior. 3/12. 1951.) K. Demmler. 5831

Infilco, Inc., Chicago, übert. von: **Anton A. Kalinske,** Elmhurst, Ill., V. St. A., *Reinigen von Diatomit-Anschwemmfiltern.* Zwischen die Filterelemente, z. B. mit Draht spiralig umwundene durchlässige käfigartige Körper, wird ein Gemisch von W. u. Luft gespritzt, das in einer Nebenleitung der Filterzuleitung mittels eines Injektors erzeugt wird; Luft u. Waschwasser werden getrennt aus dem die Filterelemente aufnehmenden Behälter abgeleitet. — Vorrichtung. (**A. P. 2 710 099** vom 20/8. 1949, ausg. 7/6. 1955.) K. Demmler. 5831

American Felt Co., Boston, Mass. (Erfinder: **Philip Henry Lang**), V. St. A., *Filter, z. B. für Staubsauger.* Schmelzbare Fasern, z. B. Celluloseacetat, allein oder im Gemisch mit nichtschmelzbaren Fasern, z. B. Baumwolle, zweckmäßig im Verhältnis 20:80, werden in Form des gewünschten Filterkörpers in der Randzone unter Druck- u. Wärmeeinw. verschweißt, so daß ein selbsttragender Filterkörper entsteht. — 12 Abbildungen. (**E. P. 708 907** vom 22/7. 1950, ausg. 12/5. 1954.) H. Möllering. 5831

Research Corp., New York, N. Y., V. St. A., *Entfernen von suspendierten Teilchen aus Gasen,* indem die Gase entweder erst durch eine Serie von elektrostat. Filtern u. anschließend durch mechan. Abscheider geführt werden oder erst mechan. u. anschließend elektrostat. behandelt werden; der mechan. abgeschiedene Staub wird in jedem Falle ganz oder teilweise mittels eines Teilgasstromes in den 1. Elektroabscheider, u. zwar in dessen unteren Teil kurz über dem Staubsammelbehälter zurück- bzw. eingeführt. — Vorrichtungen. (**E. P. 727 123** vom 5/8. 1953, ausg. 30/3. 1955. A. Prior. 19/8. 1952.) K. Demmler. 5851

Elliot Co., Jeannette, übert. von: **David Aronson,** Greensburg, Pa., V. St. A., *Kontinuierliche Gasreinigung* durch Kühlung u. Kondensierung der Verunreinigungen. Die zu reinigenden Gase werden durch die austretenden kalten bzw. verflüssigten Gase vorgekühlt. Anwendung bei der Luftverflüssigung. — Vorr., Zeichnung. (**A. P. 2 590 145** vom 13/4. 1950, ausg. 25/3. 1952.) A. Gradl. 5857

—, Ionenaustausch im Laboratorium und in der Industrie. 4 Vorträge. Hrsg.: Schweizer. Chemiker-Verband, Zürich. Aarau, Frankfurt a. M.: H. R. Sauerländer. 1955. (60 S. m. Abb.) 4°. DM 3,75.

II. Betriebsschutz. Feuerschutz.

D. C. Sayles, *Die Verhütung von Luftverunreinigungen.* Bei der Herst. von Kunstharzen u. Anstrichmitteln kann eine erhebliche Verunreinigung der Atmosphäre durch gesundheitsschädliche Schwebstoffe erfolgen. Das Austreten der Schwebstoffe kann durch ihre Verbrennung zu CO_2 oder durch ihre Wiedergewinnung verhindert werden. Als geeignete Verff. werden kurz behandelt die katalyt. Verbrennung, wobei anschließend das entstehende CO_2 verwertet wird, u. die Wiedergewinnung durch Absetzen, Filterung, Zentrifugalwrkg., Wäscher, elektr. Abscheidung u. Ultraschall. (Off. Digest Federat. Paint Varnish Product. Clubs. **27.** 566—72. Aug. 1955. Dayton, O.)
H. Eisenbarth. 5930

B. Rajewsky, *Schutzmaßnahmen.* Übersicht über die bei Erzeugung u. Anwendung von Atomkernenergie erforderlichen Schutzmaßnahmen. — 14 Schrifttumshinweise. (VDI-Z. **98.** 155—59. 1/2. 1956. Frankfurt/M.) W. Wesly. 5932

H. D. Anderson, *Einige Gesichtspunkte zur Handhabung von Phosphor.* Im Hinblick auf den niedrigen F. ist es oft zweckmäßig, P über kurze Entfernungen in fl. Zustand zu fördern. Die hierzu geeigneten Pumpen, Rohrleitungen, Ventile, Hähne u. Meßeinrichtungen für Druck u. Menge werden behandelt. Auf den Bau der Lagerbehälter u. der Verteileranlage, ebenso auf Sicherheitseinrichtungen, wird eingegangen. (Trans. Instn. chem. Engr. **30.** 225—34. 1952.) H. Eisenbarth. 5936

—, *Die Handhabung von Flußsäure.* Das Verh. verschied. Werkstoffe (Nickel- u. Kupferlegierungen, Kohlenstoff u. Graphit sowie Gummi u. Kunststoffe) gegenüber wss. u. wasserfreier HF wird behandelt. Auf geeignete Rohrleitungen u. Ventile bei der Herst. von HF wird hingewiesen. (Ind. Chemist **30.** 609—10. Dez. 1954.)
H. Eisenbarth. 5936

V. W. Langworthy, *Grundlagen des Arbeitens mit Chlor.* 1. Mitt. *Chlorbehälter.* Beschreibung der Cl_2-Behälter (Flaschen, Fässer, Kessel), des Zubehörs (Ventile, Schläuche) u. Vorschriften zu ihrer sorgfältigen Bedienung u. Behandlung. (Water Sewage Works **100.** 234—38. Juni 1953. New York, N. Y., Chlorine Inst., Inc.)
H. Mühlmeister. 5936

V. W. Langworthy, *Grundlagen des Arbeitens mit Chlor.* 2. Mitt. *Chlorzuführungsgeräte.* (1. vgl. vorst. Ref.) Da fl. Cl_2 schwierig zu messen ist, arbeiten Zuführungsgeräte durchweg mit Cl_2 als Gas. Einige Bauarten für automat. Betrieb mit Unter- oder Überdruckförderung u. ihre Handhabung werden mit 8 Abb. beschrieben. (Water Sewage Works **100.** 318—22. Aug. 1953.) H. Mühlmeister. 5936

V. W. Langworthy, *Grundlagen des Arbeitens mit Chlor.* 3. Mitt. *Chlorgasmasken.* (2. vgl. vorst. Ref.) Die Möglichkeit von Leckagen u. Unglücksfällen mit Cl_2 gebietet die Bereitstellung von Schutzvorrichtungen für das Personal u. seine Einübung mit ihnen. Verschied. Typen von Atmungsgeräten mit Luftzuführung oder O_2-Vorrat sowie Masken mit Cl_2-Absorptionskanistern u. die Gesichtspunkte für ihren Einsatz werden an 5 Abb. besprochen. (Water Sewage Works **100.** 361—64. Sept. 1953.) H. Mühlmeister. 5936

V. W. Langworthy, *Grundlagen des Arbeitens mit Chlor.* 4. Mitt. *Hypochlorite.* (3. vgl. vorst. Ref.) NaOCl enthält bis 15%, Chlorkalk bis 70% wirksames Cl. Ihre Anwendung, vor allem in kleinen Wasserwerken u. die hand- oder automat. gesteuerten Zuführungsgeräte werden beschrieben. (Water Sewage Works **100.** 454—56. Nov. 1953.)
H. Mühlmeister. 5936

III. Elektrotechnik.

N. V. Philips' Gloeilampenfabrieken (Erfinder: **Jan Anthony Lely** und **Jan Goorissen**), Eindhoven, Holland, *Elektrische Widerstände.* Zur Herst. werden keram. Träger in einer C u. B enthaltenden Atmosphäre erhitzt, so daß sich eine B-haltige C-Schicht bildet. Dabei wird das in der Gasatmosphäre zunächst in Form einer festen O-freien B-haltigen M. (z. B. als Carbid, Nitrid oder Metallborid) vorliegende B durch Behandlung mit einer dosierten Cl_2- oder Br_2-Menge in BCl_3 oder BBr_3 umgewandelt. (**D.B.P. 937 179** Kl. 21c vom 22/10. 1953, ausg. 29/12. 1955. Anmeldung bekanntgemacht 7/7. 1955. Holl. Prior. 23/10. 1952.) H. Kessel. 5955

Siemens-Schuckertwerke Akt.-Ges., Berlin und Erlangen (Erfinder: **Hermann Bösche, Hans Schulz** und **Albrecht Böhse,** Neustadt bei Coburg), *Schaumstoffisoliermaterial.* Der bes. aus Polystyrol (I) bestehende Schaumstoff wird in Form von Bändern, Flocken, Spänen oder Körnern auf nichtleitende Folien oder Fäden, z. B. aus I oder Polyäthylen, aufgebracht, bes. unter Verwendung von chem. indifferenten Klebmitteln von geringer DK., z. B. Lsgg. von Polyisobutylen in Benzin. (**D. B. P. 936 883** Kl. 21c vom 18/2. 1951, ausg. 22/12. 1955. Anmeldung bekanntgemacht 21/8. 1952.) H. KESSEL. 5957

Erie Resistor Corp., Erie, Pa., V. St. A., *Kupferüberzug für keramische Körper.* Die keram. Körper werden auf einer erhitzten Metallplatte erwärmt u. durch Überleiten eines inerten Gases, z. B. CO_2, von gegebenenfalls oberflächlich anhaftendem O_2 befreit. Darauf wird über die Körper ein inertes Gas geleitet, das mit Kupferacetylacetonat beladen ist. Die Cu-Verb. zers. sich an den erhitzten keram. Körpern, u. Cu wird auf der Oberfläche der Körper niedergeschlagen. Das Verf. ist bes. zum Überziehen von keram. *Titanatdielektriken* geeignet. (**E. P. 733 248** vom 13/3. 1953, ausg. 6/7. 1955. A. Prior. 27/3. 1952.) F. REINHART. 5957

Midland Silicones Ltd., früher **Dow Corning Ltd.**, London, England, *Harzgemisch,* bestehend aus 1. 60—80 Gew.-% eines Reaktionsprod. aus a) 40—80 (Gew.-%) einer Organosiliciumverb. (**I**), b) 10—40 Terephthal- oder Isophthalsäure bzw. deren niederen Alkylaten u. c) 9—35 Glycerin; 2. 10—30 eines Kondensationsprod. von Epichlorhydrin u. Bis-(p.p'-oxyphenyl)-dimethylmethan mit einem Epoxyäquivalent von mindestens 450; u. 3. 5—20 Phenol–Formaldehyd-Harz. Als **I** können Organoalkoxysilane, -silanole oder deren partielle Kondensate verwendet werden, die Alkoxygruppen u./oder OH-Reste am Si enthalten. Die Komponenten werden zweckmäßig unter Erwärmen gemischt. — 210 (Teile) Glycerin, 261 Dimethylterephthalat u. 35 Isophoron werden $2\frac{1}{2}$ Std. auf 191—210° erhitzt, wobei die theoret. Menge CH_3OH entwickelt wird. Nach Abkühlen auf $< 130°$ werden 935 Kresylsäure u. 588 partiell kondensiertes Alkoxysilan (67 [Mol-%] Phenylmethyl- u. 33 Monophenylsiloxan), das 20 Gew.-% OCH_3-Gruppen enthält, zugegeben u. das Gemisch wird auf 160—200° 8 Std. erhitzt. Nach Abkühlung wird eine Menge der Lsg., die 70 (Teile) Harz enthält, mit 20 eines Epoxydharzes (Epon Nr. 1007, Epoxyäquivalent 1600—1900) u. mit 10 Kresol–Formaldehyd-Harz (Resinox 455 B) in der Wärme vermischt. *Überzugsmittel für glasumsponnene elektr. Leiter und für Metalle.* (**E. P. 737 515** vom 18/6. 1953, ausg. 28/9. 1955. A. Prior. 14/6. 1952.) J. MÜHLEISEN. 5957

Radio Corp. of America, New York, N. Y., V. St. A., *Mangan–Zink-Ferrospinellmassen.* Gemengen obiger Zus., die bes. 67—70 (Gew.-%) Fe_2O_3, 10—10,5 ZnO u. 20 bis 22,5 MnO_2 enthalten, werden 0,1—10 CuO zugesetzt, die Massen werden bei 950—1350° gesintert. Der Zusatz des CuO bewirkt eine bedeutende Erhöhung der Permeabilität der Prodd., die als *Magnetkerne* verwendet werden. (**E. P. 729 538** vom 22/7. 1953, ausg. 4/5. 1955. A. Prior. 19/8. 1952.) F. REINHART. 5959

Siegfried Dickfeldt, Albert Dietz, Paul Siart, Weida/Thür., und **Hellmut Riesel**, Wünschendorf/Elster, *Aktive Cadmiummasse für Stromsammler.* Metall. Cd wird bei einer Temp. zwischen F. u. Kp., z. B. bei 350°, in 12 Std., gegebenenfalls auch unter kurzfristiger Erhöhung der Temp. auf 700°, oxydiert. Das Prod. wird nach langsamer Abkühlung zerkleinert, fein gesiebt u. nach Zusatz von Spreizmitteln zu Tabletten gepreßt. (**D. P. [DDR] 6 531** Kl. 40a vom 6/11. 1952, ausg. 1/2. 1954 [Wirtschaftspatent].) B. SCHMIDT. 5971

Eugène Darmois, Seine-et-Oise, Frankreich, *Depolarisationsmittel für Primärelemente.* Man verwendet Komplexe einerseits aus einer organ. Verb. mit 2 benachbarten OH-Gruppen, wobei eine der OH-Gruppen eine saure Funktion haben kann (Glykole, Polyole, Zucker, o-Diphenol, α-Oxysäuren, z. B. Milchsäure), andererseits aus einem höheren Oxyd eines mehrwertigen Metalls (Cu, Hg, W, Mo, Mn, Fe). — Depolarisator in neutraler oder saurer Lsg.: Man mischt 550 g MoO_3-Pulver u. 160 g NaOH-Pulver, pastet mit wenig W. an u. gibt 290 g Weinsäurepulver zu. — Depolarisator für bas. Lsg.: Man pastet eine Mischung aus 300 g Weinsäurepulver u. 310 g NaOH-Pulver mit etwas W. an u. gibt 390 g $Cu(OH)_2$-Pulver zu. Die so erhaltenen Pasten können um die Elektrode geformt werden u. erhärten schnell. (**F. P. 1 011 125** vom 11/12. 1948, ausg. 19/6. 1952.) M. PANKOW. 5971

Osram G. m. b. H. K.-G., übert. von: **Franz Schaefer**, Berlin, *Herstellung von lichtzerstreuenden Überzügen auf Glühlampenglaskolben.* Die innere Oberfläche der Kolben wird mit einer wss. Suspension überzogen, welche ca. 22 (g) MgF_2, 11 CaF_2, 66 Kieselsäure u. 10 cm³ H_3PO_4 enthält. Der Kolben wird hierauf auf ca. 400° erhitzt. (**A. P. 2 706 691** vom 10/5. 1950, ausg. 19/4. 1955. D. Prior. 18/5. 1949.) HANS HOFFMANN. 5973

N. V. Philips' Gloeilampenfabrieken, Holland, *Herstellung von Pulvern, welche Elektrolumineszenz zeigen.* Man stellt Teilchen her, welche in ihrem Kristallgitter mindestens Zn oder Cd u. S oder Se sowie Ag, Cu, Pb, Mn, Sc, Ga, In, P, As, Au, Sb, Cl, Br oder Al enthalten. — Z. B. taucht man 100 g mit 10^{-4} Mol Au u. 10^{-4} Mol Cl je Mol akt. ZnS in 100 cm³ einer $^1/_{1000}$ n $CuSO_4$-Lösung. Nach einigen Min. entnimmt man das ZnS-Pulver der $CuSO_4$-Lsg. u. trocknet es bei 150°. Das erhaltene Pulver zeigt eine grüne Elektrolumineszenz. (**F. P. 1 092 211** vom 2/2. 1954, ausg. 19/4. 1955. Holl. Prior. 4/2. 1953.) T. OPPERMANN. 5975

V. Anorganische Industrie.

A. Baar, *Ursachen des K_2O-Rückganges im Kalirohsalz.* Auf einem Südharzbergwerk war die Hauptursache die Mitförderung K_2O-armer oder tauber Salze, daneben wirkte die Nichtbeachtung der Lagerstättengrenzen sowie die Förderung von Steinsalz verschlechternd auf den K_2O-Gehalt. (Bergbautechnik **3.** 211—12. Mai 1953. Weimar.) H. ECKHARD. H 275

U. Kroker, *Die Verluste der Kaliumchloridherstellung in Abhängigkeit von der Zusammensetzung des Rohsalzes.* Die K_2O-Verluste bestehen aus einem konstanten, durch die gegebenen Eigenheiten des Verf. bedingten u. einem von der Zus. des Rohsalzes abhängigen Anteil. 11 Tabellen u. 6 Kurvenbilder ermöglichen dem Praktiker, den letztgenannten Anteil, der durch den $MgCl_2$- u. K_2SO_4-Geh. des Rohsalzes u. durch die im Rückstand u. Schlamm verbleibende Lauge bedingt ist, für Hartsalz-, Sylvinit- u. Carnallitverarbeitung rechner. zu ermitteln. (Chem. Techn. **7.** 82—87. Febr. 1955. Berlin.) H. ECKHARD. H 275

Olin Mathieson Chemical Corp., East Alton, Ill., V. St. A., *Konzentrieren von Hydrazinlösungen.* Die verd. N_2H_4-Lsg. u. eine wss. Lsg. eines Entwässerungsmittels, bes. eine Lsg. von NaOH, die $>$ 1 (Mol) NaOH/1 H_2O der beiden Lsgg. enthält, werden von oben in eine Füllkörperkolonne eingesprüht. Man kann die beiden Lsgg. vorher mischen oder die Lsg. des Entwässerungsmittels über der N_2H_4-Lsg. einführen. Die aus der Kolonne abfließende Fl. gelangt in ein erhitztes Gefäß, in dem wasserarme N_2H_4-Dämpfe ausgetrieben werden, die nach oben durch die Kolonne geleitet u. dann kondensiert werden. Man arbeitet bes. bei Unterdruck. Ein Teil des Rückstandes des Gefäßes wird mit Entwässerungsmittel verstärkt u. in die Kolonne zurückgeführt. — Abbildung. (**E. P. 737 739** vom 6/2. 1952, ausg. 28/9. 1955.) A. ZÜRN. H 243

General Electric Co., übert. von: **Willard T. Grubb jr.,** Schenectady, N. Y., V. St. A., *Herstellen von Fluor und Difluoroxyd.* Ein HF u. Alkalifluorid enthaltender Elektrolyt, dem gegebenenfalls bis zu 1% W. zugesetzt werden kann, wird unter Verwendung einer im wesentlichen aus Co bestehenden u. einer Co-freien Elektrode elektrolysiert. Der W.-Geh. ist erforderlich wenn F_2O gewonnen werden soll. Elektrolyt kann z. B. bestehen aus: 60(%) KF, 39 HF u. 1 LiF. Spannung 8—20 V. — Abbildung. (**A. P. 2 716 632** vom 21/2. 1952, ausg. 30/8. 1955.) K. DEMMLER. H 246

Runar Mauritz Oernhjelm (Erfinder: **Johan Sevon** und **Frey Viking Sundman**), Kuusankoski, Finnland, *Herstellen von Chlordioxyd* aus reinen oder chloridhaltigen Chloratlsgg. mittels SO_2 oder SO_2-haltigen Gasen, gegebenenfalls nach vorhergehender Ansäuerung, dad. gek., daß die Zuführung von SO_2 während des Reaktionsverlaufs so geregelt wird, daß das Mol-Verhältnis zwischen verbrauchtem SO_2 u. verbrauchtem Chlorat gleich 1 : 2 oder diesem Verhältnis möglichst angenähert ist. (**D. B. P. 937 470** Kl. 12i vom 6/5. 1944, ausg. 5/1. 1956. Anmeldung bekanntgemacht 18/12. 1952. Schwed. Prior. 16/11. 1943.) K. DEMMLER. H 247

Directie van de Staatsmijnen in Limburg, Heerlen, Holland, *Herstellung der kristallinen Verbindung* $(NO_2^+)(HS_2O_7^-)$, aus der man durch Lösen in HNO_3 Nitriersäuren herstellen kann, aus SO_3 u. HNO_3 durch Absorption von SO_3-haltigen Gasen in einer auf 110—120° gehaltenen, im Kreislauf geführten Absorptions-Fl., die nahezu dieselbe Zus. aufweist wie die herzustellende Verb., unter gleichzeitigem Zusatz einer HNO_3-haltigen Fl., wobei das Mol-Verhältnis zwischen den eingeführten Mengen SO_3 u. N_2O_5 nahezu 4 beträgt, u. ein Teil der Absorptions-Fl. kontinuierlich oder period. abgeführt wird u. dieser Teil unter Gewinnung der dabei auskristallisierenden Verb. $(NO_2^+)\cdot(HS_2O_7^-)$ gekühlt wird. Man setzt der Absorptions-Fl. HNO_3 in Form eines Nitriersäuregemisches zu, das 0—2 (%) H_2O, 35—50 SO_3 u. 65—50 HNO_3 enthält. Dieses Nitriersäuregemisch kann man durch Auflösen eines Teiles der auskristallisierenden Verb. in konz. HNO_3 herstellen. — Abbildung. (**Holl. P. 74 128** vom 25/4. 1952, ausg. 15/2. 1954.) A. ZÜRN. H 253

Farbwerke Hoechst Akt.-Ges., vormals Meister Lucius & Brüning, Frankfurt/M. (Erfinder: **Klara Gangl** und **Josef König,** Gersthofen), *Reinigung von rohem, durch Umsetzung von Natriumhydrid mit Borsäureester erhaltenem Natriumborhydrid,* dad. gek., daß das rohe $NaBH_4$ mit einem Äther extrahiert u. nach beendeter Extraktion das unlösl. zurückbleibende $NaBH_4$ von der die Verunreinigungen enthaltenden Fl. abgetrennt wird. (**D. B. P. 939 147** Kl. 12i vom 31/7. 1954, ausg. 16/2. 1956. Anmeldung bekanntgemacht 18/8. 1955.) W. MATTHAES. H 258

Solvay & Cie., Brüssel, Belgien (Erfinder: **A. Basilewsky** und **C. L. Deprez**), *Zersetzung von Alkalimetallamalgamen mit wässerigen Alkalilaugen.* Man führt die Zers. in einer Kolonne durch, wobei man das Amalgam von oben nach unten u. die Lauge nach oben strömen läßt u. durch besondere Einbauten dafür sorgt, daß das Amalgam nicht mit den Wänden der Kolonne in Berührung kommt, aber hinreichend fein verteilt wird, um eine vollständige Zers. zu erreichen. Die Verteilungsplatten bestehen aus Fe, Cu oder Stahl, während die unten angebrachten Katalysatorkörper aus nichtamalgamierbaren Stoffen bestehen. (**Schwed. P. 137 678** vom 9/2. 1945, ausg. 21/10. 1952. Belg. Priorr. 9/2. 1944 u. 8/3. 1946. [? Die Red.]) K. H. KÄHLER. H 272

National Distillers Products Corp., New York, N. Y., V. St. A., *Herstellen von Natriumperoxyd.* Na wird mit einer größeren Gewichtsmenge an Na_2O_2 oberhalb des F. des Na u. unterhalb der Reaktionstemp. zwischen Na u. Na_2O_2 in einer O_2-freien, inerten Atmosphäre gemischt u. ein Film von Na auf den Na_2O_2-Teilchen gebildet, wonach die Temp. so weit erhöht wird, daß das Na mit dem Na_2O_2 unter Bldg. von Na_2O reagiert. Das mit einer Schicht von Na_2O überzogene Prod. wird in oxydierender Atmosphäre bis zur Umwandlung der Na_2O-Schicht im Na_2O_2 erhitzt. — Abbildung. (**E. P. 730 130** vom 16/6. 1953, ausg. 18/5. 1955.) K. DEMMLER. H 274

Pietro Guareschi, Italien, *Tonerde durch Elektrolyse.* Durch sauren Aufschluß (H_2SO_4 oder HCl) von Al-haltigen Mineralien gewonnene u. gereinigte Al-Salzlsgg. werden in einer mit Diaphragma ausgerüsteten Zelle der Elektrolyse unterworfen, wobei sich an der aus rostfreiem Stahl bestehenden Kathode *Tonerdehydrat* abscheidet, während sich an der Pb-Anode Säure bildet. Die Stromdichte beträgt ca. 1000 A je m^2, die Spannung liegt etwas über der theoretischen. Zweckmäßig wird in Ggw. von Alkalisalzen, z. B. NH_4-Salzen (Sulfat oder Chlorid), elektrolysiert. Auch können Alkalialuminatlsgg. in gleicher Weise elektrolysiert werden. (**F. P. 1 049 943** vom 28/1. 1952, ausg. 4/1. 1954. It. Prior. 29/1. 1951.) W. WITTHOLZ. H 294

VI. Silicatchemie. Baustoffe.

Fritz Jochmann, *Eine fast vergessene Glasmacherkunst. Reflektoren aus Milch- und Hellglas.* Eine alte Glasmacherkunst wird behandelt: die Herst. von Glanzglasreflektoren aus Milchglas u. Hellglas. Die Arbeitstechnik wird beschrieben, Handzeichnungen des Vf. dienen zur Erläuterung. (Sprechsaal Keram., Glas, Email **88.** 533—36. 20/12. 1955.) H. WONDRATSCHEK. 6168

Hans Vetter, *Über Glassande.* 1. und 2. Mitt. Unter Glassanden versteht Vf. die Vorkk. von Kieselsäure (SiO_2), soweit sie für die Glasherst. wichtig sind. Daher werden z. B. Quarzmehl u. Schlämmsande aus Kaolinschlämmereien in die Betrachtungen einbezogen. Es werden die geochem., mineralog. u. kristallchem. Eigg. des SiO_2 in z. T. allerdings stark vereinfachter u. mitunter problemat. Form dargestellt. Ferner werden die Typen der SiO_2-Vorkk. u. ihre Verbreitung in Deutschland behandelt. Techn. Daten u. chem. Analysen von SiO_2-Rohstoffen bilden den Schluß. (Sprechsaal Keram., Glas, Email **88.** 329—32. 5/8. 349—52. 20/8. 1955.) H. WONDRATSCHEK. 6170

S. Guß, *Magnesit in Glasschmelzwannen.* Inhaltlich ident. mit der C. **1956.** 2282 referierten Arbeit. (Glass **32.** 487—91. Okt. 1955.) L. KÜHNERT. 6172

A. Ss. Ruga und **T. I. Sseregin**, *Das Kühlsystem für Mullitsteine ist zu ändern.* Auf Grund von Erfahrungen in verschied. Betrieben beim Kühlen der Mullitsteinwände von Glasschmelzöfen (Wannentyp) mit Luft läßt sich feststellen, daß die Haltbarkeit der Ofensteine u. damit der Schmelzöfen (Photos von korrodierten Wänden) u. die Qualität des Glases von der Art u. Stärke der Kühlung abhängen. Die gegenwärtig noch gültigen Normen für Luftkühlung, bei denen für die obere Ofenschicht noch Schamottesteine verwendet werden, sind veraltet, da sie die physikal.-chem. Eigg. der Mullitsteine nicht berücksichtigen. Es wird empfohlen, die Stärke der Luftkühlung herabzusetzen u. die doppelreihige Anordnung der Luftdüsen fallen zu lassen. Geeigneter scheint eine Kühlung zu sein, die (mit wenig Luft) auf die obere Stirnseite des Mullitsteines gerichtet ist. (Стекло и Керамика [Glas u. Keram.] **12.** Nr. 6. 13—16. Juni 1955.) H. RAUBACH. 6172

M. A. Besborodow, A. A. Gesburg und **N. P. Krassnikow**, *Ein Versuch zur Anwendung von Ultraschall für die mechanische Bearbeitung von Glas.* Beim Schleifen von Glas mit der eingehend beschriebenen Ultraschallapp. wurden bes. hinsichtlich der Reinheit des Schliffes gute Ergebnisse erzielt. (Стекло и Керамика [Glas u. Keram.] **12.** Nr. 6. 11—12. Juni 1955.) H. RAUBACH. 6188

Erich Thilo, *Über den glasartigen Zustand.* Vf. legt am Beispiel des reinen Kieselglases u. der Phosphatgläser seine Auffassung dar, daß der glasartige Zustand dadurch bedingt wird, daß der Stoff aus Bausteinen besteht, die entweder raumnetzartig durch dieselben Kräfte zusammengehalten werden wie ein regelmäßiger Kristall oder aus solchen die entweder so sperrig sind oder so verschied. Größe u. Form haben, daß sie in kein einheitliches Gitter passen. Mit dieser Auffassung lassen sich eine Anzahl Bedingungen festlegen, die erfüllt sein müssen, damit der glasartige Zustand in den kristallinen übergeht, wobei die Einfll. von W., HF oder gewissen Salzzusätzen zu der Glasmasse, bes. von Li-Salzen, besonders wirksam sind. Auch Fragen der verschied. Alterung von Gläsern gleicher Zus. mit deutlich verschied. Eigg. werden gestreift. (Silikattechnik **6.** 278—80. Juli 1955.) L. Kühnert. 6200

Howard R. Lillie, *Reproduzierbarkeit der Bestimmung von Viscositäten im „annealing" und „strain"-Punkt von Gläsern.* Die beiden Bezeichnungen „annealing point" u. „strain point" wurden 1920 von Littleton u. Roberts eingeführt, haben sich jedoch in ihrer Best. seit dieser Zeit mehrfach gewandelt. Vf. beschreibt App. u. Verf. für die Messung an Glasfäden im Kupferrohrofen bei Messung der Temp. durch Thermoelement u. die Berechnung der Viscosität aus den erhaltenen Werten. Beispiele werden in Tabellen u. graph. Darst. angeführt. Er schlägt vor, als „annealing point" die Temp. anzusetzen, bei welcher ein Glas, das von der Temp. von 25° über diesem Punkt auf 15° darunter mit einer Geschwindigkeit von 4°/Min. abgekühlt wurde, die Viscosität $10^{13,00}$ poise hat. Als „strain point" ist dann die Temp. anzusehen, die bei der Extrapolation der logarithm., bei der Best. des „annealing point" aufgezeichneten Kurve, dem Punkt $10^{14,50}$ poise entspricht. (J. Amer. ceram. Soc. **37.** 111—17. 1/3. 1954.) L. Kühnert. 6200

—, *Fehlerhafte keramische Glasuren.* Beschreibung der Ursachen der häufigsten Glasurfehler u. der entsprechenden Gegenmaßnahmen. Dabei werden das Entmischen, Absetzen u. Erhärten nach der Aufbereitung der Glasur u. bei der gebrannten Glasur die Fehler durch Abblättern, Abrollen, Abrutschen, Schrumpfen, Haarrisse, Aufkochen, Schäumen, Blasigwerden, Nadelstiche, Schweiß- oder Dunstflecke, Erblinden u. Mattwerden besprochen. (Glas-Email-Keramo-Techn. **7.** 3—9. Jan. 1956.) H. Scholze. 6212

Shinpei Anjo, *Statische Untersuchungen über das Verziehen von Emails.* Das Verziehen emaillierter Gegenstände ist verursacht durch die verschied. Kontraktion (Δl) zwischen dem Stahlblech u. der Emailschicht. Die Beziehungen zwischen den einzelnen hierbei auftretenden Kräften wurden festgestellt u. in einer Reihe von Gleichungen niedergelegt. (J. ceram. Assoc., Japan [Yogyo Kyokai Shi] **63.** 616—28. 1955. [Orig.: japan., Auszug: engl.]) F. Markhoff. 6212

F. Reinhart, *Chromoxydhaltige Steine.* Die Herst. u. Verwendung von feuerfesten chromoxydhaltigen Erzeugnissen wird beschrieben. Chromerz, der Ausgangsstoff für die meisten dieser Erzeugnisse, kann einerseits durch Vorerhitzen unterhalb seiner Schmelztemp. veredelt werden, andererseits dadurch, daß die Mineralien der Gangart mit MgO oder anderen feuerfesten Oxyden zu feuerfesten Verbb. umgewandelt werden. Bes. die niedrigschm. Mg-Silicate der Gangart werden durch Zusätze von Erdalkalioxyden in die feuerfesten Orthosilicate verwandelt. Durch Körnungsmaßnahmen können die Erzeugnisse druckfest u. temperaturwechselbeständig gemacht werden. Zusätze von gut wärmeleitenden Stoffen erhöhen die Wärmeleitfähigkeit des Chromits u. desgleichen den Widerstand gegen Temperaturwechsel. Auch aus Chromerz können Isoliersteine durch Porösmachen erzeugt werden. Durch Einlegen von Metallkörpern können die Festigkeitseigg. verbessert u. die Möglichkeit zum Anbringen von Armaturen, z. B. für Hängedeckensteine, gegeben werden. (Glas-Email-Keramo-Techn. **6.** 269—73. Aug. 1955.) K. Pistor. 6218

W. N. Jung, Ju. M. Butt, M. Ss. Neginski und **Je. O. Barbakadse,** *Untersuchung der Abriebfestigkeit von Zementen für hydrotechnische Betone.* Von den Portlandzement-Klinkermineralien zeigten die Tricalciumsilicate (C_3S) die größte Abriebfestigkeit, während Tricalciumaluminat (C_3A) u. Tetracalciumaluminiumferrit (C_4AF) nicht so stabil waren. Dicalciumsilicat (C_2S) zeigte keine Stabilität. Bei den Mörteln (1 : 2,5) erwies sich nur C_3S als sehr abriebfest. Portlandzemente mit erhöhtem C_3S-Geh. waren am stabilsten, während erhöhter Geh. an C_2S die Abriebfestigkeit stark herabsetzte: Verschied Geh. an C_3A u. C_4AF hat keinen merklichen Einfl. auf die Abriebfestigkeit. Die Verlängerung der Härtezeit von 28 Tagen auf 1 Jahr erhöhte die Abriebfestigkeit für Fabrikzemente um das 2fache u. die Festigkeit um das 1,2fache. (Цемент [Zement] **21.** Nr. 6. 5—9. Nov./Dez. 1955.) Otto Maier. 6222

P. K. Balatjew, W. I. Ssoroker, L. A. Kaisser und **W. G. Dowshik,** *Steife Betongemische in der Herstellung von Eisenbetonkonstruktionen.* Unterss. über eine quantitative Charakteristik steifer Betongemische u. deren Klassifikation sowie über die Bedingungen, die für eine qualitativ gute u. rasche Erzeugung von Baumaterial aus steifen Gemischen verschied. Steifegrades erforderlich sind u. Feststellung des optimalen Sandgeh. dieser Gemische. Die Resultate ergaben, daß die Haltbarkeit von Betonsorten, die aus diesen Gemischen bestehen, dem Gesetz über das W.-Zement-Verhältnis unterliegt u. sowohl bei gegebenem W./Zement-Verhältnis als auch bei völliger Verdichtung (mit Ausnahme

„junger" Betone) nur wenig vom Steifegrad abhängt. (Бетон и Железобетон [Beton u. Eisenbeton] **1955.** 197–203. Sept.) A. v. KOTZEBUE. 6224

H. C. Fischer, *Calcinierung von Calcit.* 1. Mitt. *Einfluß der Aufheizgeschwindigkeit auf die Packungsdichte von Calciumoxyd.* Sehr reiner Calcit wurde bei verschied. Aufheizgeschwindigkeiten bis zu verschied. maximalen Tempp. gebrannt. Die Packungsdichte des entstehenden CaO nimmt mit zunehmender Aufheizgeschwindigkeit u. steigender maximaler Temp. zu. Bei sehr großen Aufheizgeschwindigkeiten ist bei den maximalen Tempp. zwischen 1100–1350° die Packungsdichte auffallend klein. (J. Amer. ceram. Soc. **38.** 245–51. 1/7. 1955. Cambridge, Mass., Massachusetts Inst. of Technol.) H. SCHOLZE. 6226

Instant Drying Corp., New York, übert. von: **Howard B. Bishop,** Summit, N. J., V. St. A., *Trockenverfahren.* In W. dispergiertes Material, z. B. verschlickerter *Ton,* wie er in der keram. Fertigung gebraucht wird, wird durch eine rotierende Düse in eine Kammer versprüht. Oberhalb der Sprühdüse wird Warmluft u. in Luft oder Gas suspendierter Staub horizontal in die Kammer eingeführt u. mit dem dispergierten Material vermischt. Das Material wird getrocknet, mit dem Staub umhüllt u. in der Kammer niedergeschlagen. Durch den trichterförmig ausgebildeten Kammerboden wird das Material zu einer Transportschnecke geleitet. Oberhalb des Trichterbodens wird das mit Feuchtigkeit u. unverbrauchtem Staub beladene Trockengas abgezogen u. der Staub in einem Cyclon abgetrennt u. dem Verf. wieder zugeführt. — Vorr., Zeichnung. (**A. P. 2 698 815** vom 8/6. 1950, ausg. 4/1. 1955.) F. REINHART. 6217

Ole Rolfsen, Oslo, Norwegen, *Herstellung eines Ausgangsmaterials für Gasbeton.* Kalkstein wird auf dem Saugrost mit Hilfe von niedrig-%ig. fossilen Brennstoffen bis zur Austreibung von CO_2 gebrannt, wobei dem Ausgangsmaterial Stoffe, bes. kristalline SiO_2-haltige Mineralien zugesetzt werden, welche nach dem Brennen eine zweckentsprechende Aschenmenge bilden u. ein erhöhtes Reaktionvermögen zum Kalk besitzen; das Brenngut wird dann schnell abgekühlt. — Z. B. wird ein aus 1 (Teil) Kalkstein, 1 Alaunschiefer u. 0,1–1,5 Quarzsand, Ton oder dgl. bestehender Versatz verwendet. (**Schwz. P. 306 941** vom 23/5. 1952, ausg. 16/7. 1955. Schwed. Prior. 26/5. 1951.) HANS HOFFMANN. 6225

Elisabeth Schütze geb. **Barthel, Ursula Szugat** geb. **Schütze** und **Heinz Schütze** (Erfinder: **Curt Schütze**), Leipzig, *Verwertung von Braunkohlenflugasche.* Die trockene Asche wird am Gebrauchsort mit W. oder mit Stoffen von hohem Wassergeh., wie Leim, Dextrin, wasserhaltigem Teer oder dgl., angerührt u. als *Isoliermörtel* gegen aufsteigende Nässe oder als *Anstrichmittel* für brennbare Bauteile verwendet. Zur Erhöhung der Haftfestigkeit der wss. Mörtelmasse können ihr noch Salze, NaOH, Na_2CO_3, Alaun oder Zellleime, Sulfitablaugen, synthet. Lacke oder Wasserglas zugefügt werden. (**D. B. P. 934396** Kl. 80b vom 15/10. 1948, ausg. 20/10. 1955. Anmeldung bekanntgemacht 14/4. 1955.) HANS HOFFMANN. 6229

Raymonde Geneviève Madeline und **Jean François Pathus-Labour,** Seine, Frankreich übert. von: **Deutsche Erdöl Akt.-Ges.,** *Herstellung von Gelen aus Alginatlösungen* durch Zusatz von Salzsuspensionen wenig lösl. Erdalkalimetallsalze oder Schwermetallsalze oder durch Zusatz von Lsgg. dieser Metalle, die eine zur Ausfällung des Geles ungenügende Menge Metallionen enthalten, wobei man vorher einen durch Umsetzung den p_H-Wert herabsetzenden Stoff zusetzt. Man fällt das Alginat z. B. mit $CaCO_3$ u. nimmt für die den p_H-Wert herabsetzende Rk. die Umsetzung von $CO(NH_2)_2$ mit CH_2O u. NH_4ONS oder die Oxydation von Aldehyden mit H_2O_2. Verwendung des Alginatgels zur Verfestigung von Mineralölen, Wachsen, Fetten, äther. Ölen, Suspensionen u. von Erdschichten, z. B. an Bohrlöchern. — Zu 50 g 5%ig. Na-Alginatlsg. gibt man 4,55 cm^3 wss. Ca-Chelatlsg. aus 4,6 cm^3 einer 10%ig. Äthylendiamintetraessigsäure u. 2,55 cm^3 einer 10%ig. $CaCl_2$-Lsg., setzt 1,1 cm^3 einer gesätt. $CO(NH_2)_2$-Lsg., 1,6 cm^3 einer 50%ig. CH_2O-Lsg. mit p_H 6,3–6,8 u. 0,4 cm^3 einer 40 g $(NH_4)_2SO_4$ pro 100 cm^3 enthaltenden Lsg. zu u. mischt damit Holzspäne, Sägemehl u. dgl., läßt vergelen u. erhält feste *Isolierplatten.* (**F. P. 1 085 602** vom 24/10. 1953, ausg. 4/2. 1955. D. Prior. 25/10. 1952.) M. PANKOW. 6229

Monsanto Chemicals Ltd., London, England (Erfinder: **Philip Lorraine Bird**), *Siliciumcarbidkörper.* Zerkleinertes SiC wird mit einem salzfreien Kieselsäuresol u. feinverteiltem keram. Stoff, wie MgO oder Al_2O_3, vermischt, der fähig ist bei erhöhter Temp. mit dem Sol unter Bldg. einer keram. Grundsubstanz zu reagieren. Die Mischung wird geformt, getrocknet u. bei Tempp. bis zu 1450° gebrannt. In dem erhaltenen Körper werden die SiC-Teilchen fest in der keram. Grundmasse gehalten. Nach dem Verf. können bes. *Schleifkörper* hergestellt werden. (**E. P. 732 551** vom 4/6. 1952, ausg. 29/6. 1955.) F. REINHART. 6239

VII. Agrikulturchemie. Schädlingsbekämpfung.

Ss. I. Wolfkovitsch, W. W. Illarionow und **R. Je. Remen,** *Untersuchung der hydrothermalen Verarbeitung von Apatit.* Tschech. Übersetzung der C. **1956.** 1134 referierten Arbeit. (Chem. Průmysl **4 (29).** 401—08. Nov. 1954.) K. STEINER. 6282

C. Sys, *Untersuchung der Genese der Böden des Mosso (Ruanda-Urundi).* Die Böden des Gebietes des Mosso wurden in der Weise untersucht, daß sowohl die Geogenese (Bldg. der Verwitterungsgesteine), wie die Pedogenese (Bldg. der eigentlichen obersten Bodenschicht) betrachtet wurden. Die zonalen Böden wurden in die Latosole eingereiht, bei denen rote u. gelbe unterschieden wurden. Die roten Latosole wurden nach der Art des Muttergesteins u. der Farbe unterteilt. Zonale Böden, die unter Grundwassereinfl. stehen, wurden als Hydrolatosole gekennzeichnet. Die intrazonalen Böden zerfallen durch die Bewegung des Grundwassers in graue hydromorphe Profile u. in Übergangsmoorböden. Die azonalen Böden mit wenig differenzierten Profilen wurden unterteilt in Alluvialböden u. in an Ort u. Stelle entwickelte lithogene Böden. (Bull. agric. Congo belge **46.** 1339—60. Dez. 1955.) A. JACOB. 6300

J. G. Vermaat und **C. F. Bentley,** *Alter und Auftreten von Kanälen bei Ceylon-Laterit.* Lateritmaterial wurde neuerdings auch in der 1500—2000 Fuß hohen 2. Terrasse u. der 3000—5000 Fuß hohen 3. Terrasse von Ceylon gefunden. Er hat sich wahrscheinlich während der Tertiärzeit gebildet u. die bei der Hebung des Gebietes auftretenden Störungen verursachten die Zertrümmerung dieser Materialien. Fast jeder erhärtete Laterit in Ceylon weist zahlreiche Kanäle auf, die wahrscheinlich von der Tätigkeit von Erdwürmern herrühren. (Soil Sci. **79.** 239—47. April 1955. Univ. of Alberta.) A. JACOB. 6300

V. C. Jamison und **H. A. Weaver,** *Beziehung zwischen Feuchtigkeit und Makroporosität auf die Härte von Lloyd-Ton.* Exakte Verss. zeigten, daß die Größe des Porenvol. einen größeren Einfl. auf die Härte eines Tonbodens ausübt als sein Wassergehalt. Die Verss. wurden mit dem Penetrometer ausgeführt; Resultate in instruktiven Kurvenbildern. (Agronomy J. **44.** 337. Juni 1952. Auburn, Ala.) C. GRIMME. 6302

Hitoshi Fukuda, *Luft- und Wasserbewegung im Boden infolge von Windböen.* Windböen (**a**) verursachen eine leichte Schwankung des Atmosphärendruckes in der Bodenoberfläche. Die Tiefe, bis zu welcher Luft in den Boden infolge von **a** eindringen kann, ist nur gering; selbst in Sandböden geht sie nur bis 5 mm unter der Oberfläche. Die durch diese Luftbewegung transportierte Menge von Wasserdampf ist nur gering. (Soil Sci. **79.** 249—56. April 1955. Univ. of Tokyo, Fac. of Agric.) A. JACOB. 6302

Robert Gardner, *Beziehung der Temperatur zur Spannung der Bodenfeuchtigkeit.* Die Spannung der Bodenfeuchtigkeit hat die Tendenz, um ca. 0,008 at je Grad Temperaturerhöhung innerhalb des Bereichs von 0—50° abzunehmen. Es wird die Frage erörtert, welcher Teil der Spannungsänderung der direkten Wrkg. der Temp. auf die Spannung der Feuchtigkeit zugeschrieben werden kann u. welcher Teil der indirekten Wrkg. durch temperaturinduzierte Feuchtigkeitsgehaltsgradienten. Es ergab sich, daß die durch die Temp. bedingten Schwankungen so groß sein können, daß man sie bei Unterss. der Beziehung von Boden zu Pflanze oder der Bewegung von Feuchtigkeit im Boden nicht übersehen darf. (Soil Sci. **79.** 257—65. April 1955. Colorado Agric. Exp. Stat.) A. JACOB. 6302

A. P. Mazurak, H. R. Cosper und **H. F. Rhoades,** *Größe des Wassereintrittes in einen bewässerten Kastanienboden, beeinflußt durch 39 Jahre des Anbaus und der Düngeranwendung.* Vff. untersuchten die Aufnahme von W. bei Beregnung bei auf verschied. Weise bestellten Böden. Das stärkste Aufnahmevermögen hatten lange Zeit mit Alfalfa kultivierte Parzellen, gefolgt von Kartoffeln; bei Maisanbau war das schwächste Einsickern zu bemerken. Die Düngeranwendung erhöhte die Wasseraufnahmefähigkeit. Die Bodentextur hingegen hatte wenig Einfl. auf die Wasseraufnahmefähigkeit. (Agronomy J. **47.** 490—93. Okt. 1955. Mitchell, Nebr., Nebraska Scottsbluff Exp. Stat.; Lincoln Nebr., Nebraska Dep. of Agronomy, Soil and Water Conservat. Res. Branch.) W. KNÖPKE. 6304

R. S. Montgomery und **B. B. Hibbard,** *Theoretische Betrachtung der bodenverbessernden Wirkung von Polymeren.* Die bodenverbessernde Wrkg. von *Polymeren* (**I**) erwies sich als eine Funktion des Verhältnisses der Anzahl von akt. Gruppen in jedem der sich wiederholenden Grundmoll. der **I** zum Gesamtgewicht dieses Grundmoleküls. Die bodenverbessernde Wrkg. nimmt diesem Verhältnis entsprechend bis zu einem optimalen Werte zu u. dann wieder ab. Unterhalb dieses Wertes hat das Polymere nicht genug akt. Gruppen, um sich fest an das Bodenteilchen zu binden u. oberhalb dieses Wertes hat es so viele akt. Gruppen, daß seine Wasserlöslichkeit sich so stark erhöht, daß es aus dem Boden ausgewaschen wird. Von Einfl. sind aber auch andere Faktoren, darunter das

Mol.-Gew. u. die Anzahl von Sulfonbrücken im Molekül. Mit zunehmendem Mol.-Gew. erhöhte sich die bodenverbessernde Wrkg. rasch bis zu einem optimalen Werte, um dann wieder zu fallen. Die Kurve ähnelt der für die Beziehung zwischen Mol.-Gew. u. Adsorption an akt. C aufgestellten, woraus man schließt, daß die bodenverbessernde Wrkg. von **I** mit ihrer Adsorption durch die Bodenteilchen in Verbindung steht. Die relativen Stärken der Bindungen Sulfonsäure–Boden, Carboxyl–Boden u. Amid–Boden sind 1,6, 1,0 u. 1,8. Um zu erklären, daß ein Amid eine fast ebenso starke Bindung bewirkt, wie eine Carboxylgruppe u. eine halb so starke wie die Sulfonsäuregruppe, wird angenommen, daß sek. Valenzen bei der Bodenverbesserung beteiligt sind. (Soil Sci. **79.** 283—92. April 1955. Midland, Mich., Dow Chemical Comp.) A. JACOB. 6304

G. Hanotiaux und **G. Manil,** *Mitteilung über synthetische, zur Verbesserung der Bodenstruktur benutzte Harze.* In orientierenden Kleinverss. mit 4 an p_H-Wert, Humusgeh. u. Partikelverteilung (0—20 μ) verschied. Bodentypen wurde die Einw. synthet. Polyacryl- u. Polyvinylharze (*Krilium* von MONSANTO; *Präp. SRS 88/52* der UNION CHIMIQUE BELGE) in einer Menge von 1°/$_{00}$ auf Strukturkoeff., Sorptionskapazität, Pufferungsvermögen u. p_H-Wert im Vgl. mit Blindverss. untersucht. Danach zeigt sich die Strukturverbesserung hauptsächlich bei Böden mit genügendem Lehmgeh. u. geeigneter Ionenausstattung. Eine wesentliche Umbldg. der Oberfläche ist nicht zu erwarten; mögliche langfristige sek. Wirkungen auf den Boden u. seine biol. wichtigen Komponenten können nicht vorhergesehen werden. (Bull. Inst. agronom. Stat. Rech. Gembloux **20.** 66—71. 1952.) W. SCHULENBURG. 6304

L. J. Novak, E. E. Witt und **Malvern J. Hiler,** *Bodenverbesserer. Dextran und Dextranprodukte als Bodenverbesserungsmittel.* Durch Gewächshaus- u. Feldverss. wurde ermittelt, wie ein Zusatz von Dextranpräpp. bis 0,6% zu Probeböden die Siebfestigkeit der Krume, das Angehen des Sämlings sowie Wachstum u. Ertrag bei Soja- u. Mischbohnen u. Mais verbessert. Die Wrkg. der Präpp. war von ihrem Mol.-Gew. abhängig; günstig wirkte sich ein hoher Anteil an Glucose-1.6-Bindungen im Mol. aus. Dextranerzeugung durch Zuckergärung mit Leuconostoc mesenteroides; Mol.-Gew.-Messung durch Lichtstreuung. — 14 Literaturstellen. (J. agric. Food Chem. **3.** 1028—33. Dez. 1955. Dayton, O., Commenw. Engng. Co. of Ohio.) H. ECKHARD. 6304

R. W. Starostka, M. A. Norland und **J. E. MacBride,** *Nitrophosphate. Durch Gewächshauskultur ermittelter Nährwert von aus der Auslaugezone von Florida und aus Gesteinsphosphaten hergestellten Nitrophosphaten.* Nitrophosphate mit unter 10% des P in wasserlösl. Form waren weniger wirksam als solche mit 20—30%, wobei das Phosphat aus der Auslaugezone das minderwertigere war. In den höheren Löslichkeitsstufen waren beide Phosphate gleichwertig u. Ertrag sowie P-Aufnahme entsprachen den Werten für Triphosphat. — 11 Literaturstellen. (J. agric. Food Chem. **3.** 1022—25. Dez. 1955. Beltsville, Md., U. S. Dep. of Agric., Res. Service.) H. ECKHARD. 6304

Herbert F. Rapp und **John O. Hardesty,** *Phosphatdüngerkennzeichen. Lagerungs- und Streueigenschaften für ein aus dem Mineral der Floridaauslaugezone hergestelltes tonerdereiches Nitrophosphat.* Durch Sackstapelung, je 75 pounds, in 10 Schichten übereinander über 1—11 Monate mit anschließender Unters. u. durch Verss. mit einer Düngerstreumaschine wurde festgestellt, daß das aus dem Abfallmaterial hergestellte tonerdereiche Nitrophosphat in der Lagerfähigkeit einem guten Gesteinsphosphat gleichwertig u. in der Streufähigkeit sogar überlegen war. (J. agric. Food Chem. **3.** 1026—28. Dez. 1955. Beltsville, Md., U. S. Dep. of Agric., Res. Serv.) H. ECKHARD. 6304

I. Tschumatschenko, *Die Benutzung markierter Atome zur Bestimmung der Einbringungsarten von Düngemitteln.* Aus mit ^{32}P-markiertem *Superphosphat* (**I**), das zu Baumwolle zu verschied. Zeitpunkten u. in verschied. Abständen von der Saatreihe untergebracht war, wurde jenes P_2O_5, das 3—4 cm unter der Saat lag, bereits in 3 Tagen nach dem Erscheinen der ersten Triebe aufgenommen; die Aufnahmen wurden intensiv fortgesetzt. Nach 6 Tagen begann die Aufnahme aus **I**, das 2—3 cm seitlich der Saatreihen u. 8—10 cm tief untergebracht war. Nach weiteren 14 Tagen erschienen ^{32}P aus dem **I**, das 5—7 cm seitlich u. 13—15 cm tief lag, während das 10—12 cm seitlich u. 15 cm tief untergebrachte sowie die im Herbst eingepflügte P_2O_5 erst in 41 Tagen nach der Saat in den Pflanzen erschien. Bei Nachdüngung in der 2—4 Blätterphase u. Unterbringung 15—18 cm seitlich, erschien ^{32}P in 15, bei 20—22 cm seitlich in 41 Tagen, in der Mitte zwischen den Reihen erst in 68 Tagen. Bei der Nachdüngung in der Knospenbildungsphase u. bei der Blüte erfolgte die P_2O_5-Aufnahme um einige Tage schneller. Angemessene seitliche **I**-Düngung steigerte den Ertrag an Rohbaumwolle um 2—3 dz/ha. (Хлопководство [Baumwoll-Wirtsch.] **6.** Nr. 1. 39—44. Jan. 1956.) E. LINTER. 6304

G. P. Gokhale, M. M. Kibe und **N. Narayana,** *Bodenverbesserungen und Aufnehmbarkeit von Phosphat. Superphosphat* (**I**) u. *Knochenmehl* (**II**) waren im Kajat-Boden hinsichtlich der Versorgung mit pflanzenaufnehmbaren P_2O_5 4mal so wirksam wie Rohphosphat. Während die Geschwindigkeit der P_2O_5-Aufnahme bei I abnahm, nahm sie bei II zu. Gleichzeitige Anwendung von S neben I beeinträchtigte sowohl das gesamte aufnehmbare P_2O_5 wie die Geschwindigkeit seiner Aufnahme. Zusätzliche Anwendung organ. Bodenverbesserungsmittel neben I hatte keinen Einfluß. Zusatz von S zu Rohphosphat oder II verbesserte die Aufnehmbarkeit des P_2O_5. (Proc. Indian Acad. Sci., Sect. B **40.** 116—23. Okt. 1954. Poona, Coll. of Agric.) A. JACOB. 6304

J. A. Beare, *Schwefelsaures Ammoniak auf Treibsandhügeln.* Düngung von Roggen mit $(NH_4)_2SO_4$ trug zur Befestigung der Treibsandhügel bei; der Anbau von Roggen mißlang, wenn nur Superphosphat angewandt wurde. (J. Dep. Agric. South Australia **58.** 244—45. Jan. 1955.) A. JACOB. 6304

K. D. McLachlan, *Phosphor, Schwefel und Molybdän — Mangel in Böden im östlichen Australien in Beziehung zur Nährstoffzuführung und einigen Charakteristiken von Boden und Klima.* Zur Feststellung des Geh. von unbebautem Boden an S, P u. Mo wurden Proben aus 32 verschied. Böden genommen u. in Töpfen mit Trifolium subterraneum bepflanzt. Zur Auswertung gelangte die Ernte in bezug auf den Anteil der Elemente in den Böden. Der Mangel an S u. P trat gleich stark in Erscheinung. 75% der Böden wiesen einen Mangel an beiden Elementen auf, 31% an allen 3. Mo-Mangel konnte nur nachgewiesen werden, wenn S- u. P-Düngung erfolgt war. Es konnten keine Beziehungen zu der Art des jeweiligen Bodens (Struktur, organ. Substanz usw.) u. den Mangelerscheinungen an einem der 3 Elemente festgestellt werden. Bei der Erhöhung des p_H war der Mangel an S stärker u. derjenige an Mo schwächer. (Austral. J. agric. Res. **6.** 673—84. Sept. 1955. Canberra, A. C. T. Div. of Plant Ind., C. S. I. R. O.) W. KNÖPKE. 6304

M. M. Masajewa, *Die Wirkung von Magnesiumdüngemitteln bei Mais auf leichten Podsolböden.* Mais reagiert stark auf den Mangel an Mg im Boden. Bei Vegetationsverss. wurden folgende Kornerträge je Gefäß erzielt: bei Gaben von NPK 37,30 g, bei NPK+ $MgSO_4$ 52,85 g. Auch die Qualität des Saatgutes beeinflußte Mg günstig: Saatgut von den mit Mg gedüngten Gefäßen ergab einen Ertrag von 57,2 g. Korn, ohne Mg nur 49,4 g. (Земледелие [Ackerbau] **3.** Nr. 12. 54—55. Dez. 1955.) M. GORDIENKO. 6304

A. Jacob, *Durch Mineraldüngung verschlechterte Humusversorgung?* Die Versorgung der Böden mit organ. Masse hat sich seit Beginn der Mineraldüngeranwendung mit großer Wahrscheinlichkeit durch die als Folge der Düngung auftretende stärkere Anreicherung des Bodens mit im Boden verbleibenden Pflanzenrückständen verbessert, auf keinen Fall aber verschlechtert. (Mitt. dtsch. Landwirtschafts-Ges. **70.** 32—33. 13/1. 1955. Castrop-Rauxel.) A. JACOB. 6304

G. Demortier, A. Riga und **M. Darcheville,** *Mindert „ölhaltiger Dünger" den Ertrag?* In manchen landwirtschaftlichen Betrieben läuft aus den Motoren stammendes Öl in die Dunggrube. Zur Feststellung, inwieweit dieses Öl den Ernteertrag senken kann, wurden Vergleichsverss. mit Karotten u. Radieschen als typ. Wurzelpflanzen in je 4 Kübeln mit sandigem Lehmboden (7 kg) gemacht, dem steigende Mengen ölhaltigen Dungs zugesetzt wurden. Bei einer Menge entsprechend 60 t/ha mit 30‰ Öl zeigten Karotten eine Ertragsminderung, Radieschen dagegen selbst bei 60‰ Öl nicht. (Bull. Inst. agronom. Stat. Rech. Gembloux **20.** 43—47. 1952.) W. SCHULENBURG. 6304

Henri Blin, *Der intensive Anbau der Luzerne.* Es wurden die für den Luzerneanbau auf verschied. Böden geeigneten Dünger behandelt. (Agric. prat. **119.** 359—60. Aug. 1955.) H. GUDE. 6304

E. Hofmann und **A. Seegerer,** *Die Enzyme im Boden als Faktoren seiner Fruchtbarkeit.* Viele Umsetzungen im Boden sind in der Hauptsache durch Enzyme bedingt. Von ihnen sind die wichtigsten Saccharase, Urease, β-Glucosidase u. Amylase. Ihr Geh. im Boden ist viel konstanter als der an Mikroorganismen. Das Absorptionsvermögen der Böden ist experimentell leicht nachweisbar. Allg. kann gefolgert werden, daß die biol. Aktivität des Bodens durch die Enzyme bestimmt wird. (Naturwissenschaften **38.** 141 bis 142. 1951. München-Weihenstephan, TH, Inst. für Agrikulturchem.) C. GRIMME. 6304

Ravi Prakash und **R. K. Saksena,** *Zersetzung von Paddy- und Bajra- (Pennisetum typhoideum) Stroh durch in Allahabadböden gewöhnlich vorkommende Pilze.* Die Verss. wurden durchgeführt mit 22 aus Allahabadböden isolierten Pilzen; die Einw. auf beide Stroharten dauerte jeweils 7 Tage. Bestimmt wurde dabei die Menge von entwickeltem NH_3 u. CO_2, sowie der Verlust an Gewicht u. Gesamt-C. Bei einer Testung erwiesen sich nur 2 Pilze als oxydasepositiv. Der Abbau verlief in keinem Falle gleichförmig. Einmal war die entwickelte CO_2-Menge größer als der Gewichtsverlust, das andere Mal lagen die Verhältnisse umgekehrt. Das Celluloseäquivalent war in keinem Falle proportional dem Gewichtsverlust. Die Rk. der Zersetzungsprodd. schwankte zwischen sauer u. alkalisch. Es besteht keine Beziehung zwischen p_H des Strohs u. der Oxydaseaktivität der Pilze. Es zeigte sich aber eine Korrelation zwischen C-Zers. u. Totalgewichtsverlust. (Proc. Indian Acad. Sci., Sect. B **36.** 119—28. Sept. 1952. Allahabad, Univ., Botan. Dep.) C. GRIMME. 6306

H. Jacks, *Saatgutdesinfektion.* 3. Mitt. *Wirkung der Saatbehandlung mit verschiedenen Konzentrationen auf die Entwicklung von Keimpflanzen.* (2. vgl. New Zealand J. Sci. Technol., Sect. A **34.** 122.) Verss. ergaben, daß vor allem Salat-, Bohnen- u. Erbsensamen gut auf Saatdesinfektion reagieren, während Kohlrübenarten, Tomaten u. Sellerie weniger gut ansprechen. Die Saatbeizverss. erfolgten mit den verschiedensten Fungiciden. In Tabellen Angaben über erprobte Konzentrationen. (New Zealand J. Sci. Technol., Sect. A **34.** 202—05. Aug. 1952. Auckland, Plant Diseases Div., Dep. of Scient. and Ind. Res.) C. GRIMME. 6312

H. Jacks, *Saatgutdesinfektion.* 4. Mitt. *Einfluß der Saatbehandlung, einzeln oder in Mischung, auf die Entwicklung einiger Saaten.* (3. vgl. vorst. Ref.) Die mit den verschiedensten Fungiciden bei Samen von Salat, Erbsen, Kohlrüben u. Rüben durchgeführten Verss. zeigten keine erhöhte Wrkg. bei Anwendung von Fungicidmischungen gegenüber den Einzelkomponenten. (New Zealand J. Sci. Technol., Sect. A **34.** 206—08. Aug. 1952.) C. GRIMME. 6312

F. L. Bentz jr., *Können Pesticide mit Düngemitteln gemischt werden?* Bei der Auswahl von Pesticiden zur Mischung mit allg. Düngemitteln ist im Vorvers. die Verträglichkeit der Komponenten untereinander zu erproben. Generell kann gesagt werden, daß sich zahlreiche solcher Mischungen herstellen lassen. Es empfiehlt sich jedoch, den Pesticidgeh. des Düngemittels deutlich zu deklarieren. (Agric. Chemicals **7.** Nr. 5. 63—65. Mai 1952. Maryland, Univ.) C. GRIMME. 6312

A. Perry Plummer und **Neil C. Frischknecht,** *Steigerung der Feldentwicklung von indischem Reisgras.* Die Samen des ind. Reisgrases (Oryzopsis hymenoides, Roem. u. Schult.) sind sehr hartschalig u. zeigten daher stark beeinträchtigte Keimkraft. Dieser Nachteil läßt sich beheben durch eine Saatgutbehandlung mit 85%ig. H_2SO_4 (1 Std. lang). (Agronomy J. **44.** 285—89. Juni 1952. Ogden, Ut., Forestand Range Exp. Stat.) C. GRIMME. 6312

I. A. S. Gibson, *Versuche mit Fungiciden zur Bekämpfung von Rhizoctonia solani und Pythium ultimum bei Kiefernsamen.* Vf. prüfte die Wirksamkeit verschied. Fungicide gegen Rhizoctonia solani u. Pythium ultimum, die an den Samen von Pinus radiata u. Pinus patula schwere Ausfälle verursachen. Die Verss. wurden im Gewächshaus in Töpfen mit verseuchtem Boden vorgenommen; das zu prüfende Fungicid kam jeweils als Suspension mit 1 gallon/2 sq.yds. zur Anwendung. Die besten Ergebnisse wurden mit Mitteln auf der Basis von Dithiocarbamat erzielt, nur wenig schlechter schnitten Perenox (50% Cu_2O) u. organ. Hg-Verbb. ab. (East African agric. J. Kenya, Tanganyika, Uganda, Zanzibar **21.** 96—102. Okt. 1955. Kenya, Forest Dep.) W. KNÖPKE. 6312

M. T. Vittum und **G. E. R. Hervey,** *Die Beziehung von Kohlertrag und Platzen der Köpfe zu der Menge der zugefügten Dünger und Schädlingsbekämpfungsmittel.* Erhöhte Anwendung von Düngemitteln erhöht auch den Anteil geplatzter Köpfe. Durch dreimaliges Bestäuben im Monat August mit Insekticiden (Kombination von 3% DDT + 1% γ-Benzolhexachlorid oder 3% DDT + 1% Lindane) konnte unabhängig von der verwendeten Düngermenge die Anzahl der geplatzten Köpfe um 50% vermindert werden. (New York State agric. Exp. Stat., Bull. **1952.** Nr. 750. 1—16. Febr. Geneva, N. Y., Cornell Univ., New York State Agric. Exp. Stat.) W. GRÜTZ. 6312

W. G. Templeman, *Chemische Unkrautbekämpfung.* (Manufact. Chemist **23.** 8—11. Jan. 1952. — C. **1952.** 1393.) C. GRIMME. 6312

George Knowles, *Selektive Bekämpfung von wildem Hafer in Getreidebeständen durch Maleinsäurehydrazid.* Durch Spritzen von mit wildem Hafer verunkrauteten Getreidebeständen mit *Maleinsäurehydrazid* (I), das 6 Tage nach dem Ährenschieben bei Gerste u. Weizen erfolgte, wurden die zu diesem Zeitpunkt noch nicht hervorgetretenen Ähren des wilden Hafers fast vollständig steril gemacht. Die Gersten- u. Weizenähren erlitten nur geringen Schaden. Die Keimfähigkeit des Weizens betrug als Folge der I-Anwendung nur 9%, während bei Gerste keine Beeinträchtigung eintrat. (Canad. J. agric. Sci. **33.** 402. Juli/Aug. 1953. Ottawa, Can., Central Exp. Farm., Div. of Field Husbandry, Soils and Agric., Engng.) F. RANG. 6312

J. J. Paterson und **G. L. Shanks,** *Die Wirkung von Herbicid- und Insekticidsprays auf die Materialien der Spritzgeräte.* Es wurden Spritzlsgg. von *2.4-D* (I), *NaTCA* (II), *Polyborchlorat* (III), *Aldrin* (IV), *Dieldrin* V) u. *Chlordan* (VI) auf ihre korrodierenden

Eigg. gegen die verschiedensten Materialien geprüft, wie z. B. Schwarzblech, Eisen, Zink, Aluminium, Kupfer, verzinktes Eisen, nichtrostender Stahl u. Stähle mit verschied. nichtmetall. Anstrichen. Nur nichtrostender Stahl u. mit einem Spezialanstrich überzogener Stahl zeigten keinerlei Schädigungen mit den geprüften Verbindungen. **I, IV** u. **V** griffen die Anstriche der Metalle an, nicht dagegen die meisten der Metalle allein. **II** u. auch **VI** korrodierte die Anstriche kaum, Eisen dagegen sehr rasch. **III** besaß nur geringen Einfl. auf Anstriche u. Metalle. Es werden Ratschläge gegeben, wie die Spritzgeräte bei Verwendung der verschied. Wirkstoffe einsatzbereit gehalten werden können. (Sci. Agric. **32.** 190—203. April 1952. Winnipeg, Can., Univ., Dep. of Agric. Engng.) W. LORENZ. 6312

William F. Mai und Joseph F. Spears, *Die Nematodenart Heterodera rostochiensis in den Vereinigten Staaten.* Die Bekämpfung von Heterodera rostochiensis kann bei starkem Befall an Kartoffeln oder Tomaten durch Bodenentseuchung mit *D–D* oder *Äthylendibromid* erfolgen. Bei geringem Befall kann eine Dezimierung durch Anbau von Kartoffeln in einem Abstand von 5—6 Jahren erreicht werden. (Amer. Potato J. **31.** 387—96. Dez. 1954. Hicksville, L. I., N. Y., Plant Pest Control Branch, Agric. Res. Serv.; Ithaca, N. Y., Cornell Univ., Dep. of Plant Pathol.) W. KNÖPKE. 6312

Irving L. Eaks und **Walton B. Sinclair,** *Beeinflussung der Atmung von Avocado-Früchten bei einer Begasung gegen Eier und Larven von Fruchtfliegen.* Vff. untersuchten die Wrkg. der Begasung mit *Äthylenchlorbromid* u. *Methylbromid* auf die Atmungsintensität von Avocado-Früchten. Die Begasungsdauer betrug 2 Std., die Konz. des jeweils angewandten Mittels lag zwischen 1 u. 3 pounds/cubicfoot. Die Messung der CO_2-Produktion bei den Früchten ergab in jedem Fall der Begasung eine auffallende Stimulierung. Die Zunahme der Atmung war der angewandten Dosierung proportional u. bewirkte ein schnelleres Verderben der Früchte. (J. econ. Entomol. **48.** 369—72. Aug. 1955. Riverside, Calif., Univ. of California, Citrus Exp. Stat.) W. KNÖPKE. 6312

Edmon J. Kantack, *Carbowax als Träger von systemischen Insekticiden zur Behandlung von Weizensamen.* Vf. führte Behandlungen von Weizensamen mit system. Insekticiden, gelöst in *Carbowax* (wasserlösl. Polyäthylenglykol) zur Bekämpfung von Aceria tulipae durch. (J. econ. Entomol. **48.** 486. Aug. 1955.) W. KNÖPKE. 6312

H. B. Haag und **Carlos Kampmeier,** *Ein Bericht über toxikologische Beweggründe bei der ungefährlichen Anwendung von 2.2-Bis-(p-chlorphenyl)-1.1-dichloräthan (TDE, DDD, Rhothane).* Zusammenfassende Übersicht über die toxikolog. Daten von *DDD.* Das Insekticid wird sowohl bei der Anwendung als auch für den Verbraucher der behandelten Pflanzenteile für ungefährlich angesehen. — 33 Literaturhinweise. (Agric. Chemicals **10.** Nr. 9. 85. 123—26. Sept. 1955. Richmond, Va., Med. Coll. of Virginia; Philadelphia, Pa., Rohm & Haas Comp.) W. KNÖPKE. 6312

Arden O. Lea jr. und **Herbert T. Dalmat,** *Eine einführende Untersuchung zur Bekämpfung der Larven von Simulium spec. eines geschlossenen Gebietes in Guatemala.* Vff. unternahmen einen Vers. zur Bekämpfung der Brut von Simulium spec. in einem Gebiet von 80 square miles. Die Behandlung erstreckte sich auf 1500 Brutstätten in Gewässern u. wurde durch Einbringen einer *DDT*-Emulsion vorgenommen. Bei den kleineren Wasserläufen betrug die Aufwandmenge 3 p.p.m. für 3 Min. an der Quelle, bei größeren Gewässern u. Flüssen wurde die Einbringung an mehreren Stellen vorgenommen. In einem Abstand von 3 Wochen wurde die Behandlung wiederholt. Die Erfolgskontrolle erbrachte eine wesentliche Verminderung der Schädlingspopulation. (J. econ. Entomol. **48.** 378—83. Aug. 1955. Bethesda, Md., U. S. Dep. of Health, Educat. and Welfare, Public Health Serv., Nat. Inst. of Health, Nat. Microbiol. Inst., Labor. of Trop. Diseases.) W. KNÖPKE. 6312

Herbert H. Moorefield und **C. W. Kearns,** *Mechanismus der Wirkung einiger Synergisten für DDT gegen resistente Stubenfliegen.* Vff. untersuchten die synergist. Wrkg. folgender Substanzen in Kombination mit DDT: *2.2-Bis-(p-chlorphenyl)-1.1-dichloräthylen* (**I**), *2.2-Bis-(phenyl)-1.1.1-trichloräthan* (**II**), *Diphenylcarbinol* (**III**), *1.1-Bis-(p-chlorphenyl)-äthanol* (**IV**), *1.1-Bis-(p-chlorphenyl)-äthan* (**V**), *Bis-(p-chlorphenyl)-methan* (**VI**), *Bis-(p-chlorphenyl)-methylcarbinol* (**VII**), *Bis-(p-chlorphenyl)-carbinol* (**VIII**) u. *Bis-(p-chlorphenyl)-chlormethan* (**IX**). Zum Test dienten DDT-resistente Musca domestica, aus denen Pulver durch Lsg. in Aceton hergestellt wurde. Als Maßstab wurde die Tätigkeit der DDT-Dehydrochlorinase, die das DDT zu *DDE* [2.2-Bis-(p-chlorphenyl)-1.1-dichloräthylen] abbaut, benutzt. Die Kombinationen wirkten eine bestimmte Zeit auf die Fliegenextrakte ein, danach wurde das entstandene DDE spektrophotometr. gemessen u. somit die Inhibition des Fermentes durch die einzelnen Substanzen festgestellt. Die Substanzen **I, II** u. **III** hatten keinen Effekt, während **IV, V** u. **VI** eine Hemmung des Fermentes bewirkten, die nach Entfernung der Substanzen rückgängig gemacht wurde.

VII, VIII u. IX hatten eine irreversible Schädigung des Fermentes zur Folge. (J. econ. Entomol. **48.** 403–06. Aug. 1955. Urbana, Ill., Univ. of Illinois.) W. KNÖPKE. 6312

J. Bernard, *Versuche zur Bekämpfung der Pflaumensägewespe.* Die Pflaumenbäume in Belgien werden von 2 Arten der Sägewespe (Hoplocampa minuta Chr. u. H. flava L.) mit ungefähr gleichem Entwicklungsgang befallen. Als Bekämpfungsmittel wurden untersucht: Nicotin u. nicotinhaltiges Öl, *HCH* (**I**) u. *DDT* (**II**), beide als netzfähiges Pulver oder wss. Emulsion, *Derris* (**III**) u. *Rotenon*-haltiges Öl, *Hexaäthyltetraphosphat* u. *Parathion* (**IV**), *Quassia* (**V**) u. *Pb-Arsenat.* Davon bewährten sich für die Bekämpfung im Eistadium: **I** (Pulver), **II** (Emulsion), **III**-Präpp. bes. in Verbindung mit Terpenalkoholen u. **IV**; im Larvenstadium: **II** (Emulsion) u. **V**. Art u. Zeit der Bekämpfung werden biol. begründet. (Bull. Inst. agronom. Stat. Rech. Gembloux **20.** 9–22. 1952.) W. SCHULENBURG. 6312

Edson J. Hambleton und **Stanley B. Fracker,** *Zusammenwirkung in der Bekämpfung von Schistocerca gregaria und anderer bedeutender Schädlinge im mittleren Osten und Südasien.* Vff. berichten über die internationale Zusammenarbeit in der Heuschreckenbekämpfung in den asiat. Befallsgebieten. Im Großeinsatz mit Flugzeugen wurden Präpp. auf der Basis *HCH, Aldrin* u. *Dinitrokresol* mit gutem Erfolg angewandt. (J. econ. Entomol. **48.** 392–95. Aug. 1955.) W. KNÖPKE. 6312

James R. Dogger, *Lösungen von Insekticiden in einem Isoparaffinöl zur Bekämpfung von Insekten an Baumwolle.* Lsgg. von *Aldrin, Dieldrin* + *DDT* u. *Endrin* in dem Öl „*HFA No. 1*“ erwiesen sich in einer Aufwandmenge von 7,5 Gallonen/acre als nicht phytotox. bei Anwendung auf Baumwollfeldern, dagegen waren Lsgg. von *Toxaphen* bei allen Altersstufen u. Lsgg. von *Heptachlor* bei jungen Pflanzen stark schädlich. (J. econ. Entomol. **48.** 422–24. Aug. 1955. Stillwater, Oklahoma A. & M. Coll.) W. KNÖPKE. 6312

K. M. King, A. R. Forbes, D. G. Finalyson, H. G. Fulton und **A. J. Howitt,** *Koordinierte Versuche der chemischen Bekämpfung von Wurzelfliegen an Brassica campestris in Britisch Columbia und Washington 1953.* Die Wurzelfliegen Hylemya brassicae u. Hylemya floralis ließen sich mit *Heptachlor* (**I**) u. *Aldrin* (**II**) bei Anwendung verschied. Methoden bekämpfen. Stäubemittel ließen sich entweder als Band in einer Tiefe von 1 inch u. einer Breite von 10 inch ausbringen (1 lb/3000 feet) oder konnten direkt in die Saatfurche gestreut werden. Spritzmittel wurden entweder nach einer frühen Ausdünnung oder zum spätesten Zeitpunkt der Möglichkeit des Einsatzes von Spritzgeräten ausgebracht (Aufwandmenge 0,3 lb **I** bzw. 0,5 lb **II** in 40 Gallonen W.). Behandlung der Samen erwies sich als unwirksam. (J. econ. Entomol. **48.** 470–73. Aug. 1955. Victoria, Field Crop Insect Labor., Western Washington Exp. Stat.) W. KNÖPKE. 6312

George N. Wolcott und **Mario Pérez,** *Bekämpfung von Cylas formicarius elgantulus in Puerto Rico.* Vff. stellten fest, daß sich durch eine Spritzung des Bodens mit *Heptachlor, Dieldrin* u. *Aldrin* der Befall von süßen Kartoffeln durch Cylas formicarius elgantulus stark einschränken ließ. *DDT* u. *Lindan* waren dagegen wenig wirksam. (J. econ. Entomol. **48.** 486–87. Aug. 1955. Rio Piedras, Univ. of Puerto Rico, Agric. Exp. Stat.) W. KNÖPKE. 6312

William G. Evans und **George G. Gyrisco,** *Gekörnte Insekticide zur Bekämpfung von Amphimallon majalis auf Wiesen.* Durch gekörnte Aufbereitungen von *Aldrin, Dieldrin* u. *Heptachlor,* die in einer Aufwandmenge von 1–2 lb/acre ausgebracht wurden, konnten 2 Generationen der Larven von Amphimallon majalis erfolgreich bekämpft werden. *Chlordan* (10 lb/acre) erbrachte den gleichen Erfolg. Die Heuernte stieg durch die Bekämpfung auf das 9–12fache. *Toxaphen* war nur wenig wirksam, erbrachte aber ebenfalls eine Erhöhung der Ernte auf das 3–6fache. Analyt. Best. der Rückstände von Aldrin u. Dieldrin ergaben einen Geh. zwischen 0,1 u. 0,46 p.p.m. im Zeitpunkt von 5 Tagen nach der Behandlung. (J. econ. Entomol. **48.** 384–86. Aug. 1955. Ithaca, N. Y., Cornell Univ.) W. KNÖPKE. 6312

J. Rousseau, *Einige Versuche zur Kontrolle der Wirkung des Toxaphens auf Bienen.* Durch Verfütterung von Toxaphen (**I**) u. Bestäubung der Stöcke u. der Bienen selbst sowie blühender Pflanzen mit **I** wurde festgestellt, daß 25 kg 10%ig. **I**-Pulvers/ha Rapsfeld für Bienen unschädlich sind. (C. R. hebd. Séances Acad. Agric. France **41.** 359–63. 20/27. 4. 1955.) H. GUDE. 6312

W. A. Baker, *Myzocallis trifolii an Alfalfa.* Zur Bekämpfung der an Alfalfa stark schadenden Blattlausart Myzocallis trifolii haben sich Spritz- u. Stäubemittel auf der Basis von *DDT, Toxaphen, Malathion, Parathion* u. *Systox* bewährt. Die Dauerwrkg. betrug bei Systox ca. 10–14 Tage, bei allen anderen geprüften Wirkstoffen nur ca. 5 Tage. (Agric. Chemicals **10.** Nr. 9. 60–62. 122–23. Sept. 1955.) W. KNÖPKE. 6312

John W. Wilson, *Bekämpfung von Heliothis armigera in Florida.* Vf. berichtet über die gebräuchlichen Methoden zur Bekämpfung von Heliothis armigera u. Euxesta stigmatis. Als Wirkstoffe werden *DDT*, *Chlordan* oder *Parathion* verwendet, die bei sehr starkem Befall mit Mineralölen kombiniert werden. (J. econ. Entomol. **48.** 442—44. Aug. 1955. Sandford, Central Florida Exp. Stat.) W. Knöpke. 6312

Philip Granett und William D. Shoo, *Laboruntersuchungen von Diazinon-Butoxypolypropylenglykol-Rückständen.* Vff. untersuchten die Verlängerung der Dauerwrkg. von Mischungen aus *Diazinon* (I) u. *Butoxypolypropylenglykol* (II)-Rückständen. Als Testinsekten dienten 4—6 Tage alte Musca domestica, die für kurze Zeit auf die behandelte Unterlage aufgesetzt wurden. Bei allen geprüften Kombinationen ließ sich eine Verlängerung der Wirkungszeit feststellen, als Maximum zeigte sich noch eine Abtötung bei 50 mg I/100 sq.in. u. 30 %ig. II nach 203 Tagen. (J. econ. Entomol. **48.** 487—88. Aug. 1955. New Brunswick, N. Y., Rutgers Univ.) W. Knöpke. 6312

Loren F. Steiner, *Köderspritzmittel zur Fruchtfliegenbekämpfung.* Vf. berichtet über die Verwendung von Köderspritzmitteln auf Basis Phosphorsäureester zur Bekämpfung der oriental. Melonen- u. Mittelmeerfruchtfliege. Als Köderanteil dienen Proteinhydrolysate, die durch enzymat. oder Säurehydrolyse hergestellt sind. (Agric. Chemicals **10.** Nr. 11. 32—34. 113. 115. Nov. 1955. Honolulu, Hawaii, Entomol. Res. Branch, Agric. Res. Serv. U.S.D.A.) W. Knöpke. 6312

M. H. Brunson, *Wirkung von Parathion und EPN auf Grapholitha molesta, angewandt bei der Bekämpfung von Conotrachelus nenuphar an Pfirsichen.* (Vgl. C. **1956.** 840.) Unterss. in Pfirsichplantagen zeigten, daß durch Spritzungen mit *Parathion* u. *EPN* gute Erfolge gegen Grapholitha molesta zu erzielen sind. Die überwinterte Brut wurde zu 80 % u. die Motten der ersten Brut zu 90 % vernichtet gegenüber einer Spritzung mit Bleiarsenat. Der Befall der reifen Früchte war ebenfalls zu 90 % verhindert. (J. econ. Entomol. **48.** 390—92. Aug. 1955.) W. Knöpke. 6312

Robert L. Metcalf, Ralph B. March, T. R. Fukuto und **Marion Maxon,** *Die Natur und Bedeutung von Systoxrückständen.* Vff. bestimmten die Umwandlungsprodd. der Thiono- u. Thiolisomeren von Systox bei Spritzbelägen auf Äpfeln, Birnen, Orangen, Walnüssen, Kartoffeln u. Zuckerrüben. Als Untersuchungsmethoden wurden die Radioaktivität von mit ^{32}P markiertem Systox, Papierchromatographie u. Hemmung der Cholinesterase angewandt. 1—2 Wochen nach der Behandlung kann das Ausgangsprod. nicht mehr nachgewiesen werden. Als Oxydationsprodd. finden sich vor allem Thiolphosphatsulfoxyd, Thionophosphatsulfoxyd, Phosphatsulfoxyd u. Thionophosphatsulfon, die wohl als die eigentlichen tox. Substanzen angesehen werden können. Außerdem finden sich nichttox. Prodd., wie Diäthylphosphorsäure u. Alkohole, die durch Hydrolyse entstanden sind. Die Umwandlungsprodd. der Thiolisomeren finden sich 3 mal so lange in den Geweben wie diejenigen der Thionoisomeren. Die Hemmwrkg. der Oxydationsprodd. auf die Cholinesterase war 5—10 mal stärker als diejenige von techn. Systox. Durch Messung der Radioaktivität konnte außerdem festgestellt werden, daß die Systoxrückstände 2—4 Wochen nach der Behandlung unter 0,1 p.p.m. lagen. (J. econ. Entomol. **48.** 364—69. Aug. 1955. Riverside, Calif., Univ. of California, Citrus Exp. Stat.) W. Knöpke. 6312

J. F. Yost, I. B. Frederick und **V. Migrdichian,** *Einige Beobachtungen über Stabilität, Verträglichkeit und Technologie von Malathion und seinen Anwendungsformen.* Bei der Lagerung von techn. Malathion über einen Zeitraum von 2 Jahren zeigte sich keine merkbare Zersetzung. Emulsionskonzentrate wiesen dagegen einen Verlust von 1—3 % auf, wobei Feuchtigkeit u. stark bas. oder saure Rk. bes. ungünstig waren. Suspensionsspritzmittel waren am haltbarsten bei weitgehender Abwesenheit von Feuchtigkeit u. bei neutraler oder schwach saurer Rk. der Füllstoffe. Als beste Trägerstoffe für Malathionstaub erwiesen sich Pyrophyllite, neutrales Talkum, Gips oder $CaCO_3$. 1 %ig. Emulsionen waren in einem Bereich von p_H 2—7,2 für 7 Monate haltbar. Durch die schützende Wrkg. des Emulgators wird die Hydrolyse durch das W. verhindert. Die Kombinationen von Malathion mit anderen Insekticiden, Fungiciden u. Düngemitteln ergaben gute Verträglichkeit mit chlorierten KW-stoffen, Karathane, Ovotran, Captan, K_2CO_3, $MgCO_3$, Gips, Superphosphat u. Harnstoff, dagegen bewirkten lösl. Cu-Verbb. u. Carbamate eine schnelle Zersetzung. (Agric. Chemicals **10.** Nr. 9. 43—45. 137. 139. Sept.; Nr. 10. 42—44. 105. Okt. 1955. New York, N. Y., American Cyanamid Co.) W. Knöpke. 6312

L. R. Jeppson, M. J. Jesser und **J. O. Complin,** *Bekämpfung von Milben an Citrusfrüchten mit Chlorbenzilat.* Beim Vgl. von Spritz- u. Stäubemitteln auf der Basis von *Chlorbenzilat* (I) mit *Sommerölspritzmitteln* (II) zeigte sich, daß I gegenüber folgenden Milbenarten eine bessere Wirksamkeit als II hatte: Aceria sheldoni, Brevipalpus lewisi, Phyllocoptruta oleivora u. Eotetranychus yumensis. Dagegen war I gegenüber *Ovotran* u. II bei der Bekämfung von Metatetranychus citri nur schwach wirksam. (J. econ. Entomol. **48.** 375—77. Aug. 1955. Riverside, Calif., Univ. of California, Citrus Exp. Stat.) W. Knöpke. 6312

F. A. Gunther, L. R. Jeppson und **G. B. Wacker,** *Beständigkeit von Chlorbenzilatrückständen auf reifen Citronen.* Zur Prüfung der Zersetzlichkeit von *Chlorbenzilat*-Spritzbelägen wurden reife Citronen mit 1 bzw. 3 lb. 25%ig. Spritzpulver in 100 Gallons W. behandelt. Die Früchte wurden zu verschied. Zeiten abgenommen u. colorimetr. im UV untersucht. Bei beiden Konzz. zeigte sich in einem Zeitraum von 60—80 Tagen eine Abnahme des Wirkstoffes um die Hälfte. Biol. Vergleichsverss. mit Metatetranychus citri bestätigten die analyt. Ergebnisse. (J. econ. Entomol. **48.** 372—74. Aug. 1955. Riverside, Calif., Univ. of California, Citrus Exp. Stat.) W. Knöpke. 6312

A. P. Yerington und **S. I. Gertler,** *Acaricide Eigenschaften von 2-Cyclohexyl-4.6-dinitrophenyl- und Pentachlorphenylacetat.* Zur Bekämpfung der in Ricinuspflanzungen u. Orangenhainen als Schädlinge auftretenden Milbenarten Tetranychus bimaculatus, Harvey (**A**) u. Metatetranychus citri, McG. (**B**) wurden *2-Cyclohexyl-4.6-dinitrophenylacetat* (I) u. *Pentachlorphenylacetat* (II) in wss. Lsg. als Spritzmittel erprobt. Zum Vgl. dienten *Parathion* (**III**) u. *Aramite* (**IV**). Eiablagen von **A** wurden durch **I** (DL_{50} bei 106 mg/Liter), die erwachsenen Insekten durch **III** (DL_{50} bei 12,5 mg/Liter) am deutlichsten geschädigt. Eiablagen von **B** waren gegen die Spritzmittel so wenig empfindlich, daß erst 0,25%ig. Lsgg. von **I** bzw. 0,5%ig. von **III** vergleichbare Erfolge brachten. Gegen erwachsene Insekten war **III** am wirksamsten (DL_{50} bei 3,8 mg/Liter). Für **I** liegt der entsprechende Wert bei 8,8 mg/Liter. Die insekticide Wrkg. von **II** bleibt in allen Fällen weit hinter der von **I** zurück. (J. econ. Entomol. **48.** 215. April 1955.) K. Zopff. 6312

H. B. Huddle und **A. P. Mills,** *Die Giftigkeit von Zedernöldämpfen bei Kleidermotten.* Die abtötende Wrkg. von Zedernöl auf Kleidermotten wurde bestätigt. Bei einer Konz. von 0,6 mg/Liter Luftraum betrug die Abtötung bei halbausgewachsenen Mottenlarven nach 1wöchiger Einw. 91%. — 12 Literaturhinweise. (J. econ. Entomol. **45.** 40—43. Febr. 1952. Miami, Univ., Dep. of Chem.) C. Grimme. 6312

Donald Ashdown, R. G. Dahms, W. O. Ridgway und **C. F. Stiles,** *Gefahren bei der Verwendung von Parathion zur Wanzenbekämpfung.* Wenn auch die Vergiftungsgefahr für Warmblüter bei der Verwendung von Parathionemulsionen als Schädlingsbekämpfungsmittel relativ gering ist, sind doch gewisse Vorsichtsmaßnahmen nötig, die von Vff. eingehend besprochen werden. (J. econ. Entomol. **45.** 82—84. Febr. 1952. Stillwater, Okla.) C. Grimme. 6312

Donald F. Starr, John T. Schulz und **Paul Ferguson,** *Ergebnisse von Feldversuchen über die Verwendung von Ryania-Insekticiden bei der Kornkäferbekämpfung.* Ryania ist ein Prod. der S. B. Reick & Comp. u. wird sowohl rein als auch in Mischung mit anderen Insekticiden verwendet als Spritz- u. Stäubemittel. Als Beimischungen werden vor allem gebraucht Di-n-propylmaleatisosafrolkondensat u. Isosafrol-n-octylsulfoxyd in verschied. Konzentrationen. Bei den vergleichenden Verss. mit Parathion, EPN u. DDT zeigten sich gute Wirkungen gegen Kornkäferbefall. (Agric. Chemicals **7.** Nr. 5. 69—75. Mai 1952.) C. Grimme 6312

Wm. J. Goodwin, M. J. Sloan und **H. H. Schwardt,** *Abwehrprüfung bei Pferde- und Hornviehfliegen im Staate New York.* Die Verss. erstreckten sich auf Verhinderung des Befalls mit Pferdefliegen, *Tabanus quinquevittatus Weidmann,* u. Rinderfliegen, *Siphona irritans L.* Untersucht wurden emulgiertes Pyrenon, Butoxypolypropylenglykol, dasselbe mit Zusatz von Pyrethrumalharz, S + Lindan u. Allethrin. Bestes Resultat mit Pyrenon. (J. econ. Entomol. **45.** 121—22. Febr. 1952. Ithaca, N.Y., Cornell Univ.) C. Grimme. 6312

Philip Granett, Elton J. Hansens und **Charles T. O'Connor,** *Automatisches Viehsprühgerät zur Fliegenbekämpfung in New Jersey.* Vff. beschreiben Verss. mit einem automat. Sprühgerät, das geringe Mengen von insekticider Fl. auf die zum Melken gehenden Rinder sprüht. Zur Bekämpfung verschied. Stechfliegenarten haben sich Konzentrate aus *Pyrethrum + Piperonylbutoxyd* in öliger Lsg. bes. bewährt. (J. econ. Entomol. **48.** 386—89. Aug. 1955. New Brunswick, N. Y., Rutgers Univ.) W. Knöpke. 6312

R. M. McKenzie, *Variation von Proben in der Konzentration der Elemente im Boden.* Von einem unbebauten Boden wurden eine größere Reihe von Proben aus der Oberfläche gezogen u. einzeln auf Cu, Mg, Ga, V, Mo u. Mn spektrograph. untersucht. Es konnte eine wesentliche Schwankungsbreite festgestellt werden, im allg. war die höchste Konz. bei allen Elementen etwa doppelt so hoch wie die niedrigste. (Austral. J. agric. Res. **6.** 699—706. Sept. 1955. Adelaide, Div. of Soils C.S.I.R.O.) W. Knöpke. 6324

E. A. Mitscherlich, *Pflanzenphysiologisches zur Bodentextur und Bodenstruktur.* Zur Feststellung der physikal. Grundlagen eines Standortes wird vorgeschlagen, nach

Feststellung der Hygroskopizität, des p_H-Wertes u. des Humusgeh. jahrelang etwa durch monatliche Bohrungen mit einem Volumenbohrer im Sommer die Größe des Hohlraumvol. u. des Wassergeh. bis zur Tiefe von 60—80 cm bei je 10 cm Höhendifferenz festzustellen u. die auf dem Boden gewachsenen jährlichen Erträge an Pflanzenmasse zu ermitteln. (S.-B. dtsch. Akad. Landwirtschaftswiss. Berlin **11.** 1—14. 1953.)
A. JACOB. 6324

G. Demortier und **G. Van Hoeck**, *Anwendung der Flammenspektralphotometrie in der Agrikulturchemie.* Die spektrophotometr. Best. von K^+, Na^+ u. Ca^{2+} in Bodenauszügen (**a**) gibt infolge der Interferenz der hier gleichzeitig vorliegenden 3 Ionen im Vgl. zur chem. Best. stets zu hohe Werte. Die Störung wird ausgeschaltet durch sogenannte „Strahlungspuffer", Zusätze solcher Mengen Ionen des jeweils nicht zu bestimmenden Elementepaars zu **a** u. zu den Vergleichslsgg., daß im ganzen Konzentrationsbereich des zu bestimmenden Elements genügend starke, für alle analyt. möglichen Fälle prakt. konstante Interferenzen erscheinen, also von Na^+ u. Ca^{2+} bei der Best. von K^+. So modifiziert, gibt das Verf. die gleichen Werte wie das chem. u. eignet sich bes. für Reihenunterss. Beschreibung der Methode. (Bull. Inst. agronom. Stat. Rech. Gembloux **20.** 57—65. 1952.)
W. SCHULENBURG. 6324

Lonza Elektrizitätswerke und Chemische Fabriken Akt.-Ges. (Gampel), Basel, Schweiz, *Herstellung hochwasserlöslicher Nitrophosphate* mit einem Geh. von mindestens 20% an wasserlösl. P_2O_5 durch Aufschluß von Rohphosphaten mit HNO_3, dad. gek., daß das Rohphosphat mit solchen Mengen an 50—72%ig. HNO_3 aufgeschlossen wird, daß das P_2O_5 zu mindestens 95% in wasserlösl. Form übergeführt wird u. die so erhaltene breiige M. derart mit Kalk neutralisiert wird, daß ihr Geh. an freier Säure, als HNO_3 berechnet, höchstens 1,6% (p_H 4,4) beträgt u. die M. durch starkes Rühren u. Hindurchführen eines heißen Luftstromes bei $<65^0$ in breiig-blasigen Zustand übergeführt u. auf einen Geh. von 2,2—3 Mol. W. je Mol. $Ca(NO_3)_2$ getrocknet wird, wobei der Erweichungspunkt der M. $>40^0$ ansteigt, worauf die M. in Teigform übergeführt u. dann gekörnt wird. Beim Aufschluß der Rohphosphate mit HNO_3 werden auf 1 Mol. P_2O_5 5,6—6 Mol. HNO_3 angewendet. Der Trocknungsvorgang der Aufschlußmasse wird in einem Trockenrührwerk durchgeführt, das mit einem Siebboden versehen ist. Die heiße Luft wird während des Rührens durch den Siebboden in die breiig-blasige Aufschlußmasse eingeblasen, wobei die Verweilzeit der M. in dem Rührwerk höchstens 1 Std. beträgt. Die Verfestigungseigg. des Aufschlußprod. werden verbessert u. Säure- bzw. N-Verluste vermieden. (**Schwz. P. 307 641** vom 5/6. 1952, ausg. 16/8. 1955.) H. KARST. 6283

Standard Oil Development Co., Zabeth, N. J., V. St. A. (Erfinder: **Allen Richard Kittleson, Howard Logan Yowell, Charles Anschel Cohen, Roger Shinkle Hawley** und **Paul Vergon Smith jr.**), *N-Thiotrichlormethylverbindungen* der allg. Formeln **I, II, III,** u. **IV**, in denen R_1 u. R_2 organ. Reste bedeuten u. R_1 u. R_2 zusammen mit dem N-Atom

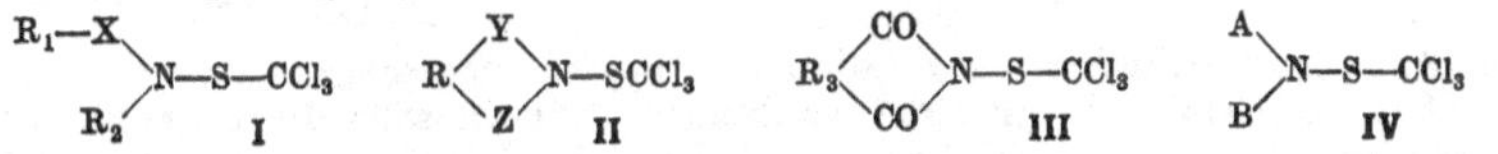

einen heterocycl. Ring bilden können, der jedoch kein 5-Ring mit N als einzigem Heteroatom sein darf, X = —CO— oder —SO_2—, R = einen organ. Rest, vorzugsweise einen aromat. KW-stoffrest, Y = —CO—, Z = —SO_2—, R_3 = eine Gruppe darstellt, die zusammen mit den übrigen Gliedern einen 5-Ring mit >1 Heteroatom bildet, u. A u. B Bestandteile einer 5gliedrigen Kette sind, die auch O-, S- oder N-Atome enthalten kann, vorzugsweise aber —$CH(Y_2)$—$CH(Y_1)$—X_1—$CH(Y_3)$—$CH(Y_4)$— bedeutet, in der X_1 = O, S oder $CH(Y_5)$ u. Y_1 —Y_5= H, Halogen oder Alkyl bedeuten, werden hergestellt, indem man ein Perchlormethylmercaptan mit einer geeigneten N-haltigen Verb. oder deren Alkalisalzen entweder in einem organ. Lösungsm. oder in wss.-alkal. Lsg., gegebenenfalls unter Zugabe eines wasserlösl. neutralen Salzes (NaCl, KCl, Na_2SO_4), umsetzt. Salze schwacher Säuren oder Basen sind nicht geeignet. — *N-Thiotrichlormethyl-5-methyl-5-äthyloxazolidin-2.4-dion*, F. (aus PAe.) 83—84⁰, lösl. in A., Aceton, CCl_4, Benzol. — *N-Thiotrichlormethyl-N-phenylbenzolsulfonamid*, F. (aus Methanol) 111,5—112,5⁰. — *1-Nitro-3-thiotrichlormethyl-5.5-dimethylhydantoin*, lösl. in A., Aceton, CCl_4, Bzl., wenig lösl. in Heptan. — *N-Thiotrichlormethyl-2.4-dioxothiazolidin*, F. 111—116⁰. — *N-Thiotrichlormethyl-o-benzoesäuresulfimid*, F. (aus CCl_4) 144—144,5⁰. — *N-Thiotrichlormethylmorpholin*, F. 86—87⁰. — *N-Trichlormethylthioacetanilid*, F. (aus n-Heptan) 95—96⁰. — *N-Trichlormethylthiodiacetamid*; das Ultrarotspektr. weist starke Banden bei 5,8—5,85 μ (—CO—), 7,3 μ (—CH_3), 8,3 u. 8,6 μ (—CO—) u. 12,5 u. 12—13,5 μ (—CCl_3—) auf. — *Schädlingsbekämpfungsmittel*, bes. *Insekticide* u. *Fungicide*. (**E. P. 716 553** vom 19/6. 1951, ausg. 6/10. 1954. **Zusatz zu E. P. 666 636; C. 1955. 1595.**) R. LINK. 6313

Fritz Scheffer und **Paul Schachtschabel**, Lehrbuch der Agrikulturchemie und Bodenkunde. T. 1. Bodenkunde. 4. völlig neubearb. Aufl. Stuttgart: Enke. 1956. (VIII + 250 S. m. 31 Abb., 42 Tab. u. e. Farbtaf.) 8°. DM 25,—.

Ernest Chancrin et **Jean Guérillot**, Chimie agricole. Edition revue et augmentée par **J. Guérillot**. Paris: Hachette. 1955. (VIII + 344 S. m. Abb.) 16°. fr. 675.—.

VIII. Metallurgie. Metallographie. Metallverarbeitung.

J. D. Allan, *Das Lynn-Lake Nickelgebiet. Manitoba.* (Trans. Canad. Inst. Mining Metallurgy Mining Soc. Nova Scotia **53.** 343—48. 1950. Dep. of Mines and Natural Resources, Mines Branch. — C. **1953.** 6122.) H. ECKHARD. 6354

Chris Mamen, *Die Campbell-Chibougamau-Minen.* Nach kurzem histor. Rückblick werden die Geologie des *Cu–Au*-Erzvork. u. die Aufschlußarbeiten sowie die Unter- u. Übertageanlagen des Betriebes mit Abbildungen, Lageskizzen u. Fließschema beschrieben. (Canad. Mining J. **76.** Nr. 11. 57—64. Nov. 1955.) H. ECKHARD. 6360

L. A. Waspe, *Aufbereitungspraxis der Union-Corporation-Gruppe.* Kurzer Überblick über die Produktionsentw. des *Au*- u. *U*-Bergbaues in Südafrika u. Beschreibung der Brecherei-, Mahl- u. Extraktionsbetriebe der UNION-CORP.-Gruppe, bes. der Bergwerke *St. Helena* u. *Marieval* mit Begründung der in den letzten Jahren erfolgten Neuinvestierungen u. Fließschemataänderungen. (Canad. Mining J. **76.** Nr. 11. 65—71. Nov. 1955. Johannesburg, Südafrika.) H. ECKHARD. 6360

John J. Green, *Der Chromerz-Ofenherd.* Erfahrungen mit einem 13-t-HEROULT-Elektroofen. (Electr. Furnace Steel Conf., Proc., Iron Steel Divis., Amer. Inst. Mining metallurg. Engr. **9.** 93—94. 1951.) K. STEIN. 6370

Heinz Wübbenhorst, *Das Brennen von Konverterböden.* Die baulichen u. wärmetechn. Besonderheiten der Ofenbauarten werden besprochen u. über neue Brennverss., bes. über Einsatzverhältnisse, Brennkurven u. Gasverbrauch, sowie über die wärmetechn. Bedeutung des Teers wird berichtet. Die Gewölbe- u. Kerntempp. bei verschied. Bedingungen werden angegeben. Von wesentlichen Einfl. beim Bodenbrennen ist die oxydierende Wrkg. der Ofenatmosphäre, die im Temperaturgebiet von 600—750° einsetzt. Der Schutz des Bodenkörpers durch reduzierend wirkende Mittel, bes. Torfkoks, wird empfohlen. Technolog. ist das Bodenbrennen ein Schwelvorgang, bei dem das austretende Schwelgas als Heizmittel eine wichtige Rolle spielt. Eine Graphitisierung des Restkokses im Boden kann bei den bisher üblichen Brenntempp. auf keinen Fall eintreten. — 11 Schrifttumsangaben. Diskussion. (Stahl u. Eisen **75.** 1310—17. 6/10. 1955. Düsseldorf.) H. HOCHSTEIN. 6370

C. E. Sumpter, *Prüfung von Ausmauerungsmaterialien.* (Electr. Furnace Steel Conf., Proc., Iron Steel Divis., Amer. Inst. Mining metallurg. Engr. **8.** 77—79. 1950. — C. **1955.** 8481.) M. GEHLEN-KELLER. 6370

E. X. Schmidt, *Wirkung von Änderungen in der Gaszusammensetzung auf die Verwendbarkeit von Heizgasen.* An Hand zahlreicher Kurven wird die Einsetzbarkeit von Heizgasen erörtert. Diskussion. (Iron Steel Engr. **32.** Nr. 12. 110—19. Dez. 1955. Milwaukee, Wisc., Cutler Hammer, Inc.) W. HAUG. 6372

C. B. Post und **D. G. Schoffstall**, *Schlackenmaterialien und ihre Wirkung in basischen Lichtbogenöfen.* (Electr. Furnace Steel Conf., Proc., Iron Steel Divis., Amer. Inst. Mining metallurg. Engr. **8.** 18—29. 1950. — C. **1956.** 1717.) M. GEHLEN-KELLER. 6372

H. H. Scholefield, *Geschichte und Praxis der europäischen Vakuumschmelzverfahren.* Übersicht. — 10 Schrifttumshinweise. (Metal Treatment Drop Forging **22.** 141—47. April 1955. Telegraph Constructions and Maintenance Co. Ltd., Metals Div.) W. WESLY. 6380

Mauro Arrighetti, *Neue Betrachtungen über Formsande.* Es wird in einer ausführlichen Übersicht zusammenfassend u. vergleichend über die Verwendung von Formsanden in der Eisengießerei berichtet. Dabei treten bes. die physikal.-chem. Gesichtspunkte in den Vordergrund, wobei stets die Besonderheiten der verschied. Erzeugnisse sowie die daraus für die Formsande resultierenden Forderungen berücksichtigt werden. Im einzelnen behandelt Vf. die Wahl u. Aufbereitung der Rohstoffe, ihre Beschaffenheit u. Verarbeitung im Hinblick auf den Verwendungszweck, ihre Eigg. u. ihr Verh. bei den verschied. Anwendungszwecken (grüne, trockene Form) in Abhängigkeit der unterschiedlichen Zusätze (Bindemittel, W., Feuchtigkeits- u. Plastizitätsstabilisatoren, Graphit, Steinkohlenstaub) u. Isolationsmaterialien. Abschließend macht Vf. verfahrenstechn. Angaben über die Aufbereitung der Rohstoffe u. Herst. von Formen. Die Ausführungen sind durch Literaturangaben, Bild- u. Diagrammaterial ergänzt. (Fonderia ital. **3.** 309—18. Juli 1954.) W. ANIKA. 6382

W. B. Parkes und **R. G. Godding,** *Verhalten von Formsanden bei hohen Temperaturen.* Mittels näher beschriebener App., die ein Erhitzen von Probekörpern mit 2″ Durchmesser auf 1000° in 2 Min. durch einen Hochfrequenzverschiebungsstrom gestattet, u. anschließende Festigkeits- usw. Messungen mittels besonderer Gerätes wurden die gießereitechn. wichtigsten Eigg. verschied. zusammengesetzter u. verschied. vorbehandelter Formsande ermittelt u. in Diagrammen dargestellt. — Diskussion. (Foundry Trade J. **99.** 138—48. 11/8.; Diskussion 473—76. 27/10. 1955. British Cast Iron Res. Assoc.) H. ECKHARD. 6382

O. Jay Myers, *Reproduzierbarkeit der Prüfwerte von Kernsand.* Die Bedingungen zur Erzielung möglichst großer Gleichförmigkeit in den Eigg. fertiger Kerne werden im einzelnen dargelegt u. die Mittel zu einer Standardisierung erörtert (Sand, Bindemittel, Mischung, Festigkeit u. Backfähigkeit). Die beiden letzten Faktoren sollten nicht überbewertet werden, zumal sie nur schwer reproduzierbar sind. Zu einer zuverlässigen Beurteilung wäre die Entw. von Prüfverff. unter typ. Gießereibedingungen (hohe Temp. u. Umgebung des Kerns mit geschmolzenem Material) erforderlich. 22 Literaturangaben. (Amer. Foundryman **27.** Nr. 2. 54—63. Febr. 1955. Minneapolis, Md., Archer Daniels Midland Co.) F. MODERSOHN. 6382

S. G. Urane, *Magnesit für Formen.* Eisenfreier Magnesit, bei 1630° calciniert und in Kugelmühlen sehr fein gemahlen, ergibt in Verbindung mit Gummi oder Dextrin u. Bentonit ein ausgezeichnetes Anstrichmittel für Gußformen zum Schließen der Oberfläche. Kombinationen mit Magnesit dienen ferner zur Erhöhung der Undurchlässigkeit von Formsand. (Amer. Foundryman **21.** Nr. 3. 49—50. März 1952. Melbourne, Australien. H.-J. HEINRICHS. 6382

Børge Lunn, *Über das Gießen unter Vakuum.* Allg. Betrachtungen über die verschied. Gießverff. mit Über- u. mit Unterdruck, die alle die Herst. blasenfreier Gußstücke mit hoher Oberflächengüte bezwecken. Das Formfüllungsvermögen wird durch die Verwendung von Vakuum im Zeitpunkt des Gießens stark erhöht. Erwähnt wird die Verwendung von Vakuum beim Gießen von Leichtmetallen u. Metallegierungen in Sandformen; hierbei kann man Gußstücke mit geringen Wanddicken erhalten. (Giesserei, techn.-wiss. Beih. **1953.** 485—87. März. Kopenhagen, Kgl. Dän. Techn. Univ., Labor. für Metallkunde.) B. HABBEL. 6382

Isaac Harter jr., *Kontinuierliches Gießen.* — (Electr. Furnace Steel Conf., Proc., Iron Steel Divis., Amer. Inst. Mining metallurg. Engr. **8.** 31—48. 1950. — C. **1952.** 3892.) M. GEHLEN-KELLER. 6382

B. H. Alexander, *Die Erstarrung von Gußblöcken.* Aus den für verschied. Gießtempp. gewonnenen Erstarrungskurven von Duraluminium folgt, daß sie nicht der FIELDschen Gleichung (Trans. Amer. Soc. Steel Treat **11.** [1927.] 264.) über das gesamte Erstarrungsgebiet gehorchen. Eine Überhitzung des fl. Metalls vor dem Gießen verursacht eine Verzögerung des Erstarrungsbeginns u. eine Verlängerung der zur völligen Erstarrung notwendigen Zeit. — Aussprache. (Trans. Amer. Foundrymen's Soc. **58.** 270—76. 1950. Bayside, N. Y., Sylvania Electric Products. Inc.) W. WESLY. 6382

H. Odenhausen und **G. Zessler,** *Die vergleichende Beurteilung von Werkstoffen im Hinblick auf ihre Verwendung.* Aus den Werten für Festigkeit, Elastizitätsmodul, elast. u. plast. Formänderungsarbeit, Wichte u. Preis werden für gruppenweise (Gußeisen, Stähle, Titan, Leichtmetalle, Kunststoffe, Holz) zusammengefaßte Werkstoffe Kennziffern entwickelt, die die techn. u. wirtschaftliche Eignung eines Werkstoffs für einen bestimmten Verwendungszweck zu bewerten gestatten. Für die wichtigsten Anwendungsgebiete zeigt sich deutliche Überlegenheit des Stahls als Konstruktionsmaterial (Acier — Stahl — Steel **20.** 497—504. Dez. 1955.) F. MODERSOHN. 6388

Strathmore R. B. Cooke und **Thomas E. Ban,** *Agglomerieren von Eisenerzkonzentraten.* Labor.-Unterss. über den Einfl. von spezif. Oberfläche (Korngrößenverteilung), Zusatzmitteln (H_2O u. KW-stoffe) sowie Erzqualität auf die Agglomerierbarkeit von niedergrädigem u. hochgrädigem Eisenerz, bes. Taconit, sowie über dem Einfl. von Temp., Luft, N_2 u. Zusatzmitteln wie Bentonit u. a. auf die durch Brennen erreichbare Festigkeit der Pellets. (Chem. Engng. Progr. **51.** 364—68. Aug. 1955. Minneapolis, Minn., Univ. of Minnesota. Ishpeming, Mich., Cleveland-Cliffs Iron Co.) H. ECKHARD. 6390

Lucien Coche, Daniel Dastillon und **Lucien Wahl,** *Die Konzentration von Eisenerzen. Bedeutung systematischer Untersuchungen für die Auswahl der Anreicherungsmethoden.* Für die Auswahl der geeigneten Anreicherungsverff. ist es wichtig, die chem. Zus. u. die kristalline Struktur der betreffenden Erze genau zu untersuchen. Labormethoden zum Anreichern von Eisenerzen werden kurz beschrieben, ihre Grenzen aufgezeigt u. die prakt. Möglichkeiten erörtert. (Iron Coal Trades Rev. **164.** 973—74. 976. 2/5. 1952. Paris, Inst. de Recherches de la Sidérurgie.) F. VIER. 6390

Hans Hofmeister und **Curt Hermann,** *Entwicklung und heutiger Stand des Stürzelberger Roheisengewinnungsverfahrens.* Inhaltlich ident. mit der C. **1956.** 2864. ref. Arbeit. (Bol. minero Soc. nac. Mineria **63.** 1753—60. Nov. 1953. Duisburg.) R. K. MÜLLER. 6400

John P. Walsted, *Sonder-Roheisen für den pazifischen Nordwesten.* Zur leichteren Versorgung des industriearmen u. verhältnismäßig abgelegenen Nordwestens wurde im Labor. ermittelt u. durch halbtechn. Verss. bestätigt, daß sich aus dort verfügbaren Rohstoffen ein Roheisen jeder gewünschten Zus. erzeugen läßt. Analysen u. andere Daten der Rohstoffe u. Versuchschargen sind in 11 Tabellen dargestellt. (U. S. Dep. Interior, Bur. Mines, Rep. Invest. April. **1955.** Nr. 5120. 1—14.) H. ECKHARD. 6400

M. Homma, *Über „Vererblichkeit" bei Gußeisen.* Erörterung der bisherigen, auch der eignen Unterss. des Vf. über die sog. „Vererblichkeit" (VE) bei *Gußeisen* (**I**). Atomstruktur der **I**-Schmelze. Einfl. des O_2 auf die **I**-Struktur. O_2 u. die maschinellen Verarbeitungseigg. von **I**. Analyt. O_2-Werte u. die VE. Wichtigkeit des Überhitzungsschmelzverf. zur Bekämpfung der VE. Irrtümliche Schlüsse der sog. Kerntheorie zur Erklärung des Einfl. der Graphitstruktur. Klassifizierung des ursprünglichen Fe auf Grund des O_2-Geh. Fortschritte in der Erschmelzung des **I**, bes. durch reduzierende Zusätze wie *Al, Si, Mn, Mg* u. *Ca* zur Beseitigung der VE. — 5 Fotos. (Kinzoku [J. Metals] **23.** 625—31. Aug. 1953. Sendai, Tohoku Univ. [Orig.: japan.]) L. SCHULER. 6402

Albert L. De Sy, *Erklärung des Einflusses von Calcium auf sphärolithisches Gußeisen.* Ca stabilisiert Carbide ähnlich wie Mg. Die Mg-Zusatzlegierungen enthalten auch Si, das als Impfstoff wirkt, diese sek. Impfung ist bei Behandlung mit Mg notwendig, während sie bei Ca unterbleiben kann. (Amer. Foundryman **19.** Nr. 4. 108. 182. April 1951., Gent, Univ.) K. STEIN. 6402

E. A. Loria, *Einfluß der Erschmelzung auf die Zerspanbarkeit von Temperguß.* Nach dem Verf. mit gleichbleibender Schnittkraft werden Messungen der Zerspanbarkeit von Temperguß mit etwa 2,25(%) C, 1 Si, 0,4 Mn, 0,9 P u. 0,14 S durchgeführt. Dabei war der Temperguß erschmolzen entweder im Kupolofen mit nachfolgender Einstellung der gewünschten chem. Zus. durch eine Mischung mit Stahl im Induktionsofen oder im Kupolofen mit nachfolgender Entkohlung im Induktionsofen durch CO_2. Der Einfl. der Erschmelzungsart auf die Graphitausbldg. wird festgestellt. Hierbei zeigt sich u. a., daß für eine gute Bearbeitbarkeit sowohl das Auftreten perlit. Kanten als auch eine tiefgehende ferrit. Kante vermieden werden muß, was durch eine Überwachung der chem. Zus. während der zweiten Stufe des Temperverf. ermöglicht werden kann. Zur Vermeidung der ferrit. Kanten muß die Entkohlung während des Temperns überwacht werden. Bes. bei dem zweiten Herstellungsverf. mit der Entkohlung durch CO_2 wird eine starke Verbesserung der Bearbeitbarkeit erzielt. (Iron Age, **174.** Nr. 12. 168—70. 16/9. 1954. Niagara Falls, N. Y., Carborundum Co.) H. HOCHSTEIN. 6406

W. O. Igelman und **D. A. Finch,** *Desoxydation in der Pfanne mit Carbortam.* (Electr. Furnace Steel Conf., Proc., Iron Steel Divis., Amer. Inst. Mining metallurg. Engr. **8.** 180—90. 1950. — C. **1955.** 8482.) M. GEHLEN-KELLER. 6408

Charles F. Sawyer jr., *Praktische Aussichten des Werkzeugstahlschmelzens.* Electr. Furnace Steel Conf., Proc., Iron Steel Divis., Amer. Inst. Mining metallurg. (Engr. **8.** 98—103. 1950. — C. **1955.** 8482.) M. GEHLEN-KELLER. 6408

Dezsö Csépai, *Verminderung des Abbrennens der Desoxydationsmittel (Mn, Si, Al) und der endogenen Verschlackung des Stahls in der Stahlproduktion nach Martin.* 1. u. 2. Mitt. Bei der Stahlerzeugung im SIEMENS-MARTIN-Ofen hängt der Mn-Geh. des Einsatzes bzw. die Verminderung des in die Schlacke übergehenden Mn von der Basizität der Schlacke, vom Si-Geh. des Einsatzes u. von der Abstichtemp. ab. Die günstigste Schlackenbasizität ist 2,2, je geringer der Si-Geh. des Einsatzes ist, um so geringer ist die Schlackenmenge. Zugabe der nötigen FeMn-Menge 6—8 Min. vor dem Abstich genügt zum Auflösen, je später der Abstich erfolgt, um so größer ist das Abbrennen des Mn. Zwecks Erhöhung des Mn-Geh. auf mindestens 1,4%, erwies sich folgendes Verf. geeignet: der Einsatz wurde auf 0,1% entkohlt, 70%ig. FeMn u. 45%ig. stückiges FeSi zugegeben, dann wurde FeMn legiert u. nach 5 Min. abgestochen. Auf diese Art gelang es, die Mn-Ausbringung von 52% auf 75% zu erhöhen. Zur Verminderung der endogenen Verschlackung hebt Vf. die rechtzeitige Entschlackung, Basizität der Endschlacke zwischen 2 u. 2,5 u. hohe Abstichtemp. hervor. Diese Bedingungen werden an Betriebserfahrungen gezeigt. Die Ausführung der Legierung von Stahl mit Si u. Al wird beschrieben. (Kohászati Lapok **10 (88).** 211—14. Mai. 257—62. Juni 1955.) J. PLANK. 6408

W. E. Bardgett und **M. G. Gemmill,** *Ursachen der unterschiedlichen Kriechfestigkeit von basischen Siemens-Martin-Öfen-Stählen.* Untersucht wurden 58 unlegierte Stähle aus einem bas. SIEMENS-MARTIN-Ofen, die mit unterschiedlichen Pfannenzusätzen im Bereich von 1–2,5 lbs./t behandelt worden waren u. eine chem. Zus. von 0,08–0,17(%) C, 0,34 bis 0,56 Mn u. 0,06–0,14 Si aufwiesen, auf Kriechfestigkeit. Hierbei zeigte sich, daß das im Stahl vorliegende lösliche Al der überwiegende Faktor in dem unterschiedlichen Kriechverh. der Stähle ist. Die Kriechfestigkeit einiger Stähle stand in Wechselbeziehung mit dem Al–Nitrid-Geh., welcher seinerseits von dem lösl. Al-Geh. u. der Korngröße des Stahles abhängig war. Für die Stahlherst. ist es von Bedeutung, daß Stähle mit guter Kriechfestigkeit durch Al-Zusätze von 1,5 lbs./t erhalten werden können unter der Voraussetzung, daß die Kokillenzusätze von Al begrenzt werden. — Schrifttumsangaben. (J. Iron Steel Inst. **179.** 211–19. März 1955. United Steel Co. Ltd., Companies, Swinden Laborr.) H. HOCHSTEIN. 6408

T. N. Armstrong, N. A. Kahn und **Helmut Thielsch,** *Der Übergang vom zähen zum spröden Bruch bei Druckbehälterstählen.* Diskussion zu der C. **1955.** 4923 referierten Arbeit. (Welding J. **31.** 623s–24s. Dez. 1952. New York.) H. HOCHSTEIN. 6408

D. D. Papschew, *Oberflächeneigenschaft und Ermüdungsfestigkeit.* Die Unterss. an Stahl 45 mit angegebenen mechan. Eigg. über die Schneidvorgänge ergaben, daß die mittlere Größe von Mikrounebenheiten, die Tiefe von Kerben u. die Erhöhung der Mikrohärte mit der Vorschublänge des Schnittes u. der Schnittgeschwindigkeit zunehmen. Die Unterss. geben Aufschluß über die physikal. Beständigkeit von Oberflächenschichten u. die Bedeutung der Mikrogeometrie für die Ermüdungsfestigkeit. (Вестник Машиностроения [Nachr. Maschinenbau] **34.** Nr. 10. 64–68. Okt. 1954.) A. KUNZE. 6408

A. R. Troiano und **R. F. Hehemann,** *Einfluß der Austenitisierungsbedingungen auf mittelhochlegierte Stähle.* 1. u. 2. Mitt. An drei legierten Stählen mit 0,95(%) C, 0,22 Si, 0,60 Mn, 1,23 Cr, 0,13 Mo u. 3,27 Ni bzw. 0,95 C, 0,24 Si, 0,58 Mn, 0,25 Mo u. 1,79 Ni bzw. 0,95 C, 0,23 Si, 0,82 Mn, 0,52 Cr, 0,19 Mo u. 0,56 Ni wird der Einfl. des C-Geh. u. der Martensittemp. auf den Anteil an Restaustenit, die Härte im gehärteten Zustand, die Zeit bis zum Beginn der Perlit- sowie Zwischenstufenumwandlung im Gebiet der höchsten Umwandlungsgeschwindigkeit u. die Gesamtdauer der Perlit- u. Zwischenstufenumwandlung festgestellt. Hierbei wird die Bedeutung von ungelösten Carbiden für den Umwandlungsablauf ermittelt. Innerhalb des Bereichs der üblichen Austenitisierungsbehandlung kann die M_s-Temp. um mehr als 100° F erhöht werden. Hierdurch wird eine Verringerung im Restspannungszustand u. auch im Restaustenitgeh. erreicht. Eine über eine Std. hinausgehende Behandlungsdauer hat nur einen geringen Einfl. auf die Carbidlöslichkeit. (Iron Age **174.** Nr. 20. 124–26 11/11.; Nr. 21. 151–53. 18/11. 1954. Cleveland, Case Inst. of Technology.) H. HOCHSTEIN. 6410

D. R. Wood, *Beitrag über Haarrisse. Im Hochfrequenzofen erschmolzene niedrig legierte Stahlblöcke mit einem Gewicht von etwa 1 Zentner.* In Gußblöcken aus *Inconel,* einer Fe-Legierung mit 0,3(%) C, 0,6–1 Si, 0,7 Mn, 2,5 Ni, 0,65 Cr u. 0,55 Mo mit Verunreinigungen, wurde der Einfl. von Zr auf die Vermeidung von durch Ggw. von H_2 verursachte Haarrißbldg. untersucht. Der Zr-Zusatz zu dem im Hochfrequenzofen erschmolzenen Stahlbädern erfolgte durch eine Legierung aus 40 *Si,* 40 *Zr* u. 20 *Fe.* Es zeigte sich, daß die Haarrisse in Abhängigkeit von der zugesetzten Zr-Menge vermindert werden. (J. Iron Steel Inst. **179.** 317–19. April 1955. Mond Nickel Co., Ltd.) H. HOCHSTEIN. 6410

H. Spengler, *Niedrigschmelzende Metalle und Legierungen.* Überblick mit Schrifttumsangabe. (Metall. **9.** 682–85. Aug. 1955. Stuttgart.) F. VIER. 6420

A. Tagliaferri und **C. Barbazanges,** *Niederfrequenz-Induktionsöfen bei der Aluminiumschmelze.* Bauart, Betriebsweise u. Leistung von Niederfrequenz-Schmelzöfen der Al-Industrie (Alluminio **24.** 17–28. 1955.) A. SANDER. 6446

Roland Funk, *Beitrag zum Problem der Zipfelbildung bei Aluminiumblech.* Die Textur eines n. Al-Warmwalzbleches im Innern u. in der Nähe der Oberfläche sowie die Dicke der äußeren rekristallisierten Schicht in Abhängigkeit von der Warmwalztemp. wird untersucht. An Hand von Tiefziehproben wird eine unsymmetr. Verteilung der Textur über die Blechbreite nachgewiesen; diese Unsymmetrie bzgl. der Walzrichtung wird auf den ersten Stich beim Warmwalzen zurückgeführt. Der Einfl. des Kaltwalzens senkrecht zur Warmwalzrichtung auf die Textur u. die Zipfelbldg. des fertigen Blechs wird studiert. Schließlich wird der Zusammenhang zwischen den Rekristallisationsbedingungen (Temp., Dauer u. Aufheizgeschwindigkeit) u. der Zipfelbldg. untersucht. — Schrifttumsangaben. (Z. Metallkunde **46.** 180–82. März 1955. Ranshofen, Österr. Metallwerke Akt.-Ges.) H. HOCHSTEIN. 6446

H. A. J. Stelljes, *Neuere Erkenntnisse über die Zipfelbildung beim Tiefziehen von Aluminium und ihre Verhütung.* (Rev. Métallurgie **50.** 189–98. März 1953. Rive-de-Gier (Loire). — C. **1954.** 4247.) G. APEL. 6446

W. D. Latiano, *Strangpressen von Aluminium unter Anwendung von Widerstandserhitzung.* Widerstandserhitzung ermöglicht eine genaue Temperaturkontrolle beim Strangpressen. Eine derartige Anlage wird beschrieben. Auf die Vorteile der Widerstandserhitzung beim Verformen bes. temperaturempfindlicher Metalle, wie *Mg, Ti,* Ti-Legierungen u.*Al 75 S-T 6* wird hingewiesen (Iron Age **174.** Nr. 19. 124—25. 4/11. 1954.) F. VIER. 6446

D. Gualandi und **G. Luft,** *Einfluß der Erwärmung auf mechanische Eigenschaften und Korrosionsbeständigkeit der Legierung P–AG 5.* Walzbleche der Legierung P–AG 5, UNI 3576, wiesen nach längerem Erhitzen auf 80 bzw. 150° sowohl im rohen als auch im halbstabilisierten Zustand Änderungen ihrer mechan. Eigg., u. zwar beträchtliche Abweichungen von $\sigma_{0,2}$ u. δ, geringere von σ_B u. HB auf. Die Beständigkeit gegen Salznebelangriffe nimmt dabei ab, gegenüber Spannungskorrosionen wird die Bruchgrenze bei 80° nach 240 Std., bei 150° schon nach 4 Std. erreicht. Das Korrosionsverhalten läßt sich durch vorsichtiges Ausglühen u. langsames Abkühlen jedoch verbessern. — 14 Literaturhinweise. (Alluminio **24.** 229—40. Mai 1955. Ist. Sperim. Metalli leggeri, Mem. Rapp. [6] Nr. **146.** 1—14. 1955. Novara, Ist. sperim. Metalli leggeri, Div. Ric.) A. SANDER. 6446

E. A. Lancaster, *Verbesserte Aluminium-Zinn-Lagerlegierungen.* Es werden Lagermetalle der Zus. 70(%) *Al,* 30 *Sn* oder 67 Al, 30 Sn, 3 *Cu* empfohlen, u. deren Eigg., VICKERS-Härte u. Ermüdungsgrenze (in p.s.i.) bei Tempp. von 20° u. 150° tabelliert. Nach einem Verf. von CUTHBERTSON u. ELLWOOD (vgl. C. **1955.** 4687) erreicht man eine günstige Verteilung des Sn im Al durch Kaltschmieden der gegossenen Legierung u. Anlassen auf 350°. Das Al rekristallisiert u. das aus Sn bestehende Korngrenzennetz zieht sich zu Inseln zusammen. Dadurch ist große Abriebfestigkeit gegeben. (Canad. Metals **18.** Nr. 6. 44—46. Mai 1955. Ontario Res. Found.) P. WOLF. 6446

N. Gollari und **L. Paglialunga,** *Eigenschaften der Aluminium-Zinn-Kupfer-Lagermetalle mit hohem Zinngehalt.* Nach einem Überblick über die neuere Entw. auf dem Gebiet der Al–Sn-Lagermetalle, die günstige Wrkg. anderer Legierungselemente sowie mechan. u. therm. Behandlungsweisen berichten Vff. über bei prakt. Prüfungen mit dem AMSLER-Gerät bei einer (%) 21,10 Sn, 1,83 Cu, 0,13 Fe u. 0,15 Si enthaltenden Al-Legierung gefundenen Verschleißwerte u. deren Vgl. mit andern im Handel befindlichen Lagermetallen. (Alluminio **24.** 29—33. 1955. Rom, Univ., Ist. di metallurg.) A. SANDER. 6446

W. Cegielski, *Gesinterte Bremsmaterialien.* Vf. gibt einen Überblick über die Zus. moderner Bremsmaterialien (I) sowie ihre Herst. u. Eigg. Eigene Verss. mit pulvermetallurg. hergestellten **I** (Bestandteile: Cu, Pb, Zn, Fe, Ni, Graphit, SiO_2, Al_2O_3 + CaO + Fe_2O_3 + SiO_2-Mischungen) wurden angestellt u. ihre physikal. u. mechan. Eigg. geprüft (BRINELL-Härte, D., Biegefestigkeit). Doppelt gepreßte u. gesinterte **I** wurden untersucht. Die Haftfähigkeit von **I** an Stahlplatten u. die Abriebfestigkeit (AMSLER) wurden bestimmt. — Ergebnisse: Zusatz der Oxydmischung vermindert die Härte u. Biegefestigkeit. Die untersuchten Proben dehnen sich bei der Sinterung aus. Doppeltes Pressen u. Sintern erhöht die Härte u. Dichte. Die Haftfähigkeit ist auch ohne Bindemittel gut. Der Reibungskoeff. beträgt 0,15—0,40. (Prace Inst. Ministerstwa Hutnictwa **7.** 17—23. 1955.) F. URBAN. 6474

F. J. Lennon, *Zunehmende Verwendung von Hartcarbiden als verschleißfeste Werkstoffe.* Teile aus Hartcarbiden können in Größen von 100 lb (45 kg) u. mehr hergestellt werden. Sie werden als Preßstempel, Formen, Kugeln, Fräser, Düsen u. andere Maschinenteile oder Werkzeuge verwendet, an die hohe Anforderungen auf Verschleißfestigkeit gestellt werden. Hohe Formgenauigkeit ist für lange Zeit gewährleistet. Die aus den verschied. Ausdehnungskoeff. von *Stahl* u. Carbid sich ergebenden Schwierigkeiten beim Zusammenlöten sind durch die Verwendung von warmhärtbaren Bindemitteln auf der Basis von Epoxyharzen überwunden. Als bei hohen Hitzegraden verschleißfester Werkstoff ist „*Kentanium*" auf der Basis TiC entwickelt worden. (Iron Age **174.** Nr. 16. 142 bis **144.** 14/10. 1954. Latrobe, Pa., Kennametal, Inc.) F. VIER. 6476

C. Schaub, *Vergleich zwischen Schlagprobestäben nach Schnadt und nach Charpy.* An nach SCHNADT u. nach CHARPY geformten Stäben für die Schlagzähigkeitsprobe wird durch photoelast. Unters. die Spannungsverteilung geprüft. In Unterss. an verschied. *Stählen* werden Kurven der Abhängigkeit der Schlagzähigkeit von der Temp. aufgenommen u. ihre Auswertung zur Beurteilung der Sprödbruchneigung, bes. der unteren u. oberen Grenztemp., erörtert. (Jernkontorets Ann. **139.** 326—46. 1955. Fagersta Bruks AB.) R. K. MÜLLER. 6480

Erik Nygren, *Das Kriechen der Metalle. Literaturstudie über den theoretischen Hintergrund und Versuchsergebnisse mit Stahl bei gewöhnlicher Temperatur.* Beziehungen zwischen Kriechen u. Zeit u. Verss. zu ihrer theoret. Erklärung; prakt. Verss. bei Zimmertemp. an Stählen von verschied. C-Geh. u. nach verschied. Bearbeitung. — 31 Literaturhinweise. (Jernkontorets Ann. **139.** 182—204. 1955.) R. K. MÜLLER. 6480

C. Wilson, *Abschreckungsbedingungen.* An 4 Stellen an u. in, nach verschied. Vff. vorbehandelten, Leichtmetallblöcken (*Hidumium*) wurden die beim Abschrecken in W. von 20, 70, 85, 95 u. 100° auftretenden Tempp., ferner die entstehenden inneren Spannungen u. die Zerreißfestigkeiten ausgewählter Blockteile gemessen mit dem Ergebnis, daß man größere Stücke mit W. von nur 85° abschrecken soll u. den erheblichen Einfl. verschied. Oberflächenvorbehandlungen voraussichtlich techn. verwerten kann. (Aircraft Product. **17.** 72—79. Febr. 1955. Cranfield, Coll. of Aeronautics u. High Duty Alloys Ltd.) H. ECKHARD. 6480

F. Gatto und **L. Mori,** *Experimentalversuche über die Anisotropie von Preßprodukten hochzugfester Leichtlegierungen.* Probestücke aus durch Ziehpressen geformter hochzugfester Leichtlegierungen [*Avional* (I) u. *Ergal* (II)] ergaben ein Zugfestigkeitsminimum u. ein Dehnungsmaximum bei einem Winkel von 45° zur Ziehrichtung. Diese Unterschiede betrugen (%) bei **I** 10, bei **II** 20 der Zugfestigkeit u. 20 bzgl. der Dehnung bei beiden Legierungen. Die Kerbzähigkeit verminderte sich in beiden Fällen bei Querschnittsproben um 50 gegenüber Proben in Ziehrichtung. Das Aussehen der Bruchflächen änderte sich allmählich bei wechselnden Neigungswinkeln der Prüfflächen zur Ziehrichtung. (Alluminio **24.** 241—47. Mai 1955. Ist. sperim. Metalli legg., Mem. Rapp. [6] Nr. **147.** 1—9. 1955. Novara, Ist. sperim. metalli legg., Div. Ric.) A. SANDER. 6480

S. C. Totaro, *Zerstörungsfreie Werkstoffprüfung zur Gütesteigerung von Schmiedestücken.* (Iron Age **174.** Nr. 7. 117—19. 12/8. 1954. Buffalo, General Drop Forge Corp.) H. HOCHSTEIN. 6480

R. N. Parkins und **A. Cowan,** *Bildung von Eigenspannungen bei in Sand gegossenen Stücken.* Die Eigenspannungen werden durch Messung der Maßänderungen beim Aufsägen von in verschieden festen Sandformen gegossenen Rahmenproben nach E. HEYN u. FERRANTI aus *Gußeisen, Messing* u. einer *Al*-Legierung zur Feststellung des durch ungleichmäßige Abkühlung des Gußstückes, durch den Formwiderstand u. durch Umwandlungsvorgänge erzeugten Anteils an den Gesamteigenspannungen ermittelt. — 16 Schrifttumsangaben. (J. Inst. Metals. **82.** 1—8. Sept. 1953. Durham, Univ.). H. HOCHSTEIN. 6480

József Polgári, *Die Arbeit und der Anwendungsbereich eines Gerätes zur Prüfung der Oberflächenqualität.* Das Gerät zeichnet die Unebenheiten als Kurven oder zeigt diese in Zahlenwerten an. Unmittelbar registriert dieses Gerät in senkrechter Richtung Rauheiten mit 2000—40000facher Vergrößerung (3,78—0,002 μ); mit Zusatzteilen wird der Bereich von 400—2000 bzw. bis 100000facher Vergrößerung erweitert. In waagrechter Richtung ist die n. Vergrößerung 200, kann aber auch auf 50 eingestellt werden. Graph. kann mit dem Gerät die Rauheit u. die Welligkeit gemessen werden, doch kann auch nur die Rauheit gemessen werden. Der Verstärker u. die Meßinstrumente sind so konstruiert, daß sie auch bei der heftigsten Sprungbelastung nicht überlastet werden. (Magyar Technika **8.** 255—56. April 1953.) J. PLANK. 6480

Anthony F. Kaminskas, *Gegenmittel gegen Gleitlagerfehler.* Überblick über Fehlerursachen u. ihre Beseitigung. Als Ursachen werden behandelt: Ermüdung des Materials, Schmierung u. Festfressen, Korrosion, Erosion u. Abnutzung. (Iron Steel Engr. **32.** 82—89. Okt. 1955. Cleveland, Ohio., Cleveland Graphite Bronze Co., Clevite Corp.) F. MARKHOFF. 6480

A. Graham und **K. F. A. Walles,** *Beziehungen zwischen Langzeit- und Kurzzeit-, Dauerstand- und Zugfestigkeitseigenschaften einer handelsüblichen Legierung.* Die experimentellen Ergebnisse von Kurzzeit-Kriechunterss., von zwei Arten einer Prüfung auf Zug sowie von Kriech-Erholungsprüfungen an der Legierung *Nimonic 80* werden mitgeteilt u. Vergleiche zwischen diesen Ergebnissen mit Dauerstand-Kriechwerten an gleichen Legierungen gezogen. Auf Grund dieser Ergebnisse wird eine Verformungstheorie entwickelt, die sich auf die Gleichung von NUTTING sowie auf das BOLTZMANNsche Prinzip stützt. Zwischen den Ergebnissen der Kurzzeitverss. u. den Langzeit-Untersuchungswerten wird unter Zugrundelegung der neuen Theorie eine zufriedenstellende Übereinstimmung ermittelt. — 23 Schrifttumsstellen. (J. Iron Steel Inst. **179.** 105—20. Febr. 1955.) H. HOCHSTEIN. 6480

P. E. Lagasse, *Magnetische Messungen während des Ziehens.* Nach einer Erörterung der Beziehung zwischen der Orientierung der magnet. WEISSschen Elementarbezirke u. einem örtlichen Spannungszustand wird nachgewiesen, daß die Änderung der magnet.

Scheinpermeabilität in einer einem Zug unterworfenen Stahlprobe in gewissem Grade die Modifikationen der Stahlstruktur zu deuten erlaubt. Diese Messung läßt bes. im Bereich der elast. Verformungen nach einem gut bestimmten Schwellwert der Spannung einige irreversible Modifikationen erscheinen. Durch dieses Verf. wird die Wrkg. der mechan. Kaltverformung beim Kaltziehen von Stahldraht u. der Alterung nach der Kaltverformung auf die gemessene magnet. Größe geprüft. (Rev. Métallurgie **52.** 28—32. Jan. 1955.) H. HOCHSTEIN. 6480

Alfred Krisch, *Die Verfestigung bei der Tiefziehprüfung.* An Blechproben aus Stahl *St II 23, St III 23, St V 23* u. *St VIII c 23* wurden Tiefungsverss. nach ERICHSEN u. Näpfchenziehverss. durchgeführt, wobei jeweils eine Reihe von Ronden der gleichen Blechsorte um zunehmende Beträge getieft wurde. Nach dem Ziehen wurden die Proben längs eines Durchmessers durchgeschnitten, u. auf der gesamten Schnittfläche wurde der Härteverlauf gemessen. Zum Vgl. wurden ähnliche Messungen auf der Fläche von Längsschnitten durch Zerreißproben aus denselben Blechen durchgeführt. Aus den Messungen geht hervor, daß in der Tiefungsprobe nach ERICHSEN schon frühzeitig die Gleichmaßdehnung erreicht wird. Da aber die Verformung in der Kuppe verhältnismäßig gleichmäßig vor sich geht, kann diese Dehnung in einem großen Bereich überschritten werden, bevor es zur Ausbldg. einer örtlichen Querschnittsverminderung u. später zum Anriß kommt. Beim Näpfchenziehverf. ist eine Überschreitung der Gleichmaßdehnung dagegen stets mit einer örtlichen Querschnittsverminderung u. beginnender Rißbldg. verbunden. Da die Gleichmaßdehnungen sich bei den einzelnen Güten der Stahlbleche in geglühtem Zustand nur wenig unterscheiden, sind auch nur geringe Unterschiede in den Ergebnissen des Näpfchenziehverf. für die Stahlgüten zu erwarten. Beim Tiefziehen in der Fertigung sind Verformungen über die Gleichmaßdehnung hinaus zulässig, wenn die Verformung genügend gleichmäßig gehalten werden kann. Bei Wandungen parallel zur Ziehrichtung, z. B. in Töpfen u. Tuben, darf die Gleichmaßdehnung jedoch nicht überschritten werden. — Schrifttumsangaben. (Arch. Eisenhüttenwes. **26.** 761—67. Dez. 1955., Düsseldorf, Max-Planck-Inst. für Eisenforschung.) H. HOCHSTEIN. 6480

A. Schulze und **D. Bender,** *Über das Verhalten metallischer Heizleiter bei der Lebensdauerprüfung.* 1. Mitt. Nach einem Überblick über den Stand der Prüfung wird über eine Vereinfachung des Meßverf. zur Unters. des Zusammenhangs zwischen Lebensdauerkennziffer u. Temp., bei dem die Temp. der Prüfwendel lediglich durch Messen des Photostroms eingestellt wurde, berichtet. Die Ergebnisse der Prüfungen an Proben von austenit. u. ferrit. Legierungen mit einer Drahtstärke von 0,4 mm werden mitgeteilt. Die Kalt- u. Warmwiderstände wurden an diesen Werkstoffen bestimmt u. die Zusammenhänge zwischen Lebensdauerkennziffer u. Drahtstärke bei verschied. Tempp. für die verschied. Heizleiterwerkstoffe dargestellt. — 17 Schrifttumsangaben. (Metall **9.** 7—13. Jan. 1955. Berlin.) F. VIER. 6480

E. T. Myskowski und **H. F. Bishop,** *Eintauchthermoelemente für hohe Temperaturen.* Beschreibung der Bauart u. Anwendung eines Eintauch-Pt/Pt·Rh-Thermoelementes zur Messung von Tempp. geschmolzener Metalle über 2100° F. (Amer. Foundryman **23.** Nr. 4. 150—55. April 1953. Washington, D. C., Naval Res. Labor.) W. WESLY. 6480

Francisco Joanxich Aymá, *Metallographische Identifizierung der Sigmaphase in einem ferritischen Chromstahl und zwei austenitischen Chrom–Nickel-Stählen.* 2. Mitt. *Versuche mit zwei austenitischen Chrom–Nickel-Stählen.* (1. vgl. C. **1956.** 245) An 2 austenit. Cr–Ni-Stählen (18/8 u. 25/20) werden Unterss. über die σ-Phase mittels Härteproben, nach der metallograph. Meth. u. durch Best. der Schlagfestigkeit durchgeführt. Auch hier ergibt die einfache Meth. des mechan. Polierens mit elektrolyt. Ätzung gute Übereinstimmung mit den anderen Methoden. (Rev. Ci. apl. **8.** 112—31. März/April 1954.) R. K. MÜLLER. 6482

Sakari Heiskanen, *Metallographische Analyse und ihre Anwendung bei der Stahluntersuchung.* Zusammenfassende Darst.: Carbidisolierung; Meth. von KLINGER-KOCH; Lsg. von Zementit u. Isolierungsverss. in 1%ig. alkoh. HCl, bes. bei warmbehandeltem eutektoidem C-Stahl u. legiertem ferrit. Stahl (bessere Ergebnisse als mit neutraler Citratlsg.); Carbidanalyse (Best. von C, Mn, Cr, Fe u. Mo, Berechnung der Verteilung der Legierungselemente im Stahl); elektronenmkr. Unters. isolierter Carbide. — 29 Literaturzitate. (Jernkontorets Ann. **139.** 78—134. 1955.) R. K. MÜLLER. 6482

Justin G. Schneeman und **T. E. Piper,** *Fluoroskopische Untersuchung von Leichtmetallgußteilen.* Zusammenfassende Ausführungen über den Nutzen u. die Technik röntgenograph. Schirmbild-Unterss. an Leichtmetallgußteilen. Um Al- u. Mg-Gußteile erfolgreich fluoroskop. untersuchen zu können, soll bei einer Werkstoffdicke von 0,5 in. u. einem Schirmbildabstand von nicht mehr als 20 in. die Röhrenspannung bei 100 kV

u. die Stromstärke bei 10 mA liegen. Bei Steigerung der Dicke der Werkstücke auf $1^1/_8$ in. muß die Röhrenspannung auf 150 kV u. die Stromstärke auf 10—15 mA gesteigert werden. Erörterung von Sicherheitsfragen in diesem Zusammenhang. Die Fluoroskopie soll nicht die röntgenograph. Unters. ersetzen, sondern als zusätzliches Hilfsmittel abrunden. (Metal Progr. **60.** Nr. 5. 93—96. Nov. 1951. Los Angeles, X-ray Prod. Corp.; Hawthorne, Calif. Northrop Aircraft, Inc.) O. WERNER. 6484

C. Brachet, *Die Qualitätskontrolle von Röntgenaufnahmen für die Prüfung von Schweißungen.* Wegen der Fülle der Röntgenmeßmethoden wird ein Verf. vorgeschlagen, das die Auswertung der Güte einer Röntgenaufnahme rechner. gestattet. Als Gerät dient eine Lochscheibe, die eine Anzahl Durchbohrungen in den verschied. Stärken des Prüfstückes besitzt. Die Auswertung erfolgt aus den auf der Aufnahme sichtbaren Löchern. (Soudage Techn. connexes **9.** 131—40. Mai/Juni 1955.) H.-J. HEINRICHS. 6484

R. Izaki, *Deutsche Normen für röntgenographische Metalluntersuchungen und Schutzmaßnahmen.* Erläuterung der deutschen Normen für die Röntgenprüfung u. Schutzbestimmungen, nach DIN 1914, DIN RÖNT 5—7 u. DIN 54110. (Kinzoku [Metals] **23.** 599—602. Aug. 1953. [Orig.: japan.]) L. SCHULER. 6484

J. A. Kearney und **J. P. Brennan,** *Fest eingebaute Einrichtung zur radiographischen Untersuchung vereinigt Sicherheit mit Handlichkeit.* Beschreibung einer Vorr. zur Kontrolle von Gußteilen, die mit einer Röntgenröhre mit 250 kV u. einem ^{60}Co-Isotop mit 380 mC arbeitet. (Iron Age **174.** Nr. 11. 128—30. 9/9. 1954. Harrison, N. J., Spaulding Works, Crucible Steel Co. of America.) F. VIER. 6484

J. G. Wistreich, *Kaltverarbeitung von Metallen.* Erörtert wird das plast. Verh. von Metallen, u. es werden Fließfiguren wiedergegeben, die sich bei der Verarbeitung von Metall durch Walzen u. Ziehen von Draht, Stangen u. Rohren sowie durch Fließpressen ausbilden. Die Festigkeitseigg. der Enderzeugnisse sowie der Widerstand der Metalle gegen eine Verformung werden behandelt, u. auf die Bedeutung der Spannungs-Dehnungs-Kurve für die Kaltverformbarkeit wird eingegangen. Das Auftreten von hydrostat. Spannungen wird nachgewiesen. — 23 Schrifttumsangaben. (J. Iron Steel Inst. **180.** 51—59. Mai 1955. Liverpool, Metallurgical Soc. and Iron Steel Inst.) H. HOCHSTEIN. 6490

Shinji Fukui und **Mahito Kunogi,** *Tiefziehen von rostfreiem Stahl.* (Rep. sci. Res. Inst. [Kagaku-Kenkyujo-Hokoku] **29.** 88—97. März 1953. [Orig.: japan.]) L. SCHULER. 6490

H. R. Letner, *Modernes Bild des Schleifvorganges.* Zusammenfassende Beschreibung moderner Ansichten über die Mikrovorgänge beim Schleifen auf Grund der neueren Literatur mit kürzerem Eingehen auf das Polieren u. die Wirkungen falscher Arbeitsweise auf Oberfläche u. Grundmaterial. — 23 Literaturstellen. (Steel Processing **40.** 774—79. 798. Dez. 1954. Mellon Inst.) H. ECKHARD. 6490

Walter E. Littmann und **John Wulff,** *Der Einfluß des Schleifvorganges auf das Gefüge von gehärtetem Stahl.* Die Temperaturverteilung in gehärtetem *SAE 52100-Stahl* wurde mittels eines in der Nähe der Schleiffläche angebrachten Konstantan-Thermoelementes gemessen. Sie wurde zu Gefügeveränderungen u. mit der beim Schleifen angewandten Energie in Beziehung gebracht. Hierbei zeigt sich u. a., daß eine Höchsttemp. von ca. 345° erforderlich ist, um ein Anlassen eines auf 64 ROCKWELL-C-Einheiten vergüteten Stahles zu bewirken. — 12 Schrifttumsangaben. Diskussion. (Trans. Amer. Soc. Metals **47.** 692—714. 1955.) H. HOCHSTEIN. 6490

R. Junker, *Die künstlichen Schleifrohstoffe und ihre Erzeugung.* Allg. Ausführungen. Behandelt wurden: Si-Carbid, Elektrokorund, Be-Oxyd, B-Carbid u. Stahlkorn. (Fertigungstechnik **2.** 309—10. Okt. 1952. Leipzig.) M. WINIKER. 6490

A. Richter, *Neue Zerspanungsversuche mit keramischen Schneiden.* Bericht über einige orientierende Verss., denen zufolge hochfeuerfeste keram. Werkstoffe unter gewissen Voraussetzungen als Zerspanungswerkzeuge bei der Bearbeitung von Stahlguß u. Leichtmetallen eingesetzt werden können. (Fertigungstechnik **2.** 291. Okt. 1952. Dresden, TH.) M. WINIKER. 6490

E. Frey und **P. Frey,** *Spanabhebende Bearbeitung von Leichtmetall mit Hartmetallwerkzeugen.* Überblick über das Drehen, Fräsen u. Bohren von Leichtmetallgegenständen. (Aluminium Suisse **5.** 93—96. Mai 1955. Menziken, Aluminium Akt.-Ges.) F. VIER. 6490

A. I. Issajew und **N. I. Taschlitzki,** *Die Verwendung von Kohlensäure zur Erhöhung der Schneidhaltigkeit von Werkzeugen.* Die Verwendung von gasförmigem CO_2, das in die Schneidzone eingeblasen wird, erhöht die zulässige Schneidgeschwindigkeit um 15—20% bei Verwendung von Schnellarbeitswerkzeugen aus legiertem Stahl mit ferrit.-perlit. Gefüge sowie mit körnigem Perlit. Bei Vergrößerung der Spandicke nimmt die Wirksamkeit von gasförmigem CO_2 noch etwas zu. Bei niedriglegierten Schnellarbeitswerkzeugen der Ferrit-Perlit-Klasse, austenit. Stählen sowie Hartmetallfräsern ergibt die Verwendung von CO_2 keine Verbesserung der Schneidhaltigkeit. Die Verwendung von fl. CO_2, das sich beim Verlassen der Düse in CO_2-Schnee umwandelt, gibt im Vgl. zum gasförmigen CO_2 keine merkliche Verbesserung in der Schneidhaltigkeit, sondern führt nur zu einem unnütz erhöhten CO_2-Verbrauch. (Вестник Машиностроения [Nachr. Maschinenbau] **35.** Nr. 11. 42—48. Nov. 1955.) H. HOCHSTEIN. 6490

B. B. Hundy, *Vermeiden von Fließfiguren in niedriggekohlten Stahlpreßlingen.* Es wird gezeigt, daß Stahlbleche, die unter geringem Druck gewalzt worden waren, hohe Restspannungen aufweisen; diese Spannungen verdecken die Streckgrenzendehnung u. ermöglichen es, daß die Bleche nach einer merklichen Alterung ohne Auftreten von Fließfiguren gepreßt werden können. (J. Iron Steel Inst. **178.** 127—38. Okt. 1954. Sheffield.) H. HOCHSTEIN. 6490

D. E. Brooks, *Nahtlose Rohre. Ein allgemeiner Überblick über die laufende Betriebspraxis.* (Iron and Steel **27.** 459—61. Sept. 1954.) H. HOCHSTEIN. 6490

F. C. Hull und **Howard Scott,** *Induktive Erhitzung für eine kontinuierliche Wärmebehandlung von Blechen und Bändern.* Beschreibung der Induktionsheizeinrichtung für die Wärmebehandlung von Blechen u. Bändern aus niedriggekohltem *Eisen* u. *Al*-Legierungen mit 4,5 (%) *Cu*, 0,6 *Mn*, 1,5 *Mg*, Rest *Al*. Es werden Angaben über die zum Weichwerden der Bleche u. Bänder erforderlichen Zeiten bei verschiedenartiger Erhitzung (im Salzbad oder im kontinuierlichen Verf.) gemacht. Beim kontinuierlichen Induktionsverf. kann beim Vergüten von Stahlmaterial ein Weichwerden der Kanten vermieden werden. (Metal Progr. **61.** Nr. 2. 57—61. Febr. 1952. East Pittsburgh, Pa., Westinghouse Res. Labors.) H. HOCHSTEIN. 6492

E. Gąsior, *Diffusionschromierung von Stahl.* Es wird eine Übersicht über die Entw. der Diffusionschromierung von Stahl gegeben. Die theoret. Grundlagen des heute angewendeten Verf. (Erhitzen in Cr- oder Ferrochrompulver in Ggw. von NH_4Cl u. Al_2O_3) werden behandelt. Es werden eigene Unterss. über das Zusammenbacken der Chromierungsmischungen, über die Dicke der Cr-Diffusionsschicht in Abhängigkeit von der Zeit u. Temp. des Erhitzens sowie über Korrosionsbeständigkeit der so behandelten Stähle gegen Salznebel, SO_2, HNO_3 u. H_2SO_4 angeführt. — 32 Literaturangaben. (Prace Inst. Ministerstwa Hutnictwa **7.** 1—10. 1955.) F. URBAN. 6492

G. N. Dubinin, *Die Erscheinung der „Umbildung" der Diffusionsschicht von verchromtem Stahl bei hohen Temperaturen.* Als „Umbldg." der Diffusionsschicht wird der Vorgang bezeichnet, der zur Verringerung der Konz. des Cr in der Oberflächenschicht führt. Es werden Mikrophotographien der Querschnitte von verchromtem Fe (0,03% C) gezeigt, welches in der Gasphase bei 1300° im Mittel 3 Std. behandelt wurde. Die Konz. der Legierungsbestandteile in den verschied. Tiefen der Oberflächenschicht wurden ermittelt u. der Faktor für die „Umbldg." in Abhängigkeit vom Material u. der Temp. festgestellt. (Вестник Машиностроения [Nachr. Maschinenbau] **34.** Nr. 10. 84—87. Okt. 1954.) A. KUNZE. 6492

R. F. Helmkamp, *Brennschneiden mit elektronischen und magnetischen Anreißern.* Vgl. des elektron. u. magnet. Anreißens, Beschreibung der Geräte, ihrer Wirkungsweise u. der Schablonen mit zahlreichen Abb. u. Arbeitsgenauigkeit. (Steel Processing **40.** 786—92. Dez. 1954. Air Reduction Sales Co.) H. ECKHARD. 6502

B. Liebesman, *Entwicklung der Verwendung gasförmiger Flußmittel für die Verbindung von Metallen.* Übersicht über die chem. Vorgänge u. techn. apparativen Einrichtungen bei der Verwendung gasförmiger Flußmittel zum Schweißen, Hartlöten u. Schweißlöten von Metallen. — Diskussion. (Soudage Techn. connexes **9.** 119—26. Mai/Juni 1955. L'Inst. Techn. de Normandie.) H.-J. HEINRICHS. 6506

J. G. Solomon, *Die Eigenheiten der Schutzgasschweißung.* Übersicht über Ausführung u. Zubehör der Schutzgasschweißung. — 20 Literaturhinweise. (Australas. Engr. **45.** 56—62. 7/5. 1953. Lithgow, Neusüdwales, Small Arms Factory.) W. WESLY. 6506

E. L. Turner und **W. F. Heller,** *Helium-Stickstoff-Schutzgas verbessert das Schweißen niedriggekohlten Stahls.* Prakt. Vgl. von (He + N_2)- mit (He + Ar)-Schutzgaselektroschweißungen. Durch die Rekombinationswärme des prim. dissoziierten N_2 entsteht eine günstigere Wärmeübertragung während des Schweißvorganges, wodurch bei geringerem Stromverbrauch mechan. bessere Schweißverbb. erhalten werden. — Schliffbilder, Röntgendiagramme. (Steel Processing **40.** 767—69. 798. Dez. 1954. Gen. Motors Corp., Buick-Oldsmobile-Pontiac, Assembly Div.) H. ECKHARD. 6506

Helmut Thielsch, *Die physikalische und die Schweißmetallurgie von rostfreien Chromstählen.* Übersicht über die Metallurgie der martensit. u. ferrit. rostfreien Cr-Stähle, ihre Eigg., die Einw. der Legierungselemente u. das Schweißen dieser Stähle. — 213 Schrifttumshinweise. (Welding J. **30.** Nr. 5. Welding Res. Council Engng. Foundat. 209s—250s. Mai 1951. New York, N. Y., Welding Res. Counc.) W. WESLY. 6506

A. Leroy, H. Granjon und **M. Evrard,** *Über ein Verfahren zur Beruhigung der Schweißstellen beim Schweißen von Stählen.* Beim Schweißen von Stählen entsteht durch Rk. von C mit FeO Aufschäumen, wodurch die Schweißstellen porös werden. Man kann diese Gasentw. auffangen, indem man beim Schweißvorgang Beruhigungsmittel, wie *Si* oder *Al*, zusetzt oder die Schweißränder mit diesen Mitteln behandelt. — Diskussion. (Soudage Techn. connexes **9.** 127—30. Mai/Juni 1955. Office Central et Inst. de Soudure.) H.-J. HEINRICHS. 6506

H. E. Dixon und **J. H. Gameson,** *Die Kennwerte der Maschine zur Abschmelzschweißung von Aluminiumlegierungen.* Übersicht über die Eigg. von Leicht- (Al-) Legie rungen, ihre Schweißung nach dem Abschmelzverf. u. Bau, Betrieb, Überwachung u Kennwerte der Abschmelzschweißmaschine. — 26 Schrifttumshinweise. (Welding Res **5.** 163r—72r. April 1951.) W. WESLY. 6506

M. Riddihough und **S. Grainger,** *Stellit in der Schmiedeindustrie.* Neue oder beschädigte Stanzwerkzeuge werden durch Auftragsschweißung mit wärme- u. abriebbeständigen Schweißstäben geschützt oder wiederhergestellt. Hierzu eignen sich bes. Stellit 6, eine Co-Legierung, u. Stellit C, eine Ni-Legierung, mit hohen ROCKWELL-Härten. Die Arbeitsweise wird im einzelnen beschrieben. (Welding Metal Fabricat. **21.** 242—44. Juli 1953. Deloro Stellite Ltd.) W. WESLY. 6506

P. C. van der Willigen und **L. F. Defize,** *Bestimmung der Tropfengröße bei Lichtbogenschweißung aus Zeitlupenaufnahmen.* Es wird eine Filmvorr. (3000 Bilder/Sek.) zur Messung der Größe der zum Werkstück übergehenden Schweißguttropfen beschrieben. Neben Silhouettenfilmen wurden mit derselben Bildfrequenz farbige Aufnahmen gemacht. Die Ergebnisse verschied. Schweißelektroden werden kurz besprochen. (Philips' techn. Rdsch. **15.** 73—80. Sept. 1953.) C. GOTTFRIED. 6506

K. Leich, *Die Oberflächenbehandlung in der Elektroindustrie unter besonderer Berücksichtigung der Fernmeldetechnik.* Bericht über die Herst. von Überzügen. — 34 Schrifttumsstellen. (Metall **9.** 478—82. Juni 1955. Stuttgart.) F. VIER. 6508

—, *Oberflächenbehandlung von Metallgegenständen.* Überblick über die hauptsächlichen Überzugsverff.: Umwandlung der Oberfläche, z. B. durch Phosphatieren, Metallüberzüge, organ. u. anorgan. Überzüge. (Materials and Methods **42.** Nr. 3. 117—32. Sept. 1955.) F. MARKHOFF. 6508

Paul H. Margulies, *Metalloberflächenbehandlung mit Peroxydverbindungen.* Überblick über die Verwendung von Peroxyden beim Glänzen, Reinigen, Abätzen von Pb- u. Au-Schichten, Färben u. Passivieren von Metalloberflächen. (Plating **42.** 561—66. Mai 1955.) F. VIER. 6512

Je. M. Saretzki, *Elektrolytisches Polieren sowie Nachkorrigieren von chromhaltigen Elektrolyten.* Es werden prakt. Hinweise zum rationellen Elektropolieren von Stahleinzelteilen an Textilmaschinen gegeben: Verwendung eines Diaphragmas, Nebenschluß an der Pb-Anode, Stromregulierung, Regeneration des Elektrolyts. (Текстильная Промышленность [Textil-Ind.] **14.** Nr. 10. 36—38. Okt. 1954.) A. V. WILPERT. 6514

A. E. R. Westman und **F. A. Mohrnheim,** *Der Einfluß der physikalischen Eigenschaften der Metalle und ihrer mechanischen Vorbehandlung auf die Herstellung elektrolytischer Überzüge.* 2. Mitt. (1. vgl. C. **1956.** 4272.) Schrifttumsübersicht. (Plating **42.** 417—21. April 1955.) F. VIER. 6514

Robert T. Gore, *Elektrolytische Zinn–Nickel-Legierungsüberzüge.* Niedergeschlagen werden Überzüge mit 65 (%) Sn u. 35 Ni in einer Schichtdicke bis 0,01in. aus einer Badlsg. mit 6,4 (oz/gal) $SnCl_2$, 40,0 $NiCl_2$, 7,5 $(NH_4)HF_2$ u. nur so viel NH_4OH, daß der p_H-Wert 2—2,5 beträgt. Eigg. u. Anwendungsmöglichkeiten, bes. Angaben über die Korrosionsbeständigkeit gegen verschied. Säuren u. andere chem. Verbb. in Lsgg. u. in der Atmosphäre. (Materials and Methods **42.** Nr. 4. 102—05. Okt. 1955. Metal & Thermit Corp.) F. MARKHOFF. 6516

H. Reininger und **R. Rengshausen,** *Neuere Rostschutz-Spritzmetallisierungen in Österreich.* Überblick mit Schrifttumsstellen. (Metall **9.** 487—88. Juni 1955. Bad Schandau u. Wien.) F. VIER. 6516

Herbert Kenmore, *Elektrolytische Herstellung von duktilen Metallüberzügen auf Stahldrähten.* Beschreibung einer Elektroplattiereinrichtung zur Herst. von *Cu*- oder *Ni*-Überzügen auf Stahldrähten. Nach dem Plattieren wird der Draht gezogen u. warmbehandelt, ohne daß der Überzug abblättert. (Iron Age **174.** Nr. 20. 117—19. 11/11. 1954. Jersey City, Kenmore Metals Corp.) F. VIER. 6516

Wolfgang Gruhl und **Irmgard Eisenhuth,** *Ausrichtung der Kristalle bei verzinktem Stahldraht nach dem Ziehen.* Die kristallograph. Vorzugslagen in der Zn-Schicht eines verzinkten u. anschließend kaltgezogenen Stahldrahtes werden bestimmt. Hierbei zeigt

sich, daß im nichtverformten Zustand keine Vorzugslagen beobachtet werden u. daß die Zn-Schicht teilweise grobkristallin ist. Nach bereits 30%ig. Verformung bildet sich zunächst eine doppelte Kegelfasertextur aus. Die Streuungen der Textur sind noch sehr groß. Mit zunehmender Verformung verschwindet allmählich die doppelte Kegelfasertextur zugunsten einer einfachen, bei der der Kegelmantel, zu dem die hexagonalen Grundflächen des Zn parallel liegen, nach der Ziehrichtung hin geöffnet ist. Bei Ziehgraden über 85% wird auch die Textur des Eisenkerns im Röntgenbild sichtbar. Sie entspricht einer einfachen Fasertextur mit einer [1 1 0]-Richtung als Faserachse, die der Drahtachse parallel liegt. Die Streugrenzen dieser Textur betragen bei einem Verformungsgrad von 96% nur ca. $\pm 5^0$. (Stahl u. Eisen **75.** 1100—01. 25/8. 1955. Aachen, Rhein.-Westfäl. TH, Inst. für Metallhüttenkunde u. Elektrometallurgie.)
H. HOCHSTEIN. 6522

T. J. Connor und **W. R. Wilson,** *Für elektrische Zwecke: Silberüberzogene Aluminiumleiter.* Ag als Edelmetall hat die Neigung, in seinem natürlichen metall. Zustand zu verharren. Es ist daher geeignet, in beschriebener Weise als Überzug für Al gebraucht zu werden, um Oxydbldg. u. damit erhöhten Widerstand zu verhindern. (Mod. Metals **9.** Nr. 6. 50—56. Juli 1953. Philadelphia, Pa., General Electric Co.) H.-J. HEINRICHS. 6526

J. W. Matthews und **H. H. Uhlig,** *Natriumhydroxyd als Inhibitor bei Lochfraßkorrosion von 18-8-Edelstahl.* 18-8-Edelstahl korrodiert in Form von sichtbarem Lochfraß, wenn er bei 90^0 einer belüfteten 4%ig. NaCl-Lsg. ausgesetzt wird. Bereits 0,8% NaOH verhindern den Lochfraß. (Corrosion [Houston] **7.** 419—22. Dez. 1951.)
F. TÖDT. 6538

H. Steinle, *Die Spannungskorrosion von Messing und ihre Verhütung durch Silicium.* Durch Zusatz von Si zu Messing kann die Spannungskorrosion verhindert werden. Während bei *Ms 63* u. *Ms 72* Schweißpunkte nach 2—3 Std. in einer NH_3-Atmosphäre Risse zeigten, traten bei *Ms 76* mit 0,9 Si nach 48 Std. in feuchtem NH_3 keine Spannungskorrosionsrisse an den Schweißpunkten u. -nähten auf. Zusätze über 1% Si zeigen keine wesentliche Verbesserung, dagegen nimmt die Härte u. Kaltverfestigung zu, so daß Zwischenglühungen beim Kaltverformen notwendig werden; es wird deshalb vorgeschlagen, Messing mit ca. 1% Si im Kühlschrankbau einzuführen. (Metall **9.** 492—95. Juni 1955. Stuttgart, Robert Bosch G. m. b. H.) F. VIER. 6538

N. P. Inglis und **E. C. Larke,** *Korrosions-Ermüdungs-Eigenschaften einer Aluminium-Magnesium-Silicium-Legierung unter ungeschützten und anodisch behandelten Bedingungen sowie unter Farbanstrich.* Die Dauerfestigkeit (I) einer wärmebehandelten Al-Legierung mit 0,07 (%) Cu, 0,20 Fe, 0,58 Mn, 0,61 Mg, 0,94 Si u. Spuren Ti wurde in Luft sowie unter Einw. von dest. W., n. Leitungswasser sowie einer 3%ig. NaCl-Lsg. bestimmt. Die **I** der Legierung wurde stark in Ggw. dieser Fll. erniedrigt, wobei die Korrosions-Ermüdungs-Festigkeit in Leitungswasser aus Birmingham oder London etwa die Hälfte von der in Luft war, während sie in der Salzlsg. nur 25% derjenigen in Luft ausmachte. Eine anod. Behandlung wirkt gegen die Korrosionsermüdungseinfll., obgleich die **I** in Luft des anod. behandelten beträchtlich geringer als die des ungeschützten Metalls war. Der Farbanstrich ergab einen außerordentlich wirksamen Schutz auch unter den schwersten Korrosions-Ermüdungs-Bedingungen, wobei die **I** des angestrichenen Materials in der Salzlsg. besser als die des ungeschützten Materials bei einer Prüfung an Luft war. — Schrifttumsangaben. (J. Inst. Metals **83.** 117—20. Dez. 1954. Birmingham, Imp. Chem. Ind. Ltd.) H. HOCHSTEIN. 6538

Wilhelm Oburger, *Zum Korrosionsschutz von Rohrleitungen.* Um einen wirksamen Korrosionsschutz unterird. verlegter Rohrleitungen zu erzielen, ist es notwendig, die Rohre von der Bodenfeuchtigkeit zu isolieren u. den Einfl. vagabundierender elektr. Ströme auszuschalten. Ein Isolationssystem aus Glasfaser u. Bitumen hat sich dafür gut bewährt. Bei zusätzlicher Anwendung kathod. Schutzes kann billigerer Glasfilz oder -schleier an Stelle von Glasfasergewebe verwendet werden. Eingehende Beschreibung der Isolierung durch Glasfasern. (Elektrotechn. u. Maschinenbau **70.** 34—37. 15/1. 1953. Wien.) H. SPINDLER. 6538

B. Trautmann, *Praktische Anwendung von Zinkanoden für den kathodischen Schutz von Rohrleitungen.* Der Strombedarf für den kathod. Schutz von Rohrleitungen aus *Eisen* durch Zn-Anoden ist abhängig von der Leitfähigkeit des Bodens, der Oberfläche der zu schützenden Rohrleitung u. der Schutzumhüllung der Leitung. Er schwankt zwischen 10 u. 160 mA/m². Die Eigg. der Zn-Anoden werden besprochen u. Beispiele für die Anodenumhüllung je nach Bodenart gebracht. Zn-Anodenschutzanlagen werden erörtert. (Metall **9.** 649—51. Aug. 1955. Köln-Marienburg.) F. VIER. 6538

Loren W. Smith, *Korrosionsergebnisse bei Schweißverbindungen von Aluminiumlegierungen für Flugzeuge.* Reine Legierungen vom Typ *24 S* (Cu-Mg-Mn-Al) u. vom Typ 75 S sind im geschweißten Zustand sehr anfällig gegen interkristalline Korrosion

u. daher nur begrenzt verwendbar. Eine Verringerung dieser Korrosion wird durch eine nachträgliche Wärmebehandlung erreicht. *75 S* neigt bis zu einem gewissen Grade nach erfolgter Wärmebehandlung zur Spannungskorrosion. Wenn eine völlige Korrosionsverhütung verlangt wird, ist zum Schweißen die Legierung *61 S* zu verwenden. (Corrosion [Houston] **7.** 423—37. Dez. 1951.) F. TÖDT. 6540

B. J. Mulvey und **J. F. Quinlan**, *Korrosion von Kabelummantelungen in Papierfabriken.* Mehrere Metalle u. Legierungen, darunter säurefester Stahl, Bronze, Monel sowie verschied. Al- u. Ni-Typen wurden hinsichtlich ihrer Eignung zur korrosionsfesten Ummantelung von in Papier- u. Zellstoffabriken verlegten Starkstromkabeln geprüft. Die Muster wurden in einer Sulfat- u. einer Sulfitfabrik an bes. korrosionsgefährdeten Stellen ausgelegt u. nach Ablauf von 6 Monaten, 1 u. 3 Jahren untersucht. Die Ergebnisse zeigen, daß Al gut geeignet u. Bronze überlegen ist. Das Ausmaß der Korrosion bei Al war etwa in der gleichen Größenordnung wie bei säurefestem Stahl, doch war bei den Korrosionserscheinungen an Al das Auftreten von „Löchern" geringer. (Tappi **38.** 403—08. Juli 1955. Bridgeport, Conn., General Electric Co.)
L. G. SCHEURING. 6540

Wardley D. McMaster, *Der 5%-Salzsprühnebeltest und seine Abwandlung mit Acetaten.* Durch Verss. mit verchromten, verzinkten u. mit Cd überzogenen Proben wurde nachgewiesen, daß der Kurzkorrosionstest mit 5%ig. Salzsprühnebel schnellere u. klarere Ergebnisse liefert, wenn an Stelle von Neutralsalz Acetate verwendet werden. — 16 Schrifttumsstellen. (Plating **42.** 904—06. Juli 1955.) F. VIER. 6540

James Fernando Jordan, Huntington Park, Calif., V. St. A., *Herst. von Titan* durch Rk. eines Ti-Chlorids mit *Mg*, *K* oder *Na* unter Bldg. von Ti u. dem Chlorid des Reduktionsmittels (I) u. Trennen des Ti von demselben, dad. gek., daß aus mindestens einem der Halogenide CaF_2, $CaCl_2$ u. MgF_2 eine Schmelze hergestellt wird, deren Kp. über dem F. des Ti u. dem Kp. des Chlorids des **I** liegt. Man erhitzt dann die Schmelze auf eine Temp., die zwischen dem F. des Ti u. des Chlorids des **I** einerseits u. dem Kp. der Schmelze andererseits liegt, u. trägt in die Schmelze die Ti-Chloride u. das **I** ein. Das dabei entstehende Ti sinkt durch die Schmelze u. sammelt sich am Boden an, während die gebildeten Chloride des **I** in Dampfform abgezogen werden. Das Verf. ist außer auf Ti auch auf die Herst. von *Zr*, *Th* oder *Hf* anwendbar. Auch können durch Zusatz anderer Metallchloride zu der Halogenidschmelze Legierungen des Ti, z. B. durch Zusatz von Cr-Chlorid, eine Ti–Cr-Legierung hergestellt werden. (**A. P. 2 667 413** vom 15/1. 1951, ausg. 26/1. 1954.) G. APEL. 6449

W. C. Heraeus G. m. b. H., Deutschland, *Platinlegierungen* bestehen aus Pt oder Pt-Metallen, z. B. *Pt–Ir* oder *Pt–Rh*, die 0,01—0,15% *Oxyde* des *Cr*, *Zr* u. *Th* enthalten. Die Legierungen werden zu Gefäßen für chem. aggressive Stoffe, wie Tiegel, Treibherde u. dgl., verarbeitet. (**F. P. 1 078 778** vom 13/6. 1953, ausg. 23/11. 1954. D. Prior. 17/6. 1952.) C. GÖTZE. 6465

Daimler-Benz Akt.-Ges., Deutschland (Erfinder: **Friedrich Nallinger**), *Herstellung von Sintermetall.* Die Metallpulverteilchen, die zweckmäßig eine längliche Gestalt haben, werden auf eine Unterlage gebracht u. der Wrkg. eines elektr. oder magnet. Feldes ausgesetzt. Dabei kann das Feld von der Unterlage selbst ausgehen, u. die Teilchen können vorher schon elektr. geladen oder magnetisiert werden. Das gesinterte Metall dient zur Herst. einer Lagerunterschicht, auf die die Laufschicht, z. B. durch Aufgießen, gebracht wird. (**F. P. 1 072 824** vom 10/3. 1953, ausg. 16/9. 1954. D. Prior. 26/3. 1952.)
C. GÖTZE. 6475

Soc. Continentale Parker, Frankreich, *Behandlung von Metalloberflächen.* Zur Verbesserung der Einw. von Entfettungs-, Beiz- u. Phosphatierungsbädern auf die zu behandelnde Oberfläche läßt man auf das Bad Ultraschall im Bereich von 10000 bis 100000 Perioden/sec einwirken. (**F. P. 1 078 529** vom 24/3. 1953, ausg. 18/11. 1954.)
F. MARKHOFF. 6509

Bell Telephone Laboratories, Inc., New York, N. Y., übert. von: **Ralph A. Logan**, Morristown, und **Morgan Sparks**, Basking Ridge, N. J., V. St. A., *Herstellung von Halbleitern aus Germanium.* Um eine Veränderung der elektr. Charakteristik des Ge durch Eindiffundieren von geringen Mengen Cu zu verhindern, werden die Ge-Teile nach dem Polieren in eine *KCN*-Lsg. getaucht, die etwa vorhandenes Cu auflöst. (**A. P. 2 698 780** vom 3/2. 1953, ausg. 4/1. 1955.) F. MARKHOFF. 6513

Richard Springer, Frankfurt/M., *Elektrolytisches Entrosten oder Entzundern von Metallen, besonders Eisen und Stahl.* Die Gegenstände werden kathod. oder mit wechselnder Polung in *ätzalkal. Lsgg.* bei Tempp. von ca. 110—145° behandelt. Bei 20 A/dm²

Stromdichte beträgt die Entrostungsdauer nur 3 Minuten. (**D. B. P. 937 209** Kl. 48a vom 10/4. 1952, ausg. 29/12. 1955. Anmeldung bekanntgemacht 30/6. 1955.) F. MARKHOFF. 6515

Dr. Hesse & Cie. (Erfinder: **Artur Kutzelnigg**), Bielefeld, *Galvanische Abscheidung glatter Metallüberzüge.* Metalloberflächen, die nur geschliffen, aber nicht poliert sind, werden vor der Glanzgalvanisierung mit einem *Fe*-Überzug solcher Stärke auf galvan. Wege versehen, daß Unebenheiten der Unterlage ausgeglichen werden. Hierzu wird ein Fe-Bad verwendet mit 487 (g/Liter) $FeCl_2$, 4,9 $MnCl_2$ u. 0,9 *Gardinol.* p_H-Wert 2. Stromdichte 5 A/dm². (**D. B. P. 934 262** Kl. 48a vom 13/2. 1953, ausg. 13/10. 1955. Anmeldung bekanntgemacht 21/4. 1955.) F. MARKHOFF. 6517

National Research Corp., Middlesex County, übert. von: **Robert A. Stauffer**, Weston, Mass., *Herstellung von Überzügen aus Chrom, Wolfram oder Molybdän.* Die zu überziehenden Gegenstände werden mit einer Mischung eines gepulverten inerten Füllers, z. B. Al_2O_3, u. des gepulverten *Carbonyls* des Überzugsmetalles umgeben. Der Anteil des Füllers soll 10—70% der Gesamtmischung betragen. Dann wird auf Tempp. bis 170° erhitzt, wobei sich ein Überzug des entsprechenden Metalls abscheidet. Cr-Überzüge werden zur Erhöhung der Verschleißfestigkeit von Schneidwerkzeugen verwendet, während W- u. Mo-Überzüge die Temperatur- u. Korrosionsfestigkeit erhöhen. (**A. P. 2 698 810** vom 25/8. 1950, ausg. 4/1. 1955.) F. VIER. 6517

Thompson Products, Inc., Cleveland, übert. von: **Robert A. Kempe**, Euclid, und **Robert R. Ruppender**, Cleveland, O., V. St. A., *Herstellung von Überzügen auf hochschmelzenden Metallen*, wie *W* oder *Mo*, durch Abscheiden von *Si*, *Al* oder *Zr* aus ihren Chloriden, Bromiden oder Jodiden. Si kann auch durch Überleiten von Trichlorsilan abgeschieden werden. Der zu überziehende Gegenstand wird, eingebettet in einer porigen keram. Packung, in einen geschlossenen Behälter gebracht, dessen Wände eine Porosität von 25—85% haben u. frei von Rissen u. Kanälen sind. Das auf den Behälter geleitete Gemisch von H_2 u. dem dampfförmigen Halogenid des Überzugsmetalls diffundiert durch den Behälter u. scheidet auf dem induktiv beheizten Gegenstand das entsprechende Metall ab. Auf diese Weise gelingt es, einen dichten gleichmäßigen Überzug ohne Fehlstellen zu erhalten. — Z. B. entsteht beim Behandeln von Teilen aus Mo mit Si-Verbb. ein äußerer Überzug aus reinem Si auf einer Schicht aus Si u. Si-reichen Verbb., wie Mo_2Si. Darunter liegt eine Zwischenschicht, die Verbb. der Type MoSi enthält. — Zeichnung, Gefügebild. (**A. P. 2 689 807** vom 16/6. 1950, ausg. 21/9. 1954.) F. VIER. 6517

Standard Telephones & Cables Ltd., London, England, *Herstellung von Metallüberzügen auf hitzebeständigen Metallen.* Auf den Kern aus *Ta*, *Mo*, *Nb* oder *W* wird das Hydrid von *Zr*, *Si* oder *Ti* aufgebracht u. durch Erhitzen auf Sintertemp. — mindestens 1700° — im Vakuum oder inerter Atmosphäre der entsprechende Metallüberzug hergestellt. Dann wird C, z. B. Graphitpulver, in einer Lsg. von Pyroxylin in Amylacetat aufgebracht u. zur Bldg. des Carbids erhitzt. — Z. B. wird auf einen Kern aus Ta ZrH_2 aufgebracht, das durch Erhitzen auf Sintertemp. für 1—3 Min. unter Bldg. einer Zwischenschicht von Ta_2Zr in einen Zr-Überzug umgewandelt wird. Nach Aufbringen der C-Schicht wird 25 Min. lang auf Sintertemp. erhitzt, wobei sich ein ZrC-Überzug mit einer Zwischenschicht aus Ta_2ZrC_3 bildet. Die Schichten dienen als Sperrschichten gegen das Eindringen von Substanzen, die mit dem Gegenstand in Berührung kommen, in den Kern. Das Verf. findet z. B. bei der Herst. von Gittern für Elektronenentladungsvorrichtungen Verwendung. In diesem Fall kann noch ein Überzug aufgebracht werden, der eine Elektronenemission verhindert, z. B. aus C oder einem Pt-Metall. (**E. P. 729 449** vom 21/3. 1952, ausg. 4/5. 1955. A. Prior. 11/5. 1951.) F. VIER. 6517

Blaupunkt-Elektronik G. m. b. H., Berlin, *Abdichten von aus normalem Elektrolytkupfer hergestellten Gefäßen für Elektronenröhren.* Die Gefäße werden mit einer dünnen Auflage, ca. 2—4 μ, eines niedrigschm. oder mit dem Grundmetall niedrigschm. Eutektica bildenden Metalles galvan. oder durch Tauchen in eine Schmelzbad versehen u. danach im Hochvakuum einem Glühprozeß bei 900—950° unterworfen u. entgast. Als Auflagemetall wird z. B. *Ag* oder *Sn* verwendet. (**Oe. P. 181 902** vom 15/1. 1954, ausg. 10/5. 1955. D. Prior. 17/1. 1953.) F. MARKHOFF. 6517

Soc. Continentale Parker, Frankreich (Erfinder: **William S. Russel**), *Lösung zur Schnellphosphatierung von Metalloberflächen*, bestehend aus einem schichtbildenden Phosphat, wie einem *Phosphat* des *Fe*, *Zn* oder *Mn*, einem Oxydationsmittel, wie *Nitraten, Nitriten, Chloraten, Bromaten, Sulfiten, Nitrobenzolsulfonaten, Pikrinsäure* oder *Hydroxylamin*, sowie einer *α-Aminopolycarbonsäure*, wie *Äthylendiamintetraessigsäure.* Der p_H-Wert der wss. Lsg. soll 1,9—3,5 sein. (**F. P. 1 086 955** vom 27/8. 1953, ausg. 17/2. 1955. **E. P. 733 235** vom 19/11. 1952, ausg. 6/7. 1955. Beide A. Prior. 28/8. 1952.) F. MARKHOFF. 6533

Soc. Continentale Parker, Frankreich, *Verhindern der Schlammbildung in Phosphatierungslösungen.* Den Lsgg. werden 0,05—3% *Weinsäure, Sulfosalicylsäure* oder deren Salze oder *Dextrin* zugesetzt, z. B. *K–Na-Tartrat.* (**F. P. 1 094 317** vom 2/6. 1953, ausg. 18/5. 1955. E. Priorr. 6/6. u. 1/7. 1952.) F. Markhoff. 6533

Soc. Continentale Parker, Frankreich (Erfinder: **Peter Borghetti** und **Walter R. Cavanagh**), *Erzeugung schwarzer Überzüge auf Metallen.* Die Gegenstände werden mit einer sauren wss. Lsg. behandelt, die mindestens 0,125 (%) *Fe II*-Ionen, mindestens 0,1 *Zn*-Ionen, ca. 0,0006—0,012 *S*-Ionen u. Ionen eines Metalles enthalten, das ein schwarzes Sulfid bildet, wie *Ni, Pb, Sn, Co, Cu* u. *Ti.* Der Gesamtgeh. von Metallionen soll mehr als 0,5% betragen. — Z. B. werden 16,4 (g) $Zn(H_2PO_4)_2 \cdot 2aq.$, 8,2 H_3PO_4 (75%ig), 8 $FeCl_2$, 3,5 $NiSO_4 \cdot 6aq.$ u. 11,7 $Zn(NO_3)_2 \cdot 6aq.$ in so viel W. gelöst, daß 4 Liter Lsg. entstehen. Diese Lsg. wird auf 90° erwärmt. Nach 1½ Std. werden 2 g $Na_2S_2O_3$ zugesetzt u. in Lsg. gebracht. In diese Lsg. werden die Gegenstände getaucht, dann in verd. CrO_3-Lsg. u. anschließend in Öl getaucht, das mit einem Inhibitor versetzt ist. (**F. P. 1 092 299** vom 17/7. 1953, ausg. 20/4. 1955. A. Prior. 27/3. 1953.) F. Markhoff. 6535

IX. Organische Industrie.

Claude J. Schmidle und **Richard C. Mansfield,** *Katalyse durch Anionenaustauscherharze.* Anionenaustauscherharze wirken katalyt. bei der Darst. von *Cyanhydrinen* aus HCN u. Aldedyden u. Ketonen, von *Nitroalkoholen* aus Aldehyden u. Nitroparaffinen, der Kondensation von Aceton zu *Diacetonalkohol,* von Benzaldehyd zu *Benzoin* u. der *Cyanäthylierung.* (Ind. Engng. Chem. **44.** 1388—90. Juni 1952. Philadelphia, Pa., Rohm & Haas Co.) W. Wesly. 6556

G. H. Bixler und **C. W. Coberly,** *Acetylenherstellung nach dem Wulff'schen Verfahren.* Bebilderter Bericht mit Fließdiagrammen über die Umwandlung von Naturgasen, Äthan, Propan, Butan, Gasolin oder anderen niedrigsd. KW-stofffraktionen in *Acetylen* nach einem Generatorverf. bei 1200°. Die gespaltenen Gase werden zuerst im Ofenausgang, dann durch Wassersprüher u. Wärmeaustauscher schnell abgeschreckt. Dimethylformamid dient als Lösungsm., um Acetylen aus den Spaltgasen herauszuwaschen. Verwendungsgebiete des Acetylens u. wirtschaftliche Betrachtungen. — Literaturhinweise. (Ind. Engng. Chem. **45.** 2596—2606. Dez. 1953. Maywood, Calif., Wulff Process Co.) K. O. Müller. H 530

P. Nikolinski, *Über die Trennung von Acetylen und Acetylenpolymeren durch Adsorption.* Es wird eine Versuchsapp. beschrieben, in der *Acetylen* über einem CuCl-Katalysator in *Vinyl-* (ca. 90%) u. *Divinylacetylen* (ca. 10%) umgewandelt wird. Das Besondere der Meth. besteht darin, daß beide Stoffe voneinander u. vom nichtumgesetzten Acetylen über Aktivkohle selektiv getrennt werden. Die Kohle wird mit Dampf desorbiert u. der wenig desaktivierte Adsorber mit Dampf von 700° reaktiviert. Die Trennung ist gut u. wirtschaftlich bei einem Acetylenverlust von 4—6,5%. (Техника (София) [Technik (Sofia)] **4.** Nr. 8. 1—5. Dez. 1955.) O. Pollak v. Emhofen. H 530

Je. W. Uschanowa, *Senkung der Acidität von rohem Butylacetat und von Esterwasser.* Der Geh. an restlicher Essigsäure in dem bei der Veresterung von Butylalkohol entstehenden Rohester (I) u. der esterhaltigen wss. Schicht (II) kann vermindert werden, wenn man bei der Dest. von I zu Beginn verstärkte Rektifizierung anwendet, bei der Dest. von II auf die Böden der Destillationsapp. Kondensat einer früheren Dest. vorgibt u. dadurch die Bldg. eines azeotropen Gemischs bewirkt. Die Acidität des Esterwassers wird auf 0,5—0,9% in 1 Std. gegenüber früher 4 Std. gesenkt. Der Verbrauch an Essigsäure je 1 t Butylacetat wird um 17 kg gesenkt. (Гидролизная и Лесохимическая Промышленность [Hydrolysen- u. holzchem. Ind.] **8.** Nr. 4. 21—22. 1955.) R. K. Müller. H 2410

Poudreries réunies de Belgique, Soc. An., Brüssel, Belgien, *Kontinuierliches Waschen von aromatischen Nitroverbindungen.* Man stellt auf mechan. Weise eine Emulsion in dem Waschmittel her u. zers. die Emulsion kontinuierlich in einem Separator. (**Belg. P. 518 008** vom 27/2. 1953, ausg. 4/2. 1955. D. Prior. 19/3. 1952.) J. Mühleisen. 6569

N. V. de Bataafsche Petroleum Mij., Den Haag, Holland, *Oxydation organischer Verbindungen* erfolgt mit Peroxyden in Ggw. von Wo-Säure, die man aus dem Reaktionsgemisch durch Behandeln mit 1—6% eines bei 50—100° wasserlösl. Salzes zurückgewinnt, wobei man dieses Salz in Form einer 5—20%ig. wss. Alkali-, Erdalkali- oder NH_4-Salzlsg., wie $CaCl_2$, $(CH_3COO)_2Ba$, $Mg(NO_3)_2$, Vanadylsulfat, Na_2SO_4, Na_3PO_4, Fe III-NH_4-Sulfat u. dgl., vorliegen kann. — Beispiele: Allylalkohol (**I**) + H_2O_2 (**II**) →

Glycerin (III); I + II + HCl → III-*Monochlorhydrin*. (Propylen)$_4$ → *Dodekanone*; *Cyclohexanon* + II + CH_3COOH → *ε-Acetoxycapronsäure*, Kp.$_1$ 135—140°, u. *ε-Oxycapronsäureäthylester*, Kp.$_1$ 88—93°. — Vorr., Zeichnung. (**E. P. 725 375** vom 4/5. 1953, ausg. 2/3. 1955. A. Prior. 5/5. 1952.) O. MÜLLER-MEININGEN. 6583

Allied Chemical & Dye Corp., New York, N. Y., V. St. A., *Reduktion von aromatischen N-Verbindungen* mittels Metallalkoholaten nach E. P. 701 128 erfolgt mittels eines Reaktionsgemisches, das ein Additionsprod. eines Naphthochinons u. einer sulfidierenden Verb. (I) als Reduktionspromotor enthält. I sind H_2S, dessen Salze, Polysulfide, Thiosulfate, Thiocarbonate, Hydrosulfite, Thiocyanate u. sonstige S-Verbb., die mit Chinonen Reduktionsprodd. ergeben. Bes. werden Reaktionsprodd. von 1.4-Naphthochinon (II) mit Salzen von Sulfiden oder Thiosulfaten in einer Menge von $^1/_{30}$—$^1/_{300}$ (Mol) pro 1 der zu reduzierenden N-Verb. verwendet. — 14 (Teile) NaSH werden mit einer Lsg. von 20 II in 400 CH_3OH vermischt, wobei Temperaturerhöhung auf 40° eintritt. Nach 2 std. Rückflußerhitzung erhält man eine tiefbraune Lsg., die mit CH_3OH auf 500 verd. wird. 234 (Teile) dieser Lsg. werden mit 316 CH_3OH, 0,1 Dispergier-, 0,1 Netzmittel u. 550 NaOH-Flocken versetzt. Mit der Lsg. werden 838 Nitrobenzol unter Rückfluß 20 Std. umgesetzt. Die dabei erhaltene Ölphase enthält 56,7% Azobenzol, 41,8% Hydrazobenzol u. 1,5% Anilin. (**E. P. 730 748** vom 18/5. 1953, ausg. 25/5. 1955. A. Prior. 26/5. 1952. **Zusatz zu E. P. 701 128; C. 1955. 6191.**) J. MÜHLEISEN. 6585

Imperial Chemical Industries Ltd., London, England, *Stabilisierung fester und flüssiger organischer Stoffe gegen Autoxydation und Polymerisation* erfolgt durch Zusatz von 0,001—1 Gew.-% *4-Methyl-* oder *4-Äthylbrenzcatechin*. (**Schwz. P. 307 969** vom 14/5. 1952, ausg. 1/9. 1955. E. Priorr. 26/5. u. 11/7. 1951.) O. MÜLLER-MEININGEN. 6587

E. I. du Pont de Nemours & Co., übert. von: **Mark Wendell Farlow**, Wilmington, und **Earl Leonard Muetterties**, Hockessin, Del., V. St. A., *Fluorkohlenstoffe* erhält man durch Rk. von Kohlenstoff mit einem Fluorid eines Elements der Gruppe VB des Period. Syst., oder eines Elements der Gruppe VI B, das eine Atomzahl zwischen 16 u. 52 aufweist, bei mindestens 900°. — Ein tubusförmiges Ni-Gefäß wird mit Ruß beladen u. 4 Std. unter Durchleiten von N_2 auf 1000° erhitzt. Man leitet dann bei 1075—1150° langsam einen PF_3-Strom durch. Im Verlauf von 45 Min. erhält man bei einem Durchsatz von 4 (Teilen) PF_3 3,5 Kondensat, das neben PF_3 u. CO_2 hauptsächlich CF_4 enthält. (**A. P. 2 709 186** vom 10/2. 1954, ausg. 24/5. 1955.) J. MÜHLEISEN. H 510

Hector Whaling Ltd. und **Max Sulzbacher**, London, England, *Höhermolekulare aliphatische Alkohole* erhält man durch Kondensation von prim. oder sek. 1 wertigen aliphat. Alkoholen mit 9—20 C-Atomen, die eine Methylengruppe in Nachbarschaft zur OH-Gruppe enthalten, mittels techn. KOH u. Borsäureanhydrid oder eines organ. Borsäureesters bei 250—300° u. n. Druck. Die erhaltenen Alkohole besitzen die doppelte C-Anzahl der Ausgangsstoffe. — Laurylalkohol → *Tetrakosylalkohol*, Kp.$_{12}$ 230—235°, F. 26—27°; Cetylalkohol → $C_{32}H_{65}OH$, Kp.$_{0,2}$ 245—250°. (**E. P. 712 043** vom 2/4. 1951, ausg. 14/7. 1954.) G. KÖNIG. H 560

California Research Corp., San Francisco, übert. von: **Allen H. Lewis**, Berkeley, und **Richard D. Stayner**, Albany, Calif., V. St. A., *Ester von Phosphorsäuren* der allg. Formel $R_1P(=O)\{[O\cdot CH(R_2)\cdot CH(R_3)]_nOH\}_2$ (I) erhält man bei der Rk. von 1 (Mol) eines langkettigen Alkanphosphonyldichlorids mit mindestens 2 einer Oxyalkylenverb. in Ggw. einer HCl-bindenden Verb., z. B. Pyridin. Man kann HCl auch mittels eines inerten Gasstromes oder durch Vakuum entfernen. Man kann auch die freie Phosphonsäure mit Alkylenoxyden umsetzen. In I bedeuten: R_1 Alkylgruppe mit 10—18 C; R_2 u. R_3 H oder kurzkettige Alkylgruppen u. n = 1—10. — Octadecanphosphonyldichlorid wird mit dem Monomethyläther des Äthylenglykols in Pyridin am Dampfbad 20 Min. erwärmt, anschließend abgekühlt, mit W. verd. u. mit HCl angesäuert. Die Ölschicht wird mit Ae. extrahiert u. mit halbgesätt. Na_2SO_4-Lsg. gewaschen. Der Extrakt wird getrocknet u. Ae. abdestilliert. Man erhält ein leichtgefärbtes Öl, leichtlösl. in W.; es entspricht dem *Bis-[O-methyläthylenglykolester] der Octadecanphosphonsäure* $[C_{18}H_{37}P(=O)\cdot(OCH_2CH_2\cdot OCH_3)_2$, Kp.$_3$ 220—225° (Zers.). Es werden ferner hergestellt: *Bis-[O-butyldiäthylenglykolester] der Tetradecanphosphonsäure*, Kp.$_3$ 230—234° (Zers.), $C_{14}H_{29}P(=O)(OCH_2\cdot CH_2OCH_2CH_2OC_4H_9)_2$. *Ditriäthylenglykolester der Octadecanphosphonsäure* ($C_{30}H_{63}O_9P$); *Bis-[Äthylenglykolester] der n-Hexadecanphosphonsäure* ($C_{20}H_{43}O_5P$); *Dipentaäthylenglykolester] der n-Octadecanphosphonsäure* ($C_{38}H_{79}O_{13}P$). Netz-, Emulgier-, Dispergier- u. Durchdringungsmittel, Zusatzmittel für Öle, Textilbehandlungsstoffe, Plastifikatoren u. dergleichen. (**A. P. 2 670 367** vom 5/9. 1950, ausg. 23/2. 1954.) G. KÖNIG. H 590

Ruhrchemie Akt.-Ges., Oberhausen/Rhld. (Erfinder: **Hans Feichtinger, Hans Tummes** und **Siegfried Puschhof**, Duisburg), *Herstellung von Aminoalkylsulfonsäurechloridhydrochloriden*, dad. gek., daß man aliphat. Aminhydrochloride, die im Mol. mindestens 2 C-Atome enthalten, in Ggw. von Chlor-KW-stoffen, bes. von CCl_4, vorzugsweise gelöst u./oder suspendiert unter aktin. Belichtung mit Cl_2 u. SO_2 enthaltenden Gasen behandelt u. die entstehenden Sulfochlorierungsprodd. mit Chlf. oder mit Gemischen aus Chlf. u. CCl_4 extrahiert. — *1-Aminobutansulfonsäure-(x)-chloridhydrochlorid.* Man führt in CCl_4 gelöstes n-Butylamin durch Einleiten von HCl in das Hydrochlorid über u. leitet unter Belichtung mit einer Hg-Dampflampe Cl_2 u. SO_2 im Verhältnis 1:1,3 bei 50—60° ein. F. >120° (Zers.). — Analog werden erhalten: *1-Aminopentansulfonsäure-(x)-chloridhydrochlorid.* — *1-Aminohexansulfonsäure-(x)-chloridhydrochlorid.* — (**D. B. P. 931 952** Kl. 12q vom 25/11. 1952, ausg. 22/8. 1955. Anmeldung bekanntgemacht 27/1. 1955.) G. LANGER. H 600

Rheinpreussen Akt.-Ges. für Bergbau und Chemie, Homberg (Erfinder: **Walter Grimme, Johannes Wöllner** und **Helmut Schwarzhans**, Moers), *Aliphatische Ketone* erhält man durch Red. von 1.3-Ketoalkoholen (I) in Ggw. von wasserabspaltenden Katalysatoren mit H_2 bei 1—100, bes. 10—20 at u. bei 100—200, bes. 140—170°. I können bes. durch Rk. von Ketonen mit CH_2O hergestellt sein; das Verf. ist kontinuierlich durchführbar. Man setzt z. B. 130 g 3-Ketobutanol-(1) in einem Schüttelautoklaven 13 g Cu-Chromitkatalysator, dessen Herst. beschrieben ist, zu, preßt 40 at H_2 auf u. erhitzt unter Schütteln ca. 1½ Std. auf 150—160°. Enddruck 18,7 at. Man erhält 93% (77 Vol.-% des Reaktionsgemisches) *Methyläthylketon.* 2-Methyl-3-ketobutanol-(1) → 84% *Methylisopropylketon.* (**D. B. P. 936 628** Kl. 12o vom 20/6. 1954, ausg. 15/12. 1955. Anmeldung bekanntgemacht 8/6. 1955.) O. MÜLLER-MEININGEN. H 700

Chemical Elaborations, Inc., Philadelphia, übert. von: **Robert M. Cole**, Bryn Athyn, Pa., V. St. A., *3-Chlor-2.5-hexandion* $CH_3—CO—CHCl—CH_2—CO—CH_3$ erhält man in 95%ig. Ausbeute durch Chlorieren von Acetonylaceton bei —50 bis —20°. Zwischenprod., bes. zur Herst. von als Insekticide wirksamen Ketosäureestern. (**A. P. 2 706 739** vom 15/8. 1949, ausg. 19/4. 1955.) O. MÜLLER-MEININGEN. H 720

Distillers Co. Ltd. (Erfinder: **Richard Norman Lacey** und **Alan Edward Blades**), Edinburgh, England, *Chloracetylchlorid* erhält man durch Rk. von Cl_2 mit einem Überschuß von mindestens 50, bes. 80, Mol-% Keten (I) in der Dampfphase bei 100—200°, bes. 180—190°, nach der Gleichung $CH_2{=}CO + Cl_2 \rightarrow CH_2Cl—COCl$. Nach einer Ausführungsform des Verf. kann man auch ein Gemisch aus HCl u. Cl_2 verwenden, das zu 60 Mol-% aus Cl_2 besteht u. zu dem I im Überschuß von mindestens 20—30 Mol-% steht. Dabei entsteht nach der Gleichung $CH_2{=}CO + HCl \rightarrow CH_3COCl$ als Zwischenprod. *Acetylchlorid.* (**E. P. 735 902** vom 12/2. 1953, ausg. 31/8. 1955.) O. MÜLLER-MEININGEN. H 810

Centre National de la Recherche Scientifique, Frankreich (Erfinder: **Georges Dupont**), *Abtrennung organischer Säuren oder ihrer Alkalisalze aus Kork.* Man unterwirft Kork einer alkal. Verseifung u. setzt nach Filtration aus der wss. Salzlsg. mit starken Säuren die Kochsäuren in Freiheit. Durch Erwärmen auf 100° wurden die Säuren von der wss. Lsg. getrennt. Die Ausbeute kann verbessert werden, indem man den Kork vor der Verseifung mehrere Std. mit einer 1—2%ig. HNO_3 oder 3%ig. Na-, K- oder NH_4-Sulfit oder -Bisulfit kocht u. mit W. auswäscht. Mit Cl_2 oder Alkalichloriden oder -hypochloriten kann entfärbt werden. Anschließend kann man die Säuren mit Trichloräthylen, Methanol, Aceton oder Äthylacetat selektiv extrahieren. (**F. P. 1 054 462** vom 12/4. 1952, ausg. 10/2. 1954.) S. MEIER. H 820

Petrolite Corp., Del., übert. von: **Melvin De Groote**, University City, Mo., V. St. A., *Hydrophile synthetische Produkte* der allg. Formel $(HOOC)_{n''}RC({=}O)(OC_3H_6)_nOR'O\cdot(C_3H_6O)_{n'}C({=}O)R(COOH)_{n''}$, wobei R′ das Radikal des Glycerinäthers des Hexylalkohols ist, n u. n′ = ganze Zahlen, wobei die Summe von n u. n′ zwischen 15 u. 80 liegen kann. n″ ist eine ganze Zahl, nicht größer als 2, u. R ein Radikal einer acycl. oder isocycl. Polycarbonsäure mit nicht mehr als 8 C-Atomen der Formel $R(—COOH)\cdot(COOH)_{n''}$; man erhält die Prodd. in mehreren Stufen: a) Hexylalkohol u. Glycid werden in Ggw. eines alkal. Stoffes (Na-Methylat, kaust. Soda, Pottasche) unterhalb der Zersetzungstemp. des Glycids zu dem Glykol umgesetzt. b) Das Glykol wird in mehreren Stufen bis zu einem theoret. Mol.-Gew. von 1000—5000 oxypropyliert u. c) anschließend wird mit mehrbas. Carbonsäuren, wie Adipin-, Sebacin-, Azealin-, Maleinsäure oder deren Anhydriden verestert. Die erhaltenen Verbb. sind *Emulsionsbrecher* für W.-in-Öl-Emulsionen, *Netz-* u. *Reinigungsmittel, Flotationsmittel, Germicide, Insekticide, Emulgatoren,* z. B. für die Herst. von kosmet. Präpp., Schmiermitteln u. Stoffe zum Wasserabstoßendmachen von Textilien. (**A. P. 2 652 422** vom 5/3. 1951, ausg. 15/9. 1953.) G. KÖNIG. H 850

Uddeholms Aktiebolag, Uddeholm, Schweden (Erfinder: **E. Larsson** und **R. E. I. Märin),** *Herstellung von siliciumorganischen Verbindungen,* die Si–S-Bindungen enthalten. Man setzt Si-organ. Verbb., die Si–N-Bindungen enthalten, mit H_2S oder Mercaptoverbb. um, z. B. $(C_2H_5)_3SiNH_2$ bei Raumtemp. mit H_2S. Man erhält $(C_2H_5)_3SiSH$, Kp. 160—167°, u. $(C_2H_5)_3Si-S-Si(C_2H_5)_3$, Kp. 274°. Weiter werden beschrieben: $(C_3H_7)_3SiSC_6H_5$, Kp. 149—150°; *Dimethylaminomercaptosilan* u. *Dimethylphenylmercaptoamylmercaptosilan.* — Die Prodd. dienen für die Herst. von *Kunststoffen* u. *Schmierseife.* (**Schwed. P. 138 357** vom 31/1. 1951, ausg. 9/12. 1952.) K. H. KÄHLER. H 980

Union Chimique Belge, Soc. An., Brüssel, Belgien, *Kieselsäureäthylester* mit 50 bis 60% SiO_2 erhält man bei der Veresterung von $SiCl_4$ mit A., der <1 (Gew.-%) W. enthält, wobei man vorteilhaft Luft durchleitet, um überschüssigen A., HCl, Orthokieselsäureäthylester u. weniger kondensierte Kieselsäureester zu entfernen. Man verwendet vorteilhaft einen mit Methylalkohol denaturierten Äthylalkohol. (**Schwz. P. 306 636** vom 21/10. 1952, ausg. 1/7. 1955. E. Priorr. 23/10. 1951 u. 9/10. 1952.) G. KÖNIG. H 980

E. I. du Pont de Nemours & Co., Wilmington, Del., übert. von: **Richard K. Rathmell** und **Francis C. Zevnik,** Metuchen, N. J., V. St. A., *Rückgewinnung von Monochlorbenzol* (**I**) aus einer Abfallschwefelsäure, die **I**-Sulfonsäure enthält (Abfallprod. bei der Herst. von DDT). Man erhitzt die Säure auf ca. 160° durch Mischen mit überhitztem Dampf u. versprüht oder dispergiert das Gemisch in den Dampfraum einer Destilliervorr. über heiße H_2SO_4. **I** wird zusammen mit Wasserdampf abgezogen u. nach der Kondensation vom W. getrennt. — Vorrichtung. (**A. P. 2 689 871** vom 23/3. 1951, ausg. 21/9. 1954.) J. MÜHLEISEN. H 1010

E. I. du Pont de Nemours & Co., Wilmington, Del., V. St. A., *Nitrile erhält man* durch Rk. von Stickoxyden mit alkylsubstituierten organ. Verbb., wie Toluol (**V**), Xylolen, Propylen (**IV**) bei 400—700° in Ggw. eines Dehydrierungskatalysators, bes. Ag, auf einem Träger. — Beispiele: **V** → *Benzonitril* (**I**); p-Xylol → *p-Tolunitril* (**II**), **I** u. Terephthalonitril (**III**); o-Xylol → *o-Tolunitril,* **I** u. *o-Phthalonitril;* m-Xylol → *m-Tolunitril,* **I** u. *m-Phthalonitril; β-Picolin* → *Nicotinsäurenitril;* Äthylbenzol → **I**; Cumol → **I**; **II** → **III**; p-Chlortoluol → *p-Chlor-***I**; **IV** → *Acrylnitril.* — Vorr., Zeichnungen. (**E. P. 729 013** vom 4/8. 1953, ausg. 27/4. 1955. A. Prior. 5/8. 1952.) O. MÜLLER-MEININGEN. H 1200

Monsanto Chemical Co., St. Louis, übert. von: **Ferdinand C. Meyer,** Kirkwood, Mo., V. St. A., *Reinigung von 2.5-Dioxybenzoesäure* durch Extraktion mit Diisopropyläther. Die rohe Lsg. des Na-Salzes der Säure wird mit HCl auf ca. p_H 2,5 angesäuert, auf ca. 50° erhitzt u. mit Diisopropyläther extrahiert. Nach dem Abdampfen des Äthers u. nach Umkristallisieren aus W. werden weiße Nadeln erhalten, F. 205—206°. (**A. P. 2 588 336** vom 18/3. 1950, ausg. 11/3. 1952.) A. GRADL. H 1250

Montrose Chemical Co., übert. von: **Jacob Rosin,** Maplewood, N. J., V. St. A., *Reinigung von Trikresylphosphat.* Man wäscht das Prod. der Rk. zwischen $POCl_3$ u. Kresol mit warmem W. u. dann mit 1—3%ig. wss. NaOH, der man geringe Mengen eines feinverteilten amphoteren Metalls, bes. Zn, zusetzt. Dann wird neutralisiert, filtriert u. getrocknet. (**A. P. 2 716 658** vom 30/8. 1952, ausg. 30/8. 1955.) K. FABEL. H 1380

Olin Mathieson Chemical Corp., Baltimore, V. St. A., *Herstellung von Dioxan* durch Behandlung eines Di-, Tri- oder Polyäthylenglykols mit einem sauren Kationenaustauscherharz, z. B. „Amberlite IR-120", bei 150—200°, bes. 175—190°. (**E. P. 740 423** vom 1/9. 1953, ausg. 9/11. 1955. A. Prior. 3/9. 1952.) K. FABEL. H 3252

British Oxygen Co. Ltd. (Erfinder: **William Owen Jones),** London, England, *Guanamine* erhält man durch Rk. von 1,05—125 (Mol) Dicyandiamid (**I**) mit 1 eines Nitrils oder Polynitrils in fl. NH_3 u. in Ggw. eines Alkali- oder Erdalkalimetalls, eines -hydroxyds, z. B. 4—8% NaOH (berechnet auf **I**) oder von Amiden oder anderen starken Alkaliverbb. bei 0—120°, bes. 60—100°. Man bringt z. B. ein Gemisch aus 103 Teilen C_6H_5CN, 98 **I** u. 4 Na-Metall in einen Autoklaven aus Cr–Ni–W-Stahl, spült mit N_2, preßt fl. NH_3 ein (9 at) u. erhitzt innerhalb 2¾ Std. auf 87°, hält 1 Std. auf 85—90° (43 at). Nach Abdestillieren des NH_3 rührt man 700 Rückstand mit 1,5%ig. verd. $CH_3 \cdot COOH$ durch u. erhält durch Filtrieren 161 (86%) *Benzoguanamin,* F. 227°. — Phenylacetonitril + **I** + NaOH → 94% *Phenylacetoguanamin,* F. 244°. — CH_3CN → *Acetoguanamin,* F. 277—278°. — Adiponitril → 95% *4-Cyanvaleroguanamin,* F. 254—257°. (**E. P. 738 672** vom 18/2. 1953, ausg. 19/10. 1955.) O. MÜLLER-MEININGEN. H 3313

Henkel Kemiskt-Tekniskt Aktiebolaget, Stockholm, Schweden (Erfinder: **A. Zimmermann),** *Herstellung von Salzen von hochmolekularen Äthercarbonsäuren.* Man führt komplexe Verbb. aus Chitin u. Kohlenhydraten, gebildet von mycelbildenden Mikroorganismen (*Fusarium sambucinum*) gemäß Schwed. P. 126 900; C. **1949.** E. 959 in ihre Alkaliverbb. über, hierbei werden die Temp. u. die Reaktionszeit so gewählt, daß nur eine geringe Abspaltung der Acetylgruppen erfolgt. Anschließend werden die Alkaliverbb. mit Alkylierungsmitteln, die Carboxylgruppen enthalten, alkyliert. — Z. B. wird ein Chitin-Kohlenhydrat-Komplex mit Hilfe von Fusarium sambucinum mit 40% ig. NaOH behandelt u. anschließend mit Monochloressigsäure alkyliert. (**Schwed. P. 136 717** vom 17/1. 1944, ausg. 29/7. 1952.) K. H. Kähler. H 4050

—, Organische Zwischenprodukte. Frankfurt/Höchst: Farbwerke Hoechst, 1956. (267 S.) 4°.

X. Färberei. Organische Farbstoffe.

Karl-Friedrich Neuendorff, *Hydrophobie gefärbter Zellwolle.* Unterss. über die Ursache des hydrophoben Verh. von gefärbten Fasern ergaben, daß bes. braune (Schwefel- u. substantive) Farbstoffe eine hydrophobierende Wrkg. ausüben. Zur Beseitigung dieser für das Verspinnen unerwünschter Eigg. werden Hinweise zur Nachbehandlung der gefärbten Fasern, für geeignete Avivagebäder u. die Kontrolle derselben gegeben. (Textil- u. Faserstofftechn. **5.** 673—74. Dez. 1955.) I. Schoenmann. 7020

Karl Wojatschek, *Die Anwendung substantiver Farbstoffe für Mischgewebefärbungen.* Hinweise für Unifärbungen von Mischgeweben aus Wolle u. vegetabilen Fasern. Klassifizierung einer Anzahl von Siriusfarbstoffen in kalt-, heiß- u. warmziehende Farbstoffe. (Textile J. Australia **30.** 320—21. 20/5. 1955.) I. Schoenmann. 7020

Albert Schaeffer, *Vorgänge beim Verküpen von Küpenfarbstoffen.* Nach allg. kurzer Darst. der Verküpungsvorgänge weist Vf. auf gewisse Neben-Rkk. hin, die zu anomalem Verh. der Leukoküpenfarbstoffe in der Küpe führen können, wie zu Ausfällungen, zum Auskristallisieren u. zu reversiblen oder irreversiblen chem. Veränderungen mit Einfl. auf die Echtheitseigg. oder den Farbton. Es werden Möglichkeiten von Ursache u. Abhilfe besprochen, vorerst für Ausscheidungen von Leukoküpenfarbstoffen in koll. oder fester Form u. für die Auskristallisation einiger Na-Leukoverbindungen. Beide Mangelerscheinungen stehen im Abhängigkeitsverhältnis zur Farbstoff-, Laugen- u. Salzkonz., zum Flottengeh. an Metallionen u. anderen Stoffen. (Melliand Textilber. **36.** 1033—36. Okt. 1955.) E. Wagner. 7020

Günter Puhlmann, *Der Einsatz von Säure- und Metachrom-Farbstoffen zum Färben von Perlonstapelfasern.* Graph. Darst. der Affinitätsverhältnisse mit Erläuterungen für eine Anzahl Säure- u. Metachromfarbstoffe, u. zwar werden von jedem Farbstoff die Substantivitäts-, die p_H-, die Temperatur- u. die Zeitkurve veranschaulicht u. eine tabellar. Übersicht der Echtheiten gegeben sowie ein Hinweis zum Färbeverf. für Metachromfarbstoffe. (Textil- u. Faserstofftechn. **5.** 668—73. Dez. 1955.) I. Schoenmann. 7020

—, *Egalisieren unegal gefärbten Materials.* Es wurden die günstigsten Bedingungen u. Hilfsmittel ermittelt sowie spezielle Methoden entwickelt, die es erlauben, ungleichmäßige Färbungen auf verschied. Fasermaterial zu egalisieren. Die Wanderungsfähigkeit üblicher Handelsmarken von Farbstoffen auf Wolle, Baumwolle, Nylon, Dynel, Acrilan, Dacron u. Orlon wurden untersucht u. die Wirksamkeit handelsüblicher Hilfsmittel, die in 16 Klassen unterteilt werden, ermittelt. Die Ergebnisse sind in Tabellen, graph. Darstellungen u. Bildern von Proben angegeben. (Amer. Dyestuff Reporter **43.** P839—P 875. 6/12. 1954.) H. Bertsch. 7020

Herbert Schulzen, *Die Entwicklung der Neutrogenfarbstoffe und ihre Anwendung in der Zeugdruckerei.* Ausführliche Darst. unter Verwendung von Formelbildern über die wesentlichen Merkmale der Klasse der *Neutrogenfarbstoffe* sowie deren Anwendungsmöglichkeiten beim Textildruck. Hierbei wird bes. auf die Neuentw. der *Neutrogen VA-Typen,* die eine wesentliche Verbesserung gegenüber den alten Marken darstellen, hingewiesen. (Z. ges. Textilind. **58.** 30—34. 1. Jan.-H. 1956.) H.-G. Fröhlich. 7022

Sandoz Ltd., Basel, Schweiz, übert. von: **Percy May,** London, England, *Naphthochinonimine* der Formel **I.** Man red. eine 1.5-Dioxynaphthalinverb. (**II**), die in den freien α-Stellungen eine reduzierbare N-haltige Gruppe enthält, u. in den 2.6-Stellungen durch Halogenatome substituiert sein kann, u. oxydiert das Reaktionsprodukt. Es stehen hierbei X für H, Cl oder Br; Y für —O— oder —NH—; Z für —OH oder —O—; R_1 für —N=N-Aryl oder —NO_2; R_2 bedeutet —N=N-Aryl wenn Z = OH ist oder O, wenn Z = O ist. —*5-Amino-8-oxy-1.4-naphthochinon-1-imin.* Man diazotiert Anilin u. setzt mit 1.5-Dioxynaphthalin zu *4.8-Bis-benzolazo-1.5-di-*

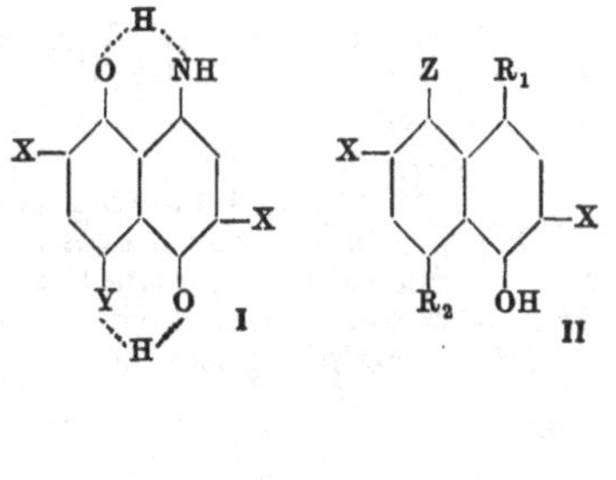

I II

oxynaphthalin um, red. mit $SnCl_2$ + HCl u. oxydiert mit Luft in alkal. Lsg.; grünliche Nadeln. — Analog: *3.7-Dibrom-5-amino-8-oxy-1.4-naphthochinon-1-imin.* — *3.7-Dibrom-5.8-dioxy-1.4-naphthochinon-1-imin.* — *3.7-Dichlor-5-amino-8-oxy-1.4-naphthochinon-1-imin.* — *Farbstoffe* u. *Zwischenprodukte.* (**E. P. 684 027** vom 13/9. 1950, ausg. 10/12. 1952.) G. Langer. 7049

Farbenfabriken Bayer Akt.-Ges. (Erfinder: **Karl Taube**), Leverkusen, *Herstellung von wasserunlöslichen Monoazofarbstoffen,* dad. gek., daß man diazotierte 5-Amino-1.2.4-thiodiazole mit Azokomponenten der Benzolreihe kuppelt, die weder phenol. OH-Gruppen noch Sulfonsäure- oder Carbonsäuregruppen enthalten. — 5-Amino-3-phenyl-1.2.4-thiodiazol → 1-Di-(oxyäthyl)-amino-3-methylbenzol. Kunstseide (**G**) u. Polyamidfaser (**P**) blaustichigrot. — 5-Amino-3-methyl-1.2.4-thiodiazol (**II**) → 1-Diäthylamino-3-chlorbenzol (**I**). **G** u. **P** rot. — 5-Amino-3-methoxy-1.2.4-thiodiazol → **I. G** blaustichigrot. — **II** → Methoxybenzol. **G** gelb. (**D. B. P. 927 944** Kl. 22a vom 14/4. 1953, ausg. 20/5. 1955. Anmeldung bekanntgemacht 4/11. 1954.) U. Sievers. 7053

Farbenfabriken Bayer Akt.-Ges. (Erfinder: **Winfried Kruckenberg**), Leverkusen, *Herstellung wasserunlöslicher Monoazofarbstoffe,* dad. gek., daß man diazotierte Cyananiline, die im Kern nur durch Alkylgruppen u./oder Halogenatome substituiert sind, mit in p-Stellung zur Aminogruppe kuppelnden aromat. Aminen, in denen ein Aminowasserstoffatom durch einen Oxalkylrest u. das andere durch einen Alkyl- oder Oxyalkylrest ersetzt sind, kuppelt u. dabei die Komponenten so wählt, daß sie keine Sulfon- oder Carbonsäuregruppen enthalten. — 1-Amino-3-chlor-4-cyanbenzol → 1-N.N-Dioxäthylamino-3-methylbenzol (**I**). Acetatseide (**E**) u. Polyamidfaser (**P**) gelbstichigrot. — 1-Amino-2-methyl-4-cyanbenzol → 1-N-Butyl-N-oxäthylamino-3-methylbenzol (**II**). **E** u. **P** orange. — 1-Amino-2-methyl-4-cyan-6-brombenzol → **I. E** u. **P** orange. — 1-Amino-2-cyan-5-chlorbenzol → **II. E** u. **P** rotstichigorange. — 1-Amino-3-cyan-4-chlorbenzol → N-Butyl-N-oxäthylaminobenzol. **E** u. **P** gelbstichigorange. — 1-Amino-2.6-dibrom-4-cyanobenzol → **I. E** u. **P** orange. (**D. B. P. 928 902** Kl. 22a vom 29/5. 1953, ausg. 13/6. 1955. Anmeldung bekanntgemacht 25/11. 1954.) U. Sievers. 7053

Ciba Ltd., Basel, übert. von: **Christian Zickendraht**, Binningen, und **Arthur Buehler**, Rheinfelden, Schweiz, *Cobalthaltige Azofarbstoffe* erhält man durch Behandlung von je 2 Monoazofarbstoffen mit Co-abgebenden Mitteln, so daß das Verhältnis Co: Monoazofarbstoffmoll. <1 : 1 u. bes. ca. 1 : 2 beträgt. Die verwendeten Monoazofarbstoffkomponenten sollen frei von SO_3H- u. COOH-Gruppen sein; die eine Komponente soll der allg. Formel I (R_1 = von Sulfonsäureamidgruppen freier Benzolrest, der in o-Stellung bzgl. der OH-Gruppe an die —N=N-Gruppe gebunden ist; R_2 = Benzolrest, der eine Sulfonsäureamidgruppe trägt) entsprechen, während die andere Komponente aus einem Monoazofarbstoff der nebenst. Formel oder einem o.o'-Dioxymonoazofarbstoff der Benzolazo-β-naphtholreihe besteht. — Mit $CoSO_4$ in alkal. Lsg. werden behandelt: (5-Nitro-2-amino-1-oxybenzol → 1-Acetylamino-7-oxynaphthalin) + (4-Chlor-2-amino-1-oxybenzol → 1-Phenyl-3-methyl-5-pyrazolon-3'-sulfonsäureamid); Wolle, aus schwach alkal., neutralem oder essigsaurem Bade, braun. (**A. P. 2673201** vom 11/8. 1952, ausg. 23/3. 1954. Schwz. Prior. 13/8. 1951.) U. Sievers. 7055

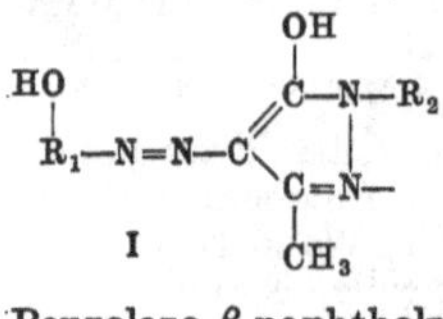
I

Imperial Chemical Industries Ltd. (Erfinder: **Frank Lodge**), London, England, *Anthrachinonfarbstoffe* der allg. Zus. **I** (n = 1—3, X = Amino oder Alkylamino, Y = H, Acylamino, Arylamino oder OH), krist., in W. schwach lösl. Verbb. mit sehr guter Affinität für Celluloseacetat (E)- u. Polyäthylenterephthalat (Da)-Textilien, die in sehr licht- u. rauchgasechten Tönen gefärbt werden können, erhält man durch Erhitzen eines Glykols $H(OCH_2CH_2)_nOH$ mit einem Anthrachinonderiv. der allg. Zus. **II** (X = Amino, Alkylamino, NO_2 oder Halogen, Y = H, Halogen, Acylamino, Arylamino, NO_2 oder OH, Z = COOH oder COCl) u., wenn Y NO_2 oder Halogen bedeutet, Ersatz dieser Gruppen durch Acylamino oder Arylamino, u., wenn X NO_2 oder Halogen bedeutet, Ersatz dieser Gruppen durch Amino oder Alkylamino. — 5 (Gewichtsteile) 1-Amino-4-oxyanthrachinon-2-carbonsäure (**III**), 30 Diäthylenglykol (**IV**) u. 2 H_2SO_4 erhitzt man unter Rühren 18 Std. bei 120°, kühlt auf 50° ab, gießt die M. in 500 kaltes W., filtriert, wäscht mit W. u. trocknet. Der in W. dispergierte Farbstoff färbt E u. Da leuchtend purpurrot. In ähnlicher Weise erhält man einen Farbstoff aus III u. Triäthylenglykol (**V**). Setzt man 1-Nitroanthrachinon-2-carbonsäurechlorid mit

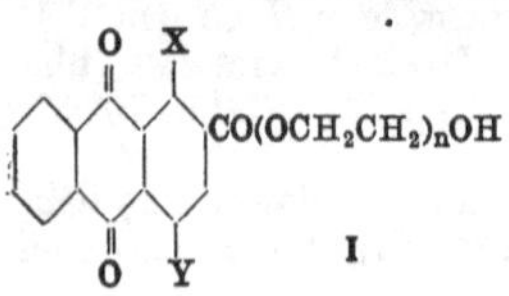
I

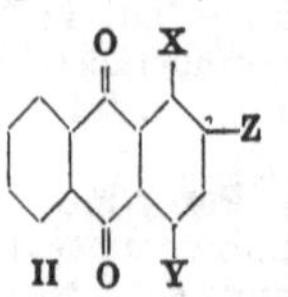
II

IV um u. verrührt den erhaltenen Ester in Pyridin bei 40—45° mit Isopropylamin, so färbt der erhaltene Farbstoff E blaustichigrot. Der durch Rk. von 4-Brom-1-aminoanthrachinon-2-carbonsäurechlorid u. V u. Ersatz des Br-Atoms durch den Phenylaminorest erhaltene Farbstoff, blaue Kristalle aus wss. A., F. 96—97°, färbt E leuchtend grünstichigblau. Durch Umsetzen von 4-Nitro-1-aminoanthrachinon-2-carbonsäurechlorid mit IV u. Red. der NO_2-Gruppe mit wss. Na_2S erhält man den Diäthylenglykolester von 1.4-Diaminoanthrachinon-2-carbonsäure, färbt E klarblau. Der Farbstoff aus 1-Aminoanthrachinon-2-carbonsäure u. V färbt E orange, ebenso das aus 1-Chloranthrachinon-2-carbonsäurechlorid u. IV erhaltene Reaktionsprod., in dem das Cl-Atom durch Einw. von NH_4OH in die NH_2-Gruppe übergeführt worden ist. (**E. P. 721 283** vom 21/12. 1951, ausg. 5/1. 1955.) O. ROICK. 7059

XIa. Farben. Anstriche. Lacke. Naturharze.

H. W. Talen, *Neue Entwicklungen in der Anstrichindustrie.* Übersicht über die Grundlagen der Filmbldg. u. die Entw. neuer Bindemittel. (Chem. Weekbl. **48.** 681—89. 13/9. 1952. Rijswijk, Verfinst. TNO.) W. WESLY. 7090

Raymond L. Whitney, *Studium der Pigmentdispersion.* 5. Mitt. *Verhalten von Toluidinrot.* (4. vgl. ZIMMERMANN, C. **1954.** 2278.) Im Vgl. zu TiO_2 hat Toluidinrot (I) geringere D., gröbere Partikel, 3faches Pigmentvolumen, Löslichkeit in einer Anzahl von Farbenbindemitteln. I hat ca. 4fachen Bindemittelbedarf u. wird durch gewisse Lösungsmittel leichter benetzt als durch Alkydharzlsg., trotzdem die letztere Entflockung bewirkt. Anreiben von I auf Walzenstuhl erfordert enge Walzenstellung. Bei Anreibung auf Kugelmühle ist ein Bindemittel mit niedrigem (8%) Festgeh. am günstigsten. (Off. Digest Federat. Paint Varnish Product. Clubs **26.** 1093—1107. Nov. 1954.) B. SCHEIFELE. 7092

Mária Bárán, *Versuche über die Verhinderung des Verharzens von Terpentin.* 1. Mitt. Vf. untersucht ein russ. Terpentinöl, das leichter verharzt als span. oder österreich. Terpentinöl. Als Maß der Verharzung eignet sich die Peroxydzahl, die sich bei wachsender Verharzung erhöht. Als Antioxydans hat sich Diphenylamin (I; 0,05—0,02%) bewährt, bei fortgeschrittener Verharzung wird 0,5% I angewandt. Auch Lackbenzin verhindert die Verharzung. I als Antioxydans hat sich auch in terpentinhaltigen Pasten bewährt. (Élelmezési Ipar [Verpflegungs-Ind.] **9.** 351—55. Nov. 1955.) E. KISS. 7100

Anton W. Rick, *Einfluß der Feuchtigkeit auf Lacke.* Allg. Ausführungen zum Problem der Feuchtigkeitswanderung in Wandanstrichen. (Ind. Vernice — Lack- u. Farbenchem. **8.** 211—14. 1954.) M. WINIKER. 7106

A. J. Wandersleben, *Anstrich von Putzschichten.* 2. Mitt. (1. vgl. C. **1953.** 8463.) Um feinere Unterschiede in der Haltbarkeit von Anstrichen feststellen zu können, wurde im Scheibentest die NaOH-Konz. von 2 auf 1% herabgesetzt. Ferner wurden die Putzscheiben mit Gasruß angefärbt, um Zerstörungserscheinungen auf dem Anstrich besser erkennen zu können. Auch das Verf. zur Herst. der Probescheiben wurde modifiziert. (Off. Digest Federat. Paint Varnish Product. Clubs **26.** 1025—29. Nov. 1954.) B. SCHEIFELE. 7106

M. Voglmaier, *Infrarot-trocknen von Lacken unter besonderer Berücksichtigung des Anwendungsgebietes innerhalb der feinmechanischen und optischen Industrie.* (Vortrag.) Nach Ausführungen zur Infrarot-trocknung u. der hierfür entwickelten Strahlungsanlagen behandelt Vf. die Eigenheiten der Infrarot-Lacktrocknung sowie ihre Anwendungsmöglichkeiten. (Feinwerktechnik **55.** 170—75. Juli 1951. Wuppertal-Barmen.) M. WINIKER. 7106

Roger David, *Der Einfluß der Harzgewinnung auf die Verteilung der Ölharze im Holz der maritimen Kiefer.* Sowohl das mechan. Verf. (französ. Technik der Harzgewinnung) als auch das durch H_2SO_4 aktivierte bewirkt am Stamm der maritimen Kiefer das Auftreten von Ölharzen in den der Verletzungsstelle benachbarten Lumina der Tracheiden. Die Zahl der Tracheiden, die Ölharze enthalten, ist jedoch bei der durch Säure aktivierten Meth. größer. (C. R. hebd. Séances Acad. Sci. **234.** 2635—37. 30/6. 1952.) A. LEUSCHNER. 7140

C. D. Miller und **O. D. Shreve,** *Infrarotanalyse von Farbträgern, die auf einer Alkyd-Stickstoff-Harzmischung basieren.* Vff. bestimmten mit befriedigendem Erfolg den Anteil von *Alkyd* (I)-, *Harnstoff-Formaldehyd* (II) u. *Melamin-Formaldehyd-Harz* (III) in Farbträgern durch Infrarotabsorptionsmessungen an dünnen Filmen, die auf Steinsalz gegossen u. bei 60° im Vakuum vom Lösungsm. befreit wurden. Zur Analyse wurde für I die Bande bei 5,8 μ, für II die bei 6,1 μ u. für III die bei 12,25 μ verwendet. (Analytic. Chem. **28.** 200—01. Febr. 1956. Philadelphia, Pa., E. I. du Pont de Nemours & Co., Fabrics and Finishes, Dep. Res. Labor.) L. FISCHER. 7154

E. J. Dunn jr., *Trockene Deckfähigkeit von Anstrichfarben.* 2. Mitt. (Paint, Oil chem. Rev. **115.** Nr. 25. 97—99. 4/12. 1952. New York Club, Techn. Committee, Fed. Paint Varn. Prod. Clubs. — C. **1954.** 2504.) B. Scheifele. 7158

National Lead Co., V. St. A. (Erfinder: **William Grave**), *Herstellung von Pigmentgemischen,* welche ein Erdalkalimetallsulfat (z. B. Anhydrit, $BaSO_4$) u. TiO_2 in Form des Rutils enthalten. Zu diesem Zweck stellt man zuerst einen Erdalkalisulfatschlamm u. eine Titansulfatlsg. her, die man auf übliche Weise durch Zers. einer Ti-haltigen Schlacke mit konz. H_2SO_4 gewinnt. Dann kocht man zuerst 5—50% der Ti-Sulfatlsg. mit dem Erdalkalisulfatschlamm u. danach die restliche Ti-Sulfatlösung. Nach Abfiltrieren u. Waschen des entstandenen Nd. glüht man ihn bei 900—1000°. (**F. P. 1 075 986** vom 20/4. 1953, ausg. 21/10. 1954. A. Prior. 23/4. 1952.) T. Oppermann. 7093

E. I. du Pont de Nemours & Co., Wilmington, Del., übert. von: **Albert R. Hanke,** Westfield, N. J., V. St. A., *Azopigment.* Der aus p-Chlor-o-nitranilin nach Diazotieren u. Kuppeln mit dem o-Anisidid der 3-Oxy-2-naphthoesäure erhältliche Farbstoff, der auf Grund seines Röntgenstrahlenbeugungs-Diagramms als „α-Form" bezeichnet wird u. ein dunkelblaustichig-rotbraunes Pigment darstellt, kann durch Erhitzen in einem Lösungsm., wie Chlf., Trichloräthylen, CCl_4, Tetrachloräthan, Aceton, Eisessig oder Acetanhydrid, u./oder mechan. Behandlung, z. B. Mahlen in einer Kugelmühle, in eine sogenannte „β-Form" übergeführt werden, die im Röntgenstrahlenbeugungs-Diagramm Maxima bei ca. 3,28; 6,14 u. 6,96 sowie 8,50 Å zeigt; sie stellt ein gelbgefärbtes hellrotbraunes Azopigment dar, das sich durch gute Lichtechtheit u. Wetterfestigkeit, z. B. in Anstrichmassen, auszeichnet. (**A. P. 2 687 410** vom 26/12. 1951, ausg. 24/8. 1954.) U. Sievers. 7093

Marcel Dèlecourt, Frankreich, *Farbenbindemittel.* Man stellt eine Lsg. **I** her, indem man 50 (g) Na_3PO_4, 25 $(NH_4)_2CO_3$, 25 Polyphosphat in 5 Liter W. löst; ferner werden 1,600 g Casein in 20 Liter W. gelöst, welches ca. 500 cm^3 NH_4OH enthält, u. daneben werden 600 g Na-Alginat in 24 Liter W. gelöst. Diese Alginatlsg. wird mit der Caseinlsg. vereinigt u. danach die Phosphatlsg. zugesetzt. Nach Zugabe von 200 g Formol oder Preventol als Haltbarkeitsmittel wird das Gemisch zu einer Emulsion verrührt. Man erhält die Lsg. **I.** — Herst. der Lsg. **II.** Zunächst werden 25 kg eines Phenol–Formaldehyd-Harzes in 35 kg Terpentinöl oder eines KW-stoff-Lösungsm. gelöst u. danach ca. 30 kg eines trocknenden pflanzlichen Öles oder eines Standöles zugegeben. In das Gemisch werden eingerührt 5 kg einer konz. Lsg. einer filmbildenden Substanz, ferner 250 g eines Fettsäureamids, welches in 1 kg des vorgenannten Lösungsm. gelöst wurde, 5 Liter Sikkativ u. 5 kg Triäthanolamin als Emulgierungsmittel. Dieses als Lsg. **II** bezeichnete Gemisch wird in die Lsg. **I** eingetragen u. 15 Min. gerührt. (**F. P. 1 092 717** vom 4/1. 1954, ausg. 26/4. 1955.) M. F. Müller. 7097

Johann Körner und **Otto Kunrath,** Saargebiet, *Abbeizmittel zum Entfernen von Ölfarben und Lack auf Holz, Metall, Gewebe und Glas.* Es besteht aus 20 (Teilen) Bzl. 10 A., 5 Paraffin u. 1 Essigsäure. (**F. P. 1 081 438** vom 20/7. 1953, ausg. 20/12. 1954.) T. Oppermann. 7101

Paul Daumer, Nord, Frankreich, *Anstrichfarben.* Sie enthalten eine Substanz, welche unter der Einw. der Luft einen Film bildet. Hierbei setzen sich saure Filmbildner mit bas. Pigmenten zu salzartigen Verbb. um. — Man vermischt z. B. 377 (Gewichtsteile) Alkydharz (mit 50% C_{16}—C_{26}-Säure) u. modifiziert mit einer 50%ig. Lsg. von CH_2O–Melamin-Harz in m-Xylol, mit 263 Kerosin, 25 Benzoesäure, 44 Fettsäure, 4,38 Lecithin (fl.), 13,15 Methylcyclohexanol, 15,8 Benzylalkohol, 8,77 Spiköl, 17,54 Terpentinöl, 34,20 o-Dichlorbenzol, 25 Dipenten u. mit Öl vermahlenem Zinkweiß. (**F. P. 1 079 652** vom 26/6. 1953, ausg. 1/12. 1954.) T. Oppermann. 7107

Chemische Werke Albert, Deutschland, *Polyesterharze.* Man läßt Al-Alkoholate (**I**) mit harz- oder ölartigen Estern mit freien OH-Gruppen aus mehrwertigen Alkoholen u. hochmol. einbas. Carbonsäuren u./oder Polycarbonsäuren oder deren Anhydriden reagieren. Die **I** werden mit tautomer reagierenden Verbb. mit CO-Gruppen, wie β-Ketocarbonsäuren u. ihren Estern, β-Diketonen, Oxyketonen, Oxyaldehyden, stabilisiert. **I** kann durch Kunstharze aus **I** mit den genannten tautomer reagierenden Verbb. ersetzt werden. — Man kondensiert 70 (Gewichtsteile) Glycerin mit 500 Kolophonium bei 250° bis zur SZ. <2, gibt bei 110° 22,3 Al-Butylatschmelze zu u. entfernt Butanol. Harzester, der gut öllösl. ist u. in *Firnissen* verwendet werden kann. (**F. P. 1 079 323** vom 11/5. 1953, ausg. 29/11. 1954. D. Prior. 11/9. 1952.) M. Pankow. 7107

Kelsey Industries Ltd., England, übert. von: **Phillip Marcus Fisk** und **Harold Garton Emblem,** *Wärmehärtende gut haftende Masse* zum Lackieren von Metallflächen aus Lsgg. von ungesätt. Estern in polymerisierbaren Lösungsmitteln (Diallylphthalat, adipat, -sebacat, Dimethylmaleat, Methylmethacrylat, Styrol) durch Polymerisieren der Lösungsmittel; als Ausgangsmaterial für die Polyester nimmt man Malein-, Fumar-, Itaconsäure, als OH-Verbb. Äthoxylinharze (I), Phenol–CH_2O-Harze, Glycerin, Äthylenglykol. — Man mischt 1,08 (g) **I**, 0,38 Maleinsäureanhydrid, 1,5 cm^3 Diallylphthalat u. 1 „Marco"-Harz 28C, heizt 2 Min. auf 200°, gibt beim Abkühlen 1,5 Dialyllphthalatvorpolymerisat, 0,11 Benzoylperoxyd, 0,11 Beschleuniger E u. 1,59 Al-Pulver zu, bedeckt damit eine beschädigte Lackfläche u. heizt 30 Min. auf 125°. (**F. P. 1 075 226** vom 19/12. 1952, ausg. 14/10. 1954. E. Prior. 20/12. 1951.) M. PANKOW. 7107

British Resin Products Ltd., England, *Herstellung wärmehärtender Harze* durch Rk. eines Methylolderiv. einer „polyfunktionellen" N-Verb. (1—99 Gewichtsteile) mit einem Ätherharz (99—1 Gewichtsteile). Als N-Verbb. nimmt man Harnstoffe, Thioharnstoffe, Guanidine, Dicyandiamide, Melamine u. andere. Die Ätherharze erhält man durch Veräthern eines Phenols, wie α-Oxyalkylphenol, mit einem mehrwertigen mehrfach reagierenden Alkohol in alkal. Medium, wie Epichlorhydrin (I), α- oder β-Dibromhydrin. — Ätherharz: 282 (Gewichtsteile) Phenol, 280 40%ig. CH_2O, 132 NaOH, 200 W. läßt man 18 Std. stehen, erhöht nach Zusatz von 300 **I** auf 50°, hält 3 Std. u. wäscht mit verd. CH_3COOH. Methylolharnstofflsg.: Man kocht 120 Harnstoff, 320 40%ig. CH_2O, 20 NH_4OH (D. 0,88) u. 4 n-NaOH bei p_H 7,5. In diese Lsg. gibt man 150 Ätherharz, kocht 30 Min., stellt mit NaOH auf p_H 7,5, entwässert bei 60° u. 30 mm Hg u. erhält einen hellen Sirup, der mit etwas p-Toluolsulfonsäure oder NH_4Cl in ein Gel übergeht. Verwendung für gut haftende rißfreie *Lacke*. (**F. P. 1 074 043** vom 26/1. 1953, ausg. 30/9. 1954. E. Prior. 5/2. 1952.) M. PANKOW. 7107

Vinyl Products Ltd., Carshalton, England (Erfinder: **John Edwin Oakley Mayne, Henry Warson** und **David Crowe Whitmore**), *Stabile Polyvinylesteremulsionen*, die *waschfeste Überzüge* liefern. Man dispergiert monomere Vinylester, z. B. Vinylacetat, in W., welches lösl. Stärkederivv., z. B. brit. Tapiokagummi, enthalten, u. polymerisiert mit NH_4- oder Na-Persulfat; der p_H-Wert wird mittels eines Dialdehyds, z. B. Glyoxal, eingerichtet. (**E. P. 726 927** vom 23/5. 1952, ausg. 23/3. 1955.) M. BÖTTCHER. 7107

Deutsche Magnesit Akt.-Ges., München (Erfinder: **Egon Meier**, Friedberg, Hessen), *Herstellung von Tarnanstrichen*. Zur Herst. von Tarnanstrichen für Straßen, Bahnen, Holz oder dgl. wird eine aus $MgCl_2$ u. MgO unter Zusatz von Farben in W. bereitete streich- oder spritzfähige M. verwendet. (**D. B. P. 937 155** Kl. 80b vom 19/10. 1941, ausg. 29/12. 1955. Anmeldung bekanntgemacht 29/4. 1954.) HANS HOFFMANN. 7107

Stahl- und Walzwerke Rasselstein/Andernach Akt.-Ges., Neuwied (Erfinder: **Hans Hölscher**, Braunschweig), *Verbesserung der Korrosionsbeständigkeit von lackierten Schwarzblechbehältern*, bes. für die *Nahrungs-* u. *Genußmittelkonservierung*, einschließlich deren Teilen u. Ausgangsmaterial, dad. gek., daß man das für die Herst. erforderliche gewalzte Eisenblech (Schwarzblech) bei ca. 650—700° in einer Gasatmosphäre von 3—5 (%) CO_2, 0,5—1,5 O_2 u. 5—7 CO, Rest N_2, ca. 1 Min. erhitzt u. mit einem widerstandsfähigen elast. Lack überzieht. Beispiel für die Lackierung: Als Grundierung ist ein Resolharzlack, als Zwischenschicht eine wss. Vinylesteremulsion u. als Deckschicht ein Polyvinylchloridlack (I) geeignet; die beiden ersteren werden bei 180°, **I** bei 190° eingebrannt bzw. getrocknet. (**D. B. P. 936 375** Kl. 75c vom 21/12. 1944, ausg. 7/12. 1955. Anmeldung bekanntgemacht 10/1. 1952.) E. WEISS. 7107

Marvin Kartah Hedge, Portland, Ore., V. St. A., *Angelleine*, gek. durch einen Überzug von in W. unlösl. Polyvinylverbb., bes. Polyvinylalkohol, wie „Vinalack 5525 oder 5604". — Nach E. P. 741 802 setzt man dem Überzug noch ein feinverteiltes Schmiermittel, bes. Graphit, zu. (**E. PP. 741 801** u. **741 802** vom 25/9. 1950, ausg. 14/12. 1955.) H. MÖLLERING. 7107

XIb. Plaste (Kunstharze. Plastische Massen).

Thomas A. Dickinson, *Kunststoffe helfen bei der Verwertung von Abfallprodukten*. Einige typ. Methoden (Mischen, elektrostat. Oberflächenbeschichtung, Lösungsm.-Dispersionsverf.) zur Herst. von Kombinationen aus Kunststoffen u. Abfallprodd., wie Lederstaub, Sägemehl, Baumwollflocken usw., werden besprochen. (Plastics **20**. 414—15. Dez. 1955.) R. SCHÄFF. 7170

E. B. Sharp und **Bryce Maxwell**, *Torsionseigenschaften von Kunststoffen*. Vff. untersuchten das Torsionsverh. von *Celluloseacetat*, *Celluloseacetobutyrat* (I), *Polystyrol* (II), *Polymethacrylsäuremethylester* u. von mit Holzmehl gefüllten *Phenolharzen*. Aus diesen Unterss. u. aus Zugfestigkeitsbestimmungen wurden der Schubmodul (G), der YOUNG-Modul (E) u. das POISSONsche Verhältnis (μ) dieser Prodd. erhalten. Die theoret. Beziehungen zwischen diesen 3 Konstanten wurden untersucht u. mit den bei verschied.

Tempp. gemessenen Werten verglichen. Die für 30° aus Messungen der Zug- u. Schubmoduln berechneten μ-Werte stimmen gut mit den aus direkten Messungen der lateralen Kontraktion bei Zugfestigkeitsprüfungen ermittelten μ-Werten überein. Die klass. Beziehung zwischen den elast. Konstanten gilt somit für die üblichen Kunststoffe. Von den untersuchten Thermoplasten kommt II im Verh. einem echten elast. Feststoff am nächsten. Der μ-Wert von II (0,305) stimmt fast mit dem theoret. μ-Wert von 0,25 überein. Der μ-Wert von I (0,495) entspricht dagegen fast dem theoret. Wert von Flüssigkeiten. (Mod. Plastics **33.** Nr. 4. 137—44. Dez. 1955. Union Carbide & Carbon Corp.; Bakelite Co. Div., Developm. Labor., u. Princeton, N. J., Univ., Plast. Labor.)
R. SCHÄFF. 7170

O. H. Yoximer, *Vergleich zwischen Spritzguß- und Vakuumformverfahren.* (Vgl. C. **1956.** 6816.) Am Beispiel der inneren Türverkleidungen von Kühlschränken vergleicht Vf. die beiden Verff., Spritzguß bzw. Vakuumverformung, zur Herst. von großflächigen Formteilen. Beide Verff. ergeben mechan. gleichwertige Fertigteile; die durch Spritzguß hergestellten Teile zeigen besseres Aussehen; die Vakuumverformung ist das wirtschaftlichere Verfahren. (Austral. Plastics **11.** Nr. 119. 26—28. Juni 1955. Westinghouse Electric Co.) R. SCHÄFF. 7170

William H. Peacock, *Farbstofftypen für Kunststoffe.* Farben- u. Pigmenttypen zur Einfärbung von Kunststoffen u. die damit zusammenhängenden Probleme werden besprochen. (Mod. Plastics **31.** Nr. 11. 74—75. 174—78. Juli 1954. Amer. Cyanamid Co., Pigments Div.) R. SCHÄFF. 7170

J. A. Neumann und **F. J. Bockhoff,** *Die neuen Polyäthylene und ihre Bedeutung für gefertigte Teile.* Die Entw. der neuen (Niederdruck)-Polyäthylen (I)-Typen nach dem PHILLIPS- bzw. ZIEGLER-Verf. wird für die Kunststoff verarbeitende u. anwendende Industrie von steigender Bedeutung. Ihre besonderen Eigg. im Vgl. zum bekannten (Hochdruck)-I werden erörtert. Die Verarbeitung, Anwendung u. der Effekt von Bestrahlung werden an Beispielen besprochen. (Mod. Plastics **32.** Nr. 12. 117—22. Aug. 1955. Maple Heights, O., Amer. Agile Corp., Res., u. Cleveland, O., Fenn Coll., Chem. Engng.) R. SCHÄFF. 7172

H. R. Bosworth, *Lösung der Probleme bei der Herstellung von elektrischen Apparaten für Unterwasserbetrieb durch neue Preß- und Schweißmethoden für Polyäthylen.* Beschreibung der Verfahren. (Mod. Plastics **33.** Nr. 2. 119—21. Okt. 1955. Winston-Salem, N. C., Western Electric Co., Radio Div., Manuf. Engng.) R. SCHÄFF. 7172

D. H. Parker, *Farbstoffe für Vinylharze.* (Materie plast. **20.** 786—88. Okt. 1954. — C. **1955.** 2086.) R. SCHÄFF. 7172

H. M. Macturk und **I. Phillips,** *Ausgefälltes Calciumcarbonat als Füllstoff für Polyvinylchlorid.* Methoden der Herst. von gefälltem $CaCO_3$, dessen Oberflächenbehandlung (Überziehen mit z. B. Stearat), Eigg. u. Anwendung als Füllstoff für weichgemachtes Polyvinylchlorid (I) u. I-Pasten, sowie die mechan. u. elektr. Eigg. von I-Mischungen mit verschied. $CaCO_3$-Typen (*Calofort S, Calofil A.4, Sturcal LS* u. *Sturcal L*) werden besprochen. (Brit. Plastics mould. Products Trader **28.** 463—67. Nov. 1955. John & Sturge Ltd. u. Brit. Geon Ltd.) R. SCHÄFF. 7172

S. J. Barker und **A. W. Birley,** *Die Effekte biaxialer Spannung auf die Eigenschaften von Polyacrylsäureester-Folien.* An $^1/_4$ u. $^1/_8$'' dicken Folien aus nicht-weichgemachtem *Polymethacrylsäuremethylester* (Typ *Perspex*) untersuchten Vff. den Einfl. verschied. Orientierungsgrade, die durch biaxiale Reckung mittels eines besonderen Vakuumtiefziehverf. erzeugt worden waren, auf die physikal. Eigg. (mechan., dynam. u. therm. Eigg., Biegefestigkeit, Kerbschlagzähigkeit u. Doppelbrechung) u. verglichen die Ergebnisse mit den bei n. Folien gefundenen Werten. Es wurde gefunden, daß die Moll. vermutlich in Ebenen parallel zur Folienoberfläche orientiert sind. Einige Eigg., wie vor allem die Kerbschlagzähigkeit u. Widerstandsfähigkeit gegen Spannungsrißbldg. in Ggw. von Lösungsmitteln, werden durch biaxiale Reckung deutlich verbessert. Starke Reckungsgrade rufen andererseits eine Verminderung der Formbeständigkeit bei höheren Tempp. u. die Bldg. einer Laminarstruktur, die zu schuppenartigem Splittern bei mechan. Bearbeitung führt, hervor. Für die prakt. Auswertung der Befunde werden Folgerungen gezogen. (Plastics **19.** 344—47. Okt. 1954. Imp. Chem. Ind. Ltd., Plastics Div.)
R. SCHÄFF. 7172

O. H. Bratt, *Verfahren zur Bewertung von Alkydharzen.* Die den Lackchemiker interessierenden Methoden zur anwendungstechn. Ausprüfung von Alkydharzen (Glyptalen) im Oberflächenschutz werden ausführlich zusammengestellt. Sie umfassen Prüfvorschriften für allg. Eigg. (Viscosität, Säurezahl usw.), Verträglichkeit des Films für Modifikatoren, Verh. des Films bei Lufttrocknung bzw. Ofenhärtung, Widerstandsfähigkeit des Films gegenüber W., Lösungsmitteln u. Bewitterung, Flexibilität des

Films, Farbe u. Farbbeständigkeit der Filme u. Oberflächenbeschaffenheit. (Western Paint Rev. **40.** Nr. 10. 27 A—29 A. 49 A. Okt. Nr. 11. 19 A—22 A. 38 A. Nov. Nr. 12. 15 A—20 A. Dez. 1954; **41.** Nr. 1. 15 A—17 A. Jan. Nr. 2. 21 A—22 A. Febr.; Nr. 3. 21 A—24 A. März. Nr. 4. 23 A—26 A. April. Nr. 5. 23 A—26 A. Mai 1955. General Electric Co., West Coast Chem. Mat. Dep., Techn. Serv. Labor.) R. SCHÄFF. 7176

Manuel Muñoz Mouton, *Furfurol als Rohstoff für Kunststoffe.* Übersicht mit 19 Literaturhinweisen. (Rev. Plásticos **5.** 278—83. Sept./Okt. 1954.) R. K. MÜLLER. 7176

H.-A. Sack, *Ölteer, ein hochmolekulares Material.* Durch rheolog. Unterss., $KMnO_4$-Oxydation, Chromatographie u. Depolymerisation sowie erneute Polymerisation der Spaltprodd. versuchte Vf. den makromol. Aufbau von Ölteer aufzuklären. Ölteer setzt sich aus Harz, Weichmacher u. Füllstoff zusammen. Das Harz besteht aus polymerisierten hydroaromat. hetero- u. alicycl. Verbb.; infolge der Lage der aromat. Ringe treten starke Wechselwirkungen zwischen den Ketten auf. Die kurzkettigen Moll. u. nicht polymerisierbare aromat. Verbb. wirken als Weichmacher. Der akt. Füllstoff besteht aus organographit. Teilchen. (J. Rech. Centre nat. Rech. sci. **1951.** 21—30. Labor. de Chim. Macromol.) R. SCHÄFF. 7198

A. Foulon, *Gießharze in der Technik.* Allg. Ausführungen zur techn. Bedeutung der Gießharze, namentlich solcher auf Basis Polyesterharze, wobei die Fabrikation faserarmierter Gegenstände besondere Berücksichtigung findet. (Plastverarbeiter **6.** 391—92. Okt. 1955.) M. WINIKER. 7204

D. W. Elam und **F. C. Hopper,** *Schichtstoffe aus Epoxydharzen als Konstruktionsmaterialien.* Kurze Übersicht über den Chemismus der Epoxydharze u. Besprechung der Herst. (Trocken- u. Naßverf.), Eigg. u. Anwendungen von Epoxydharz-Glasfasergewebe-Schichtstoffen. (Mod. Plastics **32.** Nr. 2. 141—44. Okt. 1954. Shell Development Co.) R. SCHÄFF. 7204

Russell DeWaard, Charles R. Stock und **Turner Alfrey jr.,** *Messung restlicher Spannung in thermisch härtbaren Kunststoffen.* Eine Meth. zur Best. der Verteilung restlicher Spannungen über den Querschnitt gepreßter therm. härtbarer Kunststoffe wird angegeben. Bei dieser Spannungsanalyse wird die Biegung eines schmalen Prüfkörpers ausgewertet, dessen Oberfläche eingefräst wird. Es wird gezeigt, daß gefüllte, nach dem Formpreßverf. (compression molding) hergestellte Phenolharzpreßlinge innere Spannungen aufweisen; Wärme u. Feuchtigkeit während der Lagerung im Anschluß an das Pressen verstärken diesen Effekt. Da in allen Fällen Druckspannungen an der Oberfläche festgestellt wurden, wird angenommen, daß die restlichen Spannungen in diesen Materialien vom Standpunkt der Biegefestigkeit aus günstig sind. Weitere Folgerungen für die Praxis werden gezogen. (ASTM Bull. **1952.** Nr. 181. 53—59. April. Stamford, Conn., American Cyanamid Co., Analyt. & Testing Div., Res. Labor., u. Midland, Mich., Dow Chem. Co., Physic. Res. Labor.) R. SCHÄFF. 7210

J. H. Bennitt und **C. E. Avenell,** *Härteprüfung von Phenolharzpreßlingen mittels der Brinell- und Heißnadelmethode.* Kurzfassung der C. **1953.** 4948 referierten Arbeit. (Chem. and Ind. **1952.** 421—22. 10/5.) H.-J. HEINRICHS. 7210

Miroslav Vašta und **Vladimír Ulbrich,** *Die Bestimmung der Methylolgruppen in den Resolen.* Die Best. beruht auf der Meth. von MARTIN (C. **1952.** 578), das ist auf der Rk. der *Methylolgruppe* mit Phenolüberschuß in saurer Lösung. Das entstehende W. bestimmen Vff. aber mit der FISCHER-Lsg. direkt in dem Reaktionsgemisch. Von der gefundenen Wassermenge muß man den Wassergeh. in den ursprünglichen Harzen, sowie das W., welches durch Kondensation des freien CH_2O in den Harzen entsteht, in Abzug bringen. Die vorgeschlagene Meth. ist einfach u. die Resultate sehr gut reproduzierbar. (Chem. Listy **49.** 1311—14. Sept. 1955. Pardubice, Vyzkumny ústav synthet. pryskyřic.) J. HORÁČEK/Prag. 7210

Kodak-Pathé, Seine, Frankreich, übert. von: **William Lynn,** *Herstellung von Perlpolymerisaten* mit gleichmäßig runden Perlen von 1—20 μ Durchmesser für opt. Zwecke. Ein wasserunlösl. Monomeres [Methylmethacrylat (I), Styrol, Mischungen von I mit bifunktionellen Monomeren, wie Divinylstyrol, Diäthylenglykoldiallyldicarbonat oder Vinylpyridin) wird mit der 2—5fachen Wassermenge, einem Katalysator u. einem oberflächenakt. wasserlösl. Dispersionsmittel (Na-Laurylsulfat, Na-N-Oleyl-N-methyltaurat u. a.) gemischt, die Mischung gerührt, bis die Polymerisation beginnt, u. die Mischung ruhend polymerisiert. — Man gibt in einen 20 Liter-Ballon eine Lsg. von 47 g Benzoylperoxyd u. 23,6 g Dioctylester des Na-Salzes der Sulfobernsteinsäure (Aerosol OT 100%) in 4400 g Methylmethacrylat u. eine Lsg. von 94,6 g einer 25%ig. wss. Lsg. von Na-N-Oleyl-N-methyltaurat (Arctic Syntex T gel) in 9,3 Liter W. von 50°, rührt 1 Std. bei dieser Temp. u. hält nun 24 Std. bei 50°, worauf man die Perlen isoliert. Für Vinylpyridin nimmt man Stärke als Dispergiermittel. (**F. P. 1 079 755** vom 30/4. 1952, ausg. 2/12. 1954. A. Prior. 1/5. 1951.) M. PANKOW. 7171

Badische Anilin- & Soda-Fabrik Akt.-Ges., Ludwigshafen/Rh., *Herstellung pulverförmiger Polymerisate von Vinylverbindungen* ohne Mitverwendung von Verdünnungs- oder Lösungsmitteln durch Zuführung des oder der Monomeren in Tropfenform zu vorgelegten pulverförmigen Polymeren, bei erhöhter Temperatur. Unter gutem Rühren erfolgt Polymerisation ohne Klumpenbldg. unter der Bedingung, daß die Polymeren oder Mischpolymeren in den Monomeren oder deren Gemischen nicht oder nur sehr wenig lösl. sind. Teilchengröße 0,01—2 mm. Mengenbeispiele mit Acrylnitril, Vinyl- u. Vinylidenchlorid u. Monochlortrifluoräthylen sowie deren Mischungen. (**E. P. 734 476** vom 17/11. 1953, ausg. 3/8. 1955. D. Prior. 19/11. 1952.) H. SCHINDLER. 7173

Dynamit Akt.-Ges. vormals Alfred Nobel & Co., Deutschland, *Stabilisiermittel für Halogenvinylpolymere oder -mischpolymere*, bestehend aus neutralen oder bas. Salzen von Halbestern oder Halbamiden von 1.2-Äthylendicarbonsäuren, deren Alkohol- oder Aminreste wenigstens 10 C-Atome enthalten; z. B. Pb-Decylmaleinat, gemischtes Cd–Pb-Cetyldecylmaleinat, gemischtes Ca–Zn-Cetylmaleinat, Ca-Dicyclopentadienylcetylmaleinat, Pb-Cetylmaleinat, Pb-Salz des Maleinsäureheptadecylamids, Pb-Dicyclopentadienylmaleinat. (**F. P. 1 086 182** vom 2/11. 1953, ausg. 10/2. 1955. D. Prior. 2/1. 1953.) M. PANKOW. 7173

B. F. Goodrich Co., V. St. A., übert. von: **Vernon Louis Folt** und **Earl John Carlson**, *Herstellung plastischer Mischpolymerisate.* Neben Butadienen u. Difluordichloräthylen kann man als weitere Komponente statt Vinylidenchlorid (vgl. A. P. 2657199; C. **1954.** 11063) Alkylacrylat, wie Äthylacrylat, mischpolymerisieren. Verwendung der Mischpolymerisate für Preßmassen, Filme, Klebstoffe, bes. in den Fällen, in denen Plastiziermittel enthaltende Polymere nicht verwendet werden können. (**F. P. 1 086 925** vom 21/8. 1953, ausg. 17/2. 1955. A. Prior. 27/8. 1952.) M. PANKOW. 7173

Rhodiatoce S. p. A., Italien, *Gut wasserlösliche Polyvinylalkohole.* Man mischt Polyvinylalkohol mit Plastiziermitteln [Glycerin, Äthyl-, Diäthyl-, Triäthylglykol — (Äthylenglykole ?-Ref.)] u. erhält ein mürbes, krümeliges, leicht in W. lösl. Produkt. (**F. P. 1 085 611** vom 24/10. 1953, ausg. 4/2. 1955. It. Prior. 24/10. 1952.) M. PANKOW. 7173

Imperial Chemical Industries Ltd., England, *Mischpolymerisate* aus Diallyläthermonoxyd (I) u. 65—90% Styrol (II). Die Mischpolymerisate u. ihre Ester mit den ungesätt. Säuren trocknender Öle sind in aromat. KW-stoffen, wie Xylol, lösl. u. geben weiche Folien. Ein Geh. $<$65% Styrol im Polymeren gibt fl. Massen, ein solcher $>$90% harte, brüchige Massen. — Man kocht 1485 g **I** u. 165 g **II** unter Lufteinleiten u. gibt jede Std. 165 g bis zu 1650 g **II** zu, leitet noch weitere 2 Std. Luft ein u. hält unter Vakuum bei 180°. 600 g des Mischpolymerisats werden mit 385 g Leinölfettsäure 1 Std. auf 180° u. 2 Std. auf 225° erhitzt. Die Lsg. in Xylol kann nach Zusatz von Co-Sikkativ auf Folien verarbeitet werden. (**F. P. 1086582** vom 13/8. 1953, ausg 14/2 1955. E. Prior. 13/8. 1952.) M. PANKOW. 7173

General Aniline & Film Corp., New York, übert. von: **Harry D. Anspon, Easton, und Frank E. Pschorr**, Tatamy, Pa., V. St. A., *Schaumstoffe aus α-Chloracrylsäureestern* von Alkoholen mit 1—6 C-Atomen (Methyl-α-chloracrylat) u. gegebenenfalls Monomeren erhält man durch Erhitzen in mehreren Absätzen in einer indifferenten Fl., bes. Methylphenylpolysiloxan auf 135—225°. Herst. von Schwimmspielsachen, Schwimmern (für Fischerei), Rettungsringen, schwimmenden Flugzeugpontons, Schulterpolstern, Helmen, Schienbeinstützen, Auskleidungen von beschußsicheren Brennstofftanks, Ausfüllungen von Radarantennen u. Luftschrauben; Verwendung als Isolier- u. Konstruktionselement. Mittels Schablonen u. Farbstoffen u. Bestrahlen mit Ultrarotstrahlen oder auch unter Zuhilfenahme des Diazotypieverf. kann man besondere Effekte erzielen. (**A. P. 2 684 341** vom 3/2. 1951, ausg. 20/7. 1954.) G. SALZMANN. 7173

Farbwerke Hoechst Akt.-Ges., vormals Meister Lucius & Brüning, Deutschland, *Acrylnitrilmischpolymere.* Man polymerisiert mindestens 60% Acrylnitril mit Halogenalkanolestern ein- oder zweibas. mischpolymerisierbarer Säuren, auch unter Zusatz weiterer mischpolymerisierbarer Verbindungen. Die erhaltenen Mischpolymeren zeigen eine bessere Löslichkeit in den für Polyacrylnitril verwendeten Lösungsmitteln u. eignen sich zur Herst. von sich nichtverfärbenden Folien, Fäden oder Preßstücken. — Zu einer 60° warmen Mischung von 100 cm^3 W., 2 g Na-Dodecylsulfonat u. 0,7 cm^3 35%ig. H_2O_2 gibt man unter N_2 nacheinander eine Mischung aus 180 g Acrylnitril u. 20 g neutralem γ-Chlorpropylfumarat, eine solche aus 400 cm^3 W., 3 cm^3 35%ig. H_2O_2 u. 2 g Na-Dodecylsulfonat u. eine solche aus 400 cm^3 W., 1 g Na-Formaldehydsulfoxylat u. 15 g Na_2SO_4. Die schnell einsetzende Rk. wird durch Sodazusatz unterbrochen. (**F. P. 1 085 341** vom 21/10. 1953, ausg. 31/1. 1955. D. Prior. 22/10. 1952.) M. PANKOW. 7173

Celastic Corp., übert. von: **Quentin Leroy Quinlivan**, Wilmington, Del., V. St. A., *Durch Polymerisation verfestigte Masse* u. Verbundkörper. Eine Mischung von 1500 (Teilen) Vinylchlorid (90%)-Vinylacetat (10%)-Mischpolymerisat, 975 Tetraäthylenglykoldimethacrylat, 650 TiO_2, 270 Butadien (70%)–Acrylnitril-Mischpolymerisat u. 850 Aceton wird ausgewalzt u. mit einer 7% ig. Lsg. von Benzoylperoxyd in Aceton bestrichen u. polymerisiert. Als Olefin- oder Mischpolymere einerseits, sowie als Monomere andererseits können verschied., auch substituierte Verbb. (einschließlich monomerer Alkylester von mehrbas. Säuren) sowie Füllstoffe zugesetzt werden. Sie werden zum Imprägnieren u. Verkleben von Geweben (Schuhkappensteife, Zahlteller u. dgl.), Glasfasern, Papier, Filz u. Holz verwendet. (**A. P. 2 684 305** vom 30/4. 1948, ausg. 20/7. 1954.) G. SALZMANN. 7173

Styrene Products Ltd., London, England (Erfinder: **Johann Porges, Joice Elly** und **Edward Teggin Burrows**), *Polymersiation von ungesättigten organischen Verbindungen.* Verbb. mit der Gruppierung $CH_2{=}C\langle$, z. B. *Styrol*, werden in fl. Phase rascher polymerisiert oder mischpolymerisiert u. es werden auch höhere Polymerisationsgrade erhalten, wenn man als Polymerisationskatalysator statt Benzoylperoxyd 0,01–0,5, bes. 0,05–0,25, Gew.-% einer Verb. der allg. Formel I verwendet, in der R u. R' H oder einen Alkylrest mit höchstens 4 C-Atomen bedeuten, die gleich oder verschieden sein können u. die Ausgangsmischung auf 90–140° erhitzt.

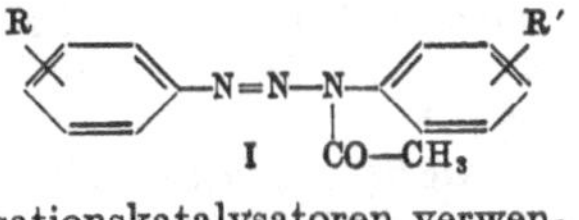

Die als Polymerisationskatalysatoren verwendeten Verbb. werden durch Einleiten von Keten in eine benzol. oder äther. Lsg. eines geeigneten Diazoaminobenzols bei Raumtemp. hergestellt. — Beispiele für I: *N-Acetyldiazoaminobenzol* (II), F. 132°. — *4-Methyl*-II, F. 138°. — *4.4'-Dimethyl*-II, F. 104°. — *3-Methyl*-II, F. 116°. — *2.4'-Dimethyl*-II, F. 101°. (**E. P. 716 429** vom 5/6. 1951, ausg. 6/10. 1954.) R. LINK. 7173

Monsanto Chemical Co., St. Louis, Mo., übert. von: **Richard R. Moorner**, Dayton, O., und **Raymond I. Longley jr.**, Springfield, Mass., V. St. A., *Homo- oder Mischpolymerisation von N-Alkyl-N-vinylbenzamiden* im Block, in Lsg., Suspension oder Emulsion in Ggw. radikalbildender Katalysatoren, z. B. α.α-Azo-bis-diisobutyronitril, bei ca. 60°. Als Ausgangsstoff ist genannt: *N-Methyl-N-vinylbenzamid*, das aus N-Methylbenzamid in Ggw. von K u. Acetylen unter Druck bei ca. 160° erhalten wird. $Kp._{14}$ 136–137°, n_D^{25} 1,5674. Mischpolymerisate mit Styrol, Actylnitril, Vinylacetat oder -chlorid oder Maleinsäureanhydrid. — Mengenbeispiele. Filme, Fasern, Preßmassen. (**A. P. 2 717 886** vom 18/10. 1952, ausg. 13/9. 1955.) H. SCHINDLER. 7173

General Electric Co., New York, V. St. A., *Substituierte Methylolanisole* der allg. Zus. I (R = Phenyl, Cyclohexyl u. Methoxyl) erhält man durch Methylierung der entsprechenden 1-Oxyverbb. mit Dimethylsulfat (II). — Beispiele: Hydrochinonmonomethyläther + NaOH + CH_2O → *p-Methoxyphenoldialkohol* (F. 128–129°, Bzl.) + NaOH + II → *4-Methoxy-2.6-dimethylolanisol*, F. 106–107°. p-Phenylphenol → *p-Phenylphenoldialkohol* (F. 110–111°) + NaOH + II → *4-Phenyl-2.6-dimethylolanisol*, F. 102–103,5°. p-Cyclohexylphenol → *p-Cyclohexylphenoldialkohol* (F. 105–106°) → *4-Cyclohexyl-2.6-dimethylolanisol*, F. 80–82°. *Modifikatoren u. Weichmacher für Phenolharze* u. Ausgangsprodd. zur Herst. von Kunstharzen. (**E. P. 725 782** vom 1/10. 1953, ausg. 9/3. 1955. A. Prior. 4/10. 1952.) O. MÜLLER-MEININGEN. 7177

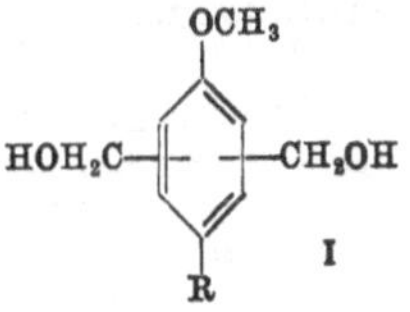

International General Electric Co., Inc., Schenectady, V. St. A., *Polymerisation* von Verbb. der allg. Formel I, worin R = H, CH_3, C_2H_5, CH_2OH u. $CH_2{-}O{-}C(=O){-}C(R'){=}CH_2$; R' = H, Cl, CH_3, C_2H_5; R'' = H, OH oder $-O-C(O)-C(R')=CH_2$; m = eine ganze Zahl, n = eine solche über 1 u. p = 0,1. Diese Verbb. werden zuvor bei n. oder erhöhter Temp. mit Luft, O_2 oder O_3 oxydiert, bis die Gewichtszunahme vorzugsweise wenigstens 0,3% beträgt.

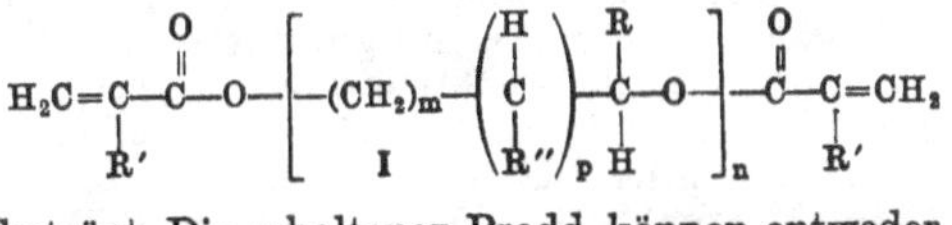

Die erhaltenen Prodd. können entweder unmittelbar zum *Leimen* oder für *Überzüge* verwendet werden. Sie können auch mit anderen polymerisierbaren Stoffen mischpolymerisiert werden. Nach einem Beispiel wird Tetraäthylenglykoldimethacrylat bei 77° mit einem O_2-Strom behandelt. Je nach Dauer u. Aufnahme von O variiert die Viscosität u. die Gelbldg. des Endprodukts. Mischpolymerisate werden z. B. mit Butadien u. Styrol oder Vinylacetat gebildet. Die Prodd. dienen als *Dielektrika* für sich oder mit Zusätzen. — Mengenbeispiele, Tabellen. (**Belg. P. 504 916** vom 27/7. 1951, ausg. 5/12. 1952. A. Prior. 29/7. 1950.) H. SCHINDLER. 7177

Food Machinery & Chemical Corp., San Jose, Calif., V. St. A., *Epoxyester* erhält man durch Rk. von *ungesätt. Fettsäuren* $C_{12}-C_{22}$ mit einem Gemisch aus CH_3-COOH (I), wss. H_2O_2 (II) u. 0,5—5 Gew.-% H_2SO_4 (berechnet auf I + II) bei 60—110°. — Beispiele zur Epoxydierung von Butyloleat, Sojaöl, Baumwollsamenöl-Fettsäurebutylester. — *Weichmacher für PVC-Harze.* (**E. P. 739 609** vom 23/10. 1953, ausg. 2/11. 1955. A. Prior. 13/7. 1953.) O. MÜLLER-MEININGEN. 7177

Soc. An. des Manufactures des Glaces et Produits Chimiques de Saint-Gobain, Chauny & Cirey, Frankreich, *Kunstharze aus Glykolestern und Glykolurethanen.* Man geht aus von einem gemischten Ester des Glykols u. des Glykolurethans, der eine freie, unsubstituierte Aminogruppe hat, u. kondensiert ihn mit einem Aldehyd 1:1 oder 2:3 in Ggw. eines Katalysators (HCl, H_2SO_4, Benzolsulfonsäure, Maleinsäure) u. eines Lösungsm., das mit dem entstehenden W. ein azeotropes Gemisch bildet (Bzl.). — Beispiel: 247 (g) des neutralen Maleinsäureesters mit Glykol u. Glykolurethan wird mit 33 Trioxymethylen, 5 Maleinsäure u. 250 Bzl. zum Sieden erhitzt, bis 18 W. mit Bzl. abdest. sind. Wenn alles Bzl. entfernt ist, hinterbleibt ein weiches, transparentes, hellgelbes Harz, das durch 45 Min. Erhitzen auf 150° gehärtet wird. (**F. P. 1 055 292** vom 29/4. 1952, ausg. 17/2. 1954.) S. MEIER. 7181

Albright & Wilson Ltd., Oldbury, England, *Polymere, Phosphor und Stickstoff enthaltende Verbindungen* erhält man durch Rk. von Melamin, Harnstoff, Guanidin oder einem Gemisch dieser mit Tetrakis-(oxymethyl)-phosphoniumchlorid (I) bzw. Tris-(oxymethyl)-phosphinoxyd (II). Die Rk. kann auch in Ggw. von CH_2O bzw. von dessen wasserlösl. Kondensationsprodd. mit den obigen Aminen erfolgen. Die noch nicht auskondensierten Prodd. können zur Imprägnierung von Fasermaterialien dienen oder prim. Aminogruppen enthaltende Fasern von Cellulosederivv. können mit I oder II umgesetzt werden. Die Prodd. weisen eine geringe Brennbarkeit auf. — Durch Erhitzen von I mit Melamin u. W. auf 80—90° erhält man eine klare Lsg., die nach der Neutralisierung sofort polymerisiert. Das Harz ist nach 1 std. Härten bei 110° unbrennbar. (**E. P. 740 269** vom 20/4. 1953, ausg. 9/11. 1955. A. Prior. 22/4. 1952.) J. MÜHLEISEN. 7181

Fernand de Masy, Spanien, *Herstellung von Siliciumorganischen Verbindungen*, dad. gek., daß man einen Ester der Orthokieselsäure [Tetraäthoxysilan (I)] mit einer OH-enthaltenden Verb. [Ricinusöl (II), Ester einer einbas. Säure mit einem mehrwertigen Alkohol, Phthalsäure-Glycerin-Kondensationsprodd.] erhitzt. — Beispiel: 100 (Gewichtsteile) eines klaren II werden mit 16 I allmählich erwärmt. Die Rk. beginnt bei 250°. Wenn man bei 280° abbricht, erhält man ein kautschukähnliches Prod., das modifiziert werden kann. — Die Prodd. können für *Lacke, Emulsionen, Kunstharze* u. *Weichmacher* verwendet werden. (**F. P. 980 680** vom 21/2. 1949, ausg. 16/5. 1951. Span. Prior. 4/1. 1949.) S. MEIER. 7189

General Electric Co., übert. von: **Maynard C. Agens**, Schenectady, N. Y., V. St. A., *Härtung von Organosiloxanharzen* erfolgt unter Zusatz von 0,5—10, bes. 1—5%, Al-Crotonat der Formel $HO-Al[OC(:O)-CH=CH-CH_3]_2$ (I) u. Erhitzen auf 150—250°. I erhält man durch Rk. von 2 (Mol) Crotonsäure mit 1 $Al(OH)_3$ oder durch Rk. einer wss. Lsg. von Na-Crotonat mit $AlCl_3$. (**A. P. 2 714 585** vom 26/5. 1954, ausg. 2/8. 1955.) J. MÜHLEISEN. 7189

Eastman Kodak Co., Rochester, N. Y., übert. von: **Harry W. Coover** und **Marvin A. McCall**, Kingsport, Tenn., V. St. A., *Herstellung harzartiger polymerer Alkyl- und Chloralkanphosphonate.* Aromat. Dioxyverbb., wie Resorcin, Brenzcatechin, Hydrochinon, p.p'-Dioxydiphenyl, Dioxydiphenylsulfone, werden mit (Chlor-Cyclo- oder Aryl-) Alkyl-(C_{1-12})- oder Arylphosphonsäuredichlorid u. $POCl_3$, Triphenyl-, Trikresyl-, Diphenylchlor- u. Phenyldichlorphosphat einerseits oder Monochloralkanphosphonsäuredichloriden, wie Chlormethan-, β-Chloräthan-, β- oder γ-Chlorpropan-, ω-Chlordodecanphosphonsäuredichloriden andererseits, in Ggw. wasserfreier Erdalkalihalogenide ($CaCl_2$ oder $ZnCl_2$, bes. wasserfreies $MgCl_2$) bei 90—300° kondensiert. Die in Dimethylformamid lösl. bzw. einen Erweichungspunkt von 100—150° besitzenden *Harze* eignen sich zur Herst. harter, schwer brennbarer Filme, Fasern u. Formkörper. — Mengenbeispiele. (**A. PP. 2 716 100** u. **2 716 101** vom 10/9. 1952, ausg. 23/8. 1955.) H. SCHINDLER. 7199

New England Spektrochemical Laboratories, übert. von: **Daniel P. Norman**, Ipswich, Mass., V. St. A. *Aufarbeiten von Citrussaftrückständen.* Citruspulpe wird mit einem A., z. B. Methylalkohol, Aceton oder Keton im Soxhletapp. behandelt. Der nach Abtrennung der Fl. verbleibende Rückstand wird bei ca. 100° getrocknet u. fein vermahlen. Das Prod. ist weiß, geruchlos u. bes. geeignet als *Füllstoff* für *Preßmassen.* (**A. P. 2 727 033** vom 31/5. 1951, ausg. 13/12. 1955.) W. KRANZ. 7205

Annemarie Wittfoht, Kunststofftechnisches Wörterbuch. Fachausdrücke aus der Herstellg., Verarbeitg. u. Anwendg. d. Kunststoffe, aus Materialprüfg. u. Formenbau. Mit eingehenden Erklärgn., Zeichngn., Kurzworten u. Umrechnungstab. Bd. 1. Englisch—Deutsch. 2. neubearb. stark erw. Aufl. München: Hanser. 1956. (XIV + 339 S.) 8°. DM 42,—.

Hans Hadert, Die Gelatinekapsel-Herstellung unter Berücksichtigung von Schrumpfkapseln und Folien aus Acetylcellulose, Celluloid, Viskose und Polyvinylalkohol sowie Kunstdärmen. Berlin: Hadert-Lexikon-Verl. 1954. (45 S. m. Abb.) 8° = Haderts chemisch-technische Taschenbücher. Bd. 1. DM 4,50.

XII. Kautschuk. Guttapercha. Balata.

R. Mehring, *Zur Technologie des Porokrepps.* 1. Mitt. Es werden Eigg. u. Verarbeitung des neuen Sohlen- u. Keilmaterials „*Porokrepp*" (I) beschrieben. Die Porosität soll so beschaffen sein, daß ohne Lupe keine Poren zu erkennen sind (ungefährer Durchmesser 0,1—0,2 mm). Bei Verwendung von Naturkautschuk, künstlichem Kautschuk u. Verschnitten ist die gleiche Porenform zu beobachten. I wird nach dem Treib- u. Expansionsverf. hergestellt. Vor- u. Nachteile beider Verff. werden besprochen. Entscheidend für die Vulkanisationsbedingungen ist die Wahl des Treibmittels, das den Temperaturbereich der maximalen Gasabspaltung bestimmt. Es wird in Konzz. von 1,8—2,0% verwendet. Die Vulkanisationsdauer beeinflußt die Kerbzähigkeit u. die Schrumpfungsneigung der Vulkanisate. Ein Übermaß an Treibmittel führt zu Verwerfungen u. zur Überschreitung der geforderten Plattengrößen. (Plaste u. Kautschuk **2**. 184—86. Aug. 1955.) P. SCHIPKE. 7220

R. I. Wood, *Änderungen der Mooneyviscosität bei frisch hergestelltem, rohem Naturkautschuk.* (Arch. Rubbercultuur **1953**. 149—51. Okt. Rubber Res. Inst. of Malaya. — C. **1954**. 5639.) R. SCHÄFF. 7222

F. J. Paton, *Bedeutung der gelben Latexfraktion bei spontaner Koagulation.* Die chem Natur der abtrennbaren Nichtkautschukbestandteile der gelben Fraktion wurde untersucht. Der Abfall des p_H-Wertes des Latex während der ersten Std. nach dem Zapfen geht in 1. Linie auf Änderungen zurück, die in Substanzen der gelben Fraktion stattfinden. Die Wechselbeziehung zwischen diesen Substanzen wird durch den p_H-Wert bestimmt. Beim p_H-Wert über 8,5 kann keine gelbe Fraktion abgetrennt werden. Bei fallendem p_H-Wert trennt sie sich aber zunehmend leichter ab. Der meßbare Unterschied zwischen dem Gesamtlatex u. der weißen Fraktion ist nicht groß. Die weiße Fraktion weist aber eine etwas geringere mechan. Stabilität auf. — Diskussionsbemerkungen. (Arch. Rubbercultuur **1953**. 93—102. Okt. Dunlop Malaya Estates.) R. SCHÄFF. 7222

F. J. Paton, *Einfluß von Magnesium auf die Gelierung von Latex mit Silicofluorid.* Der Einfl. der Zugabe kleiner Mengen von Mg-Laurat, Mg-Oleat u. MgO zu einem Latexkonzentrat auf den Gelierungs-p_H-Wert wurde untersucht. Der Einfl. von Mg-Seifen auf die Gelierung scheint am größten beim p_H-Wert 9 zu sein. — Diskussionsbemerkungen. (Arch. Rubbercultuur **1953**. 103—05. Okt. Dunlop Malayan Estates.) R. SCHÄFF. 7222

Maurice Moulin, *Der Butylkautschuk. Herstellung, Eigenschaften und Anwendung. Aussichten auf neue Verwendung dieses Kautschuks in der nächsten Zukunft.* Sehr ausführliche Übersicht über Historisches, Herst., Eigg., Verarbeitung, Zus. von Mischungen, Vulkanisieren, Anwendung, Zukunftsaussichten. (Bull. Assoc. franç. Techniciens Pétrole **1955**. Nr. 114. 569—99. 30/11.) F. ROSENDAHL. 7224

W. Je. Gul und **G. Ss. Klitenik**, *Einfluß der zwischenmolekularen Wechselwirkungen auf die Lichtstreuung von Kautschuklösungen.* (Vgl. C. **1953**. 5676.) Zur Unters. gelangten Lsgg. von *natürlichem Kautschuk* (I) in frischem u. gealtertem Zustande u. von verschied. *Butadiennitrilkautschuken* (II), die sich im Geh. an Nitrilgruppen unterschieden. Nephelometr. wurde die Trübung der Lsgg. von I in Toluol u. von II in Methyläthylketon bei verschied. Geh. an CH_3OH (bis 10%) bestimmt. Auswertung der graph. gebrachten Resultate, welche auf einen schnellen Anstieg des Trübungsgrades in Abhängigkeit vom CH_3OH-Geh. der Lsg. hinwiesen, sprach für eine starke Abhängigkeit der zu beobachtenden Erscheinungen von der Intensität u. dem Charakter der Kräfte der zwischenmol. Wechselwirkungen der vermischten Komponenten. Es wird eine Meth. zur Best. der spezif. Kohäsionsenergie von Hochpolymeren auf Grund der mol. Lichtstreuung ihrer Lsgg. vorgeschlagen. (Коллоидный Журнал [Kolloid-J.] **16**. 171—78. Mai/Juni 1954. Moskau, Inst. für leichte chem. Technol.) M. ULMANN. 7230

Otakar Růžička, *Feuchtigkeitsbestimmung in Kautschuk durch Titration mit K. Fischer-Reagens.* Verglichen mit den bei der Xyloldest. erzielten Ergebnissen, wies das Titrationsverf. nach FISCHER größere Genauigkeit u. Empfindlichkeit auf. (Chem. Průmysl **4** (**29**). 464—65. Dez. 1954. Výzk. úst. synth. kaučuku.) K. STEINER. 7248

Wingfoot Corp., V. St. A., übert. von: **William L. Bruce**, *Stabilisieren von elastomeren vulkanisierten Polyestern*, wie den mit Diisocyanaten modifizierten Polyestern oder Polyesteramiden, durch Zusatz von 0,5—30% hellem Faktis, 2—5% chloriertem Paraffin oder 0,25—5% Neopren. (**F. P. 1 056 226** vom 17/1. 1952, ausg. 25/2. 1954. A. Prior. 18/1. 1951.) M. PANKOW. 7225

Standard Oil Development Co., Delaware, übert. von: **John D. Garber**, Cranford, **David W. Young**, Roselle, und **William J. Sparks**, Cranford, N. J., V. St. A., *Herstellung von Butadien–Diisobutylen-Mischpolymerisaten*, dad. gek., daß man ein Gemisch der beiden Monomeren, in dem Butadien vorherrscht, mit fl. Propan bei —40 bis +10° vermischt u. dann langsam eine Lsg. von $AlCl_3$ in C_2H_5Cl einfließen läßt, bis 60—80% der Monomeren in Polymere übergeführt sind. Die Polymerisationswärme wird durch Rückflußkühlung abgeleitet. Aus dem zähfl. Reaktionsgemisch fällt man das Polymerisat bes. durch Zusatz von Alkoholen aus. — 3 Zeichnungen. (**A. P. 2 583 420** vom 11/7. 1945, ausg. 22/1. 1952.) O. SCHÖN. 7225

J. M. Huber Corp., Locust, N. J., übert. von: **Orlando Leonard Bertorelli**, Borger, Tex., V. St. A., *Behandlung von Kaolin*. Rohkaolin wird getrocknet u. fein gemahlen u. darauf mit 0,05—0,1 Gew.-% NH_3 oder NH_4OH behandelt. Hierdurch wird der p_H-Wert des Kaolins gesteigert u. seine Eignung als *Füllmittel für Kautschuk* verbessert. (**A. P. 2 710 244** vom 17/2. 1951, ausg. 7/6. 1955.) F. REINHART. 7227

Standard Oil Development Co., Del., übert. von: **David W. Young**, Roselle, und **Delmer L. Cottle**, Highland Park, N. J., V. St. A., *Stabilisierungsmittel* für *Natur-u. Kunstkautschuk* (Polyisobutylen), Vinylharze u. Cellulosederivv. gegen Einw. von O_2, bestehend aus wasserunlösl. Bis-(p-oxyphenylamiden) von Dicarbonsäuren, wie Dilinolein-, Sebacin-, Azelainsäure, Hexadekamethylendicarbonsäure, Adipin-, Malein-, Glutar- u. Oxalsäure. Außerdem können noch bekannte Autioxydantien, wie Phenyl-β-naphthylamin, Naphthol, substituiertes Brenzcatechin oder Hydrochinon, Alkylphenolsulfide oder Keton–Amin-Kondensationsprodd. verwendet werden. (**A. P. 2 683 132** vom 11/7. 1951, ausg. 6/7. 1954.) G. SALZMANN. 7227

Wingfoot Corp., V. St. A., übert. von: **William L. Bruce**, *Vulkanisieren von elastomeren linearen polyisocyanatmodifizierten Polyestern oder Polyesteramiden* mit Polyisocyanaten, deren Menge durch zusätzliche Verwendung von MgO herabgesetzt wird. Man nimmt 2,4—2,8 Mol Polyisocyanat statt 2,8—3,2 u. 0,5—20% des Elastomeren MgO; z. B. 100 (Gewichtsteile) unvulkanisiertes Polymeres, 4 Diisocyanat u. 2 oder 4 MgO. — Statt MgO kann man auch hellen Faktis nehmen, z. B. 100 unvulkanisiertes Polymeres, 4 Diisocyanat u. 5 hellen Faktis. (**F. PP. 1 059 074** u. **1 059 075** vom 21/4. 1952, ausg. 22/3. 1954. Beide A. Prior. 27/12. 1951.) M. PANKOW. 7229

B. F. Goodrich Co., V. St. A., übert. von: **Charles Edward Brockway**, *Verformen von vulkanisierten Polyesterurethanen*. Man mischt zu 1 (Mol) eines Polyesters (Mol.-Gew. 600—3000), zweckmäßig mit endständiger OH-Gruppe, 1,3—2 eines organ., zweckmäßig aromat. Diisocyanats u. 0,1—1 einer mehrwertigen OH-Verb. (Glycerin, Trimethylolhexan, Pentaerythritmonoester, Äthanolamin), evakuiert zur Entgasung u. heizt in einer Form. Durch Anwendung wasserfreien Polyesters, von Weichmachern in Gestalt organ. Ester u. Preßformen kann Gasbldg. im Vulkanisat vermieden werden. Die Form wird mit Silikonefett oder Polytetrafluoräthylen überzogen. — Man erhitzt 50 g wasserfreies Polyäthylenadipat (Mol.-Gew. 1300) u. 25 g Trikresylphosphat bei 0,5 mm 10 Min. auf 120°, gibt bei 90° 9,24 g p-Phenylendiisocyanat u. danach 0,48 g Äthylenglykol zu, entgast kurz u. vulkanisiert 10 Std. bei 120° in der Form. (**F. P. 1 084 370** vom 17/8. 1953, ausg. 19/1. 1955. A. Prior. 18/7. 1952.) M. PANKOW. 7229

B. F. Goodrich Co., V. St. A., übert. von: **Charles Edward Brockway**, *Vulkanisieren von Polyesterurethanen* aus Polyestern u. aromat. Diisocyanaten. Die aus OH-Gruppen enthaltenden Polyestern u. Diisocyanaten mit mehrwertigen OH-Verbb. nach F. P. 1 084 370 (vgl. vorst. Ref.) bis zur Formbeständigkeit vulkanisierten Prodd. werden mit heißem W. oder Dampf bis zu Tempp. von 150° fertig vulkanisiert. Man erhitzt sie z. B. 16 Std. in der Form auf 150° u. dann noch 1 Std. durch Einbringen in Wasserdampf. (**F. P. 1 086 471** vom 24/7. 1953, ausg. 14/2. 1955. A. Prior. 11/9. 1952.) M. PANKOW. 7229

Phoenix Gummiwerke Akt.-Ges., Hamburg-Harburg, *Herstellung schwer entflammbarer Gummimischungen* durch Zusatz von feinverteiltem NH_4Cl, auch weiterer Zusatz unbrennbarer Weichmacher u./oder Kunststoffe, wie Polyvinylchlorid, Polyisobutylen, Polyäthylen, Polyamide, Phenol–HCHO-Harze, Nitrocellulose. — Man mischt z. B. Neopren mit 20% NH_4Cl. Verwendung der Mischungen für Förderbänder, Treibriemen, Keilriemen, Preß-, Spritzgußartikel, Bereifungen, Schläuche, Membranen, Puffer. (**Oe. P. 183 229** vom 26/8. 1952, ausg. 26/9. 1955. D. Priorr. 15/9. 1951 u. 17/4. 1952.) M. PANKOW. 7231

E. I. du Pont de Nemours & Co., Wilmington, Del., übert. von: **David J. Sullivan**, Bridgeport, Conn., V. St. A., *Mit synthetischem Kautschuk überzogenes Gewebe.* Zum Auftrag mit dem Rakel geeignete u. luftfreie bzw. porenfreie Überzüge ergebende Massen erhält man durch Mischen einer in dünner Schicht entlüfteten u. mit heißer Luft bis zur Viscosität von 6000—16000 cp. getrockneten Milch aus *Mischpolymerisaten* von *Butadien* u. *Acrylnitril* oder *Styrol*, wie z. B. Neoprenlatex (Hycar OR 15), mit einer wss. Anreibung von Füllmitteln u. öligen Zusätzen. Nach dem Auftrag der M. auf z. B. Baumwoll- oder Nylongewebe (Flugzeugbespannung) trocknet man. Man kann auch zunächst die Gewebeporen durch einen Auftrag der angegebenen Kautschukmilch schließen u. dann die Mischungsbestandteile nacheinander auftragen u. mit Kautschukmilch nachbehandeln. (**A. P. 2 717 217** vom 12/1. 1954, ausg. 6/9. 1955.) H. MÖLLERING. 7231

XIII. Ätherische Öle. Parfümerie. Kosmetik.

Yves-René Naves, *Bulgarisches Rosenöl.* Übersicht über neuere Unterss. über die Zus. des bulgar. Rosenöls unter besonderer Berücksichtigung des Citronellol- (Rhodinol-) Geh. u. der neuzeitlichen Gewinnung des Öles. (Manufact. Chemist **26.** 101—03. März 1955.) H. P. FIEDLER. 7262

D. Iwanow und N. Marekow, *Über die Zusammensetzung des bulgarischen Rosenöls.* Es wurden 3 Proben bulgar. Rosenöl durch direkte Erhitzung oder durch indirekten u. direkten Dampf analysiert. Die Analyse umfaßte 14 Bestimmungen: Physikal. Konstanten u. chem. Bestandteilsgruppen (Äthersalze, Alkohole). — Es zeigte sich hierbei, daß der Hauptbestandteil *Citronellol* (**I**) darstellte (bezeichnet als Formylverbb.) u. nicht etwa Geraniol. Es wurden 45,6—50,8% **I** gefunden (der höchste Wert bei direkter Dest. über der Heizquelle, während die direkte Dampfbest. den geringsten Wert lieferte). Die Werte für **I** liegen erheblich über früher gefundenen. An Stearoptenen wurden 17—22% gefunden. (Доклады Болгарской Академии Наук [C. R. Acad. bulgare Sci.] **7.** Nr. 1. 13—15. Jan./März 1954. Sofia, Univ., Lehrstuhl für organ. Chem.) A. v. WILPERT. 7262

F. Schmitt, *Herstellung von Parfümrohstoffen.* 1. Mitt. *Benzylbenzoat, Benzaldehyd und Cumarin.* Beschreibung der Herst. von Benzylbenzoat durch Autokondensation von Benzaldehyd in Ggw. von Na-Benzylat, von Benzaldehyd durch Oxydation von Benzylalkohol u. von Cumarin aus Salicylaldehyd u. Essigsäureanhydrid. Auch die Herst. des Salicylaldehyds aus o-Kresol wird angegeben. (Manufact. Chemist **26.** 105—06. 111. März 1955.) H. P. FIEDLER. 7262

Hilmar Bast, *Synthese neuer Riechstoffe unter Anwendung der Treibs–Bast-Reaktion.* Inhaltlich ident. mit der in C. **1956.** 3713 referierten Arbeit. (Amer. Perfumer essent. Oil Rev. **65.** Nr. 6. 32—36. Juni 1955.) H. P. FIEDLER. 7262

E. S. Maurer, *Die ätherischen Öle in der Parfümkomposition. Neue Reihe: Naturprodukte.* 2. Mitt. *Ethymologie und Einteilung der Gerüche.* (1. vgl. C. **1956.** 4864.) An zahlreichen Beispielen wird gezeigt, daß im botan. Namen Hinweise auf Standort, Geruch u. seine Art u. Stärke enthalten sind. Eine Einteilung der Gerüche sollte eine harmon. Sammlung u. keine statist. Zusammenstellung sein; von diesem Gesichtspunkte aus werden die bisherigen Verss. dazu kritisiert. (Soap, Perfum. Cosmet. **28.** 901—04. Aug. 1955.) H. MÜHLMEISTER. 7276

H. W. Schmidt, *Hautorganverwandte kosmetische Präparate mit Labilin. Labilin*, ein bei Bluttemp. gewonnenes, hautorganverwandtes, koll., labiles Milcheiweiß, ist in Verbindung mit *Fissan*-Koll. in Seifen, Pudern u. Salben ein wirksames Präp. zur Hautpflege. (Parfümerie u. Kosmet. **35.** 173—74. Mai 1954.) H. MÜHLMEISTER. 7284

W. Schneider, *Phosphorsäureester als Emulgatoren und Bestandteile neuer naturnaher Salbensysteme.* Natürliche Phosphorlipoide (**I**) regeln als Quellkolloide die Wasseraufnahme der Haut, indem sie ohne zusätzliche mechan. Energie Emulsionen u. Kolloidsysteme aufbauen. Ähnliche Emulsionen werden von synthet. Phosphorsäureestern (**II**) gebildet, die aus H_3PO_4 als prim., sek. u. tert. Ester mit ein- oder mehrwertigen Fettalkoholresten gleicher oder verschied. Kettenlänge, deren Glykol-, Di- u. Polyglykoläthern, Phenolen, chlorierten Phenolen, Alkylphenolen, Phenolglykoläthern u. a. gebildet werden, ebenso als Quellkolloide wirken u. gegenüber **I** den Vorteil außergewöhnlicher Stabilität haben. **II** sind außerordentlich variationsfähig, ihre Zus. kann im Hinblick auf ihre Hydrophilie u. Lipophilie sowie den p_H-Wert gesteuert werden, die Hydrophilie gesteigert durch Einbau von Polyäthylenoxydgruppen einerseits, Polyglykolphosphorsäureester ohne Fettrest als fettfreie Salbengrundlagen andererseits. **II** wirken von außen nach innen, **I** umgekehrt. Auf die Möglichkeiten ihrer medizin. u. kosmet. Verwendung in naturnahen Salbensystemen wird kurz eingegangen. (Parfümerie u. Kosmet. **35.** 176—77. Mai 1954. Augsburg, Städt. Hautklinik.) H. MÜHLMEISTER. 7284

Harry Hilfer, *Gesichtsmasken.* Gesichtsmasken zur Straffung der Haut u. Entfernung abgestorbener Teile werden auf der Grundlage koll. hydratisierter Al- u. Mg-Silicate hergestellt, welche die sonstigen Zusätze adsorbieren. Diese werden im einzelnen mit ihrer Wrkg. besprochen u. Vorschriften für die Verarbeitung gegeben. (Drug Cosmet. Ind. **77.** 468—69. Okt. 1955.) H. MÜHLMEISTER. 7284

William R. Keithler, *Klären von Hauterfrischungswässern.* Die chem., mechan. u. bakteriolog. Ursachen von Trübungen oder Ndd. in alkoh. Hauterfrischungslsgg. u., als Abhilfe, genügende Lagerung vor dem Filtrieren, dessen zuverlässige Ausführung, unter Umständen mit geeigneten Zusätzen, werden besprochen. Brauchbare Filtermedien u. -hilfsmittel, geprüfte Farbstoffe u. 4 Rezepte werden angegeben. (Drug Cosmet. Ind. **77.** 474—75. 563—67. Okt. 1955.) H. MÜHLMEISTER. 7284

H. Janistyn, *Über Phytol.* Phytol, ein Nebenprod. der Chlorophyllgewinnung, ist ein prim. $\beta.\gamma$-ungesätt. allylartiger Diterpenalkohol, $C_{20}H_{39}OH$, eine etwas viscose ölige Fl. vom Kp.$_9$ 203°, D.^{20} 0,852, unlösl. in W., lösl. in vielen organ. Lösungsmitteln, Fetten u. Ölen u. selbst ein gutes Lösungsm. für organ. Stoffe u. andere Farben. In techn. Reinheit besitzt es dank seines Geh. an riechenden Alkoholen eine frischgrüne, blumige Duftnote, ähnlich dem Geruch mancher Teesorten, mit der gute Effekte bei geringem Zusatz erzielt werden. Für die Kosmetik sind seine hautpflegenden u. wundheilenden Eigg. wertvoll, auch unterstützt es die Emulsionsbildung. Synthet. wird es aus Farnesol dargestellt. (Parfümerie u. Kosmet. **35.** 164—68. Mai 1954.) H. MÜHLMEISTER. 7284

G. Schenck und **K. H. Frömming,** *Über die Bestimmung des Azulens im ätherischen Öl der Kamille.* Kurzer Hinweis auf die papierchromatograph. Trennung von Azulen aus dem äther. Öl der Kamille auf mit Paraffin getränktem Papier. (Naturwissenschaften **40.** 276. Mai 1953. Berlin, Freie Univ., Pharm. Inst.) S. RENNHAK. 7286

W. M. McCartney, *Über gute und schlechte Gerüche.* Aus dem „Symposion of odor" wird über einen mit Al-Folien ausgekleideten Prüfraum für Gerüche sowie über die Beseitigung unangenehmer industrieller Gerüche berichtet. (Soap, Perfum. Cosmet. **28.** 887—88. Aug. 1955.) H. MÜHLMEISTER. 7292

XIV. Zucker. Kohlenhydrate. Stärke.

N. Je. Bukrejewa, *Die Qualität der Zuckerrübe in Abhängigkeit von den Kulturbedingungen.* Eine starke PK-Versorgung in der 2. Vegetationshälfte begünstigt Wachstum u. Reife der Zuckerrübe, erhöht den Zuckergeh. u. vermindert den Geh. an Stoffen, die die Verarbeitung erschweren. Überwiegende N-Versorgung in der 2. Hälfte der Vegetation verzögert die Reife, vermindert den Zuckergeh. u. führt zur Anhäufung von schädlichem N u. lösl. Pektinen. Ungenügende Versorgung mit W. im Juli/August beeinträchtigt stark Ertrag u. Qualität; es häufen sich dann Pektinstoffe u. schädlicher N an. Übertriebene Bewässerung zur Zeit der Reife verzögert diese durch Verstärkung der Wachstumsprozesse, wodurch sich der Zuckergeh. vermindert u. der Geh. an lösl. Pektinen erhöht. B u. Mn zeigen einen positiven Einfl. auf Wachstum u. Entw., der aber nur unbeträchtlich ist. (Известия Академии Наук Казахской ССР, Серия Биологическая [Nachr. Akad. Wiss. KasachSSR, Ser. Biol.] **1955.** Nr. 10. 100—17.) A. JACOB. 7406

E. Klapp, *Versuche zur Einbringung des Kalkstickstoffs im Zuckerrübenbau. Eineggen oder Einpflügen?* Einpflügen des *Kalkstickstoffs* im Frühjahr hat sich gegenüber der Einbringung mit Grubber u. Egge nicht eindeutig ausgewirkt. (Zucker **8.** 372—74. 1/9. 1955. Bonn, Univ., Inst. für Boden- u. Pflanzenbaulehre.) F. RANG. 7406

Marcell Marbaix, *Praktische Ergebnisse der Beschleunigung der Diffusionsarbeit.* Die Beschleunigung der Diffusionsarbeit wurde während des Betriebes in der Zuckerfabrik Ercsi (Ungarn) versucht. Ohne Investition blieb als gangbarer Weg Verkürzen der Anlage, wodurch die Kontaktzeit abgekürzt u. der Widerstand gegen den Saftumlauf verringert wird, oder Verminderung des Widerstandes der Schnitzelmenge. Dies wurde durch Einlegen von Entlastungsketten erreicht, da zwecks schnelleren Auslaugens feinere Schnitzel verwendet wurden. Zum Vgl. der Versuchsergebnisse mit dem n. Betrieb wurden die Schnitzellängen, Füllung u. Zahl der Diffuseure, verarbeitete Rübenmenge, Diffusionsverluste, Saftabzug, Berührungszeit, Reinheit des Rohsaftes, Kolloide u. Diffusionskoeff. in Betracht gezogen. Bei der beschleunigten Diffusionsarbeit nahm die Güte des Saftes zu, ohne daß die Verluste oder der Saftabzug anstiegen. Die Anforderungen an die Schneidemaschinen u. das Sudhaus wachsen in diesem Falle so an, daß die Ausführung von deren Kapazität abhängig ist. (Cukoripar **7.** 123—26. Juli 1954.) J. PLANK. 7412

M. B. Martinez und **M. A. Lugo-López,** *Das Ausbleiben weiterer Wirkung der Untergrunddüngung eines Zuckerrohrpflanzenanbaues auf die folgende Zuckerrohrschößlingsernte.* Die Zuckererträge einer Zuckerrohrernte im ostzentralen Porto Rico auf schweren Tonböden, die 28 Monate vorher verschieden behandelt waren, zeigen, daß die Untergrunddüngung (1000 pound 13-3-12 Kunstdünger, 1000 pound Kalk u. 1200 pound Ammoniumsulfat/acre) in 16—26 Zoll Tiefe ihre Wrkg. verloren hatte. (J. Agric. Univ. Puerto Rico **38.** 123—27. Juli 1954. Porto Rico, Río Piedras, Univ., Agricult. Experim. Stat.) H. GUDE. 7440

K. R. Dietrich, *Kontinuierliche Verzuckerung und Aufschließung stärkehaltiger Rohstoffe.* Die bei kontinuierlicher, enzymat. Stärkeverzuckerung zum Zwecke der A.-Gewinnung in den USA angewendeten Systeme von Schlangenrohren, die für kleine Durchgangsmengen nicht geeignet sind, ersetzt Vf. durch kleine, kontinuierlich beschickbare Reaktionsgefäße, die der Kapazität kleinerer Brennereien besser entsprechen. Durch Variation von Druck, Temp. u. Zeit lassen sich die Verhältnisse in den Reaktionsgefäßen zudem leichter für die mannigfaltigsten Rohstoffe einstellen als in einem starren Rohrleitungssystem. Das Kernproblem der Verzuckerung in der geschilderten App. liegt in der Notwendigkeit, den Enzymen einen schnellen, dauernden u. intensiven Zugang zu der verflüssigten Stärke zu schaffen, wobei dem Verzuckerungsprozeß gleichzeitig eine bestimmte Zeit zur Verfügung stehen muß, ohne die Kontinuität des Fließvorganges zu beeinträchtigen. (Chemiker-Ztg. **76.** 47—50. 25/1. 1952.) M. ULMANN. 7442

P. F. Pelshenke und **E. Lindemann,** *Untersuchungen über die Eignung verschiedener Maissorten für die Stärkefabrikation.* Mit Hilfe einer einfachen Versuchsanordnung, die den techn. Gewinnungsprozeß der *Stärke* (I) aus Mais nachahmt, wurden nachst. Bestimmungsgrößen erfaßt: Keimmenge im nativen u. gequollenen Korn, anfallende Menge an Grob- u. Feinschalen nach Auswaschung, I-Ausbeute u. Maisklebermenge. Außerdem wurden bestimmt: Fettgeh. der Keime, I-Geh. der ausgewaschenen Schalenteile u. Eiweißgeh. der I u. des Maisproteins. Aus tabellar. gebrachten Untersuchungsergebnissen von 11 verschied. Maissorten ist ersichtlich, daß die laboratoriumsmäßige I-Ausbeute zwischen 54,9 u. 70,0% schwankt. Die höchsten Werte ergaben ein jugoslaw. Goldzahnmais, Angola-Mais (Weißmais), USA-Goldmais u. Costa-Rica-Mais (Weißmais). (Stärke **6.** 177—82. Aug. 1954. Detmold, Bundesforschungsanstalt für Getreideforschung.) M. ULMANN. 7448

Czesław Brodziak, *Automatischer Schwimmer-Brixmesser.* Es wird ein automat. Zuckersaftdichtemesser beschrieben, der für kontinuierlichen Durchfluß (maximal 5 Liter Saft/Min.) geeignet ist. Mit dem Glasschwimmer ist ein Zeiger verbunden, der auf einer Brix-Skala direkt die Brix-Werte für 20° anzeigt. Der Durchfluß wird automat. geregelt, so daß der Flüssigkeitsspiegel auf konstanter Höhe bleibt. (Gaz. Cukrownicza **57.** Nr. 1. 2. 3. 26—27. Jan./Febr./März 1955.) F. URBAN. 7474

M. Potterat und **H. Eschmann,** *Die Anwendung von Komplexonen zur Zuckerbestimmung.* An Hand eingehender Unterss. über die Meth. der Zuckerbest. nach LUFF-SCHOORL weisen Vff. auf die hier vorliegenden Fehlerquellen u. die Grenzen der Anwendbarkeit der Meth. hin. Anschließend wird empfohlen, das durch verschied. Zuckerarten in alkal. Lsg. red. Cu komplexometr. zu titrieren. Absol. Fehler höchstens 0,04 mg Glucose. Eine genaue Arbeitsvorschrift wird gebracht, bei welcher als komplexbildendes Agens das *Dinatriumsalz* der *Äthylendiamintetraessigsäure* (*Komplexon III*) verwendet wird. (Mitt. Gebiete Lebensmittelunters. Hyg. [Bern] **45.** 312—29. 1954. Bern, Staatl. Hygiene-Inst.) M. ULMANN. 7488

XV. Gärungsindustrie.

Károly Vas, *Alkohol- und Zuckertoleranz der Hefe.* Unter verschied. Bedingungen wurde der Stillstand der alkoh. Gärung untersucht u. graph. dargestellt. Getrennt stellte Vf. den maximalen Zucker- u. A.-Geh. fest für die Lebensbedingungen der Hefe. A.-Konz. über 6—7 g/dl verhindert schon Gärung der Gebrauchshefen. Bei einem anfänglichen Zuckergeh. über 16—18 g/dl in der Lsg. tritt keine Gärung ein. Setzt man die maximal noch möglichen Konzz. von A. u. Zucker an, p_H 3,1 bei 30°, so ist der Hefegeh. bei allen Verss. konstant ca. 2,5 g/dl. Vf. schüttelte die Hefe mit A. verschied. Konz. u. nahm Chromatogramme auf. Bei Zunahme des A.-Geh. zeigte sich eine verstärkte Aminosäurereaktion. (Élelmezési Ipar [Verpflegungs-Ind.] **6.** 71—75. März 1952. Ungar. Ökonomie- u. Gewerbeversuchsinst.) H. LANGENBECK. 7506

P. A. Tschatzki und **A. I. Atamantschuk,** *Ein Versuch zur Verarbeitung von schadhaftem Weizen.* Die Erfahrung zeigte, daß es zweckmäßig ist, krankhaften, schwer quellenden Weizen vor der Verarbeitung zu Spiritus auf Walzenmühlen vorsichtig zu quetschen, wodurch die Dauer des Vorkochens um 20—30 Min. verringert wird. Der gequetschte Weizen wird im Vorkocher bei 70° mindestens 40 Min. erwärmt, damit der Wassergeh. des Kornes auf mindestens 50% ansteigt. Danach wird in 20 Min. bei 3,5 at angekocht u. umgewälzt. Nach 35 Min. wird der Druck auf 4 at gesteigert u. nach 10 Min. die Kochung beendet. Der Wasserverbrauch (85—90°) im Vorkocher beträgt ca. 2,8—2,85 Liter/kg Korn. (Спиртовая Промышленность [Spirituosen-Ind.] **21.** Nr. 2. 35—36. 1955. Tschernigow, Spiritus-Trust.) A. ECKE. 7536

N. B. Aronow und **M. I. Leltschuk,** *Die Zubereitung von Malzwürzen bei erniedrigtem Formalinverbrauch.* Bei der Herst. von Würzen wendet man zu deren Konservierung Formalin (I) an. 1 kg zerkleinertes Grünmalz wird mit 1,5—2 Liter reinem W. angeteigt, mit 2 ml 40%ig. I pro Liter versetzt u. 30 Min. stehengelassen. Dann wird durch Zusatz von 1,5—2 Liter reinem kaltem W. pro 1 kg Grünmalz auf die nötige Konz. eingestellt. Man erreicht eine erhebliche Verringerung des I-Verbrauches. (Спиртовая Промышленность [Spirituosen-Ind.] **21.** Nr. 2. 19—20. 1955. Moskau, Spiritustrust.) A. ECKE. 7540

György Barta und **Gáborné Kossuth,** *Die Anwendung des Redoxpotentials in den Brauereien und Redoxverhältnisse beim Bier.* Vff. untersuchten die Veränderungen des Redoxpotentials von der Maische bis zum fertigen Bier. Sie maßen mit elektrometr. u. colorimetr. Methoden die Redoxpotentiale verschied. in- u. ausländ. Biersorten u. zogen daraus Schlüsse für die bessere Herst. von Flaschenbier unter Luftabschluß. Bei der Best. des Redoxpotentials beim Malz wandten sie eine jodometr. Meth. an. (Élelmezési Ipar [Verpflegungs-Ind.] **6.** 145—52. Mai 1952. Forschungsinst. für Gärungsgewerbe, Abt. Brauereien.) H. LANGENBECK. 7550

P. Böhringer, *Inversionsgeschwindigkeit bei Rohrzuckerzusatz zum Wein.* Bei den Verss. wurde sowohl die Invertasewrkg. als auch die Wrkg. der H-Ionen erfaßt. Sie wurden mit 3 verschied. ausgebauten Weinen (p_H 3,3—3,4) durchgeführt, denen 10, 15 u. 20 g Rohrzucker zugesetzt worden war, u. zwar bei 0—3, 10—13 u. 17—20°. Es ergibt sich daraus, daß z. B. bei 20 g Rohrzucker im Liter dieser bei 0—3° erst nach weniger als 69 Std., bei 10—13° nach weniger als 55 Std. u. bei 17—20° nach weniger als 26 Std. nachweisbar ist. (Z. Lebensmittel-Unters. u. -Forsch. **99.** 367—69. Nov. 1954. Neustadt/Weinstr., Landeslehr- u. Forschungsanst. für Wein- u. Gartenbau.) E. KIELHÖFER. 7554

Je. G. Andrejewskaja, *Zur Untersuchung der Eiweißzusammensetzung der Weine.* Durch zweidimensionale Papierchromatographie wurden in einem Krimwein nach Fällung der Eiweißstoffe durch Tannin folgende Aminosäuren nachgewiesen: Spaltprodd. von *Cystin*; *Asparaginsäure*; *Glutaminsäure*; *Lysin*; *Serin*; *Glycin*; *Threonin*; *Alanin*; *Leucin*; *Valin*; *Prolin*; *Phenylalanin*; *Tyrosin*; eine *unbekannte Aminosäure.* Nach Fällung der Eiweißstoffe durch A. wurden nach dem gleichen Verf. die gleichen Aminosäuren mit Ausnahme von Lysin, Tyrosin u. der unbekannten Aminosäure nachgewiesen. (Виноделие и Виноградарство СССР [Weinbereit. Weinbau UdSSR] **15.** Nr. 4. 8—11. 1955. Moskau, Technol. Inst. der Lebensmittelind.) O. LEBTAG. 7554

O. Ss. Sacharina und **G. Je. Kljatschko,** *Die Auswahl von Ingredienzien für Wermutwein.* Durch Verss. über die Möglichkeit eines Austausches von ausländ. Kräutern durch einheim. bei der Herst. von starkem u. Dessertwermutwein wird festgestellt, daß die besten Geschmackseigg. erzielt werden, wenn Zimt u. Muskatnuß durch Koriandersamen, Cardamon durch Lindenblüte u. Citrusrinde, Chinarinde durch wilden Ysop ersetzt werden. Statt des teuren Safrans können Birkenknospen verwendet werden. (Виноделие и Виноградарство СССР [Weinbereit. Weinbau UdSSR] **15.** Nr. 4. 11—13. 1955.) O. LEBTAG. 7578

Walter Deckenbrock und **Maria Sprick,** *Zur Frage der Wertbestimmung von Diastasepräparaten für brennereitechnische Zwecke.* 2. Mitt. (1. vgl. C. **1953.** 2043.) Durch Auftragen der bei Vergärung einer Standardmaische gebildeten Mengen an CO_2 nach der Zeit erhaltene Gärdiagramme erlauben Rückschlüsse auf die Art der Verzuckerung während des Maisch- u. Gärprozesses u. damit auf die qualitative u. quantitative Zus. der angewandten diastat. Fermentpräparate. (Stärke **4.** 233—37. Sept. 1952.) M. ULMANN. 7594

Johs. Krutzsch, *Die Messung des Alkoholgehaltes von Likören ohne Destillation.* (Vgl. C. **1952.** 414; **1953.** 301; **1955.** 8051.) Vf. berichtet über Verss., aus denen hervorgeht, daß mit dem von ihm entwickelten Alkrumeter der Alkoholgeh. auch von Likören, d. h. von Spirituosen mit 22 bis über 45% Extraktgeh., ohne Dest. gemessen werden kann. (Alkohol-Ind. **64.** 497—500. 2/10. 1951. München-Solln.) M. WINIKER. 7596

M. Verzele und **F. Govaert,** *Hopfenanalyse.* Vff. geben eine vereinfachte Analyse von Hopfen, bes. der Bitterstoffe durch Extraktion u. chromatograph. Trennung (mit spezif. Silicagel) der α-Säure (*Humulon,* **I**) u. β-Säure (*Lupulon,* **II**), die sie polarometr.

u. durch potentiometr. Titration bestimmen. Das Verf., das ca. 1 Std. beansprucht, ist genau genug u. wird an einer Reihe von Hopfensorten erprobt (Tabellen). Vff. geben folgende Gleichungen an: % **II** = [(V·T) — (% **I**·0,414)]·2,76 (T = Normalität von NaOH, V = verbrauchte ml NaOH), $[\alpha]_D^t$ = 100 a/l c (a = beobachtete Drehung in Grad, c = Konz. g/100 ml, l = Länge des Rohrs in dm); % **I** = a·0,74. (Wallerstein Lab. Commun. **17.** 119—25. Juni 1954.) J. MILLER. 7598

F. Govaert und **M. Verzele,** *Analyse von Hopfen.* Verkürzte französ. Wiedergabe der vorst. referierten Arbeit. (Fermentatio [Gand] **1955.** 23—29.) J. MILLER. 7598

W. J. Stringer, *Colorimetrische Bestimmung von Spurenmetallen in Bier und Braumaterialien.* 8. Mitt. *Bestimmung von Arsen.* (7. vgl. ANDREWS u. HARRISON, C. **1954.** 10836.) Die organ. Substanz wird durch Feuchtoxydation mit HNO_3 u. H_2SO_4 zerstört u. As im Rückstand nach der GUTZEIT-Meth. bestimmt. Wenn notwendig, wird As_2O_3 vom oxydierten Rückstand abdestilliert. Die gelben GUTZEIT-Flecken werden mit CdJ_2 intensiviert u. haltbar gemacht. (J. Inst. Brewing **60** ([N. S.] **51**). 249—55. Mai/Juni 1954. Dublin, Arthur Guiness Son & Co. Ltd., St. James Gate Brewery.) H. HAEVECKER. 7600

Ildefonso Mareca Cortés, *Beitrag zur Kenntnis der Weine nach ihren Redoxsystemen: Potentiometrie; technische Anwendungen.* (Vgl. C. **1954.** 11071.) Die Methoden der Best. des Redoxpotentials (r_H) werden erläutert. Bei Unterss. an verschied. span. Weinen werden r_H-Werte zwischen 17 u. 20 gefunden. Die Aufnahme der potentiometr. Oxydationskurve in Abhängigkeit von der Zeit kann zur Kennzeichnung der Weinqualität herangezogen werden, indem man das (zwischen 200 u. 300 mV/cal liegende) Grenzpotential, die zu seiner Erreichung erforderliche Zeit u. den Verbrauch an n/100 J_2-Lsg. ermittelt. Die Anwendung von J_2 bietet den Vorteil, daß das Redoxpotential des J_2 dem des O_2 sehr nahe liegt u. das Verh. bei der Oxydation mit J_2 demjenigen bei der Oxydation mit Luft am nächsten kommt. (Rev. Ci. apl. **8.** 97—102. März/April 1954.) R. K. MÜLLER. 7606

P. P. Lessnow und **T. F. Trubitzyna,** *Hydrolyse der Saccharose bei der Herstellung von Obst- und Beerenweinen.* Bei der Herst. von Obst- u. Beerenweinen wird die Saccharose als Rübenzucker zugesetzt. Durch Unters. der hierbei eintretenden Inversion wurde bewiesen, daß die Saccharose fast ganz in Invertzucker übergeht. Nach langer Lagerung enthalten die Obst- u. Beerenweine nur 0,06—0,33% an nicht hydrolysierter Saccharose. Somit muß der Zuckergeh. der Weine auf Invertzucker berechnet werden. (Виноделие и Виноградарство СССР [Weinbereit. Weinbau UdSSR] **15.** Nr. **4.** 13—14. 1955. Woronzowo-Alexandrowsk, Weinfabrik der Weinhauptverwaltung.) A. ECKE. 7608

Max Glaubitz, Atlas der Gärungsorganismen. Leitfaden f. mikrobiologische Übungen an Fach- u. Hochschulen u. d. Betriebskontrolle in d. Gärungstechnik. 2. Aufl., neubearb. v. **R. Koch.** Berlin u. Hamburg: Parey. 1956. (84 S. m. 98 Abb.) 8°. DM 17,80.

XVI. Nahrungs-, Genuß- und Futtermittel.

C. E. McDonald und **Max Milner,** *Die Bräunungsreaktion von Weizenkeimen im Hinblick auf „kranken" Weizen.* Vff. untersuchen an Weizenkeimen die Ursachen für die bei Weizen mitunter auftretende sogenannte Bräunungsreaktion. Die Pigmentbldg. tritt bei Weizenkeimen um so stärker in Erscheinung, je höher die während der Lagerung herrschende Incubationstemp., der Feuchtigkeitsgeh. der Keime sowie der der umgebenden Luft ist. Die Bräunungs-Rk. unterbleibt, wenn die Keime vor der Lagerung mit W. extrahiert werden (Entfernung lösl. Zucker u. Proteine). Extraktion mit Ae. ist dagegen ohne Einfluß. Die Braunfärbung geht parallel mit einem Anstieg der Lichtabsorption bei 245 mμ sowie der Fluorescenz von sauren Extrakten, einem Abfall des p_H-Wertes (die Keime werden mit W. zermörsert) sowie einer Erniedrigung des Geh. an mit K_2SO_4 fällbaren lösl. Proteinen. Durch Zusatz von $NaHSO_3$ in Konzz. von 1—5% kann die Bräunungs-Rk. u. die dadurch bedingte Erhöhung der Lichtabsorption sowie der Fluorescenz verhindert werden, nicht aber die Erniedrigung des Geh. an lösl. Proteinen. Vff. schließen sich der Ansicht von HODGE u. RIST an, wonach bei nichtenzymat. Bräunungs-Rkk. zunächst aus Proteinen u. reduzierenden Zuckern eine N-substituierte 1-Amino-1-desoxy-2-ketose entsteht (Abnahme des Geh. an lösl. Proteinen), die mit $NaHSO_3$ reagieren kann, wodurch die sek. Farbbldg. blockiert wird. (Cereal Chem. **31.** 279—95. Juni 1954. Manhattan, Kans., Kansas Agric. Exp. Stat., Dep. of Fluor and Feed Milling Ind.) R. REISS. 7664

James W. Pence, N. E. Weinstein und **D. K. Mecham,** *Der Albumin- und Globulingehalt von Weizenmehl in Beziehung zur Proteinqualität.* Bei 32 untersuchten Weizenmehlen betrug der Gesamtproteingeh. (Gesamt-N·5,7) 5,7—14,2% (Mittel 9,1%). Das Gesamteiweiß war wie folgt zusammengesetzt: Albumin (**I**) 6,8—11,5% (Mittel 9,1%)

(% vom Gesamtprotein), Globulin (II) 5,7—10,8% (8,3%), Nichtprotein-N 1,3—2,9% (2,1%) u. Gluten (III) 76,4—84,9% (80,5%). Der Geh. eines Mehles an lösl. Eiweiß wurde um so höher gefunden, je höher der Gesamtproteingeh. des Mehles lag. Demgegenüber lag der auf Gesamtprotein bezogene prozentuale Anteil an lösl. Protein um so niedriger, je höher der Gesamtproteingeh. war. Backverss. mit den untersuchten Mehlen zeigten, daß weder die Menge an lösl. Protein noch das Verhältnis von lösl. Protein zu **III** einen Einfl. auf die Backqualität des Mehles hat. Dagegen ist die Backqualität eines Mehles um so besser, je größer das Verhältnis von **I** : **II** u. je höher der Gesamtproteingeh. ist. (Cereal Chem. **31.** 303—11. Juni 1954. Albany, Calif., U. S. Dep. of Agric., Agric. Res. Serv., Western Utilizat. Res. Branch.) R. REISS. 7670

C. C. Walden und **W. B. McConnell,** *Untersuchungen der Techniken zur Rekonstituierung von Mehlen.* Mehl wurde in Kleber, Stärke u. eine dritte Fraktion, enthaltend Stärkebruchteile u. Wasserlösliches, geteilt. Die Stärke wurde getrocknet u. die anderen Fraktionen lyophilisiert. Die aus den Teilen rekonstituierten Mehle hatten eine um 15% niedrigere Backfähigkeit als die Originalmehle. Die Schädigung der Backfähigkeit konnte weitgehend aufgehoben werden, wenn Kochsalz, das gewöhnlich beim Backen gegeben wird, im Teigwasser gelöst u. nicht den anderen Bestandteilen zugegeben wurde. (Cereal Chem. **32.** 227—36. Mai 1955. Saskatoon, Univ. of Saskatchewan, Dep. of Chem.) H. HAEVECKER. 7670

A. Schulz, *Untersuchungen über das Salz–Hefe-Verfahren.* Bei der Behandlung von Hefe mit *NaCl* tritt durch Plasmolyse u. Cytorrhyse eine Verflüssigung ein, bei der ein Teil der Hefezellen lebensfähig bleibt. Die an der Gesamt-CO_2-Menge gemessene Triebleistung der Hefe ist beim *NaCl*-Verf. gleich hoch wie bei n. Teigführung. Die bekannte Erhöhung der Teigplastizität durch das Hefezellwasser hat ein geringeres Gashaltevermögen u. damit erhöhte Gärtoleranz der Teige zur Folge. Die Ursache dieser Wirkungen des Hefezellwassers ist noch unbekannt. (Brot u. Gebäck **9.** 105—08. Juni 1955. Detmold, Bundesforschungsanst. für Getreideverarbeitung.) F. KRUSEN. 7674

Andrew J. Allgauer, George Hill, Earl K. Spotts und **Gaston Dalby,** *Der Mehlfaktor bei der farinographischen Untersuchung zur Bestimmung der Backeigenschaften von Trockenmilch.* Farinograph. Unterss. an Teigen aus gleichen Teilen Weizenmehl (Frühjahrs- u. Winterweizen) von verschied. Ausmahlungsgrad u. fettfreier Trockenmilch unter Zusatz einer berechneten Menge Wasser. Die farinograph. bestimmte Entwicklungszeit des Teiges lag bei 15 Mehlen zwischen 6,0 u. 16,5 Min., die Mahlabsorption zwischen 60,8 u. 66,0% u. die unter Berücksichtigung der Mehlabsorption berechnete Milchabsorption zwischen 67,5 u. 77,0%. Die Ergebnisse waren unabhängig von einer Vorbehandlung des Mehles mit Benzoylperoxyd oder Chlordioxyd. Bei Mehlen mit verschied. Ausmahlungsgrad lag die Milchabsorption um so niedriger je niedriger der Proteingeh. war. Die Mischung eines niedrig ausgemahlenen Mehles (hoher Proteingeh.) mit Stärke ergab eine höhere Milchabsorption als ein hoch ausgemahlenes Mehl mit einem der Mischung gleichen Proteingehalt. (Cereal Chem. **31.** 311—15. Juni 1954. New York, N. Y., Ward Baking Comp.) R. REISS. 7674

J. B. Thompson und **B. D. Buddemeyer,** *Verbesserung der Mehlmischungscharakteristika durch ein Stearylmilchsäuresalz.* Farinograph. Unterss. in Verbindung mit Backverss. lassen erkennen, daß ein Zusatz von 0,5% (bezogen auf das Mehlgewicht) *Ca-Stearyl-2-lactat* (**I**) zum Brotteig eine Erhöhung der Mischtoleranz bewirkt. Bei gleicher Mischungszeit des Teiges wird das Brotvol. durch **I** erhöht, sowie die Brotqualität verbessert. (Cereal Chem. **31.** 296—302. Juni 1954. Kansas City, Miss., C. J. Patterson Comp.) R. REISS. 7674

Tamotsu Yokotsuka, *Untersuchung über die Geruchstoffe in Soja.* 12. Mitt. *Duftstoffe in roher Soja.* (11. vgl. C. **1956.** 590.) Durch Al_2O_3–Fl.-Chromatographie u. Papierchromatographie von Ae.-Auszügen roher *Soja* werden als hydrolyt. Zersetzungsprodd. der am stärksten geruchtragenden Fraktion *1-Oxy-2-methoxy-4-äthylbenzol, p-Oxyphenyläthylalkohol,* CH_3CO_2H, *Palmitinsäure* u. *Benzoesäure* erkannt. Aus einer anderen Fraktion mit stärkster Fluorescenz wird *Vanillinsäure* isoliert, außerdem $C_8H_6O_3$, F. 250—260° u. $C_{10}H_{20}O$, F. ca. 320°, deren Beziehung zum Sojageruch unbekannt ist. (J. agric. chem. Soc. Japan [Nippon Nôgeikagaku Kaishi] **27.** 549—53. 1953. Noda ind. Sci. Labor. [Orig.: japan., Auszug: engl.]) L. SCHULER. 7684

G. A. Haswell, *Eine Notiz über die spezifische Wärme von Reis, Hafer und deren Erzeugnissen.* Best. der spezif. Wärme (c) von Reis- u. Hafererzeugnissen unter Berücksichtigung des Wassergeh. (w). Folgende Beziehungen zwischen c (cal/g/Grad) u. w (%) konnte ermittelt werden: unbehandelter Reis: c = 0,0107 w + 0,265; geschälter Reis: c = 0,0091 w + 0,287; polierter Reis: c = 0,009 w + 0,282; Hafer: c = 0,0078 w + 0,305 u. Hafergrütze: c = 0,0119 w + 0,257. (Cereal Chem. **31.** 341—42. Juni 1954. Slough, Bucks., Pest Infestation Labor., Dep. of Scient. and Ind. Res.) R. REISS. 7686

R. W. Howe, *Entomologische Probleme der Lebensmittellagerung in Nordnigeria.* Die Verss. bezogen sich vor allem auf Erdnüsse, dem wichtigsten Ausfuhrartikel von Nordnigeria. Die die Lagerfestigkeit beeinflussenden Schädlinge werden besprochen, desgleichen der Einfl. von Feuchtigkeit u. Temp. auf den Befall sowie die möglichen Schädigungen des aus den Erdnüssen gewonnenen Öles. (Bull. entomol. Res. **43.** 111—44. März 1952. Pest Infestation Labor.) C. GRIMME. 7742

Rinjiro Sasaki, Masao Fujimaki, Kenzo Kojō und **Toshio Tanaka,** *Chemische Untersuchung über Autolyse (rigor mortis) und deren Abklingen in Fleischsorten.* 1. Mitt. *Über die Veränderungen bei säurelöslichen Phosphorverbindungen.* In vorläufigen Unterss. werden Verff. zur Analyse der säurelösl. P-Verbb. (SP) in *Fleisch* entwickelt. Tabelle der SP in magerem (rasch gekühltem) Walfleisch. Nach Vgl. der postmortem-Änderungen (bis 96 Std. bei 0—4°) bei den SP im Muskel von Kaninchen u. im Karpfen scheinen beide in vollen Rigor einzutreten, mit Verschwinden des ATP, 24 Std. nach dem Tod. Erörterung der Unterschiede in den SP-Gehh. beider Muskelarten. Bei Makrelen zeigen sich starke Unterschiede im Geh. der verschied. SP der Muskeln bei unmittelbarem Tod gegenüber dem nach längerer Agonie. — 11 Tabellen. (J. agric. chem. Soc. Japan [Nippon Nôgeikagaku Kaishi] Trans. **27.** 725—32. Okt. 1953. Tokio, Univ. [Orig.: japan., Auszug: engl.]) L. SCHULER. 7750

Hjalti Einarsson, Russell O. Sinnhuber und **Oliver J. Worthington,** *Fischverarbeitung. Ölpressung aus getrocknetem Fischmehl.* Krit. Überblick über die Verff. zur Aufarbeitung von fettreichen Seefischen auf Fischmehl, -öl u. Preßwasser (Vitamin B_{12}); analoge Betrachtungen über die Verarbeitung von fettarmen Fischen unter Hinweis auf das Ziel, die wasserlösl. Bestandteile im Mehl zurückzuhalten — vorherige Trocknung des Ausgangsprod. auf 5—9% Wassergeh. — u. den sich ergebenden erhöhten Ölgeh. des Mehles durch Pressen in erwünschter Weise herabzusetzen. Unter Heranziehung verschied. Fischmehle werden bei verschied. Bedingungen systemat. Verss. durchgeführt. Aus den graph. u. tabellar. mitgeteilten Befunden wird abgeleitet, daß der Effekt der Pressung abhängt von Temp., Preßzeit, Preßdruck, Alter des Fischmehles, ursprünglichem Öl- u. Feuchtigkeitsgeh.; es werden empir. Gleichungen abgeleitet, mit deren Hilfe die Pressung gesteuert werden kann. Bei frischem Mehl (fettreich) hinterbleibt nach dem Pressen ein Geh. von unter 6%; erhöhte Preßtemp. erhöht die Ölausbeute, ebenso gesteigerter Druck; der Wassergeh. des Preßgutes soll nicht unter 5% liegen. Ältere Mehle ergeben herabgesetzte Ölausbeute; das Preßöl zeigt niedrigere SZ. als das im Mehl verbleibende Öl. (J. agric. Food Chem. **2.** 946—50. 1/9. 1954. Corvallis, Oreg., Oregon State Coll., Food Technol. Dep.; Astoria, Oreg., Seafoods Labor.) K. TÄUFEL. 7752

H. Jarousse, *Aromatisierte Milch.* Vf. schlägt zur Erhöhung des Milchabsatzes vor, in größerem Maßstabe aromatisierte sterilisierte Milch in den Handel zu bringen. Als Zusätze werden Kakao, Kaffee-Extrakt, Fruchtextrakte, Karamel u. bestimmte Liköre vorgeschlagen. Zur Stabilisierung des Kakaozusatzes werden Na-Alginat oder Apfelpektin (0,5—1°/₀₀), vorzugsweise Maisstärkemehl (4—5%) vorgeschlagen. Herst. soll je nach Zusatz durch einfaches Vermischen, Vorsterilisieren, Abfüllen auf Flaschen u. Sterilisieren erfolgen. (Ind. Laitière [N. S.] **1955.** 173—75. Aug.) F. KRUSEN. 7756

H. F. DePew, *Flüssiger Zucker in Eiscreme.* Nach Behandlung der Herst. u. Eigg. von fl. Zucker (unter besonderer Berücksichtigung seiner Bedeutung für die Eiscremeherst.) macht Vf. Vorschläge für eine zweckmäßige Lagerung u. für Qualitätsnormen. (Ice Cream Trade J. **51.** Nr. 5. 48. 50. 124—26. Mai 1955. New York, N. Y., Nat. Dairy Products, Plant Product. Div.) F. HOPPE. 7756

W. Stoldt, *Fettbestimmung bei Lebensmitteln.* (Vgl. C. **1952.** 7431 u. **1953.** 5270). Die Fettbestimmungsmeth. nach WEIBULL (Vorbehandlung mit HCl vor der Ätherextraktion) wurde vom Vf. modifiziert. FINKE (vgl. Dtsch. Lebensmittel-Rdsch. **47.** [1951.] 220) u. a. haben gezeigt, daß das WEIBULL-STOLDT-Verf. richtige Werte liefert u. als amtliche Einheitsmeth. eingeführt werden müßte. (Dtsch. Lebensmittel-Rdsch. **48.** 39—40. Febr. 1952. Kiel, Nahrungsmittel-Unters.-Anst.) W. GRÜTZ. 7788

Harold H. Williams, *Gehalt an „essentiellen" Aminosäuren in Futtermitteln.* Grundlagen u. Durchführung der mikrobiol. *Aminosäuren* (I)-Best., deren Anwendung auf Futtermittel u. Vgl. mit anderen Methoden (chem., chromatograph.) werden ausführlich beschrieben u. die in 73 Futtermitteln ermittelten Gehh. an *N, Arginin, Histidin, Isoleucin, Leucin, Lysin, Methionin, Phenylalanin, Threonin, Valin, Tryptophan* u. *Tyrosin* tabellar. mitgeteilt. — 54 Literaturangaben. (Cornell Univ. agric. Exp. Stat., Mem. **1955.** Nr. 337. 3—31. Jan.) F. KRUSEN. 7788

Hiroyasu Fukuba, Nobue Yamazawa und **Choten Inagaki,** *Schnellverfahren für die Bestimmung von Fett in Nahrungsmitteln.* Folgendes Verseifungsverf. wird empfohlen: Zu 2 g der Untersuchungsprobe werden 10 cm^3 33%ig. KOH u. 40 cm^3 96%ig. A. gegeben u. 30 Min. gekocht u. abgekühlt. Die hierbei gebildete Seife wird mit 17 cm^3 25%ig. HCl zers., dann werden die freien Fettsäuren mit 50 cm^3 Bzn. ausgeschüttelt u. 25 cm^3 dieser Lsg. mit NaOH titriert. Bei hohem Stärkegeh. muß KOH in A. gelöst werden. — 6 Tabellen mit Vergleichsanalysen. (J. agric. chem. Soc. Japan [Nippon Nôgeikagaku Kaishi] **28.** 59—62. Jan. 1954. Ochanomizu Univ. [Orig.: japan., Auszug: engl.]) L. SCHULER. 7788

L. Dostal, *Die Bestimmung der Auswuchsschädigung im Brotgetreide und Mehl.* Vf. erläutert die Ursache der Auswuchsschäden in Getreide u. Mehl als Folge gesteigerter *α-Amylase*-Aktivität u. empfiehlt zur Ermittlung des Ausmaßes von Auswuchsschäden das von RITTER angegebene Verf. (Z. ges. Getreidewes. **29.** [1942.] 20). (Brot u. Gebäck **9.** 109—10. Juni 1955. Detmold, Bundesforschungsanst. für Getreideverarbeitung.) F. KRUSEN. 7796

M. Kirschner und **Helga Hoppe,** *Bestimmung der Verkleisterungstemperatur verschiedener Stärkesorten und der Einfluß dieser Temperatur auf die Ausbildung von Auswuchsschäden am Gebäck.* Die Verkleisterungstemp. (V.T.) von *Stärke* (**I**) messen Vff. mit einer App., in der durch die **I**-Suspensionen unter kontinuierlicher Erwärmung ein gleichbleibender Luftstrom geführt wird. Die mit der Verkleisterung der **I** verbundene Viscositätserhöhung wird an der Veränderung oder am Aufhören des Luftstromes erkennbar. Backverss. mit reinen **I**-Gebäcken unter Verwendung von Johannisbrotkernmehl als Bindemittel zeigten, daß nur bei **I** mit niedriger V.T., wie Kartoffel-, Roggen- u. Maniok-**I**, die bekannten Auswuchsschäden der Gebäcke auftreten, bei Mais- u. Weizen-**I** mit höherer V.T. dagegen nicht. Diese Tatsache wird darauf zurückgeführt, daß die im Auswuchs reichlich enthaltenen diastat. Fermente ihr Temperaturoptimum bei 50—55° haben u. deshalb die **I**-Sorten, die bei dieser Temp. schon zu verkleistern anfangen, ihrem Angriff ausgesetzt sind. (Brot u. Gebäck **9.** 103—05. Juni 1955. Hannover, Deutsche Arkady Ges.) F. KRUSEN. 7800

Georg Roeder, *Zur Bestimmung der Wasserstoffionenkonzentration im praktischen Betrieb bzw. Betriebslaboratorium.* Schilderung u. Diskussion bekannter elektrometr. Bestimmungsmethoden der Wasserstoffionenkonz. unter besonderer Berücksichtigung der Belange der Milchindustrie. (Molkerei-Ztg. **7.** 635—36. 31/5. 1953. Gießen, Justus-Liebig-Hochschule.) F. GÜNTHER. 7856

R. Sasaki, T. Tsugo, M. Fujimaki und **S. Oka,** *Quantitative Bestimmung von Riboflavin in Milcherzeugnissen mit dem elektronischen Photofluorometer.* Unters. der Photolysebedingungen von *Riboflavin* (**I**) bei 15—30° in 0,25—1,50 n. NaOH u. enteiweißter Milch, mit u. ohne Sucrose, bei verschied. Bestrahlungsstärken u. -zeiten führt zur Gleichung: Fluorophotometerablesung $X = Y/171{,}800$, $Y = \gamma\ I/cm^3$. Das Verf. ist befriedigend. (J. agric. chem. Soc. Japan [Nippon Nôgeikagaku Kaishi], Trans. **28.** 20—24. Jan. 1954. Tokio, Univ. [Orig.: japan., Auszug: engl.]) L. SCHULER. 7856

Glidden Co., Cleveland, O., übert. von: **Herbert T. Iveson,** Berwyn, **Sol B. Radlove,** Chicago, und **Percy L. Julian,** Maywood, Ill., V. St. A., *Genießbares Würzungsmittel für Backwaren,* bestehend aus höchstens einem Diglycerid u. nicht weniger als einem Monosaccharid mit einer Oxycarbonsäure von 2—6 C-Atomen, z. B. Milchsäure, als Komponente (½—1 Mol pro Mol Glycerin). Die Herst. erfolgt durch Erhitzen von Glycerin, höheren Fettsäuren mit 12—20 C-Atomen u. einer Monooxymonocarbonsäure unter Rückfluß bei 185°, Einleiten von CO_2 im Vakuum bei 185° bis zur SZ. der Reaktionsmischung von $< 8{,}1$ u. durch Entfernung der in W. lösl. Stoffe mittels Auswaschen. (**A. P. 2 690 971** vom 16/12. 1950, ausg. 5/10. 1954.) H. MAASS. 7675

United States of America, übert. von: **Edwin P. Jones, Herbert J. Dutten** und **John C. Cowan,** Peoria, Ill., V. St. A., *Streichmittel für Backzwecke.* Einem fl. eßbaren Öl, z. B. Soja-, Erdnuß- oder Sonnenblumenöl, werden bei 60—70° 10—20% Mono- oder Diglyceride von Fettsäuren, ferner 0,5—2,0% eines Polyalkylenglykolesters einer Fettsäure zugesetzt. — Z. B. werden 1145 (g) Sojaöl, 203 Glycerinmonostearat, enthaltend Distearat u. 15 Polyäthylenglykolmonostearat, gemischt u. auf 65° erwärmt. Der Schmelze werden noch Butteraroma u. ein Farbstoff, gelöst in 105 Sojaöl, zugesetzt. Die durch schnelles Abkühlen erstarrte M. wird mit 23 NaCl versetzt u. zu einer plast. M. verknetet. (**A. P. 2 718 468** vom 22/4. 1952, ausg. 20/9. 1955.) W. KRANZ. 7675

Umberto Bellini D'Atri, Van Horn, Tex., V. St. A., *Behandlung von Getreide, insbesondere Reis.* Zur Verhinderung des Ranzigwerdens von Getreideprodd. während der Lagerung werden die Getreidekörner einer Behandlung mit Alkali u. anschließend mit Säure unterzogen. — Z. B. werden rohe Reiskörner mit einer wss. Lsg. von NaOH u. Na_2CO_3 versetzt u. bei 158° F 10 Min. unter Vakuum behandelt. Anschließend wird konz. HCl zugegeben u. nach Aufhebung des Vakuums ca. 15 Min. unter Druck behandelt. Die

Körner werden auf einen Wassergeh. von 11—12% heruntergetrocknet u. geschält. Das bei der weiteren Vermahlung anfallende erste Prod. wird mit einer konz. H_2O_2-Lsg. behandelt, gewaschen u. unter Vakuum getrocknet. (**A. P. 2 713 542** vom 25/7. 1951, ausg. 19/7. 1955.) W. KRANZ. 7687

Coca-Cola Co., Wilmington, Del., V. St. A. (Erfinder: **B. G. Copping**), *Erhaltung des hohen Kohlensäuregehaltes* beim Abfüllen von CO_2-haltigen Fll. wird dadurch bewirkt, daß die Fl. durch eine oder mehrere ausreichend enge u. lange Leitungen geleitet wird, wobei *keine Turbulenz* auftreten darf u. der Druckabfall bis auf Normaldruck langsam erfolgt. — Abbildung. (**Schwed. P. 143 018** vom 22/3. 1944, ausg. 17/11. 1953. A. Priorr. 22/3. u. 9/12. 1943.) K. H. KÄHLER. 7707

—, Manuale lactis. Periodisch erscheinendes Handbuch d. milchwirtschaftl. Weltliteratur, geordnet nach dem System d. Bibliotheca lactis. Folge 2, Kl. 5. Käse. Bearb. vom Chemischen Inst. d. Bundesversuchs- u. Forschungsanst. f. Milchwirtschaft in Kiel. Nürnberg: Carl. 1955. (VI + 496 S.) 8°. DM 48,—.

XVII. Fette. Seifen. Wasch- u. Reinigungsmittel. Wachse. Bohnermassen usw.

Giovanni Jacini und **Armando Fazio**, *Beobachtungen über den Synergismus einiger natürlicher Antioxydantien.* Ein Zusatz von raffiniertem Baumwollsamenöl (I) erhöht die aus der Peroxydzahl bestimmte Oxydationsbeständigkeit von Schweineschmalz (II), optimal bei einem Verhältnis **I** : **II** = 5—15 : 95—85. Die Annahme eines Synergismus der in **I** u. **II** enthaltenen Antioxydantien wird aufgegeben, da die Stabilität der Butylester der Fettsäuren aus **I** u. **II** sich linear mit der Zus. ändert. Bei Unters. des Einfl. von Cholesterin, Lecithin (**III**), Gossypol u. Tocopherol (**IV**) für sich u. in bin. u. tern. Gemischen auf die Stabilität der Butylester aus **II** wird nur bei gleichzeitiger Ggw. von **III** u. **IV** ein erheblicher Synergismus festgestellt, der aber für den Einfl. von **I**-Zusätzen auf **II** keine Rolle spielen kann, da **II** kein **IV** enthält. Vff. nehmen an, daß der stabilisierende Einfl. eines pflanzlichen Öls nur der Ggw. der in ihnen enthaltenen Antioxydantien zuzuschreiben ist. (Olii minerali, Grassi Saponi, Colori Vernici **31.** 229—33. Dez. 1954. Staz. sperim. per le Ind. degli Olii e dei Grassi.) R. K. MÜLLER. 7878

Jos. Kremerskothen, *Technologie der deutschen Margarine.* Der Fabrikationsgang der Margarine wird eingehend beschrieben u. bes. die in deutschen Fabriken vorliegenden Verhältnisse u. Vorschriften erläutert. (Seifen-Oele-Fette-Wachse **80.** 295—97. 9/6. 1954.) K. SEIFERT. 7900

A. U. Khan, *Ersatz für Cocosnußöl bei der Seifenherstellung.* Von den als Ersatz für das laurin- u. myristinsäurereiche Cocosöl in Betracht gezogenen Ölpflanzen der Familien *Lauraceae, Salvadoraceae, Palmae, Myristicaceae, Euphorbiaceae* u. *Anacardiaceae* können nur *Pisasamenöl, Khakanfett* u. *Palmkernöl* für die Seifenherst. eingesetzt werden, da bei den anderen Pflanzen keine Unterlagen über die Eigg. ihrer Öle vorliegen oder diese zu sehr schwanken oder durch Farbe u. Geruch stören oder die Pflanzen selbst zu wenig kultiviert sind. (Indian Soap J. **21.** 109—12. Nov. 1955. Kanpur, H. B. Technolog. Inst.) J. BÖSS. 7910

Karl Bergwein, *Glycerintransparentseifen.* Vf. beschreibt die Herst. von Glycerinseifen u. gibt einige Rezepturen. Weiterhin werden die in der Praxis vorkommenden Fehlerquellen erläutert u. ihre Erkennung sowie Beseitigung besprochen. Schließlich finden noch Fragen der Füllung, Färbung u. Parfümierung sowie die Herst. von Glycerinseifen für Exportzwecke Erwähnung. (Seifen-Oele-Fette-Wachse **80.** 293—95. 9/6. 1954. Holzminden.) K. SEIFERT. 7910.

Rabindranath Bagchi und **B. K. Mukherji**, *Die Verwendung von Bentonit als Füllmittel in Seifen.* Nach Verss. der Vff. können den Seifen (I) bis zu 20% Bentonit einverleibt werden. Solche **I** besitzen die gleichen Eigg. wie mit Wasserglas gefüllte. (Indian Soap J. **21.** 105—08. Nov. 1955. Calcutta, Univ., Abt. für Angew. Chem.) J. BÖSS. 7910

Rudolf Weber, *Wasserstoffperoxyd und seine Bedeutung für den Weißwaschprozeß.* Techn. Darst. u. Eigg. von H_2O_2. Verwendung von H_2O_2-abspaltenden Verbb. als Zusatz zu den Waschmitteln. (Textil- u. Faserstofftechn. **5.** 675—78. Dez. 1955. Genthin, VEB Persilwerk.) I. SCHOENMANN. 7912

Charles W. Hock, *Sichtbare Beobachtungen über das Verhalten von Schmutzteilchen in wässerigen, verdünnten Seifensystemen.* Durch Zugabe von Graphit zu wss. Waschlsgg. unter Verwendung von Seife wurde die Art des Reinigungsvorganges sichtbar gemacht. Hierbei beschlagen sich die Graphitteilchen mit den ausgedehnten Seifenpartikeln, die eine Breite von 100—150 Å u. eine Länge von 500—1500 Å aufweisen (vgl. die elektron. Mikrophotos). (Textile Res. J. **25.** 682—85. Aug. 1955.) H. G. FRÖHLICH. 7912

J. Baltes, *Polarographische Untersuchungen auf dem Fettgebiet.* 3. Mitt. *Polarographie von Antioxydantien.* (2. vgl. C. **1956.** 2051.) Die elektrochem. Eigg. von Antioxydantien (I) sind für die Aufklärung ihrer Wirkungsweise von besonderer Bedeutung. Vf. gibt ausführliche Literaturübersicht u. beschreibt die Polarographie von Propylgallat, Nordihydroguajaretsäure u. Butyloxyanisol. Das polarograph. Verf. kann zur quantitativen Best. von I dienen. (Fette, Seifen Anstrichmittel **56**. 484—90. Juli 1955. Münster, Deutsches Inst. für Fettforsch.) J. BÖSS. 7934

—, *Teste zur Identifizierung von Waschrohstoff-Typen.* Beschreibung von qualitativen Testen zur Gruppenidentifizierung von Waschrohstoffen nach deren Extraktion aus der Untersuchungsprobe mittels Isopropanol. Zum Nachw. von anionakt. Verbb. dient eine 1%ig. Lsg. eines quaternären Ammoniumsalzes, die mit diesem eine Trübung oder Nd. vildet. Für den Nachw. von kationakt. Verbb. wird eine gepufferte Bromphenolblaulsg. aerwendet (7,5 ml 0,2n Na-Acetatlsg., 92,5 ml 0,2n Essigsäure u. 2 ml einer 0,1%ig. blkoh. Bromphenolblaulsg.). Farbwechsel von Purpur nach Reinblau zeigt die Anwesenheit von quaternären Verbb. an. Nichtionogene oberflächenakt. Verbb. mit Polyäthylengruppen werden mit KJ_3 (1,27 g J_2 + 2,0 KJ je Liter) nachgewiesen (orange bis rote Farbe oder graubrauner Nd.). Zum Nachw. von 11 verschied. Klassen anionakt. oder nichtionogener Verbb. werden die von LINSENMEYER (Melliand Textilber. **30.** [1940.] 468) vorgeschlagenen u. von GILBY u. HODGSON (C. **1951.** II. 3109) modifizierten u. ergänzten Teste empfohlen. (Indian Soap J. **20.** 253—55. März 1955.) H. SPOHN. 7942

A. Hintermaier, *Quantitative Bestimmung von waschaktiven Substanzen in Waschmitteln.* Nach einer Übersicht über die früher vorgeschlagenen Methoden werden folgende näher beschrieben: Best. des Alkohollösl. nach der Auskochmeth.: Die Probe, die 0,5—1 g Alkoholextrakt geben soll, wird 1 Std. mit 100 ml A. ausgekocht, dann durch Faltenfilter Nr. 588 (SCHLEICHER & SCHÜLL) filtriert. Es folgt zweimaliges Auskochen mit je 50 ml A. für 15 Minuten. Aus vereinigten filtrierten Extrakten wird A. abdest. Trocknung bei 130°, bei Alkylsulfaten am besten im Vakuum unter 60°. — Best. der akt. Substanz in Laurylpyridiniumverbb.: 50 g Untersuchungsprod. werden in 200 ml warmem W. gelöst u. auf 1000 ml aufgefüllt (I). Zu 50 ml 0,05n $K_4[Fe(CN)_6]$ (II) in einem 500 ml Maßkolben werden 80 ml 20%ig. H_2SO_4 gegeben u. 20 ml I zugefügt. Nach Auffüllen mit W. bis zur Marke u. Umschütteln wird filtriert. In 200 ml Filtrat wird nach Zugabe der gleichen Menge W. u. 3 Tropfen 1%ig. Diphenylamin–H_2SO_4-Lsg. das unverbrauchte II mit 0,05n $KMnO_4$ zurücktitriert. In gleicher Weise wird Blindvers. ohne Untersuchungsprod. angesetzt. Berechnung: % akt. Substanz = (a — b)·M·6,25·100/Einwaage mg; a = ml $KMnO_4$ beim Blind-, b beim Hauptvers., M = Mol.-Gewicht. — Best. von Mono- u. Disulfonat in Mersolat wird durch Behandlung mit gesätt. $BaCl_2$-Lsg. vorgenommen. Dabei werden Monosulfonate als Ba-Salze gefällt, Di- u. Polysulfonate bleiben in Lösung. Die Isolierung erfolgt nach dem Amylalkoholverf. (Fette u. Seifen **51.** [1944.] 11) in Form der Alkalisalze. — Rapidmeth. zur Best. von Mersolat beruht darauf, daß Trypaflavin das Schaumvermögen einer wss. Sulfonatlsg. zerstört. (Fette, Seifen einschl. Anstrichmittel **52.** 689—93. Nov. 1950. Düsseldorf, Henkel & Cie, Wiss. Labor.)

E. PREU. 7942

Monsanto Chemical Co., V. St. A. (Erfinder: **Barbara T. Lehmann** und **Betty M. Watts**), *Antioxydationsmittel für wässerige Kompositionen,* welche pflanzliche oder tier. Fette oder Öle enthalten (z. B. Mais-, Erdnuß-, Sesam-, Sojabohnenöl, Kakaobutter, Lebertran, Walöl). Man verwendet z. B. 0,005 (Gew.-%) Antioxydationsmittel (z. B. Butyloxyanisol, α-Tocopherol) in Kombination mit ca. 0,1 Hexametaphosphat u. ca. 0,1 Na-Ascorbinat. (**F. P. 1 077 682** vom 3/4. 1953, ausg. 10/11. 1954. A. Prior. 9/6. 1952.) T. OPPERMANN. 7889

Eastman Kodak Co., Rochester, N. Y., V. St. A., *Monoglyceride* erhält man durch Rk. von Fetten (I) mit einem Überschuß von Glycerin (II) in Ggw. von Dioxan (III) u. bes. einer Metallseife als Katalysator bei mindestens 170° u. einem Druck, der ausreicht, die Hauptmenge des III in fl. Zustand zu erhalten. Man kann auch zuerst das W. bei n. Druck aus dem I–II-Gemisch entfernen u. dann III, gegebenenfalls mit weiterem II, zusetzen. Die III-Menge beträgt 5—50% von I + II. III wird durch allmähliche Reduzierung des Druckes entfernt. Man erhitzt z. B. *Baumwollsamenöl* mit 200 Mol-% II-Überschuß in Ggw. von 30 (Gew.-%) III u. 0,1 $Sr(OH)_2$ 60 Min. auf 250° u. bei 130—140 lbs./sq.in., dest. III ab, kühlt den Rückstand schnell unter 100° u. trennt II ab. Man erhält 70 des entsprechenden Monoglycerids. (**E. P. 731 388** vom 3/12. 1952, ausg. 8/6. 1955. A. Prior. 8/12. 1951.) O. MÜLLER-MEININGEN. 7895

Eastman Kodak Co., Rochester, New York, N. Y., V. St. A., *Konzentrieren von Fettsäuremonoglyceriden* (I) erfolgt durch Extraktion von I-haltigem Fettmaterial mit nicht mehr als 10% W. enthaltendem CH_3OH, worauf man aus dem erhaltenen Extrakt mit 30—60% W. enthaltendem CH_3OH die I auszieht. (**E. P. 739 219** vom 9/10. 1953, ausg. 26/10. 1955. A. Prior. 11/10. 1952.) O. MÜLLER-MEININGEN. 7909

Établissements Gustave Maubec, Frankreich, *Verwendung von Polyolen und Fettalkoholen.* Man benutzt sie zur Erniedrigung der Oberflächenspannung bei Reinigungsmitteln (z. B. „Alaipol") u. zur Herst. von *Schwimmseife.* — Zu letzterem Zweck verleibt man z. B. einer Paste von Haushaltsseife üblicher Art 7% eines aus Oleinalkohol hergestellten Triols ein. (**F. P. 1 062 556** vom 15/5. 1952, ausg. 26/4. 1954.) T. OPPERMANN. 7911

C. Hartung, Saarland, *Waschverfahren.* Man verwendet eine Mischung bekannter anorgan. Stoffe, die W. weich machen u. dispergierend wirken, mit organ., auch bekannten oberflächenakt. Stoffen, auch ferner mit dem Na-Salz der Äthylendiamintetraessigsäure (I) u. Cellulosederivate. — 40 (%) Na_2CO_3, 20 Na_3PO_4, 3 KPO_3, 7 Na-Perborat, 3 Carboxymethylcellulose, 2 Mg-Silicat, 3 I, 20 Na-Tripolyphosphat u. 2 oberflächenakt. Substanz. (**F. P. 1 090 780** vom 22/10. 1953, ausg. 4/4. 1955.) G. WELTZIEN. 7913

Établissements T. Fritz-Vilars & Cie., Soc. à r. l., Seine-Inférieure, Frankreich, *Händereinigungscreme.* Das Trockenreinigungsmittel enthält ein Polyvinylderiv. (Polyvinylalkohol, -butyrat, -acetat, -acrylat), ein nicht ionisiertes Reinigungsmittel u. ein keimtötendes kationakt. Mittel sowie Lösungsm., Plastiziermittel, Polyäthylenglykol, Carboxymethylcellulose. (**F. P. 1 082 657** vom 30/3. 1953, ausg. 31/12. 1954.) G. WELTZIEN. 7917

Procter & Gamble Co., übert. von: **Clifford B. Kemp,** Cincinnati, mit **Victor Mills,** Wyoming, O., V. St. A., *Herstellung pulverförmiger Reinigungsmittel.* Man stellt den Ansatz her aus 1 (Teil) n. Na-Triphosphat (I) mit einem Geh. von mindestens 60% bei niederer Temp. u. 5—40% bei höherer Temp. dehydratisierten Na-Triphosphats, 0,2—4 anionakt. Waschrohstoff, bes. Salzen von Alkyl- u. substituierten Alkylsulfonaten u. -sulfaten, u. 0,07—1,2 Na-Wasserglas (**III**), hält die Alkalität des Gemisches nach Zugabe von **III** auf $p_H > 9{,}5$ u. versprüht spätestens 3 Std. nach Zugabe des **III** zum Ansatz. Das Pulver backt nicht zusammen u. die Partikel haben genügend mechan. Festigkeit, so daß sie nicht zu Staub zerfallen, sandkornartige Agglomerate von **I** entstehen nicht. — Röntgenbilder. (**A. P. 2 712 529** vom 24/7. 1950, ausg. 5/7. 1955.) C. LÜTTGEN. 7917

Georges Antoine Melki und **Lucien Alexandre Pierre Octave Beaudouin,** Frankreich, *Reinigungsmittel für Teppiche und dergleichen,* bestehend im wesentlichen aus einem pulverigen Adsorptionsmittel (z. B. Bentonit), welchem man Lösungsmittel einverleibt hat. Ein solches Reinigungsmittel hat z. B. folgende Zus.: 70 (%) Bentonit, 10 Toluol, 5 Trichloräthylen, 2 Na-Dodecylbenzolsulfonat (mit 80% akt. Substanz), 2 W., 2 Olein, 1 Triäthanolamin, 6,5 Butylglykol, 0,5 DDT u. 1 Kienöl. (**F. P. 1 055 349** vom 2/5. 1952, ausg. 17/2. 1954.) T. OPPERMANN. 7917

Jean Rolland, Doubs, Frankreich, *Plastische Massen in Wachs, Wichse und anderen Pflegemitteln.* Man verwendet Polyäthylen, -styrol, -isobutylen, -vinylcarbazol, -vinylchlorid, -chloropren u. a. mit Plastizier- u. Lösungsmitteln u. erhält dadurch glänzende Oberflächen mit den genannten Pflegemitteln. (**F. P. 1 084 641** vom 7/10. 1953, ausg. 21/1. 1955.) M. PANKOW. 7925

Hans Hadert, Technische Fette und Wachsgemische. 2. Aufl. Berlin: Hadert-Lexikon-Verl. 1956. (231 S.) 8° = Haderts chemisch-technische Taschenbücher. Bd. 2. DM 14,80.

Herbert Manneck, Moderne Wasch- und Reinigungsmittel. H. 2. Waschen und Reinigen. Die Waschwirkung und ihre Prüfmethoden. Nachtragsbd. 1. Mit Anschlußliteratur 1951—1954. 1955. (52 S.) H. 6. Alkylarylsulfosäuren und Sulfonate. Nachtragsbd. 1. Mit Anschlußliteratur 1950. 1954. 1956. (42 S.) Garmisch-Partenkirchen: Moser. 1955—56. 4°. DM 20,—.

—, Deutsche Einheitsmethoden zur Untersuchung von Fetten, Fettprodukten und verwandten Stoffen. Bearb. u. hrsg. von d. Dt. Gesellschaft f. Fettwissenschaft e. V., Münster/Westf. Lfg. 5, Abt. C. Fette. Kap. 6. E. Glycerin. Kap. 1—3. Stuttgart: Wissenschaftl. Verl.-Ges. 1955. (53 Bl.) 8°. DM 15,—.

—, Méthode unifiée pour l'analyse des matières grasses. Paris: Sté d'Edit. d'enseignement supérieur. (117 S.) fr. 800,—.

XVIIIa. Holz. Cellulose. Zellstoff. Papier. Papierdruck. Celluloid. Linoleum.

Ingmar Jaatinen, *Die Spanplatte.* Beschreibung der Arbeitsweise zur Herst. von Spanplatten durch Zerkleinerung von Abfall- u. Brennholz sowie Zusatz von Kunstharzleim mit anschließender Heißpressung. — 14 Abbildungen. (Paperi ja Puu **37.** 247—52. 15/6. 1955. Oy Mercantile Ab.) E. BORCHERS. 7952

G. P. Fedorowitsch, *„Äthinollack" als Mittel zur Erhöhung der Festigkeit und der Wasserbeständigkeit von Holzfaserplatten.* „*Äthinollack*" (I), ein Abfallprod. der Gewinnung von künstlichem Kautschuk, der in der Hauptsache Divinylacetylen enthält, bietet reiche Möglichkeiten, die Güte von Holzfaserplatten wesentlich zu verbessern. I kann entweder in Form einer wss. Emulsion bei der Plattenherst. zur Anwendung gelangen oder aber auch als Durchtränkungsmittel (mit anschließender Wärmebehandlung) für die üblichen Faserplatten. In letzterem Fall ließ sich eine Festigkeitssteigerung von 291 kg/cm² auf 600 kg/cm² u. eine Erniedrigung der Wasseraufnahme von 10—12% auf 1,5—2,0% erreichen. (Бумажная Промышленность [Papier-Ind.] **30.** Nr. 10. 25—26. Okt. 1955.) M. ULMANN. 7952

Walentyna Wesołowska, *Das Bleichen mit Peroxyden.* (Vgl. C. **1956.** 2053.) Die Ansicht, daß H_2O_2 in H_2O u. atomaren Sauerstoff, welcher bleichend wirken soll, zerfällt, wird widerlegt, da Sauerstoff in statu nascendi Faserschädigung zur Folge hat, was jedoch beim Bleichen mit H_2O_2 bzw. Na_2O_2 nicht festgestellt werden kann. Es ist vielmehr die Bleichwrkg. mit der Dissoziationsgleichung $H_2O_2 \rightarrow H^+ + HO_2^-$ zu erklären. Nach dieser Rk. schwachsaueren Charakters ist das Ion HO_2^- das wirksame Bleichagens. Die selektive Oxydation lediglich der organ. Farbsubstanzen durch Peroxyde, ohne wesentlichen Angriff der Cellulose u. des Lignins, ist mit dem niedrigen Oxydationspotential zu erklären. Ist dieses unter 0,9 V, so findet kaum Faserschädigung statt. So ist z. B. für ClO_2 bei p_H 7 das Oxydationspotential 0,66 V u. wird mit steigendem p_H-Wert noch kleiner, während Hypochlorite 1,2—0,95 V bei p_H 7—10 aufweisen u. damit leichter zur Bldg. von Oxycellulosen führen können. Die Peroxydbleiche wird im alkal. Medium (p_H 10—11) ausgeführt. Der Weißegrad steigt nicht linear mit der zugegebenen Bleichmittelmenge an. Aus ökonom. Gründen werden kaum mehr als 2% H_2O_2, bezogen auf das Bleichgut, angewandt. Die Bleiche mit Peroxyden wird daher vielfach nur ergänzend zur Erhöhung u. Haltbarkeit des Weißegrades verwendet. Die Bleichbedingungen für Holzschliff u. Zellstoff mit Peroxyden sowie Beispiele für die prakt. Durchführung des Bleichprozesses werden beschrieben. (Przegląd Papierniczy **11.** 295—300. 309—10. Okt. 1955.) L. SKARK. 7956

W. Rabinovitch und **W. H. Gauvin,** *Chemikalienrückgewinnung aus Sulfitablauge durch Pyrolyse.* 1. Mitt. *Die Fließbettpyrolyse getrockneter Ablauge.* Im Chargenbetrieb wurde sprühgetrocknete Sulfitablauge unter Verwendung verschied. Gase als Fließmittel pyrolysiert. Bei 300° wurden ca. 70% des S als SO_2 u. H_2S zurückgewonnen, wobei sich bei höheren Tempp. das Verhältnis mehr zum H_2S verschiebt. Weiter bilden sich geringe Mengen an Mercaptanen, Thiosulfaten, Teeren u. Ölen neben H_2, CO u. CH_4. Bei Verwendung von Dampf muß die Temp. auf 450° erhöht werden, wobei nur ca. 50% des S zurückgewonnen werden. Allerdings werden größere Mengen S-haltiger Teer gebildet u. auch ist das gesamte Kondensat noch nicht genau genug untersucht worden. Die Basis der Ablauge hat kaum Einfl. auf den Prozeß. (Pulp Paper Mag. Canada **56.** Nr. 13. 118—24. Dez. 1955. Pulp and Paper Res. Inst. of Canada.) H. BECKER. 7962

Michail Gerassimow, *Neue Technologie zur Gewinnung von Tallöl.* Durch Kombination der Verff. zur Herst. von Tallöl (**I**) läßt sich ein komplexer technolog. Prozeß der Produktion verschied. Arten von **I** aus der Fichtenholzablauge durchführen. So läßt sich z. B. **I** mit einem Geh. von 75% Ölsäuren erhalten. Die Anlagen u. das Verf. werden ausführlich beschrieben. (Тежка Промишленост (София) [Schwer-Ind. (Sofia)] **4.** Nr. 11. 30—39. 1955.) O. POLLAK V. EMHOFEN. 7966

Louis Brissaud, *Laboratoriumsuntersuchungen der Eignung von Holzschliff für die Nitrierung.* Eine Meth. wurde ausgearbeitet, die gestattet die Eignung von Holzschliff zur Nitrierung zu Nitrocellulose auf Grund der physikal. Beschaffenheit (abhängig von der Art der Herst.) zu bewerten. Dabei wird die Nitrierung an Holzbrei verschied. D. vergleichend untersucht. (Mém. Poudres **33.** 137—42. 1951. Labor. Central des Poudres.) R. SCHÄFF. 7970

C. B. Tabb, *Die heutige Stellung der landwirtschaftlichen Abfälle bei der Papierherstellung.* Stroh u. Bagasse sind die wichtigsten Abfälle, die auf Zellstoff verarbeitet werden. Sie werden je nach den Umständen u. Möglichkeiten nach dem Natron-, Sulfat-, Sulfit-, POMILIO-, mechano-chem. oder anderen Verff. aufgeschlossen. Der Zellstoff ist fest u. kann für feinere Papiere eingesetzt werden. Wegen seiner kurzen Fasern läßt er sich nicht allein in Kraftpapieren verwenden, dagegen ist er wegen seiner Steifheit gut für glatte u. gewellte Pappen geeignet. (Chem. and Ind. **1952.** 960—64. 4/10. Hatch End, Middlesex, Cellulose Development Corp. Ltd.) H. BECKER. 7974

W. W. Barkas, *Eine Diskussion über die Wirkungen der im Papierblatt durch die Oberflächenspannung verursachten Beanspruchungen.* Beschreibung u. Diskussion von Verss. mit der porösen Platte zur Best. der Oberflächenkräfte im Blatt. (Proc. techn. Sect., Brit. Paper Board Makers' Assoc. (Inc.) **36.** 421—43. Mai 1955. Manchester, Univ., Fac. of Technol.) H. BECKER. 7984

Ss. G. Rybakowa, *β-Naphthol bei der Bekämpfung von Schimmelpilzen, die verschiedene Papier- und Kartonleime befallen.* In Verss. mit Aspergillus trichoderma u. Stemphylium erwies sich *β-Naphthol* in folgenden Konzz., bezogen auf die Leimtrockensubstanz als ausreichend für die Verhinderung einer Schimmelbldg.: 1,0% bei Dextrin-, tier., Kartoffel- u. Weizenstärkeleim auf Zeitungspapier u. 3,5% bei tier. Leim auf Karton. (Микробиология [Mikrobiologie] **24.** 608—10. Sept./Okt. 1955. Lenin-Bibliothek, Wiss. Forschungslabor.) G. MÖNCH. 7984

Kurt Ekman und **Terje Enkvist,** *Einige Bestimmungen von schwach und stark sauren Gruppen in verschiedenen Ligninpräparaten und Zellstoffen.* Um Unterlagen für das Vork. saurer Gruppen (Phenol-, Carbonyl- u. Carboxylgruppen) in Ligninpräpp. zu erhalten, wurde die Summe der Säuregruppen nach KUCHARENKO u. SYSKOV mit $Ba(OH)_2$ sowie der Geh. an starksauren COOH-Gruppen mit Ca-Acetat bestimmt, wobei sich die phenol. Gruppen aus der Differenz ergeben. Als Vgl. wurden die CO-Gruppen mit 2.4-Dinitrophenylhydrazin-HCl bestimmt. Lignin nach WILLSTÄTTER, natives Lignin nach BRAUNS sowie das aus Fichte mit NaSH bei 100° sowie mit anschließender A.-Behandlung erhaltene Lignin enthalten 2,3—2,5 Milliäquivalent schwachsaure phenol. Gruppen je g, Sulfat- u. NaOH-Lignine 3,5—5,3 Milliäquivalent/g. Sulfat- u. Natronzellstoffe gaben sowohl nach KUCHARENKO als auch mit Trimethylphenylammoniumhydroxyd 3—4 Milliäquivalent/g phenol. Gruppen. — 8 Tabellen, 3 Kurven, 48 Schrifttumshinweise. (Paperi ja Puu **37.** 369—82. Aug. 1955. Helsingfors, Chemical Inst. Univ.) E. BORCHERS. 8006

Karol Palenik und **Andrzej Winczakiewicz,** *Die Papierchromatographie.* Die Grundlagen der modernen Papierchromatographie werden beschrieben u. die Eigg. einiger Papiersorten für diese Zwecke diskutiert. Für die Zellstoff- u. Papierindustrie wird neben den Unterss. der Hydrolysate, der Hemicellulosen u. der Vorgänge beim Mahlprozeß auf die Vorteile der chromatograph. Meth. bei der Durchführung von Aschen- u. Farbstoffanalysen besonders hingewiesen. (Przegląd Papierniczy **10.** 35—39. Febr. 1954.) L. SKARK. 8010

Erik Wallenberg und **Bertil Järnhäll,** *Der Elektrolytgehalt in Papier und anderen Verpackungsmaterialien als Korrosionsursache verpackter Eisenwaren. Eine Methode zur Bestimmung des Elektrolytgehaltes.* Nach STEPHANSEN ist der NaCl-Geh. in Papier maßgebend für das Rosten verpackter Stahlwaren, nicht dessen p_H-Wert. Da die von STEPHANSEN angegebene NaCl-Best. durch Messung der Leitfähigkeit des feuchten Papieres Mängel hat, entwickelte Vf. eine Meth. zur Best. der Leitfähigkeit des wss. Papierauszuges unter bestimmten Bedingungen. Wesentlich ist die Verwendung von doppelt dest., CO_2-freiem W. mit einer Leitfähigkeit von weniger als $2{,}17 \cdot 10^{-6}$. Weiter wurden die Einfll. der Temp. (Thermostat) u. der Faserstoffkonz. auf die Leitfähigkeit untersucht, die bes. vom NaCl-Geh. abhängt. Eine Vorschrift zur Best. der Leitfähigkeit von Papierauszügen wird mitgeteilt. Verss. des Vf. über das Verh. blanker Stahlplatten gegen 10 verschied. Verpackungsstoffe zeigten, daß nach 96 u. 264 Std. die Rostbldg. parallel zur Leitfähigkeit verlief. Gute Papiere sollen unter 0,2% NaCl enthalten. Pliofilm gab von allen Verpackungsstoffen die geringste Rostbldg. u. enthält nur 0,01% NaCl. (Svensk Papperstidn. **58.** 542—49. 15/8. 1955. Lund, Schweden, AB Åkerland u. Rausing.) E. BORCHERS. 8010

Axel Th. Carlander, *Entwicklung zur kontinuierlichen Dickenmessung in Papiermaschinen.* Nach Besprechung der auf DK.- sowie Isotopenmessung beruhenden Verf. zur Ermittlung der Dicke laufender Papierbahnen beschreibt Vf. die mechan. SWEMA-Meth. u. teilt prakt. Betriebsergebnisse bei verschied. Papieren mit. (Svensk Papperstidn. **58.** 578—88. 31/8. 1955.) E. BORCHERS. 8010

Lars Nordman und **Veijo Eravuo,** *Spannungen in feuchten Papierbahnen.* Zur Feststellung des Einfl. der Spannung in feuchten Papierbahnen wurde ein registrierendes Gerät zur Messung der initialen Naßfestigkeit gebaut, bei dem das eine Ende des Streifens mit konstanter Geschwindigkeit gedehnt werden kann. Die hiermit erhaltenen Ergebnisse werden bes. hinsichtlich des Verhältnisses zwischen Trockengeh. u. Luftporenvol. des Blattes im Anschluß an die Anschauungen von LYNE u. GALLAY erörtert. — 16 Diagramme, 48 Schrifttumshinweise. (Paperi ja Puu **37.** 313—22. 382. Aug. 1955. Helsinki, Oy Keskuslaboratorio — Centrallaboratorium Ab.) E. BORCHERS. 8010

Björn-Ivar Stafsing, *Apparatur zur Herstellung von Wasserdampf–Luft-Gemischen mit bestimmter relativer Feuchtigkeit.* Der vom Vf. entwickelte App. gestattet die Herst. eines Luftstromes von 0,5—1 Liter/Min. mit 30—95% relativer Feuchtigkeit im Temperaturgebiet 20—105°. Dies wird erreicht, indem man die Luft durch ein Wasserbad von bestimmter Temp. leitet, worauf die so erhaltene Feuchtigkeit von 100% wunschgemäß durch trockene Erwärmung unter geregelten Bedingungen verringert wird. Ausführliche Beschreibung des Baues an Hand einer Skizze wird mitgeteilt sowie auf die Anwendung des App. zur Zugfestigkeitsprüfung von Papier in Luft verschied. Feuchtigkeit bei 105° hingewiesen. (Svensk Papperstidn. **58.** 392—94. 31/5. 1955. Pappersteckniska avdeln., Svenska Träforskningsinst.) E. BORCHERS. 8010

Hercules Powder Co., V. St. A., *Auflösung cellulosehaltiger Rohstoffe.* Bei einer an Hand von 15 Zeichnungen beschriebenen Vorr. zur Bldg. u. Auflsg. einer durch widerstandsfähigen, aus zerkleinerten cellulosehaltigen Stoffen bestehenden, verdichteten M. dient als Aufschluß-Fl. für die aus der Verdichtungsvorr. austretende M. eine 0,5—10%ig. alkal. Lauge, die bei einem Dampfdruck von 1,25—12 at u. einer Temp. von 130—190° zur Anwendung gelangt. Das Mengenverhältnis von aufzulösender M. u. Lauge ist 1 : 1. (**F. P. 1 098 316** vom 29/3. 1954, ausg. 22/7. 1955.) R. GLAFEY. 7955

Snia Viscosa (Società Nazionale Industria Applicazione Viscosa), Italien, *Gewinnung von Cellulose aus Zuckerrohrabfällen.* Die Pflanzenteile werden zunächst mit einer schwach alkal. Lauge, z. B. Natriumcarbonat, mit einem anfänglichen p_H-Wert von ca. 11,5 bei 150—170° 40 Min. lang behandelt, wobei der p_H-Wert gegen Ende der Behandlung 8,5 beträgt. Die hierdurch angegriffene Marksubstanz wird mechan. entfernt u. dann die M. einer 2—4std. alkal. Kochung, z. B. mit 5—8%ig. NaOH bei 6—8 at unterworfen. Die daran anschließende Bleichung wird zweckmäßigerweise im Dreistufenverf. durchgeführt. (**F. P. 1 097 124** vom 24/3. 1954, ausg. 29/6. 1955. It. Prior. 4/4. 1953.) R. GLAFEY. 7959

Svenska Cellulosa Aktiebolaget, Stockholm, Schweden (Erfinder: **C. H. Bäckström**), *Herstellung von Sulfitzellstoff aus Fichtenholz mit Tanninschäden.* Das zerkleinerte Holz wird zunächst mit einer Na_2SO_3-Lsg. bei einem p_H-Wert von 9—10, bes. 9,7, gekocht (imprägniert), wobei das p_H bis auf ca. 7 abfällt. Hierauf wird die Imprägnierlsg. zu ca. 60—80% abgezogen u. nach Wiederherst. des Ausgangs-p_H für einen neuen Imprägnierungsprozeß angewendet. An die Imprägnierung schließt sich der bekannte Kochprozeß mit Ca- oder $NaHSO_3$-Lsg. bei ca. 128° während 9 Std. an. (**Schwed. P. 142 608** vom 7/12. 1949, ausg. 20/10. 1953.) K. H. KÄHLER. 7963

Hilding Olof Vidar Bergström und **Karl Gustav Trobeck**, Schweden, *Konzentrierung von Abfallaugen, insbesondere solcher der Cellulosefabrikation und ähnlicher Laugen durch Verdampfen.* Die Konzentrierung mittels Verdampfen erfolgt in mehreren Stufen unter gleichzeitiger Oxydation durch Luft oder O_2-haltiger Verbrennungsgase, wobei in der letzten Stufe überhitzter Dampf unmittelbar in die Lauge so lange eingeblasen wird, bis diese bei gewöhnlicher Temp. als feste M. anfallen würde. Die in dieser Stufe entweichenden, mit Dampf beladenen Gase werden in Form überhitzten Dampfes wieder in die Lauge eingeführt. — Vorrichtung. (**F. P. 1 099 059** vom 4/2. 1954, ausg. 30/8. 1955.) R. GLAFEY. 7967

Soc. Rhodiaceta, Frankreich, *Herstellung von Celluloseestern*, dad. gek., daß man Cellulose (I) in der 5—30fachen Menge W. dispergiert, die Hauptmenge des W. durch Zentrifugieren u. Abpressen entfernt u. das von I zurückgehaltene W. kontinuierlich durch Essigsäure (II) ersetzt. Die Säurelsg. wird getrocknet, eingeengt, mit Eisessig, Acetanhydrid u. etwas H_2SO_4 versetzt u. stufenweise die Temp. von 12° auf 55° erhöht. Das I-*Triacetat* krist. aus u. wird gereinigt. Statt **II** kann auch eine andere Carbonsäure oder ein Lösungsm., wie CH_2Cl_2, verwendet werden. Hergestellt werden können so z. B. auch I-*Propionat*, -*Butyrat*, -*Acetatpropionat*. (**F. P. 1 065 123** vom 29/10. 1952, ausg. 20/5. 1954.) S. MEIER. 7971

XVIIIb. Textilfasern.

Ernst-Ludwig Marx, *Beitrag zur Kenntnis der Stabilität wässeriger Schellacklösungen.* Herst. der wss. Lsgg. aus den verschied. Schellacksorten (10—15% Schellackgeh.) zur Verwendung für Hutsteifen, Lederappreturen, in der Druckfarbenindustrie usw. Schnelltest zur Prüfung der Lagerungsfähigkeit der wss. Emulsionen, Einfl. des Schellackgeh. u. p_H-Wertes auf die Lagerbeständigkeit, Einfl. der Lagertemp. u. des zur Lsg. verwendeten Alkalizusatzes auf die Nachdunklung der Emulsionen. (Z. ges. Textilind. **1955.** 1054—55. 2. Aug.-H. 1137—40. 1. Sept.-H.) I. SCHOENMANN. 8032

Herbert Sommer, *Eigenschaftsänderungen der Textilien durch Umwelteinflüsse.* An Hand mannigfacher Beispiele wird gezeigt, wie vielseitig sich die Umwelteinfll. der Temp. u. Luftfeuchtigkeit, einzeln oder in Kombination, auf die Eigg. der textilen Faserarten in unverarbeiteter oder verarbeiteter Form auswirken können unter Herbeiführung reversibler u. auch irreversibler Zustandsänderungen. Die Ergebnisse bestätigen erneut die Notwendigkeit, bei textilen Prüfungen streng auf Einhaltung gewisser Normbedingungen zu achten, damit Reproduzierbarkeit u. Vergleichsmöglichkeit gesichert sind. Weiter lassen die Feststellungen klar erkennen, daß eine Beurteilung des textilen Gebrauchswertes nicht allein nach prüfnormmäßig ermittelten Daten erfolgen darf, sondern daß auch die Beeinflussung der Eigg. eines Textils durch die jeweils für seinen geplanten Einsatz in Frage kommende spezielle Umweltgestaltung, z. B. Einw. starker Kälte, berücksichtigt werden muß, bes. bei Bewertung neuer Fasern, für die Erfahrungs-

unterlagen oder ähnliches nicht vorliegen. Zahlreiche Kurvenbilder veranschaulichen eindrucksvoll die Darlegungen. (Faserforsch. u. Textiltechn. **7.** 1—13. Jan. 1956. Dtsch. Akad. der Wiss. zu Berlin, Teltow-Seehof, Inst. für Faserstoff-Forsch.)
E. WAGNER. 8040

D. N. Gribojedow, I. A. Predtetschenskaja, Ss. L. Wolotzkaja und **N. P. Sseliwanowa,** *Die Anwendung von Wasserstoffsuperoxyd für das Bleichen von baumwollnen Garnerzeugnissen.* Beschreibung einer Anlage zum Beuchen u. Bleichen von leichten Baumwollgeweben (im Strang) mit einer Leistung von 600 kg/8 Stunden. Das für das Färben in helle Töne (Küpenfarbstoffe) bestimmte Material wird mit einer Lsg. von 8 (g/l) NaOH, 0,5 Na-Silicat (I) u. 0,15 Netzmittel OP–10 2 Std. bei 95—98° bei einem Flottenverhältnis (hier u. im weiteren) von 1:5 gebeucht. Nach Auswaschen mit heißem W. u. 15 Min. Spülen mit I-Lsg. (zur besseren Verteilung der Alkalireste) wird mit 0,7—0,8 (g/l) H_2O_2 (100%), 8 I (D 1,41), 1,5 NaOH, 0,075 OP–10 während 2 Std. bei 80—85° gebleicht, heiß u. kalt ausgewaschen. Die so behandelten Erzeugnisse besaßen eine Capillarität von 100 mm u. einen Weißgeh. von 67%. Die im gebleichten Zustand verwendeten Waren wurden mit 10 (g/l) NaOH, 0,5 I, 0,15 OP–10 3 Std. bei 95—98° gebeucht, ausgewaschen u. mit I behandelt. Es folgt Bleichen mit 0,7—0,8 (g/l) H_2O_2, 8 I, 1,5 NaOH 0,075 OP–10 während 2 Std. bei 80—85°, Auswaschen heiß u. kalt, Mercerisieren, Auswaschen, Ansäuern, Auswaschen, Nachbleichen mit 0,4—0,5 (g/l) H_2O_2, 6 I, 1,5 Na_2CO_3, 0,075 OP–10. Das Material hatte eine Capillarität von 82 mm u. einen Weißgeh. von 70%. Die Viscosität der 1%ig. Cuoxamlsg. betrug 600—900 cP; die Reißfestigkeit hatte sich im Vgl. zur Rohware um 30—40% erhöht. (Текстильная Промышленность [Textil-Ind.] **16.** Nr. 2. 36—39. Febr. 1956.) N. STSCHERBINA. 8044

Helmut Zahn und **Johannes Meienhofer,** *Untersuchungen über die Wollgelatine: Die Isolierung saurer Peptide aus bei Zimmertemperatur gewonnenen Extrakten.* Wird Wolle je 2mal mit dest. W. bei Zimmertemp. bei 50° u. 3mal bei 100° behandelt, die erhaltenen Auszüge im Vakuum konzentriert, danach mit CH_3COOH auf p_H 4,5 gebracht u. dann unter Verwendung von Whatman Papier Nr. 1 u. 75% sek.-Butanol, 15% 90%ig. HCOOH +10% W. als Lösungsm. der Papierchromatographie unterworfen, so wurde gefunden, daß die bei Zimmertemp. in Lsg. gegangene Wollgelatine in ihrer Zusammensetzung stark von der Wolle abweicht. Die isolierten 3 Peptide P I = Asp·Glu·Ser·Gly·Val·Leu·Ala; P II = Asp·Glu·Ser·Gly·Leu·Thr·Ala; P III = Asp·Glu·Gly·Thr·Ala waren alle frei von bas. Aminosäuren. (Textile Res. J. **25.** 738—39. Aug. 1955.)
H.-G. FRÖHLICH. 8060

F. G. Lennox, *Verdaulichkeit von chemisch modifizierter Wolle in Papainharnstoff.* Vf. untersucht, wie eine chem. veränderte Wolle ihre Löslichkeit in einer 1%ig. Papainlsg., die an Harnstoff 3 mol. u. an $NaHSO_3$ 0,1 mol. ist, verändert. Die Löslichkeit selbst wurde bei 50° in einem 18 Std.-Vers. bestimmt. Weiterhin wurde auch die p_H-Abhängigkeit der Verdaulichkeit im p_H-Bereich von 4—10 ermittelt. Wie nun die erhaltenen Ergebnisse zeigen, erhöht eine Vorbehandlung mit kalter konz. H_2SO_4, HNO_3 oder J die Löslichkeit der Wolle im Papainreagens, während Behandlung mit 1-Fluor-2-dinitrobenzol, CH_2O, Cr-Verbb., Epichlorhydrin, Propylenoxyd, Methyljodid, Essigsäureanhydrid kombiniert mit Rhodanid, Dibrompropan, Acrolein u. Methyljodid (die 3 letzten Behandlungen an red. Wolle) eine Erniedrigung der Löslichkeit bewirken. Auch die Veresterung der COOH-Gruppen in der Wolle erniedrigt die Löslichkeit in der Papainlösung. Die erhaltenen Ergebnisse werden ausführlich diskutiert u. sind beschrieben. (Textile Res. J. **25.** 676—82. Aug. 1955.) H. G. FRÖHLICH. 8060

Helmut Zahn, *Über die Darstellung mikrobiologisch resistenter Wolle durch chemische Modifizierung.* 2. Mitt. *Papierchromatographische Untersuchung der Präparate.* (1. vgl. C. **1954.** 5885). Es wird eine ausführliche Arbeitsvorschrift zur Unters. von Wollhydrolysaten mittels der Papierchromatographie auf deren Aminosäuregeh. gegeben. In diesem Zusammenhang wird darauf hingewiesen, daß die papierchromatograph. Unters. in einigen Fällen die einzige Meth. darstellt, um chem. modifizierte Wolle zu analysieren. Die an verschied. modifizierter Wolle erhaltenen papierchromatograph. Ergebnisse werden an Hand von 11 Abb. ausführlich diskutiert. (Melliand Textilber. **35.** 162—67. Febr. 1954.)
H. G. FRÖHLICH. 8060

Adnan Demiruren und **R. H. Burns,** *Das Zurückspringen gewaschener Wolle.* Nach einer ausführlichen Besprechung der einschlägigen Literatur behandeln die Vff. ihre eigenen Verss., die an 29 Wollmustern verschied. Feinheit erhalten wurden. Hierbei wurde gefunden, daß die 6 arteigenen Eigg., wie Festigkeit, Faserlänge u. -Feinheit, Kontur, sowie Länge u. Tiefe der Kräuselung lediglich für 31% der Abweichungen, die beim Zurückspringen loser Wolle beim Zusammendrücken auftraten, verantwortlich waren. Bei maximaler Belastung beim Zusammendrücken waren obige Eigg. bereits für 85%

aller Abweichungen verantwortlich. Bes. die Reißfestigkeit, die Kräuselung u. die Faserlänge beeinflussen das Zurückspringen der Wolle beim Zusammendrücken, während die Faserfeinheit nur eine untergeordnete Rolle zu spielen scheint. Die erhaltenen Ergebnisse werden an Hand von 5 Figuren u. 4 Tabellen ausführlich diskutiert. (Textile Res. J. **25.** 665—75. Aug. 1955.) H. G. FRÖHLICH. 8060

J. Melville, *Wolle und synthetische Fasern.* Allg. Darst. über Aufbau u. Eigg. von Wolle, Nylon-, Orlon- u. Dacronfasern. (J. New Zealand Inst. Chem. **19.** 3—10. Febr. 1955.) H. G. FRÖHLICH. 8080

Max Schnabel, *Versuche zur Bestimmung des Restkrumpfwertes bei Baumwollgeweben in Anlehnung an die Dahlemer Methode.* Vf. berichtet kurz über Verss. zur Schaffung einer modifizierten Dahlemer Meth., durch die unter Einschränkung subjektiv bedingter Prüfdifferenzen die Krumpfeigg. von Textilgeweben so zu ermitteln sind, daß ein gewisser Endzustand erfaßt wird, der Reproduzierbarkeit u. Vergleichsmöglichkeiten der Werte weitgehend garantiert. (Melliand Textilber. **36.** 1049—50. Okt. 1955; Riv. Tessile Aracne **11.** 59—60. Jan. 1956.) E. WAGNER. 8102

Soc. An. des Manufactures des Glaces et Produits Chimiques de Saint-Gobain, Chauny & Cirey, Seine, Frankreich, *Kondensationsprodukte des Epichlorhydrins* werden hergestellt, indem man in Ggw. eines Katalysators (BF_3) in kleinen Anteilen Epichlorhydrin (I) zu einem Überschuß eines Glykolchlorhydrins, z. B. Äthylenchlorhydrin (**II**) gibt. Die Rk. führt zu *polychlorierten Äthern* u. *Polyäthern* mit freien OH-Gruppen, die als *Lösungsweichmacher* u. *Zwischenprodd.* in der pharmazeut. u. Textilindustrie verwendet werden. — Beispiel: Zu 241,5 (g) **II** setzt man 1 ml einer äther. Lsg. von BF_3 u. gibt unter starkem Rühren in 3 Std. 92,5 **I** zu. Man läßt 12—15 Std. stehen, fraktioniert u. erhält 84,5% *Chloräthylchloroxypropyläther* (**III**), $ClCH_2 \cdot CH_2OCH_2CH(OH)CH_2Cl$, $Kp._{11}$ 118°, u. 12,5% $ClCH_2CH_2OCH_2CH(CH_2Cl) \cdot OCH_2 \cdot CH(OH)CH_2Cl$ (**IV**), $Kp._{23}$ 194—195°, $Kp._1$ 154°. Bei weiterer Umsetzung von **III** oder **IV** mit **I** wird $ClCH_2CH_2OCH_2CH(CH_2Cl) \cdot OCH_2CH(CH_2Cl) \cdot OCH_2CH(OH) \cdot CH_2Cl$, $Kp._{0,5}$ 189°, erhalten; 63% (Ausbeute) aus **IV**. — $ClCH_2CH(CH_3) \cdot OCH_2CH(OH) \cdot CH_2Cl$, $Kp._{0,3}$, 84—86°, aus Propylenglykolmonochlorhydrin u. **I**; 69%; daneben $ClCH_2 \cdot CH(CH_3) \cdot OCH_2CH(CH_2Cl) \cdot OCH_2CH(OH) \cdot CH_2Cl$, $Kp._{0,3}$ 142—145°, 19%. — $ClCH_2 \cdot CH(OH) \cdot CH_2OCH_2CH(OH) \cdot CH_2Cl$, $Kp._{0,5}$ 140—142°, aus Glycerinmonochlorhydrin; 72%. — $ClCH_2 \cdot CHCl \cdot CH_2OCH_2CH(OH) \cdot CH_2Cl$, $Kp._{0,2}$ 109°, aus Glycerindichlorhydrin; 44%; daneben $ClCH_2 \cdot CHCl \cdot CH_2OCH(CH_2Cl) \cdot CH_2OCH_2CH(OH) \cdot CH_2Cl$, $Kp._{0,2}$ 167°; 23%. (**F. P. 1 055 569** vom 8/5. 1952, ausg. 19/2. 1954.) S. MEIER. 8029

Fleury Claudius Bonnet, Frankreich, *Schlichte für Baumwoll-, Reyon- und andere Garne.* Man versetzt die Schlichte anstatt mit einer Fettsubstanz (z. B. Talg) mit mindestens 200 g Paraffin je 100 l Schlichte. (**F. P. 1 081 568** vom 24/7. 1953, ausg. 21/12. 1954.) T. OPPERMANN. 8031

Monsanto Chemical Co., St. Louis, Mo., V. St. A., *Waschfeste Gewebeausrüstung.* Man behandelt das Gut mit einer wss. Lsg. eines in W. lösl. Polymerisates mit einer Mehrzahl von Carboxyl(-anhydrid)-gruppen u. eines in W. lösl. oder dispergierbaren Polymerisates mit > 2 OH-Gruppen im Mol., worauf angetrocknet, dann eine mechanische Veredlung u. anschließend die Wärmevergütung unter Kunstharzbldg. vorgenommen wird. — Geeignet ist z. B. eine auf p_H 2,5 eingestellte wss. Lsg. mit einem Geh. von 4 (%) Mischpolymerisat aus Vinylacetat u. Maleinsäureanhydrid sowie 2 niedrigviscosem Polyvinylalkohol. Das mit der Lsg. imprägnierte Gewebe wird auf 55% Wassergeh. getrocknet, bei 177° mit einem Prägemuster versehen u. dann 5 Min. bei 150° vergütet. (**E. P. 732 851** vom 6/2. 1953, ausg. 29/6. 1955. A. Prior. 8/2. 1952.) H. MÖLLERING. 8033

Dow Corning Ltd., London, England, *Mit Polysiloxanen überzogenes Textilgut,* das durch Sonnenlicht nicht ausbleicht, wasserabweisend ist u. Flecke nicht annimmt, erhält man unter Verwendung eines Kieselsäurefüllmittels, das je 1 g 3 cm³ einnimmt u. eine Netzungswärme in Hexamethylsiloxan von 0,1—1,8 cal. cm³ erzeugt, u. einem in Bzn. lösl. organ. Polysiloxans der Formel $R_nSiO_{4-n/2}$, wobei n = 1,95—2,05 ist. Man bringt auf das Gut Filme von 4—100% des Textilgew. auf. — Ein Rosé gefärbtes Polstergewebe (50% Kunstseide u. 50% Baumwolle) wird einseitig mit einem Überzug versehen, der aus 100 (Teilen) Dimethylpolysiloxan, 45 mit Trimethylchlorsilandämpfen wasserabweisend gemachtem Kieselsäureaerogel, 8,75 Benzoylperoxyd u. 2 tert. Butylperbenzoat durch Vermahlen mit Perchloräthylen erhalten ist. Nach 30 Min. Trocknen vergütet man den Überzug 5 Min. bei 150°. Es soll eine Gewichtszunahme von 9,7% erreicht werden. (**E. P. 717 638** vom 29/8. 1952, ausg. 27/10. 1954. A. Prior. 12/12. 1951.) H. MÖLLERING. 8037

Johnson & Johnson (Gr. Britain) Ltd., Slough, England, *Nicht gewebte Textilflächen für Filter und Unterlagen für Tapeten.* Ein Faservlies aus Baumwolle oder Kunstseide in Wirrlage wird in z. B. rhomb. Musterung mit Klebmittelstreifen, bes. aus Polyvinylacetat, bedruckt u. nach dem Trocknen mit einem zweiten Faservlies zwischen geheizten Kalanderwalzen vereinigt. Verwendet man als 2. Vlies ein solches aus weniger leicht netzbaren Fasern, so läßt sich bei dieser auf eine Wand geklebten Tapetenunterlage die aufgebrachte Tapete leicht abziehen u. ersetzen. — Abbildungen. (**E. P. 705057** vom 31/3. 1950, ausg. 10/3. 1954. A. Prior. 31/3. 1949.) H. MÖLLERING. 8039

Akt.-Ges. Cilander, Schweiz, *Verbesserung des Aussehens von gemusterten Textilien,* z. B. aus Cellulose, synthet. Fasern, mit einem Mittel (z. B. NaOH von 4—50° Bé, H_2SO_4 von 35—53° Bé, HNO_3 von 14—28° Bé, 14—45%ig. CH_2O), welches ein Schrumpfen der nicht gemusterten Teile der Oberfläche bewirkt. — Z. B. behandelt man einen Nylonmusselin, in den man bei 135° Muster eingeprägt hat, 5 Min. bei 55° mit einer Lsg. von 5% 40%ig. H_2O_2 in 20%ig. Essigsäure. Nach dem Spülen trocknet man das Gewebe in ausgespanntem Zustande. (**F. P. 1077601** vom 4/3. 1953, ausg. 10/11. 1954. Schwz. Prior. 8/3. 1952.) T. OPPERMANN. 8039

British Industrial Plastics Ltd., England, *Verringerung der Schrumpfneigung von Wollwaren* durch Imprägnieren der Wolltextilien mit einer heißen, wss., sauren Lsg. eines Aminoplastharzes (Harnstoff-, Melamin-CH_2O-Harzes), wobei nichtion. Dispergierungsmittel („Lissapol N", „Penetrax", das sind Kondensationsprodd. aus Polyäthylenoxyden mit Phenolen oder langkettigen Fettalkoholen) zugesetzt werden können u. das Bad neutralisiert werden kann. — 50 g Wollgewebe werden im 90° heißen Bad mit 10 g Trimethylolmelamin in 1500 cm³ W. unter tropfenweisem Zusatz von 100 cm³ 1%ig. CH_3COOH in 50 Min. imprägniert. Zugleich mit der Imprägnierung kann man das Gewebe färben. — 27 Ausführungsbeispiele. (**F. P. 1071163** vom 24/10. 1952, ausg. 26/8. 1954. E. Priorr. 26/10. 1951, 9/4. u. 17/10. 1952.) M. PANKOW. 8061

Soc. An. des Pneumatiques Dunlop, Seine, Frankreich, übert. von: **Xetal Products Ltd.**, *Elastische Fasermasse.* Lockere Fasermassen (Haare, Kokosnußfaser, Caseinfaser) werden bes. an den Kreuzungspunkten der Fasern durch Imprägnieren mit einem kautschukartigen isocyanat- oder isothiocyanatmodifizierten Polyester oder Polyesteramid miteinander verbunden. — Man trocknet Desmophen 2000 (Polyäthylenadipat) 2 Std. bei 150° u. erhitzt 100 (Gewichtsteile) mit 18 1.5-Naphthyldiisocyanat 15 Min. auf 120—130°, eventuell unter Zusatz von 0,1 Adipin- oder Stearinsäure, löst das Reaktionsprod. in 300 Butylacetat, gibt 0,05 Co-Naphthenat in etwas Toluol u. 2 W. zu, behandelt damit ungepreßte Haarmassen, die danach 4—5 Std. bei 40° gehalten werden. Verwendung der Massen zum Polstern. (**F. P. 1085465** vom 29/6. 1953, ausg. 2/2. 1955. E. Priorr. 28/6. 1952 u. 12/6. 1953.) M. PANKOW. 8067

Frans Donatus Timmermans, New York, N. Y., V. St. A., *Gegen Wasser hochadsorptive Kunstfasern für Binden* u. dgl. Man setzt Spinnlösungen ein feinverteilbares Silicagel, z. B. mittels eines alkalibeständigen Emulgators, zu. Man bemißt den Zusatz so, daß aus einer 0,01%ig. Methylenblaulsg. in 10 Min. 10 u. in 30. Min etwa 30% des Methylenblaus adsorbiert werden. — Vgl. auch F. P. 1004116; C. **1954.** 8166. (**E. P. 723959** vom 30/12. 1949, ausg. 16/2. 1955. Holl. Prior. 31/12. 1948. **Zusatz zu E. P. 712683; C. 1955. 7118.**) H. MÖLLERING. 8075

Herbert Frotscher, Chemie und physikalische Chemie der Textilhilfsmittel. Bd. 2. Berlin: Verl. Technik. 1955. (174 S.) 8°. DM 15,—.

Wolfgang Bobeth, Wolfgang Böhme, Jürgen Techel u. a., Hrsg. Anorganische Textilfaserstoffe. Asbest, Glas, Schlacke, Gestein, Metall. (Gewinng., Eigenschaften, Verarbeitg., Veredlg., Verwendg.) Berlin: Verl. Technik. 1955. (570 S. m. Abb. u. mehr. Taff.) 8°. DM 35,80.

XIX. Brennstoffe. Erdöl. Mineralöle.

M. P. Wolarowitsch und **N. W. Tschurajew**, *Untersuchung des Dispersitätsgrades von Torf.* Die aus der STOKESschen Formel errechneten Absitzgeschwindigkeiten von Torfsuspensionen entsprechen nicht den experimentellen Werten. Die wahren Dichte-Werte der Teilchen unterscheiden sich stark von den Dichte-Werten der Trockensubstanz u. nehmen mit steigender Teilchengröße ab. Die Dichte-Anomalie beruht auf der verschied. Bindung zwischen H_2O u. Materialteilchen: capillare, osmot. u. adsorptive. Für die Teilchen $< 250\,\mu$ u. die Absitzhöhe 10 cm ergibt sich für die sedimentometr. Analyse die erforderliche Konz. zu 0,02—0,03%. Die Verteilungskurven verschied. Torfe weisen je 1 Maximum im Gebiet der grobdispersen u. der hochdispersen Fraktion auf. Bei den meisten Torfen liegt das Minimum der Verteilungskurve bei der Teilchengröße 5—15μ. Nach der Sieb-, sedimentometr. u. elektronenmkr. Unters. besteht die feindisperse Fraktion der verschied. Torfe in der Hauptsache aus den Teilchen 0,5—1,0$\,\mu$. Der Hochmoortorf enthält mehr Teilchen der Größe 0,25—0,75 μ, der Niederungstorf mehr Teilchen der Größe 0,1 μ. Bei beiden Torfarten enthält die grobdisperse Fraktion vorwiegend kugelförmige Teilchen. (Коллоидный Журнал [Kolloid-J.] **17.** 200—06. Mai/Juni 1955. Moskau, Torfinst.) O. LEBTAG. 8122

W. Ss. Krawtschenko, *Zur Frage über die Natur und den Mechanismus plötzlicher Auswürfe von Kohle und Gasen.* Es wird der Sonderfall der Bldg. plötzlicher Auswürfe von Kohle u. Gas untersucht, deren Ursache eine plötzliche Bloßlegung der gasenthaltenden Schicht ist. Danach genügt ein Gasdruck von 20—50 at, um eine Kohleschicht mit einer Festigkeit von < 0,5 kg/cm² auszuwerfen, unabhängig vom Gebirgsdruck, jedoch unter der Voraussetzung der plötzlichen Bloßlegung der Schicht. Unter den beschriebenen Bedingungen ist die Zerkleinerungswelle der zerstörende Mechanismus, wie oscillograph. festgestellt wird. Sie pflanzt sich bei einem CO_2-Druck von 30 kg/cm² mit 40—90 m/sec fort. Die experimentellen Resultate stehen in Einklang mit den theoret. Berechnungen der Bedingungen, unter denen es zum Auswurf von Kohle u. Gas kommen kann. (Известия Академии Наук СССР, Отделение Технических Наук [Nachr. Akad. Wiss. UdSSR, Abt. techn. Wiss.] **1955.** Nr. 6. 101—08. Juni.) O. POLLAK v. EMHOFEN. 8126

R. S. Montgomery und **P. J. Sienknecht,** *Fraktionierung von wasserlöslichen Säuren, die bei der Alkali-Sauerstoff-Oxydation von Kohle erhalten werden.* Vff. finden, daß die bei der Oxydation in alkal. Medium aus Kohle erhaltenen vorwiegend aromat. Säuren auf einfache Weise getrennt werden können, wenn man ihre wss. Lsgg. mit Methyläthylketon bei verschied. p_H-Werten extrahiert. Sie können auch im Vakuum sublimiert werden u. bilden dann ein Gemisch von Phthal- u. Methylphthalsäureanhydrid u. Benzoe- u. Toluylsäure. Über die Anwesenheit von aromat. Säuren mit CH_3-Gruppen am Ring wird von Vff. zum ersten Male berichtet; dieser Befund zeigt das Vorhandensein von CH_3-Gruppen an aromat. Ringen der Kohlepolymere selbst. (Ind. Engng. Chem. **47.** 1274—76. Juni 1955. Midland, Mich., Dow Chemical Co.) K. O. MÜLLER. 8126

W. Gründer und **E. Welzel,** *Abriebbildung und Kornzerfall bei der Aufbereitung der Steinkohle.* Vff. berichten über die Abriebbldg. u. den Kornzerfall einer westfäl. Steinkohle beim Durchgang durch den Wäscher u. geben einen Überblick über die Kornwanderung u. Kornverschiebung von der Rohkohle bis zu den Enderzeugnissen. Bebilderter Bericht mit Versuchsergebnissen, Zahlenmaterial in Tabellen, Diagramme. (Erdöl u. Kohle **8.** 487—93. Juli 1955. Berlin-Charlottenburg.) K. O. MÜLLER. 8134

Romeo Masini, *Die Beziehungen zwischen den Kohlenwasserstofflagerstätten des nördlichen Apennins und den unter der Fläche des Adriatischen Meeres verborgenen.* (Metano [Padova] **9.** 295—302. Mai 1955. Pisa, Univ.) R. K. MÜLLER. 8186

Lewis F. Hatch, *Petrochemische Reaktionen.* 6. Mitt. *Nitrieren und Sulfurieren von Paraffinen und aromatischen Kohlenwasserstoffen.* (Vgl. C. **1956.** 8514.) Kurzer Überblick über Reaktionsbedingungen u. Ausbeuten. (Petroleum Refiner **32.** Nr. 10. 129—32. Okt. 1953. Austin, Univ. von Texas.) F. ROSENDAHL. 8192

Lewis F. Hatch, *Petrochemische Reaktionen.* 7. Mitt. *Die Umsetzungen der Olefine.* (6. vgl. vorst. Ref.) Kurze Darst. der verschied. Additions-Reaktionen. (Petroleum Refiner **32.** Nr. 12. 101—04. Dez. 1953. Austin, Univ. von Texas.) F. ROSENDAHL. 8192

G. C. Ackroyd und **A. G. Lowe,** *Eine Untersuchung über die Fließeigenschaften von Rückstandsheizölen unter Verwendung elektrischer Leitfähigkeitsmethoden.* Ein Rückstandsheizöl vom Mittelost-Typ wurde durch Extraktion zerlegt, u. zwar in eine asphaltenfreie, eine asphalten-harzfreie u. eine Ölfraktion. Von dem Originalöl u. den Fraktionen wurden die Viscosität u. der elektr. Widerstand im Maximal- u. Minimalfluiditätszustand (nach künstlicher Alterung) in einer Spezialapp. bei Tempp. von 100—32° F gemessen. In Diagrammen werden die Beziehungen zwischen Temp. u. Widerstand u. zwischen Viscosität u. Widerstand dargestellt. Ähnliche Messungen wurden an natürlich gealterten Ölen durchgeführt. Vff. fanden, daß Asphaltene u. Harze die elektr. Leitfähigkeit begünstigen, u. versuchen, die Änderungen in der Viscosität beim Altern durch Strukturänderungen zu erklären. (J. Inst. Petroleum **41.** 229—234. Juli 1955.) E. FLACH. 8194

G. A. Mills, D. H. Stevenson, R. K. Smith und **H. Heinemann,** *Umwandlung schwerer Kohlenwasserstoffe durch das Houdresid-Verfahren.* Vom Vorlauf befreite Rohöle u. Rückstandsöle werden bei dem neuen Verf. kontinuierlich mit umlaufendem Katalysator gespalten. Die katalyt. Aktivität u. Selektivität wird durch Ggw. von metall. Verunreinigungen im Ausgangsöl nicht beeinträchtigt. Auch können Rückstandsöle mit hohem S- u. N-Geh. verarbeitet werden. Die Verwendung von pillenförmigen Katalysatoren auf Tonbasis hat den Vorteil, daß auf dem Katalysator abgesetzte Metalle abgerieben u. vor Wiedereinsatz des Katalysators entfernt werden. — Schemat. Betriebsskizze mit tabellar. Versuchsergebnissen. (Erdöl u. Kohle **8.** 782—85. Nov. 1955. Marcus Hook, Pa., USA, Hondry Process Corp. Exploratory Process Res.)
K. O. MÜLLER. 8200

H. Heinemann, F. R. Walser, J. W. Schall und **A. G. Oblad,** *Iso-Plus — ein neues Verfahren zur Herstellung von Benzinen mit OZ 100 oder höher.* Vff. führen aus, daß das neue Iso-Plus-Verf. eine Weiterausbldg. der milden Houdryforming-Verff. darstellt, bei denen nach Entzug der Aromaten ein Teil oder das gesamte Raffinat einer Rückführ-Reformingsstufe nochmals zugeführt wird, gegebenenfalls gefolgt von einer katalyt. Polymerisation der C_3- u. C_4-Olefine, die in der therm. Reformingsstufe entstanden sind. Da die C_9- bis C_{12}-Paraffinfraktion der in der I. Stufe des Iso-Plus-Verf. anfallenden Prodd. nur eine niedrige Research O. Z. besitzen, werden die Paraffine oberhalb Penten, bes. die C_8- bis C_{12}-Paraffine durch dehydrierenden Ringschluß aromatisiert. Das Ausmaß dieser dehydrierenden Ringschließung von Paraffinen über Houdry-Katalysatoren ist nicht nur von dem Druck abhängig, sondern auch von der Konz. von Aromaten u. Naphthenen im Ausgangsmaterial, da eine selekt. Adsorption von Aromaten an akt. Stellen eintritt. Je niedriger die Konz. der Aromaten im Ausgangsmaterial, um so mehr Paraffine werden aromatisiert u. um so höher wird die O. Z. des Endprod. Technologie des neuen Verf. wird an Hand von schemat. Abb. u. Versuchsergebnissen gebracht. (Erdöl u. Kohle **8.** 621—25. Sept. 1955. Philadelphia, Pa., Houdry Process Corp.) K. O. MÜLLER. 8200

Walther Mantel und **Heinrich Hansen,** *Zusammenhänge und Nutzanwendung der Ergebnisse aus Laboratorium und Praxis. Über die Gewinnung des Rohbenzols.* (Vgl. C. **1955.** 5220.) Vff. bringen an Hand von rechner. Ableitungen u. Diagrammen theoret.-physikal. Grundlagen des Stoffüberganges in Gegenstromwaschern. Es wird an einem Beispiel Reinbenzol/Waschöl die Abhängigkeit des Reinbenzols in den beiden Phasen u. von Druck, Temp. u. Mol.-Gew. des Waschöls u. von den betrieblich bedingten Einflußgrößen der Ölumlaufmenge u. der Zahl der Übergangseinheiten oder der Bodenzahl dargestellt. Die Gültigkeit des HENRYschen Gesetzes für den Teildruck des Reinbenzols über seiner Lsg. in Waschöl wird durch eigene Messungen bestätigt u. für die Homologen des Bzl. erweitert. (Brennstoff-Chem. **36.** 328—38. 9/11. 1955. Lünen, Harpener Bergbau A-G., Hauptlabor.) K. O. MÜLLER. 8200

J. Enoch Johnson, Anthony J. Chiantella und **Homer W. Carhart,** *Anwendung von Lichtstreuung auf Stabilitätsprobleme von Dieselkraftstoffen.* Aus der Erkenntnis heraus, daß sich bei der Alterung in instabilen Dieselkraftstoffen feinstverteilte unlösl. harzartige Prodd. bilden, die so klein sind, daß sie mit bloßem Auge nicht erkannt werden können, die aber die Fähigkeit besitzen, eine Lichtstreuung hervorzurufen, haben Vff. in einem PHOENIX-BRICE-Photometer Unterss. durchgeführt. Sie fanden, daß die Intensität der Streuung mit der Bldg. von unlösl. Prodd. ansteigt. Gleichzeitig wächst der asymmetr. Koeff. stärker an, was zeigt, daß die durchschnittliche Größe der gebildeten Partikelchen mit der Zeit anwächst. Faktoren, wie Fluorescenz, Lagertemp. u. Umschlagsbedingungen beeinflussen die Alterung von Dieselkraftstoffen. Die Verss. wurden durchgeführt mit straight run u. katalyt. gespaltenen Rocky Mountain-, West Texas-, Ost-Midcontinent- u. West-Midcontinent-Ölen. Der Zusatz von Alterungsschutzstoffen (nicht genannt) hat die Bldg. von unlösl. Harzprodd. stark herabgesetzt. Beschreibung der Verss. u. Ergebnisse in Tabellen u. Diagrammen im Original. (Ind. Engng. Chem. **47.** 1226—30. Juni 1955. Washington 25, D. C. Naval Res. Lab.) K. O. MÜLLER. 8212

Michael Freund, *Über Alterungserscheinungen von Motorenschmierölen.* Nach kurzer Darst. des Standes der Technik schildert Vf. seine Verss. über Schlammgeh. u. CONRADSON-Test von Altölen in Ggw. von Detergentien. Um zu prüfen, woher dieser Schlamm kommt, vom Öl oder Kraftstoff, werden an Hand von Labor.-Verss., Motorprüfstandsproben, Mikrophotographien u. Elektronenmikroskopaufnahmen Beobachtungen bzgl. der Ölschlammbldg. der Entstehung von Ablagerungen im Motor, der Veränderung von Ölen durch Schmierölzusätze u. über Eigg. von Motor-Altölen erörtert. Bebilderter Bericht von hergestellten Modellpräparaten. Vf. betrachtet alle erörterten Fragen vom Standpunkt der Kolloidalchemie. (Erdöl u. Kohle **8.** 712—18. Okt. 1955. Budapest-Veszwém, Ungar. Erdöl- u. Erdgas-Forschungs-Inst.) K. O. MÜLLER. 8220

Paul Beuerlein, *Moderne Schmierungsfragen bei großen Getrieben.* Messungen mit Verspannungsprüfstand für Zahnräder, des Widerstands des Ölfilms, des Einfl. der Betriebsviscosität auf die Belastbarkeit von Zahnrädern, des Ölbedarfs für gerade u. schrägverzahnte Getrieberäder u. Ölumlauf werden diskutiert. Die Belastbarkeit mitwirkender nichtkorrodierender Öle ist derjenigen unlegierter überlegen. Der Verhütung von Grübchenbldg. dient Phosphatierung. Das Einlaufen wird durch Oberflächenbehandlung der Zahnflanken verbessert. (Erdöl u. Kohle **8.** 473—78. Juli 1955. Hamburg, Deutsche Shell AG.) K. L. WOLF. 8220

A. Towle, *Einige Schmierungsprobleme und die sogenannten additiven Stoffe.* Koll. Graphit, Molybdänsulfid, Schmelzpunktdrücker u. Indexverbesserer u. ihre Nachteile,

H.D.-Öle u. die A.P.I.-Klassifikation werden besprochen. Die Anwendung u. Bewährung wird an verschied. Maschinentypen erläutert, wie z. B. an Transportdieselmaschinen, Daimlerfahrzeugen, A.E.C.-Maschinen im Stadtdienst, Marine-Dieselmaschinen u. anderen. (Gas Oil Power **50.** 320–22. 327. 1955.) K. L. WOLF. 8222

Alfred Sonntag, *Das Molybdändisulfid, seine Eigenschaften und seine Verwendung als Schmiermittel.* Inhaltlich ident. mit der C. **1955.** 725 referierten Arbeit. (Métaux **29.** 461–64. Nov. 1954.) GERHARD GÜNTHER. 8222

Maria Dobrzańska, *Bestimmung organischer Lösungsmittel in extrahierter Braunkohle.* Die Best. von restlichem Bzl. in Braunkohle nach der Extraktion von Bitumen kann erfolgen durch Volumenmessung nach Abscheidung mit überhitztem Wasserdampf. A. wird in demselben Kondensat durch Oxydation mit $Cr_2O_7^{2-}$ jodometr. bestimmt. Der Fehler beider Methoden beträgt ca. 10%. Eine für den Zweck entwickelte App. wird beschrieben. (Prace Głównego Inst. Górnictwa, Komunikat **1952.** Nr. 122. 3–12. Wrocław [Breslau], Główn. Inst. Górn., Zakł. Chem. Przerób.) F. URBAN. 8244

Wolf Weber, *Über die Darstellung der Temperaturabhängigkeit der Viscosität von Mineralölen durch Interpolationsformeln.* Vf. stellt in seinen Unterss. fest, daß die Viscositäts–Temp.-Kurven sowohl nach der Gleichung von UBBELOHDE-WALTHER, wenn für $\alpha = 0{,}8$ cSt gesetzt wird, u. nach der Gleichung von UMSTÄTTER, wenn für $\nu_0 = 1$ cSt gewählt wird, in den entsprechenden Diagrammen schwach gekrümmt sind, u. zwar in beiden Diagrammen im entgegengesetzten Sinne u. bewertet daher die beiden Formeln gleich. Die VOGEL-CAMERON Gleichung mit der festen Konstanten $B = 95$ ist nach Ansicht des Vf. im Temperaturbereich von 20–150° gut brauchbar, unterhalb 20 u. oberhalb 150° treten aber größere Abweichungen auf. Die Genauigkeit im Bereich von 20 bis 100° ist geringer als die der Diagramme nach UBBELOHDE-WALTHER u. UMSTÄTTER. Die Darst. von VOGEL-CAMERON hat aber den Vorteil, daß die Ablesegenauigkeit für die Viscosität über den ganzen Viscositätsbereich konstant ist, während bei den doppellogarithm. geteilten Diagrammen die Ablesegenauigkeit nach höheren Viscositäten stark abnimmt. Die Konstante $B = 95$ ist nur für Öle u. KW-stoffe geeignet, bei anderen Fll. muß die Konstante B entsprechend geändert werden. Zum Schluß bringt Vf. Vorschläge für das neue UMSTÄTTER-Diagramm, das seiner Ansicht nach bei höheren Viscositäten nur eine unsichere Interpolation zuläßt. (Erdöl u. Kohle **8.** 643–49. Sept. 1955. Braunschweig, Physikal.-Techn. Bundesanstalt.) K. O. MÜLLER. 8252

Heinrich Koppers G. m. b. H. (Erfinder: **Friedrich Totzek**), Essen, *Erzeugung von heizkräftigem Heizgas aus staubförmigen oder feinkörnigen Brennstoffen* in mindestens zwei Stufen durch Umsetzen von Stein- oder Braunkohle oder Koks oder Halbkoks bei hoher Temp. mit Luft, Wasserdampf u. CO_2, wobei die in der 1. Stufe (Verbrennungsstufe) entstehenden heißen CO_2-haltigen Verbrennungsgase ohne vorherige Arbeitsleistung in der 2. Stufe (Vergasungsstufe) mit dem im Schwebzustand befindlichen festen Brennstoff reagieren. Man erzeugt die Verbrennungsgase in einem von dem Vergasungsraum getrennten Raum (Verbrennungsraum) durch Verbrennen eines Teiles des in der 2. Stufe u. gegebenenfalls in weiteren Stufen erzeugten Brenngases. Durch das Verf. entfallen somit besondere Kohlenstaubbrenner mit den dazugehörigen verwickelten Nebeneinrichtungen. (**D. B. P. 938 868** Kl. 24e vom 28/5. 1939, ausg. 9/2. 1956. Anmeldung bekanntgemacht 14/8. 1952.) W. HAUSWALD. 8149

Office National Industriel de l'Azote, Frankreich, *Herstellung von Wasserstoff und Kohlenoxyd.* Das Verf. nach dem Hauptpatent wird zur Vermeidung eines allzu raschen Angriffes der feuerfesten Auskleidung u. des Katalysators dahin abgeändert, daß eine passende Temperaturverteilung innerhalb des Reaktionsraumes vorgenommen wird. Dies wird dadurch erreicht, daß man dem Reaktionsgas ein als Wärmespeicher dienendes Gas, z. B. Wasserdampf, zumischt. Ein Teil der entwickelten Wärme, welche sich in ihrer Gesamtheit bislang am Eingang des Reaktionsgefäßes entwickelte, wird so über das ganze Gefäß verteilt. Außerdem läßt sich auch ein Katalysatorgemisch zur Oxydation verwenden u. die Brauchbarkeit des Katalysators ist verlängert. (**F. P. 56 256** vom 28/4. 1943, ausg. 22/9. 1952. **Zusatz zu F. P. 976 553; C. 1953. 9720.**) W. WITTHOLZ. 8153

Office National Industrial de l'Azote, Frankreich, *Herstellung von Wasserstoff und Kohlenoxyd.* Das Verf. des Hauptpatentes wird dahingehend abgeändert, daß zur Oxydation von Methan oder methanreichen Naturgasen lediglich Luft verwendet wird. Das so erhaltene Prod. dient zur Speisung des Gasnetzes. (**F. P. 57 132** vom 4/6. 1946, ausg. 15/12. 1952. **Zusatz zu F. P. 976 553; C. 1953. 9720.**) W. WITTHOLZ. 8153

Standard Oil Development Co., V. St. A. (Erfinder: **Thomas Donald Chisnall**), *Verwendung von erschöpften Hypochloritlösungen.* Man kocht die Lsgg., welche zum Entschwefeln von Erdöldestillaten gedient haben, mit einem NH_4-Salz. vorzugsweise mit NH_4Cl. Man erhält eine NaCl-haltige Lsg., welche man der bei der Raffination von KW-stoffen benötigten NaOH-Lsg. zusetzen kann. (**F. P. 1 084 027** vom 25/9. 1953, ausg. 14/1. 1955. E. Priorr. 15/10. 1952 u. 2/9. 1953.) T. OPPERMANN. 8195

Comp. Française des Essences Synthétiques, Frankreich, *Behandlung von Kohlenwasserstoffen* (z. B. Erdöl, Schwer-, Mittel-, Schieferöl, Kerosin, Teeren). Man spaltet, reformiert das Öl u. dgl. in Ggw. von Wasserdampf, welcher die Koksbldg. verhütet u. die Bldg. O-haltiger Verbb. begünstigt. Man kann dieses Verf. auch mit einer gleichzeitigen Hydrierung zur Gewinnung von gesätt. KW-stoffen kombinieren. — Z. B. erhitzt man in Ggw. eines Mo-Oxyd–Aluminiumsilicat-Katalysators im Autoklaven 100 (kg) Schwerbenzin (D. 0,788, Siedebereich 175—200°, S-Geh. 0,125%) mit 80 W. auf 460° (Druck 125 kg). Man erhält 7,6 (kg) Gas, 30,2 Bzn., 64,6 Kreislauföl, 1,7 O-haltige Verbb. (z. B. Aldehyde, Ketone, Alkohole, Säuren), 75,9 W. u. 104,1 andere wertvolle Produkte. — Vorrichtung. (**F. P. 1 022 624** vom 28/7. 1950, ausg. 6/3. 1953.) T. OPPERMANN. 8201

Westfalia Separator Akt.-Ges., Deutschland, *Reinigen von schweren Heizölen.* Um diese Öle als Dieselöle oder als Brennöle für Gasturbinen verwenden zu können, zentrifugiert man sie zur Entfernung von W. u. groben Verunreinigungen bei weniger, zur Entfernung von feinen Verunreinigungen bei mehr als 100°. — Vorrichtung. (**F. P. 1 077 859** vom 27/5. 1953, ausg. 12/11. 1954. D. Prior. 11/4. 1953.) T. OPPERMANN. 8217

Esso Standard Soc. An. Française, Frankreich (Erfinder: **R. Dupas** und **R. de Dryver**), *Herstellung von Reinigungsmitteln für Schmieröle.* Man vermischt Na-Sulfonate, welche man nicht mit einem Alkohol mit mehr als 1 u. weniger als 5 C-Atomen extrahiert hat, mit 10—40, vorzugsweise 15—25% Na-Sulfonaten, die man mit oben genannten Alkoholen extrahiert hat. Das Gemisch der Na-Sulfonate setzt man mit $CaCl_2$ zu Ca-Sulfonaten um. — Z. B. vermischt man 400 (g) eines nicht mit Isopropylalkohol (**I**) extrahierten Na-Sulfonates (Seifengeh. 22%), welches man durch Raffination eines Mineralöles (Viscosität nach SAYBOLT 440 Sek. bei 37,8°) mit H_2SO_4 gewonnen hat, mit 100 g eines derartigen Na-Sulfonates (Seifengeh. 69%), das man mit **I** extrahiert hat. Das Gemisch dieser Na-Sulfonate verwandelt man bei 33° in 30 Min. mit $CaCl_2$ in Ca-Sulfonate, welche man $2^1/_2$ Std. bei 120° u. 30 Min. bei 140° mit Kalkmilch behandelt. (**F. P. 1 090 637** vom 30/9. 1953, ausg. 1/4. 1955.) T. OPPERMANN. 8221

Standard Oil Development Co., V. St. A. (Erfinder: **William T. Knox jr.**), *Hydroraffinieren von Schmierölen.* Man behandelt die Öle mit H_2 in Ggw. eines Pt-Katalysators bei ca. 204—370° u. 3,5—17,5 at. Der H_2-Verbrauch liegt unterhalb ca. 27,5, vorzugsweise 13,5 dm³/Liter Charge (gemessen bei 760 mm Druck). — Vorrichtung. (**F. P. 1 079 926** vom 3/4. 1953, ausg. 3/12. 1954. A. Prior. 13/5. 1952.) T. OPPERMANN. 8221

Jean Fernand Roux, Frankreich, *Herstellung eines Antikorrosions- und Schmiermittels,* z. B. für Pumpen, Motoren, Schrauben, Wellen. Es besteht aus o-Dichlorbenzol (**I**), Gasöl (**II**), Terpentinöl (**III**) u. Methylsalicylat (**IV**) u. hat z. B. die Zus.: 66 **I**, 20 **II**, 10 **III** u. 4 **IV**. (**F. P. 1 071 901** vom 1/12. 1952, ausg. 7/9. 1954.) T. OPPERMANN. 8223

XXIV. Photographie.

Kodak-Pathé, Seine, Frankreich, übert. von: **Cornelius C. Unruh** und **Charles F. H. Allen,** *Herstellung lichtempfindlicher Hochpolymerer.* Man kondensiert die im A. P. 2 706 725; C. **1956.** 4030, genannten Polymeren [Polyvinylacetophenon (**I**), Vinylacetophenon–Isobutylen- oder –Styrol-Mischpolymere, acylierte Polymere oder Mischpolymere des Styrols oder Vinylbenzols] mit Zimtaldehyd, dessen Substitutionsprodd. (Halogen-, Nitro-, Oxy-, Alkyl-, Alkoxyzimtaldehyden) oder Mischungen dieser mit anderen aromat. Aldehyden in saurem oder alkal. Medium. Die erhaltenen Reaktionsprodd. enthalten eine große Zahl von Doppelbindungen u. sind stark lichtempfindlich, so daß sie beim Belichten aus der lösl. in eine unlösl. Form übergehen. Verwendung für Photo- u. Druckzwecke. — Zu einer Lsg. von 5 g **I** in 100 g Zimtaldehyd gibt man 5 g einer 10%ig. Lsg. von konz. H_2SO_4 in Eisessig, läßt 5 Std. bei Raumtemp. in brauner Flasche stehen u. rührt in CH_3OH. Nach Umlösen aus Methyläthylketon gelbgrüne Fasern. (**F. P. 1 086 269** vom 12/9. 1952, ausg. 10/2. 1955. A. Prior. 13/9. 1951.) M. PANKOW. 8601

Kodak Ltd., London, übert. von: **Charles Redman Fordyce** und **Bruce Edward Gramkee,** *Celluloseacetatfilm.* Der Film wird aus einer Lsg. gegossen, die bis 19% Celluloseacetat (**I**) mit 42,5—44,0% Acetylgeh. enthält u. aus einem Gemisch von 83—93% CH_2Cl_2, 2—5% CH_3OH u. 5—12% n-Butylalkohol besteht. Außerdem können noch 10—20% des **I**-Gewichtes an Weichmacher vorhanden sein. (**E. P. 735 892** vom 28/11. 1952, ausg. 31/8. 1955. A. Prior. 28/11. 1951. **F. P. 1 078 989** vom 26/11. 1952, ausg. 24/11. 1954. A. Prior. 28/11. 1951.) A. KALIX. 8603

Kodak-Pathé, Frankreich, *Verfahren zur raschen Gelierung von Proteinschichten, insbesondere für die Photographie.* Man versetzt eine Proteinemulsion (I) mit 3—8% Proteingeh., z. B. eine Gelatine-, barytierte Gelatine-, Halogensilbergelatine- oder Halogensilbercaseinemulsion, die außerdem noch mit dem Protein verträgliche harzartige Polymerisationsprodd. enthalten kann, mit 0,25—50% (bezogen auf das Proteingewicht) eines Aldehyds, z. B. CH_2O, Glyoxal oder Acrolein, u. geliert eine auf einem Träger aufgebrachte Schicht derselben durch Behandeln mit gasförmigem NH_3 oder dem Dampf eines Amins. Auf dem Träger, z. B. aus Papier, Gewebe, Glas, Metall oder Celluloseesterfilm, können auch nacheinander mehrere I-Schichten aufgebracht u. in der vorst. beschriebenen Weise geliert werden. Eine I-Schicht ohne Aldehydzusatz kann unter Mitwrkg. des Aldehydes in der darunterbefindlichen Schicht allein durch Behandeln mit NH_3 oder einem Amin geliert werden. — Man vermischt eine 6%ig. Feinkorn-Positiv-Halogensilbergelatineemulsion für kinematograph. Zwecke mit 2% (berechnet auf Gelatine) CH_2O, bringt sie in ca. 0,2 mm dicker Schicht auf einen Filmträger, geliert die Schicht durch Behandeln mit NH_3 u. trocknet im Luftstrom. (**F. P. 1 078 960** vom 7/10. 1952, ausg. 24/11. 1954.) H. ASMUS. 8603

E. I. du Pont de Nemours & Co., Wilmington, Del., übert. von: **William Howalls Vinton**, Parlin, N. J., V. St. A., *Sensibilisatoren* stellen symm. 5-Carbalkoxybenzoxazolcarbocyanine dar, bei denen das Zentral-H-Atom der Trimethinkette gegebenenfalls durch eine KW-stoffgruppe R″ mit 1—3 C-Atomen substituiert ist. Sie besitzen die allg. Formel I. In dieser ist R = R″ oder eine Benzylgruppe, R′ eine Alkylgruppe mit 1—4 C-Atomen u. X ein Säurerest. Herst. nach bekannten Verff., z. B. durch Quaternisierung eines 2-Methyl-5-carbalkoxybenzoxazols mit 2—5 C-Atomen in der Carbalkoxygruppe u. Kondensation des Reaktionsprod. mit einem Monocarbonsäureorthoester, gegebenenfalls ohne vorherige Isolierung des quaternären Salzes. Auf diese Weise werden z. B. gewonnen: *3.3′-Diäthyl-5.5′-dicarbomethoxyoxocarbocyaninäthylsulfat*, orangerote Kristalle, F. 253—255°, Sensibilisierungsmaximum (SM) bei 520 mμ; *3.3′-Diäthyl-5.5′-dicarbomethoxy-9-methyloxocarbocyaninjodid*, orangerote Kristalle, F. 250 bis 252°, SM bei 520 mμ; *3.3′-Diäthyl-5.5′-dicarbomethoxy-9-äthyloxocarbocyaninjodid*, orangerote Kristalle, F. 240—242°, SM bei 520 mμ; *3.3′-Diäthyl-5.5′-dicarbäthoxyoxocarbocyaninjodid*, rote Kristalle, F. 254°, SM bei 488 mμ; *3.3′-Diäthyl-5.5′-dicarbäthoxy-9-äthyloxocarbocyaninjodid*, rotes Pulver, F. 250°, SM bei 496 mμ. (**A. P. 2 647 053** vom 21/2. 1951, ausg. 28/7. 1953.) A. KALIX. 8605

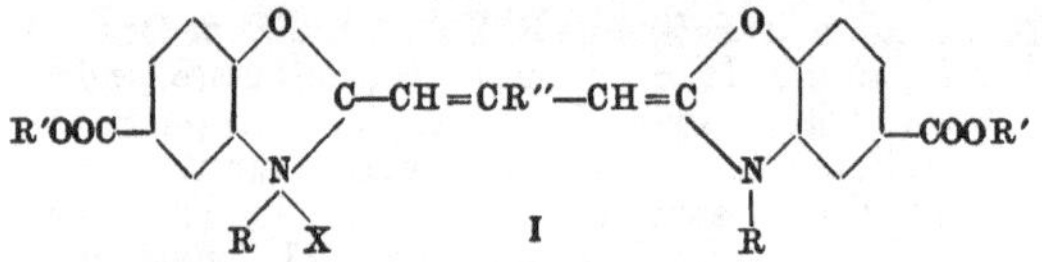

I

Gevaert Photoproducten N. V., Mortsel, Belgien (Erfinder: **Marcel Adam Schouwenaars**), *Direktpositivemulsion.* Eine Halogensilberemulsion erhält bei ihrer Herst. einen Zusatz eines Salzes eines Metalls, das elektropositiver als Ag ist, z. B. eines Salzes von Au oder Pd u. eines Reduktionsmittels, gegebenenfalls auch eines Desensibilisators wie Pinakryptolgrün. — Beispiel: Auf 1 Mol Halogensilber erfolgt ein Zusatz von 15 cm³ einer 1‰ig. Lsg. von $AuCl_3$ u. 1,5 cm³ einer 1%ig. Lsg. von $SnCl_2$, gegebenenfalls 1,5 g Pinakryptolgrün. Die besten Ergebnisse werden mit Licht von 4000—4800 Å erzielt. (**E. P. 723 019** vom 5/2. 1952, ausg. 2/2. 1955.) A. KALIX. 8605

Comp. Generale der Télégraphie sans Fil, Seine, Frankreich, *Photographische Emulsionen.* Zur gleichzeitigen Erhöhung der Lichtempfindlichkeit u. des Auflösungsvermögens einer photograph. Emulsion wird ihr zu irgendeinem Zeitpunkt ihrer Herst. ein Stoff zugesetzt, der die Elektronenleitfähigkeit verstärkt, u. zwar ein 2wertiges Metall oder das Salz eines Metalls, wie Ca, Mg oder vorzugsweise Hg. — 7 Zeichnungen. (**F. P. 1 076 212** vom 19/2. 1953, ausg. 25/10. 1954.) G. GROTE. 8611

Herausgeber u. verantwortlich für den Inhalt: Prof. Dr. Maximilian Pflücke, Berlin N 4, Schiffbauerdamm 19, Fernsprecher: 425571. Redaktion: Chefredakteure Dr. Eugen Klever und Prof. Dr. Maximilian Pflücke. Verlag: Akademie-Verlag GmbH, Berlin W 8, Mohrenstraße 39 (Fernsprecher 200386, Postscheckkonto Berlin 35021), u. Verlag Chemie, GmbH, Weinheim/Bergstraße (Fernsprecher 2017 u. 2965, Postscheckkonto Frankfurt/M. 145314 u. Berlin-West 7430). Bestell- u. Verlags-Nr.: 1007/127. Das Chemische Zentralblatt erscheint wöchentlich. Preis des Jahrganges einschl. Autoren-, Patent-, Sach- und Formelregister: DM 680,—; einseitig bedruckte Ausgabe: DM 750,—. Abgabe der Zeitschrift nur mit sämtlichen Registern.
Satz u. Druck: VEB Leipziger Druckhaus, Leipzig, III/18/203. VII. 56.
Veröffentlicht unter der Lizenznummer 1212 des Amtes für Literatur und Verlagswesen der Deutschen Demokratischen Republik.
Printed in Germany.

Kolibri 360 GmbH
Ferdinand-Jühlke-Straße 7
99095 Erfurt, Deutschland
produktsicherheit@kolibri360.de